Paul Müller
Arealsysteme und Biogeographie

Phytologie
Klassische und moderne Botanik
in Einzeldarstellungen

Arealsysteme und Biogeographie

Prof. Dr. rer. nat. Paul Müller
Lehrstuhl für Biogeographie
der Universität des Saarlandes
Saarbrücken

276 Abbildungen
und 288 Tabellen

Verlag Eugen Ulmer Stuttgart

CIP-Kurztitelaufnahme der Deutschen Bibliothek

Müller, Paul:
Arealsysteme und Biogeographie/Paul Müller. –
Stuttgart: Ulmer, 1981
  (Phytologie)
  ISBN 3-8001-3422-5

© 1981 Eugen Ulmer GmbH & Co.,
Gerokstraße 19, 7000 Stuttgart
Printed in Germany
Umschlaggestaltung: Alfred Krugmann
Satz: IBV Lichtsatz KG, Berlin
Druck: Offsetdruckerei Karl Grammlich, Pliezhausen

Für Elke

Vorwort

1971 wurde ich auf den ersten Lehrstuhl für Biogeographie an einer deutschen Universität nach Saarbrücken berufen. „Offiziell" existierte Biogeographie zuvor an einer deutschen Universität nicht, doch immer schon hielten Biologen und Geographen biogeographische Vorlesungen. Obwohl gerade von ihnen wichtige Anregungen ausgingen, waren jedoch die USA, die UdSSR und Japan lange Zeit führend. Unter dem Einfluß der dort erzielten Forschungsergebnisse, entscheidend jedoch getragen von der Erkenntnis, daß ohne biogeographische Grundkenntnisse unsere drängendsten Umweltprobleme nicht lösbar sind, wurden in den letzten Jahren weitere Biogeographie-Lehrstühle an deutschen Universitäten begründet und damit einer bereits von meinen Lehrern Prof. Dr. G. de Lattin (Zoologie, Saarbrücken) und Prof. Dr. J. Schmithüsen (Geographie, Saarbrücken) sowie meinen wissenschaftlichen „Großvätern" Prof. Dr. Dr. C. Kosswig (Hamburg) und Dr. W. F. Reinig (Nürtingen) vor über 30 Jahren aufgestellten Forderung Rechnung getragen.

Zentraler Forschungsbegriff der Biogeographie ist das „Arealsystem". Im Arealsystem stehen Raumansprüche von Populationen und Individuen im Mittelpunkt. Raumansprüche können nur erfüllt werden, wenn bestimmte Fähigkeiten vorhanden sind. Raumansprüche regeln als Lebensansprüche das Zusammenleben in der Biosphäre. Von der Geschichte und den Fähigkeiten lebender Systeme werden Ökosysteme genauso beeinflußt und gesteuert wie von den Grundgesetzen der Thermodynamik. Sicherlich ist das vorliegende Buch nur ein erster Versuch, unser derzeitiges Wissen in diesem Sinne zu strukturieren. Es ist deshalb nicht auszuschließen, daß mancher kritische Kollege ihm wichtig erscheinende Aspekte vergebens suchen wird. Zahlreichen Freunden und Kollegen habe ich deshalb besonders zu danken, daß durch ihre Anregungen wenigstens die größten Lücken geschlossen werden konnten, besonders gilt das für Prof. Dr. P. Bănarescu (Bukarest), Prof. Dr. L. Brundin (Stockholm), Prof. Dr. T. Dick (Porto Alegre), Prof. Dr. O. Fränzle (Kiel), Prof. Dr. Guderian (Essen), Dr. J. Haffer (Essen), Prof. Dr. Kloft (Bonn), Prof. Dr. J. Leclercq (Gembloux), Dr. R. Lewis (Washington), Prof. Dr. E. Mayr (Havard), Prof. Dr. Mora (Bogota), Prof. Dr. Miyawaki (Tokio), Dr. Økland (Oslo), Prof. Dr. J.-M. Pelt (Metz), Prof. Dr. D. Povolny (Brünn), Prof. Dr. F. Salomonsen (Kopenhagen), Prof. Dr. P. Sawaya (São Paulo), Prof. Dr. V. Soçava (Irkutzk), Prof. Dr. Thiele (Köln), Dr. Z. Varga (Debrecen), Dr. F. Vuilleumier (New York) und Dr. Waldén (Stockholm).

Zu Dank verpflichtet bin ich auch meinen Studenten, Diplomanden und Doktoranden in Saarbrücken (Universität des Saarlandes) und Porto Alegre (Universidade Federal do Rio Grande do Sul). Meine Mitarbeiter haben mit eigenen Auffassungen das vorliegende Konzept mitgeprägt; das gilt insbesondere für Dr. H. Ellenberg, Dr. J. Goergen, Dr. P. Nagel, Dr. A. Schäfer, Dr. H. Schreiber, Dr. H. Steiniger, Dipl. Geogr. G. Wagner und Dr. E. Zimen. Fräulein E. Kreis fertigte alle Zeichnungen, und Herr Dipl. Math. D. Schwang entwickelte die EDV-Programme für die Computerkarten. Danken möchte ich besonders meiner Sekretärin Frau A. Konzmann, die seit zehn Jahren die täglich steigenden Anforderungen der Saarbrücker Biogeographie humorvoll bewältigt und geduldig auch jede Neufassung des Manuskriptes schrieb. Herrn Verleger R. Ulmer und Herrn Prof. Dr. Larcher danke ich für die Aufnahme des Bandes in diese angesehene Buchreihe, für ihre Verbesserungsvorschläge und zahlreichen Anregungen, dem Lektorat des Verlages für die redaktionellen Arbeiten und seine Geduld mit dem Autor. Hauptdank schulde ich meiner Frau, denn ohne den von ihr geschaffenen Freiraum hätte das vorliegende Buch nicht geschrieben werden können.

Saarbrücken, Oktober 1980   Prof. Dr. rer. nat. Paul Müller

Inhaltsverzeichnis

1 Biogeographie – Forschungsziel, Begriffsbestimmungen, Geschichte

1.1 Forschungsziel der Biogeographie

Biogeographie ist biologische Raumbewertung. Im Mittelpunkt ihrer Untersuchungen steht die Aufklärung der Struktur, Funktion, Geschichte und Indikatorbedeutung von Arealsystemen. Die räumliche Verbreitung von lebendigen Elementen wird als System aus Regelkreisen untereinander verknüpfter Elemente und wirkender Faktoren verstanden. Biogeographie ist deshalb weder eine traditionelle Tier- oder Pflanzengeographie noch eine einfache Zusammenfassung beider Teildisziplinen (unter Einbeziehung des Menschen) noch eine Ökologie. Sie ist ein quantitativer Ansatz, um den Informationsgehalt von Arealsystemen über die ökologische Valenz, genetische Variabilität und Phylogenie von Populationen und Biozönosen sowie der räumlich und zeitlich wechselnden Wirkungsweise von Faktoren als räumliche Teilsysteme der Biosphäre zu entschlüsseln und zum besseren Verständnis unserer Lebensräume nutzbar zu machen. Methodischer Ansatz für biogeographische Untersuchungen sind grundsätzlich die Organismen, Populationen und Lebensgemeinschaften in den Landschaften und Ländern unserer Erde. Deshalb muß die Biogeographie auch über die Betrachtung einzelner Areale hinauskommen. Sie muß die Elemente, die Tiere und Pflanzen, die diese Areale aufbauen, als Teilsysteme der ökologischen Struktur unseres Planeten erkennen. Biogeographie kann sich heute deshalb nicht mehr darauf beschränken, das „Zusammenbestehende und das Zusammenwirken der lebendigen Erscheinungen im Raum" zu erkennen und zu beschreiben. Sie muß in einer experimentellen Biogeographie den Synergismus von komplexen ökologischen Systemen (Ökosystemen) mit den Arealsystemen, d.h. in diesem Fall der Raum-Zeit-Bindung einzelner Organismen und Populationen, analysieren. Zwangsläufig verwischen sich durch einen solchen Ansatz die Grenzen zwischen Biogeographie und Ökologie, so daß führende nordamerikanische Ökologen wie MACARTHUR und WILSON (1971 u.a.) sich als Biogeographen bezeichnen, ohne einen „wirklichen Unterschied zwischen Biogeographie und Ökologie zu erkennen". Was der Biogeographie jedoch als eigentliches wissenschaftliches Forschungsobjekt allein bleibt, ist das Arealsystem (vgl. Kapitel 3). Die einfach erscheinende Frage, „warum kommt Art x in Raum y vor (bzw. fehlt in Raum y)?" (vgl. MÜLLER 1977), läßt sich nur über Erhellung ihres Arealsystems in Raum und Zeit beantworten.

Die Erwartungen, die andere Wissenschaften in die Biogeographie setzen, können nur erfüllt werden, wenn sie sich auf dieses Forschungsobjekt konzentrieren. Während Biologen von der Biogeographie methodische Beiträge zur Evolutionstheorie erwarten, ist das geographische Forschungsziel der Biogeographie die Erhellung von Geosystem-Qualitäten (vgl. u.a. BANARESCU und BOSCAIU 1973, DANSEREAU 1957, LEMÉE 1967, ROBINSON 1972, TIVY 1971, COX et al. 1973, COLE 1975). Das gelingt ihr nur über die konsequente Aufklärung des Informationsgehaltes der in den Geosystemen lebenden Organismen. Das bedeutet, daß ein Biogeograph die Organismen der betreffenden Landschaften auch exakt kennen muß.

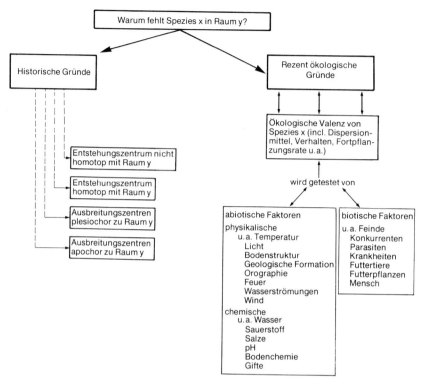

Abb. 1. Eine der Hauptfragestellungen der Biogeographie nach den Gründen für das Vorkommen oder Fehlen einer Art in einem bestimmten Raum kann nur bei gleichzeitiger Analyse rezent-ökologischer und historischer Faktoren beantwortet werden. Im Mittelpunkt dieser Analyse steht dabei die Aufschlüsselung des Informationsgehaltes des gesamten Arealsystems, dem die Art als Element angehört.

1.2 Biogeographie und Ökologie

Die engen methodischen Verflechtungen zwischen Biogeographie und Ökologie erfordern zur klärenden Abgrenzung eine Beleuchtung des Forschungszieles der Ökologie. Unterschiedliche Auffassungen und Deutungen machen diese Stellungnahme ebenso notwendig wie terminologische Ungenauigkeiten, die u.a. auch durch die leichtfertige Gleichsetzung des subjektbezogenen Umweltbegriffes mit der Ökologie dazu führten, daß Fragwürdigkeiten des einen auf den anderen Terminus übertragen wurden. Beiträge zu dieser Vermischung werden nicht nur von einer engagierten Öffentlichkeit und „umweltbewußten" Politikern, sondern auch bedauerlicherweise von Wissenschaftlern geliefert, die durch den modernen Zusatz „Ökologie" an ihr Fachgebiet Beiträge zu einer inhaltlichen Erweiterung des Begriffes liefern. Diese Ausdehnung führt dazu, daß die Frage, „ob es eigentlich etwas gäbe, was nicht Ökologie sei", mehr als berechtigt ist.

1.2.1 Der Ökologiebegriff bei Haeckel

Nicht nur namentlich erwähnt wie bis in jüngste Zeit zitiert, sondern als Wissenschaft begründet wurde die Ökologie erstmals von HAECKEL (1866). In einer Fußnote auf Seite 8 des 1. Bandes seiner „Generellen Morphologie der Organismen" gibt er eine kurze Definition des Begriffes als Teilgebiet der Biologie, die für ihn die „Lebenswissenschaft" oder „die gesamte Wissenschaft von den Organismen oder belebten Naturkörpern unseres Erdballs" ist. In seinem Wissenschaftsschema der Zoologie (Seite 238) ordnet er die „Oecologie" und „Geographie der Thiere" innerhalb der „Relations-Physiologie" zur „Physiologie der Beziehungen des thierischen Organismus zur Außenwelt" und verdeutlicht damit, was für ihn Ökologie ist. Diese Zusammenhänge beschreibt er auch im 2. Band (u. a. Fußnote Seite 236).

Der Ökologiebegriff ist bei HAECKEL grundsätzlich an Leben-Raum-Relationen gebunden. Da er die Freiheit des menschlichen Willens bestreitet, wird der Mensch in diesen Begriff integriert und die Anthropologie ein Teilgebiet der Zoologie (Bd. 2, Seite 432). Zur Ökologie des Menschen gehört bei HAECKEL nur die naturgesetzlich erforschbare Seite. Das bedeutet nicht, daß er andere Aspekte und Fragen nicht gesehen hat; er erkannte sie, lehnte sie aber als Forschungsgegenstand ab. Auch die Fragestellungen der Synökologie sind in Band 2 (Seite 235), 30 Jahre vor SCHRÖTER und KIRCHNER (1896 bis 1902), bereits klar formuliert.

Wenn HAECKEL von der „Oeconomie" spricht, dann bezieht sich dieser Begriff immer auf belebte Systeme. In seiner Antrittsvorlesung an der Philosophischen Fakultät in Jena am 12. Januar 1869 (vgl. HAECKEL 1870, Seite 364 bis 365) wird das ebenso klar formuliert wie drei Jahre zuvor in seiner „Generellen Morphologie": „Unter Oecologie verstehen wir die Lehre von der Oeconomie, von dem Haushalt der thierischen Organismen." Für HAECKEL ist Ökologie als Wissenschaft immer an Leben gebunden, und die Erforschung der naturgesetzlichen Wechselwirkung zwischen Leben und Raum ist ihr Gegenstand.

1.2.2 Gegenwärtige Ökologie-Auffassungen

Für die Biologie ist die Ökologie im Haeckelschen Sinne in der Gegenwart allgemein akzeptiert. Unterschiedliche Auffassungen sind nur gradueller, nicht prinzipieller Art, solange als Gegenstand ökologischer Forschung Tiere und Pflanzen im Vordergrund stehen.

Für COLINVAUX (1973) ist Ökologie „the study of animals and plants in relation to their habit and habitats", für KÜHNELT (1970) „die Lehre von den Wechselbeziehungen zwischen Organismen und Umwelt" und für STUGREN (1974) „Wissenschaft der Wechselbeziehungen und Wechselwirkungen von Leben und Umwelt" (vgl. auch COLLIER et al. 1973, PIANKA 1974, POOLE 1974, SOUTHWICK 1972, STEUBING 1973 u. a.).

CHARLES ELTON (1927) hatte Ökologie als „scientific natural history" definiert und ODUM (1963) verstand darunter „the study of the structure and function of nature".

In eine mehr biogeographische Richtung gehen die Definitionen von ANDREWARTHA (1961; „Ecology is the scientific study of the distribution and abundance of organisms") und KREBS (1972; „Ecology is the scientific study of the interactions that determine the distribution and abundance of organisms"), da im Mittelpunkt ihrer

Betrachtung regionale Verbreitungsbedingungen und Arealstrukturen stehen. Dieser Ansatz findet eine konsequente Weiterentwicklung bei MACARTHUR und WILSON (1971; vgl. auch MACARTHUR 1972).

Die Erforschung komplexer Systeme mit ökologischen Methoden erwies sich in vielen Wissenschaften als fruchtbar. Das gilt insbesondere für die ökologische Landschaftsforschung, für die Verknüpfung von geographischem Forschungsziel und ökologischer Methode. Solange klar erkannt wird, daß die Methode eine ökologische ist, bleibt der ursprüngliche Sinn gewahrt. Der Geograph SOÇAVA (1972, Seite 89) weist nachdrücklich darauf hin, daß „die Ökologie von uns hier als biologische Disziplin aufgefaßt wird, welche die Struktur und die Funktionen der ökologischen Systeme aller Größenordnungen erforscht" (vgl. auch KLINK 1974, LESER 1976, NEEF 1968). SCHMITHÜSEN (1974) zeigte, daß in der ökologischen Landschaftsforschung (= Landschaftsökologie im Sinne von TROLL 1939; Geoökologie) diese klare Differenzierung nicht immer beibehalten wurde: „Zwei prinzipiell unterschiedliche Auslegungen des Begriffes stehen einander gegenüber, was aber offenbar manchen Autoren, die das Wort benutzen, noch nicht bewußt ist und daher leicht zu Mißverständnissen führt".

Die eine Seite verwendet den Terminus im Sinne des biologischen Wissenschaftsbegriffes, wie es auch schon TROLL (1939) verstanden wissen wollte, die andere kommt durch einfache „Rückübersetzung" des Wortes Landschaftsökologie zum Begriff der Landschaftshaushaltslehre, die nicht mehr an Leben-Umwelt-Relationen gebunden ist, sondern auch Stoff- und Energiekreisläufe in „leblosen" Räumen untersucht.

Ein völlig anderer Aspekt ergibt sich für die Ökologie durch die Einbeziehung des Menschen. Hier scheint ein wesentlich größeres Problem zu liegen, da der Umfang des Ökologiebegriffes dadurch maßgeblich entschieden wird. Die Anfänge zu einer Begriffsausweitung werden häufig in der Geographie mit den Arbeiten von BARROW (1923) und in der Ökologie mit FRIEDERICHS' (1937) holistischem Ansatz korreliert, setzen jedoch in Wirklichkeit wesentlich früher an. Sie werden einerseits getragen von der Soziologie (Sozialökologie, Humanökologie, Anthropoökologie), entwickeln sich andererseits folgerichtig aus Abgrenzungsschwierigkeiten zwischen Ökologie und Verhaltensforschung (vgl. KLOPFER 1968, BATESON und KLOPFER 1976). Für ODUM (1971) ist „human ecology" nichts anderes als „population ecology of a very special species – man!"

Dabei sind die Unterschiede zwischen „Naturvölkern" (vgl. u. a. VAYDA 1976) und Populationen der technisch-kommerziellen Industrienationen nur gradueller, nicht prinzipieller Art.

Ohne auf die in der amerikanischen Literatur häufig unbekümmert synonym verwendeten „Human ecology" und „Social ecology" eingehen zu wollen, sind Stellungnahmen von Soziologen zu dem, was sie unter Sozialökologie verstehen, hier sicherlich hilfreich.

Für WALLNER (1972, Seite 179) sind „Stadt und Raum Forschungsgegenstand der Sozialökologie, die im wesentlichen die räumliche Umwelt-Bezogenheit des sozialen Lebens bestimmter Schichten, Gruppen oder ganzer Gemeinden untersucht". Von DUNCAN (1969) wird die gesamte Ökologie gleich zur Soziologie gestellt: „Seit ihren Anfängen war die Ökologie deshalb eine im wesentlichen soziologische Disziplin, wenn auch die ersten Untersuchungen, die unter dem Namen Ökologie liefen, auf Pflanzen und Tiere beschränkt waren."

Grenzziehungen, die aus methodischen Gründen notwendig sind, beginnen zu verschwimmen. Jede Adaptation des Menschen an seinen Lebensraum, von einer rein modifikatorisch bedingten Erythrozytenvermehrung in den Hochlagen der Erde bis zur Kunst und Kultur, wird Teilaspekt der „Ökologie". KLOPFER (1968) hat deutlich herausgearbeitet, wo „psychologische Gesichtspunkte" helfen können, ökologische Probleme zu lösen, und besonders LORENZ und seine Schule haben die Zusammenhänge zwischen Verhaltensforschung und Ökologie dargestellt.

Dadurch wurde jedoch aus der Ökologie keine Psychologie und aus der Verhaltensforschung keine Ökologie.

In diesem Zusammenhang ist es erwähnenswert, daß von manchen Autoren die Sozialökologie als Teilgebiet der „sozialen Morphologie" angesehen wird.

„Die Entwicklung der mehr soziologischen Variante der Sozialökologie – also der Versuch, Strukturen und Prozesse in sozialen Systemen mit einer bestimmten räumlichen Basis zu erklären – stellt aber logisch, theoretisch und methodisch die Eigenständigkeit der Sozialökologie wachsend in Frage. Sozialökologie wird immer mehr ein Teil der Gemeindesoziologie" (KÖNIG 1967).

Daß menschlich-soziales Leben ein Teil der Natur ist, sich jedoch nicht darin erschöpft, ergibt sich bei kritischer Reflexion von selbst. Nicht nur historische Fairneß, sondern ebenso die aufgezeigten Gefahren einer inhaltlichen Erweiterung gebieten es, den Ökologiebegriff in jener Form als Wissenschaftsbegriff zu erhalten, wie er von HAECKEL bereits 1866 formuliert wurde. Danach untersucht die Ökologie die naturgesetzlich faßbaren Wechselbeziehungen zwischen Organismen (Pflanze, Tier, Mensch) und deren Außenwelt. Es ist m. E. jedoch selbstverständlich, daß vor allem die Humanökologie (vgl. EHRLICH, EHRLICH und HOLDREN 1973, LEVINE 1975) zum vollen Verständnis ihrer Probleme Kenntnis von soziologischen, psychologischen, letztlich von allen den Menschen betreffenden Forschungsergebnissen haben muß. Obwohl ich mit FRIEDERICHS (1973) in vielen Ansichten übereinstimme, möchte ich seiner Ausweitung des Ökologiebegriffes als alle Wissenschaften umfassender methodischer Ansatz entgegentreten. Sehr viele andere Wissenschaftler rechnen diese ganzheitliche synthetische Sicht der Dinge ebenfalls zu ihrem spezifischen Forschungsanliegen.

1.3 Biogeographie, Landschaft und Umweltschutz

Hinter dem Landschafts- und Umweltschutzbegriff verbergen sich ähnliche inhaltliche und terminologische Probleme. Da die Biogeographie mit beiden Begriffen arbeiten muß, erscheint auch ihre Definition gerechtfertigt.

1.3.1 Landschaft

Landschaft ist ein mehrdeutig verwandter Begriff. In der wissenschaftlichen Geographie impliziert er die Beschaffenheit eines aufgrund der Gesamtbetrachtung als Einheit erfaßbaren Teils der Erdhülle (Geosphäre) von geographisch relevanter Größenordnung (SCHMITHÜSEN 1964). Die „Beschaffenheit" beinhaltet das „Zusammenbestehende im Raum" (ALEXANDER VON HUMBOLDT 1808), ein dynamisches System von Raumstrukturen. Vom Wesen der Geosphäre her, dem ranghöchsten Ökosystem, sind die Grundeinheiten der Landschaften als Wirkungsgefüge (Synergosen) zu verstehen, für die zu erforschen gilt, wie stark sie anorganisch, organisch (biotisch) oder vom Geist des Menschen bestimmt und geformt sind (SCHMITHÜSEN 1975, 1977). Anorganische „Naturlandschaften" (z. B. Eiswüsten), belebte Naturlandschaften und Kulturlandschaften kennzeichnen sprachlich die jeweils vorherrschenden Gestaltungsfaktoren. Die kleinsten naturgegebenen (abiotischen) Grundeinheiten einer Landschaft sind die Fliesen (Physiotope), die mit ähnlichen abiotischen Bereichen, mit denen sie durch Wechselwirkungen eng verknüpft sind, zu einem Fliesengefüge (Physiochor) zusammengefaßt werden können. Durch diese abiotischen Bestandteile hat die Landschaft ein räumliches Grundgerüst, das sich auch bei stärkster menschlicher Beeinflussung und Überlagerung erhält (Naturraum, vgl. NEEF et al. 1973). An diese Struktur ist die lebendige Welt durch vielfältige Wechselbeziehungen räumlich gebunden. Die abiotischen und biotischen Komponenten sind in ihrer Verbreitung und ihren Standorten völlig oder hochgradig determiniert. Das Gesamtgefüge aller räumlich vereinigten abiotischen und nicht geistbestimmten biotischen Faktoren ist die Landesnatur. In der belebten Naturlandschaft finden wir eine im Sinne der Ökologie gesetzmäßige Ordnung, die durch die anorganischen Grundlagen der Landschaft räumlich determiniert ist. Als wissenschaftlicher Grundbegriff ist die „Landschaft", trotz Mehrdeutigkeit des Wortes, für die Geographie von ähnlichem Rang wie Lebensgemeinschaft für den Ökologen, Epoche für den Historiker, Gestein für den Petrographen oder Population für den Evolutionsgenetiker. Die Landschaft als „Totalcharakter einer Erdgegend" im Sinne von ALEXANDER VON HUMBOLDT (1808), als „die einem Lande eigentümliche Gestalt" (RITTER 1822) oder als „Einheit stufenweise integrierter Lokalsysteme" (ROSENKRANZ 1850) ist durch vergleichende Beobachtung, analytische Methoden und Abstraktion erfaßbar (BOBEK und SCHMITHÜSEN 1967). Als Begriff bezieht sie sich immer auf den gesamten Inhalt eines Teilstücks der Erdoberfläche, „soweit er normativer Betrachtung zugänglich ist" (SCHMITHÜSEN 1964; vgl. auch NEEF 1967).

Jede Landschaftseinheit (Synergose) zeichnet sich durch charakteristische Merkmale aus (synergetisch isomorph), die in ihrer räumlichen Verbreitung zu Landschaftsräumen (Synergochoren), den Elementarbausteinen der Landeskunde, zusammengefaßt werden können. Landschaftsforschung (Synergetik) wird damit zu einer wichtigen Grundlage der Länderkunde (Choretik).

Landschaftsplanung ist eine Teilaufgabe der Territorialplanung. Sie koordiniert alle auf die Landschaft einwirkenden natürlichen und gesellschaftlichen Faktoren, „insbesondere die aus technisch-ökonomischen Vorhaben notwendig werdenden Veränderungen, und stellt das Resultat mit entsprechenden Forderungen und Auflagen in Planwerken und Projekten der Territorialplanung dar" (NEEF et al. 1973).

„Landschaftsplanung ist in der Bundesrepublik Deutschland mehrstufig strukturiert: auf Landesebene werden Landschaftsprogramme, Landschaftspflegeprogramme o. a. erarbeitet, auf regionaler Ebene in der Regel Landschaftsrahmenpläne, auf der örtlichen Planungsebene Landschaftspläne, Grünordnungspläne, landespflegerische Begleitpläne sowie weitere Detailpläne" (WERKMEISTER 1977).

Das Wort „lantscaf" taucht erstmals im Jahre 830 als Übersetzung des lateinischen Wortes „regio" auf. Das englische „landscape" spricht dagegen die „Landesgestalt" an. Bis zum 15. Jahrhundert wurde das Wort Landschaft überwiegend im Sinne von Gebiet, Gegend oder Territorium verwandt. Erst mit der Entwicklung der Malerei an der Wende der Neuzeit erhielt es eine neue Bedeutung. „Landschaft" wurde zum

Inhalt eines Erdraumes und in der Landschaftsmalerei zum selbständigen Darstellungsobjekt. Die Vorgeschichte des wissenschaftlichen Landschaftsbegriffs entwickelt sich während dieser Zeit (SCHMITHÜSEN 1968, 1973).

1.3.2 Umweltschutz

Die aus der Landschaftsforschung resultierende Landschaftsbewertung liefert Grundlagen u. a. zum Schutz und zur zweckmäßigen Nutzung der Landschaften. Die naturfaktorielle Matrix der Landschaften ist ein Synonym zur „formalen Umweltqualität" im Sinne von BUGMANN (1975), während in der „funktionalen Umweltqualität die subjektiven Ansprüche des Menschen an Elemente, Sphären und Wirkungsgefüge der Natürlichen, Gebauten und Sozialen Umwelt im Hinblick auf gewünschte Wirkungen und Benutzungsmöglichkeiten" gesehen werden (BUGMANN 1975, Seite 15). Umweltschutz wird von uns ausschließlich als Schutz der formalen Umweltqualität verstanden. Damit ist nur jene Umwelt angesprochen, die RIZINI (1976) in seiner hervorragenden „Fitogeografia do Brasil" als Naturkräfte formulierte, die das Leben umgeben und bestimmen („Ambiente = Ou soma das forças da Natureza Circunjacente que atuam sobre os seres vivos"). Unter Umweltschutz lassen sich alle Maßnahmen zur langfristigen Sicherung des Zusammenwirkens der Kräfte verstehen, die das Leben an einer Erdstelle bedingen und erhalten. Diese Definition umfaßt sowohl den „Schutz der Umwelt vor der Schädigung durch die Menschen" und den „Schutz der Menschen vor den zeitgenössischen Auswirkungen einer geschädigten Umwelt" (JETTER 1977, Seite 14).

Umweltschutz zielt deshalb auf eine Reduktion der Belastung und eine Verbesserung der Selbstregulationsfähigkeit von Ökosystemen. Der Schutz einzelner Organismen bzw. einzelner Umweltfaktoren ordnet sich entsprechend der jeweiligen Bedeutung für die Selbstregulation und Stabilität eines belebten Systems diesem Ziel unter. Vom Menschen aus betrachtet umfaßt Umweltschutz primär alle erforderlichen Maßnahmen, die zur Sicherung seiner natürlichen Umwelt, seiner Gesundheit und für sein „menschenwürdiges Dasein" getroffen werden müssen. Daraus erst ergibt sich der Schutz der Naturgrundlagen seiner Existenz (Boden, Wasser, Luft, Organismen) und die Verpflichtung, die durch menschliche Eingriffe bedingten nachteiligen Umweltveränderungen zu verhindern oder zu beseitigen. Der hierzu notwendige Maßnahmenkatalog umfaßt sowohl die Raumordnung (Umweltplanung), die Technologie (u. a. umweltfreundliche Technologien), die Biogeographie und Ökologie (u. a. Einsatz lebendiger Systeme zur Belastungsreduktion; Artenauswahl; Grünflächen), die Rechtsprechung (Umweltschutzgesetze) und die Erziehung (Erziehung zu einem umweltbewußten Verhalten). Diese in den meisten Ländern allgemein anerkannten Umweltschutzziele werden durch internationale Abmachungen (u. a. Angleichung der Meßmethoden, gemeinsame Umweltpolitik, internationales Umweltschutzrecht) zur Vermeidung von Wettbewerbsverzerrungen abgesichert.

1.4 Geschichte der Biogeographie

Eine Geschichte der „Arealsystem-Theorie" fehlt. Sie kann auch erst geschrieben werden, wenn der Anteil vegetations- und zoogeographischer Entwicklungstendenzen, systemtheoretisch-analytischer Erkenntnisse, Fortentwicklung naturwissenschaftlicher Methoden, phylogenetischer Theorienbildung und ökosystemarer Forschungsergebnisse in ihrer Bedeutung zueinander deutlicher gesehen werden kann. Dazu ist ein weiterer zeitlicher Abstand notwendig. Dennoch erscheint es sinnvoll, wenigstens einige Linien aufzuzeigen, die der Geschichte der Biogeographie, insbesondere jedoch der Zoo- und Vegetationsgeographie, zugeordnet werden können. Ihr Anfang ist zugleich Geschichte der Naturwissenschaft, der Geographie und der Biologie. Erst im 19. Jahrhundert tritt die „Verbreitung" als Forschungsobjekt in den Vordergrund.

HIPPOKRATES (460 bis 375) wird als Begründer einer „Umweltlehre des Menschen" angesehen, da er zum erstenmal physische Umweltfaktoren mit den körperlichen und geistigen Eigenschaften des Menschen in Beziehung brachte. Sein System der vier Elemente (Feuer, Luft, Wasser, Erde) hatte naturgemäß keine Beziehung zur Physiologie, seine Pangenesis-Überzeugung (wonach der Same ein Materialauszug des väterlichen Körpers war) lieferte jedoch eine über Umweltbeziehungen hinausgehende Erklärung für die Ähnlichkeit verwandter Gruppen. PLATO (427 bis 347) und ARISTOTOLES (384 bis 322) entwickelten seine Ideen weiter, und ein Schüler der „Ein-Mann-Universität" Aristoteles, THEOPHRAST (372 bis 288), der die botanische Ausbeute des Alexanderzuges bearbeitete, unterschied in seiner „Naturgeschichte der Gewächse" erstmals Wuchs- und Lebensformen (u. a. Zwergsträucher, Kräuter, Wasserpflanzen, amphibische Pflanzen, Landpflanzen) und erkannte durch vergleichende Betrachtung, daß das Klima und nicht der Boden die Früchte reife. Er schlug vor, daß der wahre Wissenschaftler die Naturvorgänge durch Aufklärung der sie bedingenden Prozesse verdeutlichen solle, was von seinem Nachfolger, STRATON aus Lampsakos, durch experimentelle Untersuchungen in die Tat umgesetzt wurde.

Diese frühen Ansätze sind erwähnenswert, weil ihr Gedankengut im 12. Jahrhundert an verschiedenen Stellen erneut auflebte (HAYS 1972, MASON 1974).

Anfänge zu einer Betrachtung der Tiere im Raum finden sich erst bei ALBERTUS MAGNUS (1193 bis 1280), FRANZ VON ASSISI (1181 bis 1226) und FRIEDRICH II. VON HOHENSTAUFEN (1194 bis 1250). Bei FRANZ VON ASSISI werden erstmals Tiere als Mitbewohner der Erde anerkannt, in FRIEDRICHS Falknerbuch über „Die Kunst, mit Vögeln zu jagen" sorgfältige Beobachtungen über Vogel und Raum wiedergegeben. „Wo es angebracht war, sind wir in unserem Werk auch dem Aristoteles gefolgt. In vielen Fällen jedoch, besonders hinsichtlich der Natur mancher Vögel, scheint er, wie uns die Erfahrung gelehrt hat, von der Wahrheit abzuweichen... Oft fügt er dem, worüber er in seinem Tierbuch berichtet, hinzu, daß man so gesagt hätte; aber das, was irgendwer behauptet hat, sah vielleicht weder er selbst noch wer es sagte; denn Gewißheit erlangt man nicht durch das aber..." Diese kritische Einstellung besaß ALBERTUS MAGNUS nicht. Er beschrieb in seinem Werk „De animalibus" (26 Bände) die damals bekannte Tierwelt, übernahm dabei allerdings das Wissen von THOMAS VON CANTIMPRE (De natura verum) und ließ dessen Fabeln weiterleben. CHU HSI (1131 bis 1200), der vielleicht bedeutendste Neukonfuzianer Chinas, erkannte etwa zur gleichen Zeit, daß die Fossilien Überreste organischer Wesen sind. Er schrieb, daß „man auf hohen Bergen häufig Muscheln und Austernschalen sieht, die bisweilen in

Felsen eingebettet sind. Diese Felsen bildeten einstmals den Erdboden, und die Schalentiere und Austern lebten im Wasser. Späterhin wurde alles umgestülpt. Dinge vom Boden kamen nach oben, und das Weiche wurde hart. Sorgfältiges Nachdenken über diese Tatsachen wird zu weitreichenden Schlüssen führen."

„Der wahre Forscher", so sagte der in Oxford lehrende Franziskaner ROGER BACON (1214 bis 1294), sollte „Naturwissenschaft, Heilmittel, Alchemie und alle Dinge im Himmel und darunter durch das Experiment prüfen und sollte beschämt sein, wenn irgendein Laie, eine alte Frau, ein Bauer oder ein Soldat etwas über die Erde wüßte, was ihm unbekannt wäre."

Nach der Entdeckung der „Landschaft" in der Malerei finden wir erst bei LEONARDO DA VINCI (1452 bis 1519) weitere Anregungen, die Grundlagen für erste biogeographische Einsichten darstellten. Er kannte nicht mehr den Horror vor dem Gebirge. Im Monte-Rosa-Gebiet lernte er die vertikale Gliederung eines Berges bis zur Schneegrenze mit ihrer spezifischen Organismenwelt kennen.

PARACELSUS (1493 bis 1541; = Theophrastus Bombastus von Hohenheim) setzte die Beobachtung an die Stelle des Studiums alter Schriftsteller und betonte: „Ich halte mich nur an das, was ich selbst gefunden und durch Übung und Erfahrung bestätigt gesehen habe." Auf seinen Reisen durch Europa beobachtete er Pflanzen an ihren natürlichen Standorten (Zeit der Kräuterbücher).

OTTO BRUNFELS (1488 bis 1534), den LINNÉ (1707 bis 1778) den Vater der Botanik nannte, veröffentlichte das erste Kräuterbuch 1532 („Contrafayt Kräuterbuch") und HIERONYMUS BOCK (1498 bis 1554), der 1539 sein „Neu-Kreutter-Buch von Underscheydt, Würckung und Namen der Kreutter, so in teutschen Landen wachsen" herausbrachte, gab zum erstenmal die Fundorte der Pflanzen an. Mediziner, die sich immer stärker von dem scholastischen Denken und ebenso von dem Rückgriff auf die Antike absetzten und die eigene Beobachtung und das kritische Denken als die eigentliche Grundlage echter Wissenschaft erkannten, prägten die weitere Entwicklung (SCHMITHÜSEN 1970).

Hier ist besonders CONRAD GESSNER (1516 bis 1565), der „deutsche Plinius", einer der ersten großen Bibliographen, zu nennen, dessen Leidenschaft „selbstloser Dienst an der Wissenschaft" war, eine zu seiner Zeit neue Lebensform. In seiner Bibliotheca Universalis (1545) stellte er umfangreiche kritische Bibliographien (3000 Autoren) der verschiedensten Sachgebiete zusammen. Seine „Historia animalium" (7 Bände) war eines der ersten Werke der wissenschaftlichen Zoologie, und er dürfte einer der ersten Forscher gewesen sein, der sich mit der Lebewelt der Seen, Flüsse und Berge beschäftigte. Als 25jähriger schrieb er: „Ich bin für die Zukunft fest entschlossen, in jedem Jahr verschiedene Berge, zum mindestens einen zu besteigen, teils um botanische Studien zu machen, teils um den Körper würdig zu üben und den Geist frisch zu erhalten."

CUVIER nannte GESSNERS 1551 erschienenes „Thierbuch" „la première base de toute la zoologie moderne". 147 verschiedene Säugetiere, Reptilien und Amphibienarten werden im ersten Band in alphabetischer Reihenfolge abgehandelt, Vorkommen, Lebensweise und Ernährung jeder Art sorgfältig dargestellt. In seinem 1555 erschienenen Vogelbuch erwähnt er 316 Vogelformen, darunter erstmals 7 einheimische Meisenarten und die beiden Goldhähnchenarten, die er nach ihrem Zugverhalten unterschied. Erstmals beschreibt er Paradiesvögel aus Neuguinea, Papageien aus Surinam, die südamerikanische Moschusente und den nordamerikanischen Truthahn. Fledermäuse erscheinen noch unter den Vögeln. Seine Beobachtung, daß Pflanzen und Tiere unterschiedlich verbreitet sind, und Gedanken über die diese Verbreitungsbilder bedingende Ursache haben u. a. zu dem ersten Versuch einer klimatischen Höhengliederung der Alpen geführt. CHARLES DE LECLUSE (1526 bis 1609; = Clusius) durchforschte zur gleichen Zeit die Pflanzenwelt Südfrankreichs. In seinen Arbeiten werden im Gegensatz zu früheren Kräuterbüchern die beschriebenen Pflanzen nicht mehr nach ihrer Nützlichkeit ausgewählt. Lange vor ALBRECHT HALLER (1708 bis 1777) beschreibt er die Physiogenomie der Alpenpflanzen.

1535 wurde LEONHART FUCHS an die Universität in Tübingen berufen, wo er selbst für die Studenten der Medizin botanische Exkursionen durchführte (BOBAT und MÄGDEFRAU 1975). 1542 veröffentlichte er sein illustriertes Pflanzenbuch „De historia stirpium" (1543 erschienen als „New Kreuterbuch").

Besonders erwähnt werden muß auch HANS STADEN und sein 1557 erschienenes Buch „Warhaftig Historia und beschreibung eyner Landtschafft der Wilden/Nacketen/Grimmigen Menschfresser Leuthen/ in der Newenwelt America gelegen/ vor und nach Christi geburt im Land zu Hessen unbekant/biß uff dise u. nechst vergangene jar/ Da sie Hans Staden von Homberg auß Hessen durch sein eygne erfarung erkant/ und yetzo durch den truck an tag gibt." Stadens Buch war nicht nur eine der ersten völkerkundlichen Monographien aus der Neuen Welt, sondern auch eine sehr detaillierte Schilderung der dort vorkommenden Pflanzen und Tierarten; u. a. beobachtete er in Brasilien, daß Meeresfische ins süße Wasser steigen (Mugiliden), um dort zu laichen.

JOSIAS SIMLER (1530 bis 1576) veröffentlichte 1574 die erste geographische Monographie der Alpen, deren drei letzte Kapitel sich mit den Organismen (Von den Bäumen der Alpen, Futterpflanzen und Kräuter, Die Tierwelt der Alpen) beschäftigen.

BERNARD VARENIUS (1621 bis 1650), der bedeutendste Geograph der frühen Neuzeit, verband Hochachtung für die Schriften des Altertums mit der Forderung nach kritischer Arbeit auf Grund exakter Beobachtung und mathematischer Durchdringung. Damit erzog er seine Schüler zu einer neuen Auffassung der Wissenschaft.

1649 promovierte er mit einer Arbeit über die Theorie des Wechselfiebers. Seine Bedeutung liegt darin, daß er den Stoff, soweit er für ihn zugänglich und überschaubar war, in ein System gebracht hat. Ein Teil seiner Gegenstandsgruppen, wie Wälder, Wüsten, Flüsse, Seen, sind ganzheitlich begriffene Bestandteile der Landschaft (SCHMITHÜSEN 1970).

Zu den schönsten deutschen Druckwerken der Barockzeit gehört die Ulmer Kupferbibel des Züricher Stadtarztes JOHANN JACOB SCHEUCHZER (1672 bis 1733), in der eine der „interessantesten Fehldeutungen (WEYL 1966) aus der Geschichte der geistigen Entwicklung enthalten" ist. Sie beruhte auf einem am Bodensee im Raume der heutigen Universität Konstanz gemachten Fossilfund, dem als vorsintflutlichen Menschen mißdeuteten Riesensalamander *Andrias scheuchzeri*.

Unabhängig davon spiegelt sich in J. J. SCHEUCHZER die Schwierigkeit der Geburt einer naturwissenschaftlichen Palaeontologie. SCHEUCHZER ist, trotz des Irrwegs, den er einschlug, einer der Begründer der Versteinerungskunde geworden. „Während aber für ihn Lebewelt das Werk eines einmaligen göttlichen Schöpfungsaktes war, hat die auf seiner und seiner Zeitgenossen Erkenntnis aufbauende Palaeontologie zeigen können, daß sich das Leben im Laufe von etwa einer Milliarde Jahren aus einfachsten Anfängen zu seinen heutigen höchst komplizierten Formen entwickelt hat. Sie hat damit einen entscheidenden Beitrag zur Kenntnis vom Leben geliefert und ist dank immer neuer Funde und neuer Arbeitsmethoden auch heute noch dazu berufen, unser Verständnis für die Geschichte des Lebens zu vertiefen." (WEYL 1966). „Ordnung" in die belebte Welt der Natur brachte LINNÉ (1707 bis 1788) mit seinem „Systema naturae". Er erkannte jedoch auch die Bedeutung der Phänologie für die Klimatologie. Um die klimatischen Unterschiede von Erdgegenden kartographisch darstellen zu können, empfahl er, man solle planmäßig die Aufblühtermine von Pflanzen und die Bewegungstermine von Tieren beobachten und Klimakarten aus Floren- und Faunenkalendern ableiten.

Sein Zeitgenosse HALLER (1708 bis 1777) ist in der Germanistik (Alpengedicht) ebenso bekannt wie in der Botanik (physiognomische Schilderung der Vegetation). Seine beiden großen Werke über die Pflanzenwelt der Schweiz sind für die Biogeographie interessant, weil darin klarer als je zuvor die klimatisch bedingte Höhengliederung der Vegetation geschildert ist. Gleichzeitig mit HALLER dachte auch JOHANN GEORG GMELIN (1709 bis 1755), der durch seine Reisen in Sibirien berühmt wurde, und ab 1749 Professor für Botanik und Chemie in Tübingen war. BUFFONs (1707 bis 1788) „Histoire naturelle" ist besonders interessant wegen der darin formulierten Ideen zur Entwicklung der Tierverbreitung auf der Erde. Er nahm an, daß die Tiere sich von den Polen her über die Erde ausgebreitet hätten, und dachte dabei auch an die Umwandlungen von Arten unter dem Einfluß der Klimaunterschiede. Bei ihm finden sich Vorstellungen über ehemalige Landbrücken, denn für seine Ideen über die Ausbreitung der Tiere benötigte er z.B. ein hypothetisches „Atlantis" als Landverbindung nach Amerika. PETER SIMON PALLAS (1741 bis 1811), Mediziner und Zoologe, stellte erstmals den Vegetationscharakter der südrussischen Steppen in seiner Abhängigkeit von den Klimabedingungen des Raumes dar. EBERHARD WILHELM ZIMMERMANN (1743 bis 1815) ist der erste bedeutende deutsche Tiergeograph. Seine tiergeographischen Werke gingen aus monographischen Bearbeitungen einzelner Tiergruppen hervor. Als seine Zeitgenossen studierten SAUSSURE (1740 bis 1799), RAMOND (1756 bis 1827) und SOULAVIE (1752 bis 1813) bioklimatische Probleme. Besonders SOULAVIE war es, der erkennen wollte, welche Gesetze der Schöpfer in die Verteilung der Lebewesen gelegt hatte. Aus fossilen Pflanzenfunden schloß er auf die Temperatur früherer Erdperioden. (Orangenklima, Ölbaumklima, Rebenklima, Kastanienklima, Alpenpflanzenklima).

ARTHUR YOUNG (1741 bis 1820) stellte 1790 die Nordgrenzen des Ölbaumes, des Weinstocks und des Mais fest, vielleicht angeregt durch SOULAVIE. WILDENOW (1765 bis 1812) ging noch einen Schritt weiter, wenn er formulierte: „Unter Geschichte der Pflanzen verstehen wir den Einfluß des Klimas auf die Vegetation, die Veränderungen, welche die Gewächse wahrscheinlich erlitten haben, wie die Natur für die Erhaltung derselben sorgt, die Wanderungen der Gewächse und endlich ihre Verbreitung über den Erdball."

WILDENOW wies darauf hin, daß in manchen Gebieten der Mensch bereits vieles verändert habe und daß gewisse Probleme nur dort zu erforschen seien, „wo die Natur noch ungestört hat wirken können." Damit wurde zum erstenmal der Unterschied von Kultur- und Naturlandschaft angedeutet.

Am Anfang der modernen Pflanzengeographie steht jedoch ALEXANDER VON HUMBOLDT (1769 bis 1859). Was vor ihm ebenfalls HOMMEYER (1750 bis 1815) erkannte, daß nämlich nicht allein die Grenzkriterien von Bedeutung seien, sondern ebenso die Inhalte (Beginn einer vergleichenden räumlichen Analyse), wurde bei HUMBOLDT zur Methode. In seiner „Physiognomik der Gewächse" stellt er Grundsätze auf, die die Pflanzengeographie der Folgezeit bestimmen. Auf ihn geht der Begriff der „Pflanzenassoziation" zurück. Die Vegetation als das Bestimmende für den Gestaltcharakter einer Erdgegend und damit die Landschaft sind für Humboldt Ausgangspunkt und wichtigstes Ziel seines Interesses für die Pflanzenwelt.

J. F. Schouw (1787 bis 1852) grenzt als erster das Forschungsgebiet der Pflanzengeographie ab und unterscheidet eine Ortslehre der Pflanzen von einer botanischen Geographie. In seinem Atlas der Pflanzenverbreitung sind die ersten pflanzengeographischen Karten enthalten.

Von O. Heer erschien 1835 eine Arbeit: „Vegetationsverhältnisse des südöstlichen Teils des Kantons Glarus", wo die Pflanzenwelt in Gesellschaften nach Landschaftseinheiten charakterisiert wurde (Begründer der Pflanzensoziologie), und A. Grisebach prägt 1872 in seiner „Vegetation der Erde" den Begriff Pflanzenformation, worunter er Pflanzenkomplexe mit geschlossenem physiognomischem Charakter verstand.

Wilhelm Philipp Schimper (1808 bis 1880) gilt als Begründer der „Bryogeographie". Gemeinsam mit dem Apotheker Philipp Bruch begann er 1836 mit der Herausgabe der „Bryologia Europaea" (abgeschlossen 1866; vgl. Mägdefrau 1975).

Als Humboldt zu denken aufhörte, erschien die Arbeit des „Kopernikus der modernen Biologie" (Haeckel). Die Welt wurde verändert mit Charles Darwins (1809 bis 1882) Werk „On the origin of species by means of natural selection" (erschienen 1859). Bedeutsam für die Biogeographie ist jedoch, daß es Verbreitungstatsachen, die Darwin auf seiner Weltreise kennenlernte, waren, die den Anstoß und die Beweise für seine Deszendenztheorie lieferten. Es ist nicht verwunderlich, daß gleichzeitig mit ihm A. R. Wallace im Gebiet der Sunda-Inseln zu analogen Schlußfolgerungen kommen mußte.

Wallace und Darwin prägten die Zoogeographie entscheidend. Während u. a. auch durch Humboldt eine stärker ökologische Sicht für die Vegetationsgeographie prägend wurde, bestimmten Wallace und Darwin die historisch-evolutionsgenetische Sicht der Zoogeographie nachhaltig.

Um die Jahrhundertwende erscheinen eine Fülle ökologisch ausgerichteter Vegetations- und Zoogeographien. Die Vegetationsgeographien von Schimper (1898) und Warming (1895, 1907) sind Beispiele dafür. Die Zoogeographie beginnt unter dem Einfluß des Genies Haeckel (1866) und angeregt durch Moebius (1877), ökologisch zu denken. Ekman (1876 bis 1964) und Friederichs (1878 bis 1969) arbeiten in dieser Zeit, und Hesse (1924) erkennt, daß „die historische Tiergeographie eifrig ausgebaut worden ist und heute eine schöne Reihe wohlbegründeter und zusammenhängender Ergebnisse zeigt. Nach keiner Richtung aber auch wurde in der Tiergeographie mehr gesündigt als hier, durch ungenügend begründete und leichtfertige Hypothesen." Dieser historisch begründete Widerspruch zwischen Ökologie und Geschichte läßt sich in vielen „Tiergeographien" bis in die Mitte unseres Jahrhunderts weiter verfolgen, ganz im Gegensatz zur Vegetationsgeographie (vgl. u. a. Dansereau 1957, Schmithüsen 1968, Cole 1975). Erst de Lattin (1967) und Udvardy (1969) bekennen sich dazu, daß die Geschichte von Arealen nichts anderes ist als die Ökologie vergangener Zeiten. Areale stehen im Mittelpunkt. Sie sind jedoch über die sie aufbauenden Elemente, die als genetische Strukturen Geschichte und Fähigkeiten besitzen, verknüpft mit ihren Umwelt-Gedanken, die bei Andrewartha (1972) oder Krebs (1972) bereits im Mittelpunkt des Interesses stehen. Eine „arealsystemare" Betrachtung wurde dadurch ermöglicht.

2 Die Biosphäre

Wir haben uns daran gewöhnt, daß wir auf einem Planeten wohnen, auf dem Blumen blühen, Vögel aus Eiern schlüpfen, Menschen über die Grundlagen ihrer Existenz nachdenken. Sonnenauf- und Sonnenuntergang sind zu Selbstverständlichkeiten geworden. Längst haben wir begriffen, daß die Erde nur Teil, nicht einmal Zentrum des Universums ist. Eine Fülle theoretischer Überlegungen und experimenteller Befunde lassen vermuten, daß Leben auch auf anderen Planeten, in anderen Sonnensystemen, wenigstens denkbar ist. Aber je tiefer wir die Fragen nach den Grundlagen des Existierens und Reagierens lebender Systeme auf der Erde erforschen, um so größer wird unsere Bewunderung vor der maximal 20 km dünnen, belebten Hülle der Erde, die um die Jahrhundertwende den Namen Biosphäre erhielt. Sie ist die zerbrechliche Bühne, auf der sich zwischen belebten Systemen – vom einzelnen Organismus über die Lebensgemeinschaften bis zu komplex aufgebauten Ökosystemen – ein Zusammenwirken und Auseinandersetzen vollzieht, was letztlich zur Ausbildung von Großlebensräumen führt, die unsere Erde als tropische Regenwälder, Savannen oder boreale Nadelwälder überziehen. Sie bilden die *ökologische* Makrostruktur der Biosphäre, ein Muster, das in seinen Grundzügen bestimmt wird vom Zusammenspiel irdischer und kosmischer Kräfte. Es ist jedoch aufs engste verknüpft mit den Fähigkeiten und artspezifischen Besonderheiten der Organismen und Lebensgemeinschaften. Sie bilden die *genetische* Struktur unseres Planeten.

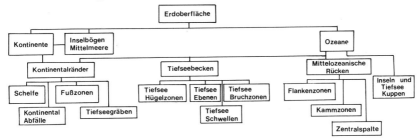

Abb. 2. Großgliederung der Erdoberfläche.

2.1 Bedingungen und Grenzen lebender Systeme in der Biosphäre

2.1.1 Biosphäre und Sonne

Die Biosphäre stellt den belebten Teil der Geosphäre, des ranghöchsten Ökosystems, dar. Sie ist der Lebensraum für alle lebendigen Systeme. Ihre wichtigste äußere Energiequelle ist die Sonne, deren mittlere Entfernung von der Erde $149,6 \cdot 10^6$ km, deren

Durchmesser $1,4 \cdot 10^6$ km (= 109 × Erddurchmesser) und deren effektive Strahlungstemperatur 5785 K beträgt (DOSE und RAUCHFUSS 1975). Sie, von Inkas, Japanern und den frühen Kulturen Ägyptens als Gott und Lebensspender verehrt, steuert ebenso Klima und Gasaustausch der Ozeane wie die Produktivität der Vegetation, die Aufblühtermine der Pflanzen und die Orientierung der Tiere in Raum und Zeit. Ihr Licht bestimmt, ob der Stamm einer Kartoffel zum grünen Stengel oder zur Knolle wird, ob manche Blattläuse Flügel bekommen oder nicht, ob der Mensch einen stabilen Knochenaufbau besitzt oder eine Biene, die sich nach der Polarisationsebene des Sonnenlichtes orientiert, den Weg von der Blume zum Stock zurückfindet. Ihre Beleuchtungsdauer entscheidet darüber, ob sich aus der Raupe eines Landkärtchens (*Araschnia levana*) die helle Frühjahrsform „*levana*" oder die dunkle Sommerform „*prorsa*" entwickelt, ob manche Insekten durch die Verkürzung der Tageslänge zur Puppenruhe „gezwungen" werden oder Lang- bzw. Kurztagspflanzen erblühen.

Die von der Sonne ausgestrahlte Energie stammt aus ihrem über 10 Mio. Grad heißen Inneren, wo Materie in Energie umgesetzt wird. Protonen, die Kerne der Wasserstoffatome, reagieren miteinander und lassen Alphateilchen (Kerne der Heliumatome), positive Betateilchen (Positronen) und Energie entstehen. In komplizierten Prozessen wird die erzeugte Energie in sichtbare, energiereiche Strahlung umgesetzt. Sie erreicht im Durchschnitt mit 1350 Watt/m²/Std. (= Solarkonstante) die obere Grenze der Atmosphäre, die unsere Erde schützend umgibt. Beim Eintritt in die Erdatmosphäre erfolgt eine Verringerung auf fast ⅓ des kosmischen Wertes (544 Watt/m²), und in Bodennähe treffen in Deutschland im Jahresdurchschnitt nur noch 114 Watt/m² ein. Dieser Wert ist naturgemäß abhängig von der jeweiligen Ortslage, von Klimafaktoren (Bewölkung u.a.) und den in der Atmosphäre verteilten Partikeln. Deshalb nimmt man für die gesamte Biosphäre einen Durchschnittswert von 220 W/m² an. Die vom Menschen erzeugte Energie beträgt insgesamt weniger als 1 Promille der eingestrahlten Sonnenenergie, doch gibt es bemerkenswerte regionale Ausnahmen.

Tab. 2.1. Verhältnis zwischen natürlichen und anthropogenen Energiequellen (BECK et al. 1973)

Energiequellen	$W \cdot m^{-2} \cdot h^{-1}$	Promille
1. Natürliche Wärmequellen		
Sonneneinstrahlung	220	1000
Erdwärme	0,062	0,3
2. Menschliche Energieumsätze		
Bei Verteilung auf Kontinente und Meere	0,016	0,07
Bei Verteilung auf Kontinente	0,054	0,25
Bei Verteilung auf regionale und lokale Energieumsätze		bezogen auf 114 W/m²
USA	0,24	2,1
West- und Mitteleuropa	0,74	8,5
Bundesrepublik Deutschland	1,36	13,6
Nordrhein-Westfalen	4,20	48
Manhattan	630	7200
Moskau	127	1100
Los Angeles	21	240

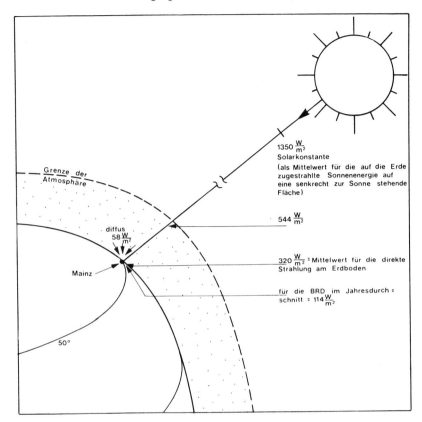

Abb. 3. Die Sonne ist die entscheidende Antriebskraft für die Biosphäre. Die von ihr ausgestrahlte Energie von 1350 W/m² erreicht jedoch nur mit durchschnittlich 320 W/m² den Erdboden.

Die primäre Strahlung der Sonne, astronomische Verhältnisse (Erdbahn, Neigung der Erdachse, z. Z. 23,5°; Stellung zu den Nachbarplaneten u. a.), Topographie und die Verteilung von Land und Meer (Festland der Erde = 148,9 × 10⁶ km² = 29%; Weltmeere = 361,1 × 10⁶ km² = 71%. Auf der Nordhalbkugel beträgt das Verhältnis Land : Meer = 39 : 61, auf der Südhalbkugel 19 : 81) greifen tief ein in die klimatischen Prozesse (LOCKWOOD 1974). Durch sie wird auch die jährlich im Umlauf befindliche Wassermenge der Biosphäre (= 496,1 × 10³ km³), die einer Wasserhöhe von rund 1 m entsprechen würde, verteilt.

Im Durchschnitt entfallen vom gesamten Wasserumsatz 82% auf die Weltmeere. Die Verdunstung über den Weltmeeren (= 1176 mm) übertrifft um 110 mm den dort fallenden Niederschlag. Der Unterschied wird durch den Abfluß von den Landflächen, wo im Mittel 746 mm Niederschlag fallen, aber nur 480 mm verdunsten, abgedeckt. Die Flußwasser der Kontinente gleichen damit das Defizit der Ozeane aus.

Zum Atlantik entwässert fast die Hälfte (19,3 × 10³ km³ = 49%) aller Zuflüsse.

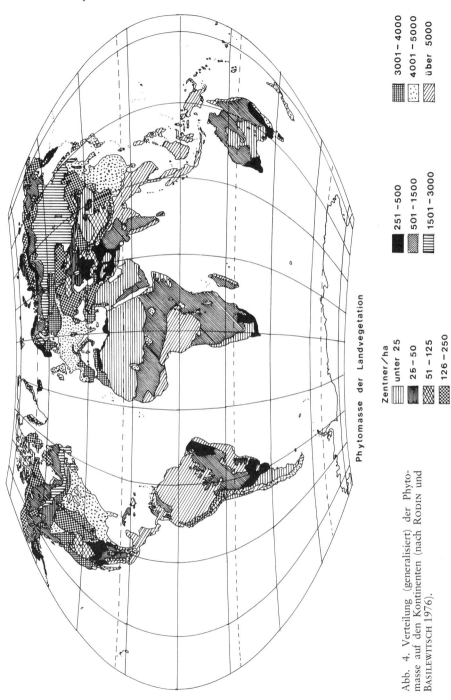

Phytomasse der Landvegetation

Zentner/ha

unter 25	
25–50	
51–125	
126–250	
251–500	
501–1500	
1501–3000	
3001–4000	
4001–5000	
über 5000	

Abb. 4. Verteilung (generalisiert) der Phytomasse auf den Kontinenten (nach RODIN und BASILEWITSCH 1976).

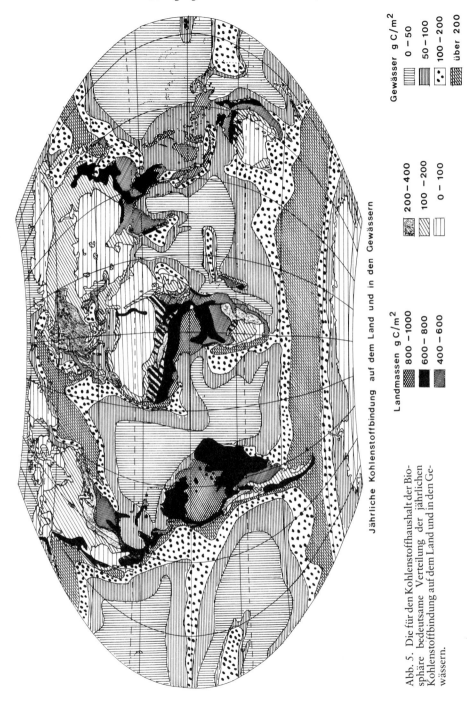

Gewässer g C/m²

0 – 50

50 – 100

100 – 200

über 200

Jährliche Kohlenstoffbindung auf dem Land und in den Gewässern

Landmassen g C/m²

800 – 1000

600 – 800

400 – 600

200 – 400

100 – 200

0 – 100

Abb. 5. Die für den Kohlenstoffhaushalt der Biosphäre bedeutsame Verteilung der jährlichen Kohlenstoffbindung auf dem Land und in den Gewässern.

Der Pazifik nimmt 30%, der Indische Ozean 14% und das Nordpolarmeer 7% auf. Dabei entfallen sowohl beim Pazifik als auch Atlantik jeweils 70% aller Zuflüsse auf deren Westküsten. Beim Indischen Ozean liegen die Verhältnisse umgekehrt.

Eine Fülle von chemischen und physikalischen Prozessen werden von dieser Maschinerie mitgesteuert. Lebendige Systeme mit unterschiedlicher Geschichte und oftmals abweichender genetischer Struktur werden von ihr zu groß- und kleinräumigen Systemen zusammengefügt. Zwar ist das Leben, gemessen an seinem Gewicht, unbedeutend (nur 0,1% der Geosphäre = 10^{14} bis 10^{15} Tonnen), im Wechselspiel mit den abiotischen Faktoren schafft es aber erst das ranghöchste Ökosystem, die Geosphäre.

Die jährliche Produktivität der Großlebensräume wird von Schwankungen abiotischer und biotischer Faktoren entscheidend beeinflußt (LIETH und WHITTAKER 1975).

Es liegt nahe, die eingestrahlten Energiemengen der Sonne für den Menschen nutzbar zu machen. Die Solartechnik ist deshalb in den letzten Jahren erheblich entwickelt worden, wobei sicherlich viele Energieprognosen sich als zu optimistisch – zumindest für den gegenwärtigen Stand – erweisen. Nach Auffassung von MOESTA (1976) ist derzeit „the practical use of solar energy more an economical than a scientific problem".

Der größte Teil der von der Sonne zur Erde gesandten UV-Strahlung wird durch den die Biosphäre begrenzenden Ozonschild abgeschirmt. Ohne diesen Schild wäre Leben auf unserem Planeten wegen der zu energiereichen Strahlung nicht möglich. Andererseits ist das farblose, stechend riechende Ozon, das sich als dreiatomige Modifikation des Sauerstoffs bei elektrischen Entladungen und unter Einfluß von ultravioletter Strahlung bildet, das stärkste Oxidationsmittel, dessen keimtötende Eigenschaften in der Praxis bei der Wasseraufbereitung und Luftverbesserung (Ozonierung) eingesetzt werden. Der Ozongehalt der Luft zeigt erhebliche Schwankungen und ist von der atmosphärischen Zirkulation abhängig. Im Winter ist die arktische Luft ozonreich, während die Tropen ganzjährig nur geringe Ozonkonzentrationen aufweisen (KARGIAN 1971, ALEXANDER 1975).

Daß die Sonne UV-Licht ausstrahlt, wurde durch Raketenmessungen geklärt. Überraschend war jedoch in den vergangenen Jahren die Feststellung eines rings um uns herum existierenden, leuchtenden Ultravioletthimmels, dessen Strahlung in einem charakteristischen Wellenlängenbereich von 1216 Å liegt. Die Natur dieser Strahlung hat seit den Tagen ihrer Entdeckung im Jahre 1962 viele Probleme aufgeworfen. Bei dieser Strahlung handelt es sich um die Lyman-Alpha-Strahlung, die von angeregtem Wasserstoff emittiert wird. Die Sonden Mariner V, Vela VII und OGO V konnten nachweisen, daß der Wasserstoff, welcher den Ultravioletthimmel erzeugt, sich unmittelbar in unserem Planetensystem befindet und durch die Strahlung der Sonne zum Leuchten angeregt wird.

2.1.2 Biosphäre, Nachbarplaneten und Mond

Während die Sonne tief eingreift in alle Lebensprozesse auf unserem Planeten, besitzen unsere Nachbarplaneten und der einzige Trabant der Erde, der im Durchschnitt 384 700 km entfernte Mond, eine untergeordnete bzw. keine Bedeutung.

Zwar spielt der Mond in frühzeitlichen Pflanzen- und Ackerbaukulturen, besonders im Zusammenhang mit weiblichen Gottheiten, eine besondere Rolle, und es hat nicht an Versuchen gefehlt, viele Phänomene menschlichen Lebens mit den Mond-

Tab. 2.2. Netto-Primärproduktion pro Jahr in verschiedenen Biomen der Biosphäre (nach LIETH und WHITTAKER 1975)

Biom-Typ	Gebiet (10^6 km²)	Netto-Primärproduktion-Trockensubstanz			Biomasse Trockensubstanz		
		Streuung (g·m⁻²)	Durchschnitt (g·m⁻²)	Total (10⁹ t)	Streuung (kg·m⁻²)	Durchschnitt (kg·m⁻²)	Total (10⁹ t)
Tropischer Regenwald	17,0	1000–3500	2200	37,4	6 – 80	45	765
Tropischer Saison-Regenwald	7,5	1000–2500	1600	12,0	6 – 60	35	260
Gemäßigte Wälder:							
–immergrün	5,0	600–2500	1300	6,5	6 –200	35	175
–laubabwerfend	7,0	600–2500	1200	8,4	6 – 60	30	210
Taiga	12,0	400–2000	800	9,6	6 – 40	20	240
Wald- und Buschland	8,5	250–1200	700	6,0	2 – 20	6	50
Savanne	15,0	200–2000	900	13,5	0,2 – 15	4.	60
Steppen	9,0	200–1500	600	5,4	0,2 – 5	1,6	14
Tundren und alpine Biome	8,0	10– 400	140	1,1	0,1 – 3	0,6	5
Wüsten und Halbwüsten	18,0	10– 250	90	1,6	0,1 – 4	0,7	13
Extrem-Wüsten (Fels, Sand, Eis)	24,0	0– 10	3	0,07	0 – 0,2	0,02	0,5
Kulturland	14,0	100–4000	650	9,1	0,4 – 12	1	14
Sümpfe	2,0	800–6000	3000	6,0	3 – 50	15	30
Seen und Flüsse	2,0	100–1500	400	0,8	0 – 0,1	0,02	0,05
Kontinente	149		782	117,5		12,2	1837
Offener Ozean	332,0	2– 400	125	41,5	0 – 0,005	0,003	1,0
	0,4	400–1000	500	0,2	0,005– 0,1	0,02	0,008
Kontinental-Schelf	26,6	200– 600	360	9,6	0,001– 0,04	0,001	0,27
Algenzonen und Riffe	0,6	500–4000	2500	1,6	0,04 – 4	2	1,2
Ästuarien	1,4	200–4000	1500	2,1	0,01 – 4	1	1,4
Meere	361	–	155	55,0	–	0,01	3,9
Meere und Kontinente	510	–	336	172,5	–	3,6	1841

Tab. 2.3. Physikalische Daten der Erde und ihrer Nachbarplaneten

Planet	Mitlerer Abstand von der Sonne in in Mio. km	Umlaufzeit in Jahren	Mittlere Bahngeschwindigkeit in km/s	Neigung der Bahn gegen die Ekliptik in Grad	Äquatordurchmesser in km
Merkur	57,91	0,24	47,90	7,0	4 840
Venus	108,21	0,62	35,05	3,4	12 112
Erde	149,60	1,00	29,80	–	12 756
Mars	227,9	1,88	24,14	1,8	6 800
Jupiter	778,3	11,86	13,06	1,3	143 650
Saturn	1 427	29,46	9,65	2,5	120 670
Uranus	2 870	84,02	6,80	0,8	47 100
Neptun	4 496	164,79	5,43	1,8	49 200
Pluto	5 946	247,70	4,74	17,1	5 000

Planet	Masse (Erde = 1)	Mittlere Dichte in g/cm^3	Entweichgeschwindigkeit in km/s	Rotationsperiode	Neigung des Äquators gegen die Bahnebene in Grad
Merkur	0,056	5,62	4,3	58^d 15^h	7
Venus	0,8148	5,23	10,3	242^d 23^h 4^m	6
Erde	1,0000	5,52	11,2	23^h 56^m 4^s	23,5
Mars	0,107	3,95	5,0	24^h 37^m 23^s	24,0
Jupiter	317,82	1,30	57,5	9^h 50^m	3,1
Saturn	95,11	0,68	33,1	10^h 14^m	26,8
Uranus	14,52	1,58	21,6	10^h 49^m	98,0
Neptun	17,22	1,65	23,4	15^h 40^m	29
Pluto	0,18	4	7	6^d 9^h	

bahnen zu korrelieren. Auch nachtaktive Tiere (u. a. manche Fledermäuse, die neotropischen Nachtaffen der Gattung *Aotus*) werden in ihrer Rhythmik vom Mond mitgesteuert (vgl. ERKERT 1976). Ein starker Einfluß wurde bei im Wasser lebenden Organismen nachgewiesen.

So zeigt der Wanderrhythmus der europäischen Aale *(Anguilla anguilla)* sowohl in den Flüssen als auch in der Ostsee eine deutliche Lunarperiodizität. Ihr Wandertrieb ist am stärksten bei ab-, am geringsten bei zunehmendem Halbmond. Die Larven der Auster *(Ostrea edulis)* schwärmen an der holländischen Küste nur bei abnehmendem Halbmond. Auch für die nordamerikanische Käferschnecke *Chaetopleura apiculata* stimmt der Laichtermin mit dem Zeitpunkt des abnehmenden Halbmondes überein. Von wirtschaftlicher Bedeutung sind die vertikalen Laichwanderungen des pazifischen Palolowurmes *(Eunice viridis)*, die COLLIN bereits 1897 beschrieb, und die ebenfalls nur bei abnehmendem Halbmond erfolgen. Kurz vor Neu- und Vollmond erscheinen dagegen bei den Bermudainseln Krabben der Art *Anchistoides antiguensis* und bilden Fortpflanzungsschwärme, und der Seeigel *Centrechinus setosus* gibt im Suezkanal seine Geschlechtszellen nur bei sommerlichem Vollmond ab. Die Larven der Zuckmücke *Clunio marinus*, die u.a. auch im Felswatt der Insel Helgo-

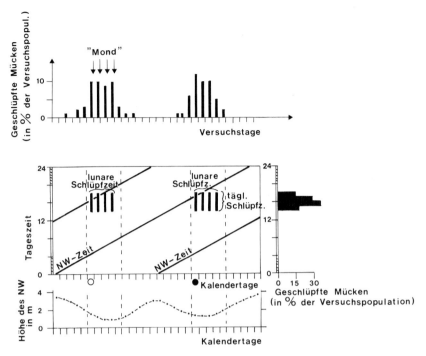

Abb. 6. Abhängigkeit des Schlüpfrhythmus von *Clunio* von den Mondphasen (Lunarperiodizität; nach NEUMANN 1965). Die vom Mond gesteuerten Gezeiten dienen als Zeitgeber für die im Litoralbereich lebenden Mücken.

land vorkommen, bewohnen den unteren Rand der Gezeitenzone des Watts und müssen die Zeiten niedrigster Wasserstände zum Schlüpfen nutzen. Das geschieht etwa alle fünfzehn Tage zur Zeit einer Springebbe. Auch bei ihnen ist der Mond der Zeitgeber (NEUMANN 1965).

2.1.3 Chemische Zusammensetzung der Atmosphäre

Die Atmosphäre gliedert sich auf in:
1. Troposphäre (bis 20 km; stärkste horizontale und vertikale Durchmischung; Wasserdampf und damit Wettergeschehen; vgl. LOCKWOOD 1974). Unter bestimmten meteorologischen Bedingungen treten auch vertikal eng begrenzte Schichten auf, in denen die Temperatur mit wachsender Höhe zu- anstatt abnimmt (Temperaturumkehr = Inversion);
2. Stratosphäre (+ 50 km: − 50 bis − 85 °C an Basis);
3. Mesosphäre;
4. Ionosphäre;
5. Exosphäre.

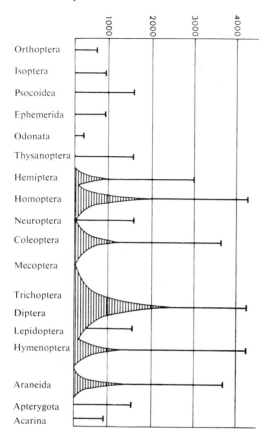

Abb. 7. Vertikale Verteilung von Arthropoden nach Netzfängen in der Atmosphäre (nach GLICK 1939, aus MÜLLER 1974).

Luftplanktonuntersuchungen zeigen, daß die Atmosphäre jedoch nicht in allen Bereichen von Leben erfüllt ist und daß die Artenzusammensetzung erheblich schwankt (MÜLLER 1977).

Während im Polarbereich Leben nur bis 8 km Höhe vorkommt, dringt es im Äquatorgürtel bis 18 km Höhe vor. In 11 km Höhe werden noch regelmäßig Bakterien und Schimmelpilzsporen gefunden und in 7 km Höhe Kondore beobachtet.

Die Atmosphäre stellt ein Gasgemisch dar, das von der Schwerkraft des Himmelskörpers festgehalten wird. Die wichtigsten an der Zusammensetzung der Lufthülle beteiligten Stoffe sind (in %):

Stickstoff	=	78,1	Neon	=	0,0018
Sauerstoff	=	20,94	Helium	=	0,0005
Argon	=	0,934	Krypton	=	0,0001
Kohlendioxid	=	0,03	Xenon	=	0,000009
Wasserstoff	=	0,01	Wasserdampf	=	wechselnd.

Nach Messungen des American National Bureau of Standards ist der Sauerstoffgehalt der Atmosphäre seit 1910 im wesentlichen unverändert geblieben. Er variiert zwischen 20,945 und 20,952%. Nach Forschungsergebnissen des Stanford Research Instituts entstammen nur 1,3% des CO_2 der Atmosphäre von durch den Menschen bedingten Verbrennungsprozessen. Seit der Jahrhundertwende steigt die CO_2-Konzentration um etwa 0,7 ppm/Jahr. Von 1958 bis 1975 wuchs sie von 0,0313% auf 0,0327%. Der Einfluß der Zunahme der CO_2-Konzentration auf das Klima ist weder für die paläoklimatische Entwicklung noch für unsere gegenwärtige Atmosphäre hinlänglich gesichert (vgl. u. a. SCHWARZBACH 1974, LOCKWOOD 1974).

Zwar ist zu erwarten, daß durch die Erhöhung des CO_2-Gehaltes die effektive Wärmeausstrahlung reduziert wird (Treibhauseffekt), was bei einer Verdopplung des jetzigen CO_2-Gehaltes zu einer rechnerischen Erhöhung der mittleren Temperatur um etwa 3 °C und der Niederschläge um etwa 7% führen würde, doch kann wegen mangelnder Kenntnisse der Kohlenstoffdioxid-Bilanz der Biosphäre zumindest der Anteil des durch den Verbrauch fossiler Brennstoffe oder Entwaldung in die Atmosphäre gelangten CO_2 an dieser Erwärmung noch nicht sicher abgeschätzt werden. Auch muß durch vermehrte Wolkenbildung mit einer Reduktion der Einstrahlung gerechnet werden.

2.1.3.1 Lebende Systeme und Sauerstoff

Das meiste Leben ist an Sauerstoff gebunden. Ein Leben ohne O_2 ist für manche Tiere und Pflanzen dadurch möglich, daß sie durch fermentative Zersetzung der reichlich verfügbaren Nahrung genügend Energiemengen freisetzen können.

Obligat anaerobe Bakterien sind verantwortlich für die Buttersäuregärung. Durch Spaltung des Zuckers wird die nach Schweiß riechende Buttersäure gebildet. Auch

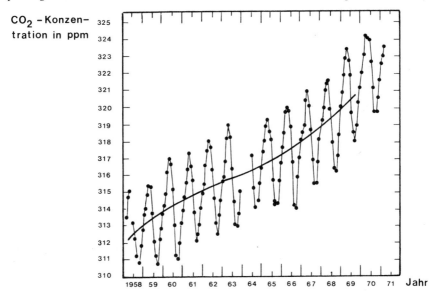

Abb. 8. Monatsmittel und Jahresamplitude der CO_2-Konzentrationen (in ppm), gemessen am Mauna Loa Observatorium auf Hawaii zwischen 1958 und 1971.

Tab. 2.4. Zusammenhang (atmosphärisches Gleichgewicht) zwischen Kohlenstoff und Kohlendioxid

	Umtausch in Einheiten von 10^{10} Tonnen/Jahr	
	Kohlenstoff	Kohlendioxid
Inputs in die Atmosphäre von		
Tropischer Ozean	4,0	14,8
Pflanzenabfall	1,7	6,3
Mensch (Brennstoffe)	0,54	2,0
Vulkantätigkeit	0,01	0,05
Gesamt	6,25	23,15
Outputs von der Atmosphäre zu		
Nördliche Ozeane	1,6	6,0
Südliche Ozeane	2,6	9,6
Arktische Tundra	0,5	1,8
Andere Pflanzen	1,35	5,0
Gesamt	6,05	22,4
Verteilung der durch den Menschen bedingten Inputs in die Atmosphäre		
Atmosphäre (Ausschnitt)	0,2	0,75
Biosphäre (Holz)	0,02	0,07
Wälder, Böden und Torflager	0,1	0
Ozeane	0,22	0,8
Gesamt	0,54	2,00

fakultativ anaerobe Organismen sind keine Seltenheit. Hierzu gehören zum Beispiel die Hefepilze *(Saccharomyces cerevisiae)*. Bei normaler O_2-Versorgung atmet die Hefe oxidativ und zeigt sehr starkes Wachstum (aerober Lebensmodus).

Bei Versorgung der Hefekultur mit Zucker stellt unter Sauerstoffabschluß die Hefe ihre aerobe Lebensweise ein. Der Zucker wird in einem komplizierten Dissimilationsprozeß der alkoholischen Gärung zu Äthylalkohol umgebaut:

$$C_6H_{12}O_6 \rightarrow 2\,CO_2 + 2\,CH_3\text{--}CH_2OH + 21\,cal$$

Fakultativ anaerob sind auch die für die Milchsäuregärung verantwortlichen Milchsäurebakterien, die den in der Milch enthaltenen Zucker zu Milchsäure umbauen:

$$C_6H_{12}O_6 \rightarrow 2\,CH_3 - CHOH - COOH + 22\,cal$$

In der Natur sind Milchsäurebakterien auf Grünfutter massenhaft vorhanden. Sie spielen auch bei der Herstellung des Sauerkrautes und bei der Sicherung des Grünfutters eine große Rolle. Die Entwicklung von Fäulnisbakterien wird durch die gebildete Milchsäure gehemmt. Zahlreiche Organismen besitzen eine hohe Resistenz gegen Kohlendioxid, Schwefelwasserstoff und Ammoniak (u. a. Fäulnisbewohner: Nematoden, gamasiforme Milben, Collembolen). Deutlichere limitierende Wirkung entfalten im Wasser gelöste Gase (vgl. u..a. LANGE, KAPPEN und SCHULZE 1976). Als

Minimumfaktor wirkt Sauerstoff auch hier begrenzend, wobei sich die einzelnen Organismen allerdings unterschiedlich verhalten. Auf der abgestuften Fähigkeit, den verfügbaren Sauerstoff auszunutzen, baut das Saprobiensystem zur gütemäßigen Wasserbewertung mit auf (vgl. Fließwasser-Ökosysteme).

Ähnlich wie die Atmosphäre ist auch die Hydrosphäre nicht gleichmäßig mit Leben erfüllt. In den Tiefen des Schwarzen Meeres und mancher durch eine Barre abgeschlossener norwegischer Fjorde hat die reichliche Entwicklung von H_2S das vorhandene O_2 gebunden, und in mittleren Tiefen der Tropenmeere, wo die Vertikalzirkulation sehr schwach ist, herrscht große Armut an O_2. Manche Süßwasserseen und Stauwehrbereiche von Flüssen sind im Sommer in der Tiefe sauerstofffrei. In Flüssen wird unterhalb von großen Städten und industriellen Einleitern durch Fäulnisvorgänge in den Abwässern das O_2 verbraucht.

Heterotrophe Lebewesen sind selbst am Boden der pazifischen Tiefseerinnen in mehr als 9000 m Tiefe gefunden worden. Der für die Lebensvorgänge wichtige Sauerstoff kann durch Diffusion oder Konvektion bis dorthin gelangen.

Die Lithosphäre ist im allgemeinen nur in der obersten Bodenschicht (= Pedosphäre) gleichmäßig von Leben erfüllt. Abgesehen von Höhlen und Erdöllagern ist die feste Erdoberfläche im allgemeinen nur bis 5 m Tiefe von Bodentieren belebt. In festem Gestein fehlt Leben. In Erdöllager dringen anaerobe Bakterien bis zu 4000 m ein. Regenwürmer wurden im südlichen Ural noch in 8 m (KÜHNELT 1970), Termitengänge in den madagassischen Wäldern noch in 25 bis 50 m Tiefe gefunden. Südamerikanische Blattschneiderameisen der Art *Atta capiguara* legen ihre Nester bis in 6 m Bodentiefe an (MARICONI 1970).

2.1.3.2 Lebendige Systeme und Temperaturgrenzen

Neben dem Sauerstoff ist ein weiterer wichtiger limitierender Faktor die Temperatur. Da sich der Ablauf physiologischer Prozesse aller Lebewesen nach der van t'Hoffschen Regel vollzieht, hat die Umgebungstemperatur eine hohe Bedeutung (HARDY 1972). Auf dem Festland treten regelmäßig Temperaturen zwischen + 59 °C und − 87 °C auf (+ 59 °C Death Valley; − 87 °C Station Wostok in der Antarktis). Die Temperaturamplitude der Meere ist dagegen wesentlich geringer. Die Sommer- und Wintertemperaturen der Tropenmeere unterscheiden sich nur um 2,5 °C. Auf 75% der gesamten Meeresfläche bleiben die Temperaturschwankungen unter 5 °C. Die Reaktionsnorm gegen Temperaturveränderungen ist für poikilotherme und homöotherme Organismen von unterschiedlicher Bedeutung (PRECHT, CHRISTOPHERSEN, HENSEL und LARCHER 1973, TUXEN 1944). Als untere Temperaturgrenze für poikilotherme Organismen können die in der Tiefsee gemessenen Temperaturen zwischen 0 °C und − 2,5 °C gelten, doch ist die Mehrzahl der Organismen bei so niedrigen Dauertemperaturen nicht reproduktionsfähig. Im Tiefenwasser der Hudsonbai, das sich im Sommer nicht über 1,8 °C erwärmt, leben keine Fische.

Der Gefrierpunkt des Blutplasmas von arktischen und antarktischen Fischen, die regelmäßig mit See-Eis von − 1,9 °C in Berührung kommen, liegt bei etwa − 1,2 °C. Eine so starke Abkühlung des Blutes vermögen Fische aus anderen Klimaten nicht zu überleben. Die „unterkühlten" Polarfische besitzen Plasmaproteinkonzentrationen, die weit über denen anderer Polartiere liegen. Sie verhindern die Eisbildung bis zu Temperaturen von − 2 °C. Die Plasmaproteinkonzentration steigt mit dem Absinken der umgebenden Wassertemperatur.

    Wie fein eine Temperaturadaptation physiologisch geregelt sein kann, zeigt auch
die Muschel *Pecten groenlandicus*. Sie lebt in 25 m Meerestiefe vor der Küste Grön-
lands. Die von ihr bewohnten Wasserschichten sind relativ nahrungsarm, und deshalb versucht sie, höhere Wasserschichten zu erreichen. Sobald sie jedoch die 0 °C-
Linie überschwimmt, steigt der Stoffwechsel (gemessen am Sauerstoffverbrauch) so
stark an, daß die Art ihren Nahrungsbedarf dennoch nicht decken kann. Stoffwech-
selphysiologisch ist sie gezwungen, sich unmittelbar an der Grenze von nahrungsrei-
cher Oberflächenschicht und kalter Tiefenschicht aufzuhalten. Ähnliche Anpassungen liegen auch bei terrestrischen Tierarten vor. Die Schneefauna kann auf Schnee
oder Eis als Substrat leben und ernährt sich hauptsächlich aus angewehten organischen Resten, dem Kryokonit. Zur Schneefauna gehören die ganzjährig aktiven Glet-
scherflöhe (Urinsekten der Ordnung Collembola), die in den Alpen durch Arten der
Gattung *Isotoma* vertreten sind, die unter dem Neuschnee auf der Oberfläche des
Altschnees überwintern und sich von Coniferennadeln ernähren. Geringe Wärmeleitfähigkeit und Temperatur, starke Strahlenreflexion und geringe Speicherung der
Tageswärme sind die ökologischen Bedingungen in den Schneegebieten, an die die
Schneefauna und -flora adaptiert sein muß (FRANZ 1969, KÜHNELT 1969 u.a.).
Kennzeichnend für die Schnee- und Eisgebiete der Antarktis, der Arktis und des Oreals der Hochgebirge sind mehrere Diatomeen-, Desmidiaceen-, Chloro- und Cyano-
phyceenarten, die als „Schneealgen" bezeichnet werden. Diese können so zahlreich
auftreten, daß durch ihre roten oder violetten Farbstoffe der Schnee rot erscheint und
sie als „Blutschnee" weithin sichtbar sind. Ein Extremfall ist die Alge *Haematococcus*

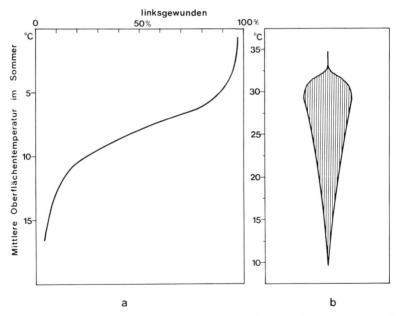

a   b

Abb. 9. Temperaturabhängigkeit der Bildung links- bzw. rechtsgewundener mariner Schnecken
(a) und Hauptzuwachsraten des Einzellers *Hyalella* zwischen 10 und 35° C (b).

nivalis, die den Firn der Alpen und Polargegenden rot färbt, eine Temperatur um 0 °C zum Gedeihen benötigt und oberhalb + 4 °C ihr Wachstum einstellt.

Für die meisten Pflanzen ist die Frostgrenze von größter vegetationsgeographischer Bedeutung. Verschiedene Dauerstadien von Pflanzen und Tieren besitzen jedoch eine Widerstandsfähigkeit gegen Kälte und Hitze, die größer ist und wesentlich die Temperaturschwankungen übertrifft, die in der Gegenwart im irdischen Klima auftreten. Tönnchen des weltweit verbreiteten Bärtierchens, *Macrobiotus hufelandii* (Tardigrada) leben in Wasser wieder auf, wenn sie zuvor 20 Monate in flüssiger Luft, 8½ Stunden in flüssigem Helium oder 60 Tage lang im Exsikkator bei 8% Luftfeuchtigkeit gehalten wurden. Auch Bakterien konnten in flüssiger Luft bei − 190 °C bis zu einem halben Jahr kultiviert werden (SCHMIDT 1969).

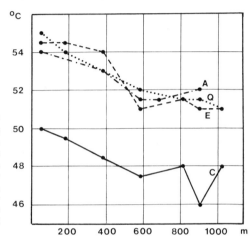

Abb. 10. Hitzeresistenz der Blätter von *Cistus salviaefolius* (C), *Erica arborea* (E), *Quercus ilex* (Q) und *Arbutus unedo* (A) in Abhängigkeit von der Höhenlage des Standortes. Abszisse = Höhe über NN; Ordinate = Resistenzwert = Temperatur, bei der durch halbstündige Einwirkung eine 50%ige Schädigung hervorgerufen wird (nach LANGE und LANGE 1962).

Homöotherme Tiere können bei noch tieferen Temperaturen leben. DÖRRE (1926) berichtet von einem Nest einer Hausmaus mit sieben lebenden Jungen in der Nähe einer Kühlleitung einer Berliner Fabrik mit − 11 °C bis − 12 °C Dauertemperatur. In den Kühlhäusern der Stadt Hamburg lebten Mäuse von gefrorenem Speck und legten bei − 6 °C ihre Nester im Gefrierfleisch an (MOHR und DUNKER 1930).

Ähnlich wie die untere Temperaturgrenze ist auch die obere von entscheidender Bedeutung. In heißen Quellen lebt der Rhizopode *Hyalodiscus* bei 54 °C (BRUES 1928). Die Wasserschnecke *Bithynia therminalis* kommt in den Thermen bei Rom in 53 °C warmem Wasser vor. Der Kleinkrebs *Cypris balnearia* und die Zuckmücke *Dasyhelea terna* ertragen noch 51 °C. In heißen Quellen lebt die blaugrüne Alge *Synechococcus lividus* noch bei 74 °C (PEARY und CASTENHOLZ 1964), und in fast 90 °C heißen Quellen kommen noch Cyanophyceen und Bakterien vor (NJOGU und KINOTI 1971). In 42 °C warmen ostafrikanischen Quellen laicht die Stechmücke *Culex tenaguis*. Die afrikanische Zuckmückenart *Polypedilum vanderplanki* konnte unter experimentellen Bedingungen nach Austrocknung eine Erwärmung von + 100 °C und eine Abkühlung auf − 196 °C überleben. Pilzsporen und Mikroben hat man Temperaturen von + 140 °C bis 180 °C ausgesetzt, ohne daß sie ihre Lebensfähigkeit einbüßten (SCHMIDT 1969, BROCK 1967, EDWARDS und GARROD 1972, ZIEGLER 1969, 1974). SAUSSURE fand Aale im Becken von Aix bei 46 °C, und *Leuciscus thermalis* soll in Quellen von Trincomalee bei 50 °C leben (HESSE 1924). Eine endemische Population der Rotfeder, die Rasse *Scardinius erythrophthalmus racovitzai*, kommt in 28 bis 34 °C warmen Quellen von Baile Epicopesti (ehem. Bischofsbad) bei Großwardein in Westrumänien vor. Temperaturen unter 20 °C sind für Tiere der Population tödlich. Bei 39 °C Wassertemperaturen wurden in Tansania Fische der Art *Tilapia grahami* gefunden (BEADLE 1974). Die Amphibien *Hyla raniceps*, *Bufo paracnemis*, *Leptodactylus ocellatus*, *Leptodactylus labyrhinticus* und *Pseudis bolbodactyla* laichen in 38 °C warmen Quellen und Bächen in der Umgebung von Pousada do Rio Quente (Goias, Brasilien; MÜLLER 1977).

2.1.3.3 Lebende Systeme und lebensfeindliche Substrate

Substrate mit extremer chemischer Zusammensetzung sind in die Biosphäre als abiotische Enklaven eingeschlossen (vgl. JEFFREYS 1976). Auffallend ist jedoch, daß durch Spezialanpassungen auch solche Gebiete von einzelnen Arten erobert werden.

Die Ephydride *Psilopa petrolei* bewohnt z. B. Erdöltümpel. Diese „Petroleumfliege" ist auf in die Tümpel gefallene Tiere und deren Reste angewiesen. Fumarolen, wo der Erde reichlich CO_2 entströmt, das durch seine größere Dichte die atmosphärische Luft am Boden verdrängt (z. B. in der Grotta del Cane bei Pozzuoli), sind dem Leben verschlossen. An den Mofetten am Ostufer des Laacher Sees (Eifel) findet man nicht selten die Leichen kleiner Vögel und Säuger (Finken, Mäuse), die bei der Nahrungssuche in die CO_2-Atmosphäre hineingeraten und verendet sind. Die Bedeutung des pH-Wertes für verschiedene Organismen und deren Vertreitung wurde von BROCK (1969) und EDWARDS und GARROD (1972) ausführlich diskutiert. Die limitierende Wirkung von Umweltgiften, die der Mensch in die Biosphäre einführt, wird bei den Urbanen Ökosystemen besprochen.

2.1.4 Entwicklungsgeschichte der Biosphäre

Die Biosphäre umfaßt, von abiotischen Enklaven (u. a. Vulkane, Eis, abiotische Bereiche am Grunde von See- und Meeresbecken, extreme pH-Bedingungen, Giftablagerungen) abgesehen, die in Einzelgewässer gegliederte Hydrosphäre, eine verhältnismäßig dünne Schicht der Lithosphäre (Ausnahmen Höhlen, Erdöllager), die Pedosphäre und die unterste Schicht der Atmosphäre. Die Erdrinde ist damit zugleich die Geburtsstätte der Biosphäre (SUESS 1909, SCHMITHÜSEN 1968, STUGREN 1974), die „Biogenosphäre" (ZABELIN 1959) oder die „Probiosphäre" (KOVALSKIJ 1963). Für sie wie für alle Systeme gilt das HUMBOLDT-Wort, daß „das Sein in seinem Umfang und inneren Wesen vollständig erst als ein Gewordenes erkennt" werden kann. Die Evolution der Gaszusammensetzung unserer Atmosphäre ist mit der Entwicklungsgeschichte der Biosphäre untrennbar verknüpft. Dennoch hat sich auch außerhalb unseres Planeten zumindest eine chemische Evolution abgespielt, was u. a. aus der Existenz organischer Moleküle in interstellaren Staubwolken geschlossen werden kann (Näheres bei DOSE und RAUCHFUSS 1975).

Bereits vor etwa 3,5 Mrd. Jahren existierten primitive Algen mit photosynthetischen Fähigkeiten auf unserem Planeten. Sie wurden in den ältesten Sedimentgesteinen der Erde, in den Hornsteinen der Onverwachtstufe im Kap-Vaal-Kraton, gefunden. Demnach muß das Leben und damit die Biosphäre noch älter sein (MILLER und ORGEL 1974).

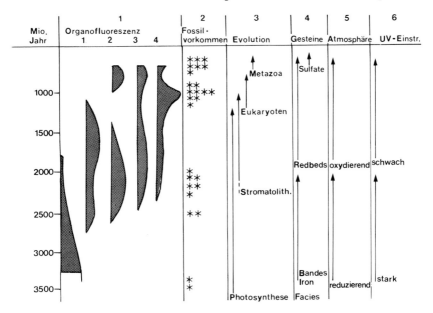

Abb. 11. Schematische Darstellung der Entwicklungstendenzen im Präkambrium, mit Angaben über nachgewiesene Organofluoreszenz, Fossilvorkommen, Hauptevolutionsetappen, Gesteinstypen, Verhalten der Atmosphäre und UV-Strahlung.

Zusammenfassend haben Fox (1973, Naturwissenschaften 60, 359) sowie Dose und Rauchfuss (1975) die Probleme der Entstehung einfachster lebender Systeme dargestellt. Während Fox einfache Proteine an den Evolutionsanfang stellt, wird bei Kuhn (1972, Angew. Chem. 84, 838) mit Nucleinsäuren der Evolutionsprozeß eingeleitet, und von Eigen (1971, Quart. Reviews of Biophys. 4, 149) werden, aufgrund reaktionskinetischer Überlegungen, Nucleinsäuren und Proteine in katalytischen Kreisen zu den ersten evolvierenden Systemen zusammengefaßt.

Eine umfangreiche Literaturübersicht über die Biochemie der Entstehung des Lebens in unserem Weltall wurde von Schriefers und Rehm (1976) vorgelegt, die chemische Evolution der großen Planeten und Existenzmöglichkeiten für Leben außerhalb der Biosphäre von Ponnamperuma (1976) diskutiert.

2.2 Die genetische Makrostruktur der Biosphäre

Die großräumige (meist kontinentale) Anordnung der Verbreitungsgebiete supraspezifischer taxonomischer Einheiten (Ordnungen, Familien, Gattungen) führte seit der Mitte des vergangenen Jahrhunderts zur Definition von Pflanzen- und Tierreichen: vgl. u. a.: Schmarda 1853, de Candolle 1855, Forbes 1856, Sclater 1858, 1874, Günther 1858, Murray 1866, Wallace 1876, Allen 1878, Engler 1879, Heilprin 1887, 1907, Reichenow 1888, Wagner 1889, Blanford 1890, Trouessart

1890, Möbius 1891, Merriam 1892, 1894, 1898, Beddard 1895, Lydekker 1896, Ortmann 1896, Kobelt 1897, 1902, Jacobi 1900, 1939, Arldt 1907, Bartholomew, Clark und Grimshaw 1911, Shelford 1911, Brauer 1914, Meisenheimer 1915, Hesse 1924, Dahl 1921, 1925, Bobinskij 1927, Matronne und Cuenot 1927, Bartenew 1932, Prenant 1933, Marcus 1933, Ekman 1935, 1953, Newbigin 1936, 1968, Heptner 1936, Hesse, Allee und Schmidt 1937, Rensch 1931, 1950, Beaufort 1951, Schmidt 1954, Økland 1955, Lindroth 1956, Schilder 1956, Darlington 1957, Hubbs 1958, George 1962, Good 1964, de Lattin 1967, Illies 1968, Takhtajan 1969, Udvardy 1969, 1975, Neill 1969, Franz und Beier 1970, Banarescu 1970, 1973, Dodson 1971, Hewer 1971, Dasmann 1973, Horton 1973, Müller 1973, 1974, 1977.

Völlig unabhängig davon, ob diese Ordnung stärker entwicklungsgeschichtliche oder rezent ökologische Ursachen besitzt, läßt sie sich für jede Pflanzen- und Tiergruppe als reale Einheit erfassen. Probleme treten erst auf, wenn der Versuch unternommen wird, diese genetische Makrostruktur mit der ökologischen zur Koinzidenz zu bringen. Sicherlich existiert eine Vielzahl von Organismengruppen, die nur einem Großlebensraum in einer einzigen Region zugeordnet werden können, doch gibt es eine Fülle bemerkenswerter Ausnahmen, die vor einer allzu starken Generalisierung warnen. Hinzu kommt, daß sich hinter der ökologischen und genetischen Makrostruktur der Biosphäre zum Teil grundverschiedene Informationen über ökologische Fähigkeiten und die Geschichte des Lebens auf unserem Planeten verbergen. Ihre Erhellung wird nur möglich, wenn die Unterschiede zwischen beiden Strukturmerkmalen der Biosphäre sichtbar bleiben.

Sobald wir die supraspezifischen Einheiten verlassen und uns ausschließlich der Verbreitung einer artlich differenzierten Population (Arealsystem) zuwenden, wird diese Trennung allerdings weniger deutlich. Die Mehrzahl der kleinarealen afrikanischen oder südamerikanischen Wirbeltierarten (etwa 70%) ist in ihrer Verbreitung an einen Biom gebunden. Die Vorstellung vom Vorhandensein klar abgrenzbarer Pflanzen- und Tierreiche wird u. a. durch die Vielgestaltigkeit der Ökotypen, die unterschiedliche historische Entwicklung, verschiedene ökologische Fähigkeiten und die zum Teil extrem abweichende Populationsdynamik einzelner Arten immer wieder in Frage gestellt. Die gegenwärtige ökologische Durchdringung von Flachlandregenwäldern, Montanwäldern, Savannen und Paramos (z. B. Sierra de Santa Marta, Kolumbien) oder Sommergrünen Laubwäldern, Fließgewässern, Höhlen, Hartlaubgehölzen und Macchien (z. B. Italien) und die an diese Formationen und Biotope angepaßten Arten ergeben häufig ein so kompliziertes Bild von Arealtypen unterschiedlicher Form und Herkunft, daß die regionale Gliederung der Biosphäre in „Reiche" und „Regionen" immer wieder in Frage gestellt wird.

Trotz dieser Einschränkungen sind tier- und pflanzengeographische Reiche (im Sinne von Udvardy 1975 „Biogeographical Provinces of the World") für die ausreichend untersuchten Verwandtschaftsgruppen unbestrittene und allgemein anerkannte Einheiten, die allerdings – und das sollte immer bewußt bleiben – nur die äußere Klammer liefern für ein von den Fähigkeiten einzelner Arten und deren Teilpopulationen bestimmtes dynamisches Geschehen.

Obwohl Austausch-, Durchmischungs- und Zerstörungsvorgänge, bedingt und beschleunigt durch wachsenden anthropogenen Einfluß, die Grenzen der tier- und pflanzengeographischen Reiche verändern, trotz einer damit verbundenen fatalen Nivellierung der biotischen Differenzierung unseres Planeten, sind noch immer die

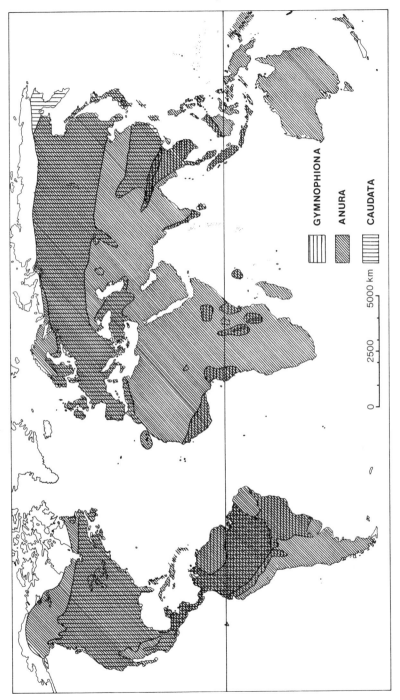

Abb. 12. Verbreitung der rezenten Amphibienordnungen Gymnophiona, Caudata und Anura.

Anuren-Gruppe	Europa, NW-Afrika	Afrika	Madagaskar	Seychellen	Zentral- und Ost-Asien	Süd-Asien	Neu Guinea – Australien	Pazifische Inseln	Neuseeland	Nord Amerika	Zentral Amerika	Süd Amerika
1. Rhinophrynidae										X	X	
2. Pipinae												X
3. Xenopinae		X										
4. Dyscophinae			X									
5. Cophylinae			X									
6. Asterophryinae					X	X	X					
7. Microhylinae					X	X				X	X	X
8. Brevicepitinae		X										
9. Hoplophryninae		X										
10. Phrynomerinae		X										
11. Leiopelmatidae									X			
12. Ascaphidae										X		
13. Discoglossidae	X				X	X						
14. Megophryinae					X	X						
15. Pelobatinae	X									X		
16. Pelodytinae	X											
17. Myobatrachinae							X					
18. Cycloraninae							X					
19. Pelodryadidae							X					
20. Heleophrynidae		X										
21. Ceratophryinae												X
22. Hylodinae												X
23. Leptodactylinae										X	X	X
24. Telmatobiinae										X	X	X
25. Centrolenidae										X	X	X
26. Bufonidae	X	X			X	X				X	X	X
27. Brachycephalidae												X
28. Allophrynidae												X
29. Pseudidae												X
30. Rhinodermatidae												X
31. Hylidae	X				X					X	X	X
32. Dendrobatidae											X	X
33. Sooglossidae				X								
34. Raninae	X	X	X	X	X	X				X	X	X
35. Platymantinae						X	X	X				
36. Phrynobatrachinae		X										
37. Mantellinae			X									
38. Rhacophorinae		X	X		X	X						
39. Arthroleptinae		X										
40. Hemisinae		X										
41. Astylosterninae		X										
42. Hyperoliinae		X	X	X								
43. Scaphiophryninae		X										
Zahl der Taxa	6	13	7	3	8	8	5	1	1	10	9	15
%	14	30	16	7	19	19	11	2	2	23	21	35

Abb. 13. Verbreitung der Anuren (Familien, Subfamilien) auf der Erde.

Grundzüge der Bioreiche zu erkennen. Sie fallen jedem naturverbundenen Wissenschaftler als „die Besonderheiten" auf, wenn er erstmals seinen Fuß in eines dieser Reiche setzt.

2.2.1 Die Bioreiche des Festlandes

Von SCLATER (1858) und WALLACE (1876) wurde die Biosphäre in drei große Reiche unterteilt:
- Megagaea (= Arctogaea) mit Nordamerika, Eurasien, Afrika, Arabische Halbinsel, Indien und Hinterindien
- Notogaea mit Australien, Ozeanien und Neuseeland
- Neogaea mit Süd- und Mittelamerika und den Antillen

Die pflanzengeographische Gliederung der Biosphäre wurde von ENGLER (1879) geprägt. Er unterschied ein Boreales, ein Palaeotropisches, ein Australisches und ein Neotropisches Reich. Vergleicht man neuere pflanzengeographische Gliederungen (u. a. GOOD 1964, TAKHTAJAN 1969), so werden diese Grundstrukturen, trotz weiterer Differenzierung, immer noch deutlich.

Florenreiche (nach GOOD 1964)
1. Boreales Reich
1.1 Arktische und subantarktische Region
1.2 Eurosibirische Region
1.3 Sino-Japanische Region
1.4 West- und Zentralasiatische Region
1.5 Mediterrane Region
1.6 Macaronesische Region
1.7 Atlantische Nordamerika-Region
1.8 Pazifische Nordamerika-Region

2. Palaeotropisches Reich
a) Afrikanisches Teilreich
2.1 Nordafrikanisch-indische Wüstenregion
2.2 Sudanesische „Steppen"-Region
2.3 Nordost-afrikanische Hochland- u. Steppen-Region
2.4 Westafrikanische Regenwaldregion
2.5 Ostafrikanische Steppen-Region
2.6 Südafrikanische Region
2.7 Madagaskar-Region
2.8 Ascension- und St. Helena-Region

b) Indo-Malayisches Teilreich
2.9 Indische Region
2.10 Kontinentale Südostasien-Region
2.11 Malayische Region

c) Polynesisches Teilreich
2.12 Hawaii-Region
2.13 Melanesisch-Micronesische Region
2.14 Polynesische Region

3. Neotropisches Reich
3.1 Karibische Region
3.2 Venezuela-Guayana-Region
3.3 Amazonas-Region
3.4 Südbrasilien-Region
3.5 Andine Region
3.6 Pampa-Region
3.7 Juan Fernandes-Region

4. Südafrikanisches Reich (= „Cape Region")

5. Australisches Reich
5.1 Nord- und ostaustralische Region
5.2 Südwestaustralische Region
5.3 Zentralaustralische Region

6. Antarktisches Reich
6.1 Neuseeland-Region
6.2 Patagonische Region
6.3 Circumantarktische Insel-Region.

Unschwer ist zu erkennen, daß sich in Goods Gliederung auch die ökologische Struktur wiederspiegelt. Das gilt auch für die Differenzierung von Takhtajan (1969), obwohl er zu z.T. anderen Gliederungsvorschlägen kommt:

1. Holarktisches Reich
1.1 „Boreal Subkingdom"
1.2 „Tethian Subkingdom"
1.3 „Madrean Subkingdom"

2. Palaeotropisches Reich
2.1 Afrikanisches Teilreich
2.2 Madagassisches Teilreich
2.3 Indo-Malaiisches Teilreich
2.4 Polynesisches Teilreich
2.5 Neukaledonisches Teilreich

3. Neotropisches Reich
4. Südafrikanisches oder Kap-Reich
5. Australisches Reich
6. Antarktisches Reich.

Auch die neueren zoogeographischen Gliederungsvorschläge differenzieren wesentlich stärker, als es Slater und Wallace einst taten. Eine grundlegende Darstellung und Neugruppierung wurde von Udvardy (1975) durchgeführt. Er unterscheidet 8 Bioreiche, die er in zahlreiche Regionen unterteilt:

1. Palaearktisches Reich
2. Nearktisches Reich

3. Africotropisches Reich
4. Indomalaiisches Reich
5. Ozeanisches Reich
6. Australisches Reich
7. Antarktisches Reich
8. Neotropisches Reich.

Vergleicht man seine Gliederung mit der von mir (MÜLLER 1973, 1974, 1977) vorgenommenen, so erkennt man unschwer eine unterschiedliche Einschätzung der gebildeten Hierarchien (Reich, Region etc.). Unter Einbeziehung der vorliegenden Kenntnisse sowohl der Vertebraten- als auch der Invertebratenverbreitung und deren phylogenetischer Verwandtschaftsbeziehungen gelangten wir zu einer Differenzierung der terrestrischen Tierreiche, die neben auffallenden Besonderheiten und Abweichungen in ihren Grundzügen Übereinstimmungen mit den Pflanzenreichen von GOOD (1964), TAKHTAJAN (1969) und SCHMITHÜSEN (1976) aufweisen.

Während Vegetationsgeographen mit Recht den südlichsten Teil von Florida ebenso wie die Südspitze der kalifornischen Halbinsel zur Neotropis stellen – was durch einzelne Verwandtschaftsbeziehungen auch bei verschiedenen Tiergruppen angedeutet wird – (u. a. die in Südkalifornien vorkommenden Eidechsen *Cnemidophorus tigris*, *Cnemidophorus hyperythrus*, *Uta stansburiana* und *Sceloporus magister* sowie die auf den Key West lebenden *Anolis sagrei stejnegeri* und *Sphaerodactylus cinereus* [Gekko] und die in Florida weitverbreiteten Eidechsen *Sceloporus woodi*, *Cnemidophorus sexlineatus* und die Korallenschlange *Micrurus fulvius*), zeigt die Mehrzahl der in diesen Räumen vorkommenden Tierarten (u. a. die in Süd-

Tab. 2.5. Die Bioreiche der Erde (MÜLLER 1973, 1977)

Reich	Region	Gebiete
1. Holarktis	a) Nearktis	Nordamerika (im Gegensatz zum Pflanzenreich mit Florida und der Kalifornischen Halbinsel, Grönland und den Hochländern von Mexiko)
	b) Palaearktis	Eurasien (mit Island, den Kanarischen Inseln, Korea, Japan) und Nordafrika
2. Palaeotropis	a) Aethiopis	Afrika südlich der Sahara
	b) Madegassis	Madagaskar und vorgelagerte Inseln
	c) Orientalis	Indien und Hinterindien bis zur Wallace-Linie
3. Australis	a) australische Region	Neuguinea und die Inseln östlich der Lydekker-Linie, Ozeanien, Neukaledonien, die Solomonen,
	b) ozeanische Region	
	c) neuseeländische Region	Mittel- und Nord-Neuseeland und Hawaii werden hier bei der Australis belassen. Diese Inselgruppen besitzen so viele Eigenständigkeiten und
	d) hawaiische Region	enge Verwandtschaftsbeziehungen zur Palaeotropis, daß für viele Tiergruppen eine Einordnung zur Australis nicht zutrifft.
4. Neotropis		Süd- und Mittelamerika mit den Antillen
5. Archinotis		Antarktis, südwestliches Südamerika und südwestliches Neuseeland.

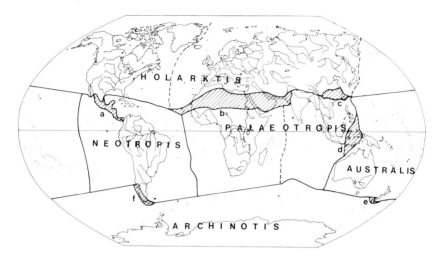

Abb. 14. Die Bioreiche der Erde (nach MÜLLER 1973, 1974, 1977). Die schraffierten Gebiete werden als Übergangsgebiete (a, b, c, d, e, f) gedeutet. Ozeanien wird bei der Australis belassen.

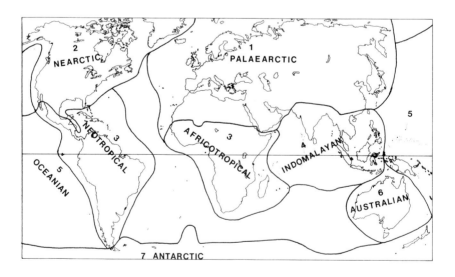

Abb. 15. Die Bioreiche der Erde (nach UDVARDY 1975). Die Palaeotropis wird in das africotropische (= Aethiopis) und indomalayische (= Orientalis) Reich untergliedert. Neuguinea wird von der Australis getrennt und Ozeanien zugeteilt. Zum antarktischen Reich (= Archinotis) wird Neuseeland gestellt.

kalifornien lebende Klapperschlange *Crotalus ruber*, die amerikanische „Gopher Snake" *Pituophis melanoleucus*), daß Südkalifornien und Südflorida zur Nearktis gehören.

Scharfausgeprägte Grenzen bestehen zwischen den Pflanzen- und Tierreichen nur dort, wo hohe Gebirge, weite Meeresarme oder lebensfeindliche Eiswüsten vorhanden sind. Im allgemeinen existieren zwischen ihnen breite Übergangs- und Durchmischungszonen, die in vielen Fällen eine eigene erdgeschichtliche Vergangenheit besitzen (z. B. Mittelamerika; vgl. u. a. WEYL 1956, SAVAGE 1966, MÜLLER 1973) und sich aus Faunen mit unterschiedlichem phylogenetischem Alter und verschiedener Herkunft zusammensetzen. Deshalb werden einige dieser Übergangsgebiete von manchen Tiergeographen als „eigenständige" Tierreiche angesehen.

Biogeographische Barrieren führen zu unterschiedlicher Speziesdiversität und Diskrepanzen zwischen Arten- und Nischenreichtum. Ein Zusammenbruch solcher Barrieren kann eine Einweg-Migration zur Folge haben, in deren Verlauf die artenärmere aber nischenreichere Region „aufgefüllt" wird. Migration über biogeographische Barrieren ist zugleich Ausdruck sich ändernder Speziesdiversität zwischen den Regionen (BRIGGS 1973).

Tab. 2.6. Verbreitung ausgewählter Süßwasser-Pulmonaten im Südostasiatisch-australischem Raum (PURCHON 1977)

	Annam	Thailand	Malaya	Sumatra	Bangka	Borneo	Celebes	Philippinen	Java	Bali	Lombok	Sumba	Flores	Timor	Molukken	Aru Inseln	New Guinea	Carolinen	S. E. Australia	Polynesien
Gastrocopta pediculus ovatula				X				X	X		X			X	X	X			X	X
Amphidromus inversus	X	X	X	X	X	X	X													
Amphidromus perversus				X				X	X		X	X								
Microcystina nana				X				X	X			X	X							
Trochomorpha froggalli				X		X	X	X	X					X	X	X	X			
Macrochlamys amboinensis				X					X						X	X	X			
Prosopeas achatinaceum				X	X	X			X	X	X				X			X		
Helicarion albellus				X			X		X	X	X									
Lymnaea rubiginosa		X	X	X	X	X	X	X	X	X	X	X	X	X	X					
Gyraulus convexiusculus		X	X	X			X	X	X	X	X	X			X		X			

2.2.1.1 Das indo-australische Übergangsgebiet

Die Grenzlinien im indo-australischen Übergangsgebiet, der Wallacea, besitzen für zahlreiche flugfähige Invertebratengruppen ebenso wie für die Pflanzen nur geringe Bedeutung, während sie für Vertebraten sehr gut erhärtet sind.

Die Wallacea reicht von den kleinen Sunda-Inseln, von Celebes und Lombok im

---

Tab. 2.7. Säugerfauna von Celebes (GROVES 1976)

1. Endemische Gattungen			Artenzahl
CHIROPTERA	Pteropodidae	*Boneia*	1
		Neopteryx	1
		Styloctenium	1
CARNIVORA	Viverridae	*Macrogalidia*	1
ARTIODACTYLA	Suidae	*Babyrousa*	1
		Celebochoerus	1
RODENTIA	Sciuridae	*Prosciurillus*	1
		Hyosciurus	1
	Muridae	*Lenomys*	1
		Eropeplus	1
		Echiothrix	1
		Melasmothrix	1
		Tateomys	1
2. Endemische Subgenera			
CHIROPTERA	Vespertilionidae	*Myotis*	1
PRIMATES	Cercopithecidae	*Macaca (Cynopithecus)*	1–7
ARTIODACTYLA	Bovidae	*Bubalus (Anoa)*	2
RODENTIA	Sciuridae	*Callosciurus (Rubrisciurus)*	1
3. Art-Endemiten			
			Vorkommen verwandter Arten
MARSUPIALIA	Phalangeridae	*Phalanger ursinus*	Neuguinea
LIPOTYPHLA	Soricidae	*Crocidura elongata*	Sundaland
CHIROPTERA	Pteropodidae	*Pteropus arquatus*	?
		Rousettus celebensis	Sundaland
		Dobsonia exoleta	Neuguinea
		Eonycteris rosenbergi	Sundaland
	Rhinolophidae	*Rhinolophus celebensis*	Sundaland
		Hipposideros pelingensis	Neuguinea
		Hipposideros inexpectatus	Neuguinea
	Molossidae	*Tadarida sarasinorum*	Sundaland
		Cheiromeles parvidens	Sundaland
	Vespertilionidae	*Pipistrellus minahassae*	Sundaland
		Scotophilus celebensis	Sundaland
		Kerivoula aerosa	Sundaland
		Kerivoula rapax	Neuguinea
PRIMATES	Tarsiidae	*Tarsius spectrum*	Sundaland
PROBOSCIDAE	Stegodontidae	*Stegodon sompoenis*	Sundaland
	Elephantidae	*Elephas celebensis*	Sundaland
RODENTIA	Sciuridae	*Callosciurus* 4 spp.	Sundaland
	Muridae	*Haeromys minahassae*	Sundaland
		Rattus 24 spp.	

4. Die Molukken ebenfalls besiedelnde Arten

MARSUPIALIA	Phalangeridae	*Phalanger celebensis*
CHIROPTERA	Pteropodidae	*Pteropus griseus*
		Pteropus caniceps
		Pteropus personatus
		Acerodon celebensis
		Thoopterus nigrescens
		Nyctimene minuta
	Vespertilionidae	*Pipistrellus petersi*

5. Auch Neuguinea und Australien umfassende Artareale

CHIROPTERA	Pteropedae	*Pteropus hypomelanus*
		Pteropus alecto
		Macroglossus lagochilus
		Nyctimene cephalotes
	Rhinolophidae	*Hipposideros cervinus*
		Hipposideros diadema
	Vespertilionidae	*Pipistrellus papuanus*
		Myotis adversus

6. Auch Sundaland umfassende Artareale

CHIROPTERA	Pteropodidae	*Cynopterus brachyotis*
		Macroglossus lagochilus
	Emballonuridae	*Emballonura monticola*
	Megadermatidae	*Megaderma spasma*
	Vespertilionidae	*Pipistrellus javanicus*
		Pipistrellus imbricatus
		Myotis adversus
		Tylonycteris robustula
		Kerivoula hardwickei
CARNIVORA	Viverridae	*Viverra tangalunga*
PROBOSCIDEA	Stegodonidae	*Stegodon trigonocephalus*
ARTIODACTYLA	Suidae	*Sus verrucosus*
	Cervidae	*Cervus timorensis*
RODENTIA	Hystricidae	*Hystrix javanica*
	Sciuridae	*Callosciurus prevostii*
		Callosciurus notatus

7. Auch die Philippinen umfassende Artareale

CHIROPTERA	Pteropodidae	*Cynopterus brachyotis*
	Emballonuridae	*Emballonura alecto*
	Megadermatidae	*Megaderma spasma*
	Rhinolophidae	*Rhinolophus philippinensis*
	Vespertilionidae	*Tylonycteris robustula*
ARTIODACTYLA	Suidae	*Sus verrucosus*

8. Weitverbreitete Arten (Sundaland, Philippinen, Molukken etc.)

CARNIVORA	Viverridae	*Paradoxurus hermaphroditus*
RODENTIA	Muridae	*Rattus rattus*
		Rattus argentiventer
		Rattus exulans
		Rattus norvegicus
		Rattus nitidus
		Mus musculus

Westen bis zu den Molukken, Kei- und Aru-Inseln im Osten. Sie wird durch die Ly-
dekker-Linie (LYDEKKER 1896) von der Australis und durch die Wallace-Linie (WAL-
LACE 1876, MAYR 1944) von der Palaeotropis (Orientalische Region) getrennt. Obwohl die Wallacea durch eine Mischfauna orientalischer und australischer Herkunft
geprägt wird (u. a. kommen auf Celebes der auch in Ceylon lebende Waran *Varanus
salvator,* die orientalische Blindschlange *Typhlops braminus,* die im Küstengebiet
Hinterindiens lebende javanische Warzenschlange *Acrochordus javanicus* und der
orientalische Gecko *Gekko gecko* ebenso vor, wie die von Neuguinea bekannten Se-
gelechsen der Gattung *Hydrosaurus*), besitzt sie dennoch einige bemerkenswerte Endemiten. Dazu gehören z. B. der mit den Celebesmakaken verwandte Schopfmakak
(Cynepithecus niger) und der Hirscheber *(Babyrousa babirussa)* von Celebes, ein al-
tertümlicher Vertreter der Schweineartigen. Eine Analyse der gesamten Fauna von
Celebes verdeutlicht jedoch, daß die zoogeographischen Verhältnisse wesentlich
komplizierter sind. Zwar besitzt die Insel allein 13 endemische Säuger-Gattungen
(darunter allein 7 Rodentia), die vermutlich auf eine pliozäne Einwanderung siva-
malaiischer Vorfahren zurückgeführt werden können (GROVES 1976), daneben existieren jedoch auch Arten, die auf wesentlich jüngere Beziehungen zu den Sunda-Inseln hinweisen.

Tab. 2.8. Säuger der Talaud und Sangihe Inseln (GROVES 1976)

			weitere Vorkommen
1. Talaud Inseln			
MARSUPIALIA	Phalangeridae	*Phalanger ursinus*	Celebes
CHIROPTERA	Pteropodidae	*Pteropus hypomelanus*	Celebes
		Acerodon humilis	endemisch
		Cynopterus brachyotis	Celebes, Sundaland, Philippinen
RODENTIA	Muridae	*Rattus rattus*	weit verbreitet
		Rattus rattus talaudensis	weit verbreitet
		Melomys fulgens	Seram
2. Sangihe Insel			
MARSUPIALA	Phalangeridae	*Phalanger celebensis*	Celebes, Halmahera
CHIROPTERA	Pteropodidae	*Rousettus celebensis*	Celebes
		Pteropus hypomelanus	Celebes
		Pteropus caniseps	Celebes, Halmahera
		Pteropus melanopogon	Moluccen
		Pteropus chrysoproctus	Seram
		Acerodon celebensis	Celebes, Sula Inseln
		Macroglossus lagochilus	Celebes
CARNIVORA	Viverridae	*Paradoxurus hermaphroditus*	weit verbreitet
RODENTIA	Sciuridae	*Callosciurus leucomus*	Celebes
	Muridae	*Rattus rattus*	weit verbreitet
		Mus musculus	weit verbreitet
PRIMATES	Tarsiidae	*Tarsius spectrum*	Celebes

Ähnlich differenziert wie die Zoogeographie von Celebes ist auch die Geologie dieser Insel. AUDLEY-CHARLES, CARTER und MILSOM (1972) vermuten, daß es sich bei Celebes um eine „zusammengesetzte" Insel handelt, deren östliche und südöstliche Halbinseln mesozoische Teile des australischen Kontinents darstellten, während die nördlichste und südlichste zu Südostasien gehörten. Die gegenwärtige Konfiguration, die auch im Pleistozän nicht mehr verändert wurde, dürfte im Pliozän bereits bestanden haben. Eine eiszeitliche Landbrücke zwischen Celebes (durch eustatische Meeresspiegelschwankung) mit dem südostasiatischen Kontinent bestand nicht.

Durch die Wallacea, zwischen den Molukken und Celebes sowie zwischen Timorlaut und den Kleinen Sundainseln, verläuft die Weber-Linie. Sie wurde von WEBER (1902) als Linie mit annähernd gleicher Häufigkeit von orientalischen und australischen Tiergruppen erkannt. WILKINSON (1969) und GRESSIT (1961) machten darauf aufmerksam, daß sie für Wirbellose nicht die gleiche Bedeutung besitzt wie für Wirbeltiere (vgl. auch HOOIJER 1975). SWELLENGREBEL und RODENWALDT konnten jedoch zeigen, daß sie u. a. auch für die Überträger der Malaria, die *Anopheles*-Arten (*Anopheles aconitus*, *Anopheles minimus*, *Anopheles punctulatus*, *Anopheles subpictus* u. a.), verbreitungsbestimmend ist, und HEMMER (1971) klärte Ausbreitungsparallelen zwischen fossilen Pantherkatzen und dem pleistozänen Menschen in diesem Raum auf. Erwähnenswert ist die Tatsache, daß bereits 1846 SALOMON MÜLLER die „Wallace-Linie" als bedeutende zoogeographische Grenze erkannte. Die Müller-Linie ordnet jedoch Lombok und Sumbawa noch zur orientalischen Region. MÜLLER war darüber hinaus im Gegensatz zu WALLACE der Auffassung, daß die Grenzlinie stärker ökologisch bedingt wäre. Die Ostgrenze der australischen Beuteltiergruppen verläuft weitgehend übereinstimmend mit der Müller- bzw. Wallace-Linie. Im Süden fehlen jedoch westlich von Wetar und Timor die Beuteltiere.

Im Gegensatz zu den Grenzlinien der Wallacea, die weitgehend mit der 200-Meter-Meerestiefenlinie, die während der Eiszeiten trockenfiel, übereinstimmen, besitzen kontinentale Linien geringere Bedeutung. Das gilt z.B. für die Reinig- und die Johansen-Linie.

Die Reinig-Linie, die vom Ostufer der Lena und des Aldan über das Stanowoy- und Gablonowyi-Gebirge bis zum Tienschan verläuft, entstand während der Eiszeiten und hat geschichtliche Ursachen.

Die Johansen-Linie ist dagegen ein ökologisch begründetes Berührungsgebiet west- und ostpalaearktischer Tiergruppen. Sie verläuft von der Sewernaja und Semlja Insel und Taimyr-Halbinsel im Norden östlich des Jenissei (daher auch „Jenissei-Faunenscheide" genannt) bis zum Altai. Die östlich von ihr gelegene Mittelsibirische Hochfläche erlaubt es westlichen, an das Flachland angepaßten Arten nur in wenigen Fällen, nach Osten vorzudringen. Umgekehrt erreichen östliche Hochlandarten am Westrand der Mittelsibirischen Hochebene ihre Westgrenze und kommen nur bei entsprechend großer ökologischer Valenz auch im Flachland und damit westlich der Johansen-Linie vor. Von östlichen Arten, die an der Johansen-Linie ihre Westgrenze erreichen, sind die Vogelarten *Turdus sibiricus*, *Turdus obscurus*, *Turdus eunomus*, *Turdus naumanni*, *Anas formosa* und *Anas falcata* zu nennen; von westlichen die Vogelarten *Lanius collurio*, *Acrocephalus schoenobaenus*, *Capella media*, *Porzana porzana* und *Melanitta fusca*.

2.2.1.2 Das mittelamerikanische Übergangsgebiet

Die Grenzen zwischen Neotropis, Palaeotropis und Holarktis wurden bis in die jüngste Zeit immer wieder in Frage gestellt. Mittelamerika, von den meisten Biogeographen zur Neotropis gerechnet, wurde von anderen als „Übergangszone" (MAYR

1964, SIMPSON 1965, HERSHKOVITZ 1969, HOWELL 1969) zwischen Neotropis und Nearktis aufgefaßt (mit überwiegend südamerikanischen Tiergruppen) und schließlich von MERTENS (1952), KRAUS (1955, 1960, 1964) und SAVAGE (1966) zu einem selbständigen Reich neben der Neotropis erhoben. Der Grund, warum die einzelnen Bearbeiter zu sehr unterschiedlichen Ergebnissen kommen, ist zumindest zum Teil in der unterschiedlichen Ausbreitungsfähigkeit der jeweils bearbeiteten Tiergruppe zu suchen (MÜLLER 1972, 1973). Sehr ausbreitungsfähige Tiergruppen (Säuger, Vögel), mit denen sich SIMPSON (1940, 1950, 1965, 1966), MAYR (1964) und HOWELL (1969) beschäftigten, verwischen die Eigenheiten des mittelamerikanischen Raumes, während andere (Chilopoden, Diplopoden, Amphibia, Reptilia, Gastropoda) sie verstärkt in Erscheinung treten lassen (MÜLLER 1973).

Unabhängig davon, welche Auffassung die einzelnen Bearbeiter über die Zuordnung von Mittelamerika besitzen, sind sie sich doch gemeinsam darüber einig, daß in den tropischen Flachlandregenwäldern von Mittelamerika der Anteil an Arten mit südamerikanischer Herkunft erstaunlich groß ist.

Zeichnet man einmal die Nordgrenzen südamerikanischer Familien und die Südgrenzen nordamerikanischer Familien auf eine Karte von Mittelamerika, so läßt sich feststellen, daß es eine Häufung und Stauungslinien von Nordgrenzen südamerikanischer Familien in Mittelamerika gibt.

Diese Stauungslinien verlaufen korreliert zur Nordgrenze der mittelamerikanischen Flachlandregenwälder und 1500 m Höhenlinie der Sierra Madre in Mexiko. Nordamerikanische Arten dringen im andinen Gebiet weit nach Südamerika vor.

Diese Tatsache darf jedoch nicht dazu verleiten, die Hochgebirge von Mittelamerika einfach der Nearktis zuzuordnen, wie es von manchen Autoren vorgeschlagen wurde. Greifen wir als Beispiel die isolierten Paramos der Sierra de Talamanca in Costa Rica heraus, so wird die Verflechtung unterschiedlicher Herkunftsgebiete dort lebender Populationen besonders deutlich. Hier kommen einerseits nordamerikanische Taxa (u. a. die Insectivorengattung *Cryptotis* und die in Nordamerika weitverbreitete Taubenart *Zenaida macroura*) neben neotropischen Verwandtschaftsgruppen (u. a. der Funariide *Philydor rufus*) und zahlreichen Endemiten vor, deren Differenzierung in diesen Hochgebirgen ablief (vgl. Talamanca-Paramo-Zentrum bei MÜLLER 1973). Von den in Costa Rica lebenden 758 Vogelarten (864 Arten und Rassen, 440 Gattungen; SLUD 1964) sind 21 durch subspezifische oder sogar spezifisch (3 Arten) differenzierte Populationen in den Paramos von Talamanca, deren floristische Verknüpfung mit den nordandinen Paramos von Südamerika WEBER (1958, 1969) erkannte, vertreten. Dabei ist bemerkenswert, daß von den sechs in Costa Rica vorhandenen endemischen Vogelarten immerhin drei *(Selasphorus simoni, Chlorospingus zeledoni* und *Acanthidops bairdi)* Talamanca-Paramo-Endemiten sind. Betrachten wir die Familienzugehörigkeit der 21 differenzierten Vogelpopulationen der Sierra von Talamanca, so gehören im Sinne von MAYR (1964) nur 2 Arten der Familien Furnariidae und Cotingidae *(Philydor rufus panerythrus* und *Pachyramphus versicolor costaricensis)* zu Vogelfamilien mit südamerikanischem Ursprung. Für alle anderen Familien muß nearktische oder mittelamerikanische Herkunft angenommen werden. Diese Befunde sind völlig entgegengesetzt zu unseren Ergebnissen aus den basimontanen Regenwäldern von Costa Rica, wo Vogelpopulationen, die zu neotropischen Familien gehören, eindeutig dominieren.

Zahlreiche Vertebratenarten sind auf das mittelamerikanische Übergangsgebiet beschränkt. Hierzu gehören bei den Amphibien die Leptodactyliden *Eleutherodacty-*

lus alfredi, E. anzuetoi, E. bocourti, E. brocchi, E. decoratus, E. dorsoconcolor, E. dunni, E. greggi und der Laubfrosch (Hylidae) *Hyla robertmertensi;* bei den Schlangen *Typhlops basimaculatus, Loxocemus bicolor, Leptotyphlops phenos, Dipsas dimidiatus,* sowie die Giftschlangen *Bothrops sphenophrys* und *Bothrops yucatannicus;* bei den Vögeln *Campylorhynchus yucatanicus, Myiarchus yucatanensis* und *Agriocharis ocellata* und bei den Säugern *Peromyscus yucatanicus* und *Sciurus yucatanensis.*

Der mittelamerikanische Tapir *(Tapirus bairdi)* kommt auch in den Wäldern von Nordwest-Kolumbien vor.

2.2.1.3 Palaeotropisch-holarktische Übergangsgebiete

Breite Übergangsgebiete befinden sich auch zwischen Palaeotropis und Holarktis. Das gilt vor allem im afrikanischen und südostasiatischen Raum. Projeziert man die von zahlreichen Biogeographen diskutierten Grenzlinien zwischen der äthiopischen Region und der westlichen Palaearktis auf Nordafrika und die Arabische Halbinsel, so zeigt sich, daß z.B. die Sahara von einem dichten „Grenzlinien-Netz" überzogen wird. In diesen Linien schlagen sich einerseits tiergruppenspezifische Eigenschaften,

Tab. 2.9. Baumarten Tibestis (SCHOLZ 1967)

	max. Höhen-vorkommen	Verbreitungstyp der Arten
Hyphaene thebaica	1200 m	T
Ficus salicifolia (incl. *F. teloukat*)	2500 m	T–SS
– ingens	2000 m	T–SS
– gnaphalocarpa	1900 m	T
– sycomorus	1600 m	oA
Boscia salificolia	2000 m	T
– senegalensis	1500 m	T
Maerua crassifolia	1900 m	T–SS
Capparis decidua	2000 m	T
Acacia laeta	1800 m	oA
– nilotica (incl. *A. adstringens*)	1700 m	T
– stenocarpa	2300 m	T
– seyal	2100 m	T–SS
– raddiana	2200 m	T–SS
– albida	2200 m	T
Balanites aegyptiaca	1800 m	T–SS
Salvadora persica	1500 m	T–SS
Tamarix aphylla (*T. orientalis*)	1500 m	SS
– gallica subsp. *nilotica*	2200 m	SS
Erica arborea	3000 m	oAM
Calotropis procera	2200 m	T–SS
Leptadenia pyrotechnica	1700 m	T–SS

T = Senegambisch-sudanisches Florengebiet (Sahelzone)
SS = Nordafrikanisch-indisches Wüstengebiet (Saharo-Sind)
M = Mediterranes Florengebiet
oA = Ostafrikanisches Florengebiet

andererseits aber eine Fülle ökologischer Besonderheiten nieder. Die Sahara ist kein einheitlicher Wüstenraum. In ihre Trockenkerne sind isolierte Gebirgsstöcke eingestreut (u. a. Tibesti, Hoggar, Air), in denen holarktische Arten nach Süden vorgedrungen sind und äthiopische Taxa nordwärts wanderten. In Oasen der westlichen Sahara treten Arten auf (u. a. der Seefrosch *Rana ridibunda* und die große Perleidechse *Lacerta lepida*), die uns aus dem europäischen Mittelmeergebiet vertraut sind. Diese auffallenden Besonderheiten sind keineswegs auf die Tiere beschränkt. Sie lassen sich bei den Pflanzen durch analoge Fälle belegen. Als Beispiel sollen die Baumarten Tibestis angeführt werden (vgl. Tab. 2.9).

Gründe für diese hochinteressanten Arealverknüpfungen unterschiedlicher Herkunft im äthiopisch-palaearktischen Übergangsgebiet finden wir einerseits in der rezenten Ökologie der Sahara, andererseits in der jüngeren Geschichte der nordafrikanischen Biome.

Die ariden Kerne der Sahara waren noch im Postglazial wesentlich feuchter als in der Gegenwart. Als zeitlicher Indikator können die holozänen Entwicklungsstadien des Tschadsees herangezogen werden. Während des Jungquartärs lassen sich im Tschadbecken drei Hauptstadien der Seefüllung unterscheiden:
1. das Tschadmeer-Stadium,
2. das Bahr el Ghazal-Stadium,
3. das Tschadsee-Stadium.

Das Tschadmeer ist durch die in 340 m NN liegenden Strandwälle im Tschadbecken gekennzeichnet. Diese säumten ein Binnenmeer mit einer Wasseroberfläche von etwa 320 000 qkm. Während des Maximalstadiums war die Wasseroberfläche im Tschadbecken nur um ein Viertel kleiner als die Oberfläche des heutigen Kaspischen Meeres (438 000 qkm). Zur Zeit des Tschad-Hochstandes wurde der See aus den Zuflüssen der umliegenden Gebirge gespeist. Begrenzt wurde der Hochstand des Tschadmeeres durch den Überlauf des Schari in das Benue-System bei Fianga (GROVE und PULLAN 1963). Die zahlreichen Aufschüttungsdeltas der Flüsse an der ehemaligen Strandlinie lassen auf eine starke fluviatile Sedimentation während des Tschad-Hochstandes schließen. Die Untersuchungen von ERGENZINGER (1967) erlauben eine genaue zeitliche Einordnung des Seespiegelstandes.

Nach den C_{14}-Datierungen von FAURE (aus MONOD 1963) dauerte das Tschadmeerstadium von 22 000 bis 8500. Der Hochstand des Trou au Natron (See im zentralen Tibesti) wurde nach FAURE 1967 (aus ERGENZINGER 1968) vor 15 000 Jahren erreicht. Zumindest im Spätwürm herrschten im Tibesti in über 2000 m Höhe humidere Verhältnisse als in der Gegenwart (MESSERLI 1972). Zu dieser Zeit war eine fluviatile Schüttung der Tibestiflüsse in das Tschadmeer möglich.

Es muß jedoch darauf hingewiesen werden, daß die Wasserpegelhöchststände von Seen in ariden und semiariden Gebieten nicht unbedingt kausal mit höheren Niederschlägen verbunden sein müssen. HAUDE (1969) konnte z. B. zeigen, daß die Hochstände des Toten Meeres nicht die Annahme von Pluvial-Zeiten während des Pleistozäns erfordern. Allein eine starke Abkühlung soll genügen, um damit „die höchsten Strandlinien des Toten Meeres durch verminderte Verdunstung, vermehrten Abfluß, verlängerte Vegetationszeit, kurzum durch das wiederholte Auftreten von Klimaverhältnissen mit erhöhtem humiden Einschlag jedoch ohne Niederschlagsvermehrung zu erklären."

Ähnliche Verhältnisse sind auch aus den ariden Kernen der USA bekannt. In der Umgebung von Salt Lake City übersteigt die potentielle Evaporation um ein Vielfaches die Niederschlagshöhe. In den Kaltzeiten des Pleistozäns sank die potentielle Evaporation jedoch infolge der tiefen

Temperaturen. Dadurch entstanden in dem abflußlosen Becken eine Reihe größerer Seen, von denen Lake Lahonton (Nevada) und Lake Bonneville (Utah) die größten waren. Zur Zeit des Höchststandes (vor etwa 18 000 Jahren) war der Lake Bonneville 586 km lang, 233 km breit (31 800 km²) und 300 m tief. In der Postglazialzeit sank der Seespiegel des Süßwassers ständig ab. Die Salzkonzentration stieg dadurch an. Vor 2000 Jahren, als der Seespiegel noch 60 m über dem rezenten großen Salzsee lag (um 18 000 v. Chr. noch 300 m höher), besaß der See bereits hohe Salzkonzentrationen. In der Folgezeit zerfiel er in mehrere Teilbecken, von denen der große Salzsee als Relikt erhalten blieb (120 km lang, 56 km breit, 5 m mittlere Tiefe).

Zwischen 8500 und 5000 erfolgte ein sehr starker Rückgang des Tschadsees. In dieser Zeit sank der Seespiegel in der Bodelé-Senke um mehr als 60 m. Ab 5000 setzte nach BUTZER (1958) eine tropische Feuchtzeit ein, die durch das Bahr-el-Ghazal-Stadium gekennzeichnet ist.

„Von Mauretanien bis zum Sudan, vom Tschad bis in den Mittelmeerraum sind Kennzeichen einer erhöhten Humidität zwischen rund 12 000 bis 2000 v. Chr. durch eine ständig zunehmende Zahl von C_{14}-Daten bekannt geworden" (MESSERLI 1972).

Der Bahr el Ghazal – das heutige Trockental zwischen Tschadsee und Bodele-Depression – hat sich während der Trockenphase zwischen 8500 und 5000 eingeschnitten. Zur Zeit des Bahr-el-Ghazal-Stadiums verband er die damaligen beiden Endseen des Tschadbeckens: den im Vergleich zum heutigen Strand etwa 7 m höheren Tschadsee (doppelt so groß wie heute) und den Bodelé-See mit einer Uferlinie in etwa 240 m NN. Beide Seen wurden von den Strömen des südlichen Tschadbeckens gespeist. Nur die südlichsten Flüsse Wadais durchschnitten den 340 m Meeresspiegelhöhe liegenden Strandwall des Tschadmeeres und schütteten während des Bahr-el-Ghazal-Stadiums ein neues Delta in den See.

Die nördlicheren Flüsse erreichten den See nicht mehr. Dieser Seestand existierte nach den C_{14}-Daten von SERVANT 1968 (aus ERGENZINGER 1968) ungefähr um 3000. Das Bahr-el-Ghazal-Stadium dauerte nach BUTZER (1958) von 5000 bis 2450.

Ab 2450 setzte jedoch eine starke Austrocknungsphase ein, in deren Folge der Bodelé-See verlandete und das Tschadsee-Niveau stark zurückging.

In dieser Zeit hat sich erst die Sahara in ihrem heutigen Zustand ausgebildet. Die Gegenwart ist geprägt durch die in dieser Trockenphase entstandenen Dünen und das Tschadsee-Stadium (MOREAU 1966). Der Tschadsee in seiner heutigen Gestalt ist als der bescheidene Rest der verschiedenen quartären Seen anzusehen.

LAUER und FRANKENBERG (1977) konnten allerdings durch Analyse der pflanzengeographischen Tropengrenze (südl. Dominanz tropischer Pflanzenarten) in der Sahara wahrscheinlich machen, daß die floristische Zusammensetzung der libyschen Wüste und westlichen Kernsahara im Holozän nur geringen Veränderungen unterworfen war. „Die Oszillationen der Florenregionen haben daher wohl primär in den Randgebieten des Nordens und des Südens der Wüste, in den meernahen Randsäumen und im Bereich durch die Sahara ziehender feuchterer Streifen größere Ausmaße erreicht. Solche meist meridional die Sahara querenden Feuchtbrücken verlaufen im Zuge der Gebirgsmassive wie z. B.: Air-Hoggar – Tassili'n' Ajjer – Tademait-Atlas oder auch des Nil-Tales. Auch das Tibestigebirge erlebte einen ausgesprochenen Florenwandel während der jüngeren Klimaschwankungen" (LAUER und FRANKENBERG 1977; vgl. auch SCHULZ 1974, COUR und DUZER 1976, SERVANT und SERVANT-VILDARY 1973). 6 °C niedrigere Temperaturen werden für das ausgehende Würmglazial Nordafrikas angenommen (HEINE 1974). Außertropische, mediterrane Arten drangen während dieser Zeit bis zum Südrand der heutigen Sahara vor. Saharoarabische Faunen- und Florenelemente waren auf die hyperariden Kerngebiete der Sahara zurückgedrängt. Tropische Savannenarten (u. a. *Bitis arietans*) konnten im west-saharischen Bereich während postglazialer Warmphasen bis ins marokkanische Sou-tal vordringen. Nach Ausbreitung der ariden Kerne vor etwa 5000 Jahren wurden die palaearktischen Elemente nordwärts bzw. auf höhere Lagen der Saharagebirge abgedrängt.

Die eigentliche Wüstenfauna Afrikas setzt sich aus zahlreichen Arten zusammen, die zu einem erheblichen Teil auch in den indischen Trockengebieten auftreten. Bei den Pflanzen beträgt der Anteil „saharosindhischer" Arten 70% (GOOD 1964). Bei-spiele sind *Calotropis procera, Cistanche lutea, Daemia extensa, Haloxylon salicor-nicum, Lawsonia inermis, Leptadenia pyrotechnica, Neurada procumbens, Zilla spi-nosa* und *Anabasis aretioides.*

Diese nahe Verwandtschaft nach Indien liefert auch eine Berechtigung für den Zu-sammenschluß der orientalischen und äthiopischen Region zum Palaeotropischen Bioreich. Die Übereinstimmungen zwischen Äthiopis und Orientalis sind bei Tieren enger als zwischen beiden und der Holarktis. So kommen z.B. die Säugerfamilien Tragulidae, Rhinocerotidae, Elephantidae, Hyaenidae, Hystricidae, Manidae, Pon-gidae, Cercopithecidae und Lorisidae, die Vogelfamilien Nectariniidae, Pycnoniti-dae, Pittidae, Indicatoridae, Bucerotidae und Pterochidae, die Reptilienfamilie Cha-maeleontidae und die Amphibienfamilie Rhacophoridae in beiden Regionen vor, während die Zahl endemischer Vogelfamilien sowohl für die Äthiopis (nur 4 von 67 Familien) als auch für die Orientalis (nur Irenidae) klein ist.

267 Vogelgattungen leben sowohl in der äthiopischen als auch in der orientali-schen Region. Von äthiopischen Vogelarten erreichen 69 Indien und 63 Europa (MOREAU 1966).

Tab. 2.10. Anteil an palaearktischen Säugetieren in den indischen Wüsten (PRAKASH 1974)

Säugetier-ordnung	Artenzahl in der Indischen Wüste	Palaearktische Arten	Orientalische Arten	Palaearktische Arten in %
Insectivora	3	3	–	100
Chiroptera	11	4	7	36
Primates	2	–	2	–
Pholidota	1	–	1	–
Carnivora	13	9	4	69
Artiodactyla	4	2	2	50
Lagomorpha	1	–	1	–
Rodentia	16	7	9	44
Total	51	25	26	49

Ein ähnlich breites Übergangsgebiet wie das nordafrikanische befindet sich zwi-schen Palaeotropis und Holarktis auch im chinesischen Gebiet. Durch menschliche Beeinflussung sind hier die ursprünglichen subtropischen Wälder weitgehend ver-nichtet worden. An offene Landschaften angepaßte Arten haben teilweise die Stelle der ursprünglichen Wald-Fauna eingenommen. Die Tierwelt von Formosa, das während der Eiszeiten mit dem Festland verbunden war, zeigt eine ausgeprägte Mischung orientalischer und palaearktischer Arten.

2.2.1.4 Südhemisphärische Übergangsgebiete

Auch auf den Südkontinenten, vor allem an den Südspitzen von Südamerika und Neuseeland, treten Übergangsgebiete auf, die untereinander und mit dem „Alten Süden", der Archinotis, enge Verwandtschaftsbeziehungen, die in den letzten Jahren aus phylogenetischer Sicht intensiv untersucht wurden (BRUNDIN 1965, 1972, ILLIES 1965 u.a.), aufweisen. Während die meisten der hier gegenwärtig vorkommenden terrestrischen Wirbeltiere (z. B. der Antarktispiper auf Grahamland und den Süd-Orkney Inseln oder die Kiwis auf Stewart-Island von Neuseeland) nächste verwandtschaftliche Beziehungen zu nördlichen Populationen besitzen, weisen zahlreiche ältere Wirbellosen- und Pflanzengruppen (vgl. MOORE 1972, VAN STEENIS 1972) ebenso wie die Pinguine auf eine enge Verwandtschaft der Kontinent-Südspitzen hin. Plecopteren, Chironomiden und bereits im frühen Tertiär vorhandene Krebsfamilien (Syncarida) rechtfertigen den Anschluß dieser südlichen Übergangsgebiete zum alten Süden (= Archinotis), der bereits von Biogeographen des vergangenen Jahrhunderts als Tierreich gefordert und durch zahlreiche wohlbegründete Beispiele von Tiergeographen unseres Jahrhunderts bestätigt wurde. Während die phylogenetischen Beziehungen über den Südpazifik hinweg immer deutlicher werden, sind wir in der Diskussion der Frage, wie die rezenten Verbreitungsbilder der Verwandtschaftsgruppen zustande kamen, überwiegend auf gesicherte geophysikalische Untersuchungsergebnisse und Koinzidenzschlüsse angewiesen.

2.2.1.5 Die Holarktis

Über die Verwandtschaftsbeziehungen holarktischer Taxa und über die Abgrenzung der Holarktis ist seit DE CANDOLLE (1855), ENGLER (1879) und KOBELT (1897) umfassendes Material zusammengetragen worden, das in übersichtlicher Anordnung und anregender Theorienbildung erstmals in REINIGs (1936) „Holarktis" seinen Niederschlag fand. Was in späterer Zeit biogeographisch weiterentwickelt, teilweise auch völlig neu durchdacht werden mußte, trägt Züge, die in diesem Werk zumindestens bereits angedeutet waren.

Zahlreiche Pflanzengruppen besitzen den holarktischen Verbreitungstyp (u.a. Aceraceae, Betulaceae, Caryophyllaceae, Cruciferae, Juglandaceae, Primulaceae, Ranunculaceae, Rosaceae, Salicaceae, Saxifragaceae, Umbelliferae), und auch auf Artniveau ist er häufig (u.a. *Equisetum arvense, Cardamine pratensis, Zostera marina, Angelica*, vgl. BÖCHER et al. 1968, PIMENOV 1968, HULTEN 1960, 1962).

Einige circumpolar verbreitete Pflanzen (HULTEN 1962):

1. Arktische Arten:

Arctophila fulva
Calamagrostis deschampsioides
Carex rariflora
Colpodium vahlianum
Dupontia fisheri

Eriophorum callitrix
Hierochloe pauciflora
Luzula arctica
Phippsia algida
Poa alpigena

2. Boreale Arten:

Carex aquatilis	Eriophorum angustifolium
– heleonastes	Festuca rubra
– lasiocarpa	Juniperus communis
– vesicaria	Luzula multiflora
Coleoglossum viride	Lycopodium annotinum
Cystopteris fragilis	– clavatum
Deschampsia cespitosa	Trisetum spicatum

Auffallende nearktisch-palaearktische Arealdisjunktionen besitzen folgende Pflanzengattungen:

Liquidambar	Paeonia
Meconopsis	Menispermum
Corema	Liriodendron
Platanus	Chiogenes
Clintonia	Magnolia

Zahlreiche Carabiden besitzen holarktische Areale (z.B. das Subgenus *Cryobius* mit den Arten *Cryobius brevicornis, Cryobius similis* und *Cryobius pinguedinus*.

Die nahe Verwandtschaft nearktischer und palaearktischer Gebiete wird besonders auffallen, wenn man einmal Gelegenheit hat, in beiden Freilandbeobachtungen durchzuführen. Bei einer Exkursion in die Umgebung von Montreal oder Quebec in Kanada wird ein mitteleuropäischer Ornithologe eine große Zahl ihm aus Deutschland bekannter Vogelarten antreffen (u.a. die Stockente *Anas platyrhynchos,* die Löffelente *Spatula clypeata,* den Rauhfußkauz *Aegolius funereus,* den Habicht *Accipiter gentilis,* den Rauhfußbussard *Buteo lagopus,* den Steinadler *Aquila chrysaetos,* die Kornweihe *Circus cyanus,* den Wanderfalken *Falco peregrinus,* das Grünfüßige Teichhuhn *Gallinula chloropus,* die Uferschwalbe *Riparia riparia,* die Rauchschwalbe *Hirundo rustica,* den Kolkraben *Corvus corax,* den Waldbaumläufer *Certhia familiaris,* den Zaunkönig *Troglodytes troglodytes,* den Steinschmätzer *Oenanthe oenanthe,* den Seidenschwanz *Bombycilla garrulus,* den Raubwürger *Lanius excubitor* und die nach Nordamerika eingeschleppten Stare *Sturnus vulgaris* und Haussperlinge *Passer domesticus*), daneben fallen ihm jedoch Tyranniden (u.a. *Tyrannus tyrannus*), eine Kolibriart *(Archilochus colubris),* Vireoniden (u.a. *Vireo olivaceus, Vireo philadelphicus*), Paruliden (mit den Gattungen *Mniotilia, Vermivora, Parula* und *Dendroica*), Icteriden (mit den Gattungen *Dolichonyx* und *Sturnella*) und nicht zuletzt Thraupiden (u.a. *Piranga*) auf, die ihm aus der alten Welt unbekannt sind. Ähnliche Beobachtungen können auch bei den Säugetieren gemacht werden. Bei den mitteleuropäischen und nordamerikanischen Reptilien gibt es jedoch auf Artniveau keine Übereinstimmungen. Anders verhält es sich auf Gattungsniveau (Genus *Natrix, Coluber, Elaphe, Agkistrodon*).

Palaearktisch-nearktische Schwestergruppen sind von sehr vielen Tierarten bekannt:

Palaearktis	Nearktis
Glaucidium passerinum	*Glaucidium gnoma*
Perisoreus infaustus	*Perissoreus canadensis*
Spinus spinus	*Spinus pinus*
Parus montanus	*Parus atricapillus*
Regulus regulus	*Regulus satrapa*
Nucifraga caryocatactes	*Nucifraga columbiana*

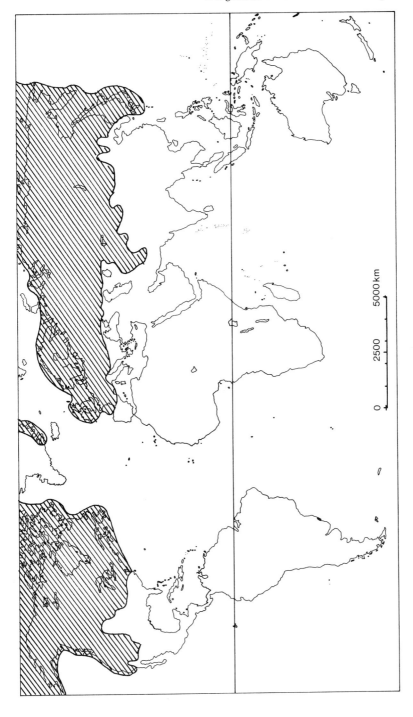

Abb. 16. Holarktische Verbreitung des Hermelins (*Mustela erminea*).

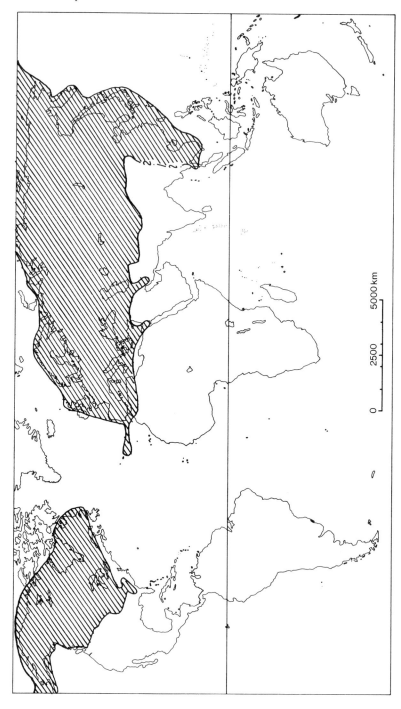

Abb. 17. Holarktische Verbreitung des Mauswiesels (*Mustela nivalis*).

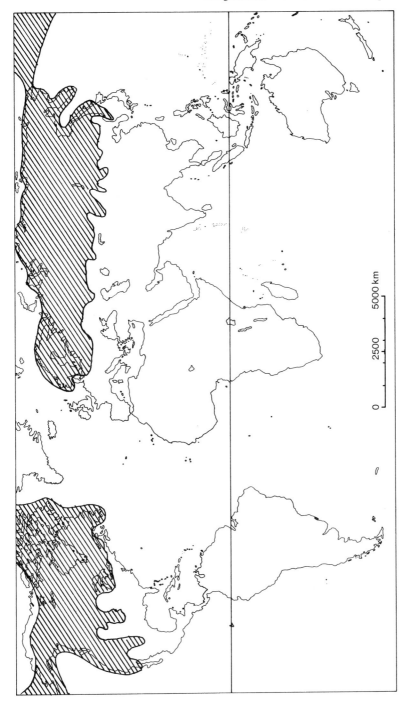

Abb. 18. Holarktische Verbreitung des borealen Vielfraßes (*Gulo gulo*). Innerhalb des schraffierten Areals gibt es größere Areallücken.

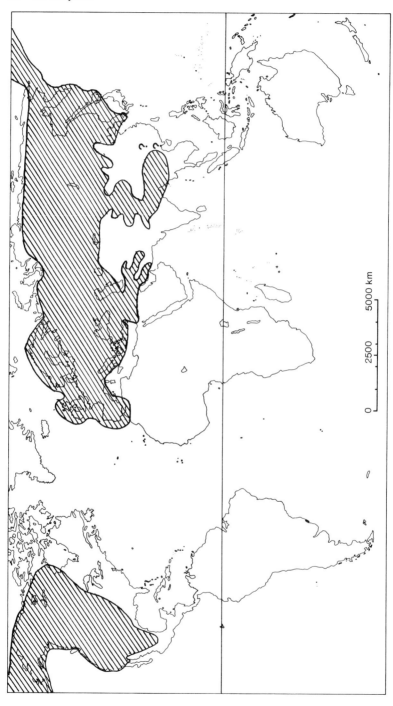

Abb. 19. Ursprüngliches Areal der Braunbären-Gruppe (*Ursus arctos*).

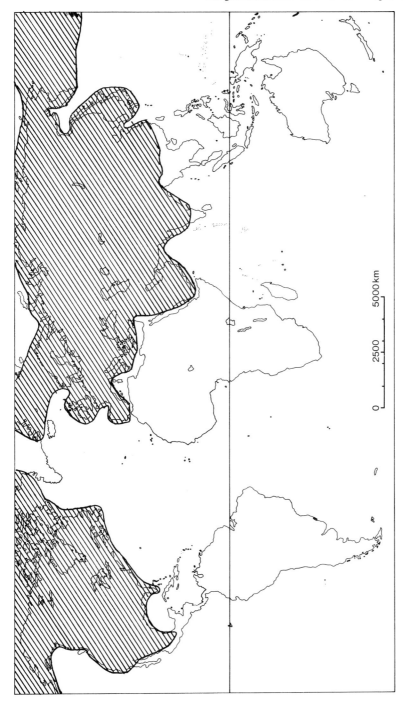

Abb. 20. Ursprüngliches Areal des Wolfes (*Canis lupus*).

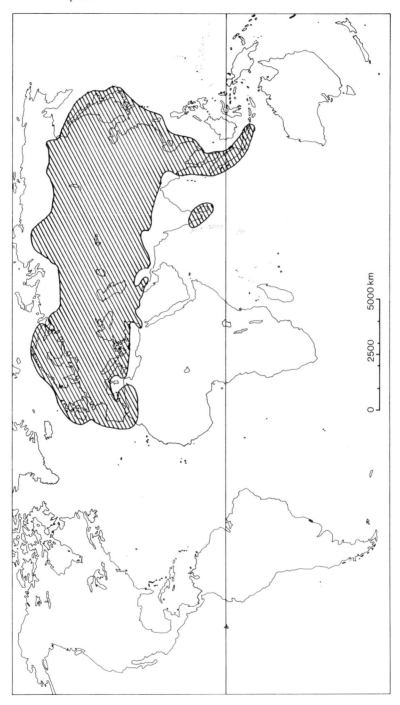

Abb. 21. Ursprüngliches Areal der Fischotter (*Lutra*). Bemerkenswert ist das isolierte Vorkommen in Südindien und Ceylon.

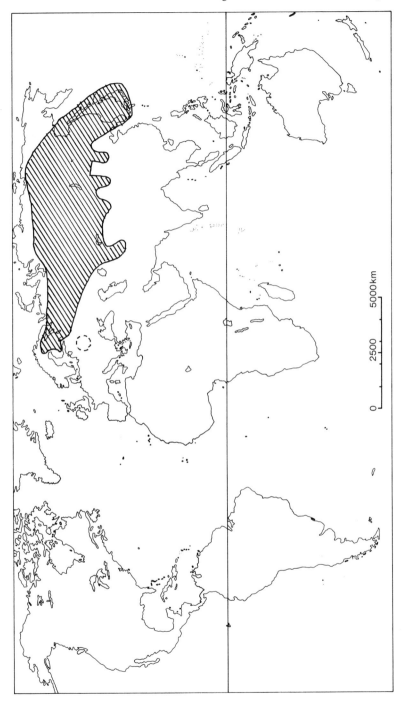

Abb. 22. Ursprüngliche Verbreitung des Zobels (*Martes zibellina*) im borealen Nadelwaldgürtel Eurasiens.

Bezeichnende Tiergruppen der Holarktis sind u. a. die Maulwürfe (Talpidae), die Gattung *Bison*, die Biberarten (Castoridae), die Ochotonidae, die Zapodidae, die Hechte (Esoxidae), die Süßwasserkrebse Astacidae, die Fische der Unterfamilie Leuciscinae und der Familie Coregonidae, die Hummelgattung *Cullumanobombus*, die Schmetterlingsgattungen *Colias* (*Colias croceus* in der Palaearktis und *Colias eurytheme* in der Nearktis) und *Choristoneura* (Tortricidae; an Coniferen), die in Ostasien und Nordamerika vorkommenden Riesensalamander (Cryptobranchidae), die eigentlichen Samalander (Salamandridae), die Olme (Proteidae) und die Vogelfamilie Alcidae.

Holarktisch verbreitete Säugetiere:

*Sorex araneus-arcticus-*Gruppe (vgl. Meylan und Hausser 1973)

Sorex caecutiens	*Dicrostonyx torquatus*	*Mustela erminea*
Lepus timidus	*Canis lupus*	*– nivalis*
Citellus undulatus	(mit 12 palaearktischen	*Gulo gulo*
Castor fiber	und 24 nearktischen	*Cervus elaphus*
Clethrionomys rutilus	Subspezies)	*Alces alces*
Microtus oeconomus	*Alopex lagopus*	*Rangifer tarandus*
– gregalis	*Vulpes vulpes*	*Ovis nivicola*
Lemmus lemmus	*Ursus arctos*	

Auf einige dieser Säuger ist auch die holarktische Verbreitung der ektoparasitischen Flöhe (Siphonoptera) zurückzuführen (Holland 1963). *Ceratophyllus lunatus* lebt auf *Mustela*, *Ceratophyllus vagabundus* auf arktischen Vögeln, *Oropsylla alaskensis* im Fell von Sciuriden, *Catallagia dacenkoi*, *Megabothris calcarifer*, *Amalaraeus penicilliger*, *Amphipsylla marikovskii* und *Peromyscopsylla ostsibirica* auf Rodentia und *Dasypsyllus stejnegeri* auf Drosseln.

Die letzte landfeste Verbindung zwischen Nordamerika und Eurasien über die Beringstraße bestand noch im Würmglazial und ermöglichte einen Faunen-, Floren- und letztlich auch Kulturaustausch zwischen den heute getrennten Gebieten (Konitzky 1961, Eraham 1972, Hopkins 1967, Wolfe und Hopkins 1967, Yurtsev 1972, Kurten 1973, Gressit 1973).

Kurten (1973) nimmt nicht nur würmglaziale Wanderwege über Beringia an, um die Verwandtschaftsbeziehungen z. B. der Braunbären *(Ursus arctos)* Eurasiens und Nordamerika zu erklären, sondern ist der Auffassung, daß die nearktischen und eurasiatischen Riesenformen von *Ursus arctos*, der Kamtschatka- und Kodiakbär, Relikte einer ursprünglich in Beringia heimischen breitschädeligen Ausgangspopulation sind.

Arten der eurasiatischen Tundren (u. a. das Rentier), der Taiga (u. a. der Dreizehenspecht) und sommergrünen Laubwälder (u. a. der Rothirsch) werden in Nordamerika durch nächstverwandte Arten oder Rassen (= Vikarianz) vertreten. Wie Illies (1971) zeigte, ist die faunistische Übereinstimmung der Nordkontinente weit größer als jene der Südkontinente und steigt mit zunehmender nördlicher Breitenlage. Trotz dieser Übereinstimmungen gibt es jedoch in der Nearktis und Palaearktis eine Reihe bemerkenswerter Endemiten, die darauf hinweisen, daß die Faunen eine stärkere und in einigen Fällen auch schnellere Eigenentwicklung auf den Nordkontinenten durchliefen als die Pflanzen. Obwohl jedoch die faunistischen Unterschiede zwischen Nearktis und Palaearktis größer sind als die floristischen, ist es nicht berechtigt, beide als eigenständige Reiche aufzufassen, sondern nur als Regionen der Holarktis, wie es bereits HEILPRIN (1887), BLANFORD (1890), LYDEKKER (1896) und REINIG (1936) vorschlugen.

Die engen Verwandtschaftsbeziehungen der nearktischen und palaearktischen Avifauna führt MAYR (1963) auf unterschiedlich alte eurasiatische Einwanderungsgruppen in Nordamerika zurück. Zu den ältesten eurasiatischen Immigranten in Nordamerika zählt er die Gruidae, Strigidae, Columbidae, Cuculidae, Corvidae, Turdidae und Odontophorinae – zu den jüngsten die Tytonidae, Alaudidae, Hirundinidae, Certhiidae, Sylviidae, Laniidae und Fringillidae.

Auf die Nearktis beschränkte Tiergruppen sind unter den Säugern die Nagerfamilien Aplodontidae, die Geomyidae und Heteromyidae (die allerdings ähnlich wie die Soricidae auch im nördlichen Südamerika vorkommen), der Gabelbock (Antilocapridae), unter den Reptilien die kalifornischen Anniellidae, die an die Trockengebiete der südwestlichen USA und Mexiko angepaßten Helodermatidae, die in den Gebirgen Mittelamerikas weit nach Süden vorstoßenden Gerrhonotinae, und unter den Amphibien die isoliert stehenden, früher mit den neuseeländischen „Urfröschen" (Leiopelmatidae) vereinigten Ascaphidae und die Schwanzlurchfamilien Ambystomidae (mit dem berühmten Axolotl), Amphiumidae und Sirenidae.

Die nord- und mittelamerikanischen Truthühner (Meleagridae) wurden früher als „nearktische Vogelfamilie" gewertet (zum Problem vgl. MÜLLER 1973).

Wie die Nearktis besitzt die Palaearktis ebenfalls eine Reihe kennzeichnender Tiergruppen. Hierzu gehören die sibirischen Winkelzahnmolche (Hynobiidae), die bis zu den Philippinen ausstrahlenden Scheibenzüngler (Discoglossidae), die eigentlichen Blindschleichen (Anguinae), die Braunellen (Prunellidae), die Schläfer (Glirinae), die Spalacidae, die nur durch eine Art vertretene Nagerfamilie Seleviniidae, die zu den Kleinbären gehörenden Pandas (Ailurinae) und die Gemsen (Rupicaprinae).

2.2.1.6 Die Neotropis

Die Neotropis umfaßt Südamerika, die Antillen und große Teile des tropischen Mittelamerika. Neotropische Pflanzenfamilien kommen auch in Florida und im Süden der Kalifornischen Halbinsel vor. Die Neotropis ist durch die endemiten- und artenreichste Fauna und Flora ausgezeichnet.

Neotropische Pflanzenfamilien (GOOD 1964):

Achatocarpaceae	Desfontaineaceae	Martyniaceae
Aextoxicaceae	Dialypetalanthaceae	Myzodendraceae
Agdestidaceae	Diclidantheraceae	Nolanaceae
Alstroemeriaceae	Francoaceae	Pellicieraceae
Asteranthaceae	Gomortegaceae	Picrodendraceae
Batidaceae	Goupiaceae	Plocospermaceae
Bixaceae	Heterostylaceae	Pterostemonaceae
Brunelliaceae	Julianiaceae	Quiinaceae
Calyceraceae	Lacistemaceae	Sarraceniaceae
Cannaceae	Lactoridaceae	Stegnospermaceae
Caryocaraceae	Lecythidaceae	Theophrastaceae
Cobaeaceae	Ledocarpaceae	Thurniaceae
Columelliaceae	Lissocarpaceae	Tovariaceae
Cyclanthaceae	Malesherbiaceae	Tropaeolaceae
Cyrillaceae	Marcgraviaceae	Vivianiaceae

Zahlreiche Nutzpflanzen stammen aus der Neotropis:

Juglandaceae	*Juglans nigra*
Moraceae	*Brosimum galactodendron*
Proteaceae	*Guevina avellana*
Olaceae	*Ximenia*
Basellaceae	*Ullucus tuberosus*
Chenopodiaceae	*Chenopodium quinoa*
Amaranthaceae	*Amaranthus edulis*
Annonaceae	*Annona cherimola*
	– muricata
Mecitidaceae	*Bertolletia excelsa*
Lauraceae	*Persea lingua*
	– americana
Rosaceae	*Prunus* spec.
	Rubus glaucus
	Fragaria chiloense
Leguminosae	*Arachis hypogaea*
	Lupinus mutabilis
	– perennis
	Phaseolus vulgaris
	– lunatus
Oxalidaceae	*Oxalis tuberosa*
Malpighiaceae	*Malphighia punicifolia*
Tropaeolaceae	*Tropaeolum tuberosum*
Malvaceae	*Gossypium hirsutum*
Serculiaceae	*Theobroma cacao*
Passifloraceae	*Passiflora edulis*
Bixaceae	*Bixa orellana*
Cactaceae	*Opuntia ficus-indica*
Caricaceae	*Carica candamarcensis*
	_ microcarpa
	– papaya
Cucurbitaceae	*Cucurbita andreana*
	_ pepo
	– maxima
	– texana
	– mixta
	– ficifolia
	– moschata
Myrtaceae	*Ugni molinae*
Umbelliferae	*Arracacia xanthorrhiza*
Sapotaceae	*Calocarpum sapota*
Rubiaceae	*Cinchona officinalis*
Convolvulaceae	*Ipomoea batatas*
	– trifida
Solanaceae	*Lycopersicon esculentum*
	Physalis peruviana
	Nicotiana tabacum
	Solanum tuberosum
	– muricatum
	– quitoense
	– topiro
	Capsicum annuum

Bignoniaceae	*Crescentia cijete*
Erythroxylaceae	*Erythroxylum coca*
Euphorbiaceae	*Hevea brasiliensis*
	Manihot esculenta
	– glazovii
Anacardiaceae	*Anacardium occidentale*
Aquifoliaceae	*Ilex paraguariensis*
Compositae	*Madia sative*
Araceae	*Colocasia esculenta*
Bromeliaceae	*Ananas comosus*
Gramineae	*Bromus mango*
	Sorghum almum
	(*Sorghum almum* entstand in Argentinien aus einer Kreuzung zwischen *S. halepensis* und Sudangras
	S. sudanense)
	Zea mays
Palmae	*Cocos nucifera*
Dioscoreaceae	*Dioscorea trifida*
Cannaceae	*Canna edulis*
Marantaceae	*Maranta arundinacea*
Amaryllidaceae	*Agave atrovirens*
	– sisalana
Orchidaceae	*Vanilla planifolia*

Unter den Tieren sind endemisch die Beuteltierfamilien Didelphidae (wobei hier zu bemerken ist, daß das Opossum in historischer Zeit weite Teile von Nordamerika erobern konnte) und Caenolestidae, die Ameisenbären (Myrmecophagidae), die Faultiere (Bradypodidae), die Gürteltiere (Dasypodidae), die Breitnasenaffen (Ceboidae), die Nagerfamilien Caviidae, Hydrochoeridae, Dinomyidae, Dasyproctidae, Chinchillidae, Capromyidae, Octodontidae, Ctenomyidae, Ambrocomidae und Echimyidae, die Nabelschweine (Tayassuidae) und die Fledermausfamilien Desmodontidae, Natalidae, Furipteridae, Thyropteridae und Phyllostomatidae. Auf die Antillen sind die Schlitzrüssler (Solenodontidae) beschränkt. Es darf als sicher angenommen werden, daß der gesamte Säugerartenbestand dieses Reiches noch gar nicht erfaßt ist. Das gilt nicht in dem gleichen Sinne für die Vögel, obwohl auch hier noch in jüngster Zeit neue Arten beschrieben wurden.

Allein 2926 Vogelarten kommen in zwei endemischen Ordnungen (den Nandus = Rheiformes und den Steißhühnern = Tinamiformes) und 31 endemischen Familien in Südamerika vor (Rheidae, Tinamidae, Cochleariidae, Anhimidae, Cracidae, die mit den Kuckucken verwandten Opisthocomidae, Cariamidae, Psophiidae, Aramidae, Eurypygidae, Thinocoridae, Nyctibiidae, Steatornithidae, Bucconidae, Galbulidae, Momotidae, Rhamphastidae, Dendrocolaptidae, Furnaridae, Pipridae, Cotingidae, Formicariidae, Conopophagidae, Rhinocryptidae, Rupicolidae, Phytotomidae, Oxyruncidae, Coerebidae, Tersinidae, Catamblyrhynchidae).
Endemisch für die Westindischen Inseln ist die Familie Todidae. Zahlreiche südamerikanische Familien erreichen ihre Nordgrenze an der Sierra Madre do Sul in Mexiko (u. a. die Tukane). Die für die Neue Welt endemischen Kolibris kommen in 242 Arten allein in Südamerika vor, wo sie von den höchsten Erhebungen der Anden (u. a. dem auf die Paramos beschränkten *Oxypogon guerinii*) bis ins amazonische Tiefland (u. a. *Calliphlox amethystina*) alle Lebensbereiche besiedeln, auffallenderweise aber auf den Galapagos fehlen.

15 Kolibriarten erreichen die Vereinigten Staaten von Nordamerika, wobei die weitgehend allopatrisch verbreiteten *Selasphorus rufus* (Westen) und *Archilochus colubris* (Osten) bis zur Lorenz-Strommündung bzw. bis zum südwestlichen Alaska vordringen. Die ökologische Anpassung der Kolibris an blühende Pflanzen (Beispiele für Coevolution), und physiologische Adaptationen an die unterschiedlich hoch gelegenen Lebensräume (vgl. CARPENTER 1974) verdeutlichen die evolutiven Fähigkeiten dieser Vogelgruppe.

Unter den Säugern fallen besonders die sonst nur in der Australis vorkommenden Beuteltiere (87 Arten, 2 Familien), die endemischen Edentaten mit den Faultieren (Bradypodidae, mit den Arten *Bradypus boliviensis, B. infuscatus, B. tridactylus, B. torquatus, Choloepus didactylus, Ch. hoffmanni*), die Ameisenbären mit den Gattungen *Myrmecophaga, Tamandua* und *Cyclopes* und die Gürteltiere (20 Arten), die Breitnasenaffen, die Baumstachler, die Chinchillas, die Nabelschweine und der hohe Anteil an endemischen Fledermausfamilien auf. Die Hirsche (Cerviden) kommen in 11 Arten *(Odocoileus virginianus, Blastocerus dichotomus, Ozotoceros bezoarticus, Hippocamelus antisensis, H. bisulcus, Mazama americana, M. chungi, M. gouazoubira, M. rufina, Pudu pudu, P. mephistophiles)* von den Paramos in Kolumbien und Ecuador *(Pudu mephistophiles)*, den Nothofaguswäldern von Argentinien und Chile *(Pudu pudu)*, der Puna der Zentralanden *(Hippocamelus antisensis)* bis in die Überschwemmungscampos der Insel Mexiana im Amazonasdelta *(Mazama gouazoubira mexianae)* vor.

Jaguar, Puma, Klapperschlagen und Weißwedelhirsche sind Arten, deren Vorfahren erst während der Eiszeiten von Norden her einwanderten, als im Verlauf der nordandinen Hebung die Panamastraße landfest wurde (SIMPSON 1950, MÜLLER 1973). Während langer Zeiten des Tertiärs war Südamerika ein Inselkontinent.

Die Evolution der meisten cricetinen Nager der Neotropis ist, ähnlich wie jene der neotropischen Leguane (vgl. MÜLLER und STEININGER 1977), durch eine Reduktion der Chromosomensätze gekennzeichnet. Phylogenetisch ältere Formen besitzen höhere Chromosomensätze als phylogenetisch jüngere. Die isoliert in Nordargentinien und Südperu auftretende *Phyllotis osilae* weist z.B. 68 Chromosomenpaare auf, während die von ihr ableitbare Wüstenart *Phyllotis gerbillus* nur 38 hat (PEARSON und PATTON 1976, GARDNER und PATTON 1976).

Unter den Reptilien fällt das Vorherrschen der Schlangenhalsschildkröten, der sonst nur auf Madagaskar und den Fidschi- und Tonga-Inseln vorkommenden Leguane, der Korallenschlangen *(Micrurus, Leptomicrurus, Micruroides)*, der Lanzenottern *(Bothrops, Lachesis)*, der Riesenschlangen *(Boinae)* und Kaimane auf. Die giftigen Korallenschlangen erreichen in 2 Arten *(Micrurus fulvius, Micruroides euryxanthus)* noch die USA, während *Bothrops* und *Lachesis* auf die Neotropis beschränkt sind.

Über 690 Schlangen- und Eidechsenarten sind Endemiten von Süd- und Mittelamerika (MÜLLER 1973).

Bei den Amphibien überwiegen die Laubfrösche (Hylidae), die Schreifrösche (Leptodactylidae) und die Atelopodiae an Artenzahl. Von besonderem historisch-biogeographischem Interesse sind die wasserlebenden *Pipa*-Arten, die mit den afrikanischen Krallenfröschen zur Familie Pipidae gehören. Auffallend ist das Brutpflegeverhalten vieler südamerikanischer Frösche. Schlammnest- (u.a. *Hyla faber*) und Blattnestbau (u.a. *Phyllomedusa*) bis hin zum Tragen der Eier oder Jungen auf dem Rücken (u.a. *Hyla goeldii, Pipa pipa, Dendrobates*) oder in besonderen Bruttaschen (u.a. Beutelfrösche der Gattung *Gastrotheca*) sind nur einige ihrer Brutpflege-Besonderheiten. Die echten Frösche (Ranidae) haben nur mit einer Art, die lungenlosen Molche mit 12 Arten (eine in Amazonien, alle anderen in Kolumbien) Südamerika erreicht.

Die Welse sind durch die endemischen Panzerwelse (Callichthyidae) und die Harnischwelse (Loricaridae) vertreten. Callichthyiden sind fossil aus dem Tertiär von Argentinien (*Corydoras rivulatus* aus der Provinz Jujuy) bekannt. Gegenwärtig kennen wir 94 Arten (*Corydoras* mit 83 Arten, *Callichthys*, *Cascadura* und *Cataphractops* mit jeweils einer Art, *Diacema* und *Brochis* mit zwei Arten und die Gattung *Hoplosternum* mit vier Arten).

Die in Süd- und Mittelamerika weitverbreiteten Buntbarsche (Cichliden, 260 Arten, 26 Gattungen) finden wir im Gegensatz zu den Callichthyiden auch auf den Antillen, in Afrika, Madagaskar und Indien. Dieser Verbreitungstyp stimulierte bereits EIGENMANN (1909) und IHERING (1907) zur Rekonstruktion hypothetischer Kontinente und Landbrücken. Fossilbefunde und die Tatsache, daß manche Cichliden (u. a. *Aequidens pulcher*, *Geophagus brasiliensis*, *Geophagus surinamensis*, *Cichlasoma maculicauda*, *Petenia kraussi*) Brack-, ja sogar Meerwasser ertragen können (Arten der Gattung *Tilapia*; *Chichlasoma haitiensis* wurde in einem Salzsee von Haiti gefangen), zwingen heute zu größter Zurückhaltung gegenüber diesen Thesen. Ähnlich wie die Chichliden zeigen auch andere der etwa 2700 südamerikanischen Fischarten und deren Parasiten bemerkenswerte Beziehungen zu Afrika (Characidae; Osteoglossidae mit über 3 m lang werdendem *Arapaima gigas*; Südamerikanischer Lungenfisch *Lepidosiren paradoxa*).

Bei wirbellosen Tiergruppen (u. a. Tausendfüßlern, Spirostreptidae, den Ostracoden, den Bathynellacea, den Spinnentieren, den Chironomiden, den Plecopteren, den Onychophoren, den Mollusken) bestehen nahe Verwandtschaftsbeziehungen zu Afrika und den übrigen Südkontinenten.

2.2.1.7 Australis

Ähnlich wie die Neotropis zeichnet sich auch die Australis durch eine endemitenreiche Tier- und Pflanzenwelt aus (vgl. u. a. BODENHEIMER 1959, KEAST 1959, PRYOR 1959).

Unter allen Florenreichen ist die Australis das „eigenartigste" (SCHMITHÜSEN 1968). Baumförmige Liliaceen *(Xanthorrhoea preisii)*, Casuarinaceen und das artenreiche Genus *Eucalyptus* sind kennzeichnende Pflanzengruppen dieses Reiches.

Auf die Australis beschränkt sind folgende Pflanzenfamilien:

Akaniaceae	Davidsoniaceae
Austrobaileyaceae	Dysphaniaceae
Baueraceae	Eremosynaceae
Brunoniaceae	Gyrostemonaceae
Byblidaceae	Petermanniaceae
Cephalotaceae	Tremandraceae
Chloanthaceae	

Die Casuarinaceae kommen sowohl in Australien, Neukaledonien, den Fidschi-Inseln und Burma vor. Mit Neukaledonien hat Australien die Strasburgeriaceae, Xanthorrhoeaceae, Oceanopapaveraceae und Amborellaceae gemeinsam.

Während bei den höheren Blütenpflanzen wenig Gattungen auftreten, die auch von der Nordhalbkugel bekannt sind, kommen bei den Moosen viele Arten vor, deren Verwandte auch mitteleuropäische oder südamerikanische Lebensräume besiedeln (SCOTT und STONE 1976). Dazu gehören u. a. die Arten:

Sphagnum cristatum	*– torquescens*	*– dichotomum*
– australe	*– caespiticium*	*– pachytheca*
– subsecundum	*– billardieri*	*– suteri*
– falcatulum	*– erythrocarpoides*	*– micro-erythrocarpum*
Polytrichum alpinum	*– laevigatum*	*– rubens*
– juniperinum	*– pseudotriquetrum*	*– tenuisetum*
Bryum argenteum	*– campylothecium*	*Unium rostratum.*
– blandum	*– crassum*	
– capillare	*– australe*	

Zum Bioreich Australis rechnet man neben dem seit dem frühen Mesozoikum von Asien getrennten australischen Festland (AUDLEY-CHARLES 1966) und Tasmanien die Regionen von Neuguinea, Neuseeland, Neukaledonien, Ost-Melanesien, Mikronesien, Ost-Polynesien und Hawaii. Aufgrund der Wirbeltiere ist eine Zuordnung von Neuguinea zu Australien, wie sie von älteren Autoren vorgeschlagen wurde, gesichert. Das gilt jedoch nicht im gleichen Umfang für die Fidschi-Inseln, die Salomonen, Mikronesien, Ost-Polynesien (und Osterinseln) und Hawaii, die aufgrund ihrer abgeschiedenen Lage eine sehr starke Eigenentwicklung durchliefen (vgl. GRESSIT 1963, FRANZ 1970, PUTHZ 1972, UDVARDY 1975), und teilweise ebenso stark palaeotropisch wie australisch geprägt wurden (vgl. HOLLOWAY und JARDINE 1968).

Die nahe Verwandtschaft zwischen Neuguinea und Australien wurde bedingt durch mehrfaches eustatisches Trockenfallen der Torresstraße. Die letzte landfeste Verbindung zwischen Australien und Neuguinea wurde erst vor 8000 bis 6500 Jahren unterbrochen (WALKER 1972 u. a.). Während des Pleistozäns kam es mehrmals zu einem Faunenaustausch zwischen Australien und Neuguinea.

Homo sapiens hat die Australis bereits vor mindestens 30 000 Jahren über See erreicht (BOWLER, JONES, ALLEN, und THORNE 1970). Die Hochgebirge Neuguineas waren im Pleistozän vergletschert (LÖFFLER 1970, PAIJMANS und LÖFFLER 1972).

Dennoch wurde Neuguinea von zahlreichen in Australien vorkommenden Pflanzenfamilien nicht besiedelt.

In Australien vorkommende, jedoch in Neuguinea fehlende Familien:

Akaniaceae*	Emblingiaceae* (Capparidaceae)
Anarthriaceae*	Eremosynaceae* (Saxifragaceae)
Austrobaileyaceae*	Eucryphiaceae
Balanopaceae*	Frankeniaceae
Baueraceae* (Saxifragaceae)	Gyrostemonaceae*
Blepharocaryaceae* (Anacardiaceae)	Hydrophyllaceae
Brunoniaceae*	Idiospermaceae* (Calycanthaceae)
Cabombaceae (Nymphaeaceae)	Limnocharitaceae (Butomaceae)
Cephalotaceae*	Petermanniaceae* (Dioscoreaceae)
Crassulaceae	Phytolacaceae
Davidsoniaceae*	Posidoniaceae (Potamogetonaceae)
Dicrastylidaceae (Verbenaceae)	Ruppiaceae (Potamogetonaceae)
Donatiaceae (Stylidiaceae)	Sphenocleaceae (Caprifoliaceae)
Dysphaniaceae*	Stylobasiaceae* (Rosaceae)
Ecdeiocoleaceae* (Restionaceae)	Taxodiaceae

Tetracarpaeaceae* (Saxifragaceae)
Tetragoniaceae (Aizoaceae)
Tremandraceae*
Tristichaceae (Podostemonaceae)

* = endemisch für die Australis

Zamiaceae (Cycadaceae)
Zannichelliaceae
Zosteraceae (Potamogetonaceae)

Umgekehrt fehlen Familien, die in Neuguinea weit verbreitet sind, in Australien. Dazu gehören nach VAN BALGOOY (1976):

Averrhoaceae (Oxalidaceae)
Balsaminaceae
Barclayaceae (Nymphaeaceae)
Begoniaceae
Bonettiaceae (Theaceae)
Buddlejaceae
Camelliaceae (Theaceae)
Chloranthaceae
Clethraceae
Coriariaceae
Crypteroniaceae
Ctenolophonaceae (Linaceae)
Daphniphyllaceae
Dipterocarpaceae
Ellisiophyllaceae (Scrophulariaceae)
Gnetaceae
Heliconiaceae (Musaceae)
Hydrangeaceae (Saxifragaceae)

Joinvilleaceae (Flagellariaceae)
Juglandaceae
Lophopyxidaceae (Icacinaceae)
Magnoliaceae
Marantaceae
Mastixiaceae (Cornaceae)
Meliosmaceae (Sabiaceae)
Myricaceae
Pandaceae (wenn *Galearia* zu dieser Familie gerechnet wird)
Pentaphragmataceae (Campanulaceae)
Sabiaceae
Sarcospermataceae
Saxifragaceae s.s.
Staphyleaceae
Styracaceae
Triplostegiaceae (Dipsacaceae)

Auch zwischen Malaysia und Neuguinea bestehen vergleichbare Unterschiede in der Familienzusammensetzung.
Pflanzenfamilien West-Malaysias, die nicht in Neuguinea vertreten sind:

Aceraceae
Altingiaceae (Hamamelidaceae)
Ancistrocladaceae
Anisophylleaceae (Rhizophoraceae)
Antoniaceae (Loganiaceae)
Berberidaceae
Betulaceae
Buxaceae
Caprifoliaceae s.s.
Carlemanniaceae (Caprifoliaceae)
Crassulaceae
Dipsacaceae s.s.
Erythropalaceae (Olacaceae)
Hydrophyllaceae
Illiciaceae
Iteaceae (Saxifragaceae)
Limnocharitaceae (Butomaceae)
Lowiaceae
Nyssaceae
Pentaphyllaceae
Petrosaviaceae (Liliaceae)

Philadelphaceae (Saxifragaceae)
Pinaceae
Pistaciaceae (Anacardiaceae)
Pyrolaceae
Rhodoleiaceae (Hamamelidaceae)
Ruppiaceae (Potamogetonaceae)
Salicaceae
Salvadoraceae
Saururaceae
Schisandraceae
Scyphostegiaceae
Sphenocleaceae (Campanulaceae)
Symphoremaceae (Verbenaceae)
Taxaceae
Tetrameristaceae (Theaceae)
Trapaceae
Trichopodaceae (Dioscoreaceae)
Trigoniaceae
Tristichaceae (Podostemonaceae)
Valerianaceae

Pflanzenfamilien Neuguineas, die in West-Malaysia fehlen:

Aegialitidaceae (Plumbaginaceae)
Atherospermataceae (Monimiaceae)
Batidaceae
Byblidaceae*
Cartonemataceae* (Commelinaceae)
Cochlospermaceae
Corsiaceae
Corynocarpaceae*
Cupressaceae
Eupomatiaceae*

Flindersiaceae* (Rutaceae)
Himantandraceae*
Heliconiaceae (Musaceae)
Iridaceae
Juncaginaceae
Philesiaceae (Liliaceae)
Plantaginaceae
Sphenostemonaceae* (Aquifoliaceae)
Trimeniaceae*
Xanthorrhoeaceae (Liliaceae)

In den Regenwäldern von Neuguinea ist bei Invertebraten ein hoher Anteil pa-
laeotropischer Waldarten vorhanden. Australien und die innerhalb der 200 Meter
Meerestiefenlinie gelegenen Inseln sind durch ihre Wirbeltiergruppen bereits frühzeitig gekennzeichnet worden. Neben den Kloaken- und Beuteltieren und dem vom
Menschen eingeführten Dingo *(Canis familiaris dingo)* gibt es sowohl in Neuguinea
als auch in Australien zahlreiche endemische höhere Säugerarten (Placentalia).

Betrachtet man dagegen die Säugerfauna des 1642 entdeckten, 55 000 km² großen
Tasmanien, so treten die Placentalia deutlich zurück. Neben eingeschleppten Arten
*(Oryctolagus cuniculus, Lepus europaeus, Mustela putorius, Rattus norvegicus, Mus
musculus, Cervus dama)* dominieren immer noch die Marsupialier (der Beutelwolf
Thylacinus cynocephalus wurde ausgerottet).

Biogeographisch besonders interessant sind die Amphibien und Reptilien, da sie
als poikilotherme Organismen nicht nur die gegenwärtigen klimatischen Bedingungen stärker reflektieren, sondern (zumindest einzelne Arten) auch die würmglaziale
Vergletscherung der zentralen Teile (letzte landfeste Verbindung Tasmaniens mit
Australien um 12 750 v.Chr.) ertragen mußten.

Tab. 2.11. Zahlenmäßige Gegenüberstellung von Beuteltieren und Placentaliern von
Australien und Neuguinea (KEAST 1968)

	Australis		
	Gattungen	Arten	Anteil der Fauna
Monotremata	3	5	1,3%
Marsupialia	60	145	39,6%
Placentalia	51	214	59,1%

	Neuguinea		
	Gattungen	Arten	Endemiten
Monotremata	2	3	2
Marsupialia	24	50	33
Placentalia	45	122	93
Gesamt-Fauna	71	175	128

Tab. 2.12. Ordnungen proanthroper Säuger Tasmaniens (WILLIAMS 1974)

Ordnung	Familie	Genus	Art
Monotremata	2	2	2
Marsupialia	5	16	20
Rodentia	1	4	4
Chiroptera	1	4	5
Carnivora	2	3	3

Ihre Verteilung auf einzelne Biome zeigt, daß die Hartlaubwälder den höchsten Artenreichtum besitzen.

Biom	Regenwald	Hartlaubwälder	Heiden	Feuchtgebiete
Artenzahl	16 (2)	22	18	10 (2)
% of Spezies	61	85	69	38

Die Avifauna Tasmaniens (104 Arten) weist auch in systematischer und ökologischer Zusammensetzung übereinstimmende Züge mit dem übrigen Australien auf.

Tab. 2.13. Vergleich der Avifauna Tasmaniens mit anderen Teilen Australiens (WILLIAMS 1974)

Gruppe	Tasmanien Artenzahl	%	Victoria Artenzahl	%	Südaustralien Artenzahl	%	Westaustralien Artenzahl	%
Wasservögel	25	24	56	19	56	20	58	22
Greifvögel und Eulen	11	11	23	8	23	8	25	10
Bodenvögel	4	4	12	4	12	4	9	3
andere Nonpasseriformes	16	15	46	16	52	18	45	18
Passeriformes	48	46	148	53	141	50	121	47
Total	104	100	285	100	284	100	258	100

Herpetofauna Tasmaniens (LITTLEJOHN und MARTIN 1974, RAWLINSON 1974).

Hylidae
1. *Litoria aurea raniformis*
2. *Litoria burrowsi* (endemisch)
3. *Litoria ewingi*

Leptodactylidae
4. *Limnodynastes dumerili insularis*
5. *Limnodynastes peroni*
6. *Limnodynastes tasmaniensis*
7. *Crinia laevis*
8. *Crinia signifera*
9. *Crinia tasmaniensis* (endemisch)
10. *Pseudophryne semimarmorata*

Agamidae
 1. *Amphibolurus diemensis*

Scinidae
 2. *Leiolopisma delicata*
 3. *Leiolopisma entrecasteauxii*
 4. *Leiolopisma metallica*
 5. *Leiolopisma ocellata*
 6. *Leiolopisma pretiosa*
 7. *Leiolopisma trilineata*
 8. *Leiolopisma* spec.
 9. *Lerista bougainvillii*
10. *Pseudemoia* spec.
11. *Sphenomorphus tympanum*
12. *Egernia whitei*
13. *Tiliqua casuarinae*
14. *Tiliqua nigrolutea*

Elapidae
15. *Austrelaps superbus*
16. *Drysdalia coronoides*
17. *Notechis ater*

Die Fischfauna der Australis besitzt zwar keine primären Süßwasserfische, aber bemerkenswerte Endemiten (WHITLEY 1959). Unter ihnen sind besonders die obligatorischen Süßwasserlaicher erwähnenswert:

Neoceratodus forsteri
Melanotaeniidae
Macquaria
Percalates
Plectroplites
Maccullochella
Gadopsis

Die Petromyzoniformes sind z. B. auf Tasmanien durch die beiden Arten *Geotria australis* und *Mordacia mordax* vertreten. Groß ist der Artenreichtum der Ordnung Salmoniformes. Alle Arten gehören jedoch zur Gruppe Galaxioidei, die auch auf Neuseeland vorkommen (Familien: Petropinnidae, Protoproctidae, Aplochitonidae, Galaxiidae). Die Perciformes sind u. a. durch die Familien Percichthyidae, Kuhliidae, Gadopsidae und Bovichthyidae vertreten. Eingeschleppt wurden u. a. *Salmo trutta*, *Perca fluviatilis* und *Tinca tinca*. Die Forellenfischerei ist heute z. B. in Tasmanien weit verbreitet.

Aufgrund seiner artenreichen Avifauna wurde die Australis (= Notogaea) auch Ornithogaea genannt und erhielt wegen seiner zahlreichen Sittich- und Papageienarten im 17. Jahrhundert den Namen „Terra psittacorum". Mit 464 Vogelarten ist Australien jedoch wesentlich artenärmer als z. B. die Äthiopis (1481 Arten) oder etwa Südamerika. Endemische Vogelfamilien der Australis sind die Laubenvögel (Ptilonorhynchidae), die an offene Landschaften angepaßten Emus (Dromicidae), die waldbewohnenden Kasuare (Casuaridae), die Leierschwänze (Menuridae), die durch eine außergewöhnliche Brutpflege gekennzeichneten Großfußhühner (Megapodii-

dae), die Honigfresser (Meliphaginae), die Mistelfresser (Dicaeidae), die Zwerg-
schwalme (Aegothelidae), die flugunfähigen Dickichtvögel (Atrichornithidae), die
Flötenvögel (Cracticidae), die Drosselstelzen (Grallinidae), die Pedionominae, die
Loriinae, die Kakatoeinae und die Paradiesaeidae. 35% der gesamten australischen
Vogelfauna werden von diesen endemischen Gruppen gestellt (KEAST 1961). Die einzelnen Verbreitungstypen der chorologisch gut bearbeiteten Avifauna dienten mehreren Autoren als Grundlage für subregionale Gliederungsvorschläge der Australis
(u. a. KIKKAWA und PEARSE 1969, HORTON 1973).

Bei den tiergeographisch wichtigen Amphibien fällt neben dem Fehlen ganzer Ordnungen (Urodelen) das Vorherrschen der Hyliden und Leptodactyliden auf (ähnlich
Südamerika).

Tab. 2.14. Amphibienfauna Australiens (MAIN, LITTLEJOHN und LEE 1959)

Familie	Genera	Arten
Ranidae	*Rana*	1
Microhylidae	*Spenophryne*	2
Hylidae	*Hyla*	44
Leptodactylidae	*Lechriodes*	1
	Mixophys	1
	Cyclorana	8
	Adelotus	1
	Heleioporus	5
	Neobatrachus	5
	Limnodynastes	8
	Philoria	2
	Notaden	2
	Glauertia	3
	Uperoleia	2
	Crinia	15
	Myobatrachus	1
	Metacrinia	1
	Pseudophryne	9
		112

Endemisch australische Reptilien sind die hauptsächlich auf Neuguinea vorkommenden Carettochelyidae und die Pygopodidae. Auffallend ist das Fehlen der Viperiden und das Vorherrschen der Giftnattern (Elapidae). Die Schlangenhalsschildkröten
(Chelidae) kommen ausschließlich in Australien und Südamerika vor und finden eine
fossile Parallele in den Meiolaniiden, ausgestorbenen Landschildkröten Australiens
und Südamerikas. Die australischen Meiolaniidae *(Meiolania platyceps, Meiolania
mackyi)* stammen aus pleistozänen Ablagerungen, während die südamerikanischen
aus der Oberen Kreide von Argentinien *(Niolamia argentinia)* und aus dem Eozän
Patagoniens *(Crossochelys corniger)* bekannt sind (KUHN 1976).

Tab. 2.15. Anteil australischer Endemiten an der australischen Herpetofauna

Familie	Australische Genera	Australische Arten	Genera (gesamt)	Arten (gesamt)
Chelidae	4	13	10	30
Agamidae	8	30	30	280
Gekkonidae	14	35	70	700
Pygopodidae	8	13	8	14
Scincidae	10	120	40	600
Varanidae	1	15	1	24
Typhlopidae	1	19	4	200
Boidae	3	8	22	57
Elapidae	15	70	30	300
Crocodylidae	1	2	3	13

Einige Invertebratengruppen der Australis besitzen alte südhemisphärische Verwandtschaftsbeziehungen (u. a. die seit dem Karbon bekannten Krebse Anaspidacea, die Zikadenfamilie Peloriidae, die Steinfliegenfamilie Gripopterygidae und Zuckmückenfamilie Aphrotaeniidae; vgl. u. a. SCHMINKE 1973, 1974).

Die Flora **Neukaledoniens** zeichnet sich durch einen großen Endemitenreichtum (über 100 endemische Genera; u. a. *Arthriclianthus, Canacomyrica, Cocconerion, Codia, Coronanthera, Exospermum, Greslania, Hachettea, Maxwellia, Montrouzeria, Neoguillauminia, Oncotheca, Oxera, Pancheria, Paracryphia, Sparattosyce*) und Verwandtschaftsbeziehungen nach Australien und Neuseeland aus.

Neukaledonien besitzt unter seinen 68 Vogelarten eine endemische Familie, die Kagus (Rhynochetidae). Für 18 Vogelarten ist gesichert, daß sie Neukaledonien von Australien her besiedelten. Hierzu gehören u. a. die Segler der Familie Aegothelidae. Bemerkenswert sind die sechs endemischen Riesengekkos der Gattung *Rhacodactylus* und der große Endemitenreichtum unter den Invertebraten. Amphibien, einheimische Säugetiere (mit Ausnahme von Chiropteren), Landschildkröten (mit Ausnahme der fossil aus dem Pleistozän von Neukaledonien bekannten Meiolaniiden) und Schlangen fehlen dagegen der ursprünglichen Fauna der ökologisch stark differenzierten Insel.

Tab. 2.16. Arten, Genera und Endemiten höherer Pflanzen in Neuseeland (GODLEY 1975)

	Gattungen Gesamt	endemisch	%	Arten Gesamt	endemisch	%
Farne (s. l.)	47	1	2	163	67	41
Gymnospermen	5	0	0	20	20	100
Dicotyledonen	235	32	14	1268	1131	89
Monocotyledonen (ohne Gräser)	75	3	4	339	214	63
Gramineen	31	3	10	206	186	90
Gesamt	393	39	10	1996	1618	81

Abb. 23. *Rhynochetos jubatus* ist der einzige lebende Vertreter der endemischen Vogelfamilie (Rhynochetidae) von Neukaledonien (CYR; Tierpark Schönbrunn 1975).

Die Isopoden der zwischen Japan, Formosa, den Philippinen, Borneo, Neukaledonien und Neuseeland gelegenen Inselkette sind gut untersucht. Das gilt besonders für die Armadillidae und Phillosciidae. Das Genus *Schismadillo* (Armadillidae) kommt in sechs Arten zwischen Australien, Neukaledonien und Neuguinea vor, einem Gebiet, in dem gegenwärtig die primitivsten Oniscoiden leben. Es ist wahrscheinlich, daß Oniscoiden bereits im Karbon existierten und ihr Entstehungszentrum in Gondwana besitzen. Ihre rezente Verbreitung wird als Ergebnis aktiver Expansion der einzelnen Taxa und passiver Drift der Kontinente interpretiert. Die mediterranen Armadilliden stammen vermutlich von „orientalischen" Populationen ab.

Eine biogeographische Sonderstellung besitzt das 267 800 km² große **Neuseeland** (vgl. GRESSIT 1961, HENNIG 1960, MUNROE 1965, GODLEY 1975, BULL und WHITAKER 1975 u.a.). Hoch ist der Endemitenreichtum unter den Pflanzen und Tieren.

Durch endemische Genera sind u. a. die Compositen *(Brachyglottis, Pleurophyllum, Traversia, Haastia, Leucogenes, Pachystegia, Kirkianella, Damnamenia),* Papilionaceen, *(Notospertium, Corallospartium, Chordospartium),* die Umbelliferen *(Lignocarpa, Scandia),* die Gramineen *(Pyrrhanthera, Cockaynea),* Cruciferen *(Notothlaspi, Pachycladon, Ischnocarpus),* die Myrtaceen *(Lophomyrtus, Neomyrtus),* die Tiliaceen *(Entelea)* und die Orchidaceen *(Aporostylis)* vertreten. Die Amphibien sind durch die Urfrösche (Leiopelmatidae) nachgewiesen, die in drei Arten erhalten blieben.

Rezent kommt *Leiopelma* auf der Nordinsel und auf nördl. der Südinsel vorgelagerten Inseln vor. Fossile Befunde zeigen, daß die Arten vor 1000 Jahren in vielen Teilen der Nordinsel lebten. *Leiopelma hochstetteri* ist gegenwärtig noch am weitesten auf der Nordinsel verbreitet. *Leiopelma archeyi* ist nur von der Coromandel-Halbinsel (Nordinsel) bekannt. Sie lebt in der Nähe von Fluß- und Bachläufen. Im Mt.-Moehau-Gebiet kann die Art eine Dichte von 1 Ex./10 m² erreichen. *Leiopelma hamiltoni* ist die seltenste der drei Arten. Sie kommt auf der Stephens-Insel in der Cook-Straße vor und ist am stärksten an das Landleben angepaßt.

Eingeschleppt wurden die australischen Laubfrösche *Litoria aurea* und *Litoria ewingi.*

Unter den Reptilien fällt ein weiteres Relikt, die Brückenechse *(Sphenodon punctatus)*, auf. 3 Gekkoniden-Gattungen sind endemisch (*Hoplodactylus* mit 4 Arten; *Heteropholis* mit 6 Arten; *Naultinus* = monotypisch), zwei Scinciden-Genera *(Leiolopisma, Sphenomorphus)* gehören zur proantropen Fauna. Primäre Süßwasserfische fehlen (MCDOWALL, HOPKINS und FLAIN 1975).

Tab. 2.17. Verbreitung neuseeländischer Fische

Geotria australis	= in Flußmündungen und Küstenseen
Anguilla australis	= Küstenseen und Lagunen
– dieffenbachii	= Küstenseen
Retropinna retropinna	= Küstenseen
Galaxias maculatus	= Küstenseen
– gracilis	= Küstenseen
– brevipinnis	= in Küsten- und Hochlandseen
– argenteus	= Küstenseen
– fasciatus	= Küstenseen und Inland
– divergens	= Rotoroa-See
Gobiomorphus cotidianus	= Küsten- und Hochlandsee
– basalis	= Seen in der Nähe von Gisborne und Hochlandseen
– breviceps	= Hochlandseen
– huttoni	= Flachlandseen
– hubbsi	= Flachlandseen
– forsteri	= Flachlandseen

Die Avifauna besitzt neben den ausgestorbenen Moas (Dinornithidae, Anomalopterygidae) und deren rezenten Verwandten, den Kiwis (Apterygidae mit den drei Arten *Apteryx australis, A. haasti, A. oweni*), zwei weitere endemische Familien, die Xenicidae (3 Arten) und die Callaeatidae (2 Arten). Auffallend sind die Eulenpapageien *(Nestor, Strigops)*. Die an das Festland gebundene Avifauna zeigt Verwandtschaftsbeziehungen nach Tasmanien und Australien.

Australische Verwandtschaftsbeziehungen lassen sich auch bei der endemischen Fledermausfamilie (Mystacinidae) und bei Invertebraten (z.B. der Schneckenfamilie Atoracophoridae) nachweisen. Neben kosmopolitisch verbreiteten Arten und Genera (vgl. JOLLY und BROWN 1975, WINTERBOURN und LEWIS 1975) treten andere auf, die enge Verwandtschaftsbeziehungen zu den südpazifischen Inseln, der Antarktis und dem südlichen Südamerika zeigen.

Das gilt zum Beispiel für die Steinfliegenfamilie Eustheniidae, für die Krebse Stygocaridacea, die Süßwasserlungenschnecken der Familie Latiidae, deren nächste Verwandte die südamerikanischen Chiliniden sind (die neuseeländische *Latia neritoides* ist das einzige Süßwassertier mit Leuchtvermögen), und manche Moose (vgl. SCOTT und STONE 1976). Auch die *Chilibathynella*-Gruppe, Vertreter der überwiegend im Süßwasser lebenden Bathynellacea (Crustacea), besitzt einen Verbreitungstyp, der nach SCHMINKE (1974) nur durch Annahme von „mesozoischen Landverbindungen zwischen Australien/Neuguinea und Neuseeland und zwischen Australien und Südamerika via Antarctica" erklärt werden kann (vgl. auch FLEMING 1975).

Tab. 2.18. Vergleich der terrestrischen Avifauna Neuseelands mit Tasmanien (BULL und WHITAKER 1975)

Familie	proanthrop Neuseeland	proanthrop Tasmanien	eingeschleppt Neuseeland	eingeschleppt Tasmanien
Dromiceiidae		1		
Apterygidae	3			
Podicipedidae	2	2		
Phalacrocoracidae	3	1		
Ardeidae	3	2	2	
Threskornithidae	1			
Anatidae	7	7	4	
Accipitridae	1	6		
Falconidae	1	2		
Phasianidae	ausgestorben	2	7	
Turnicidae		1		
Rallidae	8	7		
Charadriidae	2	4		
Columbidae	1	2	2	2
Psittacidae	6	8	3	
Cuculidae	2	4		
Strigidae	1	3	1	
Podargidae		1		
Aegothelidae	subfossil	1		
Alcedinidae	1	2	1	1
Xenicidae	3			
Menuridae				1
Alaudidae			1	1
Hirundinidae	1	2		
Motacillidae	1	1		
Artamidae		1		
Campephagidae		1		
Prunellidae			1	
Muscicapidae	3	9		
Sylviidae	5	11		
Turdidae		2	2	1
Timalidae		1		
Dicaeidae		3		
Zosteropidae	1	1		
Meliphagidae	3	10		
Emberizidae			2	
Fringillidae			4	2
Estrildidae		1		
Ploceidae			1	1
Sturnidae			2	1
Callaeatidae	2			
Cracticidae		4	1	
Turnadridae	ausgestorben			
Corvidae	subfossil	1	1	
	61	104	33	10

Tab. 2.19. Bekannte Insektenfauna Neuseelands und anderer Erdräume (KUSCHEL 1976)

	N.S.	Aust.	Brit.	Arten Welt	N.S.%/Welt	Aust.%/Welt	Brit.%/Welt	Familien N.S.	Familien Aust.	Familien Welt	Familien N.S.%/Welt
Collembola	331	215	261	2000	15,6%	10,8%	13,1%	8	8	8	100%
Protura	2	30	17	170	1,2	17,6	10,0	2	3	3	66
Diplura	8	32	12	660	1,2	4,8	1,8	2	3	4	50
Archaeognatha	1	3	0	250	0,4	1,2	0	1	1	2	50
Thysanura	4	23	11	330	1,2	7,0	3,3	3	3	5	60
Ephemeroptera	26	124	46	1200	2,2	10,3	3,8	4	4	11	36
Odonata	11	248	42	4500	0,2	5,5	0,9	4	16	24	17
Blattodea	26	439	8	3500	1,3	12,5	0,2	3	4	5	60
Isoptera	6	182	0	2000	0,3	9,1	0	4	5	6	66
Mantodea	1	118	0	1800	0,06	6,6	0	1	2	8	13
Zoraptera	0	0	0	22	0	0	0	0	0	1	0
Grylloblattodea	0	0	0	12	0	0	0	0	0	1	0
Dermaptera	10	60	9	1200	1,2	5,0	0,8	4	5	7	57
Plecoptera	32	84	32	1250	2,6	6,7	2,6	4	4	8	50
Orthoptera	88	1513	31	20000	0,4	7,6	0,2	7	13	18	39
Phasmatodea	19	132	0	2500	0,8	5,3	0	1	2	2	50
Embioptera	0	65	0	200	0	32,5	0	0	3	8	0
Psocoptera	42	120	68	1700	2,5	7,1	4,0	11	21	28	39
Phthiraptera	192	208	286	2900	6,6	7,1	9,9	9	10	16	56
Hemiptera	651	3661	1411	65000	1,0	5,6	2,2	48	87	103	47
Thysanoptera	30	287	183	4000	0,7	7,2	4,6	4	4	5	80
Megaloptera	1	16	6	250	0,4	6,4	2,4	1	2	2	50
Neuroptera	11	396	54	4500	0,3	8,8	1,2	5	15	17	29
Coleoptera	4300	19219	3690	320000	1,3	6,0	1,2	88	106	151	58
Strepsiptera	1	93	17	300	0,3	31,0	5,7	1	5	5	20
Mecoptera	1	20	4	400	0,2	5,0	1,0	1	5	7	14
Siphonaptera	20	68	47	1370	1,5	5,0	3,4	6	9	17	35
Diptera	1870	6256	5199	150000	1,2	4,2	3,5	55	86	114	49
Trichoptera	130	260	188	4000	3,3	6,5	4,7	13	18	24	54
Lepidoptera	1490	11221	2187	112000	1,3	10,0	2,0	33	75	105	32
Hymenoptera	400	8834	6191	110000	0,4	8,0	5,6	30	59	73	41
gesamt	9460	53927	20024	818014	1,16%	6,59%	2,45%	353	577	788	44,8%

2.2.1.8 Die Palaeotropis

Zwischen Australis und Neotropis schiebt sich im indisch-afrikanischen Gebiet die Palaeotropis, die in eine äthiopische, eine madagassische und eine orientalische Region untergliedert werden kann. Zahlreiche Tier- sowie Pflanzenfamilien und -gattungen kennzeichnen dieses Gebiet (u. a. Ancistrocladaceae, Dipterocarpaceae, Pandanaceae, Nepenthaceae, Melianthaceae, Corypha-, Nypa-, Areca-, Borassus-, Hyphaene-, Phoenix- und Raphia-Palmen). Dennoch zeichnen sich die einzelnen Regionen durch eine Fülle von eigenen Taxa aus, die ihre Sonderstellung begründen.

Auf Afrika beschränkt sind unter den Pflanzen die Familien Barbeyaceae (und Arabien), Cyanastraceae, Dioncophyllaceae, Dirachmaceae (und Sokotra), Hoplestigmataceae, Huacaceae, Lepidobotryaceae, Medusandraceae, Melianthaceae (und Capensis), Nectaropetalaceae, Octoknemataceae, Oliniaceae, Pandaceae, Pentadiplandraceae und Scytopetalaceae. Gemeinsam mit der Neotropis besitzt die Aethiopis die Familien Bromeliaceae, Cariaceae, Humiriaceae, Loasaceae, Mayacaceae, Rapateaceae und Vochysiaceae. Die äthiopischen Familien Hydrostachyaceae, Montiniaceae, Myrothamnaceae, Selaginaceae und Sphenocleaceae kommen auch in Madagaskar vor. Zahlreiche in Afrika verbreitete Familien besitzen jedoch ein palaeotropisches Areal.

1. Familien, die in Afrika, Madagaskar und Orientalis (teilweise auch Australis) vorkommen:
   Aegicerataceae
   Alangiaceae
   Aponogetonaceae
   Barringtoniaceae
   Dipterocarpaceae
   Flagellariaceae
   Leeaceae
   Musaceae
   Pandanaceae
   Pittosporaceae
   Trichopodaceae
2. Familien, die in Afrika (aber nicht in Madagaskar) und der Orientalis vorkommen:
   Ancistrocladaceae
   Aquilariaceae
   Ctenolophonaceae
   Irvingiaceae
3. Familien, die in Madagaskar (aber nicht in Afrika) und der Orientalis vorkommen:
   Nepenthaceae

Kennzeichnende Tiergruppen der Aethiopis sind die Krallenfrösche der Gattung *Xenopus* (Familie Pipidae; südamerikanische Schwestergattung *Pipa*), die Froschfamilie Phrynomeridae, die Mambas (Dendroaspinae), die Vogelfamilien Struthionidae, Sagittariidae, Scopidae, Musophagidae, Coliidae und Balaenicipitidae sowie die Säugerfamilien Potamogalidae, Chrysochloridae, Macroscelididae, Pedetidae, die zu den Schläfern (Gliridae) gehörenden Graphiurinae, die Thryonomyidae, Petromyidae, Hyaenidae, Orycteropodidae, Procaviidae, Hippopotamidae und Giraffidae (zur Evolution und Ökologie der Giraffen vgl. DAGG und FOSTER 1976).

Unter den Fischen fällt vor allem das Vorhandensein der altertümlichen Flösselhechte (Polypterini), der Nilhechte (Mormyridae), der Zitterwelse (Malapteruridae) und der Lungenfische (Protopterus) auf.

Tab. 2.20. Tropische und außertropische Verbreitung afrikanischer Süßwasserfisch-familien (BEADLE 1974)

Familie	Tropisches Afrika		Nordafrika		Capprovinz	
	Gattungen	Arten	Gattungen	Arten	Gattungen	Arten
1. Polypteridae	2	6				
2. Lepidosirenidae	1	4				
3. Cromeriidae	1	1				
4. Clupeidae	8	?				
5. Kneriidae	1	?				
6. Phractolaemidae	1	1				
7. Galaciidae					1	1
8. Osteoglossidae	1	1				
9. Pantodontidae	1	1				
10. Notopteridae	2	2				
11. Mormyridae	11	?				
12. Gymnarchidae	1	1				
13. Salmonidae			1	1		
14. Characidae	9					
15. Citharinidae	19					
16. Cobitidae	1	1	1	1		
17. Cyprinidae	14	?	3	17	2	15
18. Bagridae	12	?			1	1
19. Clariidae	9	?				
20. Schilbeidae	8	?				
21. Mochokidae	7	?				
22. Amphiliidae	8	?				
23. Malopteruridae	1	1				
24. Cyprinodontidae	10	?	2	3		
25. Centropomidae	2	7				
26. Cichlidae	77	?				
27. Anabantidae	2	2			1	2
28. Tetraodontidae	1	5				
29. Ophiocephalidae	1	2				
30. Mastacembalidae	1	?				
31. Gasterosteidae			1	1		

Eine endemisch-äthiopische Schneckenfamilie sind die Aillyidae.

Die ausgedehnten Savannengebiete werden von einer einmaligen Großtierfauna in riesigen Herden belebt, die durch das Fehlen von Hirschen (die einzige afrikanische Hirschart *Cervus elaphus barbarus* aus dem Atlasgebiet gehört zum holarktischen Tierreich; vgl. MEYER 1972) und ein Überwiegen an Antilopen, Gazellen, Boviden und Giraffiden gekennzeichnet werden kann.

Südafrika stellt mit etwa 7000 Blütenpflanzen ein eigenständiges Pflanzenreich dar (**Capensis**). Endemische Familien sind:

Achariaceae	Heteropyxidaceae
Bruniaceae	Penaeaceae
Geissolomataceae	Roridulaceae
Greyiaceae	Stilbeaceae
Grubbiaceae	

Artenreiche „Kapheiden" mit zahlreichen *Erica*-Arten, kleinblättrigen Rutaceen und den Wahrzeichen des Kaplandes, dem Silberbaum *(Leucadendron argenteum)* und der Kapzeder (*Widdringtonia juniperoides;* Proteaceae) gehören ebenso zu dieser Landschaft wie die auffallenden Proteaceen und die kräftig blühenden *Mesembry-anthemum*-Arten. Daneben treten Familien auf, die disjungiert auf den Südspitzen der Südkontinente wachsen: Cunoniaceae, Escalloniaceae, Gunneraceae, Philesia-ceae, Proteaceae und Restionaceae. Die zu den Amaryllidaceen gestellten *Amaryllis* und *Clivia* gehören ebenso zur Capensis wie die Gattungen *Stapelia* (Asclepiad-aceae), *Freesia* (Iridaceae) und *Aloe* (Liliaceae).

Ein eigenständiges Tierreich „Capensis" läßt sich nicht abgrenzen (im Gegensatz zu dem Pflanzenreich Capensis). Zwar gibt es zahlreiche auf Südafrika beschränkte Endemiten (u. a. der Fuchs *Vulpes chama,* der Marder *Paraonyx microdon,* die Schleichkatzen *Genetta lehmani, Liberiictis kuhni, Suricata suricata, Herpestes canni, H. pulverulentus, H. ratlamuchi, H. ignitus, H. nigritus, Cynictis penicillata* und *Bdeogale jacksoni* sowie die Katze *Felis nigripes*), doch bestätigen sie nur eine regionale Sonderstellung der Capensis innerhalb der Aethiopis, die bei den Pflanzen durch endemische Familien wesentlich deutlicher hervortritt.

Tab. 2.21. Artenzahl und -diversität südafrikanischer Säuger in Abhängigkeit von der Topographie der von ihnen belebten Standorte (NEL 1975)

Gebiet	Höhe in Meter	Artenzahl (Säuger)	Artenzahl/ Gattung	Artenzahl/ Ordnung
1. Namib (nördlich Swakop)	500	22	1,05	3,67
2. Kalahari Gembok Nationalpark	1000	50	1,06	7,14
3. S.A. Lombard Reservat	1436	33	1,03	4,71
4. Mountain Zebra-National-Park	1200–1800	48	1,09	4,80
5. Hluhluwe-Umfolozi-Reservat	45– 579	80	1,19	8,89
6. Mkuzi Wild-Reservat	50– 100	61	1,11	6,10

Ähnliche Befunde, wie NEL (1975) sie für Südafrika nachwies, wurden u. a. von FLEMING (1973) auch für Nordamerika aufgezeigt. Die hohe Artenzahl der Kala-hari-Standorte kann jedoch nicht allein ökologisch interpretiert werden.

Die **Madagassis,** zu der neben dem etwa 592 000 km² großen Madagaskar (höchste Erhebung 2876 m) auch die Seychellen (405 km²), die Comoren und die Mascarenen gehören, zeichnet sich von der Aethiopis durch das Fehlen von echten Affen, Paarhu-fern (eine ausgestorbene Flußpferdeart lebte im Pleistozän auf Madagaskar; *Potamo-choerus porcus* wurde vom Menschen eingeführt), Unpaarhufern, Elefanten, Erdfer-keln, Schuppentieren, Giftschlangen (Elapidae und Viperidae), Leptotyphlopiden, Agamiden, Waranen, Weichschildkröten, Kröten (Bufonidae) und Gymnophionen (mit Ausnahme der Seychellen) und das Vorhandensein einer außerordentlich ende-mitenreichen Tierwelt aus.

Auch die Flora Madagaskars ist arten- (etwa 10 000 verschiedene Angiospermen-Arten) und endemitenreich (annähernd 80%). Der Endemitenreichtum zeigt jedoch ein unterschiedliches Verteilungsmuster. In den Formationen des Litorals treten nur 21%, in den Waldformationen 89% auf (KOECHLIN 1972). 94% der Bäume und 85% der ausdauernden Grasarten sind endemisch. Eine besonders bemerkenswerte endemische Familie sind die Didiereaceae, die in der trockenen Südregion vorkommen. Weitere endemische Familien sind die Berbeuiaceae, Chlaenaceae, Geosiridaceae, Humbertiaceae, Medusagynaceae (auch Seychellen) und Rhopalocarpaceae.

Über 40% der phylogenetisch älteren Familien besitzen pantropische Verwandtschaftsbeziehungen; 27% zeigen einen offensichtlich jüngeren afrikanischen, 7% einen indo-malayischen Einfluß. Die Beziehungen zu den Südspitzen der Südkontinente (Südafrika, Südamerika, Ozeanien) deuten auf ältere Verwandtschaft hin.

Auffallende Arealdisjunktionen besitzen die folgenden auf Madagaskar vorkommenden Familien:

Cochlospermaceae = Tropisches Amerika, Afrika, Indien, Südostasien und Australien,

Cornaceae = Nordhemisphäre, Neuguinea, Südamerika, Neuseeland, Südafrika,

Elaeocarpaceae = Südamerika, Pazifische Inseln, Mascarenen, Indien, Japan,

Hamamelidaceae = Nordamerika, Indien, Japan, Afrika,

Monimiaceae = Amerika, Asien, Australien,

Spigeliaceae = Amerika, Asien, Australien,

Nepenthaceae = Südostasien,

Canellaceae = Afrika und Amerika,

Hydnoraceae = Afrika und Amerika,

Strelitziaceae = Afrika und Amerika,

Turneraceae = Afrika und Amerika,

Velloziaceae = Afrika und Amerika.

Ähnliche Arealdisjunktionen sind auch von Gattungsarealen bekannt. Die zu den Apocynaceae gehörende Gattung *Pachypodium* umfaßt 18 Arten, die zwei von einander getrennte Areale besiedeln. Das eine Verbreitungsgebiet sind die Trockengebiete und Halbwüsten von Süd- und Südwestafrika, das zweite die Trockenwälder und das zentrale Hochland von Madagaskar. Obwohl weite Gebiete dem rezenten Wuchspotential gemäß bewaldet sein müßten, treten nur auf 28% der Gesamtfläche Waldformationen auf. Die Lavaka-Erosionstypen (BOURDIE 1972) verdeutlichen den Einfluß des Menschen („about the 4th century A.D."), weisen jedoch in einigen Fällen darauf hin, daß offene Formationen auf Madagaskar bestanden, bevor der Mensch begann, wesentliche Eingriffe in das Landesgefüge vorzunehmen.

Zur endemischen Tierwelt Madagaskars gehören drei autochthone Halbaffenfamilien (Lemuridae, Indridae, Daubentoniidae) und die Insektenfresserfamilie Tenrecidae mit den beiden Unterfamilien Tenrecinae (6 Arten) und Oryzorictinae (21 Arten; vgl. HEIM DE BALSAC 1972).

Sieben endemische Nager-Gattungen der Unterfamilie Nesomyinae (PETTER 1972) besitzen Anpassungsmerkmale an die Feuchtwälder von Ostmadagaskar und die Trockengebiete des Südens.

Zur endemischen Fauna gehören darüber hinaus eine Fledermausfamilie (Myzopodidae), 11 endemische Schleichkatzenarten mit der wahrscheinlich an der Wurzel

Gattung (Nesomyinae)	Artenzahl
1. *Hypogeomys*	1
2. *Macrotarsomys*	2
3. *Nesomys*	1
4. *Eliurus*	2
5. *Gymnuromys*	1
6. *Brachytarsomys*	1
7. *Brachyuromys*	2

der feliden und viverriden Carnivoren stehenden Fossa *(Cryptoprocta ferox)*, die drosselgroßen Stelzenrallen (Mesoenatidae), die Seidenkuckucke (Couinae), die Kurols (Leptosomatinae), die Erdracken (Brockypteracinae), die Philepittidae, die Vangidae und die erst um 800 n. Chr. ausgestorbenen Riesenstrauße (Aepyornithidae mit den Arten *Aepyornis maximus, Aepyornis hildebrandi* und *Mullerornis;* BATTISTINI und VERIN 1972). Mit den Aepyornithiden bewohnten Madagaskar die subfossil nachgewiesenen Riesenlemuren *(Megaladapis edwardsi)*, Riesenschildkröten *(Testudo grandidieri, Testudo abrupta)* und das etwa 2 m lange Flußpferd *Hippopotamus lemerlei.*

Die madagassische Herpetofauna zeichnet sich ebenfalls durch einen hohen Endemitenreichtum aus (BLANC 1972, BOURGAT 1973). Allerdings sind die Amphibien noch nicht ausreichend bearbeitet (GUIBE 1973).

	Reptilia-Gattungen		
	endemisch	gesamt	endemisch %
Krokodile	0	1	0
Schildkröten	1	6	16
Eidechsen	24	37	64
Schlangen	20	23	87

Besonders artenreich ist die Gattung *Chamaeleon.* Eine Analyse der Chromosomensätze der madagassischen Arten *(C. parsonii, C. globifer, C. oshaughnessyi, C. gastrotaenia, C. boettgeri, C. brevicornis, C. polleni, C. antimena, C. lateralis, C. labordi, C. rhinoceratus, C. oustaleti, C. angeli, C. paradalis, C. verrucosus)* läßt zwei Grundtypen erkennen, deren Verbreitung mit den Regenwäldern des Ostens bzw. den Trockensavannen des Westens übereinstimmen.

Die madagassischen Arachniden haben überwiegend äthiopische Verwandtschaftsbeziehungen (LEGENDRE 1972); andere Invertebratengruppen besitzen auf Madagaskar offensichtlich ein sekundäres Differenzierungszentrum. Vermutlich ist das der Fall bei der Buprestiden-Gattung *Sponsor*, die nach PAULIAN (1972) auf Madagaskar in 67 Arten, auf Mauritius in 23, auf Reunion, Rodriguez, Aldabra und in Indien in jeweils einer Art und in Ost-(Sansibar) und Zentralafrika in jeweils drei Arten vorkommt.

Alte Tier- und Pflanzengruppen besitzen Beziehungen zur Neotropis (z. B. die zu den Musaceen zählende Fächerpalme *Ravenala*, die Madagaskarboas, die Iguanidae mit den beiden madagassischen Gattungen *Chalarodon* und *Oplurus*, sowie die zu den Pelomedusidae gehörende Schildkrötengattung *Podocnemis*). Die Verwandtschaft der Madagassis zur Orientalis wurde oftmals überbetont (vgl. GÜNTHER 1970, MERTENS 1972).

Tab. 2.22. Verbreitung verschiedener Vertebratengruppen auf Madagaskar, den
Maskarenen und Seychellen (PEAKE 1971)

Tiergruppe	Madagaskar	Maskarenen	Seychellen
Primäre Süßwasserfische	−	−	−
Amphibia			
Gymnophiona	−	−	+
Anura			
Brevicipitidae			
end. Subfamilie (21 Arten)	+	−	−
Pelobatidae	−	−	end. Subfamilie
Ranidae	+	−	+
Rhacophoridae	7 Genera	−	+
			(1 end. Art)
Reptilia			
Chelonia			
Pelomedusidae	3 Genera	1 Art (vgl.	+
Testudinidae	+	DARLINGTON	+
		1957)	
Squamata			
Boidae	end. Subfamilie	− − − end. Subfamilie	
Chamaeleontidae	+	−	1 end. Art
Colubridae	+	−	−
Cordylidae	2 end. Genera	−	−
Gekkonidae	+	1 Genus/6 Arten	1 Art
Iguanidae	2 Genera/7 Arten	−	−
Scincidae	+	+	+
Typhlopidae	+	+	eingeschleppt
		(eingeschleppt?)	
Mammalia			
Insectivora			
Soricidae	1 Genus	−	−
Tenrecidae	end./30 Arten	−	−
Primates			
Daubentonidae	end.	−	−
Indridae	end. 20 Arten	−	−
Lemuridae	end.	−	−
Rodentia			
Cricetidae	end. Subfamilie	−	−
	12 Arten		
Muridae	eingeschleppt	−	−
Carnivora			
Viverridae	7 end. Genera	−	−
Artiodactyla			
Suidae	1 Art	−	−

Die zur Madagassis gehörenden **Seychellen** besitzen 11 endemische Pflanzengattungen (u. a. *Medusagyne, Deckenia, Lodoicea*).

Medusagyne bildet eine monotypische Familie, die als Medusagynaceae auf die
Seychellen beschränkt ist. Unter den Tierarten fallen 14 endemische Landvogelarten,
eine Riesenschildkröte *(Testudo gigantea)*, die endemische Gymnophionen-Gattung
Hypogeophis (6 Arten) und die altertümlichen und endemischen Sooglossinae-Frö-
sche auf. Die *Sooglossus*-Frösche durchlaufen ihre Larvalentwicklung außerhalb des

Wassers, angeheftet an die Rückenhaut des väterlichen Tieres. Sie stehen an der Wurzel der ranoiden Frösche und sind die phylogenetische Schwestergruppe der südafrikanischen Arthroleptinae. Die nächsten Verwandten der 6 *Hypogeophis*-Arten leben in Afrika.

Die zoogeographische Verwandtschaft zwischen **Orientalis** und Aethiopis ist größer als die Unterschiede, die durch die jeweiligen Sonderentwicklungen in beiden Regionen hervortreten. Betrachtet man jedoch einzelne Gattungen oder einzelne Räume, so gibt es erhebliche Abweichungen von dieser generellen Aussage (vgl. u. a. MAHENDRA 1939, MANI 1974).

Auf Südostasien und Malaysia sind die Pflanzenfamilien Actinidiaceae, Crypteroniaceae, Daphniphyllaceae, Erythropalaceae, Pentraphragmataceae, Peripterygiaceae, Petrosaviaceae, Sarcospermataceae und Siphonodontaceae beschränkt. Endemiten für die Malaysia-Region (nach GOOD 1964) sind die Gonystylaceae (bis Solomonen und Fidschi), Lowiaceae, Scyphostegiaceae, Stenomeridaceae und Tetrameristaceae.

Der semiaride bis aride Landschaftsgürtel, der sich von der Südspitze Indiens über Mysore und Ahmadnagar bis Jodpur und Ganganagar erstreckt, bildet für Waldarten eine deutliche Barriere. Während in diesem Trockengürtel Taxa mit äthiopischen und palaearktischen Verwandtschaftsbeziehungen bei den Vertebraten überwiegen, treten in den Wäldern im Südwesten Indiens und auf Ceylon gehäuft Arten auf, deren nächste Verwandte in Hinterindien vorkommen. Hierzu gehören die Reptilien *Gehyra multilata, Lepidactylus lugubris, Platyurus platyurus*, die Flugdrachen (Gattung *Draco*), die Schlange *Cylindrophis maculatus* und die Schleichkatze *Viverra megaspila*. Daneben gibt es Arealdisjunktionen, die nur schwer interpretierbar sind. Das gilt z. B. für die Areale der *Speculitermes* und *Synhamitermes*, Termiten, die bisher nur aus Südamerika und Indien gemeldet wurden.

Vergleicht man die afrikanischen mit den indischen, besonders aber den ceylonesischen Savannen, so treten auffallende Besonderheiten auf. Zwar kann man sowohl im Wilpattu-Nationalpark (Nordwestceylon) ähnlich wie im Tsavo-Nationalpark (Kenya) Elefanten (allerdings in zwei verschiedenen Arten, *Loxodonta africana* und *Elephas indicus*), Leoparden und die palaeotropisch verbreiteten Nashornvögel beobachten, doch anstelle der in Ceylon fehlenden Antilopen und Gazellen treten hier riesige Herden von Axishirschen, zwischen die sich vereinzelt auch kapitale Sambarhirsche mischen, auf. Dieses auffallende Bild wird auf Artniveau durch eine Reihe von ceylonesischen Endemiten verstärkt. Greifen wir als Beispiel die Gekkoniden heraus, so kommen 6 Arten nur auf Ceylon vor:

1. *Gymnodactylus fraenatus*   4. *Hemidactylus depressus*
2. *Gymnodactylus triedrus*   5. *Calodactylodes illingworthi*
3. *Gymnodactylus gakhuna*   6. *Cnemaspis podihuna*.

13 weitere nicht endemische Arten sind zugleich im südlichen Indien verbreitet (*Hemidactylus leschenaultii, H. maculatus, H. scabriceps, Cnemaspis jerdonii, Cnemaspis kandiana, Sosymbotus platyurus, Gymnodactylus collegalensia, Hemidactylus triedrus*) und erreichen in einigen Fällen Madagaskar (*Gehyra multilata*), den Indoaustralischen Archipel (*Lepidactylus lugubris, Hemiphyllodactylus typus, Hemidactylus brocki*) und Ostafrika (*Hemidactylus frenatus*; die Art wurde auch nach Südafrika eingeschleppt. Gleiches gilt für *Lepidactylus lugubris* in Neuseeland und Panama).

Die großen Warane Ceylons (*Varanus salvator salvator, Varanus bengalensis bengalensis*) besitzen orientalische Verbreitung ebenso die Gymnophionen (*Ichthyophis glutinosus, Ichthyophis monochrous*). Die Schildkrötenarten *Geomyda trijuga, Lis-*

semys punctata und *Testudo elegans* kommen ebenso wie die Krokodile *Crocodylus palustris* und *Crocodylus porosus* auch außerhalb der Insel vor.

Die zoogeographische Sonderstellung Ceylons in Vorderasien ist nicht nur mit der historischen Entwicklung des Raumes eng verknüpft, sondern mit den rezent-ökologischen Besonderheiten, die nicht nur einer Regenwald- sondern zugleich auch einer Savannenfauna Lebensraum bieten.

Endemische Reptilienfamilien der Orientalis sind die Taubwarane (Lanthanotidae) und die Gaviale (Gavialidae). Die Amphibiengattungen *Micrixalus, Nyctibatrachus, Nannobatrachus, Nannophrys, Melanobatrachus, Cacopus* und *Gegenophis* konzentrieren sich besonders im Gebiet von Malabar. Innerhalb der Avifauna sind hier nur die Familie Irenidae und die Hemiprocninae (Segler), bei den Mammaliern die Spitzhörnchen Tupaiidae, die Tarsiidae, die Gibbons (Hylobatinae) und die Platacanthomyidae (Rodentia) endemisch. Die Autokratkäfer (Trictenotomidae) gehören ebenfalls zur orientalischen Fauna. Auffallend groß ist der Anteil an Carnivoren in der Orientalis. Endemiten sind *Ursus malayanus* (Ursidae), *Mustela strigidorsa, Mydaus javanensis, Suillotaxus marchei, Melogale orientalis, Lutra sumatrana, Melogale personata* (Mustelidae), *Viverra tangalunga, Prionodon linsang, Macrogalidae mussechenbroecki, Arctictis binturong, Hemigalus derbyanus, Diplogale hosei, Cynogale bennetti, Chrotogale owstoni* (Viverridae), *Felis marmorata, F. minuta* und *F. badia* (Felidae).

2.2.1.9 Die Archinotis

Das gegenwärtig pflanzen- und tierärmste Reich ist die Archinotis (= Antarctica). Fossilfunde zeigen, daß die Antarktis (12,4 Mio. km² kontinentale Masse, 1,5 Mio. km² Schelfeistafeln, 70400 km² Inseln) nicht immer so lebensfeindlich war wie heute (WACE 1965 u.a.). Kohlelagerstätten, Panzerlurche (Labyrinthodontia) aus dem unteren Trias, die Gondwanaflora (mit *Glossopteris*) und große Raubechsen wie *Lystrosaurus* bestätigen diese Annahme.

Das Volumen des antarktischen Inlandeises wird auf 24 Mio. km³ geschätzt. Trockentäler mit Moränen und Gletscherschliffe weisen auf eine glazialzeitlich noch stärkere Vereisung hin. Etwa 200000 km² der Antarktis sind eisfrei. Dazu gehört zum Teil das 4000 m hohe und 3000 km lange Markham-Gebirge in der Ost-Antarktis.

1965 wurden 42 Milben- und 12 Insektenarten in der Antarktis festgestellt. Nach JANETSCHEK (1967) setzt sich die Algenflora im Victoria-Land aus 80 Cyanophyceen, 50 Diatomeen und 20 Chlorophyceen zusammen (vgl. auch HIRANO 1965). 32 endemische Flechtenarten existieren in Küstennähe. Die Gattung *Usnea* gedeiht überall an geschützten Stellen (STONEHOUSE 1972): Das südlichste Vorkommen höherer Pflanzen *(Colobanthus crassifolius* und *Deschampsia antarctica)* liegt bei 68° 12′ S. Innerhalb der Kleintierwelt sind es besonders Tardigrada (u. a. *Macrobiotus, Hysibius scoticus;* vgl. DALENIUS 1965, GRESSIT 1965), Acarina (u. a. *Stereotydeus mollis, Tydeus setsukoae*) und Collembolen (u. a. *Gomphiocephalus hodgsoni, Antarcticinella monoculata, Anurophorus subpolaris, Neocryptopygus nivicolus*). Im antarktischen Klima (RUBIN 1965) liegt die Begründung für die artenarmen Landbiota.

Das Vorkommen der Wirbeltiere wird durch Nahrungsketten, die ihren Ursprung im Meer besitzen, gesichert. Das gilt besonders für die Pinguine (Spheniscidae), eine alte, bereits aus dem Eozän bekannte Vogelgruppe, deren verwandtschaftlichen Beziehungen noch weitgehend ungesichert sind, und deren 17 Arten durch ein wasser-

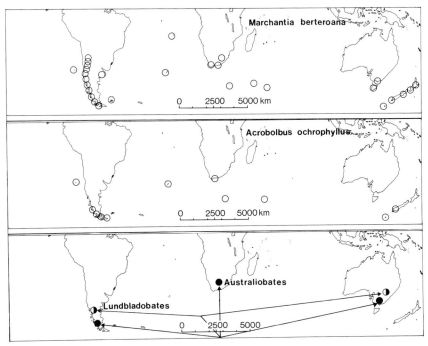

Abb. 24. Südhemisphärische Verbreitungstypen von Lebermoosen (oben und Mitte) und Milben (unten).

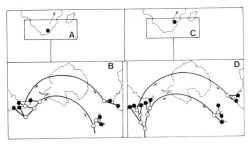

Abb. 25. Verwandtschaftsbeziehungen südpazifischer Chironomidenfamilien (nach BRUNDIN 1972, aus MÜLLER 1977).

undurchlässiges Gefieder, eine zwei bis drei Zentimeter dicke Fettschicht und verschiedene Verhaltensformen, die zu einer Erhöhung des Grundumsatzes führen, hervorragend an das Leben an den antarktischen Küsten angepaßt sind. Schnelle Temperatursprünge ertragen die meisten antarktischen Arten nicht. Der Kaiserpinguin *(Aptenodytes forsteri)* brütet nur an der Küste des antarktischen Festlandes (bis 1400 km an den Südpol; PREVOST und SAPIN-JALOUSTRE 1965; STONEHOUSE 1972).

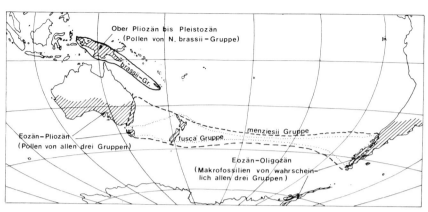

Abb. 26. Rezente und fossile Verbreitung der *Nothofagus*-Gruppen (nach MÜLLER und SCHMITHÜSEN 1970).

Weitere kennzeichnende antarktische Pinguine sind *Eudyptes chrysolophus*, *Spheniscus magellanicus* (der allerdings an der brasilianischen Küste als Irrgast bis Bahia vorkommt), *Pygoscelis antarctica*, *Aptenodytes patagonica*, *Megadyptes antipodes* und *Pygoscelis adeliae*. Die höheren Non-Passeriformes werden durch *Diomedea exulans*, *Stercorarius skua*, *Pelecanoides magellani*, *Oceanites oceanus* und *Chionis alba*, die Passeriformes nur durch eine Pieperart *(Anthus antarcticus)* vertreten (VOOUS 1965), der offensichtlich nächstverwandt ist mit dem südamerikanischen *Anthus correndera*.

Auch die antarktischen Säugetiere leben von Nahrungsketten aus dem Meer. Das gilt sowohl für die Robben *(Ommatophoca rossi, Hydrurga leptonyx, Lobodon carcinophagus, Leptonychotes weddelli)* als auch naturgemäß für die Wale *(Balaenoptera physalus, Balaenoptera musculus, Orcinus orca)*. Wichtige Nahrungsgrundlage für die *Balaenoptera*-Arten sind die 6 bis 9 cm langen Krillkrebse *(Euphausia superba)*. Durch die Fischfauna läßt sich das antarktische Meer in einzelne, gut abgrenzbare Regionen gliedern (ANDRIASHEV 1965). Die südpazifischen Südbuchenwälder *(Nothofagus)* von Chile und Neuseeland enthalten heute noch eine Fauna, die mit diesen Wäldern vielleicht noch während des Tertiärs auf einem landfesten „Bogen" die Antarktis überwanderte (HARRINGTON 1965, BRUNDIN 1972, MÜLLER und SCHMITHÜSEN 1970). Der geologische Bau zwischen Ost- und West-Antarktis ist verschieden. Die präkambrischen Gesteine der Ost-Antarktis deuten auf einen alten Landkomplex hin im Gegensatz zur Westantarktis. Jüngere Faltengebirge mit Anschluß an das andine System (Südantillenbogen) entstanden vom Jura bis ins frühe Tertiär.

2.2.2 Bioreiche des Meeres

Den Pflanzen und Tierreichen des Festlandes stehen jene des Meeres gegenüber. Die genetische Struktur dieses größten Lebensraumes innerhalb der Biosphäre zeigt eine viel stärkere Angleichung an die ökologische als wir es vom Festland her kennen. Deshalb wird von den meisten Autoren eine Gliederung nach den Großlebensräumen (u. a. Litoral, Abyssal, Pelagial) vorgenommen. Eine Analyse der Verwandtschafts-

Tab. 2.23. Artenreichtum der rezenten Fischordnungen und Zahl der Süßwasserarten
(NELSON 1976)

Ordnung	Familien	Genera	Arten	Süßwasser-Arten
Petromyzoniformes	1	9	31	24
Myxiniformes	1	5	32	0
Heterodontiformes	1	1	6	0
Hexanchiformes	2	4	6	0
Lamniformes	7	56	199	0
Squaliformes	3	19	76	0
Rajiformes	8	49	315	10
Chimaeriformes	3	6	25	0
Ceratodiformes	1	1	1	1
Lepidosireniformes	2	2	5	5
Coelacanthiformes	1	1	1	0
Polypteriformes	1	2	11	11
Acipenseriformes	2	6	25	15
Semionotiformes	1	1	7	7
Amiiformes	1	1	1	1
Osteoglossiformes	4	9	15	15
Mormyriformes	2	11	101	101
Clupeiformes	4	72	292	25
Elopiformes	3	5	11	0
Anguilliformes	22	133	603	0
Notacanthiformes	3	6	24	0
Salmoniformes	24	145	508	80
Gonorynchiformes	4	7	16	14
Cypriniformes	26	634	3000	3000
Siluriformes	31	470	2000	1950
Myctophiformes	16	73	390	0
Polymixiiformes	1	1	3	0
Percopsiformes	3	5	8	8
Gadiformes	10	168	684	5
Batrachoidiformes	1	18	55	2
Lophiiformes	15	57	215	0
Indostomiformes	1	1	1	1
Atheriniformes	16	167	827	500
Lampridiformes	10	18	35	0
Beryciformes	15	39	143	0
Zeiformes	6	25	50	0
Syngnathiformes	6	44	200	2
Gasterosteiformes	2	7	10	3
Synbranchiformes	3	7	13	8
Scorpaeniformes	21	260	1000	100
Dactylopteriformes	1	4	4	0
Pegasiformes	1	2	5	0
Perciformes	147	1257	6880	950
Gobiesociformes	3	42	144	2
Pleuronectiformes	6	117	520	3
Tetraodontiformes	8	65	320	8
Total	450	4032	18818	6851

verhältnisse der abyssalen Fauna zeigt jedoch, daß zwischen Litoral und Abyssal einzelner Meere engere Verwandtschaften bestehen können als zwischen den Litoralbiota verschiedener Ozeane. Dennoch behalten auch neuere biogeographische Arbeiten (u. a. BRIGGS 1974) die im wesentlichen bereits von EKMAN (1935) vorgeschlagene Großgliederung bei (vgl. DE LATTIN 1967, MÜLLER 1977). Nach diesem Grundkonzept ergeben sich drei Reiche:

1. Litoral-Reich (= Schelfmeer-Reich),
2. Pelagial-Reich (= Reich der offenen Ozeane),
3. Abyssal-Reich (= Reich der Tiefsee).

Obwohl diese Gliederung keineswegs zufriedenstellend ist, wollen wir sie auch im Folgenden noch beibehalten. Sowohl die genetische Zusammensetzung der Flora als auch die der Fauna weicht grundsätzlich von jener des Festlandes ab (vgl. Marine Biome). Manche Tiergruppen, z. B. die Insekten, fehlen den offenen Ozeanen weitgehend (Ausnahme die Wasserläufer *Halobates*) und haben nur im Litoralbereich marine Gruppen entwickelt (CHENG 1976, SCHULTE 1977). Allerdings leben zahlreiche Ektoparasiten auch auf rein oder überwiegend marinen Vogel- und Säugerarten (MURRAY 1976). So kommt z. B. der Anoplure *Echinophthirus horridus* auf den Seehundverwandten *Phoca vitulina*, *Pusa hispida*, *Pusa sibirica*, *Pagophilus groenlandicus*, *Halichoerus grypus*, *Erignathus barbatus* und *Cystophora cristata* vor und die Mallophagen *Austrogoniodes* und *Nesiotinus* leben auf Pinguinen.

Während *Halobates micans* alle Ozeane bewohnt, kommen *H. ericeus* und *H. germanus* nur im Indischen und Pazifischen Ozean vor. Andere Tiergruppen, z. B. die Fische, besitzen den größten Artenreichtum im Meer (63,6%), wieder andere (u. a. Echinodermaten, Tunicaten, Enteropneusten) sind ganz auf das Meer beschränkt.

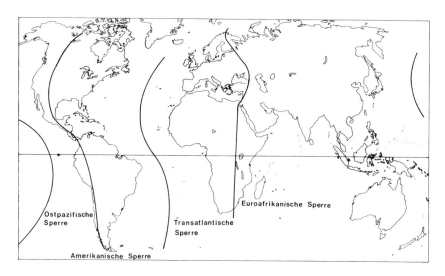

Abb. 27. Kontinentale und ozeanische Verbreitungssperren für litorale Organismengruppen.

2.2.2.1 Das Litoral-Reich

Die an die Schelfmeere gebundenen Biota sind in ihrer Verbreitung entscheidend von dem Grad der Separation einzelner Meeresgebiete, den Wassertemperaturen und dem Verlauf kalter und warmer Meeresströmungen abhängig. Deshalb erweist sich eine Untergliederung in drei Teilreiche als sinnvoll:
1. Das Tropische Reich
2. Das Nordozeanische Reich („Boreales Reich")
3. Das Südozeanische Reich („Antiboreales Reich")

2.2.2.1 a) Das Tropische Reich (Litoralbiota)

Das tropische Reich läßt sich in 4 Regionen gliedern, die durch ozeanische Sperren oder Kontinente voneinander getrennt werden:

Indo-westpazifische Region
a) Malaiischer Bezirk
b) Südlich-zentralpazifischer Bezirk
c) Hawaiischer Bezirk
d) Südjapanischer Bezirk
e) Nordwestaustralischer Bezirk
f) Indischer Bezirk

   Das Tropische Reich ist der Lebensraum der Korallen-Riffe (vgl. Marine Biome). An seinen Küsten gedeiht die Mangrove (vgl. Mangrove-Biom). Besonders artenreich ist die marine Fauna im Hawaii-Bezirk, was letztlich aber auch mit einer außerordentlich intensiven Bearbeitung in den letzten Jahren verbunden ist. GOSLINE und BROCK (1960) führen 34% der Schelffische als Endemiten auf, ELY (1942) 30% der Asteroidea und Ophiuroidea, BANNER (1953) 45% der Crangonidae (Crustacea) und KAY (1967) 20% der Mollusken. Einen ähnlich hohen Molluskenendemitenanteil besitzen auch die südöstlich von Hawaii gelegenen Marquesas (REHDER 1968). Die meisten Marquesas-Arten kommen jedoch auch im Indo-Westpazifik vor. Obwohl auch weitere Organismengruppen durch Endemiten vertreten sind (u. a. die Blenniiden-Gattung Entomacrodus), besitzen die Marquesas keineswegs den mit Hawaii vergleichbaren Status einer eigenen Region (vgl. FOREST und GUINOT 1962).

   Zahlreiche australische Systematiker und Biogeographen haben in den letzten Jahren die Litoralbiota Nordwestaustraliens untersucht. Allein etwa 40% der in diesem

Tab. 2.24. Atlantisch-pazifische Zwillingsarten bei Litoral-Fischen (Ekman 1935).

Genus	Atlantische Art	Pazifische Art
Centropomus	undecimalis	viridis
Epinephelus	adscensionis	analogus
Lutianus	apodus	argentiventris
Lutianus	synagris	guttatus
Haemulon	parra	scudderi
Anisotremus	virginicus	taeniatus
Gerres	cinereus	simillimus
Kyphosus	incisor	analogus
Umbrina	broussoneti	xanti

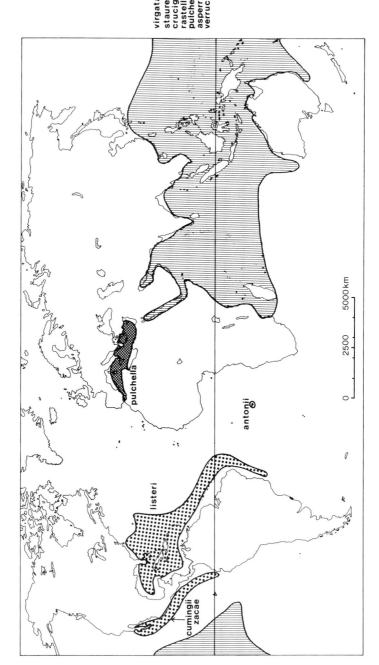

Abb. 28. Verbreitung der Muschelgattung *Tellinella* (nach Boss 1969).

Bereich vorkommenden Echinodermen gelten als endemisch. Ähnlich hohe Prozentsätze fanden LASERON (1956) für die Gastropoden und BERGQUIST (1967) für die
Schwämme.

Ostpazifische Region

Die Ostpazifische Region (im Sinne DE LATTINs 1967) wird von BRIGGS (1974) in
die Provinzen Mexiko, Panama und Galapagos gegliedert. Zahlreiche atlantisch-pazifische Zwillingsarten dieser Region verdeutlichen, daß die den Atlantik und Pazifik
trennende mittelamerikanische Landbrücke zumindest an einigen Stellen geologisch
jung ist (Pliozän).

Die Mexikanische Provinz erstreckt sich von der Südspitze der Kalifornischen
Halbinsel bis zur Tangola-Tangola-Bucht, der Nordgrenze der Panama-Provinz in
der Ebene von Tehuantepec (HUBBS 1952, WALKER 1960, SPRINGER 1958, STEPHENS
1963).

Besonders interessant ist die Litoralfauna der Galapagos, die offensichtlich länger
isoliert zu sein scheint als die terrestrischen Biota. „The marine shore fauna shows
evidence of having been isolated for a long time" (BRIGGS 1974).

Die Molluskenfauna zeigt jedoch enge Verwandtschaft zum Panama-Bezirk
(EMERSON und OLD 1965). 138 Galapagos-Arten sind Panama-Spezies, 8 besitzen
Indo-Westpazifische Verwandtschaft und 29 sind endemisch. Unter den 120 *Bra-
chyura*-Arten (GARTH 1946) erweisen sich 18 als endemisch. Die von DURHAM
(1966) analysierten Steinkorallen (32 Arten) weisen 13 Endemiten im Galapagos-Li-
toral auf. Die anderen Arten zeigen wieder Panama- oder Indo-Westpazifische Verwandtschaft. Von den 311 bisher nachgewiesenen Algenarten (SILVA 1966) sind
36%, von den 223 Litoralfischen (WALKER 1966) 23% endemisch. Bemerkenswert
sind amphiamerikanische Verwandtschaftsbeziehungen der litoralen Galapagos-
gruppen. Der endemische Fisch *Archosargus pourtalesi* (Sparidae), der Messerfisch
Arcos poecilophthalmus (Gobiesocidae) und der Fisch *Labrisomus dendritus* (Clini-
dae) besitzen ebenso ihre nächsten Verwandten im Atlantik *(Arcos macrophthalmus,
Labrisomus filamentosus)* wie zahlreiche litorale Crustaceen.

Westatlantische Region

Die Westatlantische Region wird von BRIGGS (1974) in eine Karibische (entlang der
Küste von Mexiko bis zum Orinoko), Brasilianische und Westindische Provinz untergliedert. Die Brasilianische Provinz erstreckt sich vom Orinokodelta parallel zu
den die Küste begleitenden Korallenriffen bis nach Cabo Frio (Rio de Janeiro). Isolierte Inselgebiete, wie z.B. Fernando de Noronha oder Trindade, besitzen endemische Arten. Das gilt insbesondere für die Westindische Provinz, die im wesentlichen
dem Verlauf des karibischen Inselbogens von den Bermudas im Norden bis Grenada
im Süden folgt. Deutlich ist ein Artenreichtumsgradient in nordsüdlicher Richtung
erkennbar. WORK (1969) zeigte, daß die Molluskenfauna der Bermudas eine verarmte Fauna der tropischen Westindischen-Inseln darstellt. Von den 265 Litoralfischen der Bermudas (COLLETTE 1962) sind nur 13 endemisch.

Ostatlantische Region

Zentrum der ostatlantischen Region ist die Westafrikanische Provinz (von 12° s.Br.
bis zum Senegal). Ähnlich wie in der westatlantischen Region besitzen isolierte Inselgruppen (Capverden, St. Helena, Ascension) endemische Arten, was u.a. zur Aufstel-

lung weiterer Provinzen (Ascension-St. Helena-Provinz) führte. Im Litoral der etwa 560 km östlich des Atlantischen Rückens gelegenen miozänen Insel St. Helena wurden bisher 55 Litoralfische nachgewiesen, von denen 12 endemisch sind. Von 23 Decapoda erwiesen sich 4 (CHACE 1966) und von 26 Echinodermen 13 (MORTENSEN 1933) als Endemiten. Ascension, als Vulkaninsel vermutlich erst pleistozänen Ursprungs, besitzt dagegen unter seinen 54 Litoralfischen nur 2 Endemiten.

2.2.2.1 b) Das Nordozeanische Reich (Litoralbiota)

Mindestens 6 Regionen lassen sich im Nordozeanischen (Borealen) Reich der Litoralbiota unterscheiden:
1. Mediterran-atlantische Region
2. Sarmatische Region
3. Atlantisch-boreale Region
4. Baltische Region
5. Nordpazifische Region
6. Arktische Region

Sie besitzen jedoch, entsprechend der Lage und Geschichte teilweise isolierter Nebenmeere, eine viel stärkere Untergliederung als das Südozeanische Reich. Isolierte Inselgruppen (z.B. innerhalb der Mediterranatlantischen Region die Azoren und Madeira) zeichnen sich durch einen geringeren Lokalendemitenreichtum aus.

Unter den 99 bekannten Litoralfischen der vermutlich miozänen Azoren fehlen jedoch Endemiten. 21 sind weitverbreitete Atlantik-Arten, 77 treten nur im Ostatlantik auf (1 Art ist problematisch), 80 kommen auch im Mittelmeer vor. Auch Madeira ist durch einen geringen Endemitenreichtum gekennzeichnet.

Die Arktische Region ist durch ihre artenarme, aber individuenreiche Fischfauna auch wirtschaftlich bedeutsam. Sie wird jedoch durch die Atlantisch-boreale und Nordpazifische Region, was die erzeugte Fischproduktion anbetrifft, bei weitem übertroffen. Typischer Vertreter der arktischen Region ist der Bodenfisch *Iceleus spatula*.

2.2.2.1 c) Das Südozeanische Reich (Litoralbiota)

Dieses Reich begrenzt die tropischen Litoralbewohner nach Süden. Es läßt eine Untergliederung in 6 Regionen zu:
1. Südaustralische Region
2. Nordneuseeland Region
3. Peruanische Region
4. Uruguayische Region
5. Südafrikanische Region
6. Antarktische Region

In der südaustralischen Region tritt neben verschiedenen endemischen Fischarten der Tasman-Hering *(Clupea bassensis)* auf (vgl. KNOX 1960, 1963). Allein für den Südwestaustralischen Raum sind 12,6% der 166 Echinodermen (CLARK 1946) und 28,4% der 253 Litoralfische (SCOTT 1962) als Endemiten gemeldet. Die Litoralfauna Neuseelands zeigt, entsprechend ihrer langen Isolation, einen noch höheren Endemitenreichtum. Aus der Auckland-Provinz wurden 80% der Echinodermen (FELL 1949), 46% der thecaten Hydroiden, 31% der Polychaeten (KNOX 1963) und 40% der 649 Molluskenarten (POWELL 1940) als Endemiten beschrieben.

Tab. 2.25. Die Echinodermatenfauna des Neuseeland-Plateaus im Vergleich mit jener der Antarktis (DAWSON 1970)

Region	Ort	ASTEROIDEA	OPHIUROIDEA	ECHINOIDEA	HOLOTHUROIDEA
Neuseeland-Region	New Zealand Plateau	Henricia aucklandiae, H. lukinsi, Hymenaster sp., Ceramaster sp., ? Odontaster sp. — Total Fauna 65 Species	Amphiodia joubini; Ophiuroglypha irrorata, Monamphiura magellanica, Axiognathus squamata, Pandelia angularis — Total Fauna 87 Species	Pseudechinus novaezealandiae — Total Fauna 49 Species	Trochodota dunedinensis, Ocnus brevidentis — Total Fauna 36 Species
Neuseeland-Region	Macquarie Island	Total Fauna 13 Species	Total Fauna 13 Species	Total Fauna 1 Species	Total Fauna 6 Species
Antarktische Region	Balleny Islands	Macroptychaster accrescens, Leptychaster flexuosus, Bathybiaster loripes obesus, Psilaster charcoti, Luidiaster gerlachei, Odontaster meridionalis, O. validus, Acodontaster capitatus, A. hodgsoni, Perknaster densus, P. fuscus antarcticus, P. sladeni, Cuenotaster involutus, Lophaster gaini, Perbolaster powelli, Pteraster stellifer stellifer, Notasterias armata, Lysasterias joffrei, Diplasterias brucei — Total Fauna 21 Species	Astrotoma agassizi, Astrochlamys bruneus, Astrohamma tuberculatum, Ophiacantha antarctica, O. pentactis, O. viripara, Amohiura belgicae, Ophiurolepis victoriae, Ophioperla koehleri, Ophiomastus bispinosus, Ophiurolepis gelida, Ophioceres incipiens, Amphiodia joubini — Total Fauna 16 Species	Ctenocidaris perrieri, Sterechinus antarcticus, S. neumayeri — Total Fauna 3 Species	?
Antarktische Region	Ross See	Total Fauna 37 Species	Total Fauna 36 Species	Total Fauna 18 Species	?

Übergreifende (artübergreifende) Taxa: Porania antarctica; Toporkovai antarctica; Ophiopyren regularis

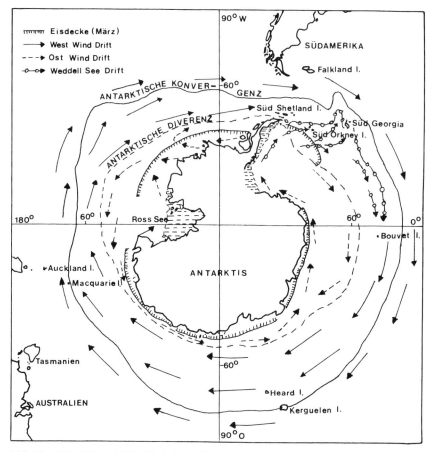

Abb. 29. (Seite 100 und 101). Eisdecke und Strömungsverhältnisse in der Antarktis.

Die Peruanische Region wird in ihrer Verbreitung entscheidend durch den kühlen Humboldtstrom bestimmt. Die Juan-Fernandez-Inseln werden von BRIGGS (1974) aufgrund ihrer Endemiten als eigene Provinz ausgewiesen. Die Uruguayische Region (von der La Plata-Mündung bis zum Staat São Paulo) ist das atlantische Gegenstück zur Peruanischen Region.

Auch die Südafrikanische Region läßt sich in einzelne Provinzen untergliedern (Südwestafrikanische Provinz, Agulhas-Provinz, Amsterdam-St. Paul-Provinz). Ihre Grenzen verdeutlichen, ähnlich wie jene der isolierten Kerguelen-Region, die große Bedeutung, die unterschiedlich temperierte Meeresströmungen und offene Ozeane für die litoralen Biota und deren Entwicklung besitzen. Mit der Kerguelen-Provinz sind wir jedoch bereits in den subantarktischen und antarktischen Kaltwassergebieten, deren genetische Struktur eigene Züge besitzt. Die südlichste Spitze Südamerikas (Magellan-Provinz, Tristan-Gough-Inseln), Tasmaniens, des südlichen Neuseelands

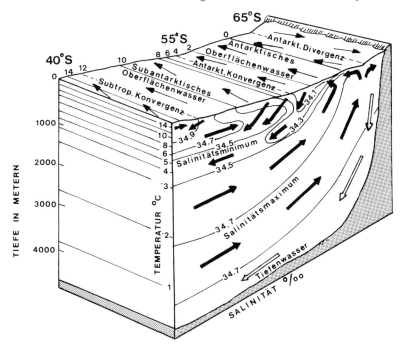

und die Antarktische Region gehören hierzu. Durch bipolar verbreitete Taxa sind sie genetisch mit dem Nordozeanischen Reich und der Arktis verbunden.

2.2.2.2 Das Abyssal-Reich

Die Biota der lichtlosen Zone des Archibenthals lassen sich, entsprechend der Gliederung der Meeresbecken, wesentlich leichter unterteilen als die Organismen des Bathypelagials, die z.T. erhebliche vertikale Wanderungen durchführen können. Vier Regionen lassen sich nach DE LATTIN (1967) unterscheiden:
1. Arktische Abyssal-Region

2. Atlantische Abyssal-Region
2.1 Euabyssale Subregion
2.2 Archibenthal-amerikanische Subregion
2.3 Archibenthal-ostatlantische Subregion
2.4 Mediterrane Subregion

3. Indopanpazifische Abyssal-Region
3.1 Euabyssale Subregion
3.2 Archibenthal-indowestpazifische Subregion
3.3 Archibenthal-ostpazifische Subregion
3.4 Erythräische Subregion

4. Antarktische Abyssal-Region
   Tiefseegräben besitzen als oftmals markant abgrenzbarer Lebensraum (Hadal) eine eigene Fauna (vgl. u.a. BRIGGS 1974 und Besprechung der Marinen Biome).

2.2.2.3 Das Pelagial-Reich

Meeresströmungen, Wassertemperatur und schwankende Biomassenzahlen mariner Algen prägen entscheidend die Verbreitungsstrukturen der pelagialen Tier- und Pflanzenarten. Entsprechend der unterschiedlichen Lichtbedingungen zwischen Oberfläche und Tiefe ist eine Untergliederung zwischen Epipelagial und Bathypelagial notwendig. Wie weit diese Differenzierung jedoch aufrechterhalten wird, wenn unsere Kenntnisse über die circadianen, vertikalen Bewegungen von „bathypelagialen" Arten weiter fortschreiten, mag dahingestellt sein. Die Aufteilung der epipelagialen Biota auf eine Tropische, Boreale und Antiboreale Pelagialregion kann jedoch beibehalten werden. Das Pelagial ist keineswegs ein einheitlicher Lebensraum. Die Produktion des Phytoplanktons zeigt bemerkenswerte Differenzierungen, und das Zooplankton weist räumlich abweichende Verbreitungsmuster auf. Die Endglieder der Nahrungsketten des Pelagials wird von Walen und großen Raubfischen gestellt, die wie Kabeljau oder Thunfisch erhebliche Bedeutung für die Hochseefischerei besitzen. Eine räumlich gut abgrenzbare Region des Pelagials stellt die Sargassosee dar, die nach dem dort häufigen Beerentang *(Sargassum)* ihren Namen erhielt. 67 freischwimmende Tierarten wurden als Bewohner des Sargassotanges beschrieben, unter ihnen der mimetische Sargassofisch *(Histrio histrio)* und die Seenadel *(Sygnathus pelagicus).*

Neben der hohen wirtschaftlichen Bedeutung mariner Biota (vgl. u. a. DIETRICH 1970, GULLAND 1971) rückt gegenwärtig immer stärker ihre ökologische Funktion als „Müllschlucker" der Biosphäre in den Vordergrund. Marine Organismen werden zunehmend bereits in Meeresfarmen gezüchtet (vgl. u. a. KORRINGA 1976), weshalb die ökonomische Bedeutung ausfallender Fischschwärme in den offenen Meeren vielleicht eines Tages weniger stark ins Gewicht fallen wird. Moderne Wasseranalysen mariner Großlebensräume (u. a. GOLDBERG 1976, GRASSHOFF 1976) weisen jedoch zunehmend auf die Bedeutung einzelner Meeresorganismen selbst für die atmosphärische Zusammensetzung unseres Planeten hin.

3 Die Arealsysteme

Arealsysteme sind der zentrale Forschungsgegenstand der Biogeographie. Unter Arealsystem verstehen wir ein von der ökologischen Valenz, genetischen Variabilität und Phylogenie von Populationen und der räumlich und zeitlich wechselnden Wirkungsweise abiotischer und biotischer Faktoren bestimmtes adaptives Teilsystem der Biosphäre, das sowohl ökologische als auch phylogenetische Funktionen besitzt und dessen flächenhafte Ausdehnung durch ein dreidimensionales Verbreitungsgebiet unterschiedlicher Größe und Struktur gekennzeichnet werden kann (MÜLLER 1976).

In der Evolutionsforschung ist die kleinste reale Grundeinheit die Art. Ihr entspricht in der Biogeographie als Äquivalent das Arealsystem. Unter ihm wird nur jener Teil des Verbreitungsgebietes einer Art verstanden, in dem sie sich ohne ständigen Zuzug von außen her dauerhaft fortzupflanzen vermag (Fortpflanzungsraum; vgl. DE LATTIN 1967, MÜLLER 1977). Gebiete außerhalb des Arealsystems können zwar von Organismen regelmäßig (vgl. Tierwanderungen) oder unregelmäßig (vgl. Invasionen) aufgesucht werden, doch stehen diese Verschiebungen, von Ausnahmen abgesehen, in einem engeren ökologischen Zusammenhang als in einem phylogenetischen. Durch die enge räumliche Beschränkung des Arealsystembegriffes wird einerseits eine klare Trennung von Wohn-, Fortpflanzungs- und Wanderraum einer Art oder einer Rasse durchgeführt, andererseits erhält jener Raum, in dem durch die Fortpflanzung die Weitergabe der arteigenen Merkmale erfolgt, die vorrangige Bedeutung, die ihm im Verlauf der Entwicklungsgeschichte einer Population zukommt (vgl. Kap. S. 3.1.5.2).

Das Verhalten des Arealsystems wird von den es aufbauenden Elementen und deren genetisch bestimmten Fähigkeiten geprägt. Die Bedeutung, die ein Organismus oder eine Population für die gegenwärtige Gesamtstruktur seines Arealsystems besitzt, läßt sich nur über die Struktur-Parameter aufschlüsseln. Voraussetzung für deren Analyse ist die Feststellung der räumlichen Verteilung und Funktionen der Elemente (= Populationen).

3.1 Verteilung der Organismen im Raum

Verteilung von Organismen im Raum kann durch die Arealform und die Arealgröße dargestellt werden, wobei zunächst nur Arealgrenzverläufe, nicht jedoch unterschiedliche Häufigkeitsverteilungen von Organismen innerhalb ihrer Arealgrenzen betrachtet werden. Unter diesem Gesichtspunkt treten Arealform und Arealgröße als auffallende Merkmale in den Vordergrund. Die Arealform ist als Anpassung an den vorgegebenen Raum dreidimensional. Sie zeigt demzufolge eine horizontale und vertikale Strukturierung. Sie kann homotop oder heterotop zu einem oder verschiedenen Ökosystemen verlaufen.

3.1.1 Arealgröße

Als ein Strukturmerkmal kann die Größe von Arealsystemen einzelner Pflanzen- und Tiergruppen grundverschieden sein. Naturgemäß ist die Arealgröße u.a. von der ökologischen Valenz, den Fortbewegungsmöglichkeiten, der Ausbreitungsgeschichte und Phylogenie sowie der geographischen Lage des Entstehungsgebietes der die jeweiligen Areale aufbauenden Elemente abhängig. Eine allgemeine Beziehung zwischen Arealgröße und entwicklungsgeschichtlichem Alter der Taxa besteht nur in seltenen Fällen (vgl. ANDERSON 1974).

WILLIS (1922) hatte in seinem berühmt gewordenen Buch „Age and Area – A study in geographical distribution and Origin of Species", entscheidend geprägt durch seine Untersuchungen über die Flora von Ceylon, erkannt, daß:

„The area occupied at any given time, in any given country, by any group of allied species at least ten in number, depends chiefly, so long as conditions remain reasonably constant, upon the ages of the species of that group in that country, but may be enormously modified by the presence of barriers such as seas, rivers, mountains, changes of climate from one region to the next, or other ecological boundaries, and the like, also by the action of man, and by other causes" (Seite 63).

Ebenso wenig kann von der Arealgröße aus sofort auf die ökologische Valenz (= Spielraum der Lebensbedingungen innerhalb dem sich eine Art zu entwickeln vermag; HESSE 1924) geschlossen werden. Manche Pflanzen- und Tierarten besiedeln innerhalb eines kosmopolitischen Areals nur ganz bestimmte Habitatinseln, andere können aufgrund ihrer ökologischen Fähigkeiten „überall" auftreten (Ubiquisten).

3.1.1.1 Kosmopoliten

Zahlreiche Tier- und Pflanzenfamilien, -gattungen und -arten sind Kosmopoliten, d.h. sie sind durch Populationen in allen Bioreichen der Erde vertreten. Aufgrund ihrer ökologischen Valenz, Fortbewegungsmöglichkeit oder ihrer engen Bindung zum Menschen (Haustiere, Parasiten, leicht verschleppbare Arten u.a.) sind sie an kein biogeographisches Reich gebunden. Gleichermaßen sowohl im Meer, in den Binnengewässern und auf dem Lande vorkommende Arten oder Gattungen gibt es jedoch nicht.

Kosmopolitische Pflanzenfamilien sind z.B. die Gräser (Gramineae), die Compositen (Compositae), die Cyperaceae, Orchidaceae, Papilionaceae, Labiatae, Scrophulariaceae, Liliaceae, Boraginaceae und Gentianaceae. Unter den Tieren sollen als Beispiele die Hundeartigen (Canidae), die Mäuseverwandten (Muridae), die Pieper (Motacillidae) und die Falken (Falconidae) erwähnt werden. Wesentlich interessanter sind naturgemäß kosmopolitische Gattungs- und Artareale.

Kosmopolitische Pflanzengenera (vermutlich proanthrop):

Andropogon	*Ceratophyllum*	*Drosera*
Anemone	*Cladium*	*Elatine*
Apium	*Clematis*	*Eleocharis*
Aristida	*Convolvulus*	*Eragrostis*
Aristolochia	*Cuscuta*	*Eupatorium*
Bromus	*Cynanchum*	*Euphorbia*
Callitriche	*Cynoglossum*	*Galium*
Cardamine	*Cyperus*	*Geranium*
Carex	*Deschampsia*	*Heliotropium*

Hierochloe	Nasturtium	Samolus
Hydrocotyle	Nymphaea	Scirpus
Hypericum	Panicum	Senecio
Juncus	Phragmites	Smilax
Leersia	Plantago	Solanum
Lemna	Poa	Sporobolus
Limnanthemum	Polygala	Stipa
Limosella	Polygonum	Teucrium
Ludwigia	Potamogeton	Tillaea
Luzula	Ranunculus	Ultricularia
Montia	Rhynchospora	Vallisneria
Myriophyllum	Rubus	Wolffia
Najas	Ruppia	Zannichellia

Durch den Menschen weltweit eingebürgerte Pflanzengattungen:

Agrostis	Chenopodium	Phleum
Agropyron	Coronopus	Polycarpon
Amaranthus	Datura	Portulaca
Anaphalis	Erigeron	Rumex
Arenaria	Erodium	Sagina
Atriplex	Festuca	Sonchus
Avena	Gnaphalium	Spergula
Bidens	Glyceria	Stellaria
Celosia	Lepidium	Taraxacum
Centaurea	Lolium	
Cerastium	Oxalis	

Subkosmopoliten besitzen Areale, die einzelne Reiche ausschließen. Dazu gehören bei den Pflanzen u. a. die Gattungen *Brachypodium, Impatiens, Lysimachia, Mentha, Orobanche, Parietaria, Salix, Sanicula, Schoenus, Scutellaria, Stachys, Suaeda, Swertia, Typha, Vaccinium* und *Verbena.*

Auch unter den Tieren gibt es zahlreiche kosmopolitisch oder subkosmopolitisch verbreitete Arten. Als Beispiele sind zu nennen Schleiereule *(Tyto alba),* Fischadler *(Pandion haliaetus),* Wanderfalke *(Falco peregrinus),* Distelfalter *(Vanessa cardui;* bewohnt mit Ausnahme von Südamerika alle Kontinente), die Kleinschmetterlinge *Plutella maculipennis* und *Nonnophila noctuella* und zahlreiche Bärtierchen (Tardigrada; u. a. *Macrobiotus hufelandi).* Auch die mitteleuropäische Rauchschwalbe *(Hirundo rustica)* bildet einen kosmopolitisch (mit Ausnahme von Südamerika, das sie als Zugvogel besucht) verbreiteten Superspezieskomplex.

Auffallend ist der hohe Anteil an Kosmopoliten unter den Tardigraden. MORGAN und KING (1976) führen allein für die Britischen Inseln die folgenden kosmopolitischen Tardigraden auf:

Pseudechiniscus suillus	– hufelandii
Echiniscus quadrispinosus	– intermedius
Milnesium tardigradum	Hypsibius alpinus
Macrobiotus ambiguus	– annulatus
– aerolatus	– arcticus
– dispar	– oberhaeuseri
– echinogenitus	– scoticus
– harmsworthi	

Für ihre weltweite Verbreitung ist vorrangig die Verdriftung ihrer widerstandsfähigen Tönnchen durch den Wind verantwortlich.

Zahlreiche Schädlinge von Nutzpflanzen sind Kosmopoliten oder durch den Menschen weltweit verschleppt worden (vgl. u. a. Hill 1975). Dazu gehören:

Homoptera

Bemisia tabaci	=	Baumwolle, Tomaten, Tabak
Aleurocanthus woglumi	=	Zitrusfrüchte
Toxoptera aurantii	=	Zitrusfrüchte
– citricidus	=	Zitrusfrüchte
Aulacorthum solani	=	Kartoffeln
Acyrthosiphum pisum	=	Lotus, Medicago, Trifolium
Brevicoryne brassicae	=	Kohl
Rhopalosiphum maidis	=	Mais
Schizaphis graminum	=	Mais, Zuckerrohr
Aphis fabae	=	Phaseolus, Vicia, Vigna, Glycine
– gossypii	=	Baumwolle, Hibiscus
– craccivora	=	Legumimosen
Myzus persicae	=	Kartoffeln
Pentalonia nigronervosa	=	Bananen, Tomaten, Heliconia
Eriosoma lanigerum	=	Cotoneaster, Crataegus, Sorbus
Icerya purchasi	=	Zitrusfrüchte
Orthezia insignis	=	Kaffee, Zitrusfrüchte
Saccharicoccus sacchari	=	Zuckerrohr, Sorghum, Reis
Planococcus citri	=	Kaffee, Zitrusfrüchte
Dysmicoccus brevipes	=	Zuckerrohr
Pseudococcus adonidum	=	Zitrusfrüchte, Kaffee, Kakao, Zuckerrohr
Ferrisia virgata	=	Kaffee, Kakao, Zitrusfrüchte
Coccus viridis	=	Zitrusfrüchte
Saissetia coffeae	=	Kaffee, Zitrusfrüchte
– oleae	=	Oliven, Zitrusfrüchte
Aonidiella aurantii	=	Zitrusfrüchte
Aspidiotus destructor	=	Kokosnuß, andere Palmen
Quadrispidiotus perniciosus	=	Apfel- und Birnbäume
Aonidomytilus albus	=	Solanum, Maniok
Lepidosaphes beckii	=	Zitrusfrüchte
Ischnaspis longirostris	=	Kaffee, Kokosnuß, Zitrusfrüchte
Chrysomphalus aonidum	=	Zitrusfrüchte

Heteroptera
Nezara viridula	=	u. a. Baumwolle

Thripidae
Thrips tabaci	=	Tomaten, Tabak
Heliothrips haemorrhoidalis	=	Rosen, Kaffee, Bananen, Zitrusfrüchte
Hercinothrips bicinctus	=	Bananen

Lepidoptera
Phthorimaea operculella	=	Kartoffeln, Tabak, Tomaten
Sitotroga ceralella	=	Mais, Sorghum
Pectinophora gossypiella	=	Baumwolle, Hibiscus
Plutella xylostela	=	Brassica
Cydia pomonella	=	Apfel

Cydia molesta	=	Pfirsich
Nymphula depunctalis	=	Reis
Maruca testulalis	=	Birnen
Etiella zinckenella	=	Erbsen, Bohnen
Ephestia cautella	=	Mais
Agrotis ipsilon	=	polyphag
Spodoptera exigua	=	Reis u. a.

Diptera

Contarinia sorghicola	=	Sorghum u. a.
Ceratitis capitata	=	Zitrus, Pfirsich
Hylemya platura	=	Bohnen, Mais

Coleoptera

Oryzaephilus	=	Getreide
Tribolium castaneum	=	Mais, Getreide
Sitophilus	=	Mais, Reis

Acarina

Tetranychus cinnabarius	=	Baumwolle
Phyllocoptruta oleivora	=	Zitrusfrüchte

3.1.1.2 Kleinareale Arten

Im Gegensatz zu Kosmopoliten stehen Arten, die gegenwärtig nur von einem engbegrenzten Raum bekannt sind. Für manche dieser Populationen ist ihr Lebensraum zugleich Entstehungszentrum, für andere ist er Refugium und chorologischer Rest (Reliktareal) einer ehemals weiteren Verbreitung.

Die Schneckengattung *Laminifera* (Clausiliidae) ist ein Endemit des Berggipfels La Rhune (Westpyrenäen). Etwa 20 nearktische Urodelen sind nur von einem Fundort bekannt. Dazu gehören:

1. *Typhlomolge rathbuni* (Höhlenform)
2. *Plethodon stormi*
3. *Plethodon punctatus*
4. *Plethodon onachitae*
5. *Plethodon neomexicanus*
6. *Plethodon gordoni*
7. *Plethodon caddoensis*
8. *Hydromantes shastae*
9. *Hydromantes brunus*
10. *Euryea tynerensis* (neotene Bachform)
11. *Euryea troglodytes* (Höhlenform)
12. *Euryea tridentifera* (Höhlenform)
13. *Euryea nana* (Höhlenform)
14. *Euryea latitans* (Höhlenform)
15. *Euryea junaluska*
16. *Batrachoseps stebbinsi*
17. *Batrachoseps pacificus*
18. *Batrachoseps aridus*
19. *Aneides hardii.*

Relikte sind Organismen mit ehemals weiterer Verbreitung, die im Verlauf einer durch den Wechsel der Umweltbedingungen verursachten Arealverkleinerung, -zer-

Als Kartengrundlage wurde eine computerisierte UTU-Karte von Europa gewählt. Ein Fundort steht stellvertretend für ein 50 × 50 km großes Rasterfeld, in dem die Art nachgewiesen wurde.

Abb. 30. Reliktäre Verbreitung des auf Korsika beschränkten Salamanders *Euproctus montanus*.

Abb. 31. Reliktareal des sardischen Höhlensalamanders *Hydromantes genei*. Die nächsten Verwandten von *Hydromantes genei* kommen in Italien vor.

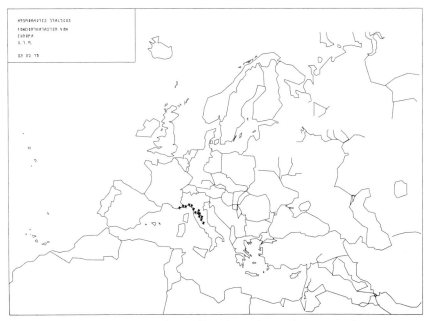

Abb. 32. Verbreitung des italienischen Höhlensalamanders *Hydromantes italicus*.

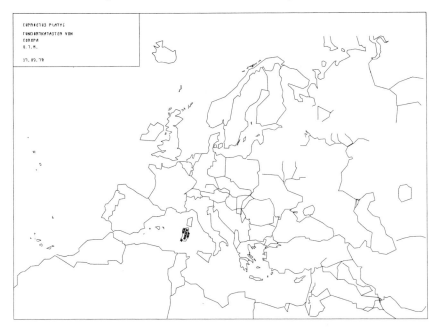

Abb. 33. Reliktäre Verbreitung des sardischen Salamanders *Euproctus platycephalus*. Sein nächster Verwandter kommt in Korsika vor *(Euproctus montanus)*.

splitterung oder -verlagerung nur an besonders begünstigten Stellen überleben konnten. Relikte können unterschiedliches Alter (Tertiär, Pleistozän, Holozän u. a.) besitzen und aufgrund ihrer Habitatbindung Anzeiger früher andersartiger ökologischer Bedingungen sein (z. B. Xerothermrelikte, Steppenrelikte).

Tertiärrelikte sind Taxa, die zumindest seit dem Pliozän im wesentlichen unverändert bis in die Gegenwart an einem begünstigten Standort (Refugium) überdauerten.

Der Begriff Tertiärrelikt kann nur in den Fällen Verwendung finden, wo nachweislich in phylogenetischer (Merkmalskonstanz) und biogeographischer (Standortkonstanz) Beziehung der praeglaziale Reliktcharakter einer Population gesichert ist. Das trifft vor allem für solche Biotope zu, die von den pleistozänen Klimaschwankungen weniger stark beeinflußt wurden (alte Seen, Grundgewässer, Thermalquellen, Höhlen, Inseln; vgl. Kanarische Inseln) und für Tier- und Pflanzenarten mit geringer Evolutionsgeschwindigkeit (vgl. u. a. POVOLNY 1972).

Glazialrelikte sind Tier- und Pflanzenarten, die an ihrem rezenten Standort, als Überreste von stenothermen und an kältere Klimate adaptierten Biota, mindestens seit dem Würmglazial existieren. Beispiele hierfür sollen unter den mitteleuropäischen Tieren der im Rhithron der Mittelgebirgsflüsse lebende und zur Quellfauna gehörende Strudelwurm *Crenobia alpina*, die Höhlentiere *Onychiurus sibiricus* (Apterygota), *Pseudosinella alba* (Apterygota) und *Choleva septemtrionis holsatica* (Coleoptera) und unter den Pflanzen der Alpenbärlapp *(Lycopodium alpinum)* auf dem Hohen Meißner und die Zwergbirke *(Betula nana)* auf dem Brocken sein. Einige an die baumfreie, alpine Hochgebirgsregion adaptierte Invertebratenarten (z. B. Laufkäferarten des Genus *Trechus*) konnten das Würmglazial in eisfrei gebliebenen Bergsystemen (sog. massifs de refuge) oder auf einzelnen, das Gletschereis überragenden Berggipfeln (= Nunatakker) überdauern (HOLDHAUS 1954, BESUCHET 1968, NADIG 1968; vgl. Oreale Biome). Die neueren Ergebnisse der Glazialforschungen in Skandinavien über den Verlauf und die zeitliche Dauer des Würmglazials lassen Zweifel an der Existenz von echten Glazialrelikten in diesem Raum aufkommen, und die Frage von würmeiszeitlichen Kleinstrefugien in Skandinavien (LINDROTH 1939, 1969, STOP-BOWITZ 1969) muß neu überdacht werden. LINDROTH (1969) konnte zeigen, daß einige früher für Glazialrelikte gehaltene Carabiden nur die Jüngere Dryas-Periode oder bestenfalls Würm II (das von Würm I durch ein Interstadial nach SHOTTON 1967 und LUNDQUIST 1964, 1967 getrennt ist) überdauerten, und damit in strengstem Sinne keine Glazialrelikte sind.

Abb. 34. „Relikt"-Populationen der adriatomediterranen Smaragdeidechse *Lacerta viridis* in der Bundesrepublik Deutschland und Ostberlin. Jeder Fundort entspricht einem Rasterfeld von 10 × 10 km Kantenlänge (UTM-Computerkarte). Durch Sterne sind Fundorte, die nach 1960 bestätigt werden konnten, durch Kreuze ältere Nachweise (vor 1960) gekennzeichnet. Manche dieser Populationen wurden durch bewußtes Aussetzen südeuropäischer Individuen stark vermischt (u. a. Mosel, Nahe). Die Ostberliner Populationen sind ausgestorben.

Abb. 35. Reliktareal der Würfelnatter *Natrix tesselata* im Mosel-Nahe-Mittelrheingebiet. Zeichensymbole und Kartengrundlage wie Abb. 34. Nicht eingetragen sind Populationen an der Ahr.

Abb. 36. Reliktpopulationen der Aesculapnatter *Elaphe longissima*. Ähnlich wie bei *Lacerta viridis* dürften manche dieser Populationen durch bewußte Einschleppung südeuropäischer Individuen vor dem Aussterben bewahrt worden sein. Zeichensymbole und Kartengrundlage wie Abb. 34.

Abb. 37. Vorpostenareal des atlantomediterranen lithophilen Käfers *Asida sabulosa*. Zeichensymbole und Kartengrundlage wie Abb. 34.

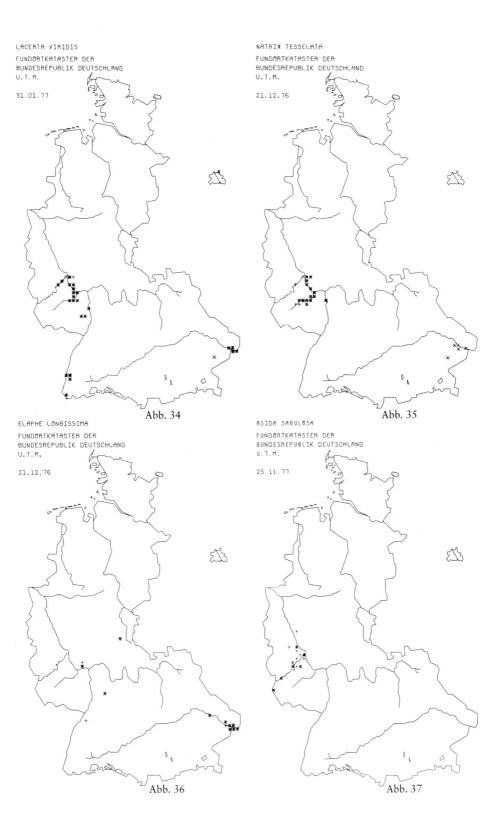

LACERTA VIRIDIS
FUNDORTKATASTER DER
BUNDESREPUBLIK DEUTSCHLAND
U.T.M.

31.01.77

Abb. 34

NATRIX TESSELATA
FUNDORTKATASTER DER
BUNDESREPUBLIK DEUTSCHLAND
U.T.M.

21.12.76

Abb. 35

ELAPHE LONGISSIMA
FUNDORTKATASTER DER
BUNDESREPUBLIK DEUTSCHLAND
U.T.M.

21.12.76

Abb. 36

ASIDA SABULOSA
FUNDORTKATASTER DER
BUNDESREPUBLIK DEUTSCHLAND
U.T.M.

25.11.77

Abb. 37

Andere Arten konnten jedoch in isolierten Seen der nördlichen Holarktis als Glazialrelikte bis zur Gegenwart überdauern (SEGERSTRALE 1966). Unter den Crustaceen sind das die Arten *Mysis relicta, Mesidotea entomon, Gammaracanthus lacustris, Pontoporeia affinis, Pallasea quadrispinosa* und *Limnocalanus macrurusgrimaldii.* Diese Baltikumtiere stellen eine reliktäre Binnengewässerfauna der nördlichen Holarktis dar, deren nächstverwandte Populationen im Meer leben oder sich von marinen Gruppen ableiten (die Gattung *Pallasea* ist allerdings auf das Süßwasser beschränkt; u. a. *Pallasea kessleri* im Baikalsee). Populationen der Baltikumtiere finden sich in der Ostsee und in zahlreichen skandinavischen, englischen, finnischen, nordrussischen, sibirischen und nordamerikanischen Binnenseen. Die fennoskandinavischen Populationen standen im Postglazial mit der Ostsee in direkter Verbindung und wurden durch ein Rückweichen der Ostsee erst isoliert. Diese Auffassung wurde erstmals von EKMAN (1940) vertreten und erhielt deshalb den Namen Ekmansche Theorie. Danach sind die limnischen und baltischen Vorkommen der Baltikumtiere Reliktpopulationen, die ursprünglich ein arktisch-marines Areal bewohnten und während oder kurz vor der kühlen Yoldia-Periode über eine Meeresverbindung vom Weißen Meer über den Onega- und Ladoga-See zum Yoldia-Meer einwanderten, wo sie mit dem wechselnden Wasserstand in die verschiedenen fennoskandinavischen Seen gelangten und nach Absenkung des Wasserspiegels als Relikte erhalten blieben. Von SEGERSTRALE (1954, 1957) wurde die Ekmansche Theorie weiterentwickelt (vgl. Entwicklung der Ostsee, Seite 212).

Im Gegensatz zu den Glazialrelikten sind die mitteleuropäischen Xerothermrelikte im allgemeinen wesentlich jünger. Es sind thermophile Populationen mit ehemals weiterer Verbreitung (Littorina-Zeit), die im Verlauf einer durch klimatische Verschlechterung verursachten Arealverkleinerung, -zersplitterung oder -verlagerung auf klimatisch besonders begünstigten „Wärmeinseln" überleben konnten. Besonders gut untersucht sind die Xerothermrelikte im Mosel- und Mittelrheingebiet (DE LATTIN 1967, MÜLLER 1971, WARNECKE 1927). Ihre rezenten Standorte erreichten die Xerothermrelikte des Moselraumes während des Klima-Optimums (5000 bis 3000 v. Chr.) vermutlich über den Mosel- und Rheingraben (MÜLLER 1971), die als Wanderwege dienten. In der nachfolgenden Buchen-Zeit, die mit einer Temperaturerniedrigung und einer Expansion der Buche eingeleitet wird, werden die postglazialen Einwanderungswege zerrissen und die Mosel- und Mittelrheinpopulationen von ihren Ursprungspopulationen im mediterranen Raum getrennt. Die kurze Isolationsphase (etwa 3000 Jahre) führte in vielen Fällen innerhalb der isolierten Populationen zur Ausbildung gut diagnostizierbarer Subspezies. So kommt z.B. der Apollo *Parnassius apollo* in Winningen an der Mosel in einer für das Gebiet endemischen Subspezies vor *(Parnassius apollo vinningensis).* Diese Befunde lassen sich jedoch nicht für alle Tiergruppen gleichermaßen bestätigen. So konnte NAGEL (1975) zeigen, daß die Coleopteren xerothermer Standorte im Saar-Mosel-Raum keine sub- oder semispezifischen Differenzierungen besitzen (vgl. hierzu auch BECKER 1972 und Kapitel 6, Evolution der Arealsysteme).

3.1.2 Arealdisjunktionen

Art-, Gattungs- oder Familienareale, die in isolierte Teilareale aufgegliedert sind, werden als disjunkte Areale (= diskontinuierliche Verbreitung) bezeichnet. Die disjunkt verbreiteten Populationen fehlen in den die Einzelareale trennenden Zwischen-

Tab. 3.1 Disjunkte Familienareale von Angiospermen (Good 1964)

1.　Familien in Amerika und Eurasien und/oder Australien
1.1　überwiegend nordhemisphärisch
1.1.1　Amerika und Westeurasien
　　　Platanaceae
1.1.2　Amerika und Osteurasien
　　　Calycanthaceae
　　　Hydrangeaceae
　　　Magnoliaceae
　　　Nyssaceae
　　　Penthoraceae
　　　Phrymaceae
　　　Saururaceae
　　　Schisandraceae
1.1.3　Amerika sowie West- und Osteurasien
　　　Datiscaceae
　　　Styracaceae
　　　Hippocastanaceae
　　　Staphyleaceae
1.1.4　Westliches Amerika und Eurasien
　　　Paeniaceae
1.2　Familien mit tropischer Verbreitung
　　　Basellaceae
　　　Bonnetiaceae
　　　Chloranthaceae
　　　Illiaceae
　　　Roxburghiaceae
　　　Sabiaceae
　　　Sauraujaceae
　　　Symplocaceae
　　　Trigonioceae
1.3　Südhemisphärische Arealdisjunktionen
　　　Centrolepidaceae
　　　Corsiaceae
　　　Donatiaceae
　　　Epacridaceae
　　　Eucryphiaceae
　　　Goodeniaceae (inkl. 2 Arten mit tropischer Verbreitung)
　　　Stylidiaceae
　　　Tetrachondraceae
　　　Winteraceae

2.　Familien in Amerika, Afrika und Madagaskar
2.1　In Afrika und Madagaskar
　　　Canellaceae
　　　Hydnoraceae
　　　Strelitziaceae
　　　Turneraceae
　　　Velloziaceae
2.2　In Afrika, aber nicht Madagaskar
　　　Bromeliaceae
　　　Cariaceae
　　　Humiriaceae
　　　Loasaceae
　　　Mayacaceae
　　　Rapateaceae
　　　Vochysiaceae

gebieten aus ökologischen und/oder historischen Gründen. Da eine Trennung ursprünglich in Genaustausch stehender Populationen eine wesentliche Voraussetzung für die geographische Speziation ist, sind disjunkte Arealtypen schon seit jeher z. T. heftig diskutierte biogeographische Forschungsobjekte gewesen. Je nach dem räumlichen Ausmaß der Disjunktion kann man von kontinentalen, regionalen und lokalen Arealdisjunktionen sprechen. Zahlreiche Pflanzen- und Tierfamilien besitzen kontinentale Arealdisjunktionen.

Zahlreiche Farngattungen besitzen auffallende Arealdisjunktionen (vgl. JERMY, CRABBE und THOMAS 1973). Beispiele liefern Arten der Gattung *Thelypteris* (in Europa, Ostasien und dem östl. Nordamerika, *T. palustris*).

Ein besonderer disjunkter Verbreitungstyp ist der bipolare. Taxa mit bipolaren Arealen fehlen in den Tropen und existieren nur in den höheren Breiten der Nord- und Südhemisphäre (BERG 1933).

Bipolare Areale beistzen folgende Angiospermenfamilien:

Cistaceae	Orobanchaceae
Empetraceae	Papaveraceae
Fagaceae	Posidoniaceae
Frankeniaceae	Sparganiaceae
Hippuridaceae	Tecophilaeaceae
Juncaginaceae	Valerianaceae
Lardizabalaceae	Zosteraceae

Viola, Papaver und *Empetrum* gehören bei den Pflanzen neben weiteren 60 Genera diesem Verbreitungstyp an.

Bei der pelagialen und benthalen Fauna des Meeres tritt ein ähnlicher Verbreitungstyp auf, doch hat sich gezeigt, daß einige bipolare Verbreitungsbilder durch Äquatorsubmergenz zustande gekommen sind. Äquatorsubmergenz ist eine vertikale Arealverschiebung kälteliebender Meerestiere im Bereich der Tropen, wo die in den höheren Breiten der Nord- und Südhalbkugel bevorzugten Oberflächenwasser gemieden werden und in tieferen und kühleren Wasserschichten der Äquator unterwandert wird. Der Copepode *Rhincalanus nasutus* bewohnt das atlantische Oberflächenwasser nördlich 40° N und südlich 30° S. Zwischen 10° N und 10° S tritt er nur unterhalb von 1000 m auf. Als gut gesicherte Beispiele für bipolare Disjunktionen können die Artareale von *Priapulus caudatus* (Priapulida), *Sabella pavonina* (Polychaeta), *Retusa truncatula, Puncturella noachina, Limocina helicina, Clione limacina,* (Gastropoda), *Rossia glaucopis, Ommatostrephes sagittatus* (Cephalopoda), *Didemnum albidum, Botryllus schlosseri* (Tunicata), *Lamna cornubica* (Haiart) und *Balaenoptera physalus* (Cetacea) gelten. Bipolar verbreitete Genera sind u. a. die Tintenfische des Genus *Bathypolypus* und die Haarstern-Gattung *Promachocrinus. Sardina* (s. l.) wurde bisher immer als bipolares Gattungsareal behandelt. Es hat sich jedoch gezeigt, daß sowohl *Sardinella aurita* als auch *Sardinella melanura* und *Sardinops* sogar den Äquator überqueren (CULLEY 1971).

Eine sowohl bei Pflanzen als auch bei Tieren häufig beobachtete kontinentale Disjunktion ist die Amphipazifische. Hierbei wird im allgemeinen das Gattungsareal in der westlichen Nearktis oder östlichen Palaearktis (nordhemisphärisch-amphipazifische Disjunktion) bzw. im südwestlichen Südamerika, Neuseeland und/oder Australien (südhemisphärisch-amphipazifische Disjunktion) von einzelnen isolierten Arten gebildet. Nordhemisphärisch-amphipazifische Areale besitzen z. B. die

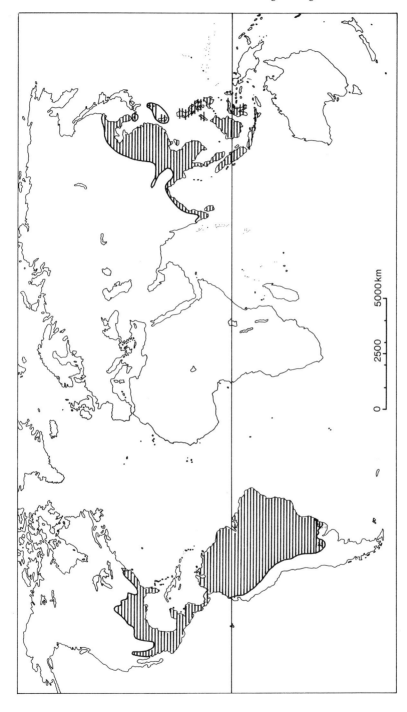

Abb. 38. Disjunkte Verbreitung der Microhylinae (Anura).

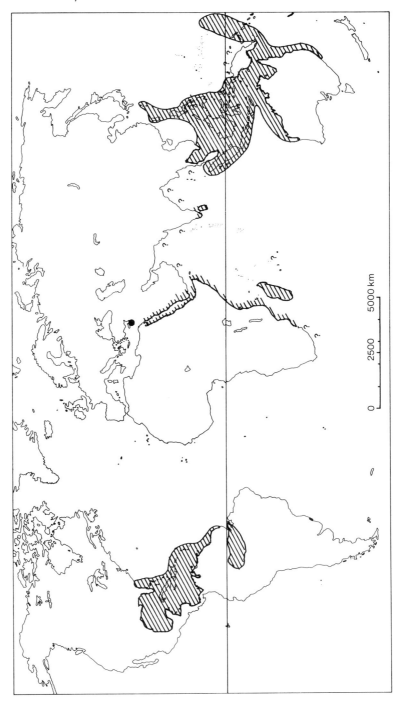

Abb. 39. Verbreitung der pantropisch verbreiteten Sirenidae.

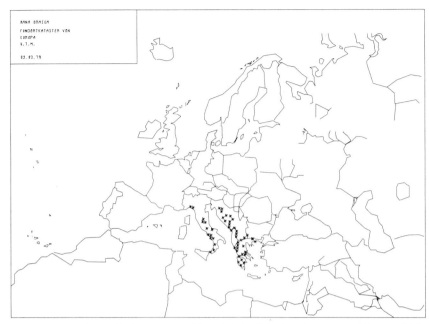

Abb. 40. Disjunkte Verbreitung (transadriatische) des Frosches *Rana graeca*. Die Art fehlt in Nordostitalien und der Poebene.

Cerambyciden-(Coleoptera)Gattungen *Plecrura, Callidiellum, Megasemum* und die Art *Leptura obliterata*. Ein Beispiel für ein südhemisphärisch-amphipazifisches Areal liefert die Südbuchengattung *Nothofagus*.

3.1.3 Arealstruktur und Populations-Differenzierung

Für die populationsgenetisch gesteuerten Strukturelemente eines Arealsystems sind von größter Bedeutung die Populations-, Dem- und Individuenverteilung, die Reviergrößen einzelner Populationseinheiten, die Allel-, Chromosomen- und Genom-Verteilung der dem Areal zugehörenden Arten und die daraus resultierende intraspezifische Arealgliederung.

3.1.3.1 Genetische Differenzierung

Analyse von Arealsystemen ist Beschäftigung mit der genetischen Struktur der Populationen. Jede Veränderung der Allelhäufigkeit bedeutet letztlich Evolution. Streng genommen ist jede biogeographische Arbeit eine Betätigung, die sich mit der geographischen Verbreitung von Erbstrukturen befaßt. Konsequent hat DE LATTIN (1967) deshalb eine Allel-, eine Chromosomen- und eine Genomgeographie unterschieden. Aufgabe der Allel-Geographie ist es, die Verteilung von Allelen eines oder mehrerer Gen-Loci im Verbreitungsgebiet eines Taxons aufzuklären (vgl. z.B. die Verteilung des rezessiven „simplex" Allels von *Microtus arvalis;* vgl. auch JONES 1973).

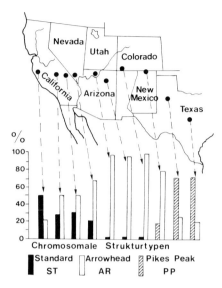

Abb. 41. Chromosomale Strukturtypen von nordamerikanischen Populationen von *Drosophila pseudoobscura* (nach SPERLICH 1973). Eine Kopplung dieser Strukturtypen an die ökologische Valenz könnte zur Folge haben, daß ökologische Arbeiten über Texas-Populationen zu abweichenden Ergebnissen kommen als solche über kalifornische. Die Definition der „ökologischen Valenz" sollte deshalb an eine genetisch definierte Population gebunden werden.

JAIN (1975) zeigte für sechs Grasland-Pflanzenarten, daß zwischen Arealstruktur, Populationsstruktur und Evolution enge Zusammenhänge bestehen.

Tab. 3.2. „Microdifferenzierung" bei Medicago polymorpha-Populationen (nach Allelfrequenzen bei vier morphologischen Kennzeichen (JAIN 1975)

Probe-fläche	Pflan-zen-zahl	Locus Sp a	b	Locus Pl a	b	c	Locus R a	b	c	Locus W a	b
H_1	295	,053 (,207)	,947	,358 (,835)	,053	,589	,126 (,930)	,284	,589	1 (0)	0
H_2	330	,558 (,686)	,442	,069 (,316)	,012	,918	,118 (,613)	,072	,809	,982 (,090)	,018
H_3	328	,791 (,513)	,209	,021 (,102)	0	,979	,073 (,298)	,006	,921	,994 (,037)	,006
H_4	338	,380 (,664)	,620	,018 (,260)	,041	,941	,068 (,073)	,031	,851	,970 (,135)	,030
H_5	351	,487 (,693)	,513	,214 (,700)	,048	,738	,259 (,882)	,111	,634	,359 (,653)	,641
H_6	316	,570 (,683)	,430	,082 (,090)	,003	,905	,038 (,288)	,028	,934	,987 (,069)	,013
S_p^2		,0610		,0018	,00057	,0226	,0062	,0152	,0240	,0658	
F_{ST}		,245		,016	,022	,019	,062	,134	,151	,632	

H_S-Werte (= $p_i \ln p_i$) in Klammern

Sp = rosa Flecken auf Blättchen, Pl = rosa Petalen, R = rote Basalringe am Blättchen, W = weiße Flecken am ersten Blättchen

Die Chromosomen-Geographie verfolgt die Verbreitung von Chromosomen-Mutationen, die Genom-Geographie jene ganzer Chromosomen (Aneuploidie) oder ganzer Chromosomensätze (Polyploidie).

Innerhalb der Polyploidie lassen sich zwei Typen unterscheiden:

Autopolyploidie = Verdopplung oder Vervielfachung des gleichen Chromosomensatzes;

Allopolyploidie = Erhöhung der Chromosomenzahl nach Kombinierung verschiedenartiger Genome in Verbindung mit einer Bastardierung.

Offensichtlich ist das Auftreten polyploider Tiere innerhalb des Areals an parthenogenetische Populationen gebunden.

Otirrhynchus dubius ist in seinem alpinen Teilareal in einer diploiden bisexuellen Population, in seinem nordeuropäischen Teilareal durch eine tetraploidparthenogenetische Population vertreten. Weitere Beispiele sind bekannt von Asseln *(Trichoniscus elisabethae)*, Schmetterlingen *(Solenobia triquetrella)*, Planarien *(Dugesia benazzii, Dendrocoelum infernale)*, Heuschrecken *(Sago pedo)* und dem Salinenkrebs *Artemia salina*.

Polyploidisierungserscheinungen – vornehmlich in Verbindung mit Art- oder Gattungskreuzungen – spielen im Pflanzen- eine wesentlich größere Rolle als im Tierreich. Die phylogenetische Wirksamkeit der Chromosomenmutationen tritt bei einigen Pflanzengattungen (u. a. *Oenothera, Godetia, Rhoeo*) besonders in Erscheinung (EHRENDORFER 1962, GOTTSCHALK 1971, 1976, VIDA 1972).

Innerhalb der gleichen Gattung besiedeln die polyploiden Arten häufiger ein grö-

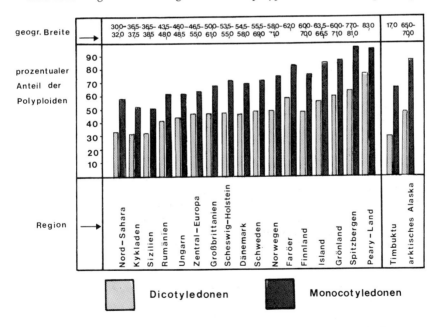

Abb. 42. Verbreitung und prozentualer Anteil von Polyploiden bei unterschiedlicher geographischer Breite (nach GOTTSCHALK 1976).

ßeres Areal als die diploiden. Bei *Capsella bursa pastoris, Fumaria officinalis* und *Erodium cicutarium* sind diploide Sippen nur von lokaler Bedeutung, während tetraploide Pflanzen dieser Arten Kosmopoliten sind (GOTTSCHALK 1976).

Auch zwischen Höhenlage, geographischer Breite und Polyploidie bestehen enge Korrelationen.

Beispiele:

Das Lebermoos *Dumortiella hirsuta* wächst in Japan auf der Insel Yaku unterhalb von 480 Metern nur in 2n oder 4n Individuen, oberhalb von 540 Metern nur in 3n oder 6n.

Die Portulacacee *Claytonia lanceolata* tritt in den höheren Lagen der Rocky Mountains nur als tetraploide Form auf. Von *Poa alpina* kommen in Nordschweden und in den Hochlagen der Alpen die Populationen mit den höchsten Chromosomenzahlen.

Diploide Vertreter der Gattung *Commelina* wachsen in den indischen Tropen. Im Himalaya gedeihen Polyploide.

Der Anteil polyploider Formen steigt häufig mit zunehmender geographischer Breite an. Je nördlicher das Florengebiet, je extremer der Standort, je höher die Lage des Areals, um so höher der Anteil an Polyploiden. Allerdings gibt es auch bemerkenswerte Ausnahmen, die darauf hinweisen, daß allgemein mit zunehmendem Alter der Flora der Polyploiden-Anteil absinkt. Je jünger eine Flora, um so höher der Polyploiden-Anteil.

Häufig stellen polyploide Pflanzen andere Ansprüche an die ökologischen Verhältnisse ihrer Standorte als diploide (GOTTSCHALK 1976). *Acorus calamus* ist in Europa triploid und steril; in Nordamerika treten fertile diploide, in Ostasien tetraploide und hypotetraploide Wildbestände auf. Die ökologische Breite der drei Polyploidiestufen ist sehr unterschiedlich, wobei die Wasserversorgung die Hauptrolle spielt. So waren diploide Pflanzen auf trockenen Standorten in der Nähe Kopenhagens acht Jahre lang nicht in der Lage, Kolben zu bilden; nach Übersiedlung auf einen nassen Standort trat die Kolbenbildung ein.

Bei *Orchis maculatus* haben polyploide eine größere Toleranz gegen Trockenheit, Nässe, Kälte und höheren Salzgehalt des Bodens als die diploiden.

3.1.3.2 Populationsdynamik

Neben der genetischen Populationsstruktur sind die biologischen Fähigkeiten von Populationen für die Dynamik von Arealsystemen verantwortlich (evolutive Prozesse auf Populationslevel). Es gehören dazu das Populationswachstum, die Populationsregulation, Dispersion und Dispersal von Populationselementen (vgl. u. a. BULLOCK 1976, MYERS 1976), die Populationsstruktur (Alter- und Geschlechtszusammensetzung), r- oder K-Strategie des Lebensablaufes, das Populationsverhalten (IMMELMANN 1976, LÜSCHER 1976 u. a.), die jahreszeitliche und tageszeitliche Rhythmik (vgl. u. a. SAUNDERS 1976) und das interspezifische Verhalten zu anderen Populationen (vgl. u. a. EMMEL 1976).

Populationen sind meist nicht gleichmäßig über ihr Areal verbreitet. Ihre Verteilung kann vom Zufall beeinflußt sein. Häufig hängt sie jedoch mit dem Verteilungsmuster von Habitatinseln zusammen. Die Größe dieser Habitatinseln ist an die ökologischen Ansprüche und Fähigkeiten einer Art gebunden. Jeder Organismus wählt innerhalb einer Landschaft zunächst die für ihn optimalen Habitate. Nahrung, Popu-

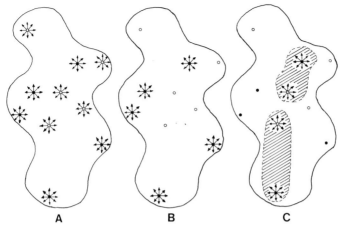

Abb. 43. Theoretisches Arealsystem, das aus Elementen mit unterschiedlichen (zwei) Genotypen und Fähigkeiten aufgebaut wird. Im Fall A gehen wir davon aus, daß aus endogenen Ursachen sowohl schwarz als auch weiß sich expansiv verhalten kann; im Fall B besitzen diese Fähigkeit nur die schwarzen; und im Fall C wird schwarz und weiß nur dann expansiv, wenn entsprechend äußere Auslöser (Habitatbedingungen = schraffiert) vorhanden sind. Bei Arealexpansionen oder -regressionen müssen diese drei Typen unterschieden werden.

lationsdichte, territoriales Verhalten, Geschlechtspartner und Feinddruck u. a. bewirken auch die Besiedlung suboptimaler und pessimaler Habitate. Die Habitatgröße ist artspezifisch. Während für einen Fichtenborkenkäfer eine Fichte bereits als Habitatinsel fungieren kann, benötigt ein Habicht einen wesentlich größeren, aus zahlreichen Habitatinseln anderer Arten mosaikartig zusammengesetzten Raum.

Für Thekamöben kann sie 2 mm³ betragen und relativ einfach strukturiert erscheinen; für Steinadler (*Aquila chrysaetos*) sind 8000 bis 25 000 ha als Lebensraumfläche erforderlich.

Unter Berücksichtigung der artspezifischen Habitatgröße und der jährlichen Reproduktionsrate hat BRÜLL (zuletzt 1977) landschaftsbiologische Ordnungszahlen errechnet. Für *Microtus arvalis* gilt z.B. 1: 5 bis 100 m²: 3 bis 7 × 4 bis 12. Das bedeutet, daß für die Feldmaus 1 Weibchen auf 5 bis 100 m² Lebensraumfläche jährlich 3 bis 7mal 4 bis 12 Nachkommen hervorbringt. Beutegreifer, die auf hohe Nachkommensraten von Kleinsäuger abgestimmt sind, erhielten von BRÜLL (1977) folgende Ordnungszahlen:

Mustela nivalis	1 : 4–6 ha : 5–7
– *erminea*	1 : 8–12 ha : 4–7
Buteo buteo	2 : 80–130–200 ha : 1–3
Martes foina	1 : 100–300 ha : 3–5 (2–7)
– *martes*	1 : 100–800 ha : 3–5 (2–7)
Vulpes vulpes	1 : 500–1500 ha : 3–6 (12)
Accipiter nisus	2 : 700–1200 ha : 3–6
– *gentilis*	2 : 3000–5000 ha : 3–4
Bubo bubo	2 : 6000–8000 ha : 2–3
Aquila chrysaetos	2 : 8000–14 000 ha : 1–2

Durch Veränderungen der biotischen Elemente im Jahresablauf kommt es auch zu jahreszeitlichen Strukturveränderungen der Habitate. Damit verbunden ist die Verfügbarkeit von Nährstoffen für die Pflanze oder das Nahrungsangebot für Tiere. Parasiten haben im Verlauf ihrer Phylogenie sich durch spezifische Evolutionsstrategien an diese Schwankungen angepaßt (u. a. PRICE 1975). Der Wandel biotischer und

Tab. 3.3.a. Nahrung des Habichts im Winter (nach OPDAM et al. 1977)

	n	n%
Perdix perdix	27	1,3
Phasianus colchicus	105	4,8
Gallinula chloropus	16	0,7
Vanellus vanellus	12	0,6
Columba livia	287	13,2
– oenas	58	2,7
– palumbus	1173	54,1
Streptopelia decaocto	18	0,8
Turdus merula	54	2,7
– pilaris	88	4,1
– viscivorus	13	0,6
Sturnus vulgaris	31	1,4
Garrulus glandarius	123	5,7
Pica pica	21	1,0
Oryctolagus cuniculus	37	1,7
Verschiedene	106	4,9
Total	2169	

Tab. 3.3.b. Nahrung des Habichts während der Brutzeit (nach OPDAM et al. 1977)

	n	n%
Perdix perdix	46	2,4
Phasianus colchicus	29	1,5
Columba livia	662	33,8
– palumbus	273	14,0
Streptopelia turtur	50	2,6
– decaocto	11	0,6
Asio otus	16	0,8
Dendrocopus major	38	1,9
Turdus merula	140	7,2
– philomelos	31	1,6
– viscivorus	16	0,8
Sturnus vulgaris	136	7,0
Garrulus glandarius	253	12,9
Pica pica	27	1,4
Oryctolagus cuniculus	91	4,7
Verschiedene	137	7,0
Total	1956	–

Tab. 3.4. Am Horst gerupfte Beutetiere eines Sperbers während der Hochbalz und Brutperiode 1949 (BRÜLL 1977)

Beutetier	Hochbalz 1.–7.5.	Brutperiode 8.–15.5.	16.–22.5.	23.5.–6.6.	7.–19.6.
Passer spec.	2	4	3	2	1
Emberiza citrinella	1	–	–	1	1
Anthus trivialis	1	1	3	–	2
Parus major	1	–	1	–	2
Ficedula hypoleuca	1	1	1	–	–
Phylloscopus spec.	1	–	–	–	–
Saxicola rubetra	–	–	1	–	–
Oenanthe oenanthe	–	–	1	–	–
Fringilla coelebs	–	1	–	1	2
Hirundo rustica	–	–	–	–	2
Sylvia spec.	–	–	–	–	1
Apodemus spec.	–	1	–	–	1
	7	8	10	4	12

Tab. 3.5. Samenproduktion verschiedener Einzelpflanzen pro Jahr (SAGAR und MORTIMER 1976)

Art	Samen pro Pflanze
Alopecurus myosuroides	43
Avena fatua	22
Sinapis arvensis	219
Agrostemma githago	310
Papaver rhoeas	17000
Thlaspi arvense	1900
Senecio vulgaris	1100
Bellis perennis	1300
Taraxacum officinale	2400
Plantago media	9,3 –19,4
– *major*	14000
– *lanceolata*	0,85– 7,43
Senecio jacobaea	63000
Quercus petraea/Quercus robur	50000

abiotischer Parameter ist lebenswichtig, da von ihm u. a. auch z. B. die Samenproduktion einer Pflanze, der Bruterfolg eines Greifvogels und die Vitalität von Säugetierjungen abhängt.

Von entscheidender Bedeutung ist die Aufklärung der populationsgenetischen Merkmale und der für das Überleben einer Population wesentlichen Fitneßmale. Selektionstypen, Fitneß einzelner Genotypen oder die Zugehörigkeit der Populationen zur r- oder K-Strategie des Populationswachstums (u. a. PIANKA 1970, 1974) sind in diesem Zusammenhang bedeutungsvolle Stichwörter. Auch die Populationsdichte kann mit steigender Populationsgröße zum wirksamsten Umweltfaktor werden (Problem der stabilen und instabilen Populationsgrößen; vgl. u. a. MARGALEF 1958,

Tab. 3.6. Samenproduktion/m² verschiedener Pflanzenarten (SAGAR und MORTIMER 1976)

Art	Samen/m²
Alopecurus myosuroides	2494
Avena fatua	1000
Sinapis arvensis	9198
Senecio jacobaea	630×10^3
Plantago media	122 — 242
– lanceolata	143 — 2700
Quercus petraea	11,5 — 48,2
Ranunculus repens	50
Agrostemma githago	6500 —29000

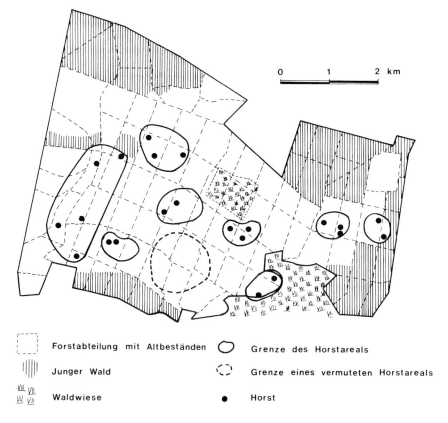

Abb. 44. Verteilung und Reviergrößen von Habichten *(Accipiter gentilis)* in Altholzbeständen eines polnischen Waldes (nach PIESCHOKI 1971).

Abb. 45. Reviergrößen von Feldlerchen *(Alauda arvensis)* in den Küstendünen bei Ravenglass (Cumberland), England; nach Delius 1963).

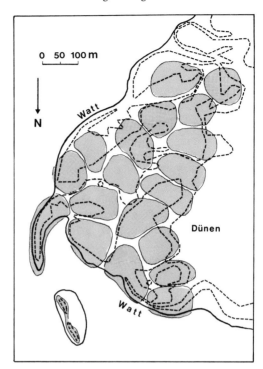

0 50 100 m

N

Watt

Dünen

Watt

——— Küstenlinie

------ Höhenlinien

Reviere

MacArthur 1972, Pielou 1975, Sperlich 1973, Stern und Tigerstedt 1974, Wilson und Bossert 1973).

Die Beschreibung des Populationswachstums wird im allgemeinen durch die Lotka-Volterra-Gleichung vorgenommen. Sie beschreibt gleichbleibende Altersklassenstrukturen, wobei vorausgesetzt wird, daß das Populationswachstum nur durch die Parameter r und K (r = Wachstumsrate; K = maximal erreichbare Populationsgröße) bestimmt wird. In Ökosystemen mit häufigen Sukzessionen sind r-Strategen, in solchen, die um einen Stabilitätspunkt eingependelt sind, K-Strategen selektiv begünstigt. Häufigkeit und Seltenheit einer Art werden damit zu Anpassungsstrategien an ihren Lebensraum, und ihre vorschnelle Verwendung als „Gefährdungskriterium" (vgl. Diskussion über die „Roten Listen") kann unsinnig sein (u. a. Preston 1962).

Auch die Zusammenhänge zwischen polymorphen Populationen und bestimmten Raumqualitäten können nur mit Hilfe populationsgenetischer Kriterien erfaßt werden. Polymorphismus als „Vielgestaltigkeit" der Individuen einer Spezies kann sich sowohl in der Struktur als auch in der Funktion ausprägen (Schmidt 1974).

Die Bedeutung des Zusammenspiels zwischen populationsgenetischen und ökologischen Faktoren wurde in den letzten Jahren sowohl durch autökologische Untersuchungen (u. a. Neumann 1974, Thiele 1974) als auch durch Ökosystemanalysen (u. a. Ellenberg 1973, Grimm et al. 1975) bestätigt. Urbane Ökosysteme sind dabei allerdings vernachlässigt worden, obwohl gerade ihre Analyse zeigen kann, welche physiologischen Grenzen und adaptiven Fähigkeiten lebende Systeme besitzen (Gill

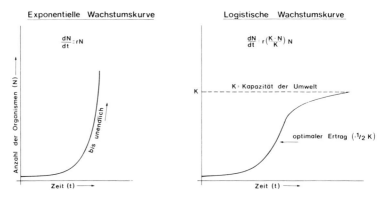

Abb. 46. r- und K-Strategen sind durch unterschiedliche Vermehrungsfähigkeiten ausgezeichnet. r-Strategen besitzen exponentielles, K-Strategen logistisches Wachstum. Bestimmte Arten sind jedoch, in Abhängigkeit von den Außenfaktoren, sowohl zur r- als auch zur K-Strategie befähigt.

Art	Brutverhalten	Fortpflanzungstyp	Larvaltyp	Obligatorische Dormanz bei	
				Imagines	Larven
Abax ater	Brutfürsorge	Art mit instabilen Überwinterungs-verhältnissen	Sommer- und Winterlarven	nein	nein (vorübergehende Kälte senkt die Mortalität)
Abax parallelus	Brutpflege	Frühlingstier	Sommerlarven	unbekannt	nein
Abax ovalis	Brutpflege	Art mit 2-jähriger Generationsdauer	Winterlarven	♂♂: nein ♀♀: Photoperio-dische Para-pause	ja: Thermische Parapause
				mit Aufhebung durch:	
				Photoperioden-wechsel Kurztag-Langtag	Temperatur wechsel

Abb. 47. Vergleich der drei Laufkäferarten des Genus *Abax* in der Bundesrepublik Deutschland (nach Lampe 1975). Trotz morphologischer Ähnlichkeit unterscheiden sich die Arten physiologisch und ökologisch sehr deutlich.

und Bonnett 1973, Li 1969, Müller 1974, 1975, 1977, 1978, Schmid 1975, Stearns 1967, 1971, Sudia 1972, Sukopp et al. 1974, Swink 1974).

3.1.3.3 Spezies-, Semispezies- und Subspezies-Areale

Zwischen Arealstruktur und Art- bzw. Subspeziesbildung bestehen grundsätzliche Zusammenhänge. Spezies sind Gruppen von Populationen, die sich aus untereinander fruchtbaren Individuen zusammensetzen und größtmögliche potentielle Fortpflanzungsgemeinschaften darstellen, die gegenüber anderen Fortpflanzungsgemeinschaften reproduktiv isoliert sind und deshalb mit diesen sympatrisch (= im gleichen Gebiet) verbreitet sein können, ohne ihre Identität zu verlieren.

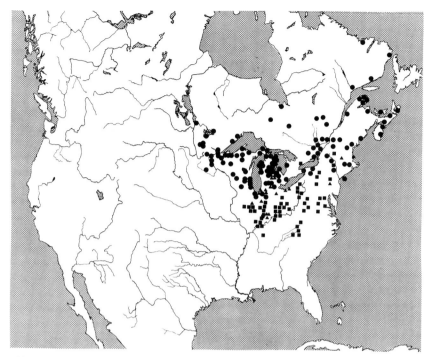

Abb. 48. Verbreitung der nordamerikanischen Salamander *Ambystoma laterale* (Punkté) und *Ambystoma jeffersonianum* (Quadrate). Im Kontaktbereich der beiden Populationen treten triploide (Dreiecke) Hybriden auf.

Diese biologische Artdefinition betont die reproduktive Isolation als wesentlichstes Kriterium bei weitgehender Vernachlässigung morphologischer Charakteristika. In der Praxis muß man morphologische, chromosomenstrukturelle, hybridologische, cytologische, genetische, mutationsgenetische, vielleicht auch serologische und andere biochemische Kriterien berücksichtigen, „die in ihrer Gesamtheit sicherlich eher geeignet sind, die Art als biologisches System abzugrenzen, als dies durch die dogmatische Anwendung von Einzel-Kriterien möglich ist" (GOTTSCHALK 1971). Im Gegensatz zu monotypischen Spezies besitzen polytypische ein Areal, das sich aus mindestens zwei allopatrischen Subspeziesarealen zusammensetzt. Subspezies (= geographische Rassen) sind geographisch auf ein bestimmtes Gebiet beschränkte Populationen einer polytypischen Art, die sich von weiteren allopatrisch (= sich gegenseitig ausschließenden) verbreiteten Populationen der gleichen Spezies in 70% eines kennzeichnenden Merkmals unterscheiden. Da Subspezies im Gegensatz zu Spezies im allgemeinen untereinander fertil kreuzbar sind, kommt es im Kontakt von Subspeziesarealen häufig zu Bastardierungszonen.

Manche nah verwandten Populationen sind jedoch durch Gebirge, Meere oder andere ökologische Schranken scharf voneinander getrennt (ökogeographische Separation). In diesen Fällen ist aus chorologischer Sicht eine Gleichbehandlung von Subspezies- und Speziesareal sinnvoll.

Allopatrisch verbreitet sind auch Semispezies, die einem Superspezies-Komplex angehören. Superspezies sind monophyletisch entstandene Gruppen von im wesentlichen allopatrisch verbreiteten Arten (Semispezies), die morphologisch zu verschieden sind und deren Fertilität zueinander häufig so stark eingeschränkt ist, daß sie nicht als eine einzige Spezies aufgefaßt werden können (KEAST 1961, MAYR 1967).

Finden wir auf dem Ostufer eines Flusses eine Subspezies A und auf seinem Westufer eine Subspezies B, so kann mit hoher Wahrscheinlichkeit angenommen werden, daß der Fluß an dieser Stelle die Arealgrenze der Subspezies A und B darstellt. Bei Arten, die nebeneinander im gleichen Gebiet vorkommen können, ist die Sicherheit dieser Aussage wesentlich schwieriger zu erbringen.

Platanus occidentalis (Osten der USA) und *P. orientalis* (Mediterraneis) kreuzen sich und bilden den vitalen Bastard *P. acerifolia*. Beide Populationen kommen unter natürlichen Bedingungen nicht zusammen. Ähnlich liegen die Verhältnisse bei *Catalpa ovata* (China) und *C. bignonioides* (Osten der USA), deren Bastard fertil ist. Auch eine zeitliche (z. B. jahreszeitliche) Isolation kann zum gleichen Ergebnis führen. So blüht *Lactuca graminifolia* im Frühjahr, *L. canadensis* im Sommer. Kommt es wegen atypischer Klimaverhältnisse zu einer zeitlichen Überlappung der Blühperioden, so entstehen Hybrid-Schwärme.

Manche Tierarten, die morphologisch, ethologisch oder ökologisch ähnlich sind (sich gegenseitig ersetzen), können ebenfalls allopatrische Verbreitungsbilder besitzen. So kommt zum Beispiel der Nager *Peromyscus boylii* von Honduras bis in die

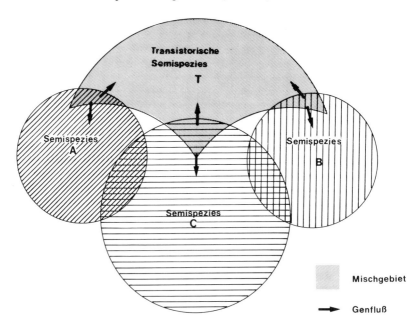

Abb. 49. Schematische Darstellung eines Superspezieskomplexes mit den Semispezies A, B, C und T. Die Semispezies A und C bzw. B und C bilden keine Hybridbelts in ihren Überlappungsräumen. Die Semispezies T kann jedoch im Kontaktbereich mit A, C und B Hybridbelts bilden (= Transistorische Semispezies; nach SPERLICH 1973).

nordamerikanischen Staaten Utah und Oregon in 15 verschiedenen Rassen vor und allopatrische Verbreitungstypen ließen keinen Zweifel an der subspezifischen Gliederung der in den USA und Mexiko lebenden Populationen aufkommen. Untersuchungen von SCHMIDLY (1973) und cytologische Befunde sprechen jedoch dafür, daß die als Rasse von *boylii* angesprochene *attwateri*-„Subspezies" eine eigene Art darstellt. Hybridpopulationen zwischen *attwateri* und der benachbarten *Peromyscus boylii rowleyi* wurden nicht im Freiland gefunden. Subspeziation kann das Ergebnis unterschiedlicher ökologischer Raumbedingungen in verschiedenen Erdgegenden, von räumlicher Isolation (vgl. Ausbreitungszentren) oder häufig auch von beiden Faktoren sein. Bei lang anhaltender Isolationsphase kann die Subspeziation zur Speziation führen, weshalb Subspezies als Spezies in statu nascendi aufgefaßt werden können. Es muß darauf hingewiesen werden, daß es für die tiergeographische Interpretation eines Areals notwendig ist, den Differenzierungsmodus der dem Areal zugehörenden Population zu kennen.

Einen besonders interessanten Typ einer subspezifisch differenzierten Population stellen Substratrassen dar. Hierbei handelt es sich häufig um kryptisch gefärbte, subspezifisch differenzierte Populationen einer polytypischen Art, die z.B. an einen bestimmten Bodentyp gebunden sind. Die Anreicherung eines bestimmten Phänotypus an einer Erdstelle wird dabei als Ergebnis selektiver Vorgänge aufgefaßt (MAYR 1967). Die Ausbildung einer lokalen Färbung kongruent zu einem bestimmten Untergrund ist eine bei den unterschiedlichsten Tier- und Pflanzengruppen festzustellende Erscheinung (z.B. Felsenpflanzen des Genus *Lithops*, der Wüstenrenner *Eremias undata gaerdesi*, die Viperide *Cerastes cerastes*, die Elefantenspitzmaus *Elephantulus intufi namibensis*, der Nager *Gerbillus gerbillus leucanthus*). LEWIS (1949) beschrieb bei Eidechsen von Neu Mexiko Substratrassen. BENSON (1933), BLAIR (1943), HOFFMEISTER (1956) und BAKER (1960) haben sich mit den auffallenden Lavarassen einzelner Arten, NIETHAMMER (1959) und VAURIE (1951) mit den Substratrassen von Vogelarten beschäftigt. LORKOVIC (1974) zeigte, daß die hellgraue *lorkovici*-Rasse der Satyride *Hypparchia statilinus* in Jugoslawien eine Anpassungsform an die hellen Karstböden darstellt. „*Hypparchia statilinus* wäre somit durch seine Färbung der Flügelunterseite ein guter Bodenindikator."

Besonders bemerkenswert sind in diesem Zusammenhang räumlich gebundene Parallelentwicklungen zwischen Parasiten und deren Wirten (vgl. u.a. Verbreitung und Differenzierung der Myrsidae-Parasiten auf den Rassen der Krähe *Corvus macrorhynchos;* Süd-Asien) sowie die Verbreitung von Mimikry-Komplexen (z.B. neotropische Heliconiden und ihre Nachahmer; *Papilio dardanus; Micrurus*).

Bestimmte Pflanzenviren verdanken ihr jeweiliges Areal Nematoden, die als Überträger fungieren (LAMBERTI, TAYLOR und SEINHORST 1974). Auch bei brutparasitischen Vogelarten sind solche Paralleldifferenzierungen gut untersucht (vgl. u.a. NICOLAI 1977). Die im männlichen Geschlecht langschwänzigen Paradieswitwen der Gattung *Steganura* sind Brutschmarotzer bei Prachtfinken der Gattung *Pytilia*, die in 5 Arten (*melba, afra, phoenicoptera, hypogrammica* und *lineata*) die Savannengebiete Afrikas besiedeln. *P. hypogrammica, phoenicoptera* und *lineata* bilden einen Superspezieskomplex. *P. melba* läßt sich in 14 Subspezies untergliedern, die sich in zwei Gruppen (eine grauzügelige, bei denen die rote Gesichtsmaske der Männchen durch einen grauen Streifen unterbrochen wird, und eine rotzügelige mit einheitlich rotem Kopf) trennen lassen, die sich auch aufgrund ihres unterschiedlichen Gesangs in ihren Kontaktzonen wie Arten verhalten.

Tab. 3.7 *Pytilia*-Arten und ihre brutschmarotzenden Paradieswitwen.

Wirtsvogel	Brutschmarotzer
Pytilia afra	*Steganura obtusa*
– *hypogrammica*	– *togoensis*
– *phoenicoptera*	– *interjecta*
– *melba*	– *orientalis*
(rotzügelige Rassengruppe)	
– *melba*	– *paradisaea*
(grauzügelige Rassengruppe)	
– *lineata*	?

Verbreitungstypen der *Pytilia*- und *Steganura*-Arten und ihre Differenzierung sind durch Parallelevolution zu erklären.

An den Arealgrenzen treten häufig Randrassen auf. Für eurosibirisch verbreitete Schmetterlinge finden sich in der Westpalaearktis regelrechte periphere Randrassenzentren. Das gilt auch für Kleinsäuger und für Reptilien. Die intraspezifische Variabilität und der Differenzierungsmodus der als „Subspezies" beschriebenen Mauereidechsenpopulationen Mitteleuropas sind trotz zahlreicher Untersuchungen vor allem an den Arealgrenzen keineswegs befriedigend aufgeklärt. Ob die subspezifische Dif-

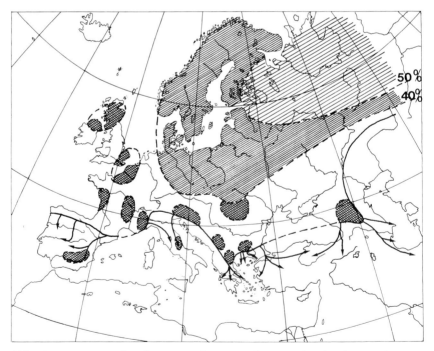

Abb. 50. Prozentsätze sibirischer Faunenelemente in der westpalaearktischen Lepidopterenfauna (schraffiert), Wanderwege (Pfeile) und Randrassenbildungszentren (kreuzschraffiert; nach Varga, aus Müller 1977).

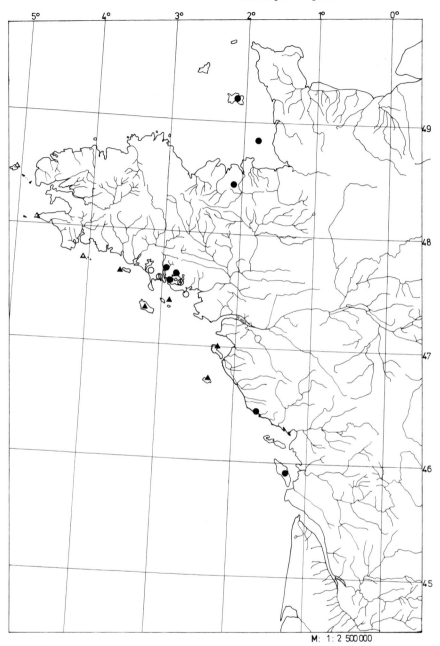

Abb. 51. Populationsgruppen (Randrassen) der adriatomediterranen Mauereidechse *(Lacerta muralis)* an der französischen Atlantikküste.
Es bedeuten: △ = Populationsgruppe A, ▲ = Populationsgruppe B, ○ = Populationsgruppe C₁, ● = Populationsgruppe C₂.

ferenzierung primär das Ergebnis refugialer Isolation oder standortabhängiger Selektionsbedingungen ist, bzw. inwieweit beide Faktoren daran beteiligt sind, ist weitgehend offen. Diese populationsgenetischen Fragen lassen sich auch bei bretonischen Eidechsenpopulationen nur durch gezielte Kreuzungsexperimente klären. Für den nordwestfranzösischen Raum sind solche Untersuchungen besonders interessant, da hier im Arealgrenzbereich unterschiedliche ökologische und die Isolation von Populationen begünstigende Randbedingungen vorliegen und sowohl bei Vertebraten- als auch Invertebratenpopulationen die Neigung zur Ausbildung von Randrassen deutlich hervortritt (RICHARDS 1935, ZIMMERMANN 1950, KLEMMER 1964, HEIM DE BALSAC und DE BAUFORT 1966). Erklärungsversuche zum Zustandekommen dieser Randrassen reichen von einer direkten Abhängigkeit vom rezenten Klima bis zur „Postdispersal Isolation" (vgl. MÜLLER 1977).

Untersuchungen verdeutlichen, daß an der nordwestlichen Arealgrenze von *Lacerta muralis* Populationen auftreten, die in ihrem Merkmalsinventar voneinander abweichen. Sie lassen sich zu drei „Ähnlichkeitsgruppen" zusammenfassen. Nach der Terra typica der aus Nordwestfrankreich beschriebenen *muralis*-Populationen (*L.m. oyensis* Blanchard 1891 = Insel Yeu; *L.m. calbia* Blanchard 1891 = Pointe du Raz) und einem Vergleich des Typenmaterials von BLANCHARD aus dem Musée National d'Histoire Naturelle in Paris ist folgende systematische Zuordnung möglich:

Gruppe A = *L.m. calbia* Blanchard 1891,
Gruppe B = *L.m. oyensis* Blanchard 1891,
Gruppe C = *L.m. muralis* (Laurenti) 1768.

Ob man einer solchen Zuordnung (vgl. MERTENS und WERMUTH 1960) zustimmt oder die phänotypischen Abstände für zu gering erachtet, um *calbia* und *oyensis* zu trennen (vgl. KLEMMER 1964), hängt letztlich mit der Frage zusammen, welchen Level an morphologischen Kriterien wir innerhalb einer Art ansetzen, um eine Subspezies zu definieren (MAYR, LINSLEY und USINGER 1953). Da Verwandtschaftskriterien nur in Relation zur Zeit und nicht zur phänotypischen Ähnlichkeit abgeleitet werden können, scheint die Beurteilung dieser Frage primär von taxonomischem Interesse zu sein. Es sollte jedoch erkannt werden, daß eine in refugialer Isolation entstandene „Subspezies" populationsgenetisch etwas völlig anderes sein kann als eine unter Umständen durch extreme Elimination der Allele ausgezeichnete periphere „Randrasse" (MÜLLER 1973, Seite 232).

ZIMMERMANN (1950) vertrat die Auffassung, daß die rezente Verteilung der verschiedenen Körpergrößenstufen von Kleinsäuger-Randrassen „in keiner direkten Beziehung zum rezenten Klima steht" sondern im wesentlichen durch konkurrierende Arten bedingt wird (vgl. hierzu auch GRANT 1970).

Untersucht man jedoch die denkmöglichen Entstehungsursachen von Randrassen (vgl. REINIG 1970, WILSON und BOSSERT 1973), so wird deutlich, daß eine Erklärungsmöglichkeit allein dem Gesamtproblem nicht gerecht wird.

Die Verbreitung der *muralis*-Gruppe A und B verläuft koinzident zu Differenzierungszentren von Randrassen anderer Vertebraten- und Invertebratengruppen. Das gilt z.B. für Randpopulationen von *Apodemus sylvaticus*, *Clethrionomys glareolus* und *Microtus arvalis*. Gezielte ökologische Untersuchungen der Randpopulationen und über die ihre Verbreitung beeinflussenden biotischen Faktoren (Konkurrenz, Suppression u. a.) fehlen bisher. Unter den für die Arealgrenzen wichtigen abiotischen Faktoren fallen jedoch einige Besonderheiten auf, die zumindest koinzident zur Ver-

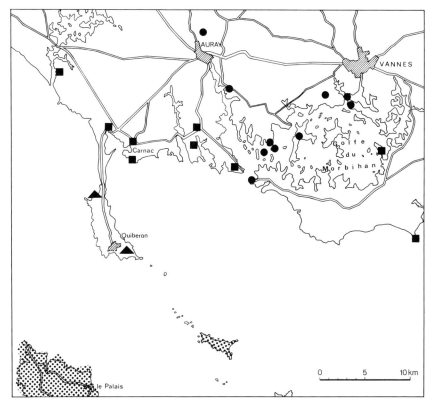

Abb. 52. Verbreitung einzelner Populationsgruppen (Randrassen) der Mauereidechse *(Lacerta muralis)* im Golf von Morbihan (Bretagne, Frankreich). Näheres im Text.
Es bedeuten: ▲ = Populationsgruppe A, ■ = Populationsgruppe C₁, ● = Populationsgruppe C₂, punktiert = Populationsgruppe B.

breitung der Differenzierungstypen auftreten. Die mittlere Jahrestemperatur liegt in der Bretagne zwischen 10 und 12 °C, wobei die 11 °C Jahresisotherme parallel zur Küstenlinie verläuft und damit die klimatisch begünstigten Riabuchten (vgl. Schülke 1968) von dem kühleren Zentralteil trennt. Der äußerste Süd- und Nordwestrand sowie der größte Teil der Küstenregion weisen ein Januarmittel von über 6 °C auf. Eine ähnliche Differenzierung liegt bei den Niederschlägen vor. Im Juli ist die Süd- und Westseite der Bretagne trockener als der Norden, während im Januar auf der Westseite die höchsten Niederschläge zu verzeichnen sind. Korreliert zu den Klimaverhältnissen verläuft die Verbreitung einzelner Vegetationsgebiete.

Ohne einen zusätzlichen Zeitfaktor ist die Differenzierung dieser Riabuchten- und Insel-Populationen allerdings nicht befriedigend zu erklären. Daß wir hierfür keine praeglazialen Zeiträume ansetzen müssen, ergibt sich daraus, daß *muralis*-Populationen selbst im küstennahen Bereich aus ökologischen Gründen das Würmglazial nicht überdauern konnten (Lamb 1971) und subspezifische Differenzierung bei entsprechender Elimination und unterschiedlichen Selektionsbedingungen rasch ablaufen kann. Die isolierten Inselpopulationen erreichten ihre gegenwärtigen Areale im Postglazial. Dafür sprechen nicht nur eustatische Meeresspiegelschwankungen und isostatische Landbewegungen sondern auch paläontologische und archäologische Befunde. Auch Verschleppung durch den Menschen ist zumindest seit dem Mesolithikum nicht auszuschließen (CORBET 1961). Die Ausbildung der bretonischen Differenzierungstypen läßt sich durch postglaziale Einwanderung mit „post-dispersal isolation" befriedigend erklären. Die theoretischen Überlegungen zu dieser Annahme gehen auf M. WAGNERS (1868) Migrationsgesetz zurück. WAGNER nahm an, daß sich bei Einwanderung von Organismen in neue Lebensräume Differenzierungen einstellen. Ohne dabei den genetischen Mechanismus zu kennen, kam er durchaus zu folgerichtigen Aussagen.

Migration von Populationen in ökologisch heterogene Gebiete begünstigt bei Arealregressionen zwangsläufig die Ausbildung von Isolaten, deren divergente Entwicklungsgeschwindigkeit zur Ausgangspopulation im wesentlichen durch Elimination und Selektion bestimmt wird.

3.1.4 Coevolution von Pflanzen und Tieren

Ebenso wie die Evolution zahlreicher Parasiten nur als Evolution ihrer Wirte verstanden werden kann (vgl. u. a. FRANKE 1976) und das Vorkommen von Symbionten sich wechselseitig erfordert, Butterpilze an Birken und Speitäublinge an Buchen gebunden sind, läßt sich die Phylogenie zahlreicher Pflanzen und Tiere nur als Coevolution verstehen.

Abb. 53. Junge *Boa constrictor*, als Beispiel für das formauflösende Farbmuster von Tierarten als Anpassung an ihren Lebensraum (Uaupes 1965).

Zahllos sind die Anpassungen blütenbesuchender Insekten, Vögel oder Fledermäuse. Viele neotropische Amaryllidaceen-Gattungen sind gekennzeichnet durch eine vielfach wiederkehrende Divergenz in sphingophile und ornithophile Arten. *Hippeastrum calyptratum* aus den montanen Wäldern der Serra do Mar ist chiropterophil, ählich wie manche Arten der Gattungen *Burmeistera, Centropogon* und *Siphocampylus* (vgl. VOGEL 1969). Auch unter den Bromeliaceen treten chiropterophile Arten auf (u.a. *Vriesea bituminosa, Vriesea morrenii*).

Andere Pflanzen „mußten verhindern", daß sie gefressen werden (vgl. u.a. MORROW et al. 1976; vgl. Lebensformen). Wieder andere entwickelten artspezifische Reaktionsmechanismen auf bestimmte Feinde. So tritt bei Rüben als Folge des Befalls des Rübenzystenälchen *(Heterodera schachtii)* eine übermäßige Bewurzelung, der sog. Rübenbart auf, die aber doch nur ungenügende Ernährung ermöglicht. Die Pflanzen vergilben. Außer der Zuckerrübe werden Runkelrübe, rote Rübe etc. befallen. Für die Bekämpfung ist die Existenz von Feindarten von Wichtigkeit. Durch die Wurzeln werden die in den Zysten ruhenden Larven zwar aktiviert, sie können sich an ihnen aber nicht entwickeln. „Feindpflanzen" sind u.a. Luzerne und Roggen.

Tab. 3.8   Futterpflanzen des Riesenkolibris *Patagonia gigas* in Südamerika (nach verschiedenen Autoren; aus ORTIZ-CRESPO 1974)

Land	Station	Pflanze	Autor
Ecuador	San Antonio (Pichincha)	*Agava americana*	Ruschi 1961
	Near Quito (Pichincha)	*Agava americana*	Oberholser 1902
	Interandean Region	*Agava americana*	Jameson & Fraser 1859
	Riobamba (Chimborazo)	*Agava americana*	Sclater 1858
Peru	Chota (Cajamarca)	*Passiflora sp.*	Taczanowski 1884
	Malca (Cajamarca)	*Agava americana*	Baron 1897
	Succha (La Libertad)	Amaryllidaceae	Baron 1897
	San Marcos (La Libertad)	*Agava americana*	Baron 1897
	Huánuco (Huánuco)	*Agava americana*	Zimmer 1930
	Paucartambo (Pasco)	*Eucalyptus* sp.	Dorst 1956
	Canta (Lima)	*Passiflora trifoliata*	Dorst 1956
	Canta (Lima)	Cactaceae	Dorst 1956
	Pisco Valley (Ica)	Cactaceae	O. P. Pearson,
	Pampas River Valley	Cactaceae	Morrison 1948
	Checayani (Puno)	*Puya* sp.	Dorst 1956
	Arequipa (Arequipa)	*Mutisia* sp.	O. P. Pearson,
	Arequipa (Arequipa)	*Cantua* sp.	O. P. Pearson,
Arg.	Moreno (Jujuy)	Cactaceae	Lönnberg 1903
	Ojo de Agua (Jujuy)	Cactaceae	Lönnberg 1903
	Lara (Tucumán)	*Chuquiraga chrysantha*	Baer 1904
	Andalgala (Catamarca)	*Nicotiana glauca*	White 1882
	La Rioja (La Rioja)	*Nicotiana glauca*	Giacomelli 1923
	Sanagasta (La Rioja)	*Nicotiana glauca*	Giacomelli 1923
	Uspallata (Mendoza)	*Tropaeolum polyphylum*	Spegazzini 1920
	Punta de Vacas (Mendoza)	*Tropaeolum polyphylum*	Spegazzini 1920
	La Plata (Buenos Aires)	*Secondatia floribunda*	Spegazzini 1920

Chile	Valparaiso (Valparaiso)	*Puya chilensis*	Fraser 1843
		Lobelia polyphyla	Fraser 1843
		Lobelia polyphyla	R. K. Colwell,
	Santiago (Santiago)	*Melianthus major*	Landbeck 1876
	Apoquindo (Santiago)	*Eucalyptus* sp.	Chapman 1919
	Küste von Curicó	Oenotheraceae	Barros 1952
	Zentralprovinzen	*Puya chilensis*	Landbeck 1876
		Puya berteroniana	Landbeck 1876
		Puya chilensis	Johow 1910
		Puya venusta	Johow 1910
		Puya berteroniana	Johow 1910
		Phrygilanthus tetrandus	Johow 1910
		Lobelia salicifolia	Johow 1910
	Südl. Zentralprovinzen	*Lobelia salicifolia*	Barros 1952
		Phrygilanthus tetrandus	Barros 1952
		Tropaeolum bicolor	Barros 1952
		Ecremocarpus scaber	Barros 1952
		Fuchsia macrostemma	Barros 1952
		Sophora macrocarpa	Barros 1952
		Eucalyptus sp.	Barros 1952
		Abutilon sp.	Barros 1952
		Lapageria rosea	Ram·rez 1940
	Coronel (Concepción)	Gen. sp.	Pässler 1922
		Gen. sp.	Pässler 1922

3.1.5 Dynamik von Arealsystemen

3.1.5.1 Grundprobleme

In einem Arealsystem sind alle Elemente in ständigem Umbau begriffen. Veränderungen der populationsgenetischen Struktur führen zu Arealveränderungen, die sich z.B. in Arealexpansionen oder -regressionen äußern können. Die von SUKOPP (1972, 1976) vorgeschlagene Terminologie zur zeitlichen und räumlichen Kennzeichnung von Arealexpansionen oder -regressionen bei Pflanzen wurden von uns trotz gruppenspezifischer Besonderheiten auch auf Tiere übertragen (MÜLLER 1976). Folgende Terminologie zur Kennzeichnung von Arealveränderungen hat sich dabei bewährt:
1.   **Einwanderungszeit**
1.1 Proanthrop (= bevor der Mensch begann, wesentliche Eingriffe im Landschaftsgefüge vorzunehmen)
1.2 Vor 1500 eingewandert (u.a. Archaeophyten)
1.3 Nach 1500 eingewandert (u.a. Neophyten)
2.   **Herkunftsland** (= Zuordnung der Organismen zu einem bestimmten Ausbreitungszentrum)
3.   **Einwanderungsrichtung**
   Zwischen Herkunftsland und Einwanderungsrichtung bestehen naturgemäß enge Zusammenhänge. Insbesondere gilt das für zahlreiche sibirische, atlanto- und pontomediterrane Faunen- und Florenelemente. Die Einwanderungsrichtung muß jedoch nicht in allen Fällen auf das Herkunftsland hinweisen. Das gilt insbesondere für polyzentrische und monotypische Faunenelemente (mit im allgemeinen weiter Verbrei-

tung) und eingeschleppte bzw. eingeführte Organismen (vgl. u.a. die Areale in der Bundesrepublik Deutschland von *Cordylophora caspia, Craspedacusta sowerbyi, Dugesia tigrina, Branchiura sowerbyi, Atyaephyra desmaresti, Orconectes limosus, Pacifastacus leniusculus, Eriocheir sinensis, Orchestia cavimana, Gammarus berilloni, Asselus meridianus, Viviparus viviparus, Lithoglyphus naticoides, Potamopyrgus jenkinsi, Physa acuta, Unio mancus bourgeticus, Dreissena polymorpha, Ceresa bubalus, Ondatra zibethica, Procyon lotor*).

4.   **Einwanderungsgeschwindigkeit**
5.   **Einwanderungsweise**
5.1   ohne Einfluß des Menschen
5.2   unter Einfluß des Menschen
5.2.1 eingeschleppte Arten
5.2.2 eingeführte Arten
5.2.3 eingedrungene Arten

Beispiele für unterschiedliche Einwanderungsgeschwindigkeit (für viele Vertebraten und Invertebraten ausführlich belegt; vgl. u.a. NOWAK 1975) und Einwanderungsweise wurden besonders bei Säugetieren, Vögeln, Fischen und zahlreichen „Schädlingen" untersucht. Im allgemeinen lassen sich die Arealveränderungen eingeschleppter, auffallender Arten von wenigen Spezialisten in ihren Grundzügen verfolgen. Das gilt in vielen Fällen auch für die sogenannten „seltenen Arten" und Spezies mit Rest- oder Vorpostenarealen in der Bundesrepublik Deutschland (vgl. u.a. die Areale von *Andrena ratisbonensis, Colias myrmidone, Natrix tessellata, Elaphe longissima, Vipera aspis, Lacerta viridis*).

6.   **Grad der Integration**
6.1   auf naturnahe Ökosysteme beschränkt (incl. Agriophyten bzw. -zoen)
6.2   in vom Menschen geschaffenen oder mitbedingten Ökosystemen vorkommend
6.2.1 Epökophyten bzw. -zoen
6.2.2 Ephemerophyten bzw. -zoen
6.2.3 Nutzarten
7.   **Regressionszeit**
8.   **Regressionsrichtung**
9.   **Regressionsgeschwindigkeit**
10.   **Regressionsweise**
10.1 ohne Einfluß des Menschen
10.2 unter Einfluß des Menschen
10.2.1 direkte Einflüsse
10.2.2 indirekte Einflüsse
11.   **Grad der Regression**
11.1 Extinktion der Art
11.2 Extinktion der Populationen in einem Land
11.3 Extinktion von Populationen in Teilräumen eines Landes, z.B. der Bundesrepublik Deutschland
11.4 Extinktion oder Veränderung der Allelmannigfaltigkeit einer Population, z.B. in der Bundesrepublik Deutschland
11.5 Restareal

Die Ausbreitung läßt sich als Vorgang durch das Ausbreitungstempo (= über Bestimmung der Größe eines neubesiedelten Gebietes in km² z.B in einem Jahr) und

Jahr:	1900	1934	1958	1965	1970	1973	
a) Niedersachsen	etwa 4500	1925	998	794	523	rd. 350	HPa
% von 1900	100	43	22	18	12	8 %	HPa
% von 1934		100	52	41	27	19 %	HPa
% von 1958			100	80	52	35 %	HPa
% von 1965				100	66	44 %	HPa
% von 1970					100	67 %	HPa
b) BR Deutschland		4407	2499	1918			HPa
% von 1934		100	57	44		%	HPa
% von 1958			100	77		%	HPa
c) BRD ohne Niedersachsen		2482	1501	1124			HPa
% von 1934		100	60	45		%	HPa
% von 1958			10	75		%	HPa

Abb. 54. Populationsrückgänge des Weißstorches *(Ciconia ciconia)* in der Bundesrepublik Deutschland und Niedersachsen (aus MÜLLER 1976).

die Populationsexpansivität (= über Bestimmung der durchschnittlichen Größe des neubesiedelten Gebietes je Jahr bezogen auf 100 km Vorkommensgrenze des sich ausweitenden Areals; Ausbreitungsfront) beschreiben (vgl. NOWAK 1975).

Der theoretische Fall wird jedoch im allgemeinen durch zahlreiche endo- und exogene Faktoren modifiziert (vgl. MÜLLER 1976, 1977).

Rezente Arealexpansionen sind von einer großen Zahl von Pflanzen und Tierarten bekannt (u. a. Girlitz, Hausrotschwanz, Türkentaube, Blutspecht, Grüner Laubsänger, Marderhund, Messingeule, Kammspinner, Schachbrett in Europa; zahlreiche Campo-Arten in Südamerika; vgl. MÜLLER 1970, 1978) und besitzen unterschiedliche Ursachen. Populationsstruktur, Dispersion (= Verteilung der Individuen im

Tab. 3.9. Verlauf eines theoretischen Falles einer Ausbreitung ausgehend von einem Ausbreitungszentrum (der Arealrand verschiebt sich jährlich um je 10 km; NOWAK 1975)

Jahre	Neubesiedeltes Areal in km² pro Jahr	Ausbreitungsfront in km tatsächl. Länge	korrigierte Länge	Arealzuwachs in km² je 100 km im Jahr	
				a) der tatsächliche	b) der erhöhte
1	2	3	4	5	6
Ausgangspunkt	78,5	31,4	62,8	–	–
1. Jahr	628,0	94,2	125,6	1000	2000
2. Jahr	1256,0	157,0	188,4	1000	1333
3. Jahr	1884,0	219,8	251,2	1000	1200
4. Jahr	2512,0	282,6	314,0	1000	1143
5. Jahr	3140,0	345,4	376,8	1000	1111
6. Jahr	3768,0	408,2	439,6	1000	1091
7. Jahr	4396,0	471,0	502,4	1000	1077
8. Jahr	5024,0	533,8	565,2	1000	1067
9. Jahr	5652,0	596,6	628,0	1000	1059
10. Jahr	6280,0	659,4		1000	1053
Jahresdurchschnitt	3454,0	–		1000	–

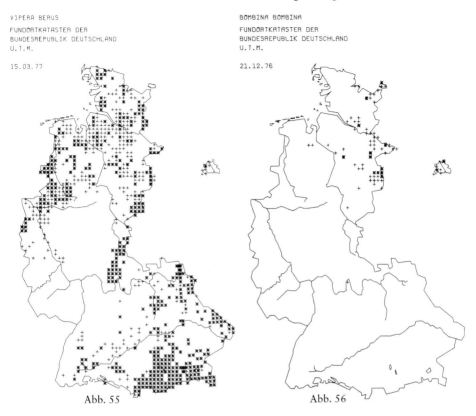

Abb. 55   Abb. 56

Abb. 55. Ehemalige (Kreuze) und rezente (Sterne) Verbreitung der eurosibirisch verbreiteten
Kreuzotter *(Vipera berus)* in des Bundesrepublik Deutschland. Die Art fehlte immer in Rheinland-Pfalz und dem Saarland. Die älteren Angaben aus der Eifel, die heute nicht mehr überprüft
werden können, sind zweifelhaft.
Abb. 56. Verbreitung der Rotbauchunke *(Bombina bombina)* in der Bundesrepublik Deutschland.

Raum), Dispersal (= Art der Ortsbewegungen, die zur Dispersion führen) und Ökologie sind von vorrangiger Bedeutung.

Die Ausbreitungsfähigkeit kann einwandfrei studiert werden über die Zeit, welche
vergeht, ehe neu geschaffene Gebiete besiedelt werden. Da im allgemeinen Dispersal
aber auch ein wichtiger Mortalitätsfaktor ist, kann man erwarten, daß die Verbrei-
tungsmittel einer Art und die Dispersionsfrequenz von Individuen so sein werden, daß
die Dispersionsmortalität minimalisiert wird unter Beibehaltung einer genügend großen Wahrscheinlichkeit von Populationsgründungen, um die Frequenz, womit Populationen aussterben, kompensieren zu können (DEN BOER 1973).

Arten, deren Areal vom Menschen positiv beeinflußt wurde, werden als **Hemerochoren** bezeichnet (vgl. SUKOPP 1972, 1976). Sie können nach der Einwanderungszeit, nach der Weise, in welcher der Mensch bei der Einwanderung mitwirkte und/
oder nach dem Grad ihrer Integration in vorhandene Ökosysteme weiter differenziert

werden. Von den in Deutschland vorkommenden 2338 Pflanzenarten gelten 16%, von den 1908 auf den Britischen Inseln vorkommenden ebenfalls 16% und von den 1227 in Finnland vorkommenden Arten 18% als hemerochor (vgl. Urbane Ökosysteme).

Tab. 3.10. Einige floristische Kenngrößen der Zonen 1 bis 4 in Berlin (KUNIK 1974 und SUKOPP 1976)

	geschlossene Bebauung	aufgelockerte Bebauung	innere Randzone	äußere Randzone
Zone	1	2	3	4
Vegetationsbedeckte Fläche (%)	32	55	75	94
Artenzahl Farn- und Blütenpflanzen/km²	380	424	415	357
Anteil Hemerochoren (%)	49,8	46,9	43,4	28,5
Anteil Archäophyten (%)	15,2	14,1	14,5	10,2
Anteil Neophyten (%)	23,7	23,0	21,5	15,6

Dort, wo über längere Zeiträume hinweg die Veränderung von Populationen verfolgt wurde, läßt sich zeigen, daß unter dem Einfluß des Menschen ein erheblicher genetischer Umbau der Pflanzen- und Tierartenspektren erfolgt. So wurde u. a. von KOCH und SOLLMANN (1977) eine bereits 1941 analysierte Waldfläche in Meerbusch bei Düsseldorf erneut untersucht. Dabei zeigte sich, daß von den 878 Käferarten, die 1941 gemeldet waren, nur noch 53% bestätigt werden konnten. 349 Arten wurden jedoch nachgewiesen, die 1941 aus dem Raum noch nicht belegt waren. Die Artenzahl hat sich damit, im Gegensatz zur Artenzusammensetzung, nur unwesentlich ge-

Einwanderungszeit

1. Proanthrop
2. Archäophyten
3. Neophyten

Regressionszeit

Einwanderungstyp

1. Herkunftsland
2. Einwanderungsrichtung
3. Einwanderungsweise
   4.1 ohne Einfluß des Menschen
   4.2 unter Einfluß des Menschen
   4.2.1 eingeschleppte Arten
   4.2.2 eingeführte Arten
   4.2.3 eingedrungene Arten

Regressionstyp

1. Regressionsrichtung
2. Regressionsgeschwindigkeit
3. Regressionsweise
   3.1 ohne Einfluß des Menschen
   3.2 unter Einfluß des Menschen
   3.2.1 direkte Einflüsse
   3.2.2 indirekte Einflüsse

Grad der Integration

1. auf naturnahe „Ökosysteme" beschränkt (incl. Agriophyten bzw. -zoen)
2. in vom Menschen geschaffenen oder mitbedingten Ökosystemen vorkommend
   2.1 Epökophyten bzw. -zoen
   2.2 Ephemerophyten bzw. -zoen
   2.3 Kulturarten

Grad der Regression

1. Extinktion der Art
2. Extinktion der Population der BRD
3. Extinktion von Populationen in Teilräumen der BRD
4. Extinktion oder Veränderung des Allelbestandes in der BRD
5. Restareal (kritische Arealgröße?)

Abb. 57. Chorologische Kriterien (Terminologie-Schema) zum Erstellen einer Populationsprognose (nach MÜLLER 1976).

ändert. Die weitgehende Umstrukturierung des Artenbestandes führen KOCH und SOLLMANN auf holzwirtschaftliche Maßnahmen (Nadelholzarten nahmen zu), erhebliche Absenkung des Grundwasserspiegels (Rückgang hygrophiler Arten), Verarmung der Waldrandflora und zunehmende Ablagerung von Gartenabfällen und anderen Faulstoffen im Wald (Zunahme der Detritusfresser) zurück.

3.1.5.2 Tierwanderungen

Tierwanderungen sind Standortwechsel von Tierpopulationen, die sowohl ökologische als auch genetische Ursachen besitzen. Ökologisch ist dieser jahreszeitliche Ökosystem- oder Regionenwechsel nicht nur für die wandernde Art, sondern ebenso für das jeweils als Standort dienende Ökosystem von großer Bedeutung. So steuert vermutlich unterschiedlicher Feinddruck auf die Jungvögel dominanter Tropenarten, im Zusammenspiel mit dem wechselnden Nahrungsangebot, die Speziesdiversität tropischer Waldvögel stärker, als das im außertropischen Bereich der Fall ist. Wanderungen zwischen den Tropen und Außertropen können deshalb auch in einigen Fällen als Ausweichen vor dem Feinddruck während der Brutzeit gedeutet werden.

Das im Verlauf der Wanderungen von einzelnen Arten eingesetzte Orientierungs- und Navigationsvermögen zählt zu den erstaunlichsten Leistungen lebender Organismen (vgl. GALLER, SCHMIDT-KOENIG, JAKOBS und BELLEVILLE 1972). Wanderungsvorgänge können sowohl durch exogene als auch durch endogene Faktoren ausgelöst werden.

Regelmäßige, senkrechte Wanderungen (Vertikalwanderungen) führen Plankton-Lebewesen aus, die häufig um Mitternacht zur Meeresoberfläche aufsteigen, um in den Morgenstunden wieder zur Tiefe abzusinken. Der pazifische Palolowurm *(Eunice viridis)* führt Wanderungen durch, die mit den Mondphasen (Lunarperiodizität) gekoppelt sind. Der 70 cm lange floridanische Palolo *(Eunice furcata)* erscheint regelmäßig 3 Tage vor dem letzten Mondviertel zwischen dem 29. Juni und 28. Juli. Ähnliche jahreszeitlich bedingte vertikale Wanderungen sind auch von Gebirgstieren (z. B. den Weißwedelhirschen in Nordamerika; den Gemsen und Hirschen in den Alpen; andinen Kolibris) bekannt.

KÜHNELT (1960) berichtet über aktive Vertikalwanderungen von alpinen Ameisen, deren Geschlechtstiere alljährlich versuchen, in Lagen oberhalb der Zwergstrauchstufe Kolonien zu gründen, aber nur selten in besonders warmen Jahren damit Erfolg haben. Der in den Alpen vorkommende Laufkäfer *Carabus fabricii* soll zur Überwinterung Baumstrünke in tieferen Lagen aufsuchen, und die hochalpinen *Chrysochla*-Arten sollen im Tal die kalte Jahreszeit überdauern.

Ausgedehnte Wanderungen führen Savannen- (Gnus und Zebras), Steppen- (Bison) und Tundratiere (Ren) durch. Gefürchtet waren in Südafrika die Wanderzüge der „Treckbocken" (Springböcke).

Zahlreiche marine Organismen führen weite Wanderungen durch. Das gilt auch für den nachtaktiven karibischen Hummer *Panulirus argus*, der, lange Ketten bildend, im Flachmeer wandert (EMMEL 1976). Zu den Wanderfischen gehören u. a. Hering, Thunfisch, Schellfisch und Dorsch. Aale sind katadrome Fische (EKMAN 1932), d. h., sie leben zunächst in den Binnengewässern und suchen zur Laichzeit das Meer (z. B. Sargassomeer) auf. Lachse sind dagegen anadrome Fische, die zum Laichen aus dem Meer in die Binnengewässer aufsteigen. Durch den Geruchssinn findet dabei jeder europäische Lachs den Fluß, in dem er aus dem Ei schlüpfte.

Zahlreiche weitere Fischarten gelten als anadrome Wanderfische. Unter den Neunaugen gehören das Seeneunauge *Petromyzon marinus*, das Kaspische Neunauge *Caspiomyzon wagneri* und das Flußneunauge *Lampetra fluviatilis* ebenso dazu wie die verwandte australische Gattung *Lovettia*. Dagegen ist das kleine Bachneunauge *Lampetra planeri* eine stationäre Form. Unter den Stören gehören *Huso huso*, der den berühmten Beluga-Kaviar liefert, *Acipenser gueldenstaedti*, der in der Donau bis Bratislava aufsteigt, die aus dem adriatischen Meer wandernden *Acipenser naccari*, *A. nudiventris* und *A. stellatus* ebenso hinzu wie der echte Stör, *A. sturio* (im Elbgebiet wurden 1890 noch 2800, 1918 nur noch 34 Exemplare gefangen). Auch bei den Cyprinidae (u. a. *Rutilus frisii, Barbus capito*), Clupeidae *(Alosa alosa, A. fallax, A. pontica, Clupeonella delicatula)*, Salmonidae *(Salmo salar, S. trutta labrax, S. trutta caspis, Salvelinus alpinus)*, Coregonidae *(Coregonus oxyrhynchus, Stenodus leucichthys)* und Osmeridae *(Osmerus eperlanus)* treten anadrome Arten auf. Bei brasilianischen Mugiliden (bras. „Tainha") beobachtete bereits HANS STADEN 1548 das anadrome Wanderverhalten und beschrieb die Auswirkungen auf die Mobilität von Indianerstämmen.

Oft treten innerhalb eine Art lokale Population auf, die sowohl stationär als auch anadrom sein können.

Mit den Wanderungen kann ein markanter Wechsel des Lebensraumes erfolgen. Robben, Pinguine und Seeschildkröten kommen zur Fortpflanzung an die Strände, während Landkrabben (*Gecarcinus, Birgus latro* u. a.) ins Meer wandern. Vom Land zu den Süßgewässern führen die Wanderungen der Amphibien. Dabei wurde strenge Standorttreue an die Laichtümpel, vor allem bei Kröten (u. a. *Bufo bufo*), festgestellt. Nordamerikanische Molche der Gattung *Taricha* finden Jahr für Jahr den Bachabschnitt, in dem sie geboren wurden.

Bereits im Altertum schenkte man den Wanderungen der Vögel große Beachtung. Von MOREAU (1972) wurde eine ausgezeichnete Zusammenstellung der palaearktisch-aethiopischen Zugvögel gegeben. Sicherlich gibt es Vogelwanderungen seit dem frühen Tertiär. Die Wanderwege der rezenten Zugvögel sind jedoch vermutlich außerordentlich jung. „All such adaptions must be the product of evolution in something like the last 10 000 years, a conclusion shattering to much current evolutionary theory."

Sowohl beim skandinavischen Berglemming *(Lemmus lemmus)* als auch beim Waldlemming *(Myopus schisticolor)* findet ein ausgeprägter saisonaler Biotopwechsel statt, der eng zusammenhängt mit dem jahreszeitlichen Wandel ihrer wichtigsten Futterpflanzen (Moose, Gramineen). Vom Berglemming sind die berühmten Fernwanderungen bekannt (KALELA 1963; vgl. Tundrenbiom).

Tab. 3.11. Palaearktisch-aethiopische Zugvögel (MOREAU 1972)
Zahl der nach Afrika ziehenden Arten (Kleinpopulationen in Klammern)

	West-Palaearkt.	Zentr. Palaearkt.	Ost-Palaearkt.
Grasmücken	26 + (2)	1 20 + (1)	2
andere Passeriformes	36 + (5)	32 + (5)	6 + (1)
Greifvögel	19 + (5)	5	3
Wasservögel	35 + (28)	12 + (1)	1
Andere Nonpasseriformes	21	13	2

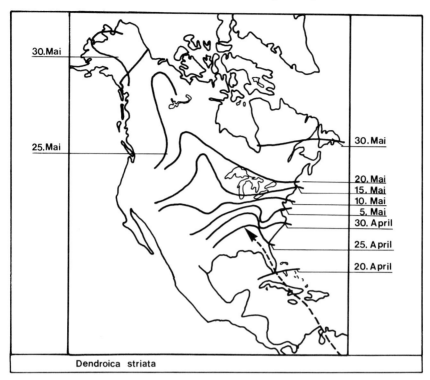

Abb. 58. Ankunftsdaten (phänologischer Frühlingsbeginn) von *Dendroica striata* in Nordamerika.

Der Monarch-Falter *(Danaus plexippus)*, der sich im Frühjahr im nördlichen Nordamerika fortpflanzt, zieht im Herbst in riesigen Scharen in sein Überwinterungsgebiet am mexikanischen Golf. Bäume, die den Tieren zum Ausruhen dienen, werden mit großer Regelmäßigkeit Jahr für Jahr zum Rasten aufgesucht und stehen in verschiedenen Staaten unter Naturschutz. Im nächsten Frühjahr kehren die Tiere zur Fortpflanzung nach den USA und Kanada zurück. Ähnliche Wanderungen sind auch von nordamerikanischen Fledermäusen bekannt (JARMAN 1972).

Meist auf mehrere Generationen verteilt sind die Wanderungen europäischer Schmetterlinge (WARNECKE 1950, KOCH 1964, EITSCHBERGER und STEINIGER 1973). Hierzu gehören u.a. der Distelfalter *(Vanessa cardui)*, der Admiral *(Vanessa atalanta)*, die Gamma-Eule *(Autographa gamma)*, der Heufalter *(Colias hyale)*, der Totenkopf *(Acherontia atropos)* und der Windenschwärmer *(Herse convolvuli)*. Unregelmäßige Wanderungen, die sehr verschiedene Ursachen haben können, werden auch von Libellen (u.a. *Sympetrum fonscolombei, Hemianax ephippiger, Aeschna affinis*) und Tausendfüßlern (u.a. *Schizophyllum sabulosum*) durchgeführt.

Der Sandschnurfüßler *Schizophyllum sabulosum* kommt in Europa bis Finnland (62°15′) vor. Frühjahrs- und Herbstwanderungen dieser Tiere erfolgen unter Veränderung der Feuchtigkeitspräferenz und dienen dem Aufsuchen von Eiablage-, Übersommerungs- und Überwinterungsgebieten. In großen Mengen trat *Schizophyllum sabulosum* z.B. 1973 im Saarland in den Gemeinden Ensdorf, Bous, Saarlouis-Roden, Fraulautern, Hülzweiler und Griesborn auf. Massenentwicklungen der Art sind jedoch auch aus anderen Gebieten bekannt.

In unterschiedlichen Zeitabständen kommt es zu Massenwanderungen der Steppenhühner *(Syrrhaptes paradoxus)*, Tannenhäher *(Nucifraga caryocatactes macrorhynchus)* und Kreuzschnäbel *(Loxia)* mit Expansionen nach Mitteleuropa. In Invasionsjahren ziehen riesige Schwärme von *Nucifraga caryocatactes macrorhynchos* aus Sibirien in westlicher Richtung. Die Ursache dieser Wanderungen liegt in erster Linie im Vorhandensein besonders günstiger Samenproduktionen der Nadelhölzer in den Invasionsgebieten und wird von der Populationsdichte mitbestimmt. Invasionsjahre des Sibirischen Tannenhähers nach Europa waren: 1753, 1754, 1760, 1793, 1802, 1804, 1814, 1821, 1827, 1836, 1844, 1849, 1856, 1868, 1878, 1883, 1885, 1888, 1893, 1895, 1899, 1900, 1907, 1911, 1913, 1917, 1933, 1941, 1947, 1954, 1961, 1968 (HOLTMEIER 1974).

Unregelmäßige Niederschlagsverhältnisse führen zu Massenentwicklungen und Invasionen der Wanderheuschrecken in den Savannen und Steppen (vgl. Savannen-Biom).

3.1.5.3 Verdriftung

Allgemeines Kennzeichen der Wanderungen ist, daß das eigentliche Fortpflanzungsgebiet nur in seltenen Fällen wesentlich erweitert wird.

Völlig anders verhält es sich bei Arealveränderungen, die auf „passive" Verbreitungsmechanismen zurückgehen. Zahlreiche Pflanzen und Tiere erweitern ihr Areal auf diese Weise.

Zwei Verbreitungstypen lassen sich bei Pflanzen unterscheiden (vgl. u. a. RIDLEY 1930). Die Autochorie (= Bildung von Ablegern, Ausstreuen von Samen, Fallverbreitung durch Eigengewicht; barochor) und die Allochorie (= Samen und Früchte werden passiv durch andere Mittel verbreitet).

Bei Steppenpflanzen können ganze Büsche losgerissen und als sogenannte „Steppenhexen" vom Wind fortgeweht werden (u. a. *Crambe, Eryngium, Falcaria, Seseli, Phlomis, Centaurea*). Gleiches gilt von den kugeligen Thallusstücken der Mannaflechte *(Lecanora esculenta)*, die über dem Boden rollend vom Winde verdriftet werden. Auch *Lecanora atra* und *L. calcarea* können durch den Wind verbreitet werden (BAILEY 1976). Collembolen verschleppen häufig die Soredien von *Pertusaria amara*. Manche litorale Flechtenarten leben epiphytisch auf Tieren und werden durch diese verschleppt. So kommen z.B. *Arthropyrenia halodotytes, Verrucaria maura, V. microspora, V. mucosa* und *V. striatula* häufig auf *Littorina* und *Patella* vor. Selbst Riesenschildkröten der Galapagos transportieren oftmals Flechten der Art *Dirinaria picta*. Zahlreiche staubförmig kleine Samen und Sporen (Moose; Farne; Basidiosporen der Hutpilze; Konidien und Ascosporen der Ascomyceten; Samen der Orchideen und des Tabaks) oder Samen mit besonderen Schwebeeinrichtungen werden durch die Luft verbreitet. Andere sind an das Wasser als Transportmittel angepaßt. Ihre Schwimmfähigkeit wird durch luftzuführende Zellen (u. a. Froschlöffel, Pfeilkraut), durch große Interzellularen (Sumpfdotterblume u. a.) oder durch besondere Schwimmblasen erreicht (Seerose, Seggen u. a.). Bereits DARWIN zeigte, daß die Samen oder Früchte von verschiedenen Pflanzenarten lange Zeit sowohl im Süß- als auch im Salzwasser schwimmen können, ohne ihre Keimfähigkeit zu verlieren. RODE (1913) kam zu ähnlichen Ergebnissen.

Besonders interessant sind solche Pflanzensamen, die an eine Verbreitung durch Tiere angepaßt sind. Entsprechende Beobachtungen wurden bereits von THEO-PHRAST, PLINIUS und DARWIN gemacht (RIDLEY 1930, KOVACEVIC 1947, SCHLICH-TING 1960, GLEASON und CRONQUIST 1964, MALONE 1966, BALGOOYEN und MOE 1973).

Selbst Greifvögel können über ihre Nahrungstiere (z. B. Rodentia) zu Transporteuren von Samen werden, die ihre Beute zuvor gefressen hatte. BALGOOYEN und MOE (1973) wiesen das für das Gras *Calamagrostis canadensis* nach, dessen Samen – aufgenommen von Nagern – vom Sperlingsfalken *(Falco sparverius)* bis zu 400 km weit getragen werden kann.

Hierzu gehören u. a. die Klettenfrüchte, die sich mit Widerhaken oder Krallen im Haarkleid der Tiere verfangen (u. a. Ackerhahnenfuß, Klette, Nelkenwurz). Eine besondere Form dieser epizoochoren Arten sind die in den Steppen und Wüsten auftretenden Trampelkletten, die an den Läufen der Säugetiere hängen bleiben und verschleppt werden. Andere Samen und Früchte haften durch klebrigen Schleim an Tieren und werden so verbreitet (RIDLEY 1930; PIJL 1957). Synzoochore Verbreitung wird durch Tiere erreicht, die Früchte verschleppen, um sie ungestört zu fressen, oder um sich Nahrungsvorräte anzulegen (u. a. Hamster, Eichhörnchen, Mäuse, Eichelhäher, Tannenhäher, Spechte, vgl. u. a. HOLTMEIER 1966). Die Myrmekochoren (Schöllkraut, Veilchen u. a.) tragen an ihren Samen stets helle ölreiche Anhängsel (Elaiosomen), die von den Ameisen, die als Verbreiter auftreten, gerne verzehrt werden. Endozoochor verbreitbare Früchte fallen meist durch ihre Lockfarbe oder saftiges Fruchtfleisch auf, während eine harte Schale den Keimling vor der Verdauung schützt (Beeren, Steinfrüchte, Mistel u. a.).

Die passive Verbreitung der Tiere erfolgt in erster Linie durch den Wind, strömendes Wasser, Verschleppung durch andere Tiere (Phoresie; Zoochorie) oder durch den Menschen.

Regelmäßig werden z. B. Bücherskorpione der Gattung *Chelifer* durch Fliegen verbreiten. ZIELKE (1969) berichtet über eine Fliege, die in der Hamburger City gefangen wurde, und vier Bücherskorpione der Art *Lamprochernes nodosus* als Passagiere aufwies. Von dieser Art ist seit längerem bekannt, daß sich vor allem begattete Weibchen durch Fliegen verbreiten lassen (bis 9 Ex. an einer Fliege; vgl. BEIER 1948). Sumpf- und/oder Wasservögel (z. B. Enten) verschleppen häufig den Laich oder Entwicklungsstadien von Wasserorganismen. Im allgemeinen sind es nur kleine und leichte Pflanzen und Tiere, die für den Transport durch die Luft geeignet sind (Luftplankton). Für die passive Ausbreitung der Insekten sind vor allem die Luftströmungen von Bedeutung, die in der Regel um so mehr Insekten mit sich führen, je größer ihre Geschwindigkeit ist. Dieses durch den Wind verdriftete „Aeroplankton" reicht bis in 4000 m Höhe. Mit Hilfe von Flugzeug-Netzfängen läßt sich die vertikale Verbreitung des Aeroplanktons aufklären. Ausbreitungsrichtungen (sowohl passive als auch aktive) wurden durch Untersuchungen auf im Meer gelegenen Ölbohrinseln und Feuerschiffen geklärt. In den auf Feuerschiffen der Nord- und Ostsee aufgestellten Fangschalen fanden sich bis zu 95% Dipteren, die überwiegend aus küstennahen Biotopen stammten. Die Flugintensität verläuft korreliert zu den verschiedenen Windrichtungen und -geschwindigkeiten (HEYDEMANN 1967). Schwebfliegen (Syrphidae; u. a. *Syrphus ribesii, S. balteatus, Tubifera trivittata*) wurden auf dem offenen Ozean gefangen (u. a. WEIDNER 1958). Die Aphide *Cinara abieticola* taucht bei entsprechenden Wetterlagen fast regelmäßig in Spitzbergen auf, das vom nächsten Vor-

Tab. 3.12   Individuenzahl verschiedener Insektengruppen, die über dem offenen Pazifik gefangen wurden (GRESSIT und YOSHIMOTO 1963)

Araneida		35				
Acarina		4				
Collembola		5				
Ephemeroptera		1				
Blattaria		2				
Orthoptera:	Acridiidae	6				
Isoptera		6				
Psocoptera		18				
Thysanoptera		33				
Homoptera:	Cercopidae	1	Cicadellidae	10	Derbidae	62
	Fulgoroidea	16	Aphididae	75	Coccidae	2
		8				
Heteroptera:	Pentatomidae	7	Coreidae	1	Corizidae	1
	Gerridae	20*	Veliidae	1	Lygaeidae	11
	Miridae	14	andere	7		
Neuroptera:	Hemerobiidae	7	Chrysopidae	1	Berothidae	2
Lepidoptera:	Blastobasidae	2	Gelechiidae	6	andere	4
	Phycitinae	1	Pyralidae	2	Nymphalidae	1
	Noctuidae	5	andere	4		
Diptera:	Tipulidae	9	Psychodidae	5	Culicidae	1
	Chironomidae	13	Ceratopogonidae	100	Simuliidae	1
	Mycetophilidae	5	Sciaridae	24	Cecidomyidae	1
	Scatopsidae	1	Empididae	1	Dolichopedidae	14
	Phoridae	14	Calliphoridae	1	Tachinidae	1
	Muscidae	1	Anthomyiidae	1	Piophilidae	7
	Lauxaniidae	2	Coelopidae	4	Drosophilidae	30
	Ephydridae	26	Sphaeroceridae	15	Leptoceridae	1
	Chloropidae	8	Agromyzidae	4	Milichiidae	81
	Acalyptrates	3	andere	43		
Coleoptera:	Carabidae	1	Haliplidae	1	Hydrophilidae	9
	Scaphidiidae	1	Staphylinidae	10	Seydmaenidae	1
	Cucujidae	3	Buprestidae	2	Dermestidae	1
	Colydiidae	1	Cybocephalidae	3	Mycetophagidae	2
	Anobiidae	1	Coccinellidae	13	Ptiliidae	1
	Tenebrionidae	1	Cerambycidae	1	Chrysomelidae	3
	Bruchidae	1	Scolytidae	3	Anthribidae	8
	Scarabaeidae	1	andere	7		
Hymenoptera:	Braconidae	5	Ichneumonidae	7	Chaleidoidea	31
	Eurytomidae	2	Perilampidae	4	Encyrtidae	2
	Pteromalidae	3	Elasmidae	1	Eulophidae	20
	Trichogrammatidae	3	Agaontifae	3	Eupelmidae	1
	Mymaridae	6	Proctotrupidae	8	Seelionidae	19
	Platygasteridae	3	Cynipidae	2	Chrysididae	1
	Formicoidea	52	Apidae	1	andere	7
						1054

* Marine Arten

kommen auf der Halbinsel Kola über 1000 km entfernt ist. Die Fallwinde über Land drücken das Aeroplankton schließlich herab und verursachen in vielen Gegenden fast täglich und stündlich ein anhaltendes Bombardement des Bodens durch Kleininsekten. Für zahlreiche Insekten sind aus anderen Meeren Fernverdriftungen bekannt (VISHER 1925, BOWDEN und JOHNSON 1976). *Nilaparvata lugens* und *Sogatella furcifera* (leaf hoppers) werden mit dem Wind von China nach Japan, die Aphide *Macrosiphum miscanthi* von Australien nach Neuseeland verfrachtet. Tausende Schmetterlinge der Art *Plutella xylostella* (= *P. maculipennis*) wurden im nördlichen Atlantik (500 km südl. Island) beobachtet. Die nordamerikanische Noctuide *Phytometra biloba* und der „Monarch" *Danaus plexippus* wurden mehrfach in England nachgewiesen. Die Bedeutung dieser Fernverdriftungen für die Besiedlung ozeanischer Inseln ist in vielen Fällen gut belegt (u. a. Hawaii).

Aber auch größere, im allgemeinen flugfähige Arten, können vom Wind weit über ihr eigentliches Areal hinaus verdriftet werden. Von den auf Helgoland bisher nachgewiesenen 361 Vogelarten (409 Unterarten; nach VAUK 1972) sind nur 18 als regelmäßige Brutvögel verzeichnet.

Passive Verschleppung, bei der Wind und Wasser beteiligt sind, wird anemohydrochor genannt. Der Anemohydrochorie hat PALMEN (1944) eingehende Studien gewidmet. Er untersuchte die an der Südküste Finnlands häufig auftretenden ausgedehnten Insektenspülsäume (Dichte der angespülten Insekten etwa 4000 Individuen/m²) und konnte zeigen, daß sie durch Insekten der Südfinnland gegenüberliegenden baltischen Küste (100 km) gebildet werden, die teilweise einen mehrtägigen Aufenthalt im Salzwasser schadlos überstanden hatten.

Die Regelmäßigkeit der anemohydrochoren Verbreitung in dieser Gegend ist der Grund für die sogenannte „Baltische Einwanderungsrichtung" vieler Insekten Finnlands. Bei der hydrochoren Verbreitung werden meist nur im Wasser lebende Tiere verfrachtet. Schwimmende Materialien können bei terrestrischen Arten als Transportmittel dienen (Floßtheorie). In vielen Fällen liegen jedoch über die passive Verdriftbarkeit von terrestrischen Vertebraten über das Wasser hinweg, von Gelegenheitsbeobachtungen abgesehen, kaum experimentelle Untersuchungen vor. Untersuchungsreihen an Eidechsen, die wir im Labor und im Freiland (Mittelmeer) durchführten, bestätigen, daß erhebliche Unterschiede in der „Schwimmfähigkeit" und der Orientierungsfähigkeit im Meer zwischen einzelnen Arten bestehen. Bei Wassertemperaturen von 21 °C können sowohl *Lacerta muralis* (Mauereidechse) als auch *L. viridis* (Smaragdeidechse) sich über 60 Minuten im Wasser schwimmend aufhalten, ohne Schaden zu nehmen. Bei den auf den Kanarischen Inseln vorkommenden großen *Lacerta galoti* mußten jedoch die Schwimmversuche (um die Tiere vor dem Ertrinken zu bewahren) nach 15 Minuten abgebrochen werden. Auch die große, bis 70 cm lang werdende südamerikanische Landschildkröte, *Testudo carbonaria*, ist durchaus in der Lage, sich mindestens 24 Stunden schwimmend im Wasser zu halten. Diese Tatsache ist besonders erwähnenswert, da die Art in die nächste Verwandtschaft der Galapagos-Riesenschildkröten gehört.

An diesen wenigen Beispielen läßt sich als allgemeine Forderung ableiten, daß vor jeder historischen Interpretation von Arealen die Verbreitungsmechanismen der Arten geklärt sein müssen.

3.1.5.4 Verschleppung und Einführung durch den Menschen

Unter Verschleppung verstehen wir die unbeabsichtigte Verbreitung von Organismen durch den Menschen, unter Einführung die bewußte. Oftmals sind beide Vorgänge überlagert.

Tab. 3.13 Eingeführte Pflanzenarten nach Mitteleuropa (nach SUKOPP 1979)

Bäume und Sträucher	2650
krautige Zierpflanzen incl. Zwiebelgewächse	2000
Nutzpflanzen	100
Acker- und Gartenunkräuter	150
Grassamenankömmlinge	52
Vogelfutterbegleiter	230
Getreidebegleiter	mehrere hundert
Südfruchtbegleiter	800
Wolladventivpflanzen	1600
andere Transportbegleiter	?

Von der Palaearktis in die Nearktis wurden u. a. folgende Pflanzenarten (excl. Dicotyledonen) eingeschleppt:

Acorus calamus	*– mollis*	*Lolium multiflorum*
Anthoxanthum odoratum	*– secalinus*	*– temulentum*
Agropyron repens	*– tectorum*	*Panicum mileaceum*
Agrostis canina	*Cynodon dactylon*	*Phleum pratense*
– stolonifera	*Dactylis glomerata*	*Poa annua*
– tenuis	*Digitaria ischaemum*	*– compressa*
Alopecurus geniculatus	*– sanguinalis*	*– pratensis*
– pratensis	*Echinochloa crusgalli*	*– trivialis*
Arrenatherum alatius	*Eleusine indica*	*Polypogon monspeliensis*
Asparagus officinalis	*Festuca ovina*	*Setaria glauca*
Avena fatua	*Holcus lanatus*	*– viridis*
Bromus inermis	*Juncus articulatus*	*Vulpia myurus*
– japonicus	*– bufonius*	

Hausratten, Hausmäuse und Haussperlinge sind durch den Menschen zu Kosmopoliten geworden. Auch zahlreiche Reptilien- und Amphibienarten wurden verschleppt. Die große südamerikanische Riesenkröte *Bufo marinus* wurde zur Insektenbekämpfung nach Kuba, Haiti, Ostaustralien und Neuguinea eingeführt, und der kleine Gecko *Hemidactylus mabouia* gelangte unbeabsichtigt mit den ersten Sklavenschiffen von Afrika nach Südamerika, wo er heute ein „Haustier" geworden ist. Zahlreiche weitere Geckoarten wurden vom Menschen über ihr ursprüngliches Areal hinaus in verschiedene Erdteile verschleppt. Der in Hinterindien und dem Indoaustralischen Archipel beheimatete Gecko *Cnemaspis kendalli* wurde nach Neuseeland eingeführt. *Gehyra multilata* aus Ostmadagaskar, Ceylon und Ozeanien kam nach Mexiko (Seehäfen von Nayarit und Sinaloa); der in der nördlichen Neotropis lebende *Gonatodes albogularis* kommt heute auch in Florida vor; *Hemidactylus frenatus* aus Indien und Ozeanien gehört gegenwärtig zur Herpetofauna von Südafrika und der im Mittelmeergebiet häufige *Hemidactylus turcicus* wurde nach Nordamerika und Mexiko eingeführt.

Die in Sardinien in einigen Landschaften häufige Breitrandschildkröte *Testudo marginata* kam aus Südgriechenland auf die Tyrrhenisinsel. Das Chamäleon *(Chamaeleon)* gehört ebensowenig zur ursprünglichen Fauna der Kanarischen Inseln wie die Madeira-Mauereidechse *(Lacerta dugesi)* zu den Azoren, die nordwestafrikanische Brilleneidechse *(Lacerta perspicillata)* zu den Balearen, die Pityusen-Eidechse *(Lacerta pityusensis)* zu Mallorca und die in Italien und Jugoslawien beheimatete Ruineneidechse *(Lacerta sicula)* nach Menorca, Südostspanien (Almeria) und den USA (Philadelphia).

Die ursprünglich auf das westliche Eurasien beschränkte Bachforelle wurde aus wirtschaftlichen Erwägungen in Nordamerika, Chile, Argentinien, Süd- und Ostafrika, Madagaskar, Australien und Neuseeland ausgesetzt.

Nearktische Fischarten, wie die zu den Salmoniden gehörende Regenbogenforelle *(Salmo gairdneri)* und der Bachsaibling *(Salvelinus fontinalis)*, die zu den Centrarchiden (Sonnenfische) gehörenden Forellen- *(Micropterus salmoides; u.a. Wörthersee)* und Sonnenbarsche *(Lepomis gibbosus)*, der Zwergwels *(Ameiurus nebulosus)* und der Amerikanische Hundsfisch *(Umbra pygmaea; u.a. in Teichen von Schleswig-Holstein und Niedersachsen)* wurden in vielen europäischen Gewässern eingeführt.

Auch die Auster *(Ostrea edulis)* wurde aus gleichen Gründen über ihr ursprüngliches Areal hinaus vom Menschen verbreitet. Durch die Krebspest, hervorgerufen durch den ursprünglich in Nordamerika beheimateten Pilz *Aphanomyces astaci*, wurden in der zweiten Hälfte des vergangenen Jahrhunderts viele europäische Bach- und Flußläufe krebsfrei. Während nordamerikanische Krebsarten weitgehend resistent gegen den Pilz sind, gehen europäische, aber auch asiatische und japanische Populationen bei Befall rasch zugrunde. Vor fast hundert Jahren wurde deshalb der nordamerikanische *Cambarus affinis* eingeführt, der die Stelle des mitteleuropäischen *Astacus fluviatilis* vielerorts einnahm. Seit etwa 10 Jahren wird auch der Sig-

Tab. 3.14.a. Zahl der Arten, die erfolgreich in Europa eingebürgert wurden (NIETHAMMER 1963)

Herkunft	Europa	Afrika	Nordamerika	Südamerika	Asien	Australien	außereuropäisch
Säugetiere	16	2	7	1	7	0	17 = 52%
Vögel	7	1	2	0	3	0	6 = 46%
	23	3	9	1	10	0	23 = 50%

Tab. 3.14.b. Zahl der Arten, deren Einbürgerung in Europa nicht gelang

Herkunft	Europa	Afrika	Nordamerika	Südamerika	Asien	Australien	außereuropäisch
Säugetiere	4	2	3	0	4	1	10 = 72%
Vögel	13	7	6	7	14	4	38 = 75%
	17	9	9	7	18	5	48 = 73%

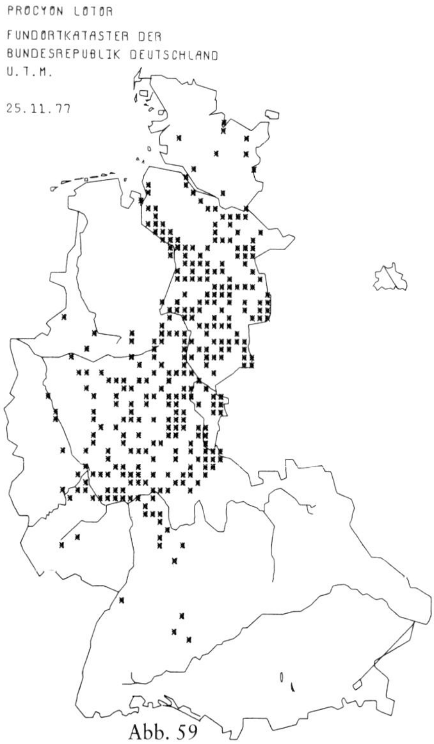

PROCYON LOTOR
FUNDORTKATASTER DER
BUNDESREPUBLIK DEUTSCHLAND
U.T.M.

25.11.77

Abb. 59

Lithocolletis platani
FK   3.10.75

Abb. 60

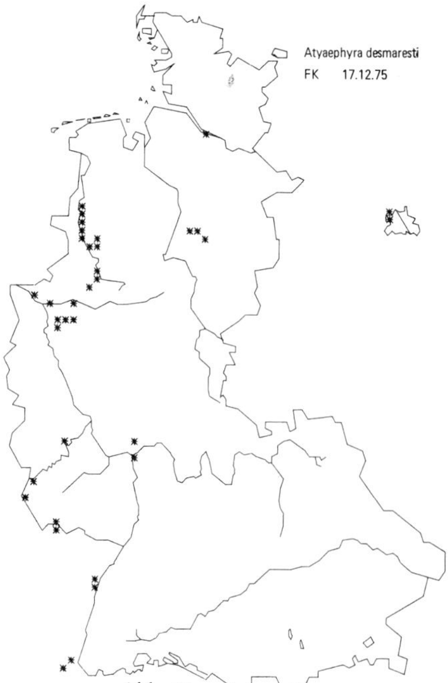

Atyaephyra desmaresti
FK   17.12.75

Abb. 61

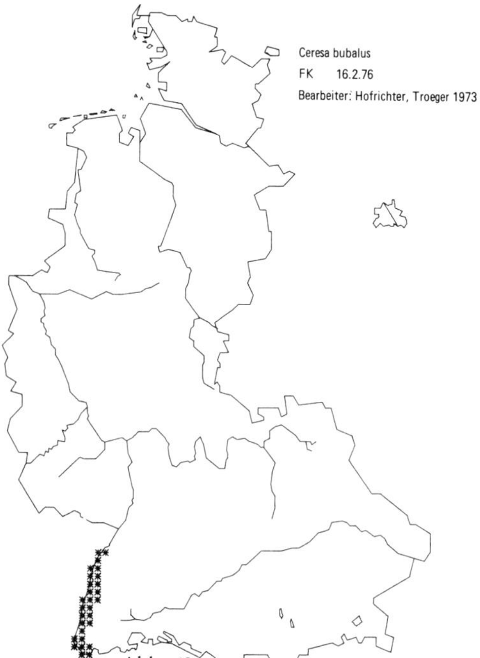

Ceresa bubalus
FK   16.2.76
Bearbeiter: Hofrichter, Troeger 1973

Abb. 62

nalkrebs *Pacifastacus leniusculus* zunehmend nach Europa eingeführt, wo er in Schweden z. B. in großem Umfang bereits gezüchtet wird.

Schon in römischer Zeit wurde der ostpalaearktische Jagdfasan *(Phasianus colchicus)* nach Italien und Südengland gebracht. Seit 800 n. Chr. ist er auch in Mitteleuropa heimisch. 1523 gelangte er nach St. Helena, 1667 nach Madeira, wo er später wieder ausgerottet wurde. In den USA, Kanada, Hawaii, Neuseeland und Südaustralien wird er heute ebenso gejagt wie auf Zypern und in Chile.

Von den europäischen Tierarten wurden Wildschweine, Feldhase, Rebhuhn und Star nach Nordamerika verfrachtet. Ursprünglich nordamerikanische Arten, die Europa besiedeln konnten, sind Kartoffelkäfer, Bisamratte, Grauhörnchen und Waschbär. Auch multiple Verschleppung ist von vielen Tierarten bekannt. So wurde der Wanderigel *(Erinaceus algirus)* wahrscheinlich mehrmals von Nordafrika nach Malta eingeschleppt, wohl auch zu den Kanaren (Teneriffa, Fuerteventura) zusammen mit Ratten, Hausmäusen und Kaninchen (NIETHAMMER 1972).

Gegenwärtig leben nur eingeschleppte flugunfähige Säuger auf den Kanaren. Aus altpleistozänen Fossilfunden (CRUSAFONT-PAIRO und PETTER 1964) wissen wir jedoch, daß die Insel von autochthonen Säugern bewohnt war (u. a. *Canariomys bravoi).*

Obwohl die Zahl an Säugern und Vögeln, mit denen in Europa „Einbürgerungsversuche" durchgeführt wurden (NIETHAMMER 1963), groß ist, konnten sich nur wenige in die vorhandenen Ökosysteme integrieren.

Auch moderne Transportmittel tragen zur Ausbreitung bei. Regelmäßig überfliegen Dipteren und Krankheitserreger in Düsenflugzeugen den Atlantik.

Oft findet man Schmetterlinge, besonders Noctuiden, in Eisenbahnwagen, wohin sie von den beleuchteten Abteilfenstern angelockt worden sind. Als unfreiwillige Passagiere können sie über weite Strecken verschleppt werden. Das erste Exemplar von *Calotaenia celsia* wurde in Finnland in einem Dieselmotorzug angetroffen, der zwischen Turku und Naantali verkehrte. Auch *Procus bicolorius* gelangte als blinder Passagier mit der Eisenbahn nach Finnland (SUOMALINEN 1947).

Einführungen von Tier- und Pflanzenarten haben zu einer Überfremdung von Neuseeland geführt (z. B. australischer Kusu, europäischer Rothirsch, Damhirsch, Wildschwein, Feldhase, Iltis, Hermelin, Wiesel, Igel, Rebhuhn). Einige von diesen Arten werden heute bereits wirtschaftlich genutzt (Rothirsch).

Der australische Kusu *(Trichesurus vulpecula)* lebt in den Baumkronen der Lorbeer- und Coniferen-Wälder (bevorzugte Baumarten: *Metrosideros)* und lockert durch Kronenverbiß die ursprünglich geschlossenen Regenwälder auf. Das im dichten Regenwald keine günstigen Lebensbedingungen findende Rotwild dringt bevorzugt in die Kusu-Wälder vor. Die Folge der kombinierten Wirksamkeit von Kusu und Rotwild ist die Vernichtung der Wälder.

Abb. 59. Verbreitung des nordamerikanischen Waschbären *(Procyon lotor)* in der Bundesrepublik Deutschland (Stand 25. 11. 1977). Die Art kann heute als integrierter Bestandteil in die Fauna Deutschlands gewertet werden.
Abb. 60. Verbreitung des mit Platanen nach Deutschland eingeschleppten Kleinschmetterlings *Lithocolletis platani* (Stand 3. 10. 1975).
Abb. 61. Verbreitung der über Kanalsysteme und Verschleppungen nach Deutschland vorgedrungenen ursprünglich südostmediterranen Süßwassergarnele *Atyaephyra desmaresti* in der Bundesrepublik Deutschland.
Abb. 62. Verbreitung der aus Nordamerika eingeschleppten Büffelzirpe *(Ceresa bubalus)* in der Bundesrepublik Deutschland (Stand: 16. 2. 1976).

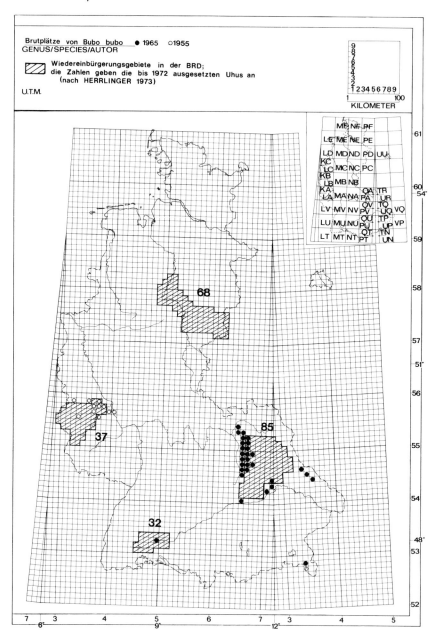

Abb. 63. Brutplätze (Punkte nach 1965, Kreise vor 1965) und Einsetzungsgebiete (schraffiert) von Uhus *(Bubo bubo)* in der Bundesrepublik Deutschland. Nummern am schraffierten Gebiet geben die Zahl der bis 1972 dort ausgesetzten Uhus wider (nach HERRLINGER 1973).

Tab. 3.15   Nach Neuseeland eingeführte Fische (McDowall et al. 1975)

Salmo salar	(1868–1911)	– Waiau Flußsystem
Goldfisch	(1867–1868)	– allgemein verbreitet
Tinca tinca	(1867–1868)	– lokal auf der Nord- und Südinsel
Salmo trutta	(1867–1960)	– weitverbreitet
Oncorhynchus tshawytscha	(1875–1907)	– auf der Südinsel weitverbreitet!
Salmo gairdnerii	(1883–1930)	– weitverbreitet auf der Nordinsel
Oncorhynchus nerka	(1902)	– Ohau- und Waitaki-See
Salvelinus fontinalis	(1877–1887)	– lokal; besonders auf der Südinsel!
Gambusia affinis	(1930)	– lokal; nördliche Nordinsel
Perca fluviatilis	(1868–1877)	– auf der Südinsel weit verbreitet

Auch die neuseeländische Flora besitzt viele Arten, die vom Menschen eingeschleppt wurden (u. a. *Ulex europaeus, Lupinus arboreus, Rosa canina, Rubus fruticosus, Thymus serpyllum, Digitalis purpurea;* vgl. u. a. CLARK 1949, CUMBERLAND 1940, 1941, 1962, DIELS 1896, SCHMITHÜSEN 1968, SCHWEINFURTH 1966).

Neueinbürgerung von ortsfremden Tierarten führt in den meisten Fällen zu erheblichen Störungen oder sogar zu Katastrophen für die einheimischen Lebensgemeinschaften. Ein 1933 erstmals für Europa in Frankreich nachgewiesener, ursprünglich amerikanischer Nutzholzborkenkäfer *(Gnathotrichus materiarius* Fitch) tritt seit 1964 in Baden-Württemberg und seit 1970 auch in Rheinland-Pfalz in Kiefernbeständen regelmäßig auf und verursacht zum Teil erheblichen Schaden (GAUSS 1971).

In zunehmendem Maße werden entomophage Insekten zur Bekämpfung eingeschleppter Schädlinge freigelassen. Auf den großflächigen *Pinus silvestris*-Kulturen der badischen Oberrheinebene hat die Populationsdichte des Kiefernknospentriebwicklers, *Rhyacionia buoliana* (Tortricidae), bestandsgefährdende Ausmaße erreicht, weshalb erstmals 1970 nearktische Hymenopteren eingeführt und freigelassen wurden (BOGENSCHÜTZ 1972). Es handelte sich um die Arten *Elachertus thymus* (Chalcidoidea) und *Itoplectis conquisitor* (Ichneumonoidea).

Die ökologischen Folgewirkungen verschleppter Arten sind häufig nicht abzusehen, was die Einbürgerungsgeschichte der Bisamratte (*Ondatra zibethicus zibethicus;* vgl. PIETSCH 1970) und des Kartoffelkäfers in Mitteleuropa, des Kaninchens in Australien (vgl. TARCLIFFE 1959) und der Achatschnecke *(Achatina fulica)* in Südostasien belegen. Von Ostafrika aus gelangte *Achatina* innerhalb der letzten 200 Jahre in die Kulturzonen von Asien, der Pazifischen Inselwelt (incl. Hawaii), von Kalifornien und von Florida und wirkte sich durch ihre hohe Vermehrungsrate, ihren großen Nahrungsbedarf und als Überträger von Pflanzenkrankheiten in ihren neuen Kolonisationsgebieten sehr schädlich aus. Da wirksame Feinde fehlten, konnte sich die Art in den Plantagen ausbreiten. Heute bekämpft man sie mit Viren, Giftködern und Feindschnecken der Gattung *Gonaxis* und *Euglandina*.

Ähnlich negative Erfahrungen wurden bei Verschleppungen mit Fischarten gemacht. 1967 wurde der amazonische Cichlide *Cichla ocellaris* im 42 315 Hektar großen Gatun-See in der Panama-Kanalzone ausgesetzt (ZARET und PAINE 1973). Fische dieser Art werden bis zu 2 kg schwer und 50 cm lang. Sie leben räuberisch. Der Einfluß dieser eingeschleppten Art auf die einheimische Fischfauna war dramatisch.

Besonders auffallend sind die Veränderungen der Nahrungskette, die durch die Einfuhr von *Cichla* bedingt sind. Der Planktonfresser *Melaniris* ging deutlich zurück,

Tab. 3.16   Verschleppungsdaten von *Achatina fulica* (Müller 1977)

Madagaskar	1761	Hongkong	1941
Mauritius	1803	Thailand	1937
Réunion	1821	Formosa	1936
Seychellen	1840	Okinawa	1938
Komoren	1860	Bonin-Inseln	1938
Kalkutta	1847	Palau-Inseln	1938
Mussoeri (Himalaya)	1848	Carolinen	1939
Bombay	1910	Marianen	1939
Ceylon	1900	Marshall-Inseln	1939
Singapur	1910	Manila	1943
Malaiische H.-Insel	1910	Neuguinea	?
Borneo	1928	Neu-Britannien	?
Riau-Archipel	1924	Neu-Irland	1940
Java	1933	Hawaii	1936
Sumatra	1939	Californien	1946
Amoy	1931	Florida	1966

was Folgen für die Planktonzusammensetzung besitzt. Von kleineren Fischen lebende Vogelarten (u. a. Eisvögel, Reiher) verschwanden im Bereich der *Cichla*-Gewässer. Die Verringerung der Insektenfresser unter den Fischen führte zu einer Vergrößerung der Mückenpopulationen, was Folgen auf die Malaria-Verbreitung besaß.

Tab. 3.17   Fangergebnisse in Seen mit bzw. ohne *Cichla*.

Familie	Art	*Cichla ocellaris*	
		fehlt	vorhanden
Atherinidae	*Melaniris chagresi*	200	0
Characinidae	*Astyanax ruberrimus*	160	0
	Compsura gorgonae	120	0
	Hoplias microlepis	0	1
	Hyphessobrycon panamensis	2	0
	Pseudocheirodon affinis	7	0
	Roeboides guatemalensis	195	21
Cichlidae	*Aequidens coeruleopunctatus*	10	0
	Cichla ocellaris	0	14
	Cichlasoma maculicauda	7	36
	Neetrophus panamensis	4	0
Eleotridae	*Eleotris pisonis*	4	99
	Gobiomorus dormitor	42	10
Poecilidae	*Gambusia nicaraguagensis*	22	0
	Poecilia mexicana	17	2

3.1.6 Erfassung und Kontrolle von Arealsystemen

Systematiker und Biogeographen fordern seit über 100 Jahren (u. a. ROSSMÄSSLER 1853) chorologische Erfassungen verschiedener Tier- und Pflanzengruppen, eine Aufgabe, die teilweise bereits erfolgreich von unseren wissenschaftlichen Vätern und Großvätern gelöst wurde, teilweise jedoch, offensichtlich in Abhängigkeit von den spezifischen biologischen Eigenschaften der Taxa und der Zahl ihrer Bearbeiter, bis zum heutigen Tage auf eine befriedigende Lösung wartet. Die gegenwärtige Situation unterscheidet sich jedoch grundlegend von jeder früheren; denn es sind nicht mehr ausschließlich Systematiker, Faunisten und Biogeographen, die aus Freude an ihren Forschungsobjekten ihre Erfassung betreiben, sondern eine steigende Zahl jener, die für die Entwicklungsplanungen unserer Länder die Verantwortung tragen.

Grundsätzlich ist es wünschenswert, für jede Pflanzen- und Tiergruppe die räumliche Verbreitung vollständig zu kennen. Ein Blick auf die gegenwärtige Zahl der beschriebenen Arten der wichtigsten Tiergruppen verdeutlicht jedoch einige praktische Probleme:

Protozoa	28 350	Arthropoda	838 000
Sarcomastigophora	17 650	Chelicerata	57 500
Mastigophora	6 450	Merostomata (Xiphosura)	4
Opalinata	200	Arachnida	57 000
Sarcodina	11 000	Pantopoda (Pycnogonida)	500
Sporozoa	3 600	Mandibulata	780 500
Cnidospora	1 100	Crustacea	20 000
Ciliophora	6 000	Chilopoda	2 800
Mesozoa	50	Diplopoda	7 200
Porifera	4 800	Pauropoda	380
Coelenterata (Cnidaria)	5 300	Symphyla	120
Ctenophora	80	Insecta	750 000
Plathelminthes	12 700	Lophophorata (Tentaculata)	3 750
Turbellaria	3 000	Phoronida	18
Trematoda	6 300	Bryozoa	3 500
Cestoda	3 400	Brachiopoda	230
Gnathostomulida	45	Hemichordata (Branchiotremata)	80
Entoprocta (Kamptozoa)	75	Echinodermata	6 000
Nemertina	800	Echinozoa	1 750
Aschelminthes (Nemathelminthes)	12 500	Holothuroida	900
Gastrotricha	170	Echinoida	850
Rotatoria	1 500	Crinozoa	650
Nematoda	10 000	Asterozoa	3 600
Nematomorpha	230	Somasteroida	1
Kinorhyncha	100	Asteroida	1 700
Acanthocephala	500	Ophiuroida	1 900
Priapulida	8	Pogonophora	100
Mollusca	45 810	Chaetognatha	50
Polyplacophora (Loricata)	600	Chordata	43 000
Aplacophora (Solenogastres)	250	Tunicata	1 300
Monoplacophora	6	Cephalochordata	25
Gastropoda	26 500	Vertebrata	41 700
Scaphopoda	350	Agnatha	50
Bivalvia (Lamellibranchia)	17 504	Chondrichthyes	500
Cephalopoda	600	Osteichthyes	20 000
Sipunculida	250	Amphibia	2 500
Echiurida	150	Reptilia	6 300
Annelida	8 500	Aves	8 600
Onychophora	70	Mammalia	3 700
Tardigrada	350		
Tardigrada	350	insgesamt etwa	1 010 000
Pentastomida (Linguatulida)	65		

Den unverkennbaren Schwierigkeiten steht eine zwingende Notwendigkeit zur Erfassung gegenüber. Diese besitzt durch die weltweite anthropogene Veränderung und Belastung der Ökosysteme und einzelner Tierarten einerseits einen überwiegend negativen Aspekt – andererseits erlangt sie durch die Tatsache, daß lebende Organismen bei Kenntnis ihrer ökologischen Valenz als Raumqualitätsindikatoren verwandt werden können, in Zukunft wachsende Bedeutung.

Verbreitungsgrenzen können, wenn sie nicht durch natürliche Verbreitungsschranken (Wasser, Gebirge, konkurrierende Arten u.a.) „befestigt" werden, bei Spezies und Subspeziesarten nur mit unterschiedlich hoher Wahrscheinlichkeit angegeben werden. Die ökologische Herausforderung, denen Populationen an ihren Arealgrenzen gegenüberstehen, ergibt zusammen mit einer endogenen Populationsdynamik Arealgrenzfluktuationen. Darstellung der Verbreitungstatsachen heißt damit aber Darstellung der Standorte und Umwelten, in denen Organismen in bestimmten Ländern oder in bzw. auf anderen Organismen (z.B. bei Parasiten) leben. Damit stellt sich die Frage nach den chorologischen Erfassungsmethoden. Die Erfassung artenreicher Tiergruppen, die systematisch und chorologisch bearbeitet werden sollen, bereitet Schwierigkeiten, die korreliert zur Erfassungsmethode sowie der Qualität und Quantität der Mitarbeiter verlaufen. Der Geschwindigkeit von Arealveränderungen muß ein analoges Organisationssystem gegenüberstehen, das wegen des zu erwartenden Arbeitsaufwandes so generalisierbar sein muß, daß es nicht allein für eine einzige

Tab. 3.18 Arten- und Gattungszahlen von Mono- und Dicotyledonen (GOOD 1964)

	Gattungen	Arten
Compositae	1 000	20 000
Orchidaceae	700	17 500
Papilionaceae	440	10 750
Rubiaceae	500	9 000
Gramineae	600	7 500
Euphorbiaceae	300	5 750
Labiatae	185	4 550
Scrophulariaceae	235	4 150
Cyperaceae	90	4 100
Melastomaceae	200	3 750
Myrtaceae	95	3 600
Asclepiadaceae	255	3 300
Acanthaceae	250	3 100
Umbelliferae	350	3 050
Liliaceae	200	3 000
Cruciferae	350	2 550
Solanaceae	88	2 300
Ericaceae	60	2 250
Piperaceae	5	2 200
Apocynaceae	195	2 150
Rosaceae	110	2 100
Mimosaceae	50	2 100
Palmae	250	2 000
Araceae	115	2 000
	6 623	122 750

Tab. 3.19. Zusammensetzung des Artenbestandes einiger Pflanzengruppen in der Bundesrepublik Deutschland und dessen Gefährdung (SUKOPP und MÜLLER 1976)

	Arten-zahl	Hemero-choren	Neo-phyten	ausgestor-ben oder verschollen	akut bedroht %	stark gefähr-det %	gefährdet %
Brandpilze	72						
Berlins (in Klammern Gramineen-brände)	(23)	–	–	66 (48)	?	16 (26)	82 (74)
Moose	1200	3–4	0,2	1	?	?	10
Flechten	2000	?	0–0,1	0,6	?	?	50
Farne	80	2,5	2,5	2,5	12,5	10	41
Blütenpflanzen	2282	16	9	2,4	7,5	21,6	38,5

Fragestellung verwandt werden kann. UDVARDY (1969) hat eine Zusammenstellung verschiedener Arealkartierungsmethoden (vgl. auch KLEIN 1976) gegeben. Dabei versteht es sich von selbst, daß sich nach der angestrebten Aussagekraft die Verwendung bestimmter Kartentypen richtet. Wir sollten uns jedoch bewußt sein, daß zum Beispiel eine Arealgrenzkarte, so exakt sie auch immer „gezogen" sein mag, einen Sachverhalt vortäuscht, der in der Realität oft nur kurzzeitig existiert.

Jede Arealkarte, die über eine punktuelle Erfassung eines Vorkommens einer Art zu einer bestimmten Zeit an einem bestimmten Ort hinausgeht, impliziert deshalb eine Intention des jeweiligen Bearbeiters. Ohne die Bedeutung solcher Karten, die wir ja alle verwenden, in Frage stellen zu wollen, sollte man sich ihrer Probleme bewußt sein. Sie erfüllen nicht die Forderung nach Generalisierbarkeit, besitzen fast unendliche Fundortmöglichkeiten und können meist nur für spezielle Fragen verwandt werden. Daraus folgt, daß jeder Arealkarte als Bezugsgröße ein reproduzierbarer Fundortkataster zugrunde liegen muß, wobei sich durch Koordinaten oder Raster definierte Fundorte am besten eignen. Über die Vor- und Nachteile beider Verfahren wurde hinlänglich diskutiert, ohne daß erkannt wurde, daß beide keinen Widerspruch, sondern eine Ergänzung darstellen. Rasterkartierung mit definierten Fundpunkten bietet einen guten Weg zu einer Erfassung und regelmäßigen Kontrolle. Diese Kartierung wird bereits seit langem bei biogeographischen Karten verwandt und findet auch bei der Erstellung von Emissions- und Immissionskatastern generelle Verwendung. Die Erstellung eines Fundortkatasters erfordert eine umfangreiche Archivierungsarbeit. Da seine Informationsdichte sehr groß sein muß und seine Informationen zeitlich gestaffelt sein sollen, ergibt sich eine computermäßige Registrierung.

Diese Forderungen werden z.B. vom „European Invertebrate Survey" (HEATH 1970, 1971, 1973, 1974, HEATH und LECLERCQ 1970, HEATH und SKELTON 1973, LECLERCQ 1967, MÜLLER 1972, 1974, 1976, MÜLLER und SCHREIBER 1972) hinreichend erfüllt.

Das Projekt stellt die tiergeographische Ergänzung zur Flora Europaea (u.a. PERRING 1963, NIKLEFELD 1971, HAEUPLER 1970, 1972, HAEUPLER und SCHÖNFELDER

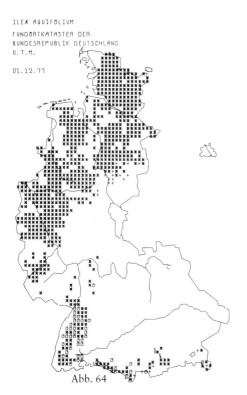

Abb. 64

Abb. 65

Abb. 66

Abb. 64. Verbreitung der Stechpalme *Ilex aqui-folium* als Zeiger „gemäßigt atlantischer Bedin-gungen" in der Bundesrepublik Deutschland. Durch Kreissymbole wurden angepflanzte Indivi-duen erfaßt (nach „Mitteleuropa Kartierung" auf UTM übertragen).

Abb. 65. Verbreitung von *Myrica gale* in der Bundesrepublik Deutschland (nach „Mittel-europa Kartierung" auf UTM übertragen).

Abb. 66. Verbreitung des Gänseblümchens *(Bel-lis perennis)* in der Bundesrepublik Deutschland (nach „Mitteleuropa-Kartierung" auf UTM übertragen).

1973) dar. Die großen Vorteile dieses Erfassungsprojektes lassen sich durch eine Fülle von Fakten belegen. Die computermäßige Bearbeitung ist dabei sicherlich von besonderer Bedeutung. Wichtig ist darüber hinaus, daß sich der Bearbeitungsstand eines bestimmten Raumes schnell erkennen läßt und „Lücken" gezielt aufgesucht werden können. In regelmäßigen Abständen können die Raster untersucht werden. Popula-

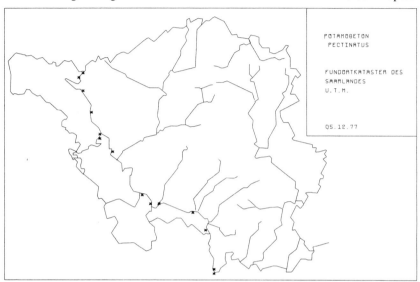

Abb. 67. Verbreitung von *Potamogeton pectinatus* in der Saar (1977).

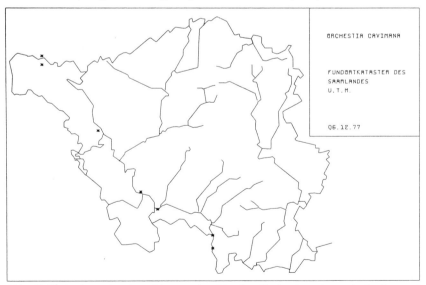

Abb. 68. Verbreitung des eingeschleppten Amphipoden *Orchestia cavimana* in der Saar und ihren Nebenflüssen (1977).

tionsschwankungen lassen sich gezielter und planmäßiger erkennen. Da jeder Grid-Reference ein exakt lokalisierbarer Fundort auf einer EDV-Standardkarteikarte zu-grunde liegt, entfällt das Argument, daß die Rasterkartierung zu ungenau wäre. Jede Erfassung hängt nicht nur vom Organisationsaufbau und seinen Finanzierungs-grundlagen, sondern ebenso von den beteiligten Spezialisten und deren Möglichkei-ten ab.

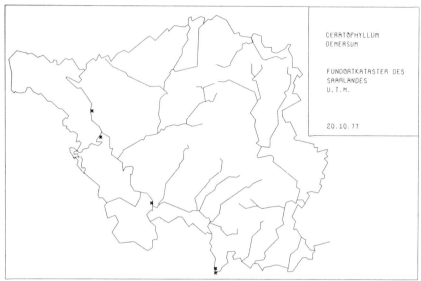

Abb. 69. Verbreitung von *Ceratophyllum demersum* in der Saar (1977).

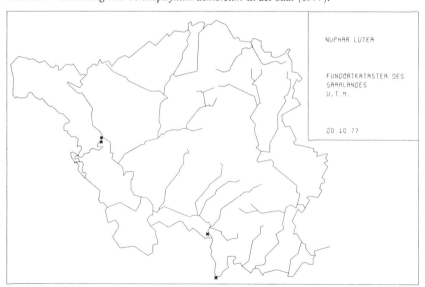

Abb. 70. Verbreitung von *Nuphar lutea* in der Saar (1977).

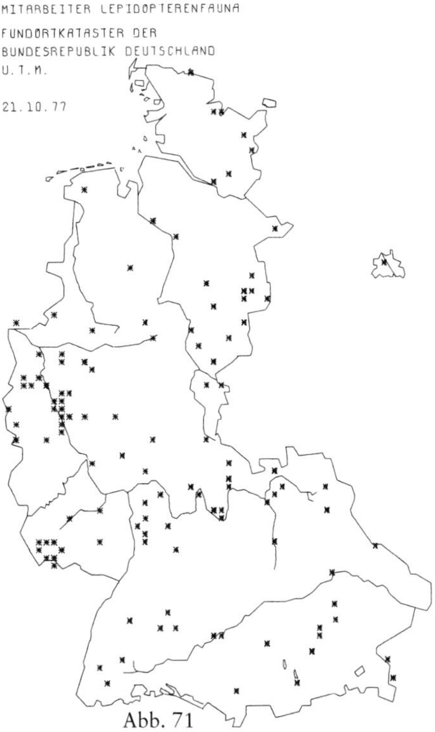

Abb. 71

Abb. 72

Abb. 71. Verteilung der Mitarbeiter an der Erfassung und Kontrolle der Schmetterlingsarten der Bundesrepublik Deutschland (Stand: 21. 10. 1977). Für jede Tier- und Pflanzengruppe ist ein solcher Mitarbeiterkataster erforderlich, um eine gleichmäßige Überwachung eines größeren Raumes zu garantieren.

Abb. 72. Ehemalige (vor 1960; mit Kreuz) und gegenwärtige (nach 1960; Stern) Verbreitung des Apollo *(Parnassius apollo)* in der Bundesrepublik Deutschland. Der Mitarbeiterkataster (vgl. Abb. 71) garantiert den jeweiligen aktuellen Beobachtungsstand. Die isolierten Populationen nördlich der Donau werden z. T. als besondere Subspezies gekennzeichnet.

Abb. 73. Verbreitung von *Pararge aegeria* in der Bundesrepublik Deutschland.

Abb. 73

Ähnlich wie bei den Pflanzen (vgl. u. a. HAEUPLER 1974, SCHÖNFELDER 1976) wird seit 1972 intensiv an einem Fundortkataster für die etwa 50 000 Tierarten der Bundesrepublik Deutschland gearbeitet (vgl. MÜLLER 1972, 1974, 1976, 1977). Bedingt durch drohende Populationsrückgänge wird diese Arbeit beschleunigt vorangetrieben.

Tab. 3.20. Artenzahl, Gefährdungs- und Extinktionsrate der Wirbeltierfauna der Bundesrepublik Deutschland (SUKOPP und MÜLLER 1976)

	Artenzahl	ausgestorben	gefährdet
Fische	128	2	45
Amphibien	19	–	2
Reptilien	12	–	8
Vögel	240	17	130
Säugetiere	90	8	48
	489	27	243

Aus systematischen, arealtypologischen, populationsgenetischen und regionalen Gründen sind in dieses „Erfassungs-Programm" 28 Tiergruppen einbezogen (1977). Als Grundkarte dient eine UTM-Rasterkarte (2712 bis 10 × 10 km Raster) der Bundesrepublik Deutschland. Freiwillige Mitarbeiter übermitteln ihre Verbreitungsinformationen entweder direkt auf Karteikarten, die nach Lochung sofort einer computermäßigen Bearbeitung zugeführt werden können, bzw. auf Arten- oder Fundortlisten.

Jeder Fundort wird zeitlich gestaffelt durch die Fundortkarteikarte exakt festgelegt. Entsprechend den von uns verwandten Rechenprogrammen für die Bundesrepublik Deutschland wird ihn der computergesteuerte Plotter jedoch im Mittelpunkt eines 10 × 10 km großen Rasters ausdrucken.

Für Europa werden 50 × 50 km große Rasterfelder benutzt. Für kleinere Räume werden 1 × 1 km oder 500 × 500 m Gitternetzfelder bevorzugt. Eine Kausalanalyse der Verbreitung ist jedoch jeweils nur durch Verknüpfung repräsentativer Fundpunkte über ökosystemare Analysen (vgl. Kapitel 3.2) möglich.

Jede Fundortkarte einer Art wird durch einen Mitarbeiter- und Informationskataster „abgesichert". Beide haben die Aufgabe, die Gleichmäßigkeit der Bearbeitung eines größeren Raumes zu garantieren (KLOMANN und MÜLLER 1975, MÜLLER 1976, 1978).

Abb. 74. Verbreitung des Moorgelbling *(Colias palaeno)* in der Bundesrepublik Deutschland. Die Art besitzt ihre Hauptverbreitung im borealen Moorgürtel. Die in Mitteleuropa erloschenen Populationen (Kreuz) markieren trockengelegte Moore.

Abb. 75. Verbreitung des Moorfalters *Boloria aquilonaris* in der Bundesrepublik Deutschland.

Abb. 76. Verbreitung von *Brenthis ino* in der Bundesrepublik Deutschland.

Abb. 77. Verbreitung des Schachbrettes *(Melanargia galathea)*. Die Fundorte nördlich der Elbe wurden von der Art erst nach 1920 erreicht. Unterschiedliche Gründe wurden für diese Nordwanderung diskutiert.

COLIAS PALAENO L.

FUNDORTKATASTER DER
BUNDESREPUBLIK DEUTSCHLAND
U.T.M.

24.10.77

Abb. 74

BOLORIA AQUILONARIS STICH.

FUNDORTKATASTER DER
BUNDESREPUBLIK DEUTSCHLAND
U.T.M.

24.10.77

Abb. 75

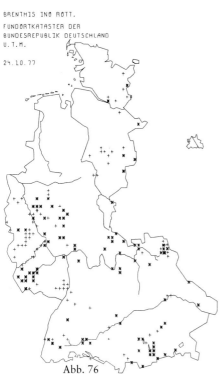

BRENTHIS INO ROTT.

FUNDORTKATASTER DER
BUNDESREPUBLIK DEUTSCHLAND
U.T.M.

24.10.77

Abb. 76

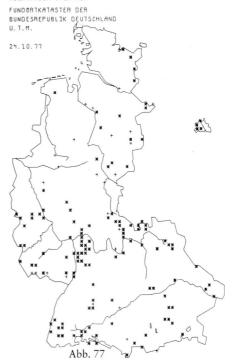

MELANARGIA GALATHEA

FUNDORTKATASTER DER
BUNDESREPUBLIK DEUTSCHLAND
U.T.M.

24.10.77

Abb. 77

APODEMUS AGRARIUS
FUNDORTKATASTER DER
BUNDESREPUBLIK DEUTSCHLAND
U.T.M.

23.05.77

Abb. 78

MICROARTHRIDION LITTORALE POPPE
FUNDORTKATASTER DER
BUNDESREPUBLIK DEUTSCHLAND
U.T.M.

02.11.77

Abb. 79

SERINUS CITRINELLA
FUNDORTKATASTER DER
BUNDESREPUBLIK DEUTSCHLAND
U.T.M.

08.12.77

Abb. 80

BUFO BUFO
FUNDORTKATASTER DER
BUNDESREPUBLIK DEUTSCHLAND
U.T.M.

14.03.77

Abb. 81

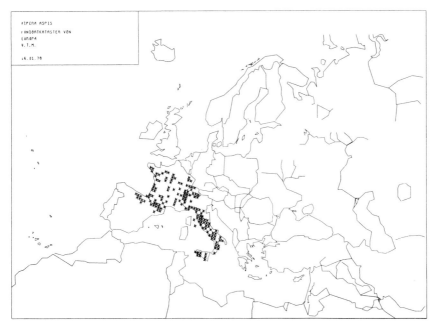

Abb. 82. Verbreitung der adriatomediterranen Aspisviper (*Vipera aspis*; UTM-Computer-karte). Die Art fehlt wie alle Viperiden auf Korsika, Sardinien und den Balearen. Sie kommt je-doch auf der tyrrhenischen Insel Montecristo (innerhalb der 200 m Isobathe) in einer besonde-ren Rasse vor.

Besondere Aufmerksamkeit widmen wir klein- und großräumigen Arealverschie-bungen, kleinarealen, seltenen und eingeschleppten Arten, sowie der Kontrolle von Arealgrenzen, die verblüffende Koinzidenz zu naturräumlichen Strukturen, konkur-rierenden Arten und Futterpflanzen sowie zu verschiedenen Belastungsstufen unserer Landschaften aufweisen. Durch das flächendeckende Informationssystem wird z.B. vermieden, daß von der Beobachtung einer Populationsregression eines Taxons in Bayern auf analoge Verhältnisse in Niedersachsen ohne entsprechende Rückkoppe-lung geschlossen wird.

Abb. 78. Verbreitung der Brandmaus *(Apodemus agrarius)* in der Bundesrepublik Deutsch-land.

Abb. 79. Verbreitung des Brack- und Salzwasser bewohnenden Krebses *Microarthridion litto-rale* (Bearbeiter: Dr. H. KUNZ, Saarbrücken).

Abb. 80. Isolierte Brutvorkommen des alpinen Zitronenzeisig *Serinus citrinella* auf den Hoch-lagen des Schwarzwaldes.

Abb. 81. Verbreitung der eurosibirisch verbreiteten Erdkröte *(Bufo bufo)* in der Bundesrepu-blik Deutschland. Während bei Arten wie z. B. der Brandmaus (vgl. Abb. 78) oder *Myrica gale* (vgl. Abb. 65) bereits aus Arealveränderungen auf den Grad der Gefährdung der Art in einem Raum geschlossen werden kann, ist das bei „überall" vorkommenden Arten, wie der Erdkröte, nicht möglich. Hier sind ausschließlich Populationskontrollen aussagekräftig.

Abb. 83. Verbreitung des atlantomediterranen Frosches *Rana iberica* (UTM-Computerkarte).

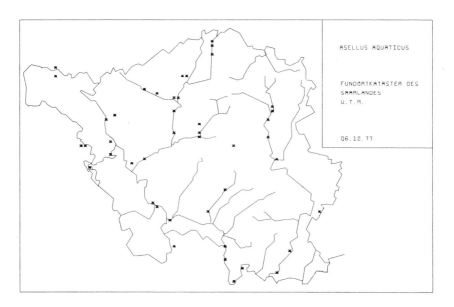

Abb. 84. Verbreitung der Wasserassel *(Asellus aquaticus)* im Saarland (1 × 1 km Rasterfelder).

3.2 Bindung der Organismen und Populationen an den Raum

Organismen, die Arealsysteme aufbauen, sind in ähnliche oder verschiedene Ökosysteme integriert. Deshalb müssen Ökosystemveränderungen nachhaltige Auswirkungen auf Arealsysteme besitzen. In den Fällen, in denen Öko- und Arealsysteme homotope Strukturen sind, kann die Vernichtung eines Ökosystems die Vernichtung einer Art bedingen; wo Arten „Schlüssel-Arten-Ökosysteme" aufbauen, ist durch ihre Vernichtung die Zerstörung des Ökosystems programmiert.
Die Biogeographie muß deshalb Ökosystemforschung betreiben, um ihre Grundfragestellung befriedigend aufklären zu können.

3.2.1 Ökosysteme

Ökosysteme sind räumliche Wirkungsgefüge aus biotischen (incl. Mensch) und abiotischen Elementen mit der Fähigkeit zur Selbstregulierung. Der lebendige Inhalt des Ökosystems ist die Biozönose. Unter einer Biozönose (MÖBIUS 1877) wird eine Lebensgemeinschaft verstanden, die den belebten Teil eines Ökosystems ausmacht und mit ihrem Standort (= Biotop) eine aufeinander angewiesene Einheit bildet, die über ihre eigene Dynamik verfügt. Einzeltiere können darin wechseln, das Bevölkerungssystem bleibt, wenn es auf die Umweltbedingungen eingespielt ist, in seinem kennzeichnenden Artenbestand (= biozönotisches Gleichgewicht) erhalten. MÖBIUS hatte diese selbstregulatorischen Fähigkeiten der Biozönose erkannt. An dem Beispiel der Sylter Austernbänke, für die er Aussagen über Lebensdauer und Produktivität liefern sollte, entwickelte er die gegenwärtig noch bedeutsamen Begriffsinhalte. Während wir die Biozönose als Bewertungskriterium rezenter Prozesse benutzen können, ist die Substanz des vergangenen biozönotischen Geschehens in den Biofazies erhalten geblieben.

Der Ökosystembegriff geht in seiner inhaltlichen Form auf WOLTERECK (1928) zurück. Diesem fiel auf, „daß die pelagischen Cladoceren, wie fast sämtliche pflanzliche Organismen des freien Wassers, durchaus nicht alle Schichten und Zonen ihres Sees gleichmäßig bewohnen, daß vielmehr jede Art auf einen mehr oder weniger mächtigen Teil des verfügbaren Raumes in vertikalem und horizontalem Sinne angewiesen ist".

Die hiermit verbundenen Untersuchungen führten bei ihm zu „morphologischen und ökologischen Gestalt-Systemen" als Ergebnis analytischer und synthetischer Forschung.

„Die einzelnen Organismen und die einzelnen Populationen eines Sees bilden in ihrer Gesamtheit das, was man in den allgemeinen Naturwissenschaften ein geschlossenes System nennt; sie sind Glieder eines ökologischen Systems." Und weiter sagt WOLTERECK: „Nur in einzelnen Beispielen können wir heute schon ökologische Systeme unserer Seen synthetisch erfassen und dabei wahrnehmen, daß es sich in ihnen um eigenartige Gleichgewichtszustände handelt, die sich in ihrer Ganzheitsgesetzlichkeit (Gestalt) jahraus jahrein konstant erhalten... Das Resultat des gesamten Geschehens in diesem dreigliedrigen System ist nicht Erhaltung oder Begünstigung der beteiligten Individuen oder Populationen, sondern lediglich: Erhaltung des ökologischen Gleichgewichts der Volkszahlen, derart, daß der Bestand aller Systemglieder Jahr für Jahr in derjenigen Höhe gewahrt bleibt, auf die dieses Gleichgewichtssystem

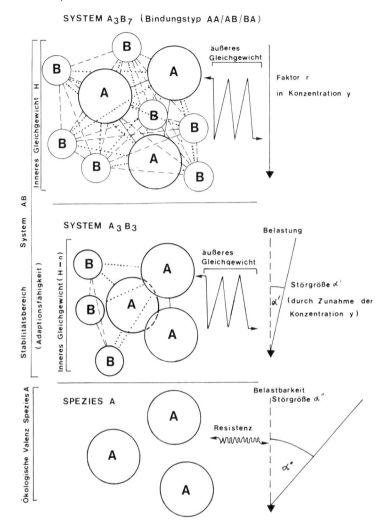

Abb. 85. Funktionsschema eines ökologischen Systems mit den Elementen A und B zur Interpretation der Begriffe Stabilitätsbereich, Gleichgewicht und Belastbarkeit (nach MÜLLER 1977). Das System A_3B_7 besitzt zwischen den einzelnen Elementen die Bindungstypen AA, AB und BA. Die Relationen dieser Elemente befinden sich in einem (theoretischen) inneren Gleichgewichtszustand (H), der wiederum in einem äußeren Gleichgewicht zu externen Faktoren (hier ein Faktor r in der Konzentration y) steht. Führen wir nun durch Erhöhung der Konzentration von y den Störfaktor α' ein, so verändert sich das äußere und das innere Gleichgewicht (z. B. durch Reduktion des auf α' empfindlich reagierenden Elementes B). Bei Rücknahme des Störfaktors α' hat das System durch die Vermehrungsfähigkeit von Element B die Möglichkeit in den ursprünglichen Zustand zurückzukehren (Regenerationsfähigkeit). Wird jedoch durch Erhöhung der Störgröße α'' das Element B ganz ausgeschaltet, so ist eine Regenerationsfähigkeit ausgeschlossen. Die Adaptationsfähigkeit oder der Stabilitätsbereich des Systems AB ist überschritten. Es verbleibt das Element A, das gegenüber der Störgröße α'' resistent ist.

einmal eingespielt ist... Nicht einseitiger Nutzen, sondern Erhaltung des Gleichgewichts eines gestalteten Systems ist das Endresultat all dieser Lebensvorgänge."

Der „ökologische System-Begriff" von WOLTERECK wurde von TANSLEY (1935) auf die gegenwärtige terminologische Form „Ökosystem" gebracht.

„I have already given my reason for rejecting the terms complex organism and biotic community. Clement's earlier term biome for the whole complex of organism inhabiting a given region is unobjectionable, and for some purposes convenient. But the more fundamental conception is, as it seems to me, the whole system (in the sense of physics), including not only the organism-complex, but also the whole complex of physical factors forming what we call the environment of the biome – the habitat factors in the widest sense. Though the organisms may claim our primary interest, when we are trying to think fundamentally we cannot separate them from their special environment, with which they form one physical system. It is the system so formed which, from the point of view of the ecologist, are the basic units of nature on the face of the earth.

Our natural human prejudices force us to consider the organism (in the sense of the biologist) as the most important parts of these systems, but certainly the inorganic factors are parts there could be no systems without them, and there is constant interchange of the most various kinds within each system, not only between the organic and the inorganic. These ecosystems, as we may call them, are of the most various kinds and sizes."

Durch das Ökosystem (mit Ausnahme der Schlüsselartenökosysteme) wird die Subjektbezogenheit des Umweltbegriffes aufgelöst und auf eine unterschiedlich große Zahl von Bestandteilen und Faktoren, deren Zusammenwirken die Selbstregulation des Systems erhält, ersetzt.

Abb. 86. Schlüsselartenökosystem Bibersee (Park Tremblent, Kanada, 1972). Der Biber *(Castor fiber)* bestimmt die Existenz des Systems.

Bei Schlüsselartenökosystemen entfällt aber keineswegs, wie SCHWABE (1973) postuliert, das „Da draußen". Das wird vielleicht noch nicht besonders erkennbar, wenn wir als Schlüsselartenökosysteme Biberseen (mit der Schlüsselart Biber), Ameisenhügel (mit der Schlüsselart Ameise), Nebkas (mit der Schlüsselart Tamariske) oder die Biozönosen in den Wassertrichtern der Bromeliaceen („Bromeliaceen-Faunula") und *Nepenthes*-Arten u. a. (vgl. VARGA 1928) betrachten. Es wird jedoch deutlich, wenn wir eine Industriestadt als Ökosystem zu analysieren versuchen.

In Urlandschaften, in denen der Mensch noch keine wesentlichen Eingriffe in das Landesgefüge vorgenommen hat, verläuft die hierarchische Ordnung und räumliche Begrenzung terrestrischer Ökosysteme im allgemeinen korreliert zur Gesamtheit der geosphärischen Wirkfaktoren an einer Erdstelle (MÜLLER 1974).

Die weltweite Belastung der Geosphäre mit Kumulations-, Summations- und Konzentrationsgiften hat die traditionelle Trennung zwischen Natur- und Kulturlandschaften weitgehend hinfällig gemacht. Gegenwärtig gibt es nur noch sekundäre Ökosysteme, mit allerdings unterschiedlichem Ausmaß anthropogener Beeinflussung. Der Mensch als entscheidende Schlüsselart hat seit dem Neolithikum Struktur, Dynamik und räumliche Verbreitung der Ökosysteme verändert. Ökosysteme müssen gegenwärtig keineswegs mit den Physiotopen einer Landschaft übereinstimmen. Urbane Ökosysteme „sitzen" mit einer völlig neuen „Natürlichkeit" auf den ehemals naturnahen Systemen. ELLENBERG (1973) hat eine Klassifikation der naturnahen Ökosysteme (1. Hauptgruppe) der Erde nach funktionalen Gesichtspunkten vorgelegt [für marine, limnische, terrestrische, semiterrestrische]. Für die zweite Hauptgruppe der Ökosysteme, die als urban-industrielle Ökosysteme vom Menschen her betrachtet werden müssen, fehlte bisher zwar noch nicht der wissenschaftstheoretische Ansatz, aber eine konsequente Klassifikation (BECKMANN und KÜNZI 1975, RUBERTI und MOHLER 1975, MÜLLER 1978).

SUTTON und HARMON definieren ein „Human Ecosystem": „Indeed, man's inter-

Abb. 87. Reisfelder auf Ceylon (1974), Beispiel für ein vom Menschen geschaffenes agrarisches Ökosystem.

Abb. 88. Teeanbau auf Ceylon. Im Hintergrund Schattenbäume (1974).

ventions have created entirely new environments which we shall call human ecosystems" und unterscheiden „from a human point of view":
1. Mature Natural Ecosystems,
2. Managed Natural Ecosystems,
3. Productive Natural Ecosystems (farms, cattle, ranches, stripmined areas),
4. Urban Ecosystems.

Zu ähnlichen Gliederungsvorschlägen kommen DANSEREAU u. a. (1970), DETWY-LER und MARCUS (1972), SMITH (1976, 1977), GREENWOOD und EDWARDS (1973) und MÜLLER (1973, 1978). Doch geht aus dem oben Gesagten deutlich hervor, daß wir letztlich nur zwei Großgruppen von Ökosystemen unterscheiden können:
1. Die vom Menschen geschaffenen („man-made") Ökosysteme (z.B. Urbane Ökosysteme; Agrarische Ökosysteme)
2. Die vom Menschen beeinflußten Ökosysteme (z.B. Savannen, Regenwälder).

3.2.2 Ökosysteme, Belastbarkeit und Stabilität

Die Kenntnis der Belastbarkeit von Ökosystemen ist grundlegende Voraussetzung für jede Umwelt berücksichtigende Planung. „Belastbarkeit" ist jedoch ebenso wie „Stabilität" von Ökosystemen nur im Hinblick auf bestimmte Relationen sinnvoll definierbar. Wie jedes System sind auch Ökosysteme nach außen dadurch abgrenzbar, daß ihre Elemente untereinander in einem engeren Zusammenhang stehen als zu ihrer Umgebung.

„Jede Anwendung des ersten Hauptsatzes der Thermodynamik auf einen diskreten Teilbereich des Universums verlangt die Definition eines Systems und seiner Umgebung. Das System kann jeder Körper, jede Materiemenge, jedes Teilgebiet des Rau-

mes etc. sein, den man zur Untersuchung auswählt und (gedanklich) vom Rest trennt. Eben diesen Rest bezeichnet man dann als Umgebung des Systems. In der Thermodynamik interessieren nur endliche Systeme, wobei vor allem die makroskopischen und weniger die mikroskopischen Systemeigenschaften im Blickfeld liegen. Damit soll zum Ausdruck kommen, daß die detaillierte Struktur des Systems unberücksichtigt bleibt und als thermodynamische Koordinaten nur grobe Eigenschaften des Systems, wie Temperatur und Druck, in Rechnung gestellt werden." (ABBOTT und VAN NESS 1976; vgl. auch STUART et al. 1970). Allgemein gilt für ein System, daß seine Grenze, die in „Gedanken" das System einschließt und von seiner Umgebung trennt, verschiedenartige Eigenschaften besitzt und dazu dienen kann:
a) das System vollständig von seiner Umgebung zu isolieren oder
b) eine spezifische Wechselwirkung zwischen System und Umgebung zuzulassen.

Ein isoliertes System tauscht mit seiner Umgebung weder Masse noch Energie aus. Bei nicht-isolierten Systemen ist die Begrenzung so beschaffen, daß Energie oder Masse oder beides mit der Umgebung ausgetauscht werden können.

Wenn ein Austausch von Masse möglich ist, bezeichnet man das System als offen. Wenn nur Energie ausgetauscht wird und die Masse konstant bleibt, ist ein System abgeschlossen (aber nicht isoliert). Der Energieaustausch kann in der Form von Arbeit oder von Wärme erfolgen (ABBOTT und VAN NESS 1976). Diese Element-Relationen bestimmen die Struktur und damit auch die Größe des Systems. Da die Elemente Organismen mit einer z. T. jahrtausendealten Entwicklungsgeschichte sind, ist es sinnvoll, von einer genetischen und ökologischen Struktur eines Ökosystems zu sprechen (MÜLLER 1977).

Mit Ausnahme des ranghöchsten Ökosystems, der Geosphäre, sind die hierarchisch zu exogenen Faktoren adaptiv „geordneten" Ökosysteme als offene Systeme zu bezeichnen, da sie sowohl Masse als auch Energie nach außen abgeben (ABBOTT und VAN NESS 1976, CERNUSCA 1971, HALL und DAY 1977, PATTEN 1975, SOLBERG 1972, STUART et al. 1970 u. a.)

Ähnlich wie in der Thermodynamik spielt der theoretische Gleichgewichtszustand der ökologischen Systeme eine wesentliche Rolle (t = 0). Ökosysteme sind unter natürlichen Bedingungen sowohl durch innere als auch äußere Gleichgewichtszustände ausgezeichnet. Die Stabilität der Element-Relationen (Bindungsdichte, Kopplungs- und Vernetzungstyp) bestimmt die Struktur des Systems (MARGALEF 1975). Der Stabilitätsbereich eines Ökosystems läßt sich damit durch die Menge von Systemzuständen charakterisieren, in denen durch limitierte Inputs erzeugte Störungen ohne permanente Strukturänderungen kompensiert werden können.

WEBSTER, WAIDE und PATTEN (1975) haben vorgeschlagen, diesen „Stabilitätsbegriff" durch eine „relative Stabilität" zu ersetzen. „The argument that ecosystems are asymptotically stable focuses attention on the critical area of relative stability." Ihre „asymptotic stability" eines Ökosystems ist abhängig vom Gleichgewicht zwischen allen Strukturelementen des Systems und seinem Stoffumsatz und Stoffaustrag. Dieser Ansatz führt dazu, Belastbarkeit und Elastizität des Systems sowohl unter strukturellen als auch energetischen Gesichtspunkten zu betrachten. „Resistance is related to the formation and maintenance of persistent ecosystem structure. Resilience results from the tendencies inherent in ecosystems for the erosion of such structures" (vgl. u. a. auch HALL und DAY 1977, HOLLING 1973, LEWONTIN 1970, MACARTHUR 1955, MAY 1972, 1973, 1977, PATTEN 1974, SMITH 1972). In artenreichen Ökosystemen besitzen einzelne Elemente im allgemeinen eine höhere Bindungsdichte als in artenarmen. Daraus läßt sich ablesen, daß diese Systeme eine höhere innere Eigenstabilität besitzen können. Gegenüber äußeren Einflüssen können sie jedoch labiler oder instabiler sein als artenarme. Stabile Ökosysteme sind in der Lage, durch limitierte Inputs erzwungene Transformationen rückgängig zu machen, während sich labile dauerhaft von ihrem Ursprungszustand entfernen. Quantitativer Ausdruck der Belastung ist die Störgröße (FRÄNZLE 1977, MÜLLER 1977 u. a.).

Sie gibt den meßbaren Betrag der Störung an. Belastung ist danach der Zustand, in dem Ökosysteme erzwungene Transformationen noch rückgängig machen können. Eine Einschränkung auf eine Koppelung der Belastung an anthropogene Wirkungen halten wir nicht für zweckmäßig, da viele vom Menschen erzeugte „Belastungen" auch in freier Natur vorkommen (z. B. SO_2, Nuklide). Durch eine ökosystemare Betrachtung wird der subjektive Umweltbegriff aufgelöst und durch eine unterschiedlich große Zahl von meßbaren Bestandteilen und Faktoren ersetzt. Einen Sonderfall stellen die Schlüsselartenökosysteme dar. Diese zeichnen sich dadurch aus, daß ihre wesentlichen Strukturmerkmale entscheidend durch ein Element (z. B. eine Tier- oder Pflanzenart, Mensch) geprägt werden. Wäre der Mensch in der Lage, aufgrund seiner u. a. technologischen Fähigkeiten die Rolle der Primärproduzenten, Konsumenten und Destruenten – aufbauend z. B. auf fossiler Energie – gleichermaßen zu beherrschen, könnte er seine Städte (zumindest technologisch) selbstregulierend erhalten. Daß er dieser Forderung nicht gerecht wird, können wir weltweit beobachten. Daraus resultiert Belastung und Zerstörung der belebten Systeme unserer Erde (ALYEA et al. 1975, BACASTOW 1976, BACH 1976, BAUER und GILMORE 1975, BULLRICH 1976, MÜLLER 1977, 1978, SIMMONS 1974 u. a.).

3.2.3 Regenerationsfähigkeit und „kritische Größe"

Systeme, deren Stabilitätsbereiche durch exogene Einwirkungen überschritten wurden, sind nicht mehr in der Lage zu regenerieren. Die Regenerationsfähigkeit eines Systems ist entscheidend von der flächenhaften Wirkungsweise eines Störfaktors auf die Bindungsdichte und den Vernetzungstyp abhängig (ELLENBERG 1973).

Zur Verdeutlichung können wir uns einen Buchenwald vorstellen, von dem die eine Hälfte geschlagen wird, die andere unberührt bleibt. Der Buchenwaldrest wird unter den gegenwärtigen klimatischen Voraussetzungen erhalten bleiben, die geschlagene Fläche allmählich vom Buchenwald zurückerobert werden (Wuchspotential des Standortes). Mit dem Buchenwald ist jedoch nicht das ursprüngliche Buchenwaldökosystem zurückgekehrt.

Gerade die experimentelle Biogeographie konnte in den letzten Jahren den Nachweis erbringen, daß zwischen Flächengröße und genetischer Struktur enge Beziehungen bestehen (LACK 1976, MACARTHUR 1972, MACARTHUR und WILSON 1971, SIMBERLOFF 1976, WILSON und BOSSERT 1973 u. a.).

Zahlreiche Untersuchungen konnten belegen, daß die Aussterberate in einem System von der Flächengröße abhängt (MÜLLER 1977, SIMBERLOFF 1976 u. a.). Diese Erkenntnisse führten zur Erstellung von Flächenanforderungen für Schutzgebiete (u. a. DIAMOND 1975). Sie lassen zugleich den Schluß zu, daß nur großflächige Systeme ihre genetische Struktur über längere Zeiträume hinweg konstant erhalten können. Vielleicht sind die starken Populationsrückgänge von Tier- und Pflanzenarten in der Bundesrepublik Deutschland zu einem nicht unbeträchtlichen Anteil auf Flächeneffekte rückführbar. Weitere Argumente, die gegen eine einfache Regenera-

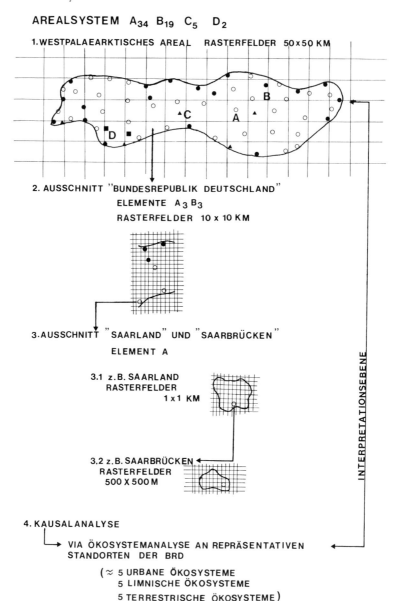

Abb. 89. Schematisierte Arbeitsschritte für die Erfassung und Analyse von Arealsystemen. In 1. wird ausgegangen von einem westpalaearktischen Arealsystem der Art A B C D mit den Allel-häufigkeiten A 34, B 19, C 5 und D 2. Seine Erfassung kann nur auf der Grundlage von 50 × 50 km Rasterfeldern gesichert werden. Diese Groberfassung muß regional verfeinert werden. Das geschieht in Arbeitsschritt 2. für die Bundesrepublik Deutschland. Die gewählte Gitternetz-feldgröße kann auf 10 × 10 km reduziert werden. Allerdings muß man sich bewußt bleiben, daß

tion des zerstörten Systems sprechen, können von den unterschiedlichen evolutiven Fähigkeiten einzelner Arten abgeleitet werden (MÜLLER 1976, PIANKA 1970, 1974). Schließlich sollte nicht vergessen werden, daß die Regenerationsfähigkeit natürlich nicht nur vom Flächenverlust, sondern entscheidend von der Verteilung eines Schadstoffes im gesamten System (BLAU und NEELY 1975, SMITH et al. 1966), seinen chemischen Eigenschaften und seinen Beziehungen zu systemeigenen und systemfremden Elementen abhängt (FREITAS et al. 1975, HUECK 1975, KLOKE 1974, KOEMAN 1975, WESTERMARK et al. 1975, WINKLER 1976).

3.2.4 Organismus und ökologisches System

Jedes lebendige System liefert über die Kenntnis seiner Struktur, Funktion und Geschichte Informationen zu einem tieferen Verständnis des von ihm belebten Raumes. Deshalb muß jeder Suche nach „Belastungsindikatoren" oder „ökologischen Kriterien" auch die Frage nach dem Informationsgehalt von Organismen innerhalb eines Ökosystems und deren Reaktionen auf endo- und exogene Faktoren zugrunde liegen.

Organismen und Populationen sind Teile sich gegenseitig bedingender, standortgebundener Biozönosen. Populationen und Biozönosen reagieren zwar nach eigenen Regeln, doch können sie nur existieren, wenn sie beständig auch Informationen über andere Komponenten aus ihrem Arealsystem speichern und verarbeiten. Deshalb kann die strukturelle und/oder energetische Analyse von Biozönosen wesentlichen Aufschluß über den von ihnen belebten Raum geben. Die biozönotische Struktur ist abhängig von der Diversität ihrer Einzelelemente (KUSHLAN 1976). Zahlreiche Methoden und mathematische Modelle wurden entwickelt, um den Informationsgehalt einer Zoozönose über die Analyse der sie zusammensetzenden Gruppen-Diversitäten zu ermitteln (NAGEL 1976, PIELOU 1975, SHANNON und WEAVER 1949 u. a.). Allgemein anwendbar sind Diversitäts-Indizes zur Charakterisierung anthropogener Belastungen, da sich die Element-Diversität eines Systems allein schon durch Veränderungen meist verringern wird. Allerdings hat sich gezeigt, daß hohe Diversität nur „Ausdruck" einer großen inneren Stabilität (= Eigenstabilität) eines Systems sein kann, offensichtlich jedoch keine Aussagekraft für die Belastbarkeit (exogene Störgröße) eines Systems besitzt.

Im Freiland lassen sich aus Veränderungen der Arealsysteme der Taxa, aus Wandlungen von Biozönosen sowie aus Reaktionen von Population und Organismen Rückschlüsse auf die sie bewirkenden Faktoren ziehen. Diese Informationen sind jedoch im allgemeinen sehr komplex, und ihre Interpretation erfordert experimentelle Untersuchungen zur ökologischen Valenz, die Erstellung von Wirkungskatastern mit Organismen im zu bewertenden Raum und Rückstandsanalysen von Schadstoffen in Freilandpopulationen und exponierten Organismen. Gegenwärtig liegen solche Un-

---

man vermutlich nur einen Ausschnitt der Alleltypenmannigfaltigkeit (deshalb A 3 B 3) des gesamten Arealsystems noch vor sich hat. Wo es lokal möglich ist (vgl. 3.1 und 3.2) können Einzelräume durch engere Rasterfelder (1 × 1 km; 500 × 500 m u. a.) abgedeckt werden. Diese werden in regelmäßigen Abständen auf das Vorkommen von Elementen des Arealsystems A B C D kontrolliert. Die Verteilung der Elemente kann mit abiotischen oder biotischen Raumfaktoren korreliert werden. Dadurch können die Gründe für das Vorkommen bereits eingeschränkt werden. Eine Kausalanalyse (Arbeitsschritt 4) ist jedoch im allgemeinen nur über eine Ökosystemanalyse möglich, die zumindest für repräsentative Standorte eines Großraumes (z. B. Bundesrepublik Deutschland) durchgeführt werden muß.

tersuchungen insbesondere aus den Verdichtungsräumen vor (vgl. Urbane Ökosysteme).

Der Verlauf von Element-Zusammensetzungen über längere Zeit in Freiland-Organismen wurde bislang noch nicht ausreichend analysiert. KAUFMANN und KAUFMANN (1975) untersuchten die Element-Zusammensetzung bei neugeborenen *Peromyscus polionotus* über sechs Wochen. Dabei zeigte sich, daß mit Ausnahme von P, Fe und Zink bei den Konzentrationen von Ca, K, Na, Mg, Al, Mn, Sr, B, Mo, Ba, N und S eine stramme Korrelation zum Trockengewicht der untersuchten Altersgruppen vorliegt (vgl. auch BAILEY et al. 1960, BRIESE 1973, SHENG und HUGGINS 1971, COUGHTREY und MARTIN 1975).

Untersuchungen an nordamerikanischen *Peromyscus polionotus* zeigen, daß die Konzentration von 13 verschiedenen Elementen (Ca, P, K, Na, Mg, Fe, Zn, Al, Mn, Sr, B, Mo und Ba) in den Tieren entscheidend vom Alter der Versuchsexemplare abhängt. Das Geschlecht der Versuchstiere hatte nur einen Einfluß auf die Konzentration von Kalium und Zink (bei ♂ höher; vgl. auch WIENER, BRISBIN und SMITH 1975).

In Abhängigkeit vom Muttergestein kommen in allen Böden der Erde mehr oder weniger große Mengen an Schwermetallen vor.

Die Zusammenhänge zwischen Schwermetallgehalt des Bodens und Vorkommen bestimmter Pflanzenarten hat erstmals THALIUS 1588 bei der Beschreibung des Standortes von *Minuartia verna* im Harz erkannt: Reperitur locis asperis secus vias, in montibus item apricis asperis potissimum circa officinas metallicas ad acervos recrementorum metallicorum. Eine typische Schwermetallvegetation ist besonders von zink-, kupfer-, blei-, mangan- und eisenreichen Böden, aber auch von nickel-, kobalt- und chromreichen Böden bekannt (vgl. COLE 1973, ERNST 1974).

Tab. 3.21. Chromgehalt von Pflanzen auf Serpentin-Böden (PROCTOR und WOODELL 1975)

Art	Chromgehalt der Pflanzen (ppm)		Chromgehalt der Böden (in ppm)
	Pflanzenteil	Asche	
Dianthus carthusianorum	Blätter	9.0	530 (Polen)
Silene inflata	Blätter	14.0	640 (Polen)
Thymus serpyllum	Blätter	0.83	640 (Polen)
Pinus sylvestris	Blätter	91.1 −124.4	3057 (Tschechoslowakei)
Pinus sylvestris	Blätter	53.7 −124.4	1816 (Tschechoslowakei)
Euphorbia nicaeensis	Blätter	1760	5600 (Italien)
Alyssum bertolonii	Blätter	190	5600 (Italien)
Andropogon gayanus	Blätter	690	125000 (Rhodesien)
A. gayanus	Wurzeln	2800	125000
Myosotis monroi	Blätter	680	6700 (Neuseeland)
Cassinia vauvilliersii	Blätter	1300	11600 (Neuseeland)
C. vauvilliersii	Blätter	815	9600 (Neuseeland)
Hebe odora	Blätter	330	13800 (Neuseeland)
H. odorata	Blätter	141	8500 (Neuseeland)

Bei Tieren ist die Anreicherung von naturfremden Stoffen entscheidend von ihrer Stellung im Nahrungsnetz abhängig. Pestizide, die auf Pflanzen gelangen (vgl. GUN-THER, IWATA, CARMAN und SMITH 1977), werden von Tieren aufgenommen und reichern sich häufig in den Endgliedern der Nahrungskette an (vgl. u. a. MATSUMURA 1975, 1977, KHAN et al. 1977).

Tab. 3.22. DDE-Rückstände in zwei Greifvögeln und deren Hauptbeutetieren in Alaska (in ppm; MATSUMURA 1975)

	DDE im Beutetier	DDE in den Eiern der Greifvögel
Greifvogel *Falco peregrinus*		
Beutetiere *Lagopus lagopus* (Standvogel)	0.19	114
Anas carolinensis (Zugvogel)	0.15	(131)
Spatula clypeata (Zugvogel)	0.21	
Greifvogel *Buteo lagopus*		
Beutetiere *Sorex cinereus*	0.24	1.21
– arcticus	0.48	(7.07)

Tab. 3.23. Konzentration von Pestiziden in aquatischen Organismen (MATSUMURA 1977)

Testorganismus	Pestizid	Konzentration (ppb)	
		Wasser	Testorganismen
Garnelen	TCDD	0,1	157
	DDT	0,5	3,092
Mückenlarven	TCDD	0,45	4,150
	DDT	0,85	14,250
Fische	TCDD	0	2
	DDT	2,1	458

Tab. 3.24. In vivo Umwandlung von DDT nach Rückstandsanalysen in Invertebraten (KHAN, KORTE und PAYNE 1977)

Invertebraten	% Rückstände (Ganzkörperanalyse)		
	DDT	DDE	DDD
Daphnia magna	73,4	19,7	6,6
Gammarus fasciatus	79,1	20,9	–
Palaemonetes kadiakennis	50,9	13,2	7,2
Hexagenia bilineata	14,9	85,0	–
Ischnura verticalis	39,2	60,2	
Libellula spec.	56,3	28,4	
Chironomus spec.	80,8	19,1	

Im Labor festgelegte Grenzwerte lassen nur die Möglichkeit zu, aus der Existenz eines Organismus auf das Nichtvorhandensein eines entsprechenden Schadstoffes zu schließen.

Bedeutungsvoll werden diese Ergebnisse für die Bewertung von Räumen erst, wenn sie in flächendeckende Informationen umgesetzt werden können. Das ist im allgemeinen an vier Arbeitsschritte gebunden:

a) Laborexperimente (u.a. Begasungsversuche) zur Aufklärung der Nischenvariablen,
b) Untersuchungen zur Transferierbarkeit der Laborbefunde auf das Freiland,
c) Expositionstests mit geeigneten Tier- und Pflanzenarten im zu bewertenden Raum (aktives Monitoring), und
d) Rückstandsanalysen von Schadstoffen in exponierten Organismen (aktives Monitoring) und Freilandpopulationen (passives Monitoring).

Zahlreiche limnische, marine und terrestrische Organismen wurden bisher autökologisch untersucht. In den letzten Jahren konzentrierte sich die Forschung besonders auf solche Arten, die entweder wirtschaftliche Bedeutung besitzen (u.a. Parasiten, Krankheitserreger, Nutztiere) oder in ihrer Resistenz gegenüber bestimmten Schadstoffen einen raschen Transfer zum Menschen gestatten. In Begasungsexperimenten wurde z.B. die Wirkung fast aller phytotoxischen Schadstoffe auch auf die traditionellen Labortiere (u.a. Goldhamster, Meerschweinchen, weiße Mäuse und Ratten) getestet. Bei einzelnen gasförmigen Stoffen zeigten sich dabei allerdings erhebliche artspezifische Resistenzunterschiede.

So sind Ratten im SO_2-Experiment z.B. wesentlich widerstandfähiger als Meerschweinchen und Grasfrösche.

Von vielen Säugern (u.a. Ratten, Mäusen, Meerschweinchen, Goldhamstern, Kaninchen, Hunden, Schweinen, Katzen, Eseln, verschiedenen Affenarten, Menschen) wird SO_2 offensichtlich zu einem erheblichen Teil bereits im Nasen-Rachenraum absorbiert (u.a. ALARIE et al. 1970, AMDUR 1958, AMDUR und UNDERHILL 1968, ANTWEILER 1973, ANTWEILER und POTT 1971, BARRY und MAWDESKY-THOMAS 1970, BATTIGELLI et al. 1969, GOLDRING et al. 1967, 1970, GREENWALD 1954, MATSUMURA 1970, ROSENBERGER 1963, SCHLIKÖTER und ANTWEILER 1974, SWORZOWA et al. 1970, SPIEGELMAN et al. 1968, WEEDON et al. 1938).

Sehr gut untersucht ist die SO_2-Resistenz der Flechten. Sie ist abhängig von ihrem Wasserzustand, dem pH-Wert ihres Thallus und ihres Substrates. Vollkommen trockene Flechten nehmen kein SO_2 auf und erleiden infolgedessen keine oder nur geringe Beeinträchtigung. Die Schädigung verläuft proportional zum ansteigenden Wassergehalt. Bei pH 3 ist eine erhebliche Schädigung bei SO_2-Begasungen nachweisbar. Mit steigendem pH-Wert bis pH 7 sinkt der Schädigungsgrad. Diese Angaben verdeutlichen, daß für die kausale Deutung der SO_2-Resistenz bzw. -Schädigung einzelner Flechtenarten die Kenntnis der mit dem SO_2 interferierenden Faktoren von erheblicher Bedeutung ist (vgl. Urbane Ökosysteme). So kommt es bei gemeinsamer Einwirkung von Äthylen und SO_2 zu additiven Wirkungen. Bei Buschbohnen trat nach 5tägiger Begasungsdauer mit 0,6 mg Äthylen pro m³ Luft und 1,8 mg SO_2/m³ eine Ertragsminderung von 40% ein, während bei alleiniger Einwirkung von Äthylen der Minderertrag 25% und bei SO_2 12% ausmachte. Bei der Gartenkresse kam die Kombinationswirkung von Äthylen und SO_2 auch gut im Schadbild zum Ausdruck. Bei Äthylen zeigten sich Vergilbungen, bei SO_2 Blattnekrosen und bei der Einwirkung von Äthylen + SO_2 sowohl Vergilbungen als auch Nekrosen, wobei die Blätter insgesamt stärker geschädigt waren als bei der Einzelwirkung. Auf Dimethylformamid, das im Emissionskataster von Köln als organische Komponente am stärksten vertreten ist (3600 t/Jahr), reagieren Pflanzen unterschiedlich. Während Radieschen, Buschbohne und Kresse nur geringe Wirkungen zeigten, starb Rotklee bei Konzentrationen von 20 mg/m³ Luft innerhalb von 5 Tagen ab.

Zu vergleichbaren Ergebnissen kommt KRAUSE (1974, 1975) bei Schwefeldioxid-Konzentrationen (0,2 mg SO_2/m³ Luft) auf Buschbohnen, die mit Cadmium, Zink und einem Cadmium-Zink-Gemisch bestäubt waren. Die Wirkung verstärkte sich sowohl bei den Einzelstäuben als auch bei dem Gemisch. Besonders die mit Cadmium behandelten Pflanzen wurden nachhaltig geschädigt.

Auch die Beleuchtungsstärke kann die Immissionswirkung beeinflussen.

Über zahlreiche andere flüssige sowie gas- und staubförmige Schadstoffe liegen ebenfalls Resistenzuntersuchungen mit limnischen und terrestrischen Organismen vor. Das gilt besonders für die chlorierten Kohlenwasserstoffe und Schwermetalle (u. a. BESCH et al. 1972, FASSBENDER 1975, GARBER 1974, HETTCHE 1971, KLOKE 1974, KNAUF und SCHULZE 1972, MATSUMURA 1975, MOORE 1966, 1974, MORIARTY 1968, NISHIUCHI und HASHIMOTO 1967, WICHARD 1974, WICHARD und SCHMITZ 1975). Auch über oral aufgenommene Schwermetall-Konzentrationen lie-

Tab. 3.25. Blattschädigung bei Buschbohnen (in % der Gesamtfläche) nach einer Bestäubung mit Zink und Cadmium, sowie einem Gemisch aus Zink und Cadmium (im Verhältnis 1 : 1) mit nachfolgender SO_2-Begasung (KRAUSE 1975)

Versuchs-dauer in Stunden	Zink		Cadmium		Zink + Cadmium		Kontrolle
	mit SO_2	ohne SO_2	mit SO_2	ohne SO_2	mit SO_2	ohne SO_2	nur SO_2
24	–	–	0,5	–	–*	–	–
48	–	–	3,0	–	0,5	–	–
72	–*	–	8,5	–	4,5	–	–
96	0,5	–	15,0	–*	11,0	–	–
120	3,5	–	22,5	0,5	16,5	–*	–
144	5,0	–	29,5	2,0	20,0	1,0	–

* Ausbildung erster Schadsymptome

Tab. 3.26. Schädigung von Laub- und Nadelbäumen bei Zunahme der Beleuchtungsstärke und relativen Luftfeuchte im Begasungsversuch bei 0,1 mg F·m⁻³ Luft (ROHMEDER und SCHÖNBORN 1967)

Beleuchtungs-stärke in Lux	Schädigung in %		Luftfeuchte in %	Schädigung in %	
	Laubbäume	Nadelbäume		Laubbäume	Nadelbäume
500	14	24	65	25	20
1300	25	40	80	39	27
2500	55	70	90	55	57
5000	63	86	99	72	93

gen vor allem für Nutztiere Grenzwertbestimmungen vor (u.a. HAHN et al. 1972, HAPKE 1972, 1974). Toxizitätsbestimmungen in Abhängigkeit von der Art der Aufnahme wurden ebenfalls für viele Stoffe durchgeführt.

Tab. 3.27. Letale Dosen (innerhalb von 48 Std.) der Fluorkieselsäure und ihrer Salze für Meerschweinchen nach oraler bzw. subkutaner Zugabe (VORONKOV et al. 1975)

Verbindung	letale Dosis ($mg \cdot kg^{-1}$)	
	oral	subkutan
NaF	250	400
H_2SiF_6	200	250
Na_2SiF_6	250	500
K_2SiF_6	250	500
$(NH_4)_2SiF_6$	150	200
$MgSiF_6$	200	400
$CaSiF_6$	100	200
$ZnSiF_6$	100	200
$Al_2(SiF_6)_3$	5000	4000

So wichtig diese Grenzwertbestimmungen auch sind, so können sie nicht darüber hinwegtäuschen, daß die Belastung eines Organismus oder einer Population im Freiland naturgemäß meist nicht von *einem* Faktor abhängt. Selbst die Wirkungsweise eines Schadstoffes ist von zahlreichen mit ihm interferierenden Faktoren abhängig, was auch durch viele Laborexperimente bestätigt wurde. Die in der Luft eines Verdichtungsraumes oder in einem Gewässer vorkommenden Stoffe stehen in z.T. außerordentlich komplizierten Wechselbeziehungen. Die Tatsache, daß Populationen in Räumen mit gleichem SO_2-Gehalt unterschiedlich reagieren, ist nicht nur auf populationsgenetische Differenzierungen zurückzuführen. Der Transfer der Laborergebnisse in die Planungspraxis muß deshalb gekoppelt werden an Informationssysteme, die als Bewertungsgrundlage exponierte Organismen mit bekannter ökologischer Valenz besitzen.

3.2.5 Ökosysteme und Speziesdiversität

Wir haben bereits festgestellt, daß in artenreichen Ökosystemen einzelne Elemente im allgemeinen eine höhere Bindungsdichte besitzen als in artenarmen. Daraus läßt sich ablesen, daß diese Systeme eine höhere innere Eigenstabilität besitzen können. Gegenüber äußeren Einflüssen können sie jedoch labiler oder instabiler sein als artenarme. Der Vernetzungstyp gilt als Maß für das Verhältnis zwischen elementeigenen, systemeigenen und systemfremden In- und Outputs. Bindungsdichte und Vernetzungstyp erhellen die Bedeutung, die ein Systemelement und/oder Teilsystem für das Gesamtsystem besitzt. Ihre Kenntnis ermöglicht, Systemverhalten auf bestimmte Reizsignale vorauszusagen.

Organismen und Populationen sind Teile sich gegenseitig bedingender, standortgebundener Biozönosen. Populationen und Biozönosen reagieren zwar nach eigenen

Regeln, doch können sie nur existieren, wenn sie beständig auch Informationen über andere Komponenten aus ihrem Arealsystem speichern und verarbeiten. Deshalb kann die strukturelle und/oder energetische Analyse von Biozönosen wesentlichen Aufschluß über den von ihnen belebten Raum geben. Die biozönotische Struktur ist abhängig von der Diversität ihrer Einzelelemente.

Zahlreiche Methoden und mathematische Modelle wurden entwickelt, um den Informationsgehalt einer Biozönose über die Analyse der sie zusammensetzenden Gruppendiversitäten zu ermitteln (u. a. Wiener 1948, Shannon 1948, Shannon und Weaver 1949, Pielou 1969, 1975, 1977, Murdoch und Oaten 1975, Patten 1975, Whittaker 1975).

Jedes abstrakte oder konkrete System, das in einzelne Elemente und von diesen abhängige Untereinheiten zerlegbar ist („set-subset systems"), läßt sich durch die spezifische Diversität seiner Elemente kennzeichnen (z. B. Artendiversität, Biomassendiversität, Ökotypendiversität). Die Speziesdiversität eines Systems ist abhängig von der Häufigkeit der vorkommenden Arten und der Gleichmäßigkeit der Verteilung der Individuen auf die einzelnen Arten (= Äquität im Sinne von Stugren 1974; evenness oder equitability im Sinne von Pielou 1969, vgl. auch de Benedictis 1973). Die Speziesdiversität kann verglichen werden mit dem „Grad der Ungewißheit", mit der man bei einem zufälligen „Griff" in ein System ein bestimmtes Informationselement erhält. Die Diversität wird folglich dann am größten sein, wenn bei möglichst großer Artenzahl alle Arten gleich häufig sind.

Artenzahl und Individuenmenge lassen sich mit folgender von Shannon (1948), Wiener (1948) und Pielou (1969, 1977) begründeten Formel zur Speziesdiversität verknüpfen:

$$H_s = - \sum_{i=1}^{s} p_i \log p_i .$$

Dabei ist H_S, die Speziesdiversität und p_i die relative Abundanz der i-ten Art. Ein System mit zwei gleich häufigen Arten besitzt danach eine größere Speziesdiversität als ein 11-Arten-System, in dem eine Art 90%, die restlichen 10 jedoch nur 1% der Individuen liefern (Wilson und Bossert 1973).

Die Möglichkeit, daß zwei Systeme gleiche H_S-Werte bei unterschiedlicher Artenzusammensetzung aufweisen, kann durch Bildung der Diversitäts-Differenz-(H_{diff})-Werte sichtbar gemacht werden:

$$H_{diff} = H_t - (H_1 + H_2)/2.$$

H_1 gibt die Artendiversität des ersten, H_2 die des zweiten Standortes und H_t die von beiden Standorten (als Einheit) an.

$$H_t = - \sum_{i=1}^{s} \frac{p_i + p_i'}{2} \log \frac{p_i + p_i'}{2} .$$

Durch p_i wird die Häufigkeit der Arten an Standort 1, durch p_i' jene an Standort 2 definiert. Fehlt eine Art in einem der beiden Systeme, wird p_i bzw. p_i' gleich Null.

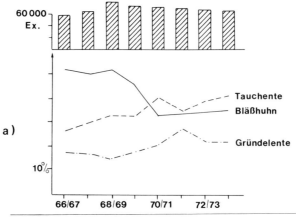

a)

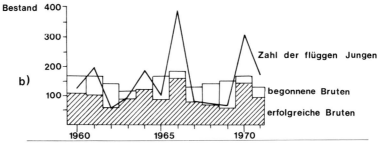

b)

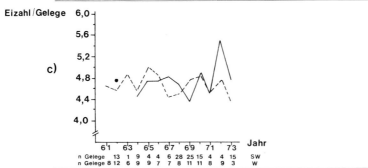

c)

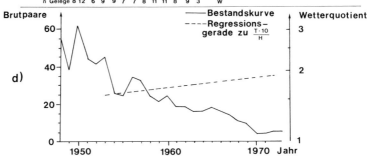

d)

Zur Verdeutlichung übernehmen wir von Nagel (1976) zwei Extrembeispiele:

a) Treten auf zwei Standorten weder in der Artenzahl noch in deren Abundanzen und Artenzusammensetzung Unterschiede auf, so ist $H_{diff} = 0$. Zum Beweis denke man sich zwei Standorte mit jeweils denselben Arten a und b, deren Individuendominanz 50% beträgt, also

$$p_a = p_b = p_a' = p_b' = \tfrac{1}{2}, \text{ dann folgt } H_t = -(\frac{\tfrac{1}{2} + \tfrac{1}{2}}{2} \log \frac{\tfrac{1}{2} + \tfrac{1}{2}}{2} + \frac{\tfrac{1}{2} + \tfrac{1}{2}}{2} \log \frac{\tfrac{1}{2} + \tfrac{1}{2}}{2})$$

$$= -2(\tfrac{1}{2} \log \tfrac{1}{2})$$

$$= -\log \tfrac{1}{2}$$

$$= \log 2$$

$$H_1 = H_2 = -[(\tfrac{1}{2}) \log (\tfrac{1}{2}) + (\tfrac{1}{2}) \log (\tfrac{1}{2})]$$

$$= -\log (\tfrac{1}{2})$$

$$= \log 2.$$

Setzen wir die Werte in die Formel für H_{diff} ein, so ergibt sich:

$$H_{diff} = \log 2 - (\log 2 + \log 2)/2$$

$$= 0$$

b) Tritt auf zwei Standorten bei gleicher Arten-Diversität eine völlig andere Artenzusammensetzung auf, dann muß sich ein maximal möglicher Diversitätswert ergeben. Zum Beweis denke man sich die Arten a und b auf Standort 1, A und B auf Standort 2, p_i sei jeweils für beide Arten $\tfrac{1}{2}$, dann gilt:

$$H_t = -(\tfrac{1}{4} \log \tfrac{1}{4} + \tfrac{1}{4} \log \tfrac{1}{4} + \tfrac{1}{4} \log \tfrac{1}{4} + \tfrac{1}{4} \log \tfrac{1}{4})$$

$$= -\log \tfrac{1}{4}$$

$$= 2 \log 2$$

$$H_1 = H_2 = \log 2.$$

Daraus folgt:

$$H_{diff} = 2 \log 2 - \tfrac{1}{2} (\log 2 + \log 2)$$

$$= 2 \log 2 - \log 2$$

$$= \log 2.$$

Das bedeutet, daß die maximal zwischen zwei Standorten mögliche Diversitätsdifferenz log 2 nicht überschreiten kann.

Diskussionen auf dem Intecol-Kongreß 1974 in Den Haag und eigene Befunde (Müller et al. 1975, Nagel 1975, Schäfer 1975, Schäfer und Müller 1976, Thome 1976) verdeutlichen Möglichkeiten und Grenzen von Diversitätsanalysen. Für die Biogeographie liefern Arten-Diversitäts- und Diversitäts-Differenz-Werte eine Möglichkeit, den Verwandtschaftsgrad von Biozönosen und den von ihnen be-

Abb. 90. Populationszyklen von Vogelarten in verschiedenen Gebieten der Bundesrepublik Deutschland (aus Müller 1976). In a wird der Verlauf von Tauchenten-Bläßhuhn- und Gründelenten-Populationen, in b die Entwicklung einer Mäusebussard-Population *(Buteo buteo)* auf der Schwäbischen Alb, in c die Entwicklung von zwei Dorngrasmücken-Populationen *(Sylvia communis)* und in d der Populationsverlauf einer Rotrückenwürger-Population *(Lanius collurio)* am Mindelsee dargestellt.

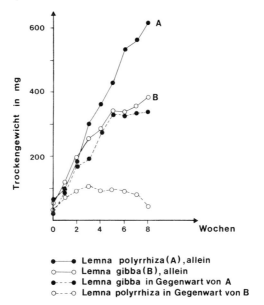

Abb. 91. Phytomassenproduktion der Wasserlinsen *Lemna polyrrhiza* (A) und *Lemna gibba* (B). Durch schwarze Punkte und durchgezogene Verbindungslinien ist die Phytomassenproduktion von isoliert aufgezogenen *L. polyrrhiza* gekennzeichnet, durch offene Kreise und durchgezogene Verbindungslinien jene von *L. gibba*. Schwarze Punkte bzw. weiße Punkte mit unterbrochenen Linien geben die Produktion von *gibba* (schwarz) bzw. *polyrrhiza* (weiß) bei Anwesenheit der jeweils anderen Art an.

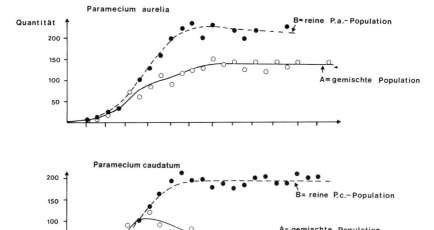

Abb. 92. Quantität von *Paramecium aurelia* und *P. caudatum* bei Einzelhaltung und in gemischten Populationen.

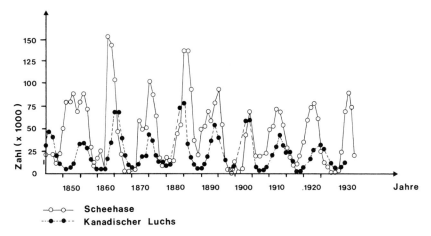

Abb. 93. Zusammenhang zwischen Schneehasen- und Luchspopulation als Beispiel für eine Räuber-Beute-Beziehung (erstellt nach der Zahl eingelieferter Felle der Hudsonbai Comp.).

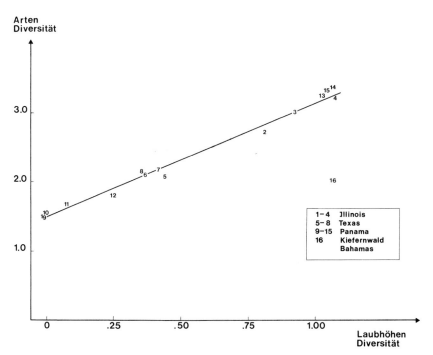

Abb. 94. Zusammenhang zwischen Laubhöhen-Diversität und Artendiversität in verschiedenen Nord- und Mittelamerikanischen Waldtypen (nach KARR 1974).

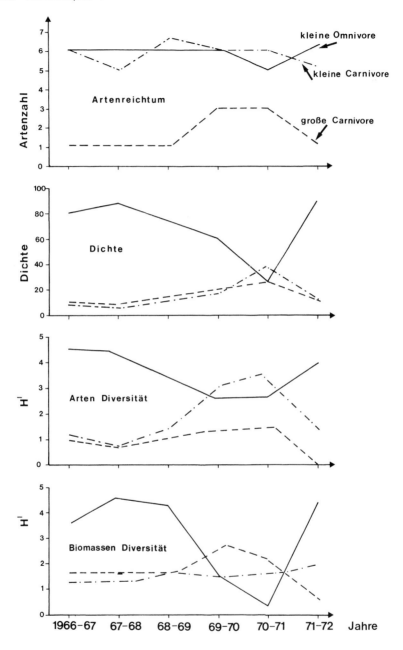

Abb. 95. Verlauf und Verhältnis von Artenreichtum, Dichte, Arten- und Biomassen-Diversität (1966–1972) in einem nordamerikanischen Ökosystem (nach MÜLLER 1977).

lebten Standorten zu bestimmen. Allgemein anwendbar sind Diversitätsindizes zur Charakterisierung anthropogener Belastungen, da sich die Spezies diversität eines Systems allein schon durch Veränderungen der relativen Abundanzen der „systemeigenen" Organismen meist verringern wird. Der Grad dieser Veränderung ist jedoch ebenfalls von der Strukturdiversität des Lebensraumes der Biozönose abhängig. So wird z. B. die Diversität und Verbreitung der Benthoszoozönosen in der Saar nicht nur von der chemisch-physikalischen Belastung, sondern ebenfalls durch die Strukturmerkmale des Ufers und die hydrographische Situation des Flußabschnittes bestimmt (MÜLLER und SCHÄFER 1976, SCHÄFER und MÜLLER 1976).

Diversität und Information sind transferierbar. Es ist das Verdienst u. a. von MAC-ARTHUR (1955), MARGALEF (1957, 1958, 1975), PIELOU (1969, 1975) und STU-GREN (1974), die notwendigen Voraussetzungen geschaffen zu haben, um informa-

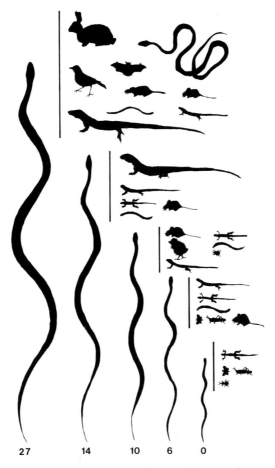

Abb. 96. Beutespektrum unterschiedlich alter *Coluber viridiflavus carbonarius* (nach BRUNO, DOLCE, SAULI und VEBER 1973). Die Kenntnis der Nahrungsnetze ist grundlegende Voraussetzung für das Verständnis von Ökosystemen.

tions- und kommunikationstheoretische Denkweisen in die Ökologie zu integrieren.

Der Artenreichtum eines Lebensraumes ist abhängig von der Vielfalt seiner Lebensbedingungen und von seiner Geschichte (MACARTHUR und CONNELL 1970, MÜLLER 1972, 1973, 1974). Entscheidende Bedeutung hat der Habitatreichtum eines Standortes dann, wenn zahlreiche Arten innerhalb der Biozönose miteinander konkurrieren (SHUGART und PATTEN 1972, NEVO et al. 1972, BOX 1973, MATHER 1973, CODY 1973, HAVEN 1973).

Konkurrenzdruck und Zahl der Nischen in einem Biotop steuern ebenfalls den Artenreichtum und stehen in enger Beziehung zur Diversität (MURDOCH und OATEN 1975). Der Begriff ökologische Nische bezeichnet die Rolle, die eine Art aufgrund ihrer Ansprüche an die Umwelt und ihrer Nutzung der Umweltgegebenheiten innerhalb eines Ökosystems einnimmt, d.h. innerhalb der Beziehungen einer Lebensgemeinschaft untereinander und zu ihrer gemeinsamen Umwelt. Nische ist hier also nicht räumlich gemeint, sondern bezeichnet ein Beziehungssystem zwischen verschiedenen Arten und Umweltgegebenheiten (IMMELMANN 1976). Nische ist damit der „Beruf" einer Art in einem System. Sie kann sich im Lebenszyklus einer Art verändern. Je einheitlicher die Umweltbedingungen, um so weniger miteinander konkurrierende Arten können auf die Dauer gesehen nebeneinander leben. Je vielgestaltiger die Umwelt, um so mehr Arten können nebeneinander leben.

Die Richtigkeit dieser Regel läßt sich durch einfache Versuche aufzeigen, wie sie von GAUZE (1934), CROMBIE (1946) und FRANK (1952, 1957) durchgeführt wurden. CROMBIE brachte Käferarten der Gattungen *Tribolium* und *Oryzaephilus* in Glaskästen zusammen. Hielt er die Kästen steril (ohne Glasröhrchen, in die sich die kleinere Art, *Oryzaephilus*, verkriechen konnte), so wurden Larven von *Oryzaephilus* nach etwa 170 Tagen von *Tribolium* ausgerottet. Bei Zugabe von feinen Glasröhrchen konnten beide Arten koexistieren.

3.2.6 Pflanzen- und Tiersoziologie

Die Existenz von Tieren und Pflanzen ist naturgemäß eng mit der trophischen Struktur und Funktion von Ökosystemen verknüpft. Damit hängt die Struktur von Biozönosen von den tages- und jahreszeitlichen Schwankungen der artspezifischen Nischenvariablen ab. Da die Biozönosen an eine bestimmte Standortqualität gebunden sind, ändern sie sich oftmals dort, wo sich das Zusammenwirken der Geländefaktoren ändert. Das kann bedeuten, daß innerhalb einer Naturlandschaft mit verschiedenen Biozönosen Flächen desselben Fliesensystems dieselbe Biozönose besitzen. Die räumliche Gliederung der potentiellen natürlichen Vegetation, die das gegenwärtige Wuchspotential eines Standortes verdeutlicht (SCHWICKERATH 1944, 1954), wird damit zum Indikator für die Physiotope einer Landschaft (vgl. SCHMITHÜSEN 1967). Durch die Kartierung bestimmter Gesellschaftsstufen, zum Beispiel aus Ackerunkrautgesellschaften, läßt sich nicht nur das Alter der Rodungsflächen erkennen, sondern auch (über die Kenntnis der Sukzessionsfolge) die zukünftige Landschaftsentwicklung (TÜXEN 1950, 1956, 1970). Eng korreliert sind Wuchsleistungen und Substrateigenschaften (u.a. SEIBERT 1968, PFADENHAUER 1975).

Häufig bestehen enge Beziehungen zwischen den angebotenen Nährstoffen im Boden und ihrer Konzentration in einzelnen Pflanzenteilen (z.B. Blättern). Allerdings zeigen solche Zusammenhänge häufig eine jahreszeitliche und altersabhängige Periodik (vgl. u.a. HÖHNE und NEBE 1964).

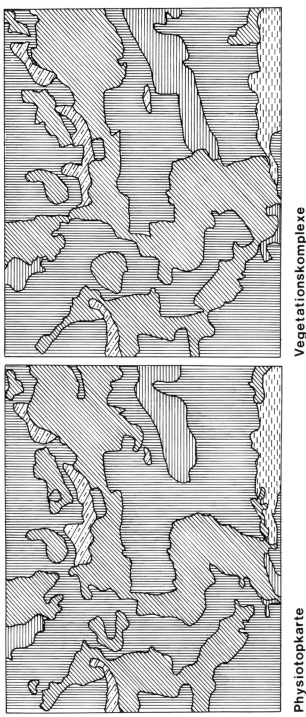

Physiotopkarte

	Staunässegley – Physiotope der Hoch – und Hanglagen
	Staunässegley – Physiotope der Tieflagen
	Braunerde – Physiotope (gleyartige Braunerde)
	Semigley – Physiotope
	Gley – Physiotope

Vegetationskomplexe

	Querco – Carpinetum asperuletosum
	Querco – Carpinetum athyrietosum, Arum – Variante
	Querco – Carpinetum athyrietosum, typische Variante
	Querco – Carpinetum athyrietosum, arme Variante
	Pruno – Fraxinetum

Abb. 97. Verbreitung von Physiotopen und Vegetationskomplexen (nach TRAUTMANN 1972, aus MÜLLER 1977) als Beispiel für den Zusammenhang zwischen abiotischen Faktorenkomplexen und der Verbreitung von Pflanzenassoziationen.

Am Beispiel des Hammelsberges bei Perl im Dreiländereck zwischen Frankreich, Deutschland und Luxemburg hatten wir das auch für Tiere näher ausgeführt (MÜLLER 1971). Das Hammelsbergplateau (oberhalb 330 m) wird gegenwärtig ackerbaulich genutzt. Der Berg verdankt sein heutiges Aussehen dem Menschen. Eine pflanzensoziologische Aufnahme des Gebietes zeigt, daß auf dem Südwesthang zwar Halbtrockenrasengesellschaften noch dominieren, doch drängen an vielen Stellen bereits Buchenkeimlinge vor. Der Nordhang erscheint im pflanzensoziologischen Bild, von geringfügigen Ausnahmen abgesehen, als Kalkbuchenwald, und zwar vom Typ des Melico-Fagetum. Aus den bisherigen Kenntnissen über die weitere Sukzessionsfolge können wir annehmen, daß sich als Klimaxgesellschaft auf dem Nordhang und der ackerbaulich genutzten Plateaufläche ein Melico-Fagetum und auf dem Südhang ein Eichen-Buchen-Mischwald (mit Buchendominanz) einstellen würde.

Die Befunde bei den Bodenzoozönosen, unter denen es extrem feine Indikatoren für bestimmte Geländefaktoren gibt (RABELER 1967, ANT 1969, THIELE und BECKER 1975 u. a.), fügen sich widerspruchslos in dieses Bild ein. Die am Hammelsberg vor-

Tab. 3.28   Vergleich des Coleopteren-Bestandes im Eichen-Hainbuchen-Wald und im Buchen-Traubeneichen-Wald (THIELE und KOLBE 1962)

	Eichen-Hainbuchen-Wald	Buchen-Traubeneichen-Wald
Waldtiere der Fagetalia (nur im Eichen-Hainbuchen-Wald)		
Carabus coriaceus	20	
Pterostichus niger	22	
– strenuus	12	
– madidus	14	
Abax parallelus	19	
– ovalis	40	
Molops elastus	41	
– piceus	76	
Lathrimaeum unicolor	15	
– atrocephalum	10	
Domene scabricollis	7	
Habrocerus capillaricornis	2	
Epipolaeus caliginosus	9	
Feldtiere (nur im Eichen-Hainbuchen-Wald)		
Nebria brevicollis	38	
Pterostichus vulgaris	4	
Oxytelus rugosus	2	
Tachinus rufipes	8	
Waldtiere der Fagetalia (im Eichen-Hainbuchen-Wald häufiger)		
Trichotichnus laevicollis	59	18
Pterostichus cristatus	328	60
Othius myrmecophilus	13	2
Philonthus decorus	501	52

Feldtiere
(im Eichen-Hainbuchen-Wald häufiger)

Omalium rivulare Payk.	42	8
Oxytelus sculpturatus Grav.	12	1
Im Buchen-Traubeneichen-Wald häufiger		
Carabus problematicus Thoms.	34	130
Nur im Buchen-Traubeneichen-Wald		
Cychrus attenuatus F.		12
Ohne sichere Häufigkeitsunterschiede		
Carabus nemoralis Müll.	2	6
Trechus quadristriatus Schrk.	3	7
Pterostichus oblongopunctatus F.	27	40
Abax ater Vilg.	488	360
Agonum assimile Payk.		4
Anacaena spec.		3
Megasternum boletophagum Marsh. (?)	2	1
Phosphuga atrata L.	1	
Leptinus testaceus Müll.		1
Nargus wilkini Spence	6	14
– *anisotomoides* Spence	1	
Choleva spec.	3	
Catops spec.	21	1
Liodes	1	1
Agathidium spec.	1	
Neuraphes spec.	1	
Ptiliidae gen. spec.		2
Proteinus brachyterus F.	1	
– *macropterus* Gyll.	1	
Omalium caesum Grav.	1	1
Olophrum piceum Gyll.	1	
Acidota cruentata Mannh.		1
Lathrobium fulvipenne Grav.		3
Othius punctulatus Gze.	3	1
Philonthus fimetarius Grav.	1	
Quedius fuliginodus Grav.	7	4
– *picipennis* Payk. v. molochinus Grav.	12	10
Mycetoporus spec.		1
Bryocharis cingulata Mannh.	1	1
– *inclinans* Grav.	1	1
Tachinus laticollis Grav.	3	
Ilyobates nigricollis Payk.		3
Absidia rufotestacea Letzn.		1
Epuraea spec.	1	
Rhizophagus spec.	5	
Cryptophagus spec.	4	
Atomaria spec.	1	
Lathridius nodifer Westw.		1
Rhinosimus planirostris F.		1
Geotrupes stercorosus Schiba		
(= silvaticus Panz.)	4	
Peritelus hirticornis Germ.		1
Barypithes araneiformis Schrk.	9	3
Barynotus moerens F. (= elevatus Marsh.)	1	

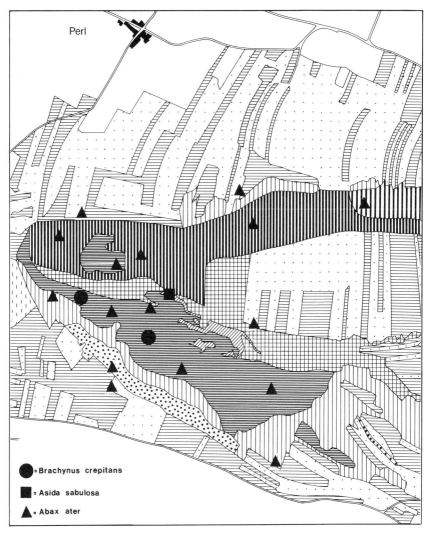

Abb. 98. Verbreitung von Pflanzenassoziationen und drei Käferarten am Hammelsberg bei Perl im Dreiländereck Deutschland–Frankreich–Luxemburg. Die lithophile *Asida sabulosa* kommt an den Kalkfelsvorsprüngen vor; das Buchenwaldtier *Abax ater* kommt sowohl auf Melico- (senkrechte Schraffur) als auch auf Carici-Fagetum-Standorten (waagrechte Schraffur) vor. Die Carici-Fagetum-Standorte (Wuchspotential) werden gegenwärtig von einem Mesobrometum eingenommen. Deshalb treten dort auch wärmeliebende Arten wie *Brachynus crepitans* auf.

kommenden Organismen zeigen, daß dieses Gebiet vom Wuchspotential her Wald-land ist. Der Trockenrasen, der das Besondere des Hammelsberges ausmacht, wird zugunsten eines Eichen-Buchen-Mischwaldes verschwinden. Mit Recht hat TROLL (1968) darauf hingewiesen, daß zum vollen Verständnis der ökologischen Dynamik eines Gebietes eine biozönologische Analyse „unentbehrlich" ist. Die Untersuchun-gen der letzten Jahre haben überzeugend die Bedeutung pflanzen- und tiersoziologi-scher Methoden für die Aufklärung von Raumqualitäten erbringen können. Aller-dings hat sich auch gezeigt, daß die konsequente Anwendung pflanzensoziologischer Methoden auf Zoozönosen nicht nur auf informationstheoretische Bedenken, son-dern auch auf praktische Probleme stößt.

3.2.7 Ökogradienten

Viele Populationen zeigen Merkmalsgradienten, die korreliert zu in den jeweiligen Biomen oder Regionen vorhandenen Umweltparametern verlaufen (BRUES 1972). Häufig weisen sie eine Abhängigkeit zu geographisch-klimatischen Faktoren auf (KURTEN 1973). Verschiedene zoogeographische Regeln verdeutlichen diese engen Beziehungen zwischen geographisch-klimatischen Faktoren und der Differenzierung der Taxa. Regelmäßigkeiten der geographischen Variabilität bezogen auf einen Kli-magradienten (Klimaregeln) kommen zum Ausdruck u. a. in der:

1. Bergmann'schen Regel, die eine Zunahme der Körpergröße von Warmblütlern in kälteren Klimaten impliziert;
2. Allen'schen Regel, die eine Verringerung der Länge von Körperanhängen (Extre-mitäten, Schwanz, Ohrmuschel) in kälteren Klimaten annimmt;
3. Rensch'schen Haarregel, die eine Haarreduktion bei Mammaliern mit steigender Temperatur voraussetzt;
4. Gloger'schen Regel, wonach Subspezies in warmen und feuchteren Gebieten stär-ker pigmentiert sind als in kühleren und trockeneren;
5. Hesse'schen Regel, wonach das relative Herzgewicht in kühleren Klimaten zu-nimmt.

Zahlreiche Organismen, die in bestimmten Lebensräumen leben, besitzen kenn-zeichnende Anpassungen. Diese Lebensformen können in verschiedenen Verwandt-schaftsgruppen als Antwort an besondere Umweltfaktoren auftreten (Konvergenz; vgl. auch Substratrassen). So besitzen Bodentiere im allgemeinen bezeichnende An-passungen an das unterirdische Leben. Obwohl unterschiedlichen systematischen Gruppen zugehörend, finden sich beim australischen Beutelmull *(Notoryctes typh-lops)*, dem afrikanischen Goldmull *(Chrysochloris capensis)*, dem europäischen Maulwurf *(Talpa europaea)* und dem Apotheker-Skink *(Scincus scincus)* der nord-afrikanischen Halbwüsten in der Ausbildung des Kopfes und der Extremitäten be-merkenswerte Übereinstimmungen (SPATZ und STEPHAN 1961). Bei Wüstenschlan-gen (u. a. der nordamerikanischen Klapperschlange *Crotalus cerastes*, den Saharavi-pern *Cerastes vipera* und *Cerastes cerastes* und der Namibviper *Bitis perenguyi*) tritt als Anpassungsform an offene Landschaften Seitenwinden als Fortbewegungsform auf. Weitere hochinteressante Anpassungsformen sind das Eingraben in den Sand, das Verrücken der Augen an die Kopfoberfläche und das Verzichten auf das für Schlangen so kennzeichnende Zischen als Warnung (dagegen werden die Schuppen aneinander gerieben).

3.2.8 Lebensformen

Die Gesamtheit der „als Umweltanpassungen zu bezeichnenden Merkmale, seien diese nun Strukturen oder Verhaltensweisen",... bilden die Lebensform eines Organismus (KOEPCKE 1971, Seite 6). Lebensäußerungen der Organismen, wie z.B. Schwimmen, Fliegen, Laufen, Flucht, Jagen, Sammeln, Weiden oder Schutz durch Riesenwuchs, die den Grundprinzipien nach verschiedene Lebensweisen erfordern, werden von KOEPCKE in Anlehnung an REMANE (1951, Seite 354) als Lebensweisetypen bezeichnet. Lebensweisetypen spiegeln sich jedoch in der Struktur und Gestalt der Organismen wider. Diese Lebensformtypen werden als „individualisierte Umweltanpassungskomplexe" verstanden (vgl. auch REMANE 1943, RUNGE 1955, RUSIAMOV 1955).

„Die Gestalt der Pflanzen bestimmt das Bild der Vegetation und damit zu einem wesentlichen Teil die Physiognomie der Landschaft... Die Formenfülle bleibt, solange ihre Ordnung allein auf die Systematik begründet ist, unübersehbar (SCHMITHÜSEN 1968).

RAUNKIAER (1903, 1905) unterschied 30 „Lebensformen" bei höheren Pflanzen, die er zu fünf Großgruppen zusammenfaßte:

1. Phanerophyten = Pflanzen, deren Erneuerungsknospen über 1 m über dem Erdboden liegen;
2. Chamaephyten = Pflanzen, deren Knospen bis 25 cm über dem Erdboden liegen;
3. Hemikryptophyten = Pflanzen, deren Knospen dicht an der Erdoberfläche liegen;
4. Kryptophyten = Pflanzen, deren Knospen im Boden überdauern, während ihre oberirdischen Teile absterben;
5. Therophyten = Einjährige (annuelle) Pflanzen, die ungünstige Jahreszeiten als Samen überdauern.

SCHMITHÜSEN (1968) differenziert nach 30 Wuchsformenklassen:

1. Kronenbäume Makrophanerophyten
2. Schopfbäume
3. Baumgräser
4. Baumwürger
5. Lianen
6. Sträucher; Nanophanerophyten
7. Zwergbäume
8. Stammsukkulente
9. Krautstammpflanzen
10. Epiphyten
11. Zwergsträucher
12. Halbsträucher
13. Zwerg-Sukkulenten
14. Chamaephytische Stauden
15. Hemikryptophytische Holzpflanzen
16. Hemikryptophytische Stauden
17. Winterannuelle
18. Geophyten-Stauden

19. Therophyten-Kräuter
20. Schwimmblattpflanzen
21. Submerse Kräuter
22. Thallus-Epiphyten
23. Thallus-Chamaephyten
24. Thallus-Hemikryptophyten
25. Thallus-Geophyten
26. Thallus-Therophyten
27. Edaphophyten
28. Thallus-Hydrophyten
29. Planktophyten
30. Endophyten.

Lebensformen sind die ökologische Antwort eines lebendigen Systems auf die Herausforderungen seiner Umwelt. Nicht nur klimatische und pedologische Faktoren haben sie geprägt, sondern eine Fülle von biotischen Elementen. Ihre Verteilung im Raum kann Aufschluß geben über wichtige jahreszeitliche Klimaschwankungen oder Bodeneigenschaften.

Tab. 3.29. Lebensformen-Spektrum von Floren auf Serpentin-Gesteinen (PROCTOR und WOODELL 1975)

Gebiet	% von Phanerophyten	Chamaephyten	Hemikryptophyten	Geophyten	Therophyten	Artenzahl
Quarz-Diorit (Siskiyou Mountains, USA)	32	12	30	24	2	84
Serpentin (Siskiyou Mountains, USA)	20	19	44	15	3	116
Diorit-mesic (Siskiyou Mountains, USA)	35	14	28	21	2	72
Serpentine-mesic (Siskiyou Mountains, USA)	27	19	35	18	1	88
Diorit-xeric (Siskiyou Mountains, USA)	31	8	42	13	6	47
Serpentine-xeric (Siskiyou Mountains, USA)	15	17	43	14	11	76
Mesophytische Wälder	34	8	33	23	2	–
Serpentin; Toscana, Italien	11	9	40	15	26	405
Serpentin; Washington, USA	0	14	80	6	0	–
Serpentin; Schottland	0	7	77.5	3.5	12	58

4 Arealsysteme und Ökosysteme

Wie wir in den Kap. 3.2.1 und 3.2.2 ausführten, sind Arealsysteme auf vielfältige Weise mit Ökosystemen verbunden. Die Kenntnis der Struktur und Funktion von Seen, Mooren, Flüssen oder Städten – um nur einige in die Biome (Großlebensräume der Erde; vgl. Kap. 5) integrierte Ökosysteme zu nennen – ist deshalb auch eine Voraussetzung für eine kausale Arealinterpretation.

4.1 Ökosystem See

Wie jedes terrestrische Ökosystem, so besitzt auch ein See eine spezifische Struktur, Funktion und Geschichte. Es ist deshalb nicht verwunderlich, daß es ein Limnologe, nämlich WOLTERECK (1928), war, der erstmals am Beispiel eines Sees und dessen Fauna von „Ökologischen Gestaltsystemen" sprach und damit inhaltlich das formulierte, was später von TANSLEY (1935) auf die terminologische Form „Ökosystem" gebracht wurde.

Abb. 99. Amazonischer Varzea-See mit *Victoria regia* (60 km östlich Manaus; 1964).

4.1.1 Struktur und Dynamik

Obwohl scheinbar isoliert, ist ein See dennoch auf vielfältige Weise mit seiner Umgebung verknüpft.

Sein Wasserkreislauf wird entscheidend von seiner geographischen Lage geprägt. Deshalb ist es berechtigt, bei einer Seetypologisierung von stehenden Gewässern im Polarbereich (Oberfläche während mehrerer Monate zugefroren; wärmstes Wasser in der Tiefe), den Warmwasserseen der Tropen (bzw. Subtropen) und den Seen der gemäßigten Breiten zu sprechen. Man sollte sich aber bewußt sein, daß damit regionale Besonderheiten nicht erfaßt werden können. Niederschläge, Verdunstung und mannigfache Einflüsse ufernaher terrestrischer Systeme modifizieren ihren Wasserhaushalt. Auch die unterseeische Profilgestaltung ist von erheblicher Bedeutung (vgl. u. a. H. MÜLLER 1976).

Im Vergleich zur Lithosphäre oder den Ozeanen ist jedoch die in den stehenden und fließenden Gewässern vorhandene Wassermenge relativ gering. Ungefähr 1,8% der Festlandfläche (= 2,5 Mio. km²) werden von Seen eingenommen, wobei die flächenmäßig größten Seen der Kaspi- mit 424 300 km², der Tanganjika- mit 35 000 km² und der Baikalsee mit 33 000 km² sind.

Prozentuale Verteilung der Wassermenge in der Biosphäre:

1. Ozeane	83,51 %
2. Lithosphäre	15,45 %
3. Eis	1,007 %
4. Grundwasser	0,015 %
5. Stehende und fließende Gewässer	0,015 %
6. Atmosphäre	0,0008 %

Wechselnde ökologische Veränderungen in der Umgebung eines Sees (u. a. Klima) haben Auswirkungen auf den See, die u. a. zu veränderter Sedimentationsgeschwindigkeit führen können und deren Ausmaß durch See-Sedimentanalysen nachvollzogen werden kann. Strukturveränderungen des Ökosystems See müssen deshalb im Zusammenhang mit den Biomen betrachtet werden (vgl. Kap. 5).

Angaben über die in verschiedenen Jahrhunderten wechselnde winterliche Eisdecke der mitteleuropäischen Seen sind verläßliche Zeugen für die Temperaturschwankungen vergangener Zeiten. Seit dem 9. Jahrhundert hatte der Bodensee z.B. in folgenden Jahren eine geschlossene Eisdecke (nach STEUDEL 1882 und WAGNER 1964):

9. Jh.: 875, 895
10. Jh.: 928
11. Jh.: 1074, 1076
12. Jh.: 1108
13. Jh.: 1217, 1227, 1277
14. Jh.: 1323, 1325, 1378, 1379, 1383
15. Jh.: 1409, 1431, 1435, 1460, 1465, 1470, 1497
16. Jh.: 1512, 1535, 1560, 1564, 1565, 1571, 1573
17. Jh.: 1683, 1695
18. Jh.: –
19. Jh.: 1830, 1880
20. Jh.: 1963

Tab. 4.1. Chemische Zusammensetzung des antarktischen Vanda-Sees (Mc Murdo Region; GOLDMAN 1970)

Seetiefe	Na	K	Ca	Mg	Cl	HCO$_3$	SO$_4$
6	28	10	46	9	150	–	–
11	34	11	–	–	200	41,5	7
24	26	9	43	11	150	–	–
36	120	40	190	47	600	–	–
48	185	80	1070	293	3350	–	–
60	5120	690	20534	7039	64500	–	–
65	6761	766	24254	7684	75869	126	770

Antarktische Seen besitzen ganzjährig eine z. T. mächtige Eisdecke und eine durch fehlende Durchmischung fast gleichmäßige chemische Schichtung.

Die spezifischen Eigenschaften des Mediums Wasser (u. a. Dichtemaximum = 3,94 °C; Siedepunkt = 100; Dielektrizitätskonstante = 78,54; Verdampfungswärme in kcal = 545,10; Wärmeleitfähigkeit bei 25 °C in cal [cm × sec × °C] = 0,00136) beeinflussen und bedingen die Existenz der Organismen und Biozönosen.

Mit zunehmender Temperatur und abnehmendem Druck vermindert sich gemäß dem Henryschen Gesetz (Sättigungskonzentration eines Gases = temperaturabhängiger Löslichkeitskoeffizient × Partialdruck des Gases) die Löslichkeit eines Gases im Wasser. Mit höherer Temperatur sinkt damit der Sauerstoffgehalt eines Sees, während zugleich der Sauerstoffbedarf für die im See lebenden Wassertiere steigt. Die Ermittlung der Sauerstoffzehrung und des Sauerstoffdefizits eines Gewässers sind deshalb von entscheidender Bedeutung für die Beurteilung der Belastung eines Sees. Die Sauerstoffzehrung wird durch Messen des Sauerstoffgehaltes einer Wasserprobe bei der Entnahme und 48 Stunden danach bestimmt. Die Differenz aus beiden Werten ist die Sauerstoffzehrung. Das Sauerstoffdefizit ist der Sauerstofffehlbetrag zwischen dem tatsächlich ermittelten Sauerstoffgehalt und dem theoretischen Sauerstoffsättigungswert, der der Wassertemperatur zur Zeit der Probenentnahmen entspricht. Die vertikalen Seegradienten (hydrostatischer Druck, Temperatur, Licht und chemische Faktoren) gliedern die Wassermasse des Sees in ein Mosaik von Raumarealen unterschiedlicher Attraktivität für Wasserorganismen. Seespezifische Verteilungsstrukturen der Organismen und Wanderungen zwischen Wasserkörpern verschiedener Qualität sind hiermit ursächlich verknüpft (GOLTERMAN 1975, HALBACH 1975). Zwei große Lebensräume lassen sich in jedem See unterscheiden: das *Pelagial* und das *Benthal*. Das Pelagial oder die Freiwasserzone wird von Organismen bewohnt, deren Entwicklungszyklen im offenen Wasser ablaufen. Dagegen sind die Benthalbewohner an den Seeboden gebunden. Die Benthalregion läßt sich untergliedern in die Uferzone oder Litoral und die Tiefenzone, das Profundal. Die Grenze zwischen Litoral und Profundal liegt in der Kompensationsebene, die dadurch gekennzeichnet werden kann, daß unterhalb dieser Ebene die meisten photoautotrophen Organismen keine positive Photosynthesebilanz mehr besitzen. Demnach gliedert die Kompensationsebene den See in eine trophogene Zone mit überwiegend photoautotropher Produktion und eine tropholytische Ebene. Die lichtdurchflutete trophogene Zone des

Pelagials wird als Epipelagial, seine tropholytische Zone als Bathypelagial bezeichnet. Kennzeichnend für den oberen Teil mitteleuropäischer Seen sind Röhrichtgürtel mit emersen Pflanzen (u. a. *Scirpus lacustris, Phragmites communis, Typha, Alisma*). An sie schließt sich, besonders in windgeschützten Seeteilen, ein Schwimmblattgürtel mit Nymphaceen und *Potamogeton*-Arten an, der zum Seeboden hin zunächst von submersen Wasserpflanzen (u. a. *Myriophyllum, Ceratophyllum, Elodea, Valisneria*), dann von überwiegend aus Characeen gebildeten unterseeischen Wiesen abgelöst wird. Die Lebensgemeinschaft unterhalb der Kompensationsebene eines Sees, des Profundals und des Bathypelagials, baut seine Existenz auf der Biomasse und Produktion der Organismen im Litoral und Epipelagial auf. Die aus den Produktionsprozessen des Sees stammenden Sedimente werden im Profundal als Dy oder Gyttja abgelagert. Dy entwickelt sich in Humusgewässern (dystrophe Seen) durch intensive Zufuhr von allochthonem Material, z. B. Fallaub, während Gyttja aus feinpartikulären Organismenresten besteht und kennzeichnend ist für oligotrophe und eutrophe Seen. Nach dem Gehalt an Schwebstoffen (vor allem Huminsäuren) lassen sich die stehenden Gewässer auch in Dystrophe oder Braunwasser-Seen (hoher Huminstoffgehalt) mit geringer Sichttiefe (z. B. Moorgewässer) und in Klarwasserseen (wenig Trübungssubstanz) untergliedern.

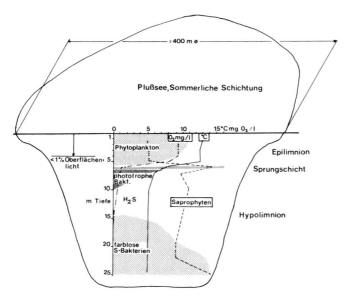

Abb. 100. Vertikale Gliederung eines schleswigholsteinischen Sees (Plußsee; nach OVERBECK, aus MÜLLER 1977).

Im Wasser gelöste Substanzen, physikalische Faktoren und die Biomasse stehen im See in komplizierten Wechselbeziehungen, die jahreszeitlichen Schwankungen unterworfen sind. Eine Definition einzelner Seetypen läßt sich deshalb umfassend nach der jeweiligen Jahresperiodik ihrer Struktur vornehmen. Die oberen Wasserschichten sind im allgemeinen ausreichend mit Sauerstoff versorgt (Epilimnion) und weisen durch die ständige Umwälzung eine gleichmäßige Temperaturschichtung auf. Im darauntergelegenen Metalimnion (= Sprungschicht) sinkt die Temperatur rasch ab und nähert sich in der Tiefenzone der Seen (= Hypolimnion) der 4 °C Wassertemperaturlinie, bei der das Wasser sein höchstes spezifisches Gewicht besitzt. Diese Schichtung kann in holomiktischen Seen z. B. durch eine Frühjahrs- und Herbst-Vollzirkulation zumindest kurzfristig durch Vermischung des Oberflächen- und Tiefenwassers zerstört werden. Meromiktische Seen besitzen keine Volldurchmischung, was in vielen Fällen auf ein unterschiedliches spezifisches Gewicht der einzelnen Wasserschichten oder auf ihre windgeschützte Lage zurückgeführt werden kann.

An diese Dynamik sind pelagiale Organismen, autotrophe Algen, heterotrophe Makro- und Mikrokonsumenten ebenso gebunden wie benthale Makrophyten und die Bakterien, von denen ein erheblicher Teil der Sekundärproduktion geliefert wird (OVERBECK 1972, 1974). Zur Zeit der sommerlichen Wasserschichtung wird in mitteleuropäischen Seen das im Epilimnion vorhandene Phosphat meist aufgebraucht. Eine „Regeneration" des Phosphatspiegels aus dem phosphatreicheren Hypolimnion wird durch die Sprungschicht in kleineren Seen unterbunden und kann erst mit einsetzender Vollzirkulation im Winter nachgeliefert werden. Die Phosphatanreicherung im Hypolimnion ist darauf zurückzuführen, daß das im sauerstoffreichen Teil des Sees als kolloidales $Fe(OH)_3$ vorkommende Eisen den anorganischen Phosphor bindet und ihn durch Absinken ins sauerstoffarme Hypolimnion transportiert. Durch Reduktion des Eisens bzw. häufiger Eisensulfidbildung wird die Bindung wieder aufgehoben und der Phosphor freigesetzt. Diesen Mechanismus macht man sich bei der biologischen Gewässerreinigung dadurch zunutze, daß man durch Zusatz von Eisensalzen in der sogenannten dritten Reinigungsstufe annähernd 90% der gelösten Phosphate aus dem Abwasser entfernt (THOMAS und RAI 1970). Der Phosphatgehalt steuert entscheidend die Planktonentwicklung, und da er vom Grad der Adsorption an $Fe(OH)_3$ bestimmt wird, hängt er eng mit den Sauerstoffverhältnissen eines Sees zusammen. Im Hypolimnion, das während des ganzen Jahres ein Sauerstoffdefizit aufweist, wird bei der sommerlichen Schichtung der Sauerstoff meist völlig verbraucht. Korreliert hierzu tritt im gleichen Bereich eine verstärkte Schwefelwasserstoffproduktion auf. Da H_2S durch bakterielle Photosynthese verbraucht wird, zeigt die Schwefelwasserstoffschichtung eines Sees einen vertikalen Tag-Nacht-Rhythmus. Phosphat-, Sauerstoff- und Schwefelwasserstoffspiegel zeigen, wie entscheidend die Struktur eines Sees von Stoffwechselprozessen gesteuert wird. Die biologische Produktivität kann jedoch in den einzelnen Seen sehr unterschiedlich sein. Von außen

Tab. 4.2. Primärproduktion von arktischen und mitteleuropäischen Seen (KALFF 1970)

See	$g\,C \cdot m^{-2} \cdot a^{-1}$
Imikpuk, Alaska	8,5
Schrader, Alaska	7,5
Peters, Alaska	0,9
Latnjajaure, Lapland	6,0
Neotre Laksjon, Lapland	12,0
Lunzer Untersee, Österreich	30,0
Esrom, Dänemark	180,0

Tab. 4.3. Produktivität aethiopischer und palaearktischer Seen (BEADLE 1974)

See	Höhe	Euphotische Zone	Chlorophyll $mg \cdot m^{-2}$	Produktion $g\,C \cdot m^{-2} \cdot a^{-1}$
Victoria-See (Uganda)	1230	bis 20,00 m	35–100	950
Windermere (England)	< 100	bis 10,00 m	5–100	20,4
Bunyoni (Uganda)	1970	4,00 m	–	–
Kivu (Zaire)	1500	–	–	540
Mulehe (Uganda)	1750	–	–	–
George (Uganda)	913	0,70 m	70–280	1980
Chad	283	–	–	–
Mariut (Ägypten)	< 100	0,50 m	–	–
Aranguadi (Äthiopien)	1910	0,14 m	221–325	–
Lungby Sø (Dänemark)	< 100	1,00 m	–	660
Esrom Sø (Dänemark)	< 100	10,00 m	–	144–204
Lunzer Untersee (Österreich)	608	20,00 m	–	30

Tab. 4.4. Konzentration von ^{239}Pu vom Juni 1972 bis November 1973 in Süßwasser-Biota der großen nordamerikanischen Seen (MILLER und STANNARD 1976)

See	Organismen	Zahl der untersuchten Proben	Mittelwert	Streuung
Oberer See	Plankton	3	4600 ± 900	2680– 5730
	Zooplankton	1	630	
	Osmerus mordax	1	6	
Michigan	Plankton	22	5700 ± 800	620–15300
	Cladophora sp.	16	3800 ± 500	1060– 6930
	Zooplankton	9	350 ± 60	122– 653
	Mysis relicta	7	760 ± 60	587– 989
	Pontoporeia affinis	2	1600	1450– 1830
	Cottus cognatus	7	250 ± 60	128– 560
	Coregonus hoyi	8	37 ± 3	21– 50
	Alosa pseudoharengus	7	25 ± 2	17– 30
	Osmerus mordax	6	20 ± 4	6– 33
	Perca flavescens	2	16	4– 29
	Coregonus clupeaformis	2	14	5– 23
	Oncorhynchus kisutch	1	7	
	Oncorhynchus tschawytscha	1	4	
	Salvelinus namaycush	2	1	1– 2
Huron	Plankton	2	4460	3240– 5680
	Alosa pseudoharengus	2	165	25– 305
	Osmerus mordax	1	13	
	Perca flavescens	1	24	
Erie	Zooplankton	3	500 ± 150	316– 788
	Osmerus mordax	1	235	
	Perca flavescens	1	10	
Ontario	Plankton	8	2420 ± 200	2030– 2670
	Alosa pseudoharengus	1	176	

eingetragenes Material (allochthones Material, z.B. Blattstreu eines nahegelegenen Waldes) beeinflußt die Nahrungsverhältnisse.

Durch Erhöhung des belebten Anteils im Epilimnion kann es zu einer lebhaften Abbautätigkeit der Bodenorganismen und damit zu Sauerstoffmangel und Schlamm-

Tab. 4.5. Plutonium und Radiocesium in Michigan-See-Fischen 1972 (MILLER und STANNARD 1976)

Art	untersuchte Proben	% Asche Rückstand, % des Feucht- gewichtes	^{239}Pu pCi·kg^{-1} Feuchtgewicht	^{239}Pu Konzentra- tionsfaktor
Cottus cognatus	4	0,033	0,205 ± 0,076	273 ± 100
Coregonus spec.	6	0,021	0,025 ± 0,003	33 ± 4
Alosa pseudoharengus	3	0,031	0,018 ± 0,003	24 ± 4
Osmerus mordax	4	0,021	0,013 ± 0,003	16 ± 4
Coregonus clupeaformis	2	0,023	0,010	14
Oncorhynchus kisutch	1	0,020	0,005	7
Oncorhynchus tschawytscha	1	0,017	0,003	4
Salvelinus namaycush	2	0,022	0,001	1,5

Tab. 4.6. ^{239}Pu + ^{240}Pu und ^{238}Pu Konzentration in marinen Sedimenten im Finnischen Meerbusen 1974 (MIETTINEN 1976)

nCi·kg^{-1} Trockengewicht	mCi·km^{-2}	nCi·kg^{-1} Trockengewicht	mCi·km^{-2}	Relation ^{238}Pu/$^{239,\,240}$Pu %
0,163 ± 0,011	1,54 ± 0,11	0,008 ± 0,001	0,076 ± 0,009	4,9
0,171 ± 0,007	1,62 ± 0,06	−	−	−
0,188 ± 0,006	1,79 ± 0,06	0,015 ± 0,001	0,138 ± 0,009	7,7
0,185 ± 0,018	1,76 ± 0,15	0,016 ± 0,002	0,153 ± 0,019	8,7
Mittelwert 0,178 ± 0,006	1,68 ± 0,05	0,013 ± 0,001	0,121 ± 0,008	7,1

Tab. 4.7. $^{239/240}$Pu in Organismen des Finnischen Meerbusens 1974 (MIETTINEN 1976)

Organismen	pCi·kg^{-1} Trockengewicht	pCi·kg^{-1} Feuchtgewicht	Trockengewicht in % zum Feuchtgewicht
Mytilus edulis, 1−2 cm	3,2 ± 0,7	0,18 ± 0,04	28,2
Mesidotea entonom	2,8 ± 0,4	0,7 ± 0,1	23,7
Acerina cernus	0,32 ± 0,14	0,09 ± 0,04	29,3
Platichthys flesus	0,14 ± 0,04	0,04 ± 0,01	25,3
Gadus morrhua	0,5 ± 0,2	0,14 ± 0,06	26,8
− *morrhua*	0,2 ± 0,2	0,14 ± 0,10	69,8
Fucus vesiculosus	14,4 ± 2,0	5,4 ± 0,8	37,2

bildung, wie sie kennzeichnend sind für eutrophe Seen (gekennzeichnet durch die Zuckmücke *Chironimus;* daher Chironimus-Seen), kommen.

Oligotrophe Seen (gekennzeichnet durch Zuckmücke *Tanytarsus;* daher Tanytarsus-Seen) besitzen dagegen eine geringere Biomassenproduktion, damit geringere Schlammablagerungen und ausreichendere Sauerstoffversorgung des Hypolimnion. Da bei der Eutrophierung die jährlich erzeugte Phytomasse und damit auch die Vegetationszeit von Bedeutung ist, nimmt die Primärproduktion lichtdurchfluteter Seen von den gemäßigten Breiten zu den Polen im allgemeinen ab.

In flachen Seen ist die Gefahr der Eutrophierung durch Einleitung von Abwässern besonders hoch, was zum „Umkippen" eines Gewässers führen kann.

4.1.2 Belastung der Seen

Schadstoff-Inputs in Seen müssen von den Lebensgemeinschaften und vom See-Sediment abgebaut werden. Ein Abfluß und eine damit verbundene Konzentrationsreduktion, vergleichbar einem Fließgewässer, fehlt. Am Seeufer gelegene Städte und in seinem Einzugsbereich erfolgende agrarische Nutzungen (u. a. Phosphate) führen neben Schadstofffrachten zu einer starken Düngung (vgl. Fließwasser-Ökosysteme).

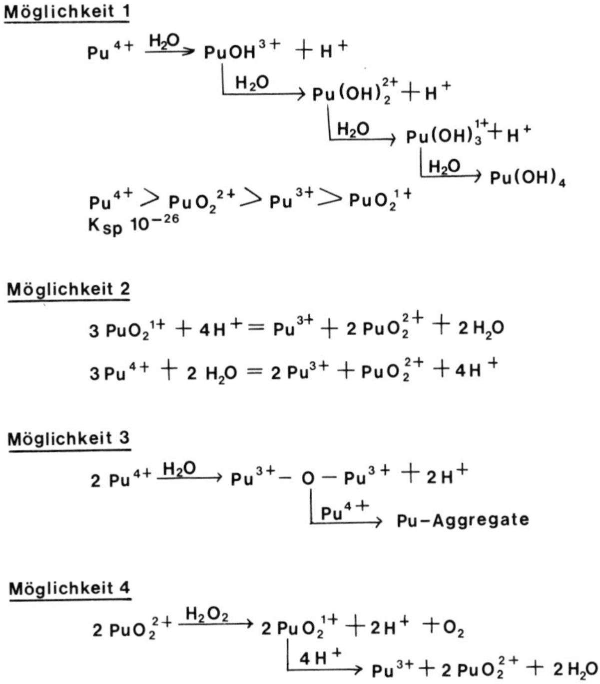

Möglichkeit 1

$$Pu^{4+} \xrightarrow{H_2O} PuOH^{3+} + H^+$$
$$\xrightarrow{H_2O} Pu(OH)_2^{2+} + H^+$$
$$\xrightarrow{H_2O} Pu(OH)_3^{1+} + H^+$$
$$\xrightarrow{H_2O} Pu(OH)_4$$

$$Pu^{4+} > PuO_2^{2+} > Pu^{3+} > PuO_2^{1+}$$
$$K_{sp} \, 10^{-26}$$

Möglichkeit 2

$$3\,PuO_2^{1+} + 4\,H^+ = Pu^{3+} + 2\,PuO_2^{2+} + 2\,H_2O$$
$$3\,Pu^{4+} + 2\,H_2O = 2\,Pu^{3+} + PuO_2^{2+} + 4\,H^+$$

Möglichkeit 3

$$2\,Pu^{4+} \xrightarrow{H_2O} Pu^{3+} - O - Pu^{3+} + 2\,H^+$$
$$\xrightarrow{Pu^{4+}} Pu\text{-Aggregate}$$

Möglichkeit 4

$$2\,PuO_2^{2+} \xrightarrow{H_2O_2} 2\,PuO_2^{1+} + 2\,H^+ + O_2$$
$$\xrightarrow{4\,H^+} Pu^{3+} + 2\,PuO_2^{2+} + 2\,H_2O$$

Abb. 101. Verhalten von Plutonium im Wasser.

Zunehmende Bedeutung erhalten die in Seen und Fließgewässer natürlich und durch anthropogenen Einfluß eingebrachten Radionuklide, die sich in den Nahrungsketten anreichern können.

Da die Konzentration von Plutonium (^{239}Pu) und Radiocesium im benthalen Substrat am höchsten ist, zeichnen sich auch Benthalbewohner durch höhere Konzentrationen aus. Das läßt sich u. a. bei den Bodenfischen des Michigan-Sees zeigen.

MIETTINEN (1976) kam bei der Untersuchung mariner Sedimente im Finnischen Meerbusen zu vergleichbaren Ergebnissen (vgl. Tab. 4.5–4.7).

4.1.3 Bodensee

Der Bodensee war früher ein typischer Tanytarsus-See. Die auffälligsten Veränderungen des Bodensees in den letzten Jahrzehnten verlaufen korreliert zur Erhöhung seines Phosphatgehaltes, einer Steigerung seiner Planktonproduktion und einer durch den Abbau dieser Planktonmenge gestiegenen Sauerstoffzehrung in und unterhalb der Sprungschicht. Während der See im vorigen Jahrhundert die Aufgabe besaß, durch seinen Fischreichtum die Menschen zu ernähren, und Träger des Güter- und Personenverkehrs zwischen den Ufergemeinden war, dient er heute den Menschen aus nah und fern als Erholungsgebiet und ist zugleich der größte deutsche Trinkwasserspeicher. Während zwischen 1950 bis 1970 in Baden-Württemberg die Einwohnerzahl um 38,7% zunahm, stieg sie im unmittelbaren Bodenseegebiet um 44,3%.

Untersuchungen über die Intensität der Produktion organischer Substanz durch das pflanzliche Plankton mittels radioaktivem Kohlenstoff ergaben, daß das Produktionsmaximum bei hellem Wetter meist in 1 bis 2 m Tiefe lag und daß der größte Teil der organischen Substanz in den obersten 5 m des Sees produziert wird. Die Gesamtproduktion pro Oberflächeneinheit übertrifft die Werte der oligotrophen Seen und reicht an eutrophe Seen heran. Die Winterproduktion organischer Substanzen wird durch die Zirkulation der Wassermassen gehemmt, erreichte aber z.B. im Winter 1963 unter dem Eis fast die Sommerwerte. Die gesamte Jahresproduktion an lebender Substanz verbraucht bei vollständigem Abbau etwa 130 000 t Sauerstoff (ELSTER; Bodenseeprojekt 1968).

Der Bodensee befindet sich augenblicklich in einem labilen Übergangsstadium zwischen einem nährstoff- und produktionsarmen oligotrophen Seetyp und einem nährstoff- und produktionsreichen eutrophen Seetyp. Seine zunehmende Verschmutzung liegt in der Belastung mit ungeklärten oder nur teilweise gereinigten Abwässern. Die Abwässer aus Haushalten, Landwirtschafts- und Industriebetrieben mit ihren Phosphat- und Stickstoffverbindungen regen die Algen zu übermäßigem Wachstum an und überdüngen das Wasser. Sterben die Algen ab, benötigen sie zu ihrer mikrobiologischen Zersetzung Sauerstoff, den sie dem Wasser entziehen. Damit tragen sie zu einer allmählichen Sauerstoffverarmung bei. Bei Sauerstoffdefizit ist jedoch die biologische Selbstreinigung eingeschränkt. Zersetzungsvorgänge im Wasser verlaufen dann anaerob ohne Sauerstoff, und Stoffe wie Schwefelwasserstoff, Ammoniak und Methan reichern sich an. Aus Ufergemeinden des Bodensees stammen rund 21% von den 36 000 t sauerstoffzehrender organischer Gesamtsubstanz, an Stickstoff 9% (17 900 t Gesamtstickstoff) und an Phosphat 20% (1750 t Gesamtphosphor). 12 640 t Stickstoff, d.h. 74% des Gesamtstickstoffgehaltes, sowie 650 t Phosphor (37% des Gesamtphosphorgehaltes) der Zuflüsse entfallen auf Ausschwemmungen von Düngemitteln aus landwirtschaftlich genutzten Gebieten. Bei einem Gesamtphosphoran-

Tab. 4.8. Durchschnittliche Ammonium-, Nitrat- und Phosphat-Konzentrationen der Bodenseezuflüsse (1962 und 1963)

	m^3/s	Ammonium-N	Nitrat-N	Phosphat-P
Neuer und Alter Rhein, Bregenzer Ach und Argen	313	3,8 t/Tag 140 mg/m³	14 t/Tag 520 mg/m³	0,32 t/Tag 12 mg/m³
Übrige Zuflüsse	30	1,6 t/Tag 600 mg/m³	2,3 t/Tag 900 mg/m³	0,39 t/Tag 150 mg/m³
Sämtliche Zuflüsse	343	5,4 t/Tag 180 mg/m³	16 t/Tag 550 mg/m³	0,71 t/Tag 24 mg/m³

gebot von 1750 t stammen 63% der Abwässer aus Ufergemeinden und Zuflüssen. Vergleichen wir diese Zahlen mit dem Gütebild des Bodensees, so erscheint die geringe Wasserqualität des Sees an Flußzuflüssen, Industriestandorten und Städten verständlich (BUCHWALD et al. 1973, MÜLLER 1966, WAGNER 1967, LANG 1969, LEHN 1974, 1976).

Zum Vergleich werden die entsprechenden Zubringerfrachten für den nur 45,6 km² großen (Seefläche) Attersee (Einzugsgebiet = 463,5 km²) angegeben (G. MÜLLER 1976), in dessen Einzugsgebiet pro Jahr rund 138 878 kg P_2O_5 als Dünger ausgebracht werden.

Untersuchungen des durchfeuchteten Porenraumes im Ufersand des Bodensees ergaben eine weitere Verschlechterung der physikalischen, chemischen und biologischen Verhältnisse in den eutrophierten Uferpartien. Die Lebensräume des Mesopsammon im Bodensee sind aufgrund von Faulschlammbildung fast frei von Turbellarien. Individuendichte und Artenzusammensetzung der Tubificidenpopulationen sind von Wassertiefe, Intensität des Sinkstoffnachschubs, von Art und spezifischer Wirksamkeit der sedimentierbaren Stoffe abhängig. In der Uferzone bis etwa 30 m Tiefe überwiegen die Arten der Gattung *Euilyodrilus* und *Limnodrilus*, in Tiefen von 60 bis 90 m herrscht die Art *Tubifex tubifex* vor. Mit zunehmender Sedimentation von organisch-fäulnisfähigen Stoffen verschiebt sich das Besiedlungsmaximum zur Seetiefe hin. Die *Euilyodrilus*- und *Limnodrilus*-Arten wandern um 40 m, *Tubifex tubifex* stellenweise um mehr als 100 m tiefer als ihrem artspezifischem Tiefenbezirk

Tab. 4.9. Phosphat-, Nitrat- und Ammonium-Konzentrationen der Atterseezuflüsse

Zubringer	Wasserfracht-anteil	OP kg/a	TP kg/a	NO_3^-/N kg/a	NH_4^+/N kg/a
Mondseeache	54,9	495	6040	75000	34000
Weißenbach	14,7	100	500	50000	3700
Weyreggerbach	4,4	275	760	11000	1900
Kienbach	3,2	150	475	13000	2150
Nußdorferbach	0,3	60	255	1500	460
Gesamt	77,5	1080	8030	150500	32210
Ager (Ausrinn)		940	4440	200000	26870

im Bodensee entspricht. Im Sedimentationsraum von überwiegend häuslichem Abwasser entwickeln sich in erster Linie die Arten der Gattungen *Euilyodrilus* und *Limnodrilus*, bei Zufuhr von Industrieabwässern gewinnt an den gleichen Stellen *Tubifex tubifex* den Vorrang.

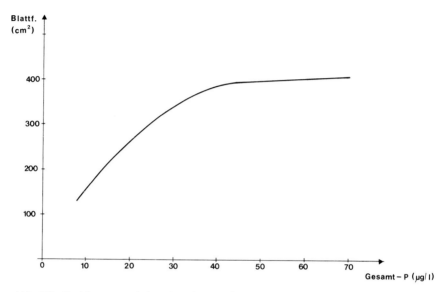

Abb. 102. Beziehungen zwischen dem Gesamt-Phosphor-Gehalt der Osterseen (Bayern) und der Blattflächengröße von Seerosen (nach MELZER 1976).

Die zunehmende Eutrophierung des Bodensees wirkte sich positiv auf die Fischereierträge aus. Sie stiegen von 90 000 kg jährlich (1925) auf 340 000 kg (1968) sprunghaft an. Die Bodenseefelchen (u. a. *Coregonus wartmanni*) zeigen seit 1960 Riesenwuchs. Bereits mit zwei Jahren (vor der Laichreife) verfingen sie sich in den Stellnetzen, deren Maschenweite so gewählt war, daß früher nur vierjährige und ältere damit gefangen werden konnten. Heute hat man die Maschenweite entsprechend verändert. Die Vergrößerung der Fischpopulationen bewirkte eine Zunahme der „Fischfresser". Im Sommer leben etwa 1200, im Winter annähernd 9000 Haubentaucher *(Podiceps cristata)* auf dem See, deren Populationsentwicklung man durch „Massenabschuß" zu dämmen versucht. Andere Vogelarten, wie die von Characeen sich ernährenden Kolbenenten *(Netta rufina)*, die früher den Bodensee zu Tausenden zum Mausern aufsuchten, verschwanden mit den Characeen aus dem Ermatinger Becken.

Seit 1961/62 werden am Bodensee auch alle überwinternden Wasservögel zwischen September und April fast vollständig registriert (SCHUSTER 1975). Dabei wurde deutlich, daß sich durch das Verschwinden der Chara-Arten aus dem Ermatinger Becken (Untersee) und die seit 1968 auffallende Massenvermehrung von *Dreissena polymorpha* die trophischen Bedingungen für einzelne Vogelarten nachhaltig veränderten (und zu Bestandsveränderungen führten). Seit 1961/62 nehmen beim Prachttaucher die Winterzahlen allerdings aus unbekannten Gründen ab, während die

Haubentaucherbestände korreliert zu den Fischbeständen steigen. Die Fischfresser machen z. Z. 7,5% (deutsches Ufer) bis 36% (österreichisches Ufer) der überwinternden Vogelfauna aus.

4.1.4 „Alte" Seen

Die Entwicklungsgeschichte der meisten stehenden Gewässer erstreckt sich nur selten über eine längere geologische Zeitspanne. Ausnahmen stellen der Baikal-, Tanganjika-, Njassa-, Victoria-, Titicaca- und Ochridsee dar, von denen z.b. der Baikalsee seit der Kreide als abgesonderter und auch während der Glazialier immer offener Süßwassersee vorhanden war, was zur Ausbildung zahlreicher Endemiten führte (z.b. die Schwammfamilie Lubornirskiidae, die Fischfamilien Comephoridae und Cottocomephoridae, die Schneckenfamilien Baikaliidae und Benedictiidae).

Nach KOZHOV (1963) sind von den 652 im Baikalsee vorkommenden Tiergruppen 583 endemisch. Ähnlich wie Inseln oder abgeschiedene Höhlen bieten isolierte Seen als Experimentierfeld der Evolution einen Einblick in entwicklungsgeschichtliche Vorgänge.

Auf 3812 m Höhe gelegen ist der südamerikanische Titicaca-See, mit einer Fläche von 8100 km² der größte Hochgebirgssee und der höchste schiffbare See der Erde. Er entstand an der Wende Plio-Pleistozän. Sein Niederschlagsjahr (vgl. MONHEIM 1955, 1956) läßt sich gliedern in eine sommerliche Regenzeit (Dezember bis März), eine winterliche Trockenzeit (Mai bis August) und die Übergangsmonate (September bis November und April).

Neben jahreszeitlichen Seespiegelschwankungen lassen sich langjährige Perioden aufzeigen (KESSLER und MONHEIM 1968). Zwischen 1933 bis 1943 sank der Seespiegel bis auf 4,96 m unter seinen Normalstand. Derartig große Schwankungen des Wasserstandes haben natürlich wegen des auf weiten Strecken flachen Ufers beträchtliche Rückwirkungen auf das wirtschaftliche Leben. In der Bucht von Puno bedeutete der Rückgang des Sees für große Teile der Bevölkerung fast eine wirtschaftliche Katastrophe. Die trockenfallenden „Totorales" *(Scirpus totora)*, die für eine ackerbauliche Nutzung nur wenig geeignet sind, spielen eine bedeutende Wirtschaftsrolle für die Indianer. *Scirpus totora* dient als Futter für die Rindviehbestände, liefert Material zum Bau der Papyrusboote, dient zur Herstellung von Matten, und ihre Wurzeln werden auch als Gemüse gegessen.

Die winterliche Voll-, und sommerliche Teilzirkulation hat Auswirkungen auf die Planktonten des Sees. Das Zooplankton wird überwiegend von Copepoden und Cladoceren geprägt (SCHINDLER 1955). Die ursprüngliche Fischfauna wird durch *Orestias*-Arten und den Wels *Trichomycterus rivulatus* gestellt, die durch seit 1939 aus den USA eingeführte Regenbogenforellen *(Salmo gairdneri)* und Seeforellen *(Cristivomer namaycush)* stark dezimiert wurden. Am weitesten verbreitet ist *Orestias agassii*, während *Orestias cuvieri* vermutlich seit 1960 ausgestorben sein dürfte. Im äußeren Bereich des die Flachwasserzonen zum tiefen Wasser hin begrenzenden Binsengürtels halten sich regelmäßig Vertreter einer anderen Orestias-Art auf, die nach ihrer Färbung als *Orestias luteus* beschrieben wurde. Bei dieser Art handelt es sich um einen bodennah lebenden Räuber, der überwiegend Mollusken- und Ostracoden aufnimmt.

Die offenen Buchten des Titicaca-Sees werden von zwei weiteren voneinander gut zu unterscheidenden Arten bewohnt. *Orestias cuvieri*, mit 30 cm der größte der *Ore-*

stias-Arten, ist ein ausgesprochener Räuber, wogegen *Orestias pentlandi* mit 20 cm etwas kleiner, überwiegend ein Planktonfresser ist.

VILLWOCK (1962) und VILLWOCK und KOSSWIG (1964) sind der Überzeugung, daß die verschiedenen *Orestias*-Typen durch intralakustrische, mikrogeographische Isolation entstanden. Während der Entwicklungsgeschichte des Titicaca-Sees, besonders zur Zeit des pliopleistozänen Lake Bolivian, war die ökologische und geographische Differenzierung des Sees sicherlich bereits ebenso vielgestaltig wie in der Gegenwart. Separationsmöglichkeiten waren im Laufe der Geschichte mehrfach vorhanden.

Auch der philippinische Lanaosee und die ostafrikanischen Seen mit ihrer artenreichen Fischfauna haben uns wesentliche Einsichten in das Speziationsgeschehen von Seen vermittelt.

Tab. 4.10. Artenzahl- und Endemitenreichtum von Cichliden und anderen Fischen in ost- und zentralafrikanischen Seen (GREENWOOD 1973)

| Seen | Cichliden | | | | andere Fische | | | |
| | Arten | | Genera | | Arten | | Genera | |
	Total	endem.	Total	endem.	Total	endem.	Total	endem.
Victoria	ca. 170	ca. 164	8	4	38	17	20	1
Tanganyika	126	126	37	33	67	47	29	7
Malawi	ca. 200	ca. 196	23	20	ca. 44	28	19	0
Albert	10	5	3	0	36	3	21	0
Rudolf	ca. 7	ca. 4	3	0	32	4	22	0
Edward/George	ca. 40	ca. 38	4	0	20	2 ?	10	0
Nabugabo	10	5	4	0	14	0	11	0

Tab. 4.11. Endemitenzahl der Gastropoda und Lamellibranchia im Tanganyika- und Malawisee (BEADLE 1974)

| | Gastropoda | | | | Lamellibranchia | | | |
	Familien	Gattungen	Arten	endem.	Familien	Gattungen	Arten	endem.
Tanganyika	9	39	60	37	4	12	14	5
Malawi	6	8	19	11	3	6	12	8

Wesentlich geringere Artenzahlen sind aus mitteleuropäischen Gewässern bekannt. Durch anthropogenen Einfluß hat sich zudem ihre Artenzusammensetzung z. T. grundlegend geändert.

4.1.5 „Man-made"-Seen

Weltweit wurden in den letzten Jahren zahlreiche künstliche Seen von Menschen geschaffen.

Allein in der Bundesrepublik nahm in den letzten 20 Jahren die Oberflächengröße von künstlich geschaffenen Teichen von 1,5 % (1935) auf 1,7 % (1974) zu. Dazu gehören Talsperren (IMHOFF 1975) und durch Braunkohletagebaue entstandene Wasserspeicher.

Tab. 4.12. Braunkohle-Seen (GÄRTNER 1975)

Gebiet	Fläche in m²	Inhalt in Mio. m³	mittlere Tiefe (m)
Hambach	24.000.000	2.500	104
Rursee	7.800.000	205	26
Biggetalsperre	7.000.000	162	23
Lucherberger See	617.000	9,2	14,9
Liblarer See	533.100	3,13	5,9
Heiderbergsee	348.800	1,40	4,0
Köttinger See	420.800	2,05	4,9
Dürener See	360.000	1,65	4,6

Tab. 4.13. „Man-made"-Seen in Afrika

	Breitengrad	Höhe in m	Fläche in m²	Tiefe in m	Fertigstellung
Kariba (Zambesi)	17 °N	530	4300	125	1958
Volta (Volta)	7 °N	92	8800	80	1964
Nasser-Nubia (Nil)	23 °N	183	6000	90	1964
Kainji (Niger)	10 °N	155	1250	60	1968
Kofue George (Kofue)	16 °S	1000	3100	58	1974
Cabora Bassa (Zambesi)	16 °S	200	2700	157	1974

4.1.6 Verwandtschaft und Geschichte der Seen

Die verwandtschaftlichen Beziehungen der Limnofauna und -flora führen entsprechend ihrer ökologischen Bindungen und der Geschichte ihres Lebensraumes oftmals zu anderen regionalen biogeographischen Gliederungsvorschlägen als bei terrestrischen Organismen (vgl. u. a. BANARESCU 1967, 1969, ILLIES 1967, THIENEMANN 1950).

Während zahlreiche Seebewohner weltweit vorkommen, sind andere auf einzelne Seen und Seetypen beschränkt und weisen ein Inselverbreitungsmuster auf (u. a. die Fische *Salmothymus ochridanus ochridanus* und *Phoxinellus minutus* sind Endemiten des Ochridsees, die Barbe *Barbus albanicus* kommt nur im Janinasee vor). Ein Vertreter des Phytoplanktons, *Aphanizomenon flosaquae*, ist als Kosmopolit anzusprechen, eine nahe verwandte Art *A. gracile* wurde bisher nur in Nord-, Mittel- und Osteuropa gefunden. Hinzu kommen jahreszeitliche Laichwanderungen von Seetieren zum Land und vice versa. Sumpfschildkröten *(Emys orbicularis)* erscheinen zum Eierlegen am festen Ufer, während die mitteleuropäischen Anuren und Molcharten *(Triturus)* zum Laichen die stehenden Gewässer aufsuchen.

Jahreszeitabhängige Schwankungen in der Präsenz der einzelnen Arten (Frühjahrstiere, Herbsttiere u. a.), des phänotypischen Erscheinungsbildes einzelner Popu-

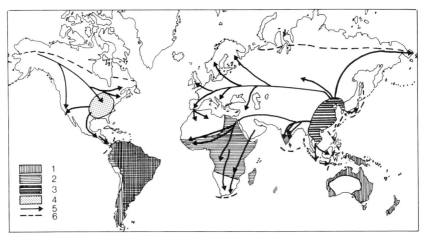

Abb. 103. Verbreitung und vermutete Ausbreitungswege von Süßwassermuscheln (nach BA-
NARESCU 1971). 1 = Hyriidae, 2 = Mutelacea, 3 = Primäres und 4 = Sekundäres Ausbreitungszentrum der Unionaceae, 5 = Wanderwege der Unionacea, 6 = Arealgrenzen der Unionacea.

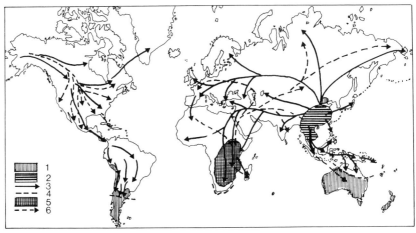

Abb. 104. Verbreitung und vermutete Ausbreitungswege der primären Süßwasser-Calanoida
und -Streptocephalidae (nach BANARESCU 1971). 1 = Boeckellidae, 2 = Ausbreitungszentrum
der Diaptomidae, 3 = Wanderwege der Diaptomidae, 4 = Arealgrenzen der Diaptomidae, 5 =
Ausbreitungszentrum der Streptocephalidae, 6 = Wanderwege der Streptocephalidae.

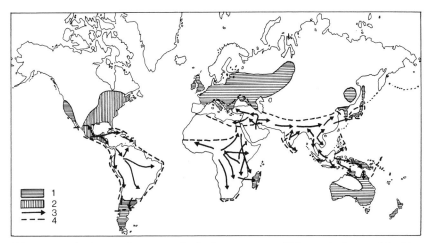

Abb. 105. Verbreitung und vermutete Ausbreitungswege von Süßwasserkrebsen und -krabben (nach BANARESCU 1971). 1 = Astacinae, Cambaroidinae, Parastacidae, 2 = Cambarinae, 3 = Ausbreitungswege verschiedener Süßwasserkrabben, 4 = Arealgrenzen von Süßwasserkrabben.

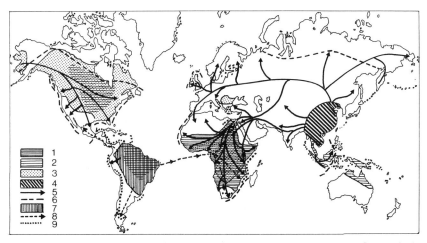

Abb. 106. Verbreitungsmuster und vermutete Ausbreitungswege primärer Süßwasserfische (nach BANARESCU 1971). 1 und 2 = Osteoglossomorpha, 3 = andere ursprüngliche Teleostia (Denticipitidae, Kneriidae, Phractolaemidae, Umbridae, Percopsiformes), 4 = Ausbreitungszentrum der Cyprinoidea, 5 = Wanderwege der Cyprinoidea, 6 = Arealgrenzen der Cyprinoidea, 7 = Ausbreitungszentrum der Characoidea, 8 = Wanderwege der Characoidea, 9 = Arealgrenzen der Characoidea

lationen (u. a. Zyklomorphosen) und der vertikalen und horizontalen Verbreitung einzelner Individuen und Arten innerhalb eines Sees erschweren zusätzlich eine allgemeingültige Gliederung. Hinzu kommt, daß mehrere Seen im Verlauf ihrer Entwicklung marine Stadien durchliefen oder zumindest Kontakt mit marinen Ökosystemen besaßen (z. B. der Kaspisee). Das gilt vermutlich auch für den Nicaraguasee Mittelamerikas, den einzigen Süßwassersee, in dem Haie leben.

Eine sehr wechselvolle Geschichte mit alternierenden limnischen und marinen Stadien durchlief die *Ostsee.*

Ihre postglazialen Entwicklungsphasen werden durch einen Wechsel von Süß- und Salzwasserbedingungen gekennzeichnet und im frühen Postglazial eingeleitet durch einen Eisrandsee, der sich südlich der skandinavischen Eiskalotte aus Schmelzwasser bildete und mit Zurückweichen des Eises nach Norden bis zur Größe der heutigen Ostsee vergrößerte. Zwischen 14 000 und 8000 v. Chr. entwickelten sich analoge Eisrandseen südlich der Eiskalotten im Bereich der gesamten Holarktis (MAGAARD

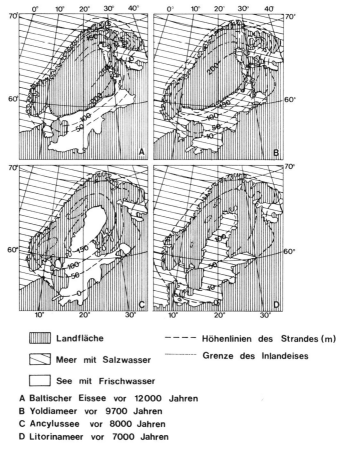

Landfläche

Meer mit Salzwasser

See mit Frischwasser

– – – – Höhenlinien des Strandes (m)

·············· Grenze des Inlandeises

A Baltischer Eissee vor 12000 Jahren
B Yoldiameer vor 9700 Jahren
C Ancylussee vor 8000 Jahren
D Litorinameer vor 7000 Jahren

Abb. 107. Die postglazialen Entwicklungsstadien der Ostsee.

Tab. 4.14. Flußwasserzufuhr zur Ostsee (in km³/Jahr; MAGAARD und RHEINHEIMER 1974)

Teilgebiet	km³/Jahr	Wasserreichster Fluß	km³/Jahr
Bottenwiek	100,0	Kemi-Elf	16,7
Bottensee	89,3	Angermann-Elf	16,7
Schärenmeer und Aalandsee	3,5	–	–
Finnischer Meerbusen	126,1	Newa	87,2
Rigaischer Meerbusen	39,5	Düna	23,7
Gotlandsee	82,9	Weichsel	33,6
Arkona- und Bornholmsee	30,7	Oder	16,6
Beltsee	7,1	–	–
Ostsee gesamt	479,1		

und RHEINHEIMER 1974, THIENEMANN 1928, 1950, SEGERSTRALE 1957, MÜLLER 1974). Die Besiedlung der nordamerikanischen Eisstauseen erfolgte teilweise von Ostsibirien aus. Die nordamerikanischen Eisstauseen reichten vom St.-Lorenz-Strom bis zum Fuß der Rocky Mountains (Saskatchewan).

Im Bereich der Ostsee wurde durch weiteres Zurückweichen des südlichen Eisrandes über den Vänern-, Vättern- und Mälarensee hinweg ein Paß freigegeben, durch den das Süßwasser zum Meer hin abfloß, der Seespiegel auf Meeresniveau gesenkt wurde und zusätzlich eine direkte marine Verbindung über die zentralschwedischen Seen zustande kam, wodurch der Eisrandsee von 7500 bis 7000 v. Chr. zu einem Nebenmeer wurde, das nach seinem marinen Leitfossil *Yoldia* (heute: *Portlandia*) *arctica* Yoldia-Meer bezeichnet wird. Durch weitere isostatische Hebung Skandinaviens wurde die marine Verbindung wieder unterbrochen, und es bildete sich erneut ein großer Süßwassersee, der von 7000 bis 5000 v. Chr. persistierte und nach seinem Leitfossil *Ancylus fluviatilis*, der Mützenschnecke, die in Mitteleuropa in noch wenig belasteten Bächen der Forellenregion vorkommt, als *Ancylus*-See bezeichnet wird. Eine anhaltende Landsenkung zwischen Jütland und Südschweden, in deren Verlauf die Belte und der Öresund durchbrachen, schuf eine bis heute vorhandene Verbindung mit der Nordsee, und die Ostsee erhielt wieder ein salzhaltiges Wasser. Der Salzgehalt lag zunächst höher als rezent, und nach dem Leitfossil, der Schnecke *Littorina littorea*, wird dieses Ostseestadium als *Littorina*-Meer (Klimaoptimum) bezeichnet. Während *Littorina littorea* gegenwärtig auf die westliche Ostsee beschränkt ist, dringen Süßwassertiere wieder in das Brackwasser der mittleren und östlichen Ostsee vor. Nach der vom Süßwasser her eingewanderten Schnecke *Radix peregra* (früher *Lymnaea ovata baltica*) wird das heutige Ostseestadium Lymnaea-Meer genannt (SEGERSTRALE 1954).

Die Postglazialgeschichte der Nordsee ist von Bedeutung für die Klärung der Verbreitung zahlreicher Süßwasserorganismen der Britischen Inseln. Während der letzten Eiszeit wurden wesentliche Teile des Nordseegebietes Festland. Der Meeresspiegel lag zwischen 50 bis 60 m unter NN, die Eisgrenze verlief durch Jütland und Schleswig-Holstein. Zu dieser Zeit bestand, wie bereits im Tertiär, eine Landverbindung zwischen dem europäischen Festland und England. Diese Verbindung blieb während der Postglazialzeit bis zur Ancyluszeit bestehen. Durch das Niederungsge-

Tab. 4.15. Postglaziale Klima- und Meeresspiegeldaten der Nordsee (BRAY 1971)

in 1000 Jahren v. Chr.	Meeresspiegel (in m)	Temperatur °C (40° − 90 °N)	Temperatur °C (Zentral England)
10	−35,8	−1,4	0,0
9	−33,8	−0,6	5,0
8	−18,9	−0,7	9,8
7	− 4,8	−0,3	12,1
6	− 0,1	+1,7	11,5
5	− 1,6	+1,9	10,5
4	5,1	+1,6	9,9
3	2,8	+0,8	10,0
2	1,2	0,0	10,2
1	0,8	0,0	10,1

biet der südlichen Nordsee flossen gewaltige Ströme, im Osten die Elbe, im Westen der Urrhein, in den Themse, Schelde, Maas, Rhein und Ems mündeten, und der zwischen der Doggerbank und Mittelengland in das Nordmeer mündete. Durch die Littorinasenkung entwickelten sich die heutigen Küstenlinien. Großbritannien wurde zwischen 5500 und 7000 v. Chr. zur Insel.

Zu weiteren Eisrandseebildungen im Norden Eurasiens kam es im Gebiet des europäischen Rußland. So füllte der Onegaeisstausee das Tal der oberen Onega in einer Länge von 400 km und in einer Breite von 140 km aus. Vier Seen in dieser Region beherbergen heute marine Glazialrelikte (*Gammaracanthus, Limnocalanus, Mysis, Pallasea* u. a.). Im Mündungsgebiet der Onega wurden Meeresbuchten abgesperrt und anschließend bei weiterem Vorrücken der Gletscher in das obere Flußtal der

Tab. 4.16. Vergleich der Schwarzmeerentwicklungsstadien mit den Glazialperioden (RILEY und SKIRROW 1975)

Schwarzmeerstadium	Salzgehalt	Geologische Periode
Gegenwärtiges Stadium	18‰ S	recent
Postglaziales Meeresstadium	annähernd der heutigen Situation	Postglazial (Klimaoptimum)
Newer Euxenian Sea	Brackwasser	Würm (= Wisconsin)
Karangat See	zunehmende Salinität	Riss-Würm-Interglacial (Sangamon)
Post-Uzunlar Basin	Brack- bis Süßwasser	Riss-Glacial (Illionoian)
Uzunlar Basin	Brack- bis Salzwasser	Mindel-Riss (Yarmouth) Interglacial
Older Euxinian Sea	Brack- bis Süßwasser	Mindel-Glacial (= Kasan)
Claudinian Sea	Brack- bis Süßwasser	Günz-Glacial (= Nebraskan)

Onega hochgeschleust. Vor den Eismassen bildete sich ein riesiger Stausee, der allmählich aussüßte. Durch ständigen Zufluß hob sich der Seespiegel so hoch, daß die Wasserscheiden gegen das Ostseebecken und das Wolga-System überschritten wurden. Damit waren die Einwanderungswege zum Onegasee und in den Ostseeraum für die limnische Fauna hergestellt.

Bändertone beweisen, daß auch das flache Becken des Weißen Meeres von einem Stausee eingenommen war. In der Umgebung des Chibiny-Gebirges auf der Kolahalbinsel liegen zwei Reliktseen, die *Mysis, Pallasea* und *Limnocalanus* beherbergen; auch an der Kandalakscha-Küste gibt es Seen, in denen *Pontoporeia* lebt. Diese Verbreitung der Tiere macht die Existenz eines Stausees im Gebiet des Weißen Meeres wahrscheinlich.

Schon während der Saaleeiszeit entstand im westsibirischen Tiefland durch Schmelzwasserstau ein glazialer Eisrandsee, der für die Isolierung der marinen Vorfahren sowie für die Entwicklung und Ausbreitung mariner Glazialrelikte Bedeutung hatte. Durch die nach Süden vorrückenden Eismassen der Weichseleiszeit wurden Teile der flachen Kara und Westsibirischen See abgesperrt und in einen Stausee umgewandelt. Durch den ständigen Zufluß des Jenissei und des Ob nahm der Salzgehalt langsam ab. Auch aus Ostsibirien sind Eisrandseebildungen während des Spät- und Postglazials bekannt. Ein Blick auf die tertiäre Geschichte des Mittel- und Schwarzen Meeres (vgl. Geschichte des Sarmatischen Binnensees) zeigt, daß viele andere Binnenmeere auch vor dem Pleistozän terrestrische und limnische Stadien durchliefen (vgl. DE LATTIN 1967, BANARESCU 1971).

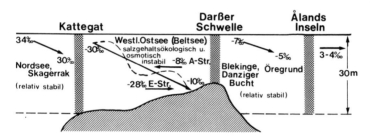

Abb. 108. Salinitätsgefälle zwischen Nord- und Ostsee im Bereich der Darßer Schwelle (nach SCHWENKE 1974).

Die Geschichte der Ostsee, die historischen Entwicklungen von zahlreichen kleineren binnenländischen Seen und deren gegenwärtige saisonale Schwankungen griffen und greifen tief ein in Nahrungszyklen, Nahrungsketten, Energiekreisläufe, Produktion und Regelmechanismen und steuern damit ein Phänomen, das den Biogeographen besonders interessiert, nämlich die Verteilungsmuster limnischer Organismen in Raum und Zeit. Das Ökosystem „See" verdeutlicht damit zugleich, ähnlich wie auch die terrestrischen Ökosysteme, daß wir zur Kenntnis kausaler Zusammenhänge, ohne den Blick auf das Ganze (den See und seine Struktur) zu verlieren, methodisch faßbare Teileinheiten herausgreifen und analysieren müssen.

Aus der Kenntnis solcher mosaikartik zusammensetzbarer Teilantworten kann erst Struktur und Funktion von Arealsystemen und limnischen Ökosystemen befriedigend in ihrem inneren Zusammenhang begriffen werden.

4.1.7 Moor–Ökosysteme

Verlandungsprozesse, die das Ende eines Sees anzeigen, können die Entstehung von Mooren einleiten, deren größte Ausdehnung an den Borealen Nadelwaldbiom gebunden ist.

In der Geologie ist die Moor-Definition an die Existenz einer mindestens 30 cm starken Schicht oder Schichtfolge von Torfen gebunden. Torfe, deren Trockenmasse 30% organische Substanz enthalten muß, entstehen dabei durch Stapelung von Pflanzenresten (sedentärer Prozeß), die nicht vollständig verrotten. Mudden werden durch Ablagerungen in stehenden Moorgewässern (sedimentärer Prozeß) gebildet.

Bei entsprechender, auch sommerlicher, Staunässe, kann das Flachmoor zum Wuchssubstrat für *Sphagnum*-Arten werden, die durch Basenabsorption und Bin-

Tab. 4.17. Moorflächen in den Ländern der Erde (GÖTTLICH 1976)

Land	Moorflächen in km²	Moorflächen in % der Landesfläche
Finnland	100 000	32,0
Schweden	55 000	14,5
Norwegen	30 000	9,2
Dänemark	1 000	2,3
Island	10 000	9,7
Großbritannien	15 819	6,6
Irland	12 000	17,1
Frankreich	1 200	0,2
Niederlande	450	1,3
Belgien	10	–
Bundesrepublik Deutschland	11 250	4,5
DDR	4 890	4,5
Österreich	220	0,3
Tschechoslowakei	330	0,3
Schweiz	55	0,1
Spanien	60	0,6
Italien	1 200	0,4
Griechenland	50	–
Jugoslawien	150	–
Bulgarien	10	–
Rumänien	70	–
Ungarn	1 000	1,1
Polen	15 000	4,8
UDSSR	715 000	–
Japan	2 000	0,6
Borneo Sarawak	14 660	2,1
Israel	50	0,2
USA (ohne Hawaii und Alaska)	75 000	1,0
Kanada	100 000	1,0
Cuba	4 500	3,9
Argentinien	450	–
Uruguay	1 000	0,6
Neuseeland	1 670	1,5

Tab. 4.18. Chemische Eigenschaften einiger Moorkleingewässer in Österreich (LOUB 1958)

	Hochmoor	Übergangsmoor	Flachmoor
pH	3,4 − 5,0	5,0 − 6,2	5,8 − 7,2
Alkalinität*	0,07 − 0,23	0,2 − 0,45	0,36 − 2,0
	in mg/l		
Cl^-	0 − 4	0 − 4	2 − 8 u. m.
SO_4^{--}	5 − 15	5 − 15	5 − 20 u. m.
NO_3^-	0	0	0 − 4
NH_4^+	0 − 3	0 − 3,5	2 − 10 u. m.
Ca	1 − 6	5 − 9	7 − 40
Mg	1 − 6	3 − 8	12 − 40
Na	1 − 5 (30)	5 − 30	17 − 70
K	3 − 28	4 − 34	30 − 80
Fe	0 − 100	0 − 200	0 − 100

*Gehalt an Bikarbonat

dung von Elektrolyten ein starkes Absinken des pH-Wertes bedingen. Durch apikales Wachstum kommt es zur charakteristischen Aufwölbung des entstehenden Hochmoores. An den basalen Teilen sterben die Moose ab. Die Zersetzung unter Sauerstoffabschluß erfolgt nur teilweise (Torfbildung).

Freies Wasser, das durch Huminstoffe meist dunkelbraun gefärbt ist, tritt zwischen den Moospolstern und Seggenbülten in Schlenken oder in kleinen Moorseen auf. Kleingewässer in Hochmooren besitzen dabei im allgemeinen geringere pH-Werte als solche in Flachmooren.

Von den Rändern aus können sie durch Moose und Gräser überwachsen werden und Lebensstätte für Schwingrasengesellschaften werden. Typische Moorpflanzen sind alkaliphob. Hierzu gehören zahlreiche Algen (u. a. Vertreter saurer Hochmoore, *Netrium, Penicum, Cosmarium, Zygogonium, Frustulia, Pinnularia, Chroococcus;* Vertreter von Flachmoorgewässern = *Closterium, Euastrum, Staurastrum*).

An Invertebraten sind besonders Thecamoeben, Cladoceren (*Streblocercus, Acantholeberis, Scapholeberis, Holopedium gibberum*), Copepoden, Rotatorien und Odonaten regelmäßig in Mooren anzutreffen (SCHWOERBEL 1977). Mehrere Lepidopteren (u. a. *Colias palaeno*) sind in Mitteleuropa an Moore durch ihre Futterpflanzen gebunden. Für eutrophe westpalaearktische Moore hat THIELE (1977) als dominante Carabiden *Pterostichus nigrita* und *Pterostichus vernalis* aufgeführt. Als subdominante werden *Elaphrus cupreus, Agonum moestum, A. thoreyi, Bembidion assimile, Pterostichus gracilis, Acupalpus mixtus, Trechus discus* und *Oodes helopioides* erwähnt.

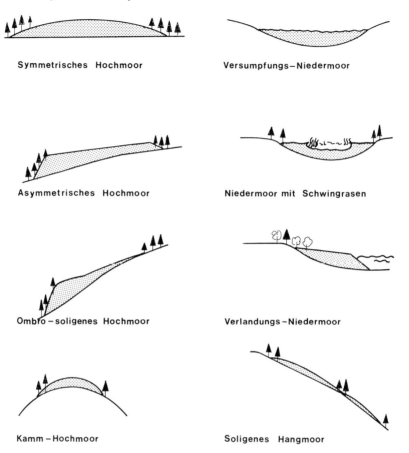

Abb. 109. Haupt-Moortypen Westeuropas (Schema).

4.2 Fließwasser-Ökosysteme

Fließgewässer sind Durchlaufsysteme, deren Funktion unter natürlichen Bedingungen von ihrer tages- und jahreszeitlich wechselnden Struktur (u. a. Strömungsgeschwindigkeit, Wasserkörpervolumen, Temperatur, Sauerstoffhaushalt, Schwebstofführung, geologisches und pedologisches Substrat) geprägt wird und deren Geschichte eng mit der Entwicklung der Landschaften, die sie durchfließen, verknüpft ist. Die Wechselbeziehungen zwischen Fließgewässern und umgebendem Festland sind so eng und vielgestaltig, daß genaue Voraussagen über das zukünftige Erscheinungsbild eines Flusses oder Baches oft nur mit multivariaten Rechenmodellen möglich sind (u. a. HERRMANN 1972, 1977, RUMP, SYMADER und HERRMANN 1976, SCHRIMPFF 1975, WHITTON 1975), die sowohl die Erosionsfähigkeit des Flusses, seinen Abfluß, in seinem Einzugsbereich fallende Niederschläge, die vorhandenen

Grundwasservorräte, unterschiedliche Nutzungsformen und die Vegetation im Uferbereich berücksichtigen müssen. Durch wechselnde Abtragung und Ablagerung gestaltet das Fließgewässer die Landschaft, bildet unterschiedlich geformte Täler und schiebt in den Ästuarien, den oftmals breiten Mündungsdeltas, die Landgrenze weit ins Meer vor. Fließgewässer verbinden und gestalten unterschiedliche terrestrische Ökosysteme und fördern damit energetische Austauschvorgänge. Sie können auch als Endglieder im Wirkungsgefüge von Landschaften angesehen werden, das „Flußwasser stellt sozusagen das Exkret einer Landschaft dar" (SIOLI 1968). Von den in ihm enthaltenen Stoffen lassen sich quantitative Rückschlüsse auf viele Vorgänge im Geschehen der Landschaften ziehen.

4.2.1 Der Amazonas

Greifen wir als Beispiel den wasserreichsten Strom der Erde, den mit seinem Ucayali-Apurimac-Quellsystem 6571 km langen Amazonas und seine Nebenflüsse heraus, so lassen sich die engen Wechselbeziehungen zwischen Wasser und Land hier ebenso verdeutlichen wie am Beispiel des Rheins oder der Saar. Das Einzugsgebiet des zweitlängsten Stromes der Erde beträgt 7 050 000 km². Seine durchschnittliche Abflußmenge wird im Mündungsgebiet auf 218 000 m³/sec geschätzt, was 18% der Wassermenge ausmacht, die alle Fließgewässer den Ozeanen zuführen. Seine mitgeführte

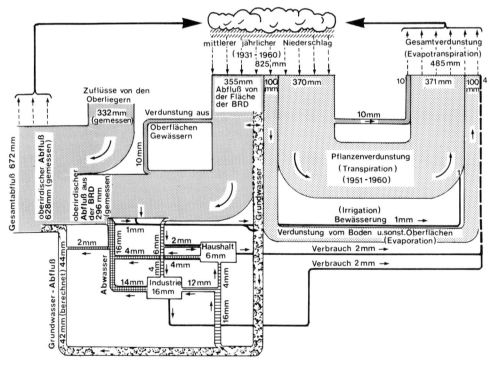

Abb. 110. Schematische Darstellung des Wasserhaushaltes der Bundesrepublik Deutschland (nach KELLER 1970).

Schwebstoffmenge entspricht im Jahr etwa 690×10^{12}. Er und seine Nebenflüsse sind erheblichen Wasserstandsschwankungen unterworfen. Zur Zeit des Hochwassers steht der aquatischen Fauna für mehrere Monate ein riesiges Areal zur Verfügung, während terrestrische Organismen auf die hochwasserfreien Gebiete zurückgedrängt werden. Dieser jährliche Wechsel begünstigt besonders Tierarten mit kurzen Lebenszyklen und hoher Vermehrungsrate.

Nach ihrer chemisch-physikalischen Fracht lassen sich drei Fließgewässertypen in Amazonien unterscheiden:

a) Weißwasser (Agua branca) mit lehmgelbem, trübem Wasser mit Sichttiefen zwischen 10 und 50 cm (Beispiel: Rio Solimões),

b) Klarwasser mit klarem und transparentem Wasser von gelbgrüner Färbung und Sichttiefen zwischen 60 cm und 4 m (Beispiel: Rio Tapajoz),

c) Schwarzwasser (Agua preta) mit transparentem, braun bis rotbraun gefärbtem Wasser, dessen Sichttiefen zwischen 1 und 1,5 m variieren (Beispiel: Rio Negro).

Der Gewässerchemismus dieser Flußtypen beruht einerseits auf den unterschiedlichen geologisch-mineralogischen, klimatischen und auch topographischen Verhältnissen ihrer Quell- und Einzugsgebiete, andererseits muß er im Zusammenhang mit der Genese der großen südamerikanischen Landschaften gesehen werden. Während die Quellgebiete der Weißwasserflüsse (u. a. Rio Madeira, Rio Solimões, Rio Purus) im andinen Gebirgssystem und anderen jungen Gebirgen bzw. Aufschüttungsebenen liegen, entspringen die Schwarzwasserflüsse in den mit Regenwäldern bedeckten, ausgedehnten Podsolgebieten. Elektrolytarme, huminsäurereiche Schwarzwasserflüsse sind außerhalb von Südamerika auch aus Sarawak, dem Kongogebiet und Malaya beschrieben worden. Wegen der Elektrolytarmut der zentralamazonischen Fließgewässer ist es nicht verwunderlich, daß sie zugleich nur durch eine geringe Biomassenproduktion gekennzeichnet werden können. Die bisher vorliegenden Werte variieren sehr stark zwischen den von Schwarz- und Weißwasser geprägten Flußsystemen. Trotz der relativ guten Nährstoffbedingungen des strömenden Weißwassers ist die Primärproduktion des Phytoplanktons wegen der schlechten Lichtverhältnisse gering. Potamoplankton kann sich nur dort halten, wo die Fließgeschwindigkeit des Flusses erheblich geringer ist als die Vermehrungsgeschwindigkeit der Plankter. Für die elektrolytarmen Gewässer ist es deshalb notwendig, daß ein Energie- und Stofftransport zwischen limnischen und terrestrischen Ökosystemen erfolgt.

Überschwemmungen, allochthones Pflanzenmaterial und semiterrestrische Räuber, die sich von Landtieren ernähren können (z. B. Krokodile), übernehmen zum Teil diese Funktionen.

Die Klarwasserflüsse kommen in der Regel aus Räumen mit einer geologisch alten Erdoberfläche, sowie ruhigem und stabilem Relief.

Die Geschichte des Amazonas ist zum Verständnis der gegenwärtigen Zusammenhänge eine notwendige Voraussetzung. Marine Fazıesabfolgen zeigen, daß vom Silur bis Oberdevon das heutige Amazonasbecken vom Meer eingenommen wurde. Epirogene Bewegungen verursachten zwischen Oberdevon und Unterkarbon die Bildung von Schwellen, die das ursprünglich einheitliche Meeresbecken in mehrere Teilbecken zerlegten (LUDWIG 1966). Mesozoische Flußsysteme Westamazoniens entwässerten zum Pazifik, da die Anden erst im Miozän gehoben wurden. Durch diese Hebung wurde der westliche Abfluß blockiert, und es entwickelte sich ein gewaltiger Süßwassersee, dessen bis 300 m mächtige, sandiglehmige Sedimente bis ins Pleistozän

Tab. 4.19. Elektrolytgehalte amazonischer Fließgewässer (in ppm; IRION und FÖRSTNER 1976)

Flußsysteme	Ca	Na	K	Mg
Andine Flüsse	54	25	4,4	6,6
Andenvorland	30	10	1,4	3,3
Solimoes	12	3.4	1,0	1,7
Amazonas	6,5	3,1	1,0	1,0
Acre	9,6	2,3	1,4	1,3
Madeira bei Abuna	6,8	2,3	1,4	2,1
Pleistozäne Varzea	< 1,0	0,8	0,4	0,2
Kaolinitführendes Weißwasser	1,5	1,6	0,8	0,8
Klar- und/oder Schwarzwasserflüsse	≈ 0,5	0,6	0,2	0,2
Weltdurchschnitt nach LIVINGSTONE 1974	15	6,3	2,3	4,1

verfolgt werden können. Nach Norden bestand zeitweise ein mariner Kontakt zum Karibischen Meer. Das heutige Mündungsgebiet des Amazonas zeigt eine wechselvolle Geschichte mariner, terrestrischer und lakustrischer Ablagerungen (LUDWIG 1966, 1968). Erst im Pleistozän öffneten sich die tertiären amazonischen Binnenseen nach Osten. Auf dem trockengefallenen Seegrund, der heutigen Terra firme Amazoniens, konnten Regenwälder, die in der Gegenwart die Physiognomie Amazoniens bestimmen, zusammen mit offenen Campo-Cerrado-Formationen einwandern (MÜLLER 1973).

Erst seit dieser Zeit erodiert der wasserreichste Strom der Erde in seinem gegenwärtigen „Strombett". Die Geschichte des Amazonasbeckens ist aber nicht nur die Geschichte des Amazonas, sie verdeutlicht zugleich durch ihre faziellen und geotektonischen Verhältnisse im Altpaläozoikum und Unterkarbon, daß im eigentlichen Becken z. B. Erdöllagerstätten wirtschaftlichen Ausmaßes kaum zu erwarten sind und daß viele vorhandene Böden durch Auswaschungsvorgänge nährstoffarm sein müssen.

4.2.2 Rhein und Saar

Auch eine Untersuchung mitteleuropäischer Flußsysteme zeigt, wie stark Geschichte und naturräumliche Landschaftselemente ihr gegenwärtiges Bild bestimmen. Der 1320 km lange Rhein, mit seinem im Vergleich zum Amazonas winzigen Einzugsgebiet von 225 000 km², durchquert auf seinem Lauf vom St. Gotthard bis zur Nordsee unterschiedliche Landschaften (HÜBNER 1974). Die nach ihrer Entstehung, Hydrographie und ihren Landschaftsbildern sehr verschiedenartigen Stromteile wuchsen erst im Pleistozän zusammen. Während im ausgehenden Würm die Nordsee eustatisch trockenfiel, war die Themse ein Nebenfluß des Rheins.

Die Geschichte der nur 242 km langen Saar (7421 km² großes Einzugsgebiet) beginnt ebenfalls erst im mittleren Tertiär. Bis gegen Ende der Kreide prägen marine Ablagerungen weite Teile des Raumes, durch den heute die Saar fließt. Sie wurde als Fließgewässer erst auf einer oligo-miozänen Verebnungsfläche, die durch tektonische Bewegungen ein südsüdöstlich nordnordwestliches Gefälle erhielt, angelegt. Reste dieser Fläche sind noch in der Gegend von Orscholz erhalten. Erst im Pliozän fand eine bedeutende Tiefenerosion des Flusses statt, die auch im Quartär anhielt und zur Ausbildung mehrerer Terrassen führte. Die auf dem höchsten Gipfel der Buntsandsteinvogesen (Donon 1009 m) entspringende Saar, deren beide Quellflüsse sich bei Hermelange vereinigen, durchquert bei ihrem Lauf bis zur Mündung in die Mosel unterschiedliche geologische Formationen und naturräumliche Einheiten, die ihren Gewässerchemismus, ihren Sauerstoffhaushalt, ihre Fließrichtung und Strömungsgeschwindigkeit entscheidend prägen. Die enge Verzahnung von Fließgewässern und Landschaft zeigt sich äußerlich am deutlichsten in der Ausbildung charakteristischer, uferbegleitender Vegetationszonen.

4.2.3 Biogeographische Fließgewässergliederung

Obwohl Fließgewässer durch – wie uns die Beispiele Amazonas, Rhein und Saar zeigten – teilweise recht junge geologische Entwicklung und große jahreszeitliche Strukturveränderungen gekennzeichnet sein können, weisen sie von ihrer Quelle bis zur Mündung im allgemeinen eine deutliche Zonierung mit charakteristischen Lebensgemeinschaften auf. Trotz Driftverlusten erhalten sich diese Biozönosen in einzelnen Flußabschnitten. Sie erlauben damit eine regionale Gliederung und Klassifikation der Fließgewässer. An ihrer Entstehungsstelle besitzen Fließgewässer eine bezeichnende Quellfauna und -flora, die sich aus feuchtigkeitsliebenden Land- und Wasserorganismen zusammensetzt.

Der eigentliche Quellbereich läßt sich dabei als Eukrenon vom Quellbach, dem Hypokrenon, abgrenzen (vgl. u. a. MALICKY 1973).

Abb. 111. Die Wasserfälle des Iguaçu (Brasilien). Beispiel für extreme rhithrale Bedingungen.

Abb. 112. Rhithral im Übergang zwischen Silvaea und borealem Nadelwald in Kanada.

Kiemenschnecken der Gattung *Bythinella*, die an gleichmäßige Temperaturen unter 8 °C gebunden sind, kommen in mitteleuropäischen Quellen vor und bilden hier eine charakteristische *Bythinella*-Lebensgemeinschaft (vgl. HUSMANN 1970, JUNGBLUTH 1973).

Quellflurgesellschaften (Cardamino-Montion) entwickeln sich nicht nur in Gebirgen, sondern überall dort, wo Sickerwässer an geneigten Hängen und Mulden austreten. Für die Ausbildung dieser Pflanzengesellschaften ist die Säurereaktion des Quellwassers bedeutsam. Charakteristische Arten für Silikatquellfluren sind die Moose *Philonotis fontana* und *Mniobryum albicans,* während in Kalkquellfluren die kalkliebenden Moose *Philonotis calcarea* und *Cratoneuron commutatum,* das Fettkraut *(Pinguicula vulgaris)* und die Riedgräser *Carex davalliana* und *Carex pulicaris* u.a. auftreten.

Nach der Art des Quellaustritts lassen sich Rheokrenen (= Wasser strömt von der Quelle sofort ab), Limnokrenen (= Wasser strömt zuerst in ein Überlaufbecken) und Helokrenen (= Wasser tritt in einer Sumpfstelle zutage) unterscheiden.

Im Gegensatz zum Oberlauf (Rhithral), der durch an hohe Strömungsgeschwindigkeiten adaptierte, kaltstenotherme Arten beschrieben werden kann, kommen im Unterlauf (Potamal) Arten vor, die an größere Temperaturschwankungen und geringe Strömung angepaßt sind. Nach ihrer kennzeichnenden Fischfauna, Jahrestemperaturamplitude und Stromsohlenstruktur können mitteleuropäische Bäche und

Tab. 4.20 Die *Bythinella*-Coenose (nach JUNGBLUTH 1973)

Mollusken-gesellsch.	Charakter-art	Begleit-arten	Begleit-fauna	Ablöse-gesellsch.	Charakteristik des Biotops
Bythinella-Coenose	*Bythinella* als Leitform coenobiont u. krenophil Eigenschaften: stenök, stenovalent euryion im Hinblick auf die Gesamthärte stenotherm (offensichtl. ist diese Eigenschaft für die Verbreitung aus schlaggebend)	akzessorisch *Pisidium* (meist *personatum)*, Verbandscharakterart. Akzidentiell *Galba truncatula Carychium minimum Carychium tridentatum Euconulus fulvus* (als Nachbarn od. Besucher zu bezeichnen)	die typisch rheophilen Elemente der Torrentikolfauna im Vogelsberg z. B. Ostracoda, Hydracarina, Tricladida, Larvalstadien verschiedener limnischer Insekten, Coleoptera etc., *Gammarus, Niphargus*	Anzeigerarten der Ablösegesellschaft sind: *Ancylus fluviatilis Radix peregra*; im Vogelsberg wurde *Bythinella* nie mit den o. gen. Arten vergesellschaftet angetroffen. Bythinellen im Bereich der Ablösegesellschaft sind verdriftet.	Bereich des Krenals/Quelle und des Epirhithrals, teilweise den subterranen Raum einbeziehend. Helo- und Limnokrenen (Sumpf- u. Tümpelquellen) vorzugsweise in den Waldgebieten höherer Lagen; in der Regel in den kalkarmen Formationen des Urgesteins, jedoch auf solche des Kalkes übergreifend. – Niedrige Wassertemperaturen mit geringen Tages- und Jahresamplituden; sehr konstante Wasserführung und ausgeglichener Wasserchemismus im Jahresverlauf. Geringe Insolation und artenarme Flora (z. B. *Nasturtium, Fontinalis, Mnium,* Algen). Nahrung: Diatomeen, Detritus

Flüsse in mindestens vier Regionen eingeteilt und durch Leitarten gekennzeichnet werden. Die oberste Bachregion, die Forellenregion (mit *Trutta fario*), wird auf kiesig-steinigem Untergrund durch klares und während des ganzen Jahres gleichmäßig kühles, sauerstoffreiches und oligotrophes Wasser gekennzeichnet. An sie schließt sich die Äschenregion (mit *Thymallus thymallus*) an, mit im allgemeinen wärmerem Wasser und zum Teil sandigem Bachgrund. In der Barbenregion (mit *Barbus barbus;* vgl. ILLIES 1955, 1958), gekennzeichnet durch schnellfließende Flußläufe, ist das Wasser durch den sandigen oder mit Schlamm vermengten Untergrund bereits getrübt.

ILLIES (1958) unterschied innerhalb der Barbenregion eine benthale Geröll- von einer Schlammfauna.

Die Barbenregion geht in den Niederungsflüssen mit schwacher Strömung und schlammigem Untergrund in die Brachsenregion (mit *Abramis brama*) über. Die hier vorkommenden Arten sind an trübes, sauerstoffarmes und wärmeres Wasser angepaßt.

Tab. 4.21. Vergleich der benthalen Geröll- und Schlammfauna in der Barbenregion (ILLIES 1958)

Geröll		Schlamm	
(Dryopiden-Variante)		(Halipliden-Dytisciden-Variante)	
Coleoptera:			
Helmis maugei	28 %	*Haliplus fluviatilis*	50 %
Limnius tuberculatus	26 %	*Laccophilus hyalinus*	26 %
Lathelmis volkmari	13 %	*Ilybius fuliginosus*	13 %
Stenelmis canaliculatus	10 %	*Hyphydrus ovatus*	5 %
Orectochilus villosus	8 %	*Platambus maculatus*	
Dryops spec.	5 %	*Brychius elevatus*	
Macronychus quadrituberculatus		*Orectochilus villosus*	
Brychius elevatus		*Limnius tuberculatus*	
Riolus subviolaceus			
Hydraena graciles			
Trichoptera:			
Athripsodes spec.	34 %	Fehlen fast völlig!	
Polycentropus flavomaculatus	11 %		
Anabolia nervosa	11 %	Nur Einzelfunde von *Limnophilus* spec.	
Brachycentrus subnubilus	10 %		
Rhyacophila nubila	8 %	In dichtem Krautbewuchs:	
Hydropsyche angustipennis	7 %	*Brachycentrus subnubilus.*	
Cyrnus trimaculatus	6 %		
Psychomyia pusilla	6 %		
Mystacides azurea			
Stenophylax spec.			
Ephemeroptera:			
Baetis div. spec.	42 %	*Chloeon dipterum*	24 %
Ephemerella ignita	38 %	*Siphlonurus aestivalis*	22 %
Heptagenia div. spec.	11 %	*Leptophlebia vespertina*	17 %
Potamanthus luteus	6 %	*Baetis* div. spec.	16 %
Caenis moesta	5 %	*Ephemerella ignita*	11 %
Paraleptophlebia cincta		*Siphlurella linneana*	7 %
Ecdyonurus venosus		*Ephemera* div. spec.	
		Caenis moesta	
		Heptagenia fuscogrisea	
Crustacea:			
Asellus aquaticus	68 %	*Asellus aquaticus*	83 %
Carinogammarus roeseli	28 %	*Carinogammarus roeseli*	17 %
Gammarus pulex pulex	4 %		
Hirudinea:			
Erpobdella octoculata	86 %	*Haemopis sanguisuga*	38 %
Piscicola geometra	9 %	*Erpobdella octoculata*	35 %
Glossiphonia complanata		*Piscicola geometra*	5 %
Glossiphonia heteroclita		*Helobdella stagnalis*	
		Glossiphonia heteroclita	
		Glossiphonia complanata	

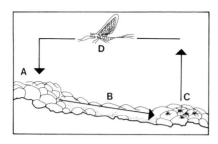

A	Eigelege auf Steinen in einer Stromschnelle
B	Passive Abwanderung der Eilarven als Drift
C	Aufwachsen der Larven im Epirhitral.
D	Aktive Flußaufwärtswanderung der Imagines

Abb. 113. Siedlungskreislauf und Rheophilie von Eintagsfliegen (Ephemeroptera) als Grundlage für die Konstanz der Besiedlung eines bestimmten Flußabschnittes.

Vergleichende Untersuchungen haben gezeigt, daß die Ausdehnung des Rhithrals und des Potamals zwar von der Höhenlage und der geographischen Breite eines Gebietes abhängt, entscheidend jedoch von der Temperatur gesteuert wird. Bei gleicher Höhenlage nimmt von den Polargebieten zu den Tropen die Fläche des Rhithrals ab und die des Potamals zu (ILLIES 1961, SCHWOERBEL 1977). Die gleiche Verschiebung der Zonen ist in einem Gebirge von der Hochfläche bis zur Ebene zu erkennen.

Durch Staumaßnahmen kann es zur künstlichen Schaffung rhithraler bzw. potamaler Bedingungen in einem Fluß im Tiefland kommen. So lassen sich z.B. gegenwärtig (1977) in der Saar deutlich sieben Stufen kennzeichnen:

a) Rhithral von der Quelle bis Hermelange,
b) Rhithral von Hermelange bis Saargemünd,
c) Potamal von Saargemünd bis Ensdorf,
d) Rhithral von Ensdorf bis Merzig,
e) Potamal von Merzig bis Mettlach,
f) Rhithral von Mettlach bis zum Beginn des Moselrückstaus der Moselstufe bei Trier,
g) Potamal bei Konz.

Auch bei anderen Tierarten, wie etwa bei den Strudelwürmern und Mollusken, läßt sich in mitteleuropäischen Bächen und Flüssen eine entsprechende Verbreitung nachweisen. So ist *Crenobia alpina* kennzeichnend für den Oberlauf, *Polycelis cornuta* für den Mittellauf und *Dugesia gonocephala* für den Unterlauf von Fließgewässern.

Tab. 4.22 Fluß-(bzw. Bach-)Regionen (Schwoerbel 1977)

Krenal	= Quellzone	Quellfauna
Rhithral	= Gebirgsbachzone	Salmonidenregion
Epirhithral	= obere Gebirgsbachzone	obere Forellenregion
Metarhithral	= mittlere Gebirgsbachzone	untere Forellenregion
Hyporhithral	= untere Gebirgsbachzone	Äschenregion
Potamal	= Tieflandsflußzone	Barbenregion
Epipotamal	= obere Tieflandsflußzone	
Metapotamal	= mittlere Tieflandsflußzone	Brachsenregion
Hypopotamal	= untere Tieflandsflußzone	Kaulbarsch-Flunder-Region

Tab. 4.23. 1977 in der Saar (zwischen Saargemünd und Konz) an 36 Standorten vorkommende Ufer- und Wasserpflanzen

Art	\ Standort Nr. 1	2	3	4	5	6	7	8	9	10	11	12	13	14	15	16	17	18	19	20	21	22	23	24	25	26	27	28	29	30	31	32	33	34	35	36
Acorus calamus	x													x		x				x										x	x				x	
Alisma lanceolata		x																																		
– plantago-aquatica		x	x	x	x	x																								x	x		x	x	x	x
Butomus umbellatus	x	x	x	x		x																													x	x
Callitriche palustris	x			x	x	x																								x				x	x	x
Carex riparia												x				x			x	x									x							
Ceratophyllum demersum	x	x	x														x	x																		x
Cladophora spec.	x	x	x	x													x			x																
Eleocharis palustris																																		x		
Elodea canadensis	x	x	x	x	x	x								x	x	x	x	x	x		x								x		x				x	x
Glyceria maxima	x	x	x	x	x	x								x		x	x	x	x											x						
Iris pseudacoris	x	x	x	x	x	x	x			x		x	x	x		x	x	x	x	x	x								x		x			x	x	x
Myriophyllum spicatum	x	x	x	x	x	x	x							x	x	x	x	x	x	x	x	x								x	x		x	x	x	x
Nuphar lutea	x	x	x	x	x									x	x	x	x	x	x	x	x						x	x	x	x	x			x	x	x
Phalaris arundinacea	x	x	x	x	x	x		x				x		x	x	x	x	x	x												x					
Phragmites communis	x	x		x						x		x							x					x					x		x			x		
Polygonum amphibium	x	x							x																											
– aquaticum	x	x									x	x	x																							
Potamogeton crispus	x	x											x	x					x	x								x	x	x						
– lucens	x	x						x						x			x	x		x	x									x	x					x
– nodosus	x	x		x	x	x	x									x	x	x	x	x	x										x				x	x
– pectinatus	x	x		x	x							x	x	x			x		x	x	x									x	x					x
– perfoliatus	x	x		x						x		x							x					x							x				x	x
Rorippa amphibia	x	x	x	x	x	x						x						x	x	x									x					x	x	x
Rumex hydrolapathum																	x		x	x									x							
Sagittaria sagittifolia	x	x		x	x									x							x															
Scirpus lacustris													x					x																		
– maritimus	x	x	x	x	x			x																												
Sparganium erectum	x	x	x		x								x	x				x																	x	x
Spirodela polyrrhiza	x	x	x																																x	x
Typha latifolia	x	x	x													x																		x		
Veronica beccabunga																			x											x						

Regional können jedoch bemerkenswerte Unterschiede auftreten. In den Bächen des Siebengebirges besiedelt *Crenobia alpina* die Quelle und Quellregion; bachabwärts kommt sie meist auf kurzer Strecke sympatrisch mit *Dugesia gonocephala* vor, die den anschließenden Ober- und Mittellauf allein einnimmt (GIESEN-HILDEBRAND 1975). Betrachtet man die Verbreitung der bisher bekannten 29 nord- und südamerikanischen *Dugesia*-Arten (vgl. u. a. KAWAKATSU, HAUSER und FRIEDRICH 1976), so wird deutlich, daß auch sie in vielen Fällen nur an bestimmte Gewässertypen gebunden sind (vgl. auch BALL 1974, YOUNG und YOUNG 1974).

Auch Vogelarten bevorzugen einzelne Fließgewässertypen. An den Forellengewässern Europas und Nordamerikas leben die Wasseramseln *Cinclus cinclus* und *Cinclus mexicanus*. Ein naher Verwandter *Cinclus leucocephallus* kommt in und an den andinen Bach- und Flußläufen von Venezuela bis Bolivien vor.

In den tosenden Gebirgsbächen der Anden (von Kolumbien bis Feuerland) leben sogar „Entenarten" *(Merganetta armata)*, die sich als „Torrent Ducks" oder „Pato corta-corientes" durch Sonderanpassungen in den schnellfließenden Gewässern halten können.

Die höhere Vegetation zeigt eine flußregionenabhängige Verteilung. Für stark strömende Gebirgsbäche ist das Quellmoos *Fontinalis antipyretica* bezeichnend. Die Art tritt auch in sauerstoffreichen Seen auf, doch zeichnen sich die einzelnen Individuen durch standortspezifische Unterschiede in der Zugfestigkeit aus. Die Reißfestigkeit der Bachform beträgt, bedingt durch eine Verstärkung der Epidermis, 535 g/mm², die der Seeform 350 g/mm². *Potamogeton*-Arten dominieren im Potamal. Für tropische Gebirge sind die Podostemonaceae (Amerika, Afrika, Asien) und die Hydrostachyaceae (Capensis, Madagaskar) charakteristisch, die auffallende Konvergenzen als Anpassung an hohe Strömungsgeschwindigkeiten ausbildeten. Beide Pflanzengruppen besitzen keine Interzellularen. Die Samen der Podostemonaceae quellen im Wasser rasch auf und widerstehen der Strömung, festgehaftet am Substrat.

Für die Fließgewässer Niedersachsens hat WEBER-OLDECOP (1977) in Anlehnung an die klassischen Fischregionen Leit-Pflanzengesellschaften aufgestellt. Sechs Fließgewässertypen, die sich durch ihr Gefälle, ihre Temperatur und Kalkgehalte unterscheiden, lassen sich floristisch-soziologisch klar belegen.

Tab. 4.24. Fließgewässertypen (WEBER-OLDECOP 1977)

		kalkarmes Wasser	kalkreiches Wasser
Salmonidenregion (sommerkaltes Wasser)	Gebirge	Typ I Lemaneetum fluciatilis Hildenbrandietum rivularis Chiloscypho-Scapanietum	Typ II Vaucherio-Cladophoretum
	Flachland	Typ III Callitricho-Myriophylletum	Typ IV Ranunculo-Sietum
Cyprinidenregion (sommerwarmes Wasser)	Flachland	Typ V Sparganio-Elodeetum	Typ VI Sparganio-Potametum pectinati

Tab. 4.25. Gewässergliederung nach sechs Hydrophytengruppen für Kanada (vgl. RICKER 1934, WHITTON 1976)

		schwache Strömung	starke Strömung
Salmoniden-Region	Ca-armes Wasser	*Brasenia, Castalia*	*Zygnema, Mougeotia*
	Ca-reiches Wasser	*Chara*	*Cladophora, Fissidens*
Cypriniden-region		*Potamogeton pectinatus* usw.	*Cladophora*

Bereits 1971 gliederte KOHLER (1971) die kalkreiche, durch markante Belastungs-gradienten gekennzeichnete Moosach in der Münchner Ebene mit Hilfe submerser Makrophyten. Zwischen der Verbreitung der Pflanzenarten und den chemisch-physikalischen Wasserfaktoren konnte er enge Beziehungen feststellen.

Daß diese Verbreitungsmuster im Fluß nicht zufallsbedingt sind, konnte durch mehrjährige Transplantationsversuche in Fließgewässern und durch ökophysiologische Laborexperimente nachgewiesen werden (KOHLER 1976).

Zahlreiche Tierarten zeichnen sich durch einen von der Fortpflanzungsperiode bestimmten Wechsel zwischen Fließgewässer- und Land-Ökosystemen aus. Im Verbreitungsgebiet der europäischen Buche gehört dazu der Feuersalamander *Salamandra salamandra*, der seine Larven im sauerstoffreichen Rhithral absetzt. Nordamerikanische Molche der Art *Taricha rivularis* zeichnen sich dadurch aus, daß sie jeweils den Fließgewässerabschnitt, in dem sie geboren wurden, wieder zur Fortpflanzung aufsuchen (vgl. u. a. TWITTY, GRANT und ANDERSON 1967).

Diese Beispiele verdeutlichen, daß sich je nach zoo- oder vegetationsgeographischer Zugehörigkeit eines Flußsystems häufig seine genetische Struktur ändert, die Herausforderungen des Lebensraumes jedoch weltweit zur Ausbildung ähnlicher Ökotypen geführt haben.

4.2.4 Ästuarien

Die Fließwasserökosysteme sind nicht nur aufs engste mit terrestrischen Ökosystemen verzahnt, sondern stehen in den Ästuarien mit den marinen Ökosystemen in ständigem Stoff- und Energieaustausch. In den Flußmündungen bilden sich spezi-

Zone	Salzgehalt (‰ NaCl)
Hyperhaline Zone	> 40
Euhaline Zone	40–30
Mixohaline Zone	(40) 30–0,5
Mixoeuhalin	> 30, aber < im angrenzenden Meer
Mixopolyhalin	30–18
Mixomesohalin	18–5
Mixooligohalin	5–0,5
Limnische Zone	> 0,5

Tab. 4.26. Floristisch-ökologische Gliederung des Fließwassersystems Moosach (Münchner Ebene; KOHLER 1971)

Fließwasserzonen	A	B	C	D
Kennzeichnende Artengruppen	*Potamogeton coloratus, Juncus subnodulosus, Chara hispida*	*Sium erectum* / *Ranunculus trichophyllus, Potamogeton pectinatus*	*Callitriche obtusangula, Ranunculus fluitans, Ranunculus fluitans x trichophyllus, Ranunculus circinatus, Elodea canadensis, Potamogeton crispus, Zannichella palustris* / *Potamogeton densus, Hippuris vulgaris f. fluviatilis, Potamogeton natans varprolixus, Scirpus lacustris f. fluitans*	
		Sparganium emersum et erectum		

PO$_4^{3-}$-Gehalt des Wassers	A	B	C	D
Zahl der Messungen (n)	9	22	38	66
Mittelwert ($\bar{x}$) mg/l	0,04	0,02	0,07	0,45
Variationsbreite mg/l	0,00–0,09	0,00–0,11	Spur–0,46	Spur–13,38
Standardabweichung (s)	0,04	0,04	0,08	1,62

NH$_4^+$-Gehalt des Wassers	A	B	C	D
Zahl der Messungen	9	22	38	66
Mittelwert ($\bar{x}$) mg/l	0,03	0,05	0,09	0,28
Variationsbreite mg/l	0,01–0,08	Spur–0,18	Spur–0,48	0,02–1,67
Standardabweichung (s)	0,02	0,042	0,081	0,33

NO$_3^-$-Gehalt des Wassers	A	B	C	D
Zahl der Messungen	9	22	38	66
Mittelwert ($\bar{x}$) mg/l	59,33	26,63	25,39	23,78
Variationsbreite mg/l	32–136	9–36	13–44	8–40
Standardabweichung (s)	32,01	6,44	6,60	7,69

Cl$^-$-Gehalt des Wassers	A	B	C	D
Zahl der Messungen	9	21	35	63
Mittelwert ($\bar{x}$) mg/l	34,88	20,00	23,80	25,53
Variationsbreite mg/l	18–39	13–25	18–28	18–40
Standardabweichung (s)	6,64	3,20	2,08	3,66

Tab. 4.26. Floristisch-ökologische Gliederung des Fließwassersystems Moosach (Münchner Ebene; KOHLER 1971) (Fortsetzung)

Fließwasserzonen	A	B	C	D
KMnO$_4$-Verbrauch				
Zahl der Messungen	9	21	38	66
Mittelwert ($\bar{x}$) mg/l	9,55	14,54	1102	1501
Variationsbreite mg/l	4–12	13–18	5–24	6–35
Standardabweichung (s)	2,29	3,62	3,21	5,47
Chlorzahl				
Zahl der Messungen	9	22	38	66
Mittelwert ($\bar{x}$) mg/l	19,33	24,50	11,60	19,16
Variationsbreite mg/l	9–38	9–58	1–38	0–79
Standardabweichung (s)	10,06	11,69	7,56	12,68

fische Lebensgemeinschaften, deren Rhythmus von den Gezeiten des Meeres und zahlreichen Wassereigenschaften der Flüsse abhängen (vgl. u. a. BURTON und LISS 1976, MCLUSKY 1971). Euryöke Süß- und Meerwassertiere leben neben Arten, die an die Salinität dieser Zone optimal angepaßt sind. Nach dem jeweiligen Salzgehalt lassen sich verschiedene Übergangsstufen kennzeichnen.

Die Sauerstoffversorgung ist in Bodennähe reduziert. Die eigentliche Ästuarienfauna baut sich auf Nahrungsketten auf, die im allgemeinen ihre Existenz auf Detritusfresser gründen. Unter den Turbellarien sind *Procerodes ulvae*, unter den Coelenteraten *Cordylophora caspia* und unter den Anneliden *Nereis diversicolor* und *Nereis virens* typische europäische Ästuarienarten. Zahlreiche Mollusken (u. a. *Sphaeroma*) und Fische (u. a. *Platichthyes flesus, Gasterosteus aculeatus*) werden in Ästuarien regelmäßig angetroffen. Ästuarien besitzen eine junge Geschichte. Sie wurden entscheidend von den eustatischen Meeresspiegelschwankungen des Pleistozäns geprägt.

4.2.5 Marine Verwandtschaftsgruppen

Über die Ästuarien können ursprünglich marine Arten ins Süßwasser einwandern. Ob die zahlreichen marinen Elemente der Wasserfauna Amazoniens diesen Weg wählten oder Relikte aus der marinen Vergangenheit des Flußsystems sind, läßt sich nur über die Fossilgeschichte klären. Auffallend sind in den amazonischen Gewässern die Süßwasserdelphine und die Stachelrochen, da sie zu überwiegend marinen Verwandtschaftskreisen gehören. Die ursprünglichen Flußdelphine (Platanistoidea) nehmen unter den Zahnwalen eine Sonderstellung ein. Die Familie Iniidae, zu der der Amazonasdelphin *Inia geoffrensis* gehört, kommt in einer weiteren Art, dem chinesischen Flußdelphin *Lipotes vexillifer* nur im Tung-Ting-See in Mittelchina (Provinz Hunan) vor.

Die im La-Plata-System lebenden La-Plata-Flußdelphine gehören zu einer weiteren Familie (Stenodelphidae; eine Art *Stenodelphis blainvillei*), die jedoch auch im Brack- und Meerwasser vorkommt. Die dritte Familie der Flußdelphine repräsentieren die Ganges-Delphine (Platanistiodae) mit dem im Ganges und Indus existierenden Ganges-Delphin *(Platanista gangetica)*. Neben *Inia geoffrensis* kommt im Amazonas eine weitere Delphinart vor, *Sotalia fluviatilis*, deren nächste Verwandte (z. B. *Sotalia guianensis*) allerdings im Litoralbereich des Meeres lebt.

Mehrere Süßwasserkrebse besitzen heute noch marine Verwandte. *Atya lanipes* (vgl. HOLTHUIS 1963) ist bisher nur aus den Süßwässern von St. Thomas (Virgin Islands) bekannt. Sein nächster Verwandter kommt an der westafrikanischen Küste vor (*Atya africana*). In den Höhlengewässern von Jamaica lebt u. a. *Troglocubanus ja-*

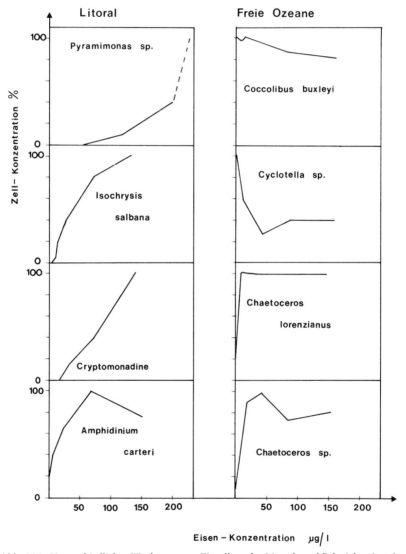

Abb. 114. Unterschiedliches Wachstum von Einzellern des Litorals und Pelagials mit steigender Fe-Konzentration des Milieus. Litorale Organismen vermögen höhere Eisen-Mengen aufzunehmen.

maicensis. Zusammen mit den kubanischen Arten *T. eigenmanni, T. inermis, T. gibarensis* und *T. calcis* verdeutlicht die Existenz von *T. jamaicensis* auf Jamaica die enge zoogeographische Verwandtschaft dieser Inseln. Da die Gattung auch in Mexiko entdeckt wurde (vgl. HOLTHUIS 1973, REDDELL und MITCHELL 1971, REDELL 1971), lassen sich „leicht" biogeographische Verbindungen herstellen.

Aus dem Osten der USA sind aus Höhlen von Kentucky *Palaemonias ganteri* und aus Höhlen im Norden von Alabama *Palaemonias alabamae* (Fam. Atyidae; vgl. SMALLEY 1861, WOODS und INGER 1957) bekannt. Marine Vorfahren besitzen auch die zahlreichen neotropischen Süßwasserkrabben und -garnelen. Die Süßwassergarnelenfamilie Palaemonidae, besonders die Subfamilie Palaemoniae, zeigt jedoch bei einzelnen Arten noch alle Übergänge zwischen Süß- und Salzwasser. Innerhalb der von HOLTHUIS (1952) revidierten Gruppe gibt es neun in Nord- und Südamerika vorkommende Gattungen.

Brachycarpus (monotyp.; *B. biunguiculatus*) ist ähnlich wie *Leander tenuicornis* eine weitverbreitete marine Art, die auch im Mittelmeer lebt. Unter den 28 bekannten *Macrobrachium*-Arten gibt es jedoch Zwischenstadien. Die Eier einiger „Süßwasserarten" müssen im Salzwasser abgelegt werden. Auch in den Gattungen *Palaemon* und *Palaemonetes* finden sich solche Übergänge.

Manche Arten, die stärker an das Süßwasser gebunden sind, zeigen in Mittel- und Südamerika eine klare Trennung in atlantische und pazifische Arten.

Pazifische Arten	Atlantische Arten
M. panamense	*M. amazonicum*
M. tenellum	*M. acanthurus*
M. transandicum	*M. sarinamicum*
M. occidentale	*M. heterochirus*
M. digueti	*M. olfersi*
M. hancocki	*M. crenulatum*
M. americanum	*M. carcinus*

Die diese Ost-West-Allopatrie aufweisenden Arten stehen sich phylogenetisch z. T. sehr nahe. Während einige der *Macrobrachium*-Arten weitverbreitet sind (z. B. *M. acanthurus* – Florida, Antillen bis Südbrasilien; *M. heterochirus* – von Mexiko, den Antillen bis Südbrasilien; *M. carcinus* – Florida bis Südbrasilien), besitzen andere (soweit bisher nachgewiesen) nur kleine Arealsysteme (z. B. *M. quelchi* aus dem Mazaruni-Fluß von Britisch Guiana beschrieben). Die weitverbreiteten Arten kommen auch im Brackwasser vor.

Die Ökologie einzelner Arten, und damit auch die Kenntnis ihrer Ausbreitungsfähigkeit, ist noch weitgehend unbekannt.

Die monotypische Gattung *Pseudopalaemon* ist auf die Süßgewässer des östlichen Südamerika, die monotypische *Cryphiops* auf jene des westlichen Südamerika (Chile bis Peru) beschränkt. Auch Höhlenformen treten bei den Palaemoninen auf. *Creaseria morleyi* bewohnt Höhlen in Yucatan (Mexiko), *Troglocubanus,* der offensichtlich *Palaemonetes* nahesteht, lebt in vier nahe verwandten Arten in Höhlen auf Kuba.

Unter den Anomuren gelang es in Südamerika der Familie Aeglidae, mit der Gattung *Aegla* in das Süßwasser vorzudringen (vgl. u. a. SCHMITT 1942, BUCKUP und ROSSI 1977). Diese Gattung ist an Fließgewässer gebunden. Sie kommt vom südlichen Bolivien und südlichen Minas Gerais (Brasilien) in zahlreichen Arten bis Chile und zum argentinischen Rio Negro vor.

4.2.6 Fließgewässerbelastung

Standortvorteile und die Benutzung der Fließgewässer als billige Transport- und sichere Erschließungswege führten dazu, daß seit Ende des 18. Jahrhunderts Flußtäler die bevorzugten Energieachsen der Industrienationen wurden. Straßenführung und Eisenbahn benutzten die naturräumlich vorgezeichnete Trasse. Die Möglichkeit, Brauchwasser zu entnehmen und Abwasser einzuleiten, entschied die Standortfrage von Großindustrien bis zu den heutigen Kernkraftwerken. Die daraus entstehende Belastung der Fließgewässer hat zu einem Auslöschen der ursprünglichen Biozönosen, einer weitgehenden Veränderung in der Artenzusammensetzung und (oder) dem Auftreten völlig neuer Arten und Lebensgemeinschaften geführt. In Fließgewässern, die bereits seit der Jahrhundertwende planmäßig untersucht wurden, läßt sich diese Entwicklung besonders gut verfolgen (KINZELBACH 1972, KRAUSE 1971, MÜLLER 1977, SCHÄFER 1975 u.a.).

Manche der heute z.B. in der Saar vorkommenden Arten verdanken ihre Existenz dem Menschen. Das gilt sowohl für die Wandermuschel *Dreissena polymorpha* und die Schnecke *Physa acuta* als auch für die Tubificiden *Branchiura sowerbyi* und die Garnele *Atyaephyra desmaresti*. Einige der Neubürger benutzten den zwischen 1838 bis 1853 gebauten 311 km langen Rhein-Marne-Kanal und den zwischen 1862 bis 1866 konstruierten Saar-Kohle-Kanal, andere (z.B. *Branchiura*) wurden vermutlich direkt in das Gewässer gebracht, wo sie bevorzugt an „aufgeheizten" Flußabschnitten leben. Das gegenwärtige Verbreitungsbild der Fauna und Flora der Saar wird entscheidend von der chemisch-physikalischen Belastung und der hydrographischen

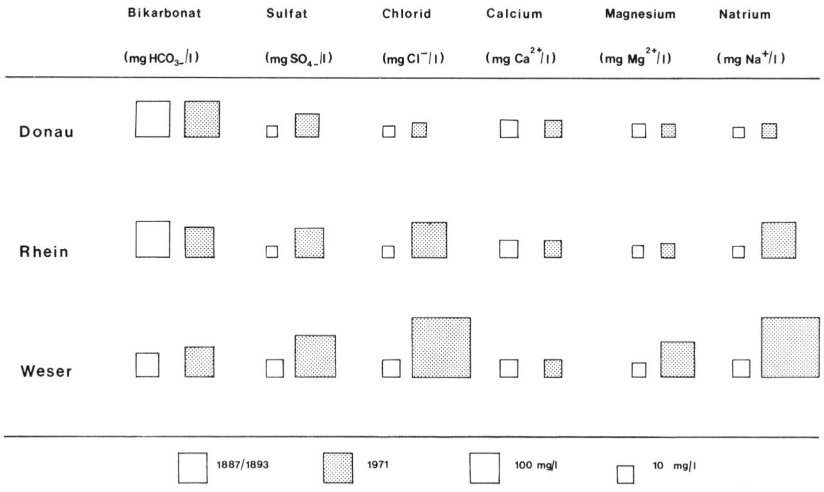

Abb. 115. Verhältnis der Bicarbonat-, Sulfat-, Chlorid-, Calcium-, Magnesium- und Natrium-Konzentrationen in Donau, Rhein und Weser 1887/1893 und 1971 (nach FÖRSTNER und MÜLLER 1974).

Struktur des Fließgewässers bestimmt. Eine Anzahl hochtoxischer Stoffe, Schlamm-frachten und thermale Einleiter (z. B. Kraftwerke) erzeugen ein Belastungsmosaik, das über schärfste Selektionsbedingungen spezielle Schmutzwasserbiozönosen und -organismen begünstigt. In der Nähe von Thermaleinleitern (u. a. Kraftwerke) ist eine erhöhte Gefahr durch schneller ablaufende chemische Prozesse gegeben. Soweit diese Belastung ertragen wird, können wärmeliebende Arten auftreten, die sich im „nor-mal" temperierten Fluß nicht halten könnten. Das gilt z. B. für den „tropischen" Tu-bificiden *Branchiura sowerbyi* (vgl. TOBIAS 1972). Viele in aufgewärmtem Flußwas-ser lebende Fische zeigen meist ein schnelleres Wachstum. Ihr Alter ist jedoch schwierig festzustellen, da durch die oftmals fehlende oder eingeschränkte Winter-ruhe die „Jahresringe" der Schuppen verschmelzen. Die Verschiebung der Zeit der Laichreife und die bei hoher Wassertemperatur begünstigte Eientwicklung lassen be-fürchten, daß die Zeit des Schlüpfens der Brut in die Periode reduzierten Nahrungs-angebotes (Winter) fällt.

Schwerwiegender sind allerdings die Auswirkungen der erhöhten Temperatur auf die Entwicklung des Fischlaiches, da Fischlaich und junge Brut wesentlich empfindli-cher als ausgewachsene Fische reagieren. Auch wenn die Eier bei überhöhten Tempe-raturen nicht absterben, kann es doch durch gleichzeitige Sauerstoffminderung zu Entwicklungsstörungen, Mißbildungen oder späteren Verlusten kommen. Warm-wassereinleitungen zeigen ihre Auswirkungen auch im Stoffhaushalt der Fließgewäs-ser. Sie verändern den biogenen Stoffumsatz, der sich auf den Ebenen der Produktion, Konsumation und Destruktion abspielt. Die Erwärmung des Wassers führt zur ver-stärkten Vermehrung der heterotrophen Organismen und somit zu einem Überwie-gen heterotropher Prozesse. Die mikrobielle Mineralisation reduziert den durch die Erwärmung ohnehin schon verminderten O_2-Gehalt weiter. Dieser Effekt wird be-sonders deutlich in Gewässern mit einer starken organischen Belastung. Die Gewäs-sererwärmung führt zu einer Verschiebung der Kieselalgenpopulation nach Grün- und Blaualgen, deren Wachstumsoptimum bei 28 bis 30 °C liegt. Es entstehen Mas-senentwicklungen in den flachen Uferbereichen, die zur Bildung von Phytotoxinen führen können.

Durch die erhöhte Temperatur wirken sich jedoch auch die im Wasser gelösten Schadstoffe im allgemeinen wesentlich gravierender aus. Besonders erwähnt werden müssen hierbei Tenside, organische Verbindungen (vgl. u. a. KEITH und WICKBOLD 1976) und Schwermetalle (vgl. u. a. BURTON und LISS 1976, FÖRSTNER und MÜLLER 1974).

Tab. 4.27. Schwermetall-Konzentrationen (ppm) in Sedimenten deutscher Flüsse (FÖRSTNER und MÜLLER 1974)

Fluß	Pb	Zn	Cd	Cu	Co	Ni	Cr	Hg
Rhein	251	903	9	192	26	164	330	6,3
Main	218	810	12	208	51	128	211	5,0
Neckar	211	999	37	203	55	190	382	1,1
Donau	156	699	14	232	47	125	187	1,5
Ems	112	642	10	55	54	104	134	4,4
Weser	241	1572	14	115	57	98	281	2,3
Elbe	430	1425	21	161	51	126	175	7,6

Tab. 4.28. Schwermetalle in „Suspended matter as a percentage of the total amount present in the water" (BURTON und LISS 1976)

	Co	Ag	Pb	Cr	Cu	As	Hg	Cd	Zn	Ni
Rhein in den Niederlanden	–	–	72	70	64	56	56	44	37	23
Rhein (BRD)	17	–	83	80	50	–	61	28	44	24
Nordsee	–	57	64	–	83	–	–	18	44	50
Themse	–	–	–	–	–	–	92	–	–	–
Have	–	–	–	–	–	–	20	–	–	–
Southeastern Rivers (USA)	45	–	–	92	53	–	–	–	87	82
Amazonas	98	–	–	90	93	–	–	–	–	97
Yukon	98	–	–	87	97	–	–	–	–	98
Columbia River	–	–	–	–	–	–	52	–	–	–

Tab. 4.29. Schwermetalltransport an Schwebstoffen, berechnet nach den Sedimentdaten von Proben aus dem Unterlauf von Flüssen (FÖRSTNER und MÜLLER 1974)

Gehalte in ppm	Zn	Cr	Cu	Pb	Ni	Co	Cd	Hg
Rhein	2000	500	400	500	100	30	20	15
Mosel	2000	150	200	700	150	30	10	2
Main	2000	450	500	650	250	40	20	14
Neckar	1200	600	300	300	150	50	70	2
Elbe	1000	300	300	400	80	25	20	14
Donau	500	150	80	150	150	50	10	1
Weser	1800	250	100	400	100	50	15	2
Ems	400	120	30	100	100	50	7	3
Mengen in t/s								
Rhein	10000	2500	2000	2500	500	150	100	75
Mosel	1400	100	140	500	100	20	6	2
Main	400	100	100	130	50	6	4	3
Neckar	400	200	100	100	50	14	20	1
Elbe	1000	300	300	400	80	25	20	15
Donau	200	60	40	60	40	20	4	0,5
Weser	600	100	40	160	40	20	6	1
Ems	40	10	4	10	10	4	1	0,2
Summe Hauptflüsse	12000	3000	24000	32000	670	220	130	90

Bei der Untersuchung der biologischen Wirkung muß jedoch darauf geachtet werden, daß nicht allein die gelösten Metalle betrachtet werden, sondern besonders deren Umwandlungen auf dem Weg in Sediment und Nahrungskette. Untersuchungen an Virginischen Austern *(Crassostrea virginica)* aus dem Rappahannok River in Virgi-

Tab. 4.30. Giftwirkung verschiedener Pestizide auf Süßwasserfische *(Tilapia mariae).*
Angaben als mittlere letale Dosis (LD_{50}) in mg/l im 48-Stunden-Versuch bei 24 °C und
27 °dH (KLEE 1969)

Pestizid	LD_{50} in mg/l
Endosulfan	0,0015
Endrin	0,0021
Toxaphen	0,0078
Dieldrin	0,037
Aldrin	0,059
Methoxychlor	0,072
DDT	0,075
Heptachlor	0,080
Lindan	0,083
Chlordan	0,10
Parathion	0,24
Chlorthion	0,52
Diazinon	0,60
Systox	7,5
Malathion	15,0
Dipterex	100,0

nia, die bis zu 600 ppm Zink enthielten, zeigen deutlich, daß auch die Salinität des
Milieus die Schwermetallaufnahme steuert (HUGGETT; CROSS und BENDER 1975).
Ein 20 g schweres Tier, das eine Wasserdurchflußrate von etwa 575 Liter pro Tag
aufweist, nimmt bei einer mit 30 mg/Liter versehenen Partikellösung und 2 ppm Zink
diese Zinkkontamination von 600 ppm in einem Jahr zu sich.

Die Untersuchungen im Ästuarienbereich zeigen deutlich, daß Austern mit zunehmender Salinität, unabhängig von der Sediment-Konzentration, eine geringere Zink-
und Kupfer-Aufnahmerate haben als Individuen aus stärkerem Süßwasser-Milieu.

Tab. 4.31. Toleranzwerte für Pestizide im Wasser (QUENTIN 1970)
(in mg/l)

Mittel	Toleranzwert		Toxisch für Süßwasserfauna (aber noch nicht tödlich)
	USA	UdSSR	
Aldrin	0,017	1,0	0,00004
DDT	0,042	–	0,0006
Endrin	0,001	–	0,0001
Heptachlor	0,018	–	0,0002
Lindan	0,056	–	0,0002
Toxaphen	0,05	–	0,003
Parathion	0,1	0,03	0,001
Malathion	0,1	0,05	–
Systox	0,1	0,01	–

Tab. 4.32. DDT in Süßwasser (BEVENUE 1976)

Gebiet	Zeitraum	DDT (ng/l)
England (Zentral)	1964–65	3
England (London)	1965	170
England (Inseln)	1966–67	46
USA (Ohio)	1965	150
USA (Südflorida)	1968–69	1000
USA (Californien)	1971	5
USA (Hawaii)	1970–71	3
USA (Hawaii)	1971–72	4

Nach ihren toxischen Wirkungen lassen sich drei Giftgruppen unterscheiden:
a) Konzentrationsgifte, deren Wirkung proportional zur Dosis zunimmt,
b) Kummulationsgifte, die im Organismus gespeichert und ab einer bestimmten Menge wirksam werden (u.a. chlorierte Kohlenwasserstoffe, organische Phosphatverbindungen, Dinitroverbindungen, organische Schwermetallverbindungen), und
c) Summationsgifte, die zwar vom Organismus abgebaut oder ausgeschieden werden können (u.a. Cumarinderivate, Nikotin), jedoch in geringen Mengen schon irreversible Schädigungen hervorrufen.

Tab. 4.33. Metall-Konzentrationen (ppm/Trockengewicht) im Muskelgewebe von Fischarten mit bekannter Nahrungsaufnahme (STICKNEY et al. 1975)

Fischart	Untersuchte Individuen	Cd	Cu	Pb	Hg	Zn
Batrachoididae						
Opsanus tau	5	0,06±0,03	1,8±0,8	0,16±0,16	2,74±1,64	45±26
Sciaenidae						
Bairdiella chrysura	5	0,12±0,12	2,3±1,7	0,06±0,05	1,07±0,77	21± 6
Cynoscion regalis	7	0,05±0,02	1,9±0,8	0,09±0,05	0,44±0,05	26± 7
Leiostomus xanthurus	34	0,04±0,02	1,8±0,8	0,08±0,13	0,23±0,13	22±13
Micropogon undulatus	27	0,04±0,03	2,3±1,4	0,07±0,09	0,31±0,22	25±19
Stellifer lanceolatus	32	0,04±0,02	1,8±0,8	0,13±0,23	0,50±0,37	26± 8
Bothidae						
Ancylopsetta quadrocellata	1	0,22	5,2	0,08	0,46	51
Citharichthys spilopterus	1	0,07	1,2	–	0,17	24
Etropus crossotus	3	0,07	0,9	0,01	0,10	21
Scophthalmus aquosus	1	0,02	2,0	0,01	1,03	31
Cynoglossidae						
Symphurus plagiusa	17	0,03±0,02	1,6±1,0	0,09±0,16	0,63±0,58	21± 8

Tab. 4.34. Metall-Konzentrationen (ppm/Trockengewicht) in Nahrungstieren (Invertebraten) von Fischen der Georgia-Ästuarien (STICKNEY et al. 1975)

Arten und analysierte Teile	Zahl der Proben	Cd	Cu	Pb	Hg	Zn
Decapoda						
Palaemonetes pugio (gesamter Körper)	3	0,06	74	0,04	0,13	58
Tachypeneus constrictus (Muskeln)	1	0,11	56	0,03	–	55
Xiphopeneus kroyeri (Muskeln)	4	0,36±0,56	22± 6	0,06±0,02	0,26±0,02	60± 7
Penaeus aztecus (Muskeln)	14	0,07±0,01	18± 5	0,20±0,23	0,17±0,07	56± 5
Penaeus setiferus (Muskeln)	82	0,04±0,03	16± 4	0,12±0,20	0,23±0,15	53±14
Hexapanopeus angustifrons (Muskeln)	1	0,06	13	0,07	–	58
Menippe mercenaria (Muskeln)	2	0,13	43	–	1,57	290
Collinectes sapidus (Muskeln)	23	0,07±0,08	31±12	0,05±0,05	0,68±0,33	185±95
Collinectes sapidus (Eier)	5	0,08±0,03	41±14	0,94±1,30	0,20±0,11	160±26
Collinectes sapidus (Kiemen)	4	0,22±0,39	60±44	0,84±1,09	0,18±0,04	92±21
Amphipoda						
Gammarus spec.	3	0,01	30	–	–	70
Copepoda						
Pseudodiaptomus coronatus *Acartia tonsa*	1	0,01	19	0,23	–	100
Mysidacea						
Neomysis americana	5	0,40±0,52	25±11	0,03±0,03	0,06±0,06	87±30

Ein besonders gut auf seine Toxizität untersuchter chlorierter Kohlenwasserstoff ist das Pestizid Endosulfan. GREVE und VERSCHUUREN (1967) stellten bei Untersuchungen über die Rheinkatastrophe fest, daß Endosulfan im Uferschlamm absorbiert mitgeführt wird. Fischtoxizitätsuntersuchungen im Labor zeigten, daß der Giftkonzentrationswert, bei dem 50% der Versuchstiere eine definierte Zeit überleben (BAUER 1961), von der Wassertemperatur abhängig ist (vgl. REICHENBACH-KLINKE 1974). Bei geringer Steigerung der Endosulfatkonzentration steigt die Toxizität sprunghaft an.

Die von QUENTIN (1970) angegebenen Toleranzwerte für im Wasser gelöste Pestizide in den USA und der UDSSR zeigen eine gewisse Bewertungsunsicherheit.

Da limnische Organismen als „Fangsubstrat" für Schadstoffe dienen können, sind

Arten aus unterschiedlich belasteten Gewässern meist auch durch eine mit dem jeweiligen Lebensraum vergleichbare Konzentration von Schadstoffen in ihrem Organismus gekennzeichnet. Allerdings gibt es dabei z.T. erhebliche artspezifische Unterschiede. Das wird bereits deutlich, wenn man die ionale Zusammensetzung des Innenmediums von Süßwasser- oder Meerestieren mit deren Außenmedium vergleicht.

Tab. 4.35. Ionale Zusammensetzung des Innenmediums von Ostsee-Seesternen, -Miesmuscheln und -Strandkrabben in m Mol/l sowie der des umgebenden Brackwassers (16 ‰ S)

	Na	K	Ca	Mg	Cl	SO_4
Brackwasser	215	5,0	5,6	24,1	253	13,1
Asterias rubens (Coelornflüssigkeit)	216	5,4	5,6	24,2	255	13,1
Mytilus edulis (Blut)	213	7,5	5,8	24,5	253	13,2
Carcinus maenas (Blut)	358	10,1	9,7	12,6	384	8,1

Tab. 4.36. DDT- und Metabolit-Rückstände in Nahrungsketten des Everglades National Parks (1966 – 1968; BEVENUE 1976)

Substrat	Rückstände (ppb)
Oberflächen-Wasser	0,01
Süßwasser	0,46
Überschwemmungsboden	0 – 49
Algenbänke	0,2 – 34
Sumpfschneckeneier	14
Austern	0 – 27
Schnecken	0
Krabben	0
Süßwasser-Garnelen	0 –133
Krebse	0 – 37
Moskitofisch (Gambusia)	16 –848

Tab. 4.37. Schwermetallkonzentration im Rhein (Algen und Wasser) an einigen Meßstellen

Schwermetalle	Germersheim (Rhein-km 381)		Ludwigshafen (Rhein-km 431)		Gernsheim (Rhein-km 464)	
	Wasser mg/l	Algen mg/l Trocken- substanz	Wasser	Algen	Wasser	Algen
Hg	0,0001	0,5	0,0002	25	0,0001	0,7
Pb	0,002	0,43	0,023	0,87	0,0033	0,87
Cr	0,0018	0,49	0,120	26	0,0035	0,71
Cd	0,0001	16,8	0,0002	10,3	0,0002	14

Tab. 4.38. Hg-Gehalt (in ppm) in Fischen verschiedener Herkunft (REICHENBACH-KLINKE 1974)

Fließ-	Forelle	Aal	Rotauge	Nase	Brachse	Barsch	Hecht	Zander	Karpfen
Amper	0,089	0,066	0,286	0,162	–	–	0,551	–	0,162
Donau (Stau)	0,8	0,5	0,8	0,32	0,5	0,79	0,78	0,9	0,5
Lech	0,1		0,29	0,06	–	0,65	0,25	–	–
Rhein	–	0,27	0,90	–	0,10	0,15	0,51	0,10	0,29

Schwermetalle und Pestizide reichern sich meist um ein Vielfaches der Milieukonzentration in den Organismen an und bilden in Nahrungsnetzen schwer abbaubare Komplexe (vgl. u. a. ARCHER 1976, LOCKWOOD 1976, VERNBERG et al. 1977).

Von besonderem Interesse sind die Befunde von GARDNER et al. (1975), die das Gesamt-Quecksilber und das Methyl-Quecksilber in verschiedenen Ästuarien- und Küstenorganismen untersuchten. Sie fanden Methyl-Quecksilber überhaupt nicht in *Spartina alterniflora*, der Hauptpflanze der Ästuarienregion, dagegen außerordentlich hohe Konzentrationen in tierischen Organismen (0,1 bis 1 ppm/Trockengewicht).

Tab. 4.39. Konzentration (ppm/Trockengewicht) von Gesamt-Quecksilber und Methyl-Quecksilber in Körpern von Küstenorganismen vom Südosten der USA

Art	Zahl der untersuchten Arten	Gesamt-Quecksilber	Methyl-Quecksilber
Anguilla rostrata (Anguillidae)	1	1,2	0,85
Brevoortia tyrannus (Clupeidae)	2	0,30	0,25
Arius felis (Ariidae)	3	1,8	1,41
Opsanus tau (Batrachoididae)	1	2,9	1,4
Fundulus heteroclitus (Cyprinodontidae)	1	0,47	0,14
Centropristis striata (Serranidae)	2	0,84	0,47
Rachycentron canadus (Rachycentridae)	1	0,93	0,70
Archosargus probatocephalus (Sparidae)	1	0,75	0,46
Negaprion brevirostris (Carcharhinidae) Muskeln	4	3,8	3,1
Carcharhinus leucas (Carcharhinidae) Muskeln	1	10,2	3,9
Squalus acanthias	1	4,0	3,0
Callinectes sapidus (Crustacea, Portlinidae)	8	0,45	0,31
Spartina alterniflora (Gramineae) Wurzeln	8	0,78	–
Stämme	9	0,23	–
Blätter	8	0,23	–

MARKING und DAWSON (1975) zeigten, daß der Letalitätswert von Schadstoffgemischen häufig erheblich über jenem der Einzelkomponenten liegen kann:

$$S = \frac{Am}{Ai} + \frac{Bm}{Bi}$$

Es bedeuten:

$$S = \text{Summe der biologischen Aktivität}$$
$$A \text{ und } B = \text{toxische Stoffe}$$
$$m = \text{LC 50 der Mischung}$$
$$i = \text{LC 50 des Einzelstoffes.}$$

Bei S = 1 liegt eine einfache Summierung der Toxizitätswirkung vor. Liegt S unter 1, so ist die Toxizität des Gemisches größer als die Summe der Einzeltoxizitäten. Die Höhe der additiven Toxizität wird errechnet nach

$$\frac{1}{S} - 1.$$

Als Beispiele seien angeführt:

$$\frac{1,0}{8,0} \, \frac{\text{Toxizität der Mischung}}{\text{Toxizität des Einzelstoffs}} + \frac{0,025}{0,20} = 0,250$$

$$\frac{1}{0,250} - 1 = 3$$

Hiernach errechnet sich ein additiver Index von 3. In Versuchen ergaben sich folgende additiven Indizes:

	Einzeltoxizität		Mischungstoxizität		Addit. Index
Zink + Kupfer	8,0	+ 0,2	1	+ 0,025	3
Zink + Cyanid	4,2	+ 0,18	3,9	+ 0,26	− 1,37
Antimycin + Rotenon	0,032	+ 57	0,027	+ 31	− 0,39
M5222 + Cld SO_4	80	+ 25	30	+ 10	0,29
Malachitgrün + Formalin	0,2	+ 50	0,05	+ 15	0,83
Antimycin + TFM	0,07	+ 5,0	0,039	+ 0,97	0,34
Antimycin + Dibrom	0,03	+ 0,05	0,03	+ 0,03	− 0,57
Antimycin + RM_nO_4	0,04	+ 1,2	1,0	+ 3,4	−91,8
Malathion + Delnav	70	+ 47	3,4	+ 3,4	7,2

Alle Mischungen mit einem Wert über 1 wirken synergistisch, so z.B. die organischen Phosphate Malathion und Delnav siebenmal so stark wie die Einzelsubstanzen. Alle Mischungen mit einer additiven Toxizität unter 1 sind weniger giftig als die Ausgangssubstanzen (zum Problem vgl. auch YOSHIDA et al. 1973, SANDERS und CHANDLER 1972, SÖDERGREN 1973 u.a.).

4.2.7 Das Saprobiensystem

In belasteten Gewässern werden Organismen zu Bioindikatoren der Gewässergüte. Die chemisch-physikalische Wasseranalyse vermag nur den Momentanzustand eines Gewässers darzustellen. Dauer- und Extremzustände sowie die summative Wirkung aller im Wasser gelösten Schadstoffe vermögen nur lebende Systeme aufzuklären (vgl. u.a. KOHLER 1975, HILDENBRAND 1974, MÜLLER 1974, 1977, MÜLLER und SCHÄFER 1976). Bei der ökologischen Gewässeruntersuchung müssen stehende und fließende Gewässer unterschiedlich „behandelt" werden.

Abb. 116. Rezente Verbreitung der Perlmuschel *(Margaritifera margaritifera)* in der Bundesrepublik Deutschland. Als „Reinwasseranzeiger" ist sie aus allen verschmutzten Mittelgebirgsbächen verschwunden.
Mit * wurden Standorte gekennzeichnet, an denen die Art heute noch vorkommt.

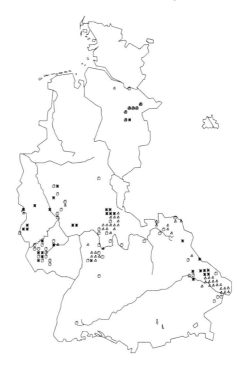

Typischen See- oder Teichcharakter beginnt ein Fluß anzunehmen, wenn sich seine Wasserführung (Q in m³/s) auf eine Fläche (F) von mindestens (Q) × 100 m² verteilt, d.h., wenn

$$\frac{Q}{F} < 0,01 \text{ m/s wird.}$$

Zum Gesamtbild eines Fließgewässers gehört unabdingbar neben seinem hydrographischen, chemischen und physikalischen Zustand seine Besiedlung mit Tieren und Pflanzen.

Das ursprünglich für fließende Gewässer von KOLKWITZ und MARSSON (1902, 1908) aufgestellte Saprobiensystem zur „gütemäßigen" Bewertung wurde später, z.T. nach heftiger Kritik, mehrfach verbessert und auch auf Seen ausgedehnt (u.a. BICK und KUNZE 1971, FJERDINGSTADT 1964, 1965).

LIEBMANN (1962, 1969) unterscheidet 4 Saprobitätsstufen:

oligosaprob	=	Güteklasse I
β-mesosaprob	=	Güteklasse II
α-mesosaprob	=	Güteklasse III
polysaprob	=	Güteklasse IV

Andere Systeme (z. B. FJERDINGSTAD 1964, 1965, 1971) differenzieren noch weiter und betonen vor allem den Wechsel von heterotrophischer zu autotrophischer Phase in der Selbstreinigung eines Gewässers.

Tab. 4.40 Wassergütezonen (FJERDINGSTAD 1971)

Zone	Organismen (Leitorganismen)
I. koprozoische Zone	Bakterien und von den Flagellaten besonders *Bodo*
II. α-polysaprobe Zone	1. Euglenen
	2. Rhodo- und Thiobakterien
	3. Chlorobakterien
III. β-polysaprobe Zone	1. *Beggiatoa*
	2. *Thiothrix nivea*
	3. Euglenen
IV. γ-polysaprobe Zone	1. Oscillatoria-chlorina-Gesellschaft
	2. Sphaerotilus-natans-Gesellschaft
V. α-mesosaprobe Zone	*Ulothrix zonata* oder *Oscillatoria benthonicum* oder *Stigeoclonium tenue*
VI. β-mesosaprobe Zone	*Cladophora fracta* oder *Phormidium*
VII. γ-mesosaprobe Zone	Rhodophyceen (*Batrachospermum* bzw. *Lemanea*) oder Chlorophyceen (*Cladophora glomerata* bzw. *Ulothrix zonata*)
VIII. oligosaprobe Zone	Chlorophyceen (*Draparnaldia glomerata*) oder *Meridion circulare* oder Rhodophyceen wie oben mit *Hildenbrandtia* oder *Vaucheria sessilis* bzw. *Phormidium inundatum*
IX. katharobe Zone	Chlorophyceen (*Draparnaldia plumosa* und *Chlorotylium*) oder Rhodophyceen (*Chantransia, Hildenbrandtia*) oder Krustenalgen (Blaualgen: *Chamaesiphon*).

In den „Deutschen Einheitsverfahren zur Wasseruntersuchung" werden nach dem Grad der Verschmutzung bzw. der erreichten Phase der Selbstreinigung in einem Fließgewässer vier biologisch charakterisierte Bereiche als Saprobitätsstufen unterschieden.

Polysaprobe Zone (ps-Z.). Gewässerabschnitt mit sehr starker organischer Verschmutzung. Mikroorganismen herrschen vor. Bakterien zeigen Massenentfaltung. Artenzahl ist gering, Individuendichte dagegen oft hoch. Destruenten überwiegen, während Produzenten fast völlig fehlen. Organismen mit hohem Sauerstoffbedarf sind nicht vorhanden.

α-mesosaprobe Zone (ams-Z.). Gewässerabschnitt mit starker organischer Verschmutzung. Zahlreiche Arten von Mikroorganismen. Makroorganismen sind bereits häufiger vertreten. Noch überwiegen die Destruenten, die Produzenten nehmen aber, ebenso wie die tierischen Konsumenten, zu. Die Gesamt-Artenzahl ist höher als in der ps-Zone.

β-mesosaprobe Zone (bms-Z.). Gewässerabschnitt mit mäßiger organischer Belastung und optimalen Lebensbedingungen für die meisten Organismen. Starke Zunahme der Produzenten und Konsumenten bei Rückgang der Destruenten. Biozönosen zeigen hohe Artenkonstanz und -präsenz.

Oligosaprobe Zone (os-Z.). Gewässerabschnitt mit reinem, organisch kaum belastetem Wasser. Makroorganismen herrschen vor. Produzenten überwiegen. Artenzahl ist groß, die Individuendichte je Art meist gering.

Die Deutschen Einheitsverfahren zur Wasseruntersuchung betonen, daß die

Einstufungen der Organismen nach ihrer ökologischen Valenz vorgenommen wird, daß jedoch die biozönotische Gesamtstruktur der vorhandenen Tier- und Pflanzengesellschaften zur biologischen Beurteilung herangezogen werden muß. Das ist schon deshalb notwendig, weil neben der qualitativen Zusammensetzung der Besiedlung aus den Vertretern der verschiedenen Saprobiengruppen auch der quantitativen für die biologisch-ökologische Beurteilung von Gewässern große Bedeutung zu-

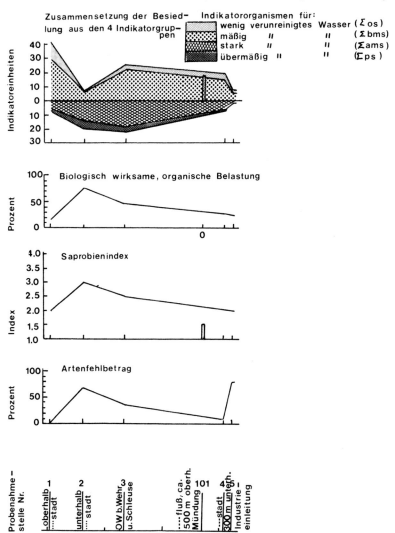

Abb. 117. Graphische Darstellung des „biologisch-ökologischen" Gewässerzustandes (nach Deutschen Einheitsverfahren zur Gewässer-Güte-Messung). Biologisch-ökologisches Zustandsbild eines Beispielflusses.

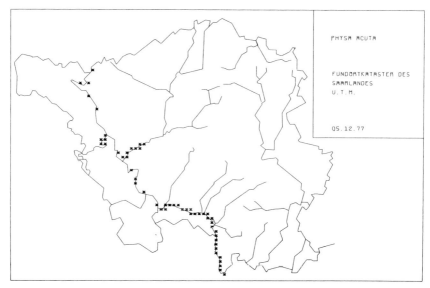

Abb. 118. Verbreitung der eingeschleppten Wasserschnecke *Physa acuta* in der Saar und ihren Nebenflüssen. Dieses Verbreitungsbild zeigt jedoch bezeichnende jahreszeitliche Schwankungen, die an die Entwicklung einzelner Populationen gebunden ist (vgl. Abb. 119, 120, 121).

kommt. Kann aus der qualitativen Zusammensetzung der Besiedlung auf die Art organischer Verschmutzungen (Sauerstoffhaushalt, Belastung mit Abbauprodukten wie H_2S, NH_4-Ionen u.a.) geschlossen werden, so erlauben Artenzahl und Individuendichte wertvolle Rückschlüsse etwa auf den Grad der Verunreinigung, auf die Intensität der Selbstreinigung und Einflüsse toxisch oder mechanisch wirkender Abwässer.

Bei der Probenahme ist zu berücksichtigen, daß nur hydrographisch gleichwertige Probenahmestellen und deren Besiedlung unmittelbar verglichen werden können, eine möglichst vollständige Artenerfassung erreicht und neben der Feststellung der Arten auch deren Häufigkeit angegeben werden muß.

Zeitpunkt und Häufigkeit der biologisch-ökologischen Probenahme werden von dem jeweiligen Beweissicherungsverfahren bestimmt. Bei der Untersuchung akuter Schwierigkeiten (u.a. nach Fischsterben) muß eine biologisch-ökologische Analyse zur Beweissicherung sofort nach Eintreten der Schadwirkung durchgeführt werden. Abgestorbene, aber noch in Resten nachweisbare Zoozönosen (Thanatozönosen) erlauben häufig Rückschlüsse auf die Ursachen der Schadwirkungen.

Die Untersuchung des biologischen Dauerzustandes und dessen jahreszeitlicher Veränderungen muß sich nach den Schwankungen der abiotischen Fließgewässerfaktoren richten. Die hydrographischen Verhältnisse sind dabei von ausschlaggebender Bedeutung. Eine möglichst vollständige Analyse der Besiedlung (z.B. für fischereibiologische oder limnologische Beweissicherungen vor, während und nach größeren wasserwirtschaftlichen Eingriffen wie Regulierungen, Bau von Staustufen usw.) setzt häufige Untersuchungen, etwa in Form monatlicher Terminuntersuchungen, voraus. „Kann auf eine im limnologischen Sinne vollständige Analyse der Besiedlung verzichtet werden und ist gleichzeitig ein starker Einfluß des Aspektwechsels auf Art und Menge der Besiedlung zu erwarten, so ist eine getrennte Aufnahme von Frühjahr-, Sommer-, Herbst- und Winter-Aspekt angezeigt. Entsprechende Terminuntersuchungen sollten möglichst jeweils zu Zeiten niedriger Wasserführung durchgeführt werden....".

Für allgemeine gütekundliche Zwecke genügt nach den Deutschen Einheitsverfahren zur Wasseruntersuchung jedoch oft eine einmalige biozönotische Analyse bei möglichst niedriger Wasserführung. Das Netz der Probenahmestellen richtet sich dabei nach der Lage der Einleiter.

Die biologisch-ökologischen Untersuchungsergebnisse werden in Tabellenform (Faunistisch-floristische Tabelle) dargestellt, die folgende Angaben enthält:

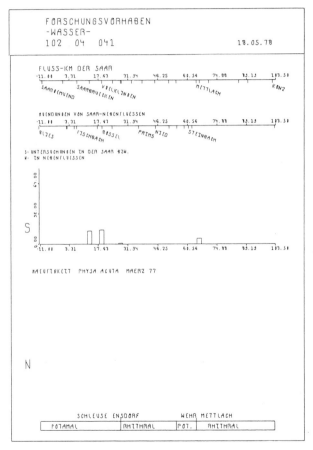

Abb. 119. Häufigkeit von *Physa acuta* nach Kontrollsammlungen im März 1977 in der Saar (Flußkilometer oben geplottet) und ihren Nebenflüssen. Der Verlauf von Potamal und Rhithral wurde an der Bildbasis geplottet.

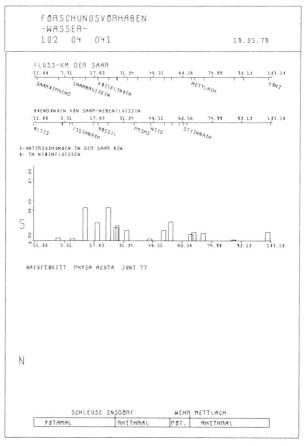

Abb. 120. Häufigkeit von *Physa acuta* im Juni 1977 in der Saar (S) und ihren Nebenflüssen (N).

1. Liste der angetroffenen Arten

2. Abundanz der Arten an den Probenahmestellen

    a) in Form von 7 durch Zahlenwerte symbolisierten Häufigkeitsstufen
    1 = Einzelfund
    2 = wenig
    3 = wenig bis mittel
    4 = mittel
    5 = mittel bis viel
    6 = viel
    7 = massenhaft

    oder

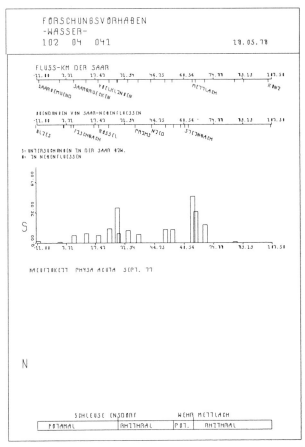

Abb. 121. Häufigkeit von *Physa acuta* im September 1977 in der Saar (S) und ihren Neben-flüssen (N). Während in der Saar, bedingt durch Warmwassereinleiter im Mai bereits die mei-sten Populationen nachgewiesen werden können, werden Besammlungen in den Nebenflüssen erst in den Sommermonaten erfolgreich.

b) in Form absoluter Häufigkeits- bzw. Mengenwerte, bezogen auf Flächenein-heit (z.B. Individuenzahl/m²; g/m²; Individuenzahl/ml). Die Angabe dieser Un-tersuchungsbefunde setzt voraus, daß die Befunde an untereinander gleichartigen Substraten gewonnen werden.

3. Ort der Probenahme
4. Tag und Uhrzeit der Probenahme
5. Angaben über den Abfluß während der Probenahme
6. Angaben über meteorologische Verhältnisse und Wassertemperaturen z.Z. der Untersuchung.
7. Stichwortartige Bemerkung zur Topographie der Probenahmestelle
8. Einstufung der Arten in das Saprobiensystem

Anwendungsbeispiel (nach Deutschen Einheitsverfahren zur Wasseruntersuchung).

Tab. 4.41. Beispiel für eine faunistisch-floristische Tabelle (nach Dtsch. Einheitsverfahren)

Probenahmestelle Nr.	1	2	3	101	4	5	Saprobitätsstufe
Fluß-Kilometer	10,1	13,0	16,6	(25,5)	25,3	26,0	
Tag und Zeit der Probeentnahme	21.7. 7.15	21.7. 9.45	21.7. 13.00	21.7. 16.40	21.7. 17.00	21.7. 18.10	
Wetter am Entnahmetag	sonnig trocken	sonnig trocken	sonnig trocken	sonnig trocken	sonnig-bedeckt trocken	bedeckt trocken	
Wassertemperatur in °C	15,0	16,0	15,0	17,0	16,0	16,0	
Ortsbezeichnung	...fluß oberhalb ...stadt	...fluß unterhalb ...stadt	...fluß OWb.Wehr u. Schleuse	Nebenfluß (ca. 500 m oberhalb Mündung)	...fluß bei Ortschaft	...fluß 300 m unterhalb Industrie-einleitung	
Indikator-Organismen							
Spongilla fragilis	4		3				bms
Pelmatohydra oligactis	2						bms
Planaria torva	2						ams–bms
Tubificidae gen. spec.	1	7	5		1		ps –ams
Glossiphonia complanata	6		5		1		bms–os
Helobdella stagnalis	1		3		1		ams–bms
Haemopis sanguisuga	1		5		2		bms
Herpobdella octoculata	1	7	6		1		ams–bms
Plumatella repens	2		1		3	1	bms–os
Paludicella articulata	4				1	1	bms–os
Gammarus pulex	5	6	4	6	3	3	bms–os
Asellus aquaticus	1			4	1		ams–bms
Potamanthus luteus-L.	1			2	1	1	bms–os
Cloeon spec.-Larven	1			2	1		bms–os
Agrion spec.-Larven	3		3		1		bms–os
Sigara striata	(5)		(4)		(5)		—
Halipus spec.-Imago	(1)	(2)			(3)		—
Leptoceridae-gen.spec.-L	4		1	3	1		bms–os
Chironomidae-Larven (undeterminiert)	(6)	(3)	(5)	(4)	(6)		
Eristalis spec.-Larven		1					ps

Legend (Gewässergüteklassen):

I = nicht
II = mäßig } verunreinigt
III = stark
IV = übermäßig

	1	2	3	101	4	5	
Radix ovata	2	1	7	1	3		ams–oms
Planorbis corneus	3		1	1	1		bms
Ancylus fluviatilis	1		1				ams–bms
Bynthinia tentaculata	3		1		2		ams–bms
Viviparus viviparus	1		1		1		–
Pisidium spec.	(1)			(1)	(2)		
Sphaerium corneum	1	4	3		1	3	ams–bms
Probenahmestelle Nr.	1	2	3	101	4	5	
Ortsbezeichnung	..fluß oberhalb ..stadt	..fluß unterhalb ..stadt	..fluß OWb.Wehr u. Schleuse	Nebenfluß (ca 500 m oberhalb Mündung)	..fluß bei Ortschaft	..fluß 300 m unterhalb Industrieeinleitung	
			Notierung der Gewässergüteklasse (Saprobitätsstufe)				
Biologische Gewässergüteklasse	II	III	III–II	I	II	Saprobiell unverändert, aber Verarmung der Biozönose durch giftige Fabrikabwässer	
			Biologische Kennzahlen zur Besiedelungstabelle				
Σos	11,3	0,0	2,8	9,4	4,4	2,6	
Σbms	30,7	6,2	23,3	8,6	15,0	4,2	
Σams	6,3	14,1	18,6	0,0	6,9	2,2	
Σps	0,7	5,7	3,3	0,0	0,7	0,0	
ps+ams+bms+os	49	26	48	18	27	9	
Biologisch wirksame organische Belastung in %	14,3	76,2	45,6	0,0	28,1	24,5	$\dfrac{\Sigma(ps+ams)}{\Sigma(ps+ams+bms+os)} \cdot 100$
Saprobienindex	1,9	3,0	2,5	1,5	2,1	2,0	$\dfrac{4\cdot\Sigma ps+3\cdot\Sigma ams+2\cdot\Sigma bms+1\cdot\Sigma os}{\Sigma(ps+ams+bms+os)}$
Artenfehlbetrag in % (A₁ = Artenstandard : 25)	0	68	36	–	8	80	$\dfrac{A_1-Ax}{A_1} \cdot 100$ (s.M 7)

Die Kartierung der Gewässer nach Güteklassen wird von der Saprobitätsstufe bestimmt, der die Mehrzahl von Organismen an einer Probenahmestelle zuzuordnen sind. Folgende Farbmarkierungen oder Schwarzweißdruck-Helligkeitsabstufungen werden allgemein angewendet:

Gewässerqualität	Saprobitäts-stufe	Gewässer-Güteklasse	Farbe	Helligkeits-abstufung
nicht verunreinigt	oligosaprob	I	blau	weiß oder hellgrau
mäßig verunreinigt	β-mesosaprob	II	grün	in entsprechenden Helligkeitsstufen
stark verunreinigt	α-mesosaprob	III	gelb	in entsprechenden Helligkeitsstufen
übermäßig verunreinigt	polysaprob	IV	rot	dunkelgrau

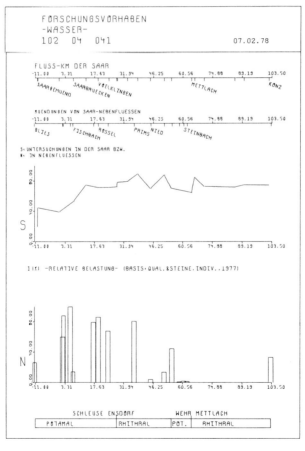

Abb. 122. Relative Belastung der Saar (S) und ihrer Nebenflüsse (N) (1977), dargestellt als Funktion der unter Steinen vorkommenden Tierartenzahl.

Verödungszonen sind schwarz zu kartieren; Zwischenstufen werden in Mischfarben oder Farbschraffuren dargestellt (LIEBMANN 1969). Um die Saprobitätsstufen exakter zu erfassen, bedürfen die in die Berechnungsverfahren eingehenden Indikationswerte weiterer Überarbeitung.

Die Erstellung des Biologisch-ökologischen Gütelängsschnitts setzt, ausgehend von der faunistisch-floristischen Tabelle, die Berechnung der Summen Σps, Σams, Σbms, Σos voraus. „Hierfür werden die in der Tabelle angegebenen Indikatoreinheiten (= Häufigkeitsstufen) entsprechend ihrer Indikatoreigenschaft addiert. Bei Organismen, die verschiedenen Saprobienstufen angehören, werden die für ihn angesetzten Indikatoreinheiten sinngemäß auf die entsprechenden Summen verteilt.

Die so gewonnenen Ergebnisse werden im I. und IV. Quadranten eines Koordinaten-Kreuzes graphisch dargestellt. Die Abszissen-Achse erhält eine Kilometereinteilung in einem der Untersuchungsstrecke und der Anzahl der entnommenen Proben

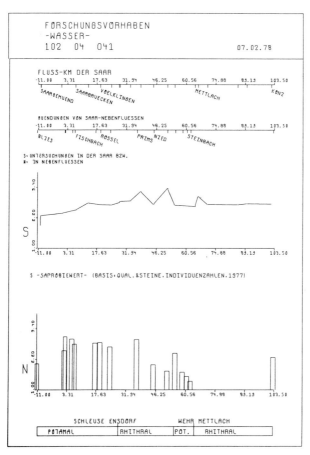

Abb. 123. Saprobiewerte der Saar (S) und ihrer Nebenflüsse (N) (1977; näheres im Text).

angepaßten Maßstab. Auf der Ordinatenachse werden die errechneten Summen Σps, Σams, Σbms und Σos bei den entsprechenden X-Werten eingetragen, und zwar:

Σbms als positiver y-Wert nach oben, dann
Σos als positiver y-Wert additiv über Σbms;
Σams als negativer y-Wert nach unten und
Σps als negativer y-Wert additiv unter Σams.

Die korrespondierenden Punkte der einzelnen Probenahmestellen werden miteinander verbunden. Die entsprechenden Bänder (maximal vier) werden farbig oder durch Schraffuren hervorgehoben. Dieses Darstellungsverfahren zeigt für jede untersuchte Probenahmestelle die Zusammensetzung der Besiedlung aus den 4 Saprobiengruppen und damit stufenlos den jeweiligen biologischen Zustand und seine Veränderung unter der Wirkung von Außenfaktoren.

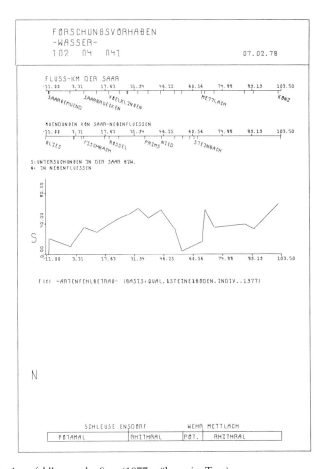

Abb. 124. Artenfehlbetrag der Saar (1977; näheres im Text).

Die *Bestimmung der biologisch wirksamen organischen Belastung* setzt die Kenntnis der Werte Σps, Σams, Σbms und Σos voraus. Daraus wird der Quotient berechnet, der ohne Rücksicht auf die Besiedlungsdichte den Anteil der Indikatororganismen für stark und übermäßig verschmutztes Wasser an der jeweiligen Gesamtbesiedlung beschreibt:

$$I = 100 \cdot \frac{\Sigma\,(ps + ams)}{\Sigma\,(ps + ams + bms + os)}$$

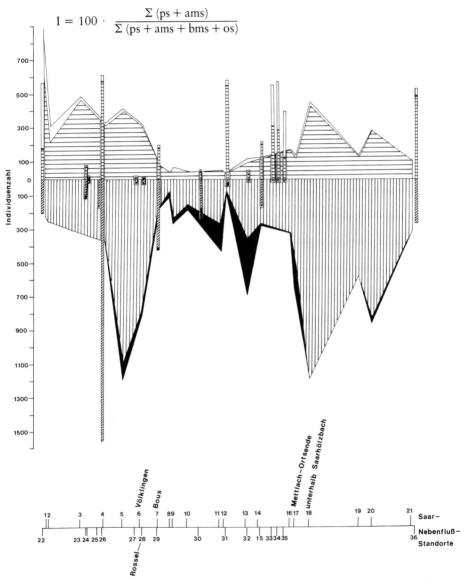

Abb. 125. Biologisch-ökologischer Gewässerzustand der Saar (1977; nach den Deutschen Einheitsverfahren).

Die Ergebnisse werden in % angegeben (I = 0 % = sämtliche Leitformen gehören dem reineren Wasser an; I = 100 % = sämtliche Leitformen gehören dem stark und übermäßig verschmutzten Wasser an) und in gesonderter Darstellung unter dem Gütelängsschnitt bei gleicher Kilometrierung graphisch aufgetragen.

Der *Saprobienindex* wird nach folgender Formel berechnet:

$$S = 100 \cdot \frac{4 \cdot \Sigma ps + 3 \cdot \Sigma ams + 2 \cdot \Sigma bms + 1 \cdot \Sigma os}{\Sigma\,(ps + ams + bms + os)}$$

Es ergeben sich Indexwerte zwischen 1 und 4. Es bedeuten:

1 –1,5 = oligosaprob (os) = unbelastet
>1,5–1,8 = Zwischenstufe (= gering belastet)
>1,8–2,3 = β-mesosaprob (bms) = mäßig belastet
>2,3–2,7 = Zwischenstufe (= kritische Belastung)
>2,7–3,2 = α-mesosaprob (ams) = stark verschmutzt
>3,2–3,5 = Zwischenstufe (= sehr stark verschmutzt)
>3,5–4,0 = polysaprob (ps) = übermäßig verschmutzt

Der *Artenfehlbetrag* liefert einen Wert für die Verarmung einer ursprünglichen Biozönose. Seine Berechnung erfolgt nach der Formel:

$$F = \frac{Am - Ax}{Am} \cdot 100$$

Es bedeuten:
Am = Maximale Artendichte (Artenstandard) gemessen an einer unbelasteten Stelle
Ax = Artendichte an der Probenahmestelle
F = Artenfehlbetrag in %.

1977 konnten folgende Tierarten in der Saar (verschiedene Fundorte) nachgewiesen werden:

Porifera/Spongillidae
  1. *Ephydatia fluviatilis* (L.)

Hydrozoa
  2. *Hydra* (s. str.) spec.
  3. *Hydra* (Pelmatohydra) spec.
  4. *Cordylophora caspia* (Pall.)
    (nur bei Mündung in die Mosel)

Turbellaria/Tricladida
  5. *Dendrocoelum lacteum* (Müll.)
  6. *Dugesia gonocephala* (Dug.)
  7. *Dugesia lugubris-polychroa*
  8. *Dugesia tigrina* (Gir.)
  9. *Planaria torva* (Müll.)
10. *Polycelis felina* (Dal.)
11. *Polycelis nigra-tenuis-hepta*

12. Nematoda (indet.)

Gastropoda
13. *Theodoxus fluviatilis* (L.)

14. *Viviparus viviparus* (L.)
15. *Valvata piscinalis* (Müll.)
16. Hydrobiinae indet.
17. *Bythinella dunkeri* (Frauenf.)
18. *Potamopyrgus jenkinsi* (Smith)
19. *Bithynia tentaculata* (L.)
20. *Physa acuta* (Drap.)
21. *Galba truncatula* (Müll.)
22. *Galba palustris* (Müll.)
23. *Radix auricularia* (L.)
24. *Radix peregra* (Müll.)
25. *Lymnaea stagnalis* (L.)
26. *Anisus leucostomus* (Mllt.)
27. *Gyraulus albus* (Müll.)
28. *Hippeutis complanatus* (L.)
29. *Planorbarius corneus* (L.)
30. *Ancylus fluviatilis* (Müll.)
31. *Acroloxus lacustris* (L.)

Lamellibranchia
32. *Unio crassus batavus* (Mat. und Rack.)
33. *Unio pictorum* (L.)
34. *Unio tumidus* Phil.
35. *Anodonta cygnea* (L.)
36. *Sphaerium corneum* (L.)
37. *Sphaerium lacustre* (Müll.)
38. *Pisidium* spec.
39. *Dreissena polymorpha* (Pallas)

Oligochaeta
40. *Nais* spec.
41. *Stylaria lacustris* (L.)
42. *Tubifex tubifex* (Müll.)
43. *Tubifex* spec. juv.
44. *Limnodrilus claparedeanus* Ratz.
45. *Limnodrilus helveticus* Pig.
46. *Limnodrilus hoffmeisteri* Clap.
47. *Limnodrilus udekemianus* Clap.
48. *Limnodrilus* juv. (indet.)
49. *Euilyodrilus bavaricus* (Osch.)
50. *Euilyodrilus hammoniensis* (Mich.)
51. *Euilyodrilus moldaviensis* (Wej. und Mraz.)
52. *Branchiura sowerbyi* Bedd.
53. Enchytraeidae (indet.)

Hirudinea
54. *Glossiphonia complanata* (L.)
55. *Glossiphonia heteroclita* (L.)
56. *Helobdella stagnalis* (L.)
57. *Theromyzon tessolatum* (Müll.)
58. *Hemiclepsis marginata* (Müll.)
59. *Piscicola geometra* (L.)
60. *Haemopis sanguisuga* (L.)
61. *Erpobdella octoculata* (L.)
62. *Dina lineata* (Müll.)

Decapoda
63. *Orconectes limosus* (Raf.)

Isopoda
64. *Asellus aquaticus* (L.)

Amphipoda
65. *Niphargus schellenbergi* Kar.
66. *Rivulogammarus fossarum* Koch
67. *Rivulogammarus pulex* (L.)
68. *Rivulogammarus roeseli* (Gerv.)
69. *Orchestia cavimana* Hell.

70. *Collembola* (indet.)

Ephemeroptera
71. *Ephemera danica* (Müll.)
72. *Baetis* spec.
73. *Cloeon* spec.

74. *Epeorus assimilis* Etn.
75. *Ecdyonurus venosus* (Fbr.)
76. *Paraleptophlebia* spec.
77. *Habrophlebia lacta* ETN.
78. *Habroleptoides modesta* (Hag.)
79. *Ephemerella ignita* (Poda)

Plecoptera
80. *Nemoura* spec.
81. *Protonemura* spec.
82. *Leuctra* spec.
83. *Isoperla* spec.
84. *Perla marginata* Panz.
85. *Chloroperla torrentium* (Pictet)

Odonata
86. *Chalcolestes viridis* (Linden)
87. *Agrion virgo-splendens*
88. *Platycnemis pennipes* (Pall.)
89. *Enallagma cyathigerum* (Charp.)
90. *Ischnura elegans-pumilio*
91. *Coenagrion puella-pulchellum*
92. *Coenagrion* (indet.)
93. *Aeschna cyanea* (Müll.)
94. *Aeschna grandis* (L.)
95. *Anax* spec.
96. *Orthetrum cancellatum* (L.)

Heteroptera
97. *Callicorixa concinna* (Fieb.)
98. *Sigara striata* (L.)
99. *Gerris paludum* (Fbr.)
100. *Gerris lacustris* L.
101. *Gerris thoracicus* Schumm.
102. *Gerris* juv. (indet.)
103. *Hydrometra stagnorum* L.
104. *Naucoris cimicoides* L.
105. *Nepa rubra* L.
106. *Ranatra linearis* (L.)
107. *Notonecta* juv. (indet.)

Heteroptera
108. *Notonecta glauca*
109. *Plea leachi* (McGr. und Kirk)
110. *Velia caprai* Tam.

Coleoptera/Gyrinidae
111. *Gyrinus* spec. (Larven)
112. *Orectochilus villosus* Müll.

Coleoptera (Haliplidae)
113. *Haliplus fluviatilis* Aube.
114. *Haliplus immaculatus* Gerh.
115. *Haliplus laminatus* Schall.
116. *Haliplus lineatocollis* Marsh.
117. *Haliplus* spec. (Larven)

Coleoptera (Dytiscidae)
118. *Noterus clavicornis* (Deg.)
119. *Noterus crassicornis* (Müll.)
120. *Laccophilus hyalinus* (Deg.)
121. *Laccophilus minutus* (L.)
122. *Laccophilus* spec. (Larven)
123. *Hyphydrus ovatus* L.
124. *Hygrotus inaequalis* (Fbr.)
125. *Potamonectes canaliculatus* Lac.
126. *Oreodytes rivalis* Gyll.
127. Hydropoinae spec. (Larven)
128. *Platambus maculatus* (L.)
129. *Agabus paludosus* (Fbr.)
130. *Agabus sturmi* Gyll.
131. *Ilybius fuliginosus* (Fbr.)
132. *Rhantus pulverosus* Steph.
133. *Rhantus* spec. (Larven)
134. *Colymbetes fuscus* (L.)
135. *Colymbetes* spec. (Larven)
136. *Graphoderus cinereus* (L.)
137. *Graphoderus* spec. (Larven)
138. *Dytiscus circumflexus* (Fbr.)

Coleoptera (Hydraenidae)
139. *Hydraena gracilis-belgica-excisa*
140. *Hydraena riparia* Kug.

Coleoptera (Hydrophilidae)
141. *Helophorus flavipes* (Fbr.)
142. *Hydrobius fuscipes* (L.)
143. *Anacaena globulus* (Payk.)
144. *Laccobius minutus* (L.)
145. *Laccobius striatulus* (Bbr.)
146. *Helochares obscurus* (Müll.)
147. *Enochrus quadripunctatus* (Hbst.)
148. *Enochrus testaceus* (Fbr.)
149. *Enochrus* spec. (Larven)

Coleoptera (Elodidae)
150. *Cyphon phragmeticola* Nyh.
151. *Cyphon* spec. (Larven)
152. *Elodes* spec. (Larven)

Coleoptera (Dryopidae)
153. *Elmis maugei* (Bed.)
154. *Elmis* spec. (Larven)

Meguloptera
155. *Sialis* spec.

Neuroptera
156. *Osmylus fulvicephalus* Scop.
157. *Sisyra* spec.

Trichoptera
158. *Rhyacophila* spec. (Larven)
159. *Rhyacophila* spec. (Puppen)
160. *Agapetes* spec. (Larven und Puppen)
161. *Hydroptila* spec. (Larven und Puppen)
162. *Philopotamus* spec. (Larven u. Puppen)
163. *Hydropsyche* spec. (Larven und Puppen)
164. *Plectrocnemia* spec. (Larven)
165. *Cyrnus* spec. (Larven)
166. *Ecnomus tenellus* (Ramb.)
167. *Phryganea bipunctata* Retz.
168. *Anabolia nervosa* (Curtis)
169. *Anabolia* spec. (Puppen)
170. *Halesus* spec. (Larven und Puppen)
171. *Stenophylax* spec. (Larven und Puppen)
172. *Lepidostoma hirtum* (Fbr.)
173. *Athripsodes aterrimus* (Steph.)
174. *Notidobia ciliaris* (L.)
175. *Sericostoma* spec. (Puppen)
176. *Odontocerum albicorne* (Scop.)

Diptera
177. *Liponeura* spec. (Larven und Puppen)
178. *Tipula* spec. (Larven)
180. *Psychoda alternata* Say
181. *Psychoda cinerea* Banks
182. *Psychoda gemina* Etn.
183. *Psychoda severini* Tonn.
184. *Psychoptera* spec. (Larven)
185. *Dixa* spec. (Larven)
186. *Culiseta* (= *Theobaldia*) s. str. (Larven)
187. *Culex* spec. (Larven und Puppen)
188. Tanypodinae (Puppen)
189. Orthocladiinae (Puppen)
190. Chironomini (Puppen)
191. Tanytarsini (Puppen)
192. Ceratopogonidae (Larven)
193. *Stratiomyia* spec. (Larven)
194. Hemerodromiinae (Larven)
195. *Tabanus* spec. (Larven)
196. Eristalinae (Larven)
197. *Scatella* spec. (Larven)
198. *Limnophora* spec. (Larven und Puppen)
199. Muscidea (= *Schizophora* indet.)

Bryozoa
200. *Plumatella imarginata* (Allm.)
201. *Plumatella fungosa* (Pallas)
203. *Plumatella repens* (L.)

Nach ihrer Verbreitung an 36 Untersuchungsstandorten und ihrer Saprobie-Wertigkeit ergibt sich für 1977 die in Abb. 125 dargestellte Gewässergüte-Bewertung der Saar.

Tab. 4.42. Beispiel für die Erstellung eines biologisch-ökologischen Gütelängsschnitts

Sphaerotilus spec.	7	ps −ams
Dendrocoelum lacteum	1	ams−bms
Tubificidae	7	ps −ams
Herobdella octoculata	5	ams−bms
Asellus aquaticus	4	ams−bms
Haliplus spec./Imago	1	−
Chironomidae-Larven	2	−
Eristalis spec.-Larven	1	ps
Radix ovata	3	ams−bms
Sphaerium corneum	3	ams−bms

ps	ams	bms	os
4,7	2,3		
	0,3	0,7	
4,7	2,3		
	3,3	1,7	
	2,7	1,3	
1,0			
	1,5	1,5	
	2,0	1,0	
Σps = 10,4	Σams = 14,4	Σbms = 6,2	Σos = 0,0

Tab. 4.43. Qualitätsanforderungen an Oberflächengewässer der Bundesrepublik Deutschland (Umweltbericht 1974)

Parameter	Standardwert
1. Temperatur	< 28 °C; jedoch in der Regel nicht mehr als 3 Grad über der natürlichen Gleichgewichttemperatur des Gewässer
2. pH	6,5 − 8,5
3. Sauerstoffgehalt	Tag-Nacht-Mittel > 70% der Sättigung; wenn Abfluß < MNQ: mindestens 60%
4. BSB_5	< 5 mg/l
5. $KMnO_4$-Verbrauch	< 20 mg/l
6. Gelöster org. Kohlenstoff	< 5 mg/l
7. Biologischer Zustand	β-mesosaprob und besser
8. Chloride	< 200 mg/l
9. Sulfate	< 150 mg/l
10. Ammonium	< 0,5 mg/l
11. Gesamteisen	< 1 mg/l
12. Mangan	< 0,25 mg/l
13. Gesamt-Phosphat	< 0,2 mg/l
14. Phenole	< 0,005 mg/l
15. Radioaktive Substanz	< 100 p c/l
16. Toxische Stoffe	Keine Konzentrationen, die über der Toleranzdosis für Trinkwasser liegen, die Selbstreinigung im Gewässer hemmen oder für Fische schädlich sind.

Tab. 4.44. Schadstoffgrenzen von Wasserinhaltsstoffen (MÜLLER 1976; in mg/l)

Stoff	für Fische	für Selbst-reinigung des Gewässers	für biologische Reinigung der Abwässer	für Zwecke der Land-bewässerung	für Verwen-dung als Roh-wasser zur Trinkwasser-Aufbereitung
Arsen	15 — 23	–	0,7	0,3	0,01
Bor	–	–	–	0,3	1,0
Blei	0,2 — 10	0,1	5	–	0,03
Cadmium	3 — 20	0,1	2 — 5	–	0,005
Chrom	15 — 80	0,3	2 —10	–	0,03
Cyanide	0,03— 0,25	0,1	0,3— 2	–	0,01
Kobalt	30 —100	5	–	0,5—1,0	0,05
Kupfer	0,08— 0,8	0,01	1 — 5	5	0,03
Nickel	25 — 55	0,1	2 —10	0,5—1,0	0,03
Queck-silber	0,1 — 0,9	0,018	–	–	0,0005
Zink	0,1 — 2	0,1	5 —20	2	0,5

Gegenwärtig werden 16 Qualitätsanforderungen an Oberflächengewässer der Bundesrepublik Deutschland gestellt.

Die Fließgewässer der meisten Industriestaaten aber auch zunehmend jene der sog. „Dritten Welt" besitzen keine proanthropen Biozönosen mehr.

Unterschiedliche Belastungen haben sie zerstört und verändert. Das große Sammelbecken für alle Belastungen sind die marinen Ökosysteme. Unser Abfall bleibt in der Biosphäre und wirkt auf uns zurück.

Geht man von der Idealvorstellung aus, daß die Abwässer (etwa 140 km³/Jahr; vgl. MÜLLER 1976) sich gleichmäßig in den Ozeanen verteilen würden, dann wären sie $1350 \times 10^6 : 140 =$ rd. 10mill.-fach verdünnt und würden demnach im Augenblick noch keine gravierende Verschmutzung hervorrufen. Tatsache ist jedoch, daß die eingeleiteten Konzentrationen z.T. weit über den notwendigen Verdünnungsgradienten (mindestens 500fach) liegen.

4.3 Urbane Ökosysteme

Eine Stadt ist kein selbständiges, abgeschlossenes System. Ihre sozialen, ökonomischen und ökologischen Verflechtungen gehen weit über die Bebauungsgrenzen hinaus. Versuchen wir deshalb eine Stadt als Ökosystem zu definieren, muß man sich dieser überregionalen Austauschvorgänge bewußt bleiben (In- und Output-Beziehungen). Prinzipiell gilt diese Aussage auch für andere Ökosysteme. Der Steuermechanismus in einer Stadt ist jedoch ein anderer. Deshalb werden manche Autoren (u. a. HENSELMANN 1974) allein schon in der Tatsache, daß wir eine Stadt als Ökosystem formulieren, eine unzulässige Ausweitung des Ökosystembegriffes sehen. Sie argumentieren damit, daß die Informationsprozesse in der Gesellschaft ihrer Natur

Abb. 126. New York (1972).

Abb. 127. Chicago (1972).

Abb. 128. São Paulo (1977).

Abb. 129. Manaus (Hafen-
viertel 1964).

nach sozial und damit untrennbar verbunden sind mit der gesellschaftlichen Produktion, „mit dem Typ der gesellschaftlich-ökonomischen Formation". Dabei wird übersehen, daß im Schlüsselarten-Ökosystem Stadt als Objekt und Subjekt der Steuerung immer der Mensch auftritt, der nach „seinem" Willen zwar Entscheidungen treffen kann, die Entscheidungsqualität jedoch durch ihre Wirkung auf die Funktionsfähigkeit des gesamten Systems gewichtet wird. Die Funktionsfähigkeit eines Systems ist nicht subjektiv bestimmbar, sondern folgt naturgesetzlichen Prozessen, mögen auch viele nicht-naturgesetzliche Prozesse in ihm ablaufen (FORRESTER 1971, 1972, HELLY 1975, RUBERTI und MOHLER 1975, SCHÖNEBECK 1975, WHITTICK 1974). Physiologische Grenzwerte lassen sich nicht „verdiskutieren".

Urbane Ökosysteme stellen eine wichtige Gruppe der „man-made'-ecosystems" dar, zu denen u. a. auch Agrarische Ökosysteme gerechnet werden können.

4.3.1 Geschichte der Städte

Die Stadt ist seit jeher Träger von Wirtschaft, Politik, Wissenschaft und Kultur gewesen. In den sumerischen Städten Ur, Ninive und Babylon machten Menschen den Schritt von den Bedingungen des vorgeschichtlichen Lebens zur Zivilisation der urbanen Gemeinschaften. Dies war ein so überwältigender Schritt, daß in der folgenden Geschichte nur die Veränderungen durch die Industrialisierung und die technischen Revolutionen der modernen Zeit vergleichbar sind. Menschen am Indus zeigten in den Städten Harappa und Mohenjo-Daro vor 5000 Jahren, daß sie in der Lage waren, menschliches Zusammenleben in großem Maßstab zu organisieren. Die berühmten Inkastädte, z. B. Macchu Picchu in den Anden bei Cusco, verdeutlichen ähnliches. Der Zerfall der Städte, das Verlassen ursprünglicher Ordnungsprinzipien signalisiert kulturellen Niedergang, indiziert grundlegenden Wandel.

Die geschichtliche Entwicklung und funktionale Verflechtung der Städte während ihrer Gründungszeit wirkt durch oftmals verblüffende Grundrißkonstanz bis in die Gegenwart nach und erschwert ein ihren gegenwärtigen Funktionen gerecht werdendes Planungskonzept. Die Stadtpläne von Köln und Trier verraten noch das Grundrißprinzip der alten Römerstädte. Die Grundrisse der aus Marktorten entstandenen Städte, wie Tübingen oder Ulm, unterscheiden sich deutlich von den Gründungsstätten des Hochadels (vom 12. bis 13. Jh.), den Planstädten des Absolutismus (u. a. Karlsruhe, Mannheim) oder den Städten, die im Gefolge der Industrialisierung aus Gemeindezusammenschlüssen entstanden (u. a. Wolfsburg, Leverkusen, Cuxhaven). Entscheidend wurde und wird die Entwicklung der Städte durch den Verkehr bestimmt. Das Verkehrsnetz einer heutigen Großstadt ist ein äußerst verwickeltes Gebilde, das harten finanziellen und technischen Bedingungen unterliegt, die nur in längeren Zeiträumen verändert werden können (LEIBBRAND 1971, PIETSCH 1976). Die städtebaulichen Wirkungen, die z. B. die Eisenbahn in eineinhalb Jahrhunderten ausgeübt hat, stehen unbestreitbar fest, und die Auswirkungen des Kraftverkehrs auf den Städtebau lassen sich mit großer Zuverlässigkeit abschätzen (MÄCKE und HENSEL 1975, CLAIRE 1973).

Der Verstädterungsprozeß läuft weltweit auf Hochtouren und „urban planning" wird damit zu den „most pressing subjects of the times" (CLAIRE 1973). Während 1960 der Prozentsatz städtischer Bevölkerung (Orte mit mehr als 20000 Einwohner) nach RECCHINI (1969) weltweit bei 30% lag (USA = 46%; NW-Europa = 54%; Australien und Neuseeland = 65%), werden wir bei gleicher Verstädterungsrate im

Jahre 2000 die 70%-Grenze erheblich überschritten haben. Der prozentuale Anteil machte im Jahre 1800 nur 2,4% der Weltbevölkerung aus, im Jahre 1950 bereits das Zehnfache (21%). Die städtische Bevölkerung wächst relativ 3 bis 4% schneller als die Weltbevölkerung. Dieser Verstädterungsprozeß ist jedoch nur ein markanter Ausschnitt aus dem allgemeinen weltweiten Trend:

Urlandschaft → Nutzlandschaft → Industrielandschaft → zukünftige Stadtlandschaft.

Nach der Prognose des Raumordnungsberichtes der BRD von 1970 wird bis 1980 mit folgenden Änderungen der Flächennutzung gerechnet:
Abnahme der landwirtschaftlich genutzten Fläche um 650 000 ha, dafür
Zunahme an 1. Siedlungen   290 000 ha
            2. Straßen   120 000 ha
            3. Wald   120 000 ha
            4. Milit. Zwecke   33 000 ha
            5. Flughäfen   11 000 ha

Tab. 4.45. Wanderungssalden deutscher Städte

Von 1970 bis 1975 sind in nur neun Großstädten mehr Personen zu- als fortgezogen; 16 Kommunen mußten Einbußen hinnehmen. Die Tabelle gibt Auskunft, wie sich die Wanderungssalden über sechs Jahre entwickelten. Basis der Prozentrechnung ist der Einwohnerstand 1975.

Rang	Stadt	Zuwachs/Abnahme in Prozent	Gesamtsaldo aus Zu- und Fortzügen
1	Mainz	+ 9,12	+ 16904
2	Aachen	+ 4,85	+ 11777
3	München	+ 4,36	+ 57362
4	Bonn	+ 3,91	+ 11061
5	Oldenburg	+ 3,25	+ 4379
6	Freiburg	+ 2,71	+ 4844
7	Münster	+ 1,82	+ 4808
8	Nürnberg	+ 0,79	+ 3936
9	Augsburg	+ 0,10	+ 260
10	Braunschweig	− 1,14	− 3052
11	Dortmund	− 1,33	− 8310
12	Hamburg	− 1,53	− 26297
13	Köln	− 1,59	− 16081
14	Karlsruhe	− 1,65	− 4660
15	Bremen	− 1,76	− 10097
16	Kiel	− 1,80	− 4721
17	West-Berlin	− 1,85	− 38611
18	Würzburg	− 2,39	− 2694
19	Essen	− 3,13	− 21347
20	Hannover	− 3,20	− 17971
21	Saarbrücken	− 3,75	− 7691
22	Duisburg	− 3,76	− 22576
23	Stuttgart	− 4,78	− 28517
24	Frankfurt	− 5,22	− 33527
25	Düsseldorf	− 5,40	− 35802

Quelle: Statistisches Bundesamt und Statistische Ämter der Städte

Diese allgemeine Tendenz wird durch Vergleichszahlen der Nutzungsarten in Deutschland von 1935 und 1966 gestützt:

	1935	1966
Landwirtschaftl. Nutzfläche	59,5%	56,7%
Ödland, Brache, Moore	5,0%	3,3%
Gewässer	1,5%	1,7%
Straßen und Bahnen	3,3%	4,3%
Häuser, Häfen, Industrieanlagen, Sport- und Flugplätze	2,4%	5,0%
Wälder, Forsten, Holzungen	28,3%	29,0%
	100,0%	100,0%

Dieser Verstädterungstendenz steht gegenwärtig eine Stadtflucht gegenüber, die daran zweifeln läßt, ob die 1970 erstellten Prognosen langfristig zutreffen werden.

Markante Verstädterungstendenzen können in Staaten, die erst in den letzten Jahren in ihren Produktionsprozessen Anschluß an die Industrienationen der Nordhalbkugel gefunden haben, nachgewiesen werden.

Tab. 4.46. Bevölkerungsverteilung zwischen 1950 und 1960 in Brasilien (nach KOHLHEPP 1975)

Städt. Siedlg.		1950		1960	
		Zahl der Städte	%-Gesamtbevölkerung	Zahl der Städte	%-Gesamtbevölkerung
Kleinstädte	5– 20000 E.	377	6,6%	593	7,9%
Mittelstädte	20–100000 E.	90	6,9%	159	9,4%
Großstädte a)	100–500000 E.	11	4,6%	25	6,0%
b)	über 500000 E.	3	9,4%	6	12,8%
Insgesamt		481	27,5%	783	36,1%

Das Schwergewicht der Bevölkerung, obwohl regional verschieden, hat sich z.B. in Brasilien auf die städtischen Siedlungen verlagert. Der Anteil der städtischen Bevölkerung beträgt gegenwärtig (1974) 52%.

Tab. 4.47. Wachstum brasilianischer Städte zwischen 1940 und 1970 (nach KOHLHEPP 1975)

Stadt	1940	1950	1960	1970
São Paulo	1,535 Mio.	2,624 Mio.	4,750 Mio.	8,431 Mio.
Rio de Janeiro	2,415 Mio.	3,303 Mio.	5,012 Mio.	7,502 Mio.
Porto Alegre	0,423 Mio.	0,592 Mio.	1,036 Mio.	1,781 Mio.
Recife	0,509 Mio.	0,762 Mio.	1,167 Mio.	1,763 Mio.
Belo Horizonte	0,340 Mio.	0,492 Mio.	0,899 Mio.	1,610 Mio.

Das Gefüge der Städte verändert sich im Verlauf ihrer Geschichte mit dem Bedeutungswandel ihrer zentralörtlich-funktionalen Beziehungen, der langfristigen Klimageschichte und dem Wandel anderer ökologischer Faktoren (vgl. u. a. den Einfluß des Klimas auf die Architektur; den Einfluß der Malaria auf die Anlage Roms; den Verlauf der Cholera-Epidemie von 1892 in Hamburg und Altona). Gleiches gilt auch für ihre sozialen Strukturen.

4.3.2 Soziale Struktur der Städte

Stadtflucht ist nur ein Indikator dafür, daß viele Städte ihrem umfassenden funktionalen Anspruch nicht mehr gerecht werden. Die am stärksten belasteten Gebiete innerhalb der Industriestädte werden heute überwiegend von Menschen bewohnt, die aufgrund ihrer wirtschaftlichen Lage und/oder ihrer Hautfarbe sich nicht ihren

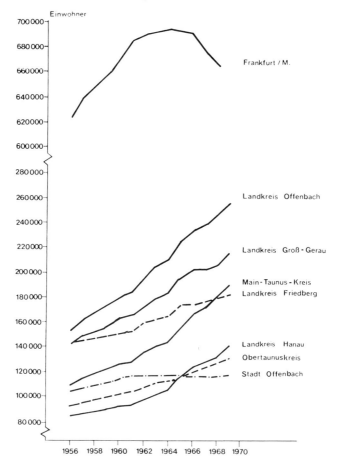

Abb. 130. Veränderungen der Einwohnerzahlen der Stadt Frankfurt seit 1964 durch Wegzug in die Randgemeinden.

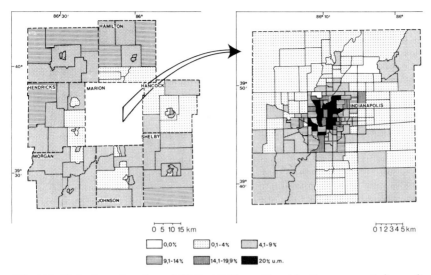

Abb. 131. Verbreitung der „Armut" (% Sozialhilfeempfänger) im Zentrum von Indianapolis (nach BULLAMORE 1974).

wohlhabenderen Nachbarn auf der Flucht in die Vorstadt anschließen können (ADAMS 1976). Die „Armut" zeigt ein spezifisches Verbreitungsmuster. BULLAMORE (1974) hat das z.B. für die „Metropolitan Area" von Indianapolis herausgearbeitet. Aber wir kennen es unter dem Schlagwort „Stadtsanierung" aus zahlreichen anderen Städten. Eine Stadt ist deshalb nicht nur eine räumliche Konzentration von Wohn- und Arbeitsstätten und Menschen mit vorwiegend tertiär- und sekundärwirtschaftlicher Bedeutung, mit innerer Differenzierung, vielfältigen Verkehrsströmen zwischen ihren Teilräumen und einem Dienstleistungssystem, das über den eigentlichen Stadtbezirk hin ausstrahlt, sondern sie ist zugleich der sozioökonomische und kulturelle Spiegel eines Landes.

4.3.3 Ökologische Struktur der Städte

Urbane Ökosysteme besitzen eine spezifische Struktur, die als Ergebnis von Wechselwirkungen zwischen menschlicher Planung und natürlichen Raumfaktoren zustande kommt (MÜLLER 1977, BENNET 1975, POLGAR 1975). Historische Entwicklung und geographische Lage beeinflussen diese Struktur. Die Belastbarkeit von urbanen Ökosystemen richtet sich damit nach dem gruppenspezifischen Verhalten ihrer Bewohner (Produktionsziele, Konsumgewohnheiten), dem synergetischen Zusammenspiel aller Raumfaktoren und der Fähigkeit von mosaikartig den Bebauungsraum durchsetzenden naturnahen Systemen (u. a. Grünflächen, Seen) und Organismen, die vorhandene Belastung zu ertragen und gegebenenfalls zu reduzieren oder abzubauen. In Städten mit Flußterrassen- und Kessellagen (u. a. Donora südlich von Pittsburgh, Zürich, Stuttgart, Saarbrücken) wird sich z.B. eine lokale Immissionsbelastung meist anders auswirken als in Küstenstädten oder in Städten am Fuße von Gebirgen. Auch der funktionelle Typus spielt eine wichtige Rolle.

Tab. 4.48. Gliederung der Städte nach funktionalen Typen (HOFMEISTER 1969)

Funktionaler Typ	Einwohner	Städtebildende Funktionen (Beschäftigte pro 100 E.)					Funktions-bereich
		Indu-strie, Hand-werk, Bergbau	Handel und Verkehr	Banken, Versiche-rungen, Verwal-tung	Kultur und Volks-bildung	Sonstige	
A Weltstadt	ca. 500000 und darüber	in mindestens zwei Bereichen zusammen > 25					in starkem Maße über-national
B Großstadt	ca. 100000 und darüber	in mindestens zwei Bereichen zusammen > 25					vorwiegend national bzw. überregional
C Multifunktionale Mittel- und Kleinstadt	1000 bis ca. 100000						
C₁ Industrie-städte mit zentral-örtlichen Funktionen		> 15	< 5	> 5		< 5	
C₂ Industrie-städte mit Handels- und Ver-kehrs-funktionen		> 15	> 5	< 5		< 5	überregional bzw. zentral-örtlich
C₃ Handels- und Ver-kehrsstädte mit zentral-örtlichen Funktionen		< 15	< 10	> 5		< 5	
C₄ Sonstige		15	5	5		> 5	
		mindestens ein Bereich >					
D Monofunktio-nale Mittel- und Kleinstadt	1000 bis ca. 100000						
D₁ Industrie-städte		> 35	< 5	< 5		< 5	
D₂ Städte mit zentral-örtlichen Funktionen		< 15	< 5	> 10		< 5	überregional bzw. zentral-örtlich
D₃ Handels- und Verkehrs-städte		< 15	> 10	< 5		< 5	
D₄ Sonstige		< 15	< 5	< 5		> 10	

Die nordostamerikanischen Städtezusammenballungen zwischen Boston und Washington (Bereich New York, Philadelphia, Baltimore) werden als Megalopolis bezeichnet. Dieser Begriff bezieht sich auf eine umfassende Stadtregion, die mehrere große funktional unterschiedliche Städte umfaßt und jeweils zu den wichtigsten Stadtregionen eines Kontinents zählen muß. Im Gegensatz zur Konurbation, wo – wie etwa im Rhein-Main-Gebiet – ein Verdichtungsgefälle von innen nach außen festzustellen ist, umfaßt die Megalopolis ein multizentrales, manchmal gar in Zwischen- und Innenzonen verdünntes oder hinsichtlich der Verdichtung nach außen abrupt endendes Gebiet.

4.3.3.1 Das Klima

Jede Stadt besitzt ein spezifisches, durch makroklimatische Situation und mikroklimatische Einflüsse gekennzeichnetes Mesoklima. In Industriestädten kommt es bei ruhiger, windschwacher Wetterlage, bedingt durch die starke Anreicherung der Stadtluft mit Aerosolen, deren Korn- bzw. Tröpfchengröße im allgemeinen kleiner als 10^{-3} mm ist (Schwebefähigkeit), zur Ausbildung einer Dunstglocke, die durch Abschwächung der effektiven Ein- und Ausstrahlung den Strahlungshaushalt und als Kondensationskeime Wolkenbildung bzw. Niederschläge über der Stadt entscheidend beeinflußt. Sonnenscheindauer, Besonnungsintensität und damit die Ortshelligkeit verringern sich vom außerurbanen zum urbanen Bereich (u. a. CHANDLER 1965, JENKINS 1969, BACH 1969, 1972, 1976). Im Kern des Ruhrgebietes konnte im Jahr 1970 der Lichtabfall 50% betragen.

Tab. 4.49. Sonnenscheindauer in München und Umland 1970 (Stat. Berichte)

1970	Mai	Juni	Juli	August
München-Bavariaring	140	247	205	169
München-Riem	168	277	219	183
Weihenstephan	164	258	219	180
Puch/FFB	158	272	212	199

Für jeden Punkt der Erdoberfläche gilt: Strahlungsbilanz = $(I + H) - R - E + G$, wobei I die direkte Sonnenstrahlung, H die diffuse Himmelsstrahlung, R die Reflexstrahlung der Erdoberfläche, E die Eigenstrahlung der Erdoberfläche und G die atmosphärische Gegenstrahlung ist. Aus der Verminderung von I und H (vor allem im Bereich des biologisch wichtigen ultravioletten Lichtes) ergeben sich ökologische Folgewirkungen (pflanzliche Ertragsminderung, Auftreten von Rachitis bis zum 3. Lebensjahr u. a.).

Durch Reduktion der Ausstrahlung (Glashaus- oder Treibhauseffekt) und anthropogen erzeugte Energie am Standort kommt es in den Städten im außertropischen Bereich zu einer deutlichen Temperaturerhöhung (0,5 bis 1,7 °C) gegenüber dem Umland. Abwärme entsteht zwangsläufig als Endprodukt sämtlicher an einem Standort eingesetzter Energie. Für die Abwärmemenge sind maßgebend die Wirkungs- und Nutzungsgrade der Energieumwandlungen und die absolute Höhe des Energieumsatzes. Global gesehen liegt die anthropogene Energieproduktion im Vergleich zur an der Erde ankommenden Sonnenenergie über 1 Promille, auf Städte und Verdich-

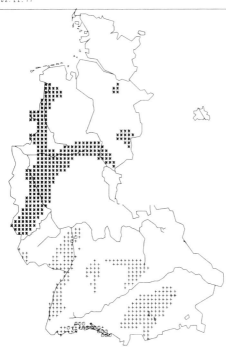

DURCHSCHNITTLICHE SONNENSCHEINDAUER IN STUNDEN PRO JAHR
FUNDORTKATASTER DER
BUNDESREPUBLIK DEUTSCHLAND
U.T.M.

02.11.77

Abb. 132. Durchschnittliche Sonnenscheindauer (Stunden pro Jahr) in der Bundesrepublik Deutschland. ○ = über 2000, + = 1700 bis 2000, weiß = 1500 bis 1700, * = 1300 bis 1500.

tungsräume konzentriert übersteigt die auf den Menschen zurückführbare Wärmeabgabe lokal jedoch die durch Sonnenenergie erzeugte in einigen Fällen erheblich (BACH, BECK und GOETTLING 1973, BACH 1976). Bei austauscharmen Wetterlagen (Hochdruck, Strahlungswetter) sind thermale Differenzierungen in den Städten meist deutlicher ausgeprägt als bei austauschreichen. Die Zahl der Frosttage sinkt im allgemeinen mit zunehmender Bebauungsdichte.

In der City von London treten im Vergleich zum Umland 25% weniger Bodenfröste auf (CHANDLER 1970).

Der „Hitzeinzeleffekt" kann durch Tallage, Straßensystem, Baukörper und Bebauung verstärkt, durch Grünflächen und Wasserflächen modifiziert bzw. reduziert werden. Dabei machen sich naturgemäß auch Expositionsunterschiede deutlich bemerkbar. Asphaltierte Straßen besitzen im allgemeinen die höchsten, Fließgewässer, soweit sie nicht durch Wärmeeinleiter (Kraftwerke u.a.) vorbelastet sind (vgl. Fließwasser-Ökosysteme), frisches Grünland, vegetationsloser Boden und Hausdächer die niedrigsten Oberflächentemperaturen.

Bei Strahlungswetter kann sich, bedingt durch aufsteigende Warmluft, über der Stadt ein Tief bilden, das von den Seiten her aufgefüllt wird. Dieser Vorgang kann als Transportmechanismus für Immissionen zum Bebauungszentrum wirksam werden. Bei Inversionswetterlagen kann es, wenn die Inversionsdecke durch vom Stadtkern aufsteigende Warmluft nicht durchbrochen wird, zu einem Temperaturstau mit einer Reduktion der normalen Tagesgangamplitude kommen. Die hohen Temperaturen zu allen Tagesstunden und die relativ hohen Nachttemperaturen wirken sich in vielfältiger Weise ökologisch aus. Frühere Aufblühtermine und das Auftreten von wärmeliebenden, im Umland fehlenden, häufig eingeschleppten Tier- und Pflanzenarten sind nur einige Indikatoren hierfür.

Die Stadt ist im allgemeinen trockener als ihre Umgebung. Zum Teil ist diese Tatsache, ähnlich wie das Absinken des Grundwasserspiegels, auf die rasche Ableitung der Niederschläge zurückzuführen, doch steht sie naturgemäß mit der Temperatur, mit Windrichtung, Windgeschwindigkeit, Evaporation und gezielten Entnahmen (Bohrungen u. a.) in engem Zusammenhang. Mit steigender Temperatur sinkt einerseits die relative Luftfeuchtigkeit, was bei heißen Tagen zur Ausbildung eines künstlichen Wüstenklimas ($\approx 40\%$ relative Feuchte) führen kann, andererseits steigt die Kapazität zur Aufnahme von Wasserdampf, was besonders dort den Dampfdruck ansteigen läßt, wo zur Wasserdampfabgabe geeignete Wasserflächen in der Nähe von Hitzeinseln liegen. An das Ansteigen des Dampfdruckes ist das Luftschwüle-Empfinden gekoppelt (ERIKSEN 1975).

Stadt	schwüle Tage / Jahr
	1947–1951
Bonn	35
Aachen	18
Hamburg	14

„Dichtbebaute Geschäftsviertel und Altwohngebiete mit größter Überwärmung weisen oftmals Spitzenwerte des Schwülemaßes auf (ACKERMAN 1971, ERIKSEN 1971)."

Trotz geringer Luftfeuchtigkeit kann es, bedingt durch erhöhte Zahl von Kondensationskernen, zu vermehrten Nebel- und Wolkenbildungen kommen.

Mit einer signifikanten Erhöhung (5 bis 16%) der Niederschläge ist in den Städten zu rechnen (Chicago 5%, St. Louis 7%, Kiel 10%, Moskau 11%, Bremen 16%; für Hamburg vgl. REIDAT 1971). Das Maximum der Niederschläge fällt meist auf der Leeseite des Stadtzentrums. Die Erhöhung der Niederschläge geht auf eine Vermehrung der Niederschläge in der kälteren Jahreshälfte zurück. Dennoch üben Städte, vor allem im Sommer, eine große Anziehungskraft auf kurze und heftige Gewitter mit Starkregen aus, die schwierige Probleme für die Stadtentwässerung erzeugen. 1893 bis 1907 registrierte München 756 Gewitter, während das nur 25 km westlich gelegene Maisach nur 303 Gewitter verzeichnete. Chikago meldete 13%, St. Louis 21% sommerliche Gewittertage mehr gegenüber dem Umland. Eine Analyse der Wandergeschwindigkeit von Regenfronten mit Gewitterneigung ergab eine beträchtliche retardierende Wirkung durch Verdichtungsräume. In La Porte im Lee des Schwerindustriekomplexes von Chicago-Gary treten im Sommer durchschnittlich 30% mehr Niederschläge und 63% mehr Gewittertage auf als im Umland (CHANGNON 1970). Der Einfluß der Schwerindustrie kommt hierbei ebenso zum Tragen wie in Paris, wo an Werktagen bis zu 45% mehr Niederschläge fallen als an arbeitsfreien Tagen.

Für den Marburger Raum konnte STIEHL (1970) ebenfalls eine deutlich ausgeprägte orographische Komponente für die Niederschlagsverteilung feststellen. Jahres- und Monatsniederschlagssummen verhielten sich in ihrer Verteilung nahezu gegenläufig zur Oberflächengestaltung des Untersuchungsgebietes, d. h., daß die bei den Hauptregenwetterlagen im Lee gelegenen Beobachtungsstationen beträchtlich höhere Niederschläge erhielten als die übrigen Meßstellen. Weiterhin konnte er zeigen, daß sich die Niederschlagssummen an den einzelnen Beobachtungsstationen je nach Wetterlage grundlegend verschieden zusammensetzten. Die Jahresniederschlagssummen lassen sich bei S-, SW-, W- und NW-Lagen auf häufige, aber weniger ergiebige Tagesniederschläge, jene bei O- oder SO-Lagen auf seltenere, dafür aber stärkere Regenfälle zurückführen. Mit Ausnahme der N-Lagen erhält der östliche Teil des Marburger Raumes höhere Niederschläge als der westliche. Die Höhe des anfallen-

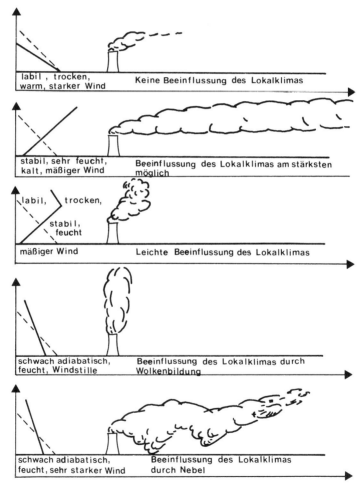

Abb. 133. Beeinflussung der Rauchfahnenbildung eines Naßkühlturms durch die herrschenden Wetter- und Windbedingungen.

den Niederschlags richtet sich nach den Windverhältnissen. Ähnliches konnte auch für die Stadt Saarbrücken nachgewiesen werden.

Hinzu kommt, daß über die Niederschläge auch Schadstoffe ausgeregnet werden können (vgl. u. a. SEEKAMP und FASSBENDER 1974). SÖDERGREN (1973) konnte im Regenwasser bis zu 35 µg PCB pro Liter und Monat nachweisen.

Der Einfluß der Bebauung auf den Wasserabfluß läßt sich in allen Städten und Gemeinden verfolgen. Als Beispiel kann Berlin oder das Schwippetal mit den Gemarkungen der Städte Böblingen und Sindelfingen sowie der Gemeinde Maichingen erwähnt werden, die zusammen etwa 50 km² des Einzugsgebietes (106 km²) der Schwippe bedecken. Vor 30 Jahren waren erst 4 km² locker bebaut; heute sind es 12 km², und 1985 werden es voraussichtlich 20 km² sein. Für ein unbebautes Gebiet dieser Art kann nach langjährigen Messungen damit gerechnet werden, daß 15% des Niederschlages oberflächlich abfließen. Bei dichter Bebauung sinkt dieser Wert auf 6% ab. Das bedeutet, daß bei Starkregen von 1 km² nicht mehr 1,5 bis 2 m³/sec. abfließen, sondern nach erfolgter Bebauung 6 bis 8 m³/sec. Deshalb ist an der Schwippe der Hochwasserabfluß in den letzten Jahren auf das Doppelte angestiegen. Bei weiterer Verdichtung der Bebauung wird der Hochwasserabfluß noch weiter zunehmen.

Der oberflächliche Abfluß ist naturgemäß eng korreliert mit der Vegetationsbedeckung. Letztere steuert wiederum entscheidend den Bodenabtrag.

Tab. 4.50. Bodenabtrag und Vegetationsbedeckung (FRÄNZLE 1976)

Vegetation	Abfluß %	Bodenabtrag (mm/a)
Eichenwald	0,8	0,008
Weide (Bermuda-Gras)	3,8	0,03
Eichengestrüpp	7,9	0,1
Ödland	48,7	24,4
gepflügter Acker		
a) Furchen isohypsen-parallel	47,0	10,6
b) Furchen fallinien-parallel	58,2	29,8

Auch die Windströmungsverhältnisse einer Stadt werden durch Bebauungsstruktur, Orographie und jeweils herrschende Großwetterlage bestimmt. Städte in Kessellagen zeichnen sich häufig durch einen hohen Prozentsatz windstiller Tage aus. Die Windrichtung wird durch die Orographie (u. a. Talstruktur), die Belüftung der Straßen, durch Form, Größe und Lage einzelner Gebäudekomplexe entscheidend beeinflußt (HOLMER 1971, HUFTY 1972, KAPS 1955, PEASE 1970).

In Freiburg werden bei Südwestwind (Anteil 33% pro Jahr) alle Stadtteile gleichmäßig gut durchlüftet. Bei schwachen Winden (Hochdruckwetterlagen = 25% pro Jahr) werden die großräumigen Strömungsverhältnisse verändert. Der »Höllentäler" nimmt hierbei eine Sonderstellung ein, da durch ihn die Frischluftzufuhr in einigen Stadtteilen und der Altstadt besonders begünstigt wird. Bedingt durch die Art der Entstehung (nächtliche Abkühlung durch Ausstrahlung) bildet sich der Höllentäler als talabwärts wehender Bergwind nur nachts aus.

Die tagesperiodische Dynamik von Kaltluftseen besitzt ebenfalls große Bedeutung für die Belüftung von Stadtgebieten (MÜLLER 1973, 1974).

4.3.3.2 Immissionstyp

Neben den klimatischen Besonderheiten im Lebensraum „Stadt" treten – vor allem in Industriestädten – eine Fülle aus Produktionsprozessen stammender naturfremder Stoffe auf.

Gas- und staubförmige Emissionen, radioaktive Substanzen und Lärm wirken auf die in der Stadt lebenden Menschen, Tiere und Pflanzen ein. Zusammen mit den raumspezifischen Faktoren bilden sie den Immissionstyp einer Stadt (vgl. FRIEDLANDER 1977, HARTKAMP 1975, YORDANOV 1976).

Wie eng Klima- und Immissionstyp eines Verdichtungsraumes miteinander verknüpft sind, zeigt sich am besten bei der Bildung von Smog (smoke = Rauch, fog = Nebel). Zwei Grundtypen wurden frühzeitig unterschieden: der Los Angeles und der Londoner Smog.

Tab. 4.51. Merkmale des Los Angeles- und des Londoner Smogs (CLAUSEN 1975)

Merkmale	Los Angeles	London
Lufttemperatur	$24 - 32\ °C$	$1 - 4\ °C$
relative Luftfeuchte	unter 70%	85% (+ Nebel)
Inversionstyp	Absinkinversion	Ausstrahlungsinversion
Windgeschwindigkeit	unter 2 m/sec	Windstille
Sichtweite während stärkstem Auftreten	$600 - 1600$ m	90 m
häufigstes Auftreten	August-September	Dezember-Januar
meist gebrauchter Brennstoff	Erdölprodukte	Kohle- und Erdöl-produkte
wichtige Komponenten	Stickoxide, Ozon, Kohlenmonoxid, PAN	SO_2, Ruß, CO
Entstehungsart	photochemisch und thermisch	thermisch
Wirkung auf Reaktionspartner	Oxidation	Reduktion
Maximalkonzentration	mittags	morgens und abends
Belästigung	Bindehautreizung der Augen	Reizung der Atemorgane

Kraftfahrzeugverkehr und die durch ihn emittierenden Kohlenwasserstoffe, Kohlenmonoxid und Stickoxid, sind an der Bildung des Los Angeles-Smog entscheidend beteiligt. Es ist deshalb nicht verwunderlich, daß Kalifornien den Grenzwert für Stickoxid-Emissionen bei Kraftfahrzeugen auf 0,4 Gramm pro Meile festgesetzt hat. Von dem in Mitteleuropa als „umweltfreundlich" (trotz hohem Rußanteil und unverbrannter Kohlenwasserstoffe) postulierten Dieselmotor werden zwischen 1,5 und 2 Gramm je Meile freigesetzt.

Gase und Stäube

(Emission   = Eintritt von Stoffen in die Atmosphäre;

Immission   = Austritt von Stoffen aus der Atmosphäre mit u. a. Einwirkungen auf Substrate;

Transmission = maximaler Einfluß der Atmosphäre auf Emissionen)

Konzentration (Ein-
heiten nicht ver-
gleichbar)

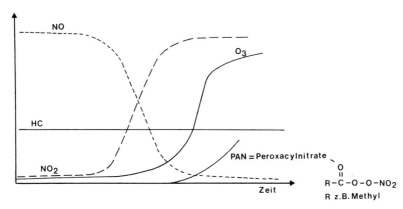

Konzentration
ppm

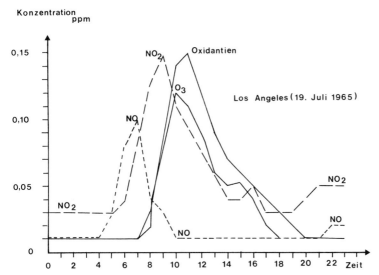

Abb. 134.   Theoretischer (oben) und gemessener Verlauf eines typischen Smogereignisses in Los
Angeles (nach BROUWER 1976; näheres im Text).

Die Herkunft der Luftverunreinigungen unterliegt regional erheblichen Schwankungen (Punkt-, Linien- und Flächenquellen).

Solche Übersichten können jedoch lediglich einen ersten Anhaltspunkt für eine aus
der jeweiligen Flächennutzung einer Stadt zu erwartende Immissionsbelastung geben.
Genaueres Zahlenmaterial liefern heute die in den meisten Industriestädten in Europa, UdSSR oder USA eingerichteten Emissions- und Immissionskataster (BACH
1972, SCALES 1974, BENARIE 1976, COURTIER 1976, MUCKLI 1976, OPPENEAU
1976, STEVENS und HERGET 1974 u. a.). Sie zeigen jedoch, daß man, bezogen auf die

Tab. 4.52. Verunreinigungsquellen 1970 für BRD und USA bezogen auf Festkörper, SO_x, NO_x, CO und HC Emissionen (in 10^6 t/Jahr; LEITHE 1974)

Herkunft	NO_x		CO		Staub		SO_2		Kohlen-wasserstoff	
	BRD	USA	BRD	USA	BRD	USA	BRD	USA	BRD	USA
Verkehr	1,1	8,1	9	63,8	0,2	1,2	0,1	0,8	2,4	16,6
Energieerzeugung und Haushalt	1,5	10,1	0,3	1,9	1,0	8,9	3,7	24,4	0,1	0,7
Industrie und Gewerbe	0,04	0,2	1,9	9,7	1,0	7,5	1,5	7,3	0,9	4,6
Abfallvernichtung	0,10	0,6	1,5	7,8	0,2	1,1	0,02	0,1	0,3	1,6
gesamt	2,7	18,9	12,7	83,2	2,4	18,7	5,3	32,6	3,7	23,5

Toxizität einzelner Schadstoffe, mit solchen Übersichten außerordentlich vorsichtig sein muß (ASHLEY et al. 1976). Betrachtet man nur die nach dem Kölner Emissions-kataster von 1972 zu erwartenden organischen Komponenten in der Kölner Stadtluft, so wird bewußt, daß wir von Messungen des SO_2 oder des CO allein nicht auf die „Belastung" eines Raumes schließen dürfen.

Das Dominieren und die meßtechnisch relativ unproblematische Erfassung von CO, Stäuben und Schwefeldioxid haben dazu geführt, daß diese Stoffe meist als „Leitsubstanzen" für die Immissionsbelastung von Standorten und Smogalarm-Plänen angesehen werden, die Kontrolle der übrigen Stoffe jedoch im allgemeinen ver-nachlässigt wird (HETTCHE 1975; BRULOTTE 1976; PERRY und YOUNG 1977).

Tab. 4.53. Emissionen in Köln (DREYHAUPT 1972)

Emittierter Stoff	Formel	t/Jahr
1. Dimethylformamid	C_3H_7NO	3632
2. Toluol	C_7H_8	2568
3. Äthylen	C_2H_4	1486
4. Essigsäure	CH_3COOH	955
5. Methan	CH_4	894
6. Propylenoxid	C_3H_6O	885
7. Vinylchlorid	C_2H_3Cl	719
8. ϵ-Caprolactum	$C_6H_{11}NO$	579
9. Propan	C_3H_8	557
10. Propylen	C_3H_6	549
11. Acrilsäurenitril	C_3H_3N	511
12. 1,2-Dichloräthan	$C_2H_4Cl_2$	412
13. Äthan	C_2H_6	366
14. Butanol	$C_4H_{10}O$	300
15. 1,3-Butadien	C_4H_6	262
16. Methylenchlorid	CH_2Cl_2	139
17. Trichloräthylen	$ClCH=CCl_2$	64
18. Aceton	CH_3COCH_3	16

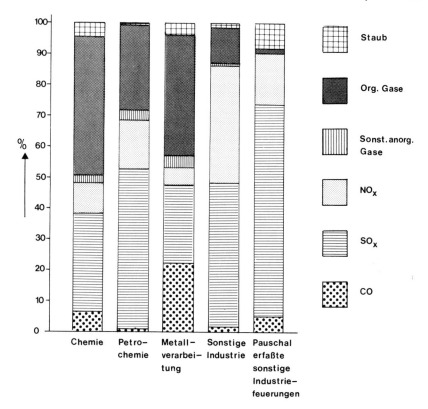

Abb. 135. Emissionen der Quellengruppe Industrie. Prozentuale Anteile der Emissionen verschiedener Branchen in Köln (nach Emissionskataster Köln, 1972).

Während die SO$_2$-Konzentrationen von Schwerindustrie, Hausbrand und Klima gesteuert werden, zeigt die CO-Konzentration einen vom Tagesgang des Kraftverkehrs geprägten Verlauf.

Zusammenhänge zwischen SO$_2$-Konzentrationen, emittierte Rauchgasmenge und Klimatyp sind soweit aufgeklärt, daß es möglich ist, über Ausbreitungsmodelle, Transportgeschwindigkeitsvariable und Abbauraten (durchschnittlich etwa 12% pro Stunde) voraussagesichere Simulationsmodelle zu entwickeln (u.a. GIEBEL 1977). Nach solchen Modellen läßt sich z.B. der Anteil des SO$_2$-emittierenden Ruhrgebietes in 60 bis 80 km Entfernung auf einen Jahresmittelwert von 10 mg festlegen.

Durch Umstrukturierungsprozesse und technologische Maßnahmen konnten in den letzten Jahren in vielen Verdichtungsräumen Reduktionen bestimmter Schadstoffkonzentrationen erreicht werden. Das gilt insbesondere für die Gesamtstaubkonzentrationen (vgl. u.a. BENJAMIN 1976).

		Ba	Nb	Zr	Rb	Pb	Sr	Zn	Ga	Ge	Cu	Ni	Cl	S	P	Ti
R 3	Schieferton	x	—	x	x	—	x	x	x	—	x	x	x	x	x	xx
R 1	Schieferton	x	—	x	x	x	x	x	x	—	x	x	x	x	—	xx
E 3	Schieferton	x	—	x	x	—	x	x	x	—	x	x	x	x	—	xx
E 1	Schieferton	x	—	x	x	—	x	x	x	—	x	x	x	x	x	xx
D 10	Steinkohle	x	—	x	x	x	x	x	x	—	x	x	x	xx	x	xx
M 11	Steinkohle	x	—	x	x	x	x	x	x	—	x	x	x	xx	x	xx
E 2	Steinkohle	x	—	x	x	x	x	x	—	—	x	x	x	xx	x	xx
D 12	Steinkohle	x	—	x	x	x	x	x	x	x	x	x	x	xx	x	xx
Br 1	Braunkohle	x	—	x	x	x	xx	x	—	—	x	x	x	xx	x	xx
Br 5	Braunkohle	x	—	—	—	x	xx	x	—	—	x	x	x	xx	x	xx
M 9	Flugstaub	x	—	x	x	x	x	x	x	x	x	x	x	xx	x	xx
M 10	Flugstaub	x	x	x	x	x	x	x	—	—	x	x	—	xx	x	—
F 11	Flugstaub	x	—	—	x	—	xx	x	—	—	x	—	x	xx	—	xx

M 9 und M 10 sind Flugstäube aus einem Steinkohlekraftwerk, F 11 aus einem Braunkohlekraftwerk.

Abb. 136. Spurenelemente in Kohlen und Flugstäuben (nach BREISINS und KIRSCH 1974).

Tab. 4.54. Staubniederschlag im Ruhrgebiet von 1963 bis 1972

Jahr	Staubniederschlag
1963/64	312
1964/65	312
1965/66	279
1966/67	245
1967/68	251
1968/69	245
1969/70	264
1970/71	210
1971/72	190

Nach dem Bundes-Immissionsschutzgesetz vom 15. 3. 1974 und der TA-Luft gelten für die Bundesrepublik Deutschland folgende Immissionswerte für Stäube:

a) Staubniederschlag (nicht gefährdend)

$$IW_1 = 0{,}35\ g/(m^2\ d)$$
$$IW_2 = 0{,}65\ g/(m^2\ d)$$

b) Staubkonzentration in der Luft (nicht gefährdend)
Partikelgröße unter 10 Mikrometer

$$IW_1 = 0,10 \text{ mg/m}^3$$
$$IW_2 = 0,20 \text{ mg/m}^3$$
Partikelgröße über 10 Mikrometer
$$IW_1 = 0,20 \text{ mg/m}^3$$
$$IW_2 = 0,40 \text{ mg/m}^3$$

Nach TA-Luft werden die Ergebnisse des Staubniederschlags als Jahres- und Monatsmittelwerte, die der Massenkonzentration von Stäuben mit einer Partikelgröße unter 10 Mikrometer in Tagesmittelwerten angegeben. Der Staubniederschlag wird für jede Meßstelle nach der Formel

$$\text{Staubniederschlag} = \frac{m}{A \cdot t} \; (\text{g/m}^2 \text{ d})$$

berechnet.

Es bedeuten m = Masse des Staubniederschlags
            A = Auffangfläche in m^2
            t = Probenahmezeit in Tagen

Nach folgendem Verfahren werden die I_1- und I_2-Werte abgeleitet:

IW_1 = arithmetrischer Mittelwert aus dem Staubniederschlag aller Meßstellen eines Meßgebiets

IW_2 = arithmetrischer Mittelwert aus dem Staubniederschlag aller Meßstellen eines Meßgebietes für jeden Monat

Manche Schadstoffkonzentrationen erlauben eine Trennung von Verdichtungs- und Freiräumen (DAGANAUD und LOEWENSTEIN 1976). Das zeigt der Vergleich der Jahresmittelwerte für Blei, NO_2, CO_2 und SO_2 in Stadt- und Freilandstandorten der Bundesrepublik Deutschland in Tab. 4.55.

Allerdings können andere Schadstoffkomponenten zu deutlich abweichenden „Belastungsverteilungen" führen.

Tab. 4.55. Vergleich der Jahresmittelwerte für Blei, NO_2, CO_2 und SO_2 in Stadt- und Freilandstandorten (Rat der Sachverständigen 1974)

	Gelsenkirchen	Mannheim	Westerland	Schauinsland
µg Blei/m^3				
1970	1220	–	86	76
1971	946	376	62	47
1972	757	293	60	37
µg NO_2/m^3				
1969	54,4	48,2	9,2	3,7
1970	52	40	7	3,4
ppm CO_2				
1969	351,9	347,5	321,5	333,5
1970	350	348	321	337
µg SO_2/m^3				
1969	166,2	152,0	22,2	–
1970	188	164	16,8	–

Die ökologische Bewertung unterschiedlicher Luftbeimengungen in Stadtgebieten ist von ihrer Toxizität abhängig. Hierbei ergeben sich jedoch, bedingt durch unterschiedliche ökologische Valenz bei Tieren, Pflanzen und dem Menschen z. T. unterschiedliche Werte.

Vergleicht man die für den Menschen gültigen MIK-Werte mit jenen der Pflanzen, so treten bemerkenswerte Unterschiede auf.

Nach der 1977 gültigen Technischen Anleitung zur Reinhaltung der Luft (TA-Luft) gelten die folgenden Grenzwerte (I_1/I_2-Werte):

Gas	mg/m³ I_1	mg/m³ I_2
Chlor	0,10	0,30
Chlorwasserstoff	0,10	0,20
Fluorwasserstoff	0,0020	0,0040
Kohlenmonoxid	10,0	30,0
SO_2	0,140	0,40
H_2S	0,0050	0,010
Stickstoffdioxid	0,10	0,30
Stickstoffmonoxid	0,20	0,60

Grenzwerte sind jedoch in ihrer Qualität von der Qualität der wissenschaftlichen Erkenntnis abhängig. Da jeder einzelne Stoff immer im Zusammenwirken mit einer Fülle von anderen Stoffen gesehen werden muß (Synergieproblem), werden sie, gemessen an Einzelsubstanzen, im allgemeinen der realen biologischen Belastung nicht gerecht.

Tab. 4.56. Maximale Immissionskonzentrationen (= MIK-Werte in mg/m³) zur Vermeidung toxischer Wirkungen beim Menschen (Rat der Sachverständigen 1974)

Stoff	Mittelwert über 1/2 Std.	Mittelwert über 24 Std.	Mittelwert über 1 Jahr
Kohlenmonoxid	50	10	10
Blei und anorganische Bleiverbindungen	–	0,003	0,0015
Schwefeldioxid	1,0	0,3	0,1
Schwefelsäure	0,2	0,1	0,05
Stickstoffdioxid	0,2	0,1	–
Stickstoffmonoxid	1,0	0,5	–
Ammoniak	2,0	1,0	0,5
Fluorwasserstoff	0,2	0,1	0,05
Natriumfluorid	0,3	0,2	0,1
Aluminiumfluorid	0,5	0,3	0,1
Kryolith	0,5	0,3	0,1
Calciumfluorid	1,0	0,5	0,2
Ozon	0,15	0,05	0,01
Schwebstaub	0,3	0,3	0,1
Zinkverbindungen	0,5	0,1	0,05
Cadmiumverbindungen	–	0,00005	–
Tetrahydrofuran	180	60	30
Trichloräthylen	16	5	2

Tab. 4.57. MIK-Werte (mg/m^3) zum Schutz der Vegetation

Stoff	Mittelwert über 1/2 Std.	Mittelwert über 24 Std.	Vegetations- halbjahr
Chlorwasserstoff	–	0,2 –1,0	0,08 –0,15
Fluorwasserstoff	–	0,002–0,004	0,0002–0,0014
Schwefeldioxid	0,25–0,60	0,15 –0,35	0,05 –0,12
Stickstoffdioxid	0,80	–	0,35

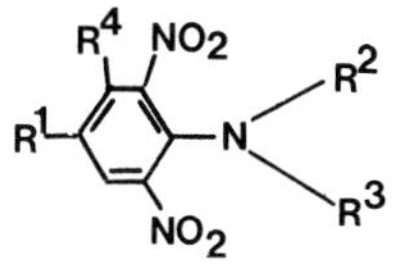

2,6 – Dinitro–aniline

Name	Formel	Handelsname Hersteller	Anwendung	LD$_{50}$ (mg/kg) Ratte per os akut
Trifluralin	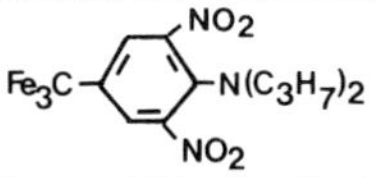 Fe$_3$C—⟨⟩—NO$_2$ / N(C$_3$H$_7$)$_2$ / NO$_2$	Treflan Eli Lilly 1960	u.a. Gräser, Unkräuter in Baumwolle	>10 000
Benfluralin	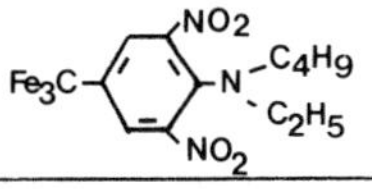 Fe$_3$C—⟨⟩—NO$_2$ / N–C$_4$H$_9$ / C$_2$H$_5$ / NO$_2$	Balan, Bonalan, Quilan Eli Lilly 1965	u.a. Unkräuter	>10 000
Profluralin	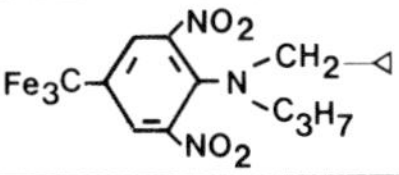 Fe$_3$C—⟨⟩—NO$_2$ / N–CH$_2$–◁ / C$_3$H$_7$ / NO$_2$	Pregard, Tolban Ciba–Geigy 1970	u.a. in Baumwolle und Sojabohnen	~10 000
Dinitramine	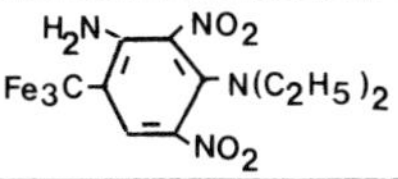 H$_2$N—⟨⟩—NO$_2$ Fe$_3$C—⟨⟩—N(C$_2$H$_5$)$_2$ / NO$_2$	Cobex U.S. Borax 1971	u.a. in Baumwolle, Bohnen	3000
Nitralin	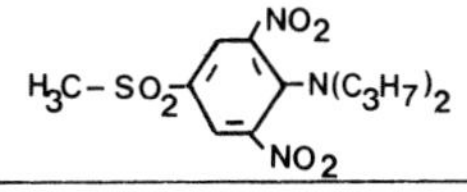 H$_3$C–SO$_2$—⟨⟩—NO$_2$ N(C$_3$H$_7$)$_2$ / NO$_2$	Planavin Shell 1966	u.a. in Winterraps, Tabak, Tomaten	>6000
Oryzalin	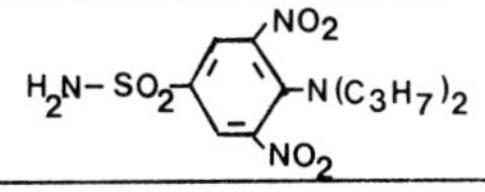 H$_2$N–SO$_2$—⟨⟩—NO$_2$ N(C$_3$H$_7$)$_2$ / NO$_2$	Surflan, Dimiral Eli Lilly	u.a. in Sojabohnen	>10 000
Isopropalin (H$_3$C)$_2$CH—⟨⟩—NO$_2$ N(C$_3$H$_7$)$_2$ / NO$_2$	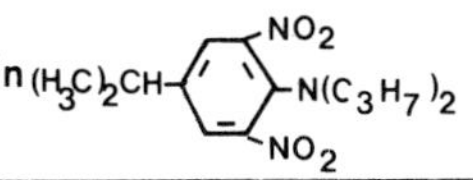	Paarlan Eli Lilly 1969	u.a. in Tabak	>5 000

Abb. 137. Auf dem Markt befindliche Dinitro-Aniline (nach BÜSCHE 1977) deren „Umweltver-träglichkeit" nach dem LD$_{50}$-Wert mit standardisierten Laborratten bestimmt wird.

Strahlenbelastung und Radionuklide

Zunehmend gewinnt die Strahlenexposition und der Verbleib von Radionukliden in Nahrungsketten für Verdichtungsräume und deren Populationen besondere Aufmerksamkeit.

Meßeinheiten für Radioaktivität (Absolutmaße):

$$1 \text{ Curie} = 1 \text{ Ci} = 3 \cdot 7 \cdot 10^{10} \text{ Zerfallsakte/s}$$
$$1 \text{ Millicurie} = 1 \text{ m Ci} = 1/1000 \text{ Ci} = 10^{-3} \text{ Ci};$$
$$1 \text{ Mikrocurie} = 1 \text{ μ Ci} = 1/1000 \text{ m Ci} = 10^{-6} \text{ Ci};$$
$$1 \text{ Nanocurie} = 1 \text{ n Ci} = 10^{-9} \text{ Ci};$$
$$1 \text{ Picocurie} = 1 \text{ p Ci} = 10^{-12} \text{ Ci}.$$

Meßeinheiten für ionisierende Wirkung (z. B. Gammastrahlen):

$$1 \text{ Röntgen} = 1 \text{ R} = 2,58 \cdot 10^{7} \text{ Ci/g Luft}.$$

Allgemein ist nicht nur die Zahl der Zerfallsakte oder Ionisationen von Interesse, sondern der Energieumsatz, der in rad definiert wird:

$$1 \text{ rad} = 100 \text{ erg/g};$$
$$1 \text{ mrad} = 10^{-3} \text{ rad}.$$

Es ist die Energie, die pro Gramm einer Substanz aus den radioaktiven Prozessen absorbiert wird (Oberflächendosis).

1 rem = roentgen equivalent man = Körperdosis.

Je nach Strahlenart kann bei gleicher rad-Zahl die biologische Wirkung verschieden sein, weshalb es notwendig ist, die relative biologische Wirksamkeit einer Strahlung zu bestimmen (RBW):

Strahlung	RBW
Röntgenstrahlen	1
Gammastrahlen	1
Betastrahlen aller Energien	1
Schnelle Neutronen und Protonen bis 10 MeV	10
Natürlich vorkommende Alphastrahlen	10
Schwere Rückstoßkerne	20

Die Strahlenbelastung ist von zahlreichen Faktoren abhängig (natürliche und künstliche Strahlenexposition).

Viele Baumaterialien senden aufgrund ihrer Konzentration mit natürlichen Radionukliden (besonders Kalium 40, Radium 226, Thorium 232) Strahlungen aus. (vgl. Tab. 4.59.)

Die Verwendung dieser Baumaterialien und verschiedene geologischen Formationen führen zu unterschiedlichen Strahlenexpositionsraten von Bevölkerungsgruppen (vgl. Tab. 4.60).

Neben dieser exogenen Strahlenbelastung ist die z.B. durch die Nahrung aufgenommene von großer Bedeutung.

Treten Gemische radioaktiver Stoffe auf, wird über eine Formel die MZK (= Maximal zulässige Konzentration) berechnet.

Tab. 4.58. Mittlere Strahlenexposition des Menschen in der Bundesrepublik Deutschland (AURAND 1976, SCHWIBACH und GANS 1976 u.a.)

1. Natürliche Strahlenexposition				etwa	110 mrem/a
1.1 durch kosmische Strahlung in Meereshöhe	etwa	30	mrem/a		
1.2 durch terrestrische Strahlung von außen	,,	60	,,		
1.3 durch inkorporierte radioaktive Stoffe	,,	20	,,		
2. Künstliche Strahlenexposition				etwa	60 mrem/a
2.1 Medizin (u.a. Röntgendiagnostik, Nuklearmedizin, Strahlentherapie)	etwa	51	mrem/a		
2.2 Atombombenversuche	,,	8	,,		
2.3 Technik	,,	2	,,		
2.3.1 Strahlenquellen	,,	1	,,		
2.3.2 Industrieprodukte	,,	1	,,		
2.3.3 Störstrahler (u.a. Fernsehen)	,,	0,7	,,		
2.3.4 durch beruflich strahlenexponierte Personen	,,	1	,,		
2.3.5 durch friedliche Nutzung der Kernenergie	,,	1	,,		

Tab. 4.59. Mittlere Konzentrationen natürlich radioaktiver Stoffe in Baumaterialien der Bundesrepublik Deutschland (Umwelt 32, 1974)

Baumaterial	Kalium (nCi/kg)	Thorium (nCi/kg)	Radium (nCi/kg)
Bausand, Baukies	7 (0,2–18)	< 0,4 (0,1–1)	< 0,4 (0,1–0,8)
Schiefer, Granit	40 (24–96)	2,2 (1,1–5,2)	1,5 (0,8–3,6)
Tuffstein, Lava, Basalt	38 (11–55)	1,4 (0,4–2,6)	1,1 (0,4–2,3)
Sandstein	< 5 (0,8–24)	< 0,5 (0,2–1,4)	< 0,5 (0,2–1,1)
andere Natursteine	<13 (1–25)	< 0,8 (0,5–1,4)	< 0,7 (0,5–1,2)
Ziegel, Klinker	17 (4–69)	2,6 (0,5–10)	2,2 (0,6–6,7)
Bimssteine	24 (13–30)	2,3 (1,4–4,6)	2,2 (0,7–3,6)
Schlackensand und -steine	9 (3–16)	2,8 (0,6–5,6)	2,2 (1,2–3,2)
Zement	< 4 (<0,5–7)	<14 (0,3–5,2)	< 1,4 (0,3–5,3)
Naturgips	2,4 (0,7–5)	< 0,5	< 0,7
techn. erz. Gips	< 2 (<0,8–6)	< 0,5	14 (7–28)
Fliesen und Wandkeramik	13 (5–31)	1,9 (0,7–4,9)	1,7 (0,6–2,7)
andere Kunststeine	10 (2–20)	0,8 (0,2–2,5)	0,9 (0,2–2,6)
sonstige Zuschlagstoffe und Putzmaterial	< 6 (<0,3–16)	< 0,4 (0,1–0,9)	< 0,6 (0,15–1,6)

Dennoch können durch Nahrungsketteneffekte Phänomene auftreten, die durch solche Grenzwertbestimmungen nicht mehr faßbar sind. MIETTINEN (1976) untersuchte den Verbleib der Plutonium Isotope ^{239,240}Pu und ^{238}Pu in einer terrestrischen (Flechten→Rentier→Mensch) und einer aquatischen Nahrungskette (Sediment→

-Benthale Fauna→Fische). Sie konnte zeigen, daß $^{239,\,240}$Pu 1963/64 bis zu 220 p Ci/kg Feuchtigkeit in *Cladonia alpestris* auftrat, 1972 bis 1974 dagegen auf 20 p Ci zurück-ging. ^{238}Pu nahm dagegen seit 1960 kontinuierlich zu. 1964 enthielt aus dem gleichen Gebiet gewonnene Rentier-Leber 20 p Ci/kg (Frischgewicht) und 1974 nur noch 2 p Ci/kg.

Tab. 4.60. Strahlenexposition in der Bundesrepublik Deutschland (AURAND 1976)

Land	im Freien (mrem/a)	in Wohnungen (mrem/a)
Baden-Württemberg	54	69
Bayern	60	74
Berlin	51	61
Bremen	37	46
Hamburg	49	49
Hessen	53	79
Niedersachsen	42	57
Nordrhein-Westfalen	52	67
Rheinland-Pfalz	60	88
Saarland	69	106
Schleswig-Holstein	50	53
Mittelwert	52	70

Tab. 4.61. Natürliche Strahlenexposition von externen Strahlenquellen (AURAND 1976)

Gebiet	Bevölkerung in Mio.	Mittlere Dosis (mrem/a)	Höchste Dosis (mrem/a)
Gebiete normaler Strahlung	2500	120	—
Granitbezirke in Frankreich	7	300	400
Monazitbezirke in Indien (Kerala)	0,1	1300	4000
Monazitbezirk in Brasilien	0,05	500	12000

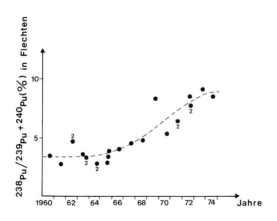

Abb. 138. Anreicherung von ^{238}Pu/^{239}Pu $+$ ^{240}Pu (%) in Flech-ten zwischen 1960 und 1974 in Finnland (nach MIETTINEN 1976).

Tab. 4.62. Höchstzulässige Dosen für beruflich strahlenexponierte Personen (GANS 1976)

Organ	Höchstzulässige Dosis (rem/Jahr)
Ganzkörper, Gonaden, rotes Knochenmark	5
Haut, Schilddrüse, Knochen	30
Übrige Organe	15
Lebensalterdosis $\leqslant 5 \cdot (N - 18)$ rem	

Tab. 4.63. MZK-Werte (beruflich strahlenexponierter Personen) und MZA-Werte (Einzelpersonen aus der Bevölkerung) für einige Radionuklide (GANS 1976)

Radionuklid	Trinkwasser		Atemluft	
	MZK_W ($\mu Ci/ml$)	MZA_O (μCi)	MZK_L ($\mu Ci/ml$)	MZA_L (μCi)
Radium-226	10^{-7}	0,008	10^{-11}	0,007
Strontium-90	10^{-6}	0,08	10^{-10}	0,07
Jod-131	10^{-5}	0,8	$2 \cdot 10^{-9}$	1,4
Kobalt-60	$3 \cdot 10^{-4}$	28	$2 \cdot 10^{-9}$	2,2
Tritium (H-3)	$3 \cdot 10^{-2}$	2600	$2 \cdot 10^{-6}$	1200

Tab. 4.64. ^{239}Pu und ^{240}Pu in Leber, Lunge und Blut von Rentieren aus Finnisch-Lappland (MIETTINEN 1976)

Jahr	pCi (^{239}Pu + ^{240}Pu)/kg Frischgewicht		
	Leber	Lunge	Blut
1963		0.78 (1)	
1964	28.0 (1)	0.11 (1)	
1965	7.3 (1)		0.064 (20)
1966	10.2 (1)	0.26 (1)	0.017 (11)
1967	10.8 (5)		0.017 (5)
1971	3.5 (2)		
1974		0.13 (1)	

Tab. 4.65. Tägliche Plutonium-Aufnahme von Finnischen Lappen 1967 über Rentierfleisch (MIETTINEN 1976)

Rentier	^{239}Pu + ^{240}Pu pCi/kg Frischgewicht	Verzehr (g/Tag)		Plutonium-Aufnahme (pCi/Tag)	
		Mann	Frau	Mann	Frau
Leber	10.8	8	3	0.086	0.032
Fleisch	0.13	190	86	0.025	0.011
Blut	0.02	6	3	0.00012	0.00006
			Total	0.111	0.043

Ähnliche Analysen wurden von Brisbin und Smith (1975) an nordamerikanischen *Odocoileus virginianus* und von Rossley, Duke und Waide (1975) an einer Bodenarthropoden-Nahrungskette durchgeführt, wobei ^{137}Cs im Vordergrund stand (vgl. u. a. auch Dahlman, Francis und Tamura 1975).

[137]Cs wurde in herbivoren und carnivoren Arthropoden im Bereich der Piedmont-Region von Georgia analysiert. Höchste Anreicherungsraten wurden in Flechten *(Parmelia)* nachgewiesen, ohne daß diese direkt in die Nahrungskette eingingen (209 + 71 ^{137}Cs, pCi/g). Die Konzentrationen der herbivoren Arthropoden schwanken zwischen 1,9 + 0,71 bis 10,7 + 4,74, jene der räuberisch lebenden Arten zwischen 5,4 + 2,54 *(Collops)* und 11,7 + 0,30 *(Trimerotropis)*. Zwischen 50 bis 70 pCi Radiocaesium/g/Trockengewicht wurden in Muskel, Niere und Kot von 17 *Odocoileus virginianus* gefunden, während Leber und Knochen wesentlich geringere Konzentrationen zeigten. Der Einfluß von Kalium auf den Verbleib von Radiocesium wurde von Holleman und Luick (1975) in *Rangifer tarandus* unter kontrollierter Nahrungsaufnahme studiert.

Lärm
Zahl und Geschwindigkeit der Kraftfahrzeuge, Breite und Höhe der Straßenschluchten, Straßenneigung- und -beschaffenheit sowie den Verkehr regelnde Kreuzungen und Ampeln beeinflussen die Geräuschimmissionen einer Stadt. Der durchschnittliche Großstadtlärm liegt im allgemeinen bei 70 dB (A).

Diese Werte werden jedoch in Industriestädten meistens überschritten (vgl. u. a. Bruckmayer 1973, Gossrau et al. 1976, Mags 1975, Roewer 1969, Thomassen 1973). Trotz unterschiedlicher subjektiver Geräuschbewertungen (u. a. abhängig von der sozialen Gruppe, genetisch festgelegter Reaktionsnorm, vom Alter, vom Beruf; vgl. u. a. Lübcke und Mittag 1965) gelten heute für bestimmte Räume rechtsverbindliche Grenzwerte, die sich von den gesundheitlichen Auswirkungen des Lärms auf den Menschen ableiten. So treten beim wachen Menschen bei Geräuschpegeln von 65 bis 70 dB (A) physiologisch nachweisbare Wirkungen auf (u. a. Hemmung der Magenperistaltik und Speichelsekretion, Steigerung des Stoffwechsels, Erweiterung der Pupillen, Ansteigen des Blutdrucks, Ansteigen des diastolischen Drucks, Verengung der peripheren Gefäße mit der Folge einer Herabsetzung der Hauttemperatur und Hautdurchblutung, geringfügige Herabsetzung des Herzschlagvolumens und vermehrte Ausscheidung bestimmter Nebennierenhormone; vgl. u. a. Grandjean 1973, Klosterkötter 1972, 1973, Lübcke und Mittag 1965, Meier und Müller 1975, Müller 1972, Rat der Sachverständigen 1974).

Für zahlreiche Großstädte existieren heute „Lärmkarten", aus denen die Belastung einzelner Bereiche abzulesen ist. Sie dienen als Grundlage für Maßnahmen zur gezielten Lärmreduktion.

Nach der für die Bundesrepublik Deutschland gültigen TA-Lärm (= Allgemeine Verwaltungsvorschrift über genehmigungsbedürftige Anlagen nach § 16 der Gewerbeordnung – GewO; Technische Anleitung zum Schutz gegen Lärm) vom 16. Juli 1968 gelten folgende Immissionsrichtwerte (vgl. u. a. Feldhaus und Hansel 1975):

a) Gebiete, in denen nur gewerbliche oder industrielle Anlagen   70 dB (A)
   und Wohnungen für Inhaber und Leiter der Betriebe sowie für
   Aufsichts- und Bereitschaftspersonen untergebracht sind

b) Gebiete, in denen vorwiegend gewerbliche Anlagen unter-   tagsüber   65 dB (A)
   gebracht sind   nachts (22–6 Uhr)   50 dB (A)

c) Gebiete mit gewerblichen Anlagen und Wohnungen, in denen weder vorwiegend gewerbliche Anlagen noch vorwiegend Wohnungen untergebracht sind	tagsüber	60 dB (A)
	nachts	45 dB (A)
d) Gebiete, in denen vorwiegend Wohnungen untergebracht sind	tagsüber	55 dB (A)
	nachts	40 dB (A)
e) Gebiete, in denen ausschließlich Wohnungen untergebracht sind	tagsüber	50 dB (A)
	nachts	35 dB (A)
f) Kurgebiete, Krankenhäuser und Pflegeanstalten	tagsüber	45 dB (A)
	nachts	35 dB (A)
g) Wohnungen, die mit der Anlage baulich verbunden sind	tagsüber	40 dB (A)
	nachts	30 dB (A)

Die Ermittlung der Immissionen im Einwirkungsbereich des von einer Anlage ausgehenden Geräusches muß mit Präzisionsschallpegelmesser (nach DIN 45633) oder DIN-Lautstärkemesser (nach DIN 5045; eingestellt auf Frequenzbereich „A") vorgenommen werden. Der Schallpegelmesser ist auf Frequenzbewertung „A" und „schnelle Anzeige" einzustellen.

Zur Bestimmung der Geräuschimmission ist der äquivalente Dauerschallpegel zu ermitteln. Er entspricht einem gleichbleibenden Geräusch, das im Beurteilungszeitraum am Beobachtungsort die gleiche Schallenergie liefert wie das tatsächliche Geräusch. Besondere Geräuschmerkmale (Einzeltöne oder Geräusche mit auffälligen Pegeländerungen) sind in der Weise zu berücksichtigen, daß dem äquivalenten Dauerschallpegel Zuschläge bis zu 5 dB (A) hinzugefügt werden. Ort und Zeit der Messungen werden ebenfalls von der TA-Lärm vorgeschrieben.

Abfallwirtschaft

Systembelastend wirken jedoch nicht nur die oben aufgezeigten Immissionen, sondern ebenso der aus Produktions- und Konsumationsprozessen resultierende „Abfall".

Im Abfallbeseitigungsgesetz der Bundesrepublik Deutschland (AbfG) in der Fassung vom 5. Januar 1977 sind Abfälle „bewegliche Sachen, deren sich der Besitzer entledigen will, oder deren geordnete Beseitigung zur Wahrung des Wohls der Allgemeinheit geboten ist" (§ 1). Naturgemäß läßt sich aus der Struktur des „Abfalls" auf

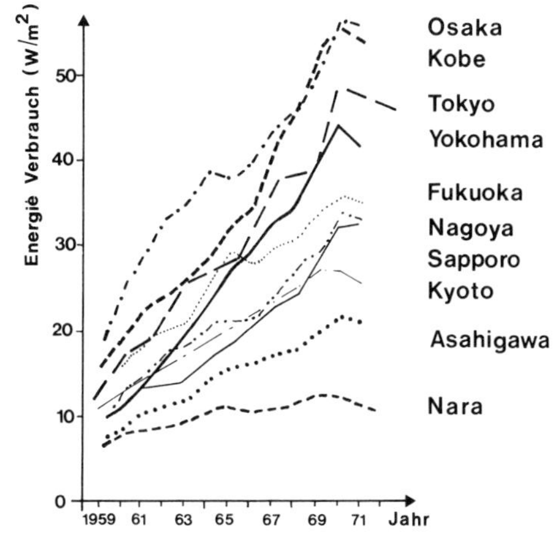

Abb. 139. Während weltweit die anthropogen erzeugte Energie etwa 1 Promille der eingestrahlten Solarenergie ausmacht, können lokale Energieproduktion und -verbrauch die Solarenergien z. T. erheblich übersteigen. Als Beispiel für den Verbrauch werden hier 10 japanische Städte aufgeführt (nach BACH 1976).

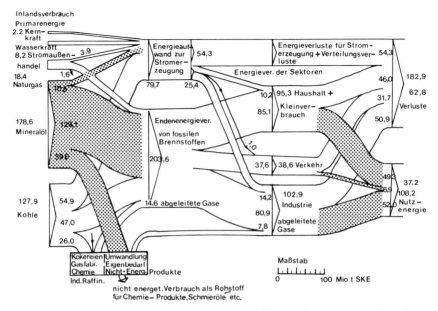

Abb. 140. Das Energiefluß-Diagramm der Bundesrepublik Deutschland für das Jahr 1970 verdeutlicht, daß die Energieverluste die Nutzenergie überwiegen. Daraus resultierende Umweltbelastungen lassen sich klassifizieren in solche, die durch geeignete Techniken vermieden werden können (u. a. Staubfilter) und solche, die sich nur durch Einstellung des Vorganges vermeiden lassen. Zu letzteren gehört auch das durch die Energienutzung auftretende Abwärmeproblem (vgl. u. a. Voss 1977).

die technologischen Fähigkeiten und Konsumgewohnheiten der ihn verursachenden Population schließen. Haushaltsabfälle zeigen deshalb erhebliche qualitative und quantitative Unterschiede zwischen Landgemeinden und Großstädten. In der Bundesrepublik Deutschland fallen etwa 19 Mio. t/Jahr an Haushaltsabfällen an (etwa 95 Mio. m³/Jahr; vgl. BATTELLE 1973, KUMPF et al. 1975). Im Durchschnitt produziert dabei der Bewohner einer Landgemeinde etwa 0,15 t (0,7 m³), der Großstädter etwa 0,32 t (2 m³) pro Jahr. Auch das spezifische Gewicht des Hausmülls zeigt bemerkenswerte Unterschiede zwischen Stadt und Land. Für Nordrhein-Westfalen gibt HENNINGS (1973) folgende Werte an:

Gemeindegröße (Einw.)	Spez. Gewicht des Hausmülls (t/m³)
0– 20 000	0,235
20 000– 50 000	0,211
50 000–100 000	0,194
100 000 und mehr	0,192

Die qualitative und quantitative Zusammensetzung des Mülls hat sich in den letzten Jahren einschneidend verändert, doch sind z.B. in der gesamten Bundesrepublik Deutschland Zahl und Kapazitäten der Einrichtungen, die der schadlosen *Beseiti-*

Tab. 4.66 Zusammensetzung des Hausmülls von Franklin/Ohio (BHIDE et al. 1977)

Stoffgruppe	Gew.-%
Glas	9,7
Eisenmetalle	10,1
Nichteisenmetalle	0,6
Papier	26,0
Kunststoffe, Leder, Textilien, Holz	6,1
Küchenabfälle, Kehricht	17,0
Sonstige anorg. Stoffe (Inertes)	2,5
Wassergehalt	28,0
	100,0

gung des Mülls dienen, weit hinter dem Bedarf zurückgeblieben. Durch das Abfallbeseitigungsgesetz (AbfG) vom 7. Juni 1972 wurden zwar die Grundprinzipien der Müllverwertung geregelt, doch sind nicht nur Ergänzungen auf regionaler Ebene dringend erforderlich, sondern ebenso eine völlige Neubesinnung. „Müll darf kein Müll mehr bleiben" (KELLER 1976), wenn wir die Selbstregulation unserer Städte erhalten wollen.

Die Wege hierzu hat KELLER (1977) deutlich aufgezeigt:
a) Verringerung der Produktionsabfälle,
b) Anwendung umweltfreundlicher Produktionsverfahren,
c) Überprüfung des Materialeinsatzes hinsichtlich der Zweckbestimmung vom Erzeugnis,
d) Erhöhung der Haltbarkeit von Produkten,
e) Verwertung von Abfällen als Rohstoffe im Produktionsprozeß,
f) Ausnutzung des Energieinhaltes von Abfällen,
g) Rückführung von Abfällen in biologische Kreisläufe.

Von einzelnen praktikablen Ansätzen in Richtung Recycling der Abfälle abgesehen, wird die Lösung des Abfallproblems bei den meisten Städten und Ländern in der Deponie, Kompostierung und/oder Verbrennung gesucht.

Nach unserem gegenwärtigen Erkenntnisstand ist die Kompostierung ein Müllverwertungsverfahren, das die geringste Belastung erzeugt (CHROMETZKA 1973). Allerdings lassen sich nicht alle Stoffe kompostieren. Zu jeder Kompostierungsanlage gehört deshalb eine Deponie und eine Restverbrennungsanlage. Vorgebrachte Bedenken wegen einer möglichen Anreicherung von Schwermetallen in den Komposten konnten zumindest teilweise ausgeräumt werden (FARKASDI 1973, RHODE 1972, 1974). Als Hauptproblem der Kompostierungsanlagen in Verdichtungsräumen wird die Kompostabnahme genannt. Verbrennungsanlagen verlagern meist die Belastung vom Müll in die Luft. Allerdings muß betont werden, daß durch die technische Entwicklung der letzten Jahre eine erhebliche Verringerung der Emissionen erreicht werden konnte. 1972 waren über 10 Mio. Einwohner der Bundesrepublik Deutschland an kommunale Müllverbrennungsanlagen angeschlossen. Die 7 in Nordrhein-Westfalen betriebenen Verbrennungsanlagen sind mit Staubfiltern ausgerüstet, deren Abscheidegrad über 95% liegt. Der Staubauswurf beträgt bei 0,5 kg Staub/t Müll, was im Vergleich zu anderen Großemittenten gering ist. Problematischer sind die gasförmigen Partikel (Chloride, SO_2, Fluoride u. a.). PVC enthält bis zu 57% Cl. Der Kunststoffgehalt des Mülls liegt zwischen 2 und 3 Gewichtsprozent.

Die SO_2-Produktion erreicht im Mittel 4 kg SO_2/t Müll, die Fluorauswürfe 40 mg F/kg Müll. Hinzu kommen weitere Emissionen, die meßtechnisch meist nicht kontrolliert werden. 1973 wurden sowohl „trockene" als auch „nasse" Abgasreinigungsverfahren erprobt. Gegenwärtig bildet die Beseitigung staub- und gasförmiger Partikel bei Verbrennungsanlagen kein wesentlich technisches Problem mehr (vgl. MÜLLER 1974).

Die technische Entwicklung der letzten Jahre führt zur Überzeugung, daß nicht nur Umweltprobleme sondern ebenso Umwelttechnologien eine exponentielle Wachstumsphase durchlaufen. Bei jedem Recyclingverfahren, und nur als solche sollte eine sinnvolle Müllverwertung betrieben werden, müssen Energie- und Kostenprobleme berücksichtigt und eine raumspezifische Korrelation zwischen Abfallumwandlung, Umweltbelastung und Aufwand angestrebt werden. Eine ökologische Entscheidungsfreiheit erlangen wir nur, wenn unserer Produktionstechnik eine wirkungsvolle Abbautechnik gegenübersteht, deren Produkte keine Belastung für unsere Ökosysteme darstellen. Sie soll zugleich unsere Rohstoffabhängigkeit (vgl. u.a. JÄGELER 1975) reduzieren.

Aus ökologischer und ökonomischer Sicht müssen Abfallstoffe immer nach ihrer Schädlichkeit und Wertigkeit gewichtet werden. Die Schädlichkeit läßt sich ökologisch qualifizieren. Eine Einschätzung der Wertigkeit ist jedoch erst über ökonomische Analysen möglich. Im Gegensatz zur Ökologie beschäftigt sich unsere Ökonomie mit Güterströmen zwischen Menschen. In vereinfachter Darstellung läßt sich unsere Wirtschaft als Kreislauf definieren, „dessen Ströme zwischen Konsumenten, Produzenten und einem fiktiven Investitionskonto fließen" (FREY 1972). Der volkswirtschaftlichen Gesamtrechnung lag die Vorstellung zugrunde, daß genügend Rohstoffe von der Umwelt zur Verfügung gestellt und die Abfallprodukte aus Produktion und Konsum beliebig an die Natur abgegeben werden könnten. Diese Vorstellungen haben sich am schnellsten in den rohstoffarmen, exportorientierten Industrienationen gewandelt. Ökologen und Ökonomen arbeiten zusammen, von dem Ruf nach „ökologischem Recycling" herausgefordert (KELLER 1977, MÜLLER 1977, SCHENKEL 1977).

Ökologische Kriterien und ökologisches Systemdenken werden zum Leitbild einer Langzeit-Ökonomie. Der Ökologie fallen dabei zwei zentrale Aufgaben zu:
1. Festsetzung von Grenzwerten für Belastung und Belastbarkeit von lebendigen Systemen,
2. Katalysatorfunktion für die Schaffung intelligenterer, umweltfreundlicherer und konkurrenzfähigerer Produkte.
Beide Aufgaben können nicht „nebenher" angegangen werden. Sie müssen eingebettet sein in eine ökologisch denkende ökonomische Gesamtstrategie, in der eine schlechte oder veraltete Technologie nur durch eine bessere bekämpft und ersetzt werden kann.

Ökologische Grenzwerte sind hierbei nicht die „Buhmänner" für Wachstumsgrenzen, sondern Katalysatoren für eine umweltfreundliche und damit langfristig konkurrenzfähige Technologie.

4.3.3.3 Stadtbiota

Städte mit ihren unterschiedlichen Belastungsfaktoren stellen Herausforderungen an das Leben. In ihnen beweisen sich die adaptiven Fähigkeiten lebendiger Systeme und deren Grenzen. Arealsysteme sparen häufig Städte inselartig aus, andere dringen auf speziellen Habitaten weit in sie vor, wieder andere leben ausschließlich oder überwiegend in Städten, und ihre Phylogenie ist streng an die Entwicklung menschlicher Siedlungen gebunden. Die Reaktion von Organismen auf die unterschiedlichsten Nutzungsformen menschlichen Lebens läßt sich in Städten am deutlichsten analysieren. Obwohl diese Tatsache unbestritten ist, wurde die Stadt erst relativ spät zum Forschungsobjekt von Ökologen und Biogeographen.

4.3.3.3.1 Stadtflora

Artenzusammensetzung, Phänologie und Vitalität der Flora werden vom jeweiligen Stadt- und Immissionstyp geprägt (FORSTNER und HÜBL 1971, FROEBE und OESAU 1969, KREH 1951, 1960, KUNICK 1974, LANPHEAR 1971, SUKOPP 1972, 1973, 1976, SUKOPP, KUNICK, RUNGE und ZACHARIAS 1974, SAARISALO-TAUBERT 1963, SCHMID 1975 u. a.). Als auffälligstes Kennzeichen kann eine Auslöschung einzelner Taxa erfolgen.

Gebiet	Größe in km²	Pflanzenarten	davon ausgestorben
Paderborn	1250	684	6
Stuttgart	1000	1080	6
Berlin	884	965	12
Aargau	1404	1300	16
Lancashire	3100	839	7,9

Auf mosaikartig verteilte und jahreszeitlich schwankende abiotische Faktorenkomplexe reagiert die Vegetation mit phänologisch leicht faßbaren Erscheinungsbildern. Seit langem bekannt sind die unterschiedlichen Blühphasen von Pflanzen an

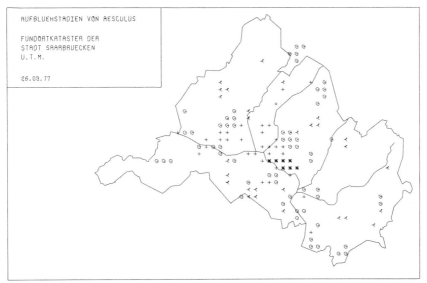

Abb. 141. Aufblühstadien von *Aesculus* in der Stadt Saarbrücken (3. Mai 1975; vgl. mit Abb. 142). * = voll erblüht, + = halb erblüht, ○ = viertel erblüht, y = geschlossen.

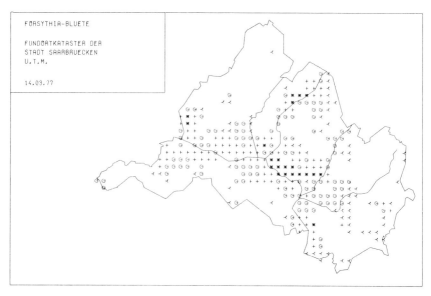

Abb. 142. Forsythien-Blüte-Beginn in der Stadt Saarbrücken (14. 3. 1977) als Beispiel für eine phänologische Kartierung von Wärmeinseln in einer Stadt. * = voll erblüht, + = halb erblüht, ○ = viertel erblüht, y = geschlossen.

verschiedenen Stadtstandorten. Innenstadtstandorte sind im allgemeinen durch einen früheren Blühbeginn ausgezeichnet. Für Hamburg konnte FRANKEN (1955) durch Kartierung der Forsythienblüte mindestens drei Zonen definieren. In der Zone 1 (nordöstlich von St. Pauli und Altona) blühten Forsythien bereits vor dem 21. 4. 1955, in Zone 2 (Wohlsdorf, Volksdorf) erst nach dem 28. 4. 1955 und in Zone 3, den Harburger Bergen (sdl. Hamburg), erst im Mai.

Blütenpflanzen
Korreliert zu unterschiedlichen Belastungsstufen treten Arten und Assoziationen auf, die im Stadtumland meist fehlen.

BORNKAMM (1974) beschrieb für die Stadt Köln 50 Ruderalgesellschaften. Spezialstandorte (z.B. Kiesdächer, Straßenränder) besitzen ihre eigenen Gesellschaften und zeigen standortspezifische Sukzessionen (u.a. ALMQUIST 1967, BONTE 1930, BORNKAMM 1961, GOEBBELS 1947, HEINE 1952, HUPKE 1938, SCHEUERMANN 1934, 1941, SCHROEDER 1969, STIEGLITZ 1977 u.a.). Für das Stadtgebiet von Berlin hat SUKOPP (1973) charakteristische Zonierungen der Pflanzengesellschaften nachweisen können.

Er unterscheidet 4 Zonen:

Zone 1: *Chenopodium botrys*-Gesellschaft (Chenopodietum ruderale). Sisymbrietum altissimi als Pioniergesellschaften, mit einer Tendenz zur Entwicklung ruderaler Halbtrockenrasen (*Poa*-Tussilaginetum) und Robiniengebüschen.

Zone 2: Hordeetum murini; vorherrschender *Acer-Ulmus*-Jungwuchs mit Tendenz zur Entwicklung einer Alno-Padion-Waldgesellschaft.

Zone 3: Urtico-Malvetum, Leonuro-Ballotetum.

Zone 4: Sand-Trockenrasen; forstlich veränderte Pino-Querceten (mit *Prunus serotina*).

Diese Zonen zeichnen sich durch unterschiedlichen Hemerochoren-Anteil aus (u. a. KUNICK 1974). In Zone 1 von Berlin (geschlossene Bebauung) beträgt der Anteil an Hemerochoren 49,8%, in Zone 2 (aufgelockerte Bebauung) 46,9%, in der inneren Randzone (Zone 3) 43,4% und in der äußeren Randzone (Zone 4) nur noch 28,5%. Zunehmende Verstädterung kann durch ein Anwachsen der Hemerochoren (= Arten, die ihre derzeitige Verbreitung dem Menschen verdanken) gekennzeichnet werden.

Für polnische Siedlungen hat FALINSKI (1971) folgende Prozentsätze angegeben:

	hemerochore Arten (in %)
Waldsiedlungen	20–30
Dörfer	30
Kleinstädte	35–40
Mittelstädte	40–50
Großstädte	50–70

Der Umfang der anthropogenen Beeinflussung der Standorte läßt sich durch das Hemerobiensystem von JALAS (1955) und SUKOPP (1972, 1973, 1976) definieren.

Danach lassen sich folgende Standortqualitäten unterscheiden:

Ahemerobie	= nicht kulturbeeinflußt
Oligohemerobie	= schwach kulturbeeinflußt
Mesohemerobie	= mäßig kulturbeeinflußt
Euhemerobie	= stark kulturbeeinflußt
Polyhemerobie	= sehr stark kulturbeeinflußt
Metahemerobie	= übermäßig stark und einseitig kulturbeeinflußt; Lebewesen tendenziell vernichtet.

Tab. 4.67. Vegetationsentwicklung auf Berliner-Innenstadt-Standorten (SUKOPP 1973)

Sand	Ruderalböden (Mörtelböden)	Nährstoff- und humusreiche Aufschüttungsböden
Bromo-Corispermetum ↓	*Chenopodium botrys*-Ges. ↓	Chenopodietum stricti ↓
Berberoetum incanae ↓	*Oenothera*-Stadium ↘	Lactuco-Sisymbrietum altissimi ↙
	Mililotetum ↙ ↘	
Festuca trachyphylla-Stadium ↓	*Poa*-Tussilaginetum ↓	Artemisietum ↓
Robinia- (bez. *Lycium* Gebüsche)	Chelidonio-Robinietum	*Sambucus nigra*-Assoz. ↓
		Acer pseudoplatanus-*Acer platanoides*-Stadien

Tab. 4.68. Abstufungen verschiedener Landnutzungsformen nach dem Grad des Kultureinflusses auf Ökosysteme (BLUME und SUKOPP 1976)

Hemerobie-stufe	Ökosysteme	anthropogene Einwirkungen	Veränderungen der Vegetation
1	2	3	4
ahemerob	Fels- und Moor- sowie Tundrenregionen in manchen Teilen Europas, in Mitteleuropa nur Teile des Hochgebirges	nicht vorhanden	Wasser-, Moor- und Felsvegetation in manchen Teilen Europas, in Mitteleuropa nur Teile der Hochgebirgsvegetation
oligohemerob	schwach durchforstete oder schwach beweidete Wälder, anwachsende Dünen, wachsende Flach- und Hochmoore	geringe Holzentnahme, Beweidung, Luft- (z.B. SO_2) und Gewässerimmissionen (z.B. Auenüberflutung mit eutrophiertem Wasser)	schwach durchforstete oder schwach beweidete Wälder, Salzwiesen, anwachsende Dünen, wachsende Hoch- und Flachmoore, einige Wasserpflanzengesellschaften
mesohemerob	Forsten standortsfremder Arten; Heiden; Trocken- und Magerrasen; Landschaftsparke (extensive Wiesen und Weiden)	Rodung und seltener Umbruch bzw. Kahlschlag, Streunutzung u. Plaggenhieb, gelegentlich schwache Düngung	Vegetationsbild vom Menschen beeinflußt
euhemerob β	Intensivweiden und -forsten Zierrasen	Düngung, Kalkung, Biozideinsatz, leichte Grabenentwässerung	zahlreiche, meist ausdauernde Ruderalgesellschaften, Acker- und Gartenunkrautfluren, Zierrasen, Forsten aus floren- und standortsfremden Arten
	Ackerfluren	Planierung, stetiger Umbruch, mäßige Mineraldüngung	
α	Sonderkulturen (zB. Obst, Wein, Zierrasen) oder Ackerfruchtfolgen mit stark selektierter Unkrautflora	Tiefumbruch (bzw. Rigolen), dauerhafte und tiefgreifende Entwässerung (und/oder intensive Bewässerung); Intensivdüngung und Biozideinsatz	konkurrenzarme Pionierbiozönosen, z.B. viele kurzlebige Ruderalgesellschaften
	Rieselfelder	Adaptieren; starke Bewässerung mit Abwässern	
polyhemerob	Abfalldeponien, Abraumhalden, Trümmerschuttflächen	einmalige Vernichtung der Biozönose bei gleichzeitiger Bedeckung des Biotops mit Fremdmaterial	
	teilbebaute Flächen (z.B. gepflasterte Wege, geschotterte Gleisanlagen)	Biozönose stark dezimiert; Biotop anhaltend stark verändert	
metahemerob	vergiftete Ökosysteme	Biozönose vernichtet	vergiftete oder mit Bioziden behandelte Ökosysteme;
	vollständig bebaute Ökosysteme (z.B. Gebäude, Teerdecken)	Biozönose vernichtet	intakte Gebäude und deren Innenräume

* Grenzwerte gültig für Berlin

Veränderungen der Flora Anteil von Neophyten Anteil von Therophyten am Artenbestand von Gefäßpflanzen		Beeinflussung bodenbildender Prozesse	Bodenveränderungen Standortsveränderungen Veränderung edaphischer Eigenschaften	Zeiger Veränderungen diagnostischer Merkmale gegenüber Naturböden
5	6	7	8	9
0%		nicht vorhanden	nicht vorhanden	nicht vorhanden
<5%	<20%	Streuabbau, Versauerung oder Alkalisierung	geringfügige Veränderung des Nährstoffangebotes	Humusform; Cl-, SO_4- Anstieg in der Bodenlösung
5–12%		Zersetzung und Humifizierung, z.T. Podsolierung oder Pseudovergleyung	geringfügige Veränderung des Nährstoffangebotes, des Wasser- oder Sauerstoffangebotes	Humusform dystropher eutropher
13–17%	21–30%	Zersetzung, Humifizierung u. Aggregierung verstärkt; Versauerung, Podsolierung, Vergleyung vermindert	erhöhtes Nährstoffangebot bei pH-veränderter Verfügbarkeit der Nährstoffreserven; verändertes Wasser- oder O_2-Angebot	kein O-Horizont, pH-Anstieg
18–22%	30–40%	wie darüber; dazu flachgründige Turbation, Erosion	wie darüber; dazu flachgründige Veränderung der Durchwurzelbarkeit im Oberboden	Ap-Horizont pH-Anstieg
		wie darüber; dazu tiefgründige Turbation, Erosion, Umlagerungen	stark erhöhtes(r) Angebot (u. Austrag) von Nährstoffen bei verminderter redoxabhängiger Verfügbarkeit; erhöhte Durchwurzelbarkeit des Unterbodens; erhöhtes O_2- oder Wasserangebot	Bildung von Kultosolen mit humosem, homogenem Oberboden >30 bis 80 cm; pH-Anstieg
		Hydromorphierung, Humusakkumulation, Gefügezerfall	stark erhöhtes(r) Angebot (u. Austrag) von Wasser u. Nährstoffen bei verminderter Durchlüftung	Rostflecken, V_{Na}-Anstieg
		(Teil)fossilisierung bei Sedimentzufuhr	Veränderung aller Standortseigenschaften	überschichtet mit anthropogenem Gestein
>23%	>40%	Streuabbau und Bioturbation stark vermindert	verminderte Durchwurzelbarkeit und Durchlüftung	fehlender O- und Ah-Horizont
—	—	starker Rückgang biogener Vorgänge (Zersetzung, Humifizierung, Bioturbation)	Schadstoffdominanz fehlender Wurzelraum	stark verminderte bis fehlende CO_2-Entbindung

Für einzelne Hemerobiestandorte sind bestimmte Pflanzen und Tierarten charakteristisch (Hemerobie-Indikatoren), deren Entwicklungsstadien allerdings erst für wenige Städte bekannt sind.

STIEGLITZ (1977) untersuchte Mülldeponien, Kläranlagen und andere vom Menschen beeinflußte Standorte im Bereich von Mettmann und Wuppertal-Elberfeld und konnte eine Anzahl bemerkenswerter, vom Menschen eingeschleppter Pflanzenarten nachweisen. Dazu gehörte u. a. die im Vorderen Orient heimische *Anthemis hyalina*, die in Turkmenien und dem Kaukasus weitverbreitete einjährige *Lallemantia iberica*, die vermutlich mit „Vogelfutter" eingeschleppte *Eleusine indica*, der im Himalayagebiet vorkommende *Polygonum amplexicaule*, der mit „Südfrüchten" importierte *Abutilon theophrasti* und der aus Südfrankreich stammende *Senecio inaequidens*. Während des 2. Weltkrieges und in den Nachkriegsjahren konnten sich auf den Trümmerflächen der Städte bekanntlich viele Pflanzen verhältnismäßig stark ausbreiten, die sich bis dahin fast nie oder nur ganz beschränkt im Weichbild der Städte angesiedelt hatten. Einige dieser Arten konnten große Flächen erobern (z. B. *Epilobium angustifolium* oder *Buddleja davidii*). Zur „Trümmerschuttflora" gehört auch *Iva xanthifolia*, eine im westlichen Nordamerika heimische Komposite, die eine gewisse Ähnlichkeit mit *Chenopodium murale* aufweist (FROEBE und OESAU 1969).

In mitteleuropäischen Städten läßt sich häufig ein Belastungs-Gradient aufzeigen, der von anfälligen Baumarten (u. a. Linden, Roßkastanien) zu widerstandsfähigeren Arten (u. a. *Robinia pseudacacia*) verläuft (JOVET 1954, KADRO und KENNEWEG 1973, LITTLE und NOYES 1971).

Zahlreiche Stadtpflanzen wurden erst vom Menschen nach Mitteleuropa eingeführt. Mahonien *(Mahonia aquifolia)*, Phlox (u. a. *Phlox drummondii*), „Essigbäume" (*Rhus* spec.) und Nachtkerzen (*Oenothera* spec.) kamen aus Nordamerika, Dahlien, die 1784 erstmals von Mittelamerika nach Europa eingeführt wurden, Ju-

Tab. 4.69 Häufigste Straßenbaumarten in Chicago (Schmid 1975)

	%
Ulmus americana	44,9
– pumila	2,1
Acer platanoides	11,5
– saccharinum	10,7
– negundo	0,1
Fraxinus	12,0
Quercus macrocarpa	1,8
– ellipsoidalis	1,6
– rubra	1,3
– bicolor	0,5
– alba	0,2
Gleditsia triacanthos	3,0
Tilia	2,3
Populus deltoides	0,7
– nigra	0,5
Catalpa	1,0
Crataegus	1,0
andere	5,3
	100,0

denkirschen *(Physalis olkekengi)* aus Südamerika, Gladiolen aus Südafrika und dem Orient sowie Flieder *(Syringa)*, Sommerflieder *(Buddleja davidii)*, Magnolien *(Magnolia precia)* und Chrysanthemen aus Ostasien und Japan.

Deshalb besitzen städtische Parkanlagen meist eine hohe Zahl „ausländischer" Pflanzenarten. Die schönen Stadtparks von Porto Alegre, der Park Farroupilha und der Park Paulo Gama, weisen allein 171 Baum- und Straucharten auf, von denen aber

Tab. 4.70   Baumarten (Auswahl) Stadt Saarbrücken (1970)

Art	Herkunft
Ginkgo biloba L.	China, Prov. Chekiang
Taxus cuspidada S. u. Z.	Japan
Araucaria araucana K. Koch	Chile
Chamaecyparis lawsoniana	Nordamerika
Juniperus chinensis	China, Japan
Juniperus virginiana	Nordamerika
Thuja orientalis	China
Thuja occidentalis	Nordamerika
Thuja plicata	Nordamerika
Sequoia sempervirens	Westl. Nordamerika
Sequoiadendron giganteum	Sierra Nevada, Kalifornien
Cryptomeria japonica	China, Japan
Abies nordmanniana	W.-Kaukasus, NO Türkei
Abies grandis	Westl. Nordamerika
Abies koreana	Korea
Abies pinsapo	Südspanien
Cedrus atlantica	Nordafrika (Atlas)
Cedrus deodara	W.-Himalaya und Afghanistan
Picea pungens	Nordamerika
Picea glauca	Nordamerika
Picea sitchensis	Westl. Nordamerika
Picea omorika	Jugoslawien
Tsuga heterophylla	Nordamerika
Tsuga canadensis	Nordamerika
Pseudotsuga menziesii	Westl. Nordamerika
Quercus rubra	Nordamerika
Ficus carica	West-Asien
Magnolia acuminata	Nordamerika
Magnolia kobus	Japan
Liriodendron tulipifera	Nordamerika
Platanus orientalis	Kleinasien bis Indien
Cotoneaster frigidus	Himalaya
Robinia pseudoacacia	Nordamerika
Rhus spec.	China, Japan, Nordamerika
Acer saccharum	Nordamerika
Acer japonicum	Japan
Acer rubrum	Nordamerika
Acer saccharinum	Nordamerika
Acer negundo	Nordamerika
Aesculus hippocastanum	Albanien, Griechenland
Tilia americana	Nordamerika

nur etwa $1/3$ in Rio Grande do Sul einheimisch sind (SOARES, AGUIAR und AZEVEDO 1977). Neben der einheimischen *Araucaria angustifolia* gedeihen dort *Araucaria bidwilli* und *Araucaria excelsa*. Neben *Ginkgo biloba, Thuya occidentalis, Casuarina equisaetifolia, Washingtonia robusta, Pinus halepensis, Platanus acerifolia, Crataegus oxyacantha* und *Acer negundo* stehen die zu den Bignoniaceen gehörenden *Jacaranda mimosaefolia* und *Tecoma stans*, sowie die Leguminosen *Erythrina cristagalli, Erythrina falcata* und *Erythrina speciosa.*

Flechten als Bioindikatoren

Insbesondere die Bryophyten- und Flechtenflora, deren Zeigerwert als Luftqualitätskriterium bereits seit langem verwandt wird, zeigt auffallende Verbreitungsstrukturen. Die ersten Beobachtungen über Flechten als Indikatoren für Luftverunreinigungen wurden bereits von GRINDON (1859) im südlichen Lancashire und NYLANDER (1866) im Jardin du Luxembourg in Paris gemacht. Seit dieser Zeit wurde die Flechtenvegetation zahlreicher Großstädte kartiert (u. a. Augsburg, München, Stockholm, Oslo, Helsinki, Zürich, Danzig, Debreczin, Krakau, Wien, Caracas, Lublin, Bonn, Hannover, Quebec, Göteborg, New York, London, Linz, Montreal, Stuttgart, Hamburg, Saarbrücken). In allen bisher vorliegenden Arbeiten über die Flechtenverbreitung in Städten kommen die jeweiligen Autoren zu klaren Zonierungen, die mit den luftklimatischen Faktoren und der Immissionsbelastung der Standorte in enger Beziehung stehen (vgl. u. a. BARKMANN 1969, BAUER und KREEB 1974, BESCHEL 1958, BORTENSCHLAGER 1969, BORTENSCHLAGER und SCHMIDT 1963, BRODO 1966, DJALALI und KREEB 1974, DOMRÖS 1966, FELFÖLDY 1942, FERRY et al. 1973, GILBERT 1969, GRUPE 1966, GUDERIAN 1977, HAWKSWORTH und ROSE 1970, HAUGSJA 1930, HURKA und WINKLER 1973, JÜRGING 1975, KIRSCHBAUM 1973, KLEMENT 1958, 1966, KREEB et al. 1973, KUNZE 1972, 1974, LAUNDON 1967, MÄGDEFRAU 1960, MAURER 1969, PYATT 1970, RYDZAK 1953, SAUBERER 1951, SCHINZEL 1960, SCHÖNBECK 1968, 1969, STEINER und SCHULZE-HORN 1955, STEUBING 1970, THOME 1976, VARESCHI 1953, VILLWOCK 1962).

SERNANDER führte bereits 1926 die Begriffe Normalzone, Kampfzone und Flechtenwüste in die Literatur ein. In Übereinstimmung mit den meisten Autoren werden 5 Zonen in Städten unterschieden.

Zone 1 = Flechtenwüste. – Nur in seltenen Fällen treten noch Flechten auf (u. a. *Lepraria aeruginosa, Lecanora hageni*). Meistens sind jedoch nur noch Luftalgen *(Pleurococcus viridis)* vorhanden.

Zone 2 = Innere Kampfzone. – Sie enthält nur verarmte subneutrophile Vereine auf Laubholzrinde. Nadelholzrinde wird wegen des niedrigen pH-Wertes nicht mehr besiedelt. Es treten nur noch einzelne Flechtenarten auf (*Physcia orbicularis, Ph. ascendens, Lecidea, Parasema, Lecanora varia* und *Lecanora conizaeoides;* BORTENSCHLAGER und SCHMIDT 1963).

Zone 3 = Mittlere Kampfzone. – Neutrophile dominieren. Hauptsozietäten sind das Physcietum orbicularis (FELFÖLDY 1942) mit *Physcia orbicularis, Ph. sciastra* und *Ph. nigricans,* sowie das Lecanoretum subfuscae (OCHSNER 1927) mit *Lecanora subfusca, L. coelocarpa, Caloplaca cerina* und *Rhinodina exigua.*

Zone 4 = Äußere Kampfzone. – Oxiphile Vereine sind hier noch immer dominant, werden jedoch schon von nitrophilen Arten begleitet. Charakteristisch für diese Zone ist das Parmelietum furfuraceae (HILITZER 1925), ein Verein mit *Parmelia fuliginosa, P. exasperatula, P. sulcata* und *Evernia prunastri.*

Abb. 143. Verteilung von Luftquali-
tätsbewertungen von Städten mit Hilfe von Flechten (zusammengestellt
nach verschiedenen Autoren).

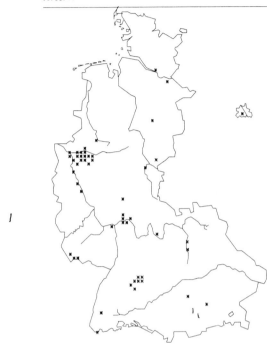

FLECHTENARBEITEN
FUNDORTKATASTER DER
BUNDESREPUBLIK DEUTSCHLAND
U.T.M.

02.11.77

Zone 5 = Frischluftzone. – Siedlungseinflüsse wirken sich hier nicht mehr letal
für Flechten aus. In dieser Zone dominieren oxiphile Vereine auf Laub- und Nadel-
baumrinde, Holz und Silikat (BESCHEL 1958). Charakteristische Sozietäten sind das
Usneetum dasypogae (HILITZER 1925), eine oxiphile Bartflechtensozietät, das Labo-
rion pulmonariae (OCHSNER 1927), Moos-Blattflechtenvereine, das Parmelion phy-
sodis (HILITZER 1925) u. a.
  Die an den Bäumen vorhandenen Flechten lassen sich nach ihrem Deckungsgrad
einer 8teiligen Skala zuordnen:

Deckungsgrade	Flechtenbewuchs in %
0	= Bäume ohne Flechten oder nur Krustenflechten
+	= 0–1 (Spuren von Flechten)
1	= 1–5
2	= 5–10
3	= 10–20
4	= 20–30
5	= 30–50
6	= über 50

Tab. 4.71. Zoneneinteilung des Flechtenbewuchses

Zone Nr.	Deckungsgrad	Flechtenzone	Zoneneinteilung nach SERNANDER (1926)
1	0	flechtenfrei	Flechtenwüste
2	1	Flechtenbewuchs stark eingeschränkt	Innere Kampfzone
3	2	Flechtenbewuchs eingeschränkt	Mittlere Kampfzone
4	3–6	Krustenflechten	Äußere Kampfzone

Tab. 4.72. Schwefelgehalt (ppm/Trockengewicht) von Flechten und SO_2-Konzentration (in $\mu g/m^3$ im Winter) im westlichen Zentralschottland (HAWKSWORTH und ROSE 1976)

Art	Mittlere Winter SO_2-Konzentration in $\mu g/m^3$				
	30	35	40–50	55	60–70
Evernia prunastri	382	589	794	1129	–
Hypogymnia physodes	537	–	545	–	1509
Usnea subfloridana	254	676	1101	–	–

Nach den kartierten Deckungsgraden läßt sich ebenfalls eine Zonierung vornehmen (Tab. 4.71).

HAWKSWORTH und ROSE (1976) weisen auf die enge Korrelation zwischen der mittleren SO_2-Winterkonzentration und dem Schwefel-Gehalt in den Flechten hin (s. Tab. 4.72).

Die SO_2-Resistenz der Flechten ist abhängig von ihrem Wasserzustand, dem pH-Wert ihres Thallus und ihres Substrates. Vollkommen trockene Flechten nehmen vermutlich kein SO_2 auf und erleiden infolgedessen keine oder nur geringe Schädigungen. Die Schädigung verläuft proportional zum ansteigenden Wassergehalt (vgl. hierzu auch HARRIS 1976).

Bei $4\,mg\,SO_2/m^3$ Luft konnten WIRTH und TÜRK (1975) zeigen, daß die Nettophotosyntheserate als Maßstab für die SO_2-Schädigung angesehen werden kann. 23 Arten lassen sich in ihrer Resistenz gegenüber SO_2 wie folgt anordnen:

1. Lecanora conizaeoides
2. Xanthoria parietina
3. Lecanactis abietina
4. Alectoria pubescens
5. Parmelia acetabulum
6. Parmelia scortea
7. Lecanora varia
8. Rhizocarpon geographicum
9. Hypogymnia physodes
10. Lasallia pustulata
11. Parmelia omphalodes
12. Pertusaria corallina
13. Alectoria fuscescens
14. Parmelia sulcata
15. Parmelia saxatilis
16. Usnea florida
17. Hypogymnia bitteriana
18. Platismatia glauca
19. Lobaria pulmonaria
20. Parmelia stenophylla
21. Evernia prunastri
22. Parmelia glabratula
23. Collema criastatum

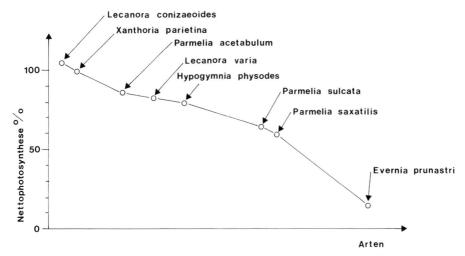

Abb. 144. Nettophotosyntheserate von im Saarbrücker Raum vorkommender Flechten nach einer 14stündigen Begasung mit 2 mg SO_2/m^3 Luft (aus MÜLLER 1977).

Gut untersucht in ihrer Reaktion auf andere Gase und Stäube ist u. a. *Hypogymnia physodes*. Nicht nur SO_2 führt bei ihr zu Schädigungen, sondern ebenso HF, HCl, NO_x, NH_3, Formaldehyd, 2,4-Dichlorphenoxiessigsäurederivate, Benzin, Xylol, Äthylalkohol, Aceton, Tetrachlorkohlenstoff, Parathionderivate, Zn, Pb, Cd, Cu,

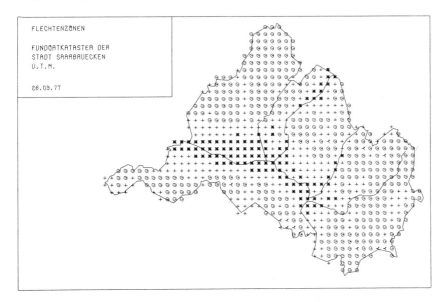

Abb. 145. Flechtzonen in der Innenstadt Saarbrücken (nach MÜLLER 1977). * = Flechtenwüste, + = innere Kampfzone, O = mittlere Kampfzone, Y = äußere Kampfzone.

Zement- und Kalistäube (VDI-Richtlinie 3793). In Begasungsversuchen mit HCl, HF und SO_2 reagierte *Hypogymnia physodes* mit Nekrotisierung bei den folgenden unteren Konzentrationen:

	mg/m³	Stunden	Abgestorbener Flechtenthallus
HCl	0,09	598	10 %
HF	0,004	72	27 %
SO_2	0,46	216	10 %

Die Aziditäts- und Puffereigenschaften des Substrates, auf dem Flechten in Verdichtungsräumen wachsen, spielen besonders für Krustenflechten eine bedeutsame Rolle.

Auch ein Befall mit Bakterien, Viren oder Pilzen dürfte (ähnlich wie bei höheren Pflanzen) eine erhebliche Bedeutung für ihre Resistenz gegenüber Schadstoffen haben (vgl. u. a. DICKINSON und PREECE 1976, MANNING 1976).

In stark immissionsbelasteten Gebieten können Flechten auf Kalkstein, Asbestdächern oder im Bereich von Wundströmen an Baumstämmen noch überdauern, wenn andere Lebensräume bereits flechtenfrei geworden sind. Die Borke einzelner Baumarten besitzt artspezifische pH-Werte, die sich unter Einfluß von Immissionsbelastungen ändern können (LÖTSCHERT und KÖHM 1973). An einem einzigen Baum können sowohl physikalische als auch chemische Eigenschaften kleinflächig variieren. Bei Flechtenkartierungen muß darauf hingewiesen werden, daß das Verschwinden der Flechten z. B. auch auf Fluor- oder andere Immissionen zurückgeführt werden kann. Man kann folglich, wenn keine chemischen Analysen einer geschädigten Pflanze vorgenommen werden, nur aus dem Vorkommen einer bestimmten Flechte mit Sicherheit darauf schließen, daß bestimmte Schadstoffkonzentrationen in einem Raum noch nicht auftraten bzw. nicht wirksam wurden. Deshalb ist es wichtig, die relative Toxizität des SO_2 zu anderen Schadstoffen zu klären.

In zahlreichen Versuchen haben in der Bundesrepublik Deutschland vor allem GUDERIAN (1960, 1962, 1973, 1977) und SCHÖNBECK (1969, 1972, 1974) die Stellung des Schwefeldioxids zu anderen Schadgasen aufklären können. So wurden z. B. Buschbohnen, Rotklee, Radieschen, Tabak (BEL W_3), Gartenkresse, Petunien und Usambara-Veilchen nicht nur auf ihre Reaktion gegenüber SO_2 getestet, sondern ebenso gegenüber organischen Luftkomponenten (u. a. Dimethylformamid, Toluol, Äthylen, Propylen, Aceton, Trichloräthylen und Methylenchlorid). Äthylen (vor allem durch Autoabgase in Stadtgebieten verbreitet) wirkte mit Blattverfärbungen sowie Blütenfall bei Petunien und Usambara-Veilchen. Bei einer Begasungskonzentration von 0,6 mg Äthylen pro m³ Luft trat z. B. an Buschbohnen innerhalb von 5 Tagen ein Minderertrag von 25 % im Vergleich zur Kontrolle ein. Ähnlich starke Wachstumsminderungen wie bei der Buschbohne zeigten sich auch an Tabakpflanzen, die gegenüber sauren Abgasen (SO_2, HF, HCl) relativ widerstandsfähig sind. Bei Radieschen entstanden an den Rübenkörpern unter dem Einfluß von Äthylen Verschorfungen sowie Rißbildungen. Bei den untersuchten Testpflanzen Buschbohne, Rotklee, Gartenkresse, Tabak und Radieschen ergab sich im Hinblick auf das Wirkungskriterium Wuchsleistung, daß das Äthylen mindestens 4mal toxischer wirkt als die Vergleichskomponente SO_2.

Bei gemeinsamer Einwirkung von Äthylen und SO_2 kommt es zu additiven Wirkungen. Bei Buschbohnen trat nach 5tägiger Begasungsdauer mit 0,6 mg Äthylen pro m³ Luft und 1,8 mg SO_2/m³ eine Ertragsminderung von 40% ein, während bei alleiniger Einwirkung von Äthylen der Minderertrag 25% und bei SO_2 12% betrug. Bei der Gartenkresse kam die Kombinationswirkung von Äthylen und SO_2 auch gut im Schadbild zum Ausdruck. Bei Äthylen zeigten sich Vergilbungen, bei SO_2 Blattnekrosen, und bei der Einwirkung von Äthylen + SO_2 sowohl Vergilbungen als auch Nekrosen, wobei die Blätter insgesamt stärker geschädigt waren als bei der Einzelwirkung. Auf Dimethylformamid, das im Emissionskataster von Köln als organische Komponente am stärksten vertreten ist (3600 t/Jahr), reagieren Pflanzen unterschiedlich. Während Radieschen, Buschbohne und Kresse nur geringe Wirkungen zeigten, starb Rotklee bei Konzentrationen von 20 mg/m³ Luft innerhalb von 5 Tagen ab.

Zu vergleichbaren Ergebnissen kommt KRAUSE (1975) und GUDERIAN et al. (1976) bei Schwefeldioxid-Konzentrationen (0,2 mg SO_2/m³ Luft) auf Buschbohnen, die mit Cadmium, Zink und einem Cadmium-Zink-Gemisch bestäubt waren. Die Wirkung verstärkte sich sowohl bei den Einzelstäuben als auch bei dem Gemisch. Besonders die mit Cadmium behandelten Pflanzen wurden nachhaltig geschädigt.

Moose

GILBERT (1970, 1971) versuchte für Städte eigene Moosgesellschaften herauszustellen:
1. *Ceratodon purpureus-Bryum argenteum*-Assoziation
2. *Bryum capillare-Tortula muralis*-Assoziation
3. *Orthotrichum-Grimmia pulvinata*-Assoziation
4. *Funaria hygrometrica-Tortula muralis*-Assoziation
5. *Pohlia annotina-Marchantia*-Assoziation
6. *Dicranella heteromalla*-Eurhynchium
   (*Oxyrrhynchium*) *praelongum*-Assoziation.

Er zeigte, daß Moose eine vom Substrat stark abhängige Empfindlichkeit aufweisen: nämlich von terrestrischen Moosen über Kalkgesteinsmoose, Moose auf kalkfreiem Gestein, auf nährstoffreicher Borke bis schließlich zu den empfindlichsten Arten auf nährstoffarmer Borke. GILBERT versuchte auch die Beziehungen zwischen Wuchsform und SO_2-Resistenz herauszuarbeiten. Je schnellwüchsiger eine Moosart ist, um so resistenter ist sie im allgemeinen gegen SO_2 (Problem der Expositionsdauer der Thalli). WINKLER (1976) stellte bei Bleinitrat-Gaben fest, daß deren Toxizität von der Wasserspeicherkapazität der Moose abhängt. Je größer die Wasserspeicherkapazität der Moose, desto größer die Schädigung. Während es bei SO_2-Begasungen zu einer Regeneration der Photosynthese kommen kann, erzeugt die Bleibehandlung eine fortschreitende, irreversible Schädigung.

1974 hatte DÜLL für den Duisburger Raum Mooszonen nach den Air-Purity-Standards abgegrenzt.

$$\text{Index of Atmospheric Purity} = \text{IAP} = \sum_{n}^{1} \frac{(Q \times f)}{10}$$

n = Artenzahl pro Fläche
f = Frequenz der Arten
Q = Mittlere Zahl von Arten, die mit der Spezies X im Gebiet wachsen.

AP: 0:   Arten gegen SO_2-Immissionen $\pm$ widerstandsfähig, z. B.: *Tortula muralis,*
         Bryum caespiticium, Bryum argenteum, Ceratodon purpureus.

AP: 1:   Arten, die im Bereich von über 0,55 mg/SO_2/m³ selten sind und deshalb nur
         an geschützten Standorten auftreten, z.B. *Dicranella heteromalla, Unium*
         affine, Unium cuspidatum, Plagiothecium curvifolium.

AP: 2:   *Polytrichum formosum, Unium punctatum, Fissidens bryoides, Hypnum*
         cupressiforme, Blasia pusilla, Plagiothecium laetum, Lophozia bicrenata.

AP: 4:   Frischluftzeiger
         z.B. *Dicranoweisia cirrata, Lepidozia reptans, Nardia scalaris, Tortula*
         subulata.

AP: 5:   Empfindliche Reinluftzeiger:
         Encalypta streptocarpa, Campylopus flexuosus, Homalia trichomanoides,
         Dicranum scoparium, Metzgeria furcata, Oxyrrhynchium pumilum, Po-
         rella platyphylla.

4.3.3.3.2 Stadtfauna

Städte sind durch eine charakteristische Tierwelt gekennzeichnet, die sich durch unterschiedliche Geschichte und z.T. abweichende populationsgenetische Zusammensetzung von den Stadtumland-Populationen unterscheidet.

Besonders auffallend sind naturgemäß die nur in Städten vorkommenden bzw.
grundsätzlich dort fehlenden Arten (vgl. u.a. KÜHNELT 1955, LECLERCQ 1974,
WEIDNER 1952, 1958, 1963, 1964, WENDLAND 1971).

Invertebratenfauna

Zahlreiche Invertebraten, besonders Insekten, sind Stadttiere geworden, andere meiden die Städte oder dringen nur, vertreten durch einzelne präadaptierte Alleltypen,
in sie vor. Zahlreiche abiotische Faktoren und trophische Bedingungen liefern die
Gründe für die ständige Präsenz einzelner Arten. Andere können durch Einzel-Fakto-
ren zumindest vorübergehend an die Stadt gebunden werden.

Manche Tierarten werden durch beleuchtete Schaufenster etc. angelockt. Lepidopteren, Coleopteren und Dipteren finden sich des Nachts an solchen Stellen ein.
Einige Arten sind bisher nur an Schaufenstern gefangen worden. Das gilt z.B. für
manche Arten der artenreichen Limoniinen (Tipulidae), die „Stelzmücken" oder
„Kurztastermücken" genannt werden und in Deutschland nur lückenhaft bekannt
sind. An einem Schaufenster eines Schreibwaren- und Blumengeschäftes an der Ecke
Lindauer Straße–Aybühlweg am Westrand von Kempten/Allgäu wurden von MENDL
(1972) von Mai bis Juli allein 47 verschiedene Arten gesammelt. Darunter befanden
sich 11 Spezies, die zum erstenmal für Deutschland nachgewiesen wurden, und 2 für
die Wissenschaft neue Arten *(Molophilus klementi; Molophilus pseudopropinquus).*

Auch die Dipterenfauna einer Großstadt besitzt eine charakteristische Zusammensetzung (PETERS 1949, KÜHNELT 1970, GREENBERG 1971, NUORTEVA 1966,
1971, POVOLNY 1959, 1971, WEIDNER 1952), in der in Mitteleuropa *Fannia-,*
Musca- und *Drosophila*-Arten dominieren. Für Stadtstandorte haben sie zweifellos
eine große ökologische Bedeutung (SERVICE 1976), denn einzelne Arten sind nicht
nur Krankheitsüberträger sondern wichtige Konsumenten anfallender organischer
Reststoffe.

Tab. 4.73 Artenzahl von Insekten in der Stadt und im Umland von Wien (Schweiger 1962)

Gruppe	Randzone	Gartenland	Bebautes Gebiet
Carabus	17	7	2 ?
Trechus	6	3	1
Pterostichus	22	10	2
Euconnus			
(Ameisenkäfer)	11	3	2
Dermestidae	24	15	27
Bombus	13	7	1
Acrididae	32	6	1
Tettigonidae	20	4	1

Eine deutliche Jahresperiodik ist bei Stadtinsekten ausgeprägt. 1946/47 untersuchte Peters (1949) das jahresperiodische Auftreten von *Periplaneta americana* in 61 Stuttgarter Bäckereien. In den einzelnen Monaten ergeben sich erhebliche Schwankungen in der Individuenzahl.

Tab. 4.74 Monatsfänge von *Periplaneta americana* in Stuttgart 1946 (Peter 1949)

Monat	Individuenzahl
Februar	121
März	563
April	366
Mai	477
Juni	421
Juli	539
August	756
September	190
Oktober	121
November	871
Dezember	338

Mosaikartig die Stadtgebiete durchsetzende Grünflächen, Mülldeponien, Ruderalstellen, Kinderspielplätze u. a. weisen eine standortspezifische Fauna (Berhausen 1973, Iglisch 1975, Kühnelt 1970, Müller 1973, 1977, Tischler 1952, Topp 1971 u. a.) auf.

Unter den Feldheuschrecken gelingt es in Mitteleuropa offensichtlich nur *Stenobothrus bicolor*, den inneren Stadtbereich zu besiedeln. Das Luftplankton zeigt im Stadtinnern einen völlig anderen Aufbau als an den Stadtgrenzen. Tardigraden scheinen, obwohl ihre Tönnchen extreme Umweltbedingungen ertragen, im Stadtinnern häufig zu fehlen. Möglicherweise kann das ursächlich mit dem Verschwinden mancher Moose, die ihnen als Lebensraum dienen, zusammenhängen. Auffallend ist um so mehr der hohe Anteil an Kosmopoliten unter den Tardigraden. Für ihre weltweite Verbreitung ist vorrangig die Verdriftung ihrer Tönnchen durch den Wind verantwortlich.

Stellenweise dringen über isolierte Habitatinseln auch Schnecken in den Verdichtungsraum vor. Es darf als sicher angenommen werden, daß bei diesem Einwandern ein genetischer Umbau der Populationen stattfindet. Ein Beispiel hierfür bilden *Cepaea*-Populationen in der Umgebung von Saarbrücken.

Der Polymorphismus von *Cepaea nemoralis* und *Cepaea hortensis* äußert sich am augenfälligsten in der Farbe und Bänderung der Gehäuse. Allgemein werden gelbe und rote Pigmentierung als mögliche Varianten der Grundfarbe angesehen. Die Unterscheidung der nach Kreuzungsexperimenten genetisch bedingten Gegensätze gelb-rot hat sich nach SCHILDER (1957) als ausreichend erwiesen. Dabei zählen zu gelb alle Farbtöne von fast weiß über grünlich-gelb bis dottergelb, zu rot orange, blaßrosa, braunrot, violett und dunkelbraun. Hinsichtlich der Schalenbänderung besteht der Polymorphismus im Vorhandensein bzw. Fehlen der Bänderung. Der grundlegende Typ der Gehäusezeichnung, von dem sich alle übrigen ableiten lassen, trägt fünf dunkelbraun pigmentierte Spiralbänder und kann Abänderungen erfahren, indem Bänder einzeln oder gruppenweise ausfallen, aber auch miteinander verschmelzen. Nur selten treten zusätzliche, akzessorische Bänder auf.

Infolge allgemeiner Pigmentarmut können subhyaline Bänderungen entstehen. Dabei erscheinen die Bänder blasser, gelbbraun bzw. hell rotbraun und stellenweise, besonders am Anfang neugebildeter Umgänge, oft glasig.

ANGUIS FRAGILIS
FUNDORTKATASTER DER
BUNDESREPUBLIK DEUTSCHLAND
U. T. M.

13.10.77

Abb. 146. Verbreitung der Blindschleiche *(Anguis fragilis)* in der Bundesrepublik Deutschland (Gitternetzgröße 10 × 10 km). Die Art kommt vom norddeutschen Tiefland bis in die Hochlagen der Alpen (2000 m) vor.

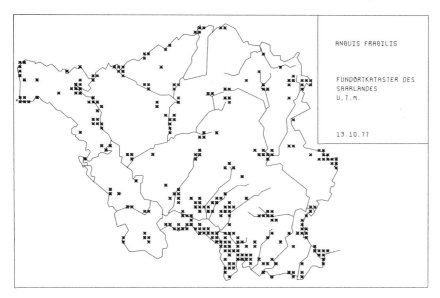

Abb. 147. Verbreitung der Blindschleiche *(Anguis fragilis)* im Saarland (Gitternetzgröße 1 × 1 Kilometer).

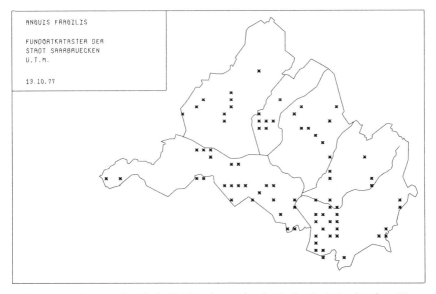

Abb. 148. Verbreitung der Blindschleiche *(Anguis fragilis)* in der Stadt Saarbrücken (Gitternetzgröße 500 × 500 m). Die Art kommt in unterschiedlichen Biotopen und auf den meisten Brachflächen vor.

Gänzlich glasig, d.h. hyalin, sind sie nur bei völligem Pigmentmangel der Schale (Albinismus), jedoch nicht des Weichkörpers, ausgebildet. Theoretisch ergeben sich 89 Bänderungskombinationen, wenn lediglich das Vorhandensein bzw. Fehlen der fünf Bänder und der vier möglichen Verschmelzungen festgestellt wird. Aus verschiedenen Arbeiten geht hervor, daß viele der Farb- und Bändervarianten erblich determiniert sind. So ist z.B. die rote Gehäusefarbe dominant über die gelbe, geringere Bänderzahl ebenfalls dominant über höhere. Bänderverschmelzungen sollen nach BOETTGER (1950) auch dominanten Charakter besitzen.

Auf Innenstadtstandorten überwiegen in Saarbrücken rot-ungebänderte (62% Drahtzugweiher; 66% Dudweiler) und gelb-ungebändert (59% Tabaksweiher; MÜLLER 1977). Die Verteilung der Bänderungstypen auf die einzelnen Stadtstandorte verdeutlicht, daß Stadtbedingungen (Zunahme isolierter Habitate, Klimatyp, Immissionstyp u.a.) auch evolutive Prozesse vermutlich beschleunigen können.

Vertebratenfauna

Rehe dringen über Habitatinseln bis in den City-Bereich vor. Füchse und in Manitoba Eisbären besuchen regelmäßig die stadtnahen Müllplätze. Massenentwicklungen von Kaninchen werden wegen Gefährdung von Blumenrabatten im Innern der Städte von

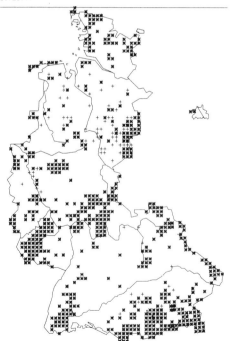

LACERTA VIVIPARA

FUNDORTKATASTER DER
BUNDESREPUBLIK DEUTSCHLAND
U.T.M.

13.10.77

Abb. 149. Verbreitung der eurosibirisch verbreiteten Waldeidechse (*Lacerta vivipara*) in der Bundesrepublik Deutschland. Die in Waldgebieten und feuchten Niederungen meist häufige Art, zeigt schwach ausgebildete Verbreitungsschwerpunkte im Mittelgebirge, dem Norddeutschen Tiefland und den Alpen.

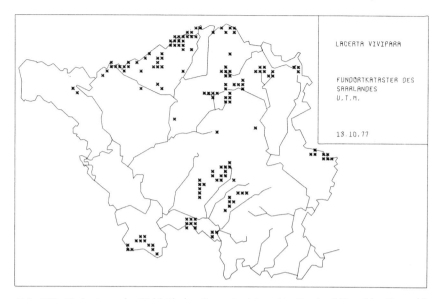

Abb. 150. Verbreitung der Waldeidechse *(Lacerta vivipara)* im Saarland (1 × 1 km Rasterfelder). Deutlich sind Verbreitungsschwerpunkte in den Wäldern des kühleren Hunsrückvorlandes und des Saarbrücker Kohlensattels zu erkennen.

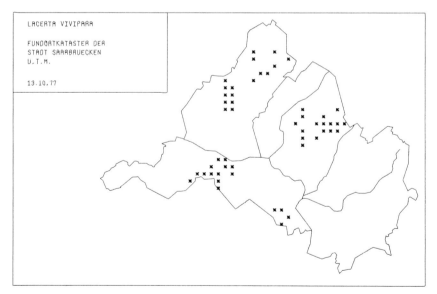

Abb. 151. Verbreitung der Waldeidechse *(Lacerta vivipara)* in Saarbrücken (500 × 500 m Rasterfelder). Das Auftreten der Art ist streng an kühlere Waldgebiete in den Stadtrandlagen gebunden. Zwei andere im Stadtgebiet von Saarbrücken auftretende Eidechsenarten *(Lacerta muralis, Lacerta agilis)* mit anderen ökologischen Ansprüchen sind allopatrisch verbreitet.

Frettierern verhindert. Die Zauneidechse *(Lacerta agilis)*, ihre wärmeliebende Verwandte, die Mauereidechse *(Lacerta muralis)*, und *Bufo viridis* dringen ins Innere mitteleuropäischer Städte vor (MÜLLER 1976, WENDLAND 1971). In tropischen Städten sind die Reptilien im allgemeinen durch Gekkoniden vertreten. Der aus Afrika nach den Antillen und dem nördlichen Südamerika eingeschleppte *Hemidactylus brooki haitianus* „est très répandue dans les villes côtières du nord de la Colombie, surtout à Cartagena où elle hante les habitations" (MECHLER 1971).

Der von Afrika nach Südamerika eingeschleppte *Hemidactylus mabouia* ist ein typischer „Hausgecko" in Belém, Bahia, Porto Alegre und Santos. Ein naher Verwandter von ihm, *H. triedus*, kommt in den Häusern von Karatschi, Madras und Colombo vor, wo er zusammen mit dem „commonest House-Gecko in India" *H. brooki*, *H. depressus* und dem vom Menschen nach Australien, Afrika und St. Helena eingeschleppten *H. frenatus* lebt.

Leguane der Gattung *Tropidurus* kommen in den Gärten von Belém und João Pessoa (Hauptstadt des Staates Paraiba) vor.

Besonders gut untersucht wurden in den letzten Jahren die **Avifaunen** der Städte. Manche Vogelarten erreichen im Stadtinnern hohe Populationsdichten.

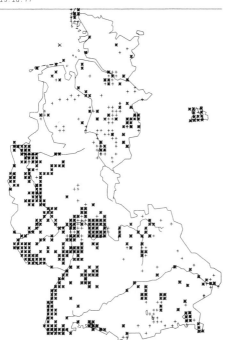

LACERTA AGILIS
FUNDORTKATASTER DER
BUNDESREPUBLIK DEUTSCHLAND
U.T.M.

13.10.77

Abb. 152. Verbreitung der sonnige Brachflächen („Kulturfolger") bevorzugenden Zauneidechse *(Lacerta agilis)* in der Bundesrepublik Deutschland. Die von Lacerta vivipara weitgehend gemiedene Oberrheinische Tiefebene wird von ihr ebenso besiedelt, wie die warmen Moseltäler und Bahndämme.

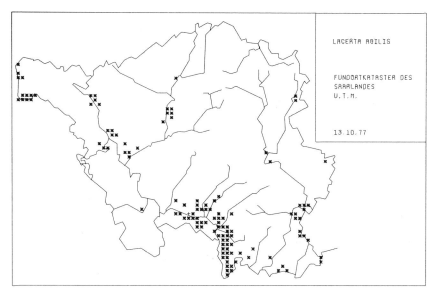

Abb. 153. Verbreitung der Zauneidechse *(Lacerta agilis)* im Saarland (1 × 1 km Rasterfelder).

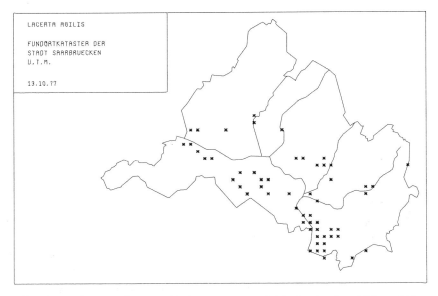

Abb. 154. Verbreitung der Zauneidechse *(Lacerta agilis)* in Saarbrücken (500 × 500 m Rasterfelder). Die Art besiedelt überwiegend Brachflächen, Bahndämme und Straßenränder.

Unter den Vögeln gehören hierzu in Mitteleuropa im Sommer Hausrotschwanz *(Phoenicurus ochruros)* und Mauersegler *(Apus apus)*. Im Winter treten an ihre Stelle Stare *(Sturnus vulgaris/*Überwinterer). Standvögel sind Haussperlinge *(Passer domesticus)* und Türkentauben *(Streptopelia decaocto)*. *Passer domesticus* wurde vom Menschen weltweit verschleppt. Er kommt heute im Innern nordamerikanischer Städte ebenso vor wie in Rio de Janeiro, São Paulo oder Porto Alegre. Wo *P. domesticus* fehlt, nimmt meist ein naher Verwandter von ihm die Stelle ein. In japanischen Städten, in Kanton oder in Manila ist das der eingeschleppte Feldsperling *(P. montanus)*, der in Mitteleuropa das Innere der Städte meist meidet (typische Stadtrandart), auf den Kanarischen Inseln und Madeira der Spaniensperling *(P. hispaniolensis)* gemeinsam mit der Amsel *(Thurdus merula, ssp. cabrerae, agnetae)*.

Während im Innern ceylonesischer Städte (z.B. Kandy und Colombo) die beiden Krähenarten *Corvus splendens* und *C. macrorhynchos* Stadtvögel geworden sind und Geier völlig fehlen, sind letztere kennzeichnend für südamerikanische Städte *(Coragyps atratus* in Rio de Janeiro, Santos, Manaus, Belém u.a.). In Paris ist die im Innern deutscher Städte meist fehlende Ringeltaube *(Columba palumbus)* zur „Stadttaube", in Moskau die Nebelkrähe *(Corvus corone cornix)* zur „Stadtkrähe" geworden. Auffallend ist, daß die Nebelkrähe auch am europäischen Nordkap die

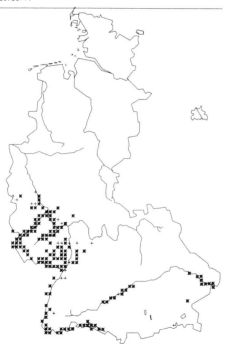

LACERTA MURALIS
FUNDORTKATASTER DER
BUNDESREPUBLIK DEUTSCHLAND
U.T.M.

13.10.77

Abb. 155. Verbreitung der wärmeliebenden, adriatomediterranen Mauereidechse *(Lacerta muralis)* in der Bundesrepublik Deutschland. Eine Bindung an die Hauptweinanbaugebiete ist zu erkennen.

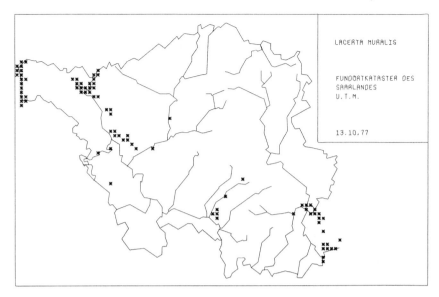

Abb. 156. Verbreitung der Mauereidechse *(Lacerta muralis)* im Saarland (1 × 1 km Rasterfelder). Deutlich ist zu erkennen, daß die Art die warmen Mosel- und Saartäler, trockenwarme Waldränder im Pfälzer Wald und Innenstadtstandorte (Saarbrücken) bevorzugt.

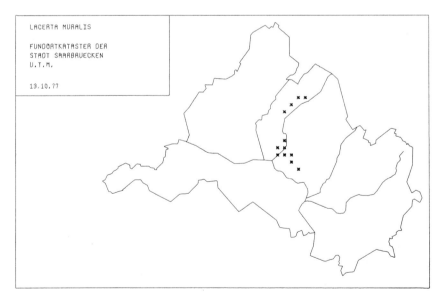

Abb. 157. Verbreitung der Mauereidechse *(Lacerta muralis)* in Saarbrücken (500 × 500 m Rasterfelder). Die Art ist auf die wärmsten Innenstadtstandorte beschränkt (u. a. Bahndämme um den Hauptbahnhof).

Nähe menschlicher Behausungen bevorzugt. Meist stehen ihre Nester auf einzelnen Birken direkt am Haus. Ähnliches läßt sich auch weiter südlich, z. B. in Mosjøen am Vesfnfjord (Norwegen) noch feststellen. Neben Altweltsgeiern (u. a. *Gyps rueppeli*) prägen in afrikanischen Städten besonders die Milane *(Milvus migrans)* das Straßenbild. Das gilt vor allem etwa für die Hauptstadt des Senegals, Dakar, in der *M. migrans* auf den Straßenbäumen brüten.

KOENIG (1936) schreibt in seinem Buch „Die Vögel am Nil" von den in großen Scharen die Stadt Kairo besiedelnden Schwarzen Milanen, die so aufdringlich sind, daß sie – „oft dicht vor seinen Augen zur Straße herabflogen, um aus dem Korb des für einen Augenblick unachtsamen Händlers einen Fisch zu klauen oder einen Brocken vor der Haustüre aufzunehmen".

In Tibet gehört der Schwarze Milan *(Milvus m. lineatus)* ebenfalls zu den „Hausvögeln, die auf den Schutthalden ihren Fraß suchten und die Menschen ganz dicht herankommen ließen" (SCHÄFER 1938).

Auf Celebes oder in Madagaskar spaziert *M. m. affinis* „wie Hausgeflügel" herum.

BREHM berichtet, daß in den Tagen König Heinrichs VIII. über der britischen Hauptstadt viele Milane umherschwärmten, die von den verschiedenen Abfallstoffen in den Straßen herbeigezogen wurden und so furchtlos waren, daß sie ihre Beute inmitten des größten Getümmels aufhoben. „Es war verboten sie zu töten". SCHASCHEK, der England im Jahre 1461 besuchte, bemerkt, daß er niemals eine so große Anzahl von Königsweihen gesehen habe wie in London. Nach GURNEY erzählt ein Italiener, der sich nicht nennt, in einem etwa 1500 geschriebenen Buche über England, die Milane seien in London so zahm, daß sie den Kindern auf der Straße Butterbrote aus der Hand fraßen. Sie bildeten, wie GURNEY sagt, ebenso wie die Raben in der Hauptstadt Großbritanniens eine Art Wohlfahrtspolizei, und noch 1555 war eine Strafe auf das Töten beider Vogelarten in den Straßen Londons gesetzt. Im Jahre 1562 wurden aber Gesetze erlassen, die bei Geldbußen verordneten, die Gassen und Plätze reinzuhalten, und namentlich den Metzgern verboten, die Abfälle des Schlachtviehs einfach wie bisher vor die Türen der Läden auf die Straße zu werfen. Das machte es den Raben und Milanen unmöglich, länger in der früheren Art in London zu leben.

In Surinam dringen *Coragyps atratus,* die Falken *Milvago chimachima* und *Polyborus plancus,* die kleine Taube *Columbigallina talpacoti,* der Kuckucksverwandte *Crotophaga ani,* die Schleiereule *Tyto alba hellmayri,* die Tyrannen *Muscivora tyrannus, Tyrannus melancholicus* und *Pitangus sulphuratus,* der Zaunkönig *Troglodytes aedon,* die Drossel *Turdus leucomelas,* der brutschmarotzende Kuhstärling *Molothrus bonariensis* und der Ammernfink *Zonotrichia capensis* ins Innere der Städte vor.

In Australien bevorzugt die aus Afrika und Indien eingeführte Senegalesische Turteltaube *Streptopelia senegalensis* Städte und deren Umland. Auch der Kakadu *Eolophus roseicapillus,* der ostaustralische Rosella-Sittich *Platycercus eximius* und der Sittich *Psephotus haematonotus* kommen in Parkanlagen und Gärten vor.

In Hafenstädten ändert sich das Bild der Avifauna. An die Stelle der oben genannten Arten treten vornehmlich Möwen und deren Verwandte.

Vögel zeigen besonders deutlich, daß die „Urbanisierung" von Tieren auch ein Anpassungsvorgang sein kann (ERZ 1964, 1968, LENZ 1971, TENOVUO 1967). Klassische Beispiele sind die Ringeltauben *(Columba palumbus)* von Paris oder die Amseln *(Turdus merula).* Zum erstenmal wird die Amsel als „Stadtvogel" im 5. Band der Europäischen Fauna (1. Teil, Seite 121) des Quedlinburger Pastors und Naturforschers J. A. E. GOEZE im Jahre 1795 als eine scheue, sich stets in Deckung haltende Waldbewohnerin beschrieben. Zwischenzeitlich ist sie in die mitteleuropäische Stadtfauna integriert (HEYDER 1955, 1969/70). Auch bei anderen Drosseln lassen sich Verstädterungsphänomene nachweisen. Die Wacholderdrossel *(Turdus pilaris)* ist ein Charaktervogel des Parks Wilhelmshöhe bei Kassel und dringt von dort aus auch in die Innenstadtbezirke vor (vgl. auch SAEMANN 1968, 1974). In Mo i Rana (Norwegen), 20 km südlich des Polarkreises, baut sie ihre Nester auf die häufigsten Stadtbäume *(Betula pubescens, Sorbus aucuparia, S. intermedia* und die eingeführten *Populus* spec. und *Larix europaea).* Gleiches kann man auch in Trondheim beobachten, wo sie auf dem Friedhof ein auffallender Vogel ist, oder in Steinkjer, wo eine große Brutkolonie am Zeltplatz der Stadt gelegen ist *(Aesculus, Syringa, Fagus).* Andere Vogelarten, wie z. B. die Elster *(Pica pica),* zeigen ebenfalls Verstädterungstendenzen (BARKEMEYER und TAUX 1977, ERZ 1968, FRANK 1975, HYLA 1975, KIRCHHOFF 1973, RIESE 1967, WINK 1967, WÜST 1973).

Für das Oldenburger Stadtgebiet (103 km²) wurde 1976 eine Siedlungsdichte von 1 Brutpaar/km² festgestellt. Höhere Siedlungsdichten wurden aus Wilhelmshaven (1,6 Paare/km²), Bonn (1,8 Paare/km²) und Oberhausen (2 Paare/km²) bekannt. Die städtischen Neststandorte liegen dabei überwiegend im Gebiet aufgelockerter Bebauung, meist in unmittelbarer Umgebung von Einfamilienhäusern (in Oldenburg 20,7%). Nach der Lage ihrer Brutzeit lassen sich die Stadtvögel Mitteleuropas mindestens in 2 Gruppen gliedern. Arten mit Brutbeginn im März/April (u. a. Amsel, Grünfink, Haussperling, Türkentaube) sind ausnahmslos Standvögel, während viele Arten der Mai-Juni-Brutperiode den Zugvögeln zuzurechnen sind (u. a. Mauersegler, Grasmücken, Schwalben). Diese Arten zeigen zugleich charakteristische Verbreitungsstrukturen.

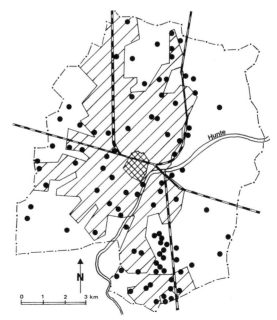

Abb. 158. Verteilung besetzter Elsternester *(Pica pica)* in der Stadt Oldenburg. Der Bebauungsgrad wurde durch die Schraffurdichte angedeutet (nach BARKEMEYER und TAUX 1977) (äußere Zone: spärliche Bebauung; mittlere Zone: lockere Bebauung; innere Zone: Stadtzentrum).

MULSOW (1968) untergliederte Hamburg in eine „Haussperling-Mauersegler-Innenstadt" und eine „Amsel-Grünfink-Stadtrand-Zone":

1. Haussperling-Mauersegler-Innenstadt
a) Industriell-gewerblich geprägte Hausrotschwanz-Felslandschaft
b) Mauersegler-Altbauviertel
c) Haubenlerchen-Neubauviertel
2. Amsel-Grünfink-Stadtrandzone
a) Gartenrotschwanz-Villenviertel
b) Meisen-Heckenbraunellen-Parklandschaft
c) Zaungrasmücken-Gartenbaulandschaft.

EGGERS (1975, 1976) kam zu einer weiteren Differenzierung. Er (1975) analysierte die Siedlungsdichten der Hamburger Vogelwelt im Hafen-Industrie-Gebiet, der City, der Wohnblockzone und Gartenstadt, den Grünanlagen, Knicklandschaften, Heiden, Wiesen, Sümpfen und Wäldern. Besonders interessant ist die Avifauna der Industrie- und Hafengebiete und der City.

Tab. 4.75. Avifauna der Industrie- und Hafengebiete (EGGERS 1975)

Lfd. Nr. Gebiet	25 Buxtehude		1 HH-Hafen		Gesamt	
Fläche in ha	5		55		60	
	Reviere	Abundanz	Reviere	Abundanz	Reviere	Abundanz
Amsel	1	2,0	4	0,7	5	0,8
Bachstelze	1	2,0			1	0,2
Elster			1	0,2	1	0,2
Feldsperling	1	2,0			1	0,2
Grünling	1	2,0	2	0,4	3	0,5
Hänfling	1	2,0			1	0,2
Haubenlerche	1	2,0			1	0,2
Hausrotschwanz	2	4,0	2	0,4	4	0,7
Haussperling	6	12,0	26	4,7	32	5,3
Haustaube			40	7,3	40	6,7
Kohlmeise			2	0,4	2	0,3
Mauersegler			1	0,2	1	0,2
Rabenkrähe			1	0,2	1	0,2
Rauchschwalbe	1	2,0			1	0,2
Singdrossel	1	2,0			1	0,2
Star			2	0,4	2	0,3
Steinschmätzer	2	4,0			2	0,3
Stockente			1	0,2	1	0,2
Türkentaube	1	2,0			1	0,2
Wiesenpieper	1	2,0			1	0,2
Gesamt	20	40,0	82	14,9	102	17,0
Artenzahl	13		11		20	

Tab. 4.76. Avifauna der Hamburger City (EGGERS 1975)

Lfd. Nr.	2	
Gebiet	HH – City	
Fläche (ha)	22	
	Reviere	Abundanz
Amsel	3	1,4
Hausrotschwanz	2	0,9
Haussperling	43	19,5
Haustaube	55	25,0
Mauersegler	1	0,5
Stockente	2	0,9
Turmfalke	1	0,5
Gesamt	107	48,6
Artenzahl	7	

Um den Zusammenhang zwischen Wald-Vogelpopulationen und „Stadteinfluß" genauer analysieren zu können, wurden 1974, 1975 und 1976 durch CYR (1977) Bestandsaufnahmen am Schanzenberg (Arboretum beim Holzfällerhaus), Kaninchenberg, Winterberg und Tierpark in Saarbrücken durchgeführt.

Für die einzelnen Jahre wurden die in Tab. 4.78 dargestellten Abundanzen der Avifauna auf den einzelnen Flächen ermittelt.

Abundanz und Zusammensetzung der Vogelpopulationen wurden mit Hilfe der Revierkartierungsmethode bestimmt. Die Dichte bei den Höhlenbrütern wurde durch die Kontrolle ihrer Bruten in den Nistkästen ermittelt.

Aufgrund der Beobachtungen konnte CYR (1977) die Abundanz von 40 regelmäßigen Brutvögeln ermitteln.

Kohlmeise und Amsel sind die dominierenden Arten. Für die Präsenz oder Abundanz einiger Arten sind Struktur und Verfügbarkeit spezifischer ökologischer Nischen in den einzelnen Probeflächen entscheidend. Im Höchstfall wurden 187 Individuen pro 10 ha gezählt (Winterberg). Die Tierparkfläche ist nach Artenzahl und Abundanz die ärmste Probefläche. Höchste Artenzahl erreicht die Schanzenbergfläche wegen der Strukturheterogenität des Biotops.

Die Maximalabundanz wird im Monat Mai erreicht, was auf das Überlappen der Bruten der Früh- und Spätbrüter zurückzuführen ist. Eindeutig steuert die Vegetationsstruktur die Schwankungen in den Vogelgemeinschaften. Sie erweist sich für die meisten Vogelarten als bedeutenderer Faktor als Staub-, SO_2- und/oder Lärmbelastung.

Vögel erzeugen jedoch auch zahlreiche Probleme in Verdichtungsräumen (vgl. u. a. MURTON und WESTWOOD 1976). Allein zwischen 1966 und 1970 kam es zu 711 Kollisionen zwischen Vögeln und Flugzeugen in Kanada. Vögel können darüber hinaus als Überträger zahlreicher Krankheiten wirken. Salmonellen (u. a. *Salmonella gallinarum*), Pseudotuberkelerreger *(Pasteurella pseudotuberculosis)* und Arboviren werden durch verschiedene Arten auch aus ihren Überwinterungsgebieten in die sommerlichen Brutgebiete verschleppt. Groß kann der Schaden sein, den Vögel in

Tab. 4.77. Übersicht der Merkmale der Untersuchungsflächen (Morphologie, Lage und Vegetationskomponenten; CYR 1977)

Fläche	Größe (ha) max. Breite max. Länge	Höhe über NN	Neigung	Entfernung vom Stadtkern	Waldtyp	Deckungsgrad (Mittel von 5 Schichten)	Diversität der Struktur des Biotops	Diversität der Pflanzengesellschaften
Schanzenberg	9,9 225 m 480 m	200 bis 227 m	3,8 °NO-SW 13,4 °SO 28,0 °NW	3,25 km W Stadtwald Alt-Saarbr.	Fichten-Eichen-Buchen-Mischwald	51,8%	1,17	2,57
Kaninchenberg	10,3 215 m 425 m	205 bis 265,4 m	2,9 ° oben 13,6 °O 31,0 °SW	2 km O Waldinsel in der Stadt	Hainbucher-Robinien-Kirschbaum-Mischwald	52,5%	1,18	2,47
Winterberg	7,8 100 m 775 m	255 bis 277 m	24,4 ° bis 33,1 °N	1,5 km S Waldinsel in der Stadt	Bergahorn-Edelkastanien-Mischwald	57,9%	1,23	2,19
Tierpark	6,9 240 m 385 m	236 bis 295 m	5,9 ° bis 7,7 °SO	3 km NO Stadtwald St. Johann	Eichen-Lärchen-Mischwald	44,3%	1,06	1,22

Tab. 4.78.a. Prozentsatz der Jahresvögel, Teilzieher und Sommervögel pro Jahr und Fläche (nach CYR 1977)

Jahresvögel	Schanzenberg		Kaninchenberg		Winterberg		Tierpark	
	1974	1975	1974	1975	1974	1975	1974	1975
Jahresvögel	44	45	46	48	37	39	53	57
Teilzieher	35	37	35	33	41	38	33	31
Sommervögel	21	18	19	19	22	23	14	12

Tab. 4.78.b. Prozentsatz der monatlichen Abundanz, bezogen auf die Gesamtabundanz pro Jahr und Fläche

Fläche	Jahr	März	April	Mai	Juni	Juli
Schanzenberg	1974		62,3	74,7	72,6	43,4
	1975	18,5	80,3	96,1	84,8	45,4
Kaninchenberg	1974		61,1	84,6	68,7	39,8
	1975	29,4	79,8	89,0	76,3	54,9
Winterberg	1974		62,9	79,9	71,2	43,9
	1975	25,5	75,5	75,2	81,0	50,0
Tierpark	1974		67,4	87,9	56,7	29,8
	1975	37,5	83,3	98,8	90,5	28,6

Tab. 4.79. Artendiversität (H' und H_s) pro Monat und Saison auf den Probeflächen in den Jahren 1974 und 1975 (CYR 1977)

Jahr	Fläche	März	April	Mai	Juni	Juli	gesamte Saison
H'_s							
1974	Schanzenberg	–	2,716	2,690	2,674	2,646	2,857
	Kaninchenberg	–	2,456	2,607	2,531	2,072	2,662
	Winterberg	–	2,597	2,734	2,550	2,499	2,747
	Tierpark	–	2,342	2,516	2,458	2,371	2,549
1975	Schanzenberg	2,244	2,842	2,931	2,897	2,764	2,947
	Kaninchenberg	2,350	2,740	2,822	2,815	2,622	2,844
	Winterberg	2,383	2,723	2,757	2,781	2,551	2,877
	Tierpark	2,239	2,618	2,725	2,680	2,179	2,720
H_s							
1974	Schanzenberg	–	2,382	2,400	2,407	2,146	2,607
	Kaninchenberg	–	2,217	2,376	2,288	1,832	2,445
	Winterberg	–	2,300	2,444	2,288	2,148	2,498
	Tierpark	–	1,969	2,164	2,010	1,768	2,616
1975	Schanzenberg	1,825	2,601	2,666	2,624	2,396	2,687
	Kaninchenberg	1,984	2,471	2,556	2,526	2,317	2,593
	Winterberg	1,951	2,444	2,477	2,499	2,232	2,616
	Tierpark	1,771	2,234	2,357	2,294	1,705	2,356

Nutzkulturen erzeugen (u. a. der afrikanische Weberfink *Quelea quelea*; der europäische Star *Sturnus vulgaris*).

Hausfauna und Haustiere

Eine Sonderstellung innerhalb der Stadtfauna nimmt die Hausfauna ein, die sich zu einem Großteil aus wärmebedürftigen Arten zusammensetzt. Die Schabe *Periplaneta americana* ist vor allem in Universitätsstädten zum Haustier geworden. Die indische Pharao-Ameise *(Monomorium pharaonis)* kommt in mehreren europäischen Hauptstädten vor, und die nordamerikanische Termite *Reticulitermes flavipes* wurde 1937 nach Hamburg eingeschleppt, wo sie sich im städtischen Heizungssystem festsetzte.

Durch Gewürz- und Samenhandel werden regelmäßig Insekten und Milben verfrachtet. Von 72 Insekten- und Milbenarten, die in Hamburger Apotheken an Arzneidrogen und Gewürzen gefunden wurden, werden besonders die tropischen Insekten *Plodia interpunctella, Oryzaephilus mercator, Lasioderma serricorne* und *Tribolium castaneum* regelmäßig importiert und gehören bereits zur Stadtfauna. Nach WEIDNER (1963, 1964) werden in deutschen Apotheken der Schmetterling *Ephestia elutella,* eine Verwandte der Mehlmotte, und *Stegobium paniceum* oft angetroffen.

Zur Stadtfauna gehören auch die Haustiere, die für Großstädte z. T. erhebliche hygienische Probleme darstellen (u. a. Hundeprobleme, Taubenprobleme; vgl. BECK 1973, SCHMIDT 1975). Die am häufigsten gehaltenen Haustiere in Städten sind Hunde, Katzen, Tauben, Ziervögel (Papageien, Wellensittiche, Kanarienvögel, Prachtfinken u. a.), Zierfische, Meerschweinchen, Goldhamster und verschiedene Reptilienarten. 1975 waren z. B. in Saarbrücken 7560 Hunde beim Stadtsteueramt gemeldet. Ihre Verteilung im Stadtgebiet zeigt deutliche Korrelationen zur Wohnqualität verschiedener Stadtregionen.

Die meisten Haustiere besitzen eine lange Domestikationsgeschichte (HERRE und RÖHRS 1973, SIMOONS 1974), die beim Hund bis in die Mittlere Steinzeit (16 000 bis 6000 v. Chr.), bei der Taube bis 3000 v. Chr. (vgl. NICOLAI 1975) und bei der Katze bis 2000 v. Chr. hinabreicht.

Dagegen wurden Reptilien erst in neuerer Zeit zum „Haustier". Landschildkröten, vornehmlich *Testudo hermanni, T. graeca* und *T. horsfieldi,* werden jährlich in großen Mengen nach Mitteleuropa gebracht. Allein Jugoslawien exportierte 1971 nach der Bundesrepublik Deutschland 124 236 Exemplare (= 30,98% des gesamten Schildkrötenexportes). An 30 Schulen des Saarlandes wurden 1974 insgesamt 10 319 Schüler befragt (MÜLLER und BLATT 1975). Davon waren 1925 (= 18,65%) Schildkrötenhalter. Höchste Haltungsraten (über 30%) traten in Gebieten mit hoher Verdichtung auf. Die Mortalitäts- und Verlustrate der allein in das Saarland importierten Tiere beträgt in den beiden ersten Haltungsjahren 82,81%. Wesentlich für den Menschen ist die Tatsache, daß Schildkröten – ähnlich wie andere Haustiere – auch als Krankheitsüberträger fungieren können (LAMM et al. 1972, PRUKSARAY 1967, WEBER und PIETZSCH 1974).

Während die Nutztierhaltung in der Stadt Saarbrücken in den letzten Jahren deutlich zurückging (Ausnahme: Pferdehaltung), nahm insbesondere die Haltung von kleineren Haustieren deutlich zu. Um einen Bezugspunkt für spätere Untersuchungen zu erhalten, wurden deshalb 1976 Befragungen in von den Bevölkerungs-, Sozial- und Baustrukturen her unterschiedlichen Staadtteilen durchgeführt.

Tab. 4.80. Daten zur Wohn-, Bevölkerungs- und Sozialstruktur der ausgewählten Stadtbezirke (1970; Stat. Berichte der Stadt Saarbrücken)

	Homburg 37	Hauptbahnhof 31	Landwehrplatz 32	St. Johanner Markt 33	Reppersberg 12
1. Wohngebäude nach Baualter (nach 1949 errichtete Wohnungen in %)	62,58	35,29	21,90	9,57	26,35
2. Anteil WC, Bad am Gesamtwohnbestand in %	70,15	63,05	46,15	28,65	72,10
3. % Eigentumswohnungen	35,10	9,71	7,95	8,63	29,82
4. Wohnfläche pro Wohnung	79,40	78,61	64,25	66,33	87,04
5. Durchschnittliche Stockwerkshöhe	2,42	3,14	3,24	3,07	1,92
6. Wohnungszahl pro km²	2374,00	3084,00	6284,00	3497,00	1772,00
7. % der über 65-jährigen an Gesamtbevölkerung	12,89	14,61	17,50	18,41	18,89
8. Anteil Verheiratete an Bevölkerung	48,79	48,10	43,39	40,09	50,70
9. Einwohnerzahl pro km²	6973	7584	15396	8569	4505
10. Durchschnittliche Personenzahl pro Wohnung	2,54	2,26	2,28	2,15	2,27
11. Anteil der Besucher weiterführender Schulen an der Gesamtzahl der Volksschulabgänger in %	39,90	34,46	20,54	17,86	49,46
12. Anteil der Angestellten und Beamten an der Gesamtzahl der Berufstätigen in %	70,28	64,20	51,72	38,79	68,55
13. % Anteil der Privathaushalte mit Telefon	49,37	37,32	30,11	21,82	54,75
14. % Ausländer-Anteil	2,10	3,01	6,09	9,41	3,50

Es wurden folgende fünf Stadtbezirke in die Untersuchung einbezogen:

Am Homburg (37)
Hauptbahnhof (31)
Landwehrplatz (32)
St. Johanner Markt (33)
Reppersberg (12)

Informationen zur Wohn-, Bevölkerungs- und Sozialstruktur dieser Stadtbezirke gibt Tab. 4.80.

Der Reppersberg weist für seine Randlage eine relativ große Zahl von Altbauten, jedoch auch größte Wohnflächen und beste Ausstattung mit sanitären Einrichtungen auf.

Während der St. Johanner Markt die ältesten Wohnungen und die geringste Ausstattung mit sanitären Einrichtungen besaß, liegen die kleinsten Wohnflächen und die niedrigste Zahl der Eigentumswohnungen bei größten Wohndichten und höchster Stockwerkzahl am Landwehrplatz. Zur Stadtmitte läßt sich ein Anstieg der Bevölkerungsdichte, eine Verschlechterung des Altersaufbaus, eine Zunahme der Ledigen und eine Verkleinerung der Haushaltsgrößen feststellen.

Die Befragung erstreckte sich über vier Monate und bezog sich auf die häufigsten und bekanntesten Haustiere. In den Befragungsbögen wurden jeweils fünfzig Wohnungsinhaber aufgenommen, der Anteil der Haustierbesitzer, Nichthaustierbesitzer, Mehrfachhaustierbesitzer und die Verteilung der Haustiere auf einzelne Gebäudestockwerke erfaßt. Die Vögel wurden nur nach Kanarienvögeln, Wellensittichen, Großsittichen und Sonstigen, die Kleinsäuger nach Hamstern, Meerschweinchen und Mäusen differenziert. Hunde und Katzen wurden gesondert erfaßt. Gleiches gilt für die Fische. Unter den Reptilien wurden nur die Schildkröten aufgeführt. Insgesamt wurden 25% der Gesamthaushalte in den fünf Stadtbezirken erfaßt.

Die Befragung verdeutlicht, daß die Zahl der Haustierbesitzer von den Rändern zur Stadtmitte hin abnimmt (Landwehrplatz).

Unter den Haustieren dominieren Hunde, Katzen und Wellensittiche (53,26%).

Während Kleinsäuger zur Stadtmitte hin kaum abnehmen, gehen Katzen und Papageien merklich zurück. Differenziert man die Hunde nach Groß-, Klein- und Rassehunden, lassen sich ebenfalls markante Unterschiede zwischen Stadtrand und -zentrum aufzeigen.

Für eine Beurteilung der Belastungsgröße ist die absolute Zahl der Haustiere pro Fläche (Haustierdichte) wichtig. Da für die Belastung der Innenstadt besonders

Tab. 4.81. Haustierbesitzer und Haustiere in den einzelnen Stadtbezirken

Stadtbezirk	Haustierbesitzer			Haustiere	
Stadtbezirk	absolut	pro 100 Wohnungen	davon Mehrfachbesitzer	absolut	pro 100 Wohnungen
37	557	37,00	7,50	692	46,25
31	248	32,50	5,50	293	38,50
32	317	17,50	1,25	340	18,75
33	390	30,00	2,33	421	32,33
12	296	36,50	5,00	340	42,00

Tab. 4.82. Haustiere im Untersuchungsgebiet

Art	absolut	%
Vögel	728	34,90
Wellensittiche	352	16,87
Kanarienvögel	176	8,44
Papageien	62	2,97
Sonstige	138	6,62
Hunde	4633	22,20
Katzen	296	14,19
Kleinsäuger	357	17,11
Hamster	164	7,86
Meerschweinchen	103	4,94
Mäuse	90	4,31
Fische (Zahl der Besitzer)	126	6,04
Schildkröten	116	5,56
Summe	6256	100,00

Tab. 4.83. Zahl der Rassehunde im Vergleich zur Zahl der Hunde insgesamt

Bezirk		Hundezahl	davon Rassehunde
37	Homburg	158	105
31	Hauptbahnhof	65	38
32	Landwehrplatz	72	32
33	St. Johanner Markt	91	43
12	Reppersberg	77	24

Tab. 4.84. Hunde- und Katzendichte in Saarbrücken

	37 Homburg	31 Haupt- bahnhof	32 Landwehr- platz	33 St. Johanner Markt	12 Reppers- berg
Wohnungen/km²	2374	3048	6284	3497	1772
(Landwehrplatz = 100%)	37,78	48,50	100,00	55,65	28,20
Hunde/km²	216	228	240	255	169
(St. Joh. Markt = 100%)	84,71	89,41	94,12	100,00	66,28
Katzen/km²	202	200	80	116	116
(Homburg = 100%)	100,00	99,01	39,60	57,43	57,43

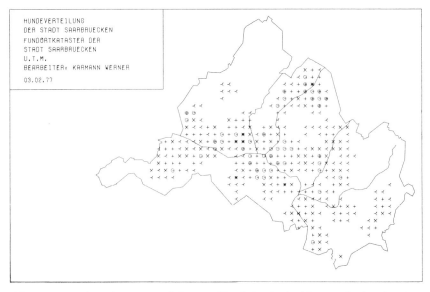

Abb. 159. Verteilung der „steuerpflichtigen" Hunde im Stadtgebiet von Saarbrücken (aus MÜLLER 1977). * = 50–80 Hunde/pro 500 × 500 m, ○ = 40–49 Hunde/pro 500 × 500 m, + = 20–39 Hunde/pro 500 × 500 m, Y = 1–19 Hunde/pro 500 × 500 m.

Hunde und Katzen von Bedeutung sind, wurden nur diese berücksichtigt. Um eine bessere Vergleichbarkeit der Flächen zu gewährleisten, wurde vom Stadtbezirk Am Homburg nur die Fläche der Wohngebiete berücksichtigt (17,45% der Gesamtfläche).

Geringe Hundedichten (1 bis 59 Hunde/km²) kennzeichnen Stadtrandgemeinden mit aufgelockerter Bebauung (u.a. Eschringen, Bliesransbach, Fechingen, Scheidt). Schafbrücke, Bischmisheim, Ensheim, Bübingen, Güdingen, Brebach, Rockershausen, Ottenhausen, Gersweiler und Klarenthal weisen Hundedichten von 60 bis 119 Hunde/km² auf. Größte Hundedichten (120 und mehr Hunde/km²) konzentrieren sich auf die Innenstadt, auf Dudweiler und wenige Stadtrand-Wohngebiete. Die Stadtbezirke Homburg, Rodenhof, Burbach, Reppersberg, St. Arnual und Eschberg weisen Dichten von 150 bis 200, Malstatt sogar von über 200 Hunden pro km² auf.

Legt man pro Hund eine Ausscheidung von einem Liter Urin und einem halben Kilogramm Kot pro Tag zugrunde, so ergeben sich bei einer Mindestzahl von 3715 Hunden täglich 3715 Liter Urin und 1858 kg Kot. Für dichtbebaute Innenstadtviertel bedeutet das eine erhebliche „Belastung". Zugleich steigt die Gefährdung von Kindern und Erwachsenen durch Übertragungsgefahr vor allem patogener Nematoden.

Speziesdiversität
Unterschiedliche Faktoren bewirken in urbanen Ökosystemen aber nicht nur eine Diminuation und Selektion von Tierarten und Biozönosen, sondern zugleich mannigfache Veränderungen der Diversität mosaikartig verbreiteter Lebensgemeinschaften.

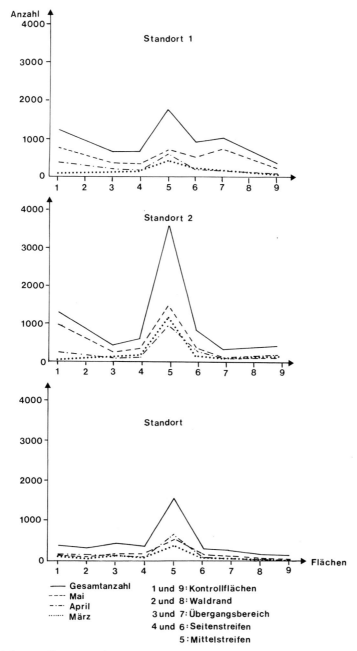

Abb. 160. Verteilung von Coleopteren-Individuen (Barberfallenlänge) in der Umgebung von 3 Standorten an einer Bundesautobahn. Der Mittelstreifen (Fangstelle 5) zeichnet sich an allen Standorten durch die höchsten Fangquoten aus.

Deshalb lassen sich sowohl die Reaktionsnormen des einzelnen, in seiner ökologischen Valenz bekannten Organismus, als auch die Veränderung der Diversität von Lebensgemeinschaften als Bewertungskriterium verwenden (MÜLLER, KLOMANN, NAGEL, REIS und SCHÄFER 1975, CYR 1977).

Da in „gestörten" Vielartenpopulationen häufig eine Art dominant wird, in ungestörten Populationen dagegen ausgewogene Verhältnisse zwischen Räuber- und Beutetieren vorliegen, erscheint es gerechtfertigt, „H_s" als Bewertungsmaßstab für die Belastung eines Systems zu verwenden. Bei Untersuchungen auf belasteten und unbelasteten Standorten zeigte es sich, daß die Diversität als Maßstab für den Grad der Belastung in einem städtischen System herangezogen werden kann. Voraussetzung sind jedoch die Vergleichbarkeit von Standorten und historische Vergleichswerte

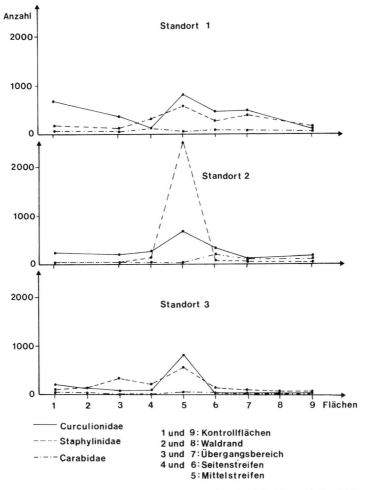

Abb. 161. Verteilung der Käferfamilien Curculionidae, Staphilinidae und Carabidae auf den drei Bundesautobahnstandorten aus Abb. 160.

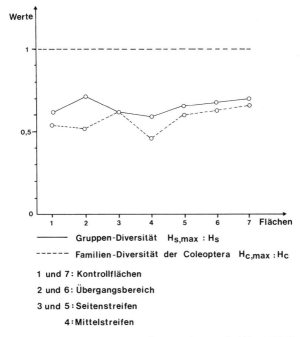

Abb. 162. Verhalten der Diversitätswerte aller Standorte (vgl. Abb. 160). Es zeigt sich, daß zwar der Mittelstreifen die höchsten Individuenzahlen besitzt, zugleich jedoch die niedrigsten Diversitätswerte aufweist (alle Ergebnisse nach Untersuchungen von JOOS 1975).

(Standortspezifische Diversitätswerte). Es wird deshalb nicht möglich sein, Diversitätswerte z. B. von Flughafen-Standorten (vgl. BECKER 1977) auf Straßenstandorte zu übertragen.

Auf 16 Langzeituntersuchungsflächen im Verdichtungsraum von Saarbrücken wurden mit der Barberfallenmethode von Mai bis Dezember 1972 45039 Bodenarthropoden gefangen (Formicidae 19367, Coleoptera 12256, Aranea 5478, Isopoda 2445, Diplopoda 1336, Opiliones 1259, Diptera 1055, Orthoptera 714, Collembola 521, Chilopoda 231, Homoptera 202, Heteroptera 104, andere Hymenoptera 71), die sich quantitativ jedoch sehr unterschiedlich auf die einzelnen Flächen verteilten.

10 der Untersuchungsflächen lagen im Buntsandstein, 6 auf Muschelkalk. Korreliert zu den Bodenarthropoden wurde die Vegetation pflanzensoziologisch bearbeitet sowie der Tagesgang der Temperatur und Evaporation, der pH-Wert, die Staub- und SO_2-Belastung erfaßt. Durch das Fehlen oder Vorhandensein gewisser Arten unterschieden sich die einzelnen Flächen teilweise auffallend. *Abax ater*, eine euryöke „Waldart", kommt auf den meisten Wiesenflächen als dominante Art vor, fehlt jedoch auf anderen, die ihrer Struktur nach vergleichbar waren. Ähnliche Verhältnisse treten auch bei anderen Arten auf. Erst die Bildung der flächenspezifischen Diversitätswerte ergibt eine direkte Beziehung zwischen der Carabidenpopulation der einzelnen Standorte und deren spezifischen Belastungen. Ähnliches konnte NAGEL

(1975) bei belasteten und unbelasteten Halbtrockenrasen im Saar/Mosel-Raum nachweisen und JOOS (1975) bei Autobahnen.

Evolutive Prozesse

Die für Städte bezeichnenden Verbreitungsstrukturen stehen letztlich in engem Zusammenhang zu Isolationsbarrieren und Selektionsgradienten, die der Mensch erst aufgebaut hat. Es verwundert deshalb nicht, daß in Städten auch evolutive Prozesse stattfinden.

Ursprüngliche Isolationsbarrieren können beseitigt werden und Arten, die in freier Natur gegeneinander isoliert sind, zur Introgression kommen (u. a. JALAS 1961, SUKOPP 1973, 1976). Völlig neue Artenkomplexe können entstehen, wie das für die *Lecanora conizaeoides*-Flechtengruppe angenommen wird, deren Evolution offensichtlich parallel zur Industrialisierungsphase verlief.

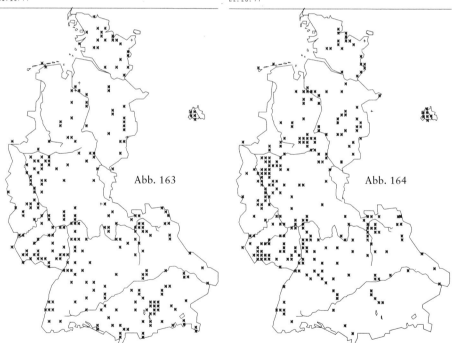

Abb. 163. Verbreitung der hellen Nominatform des Birkenspanners *(Biston betularia)* in der Bundesrepublik Deutschland. Die helle Nominatform bewohnt auch den Alpenraum.
Abb. 164. Verbreitung der industriemelanistischen „*carbonaria*-form" des Birkenspanners *(Biston betularia)* in der Bundesrepublik Deutschland. Dieser Phänotyp kommt gehäuft in den Verdichtungsräumen vor, fehlt jedoch dem Alpenraum weitgehend. Näheres im Text.

Ähnlich wie bei Pflanzen lassen sich auch bei Tieren evolutive Prozesse in Stadtgebieten nachweisen (vgl. ASKEW et al. 1971, BISHOP 1972, CLEVE 1970, JUNK 1975, LEES et al. 1973, KETTLEWELL 1955, 1973, WEIDNER 1958, STEINIGER 1978).

Das Auftreten melanistischer Exemplare unter den Lepidopteren (besonders bei den Geometriden) ist für viele Industriestädte bekannt. Bei dem Birkenspanner *Biston betularia* handelt es sich in der Nominatform um einen weißen Falter mit schwarzen Linien und Zellflecken und grober schwärzlicher Bestäubung. Die forma *carbonaria* ist dagegen vollkommen schwarz mit einem weißen Punkt an der Wurzel der Vorderflügel und einzelnen weißen Schüppchen im Costalfeld der Hinterflügel. Neben dieser Form gibt es zahlreiche weitere Varietäten, die alle als Zwischenformen der Nominatform und der f. *carbonaria* angesehen werden dürfen. Alle diese Übergangsformen werden meist unter der Bezeichnung *insularia* zusammengefaßt. Bereits 1955 stellte KETTLEWELL eine Korrelation fest zwischen den Industriearealen in Großbritannien und dem Auftreten eines höheren Prozentsatzes melanistischer *Biston betularia* und anderen industriemelanistischen Schmetterlingen. 170 Entomologen hatten mit ihm gemeinsam ein Beobachtungsnetz für Großbritannien aufgebaut, um diese Zusammenhänge aufzeigen zu können.

In ähnlicher Weise hat das JUNK (1975) für das Saarland durchgeführt. Seine Ergebnisse lassen erkennen, daß z. B. im Verdichtungsraum von Saarbrücken die f. *carbonaria* dominiert.

4.3.3.4 Stadtböden

Für die Beurteilung zahlreicher biogeographischer und physisch-geographischer Zusammenhänge ist die Kenntnis des Bodens von entscheidender Bedeutung. Als Produkt physikalisch-chemischer Gesteinsverwitterung und biogener Umsetzungen stellt er ein Informationssystem dar, das bei der Bewertung von Landschaftsräumen eine zentrale Stellung einnimmt (BRAUNS 1968, BRIDGES 1970, BUNTING 1965, FRANZ

Tab. 4.85. Optimale pH-Bereiche für verschiedene chemische und physikalische Prozesse im Boden (SCHROEDER 1969)

	Optimalbereich
Chemische Verwitterung	pH $4{,}0 - 6{,}5$
Mineralneubildung	$5 - 7$
Verwesung	$6 - 7{,}5$
Humifizierung	$5 - 7$
Biologische Aktivität	$6 - 7{,}5$
Tonverlagerung	$4{,}5 - 6{,}5$
Al-Fe-Verlagerung	< 4
Verfügbarkeit von Nährstoffen	
N + S	$5 - 8$
P + B	$5 - 7$
Ca + Mg	$> 6{,}5$
K	6
Fe + Mn	< 5
Cu + Zn	$5 - 7$
Mo	< 5

1975, GANSEN 1965, GERASIMOV und GLAZOVSKAJA 1960, KUBIENA 1948, MÜK-
KENHAUSEN 1962).

Die Böden urbaner Systeme sind außerordentlich heterogen und variieren in ihrem
Feinerde- und Humusgehalt z. T. erheblich. Es gibt alle Übergänge von feinerde- und
humusarmen Schuttböden bis zu humosen Garten- und Sandböden mit geringem
Schuttanteil (GRAY 1972, SUKOPP 1973).

Besonders gut untersucht sind die Ruderalböden in Berlin (RUNGE 1973), deren
Ausgangsmaterial Trümmerschutt darstellt (Ziegel- und Mörtelschutt). Überraschend ist die Schnelligkeit der Profildifferenzierung und Bodenbildung in diesen Ruderalböden (5 bis 25 Jahre). Sie äußert sich in der Feinerdefraktion durch eine Zunahme des Kalziumkarbonatgehaltes mit der Tiefe von etwa 6% auf 10%, des
pH-Wertes von etwa 7 auf 7,5 und einer Abnahme des Gehaltes an organischem
Kohlenstoff von etwa 3% auf 0,5%. Die feinerdigen Ruderalböden besitzen z. T. höhere verfügbare Nährstoffgehalte als natürliche Böden. Der hohe Steingehalt (25 bis
50%) bewirkt jedoch eine ungünstigere Wasserversorgung (schneller Wasserabfluß,
vermindertes Speichervolumen).

Die Stadtböden gehören zur Gruppe der anthropogenen Böden, deren Merkmale
durch die Tätigkeit des Menschen geprägt wurden. Zu dieser Gruppe von Böden gehören:

Plaggenesch = Stark durchwurzelter Oberboden wurde abgehoben, als Stallstreu
               verwandt und dann wieder mit Stickstoff angereichert auf den minera-
               lischen Horizont ausgebracht. Dadurch wird eine künstliche Erhöhung
               des humosen Horizonts erreicht. In der sauren Plaggenauflage spielen
               sich leichte Podsolierungsvorgänge ab.
Hortisol   = Gartenböden, die infolge der starken organischen Düngung, Bear-
               beitung und Bewässerung die Ausbildung eines starken A_h-Horizontes
               zeigen.
Rigosol   = Böden, die durch tiefgründige Bodenumschichtung entstanden.
Kultosol   = Ackerböden mit dauernder Bearbeitung und Düngung.

4.3.3.5 Expositionstests mit Organismen im Freiland (Wirkungskataster)

Genetische Variabilität sowie tages- und jahreszeitliche Populationsschwankungen
erlauben nur bei hohem Informationsstand aus der vorhandenen genetischen Struktur (Pflanzen, Tiere) Rückschlüsse auf die Raumqualität. Deshalb ist die Erstellung
von Wirkungskatastern und Trendkatastern mit „standardisierten" Organismen als
zusätzliche Informationsquelle erforderlich (aktives Monitoring).

Immissionswirkungskataster auf der Basis von exponierten Tieren wurden erst in
den letzten Jahren entwickelt. Im Vordergrund standen dabei limnische Organismen
(vgl. u. a. MÜLLER und SCHÄFER 1976, SCHÄFER und MÜLLER 1976) und Nutztiere
(vgl. HAHN et al. 1972, MOORE 1966, 1974, STÖFEN 1975, VETTER 1974). Pflanzen
und Materialien werden dagegen bereits wesentlich länger in flächendeckenden Wirkungskatastern als „Wirk-Kriterien" verwandt (SORAUER 1911, SCHÖNBECK und
VAN HAUT 1974, PRINZ 1975, MÜLLER 1975).

Eine Richtlinie des „Vereins deutscher Ingenieure" (VDI 3793; in Vorbereitung)
definiert die Exposition der Flechte *Hypogymnia physodes*.

Entnahme der Flechten am immissionsfreien Standort. „Die Flechten werden mit ihrer Borkenunterlage ausgestemmt oder ausgebohrt (zu beachten: ökologisch einheitliches Material; Entnahme stets von Eichen; gleiche Entnahmehöhe von Bäumen gleichen Alters). Zum Ausbohren hat sich am besten eine durch aufladbare Silber-Cadmiumbatterien angetriebene Bohrmaschine (Nr. 912) der Firma Black & Decker (Lochsägendurchmesser 42 mm, Dorndurchmesser 3 mm) bewährt. Die entnommenen Borkenstücke müssen mindestens zu 2/3 mit der Flechte bewachsen sein, auf jeder Probe sollten sich Randpartien eines Thallus befinden. Ausgestanzte Flechten können in einer Tiefkühltruhe bei mindestens − 18 °C fast ein Jahr aufbewahrt werden, ohne ihre Reaktionsfähigkeit zu verlieren.

Träger (Expositionstafeln). Die mit der Borkenunterlage entnommenen Flechten werden zu je 6 bis 10 Parallelen für einen Beobachtungsstandort in Holz- oder Plastiktafeln, den Flechtenexpositionstafeln (290 × 170 mm), mit entsprechenden lochförmigen Vertiefungen oder Halterungen (Durchmesser 45 mm, Tiefe 20 mm) eingesetzt. Zum Einbetten der Flechten läßt sich eine unlösliche Kunststoffmasse (z. B. Therostat) benutzen. Die Borkenstücke sind so einzusetzen, daß die Flechte gerade über den Rand der Vertiefung herausragt. Unterhalb eines jeden Thallus wird auf der Tafel ein farbiges Kunststoffprägeband mit entsprechender Kennzeichnung befestigt. Es dient einerseits zur Kontrolle der Farbwiedergabe photographischer Aufnahmen, andererseits auch als Maßstab. Dem gleichen Zweck dienen weiße Reißzwecken, die neben dem Kunststoffband angebracht werden. Die Flechtenexpositionstafel wird mittels zweier Schrauben an entsprechender Halterung befestigt. Die Halterung soll ein Gewinde besitzen, mit dessen Hilfe die Tafeln auf Stahlrohre geschraubt werden können, wie sie für das Staubniederschlagsmeßgerät nach Bergerhoff benutzt werden. Da mit der Flechtentafel vor allem Immissionen aus einer Himmelsrichtung erfaßt werden, wurden zur Ermittlung der Gesamtimmission rotierende Expositionsträger entwickelt, die, vom Wind angetrieben, um eine senkrechte Achse rotieren, und damit eine expositionsunabhängige Erfassung der auf die Flechten einwirkenden Immissionen ermöglicht. Es können jedoch auch gleichzeitig vier Bretter (ausgerichtet nach den Himmelsrichtungen) eingesetzt werden.

Die Expositionstafeln sollen sich 1,5 m über dem Boden befinden. Hindernisse für die natürliche Luftbewegung sollten mindestens zehnmal so weit von der Meßstelle entfernt sein, wie die Hindernisse über die Meßstelle ragen.

Meßnetz. Die Expositionstafeln sollen im Abstand von 5 km aufgestellt werden. Die Expositionszeit soll 360 + 3 Tage betragen.

Die Reaktionen der Flechten auf vorliegende Immissionswirkungen werden in Intervallen von 45 Tagen farbphotographisch registriert.

Auswertung. Geschädigte Flechtenthalli unterscheiden sich von ungeschädigten durch eine weiße bis graue oder bräunliche Verfärbung (frei von grünen oder blaugrünen Pigmenten). Die Flechten werden im Abbildungsmaßstab 1 : 2,3 fotografiert (mit Blitzlicht; z. B. Ringblitz von Mannesmann). Für eine Untersuchung sollten Filme mit gleicher Emulsionsnummer verwendet werden.

Die Flechten werden vor jeder Aufnahme in maximalen Quellungszustand gebracht (ca. 10 Min. vor der Aufnahme mit aqua dest. befeuchten und warten, bis kein tropfbares Wasser mehr vorhanden ist; sonst Reflexion). Mit Projektoren (3) werden der Zustand zum Versuchsbeginn, der augenblickliche Zustand und die davorliegende Situation projiziert und der sichtbare abgestorbene Anteil des Flechtenthallus nach einer 9stufigen Skala bonitiert. Die Bonitierung wird schrittweise durchgeführt, ausgehend von den leicht abzugrenzenden Schädigungsstufen

0 =   0
2 = 25% geschädigt
4 = mittlerer Schädigungsgrad
6 = 75% geschädigt
8 = 100%.
Die Schädigungsstufen 1, 3, 5 und 7 werden geschätzt.

Schädigungsstufe	mittlerer Schädigungsgrad	rechnerisches Schätzintervall
0	3,1%	0 % − 6,2%
1	12,5%	6,3% − 18,7%
2	25,0%	18,8% − 31,2%
3	37,5%	31,3% − 43,7%
4	50,0%	43,8% − 56,2%
5	62,5%	56,3% − 68,7%
6	75,0%	68,8% − 81,2%
7	87,5%	81,3% − 93,7%
8	96,6%	93,8% − 100,0%

Bewertung der Meßergebnisse. Zeitlicher Verlauf als auch Umfang der Nekrotisierung der Thalli ermöglichen Rückschlüsse auf die biologisch wirksame Immissionsdosis an den jeweiligen Meßstandorten. Hohe Immissionsstromdichten führen an den einzelnen Flechtenlagern zu kurzzeitigem, großflächigem Absterben, niedere dagegen bewirken nur eine umgrenzte und langsam verlaufende Nekrotisierung der Flechtenexponate bis zum Ende der 360tägigen Meßperiode. Dieser Sachverhalt ist bei der Normierung der Reaktion der Blattflechte *Hypogymnia physodes* durch Aufstellung einer zwölfteiligen Skala von Belastungsindizes berücksichtigt worden. Sie leiten sich von der Expositionszeiteinheit (45 Tage) pro Schädigungsgrad ab.

Der Belastungsindex 12 liegt dann vor, wenn an einem Standort ein Kollektiv exponierter Flechten nach 45tägiger Exposition eine mittlere Schädigung von mindestens 50% aufzeigt. Der Belastungsindex (B_F) erniedrigt sich entsprechend der verlängerten Expositionszeit, die bis zu 360 + 3 Tagen ein Mehrfaches von 45tägigen Intervallen betragen kann:

$$49,9\% - 33,5\% = B_F4$$
$$33,4\% - 17,0\% = B_F3$$
$$16,9\% - 0,5\% = B_F2$$

Standorte, an denen die Flechtenthalli nicht geschädigt wurden, erhalten B_F1. Die B_F-Werte stellen Luftqualitätskriterien für die Standorte dar. Die aus der normierten Flechtenreaktion hergeleiteten Belastungsindizes erlauben Rückschlüsse auf Funktionsgefährdungen anderer Pflanzen (vgl. Abb. 165).

Häufig eingesetzte einfache Expositionsverfahren basieren auf der Verwendung von *Lepidium* (vgl. u. a. Thome 1976), *Lolium multiflorum* (u. a. Prinz 1975) und Holzproben (vgl. u. a. Arndt 1974).

Für städtische Fließgewässer wurden ebenfalls Wirkungskataster mit limnischen Organismen aufgebaut (Schäfer und Müller 1976). Zur gütemäßigen Bewertung der einzelnen Flußabschnitte werden in Boxen exponierte Organismen eingesetzt. Analog zum Immissionswirkungskataster von Nordrhein-Westfalen (Schönbeck

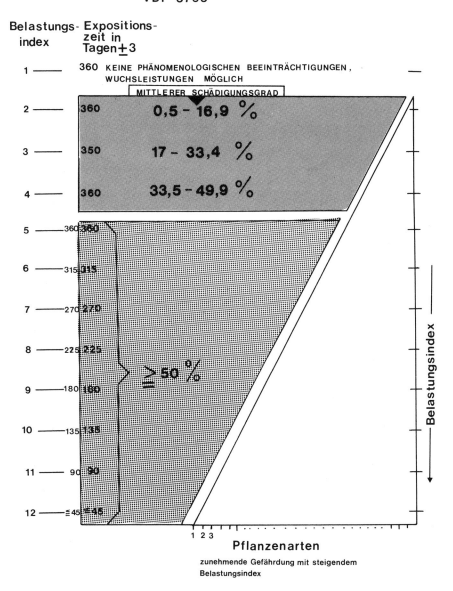

Abb. 165. Bewertungsschema von Flechten-*(Hypogymnia physodes)*Exponaten nach der VDI-Richtlinie 3793.

und VAN HAUT 1974, PRINZ 1973, 1975, PRINZ und SCHOLL 1975, MÜLLER 1975) erwarten wir von exponierten Organismen die Antwort auf zwei Fragen:
a) Wie reagieren exponierte Tiere in unterschiedlich belasteten Gewässerabschnitten? (Vitalitätstests; Untersuchungen zur unterschiedlichen Produktivität)
b) Welche Stoffe werden von den Organismen aufgenommen (evtl. auch in ihnen angereichert; Trendkataster) bzw. führen zu diagnostizierbaren Wirkungen?

Für die Freilandtests werden verschiedene Boxentypen verwandt, die sich besonders durch ihre Volumina und ihre vom Außenmilieu unterschiedlich abweichenden Innenwerte (u. a. O_2) unterscheiden. Sie sind auf die biologischen Besonderheiten der Versuchstiere (Mollusken, Fische) abgestimmt. Ihre Exposition in den Fluß erfolgt nach einem festgelegten Muster an Expositionsstandorten mit vergleichbarem Wasserkörper und ähnlicher Strömungsgeschwindigkeit (Wehre, Schleusen, Pegelstationen).

Das Expositionssystem hat neben seiner Indikatorbedeutung naturgemäß auch eine beweissichernde Funktion. Die seit 1974 erhaltenen Ergebnisse erlauben u. a. auch Rückschlüsse auf die Folgen der Saarkanalisation, da die qualitativen Unterschiede zwischen Benthal und Pelagial quantifiziert werden können. Für Mikroorganismen werden bereits seit längerer Zeit „Aufwuchsplatten" benutzt, die im Wasser exponiert werden. In regelmäßigen Abständen wird ihre Besiedlungsdichte, -abfolge und Artenzusammensetzung kontrolliert (vgl. u. a. FRIEDRICH 1973).

4.3.3.6 Rückstandsanalysen in exponierten Organismen und Freilandpopulationen (Trendkataster)

Die Verweildauer exponierter Organismen ist häufig mit der Schadstoffbelastung des Standortes eng verknüpft. Die Analyse der Inhaltsstoffe in den Exponaten erlaubt deshalb oftmals Rückschlüsse auf die an einer Schadwirkung beteiligten Stoffe (SCHÖNBECK und VAN HAUT 1971, 1974). Der Transfer auf menschliche Populationen wird dadurch flächenbezogen möglich (u. a. HOWER et al. 1974).

Auch ein Bezug zur „Belastung" von Freilandpopulationen kann hergestellt werden. Dadurch bietet sich eine realistische Möglichkeit, auch die adaptiven Fähigkeiten lebendiger Systeme sinnvoll zu diskutieren.

Tab. 4.86. Blattanalysen (*Acer, Platanus*) im Verdichtungsraum von Saarbrücken (THOME 1976)

Standort	Zn ppm	Pb ppm	Cd ppm	F ppm	S ‰	Cl ‰
Burbach Helgenbrunnen	80,80	91,10	0,10	48,5	2,60	10,3
Im Rotfeld	109,50	206,50	1,00	225,0	6,00	6,7
Friedhof Jägersfreude	105,00	76,10	0,25	32,8	3,50	1,6
Rodenhof	50,20	48,80	0,40	43,5	5,70	3,0
Camphauser Straße	111,50	84,85	0,35	54,2	2,55	6,3
Alter Friedhof (H/5)	42,60	37,70	0,60	23,2	4,95	3,4
Kaninchenberg	168,00	66,80	0,60	31,7	4,25	6,3
Alter Friedhof (E/6)	34,25	32,55	0,20	27,2	4,70	3,1

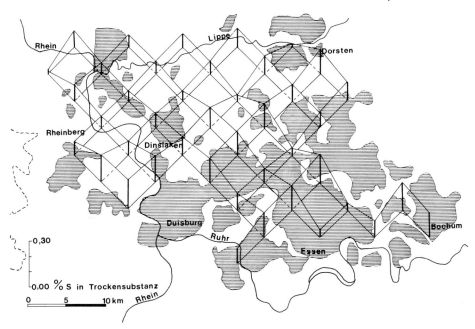

Abb. 166. Trendkataster von Nordrhein-Westfalen (nach PRINZ 1975, aus MÜLLER 1975).
Dem Kataster liegen exponierte Graskulturen *(Lolium multiflorum)* zugrunde. Diese werden in
regelmäßigen Abständen geschnitten und rückstandsanalytisch (z. B. Schwermetalle oder Schwefel) untersucht.

Über die Kontamination von Tier-Freilandpopulationen mit „Schadstoffen" liegen
zahlreiche Daten u. a. aus England (u. a. MOORE 1966, 1974, PRESTT und RAT-
CLIFF 1972), den Niederlanden (u. a. KOEMAN 1975) und Belgien vor (u. a. JOIRIS
1974). Bedeutsam sind dabei naturgemäß Untersuchungen über Summationsgifte,
die sich in dem obersten Level von Nahrungspyramiden verstärkt anreichern (u. a.
Greifvögel, Seevögel). Allerdings gibt es auf diesem Gebiet noch zahlreiche ungelöste
Probleme. So ist noch immer die toxikologische Bewertung von Quecksilberkonzen-
trationen in marinen Säugern und Vögeln problematisch. Höchste Hg-Konzentratio-
nen sind von Robben, Tümmlern und Delphinen bekannt (u. a. GERLACH 1975, KOE-
MAN 1975). Dagegen befinden sich gerade im Gewebe von Lummen und Alken
bedeutend geringere Konzentrationen.
  Auch im Freiland gehaltenen Nutztieren und Kulturpflanzen liegen Daten vor
(u. a. HAHN und AEHNELT 1972, HAPKE 1972, 1974, HAPKE und PRIGGE 1973).
  Um z. B. den Bleigehalt in der Vegetation toxikologisch für Herbivore interpretieren zu können, hat HAPKE (1972) die tolerierbaren Bleimengen in Schafen festgelegt
(vgl. auch WADA et al. 1969, HERNBERG et al. 1970, HAEGER-ARONSON 1960), wobei
als Bewertungsmaß die Aminolävulinsäure-Dehydrase-Aktivität und die Ausschei-
dungsmenge von Koproporphyrin III verwandt wurde. Seine Ergebnisse lassen es
wahrscheinlich werden, daß über 15 ppm Blei in der Trockensubstanz der Futterpflanzen zu nachhaltigen Beeinträchtigungen von Schafen führen.

Tab. 4.87. Schwefelgehalt in Kulturpflanzen auf unterschiedlich beaufschlagten Standorten (nach Daten der Landesanstalt für Immissionsschutz, Essen)

Pflanzenart	Station	Wuchshöhe in cm		Trockengewicht in g		Schwefelgehalt in %
Spinat 'Matador'	Kontrollstation (unbelastet)	24		58,9		0,38
	Versuchsfläche 1	18		46,6		0,56
	Versuchsfläche 2	15		40,5		0,54
Radieschen 'Riesenbutter'	Ko	Kraut 12	13,3	Knollen 9,5		0,87
	1	11	11,2	8,7		1,00
	2	8	11,2	8,0		1,15
Kopfsalat 'Attraktion'	Ko	15		45,8		0,28
	1	14		30,0		0,34
	2	13		23,5		0,39
Pflücksalat 'Australisch gelber'	Ko	15		47,1		0,23
	1	16		38,2		0,47
	2	11		18,6		0,58
Saaterbsen 'Kl. Rheinländerin'	Ko	38		36,8		0,84
	1	42		44,3		1,29
	2	35		27,7		1,31
Buschbohnen 'Saxa'	Ko	38		52,3		0,23
	1	37		31,9		0,47
	2	18		3,7		0,60
Tomaten 'Rheinlands Ruhm'	Ko	107		–		1,44
	1	114		–		4,00
	2	96		–		3,50
Petersilie 'Mooskrause'	Ko	18		14,9		0,29
	1	15		12,4		0,48
	2	15		11,7		0,80

Die Bleikonzentrationen in der Nähe von Autobahnen liegen im allgemeinen zwischen 50 und 100 ppm Blei/Trockenmasse, weshalb ein Verfüttern der dort vorhandenen Gräser nicht vertretbar ist. Bleikonzentrationen von 100 ppm im Gesamtfutter führen zu verstärkten Störungen der Enzymaktivität, von 250 ppm nach mehr als 1 Woche auch zu klinischen Vergiftungserscheinungen. Mit der Messung der ALA-D-Aktivität im Blut läßt sich auch bei Tieren (außer beim Pferd) die Frühdiagnose einer Bleivergiftung zu einem Zeitpunkt stellen, wo klinische Erscheinungen noch nicht

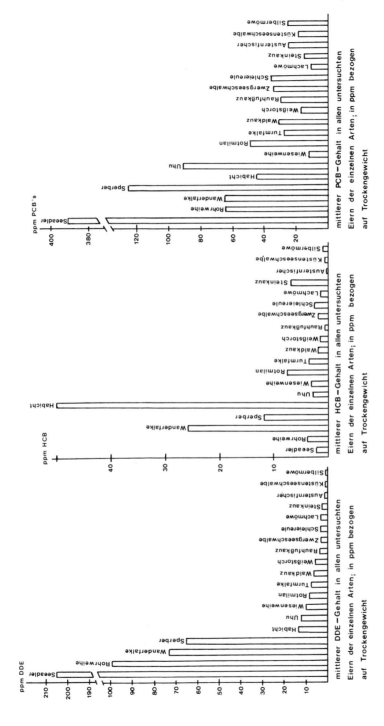

Abb. 167. DDE-, HCB- und PCB-Gehalte in Eiern von Greifvögeln der Bundesrepublik Deutschland (nach CONRAD 1977).

Tab. 4.88. Ergebnisse von Rückstandsanalysen (chlorierte Kohlenwasserstoffe und Queck-silber) aus Geweben von Kormoranen (*Phalacrocorax carbo*; KOEMAN 1975)

Gewebe von tot gefundenen Vögeln	Hexachlo-robenzene HCB	DDE	PCB	Heptachlor-epoxide	Dieldrin	Hg	MeHg
			Rückstände in ppm (Feuchtgewicht)				
1. Leber	14	–	470	0,27	1,7	33	5,8
Gehirn	–	–	280	0,07	0,85	1,5	1,7
gesamter Körper	11	–	93	0,12	0,25	4,7	3,6
2. Leber	11	5,5	93	0,12	0,25	18	6,2
Gehirn	–	–	–	–	–	2,0	1,6
gesamter Körper	25	14	460	0,14	1,9	4,4	3,4
3. Leber	6,2	29	300	0,10	0,79	52	1,4
Gehirn	–	–	–	–	–	2,0	1,9
gesamter Körper	3,4	13	150	0,225	0,24	7,0	3,8
4. Leber	2,5	30	350	–	5,0	22	5,9
Gehirn	–	–	–	–	–	0,87	0,90
gesamter Körper	< 0,39	3,4	29	0,017	0,26	2,6	1,7
5. Leber	3,7	15	450	0,25	1,4	14	3,3
Gehirn	–	–	–	–	–	0,96	0,84
gesamter Körper	< 1,0	11	280	0,20	0,74	2,4	1,4
6. Leber	28	17	250	0,097	1,5	24	6,0
Gehirn	–	–	–	–	–	1,6	1,8
gesamter Körper	17	14	414	0,028	1,7	3,8	1,2

sichtbar sind (HAEGER-ARONSON 1960, WADA et al. 1969, HAPKE 1972, 1974, HAPKE und PRIGGE 1973). Die bisher von menschlichen Populationen aus Verdich-tungsräumen vorliegenden Kontaminationsdaten (u. a. ROSMANITH et al. 1975, STÖ-FEN 1975) zeigen z. T. verblüffende Koinzidenzen zu den Untersuchungsergebnissen von Freilandpopulationen und von exponierten Organismen (u. a. HOWER et al. 1974).

4.3.3.7 Stadtmenschen

„Eine Stadt ist eine Tat des Menschen wider die Natur, ein Organismus des Menschen zum Schutze und zur Arbeit. Sie ist eine Schöpfung" (LE CORBUSIER). In ihr sind je-doch nicht nur unsere stärksten Kräfte vereinigt, sondern auch alle Gefahren, die das verdichtete Zusammenleben von Menschen mit sich bringt, sei es durch übernorma-len Konsum und die daraus entstehende Haltlosigkeit, Verwilderung und Frustration, oder „sei es durch die Auslese in einer Stadtgemeinschaft, die nicht nur die ideelle Leistung fördert, sondern auch den Hochmut und die lebensgefährliche Entfernung von Kräften, von denen der Mensch sich nicht entfernen sollte. Weltfremdheit, Ent-täuschung und schließlich Gewalttätigkeit bis zur Kriminalität sind die Folgen" (TAMMS und WORTMANN 1973; vgl. auch ECKENSBERGER 1977).

Immer deutlicher lehrt uns eine sich rasch entwickelnde Ökopsychologie, den All-tag des Menschen als seinen „Handlungsbiotop" (BOESCH 1976) zu verstehen, in dem zwar vieles – aber eben nicht alles zweckmäßig ist.

Bereits das Wohnhaus, das Heim, ist nur z. T. von Zweckmäßigkeit bestimmt und zeigt biomspezifische Anpassungen. In einem viel umfassenderen Sinne ist es die Voraussetzung zur Strukturierung des Ich. Persönlichkeit und Heim sind so eng miteinander verzahnt, daß häufig eine Analyse des einen die Erkenntnis über das andere fördert.

Aus Dichte-Effekten (Crowding) bei Tieren haben manche Verhaltensforscher den Schluß gezogen, daß eine bestimmte Populationsvergrößerung auch bei Menschen zu z. T. „katastrophalen Folgen" führen kann, da „die einzig echte Gefahr für den Menschen die Menschen sind, d. h. zu viele Menschen" (LORENZ und LEYHAUSEN 1968). Ergebnisse experimenteller Untersuchungen von Psychologen (u. a. HUTT und VAIZEY 1967, KÄLIN 1972) zeigen, daß diese Annahme zu recht besteht, daß jedoch die für die Population günstigsten Individuendichten nicht in gleicher Weise biologisch determiniert zu sein scheinen wie bei Tieren.

„Nicht die Situation als solche wirkt bedrohlich, sondern erst ihre Bedeutung für die Handlungssysteme des einzelnen" (BOESCH 1976). Der Zusammenhang zwischen psychologischem Streß und Populationsdichte kann deshalb auch interpretiert werden als die mit steigender Populationsdichte im allgemeinen immer schwieriger werdende Möglichkeit individueller Wunschbefriedigung.

Auf externe chemisch-physikalische Störungen (z. B. Alkohol, Gifte) reagieren menschliche Populationen und Individuen in Abhängigkeit von ihrer genetischen Struktur und variablen psychologischen Randbedingungen oftmals unterschiedlich. Bleibt die Störung unter der Toleranzschwelle, so erfolgt häufig keine Reaktion. Es kann zum in der Psychologie bekannten Phänomen der „Einschleichung" kommen. Kleine externe Dosen (unterhalb der Reaktionsschwelle) verschieben die Toleranzgrenzen. Eine spätere Erhöhung der Dosis bleibt ebenfalls ohne Abwehrreaktion, was im Extremfall bis zur physiologischen Anpassungsgrenze führt (z. B. Alkoholismus, Drogenmißbrauch, Nikotingenuß, Anpassung der Stadtbewohner an Großstadtlärm). Diese Adaptationsfähigkeit ist naturgemäß nicht gegenüber allen Umweltnoxen vorhanden. Ihre Existenz darf nicht darüber hinwegtäuschen, daß individuenspezifische physiologische und psychische Adaptationsgrenzen existieren, deren Überschreiten eine Handlungskorrektur nicht mehr ermöglicht. Zahlreichen externen Störfaktoren stehen physiologische Warneinrichtungen gegenüber, die u. a. von LEVI (1972) analysiert wurden und die z. B. durch eine verstärkte Ausschüttung von Adrenalin und Noradrenalin gekennzeichnet werden können.

Über die Ausschüttung dieser beiden Nebennierenrindenhormone ist Streß physiologisch definierbar, doch wurden bei einzelnen Tierarten weitere Streßindikatoren beschrieben (z. B. SST-Wert = Schwanzsträubwert bei Tupaias; vgl. VON HOLST 1975). LAZARUS (1966) und SELLS (1970) verstehen unter Streß eine Bedrohung des Wohlbefindens, auf die der Organismus nicht mit angeborenen oder eingespielten Ausgleich-Mechanismen antworten kann. BOESCH (1976) definiert genereller, wenn er „alle Handlungserschwerungen als Streß bezeichnen" möchte (Seite 335), „operational definiert durch Gefühle der Lust oder lustbetonten Anstrengung, der Handlungs-Akzeleration oder Intensivierung, der Gespanntheit und ähnlichem mehr".

Von besonderem biogeographischem Interesse sind Veränderungen der Gesundheit (Epidemiologie, Geomedizin) und physiologischer Prozesse von Stadtpopulationen.

Die Einwirkungen des „Stadtlebens" oder der Arbeitszeit auf die biologische Tagesrhythmik des Menschen, auf Arbeitsunfallhäufigkeit, Selbstmordversuche und

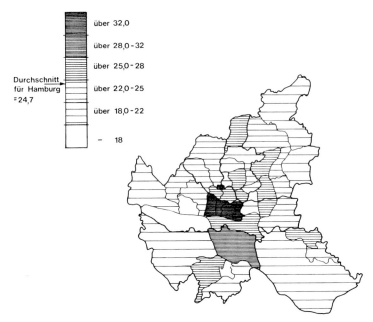

Abb. 168. Verbreitungsmuster von Krebserkrankungen in Hamburg (nach SACHS, aus MÜL-LER 1977).

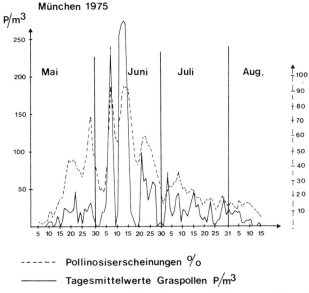

Abb. 169. Pollinosiserscheinungen in Abhängigkeit vom Auftreten von Graspollen in München (1975) als Beispiel für eine aus natürlichen Quellen resultierende Belastung städtischer Bewohner (nach BMI).

Tab. 4.89. Trinkwasserqualitätsnormen (Näheres vgl. Seite 342)

| Wasserbelastungsstoffe Angabe in mg/l | Grenzwerte für Trinkwasser TVO International Standards der WHO | | | | | Grenzwerte für Oberflächenwasser | | | | |
	1.	2.	3.	4.	5.	6. DWGW-A	7. DVGW-B	8. EG-A1	9. EG-A2	10. EG-A3
Arsen als As	0,04	0,05				0,01	0,01	0,05	0,05	0,1
Blei als Pb	0,04	0,1				0,03	0,05	0,05	0,05	0,05
Cadmium als Cd	0,006	0,01				0,005	0,005	0,005	0,005	0,005
Chrom als Cr	0,05					0,03	0,05	0,05	0,05	0,05
Cyanide als Cn^-	0,05	0,05				0,01	0,05	0,05	0,05	0,05
Fluoride als F^-	1,5		1,5			1,0	1,0	1,5	1,7"	1,7"
Nitrate als NO_3^-	90		45			25	50	50	100	100
Quecksilber als Hg	0,004	0,001				0,0005	0,001	0,001	0,001	0,001
Selen als Se	0,008	0,01				0,01	0,01	0,01	0,01	0,01
Sulfate als SO_4^-	240			200	400	100	150	250	250	250
Zink als Zn	2			5,0	1,5	0,5	1,0	3,0	5,0	5,0

Erläuterungen zu den Spalten
1. Grenzwerte für gesundheitsschädliche chemische Stoffe gem. Anl. 1 TVO (Trinkwasserverordnung)
2. Grenzwerte für giftige Substanzen
3. Empfohlene Leitgrenzen
4. Empfohlene Grenzwerte ⎫
5. Max. zuläss. Grenzwerte ⎭ bezgl. der Annehmbarkeit für häuslichen Gebrauch
6. und 7. DVGW-Arbeitsblatt W 151 „Eignung von Oberflächenwasser als Rohstoff für die Trinkwasserversorgung, Entwurf September 1974"
6. Belastungsgrenzen, bis zu denen allein durch natürliche Gewinnungs- und Aufbereitungsverfahren Trinkwasser hergestellt werden kann
7. Belastungsgrenzen, bis zu denen ein zufriedenstellendes Trinkwasser hergestellt werden kann
8. — 10. Richtlinien der EG mit zwingenden Grenzwerten für:
8. Einfache physik.-chem. Aufbereitung und Entkeimung
9. übliche physik.-chem. Aufbereitung und Entkeimung
10. Physik. und verfeinerte chemische Aufbereitung, Veredelung und Entkeimung

Sterbeziffer sind noch keineswegs vollständig aufgeklärt (vgl. u. a. HILDEBRANDT 1976), obwohl auf diesem Gebiet eine umfangreiche Literatur vorliegt (u. a. ALL-WRIGHT et al. 1974, CRAWFORD et al. 1971, FASSBENDER 1975, FIRNHABER 1974, KEIL et al. 1975, MOLL 1975, PFLANZ et al. 1976, ROSMANITH et al. 1975, SCHNEI-DER et al. 1975). Deutlich lassen sich in jeder Stadt Verbreitungszentren bestimmter Krankheiten (u. a. Chronische Bronchitis, Krebs) abgrenzen, ohne daß die Kausalität der Standortsbindung – von Ausnahmen abgesehen – sicher gedeutet werden kann. Genetische und soziale Variabilität der Stadtpopulationen sowie ihre hohe Mobilität erschweren die kausale Interpretation. Die Mobilität liefert jedoch zugleich die Grundlage für kontinentale Verbreitungsnetze bestimmter Krankheiten (JUSATZ 1966). Bedingt durch die in Verdichtungsräumen häufig reduzierte Strahlung traten in früheren Jahren gehäuft Fälle von Rachitis in Industriegebieten auf (vgl. Umschau 1971, Seite 249). Durch verstärkte orale Gaben von Vitamin D an Säuglinge wird jedoch die negative Wirkung des Strahlungsmangels heute weitgehend aufgehoben.

Auch die Trinkwasserqualität greift z. T. tief ein in den Vitalitätszustand von Stadtpopulationen. Es versteht sich zwar von selbst, daß strenge nationale und inter-nationale Standards dafür sorgen, daß keine toxischen Substanzen in das Trinkwas-ser gelangen (vgl. u. a. Trinkwasserverordnung für die Bundesrepublik Deutschland von 1975; Internationale Standards der WHO), doch spielen offensichtlich auch so nebensächlich erscheinende Faktoren wie z. B. die Härte des Trinkwassers beim Auf-treten bestimmter Krankheiten eine gewisse Rolle. Zweifellos bestehen auf diesem Gebiet noch eine Fülle ungelöster Probleme. Einige seien kurz andiskutiert.

Tab. 4.90. Magnesium und Calciumgehalt von Trinkwasserproben in verschiedenen Städten und Kreisen der Bundesrepublik Deutschland (HOLTMEIER, KUHN und RUMMEL 1976)

Stadt/Kreis	Zn mg/l	Mg mg/l	Ca mg/l
Balingen	0,04	4,5	36,9
Essen	0,04	11,5	46,0
Freiburg	0,01	2,6	24,0
Hochschwarzwald	0,68	3,4	14,9
Hamburg	0,03	7,3	67,5
Heilbronn	0,02	30,8	74,0
Ludwigsburg	0,04	13,3	55,2
Köln	0,02	15,7	73,8
Saarbrücken	0,10	17,6	24,7
Stuttgart	0,03	10,0	73,4
Würzburg	0,01	32,1	149,4

Tab. 4.91. Trinkwasserhärte in 4 Wasserversorgungsgebieten von Hannover 1971

Wasserversorgungsgebiet	Berkhof	Fuhrberg	Ricklingen	Grasdorf
pH	8,1	7,6	7,5	7,2
Gesamthärte	9,5	11,6	24,6	28,2
Karbonathärte	5,5	4,2	8,1	13,4
Kalziumoxid mg/l	83,0	105,0	156,8	184,0
Magnesiumoxid mg/l	8,0	8,0	63,5	69,8

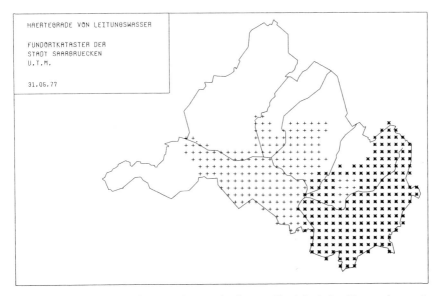

Abb. 170. Die Trinkwasserhärte wird in verschiedenen epidemiologischen Untersuchungen in Verbindung gebracht zu kardiovaskulären Erkrankungen (Näheres im Text). Manche Städte, z. B. Hannover oder Saarbrücken, zeichnen sich durch unterschiedliche Trinkwasserhärtebereiche aus. * = hartes Wasser, + = Mischwasser, weiß = weiches Wasser.

Während einzelne Städte in allen Stadtvierteln eine gleichmäßige Wasserqualität besitzen, lassen sich u. a. für Hannover oder Saarbrücken Zonen unterschiedlicher Härtegrade deutlich abgrenzen.

Untersuchungen, die von KEIL et al. (1975) für die vier Wasserversorgungsgebiete von Hannover durchgeführt wurden, erbrachten jedoch keine Korrelation zwischen Trinkwasserhärte und kardiovaskulären Erkrankungen.

Tab. 4.92. Durchschnittliche Mortalitätsraten (1968–1969) pro 100 000 E und Jahr für die Altersgruppe der 45–64jährigen in 5 Wasserversorgungsgebieten von Hannover (KEIL et al. 1975)

Wasserversorgungsgebiete und deren Gesamttrinkwasser- und Karbonathärte	Kardiovaskuläre Krankheiten	
	Männer	Frauen
Berghof 9,6 dH°/5,4 dH°	679	248
Fuhrberg 10,6 dH°/4,4 dH°	533	198
Mischwassergebiet (Stadtzentrum) 10 – 25 dH°	726	237
Ricklingen 22,8 dH°/8,0 dH°	772	251
Grasdorf 27,8 dH°/12,8 dH°	448	209

Tab. 4.93. Durchschnittliche Sterbearten (1958–1964) für die Altersgruppen 45 bis 64 pro 100000 in 61 Städten mit über 80000 Einwohnern von England und Wales in Abhängigkeit vom Calciumgehalt des Wassers (CRAWFORD, GARDNER und MORRIS 1972)

Trinkwasser Calcium/ppm	Zahl der untersuchten Städte	Alle Todesursachen ♂	♀	Kardiovaskuläre Krankheiten ♂	♀
– 10	8	1688	866	751	355
10 – 19	15	1640	840	751	345
20 – 39	9	1490	765	670	304
40 – 69	9	1528	784	636	306
70 – 99	13	1453	743	633	281
100 und mehr	7	1260	680	546	248

Tab. 4.94. Todesfälle an kardiovaskulären Krankheiten (Altersstufe 45–64 Jahre) in Scunthorpe und Grinsby (England) vor und nach der Trinkwasserenthärtung in Scunthorpe 1959 von 448 ppm $CaCO_3$ auf 100 ppm $CaCO_3$ (ROBERTSON 1968)

	Männer 1950–1953		1964–1967			Frauen 1950–1953	1964–1967	
	Wasserhärte in ppm $CaCO_3$	Mortalität pro 100000	$CaCO_3$	Mortalität	Veränderung der Mortalität	Mortalität	Mortalität	Veränderung
Scunthorpe	488	568	100	704	+ 24	259	254	– 2
Grinsby	224 – 250	634	224 – 250	549	– 13	347	253	– 27

Die Zusammenhänge zwischen Trinkwasserhärte und Mortalität an kardiovaskulären Krankheiten werden in den letzten Jahren verstärkt diskutiert, ohne daß bisher in allen Fällen eindeutige Beziehungen gefunden werden konnten (u. a. CRAWFORD et al. 1972, KEIL 1973, KEIL, PFLANZ und WOLF 1975, MASIRONI 1970, NERI et al. 1974). Für einige Gebiete ist gesichert, daß die Mortalitätsraten für kardiovaskuläre Krankheiten in Gebieten mit weichem Trinkwasser höher sind als in Gebieten mit härterem Trinkwasser. „Ob das weiche Trinkwasser selbst eine ursächliche Rolle spielt, oder ob es nur mit noch unbekannten ursächlichen Faktoren eng korreliert, ist noch nicht hinreichend geklärt" (KEIL et al. 1975).

4.3.3.8 Nahrungsketten Urbaner Ökosysteme als Integratoren der Belastung

Es erweist sich zunehmend als immer schwieriger, alle multidimensionalen Prozesse, die sich im Immissionstyp einer Stadt abspielen, als Bewertungsmatrix für den Menschen sinnvoll einzuordnen. Zahlreiche ungelöste Probleme im Bereich cancerogener, mutagener und teratogener Substanzen erfordern „Umweltverträglichkeitstests". Diese sind jedoch nur dann als relative Spiegelbilder des realen Risikos des Stadtlebens verwertbar, wenn der Stoffwechsel der Substanzen in Nahrungsketten innerhalb der jeweiligen Stadtmilieus analysiert wird (u. a. BEAVINGTON 1975, BLAU und NEELY

1976, JEFFERIES und FRENCH 1976, LAGERWERFF und SPECHT 1970, WILLIAMS und DAVID 1976). Parallel dazu muß eine Raumbewertung durch standardisierte Organismen in Wirkungs- und Trendkatastern erfolgen, deren Reaktionen und Schadstoffrückstände durch epidemiologische Untersuchungen für menschliche Populationen transferierbar gemacht werden.

Tab. 4.95. Beispiel für den Verbleib von DDT nach Bekämpfung einer Ulmen-Krankheit (BEVENUE 1976)

	DDT- und Metaboliten-Rückstände (ppm)	
Ulme	—	
Bodenoberfläche	—	
Boden ($\approx$ 10 cm Tiefe)	6,6 —	14,9
Blätter (direkt nach Besprühung)	183	— 293
Blätter (nach einigen Monaten)	21	— 32
Regenwürmer (direkt nach Besprühung)	36	— 237
Regenwürmer (nach einigen Monaten)	119	
Rotkehlchen		
Gehirn	39	— 342
Leber	763	
Herz	247	
Taube (Gehirn)	179	
Haussperling (Gehirn)	196	
Star (Gehirn)	29	
Grauhörnchen (Gehirn)	4	

Tab. 4.96. Bleigehalt in einem künstlichen Ökosystem (PO-YUNG et al. 1975; in ppm)

	Sand	anlehmiger Sand	Tonschlamm Sand	Kontrolle
Wasser	0,013	0,002	0,002	0,001
Algen	275	153	114	0,02
Daphnien	187	154	85	0,02
Schnecken	334	88	56	0,05
Mückenlarven	403	247	80	0,02
Fisch	13	2	1	0,02
Sorghum Blätter	497	1	1	1,5
Sorghum Wurzel	695	15	5	1,6

Tab. 4.97. Anreicherung von Cd in Böden und Regenwürmern (Mittelwerte in ppm Trockensubstanz) an USA-Verkehrsstraßen (GISH und CHRISTENSEN 1973)

Entfernung von Straße	3 m	6,1 m	12,2 m	24,4 m	48,4 m	Kontrolle
Boden	1,23	0,72	0,72	0,68	0,78	0,66
Regenwürmer	12,6	8,8	8,3	6,9	7,1	3,0

Tab. 4.98. Cadmiumgehalte in verschiedenen Proben einer Nahrungskette im Lee einer Zinkhütte (in ppm TS; MARTIN und COUGHTREY 1975)

Probe		Abstand 3 km von Hütte	Abstand 28 km von Hütte
Pflanzen:	Blätter von *Quercus*	6	0,8
	Brachypodium	2	–
	Glechoma	8	–
	Urtica	7 – 9	2,1
	Allium	–	0,9
	Mercurialis	–	2,2
	Sambucus	15	–
	Hedera	18	2,1
	Bryophyten	25	1,3
Bestandesabfall:	Holz	3	–
	Rinde	14	2,6
	Eichenblätter	19	0,8
	andere Blätter	29	1,9
Boden:	5 cm unter Streu	42	2,0
	10 cm unter Streu	14	–
Tiere:	*Arion ater*	9,9	3,7
	– fasciatus	29,7	4,8
	– hortensis	56,5	3,5
	Agriolimax	43,0	9,2
	Clausilia	76,1	–
	Oniscus	171,0	28,2
	Lumbricus	122,8	25,2

4.3.3.9 Stadtumland und Belastungsreduktion

Eine Stadt stellt kein abgeschlossenes Gebilde dar. Laufend finden Austauschvorgänge mit ihrem Umland statt. Die Struktur dieses Umlandes wirkt ihrerseits auf die Stadtgestalt in vielfältiger Weise.

Tab. 4.99. Gehalte von Blättern und Streu an N, CaO und P_2O_5 (WITTICH 1961)

	N%		CaO%		$P_2O_5\%$	
	Blatt	Streu	Blatt	Streu	Blatt	Streu
Robinie	4,3	3,7	2,0	2,6	0,57	0,26
Esche	3,0	2,2	3,8	4,2	1,03	0,88
Hainbuche	3,0	1,7	1,4	2,4	0,77	0,66
Winterlinde	3,0	1,5	2,2	3,4	0,70	0,67
Roteiche	2,5	1,0	1,2	2,0	0,78	0,53
Bergahorn	2,6	1,3	2,4	4,1	0,63	0,51
Birke	2,5	1,6	1,3	2,7	0,67	0,40
Buche	2,3	1,3	1,2	1,7	1,02	0,61
Europ. Lärche	2,3	0,8	0,7	0,7	0,50	0,34
Kiefer	2,0	0,7	0,8	1,4	0,49	0,22
Fichte	1,9	1,2	1,2	2,5	0,68	0,34

Die Biome (vgl. MÜLLER 1974, 1977) in denen die Städte liegen, erfordern „biomspezifische" Anpassungen. Regenwald-, Wüsten- oder Taiga-Städte zeigen in ihrer „Stadtgestalt" und Architektur unverkennbare Züge, die von den Naturfaktoren entscheidend geprägt werden. Häufig sind diese Anpassungen mit sozialen Strukturen gekoppelt.

Aber auch das unmittelbare Stadtumland, die dort vorhandenen Wälder, agrarischen Ökosysteme, Brachflächen, Flüsse und Seen stehen in einer wechselseitigen Beziehung. Sie werden von der Stadt belastet, tragen letztlich aber auch zur Belastungsreduktion bei, da z.B. von der Stadt ausgehende Immissionen nicht auf diese beschränkt bleiben (BUCHWALD 1974, MAYER et al. 1975, MÜLLER 1975).

Der Mensch bestimmt bereits mit der Wahl der Gehölzarten im Stadtumland, welche Stickstoff-, Kalzium- oder Phosphatmengen er über die jährliche Streu dem Boden zuführt (vgl. Tab. 4.99 und 4.100).

Tab. 4.100. Speicherung (Sp) und Rückgabe (R) von Nährelementen in kg/Jahr · ha in einigen Wald-Ökosystemen (DUVIGNEAUD und DENAEYER-DE SMET 1970)

	Alter	Ca		Mg		P		K		N	
		Sp	R	Sp	R	Sp	R	Sp	R	Sp	R
1. Eichen-Eschen-Mischbestand, Belgien	140	42	52	5	9	4	4	21	45	44	55
2. Eichen-Mischwald, Belgien	30–75	74	84	6	6	2,2	3,1	16	30	30	44
3. Eichen-Mischwald, UdSSR	48	20	81	1	12	3	12	27	46	56	48
4. Eichen-Mischwald, UdSSR	55	16	86	3	13	4	3	23	62	33	59
5. Buchenbestand, I. Bon., Deutschland	–	26	69	2,5	0,8	1,2	3,5	8,8	8,4	16	29
6. Buchenbestand auf Diorit, Odenwald	115	49	23	5,3	4,5	6,1	3,3	4,5	4,0	–	–
7. Buchenbestand auf Granit, Odenwald	125	24	11	2,5	2,1	2,8	2,8	2,5	2,2	–	–
8. Birkenbestand auf Moor, Gr. Britannien	–	10	34	0,9	4,7	0,5	3,6	3	25	8	48
9. Fichtenbestand auf Gley, UdSSR	120	6	46	1	6	0,3	2,4	3	17	8	54
10. Fichtenbestand I. Bon, auf Gley Deutschland	–	21	64	2,2	0,6	1,8	3,3	6,7	5	20,6	40
11. Kiefernbestand I. Bon, Deutschland	–	9	36	1,2	0,7	0,9	2,1	2,4	4,4	12,1	22,2

Er steuert die jährlich erzeugte Biomasse in seinem Stadtumland.

Tab. 4.101. Jährliche Produktion an Biomasse bei forstlicher und landwirtschaftlicher Nutzung auf dem Streitberg bei Ettenheim in t/ha·a (MITSCHERLICH 1975)

| | | Forstwirtschaft | | | | Landwirtschaft | | | | |
	Fichte	Lärche Buche Df.	Lärche m. Buche st. Df.	Lärche Tanne	Wiese	Weizen Korn	Stroh	Roggen Korn	Stroh	Kartoffel
1967	8,9	8,9	7,1	6,2	5,0	3,9	4,5	2,7	3,7	11,9
1968	10,9	9,7	8,8	6,8	5,5	3,1	3,9	2,6	4,6	7,9
1969	10,3	8,7	7,8	6,2	6,7	3,2	3,5	2,9	3,7	11,3

Unsere Böden besitzen spezifische Filterfähigkeiten. KAST (1973) berechnete Adsorptionsvermögen und -kapazität der Böden für CO, SO_2 und NO_x und kam zu folgenden Zahlen:

Emission t/a		Adsorptionsvermögen l/km² a	Adsorptionskapazität t/a
CO	8×10^6	495	123×10^6
SO_2	4×10^6	5200	1300×10^6
NO_x	2×10^6	78	19×10^6

Tab. 4.102. Vorläufige forstliche Grenzwerte für die Ausweisung von regionalem Immissionsschutzwald (KNABE 1975)
Einer der Werte muß mindestens 1 mal in 4 Jahren überschritten werden

Immissions-komponente	Überlastungszone (entspricht Stufe I)			Belastungszone (entspricht Stufe II)			
	X_{Veg}	I_1	I_2	X_{Veg}	I_1	I_2	
SO_2	100	140	450	70	100	350	$\mu g/m^3$
HF	0,8	1,1	2,5	0,5	0,7	1,5	$\mu g/m^3$
HCL	–	50	150	–	–	–	
Staubniederschlag	–	0,35	–	–	0,21	–	g/m² Tag
Staubkonzentration (LIB-Verfahren)	–	0,15	–	–	0,12	–	mg/m³
Bleiniederschlag	–	1,0	–	–	0,5		mg/m² Tag

[1] Eine Anwendung der Immissionsgrenzwerte nach Technischer Anleitung zur Reinhaltung der Luft (TAL) wird der forstlichen Zielsetzung nicht immer gerecht. Die Schutzfunktion des Waldes ist u.U. schon bei Konzentrationen, die unterhalb der TAL-Werte liegen, erheblich. Daher werden für die Waldfunktionenkartierung forstliche Grenzwerte vorgeschlagen.

$\overline{X}_{Veg}$ = Arithmetischer Mittelwert der Vegetationszeit (1.4. – 31.10.).

I_1 = $\overline{X} + \triangle \overline{X}$ = Jahresmittelwert + Streuung des Mittelwertes.

I_2 = $\overline{X} + \triangle \overline{X}$ = etwa 97,5% Summenhäufigkeit der Einzelwerte zur Begrenzung von Spitzenkonzentrationen.

1 μg = 0.001 mg = 0.000001 g

Allein in den USA gelangen jährlich 15×10^6 t Äthylen in die Luft. 2 Mechanismen für den Abbau von Äthylen sind bekannt: Oxydation durch Ozon und Reaktion mit einem Stickstoffoxid unter der Einwirkung von Licht. Der Boden fungiert als eine wichtige Senke für Äthylen, und zwar durch mikrobiellen Abbau. Rechnungen erga-

Tab. 4.103. Vorläufige Wirkungsgrenzwerte für die Ausweitung von regionalem Immissions-schutzwald (KNABE 1975)

Verfahren	Kriterien	Polyhemerob/Euhemerob	
		Überlastungszone (entspricht Stufe I)	Belastungszone entspricht Stufe II)
A. Auszählen der Nadeljahrgänge bei Fichten-Ästen am 7. Astquirl von oben[1]	Anzahl lebender Nadeljahrgänge an belichteten Zweigen (März) Mittel von 5 Bäumen	bis 2.5	2.6–3.5
B. Ermittlung des Schadstoffgehalts in Fichten-Nadeln am 7. Astquirl	Gehalt 1jähr. Nadeln (Probenahme vor Beginn d. Vegeta-tionszeit (März)	$>$ 3000 ppm S $>$ 100 ppm F $>$ 60 ppm Pb $>$ 150ppm Zn	2500–3000 ppm S 50– 100 ppm F 30– 60 ppm Pb 100– 150 ppm Zn
C. Kartierung der natürlichen Flechtenver-breitung[2]	Vorkommen von Blattflechten an der Wetterseite besonnter Eichen-Stämme	nicht anwendbar, da Indikator zu empfindlich	nahezu völliges Fehlen
D. Absterben exponierter Flechtenthalli nach SCHÖNBECK	Mittlere Absterberate nach 9 Monaten	$>$ 35%	16–35%
E. Bestimmung der mittleren Auf-nahmerate des Schadstoffgehalts in standardisier-ten Graskulturen nach SCHOLL	Gehalt in Trockensubstanz. Mittel von 10–13 Meßzeiträumen à 14 Tage	$>$ 50 ppm F $>$ 25 ppm Pb $>$ 2 ppm Cd	30–50 ppm F 15–25 ppm Pb 1– 2 ppm Cd

1 ppm = 1 mg/kg = 0.0001%

Anmerkungen zur Tabelle

[1] Man dreht den Zweig mit der Rückseite nach oben, da hier die einzelnen Triebe besser voneinander zu unterscheiden sind. Dann zählt man vom jüngsten Trieb (außen) nach innen, wieviel Nadeljahrgänge am Zweig vorhanden sind. Jeder Nadeljahrgang, bei dem mehr als 25% der Nadeln fehlen, gilt als nicht vorhanden. Wegen individueller Schwan-kungen der Benadelung sollten bei Verdacht auf Immissionswirkungen mindestens 5 Bäume je Standort bonitiert werden. – Das Verfahren ist noch nicht überprüft auf wechselfeuchten Standorten, bei Niederschlägen < 650 mm/Jahr und in Hochlagen der Mittelgebirge und Alpen.

[2] Blattflechten bilden mehrere mm große, lappenartige Thalli, die sich vom Untergrund deutlich abheben. Das Verfahren ist in Gebieten mit Niederschlägen < 650 mm noch nicht ausreichend überprüft.

ben, daß jährlich etwa 7×10^6 t Äthylen, die in die Luft gelangt sind, durch die Bodenbakterien entfernt werden.

Die Filterwirkung ist vom Element und physikalischen, chemischen, biologischen Bodenfaktoren und der Abbaugeschwindigkeit eines Schadstoffes in lebenden Systemen abhängig.

Tab. 4.104. Filterwirkung eines mit einem Buchenbestand bestockten Braunerdewaldbodens (MAYER 1972)

	Na	K	Ca	Mg	Fe	Mn	N	Cl	S
				kg/ha (aufgerundet)					
Elementgehalt im Freilandniederschlag	7,6	3,8	13,1	3,5	1,0	0,3	21,5	17,2	22,2
Elementgehalt im Bestandesniederschlag	13,5	44,7	41,4	5,1	2,7	9,7	75,7	34,9	49,1
Elementgehalt im Sickerwasser des Bodens in 100 cm Meßtiefe	6,7	1,2	10,1	2,1	0,1	3,4	4,7	19,1	10,4
Filterwirkung des Bodens in %	50	97	76	59	96	65	94	45	79

Tab. 4.105. Durchschnittliche Abbaugeschwindigkeit von einigen im Wald gebräuchlichen Pflanzenschutzmitteln (MITSCHERLICH 1975)

	Aufwandmengen an aktivem Wirkstoff kg/ha	Abbaugeschwindigkeit
Insektizide		
DDT	1 — 30	stabil (sehr langsam)
HCH, Lindan	0,2— 1	stabil (sehr langsam)
Toxaphen	1,5— 5	4— 6 Monate
Aldrin	0,5— 5	sehr langsam
Parathion	0,5— 1,5	2— 4 Monate
Fungizide		
TMTD	10 — 50	2— 3 Monate
Herbizide		
2,4-D	1 — 2	2— 4 Monate
MCPA	0,5— 1,5	2— 6 Monate
2,4,5-T	0,5— 1	3— 6 Wochen und mehr
Pentachlorphenol	2	5— 7 Monate
Simazin	0,5— 2	6—10 Monate
Dalapon	4 — 25	4— 6 Wochen
Natriumchlorat	100 — 250	bis zu 2 Jahren
Entseuchungsmittel		
Methylbromid	150 —1000	1— 2 Wochen
Chlorpikrin	300 — 500	1— 2 Wochen
Allylalkohol	150 — 200	4— 8 Tage

Tab. 4.106. Staubfilterwirkung von Wald- und Parkbäumen (KELLER 1971)

Baumart	Staubmenge mg/g Blattrockensubstanz	Kronengewicht (Blätter) kg/ha	Staubfang kg/ha
Buche	70	4000	280
Eiche	90	6000	540
Fichte	30	14000	420
Bergkiefer	200	5000	1000

Die Fähigkeit, gasförmige Schadstoffe zu binden, zeigt artspezifisch erhebliche Unterschiede, die z.T. mit der Empfindlichkeit einer Art gegenüber einem bestimmten Element korreliert sind (u.a. RICH 1971). Zum Beispiel speichern Saaterbsen bis zu 1,31 ihres Trockengewichtes an Schwefel, manche Tomatensorten um 0,5, Buchen bis 2,0 S/Trockensubstanz/Blatt. Wesentlich höhere Anreicherungsraten sind allerdings von schwefelbindenden Mikroorganismen bekannt.

Von großer Bedeutung (vgl. Stadtklima) sind Grünflächen auch als Temperatursenke (BAUMGARTNER 1971, MÜLLER 1975). BERNATZKY (1970, 1972) konnte für Frankfurt den Nachweis erbringen, daß eine 50 bis 100 m breite Grünfläche eine

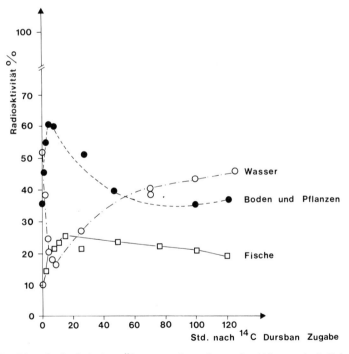

Abb. 171. Die Belastbarkeit eines Ökosystems ist auch von der Abbaugeschwindigkeit eines einwirkenden Schadstoffes abhängig. In der Abbildung wird der Verbleib von radioaktiv markiertem Dursban (Insektizid) in einem Ökosystem nach 120 Stunden dargestellt (aus MÜLLER 1977).

Tab. 4.107.   Schädigungsprozente der Blätter bzw. einjähriger Nadeln nach Begasung mit F bei verschiedenen Baumarten (ROHMEDER und VON SCHÖNBORN 1965)

Art	Schädigung in %
Eiche	0
Thuya plicata	0,5
Kulturpappel	3
Schwarzkiefer	29
Esche	31
Birke	36
Bergahorn	38
Kiefer	39
Baumweide	40
Rotbuche	41
Weißerle	52
Weymoutskiefer	56
Tanne	59
Abies grandis	59
Tsuga heterophylla	61
Linde	63
Douglasie	78
Fichte	78
Lärche	100

Temperaturminderung bis zu 3,5 °C bewirken kann. In unmittelbarer Blattnähe kann sich dabei bereits das Mikroklima ändern (BURRAGE 1976).

Zur Belastungsreduktion tragen ebenfalls die Speicherkapazitäten von Tieren und Pflanzen im nicht toxischen Bereich bei. Untersuchungen der letzten Jahre haben auch übereinstimmend die lärmdämmenden Eigenschaften von Baumarten und Grünflächen quantifizieren können. Dabei hat sich gezeigt, daß weniger die Breite als vielmehr die Struktur und Artenzusammensetzung einer Schutzpflanzung für ihre Lärmreduktions-Fähigkeit verantwortlich sind. Pflanzungen mit großblättrigen Arten, abgestorbenen Nadeln oder Zweigen im Innern und gegen die Schallquelle geschlossenen Laubschirmen wirken sich am stärksten „schallsenkend" aus (AYLOR 1972, BECK 1972, COOK et al. 1971, LEONARD 1971, MEISTER 1970, MÜLLER 1972). Höchste Schallpegelreduktionen (6 bis 10 dB) erzielen voll belaubte Pflanzen der folgenden Arten: *Philadelphus pubescens, Carpinus betulus, Fagus sylvatica, Ilex aquifolium, Quercus robur, Viburnum lantana, Tilia platyphyllos* und *Acer pseudoplatanus*.

Diese nur kurzen Hinweise sollen genügen, um zu verdeutlichen, daß Grünflächen des Stadtumlandes ökologische Funktionen für die Stadt übernehmen, die sich nicht nur in der vordergründigen „Erholungsfunktion" für den Städter erschöpfen. Gegenwärtig wird die immissionsreduzierende Wirkung von lebendigen Systemen in vielen Planungsbereichen eingesetzt (Rahmenpflanzungen, Immissionsschutzwälder; vgl. u. a. KNABE 1974, KNABE und STRAUCH 1975, MÜLLER 1972, 1975).

Tab. 4.108 Wichtige Arten für die Umweltschutz-Pflanzungen in natürlichen Vegetationsgebieten der Japanischen Inseln (MIYAWAKI 1975)

Potentiell natürliche Vegetation	Dryopteridi-Abietum mayrianae	Aucubo-Fagetum crenatae	Quercetum myrsinaefoliae
Geeignete Pflanzenarten	Hokkaido	Hokuriku, Tohoku	von Kanto bis Thugoku

Bäume	Picea jezoensis
	Abies sachalinensis
	Populus tremula
	  var. davidiana
	Betula platyphylla
	  var. japonica
	Betula ermanii
	Quercus mongolica
	  var. grosseserrata
	Magnolia obovata
	Magnolia kobus
	  var. borealis
	Prunus maximowiczii
	Prunus sargentii
	Acer mono var. glabrum
	Tilia maximowicziana
	Tilia japonica
	Sorbus commixta
	Betula maximowicziana
	Kalopanax pictus
	Fraxinus sieboldiana
	Prunus siori
		Cryptomeria japonica
		Thujopsis dolabrata
		Fagus crenata
		Quercus mongolica
		  var. grosseserrata
		Quercus serrata
		Zelkova serrata
		Carpinus cordata
		Carpinus laxiflora
		Aesculus turbinata
		Magnolia obovata
		Prunus grayana
		Prunus verecunda
		Prunus sargentii
		Acer japonicum
		Acer palmatum
		  var. matsumurae
		Acer mono
		Sorbus alnifolia
		Cornus controversa
		Styrax japonica
			Quercus glauca
			Quercus myrsinaefolia
			Quercus salicina
			Quercus acutissima
			Quercus serrata
			Castanea crenata
			Zelkova serrata
			Carpinus laxiflora
			Carpinus tschonoskii
			Idesia polycarpa
			Prunus jamasakura
			Ilex macropoda
			Acer palmatum
			Cornus controversa
			Styrax japonica

Niedrige Bäume und Sträucher	Euonymus planipes
	Morus bombycis
	Corylus sieboldiana
	Ilex crenata
	  var. paludosa
	Daphniphyllum humile
	Taxus cuspidata
	Viburnum furcatum
		Magnolia salicifolia
		Corylus sieboldiana
		Hamamelis japonica
		  var. obtusata
		Lindera umbellata
		  var. membranacea
		Viburnum dilatatum
		Viburnum wrightii
		Camellia rusticana
		Daphniphyllum macropodum
		  var. humile
		Aucuba japonica
		  var. borealis
		Callicarpa japonica
			Trachycarpus fortunei
			Ilex integra
			Eurya japonica
			Camellia japonica
			Neolitsea sericea
			Fatsia japonica
			Aucuba japonica
			Ardisia crenata
			Ligustrum japonicum
			Lindera glauca
			Euonymus alatus
			Callicarpa japonica
			Ligustrum obtusifolium
			Viburnum dilatatum
			Viburnum phlebotrichum
			  var. laevis

Kräuter	Matteuccia orientalis
	Matteuccia struthiopteris
	Dryopteris crassirhizoma
	Dryopteris austriaca
	Pachysandra terminalis
	Chloranthus serratus
	Maianthemum dilatatum
	Aster glehni
	Smilacina japonica
	Actaea asiatica
	Disporum smilacinum
	Sasa paniculata
		Blecnum niponica
		Leptorumohra miqueliana
		Carex dolichostachya
		  var. glabberrima
		Sasa senanensis
		Shortia uniflora
			Carex conica
			Carex pisformis
			Liriope platyphylla
			Ophiopogon japonicus
			Ophiopogon planiscapus
			Aster ageratoides
			  var. harae f. leucanthus

Tab. 4.108 (Fortsetzung)

Potentiell natürliche Vegetation	Symploco glauca-Castanopsietum sieboldii	Lasianthero-Castanopsietum sieboldii	Illici anisatum-Castanopsietum sieboldii
Geeignete Pflanzenarten	von Kinki bis Kyushu	Amami-Insel	Ryukyu

Bäume	Podocarpus macrophyllus
	Castanopsis cuspidata
	    var. sieboldii
	Quercus salicina
	Quercus gilva
	Myrica rubra
	Cinnamomum camphora
	Cinnamomum japonicum
	Actinodaphne lancifolia
	Machilus thunbergii
	Machilus japonica
	Distylium racemosum
	Photinia glabra
	Prunus zippeliana
	Pasania edulis
	Ilex integra
	Ilex latifolia
	Cleyera japonica
	Schefflera octophylla
	Myrsine seguinii
	Symplocos prunifolia
		Podocarpus nagi
		Podocarpus macrophyllus
		Castanopsis cuspidata
		    var. sieboldii
		Quercus salicina
		Quercus glauca
		    var. amamiana
		Myrica rubra
		Cinnamomum camphora
		Machilus thunbergii
		Elaeocarpus japonicus
		Elaeocarpus sylvestris
		    var. ellipticus
		Distylium racemosum
		Schima wallichii
		    subsp. liukiuensis
		Ilex integra
		Ilex rotunda
		Schefflera octophylla
		Myrsine seguinii
		Symplocos prunifolia
			Myrica rubra
			Castanopsis cuspidata
			    var. sieboldii
			Quercus miyagii
			Quercus glauca
			    var. amamiana
			Cinnamomum camphora
			Machilus japonica
			Machilus thunbergii
			Elaeocarpus sylvestris
			    var. elliptica
			Elaeocarpus japonicus
			Ilex liukiuensis
			Ilex rotunda
			Distyllium raccmosum
			Meliosma squamulata
			Schefflera octophylla
			Symplocos prunifolia
			Symplocos liukiuensis

Niedrige Bäume und Sträucher	Illicium religiosum
	Neolitsea sericea
	Eurya japonica
	Camellia japonica
	Ternstroemia gymnanthera
	Daphniphyllum teijsmannii
	Dendropanax trifidus
	Maesa japonica
	Maesa japonica
	Symplocos glauca
	Symplocos lucida
	Vaccinium bracteatum
	Gardenia jasminoides
	    f. grandiflora
	Viburnum japonicum
		Camellia sasanqua
		Eurya japonica
		Camellia japonica
		Ternstroemia gymnantha
		Rhaphiolepia umbellata
		Ilex mutchagara
		Neolitsea aciculata
		Cinnamomum doeder-
		Cinnamomum japonicum
		Syzygium buxifolium
		Daphnillum teijsmannii
		Rhododendron tashiroi
		Ardisia quinquegona
		Psychotria rubra
		Vaccinium wrightii
		Viburnum awabuki
		Tarenna gyokushinkwa
		Gardenia jasminoides
		    f. grandiflora
			Neoplitsea aciculata
			Camellia japonica
			Camellia lutchuensis
			Ternstroemia gymnantha
			Tutcheria virgata
			Daphniphyllum teijs-
			    mannii
			Syzygium buxifolium
			Thododendron tashiroi
			Vaccinium wrightii
			Symplocos lucida
			Symplocos stellaris
			Myrsine seguinii
			Tarenna gyokuchinkwa
			Lasianthus fordii
			Randia sinensis
			Viburnum awabuki

Kräuter	Farfugium japonicum Liriope platyphylla Ophiopogon japonicus Polystichopsis aristata Polystichopsis pseudo-aristata	Polystichopsis pseudo-aristata Dryopteris sordidipes Carex sociata Liriope platyphylla Ophiopogon jaburan Alpinia intermedia Asarum lutchuense	Carex sociata Carex breviscapa Alpinia intermedia Liriope platyphylla Ophiopogon jaburan

Tab. 4.108   (Fortsetzung)

Potentiell natürliche Vegetation	Distylio Cyclobalanopsietum	Polysticho-Machiletum thunbergii	Ardisio-Castanopsietum
Geeignete Pflanzenarten	von Shikoku bis Kyushu	von Kanto bis Kyushu	von Kanto bis Kyushu

Bäume	Abies firma
	Quercus salicina
	Quercus glauca
	Quercus sessilifolia
	Distyllium racemosum
	Cleyera japonica
	Actinodaphne lacifolia
	Castanopsis cuspidata
	Parabenzoin trilobum
		Machilus thunbergii
		Castanopis cuspidata
		  var. sieboldii
		Cinnamomum japonicum
		Actinodaphne lancifolia
		Aphananthe aspera
		Celtis sinensis
		  var. japonica
		Zelkova serrata
		Castanea crenata
		Quercus serrata
		Rhus sylvestris
		Idesia polycarpa
		Mallotus japonicus
		Cornus controvesa
			Myrica rubra
			Castanopsis cuspidata
			  var. sieboldii
			Quercus acuta
			Quercus glauca
			Quercus salicina
			Cinnamomum japonicum
			Cleyera japonica
			Ilex integra
			Castanea crenata
			Quercus acutissima
			Quercus serrata
			Carpinus laxiflora
			Magnolia obovata
			Prunus jamasakura

Niedrige Bäume und Sträucher	Camellia sasanqua Camellia japonica Symplocos myrtacea Actinodaphne longifolia Machilus japonica Viburnum awabuki Eurya japonica Maesa japonica Neolitsea aciculata	Neolitsea sericea Eurya japonica Fatsia japonica Aucuba japonica Ligustrun japonicum Ficus erecta Euonymus sieboldianus Viburnum dilatum	Illicium religiosum Pittosporum tobira Neolitsea sericea Camellia japonica Eurya japonica Euonymus japonicus Daphniphyllum tejismannii Ligustrum japonicum Osmanthus heterophyllus Pieris japonica Gardenia jasminoides f. grandiflora Ilex pedunculosa Aucuba japonica Dendropanax trifidus Clethra barbinervis Ficus erecta Rhododendron kaempferi Rhododendron dilatum
Kräuter	Liriope platyphylla Ophiopogon japonicus Dryopteris erythrosora Plagiogyria japonica Polystichopsis aristata	Polystichum polyblepharum Dryopteris erythrosora Dryopteris uniformis Liriope platyphylla Ophiopogon japonicus Ophiopogon planiscapus Reineckea carnea Calanthe discolor	Dryopteris erythrosora Dryopteris varia var. setosa Carex conica Carex lenta Ophiopogon japonicus Hedera rhombea Ardisia japonica Trachelospermum asiaticum

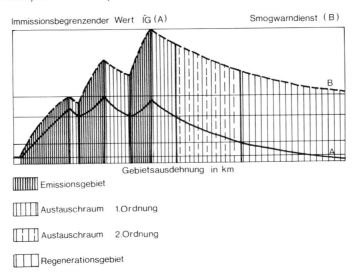

Abb. 172. Schematische Darstellung der Zusammenhänge zwischen Immissionsgrenzwert, Smogwarndienst, Emissionsgebiet, Austauschräumen und Regenerationsgebieten (nach GUDE-RIAN 1977).

5 Arealsysteme und Biome

Die Biome fügen sich als physiognomisch erfaßbare Lebensgemeinschaften ein in die großen Klima- und Vegetationsgürtel unserer Erde. Pflanzenformationen stellen die äußere Klammer dieser Lebensgemeinschaften dar. Unter Pflanzenformationen verstehen wir u. a. tropische Regenwälder, Bergwälder, Savannen, Tundren, Taigas oder Wüsten. „Die Grundlage für die Erhaltung allen Lebens in der Biosphäre bildet die primäre Produktion der grünen Pflanze, in der die Energie gespeichert ist, die bei der Photosynthese aus der Lichtenergie der Sonnenstrahlung in chemische Energie umgewandelt wird. Letztere dient zur Aufrechterhaltung aller anderen Lebensvorgänge, auch der des Menschen" (WALTER 1971). Jede Pflanzenformation besitzt eine spezifische Struktur (SCHMITHÜSEN 1968, DANSEREAU 1968). Pflanzenformationen mit den in ihnen lebenden Tierarten bezeichnen wir als Biome. Das Biom ist damit eine übergeordnete Einheit der Biozönose. Der Trockensavannenbiom setzt sich zusammen aus der Pflanzenformation „Trockensavanne" und einer die Trockensavanne kennzeichnenden Savannenfauna. Der Biombegriff geht auf CLEMENTS UND SHELFORD (1939) und CARPENTER (1939) zurück, die unter Biom „plant matrix with the total number of includet animals" verstanden. Im Biom sind alle Lebensgemeinschaften eines entsprechenden Raumes und deren Entwicklungsstadien enthalten. Der für die Biosphäre entscheidende Entwicklungsgedanke spielt im Biom eine bedeutende Rolle. Die Sukzessionsfolge der Biozönosen, „diese sich ewig wandelnde Mannigfaltigkeit eines Raumes in der Zeit wird durch den Biombegriff charakterisiert" (SCHMIDT 1969). Alle Biozönosen, die in ihrer Entwicklung dem gleichen Endzustand (Klimax) zustreben, gehören zum gleichen Biom, das, da es im wesentlichen klimatisch bedingt ist, nur durch grundlegende Klimawechsel umgestaltet werden kann. Das Biom bildet mit den abiotischen Elementen einer Region ein Makro-Ökosystem.

5.1 Die Biome des Festlandes

5.1.1 Das Hylaea-Biom

Der immergrüne tropische Tieflandsregenwald, dessen Kerngebiete zwischen 10°N und 10°S der äquatorialen Klimazone folgen, zeichnet sich bei fast doppelt so großer Produktivität im Vergleich zu Waldtypen der Außertropen durch ein von den Böden entscheidend bestimmtes ungünstiges agrarwirtschaftliches Produktionspotential aus, das für die Kulturentwicklung der Tropen ein vorgegebenes „ökologisches Handicap" ist (WEISCHET 1977). Gleichmäßige Tages- (6 bis 11 ° max. Amplituden) und Jahrestemperaturen (25 ° bis 27 °C) und hohe Niederschläge (meist über 2000 mm)

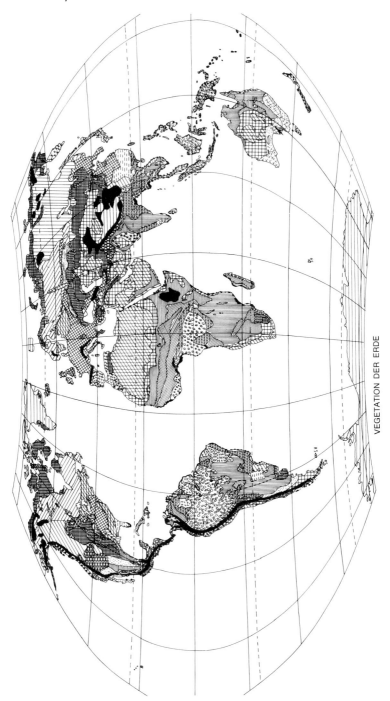

Abb. 173. Die Vegetationsformationen der Erde (nach SCHMITHÜSEN 1976) als Grundmatrix der Biom-Gliederung.

Tropische Regen-wälder

Mangrove

Tropische Gebirgs-regenwälder

Tropische halb-immergrüne Regenwälder u. regengrüne Monsunwälder

Temperierte Regenwälder

Subpolare Wiesen u. sommergrüne Gesträuche

Trockensteppen u. Hartpolster-formationen

Gebirgsvegetation jenseits der Baumgrenze

Paramoheiden u. feuchte Puna

Gebirgsnadel-wälder

Immergrüne boreale Nadel-wälder

Lorbeerwälder u. subtropische Regenwälder

Hartlaubvegetation

Koniferentrocken-gehölze u. xero-morphe Strauch-formationen

Tundren

Subantarktische Heiden

Halbwüsten

Trockenwüsten

Kältewüsten

Dornbaum- u. Sukkulentenwälder

Tropische Trockenwälder u. Campos cerrados

Sommergrüne Laubwälder

Sommergrüne Laubwälder mit Nadelholz

Sommergrüne Baumsteppen

Sommergrüne Nadelwälder

Dornstrauch u. Sukkulenten-formationen

Feuchtsavannen

Trockensavannen

Dornsavannen

Schwarzerde- u. Übergangssteppen

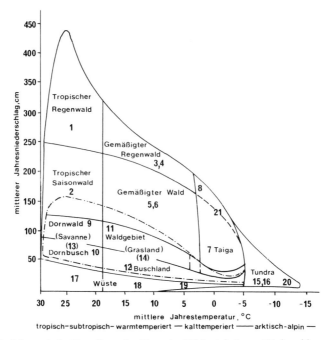

Abb. 174. Schematische Verteilung der Biome in Abhängigkeit von Niederschlag und Temperatur (nach WHITTAKER 1975).

mit häufigen Tagesmaxima über 100 mm kennzeichnen Klimabedingungen in diesem Biom.

Im Tageszeitenklima des tropischen Regenwaldes fehlen Fröste. Meist treten zwei Regenzeiten korreliert zu den Sonnenzenitständen auf. In den tropischen Gebirgen liegt die Höhengrenze typischer Hylaea-Biota im allgemeinen zwischen 1400 und 1500 m. Hier kann die durchschnittliche Jahrestemperatur bereits auf 15° bis 20°C absinken. In 3000 m treten Fröste und Niederschlagsmodifikationen auf (LAUER 1976, WEISCHET 1969).

Tab. 5.1 Absolute Tagesmaxima des Niederschlages in Amazonien (1931–1960; FRÄNZLE 1976)

Station	mm	Datum
Barcelos	11,5	22. 5. 60
Coari	129,4	26. 1. 58
Cruzeiro do Sul	161,6	5. 3. 31
Humaitá	203,0	11. 3. 56
Iauarete	128,8	3. 12. 60
Manaus	149,2	9. 2. 52
Santarém	175,0	10. 3. 32
Taracuá	134,5	25. 12. 50
Uaupes	156,4	29. 3. 34

Einem der Verringerung der Niederschlagshöhe und einer Verlängerung der Trockenzeitdauer folgenden Klimagradienten ordnen sich um die Hylaea-Biome halb-immergrüne Regenwälder und Savannen.

Im Zusammenwirken zwischen Niederschlagshöhe und Dürrezeit muß betont werden, daß für die feuchteren Vegetationstypen die Dürrezeit von größerer Bedeutung ist, für die trockeneren die Regenmenge (vgl. WALTER 1964).

Tab. 5.2 Beziehungen zwischen Klima und Vegetation (WALTER 1973)

Klimazonen	Klima	Vegetationszonen
1. Äquatoriale Klimazone	dauernd humid	Immergrüner Regenwald
2. Tropische Sommerregenzone	kurze Dürrezeit	Halbimmergrüner Regenwald
	Dürrezeit etwa 6 Monate	Feuchter regengrüner Tropenwald
	Dürrezeit über 6 Monate	Tropischer Trockenwald
	Regenzeit kurz und Niederschlag 300–500 m	Klimatische Baum- oder Strauchsavanne
	Niederschlag 200–300 mm	Klimatisches Grasland oder Halbwüste
3. Subtropische Trockenzone	Niederschlag unter 200 mm	Spärliche Wüstenvegetation oder fehlender Pflanzenwuchs
4. Frostfreie Übergangszone mit Winterregen	Niederschlag 200–400 mm	Halbwüstenvegetation bzw. Grassteppen
	Niederschlag 400 mm	Hartlaubgehölze oder -wälder

Tab. 5.3 Beziehungen zwischen den Wuchs- und Klimazonen der Tropen und der Biomverbreitung (in Anlehnung an LAUER und JAEGER; MÜLLER 1977)

Zahl der ariden Monate	Einteilung der Tieflandszone nach Trockenzeitdauer	Hauptbiome
1		
	Tropische Regenwald-Klimazone	Hylaea (incl. Überschwemmungssavannen-Biome mit immergrünen Galeriewäldern)
2		
3	Feuchtsavannen-Klimazone	Feuchtsavannen-Biom
4		Campo-Cerrado-Biom
5		Monsunwald-Biome
6	Trockensavannen-Klimazone	Trockensavannen-Biom
7		Sukkulenten-Wälder
8		
9	Dornsavannen-Klimazone	Dornsavannenbiom
10		
11	Halbwüstenklimazone	Halbwüstenbiome
12	Wüstenklimazone	Wüstenbiome

Abb. 175. Tropisches Regenwald-Biom auf der Insel von São Sebastião (Brasilien 1964).

Die Phyto-Struktur des tropischen Regenwaldes muß als funktionale Anpassung an die humiden tropischen Klimabedingungen und die Böden verstanden werden. Sie ist zugleich die Bühne, auf der sich die artenreichste Tierwelt der Erde erhalten und entwickeln konnte. Der relativ stabile Zustand dieses Systems ist bei hoher Entropie = (quell)rate der nährstoffarmen Böden (z. B. Zentralamazoniens) an starke negentropische Prozesse im biotischen Bereich gebunden, um die Gesamtstruktur aufrechterhalten zu können. Stratifikation in 3 oder 4 Stockwerke ist eine bemerkenswerte Struktureigenschaft tropischer Tieflandsregenwälder (u. a. FEDOROV 1966, HOLDRIGE 1968, WHITMORE 1975). Die Zahl der einzelnen Strata ist abhängig vom jeweiligen Verjüngungszustand des Waldes. Für drei je 1 ha große Untersuchungsflächen eines tropischen Regenwaldes in Kolumbien gibt FÖRSTER (1973) folgende Stammzahlen für die einzelnen Stockwerke an:

Unter-suchungs-fläche	Untere Stamm-zahl	Baum-schicht %	Mittlere Stamm-zahl	Baum-schicht %	Obere Stamm-zahl	Baum-schicht %	Total
A	256	38,96	320	48,71	81	12,33	657
B	247	43,26	272	47,64	52	9,11	571
C	396	61,39	247	43,26	49	7,60	645

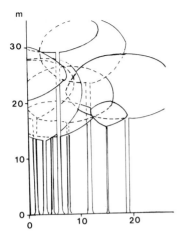

Chelidoptera tenebrosa

Ramphastos vitellinus

Deroptyus accipitrinus

Phoenicircus carnifex

Xipholena punicea

Harpia harpyja

Galbula dea

Pteroglossus flavirostis

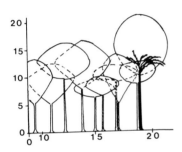

Galbula ruficauda

Micrastur semitorquatus

Pionopsitta caica

Crax rubra

Dentrocolaptes certhia

Xiphocolaptes promeropirhynchus

Monasa atra

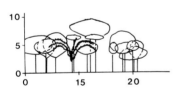

Cyanocompsa cyanoides

Ramphocelus carbo

Pipra aureola

Pipra erythrocephala

Cyanerpes caeruleus

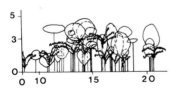

Nyctiphrynus ocellatus

Myrmotherula longipennis

Phlegopsis erythroptera

Formicarius analis

Conopophaga aurita

Psophia crepitans

Crypturellus undulatus

Abb. 176. Vertikale Strata (4) eines tropischen Regenwaldes bei Manaus und die häufigsten Vogelarten der einzelnen Vegetationsschichten (rechts). Zur besseren Übersichtlichkeit wurden die einzelnen Strata (3–5 m, 5–10 m, 10–20 m, 20–30 m) untereinander gezeichnet (aus MÜLLER 1973).

Aus diesen Angaben läßt sich ersehen, daß die eigentliche Oberschicht im kolumbianischen Regenwaldtyp von durchschnittlich 10% der auf einer Fläche stockenden Bäume gebildet wird.

In der Nähe von Manaus (Zentralamazonien) stellten KLINGE und FITTKAU (1972) sechs Stockwerke fest. Im obersten Stockwerk nimmt der Durchmesser der Stämme um fast 40 cm zu. Im untersten ist die Individuendichte am größten.

Tab. 5.4. Individuenzahl, Durchmesser in Brusthöhe, Stammkreisfläche und Stammvolumen im zentralamazonischen Regenwald

Stockwerk	Individuenzahl %	dhb cm	Stammkreisfläche %	Stammvolumen %
A	0,2	38,5	32,9	32,0
B	0,9	24,4	52,8	63,7
C_1	1,5	8,5	10,0	3,7
C_2	3,4	2,9	3,0	0,4
D	4,9	1,1	0,05	0,1
E	89,1	0,5	1,3	0,1

Hinzu kommt ein sehr starker Mischungsquotient (gibt an, wieviel Stämme im Bestandesdurchschnitt auf eine Baumart entfallen), der für FÖRSTERS Untersuchungsflächen zwischen 1:8 bzw. 1:9 schwankt. Das bedeutet, daß im Bestandesdurchschnitt auf eine Art nur 8 oder 9 Stämme entfallen. LAMPRECHT (1969) gibt Mischungsquotienten zwischen 1:5 und 1:10 an. Besonders extrem ist die Durchmischung in der Oberschicht, in der im Durchschnitt eine Art jeweils nur mit zwei Individuen vertreten ist. Obwohl der Mischungsquotient nur als grobe Richtzahl gelten kann, verdeutlicht er dennoch, daß hoch diverse Ökosysteme zwar eine große Eigenstabilität besitzen, gerade deswegen aber für eine herkömmliche waldbauliche Nutzung denkbar ungeeignet sind (LAMPRECHT 1961, 1969, 1971, 1972, 1977). Angesichts der enormen strukturellen Unterschiedlichkeit tropischer Waldtypen lassen sich darüber hinaus keine allgemein gültigen „Waldbaurezepte" geben.

Die durchschnittliche Baumartenzahl nimmt zum immergrünen tropischen Regenwald hin zu. LAMPRECHT (1972) gibt hierzu folgende Vergleichszahlen an:

Dornbuschwald	11 Arten
Regengrüner Trockenwald	36 Arten
Regengrüner Feuchtwald	60 Arten
Immergrüner Regenwald	90 Arten

Mit zunehmender Höhe verringert sich diese Artenzahl im allgemeinen (2000 bis 2600 m = 56 Arten, 2600 bis 2800 m = 38 Arten; 2800 bis 3200 m = 15 Arten). Als Folge des Fehlens eines ausgeprägten Jahreszeitenklimas sind in den Stammquerschnitten meistens keine Jahresringe zu finden. Brettwurzeln sichern die Überhälter, und die oberflächennächste Wurzelschicht besitzt die Tendenz, dem Regenwasser, das an den Stämmen abfließt, „entgegenzuwachsen". Die Blätter sind meist ganzrandig und besitzen eine Träufelspitze, wie sie manche tertiäre Baumarten in Mitteleuropa ebenfalls hatten.

Untersuchungen von STARK (1970, 1971) und WENT und STARK (1968) zeigen, daß die Mycorrhiza-Pilze, die selbst an der Mineralisierung beteiligt sind, die aus der Streu freigesetzten Nährstoffe direkt den Wurzeln zuleiten, ohne daß sie in die Bodenlösung eintreten. Die flache Durchwurzelung des tropischen Regenwaldbodens hängt somit nicht nur mit dem Nährstoffangebot der Streu, sondern mit der Tendenz der Vegetation zusammen, die Nährstoffe direkt aus dem Tropf- und Stammablaufwasser zu filtrieren.

Tab. 5.5. Durchschnittskonzentration an N, P, K, Ca und Mg in der Feinwurzelmasse tropischer Wälder und Grasbestände sowie von Heide (KLINGE 1976)

Vegetation	%						
	N	P	K	Ca	Mg	P+K+Ca+Mg	$\dfrac{100\,N}{N+P+K+Ca+Mg}$
Regenwald auf Podsol, Amazonien	1,011	0,019	0,073	0,128	0,089	0,315	76,2
Regenwald auf Latosol, Amazonien	1,018	0,011	0,079	0,141	0,066	0,297	77,4
Moist forest, Ghana	0,86	0,05	0,35	0,58	0,18	1,16	42,6
Sekundärwald, Kongo							
17–18 J.	0,47	0,11	0,64	0,85		1,60	22,7
8 J.	0,67	0,04	0,44	0,56		1,04	39,2
5 J.	0,69	0,03	0,44	0,50		0,97	41,6
Panicum maximum, Kongo	0,80	0,07	0,36	0,17		0,60	57,1
Setaria sphacelata, Kongo	0,92	0,11	0,38	0,16		0,65	58,6
Cynodon dactylon, Kongo	0,79	0,09	0,48	0,22		0,79	50,0
Calluna-Heide, England							
37 J.	1,30	0,039	0,130	0,406	0,094	0,669	66,0
25 J.	1,22	0,051	0,267	0,533	0,122	0,973	55,6
20 J.	1,27	0,035	0,080	0,520	0,093	0,728	63,6
13 J.	2,08	0,042	0,188	0,771	0,104	1,105	65,3
7 J.	1,65	0,043	0,118	0,608	0,127	0,896	64,8

Der endogene Laubwechsel der Regenwaldbäume schwankt zwischen 7 und 20 Monaten. Die Laubentfaltung geschieht oft so kurzfristig, daß von einem „Ausschütten des Laubes" gesprochen werden kann. Stammblütigkeit (Kauliflorie) tritt häufig auf, und die Samen besitzen im Gegensatz zu Wüstenpflanzen nur kurze Keimfähigkeit. Der tropische Regenwald ist reich an Fruchtbäumen und bietet so eine große

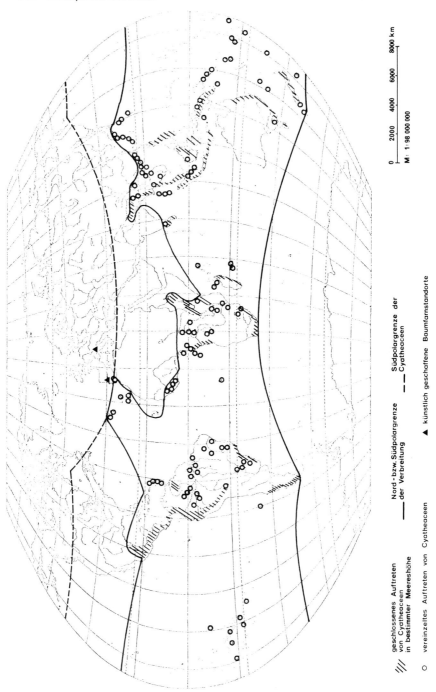

geschlossenes Auftreten
von Cyatheaceen
in bestimmter Meereshöhe

Nord- bzw. Südpolargrenze
der Verbreitung

Südpolargrenze der
Cyatheaceen

künstlich geschaffene Baumfarnstandorte

vereinzeltes Auftreten von Cyatheaceen

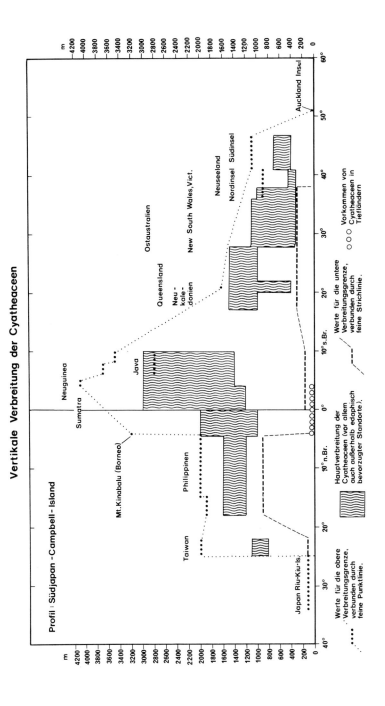

Abb. 177. Verbreitung der echten Baumfarne (Cyatheaceen). Deutlich ist eine Bindung an die Montanwaldbiome und außertropischen Feuchtwälder zu erkennen (nach KROENER 1968).

Nahrungsreserve für zahlreiche Fruchtfresser (unter den Vögeln z.B. die neotropischen Cotingidae, Rhamphastidae). Gegen das Gefressenwerden wurden zahlreiche Schutzeinrichtungen (u.a. mächtige Schalen) entwickelt. Etwa 90% aller rezenten Lianenarten sind im tropischen Regenwald beheimatet (SCHNELL 1967, ODUM 1970).

Die Pflanzen der Krautschicht, in der hohe CO_2-Konzentrationen keine Seltenheit sind und in der die Luftfeuchtigkeit im allgemeinen über 90% liegt, zeigen als Adaptation an die Dunkelheit im Bestand zahlreiche „Schattenanpassungen".

Tab. 5.6. Kennzeichnung des Mineralbodens des Ökosystems Regenwald (Manaus; KLINGE 1976)

	Oberboden 0–30 cm	Unterboden 30–100 cm
Tr. G. (humusfrei) t/ha	3349	9373
Wasser t/ha	1569	3252
Humus[1] t/ha[2]	113	120
C/N	15,4	15,0
pH (KCl)[2]	3,3–3,7	3,7–4,1
N kg/ha	4263	4661
P kg/ha	71	76
K kg/ha	58	0
Ca kg/ha	0	0
Mg kg/ha	17	6
Na kg/ha	35	15

Tab. 5.7. Mittlere Abtragsraten und Lösungstransport im Amazonasbecken (GIBBS 1967)

Fluß	Abtragsrate pro Jahr t/km[2]	Abtragsrate pro Jahr 10^6 t Einzugsgebiet	Lösungsfracht in % der Gesamtfracht
Amazonas (Mündung)	116,0	734,4	32
Ucayali	459,1	186,1	33
Maranon	344,3	140,1	27
Napo	213,1	26,0	14
Içá	78,8	11,7	22
Japurá	22,9	66,3	48
Madeira	199,7	215,4	27
Javarí	79,8	8,5	14
Jutaí	45,8	3,4	11
Juruá	82,6	17,9	40
Tefé	14,6	0,4	85
Coari	15,2	0,8	87
Purús	73,5	27,3	41
Negro	20,0	15,1	50
Tapajós	5,0	2,5	76
Xingu	4,0	2,0	75
Araguari	17,2	0,8	59

Die tropischen Tieflands-Regenwälder stehen häufig auf rotgefärbten, humus- und nährstoffarmen Lateritböden. Die Bodendecke wird in erster Linie von gelben und rotgelben Latosolen gebildet. Zu ihnen gehören die Ferrisole und Kaolisole.

Isoliert können auftreten Andosole und tropische Podsole, von denen die letzteren im Guayana-Massiv allerdings riesige Flächen einnehmen und durch eine abweichende Vegetation ausgezeichnet sind (KLINGE 1965, 1966, 1973).

Die Huminstoffe tropischer Podsole und der Schwarzwasserzuflüsse lassen einen entstehungsmäßigen Zusammenhang möglich erscheinen. Entsprechend der unterschiedlichen Bodentypen schwanken die Abtragungsraten und die Lösungstransporte amazonischer Flüsse markant.

In den vom Regenwald durch Brandrodung (shifting cultivation) entblößten Böden wird die oberflächlich vorhandene organische Substanz durch Auswaschung fast vollständig abgebaut. Auf den zerstörten Flächen siedelt häufig der kosmopolitisch verbreitete Adlerfarn *(Pteridium aquilinum)*.

Tab. 5.8. Nährstoffkonzentrationen in Streu, Totholz und Mineralboden (0–30 cm) tropischer Waldbestände in % (KLINGE 1976)

Waldtyp	N	P	K	Ca	Mg	Na	Summe ohne Na	ohne NaN
Streu								
Bergregenwald, Neuguinea	1,38	0,08	0,22	1,49	0,23	–	3,40	2,02
Regenwald, Manaus	1,28	0,015	0,05	0,34	0,13	0,02	1,82	0,54
Moist forest, Ghana	1,51	0,05	0,44	1,95	0,24	–	4,19	2,68
Regenwald, Kolumbien	1,55	0,06	0,10	0,71	0,15	–	2,57	1,02
Totholz								
Bergregenwald, Neuguinea	0,32	0,03	0,09	0,29	0,08	0,01	0,81	0,48
Regenwald, Manaus	0,86	0,01	0,02	0,002	0,04	0,006	0,94	0,08
Moist forest, Ghana	0,32	0,03	0,05	0,87	0,07	–	1,34	1,02
Regenwald, Kolumbien	0,46	0,015	0,05	0,44	0,08	–	1,05	0,59
Mineralboden								
Bergregenwald, Neuguinea	1,12	0,02	0,037	0,25	0,05	0,01	1,48	0,36
Regenwald, Manaus	0,12	0,002	0,002	0	0,0005	0,001	0,126	0,06
Moist forest, Ghana	0,10	0,0003	0,015	0,06	0,008	–	0,183	0,08
Regenwald, Kolumbien	0,09	0,01	0,002	0,0006	0,0007	–	0,103	0,01

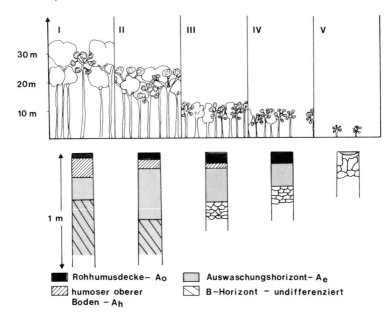

Abb. 178. Vegetationsstruktur und Bodentyp in tropischen Regenwäldern Malayas (nach STEIN 1978).

Von besonderem Interesse sind die Calcium-Werte, da z. B. in zentralamazonischen Mineralböden Ca nur in feinsten Konzentrationen nachgewiesen werden kann.

Der große Artenreichtum an Pflanzen ist im tropischen Regenwald mit einer enormen Phytomasse verbunden. Nach KLINGE und RODRIGUES (1968) ist allein mit einem jährlichen Streufall von 7,3 t Trockenmasse (davon 76,6% Blätter) pro ha im zentralamazonischen Regenwald zu rechnen, durch den jährlich pro Flächeneinheit etwa 2,2 kg P, 12,7 kg K, 5 kg Na, 18,4 kg Ca und 11,6 kg Mg dem Boden zurückgegeben werden.

Die Nährstoffkonzentrationen in den Blättern tropischer Wälder variieren jedoch nach Art und Standort.

Zur Streumenge kommen pro Jahr noch 2 Tonnen Äste und eine Tonne Stammholz hinzu.

Die oberirdische Phytomasse wurde auf 1000 Tonnen Frischmasse und 44 Tonnen Totholz, die Wurzelmasse auf 200 Tonnen berechnet. BRÜNIG (1968, 1970, 1971) kam in den Wäldern Borneos zu höheren Zahlen, doch lassen sich diese damit erklären, daß die zentralamazonischen Böden nährstoffärmer sind und die Wälder von Sarawak eine andere Artenzusammensetzung (hoher Anteil an Dipterocarpaceen) aufweisen.

Auffallend ist das Zurücktreten von Großtieren (Ausnahmen: u. a. Okapi und Riesenwaldschwein im Kongo-Regenwald; Tapire in südamerikanischen und südostasiatischen Regenwäldern), und es hat nicht an Versuchen gefehlt, die in vielen Regenwaldgebieten früher vorhandene Anthropophagie mit der natürlichen Fleischar-

Tab. 5.9. Nährstoffauswaschung, Nährstoffeintrag über den Niederschlag und Nährstoff-
gehalt des Streufalles in Zentralamazonien (KLINGE 1976)

	Nährstoffauswaschung	Nährstoffeintrag	Nährstoffgehalt der Streu
Ges. N	5,8 kg/ha/Jahr	10	105,6
org. N	4,9	3	n.b.
Ges. P	0,1	0,3	2,1
p (PO_4^{---})	0,09	0,07	n.b.
Ges. Fe	6,5	2,1	1,2
Ca^{++}	4,9	3,7	18,3
Mg^{++}	2,6	3	12,6
K^+	6,5	n.b.	12,7
Na^+	11,0	n.b.	5,0
Mn	0,1	n.b.	0,7

mut dieser Biome zu korrelieren. Der Mangel an herdenbildenden Großtieren führt
dazu, daß die Zoomasse gegenüber der Phytomasse quantitativ erheblich zurücktritt.
Dennoch besitzt sie für das Funktionieren des Gesamtsystems eine große Bedeutung.
Nach den Schätzungen von KLINGE und FITTKAU (1972) beträgt die tierische Biomasse pro ha zentralamazonischem Regenwald 206,38 kg. Diese verteilt sich auf folgende Tiergruppen:

Bodenfauna	=	84,00 kg
Insekten	=	95,00 kg
Spinnen und Skorpione	=	3,30 kg
Gastropoden	=	0,08 kg
Oligochaeten	=	10,50 kg
Amphibien	=	3,50 kg
Reptilien	=	2,40 kg
Vögel	=	3,40 kg
Säuger	=	4,20 kg
	=	206,38 kg Zoomasse

7% dieser Zoomasse ernähren sich von lebenden Pflanzenblättern, 19% sind an
Holz, 48% an Streu, 24% an andere Tiere und 2% an Pflanzen und Tiere gebunden.
Die tierische Biozönose des tropischen Regenwaldes baut sich danach zu einem wesentlichen Teil aus der von Pilzen besiedelten und verarbeiteten toten Pflanzensub-
stanz auf.

Regenwald-Ökosysteme werden in ihrer grundlegenden Struktur von pflanzlichen
Organismen getragen und bedürfen anorganischer Stoffzufuhr, die über einen länge-
ren Zeitraum hinweg vom Boden im allgemeinen nicht bereitgestellt werden kann
(FITTKAU 1971, 1973). Artenreichtum kann deshalb auch als Anpassung an die
Nährstoffarmut der Böden verstanden werden (FRÄNZLE 1977).

Allein in Malaysia kommen etwa 30 000 Blütenpflanzen (davon etwa 5000 Orchideen und 5000 Baumarten) in 2400 Gattungen vor. In Sarawak stellen die Diptero-

Tab. 5.10. Nährstoffkonzentration in Blättern tropischer Wälder (KLINGE 1976)

Lfd. Nr.	Waldtyp	Blattmaterial	Nährstoffe (% Tr.M.)												P+K+Ca+Mg	P+K+Ca+Mg
			N	P	K	Ca	Mg	Na	Mn	Cu	Fe	Co	Mo	Zn		
1	Sekundärvegetation auf Podsol (Brand), Surinam	Grüne Blätter	4,27	0,23	0,49	1,43	0,70	0,06	0,0015	0,0011	0,0064	–	–	–	2,85	1,50
2	Sekundärvegetation auf Podsol Brasilien	Junge grüne Blätter	3,39	0,29	0,63	0,94	0,17	0,01	0,0011	0,0013	0,007	–	–	–	2,03	1,67
3	Sekundärvegetation auf Podsol, Surinam	Grüne Blätter	3,22	0,20	0,53	0,40	0,28	0,10	0,0006	0,0007	0,005	–	–	–	1,41	2,28
4	Klimaxvegetation auf Podsol, Rio Negro	Junge grüne Blätter	2,95	0,16	1,28	0,10	0,68	0,01	0,0007	0,0012	0,0101	–	–	0,0018	2,22	1,33
5	Klimaxvegetation auf Podsol, Manaus	Junge grüne Blätter	2,83	0,25	0,65	0,25	0,22	0,02	0,0006	0,0c1	0,005	–	–	–	1,37	2,07
6	Quercus robur, Belgien	Grüne Blätter	2,50	0,18	1,20	0,91	–	0,007	0,0017	–	–	–	–	–	2,48	1,01
7	Klimaxvegetation auf Podsol, Manaus	Junge grüne Blätter	2,05	0,19	0,93	0,27	0,23	0,02	0,0005	0,0007	0,0047	–	–	0,0015	1,62	1,27
8	Dimorphandra auf Podsol, Surinam	Grüne Blätter	2,04	0,14	0,15	0,80	0,24	0,05	0,0005	0,0013	0,072	–	–	–	1,33	1,53
9	Klimaxvegetation auf Podsol, Manaus	Alte grüne Blätter	2,03	0,15	0,62	0,34	0,25	0,03	0,011	0,0007	0,0056	–	–	0,0017	1,36	1,49
10	Regenwald, Kolumbien	Grüne Baumblätter	1,93	0,07	0,54	0,50	0,22	0,004	0,013	–	0,007	–	–	–	1,26	1,53

11 Moist forest, Ghana	Grüne Blätter und Zweige bis 50 mm ø	1,88	0,13	0,76	1,90	0,26	–	–	–	–	–	–	–	3,05	0,62
12 Regenwald, Manaus	Grüne Blätter	1,84	0,066	0,33	0,21	0,16	0,17	–	–	–	–	–	–	0,766	2,40
13 Regenwald, Kolumbien	Grüne Palmwedel	1,72	0,05	0,52	0,21	0,14	0,006	0,008	–	0,012	–	–	–	0,92	1,87
14 Regenwald, Belém	Blattstreu 1969/71	1,68	0,041	0,17	0,31	0,28	0,07	–	–	–	–	–	–	0,801	2,10
15 Regenwald, Manaus	Blattstreu 1964	1,58	0,029	0,18	0,23	0,17	0,08	–	–	–	–	–	–	0,609	2,59
16 Regenwald, Manaus	Blattstreu 1970	1,55	0,037	0,17	0,40	0,20	0,07	–	–	–	–	–	–	0,807	1,92
17 Regenwald, Manaus	Blattstreu 1963	1,51	0,030	0,18	0,22	0,18	0,08	0,0018	0,0004	0,018	–	0,00002	0,001	0,610	2,48
18 Regenwald, Manaus	Blattstreu 1967	1,48	0,061	0,16	0,22	0,17	0,11	0,0011	0,0005	0,005	–	0,00002	0,001	0,611	2,42
19 *Xerospermum muricatum*, Regenwald, Malaysia	Blattstreu	1,40	0,08	0,22	0,72	0,47	0,04	0,056	0,003	0,010	–	–	0,004	1,49	0,94
20 Igapo-Wald, Belém	Blattstreu 1969/71	1,25	0,036	0,32	0,80	0,38	0,07	–	–	–	–	–	–	1,536	0,81
21 Varzea-Wald, Belém	Blattstreu 1969/71	1,24	0,036	0,26	0,87	0,30	0,07	–	–	–	–	–	–	1,466	0,85
22 Douglasienbestand, USA	Junge grüne Nadeln	1,21	0,25	0,80	0,35	–	–	–	–	–	–	–	–	–	–
23 Douglasienbestand, USA	Alte grüne Nadeln	1,10	0,34	0,65	0,93	–	–	–	–	–	–	–	–	–	–
24 Eichenwald, USA	Grüne Blätter	0,86	0,11	0,60	1,71	1,92	–	0,13	–	–	–	–	–	4,34	0,20
25 Klimaxvegetation auf Laterit, Surinam	Grüne Blätter	0,62	0,13	1,43	0,50	0,32	0,05	0,0011	0,0009	0,0052	–	–	–	2,38	0,26

Tab. 5.11. Lebende und tote Phytomasse sowie Trockengewicht des Mineralbodens tropischer Waldökosysteme (KLINGE 1976)

Waldtyp	Lebende Phytomasse		Tote Phytomasse		Mineralboden
			Streu	Totholz	
	t/ha Tr.M.	Wurzeln %	t/ha Tr.M.		t/ha Tr.M.
Überschwemmungs-wald, Panama	1170	1,0	14,2	4,9	
Bergregenwald, Neuguinea	571	11,4	7,7	10,9	1620 (30 cm)
Regenwald, Manaus	473	14,2	6,0	17,6[4]	12955 (100 cm)
				7,6[5]	
Mangrove, Panama	367	65,3	102,1	–	–
Regenwald, Panama Regenzeit	360	2,6	6,2	14,7	–
Trockenzeit	270	4,6	2,9	–	–
Moist forest, Ghana	287	8,6	2,3	71,8	4480 (25 cm)
Prämontaner Wald, Panama	279	4,5	4,8	–	–
Regenwald, Kolumbien	181	–	6,8	4,6	4710 (30 cm)

carpaceen etwa 10% aller Baumarten und zwischen 25% bis 80% der Phytomasse der Wälder. Obwohl in den Tieflandsregenwäldern der Tropen Angiospermen dominieren, treten in einigen Regionen bemerkenswerte Coniferen isoliert auf. Allein im westmalayischen Archipel sind letztere durch die Familien Podocarpacae, Araucariaceae und Pinaceae in über 20 Arten vertreten:

Podocarpaceae *Dacrydium elatum*
– *beccarii*
– *beccarii* var. *subelatum*
– *falciforme*
– *comosum*
– *xanthandru*
– *gibbsiae*
Podocarpus imbricatus
– *imbricatus* var. *kinabaluensis*
– *blumei*
– *neriifolius*
– *brevifolius*
– *deflexus*
– *amara*
– *polystachus*
Phyllocladus hypophyllus
Araucariaceae *Agathis dammara*
– *beccarii*
– *borneensis*
– *flavescens*
Pinaceae *Pinus merkusii*

Tab. 5.12. Tierische Biomasse in verschiedenen tropischen Ökosystemen (FARNWORTH und GOLLEY 1974)

Ökosystem	Tierische Biomasse (g/m²)	Verhältnis der Pflanzen zur Tier- und Biomasse	Autor
Tropischer Regenwald (Panama)	7,3	4 383	GOLLEY et al. 1969
Tropischer Regenwald (Puerto Rico)	12,0	2 264	ODUM 1970
Mangroven (Puerto Rico)	6,4	1 762	GOLLEY et al. 1962
Korallenriffe	143,0	5	ODUM und ODUM 1955
Savanne (Ostafrika)	45,0	15	DASMANN 1964

Eine ökologische Analyse ihrer Verbreitung (vgl. GOLTE 1974, GRAY 1973, PAIJMANS 1976, STEIN 1978) zeigt jedoch, daß die einzelnen Arten auf bestimmte Höhenstufen, Bodentypen und Pflanzenassoziationen beschränkt sind.

Auch in den „Heidewäldern" Borneos, die bis in 1000 m Höhe auf primär basenarmen, fast weißen Mineralböden als lichte Wälder die artenreichen Dipterocarpa-

Abb. 179. Araucarien-Wälder sind Beispiele für Reliktkoniferen-Wälder auf der Südhemisphäre. Besonders ausgedehnte brasilianische *Araucaria angustifolia*-Bestände (im Foto Standort bei Itaimbezinho; Rio Grande do Sul; 1965) finden wir in den südbrasilianischen Staaten Parana, Santa Catarina und Rio Grande do Sul (oberhalb 500 Meter).

Abb. 180. Höhencampo und Araucarienwaldinsel im nördlichen Rio Grande do Sul (Itaimbezinho). Zum Teil sind diese Campos natürlich (1976).

Abb. 181. *Araucaria angustifolia* am natürlichen Standort (Itaimbezinho, Rio Grande
do Sul) (1976).

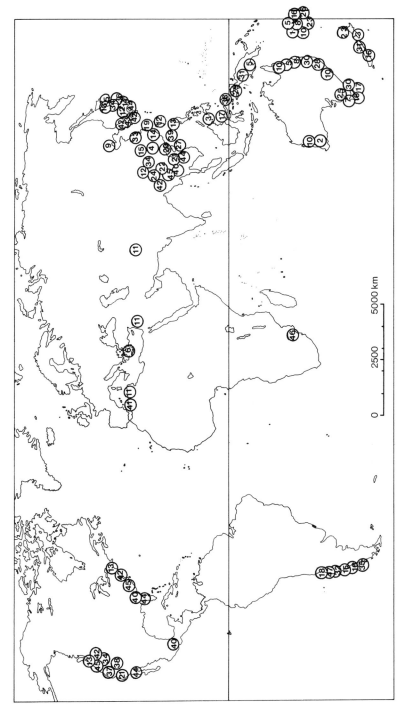

Abb. 182. Verbreitung „reliktärer" Nadelholzgewächse auf der Erde (nach STEIN 1977).

Tab. 5.13 Vertikale Gliederung des bestandsökologischen Milieus in Beziehung zu Coniferen-
vorkommen am Mt. Kinabalu, Borneo (STEIN 1978)

3200 m		(PD 5)	*Podocarpus brevifolius, P. imbricatus* var. *kinaba-*
	Niedriger Kugel-schirmkronenwald		*luensis, Dacrydium gibbsiae, Phyllocladus hypophy-lus*
			Wuchshöhen 8–10 m; stark aufgelockerte Bestände; Epiphytismus geringer als in der Nebelwaldstufe; bei 2500 m untere Grenze von mikrothermen Kräutern und Stauden
2600 m		(PD 4)	*Dacrydium* spp., *Podocarpus* spp. und *Phyllocladus hypophyllus* sehr häufig;
	Nebelwald		Maximale Wuchshöhen 10–15 m; unregelmäßige Wuchsformen; relativ starke Lichtduchlässigkeit; dichter Unterwuchs; maximale Ausprägung von Epiphytismus; starke Vorkommen von terrestrischen Moosen
1800 m			OBERER FAGACEENMISCHWALD *Dacrydium* spp. und *Podocarpus* spp. häufig; Maximale Wuchshöhen 15–20 m; deutliche Tendenz zu größerer Offenheit der Bestände; Beginn terrestrischer Rhododendren
	1500 m		MITTLERER FAGACEENMISCHWALD (PD 3) *Agathis beccarii* häufig; *Dacrydium* spp. und *Podocarpus* spp. mit großer Stetigkeit Beginn stärkeren Vorkommens von terrestrischen Moosen und Epiphytismus
	1300 m		UNTERER FAGACEENMISCHWALD (PD 2) *Agathis becarii* häufig; Hohe Bestände; breite Kronenformen; Schattentoleranz in den unteren Stockwerken noch wichtiges Konkurrenzkriterium
1100 m			SUBMONTANER DIPTEROCARPACEEN-MISCHWALD *Agathis beccarii* mäßig häufig
	900 m		
			Coniferen an der Bestandsstruktur nicht beteiligt (PD 1)

ceenmischwälder durchsetzen (WINKLER 1914, BRÜNIG 1968, STEIN 1978), treten
Coniferen mit aufgelockerten Kronen auf (u. a. *Agathis borneensis, Dacrydium elatum, Dacrydium beccarii*).

In den südamerikanischen Regenwäldern gehen Coniferen dagegen deutlich zurück (u. a. *Araucaria angustifolia* und *Podocarpus*-Arten). Im eigentlich tropischen
Tieflandsregenwald fehlen sie und die wichtigsten Holzarten z. B. im brasilianischen
Küstenregenwald werden u. a. von Legumimosen, Lauraceen und Anacardiaceen gestellt.

Auffallend ist ebenfalls der Artenreichtum an Tieren bei im allgemeinen niedriger
Individuenzahl (BECK 1968, 1971, MACARTHUR 1969, MÜLLER 1972, 1973, 1976).

Besonders artenreich sind poikilotherme Vertebraten wie die Amphibien und Reptilien. Während für die Avifauna verschiedener Regenwaldtypen zahlreiche Diversi-

Tab. 5.14 Wichtige Holzarten der Serra do Mar (HUECK 1966)

Leguminosae	Enterolobium ellipticum
	– timbouva
	Piptadenia rigida
	– communis
	Schizolobium exelsum
	Apuleia praecox
	– ferrea
	Hymenaea courbaril
	– stilbocarpa
	Melanoxylon brauna
	Bowdichia virgilioides
	Myrocarpus fastigiatus
	– frondosus
	– erythroxylon
	Dalbergia nigra
	Machaerium lanatum
	– firmum
	Centrolobium robustum
	– tomentosum
	Platymiscium spec.
	Andira anthelmintica
	Pterodon pubescens
Apocynaceae	Aspidosperma peroba
Sapotaceae	Lucuma laurifolia
Lauraceae	Nectandra nitidula
	– mollis
Meliaceae	Cedrela fissilis
	Cabralea cangerana
Anacardiaceae	Astronium fraxinifolium
	– urundeuva
Rutaceae	Esenbeckia spec.
Tiliaceae	Luehea paniculata

Tab. 5.15. Brutvogelzahl in ausgewählten Tropenwäldern (WHITMORE 1975)

Raum			Flächengröße km²	Brutvögel
Afrika	a)	Kongo	52	128
	b)	Nigeria	1210	100
			265	117
Süd- und Mittelamerika	a)	Panama	15	175
	b)	Costarica	2,6	269
	c)	Ostperu	80	> 300
Südostasien	a)	Pasoh	10	175
	b)	Kuala Lompat	0,2	141
	c)	Ulu Sat	2,6	127

Tab. 5.16   Höhengrenzen einiger Holzgewächse und Farne am Itatiaia und auf den Campos do Jordão (HUECK 1966)

	Höhengrenze Campos do Jordão	Itatiaia
Drimys winteri	1800 m	2700 m
Roupala impressiuscula	1950 m	2700 m
Araucaria angustifolia	1900 m	2000 m
Gaultheria itatiaiae	2000 m	2300 m
Leucothoe intermedia	1900 m	2300 m
Doryopteris itatiaiensis	2000 m	2200 m
Polypodium longipetiolatum	1400 m	1800 m
Polypodium rupicolum	1900 m	2300 m

Tab. 5.17   Zahl der Nahrungsspezialisten (Standvögel) in Regenwäldern und Savannen von Liberia und Panama (KARR 1976)

Gebiet	Insekten-fresser	Früchte-fresser	Insekten- u. Früchte-fresser	Insekten- u. Nektar-fresser	Samen-fresser	Carnivore
Regenwald von						
a) Panama	37	6	10	2	–	1
b) Liberia	37	7	1	1	2	2
Savanne						
a) Panama	19	9	12	4	6	–
b) Liberia	12	3	3	2	1	–

tätsuntersuchungen vorliegen (vgl. u. a. KARR und ROTH 1971, MACARTHUR 1969, MACARTHUR, RECHER und CODY 1966, ORIANS 1969), ist die quantitative Erfassung der Kriechtiere in tropischen Wäldern im allgemeinen auf kleinste System-Aus-schnitte beschränkt (u. a. Amphibienfauna einzelner Bäume; vgl. HEYER und BERVEN 1973) und damit für den entsprechenden Waldtyp meist nicht repräsentativ. Unter-suchungen auf einer 10 Hektar großen Waldfläche im Reserva Ducke im zentralama-zonischen Regenwald bei Manaus (MÜLLER 1976) zeigen, daß auf dieser kleinen Flä-che eine wesentlich größere Artenzahl vorkommt als z.B. in Mitteleuropa.
Folgende Arten und Individuenzahlen wurden beobachtet:

Arten	Anzahl
1. *Ameiva ameiva petersii*	37
2. *Amphisbaena* spec.	2
3. *Anilius scytale scytale*	1
4. *Anolis chrysolepis planiceps*	9
5. *Anolis ortonii*	1
6. *Bachia cophias*	3
7. *Boa constrictor constrictor*	7
8. *Bothrops atrox*	5
9. *Caiman crocodilus crocodilus*	5
10. *Chelus fimbriatus*	1
11. *Chironius cinnamomeus*	1
12. *Chironius scurrulus*	1

13. *Coleodactylus amazonicus*	1
14. *Crocodilurus lacertinus*	1
15. *Dryadophis boddaerti boddaerti*	1
16. *Drymarchon corais corais*	1
17. *Enyalioides laticeps laticeps*	1
18. *Epicrates cenchria cenchria*	1
19. *Eunectes murinus*	1
20. *Helicops hagmanni*	1
21. *Hydrodynastes bicinctus*	1
22. *Iguana iguana iguana*	3
23. *Lachesis mutus mutus*	2
24. *Leimadophis reginae reginae*	1
25. *Leptophis ahaetulla ortonii*	4
26. *Mabuya mabouya mabouya*	41
27. *Melanosochus niger*	1
28. *Micrurus spixii spixii*	4
29. *Oxybelis argenteus*	1
30. *Phrynops rufipes*	1
31. *Podocnemis expansa*	1
32. *Pseudoboa neuwiedii*	1
33. *Pseudoeryx plicatilis mimeticus*	1
34. *Pseustes sulphureus sulphureus*	2
35. *Siphlophis cervinus*	1
36. *Spilotes pullatus pullatus*	1
37. *Tantilla melanocephala*	1
38. *Testudo denticulata*	1
39. *Tripanurgos compressus*	1
40. *Tupinambis nigropunctatus*	8

Nach der Shannon- und Wiener-Formel zur Berechnung der Diversität (vgl. MÜL-LER, KLOMANN, NAGEL, REIS und SCHÄFER 1975) ergibt sich eine Speziesdiversität von $H_S = 2,6965$. Der Diversitätswert wird durch das Dominieren der großen Arten wie *Ameiva ameiva petersii*, *Mabuya mabouya mabouya*, *Tupinambis nigropunctatus* und *Boa constrictor* gesenkt. Diese Arten werden durch den auch im Reservat wirksamen anthropogenen Einfluß gefördert.

Familie	Artenzahl
1. Testudinidae	1
2. Chelidae	3
3. Alligotoridae	2
4. Gekkonidae	1
5. Iguanidae	4
6. Teiidae	4
7. Scincidae	1
8. Amphisbaenidae	1
9. Boidae	3
10. Aniliidae	1
11. Colubridae	16
12. Elapidae	1
13. Crotalidae	2
	40

Überraschend hoch ist ebenfalls die Familiendiversität ($H_F = 2{,}06847$), wobei auch dieser Wert durch das Dominieren einer Gruppe (Colubridae) gedrückt wird. Die Biomasse der gesammelten Tiere wurde auf 45 kg geschätzt.

Der tropische Regenwald mit seinem ungeheuren, durch die Vegetationsstruktur entscheidend mitbestimmten Nischenreichtum und seinen günstigen Klimabedingungen liefert den ökologischen Untergrund für diese einzigartige Tierwelt. Entsprechend dem unterschiedlichen Stockwerkaufbau der einzelnen Waldtypen zeigt auch die Fauna des Regenwaldes eine Stratifikation. Manche tropische Schmetterlingsarten kommen niemals zum Waldboden herab. In Bodennähe leben Arten mit geringem Licht- und großem Luftfeuchtigkeitsbedürfnis. In Überschwemmungsgebieten (u. a. Amazonas, Kongo) führen diese Arten jahreszeitliche Massenwanderungen durch (u. a. bei Insekten, Milben, Geißelspinnen, Mollusken nachgewiesen).

Selbst Landschildkröten (in Südamerika die über 60 cm lang werdende *Testudo denticulata;* in Südostasien *Geomyda spinosa*) und zahlreiche Schlangenarten (in Südamerika der über 3,5 m lang werdende Buschmeister, *Lachesis mutus;* in Äquatorialafrika die Gabunviper, *Bitis gabonica* u. a.) haben sich dem lichtarmen Biotop in Bodennähe angepaßt. Hinzu kommen die in der obersten Bodenschicht, teilweise auch in Gewässern lebenden Gymnophionen.

Andere Tierarten spezialisierten sich auf das Leben in der mittleren Baumschicht und zeigen typische Baumanpassungsmerkmale. Hierzu gehören die neotropischen Wickelbären, die Baumameisenbären, die Baumstachler, die Kapuzineraffenartigen,

Tab. 5.18. Standvogelarten, Brutpaare und Spezies-Diversität auf 40-ha Flächen verschiedener Breitenlagen (KARR und ROTH 1971

Raum	Standvogelarten	Brutpaare	Diversität
Illinois			
1. Offenes Land	5	28	1,537
2. Lichtes Buschland	18	341	2,742
3. Dichtes Buschland	32	375	3,182
4. Tieflandwald	32	489	3,315
Texas			
1. Seadrift	13	147	2,038
2. Welder	14	163	2,140
3. Kingsville	15	198	2,305
4. Raymondsville	15	271	2,267
Panama			
1. Trockenes Grasland	7	61	1,501
2. Feuchtes Grasland	7	66	1,715
3. Trockene Savanne	7	50	1,863
4. Feucht-Savanne	12	89	1,814
5. Lichtes Buschland	42	472	3,456
6. Dichtes Buschland	50	569	3,730
7. Regenwald	56	728	3,647
Bahamas			
1. Kiefernwald	10	230	1,957

Tab. 5.19. Verbreitung von Fröschen, Urodelen (1 Art) und Eidechsen auf verschiedene Biotope im tropischen Regenwaldbiom bei Belém (RUMP 1971; es bedeuten: 0 = keine Nachweise, 1 = selten, 2 = fünf bis 15 Beobachtungen; 3 = häufig; 4 = regelmäßig verbreitet)

Art	Terra-firme	Varzea	Igapo	Capoeira	offenes Gelände und Waldränder
Pipa pipa	0	1	0	0	0
Eleutherodactylus lacrimosus	1	0	1	0	0
Leptodactylus marmoratus	4	4	0	3	0
− mystaceus	1	0	0	0	0
− ocellatus	0	0	0	0	4
− pentadactylus	1	0	0	0	0
− rhodomystax	1	2	0	0	0
− wagneri	1	4	4	0	2
Physalaemus ephippifer	4	4	1	1	4
− petersi	3	4	0	0	2
Bufo marinus	0	0	0	0	4
− typhonicus	4	4	0	2	0
Dendrobates trivittatis	2	0	0	1	0
− ventrimaculatus	0	2	3	0	0
Hyla baumgardneri	0	0	1	0	4
− boesemani	0	0	0	0	4
− calcarata	1	3	0	0	0
− egleri	2	3	2	1	4
− geographica	0	4	0	0	2
− goughi	1	2	1	0	4
− granosa	1	2	3	0	0
− leucophyllata	0	2	1	0	4
− melanargyrea	1	0	0	0	4
− minuta	0	0	0	0	4
− multifasciata	0	2	1	0	4
− nana	1	0	0	0	4
− raniceps	0	1	0	0	4
− rondoniae	0	1	0	0	0
− rubra	1	3	3	1	4
− sp. (große rubra)	1	1	0	0	4
− sp. (rubra-ähnlich)	4	4	1	2	1
Osteocephalus taurinus	0	0	0	0	1
Phrynohyas venulosa	1	0	1	1	3
Phyllomedusa bicolor	0	2	0	0	2
− hypochondrialis	0	0	0	0	4
− vaillanti	0	1	0	0	0
Sphaenorhynchus eurhostus	0	0	0	0	3
Bolitoglossa altamazonica	4	4	2	3	0
Gonatodes humeralis	4	4	3	3	0
Hemidactylus mabouia	0	0	0	0	4
Thecadactylus rapicaudus	1	0	0	0	0
Lepidoblepharus festae	0	1	1	0	0
Anolis fuscoauratus	3	3	1	1	0
− ortoni	1	0	0	0	0
− punctatus	1	1	0	1	0

Tab. 5.19. Verbreitung von Fröschen, Urodelen (1 Art) und Eidechsen auf verschiedene Biotope im tropischen Regenwaldbiom bei Belém (RUMP 1971; es bedeuten: 0 = keine Nachweise; 1 = selten; 2 = fünf bis 15 Beobachtungen; 3 = häufig; 4 = regelmäßig verbreitet) (Fortsetzung)

Art	Terra-firme	Varzea	Igapo	Capoeira	offenes Gelände und Waldränder
Iguana iguana	0	1	0	0	1
Plica umbra	3	1	1	2	0
Polychrus marmoratus	1	1	1	1	0
Tropidurus torquatus	1	0	0	1	4
Uranoscodon superciliosa	1	2	1	1	1
Mabuya mabouya	3	4	4	3	2
Alopoglossus carinicaudatus	0	1	0	0	0
Ameiva ameiva	1	0	0	3	4
Arthrosaura kochii	1	0	0	0	0
Cnemidophorus lemniscatus	0	0	0	0	3
Crocodilurus lacertina	0	1	0	0	0
Dracaena guianensis	0	0	0	0	1
Kentropyx calcaratus	4	4	4	2	0
Leposoma percarinatum	0	2	0	0	1
Prionodactylus argulus	1	2	0	0	0
Tupinambus nigropunctatus	1	1	0	1	2

die palaeotropischen Schuppentiere und die papuanischen Chiruromys-Arten mit ihren Klammerschwänzen. Bei den Baumschlangen, -agamen, -leguanen und -waranen treten spezielle Schwanzschuppen auf, die ein sicheres Festhalten ermöglichen. Ganze Lebensgmeinschaften haben als Lebensraum die Baumstämme erobert und verfügen über spezifische Färbungs- und Formanpassungen. Phytophage Arten besitzen korreliert zu ihren jeweiligen Wirtspflanzen mosaikartige Verbreitungsbilder. Bei den Amphibien und Reptilien kommen „flugfähige" Arten vor (u. a. Flugdrache *Draco fimbriatus* und Flugfrosch *Rhacophorus reinwardtii*).
Neben individuenarmen gibt es jedoch auch individuenreiche Gruppen (u. a. Ameisen, Termiten, blütenbestäubende Insekten, Anuren; vgl. u. a. IRMLER 1976, 1977, SCHUBART und BECK 1968).

Tab. 5.20. Amphibien und Reptilien in „Heidewäldern" und immergrünen tropischen Regenwäldern von Sarawak (WHITMORE 1975)

	Heidewald Nyabau	Regenwald Pesu Hill	Regenwald Labang Valley
Artenzahl			
Frösche	24	53	33
Eidechsen	13	31	33
Schlangen	13	35	38
Schildkröten	0	1	2
Total	50	120	106

Tab. 5.21. Übersicht über Siedlungsdichte und Gruppenzusammensetzung der Berlese-Fauna tropischer Wälder verschiedener Gebiete (BECK 1971)

	BECK (1971)	MALDAGUE (1961)	STRICKLAND (1944)		IMADATÉ & KIRA (1964)	VAN DER DRIFT (1963)	GREENSLADE & GREENSLADE (1968)
	Amazonas Terra-firme-Wälder	Kongo versch. Waldformationen	Trinidad Regenwald		SO-Asien Monsun-Wald	Surinam Regenwald	Salomon-Inseln Regenwald
	Förna – 6,5 cm (max.)	0 – 2,5 cm	Förna – 7,5 cm		0 – 8 cm	0 – 5 cm	Förna – 5 cm
Individuen/m²	55000–150000	63700–72000	128000	98000*	541 (Ind./l)**	51000	68000**
Milben	78% (77–78)	77% (74–79)	60%	78%	78%	78%	81%
Collembolen	15% (13–17)	17% (14–20)	8%	10%	8%	9%	7%
übrige Tiergruppen	7% (5– 9)	6% (4– 6)	32%	12%	14%	13%	12%
darunter:							
Ameisen	2% (1– 4)		10%			4%	2%
Termiten	0%		14%	–			
Milben/Collembolen	5,2 (4,6–6,0)	4,5 (3,7–5,7)	7,8	7,8	9,7	8,6	11,5
Milben+Collembolen	93%	94%	(68%)	88%	86%	87%	88%

* Zahlen ohne Termiten und Ameisen, ** Berlese-Technik ohne elektrische Lichtquelle

Tab. 5.22. Präsenz von Käferfamilien in verschiedenen Strata amazonischer Böden (SCHUBART und BECK 1968)

Probestellen	1 oberflächliche Streuschicht		2 Epiphyten		3 organische Bodenschichten		4 Summe 1 + 2 + 3	5 mineralische Bodenschichten		6 Streuschicht unter Wasser	
	Anzahl 16 = 100	%	Anzahl 12 = 100	%	Anzahl 55 = 100	%	% (83) = 100	Anzahl 30 = 100	%	Anzahl 16 = 100	%
1. Staphylinidae	12	75	3	25	38	69	64	6	20	0	0
2. Pselaphidae	8	50	6	50	33	60	57	11	37	0	0
3. Ptiliidae	3	19	3	25	31	56	45	9	30	0	0
4. Scydmaenidae	10	62	2	17	22	40	41	7	23	0	0
5. Carabidae	10	62	0	0	22	40	38	3	10	1	6
6. Scolytidae	1	6	1	8	10	18	14	4	13	1	6
7. Dryopidae	2	12	0	0	5	9	8	4	13	2	12
8. Tenebrionidae	1	6	1	8	9	16	13	0	0	0	0
9. Scarabaeidae	1	6	3	25	8	14	14	0	0	0	0
10. Hydrophilidae	1	6	1	8	7	13	11	0	0	0	0
11. Curculionidae	2	12	0	0	7	13	11	0	0	0	0
12. Nitidulidae	0	0	0	0	7	13	8	0	0	0	0
13. Histeridae	2	12	0	0	4	7	7	1	3	0	0
14. Anthicidae	2	12	1	8	2	4	6	1	3	0	0
15. Cucujidae	0	0	2	17	3	5	6	0	0	0	0
16. Platypodidae	0	0	0	0	2	4	2	2	7	1	6
17. Corylophidae	1	6	0	0	2	4	4	2	7	0	0
18. Chrysomelidae	2	12	1	8	2	4	6	0	0	0	0
19. Anobiidae	0	0	2	17	2	4	7	0	0	0	0
20. Cyphonidae	0	0	0	0	3	5	4	0	0	0	0
21. Colydiidae	0	0	2	17	2	4	5	1	3	0	0
22. Elateridae	2	12	0	0	1	2	4	0	0	0	0
23. Byrrhidae	0	0	2	17	1	2	4	0	0	1	6
24. Aderidae	0	0	1	8	1	2	2	0	0	0	0
25. Rhysodidae	0	0	0	0	1	2	1	1	3	0	0
26. Catopidae	2	12	0	0	0	0	2	0	0	0	0
27. Leiodidae	0	0	0	0	1	2	1	1	3	0	0
28. Lathridiidae	0	0	0	0	1	2	1	0	0	0	0
29. Dytsicidae	0	0	1	8	0	0	1	0	0	0	0
30. Cryptophagidae	0	0	1	8	0	0	1	0	0	0	0
31. Dermestidae	0	0	0	0	0	0	0	1	3	0	0
32. Heteroceridae	0	0	0	0	0	0	0	0	0	1	6
33. Silphidae	0	0	0	0	1	2	1	0	0	0	0
34. indet.	0	0	0	0	1	2	1	0	0	0	0
35. indet.	0	0	0	0	1	2	1	0	0	0	0

Unter den Coleopteren der Hylaea-Bodenstreu dominieren Staphilinidae, Pselaphidae, Ptiliidae, Carabidae und Scydmaenidae.

Großtierherden, wie sie die Steppen oder Savannen bevölkern, fehlen im Regenwald völlig. Auffallend ist der Anteil phylogenetisch alter neben sehr jungen Taxa im tropischen Regenwald. Zu den „alten" Gruppen gehören die bereits im Buntsandstein nachgewiesenen Cycadaceae. In der Neotropis ist diese den Baumfarnen nahestehende, in ihrem Phänotyp stärker an Palmen erinnernde Gruppe durch die Gattungen *Dioon, Zamia, Ceratozamia* und *Microcycas* vertreten; in Australien kommen *Bovenia* und *Macrosamia* und auf Madagaskar *Cycas* vor. Einzelne Arten treten jedoch auch in anderen Waldtypen auf. Unter den Tieren sind besonders die *Peripatus*-Arten zu nennen.

Die Tatsache, daß im tropischen Regenwald zahlreiche phylogenetisch alte Tiergruppen leben, veranlaßte manche Autoren zur Annahme, daß der Regenwald auch in seiner heutigen Verbreitung „altertümlich" ist und die Eiszeiten ohne größere Veränderungen überstanden habe. Neuere biogeographische und palynologische Untersuchungsergebnisse (zusammenfassende Darstellung bei MÜLLER 1973, 1977) zeigen jedoch, daß während des Würmglazials und im Postglazial im Verlauf von alternierenden Trocken- und Feuchtphasen Biomverschiebungen stattfanden, die zu einer starken Zersplitterung der Regenwaldbiome führten. Die Regenwälder Südostasiens, Australiens, Afrikas und Südamerikas waren während arider Klimaphasen durch Savannenstraßen viel stärker isoliert als gegenwärtig, und Savannenarten konnten die heute geschlossenen Wälder durchwandern (ASHTON 1972, CROCKER 1959, FRÄNZLE 1976, IRION und LENLEY 1972, KEAST 1961, MÜLLER 1969, 1972, 1973, 1975, 1976, MOREAU 1966, VAN DER HAMMEN 1974).

Begrenzende Faktoren für die Arealsysteme vieler tropischer Regenwaldarten sind gegenwärtig offene Landschaften, hohe Gebirge, breite Tieflandsflüsse und sicherlich auch die Nährstoffarmut und chemische Zusammensetzung mancher Bodentypen. FITTKAU (1971) hat letzteres gerade für Zentralamazonien mehrfach postuliert.

Das Fehlen von Gummibäumen, der Paranuß, dem Ceiba, kalkschalentragender Wasser- und Landmollusken und einer artenreichen Wasserpflanzenflora (meist nur Utricularien) führt er im wesentlichen auf den Bodenchemismus zurück.

Aufgrund der geochemischen Verhältnisse gliederte er das Amazonische Regenwaldgebiet in zwei ökologische Großräume: den zentralen Raum und dessen Peripherie. Calcium, Magnesium und Kalium sind auf den zentralamazonischen Standorten unterrepräsentiert. FURCH (1976) zeigte jedoch, daß andere Spurenstoffe ausreichend vorhanden sind. Zum Teil werden sie selektiv in den Pflanzen gespeichert (u. a. Varium in der Paranuß). Die Elemente K, Ca, Na und Mg nehmen jedoch von Panama nach Manaus nachweisbar ab. Solche geochemisch verarmten Standorte können möglicherweise, ähnlich wie fossile Savannenstraßen oder Flüsse, als Separationsbarrieren wirken (vgl. Ausbreitungszentren in der Neotropis).

Weltweit befinden sich gegenwärtig die Regenwaldbiome durch anthropogene Beeinflussung in einem Vernichtungsvorgang. Die Zerstörung der Waldfläche wird mit jährlich 20 Mio. ha beziffert (FÖRSTER 1973). Bei einem Anhalten dieser Entwicklungen werden „aller Voraussicht bis um die Jahrhundertwende die tropischen Regenwälder ausgeplündert oder vollständig vernichtet sein" (LAMPRECHT 1971, GOODLAND und IRWIN 1975). Die Erkenntnis, daß die einmaligen Regenwald-Ökosysteme wenigstens durch ausreichend große Nationalparks für alle Zeiten unter Schutz gestellt werden sollten, kommt in vielen Fällen zu spät.

So wird Amazonien, das ehemals größte zusammenhängende Waldökosystem unserer Erde, das auf äußere Eingriffe außerordentlich empfindlich reagiert, von Straßen überzogen. Da die Erforschung der amazonischen Tierwelt noch am Anfang steht, können wir auch noch nicht absehen, was wir mit der Veränderung und Vernichtung der Wälder für immer verlieren werden. Der Entwicklung sich in den Weg stellen zu wollen, wird sicherlich nicht mehr möglich sein, aber die zukünftige Pla-

Tab. 5.23. Ursprüngliche und heutige Ausdehnung des Regenwaldes in den brasilianischen NO-Staaten (unter Einschluß von Trockenwäldern; HUECK 1966)

Staat	Ursprüngliche Wälder % Gesamtfläche	Jetzige Wälder % Gesamtfläche
Rio Grande do Norte	25	12
Paraiba	40	1
Pernambuco	35	14
Alagoas	35	10
Sergipe	40	0,1

nung und Schaffung von Nationalparks in Südamerika, Afrika und Südostasien sollte diesen Tatsachen verstärkt Rechnung tragen (MÜLLER 1973).

Darüber hinaus sollte wenigstens angestrebt werden, „daß eine sinnvolle Landnutzung nicht nur steigende Produktionsraten auf dem pflanzlichen und tierischen Sektor anstreben darf, sondern daß es ebenso wichtig ist, das anthropogen beeinflußte bzw. gestaltete Ökosystem möglichst ebenso stabil werden zu lassen wie seine natürlichen Vorgänger" (FRÄNZLE 1976).

Es versteht sich von selbst, daß in diesem Zusammenhang sowohl der Strahlungs- als auch der Wasserhaushalt von entscheidender Bedeutung ist. Vor allem der Abfluß wird sich bei einer Vernichtung der Waldformation zwangsläufig vergrößern.

Tab. 5.24. Änderungen des Wasserhaushaltes in Amazonien infolge Waldrodung (FRÄNZLE 1976)

Wasserbilanzterme	Regenwaldbiom		Kulturformation 1	2
Niederschlag	2100	mm/a	2100	2100
Verdunstung	1100	mm/a	950	830
Abfluß	1000	mm/a	1150	1270
Abflußspende		31,7 l/km/sec	36,4	40,2

Die naturnahen Ökosysteme Zentralamazoniens sind z.T. durch erhebliche Abtragungsraten gekennzeichnet, die naturgemäß im einzelnen vom Klima, Relief und den physikalischen Eigenschaften der jeweiligen Bodenassoziationen abhängen. Letztere bestimmen damit entscheidend die systemspezifische Belastbarkeitsgrenze der jeweiligen Kulturformation.

5.1.2 Die Savannen-Biome

Der vom spanischen Sabana (= Grasebene) abgeleitete Begriff wird von uns ausschließlich auf Grasfluren der wechselfeuchten Tropen bezogen, unabhängig davon, wie sie entstanden und in welchem Maße sie mit Bäumen oder Sträuchern durchsetzt sind. WALTER (1964) definierte Savannen als „natürliche, homogene, zonale Vegetation der tropischen Sommerregen-Zone mit einer geschlossenen Grasschicht und darin gleichmäßig verteilten Holzpflanzen, Sträuchern oder Bäumen".

Abb. 183. Savannenbiom (Serengeti, Tansania, 1975) mit Zebras und Impalas.

Dieser „natürliche" Savannentyp tritt jedoch nur bei Niederschlägen unter 600 mm, also im Bereich der „Dornbuschsavanne" im Sinne von Jaeger (1945), auf. Walter (1964) definierte infolgedessen die „Feuchtsavannentypen" als ehemaliges Waldland, das durch anthropogenen Einfluß physiognomisch sich dem Bild einer natürlichen Savanne anpaßte.

Schmithüsen (1968) stimmt in seiner Gliederung der periodisch trockenen tropischen Vegetationsgürtel zwar dem Ansatz von Jaeger zu, doch schlug er eine den unterschiedlichen Bedingungen in den außerafrikanischen Räumen besser entsprechende Gliederung vor:

Periodisch trockene tropische Vegetationsgürtel (Monsunwälder, Trockenwälder, Dorngehölze und Savannen)

1. Der feuchteste der drei Gürtel kann durch die tropischen Monsunwälder, feuchte regengrüne und halbimmergrüne Wälder, die ihre größte Ausdehnung in den asiatischen Tropen haben, sowie durch Campos cerrados und Hochgras-Savannen mit immergrünen Galeriewäldern (Feuchtsavannen) gekennzeichnet werden.
2. Der mittlere Gürtel hat laubabwerfende Trockenwälder, sukkulentenarme Dornwälder und Savannen mit mittelhohem bis niedrigem Graswuchs ohne immergrüne Galeriewälder (Trockensavannen).
3. Der dritte Gürtel, Waibels „Dornstrauchsteppe", hat Dorngehölz- und Sukkulentenstrauchformationen und -wälder (Caatinga) und trockene dornstrauchfreie Grasfluren (Dornsavanne).

Wir wollen im folgenden die Differenzierung von drei verschiedenen Savannenformationen, zumindest für den aethiopischen Bereich, aufrechterhalten. Sie werden im wesentlichen durch großklimatische und pedologische Bedingungen definiert und sind durch eine Vielzahl von Übergängen ausgezeichnet:

Abb. 184. Savannenbiom im Bereich des Ngorongoro-Kraters (1975).

1. Feuchtsavannen und Campos Cerrados mit 3 bis 5 ariden Monaten
2. Trockensavannen mit 6 bis 7 ariden Monaten
3. Dornsavannen mit 8 bis 9,5 ariden Monaten.

Wie Jätzold (1970) jedoch am Beispiel seiner Agrarklimaklassifikation nachgewiesen hat, genügt die Zählung der ariden und humiden Monate allein nicht, „sondern auch die Intensität, die Verteilung auf das Jahr und die Jahresbilanz von Niederschlag und Verdunstung müssen berücksichtigt werden".

Die Savanne ist innerhalb der Tropen der schroffe Gegensatz zum Regenwald. „Durch das ganze tropische Afrika geht der Gegensatz dieser beiden verschiedenen Welten. An den dunklen, feindlichen Wald grenzt das offene, heitere Grasland" (Waibel 1921).

Hoch ist der Anteil an „feuerfesten" Bäumen (Pyrophyten), die auf mächtigen Lateriten durchschnittlich 6 bis 12 m Höhe erreichen, meist regengrün, großblättrig und dickborkig sind. Die Anpassungen an das Feuer betreffen jedoch nicht nur die ausgewachsenen Pflanzen. Viele Samen von Savannenpflanzen ertragen Temperaturen von über 100 °C, ohne ihre Keimfähigkeit einzubüßen (u. a. Tamayo 1962, Vogl 1964). Beadle (1940) zeigte, daß man Samen der in Australien vorkommenden *Acacia decurrens*, *Angophora lanceolata*, *Eucalyptus gummifera*, *Hackea acicularis* und *Casuarina rigida* über 4 Stunden bei 100 bis 110 °C und geringer Luftfeuchtigkeit halten kann, ohne daß ihre Keimfähigkeit wesentlich eingeschränkt ist. Die Charakterart der brasilianischen Campos Cerrados *Curatella americana* keimt, wie viele andere Campo-Arten, besonders gut nach einer Temperaturschock-Behandlung (über 500 °C; vgl. Blydenstein 1962, Rizzini 1976).

Das in den Llanos von Venezuela vorkommende Gras *Trachypogon montufari* erträgt noch Temperaturen bis 135 °C, der häufige Baum *Byrsonima crassifolia* noch

Abb. 185. Savannenbiom (Tsavo-Nationalpark; Kenya, 1975).

350 °C und *Hyptis suaveolens* sogar 770 °C (VARESCHI 1962). Die in den Feucht-savannen auftretenden Galeriewälder bleiben von Bränden meist verschont.

In den Trockensavannen fallen nur noch zwischen 500 bis 1100 mm Nieder-schläge. Ältere Autoren haben manche Formen der Trockensavannen wegen ihres ge-lichteten Baumwuchses als „Obstgartensteppen" bezeichnet. Die 1 bis 2 m hohe Grasflur besteht aus getrennt wachsenden, keinen geschlossenen Rasen mehr bilden-den, hartblättrigen Horsten. Die 5 bis 10 m hohen Bäume, die in der Trockensavanne auch völlig fehlen können, gehören in der Mehrzahl zu Wuchsformen laubabwerfen-der Trockenwälder. Lianen fehlen in der Trockensavanne. Nur noch 200 bis 700 mm Niederschlag fallen in den Dornstrauchsavannen (= Dornstrauchsteppen), die ent-

Tab. 5.25. Keimfähigkeit (%) von Cerrado-Pflanzen nach einer Temperaturschock-Behandlung (RIZZINI 1976)

Art	Keimfähigkeit 100 °C/10 min		Keimfähigkeit 80 °C/5 min		Kontrolle (35 °C)	
	%	Tage	%	Tage	%	Tage
Magonia pubescens	100	6– 9	80	6–11	80	6–11
Bowdichia major	78	9–22	68	10–31	70	8–13
Hymenaea stigonocarpa	70	7–24	100	9–18	100	7–28
Bombax langsdorffii	20	13	80	10–27	90	16–20
Astronium fraxinifolium	0–30	3– 7	94	3– 7	81	3– 7
Plathymenia reticulata	0	0	70	13–15	90	11–17
Kielmeyera coriacea	0	0	–	–	80	8–15
Astronium urundeuva	0	0	90	3– 4	80	3– 4
Cabralea polytricha	0	0	0	0	84	5–12

Abb. 186. *Adansonia digitata*, der Baobab, ein Vertreter der afrikanischen Trockensavannen (Umgebung von Dakar, 1975).

sprechend der hohen Zahl trockener Monate (8 bis 10) nur noch einen 30 bis 60 cm hohen regengrünen Graswuchs besitzen. Die Dornsträucher wie Akazien und Mimosen überwiegen. Bäume mit Rindenassimilation und Stammsukkulenz (z. B. Affenbrotbaum = *Adansonia digitata*; Flaschenbaum = *Adenia globosa*) treten auf. Im australischen „Brigalow-Scrub" sind es Akazien (Brigalow = *Acacia harpophylla*), Flaschenbäume (*Brachychiton rupestris*) und Eukalyptus-Arten. In der brasilianischen Caatinga oder im nordwestvenezolanischen Trockengebiet kommt es zur Ausbildung eines Dornsavannenwaldes mit Bromeliaceen und Kakteen.

Akazienarten der Savannen und Hochländer Kenyas (DALE und GREENWAY 1961):

Acacia abyssinica	– hockii	– seyal
– adenocalyx	– horrida	– sieberiana
– albida	– kirkii	– stuhlmannii
– ancistroclada	– laeta	– thomasii
– ataxacantha	– lahai	– tortilis
– brevispica	– macrothyrsa	– turnbulliana
– bussei	– mellifera	– xanthophloea
– circummarginata	– monticola	– zanzibarica
– clavigera	– nilotica	
– condyloclada	– nubica	
– dolichocephala	– paolii	
– drepanolobium	– pentagona	
– edgeworthii	– persiciflora	
– elatior	– polyacantha	
– etbaica	– reficiens	
– gerrardii	– rovumae	
– goetzei	– senegal	

Zwei besondere Savannentypen sind die Überschwemmungs- und die Termiten-Savannen. Die *Überschwemmungssavannen* besitzen bis 3 m hohe Grasfluren, die ein bis zweimal im Jahr überflutet werden. Flußbegleitende natürliche Uferdämme tragen meist Baumwuchs, Dammuferwälder oder Bancowälder, immergrüne oder teilweise laubabwerfende Bestände, oft mit Palmen, in Südamerika besonders *Mauritia vinifera* und *Copernicia cerifera*, in Afrika *Hyphaena*-Arten und die Delebpalme *(Borassus)*. Während in den Überschwemmungssavannen das Klima die Umwelt der Tiere prägt, gestalten in den *Termitensavannen*, ähnlich wie beim Aufbau der Korallenriffe, Tiere das Bild der Landschaft. Durch ihre Bauten und die Bodenbearbeitung ermöglichen Termiten und in Südamerika auch die Blattschneiderameisen das regelmäßige Auftreten feuchtigkeitsliebender Gehölze.

Abb. 187. Überschwemmungscampo auf der Amazoneninsel Marajo mit eingeführten Wasserbüffeln (1969).

Die Hauptmasse aller bekannten Termitenarten (etwa 1900 Arten) lebt in den Tropen und Subtropen. 41 Arten sind allerdings auch aus der Palaearktischen Region bekannt. Den größten Artenreichtum besitzt Afrika mit 570 Arten und 89 Gattungen. Auffallend ist dabei, daß viele dieser Arten im Gegensatz zu Australien im Regenwald leben. Die Savannen- und Regenwaldarten bauen ihre Nester je nach Art unterschiedlich weit auseinander. LEE und WOOD (1971) gaben hierzu eine interessante Übersicht (vgl. Tab. 5.26).

Dabei ist es jedoch wichtig hervorzuheben, daß die Termitensavannen (TROLL 1936) nicht von allen Arten „erzeugt" werden können. FULLER (1915) hat als Arten solcher „Parkländer" in Natal besonders *Macrotermes natalensis* festgestellt. In Afrika sind es *M. falciger, bellicosus, subhyalinus* und *natalensis*, die im Regenwald fehlen. Von einigen Termitenarten ist nachgewiesen, daß sie an bestimmte Pflanzenarten gebunden sind. So lebt die erst 1971 beschriebene *Nasutitermes rizzinii* ausschließlich an der großblättrigen Eriocaulacee *Paepalanthus bromelioides* in der Serra do Cipó (Minas Gerais). Sie errichtet Sandhügel um die bodennächsten Blattrosetten und durchzieht diese mit ihren Gängen. Während Keimlinge von *Paepalanthus bromelioides* auch ohne *Nasutitermes* wachsen, scheint *N. rizzinii* ohne die Pflanze nicht über längere Zeit lebensfähig zu sein (RIZZINI 1976).

Abb. 188. Termitenbau in der Serengeti-Savanne (Tansania, 1975).

Die Savannen stellen die Schwarmbildungsgebiete der Wanderheuschrecken dar (KREBS 1972). Argentinien gab zur Bekämpfung der Wanderheuschrecken zwischen 1897 und 1933 im Durchschnitt mehr als 300000 englische Pfund, die Südafrikanische Union 1934 allein 140000 englische Pfund und die USA von 1925 bis 1934 4500000 Dollar aus. Im September 1948 wurden in Madagaskar 10000 Tonnen Reis durch Heuschrecken vernichtet. Durch die Gründung des Anti-Locust-Research Centre in London und in enger Zusammenarbeit mit der FAO wurden 1946 und 1948 weltweite Abkommen zur Bekämpfung der Wanderheuschrecken abgeschlossen.

UVAROV (1921, 1951) und PLOTNIKOV (1913) konnten nachweisen, daß jede Wanderheuschrecke eine Wanderphase (phasis *gregaria*) und eine Solitärphase (phasis *solitaria*) besitzt, die morphologisch, physiologisch und in ihrem Verhalten sich unterscheiden und die experimentell ineinander übergeführt werden können. Das Auftreten der Wanderphase bei *Locusta migratoria* und *Schistocerca gregaria* hängt ursächlich nicht mit Nahrungsmangel, sondern mit einer stärkeren Vermehrungsrate und damit höherer Populationsdichte zusammen, die auf häufigere Regenfälle an den Arealgrenzen zurückgeführt werden kann, durch hohe Temperaturen bei Druckabfall begünstigt und über die Corpora alata gesteuert wird. Bereits die Larven der *gregaria*-Phase beginnen mit der Wanderung (300 bis 350 m/Tag), die in verstärktem Maße durch die Alttiere fortgesetzt wird. Es kommt zum Aufbruch, der von Sonne, Temperatur und Wind abhängig ist, und zu gewaltigen Schwarmbildungen, die weitgehend passiv durch den Wind verdriftet werden. Die Flugleistung der einzelnen Heuschrecken ist dabei der Windgeschwindigkeit hervorragend angepaßt.

Während *Locusta* gewaltige Strecken zurücklegt, unternehmen *Calliptamus* und *Dociostaurus* meist nur kleinere Wanderungen. Die häufig bei Regen einfallenden

Tab. 5.26 Häufigkeit von Termitenhügeln

Art	Zahl der Hügel/ha	Vorkommen
Anacanthotermes ahngerianus	162	Zentralasiatische Steppen
Coptotermes lacteus	1–2	Trockenwälder Südaustraliens
Odontotermes sp.	5–7	Kenya-Savannen
Macrotermes bellicosus	2–3	Kongo-Savannen
Macrotermes spp.	3–4	Ostafrikanische Savannen
Nasutitermes exitiosus	4–9	Trockenwälder Südaustraliens
– triodiae	3–7	Baumsavanne Nordaustraliens
– magnus	61	Australisches Weideland
Trinervitermes trinervoides	534	Südafrikanische Savannen
Amitermes laurensis	28–210	Savannen-Waldland Nordaustralien
Drepanotermes spp.	über 350	Halbtrockenwald in Australien
Cubitermes fungifaber	875	Tropischer Kongo-Regenwald
– exiguus	0–652	Kongo-Savannen
– sankwensis	8–550	Kongo-Savannen

Wanderheuschrecken beginnen zu fressen, legen zum Teil Eier ab (70 bis 100 pro Weibchen), um erneut weiter zu wandern. So entstehende Kleinpopulationen von *Locusta migratoria* können sich unter Umständen lange halten. Durch wechselnde Windrichtung kann es sogar zu einer Rückwanderung kommen, wie sie von PACKARD und THOMAS (1878) und PACKARD (1880) für eine große Wanderung von *Melanoplus mexicanus* 1876 von den Rocky Mountains aus in Richtung Mississippi mit einem einheitlichen Rückflug im Jahre 1877 beschrieben wurde. Während durch die Heuschreckenarten *Calliptamus italicus* und *Dociostaurus maroccanus* in den vergangenen Jahrzehnten in Südeuropa noch Kalamitäten auftreten konnten, und z.B. durch *Calliptamus* im Juni 1930 bei Wien ein Eisenbahnzug zum Stehen gebracht wurde, ist die Gefahr durch *Locusta migratoria* in Europa gebannt.

Die „Ausbruchsgebiete" von *Locusta* liegen in unkultivierten, jene von *Calliptamus* in landwirtschaftlich genutzten Gebieten. Noch 1947 wurden 300 ha Kulturland in Niederösterreich durch *Calliptamus* geschädigt, und im Juni 1930 kam es zu einer Massenvermehrung der Art auf dem Griesheimer Sand bei Darmstadt.

Wie die Dynamik der Wanderheuschreckenpopulationen vom Wechsel der Bedingungen im Savannenbiom abhängt, so wird die Ausbreitung zahlreicher Krankheitserreger beim Menschen durch die gürtelförmige Anordnung der Savannenbiome gesteuert. Das Läuserückfallfieber breitete sich zu Beginn dieses Jahrhunderts im afrikanischen Savannenstreifen aus. Aus der Kenntnis der ökologischen Valenz ließ sich die Wanderungs- und Befallsrichtung voraussagen. Die Überträger der südamerikanischen Chagas-Krankheit sind Raubwanzen *(Triatoma infestans* und *Panstrongylus megistus),* die ökologisch streng an das Campo-Cerrado-Biom gebunden sind.

In den altweltlichen Savannenformationen treten zahlreiche Großtierarten auf. Huftiere prägen in den afrikanischen und indischen Savannen das Landschaftsbild. In Afrika gehören unter den Primaten Grüne Meerkatze *(Cercopithecus aethiops),* Husarenaffe *(Erythrocebus patas)* und Senegal-Galago *(Galago senegalensis),* unter den Caniden Streifenschakal *(Canis adustus),* Schabrackenschakal *(C. mesomelas)* und Hyänenhund *(Lycaon pictus),* unter den Viverriden Band-Iltis *(Ictonyx striatus),* Weißschwanz-Manguste *(Ichneumia albicauda),* Zwerg-Manguste *(Helogale par-*

vula) und Zebra-Manguste *(Mungos mungo)*, unter den Hyaeniden Gefleckte Hyäne *(Crocuta crocuta)*, Streifenhyäne *(Hyaena hyaena)*, Schabrackenhyäne *(H. brunnea)* und Erdwolf *(Proteles cristatus)*, unter den Feliden Karakal *(Felis caracal)*, Löwe *(Panthera leo)* und Gepard *(Acinonyx jubatus)* zur Savannenfauna. Die Ordnung der Tubulidentaten ist mit der einzigen Art, dem Erdferkel *(Orycteropus afer)*, ebenso an die Savannenbiome gebunden wie afrikanische Equiden (Afrikanischer Wildesel, *Equus asinus*; Grevy-Zebra, *E. grevyi*; Steppenzebra, *E. burchelli*), die Rhinocerotiden (Schwarzes Nashorn, *Diceros bicornis*; Breitmaulnashorn, *Ceratotherium simum*), die Giraffe *(Giraffa camelopardalis)* sowie zahlreiche Antilopen und Gazellen (Elenantilope, *Taurotragus oryx*; Kleiner Kudu, *Tragelaphus imberbis*; Pferdeantilope, *Hippotragus equinus*; Kuhantilope, *Alcelaphus buselaphus*; Topi, *Damaliscus korrigum*; Weißbartgnu, *Connochaetes taurinus*; Weißschwanzgnu, *C. gnou*; Giraffengazelle, *Litocranius walleri*; Lamagazelle, *Ammodorcas clarkei*; Impala, *Alpyceros melampus*; Grant-Gazelle, *Gazella granti*; Thomson-Gazelle, *G. thomsoni*; Kronenducker, *Sylvicapra grimmia*; Zwerg-Rüsselantilope, *Rhynchotragus kirki*). Auch die Otter *Bitis arietans* ist eine typische afrikanische Savannenart. Dazu gehören auch zahlreiche afrikanische Sperlingsvögel (u. a. *Mirafra africanoides, M. cordofanica, Nilaus afer* und die Feuerweber *Euplectes orix, E. franciscanus* und *E. nigroventris*; vgl. HALL und MOREAU 1970). Gegenüber den afrikanischen Savannen sind die indischen weitaus artenärmer, obwohl die afrikanische Savannenfauna zu einem großen Teil, wie die Fossilfunde von Siwalik u. a. zeigen, orientalischen Ursprungs ist.

In den australischen Savannen überwiegen Beuteltiere, Papageien-, Sittich- und Prachtfinkenarten. Den afrikanischen Strauß ersetzt in Australien der Emu *(Dromaius novaehollandiae)*.

Charakteristische Vertreter der australischen Savannenvogelfauna:

1. *Dromaius novaehollandiae* (Casuariiformes)
2. *Elanus notatus* (Falconiformes)
3. *Elanus scriptus*
4. *Hamirostra melanosterna*
5. *Circus assimilis*
6. *Leipoa ocellata* (Galliformes; Megapodidae)
7. *Turnix velox* (Gruiformes)
8. *Pedionomus torquatus*
9. *Eupodotis australis*
10. *Burhinus magnirostris* (Charadriiformes)
11. *Geopelia striata* (Columbiformes)
12. *Geopelia cuneata*
13. *Histriophaps histrionica*
14. *Cacatua sanguinea* (Psittaciformes)
15. *Eolophus roseicapillus*
16. *Nymphicus hollandicus*
17. *Psephotus varius*
18. *Melopsittacus undulatus*
19. *Cuculus pallidus* (Cuculiformes)

Südamerikanische Savannen-Biome

Der südamerikanische Campo Cerrado stellt einen Sonderfall dar, der von manchen Wissenschaftlern zu den regengrünen Wäldern, von anderen zu offenen Savannenformationen oder offenen Waldformationen gestellt wurde. Eine physiognomische Analyse der Cerrado-Vegetation zeigt jedoch, daß alle Übergänge zwischen „lichtem Wald" und „Grasfluren" auftreten können. Der Cerrado stellt ein Vegetationsmosaik dar, das offensichtlich, wie später noch ausgeführt wird, entscheidend durch die Nährstoffverteilung in den Böden bestimmt wird. Im Campo Cerrado (cerrado = dicht, geschlossen) lassen sich meist drei Strata unterscheiden:

Abb. 189 und 190. Campo Cerrado (bei Pousada do Rio Quente; Goias; 1969).

1. Niedrige (3 bis 8 m), meist immergrüne, dichborkige Bäume, die ähnlich wie die Bäume der skandinavischen Nadelwälder Drehwuchs aufweisen können. Lokal treten Waldinseln (Cerradão) auf (8 bis 18 m hohe Bäume).
2. Niedrige, meist immergrüne, großblättrige Büsche (Säulenkakteen fehlen).
3. Kraut- und Grasflur, die in der Trockenzeit stark aufgelockert wird (hoher Anteil ephemerer Arten).

Tab. 5.27. Zahl der Trockenmonate in brasilianischen Pflanzenformationen (RIZZINI 1976)

Gebiet	Zahl der Trockenmonate	Pflanzenformation
Carolina (MA)	4 – 5	Cerrado
Formosa (Goias)	5	Cerrado
Lagoa Santa (Minas Gerais)	4 – 5	Cerrado
Paracatu (Minas Gerais)	4 – 5	Cerrado
Sete Lagoas (Minas Gerais)	5	Cerrado
Cruzeta (RN)	8 – 9	Caatinga
Iguatu (Ceara)	7	Caatinga
Januaria (Minas Gerais)	5 – 6	Caatinga
Propriá (SE)	7	Caatinga
Sobral (Ceara)	6 – 7	Caatinga
Bagé (Rio Grande do Sul)	0	Campo limpo
Cabo Frio (Rio)	3 – 4	Restinga
Santos (São Paulo)	0	Restinga
Barreiros (PE)	1	Regenwald
Catu (Bahia)	1	Regenwald
Friburgo (Rio)	3 – 5	Regenwald
Ilheus (Bahia)	0	Regenwald
Manaus (Amazonas)	1	Regenwald
Teresópolis (Rio)	0	Regenwald

Den Cerrados stehen die Campos limpos (limpo = rein, frei) gegenüber, die sich als baumfreie Graslandschaften definieren lassen. Zwischen Campo limpo und Cerrado treten alle Übergänge auf, die z.T. mit eigenem Namen belegt wurden (u. a. Campo sujo; mit vereinzeltem Baum- und Strauchwuchs). Der größte Teil der zentralbrasilianischen Campos Cerrados (1,5 bis 2,2 Mio. km²) liegt im tropisch-sommerfeuchten Bereich mit 7 bis 8 feuchten Monaten und über 1300 mm Niederschlägen. In unmittelbarer Grundwassernähe kann es zur Ausbildung von 12 bis 15 m hohen Baumbeständen, in wasserführenden engen Tälern zur Entwicklung meist immergrüner Schluchtwälder kommen.

Ökologie und Geschichte der Campo-Cerrado-Formation wurden in den letzten Jahren besonders intensiv von Botanikern bearbeitet (u. a. ALVIM 1954, AUBREVILLE 1962, BEARD 1944, BELTRAO 1969, COLE 1960, COUTINHO und STRUFFALDI 1972, GOODLAND 1971, GOODLAND und POLLARD 1973, FERRI 1952, 1969, RIZZINI 1976, EITEN 1972).

Die von GOODLAND und POLLARD (1973) in Zentralbrasilien untersuchten Campo-Böden zeigen bemerkenswerte Differenzierungen und Übergänge. Trotz ähnlicher Zahl von Pflanzenarten in einzelnen Campo-sujo-, Campo Cerrado- und

Tab. 5.28. Artenzahl in Baum-, Kraut- und Strauchschicht auf den verschiedenen Campo-Böden in Zentralbrasilien (MÜLLER 1977)

Artenzahl	Campo sujo Min. Mittel Max.			Campo Cerrado Min. Mittel Max.			Cerrado Min. Mittel Max.			Cerradão Min. Mittel Max.		
Bäume	19	31	43	18	36	52	26	43	60	40	55	72
Kräuter	42	60	79	42	53	72	18	47	59	21	42	60
Sträucher	1	5	9	1	4	6	1	4	6	0	3	7
		96			93			94			100	

Cerradão-Typen, treten in der Baum-, Strauch- und Krautschicht auffallende Unterschiede auf (GOODLAND 1970).

Bisher wurden allein 774 Busch- und Baumarten aus den Cerrados von Brasilien beschrieben (HERINGER, BARROSO, RIZZO und RIZZINI 1976). Sie gehören zu Gattungen, die neben einem endemisch-zentralbrasilianischen Stock enge Verwandtschaft zu den Wäldern der Serra do Mar und von Amazonien besitzen.

Tab. 5.29 Artenzahl und im Cerrado auftretenden Pflanzenarten (Heringer et al. 1976).

Familie	Artenzahl
Leguminosae	153
Faboideae	62
Caesalpinio ideae	56
Malpighiaceae	46
Myrtaceae	43
Mimosoideae	35
Melastomataceae	32
Rubiaceae	30
Apocynaceae	29
Annonaceae	27
Bignoniaceae	27
Vochysiaceae	23
Loranthaceae	22
Palmae	21
Sapindaceae	20
Anacardiaceae	16
Bombacaceae	16
Verbenaceae	14
Chrysobalanaceae	14
Araliaceae	13
Lauraceae	12
Dilleniaceae	12
Euphorbiaceae	12
Guttiferae	11
Combretaceae	10
Proteaceae	10

Gattungen mit einer Serra-do-Mar-Campo-Cerrado-Verbreitung	205
Gattungen mit einer Amazonas-Campo-Cerrado-Verbreitung	200
Gattungen der Trockenwälder und Cerrados	30
Gattungen der Cerrado und Campos limpos	51
Andere	7
	493

Dagegen setzt sich die krautige Bodenflora überwiegend aus Campo limpo-Arten zusammen (vgl. HERINGER et al. 1976, Seite 214). Der hohe Grasanteil veranlaßte zahlreiche Autoren, den Campo Cerrado mit den afrikanischen Savannen „gleichzusetzen".

Von besonderem phylogenetischem Interesse sind jene Cerrado-Pflanzen, die durch vikariierende Arten in den Regenwäldern vertreten sind (vgl. nachfolgende Liste nach HERINGER et al. 1976).

Regenwälder	Cerradão/Cerrado
Aegiphila arborescens	*A. lhotzkyana*
Agonandra silvatica, A. brasiliensis	*A. brasiliensis*
Andira retusa	*A. humilis*
Aspiderma duckei	*A. macrocarpon*
Aspodosperma pallidiflorum	*A. tomentosum*
Borreria tenella	*B. coriacea*
Brosimum discolor	*B. gaudichaudii*
Callisthene dryadum	*C. fasciculata*
Caryocar villosum	*C. brasiliense*
Cenostigma tocantinum	*C. gardenianum*
Cenostigma tocantinum	*C. gardnerianum*
Cenostigma tocantinum	*C. suberosus*
Connarus cymosus	*C. suberosus*
Copaifera lucens	*C. langsdorffii*
Copaifera trapezifolia	*C. oblongifolia*
Dalbergia nigra	*D. violacea*
Dalbergia foliolosa	*D. spruceana*
Dimorphandra parviflora	*D. mollis*
Dioclea megacarpa	*D. erecta*
Diospyros hispida	*D. hispida* var. *camporum*
Emmotum glabrum	*E. nitens*
Enterolobium contortisiliquum	*E. gummiferum*
Erythrina verna	*E. mulungu*
Ferdinandusa speciosa	*F. elliptica*
Hymenaea altissima	*H. stigonocarpa*
Kielmeyera excelsa	*K. petriolaris*
Lafoensia glyptocarpa	*L. densiflora*
Machaerium villosum	*M. onacum*
Maprounea guianensis	*M. brasiliensis*
Mimosa abovata	*M. laticifera*
Peschiera affinis	*P. affinis* var. *campestris*
Plathymenia foliolosa	*P. reticulata*
Psittacanthus decipiens	*P. robustus*
Qualea jundiahy	*Q. multiflora*
Scerolobium rugosum	*S. aureum*
Stryphnodendron polyphyllum	*S. bardatimam*

Swartzia macrostachya	S. grazielana
Piptadenia peregrina	P. falcata
Psittacanthus plagiophyllus	P. piauhvensis
Acosmium tomentellum	A. dasycarpum
Tabebuia chrysotricha	T. ochracea
Terminalia hylobates	T. argentea
Vochysia tucanorum	V. thyrsoidea
Rustia formosa	R. formosa
Zeyhera tuberculosa	Z. digitalis
Tragia amoena	T. lagoensi

Unter den Gräsern dominieren im Cerrado Arten der Gattungen *Andropogon* (10 Arten), *Aristida* (10 Arten), *Arthropogon, Axonopus* (9 Arten), *Chloris, Cenchrus, Ctenium, Diectomis, Echinolaena, Eleusine, Elyonurus, Eragrostis* (9 Arten), *Eriochloa, Gymnopogon, Hyparrhenia, Ichnanthus, Imperata, Leptocoryphium, Melinis, Mesosetum, Olyra, Oplismenus, Panicum* (6 Arten), *Paspalum* (20 Arten), *Pennisetum, Raddiella, Rhynchelytrum, Setaria, Sorghastrum, Sorghum, Sporobolus, Thrasya, Trachypogon* (5 Arten) und *Tristachya*.

21 Palmenarten des Cerrado gehören den Gattungen *Acanthococcus (emensis, sericeus), Acrocomia (sclerocarpa), Astrocaryum (campestre, pygmaeum, weddellii), Attalea (exigua, hoehnei, humilis), Butia (capitata, eriosphata, leiosphata), Diplothemium (campestre, leucocalyx), Orbignya (eichleri)* und *Syagrus (acaulis, campestris, comosa, flexuosa, meioclada, petraea)* an.

Bereits 1943 erkannten RAWITSCHER, FERRI und RACHID, daß nicht Wassermangel die Ursache für die Physiognomie des Cerrados darstellen könne. Im Cerrado Emas (Nähe Pirassununga, Staat São Paulo) fiel ihnen auf, daß bei Niederschlägen um 1300 mm die Wasserreserven in 20 m Bodentiefe den Niederschlägen von drei Jahren entsprechen, daß viele Cerrado-Bäume (z. B. *Andira humilis, Anacardium pumilum*) mit ihren Wurzelsystemen bis über 10 m Tiefe erreichen, daß die Spaltöffnungen der untersuchten immergrünen, großblättrigen Arten während des ganzen Tages offen sind und daß Mechanismen, die der Transpiration entgegenwirken (im Gegensatz etwa zu Pflanzenarten des Chaco oder der Caatinga), weitgehend fehlen. Dieser fehlende Transpirationsschutz wurde als ökologische Besonderheit der Cerrado-Vegetation in den folgenden Jahren intensiv untersucht.

FERRI (1944) analysierte ebenfalls im Cerrado Emas kurze Zeit später die Transpiration mehrerer Campo-Pflanzen und bestätigte nochmals, daß das Wasser nicht der entscheidende Faktor für die Verbreitung des Cerrados sein konnte. Die Niederschläge im Untersuchungsgebiet reichten aus, um einen Wald „erzeugen" zu können. Untersuchungen von RACHID (1947) zeigten, daß die Öffnungsrhythmen der Spaltöffnungen einzelner Arten mit ihrer Wurzeltiefe korrelierbar waren. ANDRADE, RACHID-EDWARDS und FERRI bestätigen 1957 nochmals, daß für die drei Charaktergruppen des Cerrados (Dauerpflanzen, Ephemere, Gräser) das Wasserangebot keine Begründung für das „xerophytische Erscheinungsbild" liefern konnte.

1958 entwickelt ARENS eine Hypothese, wonach der „xeromorfismo foliar" ein „pseudo-xeromorfismo" war, der sich durch einen oligotrophen Nährstoffhaushalt der Cerrado-Böden erklären ließe. Das Fehlen wichtiger Nährstoffe liefere damit letztlich die Grundlage für das xerophytische Erscheinungsbild (ARENS 1958, 1963).

In seiner Dissertation über einen Cerrado-Typ in Minas Gerais analysierte GOODLAND (1969) auf 110 Standorten verschiedene Campo-Typen (Campo sujo 25%;

22% Campo Cerrado; 27% Cerrado; 25% Cerradão) und erkannte, daß das Nähr-stoffangebot der Böden vom Campo sujo zum Cerradão kontinuierlich zunahm, während der Aluminium-Gehalt abnahm (58% im Campo sujo, 35% im Cerradão). In weiteren Untersuchungen zeigte GOODLAND (1969, 1970, 1971), daß dem Alumi-nium eine Schlüsselrolle auch in der Nährstoffversorgung der Cerrado-Pflanzen zu-kam. Auffallend ist die Tatsache, daß viele Cerrado-Pflanzen gegen hohe Al-Dosen resistent sind (u. a. unter den Vochysiaceae die Genera *Qualea, Vochysia, Salvertia*) und Al in höheren Raten speichern (u. a. *Neea, Strychnos, Miconia, Psychotria, An-tonia, Rapanea, Roupala, Rudgia, Palicourea;* FERRI 1976). Da auch das physiogno-mische Erscheinungsbild von Al-Pflanzen Ähnlichkeit mit Cerrado-Pflanzen besitzt, interpretierte GOODLAND (1971) das Erscheinungsbild der Cerrado-Formation durch die von der Anwesenheit des Aluminiums entscheidend gesteuerte Oligotro-phie der Böden (vgl. auch GOODLAND und POLLARD 1973). In diesem Zusammen-hang sind nun Cerradão-Analysen interessant, die von RATTER, ASKEW, MONTGO-MERY und GIFFORD (1976) im Nordosten des Mato Grosso durchgeführt wurden. Sie beschrieben zwei Cerradão-Typen nach ihren vorherrschenden Pflanzenarten:
1. *Magonia pubescens-* und *Callisthene fasciculata*-Cerradão
2. *Hirtella glandulosa*-Cerradão.

Typ 1 ist durch mesotrophe, Typ 2 durch dystrophe Böden gekennzeichnet. Auf-fallend ist jedoch, daß die pH-Werte zwischen 5,2 und 6,5 liegen, also über jenen ty-pischer Cerrado-Böden (unter 5,2 vgl. u. a. FREITAS und SILVEIRA 1976). Auch die Calcium-Werte sind höher, die Al-Werte dagegen niedriger (z. T. bei 0).

Die Verfasser untersuchten ähnliche Cerradão-Typen in Minas Gerais und Goias und konnten beide Cerradão-Typen auch aus diesen Staaten beschreiben.

Tab. 5.30 Indikatorarten der mesotrophen Cerradão (RATTER et al. 1976)

Bäume	*Callisthene fasciculata*	Sträucher	*Calliandra parviflora*
	Magonia pubescens		*Helicteres macropetala*
	– glabrata		
	Luhea paniculata		
	Bombax martianum		
	Dilodendron bipinnatum		
	Astronium fraxinifolium		
	Terminalia argentea		
	Platypodium elegans		
	– grandiflorum		
	Dipteryx glata		
	Physocallyma scaberimmum		
	Bowdichia virgilioides		

MALAVOLTA, SARRUGE und BITTENCOURT (1976) untersuchten gezielt die physio-logischen Wirkungen von Aluminium und Mangan bei den für die Cerrado-Böden niedrigen pH-Werten und verdeutlichten, daß eine agrarische Nutzung vieler Cer-rado-Böden ohne eine Abpufferung des Al nicht möglich ist.

Erst in den letzten Jahren wurde auch die Boden-Mikrobiologie genauer unter-sucht (DROZDOWICZ 1976). Die bisher vorliegenden Ergebnisse zeigen, daß der Zel-luloseabbau in den Cerrado-Böden wesentlich langsamer erfolgt als unter Regen-wald.

Tab. 5.31. Boden-Analysen (0 – 15 cm) im Cerrado und Cerradão (RATTER et al. 1976)

Vegetationstyp	Untersuchungsgebiet und Sammelnamen	pH em H_2O	Ca	Mg	K	Al	P (löslich) $10-6$	N %
			me/100 g Boden					
Cerradão (mesotrophisch)	Xavantina, Mt. (BVR 20/1)	6,1	8,6	2,1	0,53	–	133	–
Cerradão (mesotrophisch)	Area do acampamento de base MT. (R 500/1)	5,5	2,32	0,23	0,16	–	76	–
Cerradão (mesotrophisch) Übergang zum Cerrado	Xavantina, MT. (RA 14/1)	5,2	2,7	0,91	0,20	–	64	–
Cerradão (mesotrophisch)	Vale dos Sonhos, MT. (11)	6,0	4,35	0,58	0,30	0,0	87	0,26
Cerradão (mesotrophisch)	Padre Bernardo, GO. (36)	5,4	3,25	0,82	0,16	0,62	108	0,23
Cerradão (mesotrophisch)	Padre Bernardo, GO. (39)	6,4	9,29	1,30	0,83	0,0	100	0,29
Cerradão (mesotrophisch)	Padre Bernardo, GO. (E 3)	5,0	2,72	0,78	0,14	0,48	54	0,16
Cerradão (mesotrophisch)	Pandeiros, MG. (E 15)	5,5	1,74	0,37	0,06	0,0	20	0,05
Cerradão (mesotrophisch)	Pandeiros, MG. (E 16)	6,5	7,58	1,36	0,08	0,0	50	0,14
Cerradão (dystrophisch)	Area de acampamento de base, MT. (R 14/3)	5,7	2,15	1,41	0,10	–	–	0,17
Cerradão (dystrophisch)	Area de acampamento de base DF (55)	4,1	0,07	0,02	0,04	1,53	27	–
Cerrado (dystrophisch)	Area de acampamento de base DF (E 9)	4,7	0,13	0,04	0,14	1,0	96	0,20
Cerradão	Xavantina, MT.	4,8	0,20	0,17	0,1	–	45	0,18
Cerradão	Area de acampamento de base, MT. DF (54)	5,2	1,5	1,2	0,15	1,02	14	–
Cerrado	Xavantina, MT.	4,7	0,17	0,05	0,14	–	71	0,16
Cerrado	Area de acampamento de base, MT.	4,9	1,2	0,8	0,5	–	–	–
Cerrado	Area de acampamento de base, MT.	4,8	0,05	0,19	0,07	–	–	–
Cerrado	Vale dos Sonhos, MT. (5)	4,9	0,40	0,13	0,21	0,78	98	0,18
Cerrado	Padre Bernardo, GO. (30)	4,0	0,35	0,17	0,06	1,68	41	0,17
Cerrado	DF (53)	4,9	0,06	0,05	0,1	0,82	38	0,17
Cerrado	Pandeiros, MG. (E 13)	5,0	0,92	0,22	0,03	0,0	18	0,03
Cerrado	Pandeiros, MG. (E 14)	5,0	0,19	0,01	0,02	0,1	19	0,04

Bodentyp	Vegetation	Bakterien ($\times$ 10^5) pro g Boden (trocken)	Celluloseabbau in 100 Tagen (%)
Roter Latosol	Büsche	5,1	79,5
Podsol	Wald	2,7	95,0
Gelber Latosol	Wald	2,2	89,0
Roter Latosol	Campo Cerrado	1,9	53,0
Podsol	Wiesen	1,7	77,0
Gelber Latosol	Cerrado	1,1	56,0

Im Gegensatz zu den afrikanischen und indischen Savannen sind die Campo Cerrados arm an Großtieren. Häufige Tierarten dieses südamerikanischen Lebensraumes sind der zu den Rhinocryptiden gehörende *Melanopareia torquata*, der an afrikanische Trappen erinnernde Seriema *(Cariama cristata)*, der Nandu *(Rhea americana)*, die Wildhunde *Lycalopex vetulus* und *Chrysocyon brachyurus*, die Schlangen *Lygophis paucidens, L. lineatus dilepis, Crotalus durissus collilineatus, Chironius flavolineatus, Bothrops moojeni, Leimadophis poecilogyrus intermedius* und *Epicrates cenchria crassus* und die Anuren *Bufo paracnemis* (Bufonidae) und *Hypopachus*

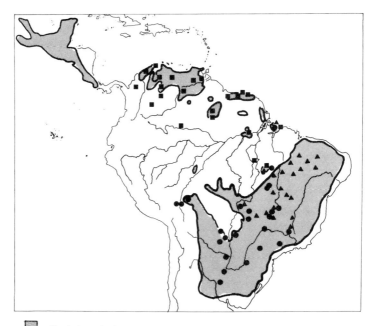

Crotalus durissus
Coryphaspiza melanotis
Aratinga cactorum
Aratinga pertinax

Abb. 191. Verbreitungstyp großarealer neotropischer Savannenarten. Man beachte die disjungierten Inselvorkommen in der amazonischen Hylaea.

muelleri (Microhylidae). Mehrere Echsenarten sind durch endemische Arten bzw. Subspezies im Campo Cerrado vertreten. Dazu gehören u. a.:

Cnemidophorus ocellifer (Teiidae)
Coleodactylus brachystoma (Gekkonidae)
Colobosaura modesta (Teiidae)
Gymnodactylus geckoides amarali (Gekkonidae)
Homonota horrida (Gekkonidae)
Hoplocerus spinosus (Iguanidae)
Kentropyx viridistriga (Teiidae)
Mabuya guaporicola (Scincidae)
Ophryoessoides caducus (Iguanidae)
Phyllopezus pollicaris pollicaris (Gekkonidae)
Teius teyou cyanogaster (Teiidae)
Tropidurus spinulosus (Iguanidae).

Die nächsten Verwandten der Campo-Cerrado-Tierwelt kommen im nordostbrasilianischen Caatinga-Gebiet, im Chaco, auf den isolierten Höhencampos, in den Araucarienwäldern des Staates Parana, auf den isolierten Campoinseln der amazonischen Hylaea, in den Llanos des Orinoko und den Küsten- und Hochlandsavannen der Guayanas und Venezuelas vor. Von 8 im Campo Cerrado lebenden Steißhühnern (Tinamidae) sind 5 Zeigerarten der offenen südamerikanischen Landschaften.

Tab. 5.32. Steißhühner als Zeigerarten von Landschaften

Campo Cerrado	Caatinga	Amazonien	Serra do Mar
1. *Rhynchotus r. rufescens*	*R. r. catingae*	—	—
2. *Crypturellus t. tataupa*	*C. t. lepidotus*	—	—
3. *Nothura maculosa major*	*N. m. cearensis*	—	—
4. *Nothura boraquira*	*N. boraquira*	—	—
5. *Nothura minor*	*N. minor*	—	—
6. *Crypturellus parvirostris*	—	—	—
7. *Crypt. undulatus vermiculatus*	—	*C. u. adspersus*	—
8. *Crypt. noctivagus zabele*	—	*C. n. erythropus*	*C. n. noctivagus*

Die uns bisher vom Lagoa Santa vorliegende „pleistozäne" Fossilgeschichte (THENIUS 1959, ROMER 1966, REIG 1968, PATTERSON und PASCAL 1968, LANGGUTH 1969 u. a.) des Campo Cerrado zeigt, daß diese Formation auch während des Quartärs existierte. Das auf den Campo Cerrado beschränkte Vorkommen monotypischer Genera (u. a. die Wildhunde *Chrysocyon, Lycalopex*) deutet ebenfalls darauf hin, daß der Cerrado einen Lebensraum darstellt, der bereits vor den menschlichen Eingriffen bestand. Hinzu kommt, daß typische Regenwaldarten den Campo Cerrado meist streng meiden. Eine große Zahl kommt in disjungierten Arealen mit meist spezifisch oder subspezifisch differenzierten Populationen in den Wäldern Amazoniens und der Serra do Mar vor. Selbst für flugfähige Arten läßt sich nachweisen, daß die isolierten Populationen rezent meist nicht mehr miteinander in Genaustausch stehen. Betrachten wir Artareal-Disjunktionen des entsprechenden Verbreitungstyps bei Vögeln, so fällt auf, daß von 30 Non-Passeriformes- und 67 Passeriformes-Arten, die eine Serra do Mar/Amazonas-Disjunktion besitzen, mit Ausnahme von drei Arten (*Nyctibius grandis, Hylocharis sapphirina, Ornithion inerme;* vgl. MÜLLER 1973) alle in subspezifisch besonders differenzierten Populationen in den durch den Campo Cerrado getrennten Regenwäldern vorkommen. Ein identischer Verbreitungstyp läßt sich auch innerhalb zahlreicher Gattungen nachweisen. Auch bei Insekten, Amphibien und Reptilien ist er vorhanden. So ist der große Laubfrosch *Hyla faber* ein Faunenelement der Serra do Mar. Seine nächstverwandte Art, *Hyla boans*, vertritt ihn in den Wäldern Amazoniens. Dieser disjungierte Verbreitungstyp und die Differenzierung der isolierten Waldpopulationen belegen, daß der Campo Cerrado in vergangenen Zeiten eine Isolationsbarriere für Waldelemente darstellte, d. h. ökologisch kein Wald war, was von manchen Autoren auf Grund derzeit herrschender klimatischer Verhältnisse und teilweise auch wegen seines rezenten Wuchspotentials angenommen wurde.

„Wenn wir all die vorgebrachten Tatsachen betrachten, dann können wir nicht umhin, die Cerrados als eine ursprüngliche, naturgegebene Vegetation anzusehen. Ihre Entstehung zu klären, ist wohl mehr eine Aufgabe der historischen als der ökologischen und physiologischen Pflanzengeographie. Die einzige befriedigende Erklärung, die sich aufdrängt, scheint zu sein, sie als Relikte einer alten, früher weiterverbreiteten Pflanzendecke zu betrachten, die ihr Verbreitungszentrum im mittleren Brasilien hatte oder noch hat. Wir können uns vorstellen, daß sich diese Vegetation unter klimatischen Bedingungen, die von den heutigen abwichen, weit über ihr heutiges Zentrum hinweg ausbreiten konnte, und wir können gleichfalls annehmen, daß nach einem erneuten Wechsel des Klimas, für den wir auch sonst Anzeichen haben, die randlichen Cerrado-Vorkommen von der umgebenden Vegetation so stark bedrängt wurden, daß sie heute nur noch wie Inseln von ihrer neuen Umgebung abstehen, während der Kern des Cerradogebietes (Minas, Goias, Mato Grosso) unverändert erhalten geblieben ist" (HUECK 1966, Seite 271).

Die Tierarten des Campo Cerrado besitzen Verwandtschaft zum Chaco und zur Caatinga.

Die in den offenen Landschaften Südamerikas weitverbreitete Klapperschlange *Crotalus durissus* kommt in der **Caatinga** Nordostbrasiliens in einer besonderen Rasse (ssp. *cascavella*) vor. Die Lanzenotter *Bothrops erhythromelas*, der Gecko *Gymnodactylus geckoides geckoides* und die Vogelarten *Xiphocolaptes falcirostris, Phaetornis gounellei* und *Spinus yarrellii* sind Endemiten dieses Raumes.

In der nordostbrasilianischen Caatinga ist die lange anhaltende Trockenheit entscheidender Faktor für die Physiognomie der Gewächse. Starke Evaporation und Winde, bedingt durch Vorherrschen der NO-, O- und SO-Passate, geringe und aperiodische Niederschläge (unter 400 mm) bei hoher Insolation (im Innern der Caatinga bis zu 3200 Std. Sonnenscheindauer/Jahr) sind kennzeichnend. Durch den xeromorphen Charakter läßt sich die Caatinga deutlich vom Campo Cerrado unterscheiden. Viele Pflanzen besitzen markante Einrichtungen zur Einschränkung der Respirationsverluste.

Deutlich läßt sich die eigentliche Caatinga von den Trockenwaldtypen, Galerie-

Caatinga-Fläche	Staat
135 438 km²	Piaui
126 962 km²	Ceara
40 391 km²	Rio Grande do Norte
45 562 km²	Paraiba
81 744 km²	Pernambuco
10 699 km²	Alagoas
365 977 km²	Bahia
10 899 km²	Sergipe
25 175 km²	Minas Gerais

wäldern, Wachspalmenhainen und Trockensteppenrasen trennen. Die eigentliche Caatinga läßt sich durchaus mit dem Dornwald anderer heißtrockener Tropenländer vergleichen (z. B. dem nordwestvenezolanischen Trockengebiet). Einige Bäume sind auch in der Trockenzeit auffallend grün. Dazu gehört der „Joazeiro" *(Zizyphus joazeiro)* oder der ledrigblättrige Strauch *Capparis yco*. Säulenkakteen, die im Campo

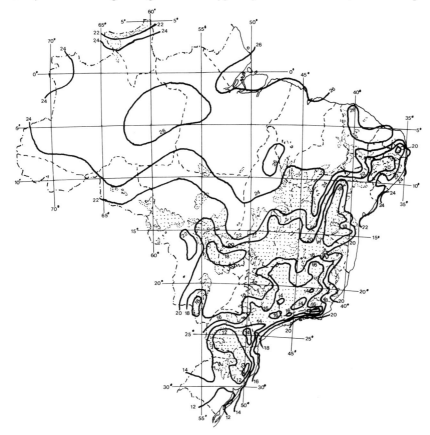

Abb. 192. Juli-Temperaturen in Brasilien (nach RATISBONA 1976).

Abb. 193. Zahl der Frosttage und Lage der nördlichsten Kaltfront (1933) in Brasilien (nach RATISBONA 1976).

Cerrado fehlen, wie *Cereus jamacaru, C. squamosus* oder der „Xique-xique" *Piloce-reus gounellei,* Flaschenbäume („Barrigudos" *Cavanillesia arborea*) und Palmen *(Copernicia cerifera, Cocos schizophylla, C. comosa)* dominieren.

Viele physiognomische und ökologische Parallelen, aber auch genetische Ver-wandtschaft besitzt die Caatinga zum argentinisch-bolivianischen **Chaco.** Das Steiß-huhn *Nothura chacoensis* und *Chunga burmeisteri* sind kennzeichnende Arten dieses Lebensraumes, dessen Avifauna von STEINBACHER (1962, 1968) und SHORT (1975) beschrieben wurde.

Arten, die als Subspeziesgrenze den Paraguay-Fluß besitzen, sind stärker an die Trockenwälder adaptiert als an die offenen Graslandschaften. Da die Chaco-Faunen-elemente keine besonderen Spezialanpassungen an aride Lebensbedingungen besit-zen, kann angenommen werden, daß die jetzige Ausbildung des westlichen Chacos relativ jung ist. Diese Vorstellung wird bestätigt durch geologische und geomorpho-logische Untersuchungen. Danach haben wir in diesem Raum mit vier Feuchtphasen

Tab. 5.33. Vorkommen von Chaco-Vögeln außerhalb des Chacos (SHORT 1975)

Gebiete	Nonpasseriformes	Passeriformes	Total
Campo Cerrado	175	136	311
Provinz Entre Rios (Argentinien)	148	155	303
Westliches Amazonien	159	141	300
Trockene subtropische Wälder	151	138	289
Pampa	122	118	240
Chaco „Scrub"	90	92	182
Caatinga	141	107	248
Südostbrasilien	139	98	237
Guyanas	123	75	198
Llanos	114	68	182
Nordwest Peru und Südwest Ecuador	61	34	95
Patagonien	52	23	75
Central Chile	42	6	48
Andines Hochland	30	11	41

während des Pleistozäns zu rechnen. Gegen Ende der Pampaeanischen Formation treten größere Seen im Chaco auf. Dieser Phase folgt ein arider Zyklus mit der Bildung von Salzlagunen (Formation Platense). Er markiert das Ende des Würmglazials. Die daran anschließende „Piso Nonense" bringt kurzfristig feuchteres Klima mit darauffolgender Ariditätsphase („Piso Cordobense"), die durch Lößstürme charakterisiert wurde. Eine anschließende Feuchtperiode dauerte etwa bis ins 16. Jahrhundert. Von diesem Zeitpunkt an macht sich wieder eine Ariditätszunahme bemerkbar.

Die postglazialen und pleistozänen Klimaschwankungen hatten erheblichen Einfluß auf Ausdehnung und Verbreitung der südamerikanischen „offenen" Landschaften.

Zwischen 5000 bis 2300 v. Chr. läßt sich eine Trockenzeit in Südamerika nachweisen, die zu einer Ausdehnung der Campogebiete und einer Einengung der Regenwälder führte. Die heute abgeschlossenen Campoinselpopulationen in den amazonischen Regenwäldern standen damals mit ihren Ursprungspopulationen in den Llanos von Venezuela und dem zentralbrasilianischen Campo Cerrado in genetischem Austausch. Diese Trockenphase wird um 2000 v. Chr. durch eine Feuchtphase abgelöst, während der der Wald bis in die Gegenwart wieder vorrückt (MÜLLER 1973).

In neuerer Zeit dringen, bedingt durch menschliche Waldzerstörung, Faunenelemente des Campo Cerrado vor, obwohl der vom Menschen geschaffene Campo mit dem Campo Cerrado klimatisch und botanisch nur wenig gemeinsam hat.

5.1.3 Die Steppen-Biome

Steppen besitzen – im Gegensatz zur Savanne – einen markanten Wechsel zwischen warmen und kalten Jahreszeiten.

Steppen-Biome verlaufen deshalb korreliert zu den Grasländern der Außertropen, besitzen allerdings enge Verwandtschaft zu den Gebirgsgrasfluren tropischer Hochgebirge (z.B. Puna-Grasland der Anden; vgl. Oreale Biome).

In der Palaearktis erstrecken sich Steppen von der Donaumündung bis zum Altai und Saur-Gebirge als geschlossener Gürtel. Im gebirgigen Zentral- und Ostsibirien sind sie auf die tieferen Beckenlandschaften beschränkt. Isoliert treten Steppeninseln in den Wäldern Jakutiens und in unterschiedlichen Höhenstufen der euroasiatischen Gebirge auf.

Der euroasiatische Steppengürtel grenzt nördlich bis zum Ural an Laubwaldbiome (breitlaubige Arten), denen sich in Westsibirien bis zum Jenissej Birken- und Espenwälder und endlich im östlichen Transbaikalgebiet Larix- und Pinus-Wälder anschließen. Als Makromosaike aus Laubwaldbeständen und Wiesensteppen stellen Waldsteppen den Übergang von den Steppen zu den Waldbiomen dar. Nach LAVRENKO (1970) lassen sich die euroasiatischen Steppen in eine westliche, ozeanisch geprägte, und eine östliche Gruppe gliedern:

1.   Westliche Schwarzmeer–Kasachische Steppen
1.1 Osteuropäische Steppen
    a) Balkanisch-Moesische Waldsteppenprovinz
    b) Osteuropäische Waldsteppen-Provinz
    c) Schwarzmeer- (pontische) Steppenprovinz
1.2 Westsibirisch-Kasachische Steppen
    a) Westsibirische Waldsteppen-Provinz
    b) Transwolga-Kasachische Steppen-Provinz
2.   Östliche zentralasiatische Steppen
2.1 Dahuro-mongolische Steppen
    1a) Khangai-Dahurische Gebirgswaldsteppen-Provinz
    b) Mongolische Steppen-Provinz
2.2 Mandschuro-Westchinesische Steppen
    a) Mandschurische Waldsteppen-Provinz
    b) Schensi-Kansu-Waldsteppen- und Steppen-Provinz

In den westlichen Steppen dominieren Frühlingsephemere (*Ornithogalum, Crocus, Tulipa, Poa bulbosa*) und annuelle Ephemeren wie *Arenaria serpyllifolia, Bromus, Holosteum* und *Valerianella*. Diese fehlen der Ostgruppe.

Eine Sonderstellung nehmen die in den Borealen Nadelwäldern gelegenen Steppeninseln im Lena-Tal bei Jakutsk ein, die bei Niederschlägen zwischen 150 bis 200 mm durch zahlreiche Endemiten gekennzeichnet werden können. Unter den Gräsern sind bemerkenswert *Stipa capillata, S. decipiens, Festuca jacutica, F. lenensis, Kolleria seminuda, Helictotrichon krylovii* und *Carex duriuscula*, unter den Kräutern *Artemisia jacutica, Eritrichium pectinatum, Goniolimon speciosum, Lychnis sibirica, Thymus angustifolius, Potentilla nivea* und *Androsace septentrionalis* (WALTER 1974).

Schwarzerden (= Tschernosem) besitzen A-C-Profile mit einem über 50 cm mächtigen A_h-Horizont aus Mergelgestein von in trockenem Zustand dunkelgrauer, in feuchtem fast schwarzer Färbung. Der hohe Anteil an organischer Substanz (in russischen Schwarzerden z. T. über 10%; in mitteleuropäischen und nordamerikanischen 2 bis 4%) läßt sich letztlich auf zwei Faktorengruppen zurückführen:

a) Invertebraten (u. a. Oligochaeten) und Vertebraten (besonders Rodentia) in z. T. hohen Populationsdichten besiedeln den A_h-Horizont und hinterlassen entsprechend hohe Exkrementmengen und Gänge (Krotowinen);
b) der jahreszeitliche Wechsel von warmen Sommern und z. T. extrem kalten Wintern stoppt biochemische und bakterielle Abbauvorgänge.

Durch beide Faktorengruppen werden Bildungsprozesse stickstoffreicher Huminsäuren, die als unauslöslich „ausgeflockte" Ca- und Mg-Salze vorliegen, ermöglicht.

Es entsteht ein biologisch optimaler Bodentyp (meist auf Löß oder Mergeln) mit hohem Sättigungsgrad an Ca^{2+} und etwas Mg^{2+}, neutraler Reaktion, lockerem Krümelgefüge und guter Durchlüftung, der zu den ertragreichsten Böden gehört.

Tab. 5.34. Verbreitung der Tschernoseme und ihr organischer Kohlenstoffgehalt (GANSSEN 1972)

Raum	Klima nach KÖPPEN	Geogr. Breite	Bodentyp	organischer Kohlenstoff in %
Nordamerika				
Südl. Manitoba	BSK	51°	Tschernosem	6,3– 7,3
USA (Wyoming, Montana)	BSK	45°	Tschernosem	9,0–10,0
UdSSR				
Tambow-Gebiet	Dfb	52°30′	mächtiger Tschernosem	7,7–10,5
Armenien	Dfb	40°	Tschernosem	3,5
Europa				
Südspanien	Csa	37–38°	Andalusische Schwarzerde=Tirs	≈ 1,5
Nördl. Rheingraben	Cfb	49°30′	tschernosemähnl. Boden	2,0– 3,0
Magdeburger Börde und Goldene Aue	Cfb	52°	Rest-Tschernosem	≈ 3,0
nördl. CSSR	Cfb	48°30′	Tschernosem	4,4– 5,0
südl. Ungarn	Cfa	47°	Tschernosem	2,3– 5,0
Jugoslawien	Cfa	45°30′	Tschernosem und ähnl. Böden	2,7– 3,5
Indien	BSh/ u. AW	15–22°	Regur (tirsartig)	0,6– 1,5
Nordafrika (Marokko)	BSK	30°30′	Tirs	≈ 2,0
Zentralafrika				
Sudan	BSh	14°	tirsartig (Badob)	≈ 1,0
südl. Tschadsee	BSh	12°	tirsartig (Firki)	≈ 1,0
Äthopien	CW	9°30′–14°	tirsartig	1,4– 2,4
Kenya	BSh	1°30′s.Br.	tirsartig	1,2– 1,5
Südafrika	BSh	25°s.Br.	tirsartig	≈ 2,8
Südamerika				
Santa Fé (Argentinien)	Cfa	33°s.Br.	Tschernosem u.ä. teils auch planosolartige u. vergleyte Böden	2,0– 2,5
Ost- und Nordost-Australien	BSh	17–35° s.Br.	z.T. tirsartige Böden; stets tonig schwere Böden in Ebenen und Tälern	≈ 1–3

CaCO$_3$ reichert sich, ausgespült vom Schmelzwasser im Frühjahr, unterhalb von 50 cm Tiefe als fein verteiltes „oft mycelartiges CaCO$_3$ an" (GANSSEN 1965). Der Kalkhorizont liegt demnach um so höher, je arider das Klima ist. Die potentielle Bodenfruchtbarkeit und das dadurch möglich erscheinende agrarische Ertragspotential wird jedoch in vielen Gebieten durch das herrschende Steppenklima eingeschränkt. Extrem trockene Sommer mit verheerenden Staubstürmen und oftmals früh einsetzende Winter sind beschränkende Faktoren gegenüber den in vielen Räumen vorangetriebenen Acker- und Kornflächenerweiterungen. Reliktäre „Schwarzerde-Inseln" in Mitteleuropa (z.B. um Magdeburg, Halle, Erfurt, Oberrheintal) entstanden während des Klimaoptimums (etwa 5000 v.Chr.). Aus der Existenz von Krotowinen (= fossile Bauten obligatorischer Steppennager, z.B. Ziesel) in heutigen Waldgebieten läßt sich schließen, daß noch im Postglazial z.T. erhebliche Verschiebungen zwischen Wald- und Steppenbiomen abliefen.

Da der Bodentyp von der makroklimatischen Situation entscheidend geprägt wird, ist es nicht verwunderlich, daß zwischen Boden- und Steppentyp ebenfalls enge Beziehungen bestehen.

Tab. 5.35 Beziehungen zwischen Boden- und Steppenbiomtypen (KLEOPOV 1941; WALTER 1974).

1. Waldsteppenzone

Bodentyp	Biomtyp
Podsolierte Waldböden auf Löß	Laubwälder
a) Hellgraue und graue Waldböden, frischere und trockenere	Carpineto-Nemoretum, im Osten Nemoretum aegopodiosum und coricopilosum
b) Degradierte Schwarzerde und deren südliche Variante	Gebüschreicher Eichenwald (Quercetum fruticosum) und Eichen-Schlehen-Gebüsch
Schwarzerden	Wiesensteppen
a) Nördliche Schwarzerde	Feuchte, krautreiche Wiesensteppen
b) Mächtige Schwarzerde	Typische Wiesensteppe
Moorböden	Moorgesellschaften
a) Stark alkalischer Flachmoortorf	Großseggenmoore und Röhricht
Salzböden	Salzwiesen
a) Sodawiesen-Solontschak	Feuchte hemikalophile Wiesen
b) Soda-Krustensolonez	Trockenere hemikalophile Wiesen

2. Steppenzone

Schwarzerde	Stipa-Steppen
a) Gewöhnliche Schwarzerde (nördliche, typische und südliche Variante)	Krautreiche Stipeten (hygro-, meso- und xerophile krautarme *Stipa*-Steppe)
b) Kastanienerde, schwach solonzierte Schwarzerde	Trockene, krautarme *Stipa*-Steppe

3. Wermutsteppenzone

Salzböden	Halbwüstengesellschaften
a) Stark solonzierte Kastanienerde	*Artemisia-Stipa*-Steppen
b) Chlorid-Sulfat-Solontschak und Krustensolonez im Komplex mit Säuresolonez	Nasse und trockene Halophytengesellschaften in mosaikartiger Durchdringung

Einzelne Pflanzenarten lassen sich als Leitarten der verschiedensten Schwarzerdetypen definieren. Das gilt besonders für die *Stipa*-Gräser (Tab. 5.36).

Tab. 5.36 *Stipa*-Arten und Bodentypen (WALTER 1974)

Stipa-Art	Verbreitung auf folgenden Schwarzerden:
Stripa capillata	Südliche Variante der mächtigen, gewöhnliche und südliche
Stipa ioannis	Mächtige (Südgrenze nicht über gewöhnliche hinaus)
Stipa graffiana	Gewöhnliche
Stipa dasyphylla (östl.)	Südliche Variante der mächtigen, doch meist auf gewöhnlicher
Stipa stenophylla	Mächtige und gewöhnliche (außer derem südlichen Teil)
Stipa ucrainica	Südliche und asowsche Variante derselben
Stipa rubentiformis (östl.)	Gewöhnliche und Übergang zu südlicher
Stipa lessingiana	Gewöhnliche (außer nördlichem Teil), südliche und kastanien-farbige

Die Wasservorräte in den Böden und die Evaporation begünstigen das Vorherrschen der Gräser gegenüber dem Wald. Natürliche (Blitz u. a.) und vom Menschen angelegte Feuer unterstützen die Konkurrenzfähigkeit der Gräser auch auf besser versorgten Böden.

Produktivität und Biomasse hängen vom jeweiligen Steppentypus und dessen jahreszeitlicher Aspektfolge ab.

Von vielen Autoren wird dieser jahreszeitliche Aspektwechsel der Steppen, der meist von einem auffallenden Farbwechsel der Vegetation begleitet wird, immer wieder hervorgehoben. Für die Transbaikal-Steppen, in denen mongolische Elemente (u. a. *Tanacetum sibiricum, Artemisia leucophylla*) dominieren, gilt folgender Aspektwechsel:

1. Zweite Maihälfte = blauer Teppich mit *Pulsatilla turczaninovii*
2. Mitte Juni = weißer Blütenflor aus *Stellera chaemaejasme*
3. Juli = farbigster Aspekt durch gelbe *Tanacetum*-Blüten (*Tanacetum*-Steppen)
4. August = blaublühende Steppe durch *Scabiosa fischeri*
5. September = alle Erhebungen leuchtend rot gefärbt durch absterbende *Tanacetum*-Blätter.

Für krautarme Federgrassteppen werden oberirdische Phytomassen zwischen 4530 bis 6250 kg/ha in feuchten Jahren gegenüber 710 bis 2700 kg/ha in trockenen Jahren angegeben (WALTER 1970). Die unterirdische Phytomasse bleibt dagegen weitgehend unverändert. Sie übertrifft die oberirdische im allgemeinen um ein Vielfaches. Bei einer Phytomasse von 23,7 Tonnen/Hektar bei Wiesensteppen kann der unterirdische Anteil 84%, bei 20 Tonnen/Hektar Phytomasse einer Federgrassteppe sogar 91% ausmachen.

Der jahreszeitliche Wechsel (Sommer/Winter) greift tief ein in das Leben der Steppentiere. Auf die 5 bis 6monatige Winterzeit der euroasiatischen Steppen reagieren sie u. a. mit Winterruhe oder Wanderungen. Wie die Tiere der tropischen Savannen besitzen sie im allgemeinen hervorragendes Seh- und Geruchsvermögen. Lauftiere bilden meist Herden.

Die Avifauna zeigt jahresperiodische Wanderungen. Das gilt sowohl für Steppenadler *(Aquila rapax)*, Steppenweihe *(Circus macrourus)*, Würgfalke *(Falco cherrug)*, Steppen-Rebhuhn *(Perdix dauricae)*, Jungfernkranich *(Anthropoides virgo)*, Großtrappe *(Otis tarda)*, Steppenkibitz *(Vanellus gregarius)*, Steppenflughuhn *(Syrrhaptes*

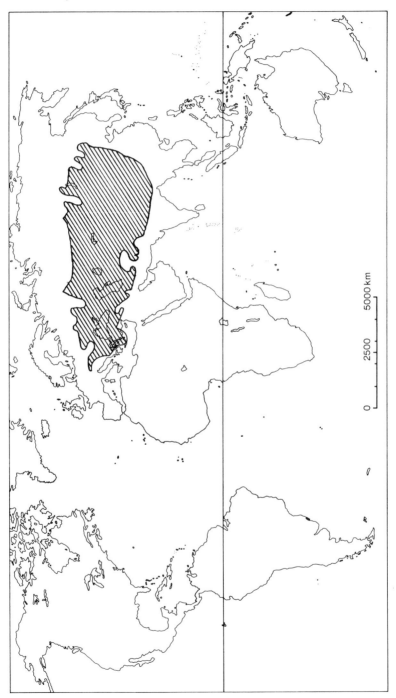

Abb. 194. Verbreitung des Steppeniltis (*Putorius eversmanni*), ein Vertreter des eurasiatischen Steppenbioms.

paradoxus), Wüstenhäher *(Podoces panderi),* Mongolen-Lerche *(Melanocorypha mongolica)* und Rosenstar *(Sturnus roseus).* Gewaltige Hügel- und Gangbauten werden von Nagern *(Marmota, Citellus)* angelegt. Das Steppenmurmeltier *Marmota bobak* errichtet Baue bis zu 1,5 m Höhe und 16 m Durchmesser. Auf diesen Aufschüttungskegeln siedelt sich eine besondere Vegetation an. Andere Nager *(Citellus)* bauen ihre u-förmigen Baue in dichter Folge (bis zu 35 000 Individuen/km²) und lockern damit den Boden auf.

Als Vertreter der westpalaearktischen Steppenfauna gehört der Feldhamster *(Cricetus cricetus),* der in der Silvaea auch in den „Kultursteppen" weitverbreitet ist, ebenfalls zu diesen Bodenwühlern. Gleiches gilt für Steppenlemminge *(Lagurus lagurus),* die die Steppen von der Ukraine bis zur Mongolei bewohnen, und die Mull-Lemminge *(Ellobius talpinus).*

Dschiggetai-Wildesel und Saiga-Antilope sind an die extremen Trockensteppen mit sommerlichen Staub- und winterlichen Schneestürmen besonders gut angepaßt. Die großen, rüsselartig verlängerten Nasenvorräume der Saiga-Antilope filtern die eingeatmete Luft und halten Staub zurück. Jungtiere besitzen mimetische Anpassungen an die Bauten von Ziesel und Steppenmurmeltieren. In den jungpleistozänen Steppen lebten sie bereits gemeinsam mit dem Riesenhirsch *(Megalocera giganthus).*

Die nordamerikanischen Steppen (= Prärien) erstrecken sich im Regenschatten der Rocky Mountains vom 54° n. Breite (nördl. Saskatchewan und Alberta) bis zum Mexikanischen Hochland. Südlich des 30. Breitengrades gehen sie in *Prosopis*-Savannen über. In den isolierten Becken der Rocky Mts. treten ebenfalls Prärien auf. Ähnlich wie in den osteuropäischen Steppen fällt hier das Regenmaximum in den Sommermonaten. Nach der Struktur ihrer Horstgrasassoziationen lassen sich von Ost nach West drei Zonen unterscheiden:

a) Langgras-Prärie mit hohen Niederschlägen (660 bis 815 mm), gut durchfeuchteten Böden (potentielles Waldland) mit *Andropogon scoparius, Stipa spartea, Sporobolus heterolepis, Agropyrum smithii* und *Koeleria eristata* (= Echte Prärie; schlechte Wasserdurchfeuchtung der Böden) oder *Andropogon gerardi, Sorghastrum nutans, Panicum virgatum* und *Elymus canadensis* (= Niederungsprärie; gute Wasserdurchfeuchtung der Böden). In nassen Senken bilden sich schließlich Hochgrassteppen mit dem 2 m hoch werdenden *Spartina pectinatus* aus.

b) Gemischte Prärie (Niederschläge 535 bis 610 mm) mit Grashorsten von *Andropogon scoparius.*

c) Kurzgrasprärie (Great Plains) mit geringen Niederschlägen (405 bis 485 mm) und Niedriggräsern (*Bouteloua gracilis, Buchloe dactyloides* u. a.).

Die Wurzeltiefe und Halmhöhe nimmt von der Langgras- zur Kurzgrasprärie ab, folgt jedoch auch der schachbrettartigen Anordnung der Bodentypen und klimatischen Nord-Süd-Gradienten (Bryson und Hare 1974).

Präriehühner (im Winter *Centrocerus urophasianus;* als Standvögel *Tympanuchus cupido* und *T. pallidicinctus),* die auch in den südamerikanischen Savannen weitverbreitete Kanincheneule *(Speotyto cunicularia),* körnerfressende Sperlingvögel *(Ammodramus bairdii, Calamospiza melanocorys, Spizella pallida, Rhynchophanes maccownii, Calcarius ornatus),* bodenwühlende Nager (u. a. *Perognathus flavescens, Spermophilus franklinii, S. tridecemlineatus, S. spilosoma),* Gabelbock *(Antilocapra americana),* Bison *(Bison bison)* und Klapperschlangenarten *(Sistrurus catenatus,*

Crotalus atrox, C. viridis) sind kennzeichnende Wirbeltiere der nordamerikanischen Prärien.

Im Gegensatz zur Nordhalbkugel nehmen die Steppen auf der Südhalbkugel nur eine relativ kleine Fläche ein. Der ostpatagonische Steppengürtel Südamerikas, im Regenschatten der Anden, ist eine Trockensteppe mit horstförmig wachsenden Hartgräsern und Zwergsträuchern.

Eine besonders umstrittene Steppe war die südamerikanische Pampa (zwischen 32° und 38° südl. Breite), das landwirtschaftliche Kerngebiet Argentiniens, das manche Wissenschaftler für ursprüngliches Waldland hielten, das durch Indianerfeuer vernichtet wurde. Grasarten *(Stipa neesiana, S. papposa, Piptochaetium* spec., *Botriochloa lagurioides, Panicum* spec., *Paspalum* spec., *Bromus unioloides, Briza triloba, Melica rigida, Poa lanigera, Eragrostis lugens, Eleusine tristachys)* dominieren. *Paspalum quadrifarium* bildet bei höheren Grundwasserständen gewaltige Horste, die an die auf der Nordhalbkugel vorkommenden *Carex*-Bulten erinnern. Diese Wuchsform wird auf der Südhalbkugel „Tussock" genannt. Sie herrscht mit zunehmender südlicher Breite vor (Tussock-Grasländer; vgl. auch Tundren-Biome).

Die relativ hohen Niederschläge der Pampa (1000 mm im Nordosten; 500 mm im Südwesten) werden durch die potentielle Evaporation ausgeglichen. Abflußlose, seichte, sodahaltige Seen, die im Sommer meist austrocknen, sind weitere Indikatoren für das semiaride Klima dieser Steppe. „Die negative Wasserbilanz beträgt in der feuchten Pampa etwa 100 mm und in den trockensten Teilen der Pampa bis 700 mm" (WALTER 1970). Auf gut dränierten Böden können Gehölze *(Celtis spinosa)* gedeihen. Die mächtigen Humushorizonte (bis 1,5 m) erinnern an Schwarzerde- und Prärieböden und zeigen keine Anzeichen einer früheren Bewaldung.

CHARLES DARWIN (1832) hatte als erster bei seinem Ritt von Bahia Blanca nach Buenos Aires die Frage nach den Ursachen der Waldlosigkeit der Pampa gestellt und sehr klar zwischen der Urlandschaft der Pampa, die er aus evolutionsgenetischen Gründen für baumlos hielt, und dem gegenwärtig möglichen Pflanzenwuchs in der Pampa unterschieden, was von späteren Bearbeitern oft völlig vernachlässigt wurde. Neuere biogeographische Untersuchungen über die neotropischen Ausbreitungszentren zeigen, daß die Pampa ein eigenes Ausbreitungszentrum einer Steppenfauna darstellt (MÜLLER 1973) und stützten damit die Annahme, daß die Pampa ursprüngliches Grasland ist.

Die endemische Fauna des Pampa-Ausbreitungszentrums setzt sich aus an waldfreie Landschaften adaptierte Arten zusammen. Das läßt sich auch durch die Avifauna belegen. Von den 902 argentinischen Vogelarten (MÜLLER 1973) kamen in der „Zona Chacopampeana", die sowohl den argentinischen Chaco als auch die Pampa umfaßt, allein 372 Arten vor. Davon gehört der größte Teil zu weitverbreiteten Spezies in den waldfreien Landschaften Südamerikas. 52 Arten sind jedoch als Faunenelemente der Pampa anzusprechen.

Auf den Grasfluren der Hochanden leben Vicuna *(Lama vicugna)* und Guanako *(L. guanacoe)*. Das Guanako besiedelte auch die argentinische Pampa und die Kaltsteppen Patagoniens, wo es zusammen mit den Gürteltieren *Zaedyus pichy* und *Chaetophractus villosus*, den Erdleguanen *Proctotretus pectinatus, Liolaemus magellanicus* und *L. fuscus*, den Wildhunden *Lyncodon patagonicus* und *Dusicyon griseus* und dem Darwinstrauß *Pterocnemia pennata* vorkommt. Durch anthropogenen Einfluß ist nicht nur die Prärie flächenmäßig geschrumpft, sondern ebenso die Populationsgröße zahlreicher Steppenarten. Neben dem Bison und den Gabelböcken ge-

Abb. 195. Die südfranzösische Grau, eine vom Menschen geschaffene Steppenlandschaft (1973).

hören hierzu auch die zu den Nagern zählenden Präriehunde *(Cynomys).* Diese durchwühlten den Steppenboden und besiedelten in riesigen, mehrere Millionen individuenstarken Populationen die weiten Ebenen.

Wie bestimmte Krankheitserreger und -überträger des Menschen an den tropischen Regenwald oder die Savannen gebunden sind, so gibt es auch in den Steppengürteln auf der Nord- und Südhalbkugel „steppenbegleitende" Krankheitserscheinungen (JUSATZ 1966). Eine „Steppenkrankheit" ist die Tularämie, deren Urheber *Pasteurella tularensis* ist. Sie wird von Zecken und Milben auf Nagetiere (Steppen der UdSSR), Hasen (Europa) und Schafe (USA) übertragen, die das natürliche Reservoire bilden. Das Auftreten der Tularämie ist an kontinentale Klimate mit Steppen oder aus den Steppen umgewandeltes Weideland gebunden.

5.1.4 Die Wüsten-Biome

Kälte- und Trockenwüsten sind Räume, die dem Leben außergewöhnliche Anpassungsformen abringen (MALOIY 1972, EDNEY 1977).

5.1.4.1 Die Trockenwüsten

Wüsten und Halbwüsten kommen in der Neuen Welt im südwestlichen Nordamerika (Sonora-Wüste, Mojave-Wüste, Death Valley, Niederkalifornien), an der südamerikanischen Pazifikküste von Peru (südlich 4° südl. Breite) und Chile sowie im nordwestlichen Argentinien vor. In der Alten Welt liegen die ausgedehntesten Wüstengebiete in der Sahara, auf der arabischen Halbinsel, in Asien (u. a. Gobi), in Indien, in Südwestafrika und dem westlichen Australien. Die australischen Wüsten (Eremaea)

Tab. 5.37 Trockenwüsten der Erde (CLOUDSLEY-THOMPSON 1977)

Wüste	Fläche
Sahara	9 100 000 km²
Australische Wüste	3 400 000 km²
Turkestanische Wüste	1 900 000 km²
Arabische Wüste	2 600 000 km²
Nordamerikanische Wüsten (incl. Great Basin, Mojave, Sonora, Chihuahua)	1 300 000 km²
Wüste Thar (Indien)	600 000 km²
Namib und Kalahari	570 000 km²
Takla Makan Wüste (incl. Gobi)	520 000 km²
Iranische Wüste	390 000 km²
Atacama	360 000 km²

besitzen, da sie meist über 150 mm Niederschläge erhalten, Halbwüstencharakter. Spinifex-Halbwüsten wechseln mit Akazien und lockerem Kasuarinenbusch ab. In den Trockenwüsten lassen sich Halb- und Vollwüsten nicht immer deutlich voneinander trennen. Vielmehr umrahmen die Halbwüsten die ariden Kerne oder durchsetzen sie mosaikartig an klimatisch oder edaphisch begünstigten Stellen.

11 bis 12 aride Monate, unregelmäßige, meist unter 150 mm hohe Niederschläge im Jahr, scharfe Temperaturgegensätze zwischen Tag und Nacht ($+56\,°C$ bis $-40\,°C$), hohe Verdunstung durch Wüstenwinde (u. a. Samum, Harmattan, Ghibbi, Schirokko) und Insolation sowie ein Überwiegen der mechanischen Verwitterung kennzeichnen die physikalischen Umweltbedingungen in Wüsten-Biomen, deren größte Ausdehnung im kontinentalen Trockengürtel der altweltlichen Nordhalbkugel liegt. Nach dem vorherrschenden Untergrund lassen sich verschiedene Wüstenty-

Tab. 5.38. Klima-Bedingungen von südamerikanischen Halbwüsten und Wüsten (PETROV 1976)

Station	Höhe m	Lufttemperatur			Niederschläge Jahr/mm
		Januar	Juli	Jahr	
Chile					
Iquique	6	20,5	16,0	17,2	3
Antofagasta	94	20,8	13,8	17,2	13
Caldera	14	19,8	15,0	–	28
Coquimbo	27	17,7	12,0	14,6	104
Peru					
Lima	128	22,0	16,2	20,0	41
Piura	53	26,2	22,0	–	135
Chiclato	28	24,0	18,3	–	31
Argentinien					
San Juan	630	26,2	7,8	17,3	89
Mendoza	827	24,6	7,7	15,7	239
Santa Cruz	12	15,0	1,4	8,5	135

pen unterscheiden (Fels- oder Steinwüste = Hamada; Kieswüste = Serir; Lehmwüste = Sebcha, Takyr; Sandwüste mit Dünen = Erg und Barchanen; Salzwüsten), an die unterschiedliche Lebensformtypen gebunden sind. Die zeitliche und räumliche Verteilung der Niederschläge ist jedoch zweifellos der Faktor, der für das Pflanzenwachstum und Tierleben die einschneidendste Wirkung ausübt. Die chilenisch-peruanische Küstenwüste ist deshalb einer der größten pflanzenleeren Räume der Erde. Die Klimastation Arica verzeichnete in 39 Beobachtungsjahren nur 4 Jahre mit mehr als 2 mm Niederschlag.

Tab. 5.39. Vertikale Gliederung der Vegetationszonen isolierter Gebirge in der Sahara (LAUER et al. 1976)

Florenstufe	Vegetation	Vegetationsstufe
2. Außertropisch/saharoarabische Mischflorastufe ↑	Chamaephyten Gipfelsteppenvegetation mit *Paronychia-Linaria* spp. und den Endemiten *Artemisia tilhoana*, *Ephedra tilhoana* etc. sowie Nanophanerophyten mit *Erica arborea* und *Nepeta* sp. 2700 m	Hochgebirgswüstensteppe (subtrop.)
	Nichtphanerophytische Halbwüstensteppenvegetation mit *Aristida-Linaria* spp. 2200 m	Gebirgswüstensteppe (subtrop.)
Primäre floristische 2000 m—Höhengrenze d. Tropen— ↑	Therophyten Wüstensteppenvegetation mit *Monsonia-Volutaria-Astragalus*-Bidens spp. 1800 m	montane Übergangswüstensteppe (trop./subtrop.)
	Chamaephyten-Hemikryptophyten-Phanerophyten Wüstensavanne mit *Acacia-Abutilon-Tamarix-Hypoestes-Themeda-Melhania* spp. 1200 m	Bergwüstensavanne (trop.)
1. Tropische Florastufe ↓	Phanerophyten-Chamaephyten Wüstensavanne mit *Acacia- Cassia-Cadaba-Tephrosia-Leptadenia-Panicum* spp. und Galeriesavanne mit *Hyphaene-Gossypium-Eragrostis-Indigofera* spp. sowie Therophyten-Psammophyten Sahelexklave im Osten mit *Aristida-Indigofera* spp. und Sahelexklave mit *Boscia-Acacia-Chenchrus-Indigofera* spp. im Westen	Baumwüstensavanne (trop.) tw. weitgehend an edaph. feuchte Standorte gebunden

Kennzeichnende zonale Böden der tropischen und subtropischen Trockengürtel der Erde sind die echten Wüstenböden (incl. Fließsandböden, Dünen, Takyr-Böden) und Halbwüstenböden (incl. Braune Halbwüstenböden, Sierozeme, Rotbraune Böden). Als intrazonale Böden treten häufig Solonchoks und Solonetzes auf. Zunehmende Aridität ist mit einer abnehmenden Tendenz zur Bodenbildung gekoppelt.

In Grundwassernähe ändert sich das Bild der Wüsten oft schlagartig (u. a. Oasen). Einzelne Arten, die mit ihren tiefreichenden Wurzeln bis an grundwasserführende Schichten gelangen (u. a. Tamarisken), bauen im Zusammenspiel mit dem Wind Nebkas auf, die als Schlüsselarten-Ökosysteme Lebensraum für eine im übrigen Wüstengebiet fehlende Lebensgemeinschaft darstellen. Andere Habitatinseln, teilweise nur auf geringe Expositions- oder Reliefeffekte rückführbar, durchsetzen mosaikartig die einheitlich wirkenden Flächen. Das gilt besonders für isolierte Hochgebirge in der Sahara, deren vertikale Vegetationsabfolge tropische und subtropische Klimaeinflüsse deutlich werden läßt.

Flora, Fauna und auch der Mensch zeigen spezifische Anpassungsformen an die physikalischen Umweltbedingungen der Wüsten.

Bei den Pflanzen ist auffallend, daß bei den meisten Arten weniger eine plasmatische Dürreresistenz ausgebildet ist, als daß sie vielmehr über die Regelung der Vegetationsdichte und des Wurzelsystems die zur Verfügung stehenden Niederschlagsmengen optimal ausnutzen (WALTER 1972). Das führt naturgemäß dazu, daß der Artenreichtum, verglichen mit dem tropischen Regenwald, sehr gering, und die Flächenverteilung extrem disjunkt ist. In der südamerikanischen Hamada wurden 250 Pflanzenarten auf 100000 km² und in der südtunesischen Sahara 300 Spezies auf 150000 km² gefunden. In den ökologisch stärker gegliederten zentralsaharischen Gebirgen steigt der Artenreichtum deutlich an (Hoggar = 350 Arten/150000 km²; Tibesti = 568 Arten/200000 km²; Air = 430 Arten/150000 km²; Ennedi = 410 Arten/150000 km²). In den trockensten und einförmigsten Gebieten der Sahara sinkt der Artenreichtum bei gleicher Flächengröße unter 50 (Djourab = 50 Arten/150000 km²; Ténéré = 20 Arten/200000 km²; Majabat = 7 Arten/150000 km²).

Auf eine ökologische Asymmetrie innerhalb des trockenen Tropengürtels hat STOCKER (1962) hingewiesen. Auf der äquatorwärtigen Seite der Wüsten reichen die Dornsavannenbiome mit vereinzeltem Baumwuchs oft unmittelbar bis zum Rand der Wüste, während zum gemäßigten Klimabereich hin nur baumfreie, höchstens mit Halbsträuchern durchsetzte Halbwüsten- und Steppenbiome anzutreffen sind (vgl. auch LAUER und FRANKENBERG 1977).

Pflanzenarten, die in den vollariden Zonen überleben müssen (z. B. die Sahara-Arten *Aristida pungens*, *Anabasis aretioides*, *Genista saharae*, *Artemisia herba-alba*), besitzen über die Verteilungs-Anpassung hinausgehende ökophysiologische Adaptationen an den Wasserzustand ihrer Umgebung (Hydratur).

Regenpflanzen (u. a. *Mesembryanthemum*, *Mollugo*) sind in der Lage, nach kurzer Befeuchtung ihre Blüten zu entfalten. Poikilohydre, austrocknungsfähige Pflanzen sind aus Wüstengebieten besonders bei Algen, Flechten und Moosen bekannt. Aber es gibt auch eindrucksvolle Beispiele hierfür bei höheren Blütenpflanzen, die vermutlich sekundär diese Fähigkeit erworben haben. *Chamaegigas intrepidus* ist eine in seichten Wannen der ariden südwestafrikanischen Granitberge wachsende Wasserpflanze, die nach der Regenzeit in ihren völlig ausgetrockneten Tümpeln oft monatelang ausharren muß. Füllt sich nach Regenfällen die Mulde, so quellen die geschrumpften Wasserblätter schnell auf und erreichen kurzfristig die zehnfache Länge.

Nach wenigen Tagen entwickeln sich die bereits angelegten Schwimmblätter und die sich über die Wasseroberfläche erhebenden Blüten. Der in Südwestafrika heimische „Buschtee" *Myrothamnus flabellifolia* überdauert die mehrmonatige Trockenzeit an seinem Standort mit zusammengefalteten Blättern, die, obwohl sie so trocken sind, daß sie zu einem staubfeinen Pulver zerrieben werden können, dennoch eine sehr geringe CO_2-Produktion besitzen (ZIEGLER 1974). Nach einem halbstündigen Regen entfalten sich die Blätter und sehen „frischgrün" aus.

Xerophytische (z.B. die Grasart *Aristida pungens*), sukkulente (mit wasserspeicherndem Gewebe wie die ursprünglich rein amerikanischen Kakteen und die altweltlichen Euphorbiaceen), sklerophile (mit harten oder fehlenden Blättern und Verdornung), halophile (z.B. die in den abflußlosen Trockenbecken vorkommenden Chenopodiaceen) und ausdauernde Pflanzen (mit oft bis zum Grundwasser reichendem Wurzelsystem; Tamarisken mit bis zu 30 m tiefen Wurzeln) sind weitere für die Wüstenbiome kennzeichnende Lebensformtypen.

Das tierische Leben hat sich nicht nur an die physikalischen Wüstenbedingungen, sondern besonders an die zeitlichen und räumlichen Eigenschaften der Wüstenvegetation angepaßt. Deshalb ist es nicht verwunderlich, daß in den teilweise weit voneinander getrennten Wüsten unterschiedliche phylogenetische Verwandtschaftsgruppen durch ähnliche, konvergente Lebensformtypen vertreten sind. Sandwühler unter den Eidechsenartigen, Seitenwinder unter den Schlangen, Bipedie bei Wüstennagern, Wüstenfärbung bei zahlreichen Wüstenvögeln, Flügelreduktion bei Wüstenkäfern, starke Entwicklung von Salzdrüsen und ein Überwiegen der Nachtaktivität an der Erdoberfläche bei Säugetieren sind nur einige besonders auffallende Erscheinungsformen bei Wüstenbewohnern. Hinzu kommen besondere physiologische Anpassungen, die vor allem auf den Minimumfaktor Wasser ausgerichtet sind (u. a. große Urinkonzentrationsfähigkeit, geringer Wasserverlust durch Verdunstung, geringer Wassergehalt des Kotes). Die circadiane Rhythmik ist im allgemeinen an den Tagesgang der Temperatur und Luftfeuchte angepaßt. Manche Arten haben ihre gesamte Jahreszeitenentwicklung der Phänologie der Wüstenbedingungen angepaßt. Die adulten *Adesmia bicarinata* erscheinen in Ägypten Ende Oktober und erreichen im März größte Populationszahlen. Während der Sommermonate werden jedoch ausschließlich Larven- und Puppenstadien angetroffen. Auch die Wanderung der in den Randwüsten auftretenden *Schistocerca gregaria* wird von der Phänologie der Vegetation bestimmt. Auffallende morphologische Strukturen dienen dem Transpirationsschutz. Das gilt für die Wüstenasseln *Hemilepistus reaumuri* (Sahara, Arabische Wüste), *Buddelundia albinogriseus* (Südaustralien) und *Venezillo arizonicus* (Sonora; Nordamerika) ebenso wie für die Wüstentausendfüßler *Orthoparus ornatus* (Nordamerika), *Cingalobolus* und *Aulacobolus* (Indien).

Viele poikilotherme Arten lösen ihre Temperaturregulationsprobleme durch Verhaltensstrategien. Wüstenschlangen ertragen, im Gegensatz zu Wüsteneidechsen, meist keine Temperaturen über 42 °C. Die nordamerikanische Wüstenklapperschlange *Crotalus cerastes* stirbt bei Temperaturen von 41,5 °C, während im gleichen Lebensraum vorkommende Eidechsen 45 bis 47,5 °C aushalten (CLOUDSLEY-THOMPSON 1977).

Unter den Wüstennagern überwiegen die Körnerfresser, und ihre bipede, schnelle Fortbewegungsweise muß als Anpassung an die zu überbrückenden großen Entfernungen bei der Nahrungssuche angesehen werden. Seltener sind blattfressende Wüstennager (vgl. u.a. KENAGY 1974, DALY und DALY 1973), wie die nordamerikanische *Dipodomys microps,* die sich bevorzugt von den sehr salzhaltigen Blättern von *Atriplex confertifolia* ernähren, und die saharische *Psammomys obesus,* die auf Chenopodiaceen spezialisiert ist. Das Gebiß von *Dipodomys microps* ist an das Abschaben der salzreichen äußeren Blattgewebeschichten angepaßt. Die unteren Nagezähne sind breit, vorne platt und meißelförmig. Die Verwandten von *Psammomys obesus* und *Dipodomys microps* sind überwiegend Körnerfresser.

Typische Wüstentiere der Sahara sind die Wüstenspringmäuse *(Jaculus jaculus, Gerbillus campestris, G. nanus, G. gerbillus, G. pyramidum),* der Wüstenfuchs oder Fennek, die seltene Sandkatze *(Felis margarita),* der Dornschwanz *Uromastix* (mit Salzdrüsen), die Seitenwinder-Vipern *Cerastes cerastes* und *C. vipera,* der Apothekerskink *Scincus scincus* („Poisson de sable"), die Wüstenlerchen (u. a. *Ammomanes deserti* mit Wüstenfärbung), die flügellosen Wüstenheuschrecken, die langbeinigen, fast 100% flügellosen Tenebrioniden und die extreme Trockenheit ertragende Wüstenassel *(Hemilepistus reaumuri).*

Die Wüsten- und Halbwüstenarten Nordafrikas dringen in den meisten Fällen bis in die indischen Trockengebiete vor. Arten und Gattungen, die einem solchen Verbreitungstyp zuzuordnen sind, werden als saharo-sindhische Arten bezeichnet. Hierzu gehören zum Beispiel Käfer der Gattung *Mesostena,* die „wie das Dromedar an die Salzsteppen und Wüsten der west- und mitteleremischen Zone gebunden sind, wobei sie primär den Salz-, teilweise vielleicht auch Trockensteppen eigen sind und erst sekundär in die reinen Wüstengebiete transgredieren". Einen saharo-sindhischen Verbreitungstyp besitzt auch die von Algerien bis nach Ceylon vorkommende Sandrasselotter *Echis carinatus* und die psammophile Sandkatze (*Felis margarita;* vgl. HEMMER 1974).

Die saharo-sindhische Tier- und Pflanzenwelt muß als biogeographische Einheit verstanden werden.

In den Halbwüsten von Rajasthan trifft man bezeichnenderweise wieder zahlreiche aus der Sahara und den arabischen Wüsten bekannte Gattungen (unter den Mammaliern z.B. *Gerbillus*). Der palaearktisch-äthiopische Wüstengürtel umfaßt den größten Teil der ariden Gebiete der Biosphäre. Nach WALTER (1968) ist eine Untergliederung in sechs Großräume möglich:

1. die Sudano-Sindhische Wüsten, zu denen die Sahelische Zone südlich der eigentlichen Sahara, der Küstenstreifen am Arabischen Meer und die Wüste Tharr (Sindh) in Pakistan und Indien gehören;
2. die Saharo-Arabischen Wüsten, deren Kerngebiete höchstens geringe Niederschläge in den Wintermonaten erhalten;
3. die Irano-Turanischen Wüsten, die die Hochebenen des nördlichen Irans und den südlichen Teil der Aralo-Kaspischen Niederung umfassen;
4. die Kasachstano-Dsungarischen Halbwüsten- und Wüstengebiete, die als Übergangsgebiete zu den osteuropäisch-südsibirischen Steppen sich von der Kaspischen Niederung an der Unteren Wolga über den Aral- und Balchasch-See hinaus nach Osten erstrecken;
5. die Zentralasiatischen Wüstengebiete der Mongolei und Nordchinas;
6. die Hochgebirgswüsten Tibets, die als Kältewüsten in Höhenlagen um 4000 m gelegen sind.

Nach der wechselnden Vegetationsstruktur lassen sich die Kasachstano-Dsungarischen Wüsten in vier verschiedene Typen gliedern:

Die Ephemeren-Wüste, die in ihrer typischen Form vor dem Kopet-Dag aus Lößablagerungen (anlehmige, salzfreie Böden) oder am Balchasch-See (Hungersteppe) ausgebildet ist, trocknet ab Mai völlig aus und wird steinhart. Ephemere, wiesenbildende Arten nutzen die Frühjahrsfeuchtigkeit aus. Bereits Anfang März treiben *Carex hastii* und *Poa bulbosa*, die beiden häufigsten Arten, aus. Knollen-, Zwiebel- oder Rhizom-Arten (u. a. *Ranunculus, Tulipa, Gagea, Geranium tuberosum*) kommen hinzu. Im allgemeinen reicht jedoch die Vegetationszeit zur Samenreife nicht aus, weshalb vegetative Vermehrung dominiert. Allerdings gibt es auch hier Ausnahmen. Die Samen von *Arenaria, Papaver, Delphinium, Capsella, Veronica, Bromus, Phleum* und *Agropyrum* können schon nach einem Monat ausgereift sein.

Auf den tertiären und kreidezeitlichen Plateaus und Tafelbergen treten Gipswüsten (Steinwüstentyp) auf. Die Böden besitzen bis zu 50% $CaSO_4$-Konzentrationen, aber nur geringe Spuren leichtlöslicher Salze. „Gipspflanzen" in geringer Deckung haben sich an diesen Lebensraum angepaßt (u. a. *Sisymbrium subspinescens, Noaea spinosissima, Cousinia, Atraphaxis*).

In Gebieten mit starker Bodenversalzung tritt die Halophyten-Wüste auf (mit *Haloxylon aphyllum, Kalidium*), die in Mittelasien und Kasachstan weitverbreitet ist. Sandwüsten (Kara-Kum = Schwarzer Sand; Kysyl-Kum = Roter Sand) sind als Psammophyten-Wüsten in Mittelasien ebenfalls weitverbreitet. Der Saksaul-Strauch (*Haloxylon periscum, H. aphyllum*) kann hier Stammdurchmesser bis zu 35 cm erreichen.

Die Zentralasiatischen Wüstengebiete erhalten, im Gegensatz zu den Kasachstano-Dsungarischen Wüsten, ihre Niederschläge im Sommer aus dem Osten (chinesisches Monsungebiet). Winter und Frühjahr sind entsprechend trocken. Das gilt ebenso für die Ordos nördlich der chinesischen Mauer (Hwango Ho), Alaschan und Beischan als auch für das Tarim-Becken, die Takla-Makan, das Tsaidam-Becken und die Gobi. Die Winter sind in der durchschnittlich 1000 m hoch gelegenen Gobi sehr kalt, trocken, wolkenlos und meist schneefrei. Erst mit einsetzendem Sommerregen beginnt die Vegetationsentwicklung (*Aristida ascensionis, Eragrostis minor, Allium tenuissimum, Salsola passerina, Anabasis brevifolia* u. a.).

In der südwestafrikanischen Namib, die durch den Swakop in eine südliche, von Wanderdünen beherrschte und eine nördliche (Steinwüste) Region gegliedert wird, treffen wir neben monotypischen Gattungsendemiten auch nahe Verwandte der saharosindhischen Tierwelt mit bezeichnenden Anpassungsformen an. Bereits aus dem Miozän ist die Wunderpflanze der Namib, *Welwitschia mirabilis*, bekannt, eine Gymnosperme, die ihren Namen zu Ehren ihres Entdeckers, des österreichischen Arztes WELWITSCH (1859) erhielt. Durch tiefgehende, bis 2 m mächtige Pfahlwurzeln, klumpigen Holzkörper und zwei ledrige, ausdauernde, nur an der Basis fortwachsende Blätter und zweihäusige Blüten in zapfenartigen Ständen ist sie dem Leben in der Wüste ebenso gut angepaßt (vgl. SCHULZE, ZIEGLER und STICHLER 1976) wie die Kieselstein- und Fensterpflanzen (*Lithops*), die sandbewohnenden Reptilien (*Palmatogecko rangei, Ptenopus garrulus, Aporosaura anchietae, Meroles cuneirostris, M. reticulatus, Acontias lineatus, Bitis peringueyi;* weitere Beispiele bei LOUW 1972, MERTENS 1972) oder die in der Steinwüste vorkommenden Kriechtiere (*Eremias undata, Rhoptropus afer, R. bradfieldi, Cordylus namaquensis*) und die hochspezialisierten Tenebrioniden (vgl. HOLM und EDNEY 1973, 1974, 1977). Besonders erwähnenswert ist der dünenbewohnende „Grabgecko" *Ptenopus garrulus*, da er zu unterirdischer Lebensweise übergegangen ist.

Die windbewegten Sanddünen der Namib sind vegetationsfrei. Nur vereinzelt fin-

Abb. 196. Verbreitungsmuster von südwestafrikanischen Säugern in verschiedenen Groß-lebensräumen.

den sich angewehte *Salvadora*-Blätter und Gräser *(Stipagrostis gonatostachys, Aristida sabulicola)*. Organische Stoffe werden von den Dünen als „organische Depots" abgedeckt. Feldheuschrecken *(Anacridium investum)*, Fliegen und Ameisen *(Camponotus detritus)* wandern von den stärker bewachsenen Randlagen immer wieder in den Dünenbereich ein. Das gilt auch für verschiedene Wirbeltiere, unter denen besonders der Grabgecko *Palmatogecko rangei* erwähnenswert ist. Daneben gibt es echte Namib-Endemiten. Unter den Detritusfressern, die das angewehte organische Material aufarbeiten, gehören hierzu die Tenebrioniden *Cardiosis fairmairei* und *Onymacris laeviceps*, die man „bei Tag in der heißesten Sonne" antrifft (KÜHNELT 1976). In der Dämmerung wird *Lepidochora argenteogrisea* (Tenebrionidae) als Detritusfresser aktiv, der zu hunderten den Sand bevölkert. Andere Tenebrioniden kommen dagegen erst während der Nacht an die Oberfläche *(Lepidochora porti, L. kabani)*, gemeinsam mit Lepismatiden und Dünentermiten. Diese Detritusfresser werden von carnivoren Arten gejagt, unter denen Solifugen *(Eberlanzia flava)*, Spinnen *(Caesetuis deserticola)* und Larven von Tabaniden besonders erwähnt werden müssen. Auf vielen Dünen kommt die territoriale Eidechse *Aporosaura anchietae* vor, die sich blitzschnell in den Sand eingraben kann, ähnlich den *Liolaemus*-Arten in den brasilianischen Küstendünen (vgl. Restinga-Biom). Auch der Namib-Goldmull *(Eremitalpa granti namibensis)* lebt als „Sandschwimmer" in dem lockeren Dünensubstrat.

Auf den mit *Aristida* und *Naras* bewachsenen Dünen treten phytophage Insekten (u. a. *Onymacris plana, Hetrodes, Rhabdomys pumilo*) als erste Konsumentengruppen auf. Häufig ist die Heuschrecke *Anacridium investum*. Das Namibchamaeleon *Chamaleo namaquensis*, die Eidechse *Meroles cuneirostris* und die Viper *Bitis peringueyi* treten hier auf.

Tab. 5.40. Nahrungskette auf einer vegetationslosen Namibdüne (KÜHNELT 1976)

| | | Aktivitäten an der Dünenoberfläche | | |
		am Tag	in der Nacht	Dauernd eingegrabene Arten
Konsumenten II. und höherer Ordnung	Größter Räuber (Besucher)	*Melierax* *Corvus albus* *Ptynoprogne*	*Bubo africanus* *Canis mesomelas* *Bitis peringueyi*	—
	Größere Räuber (regelmäßig)	*Aporosaura anchietae*	*Eremitalpa namibensis* (Luvseite) *Palmatogecko rangei* *Comicus namibensis* *Leucorchestris* spec.	—
	Kleine Räuber	Solifugen Salticiden	*Caesetius deserticola*	Große Dipterenlarven
Konsumenten I. Ordnung (Detritusfresser)		*Cardiosis fairmairei* *Onymacris laeviceps* *Lepidochora argentlogrisea* (Dämmerung)	*Lepidochora kabani* *Lepidochora porti* *Vernayella* spec.	Larven von Tenebrioniden
allochthone Produktion		Dünendetritus aus:	*Aristida* *Stipagrostis* *Salvadora* Insektenreste	

Viele Gemeinsamkeiten besitzt die Namib mit der südamerikanischen Atacama. Beide sind Küstenwüsten, die durch kalte Meeresströmungen bedingt werden. Auflandige Winde geben beim Überschreiten des kalten Humboldt- bzw. Benguela-Stromes ihre Niederschläge ab, erwärmen sich über Land wieder und sind somit ungesättigt. In beiden Küstenwüsten kommt es zu gefürchteten Nebelbildungen ohne wesentliche Niederschläge, den südamerikanischen Garuas. Ein zusammenhängender Pflanzengürtel fehlt. Weite Gebiete sind pflanzenfrei. Stellenweise treten inselartig Tillandsien- (Bromeliaceen) und Kakteen-Arten (u. a. *Eulychnia, Copiapoa, Philocopiapoa, Mila, Borzicactus, Weberbauerocereus*) auf.

Tab. 5.41. Vogelarten der südamerikanischen Wüsten und Halbwüsten (Peruanisches Zentrum; MÜLLER 1973)

Psittacidae	
1. *Aratinga erythrogenys*	13. *Thryothorus superciliaris*
Trochilidae	Icteridae
2. *Leucippus baeri*	14. *Dives warszewiczi*
3. *Rhodopis vesper*	Parulidae
4. *Thaumastura cora*	15. *Basileuterus fraseri*
Furnariidae	Fringillidae
5. *Geositta maritima*	16. *Piezorhina cinerea*
6. *Geositta peruviana*	17. *Sporophila peruviana*
7. *Cinclodes nigrofumosus*	18. *Sporophila telasco*
Tyrannidae	19. *Gnathospiza taczanowskii*
8. *Fluvicola nengata*	20. *Atlapetes nationi*
9. *Myiarchus semirufus*	21. *Atlapetes albiceps*
10. *Myiopagis subplacens*	22. *Rhynchospiza stolzmanni*
11. *Phaeomyias leucospodia*	23. *Xenospingus concolor*
Corvidae	24. *Poospiza hispaniolensis*
12. *Cyanocorax mystacalis*	25. *Spinus siemiradzkii*
Troglodytidae	

Unter den Tierarten fehlen die in den altweltlichen Wüstengebieten auftretenden Agamiden völlig. Sie werden durch die Iguaniden (u. a. *Ctenoblepharis adspersus, Tropidurus peruvianus*) und Teiiden (u. a. *Dicrodon guttalatum, D. heterolepis*) ersetzt.

Auch die Viperiden fehlen in der neuen Welt. An ihre Stelle treten in Südamerika die Lanzenottern der Gattung *Bothrops*, die jedoch in die Wüstengebiete nur mit zwei Arten randlich eindringen, in den Waldformationen dagegen in zahlreichen Spezies vorhanden sind. Im Vergleich zur Namib ist bemerkenswert, daß bei Atacama-Tieren offensichtlich keine extremen Wüstenanpassungen vorhanden sind, was für ein jüngeres Alter der neotropischen Wüstenbiome spricht. Das gilt z.B. für die neotropischen Wüstennager, deren Populationsdynamik u. a. von GILMORE (1947), HERSHKOVITZ (1962) und PEARSON (1975) beschrieben wurde. Es darf als gesichert angesehen werden, daß die Atacama im Würmglazial (zumindest im nördlichen Bereich) feuchter war als in der Gegenwart.

Während der kalte Humboldtstrom die Wüstenbedingungen der Atacama verursacht, stellt er im marinen Bereich eine Zone höchster Phyto- und Zoomassen-Produktion dar. Bedingt durch eine gewaltige Phytomassen-(Algen)Entwicklung kommt es zur Ausbildung eines individuenreichen, vielgestaltigen tierischen Lebens, das sich in verschiedenen Nahrungsketten auf der pflanzlichen Biomasse aufbaut. Zahlreiche Nahrungsketten enden dabei über Seevögel in den ariden terrestrischen Ökosystemen. Besondere Bedeutung besitzen für die im pazifischen Südamerika lebenden Seevogelpopulationen die gewaltigen Fischpopulationen (u. a. Sardinen) im Humboldtstrom. Die Abfallstoffe der Seevögel, die sich von den Kleinfischen ernähren, werden auf einigen Inseln (u. a. den peruanischen Chincha-Inseln) zu einem bis 60 m mächtigen Belag, dem *Guano,* aufgetürmt. Guano findet sich auf den Vogelinseln und -bergen an den regenarmen, subtropischen Westküsten der Kontinente (besonders Peru, Chile und Südwestafrika).

Der jährliche Zuwachs des wegen seines hohen Phosphatgehaltes als Düngemittel begehrten Guano, den die Araber bereits im 12. Jahrhundert auf den Bahrein-Inseln förderten, um ihre Weinstöcke und Palmen zu düngen (ALEXANDER VON HUMBOLDT und JUSTUS LIEBIG wiesen als erste Europäer auf seine Bedeutung als Düngemittel hin), wird auf 200 000 Tonnen geschätzt. Allein auf den Chincha-Inseln, auf denen Guano schon von den vorinkaischen Chimus gewonnen wurde (NIETHAMMER 1969), förderte man zwischen 1851 und 1872 rund 10 Millionen Tonnen Guano.

Auf zahlreichen Pazifikinseln, z. B. auf der 32 km² großen, aus 2000 m Tiefe aufsteigenden Koralleninsel Nauru (0° 32′S/166° 55′O), ist der Korallenkalk durch die Seevogelexkremente und das Regenwasser aufgelöst und in Phosphat umgewandelt. Die Phosphatproduktion auf Nauru, die letztlich auf eine tierische Nahrungskette zurückgeführt werden kann, beträgt 2 Millionen Tonnen pro Jahr und erlaubt den Inselbewohnern eine Sozialgesetzgebung, wie sie nur in wenigen Ländern verwirklicht ist (16.- DM als einheitliche Monatsmiete, kostenlos: Schulbesuch, Telefonbenutzung, Krankenhausaufenthalt u. a.). Künstliche Guanoinseln vor dem südafrikanischen Festland (als Bretterplattform) zeigen bei Swakopmund einen jährlichen Guano-Zuwachs von 6 cm.

Auf Grund von Färbung, Alter und Phosphorsäuregehalt lassen sich zwei Guano-Arten unterscheiden:
1. roter (fossiler) Guano mit 20 bis 30% Phosphorsäure,
2. weißer (rezenter) Guano mit 10 bis 12% Phosphorsäure,
   10 bis 12% Stickstoff und 3% Kali.

Die wichtigsten Guanovögel Südamerikas sind der Guano-Kormoran *Phalacrocorax bougainvillii* (Brutvogel von der Buenaventura-Bucht in Kolumbien, den peruanischen Küsteninseln bis zur Mocha-Insel von Chile), der an den Küsten von Süd- und Zentralamerika weitverbreitete Pelikan *Pelecanus occidentalis* und mehrere Baßtölpel-Arten *(Sula nebouxii, S. variegata, S. dactylatra).* Allein auf der Südinsel der Chincha-Gruppe enthält die Kolonie von *Phalacrocorax bougainvillii* etwa 360 000 Individuen und siedelt auf 60 000 m² (3–6 Nester pro Quadratmeter). Der Pinguin *Spheniscus humboldti* baut seine Bruthöhlen in den Guano hinein.

Obwohl im allgemeinen nur Vogelarten der Ordnung Pelecaniformes „Guanovögel" stellen, gibt es einige bemerkenswerte Ausnahmen. Zu ihnen zählt z. B. die Rußseeschwalbe *(Sterna fuscata)* auf der Atlantikinsel Ascension. Von geringerer wirtschaftlicher Bedeutung ist der von Fledermäusen in Höhlen „erzeugte" Guano (HARRIS 1970) und der Robben-Guano. Durch das Einbringen von Guano in Höhlen beeinflussen Fledermäuse allerdings die Diversität von Höhlen-Zoozönosen (vgl. u. a. VUILLEUMIER 1974).

Auf gleicher geographischer Breite wie die Kalahari liegen die australischen Wüsten (Eremaea). Im Süden werden sie durch die sich 700 km ostwestlich erstreckende

Nullarbor-Ebene auf verkarsteten, tertiären Kalken begrenzt. Akazien herrschen in den Randlagen vor, während in den Sand- und Tonebenen Saltbush-Halbwüsten mit den beiden Leitarten *Atriplex vesicaria* (Saltbush) und *Kochia sedifolia* (Bluebush) dominieren. Mosaikartig verbreitet treten hartblättrige Igelgrasbestände mit *Triodia pungens* und *Plectrachne schinzii* auf. Im für Gehölzwuchs begünstigten Mulgascrub dominieren *Acacia aneura, Cassia-* und niedrige *Eucalyptus*-Arten. Zur bezeichnenden eremialen australischen Tierwelt gehören Springbeutelmäuse *(Antechinomys laniger, A. spenceri)*, das Zottelhasenkänguruh *(Lagorchestes hirsutus)*, die Vogelarten *Polytelis alexandrae* und *Stipiturus ruficeps* und allein über 70 verschiedene Kriechtierarten. Die Agame *Amphibolurus isolepis* bewohnt die Wüsten des westlichen und zentralen Australiens und ernährt sich hauptsächlich von Ameisen, kleinen Arthropoden und Pflanzenteilen. Ökologisch ist die Art streng an Sandböden gebunden und fehlt auf den eingestreuten Felsplateaus. Diese ökologische Spezialisierung ist kennzeichnend für die meisten australischen Wüstenkriechtiere. PIANKA (1972) konnte zeigen, daß besonders „Sandridge, shrub-Acacia, and sandplain-Triodia habitats are three particularly important desert habitats to which lizards have become specialized". Bei 72 von insgesamt 94 in den australischen Wüstenbiomen auftretenden Arten stellte er folgende Areal- bzw. Adaptionstypen fest:

  7 Ubiquisten
  8 Nordarten
10 Südarten
  6 Eremaea-Arten
  7 Zentralrelikte
  8 Sandridges-Arten
16 Shrub-Acacia-Arten
10 Sandplain-Triodia-Arten
―――
72

Die nordamerikanischen Wüstenbiome besitzen außer holarktischen Verwandtschaftsbeziehungen zahlreiche Verbindungen nach Südamerika. RZEDOWSKI (1973) hat für die Vegetation diese Arealverknüpfungen dargestellt.

Tab. 5.42. Gattungs-Verwandtschaft zwischen den Floren arider Gebiete Mexikos und anderen Trockengebieten

	Great Basin (USA, 142 Gattungen)	Peruanische Wüste (210 Gattungen)	Monte Region (Argentinien, 163 Gattungen)	Sahara (376 Gattungen)	Eremaea (Australien, 153 Gattungen)
Chihuahua (258 Gattungen)	26,5%	33,3%	42,1%	19,0%	20,0%
Baja California und Sonora (272 Gattungen)	24,9%	31,0%	37,0%	19,9%	23,3%

Von MORAFKA (1977) liegt eine Monographie der Chihuahua-Wüste vor, in der er versuchte, Lebensräume von Reptilien und Amphibien durch landschaftsbestimmende Pflanzengesellschaften zu definieren (Tab. 5.43).

Tab. 5.43. Absoluter und relativer Anteil von ökologisch an eine Pflanzen- oder Boden-
formation gebundenen Amphibien und Reptilien der Chihuahua-Wüste (MORAFKA 1977)

Assoziation	Gesamtzahl (vorkommende Arten)	Zahl auf den Lebensraum beschränkter Arten	% auf den Lebensraum beschränkter Arten
I. Chihuahua „Desert Scrub"			
A. Edaphisch bedingte Assoziation			
1. Alluvial Flächen	28	1	4%
2. Kahlflächen	39	0	0%
3. Sandflächen	15	1	7%
4. Salzgebiete	28	11	39%
B. Busch-Assoziationen	57	15	26%
II. Feuchte Senken und Ufergebüsche	59	18	31%
III. Mesquito-Grasland	86	1	1%
IV. Pinus-Juniperus Wald	65	1	1%
V. Koniferen Bergwald	35	9	26%

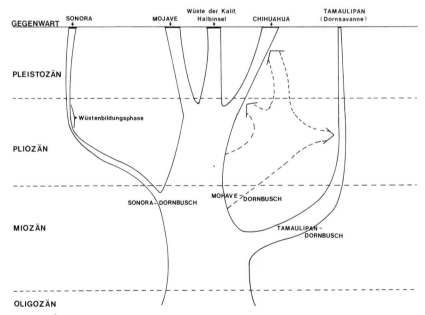

Abb. 197. Phylogenetisches Verwandtschaftsschema der Herpetofauna nearktischer Wüsten
(nach MORAFKA 1977).

Auf den Dünen treten Sandarten auf mit Anpassungen, wie wir sie aus anderen Wüstengebieten der Erde (u. a. Sahara) ebenfalls kennen.

Besonders bemerkenswert ist das endemische Vorkommen von Wüstenschildkröten *(Gopherus flavomarginatus)*, Wüstengeckos *(Coleonyx brevis, reticulatus)* und Iguaniden *(Sceloporus cautus, meriami, Uma exsul)* in der Chihuahua.

Nach Wüstentyp und Strukturdiversität der Vegetation schwanken Arten- und Diversitätszahlen der Arthropoden.

Tab. 5.44 Vergleich der Herpetofaunen von Chihuahua- und Mojave-Wüstendünen (MORAFKA 1977)

Mojave-Wüste Colorado River Valley Riverside, Kalifornien	Chihuahua Laguna Mayran (bei San Pedro)
Lacertilia:	
1. *Coleonyx variegatus*	1. *Coleonyx brevis*
2. *Crotaphytus wislizeni*	2. *Crotaphytus wislizeni*
3. *Phrynosoma m'calli*	3. *Phrynosoma modestum*
4. *Phrynosoma platyrhinos*	4. *Phrynosoma cornitum*
5. *Sceloporus magister*	5. *Sceloporus magister*
6. *Uma inornata*	6. *Uma exsul*
7. *Cnemidophorus tigris*	7. *Cnemidophorus tigris*
8. *Uta stansburiana*	8. *Uta stansburiana*
9. *Dipsosaurus dorsalis*	
10. *Urosaurus graciosus*	
Serpentes:	
1. *Leptotyphlops humilis*	1. *Leptotyphlops humilis*
2. *Arizona elegans*	2. *Arizona elegans*
3. *Masticophis flagellum*	3. *Masticophis flagellum*
4. *Hypsiglena torquata*	4. *Hypsiglena torquata*
5. *Rhinocheilus lecontei*	5. *Rhinocheilus lecontei*
6. *Chionactis occipitalis*	6. *Crotalus atrox*
7. *Phyllorhynchus decurtatus*	
8. *Crotalus atrox*	
9. *Crotalus cerastes*	

In der Sonora-Wüste werden verschiedene Pflanzengesellschaften angetroffen. In der *Carnegiea-Encelia*-Gesellschaft dominieren *Cercidium microphyllum, Fonquieria splendens, Acacia constricta, Celtis pallida, Opuntia* spec., *Ferocactus wislizenii, Jatropha cordiophylla, Prosopis juliflora, Ephedra trifurca, Heteropogon contortus, Hibiscus coulteri, Lippia coulteri* und *Selaginella arizonica*, in der *Larrea-Franseria* Gesellschaft sind es der strauchförmige *Larrea tridentata*, der in der Dürrezeit blattlos sein kann, weichblättrige Compositen *(Franseria)* und *Opuntia*-Arten; in der *Prosopis velutina*-Zone treten *Prosopis* (mit 20 m tiefen Grundwasserwurzeln)-Arten, *Acacia gregii* und *Celtis pallida* und schließlich in der Nähe von wasserversorgten Senken eine *Populus-Salix*-Gesellschaft auf *(Populus, Salix, Sambucus mexicana, Fraxinus velutina)*.

Tab. 5.45 Arthropoden aus dem Deep Canyon Desert Research Area bei Palm Springs (Kalifornien; EDNEY 1974)

Ordnung	Familie	Gattung	Art
Araneae	16	25	25
Opiliones	1	1	1
Scorpiones	1	1	
Solifugae	1	2	3
Isopoda	1	1	1
Thysanura	1	1	3
Ephemeroptera	1	1	1
Dermaptera	3	3	3
Orthoptera	7	18	18
Odonata	6	6	6
Plecoptera	2	2	2
Hemiptera	24	27	31
Homoptera	10	43	48
Thysanoptera	4	21	27
Neuroptera	7	13	32
Megaloptera	1	2	2
Trichoptera	3	4	4
Lepidoptera	22	96	118
Coleoptera	54	169	213
Hymenoptera	28	132	267
Diptera	52	226	354
Total:	245	796	1160

5.1.4.2 Die Kältewüsten

Polwärts von den Tundrenbiomen erstrecken sich die arktischen Lebensräume, die ihre Existenz und Produktivität marinen Nahrungsketten verdanken. Terrestrische Primärproduzenten spielen eine unbedeutende Rolle. Die Tierwelt ist eine charakteristische Küsten- und Eisschollenfauna.

Schon in den arktischen Tundrenbiomen macht sich diese Tendenz bemerkbar. Wasservögel und Strandvögel dominieren, was u. a. von PITELKA (1974) für das arktische Alaska nachgewiesen wurde:

Vogelgruppe	arktische Küste	arktisches Hügelland	arktisches Gebirge
Wasservögel	15 Arten	10	10
Greifvögel	–	3	4
Schneehühner	1	2	2
Kranichverwandte	1	1	0
Limikolen	15	10	8
Möwen und Raubmöwen	7	4	4
Eulen	2	1	1
Sperlingsvögel	3	14	21
	44	45	50

Nordpolare Kältewüsten

Unter den semiterrestrischen Säugern existieren ausschließlich carnivore Arten. Das gilt auch für den circumpolar verbreiteten Eisbären *(Ursus maritimus)*, der in strengen Wintern in selbstgegrabenen Eishöhlen oder in Boden- und Felsspalten Schutz sucht, im allgemeinen jedoch unabhängig von der Jahreszeit weite Wanderungen durchführt. Sein gegenwärtiger Bestand wird auf 10 bis 12 000 Exemplare geschätzt. In den arktischen Nahrungsketten ist er, neben dem Menschen, Endkonsument. Das Polarmeer-Walroß *(Odobenus rosmarus rosmarus)*, das sich fast ausschließlich von Mollusken ernährt, hatte Anteil an der Erschließung des hohen Nordens, denn die Ausbeutung der scheinbar unerschöpflichen Walroßbestände führte auch zu geographischen Forschungsreisen von weltweiter Bedeutung. Da das Walroß im Gegensatz zur Eismeerringelrobbe *(Phoca hispida)* keine Atemlöcher in die Eisdecke „atmen" kann, ziehen sich die Tiere im Winter an die eisfreien Arktisränder zurück. Die Bartrobbe *(Erignathus barbatus)*, die häufig sympatrisch mit *Phoca hispida* auftritt und wegen ihres Felles stark bejagt wird, ist ebenfalls in der Lage, Atemlöcher in der geschlossenen Eisdecke anzulegen und hält sich bevorzugt in Flachmeergebieten auf. Die Sattelrobbe *(Pagophilus groenlandicus)* ist ganzjährig streng an das Nordmeer gebunden, in dem sie weite Wanderungen durchführt, in deren Verlauf einzelne Tiere bis England und zur Elbmündung gelangen können. Häufig verlaufen diese Wanderungen korreliert zur Wanderrichtung der Hauptnahrungstiere. Den schneeweißen Jungtieren wird wegen ihres Felles nachgestellt.

Einige Wasservogelarten dringen ebenfalls weit in die Arktis vor (vgl. u. a. SALOMONSEN 1967). Dazu gehören Eissturmvogel *(Fulmarus glacialis)*, Nonnengans *(Branta leucopsis)*, Prachteiderente *(Somateria spectabilis)*, Eisente *(Clangula hyemalis)*, Schmarotzerraubmöwe *(Stercorarius parasiticus)*, Falkenraubmöwe *(Stercorarius longicaudus)*, Elfenbeinmöwe *(Pagophila eburnea)*, Dickschnabellumme *(Uria lomvia)* und Krabbentaucher *(Plautus alle)*.

Selbst in den polnächsten Gebieten ist am Lande und in Mooren und Seen ein Tagesrhythmus der Umweltfaktoren vorhanden. Durch bestimmte Wetterlagen kann er unterdrückt werden, doch vermögen alle bisher untersuchten Tiere diesen Tagesrhythmus zu perzipieren und ihre innere Uhr mit der Erddrehung zu synchronisieren (REMMERT 1965). Auf fast 80° n. Br. (Spitzbergen) ist sowohl bei Vögeln als auch Insekten ein strenger Tagesrhythmus ausgebildet.

Südpolare Kältewüsten

Meerestiefen bis über 8000 m (östlich des Scotia-Bogens) umgeben den mit einer durchschnittlich 2000 m mächtigen Eiskalotte bedeckten 12,4 Millionen km² großen Antarktis-Kontinent. Unter stetigem Einfluß der Westwinde zirkulieren stark geschichtete Wassermassen in östlicher Richtung um Antarktika. Untermeerische Kaltwasserströme fließen von dieser rotierenden Scheibe ab in Richtung Äquator. Die obere 70 bis 200 m mächtige Wasserschicht, das antarktische Oberflächenwasser, entstammt der Antarktischen Divergenz, einer schmalen Zone im Süden des Antarktischen Ozeans, wo das unmittelbar unter der obersten Schicht befindliche Wasser zwischen zwei divergenten Streifen des Oberflächenwassers, bedingt durch Gegenläufigkeit vorherrschender Winde, hochsteigt. Nördlich der Antarktischen Divergenz herrschen Westwinde, südlich davon schieben Ostwinde mit auflandiger Tendenz das Oberflächenwasser westwärts. Niedrige Temperatur und geringer Salzgehalt (bedingt durch Eisschmelze) sind bezeichnend für das Oberflächenwasser. Auffallend ist

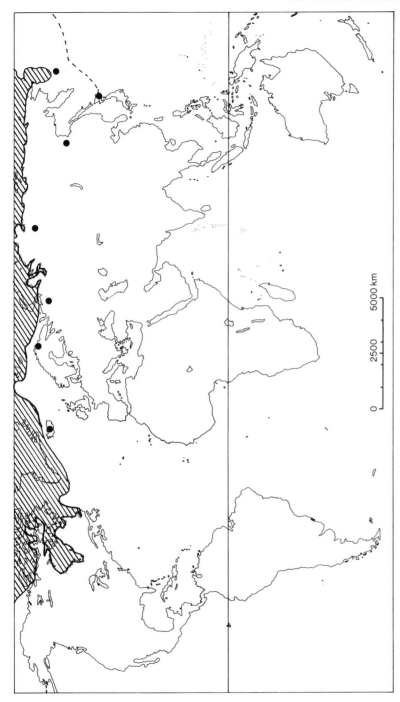

Abb. 198. Verbreitung des Eisbären (*Ursus maritimus*; Schraffur). Durch Punkte werden südlichste Einzelvorkommen markiert.

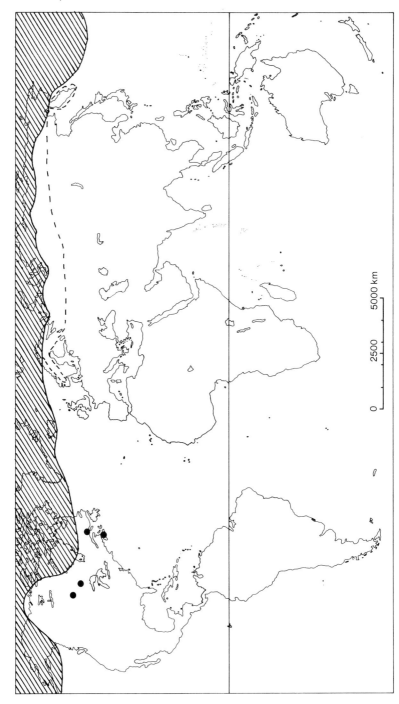

Abb. 199. Verbreitung des Schneefuchses (*Alopex lagopus*; Schraffur). Durch Punkte wurden südlichste Einzelvorkommen markiert. Die gestrichelte Linie gibt den winterlichen Wanderraum an.

Tab. 5.46. Organischer Kohlenstoff und Chlorophyll α in antarktischen Gewässern (KNOX 1970)

Gebiet	Chlorophyll a(mg/m³)	Organischer Kohlenstoff (g/m³/Tag)
Bellingshausen Meer	0,36	0,24
Drake Passage	0,73	0,036
Drake Passage	0,78	0,77
Gerlache Straße	11,6	–
Gerlache Straße	–	0,86
Gerlache Straße	6,27	1,31
Bransfield Straße	3,6	–
Bransfield Straße	2,4	0,12
Bransfield Straße	–	0,70
Bransfield Straße	0,86	2,76
NO von Süd Orkney Inseln	4,3	0,215
Deception Insel	14,2	0,710
Marguerite Bucht	2,73	0,46
Weddell Meer	0,61	0,68
Africa-Antarctica	0,17	0,03
Antarctic-Indien-Sector	0,15–0,6	–
Australia-Antarctica	0,28	0,10
Antarctic-Atlantic-Sector	–	0,145
Mc Murdo Sund	37,5	1,875

Tab. 5.47. Veränderungen des Chlorophyll α Gehaltes antarktischer Gewässer (KNOX 1970)

Gebiet	Datum	mg Chlorophyll a/m³
Ross Meer	Feb. 1934	0,02– 3,60
Bellingshausen Meer	März 1934	0,20– 0,50
Bellingshausen Meer	März 1938	0,01– 0,37
134–158° Ost	Feb. 1959	0,05– 1,45
33–72° Ost	Dez. 1961	0,04– 0,36
Weddell See (0–60 m)	Jan. 1964	0,14– 0,86
Antarktische Halbinsel	Jan. 1959	0,30–26,80
Mawson (0–25 m)	Dez. 1955	0,14– 3,92
Mc Murdo Sound (3 m)	Dez. 1961	um 55
Mc Murdo Sound	Dez. 1962	um 2,5

jedoch der Einfluß warmer (1 bis 3 °C), bis zu 2000 m mächtiger, nährstoffreicher Tiefenströme, die sich unter die subantarktischen und antarktischen Oberflächenwasser schieben, längst der Antarktischen Divergenz an die Oberfläche treten und dort die Grundlage für ein reiches Pflanzen- und Tierleben bilden. Gewaltige Packeiszonen (nördliche Grenze im Winter etwa 800 km vom Festlandsockel entfernt), die Meeresgebiete von fast 19 Millionen km² umschließen, verändern beständig im Jahreszeitengang ihre Grenzen. Während der südsommerlichen Eisschmelze brechen gewaltige Packeisinseln ab. Sie bilden schwimmende Plattformen für Pinguine und Robben.

Widersprüchliche Angaben existieren zur Produktivität der antarktischen Oberflächenwasser. Das Zooplankton wird auf 8 bis 10g/Trockenmasse/m³ geschätzt. Dabei sind jedoch Euphausiiden unberücksichtigt, unter denen die 6 bis 9 cm lang werdende *Euphausia superba* (Krill) in der nördlichen Antarktis fast 30g/Trockenmasse/m³ stellen kann.

Interessant sind jene Antarktisfische, die kein Hämoglobin besitzen. Dazu gehört der Eisfisch *Chaenocephalus aceratus* (Chaenichthyidae), dessen Kiemen und Blut farblos sind. Ein ausreichender Sauerstoffvorrat wird im Blutplasma transportiert.

Häufig in den antarktischen Küstengewässern sind bodenbewohnende Fische (u. a. *Trematornus bernacchii, Chaenocephalus aceratus, Notothenia gibberifrons*).

Auf Grund des großen winterlichen Strahlungsausfalles ist das Klima extrem streng. An der Ost-Antarktis-Station Wostok wurde mit − 88,3 °C die tiefste Temperatur (Kältepol der Erde) gemessen. Durch den Temperaturgegensatz zwischen Kontinent und Meer bedingt, umgibt die Antarktis eine Tiefdruckrinne. In Adélieland treten als Folgen dieser Tiefdruckgebiete 340 Sturmtage/Jahr auf.

Fauna und Flora wurden bei der Behandlung der Archinotis (vgl. Seite 90), bereits erwähnt.

Einige der antarktischen Vogelarten kommen fast jedes Jahr, besonders im Winter, an die südamerikanische Küste. Auf der Isla Grande (Feuerland; vgl. HUMPHREY et al. 1970) werden regelmäßig die Pinguine *Aptenodytes patagonica, A. forsteri, Eudyptes crestatus, E. chrysolophus* und als Brutvogel *Spheniscus magellanicus* (letzterer wird oft an der brasilianischen Küste von Rio Grande do Sul bis Bahia angespült) beobachtet. Auch an der australischen und neuseeländischen Küste leben Vertreter dieser antarktischen Vogelgruppe (in Süd-Australien und/oder Tasmanien z.T. als Brutvogel u. a. *Aptenodytes patagonica, Pygoscelis papua, P. antarctica, P. adeliae, Eudyptes chrysocome, E. pachyrhynchus, E. sclateri, E. schlegeli, Eudyptula minor;* vgl. SLATER 1970). Vertreter der Scheidenschnäbel (Chionidae) erreichen ebenfalls die Südspitzen Südamerikas und Australiens. In ihrem Verhalten an Tauben erinnernd, kommt *Chionis alba* regelmäßig nach Feuerland und Argentinien, die zweite Art *C. minor* nach dem Süden von Australien und Tasmanien. Beide Arten fressen Aas, Jungvögel und Eier der Pinguine.

Zahlreiche Tardigraden leben in Algen und Flechtenpolstern (vgl. u. a. JANETSCHEK 1967). Dazu gehören u. a. neben *Macrobiotus*-Arten *Hypsibius convergens, H. mertoni* und *H. scoticus.* Milben sind z. B. auf Süd-Victoria-Land durch *Stereotydeus mollis, Nanorchestes antarcticus, Coccorhagidia keithi, Tydeus setsukoae, Stereotydeus mollis* und *Alaskozetes antarctica* vertreten. Auch Collembolen ertragen die extremen Bedingungen (u. a. *Tullbergia mediantarctica, Biscoia sudpolaris, Anurophus subpolaris, Gomphiocephalus hodgsoni, Neocryptopygus nivicolus* und *Antarcticinella monoculata*).

5.1.5 Das Sklerea-Biom (Biome der Immergrünen Hartlaubgehölze)

Auf den Westseiten der Kontinente schließen sich nördlich oder südlich arider, subtropischer Wüsten immergrüne Hartlaubgehölzformationen an (vgl. SCHMITHÜSEN 1968), die in den Sommermonaten ganz unter dem Einfluß des subtropischen Hochdrucks mit heißer und regenloser Witterung stehen, im Winter dagegen von den zy-

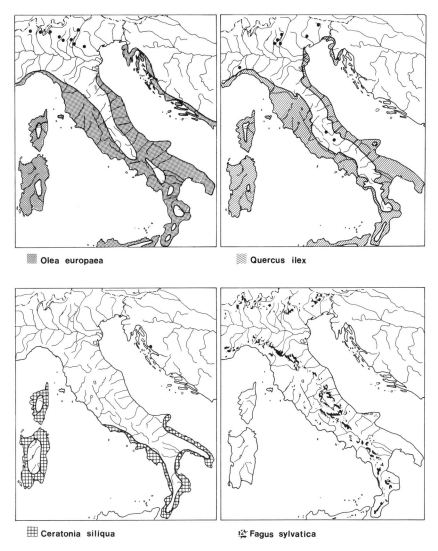

Abb. 200. Verbreitung von *Olea europaea*, *Quercus ilex*, *Ceratonia siliqua* und *Fagus sylvatica* in Italien.

klonalen Regen der gemäßigten Zone erfaßt werden. Milde, regenreiche Winter und trocken-warme Sommer kennzeichnen damit diesen Lebensraum, der im Mittelmeergebiet der westlichen Palaearktis, im südlichen Kapland, in Mittelchile (südl. 30° s. Br), Kalifornien (30 bis 40° n. Br.) und im südlichen Australien trotz seiner isolierten Lage und genetisch unterschiedlichen Struktur durch auffallende ökologische Gemeinsamkeiten gekennzeichnet werden kann. Häufig treten Terra rossa Böden auf (Mittelmeergebiet), die als Relikte ehemals feuchterer Klimabedingungen gedeutet werden. Diese Terra rossa ist ein ton- (bis 90%) und eisenreicher (bis 10% Fe) Boden, der sich auf Carbonatgesteinen bilden kann und ein A-B-C-Profil besitzt, dessen B-Horizont durch die namengebende leuchtend rote Färbung gekennzeichnet wird. Sie entsteht unter subtropisch-humiden Klimabedingungen aus Kalk- und Dolomitgesteinen. Da der hohe $CaCO_3$-Gehalt, verbunden mit der Härte der Kalke, selbst unter sehr humiden Klimaverhältnissen erst nach längeren Zeiträumen einen größeren Lösungsrückstand hinterläßt, wird der Terra rossa im allgemeinen ein hohes Alter zugeordnet. Hartlaub-Strauchformationen, wie die mediterrane Macchie, der kalifornische Chaparral und der australische Hartlaub-Scrub, der aus mehrschichtigen *Acacia carpophylla*-Beständen (Brigalow-Scrub) oder schirmförmigen *Eucalyptus*-Arten (Hartlaub-Mallee) bestehen kann, sind Reste eines ursprünglich weitverbreiteten offenen, lichtungsreichen Waldes, der durch anthropogenen Einfluß zu einer der am stärksten zerstörten Formationen auf der Erde wurde.

BRAUN-BLANQUET (1936) hat durch sorgfältige Auswertung von 34 Restflächen das von ihm benannte Quercetum ilicis galloprovincialis als natürlichen Wald für Südfrankreich beschrieben:

1. Baumschicht: 15 bis 18 m hoch; geschlossen, *Quercus ilex*
2. Strauchschicht: 3 bis 5 m hoch; mit *Buxus sempervirens* (2), *Viburnum tinius* (1), *Phillyrea media* (1), *Phillyrea angustifolia* (+), *Pistacia lentiscus* (+), *Pistacia terebinthus* (+), *Arbutus unedo* (+), *Rhamnus alaternus* (+) und *Rosa sempervirens* (+).
3. Lianen: *Smilax aspera* (2), *Lonicera implexa* (1), *Clematis flammula* (1), *Hedera helix* (1) und *Lonicera etrusca* (+).

Abb. 201. Vom Menschen angelegter *Pinus pinea*-Bestand in der Nähe von Sanlucar de Barrameda (Südspanien; Juli 1973).

4. Krautschicht: max. 30% Deckung; mit *Ruscus aculeatus* (2), *Rubia pere-grina* (1), *Asparagus aculeatus* (1), *Carex distachya* (1), *Viola scotophylla* (+), *Asplenium adiantumnigrum* (+), *Stachys officinalis* (+), *Teucrium chamaedrys* (+) und *Euphorbia characias* (+).

5. Moosschicht: schwach entwickelt; *Drepanium cupressiforme* (1), *Eurynchium circinnatum* (1), *Scleropodium purum* (1), *Brachythecium rutabulum* (+) u.a.

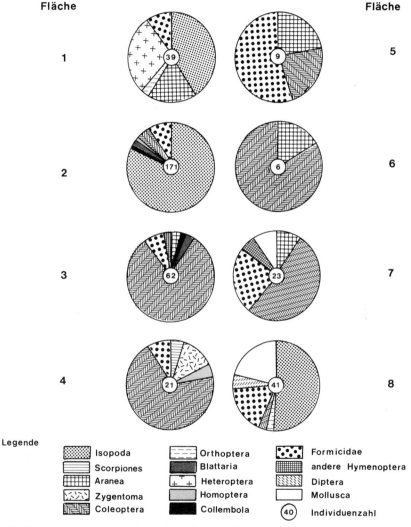

Abb. 202. Zusammensetzung der Bodenarthropodenfauna (Barberfallenfänge; 18.7. bis 22.7. 73) in einem eumediterranen Pinusbestand bei Sanlucar de Barrameda (Südwestspanien).

Die Vegetation des kalifornischen Chaparral (span. Chaparra = buschige Eiche) erreicht im Gegensatz zur mediterranen Macchie nur Höhen bis zu 4 m, was jedoch nicht als Degradationsmerkmal interpretiert, sondern auf geringe Niederschläge (um 500 mm) zurückgeführt wird. Häufigste Pflanzenart ist die Rosacee *Adenostoma fasciculatum* (KNAPP 1965) neben buschförmigen Eichen (u. a. *Quercus dumosa*), strauchförmigen Papaveraceen *(Dendromecon rigidum), Rhus*-Arten, *Pasania densiflora, Castonopsis chrysophylla, Myrica californica* und *Arbutus menziesii.*

Die Fauna der Sklerea-Biome wird erst in jüngster Zeit vergleichend bearbeitet (u. a. CODY und WALTER 1977). Eine ökologische Bindung zur Vegetation ist naturgemäß dort leicht interpretierbar, wo eine bestimmte Tierart an die Sklerea durch ihre Futterpflanze gebunden ist. Das gilt z. B. für den mediterran verbreiteten Nymphaliden *Charaxes jasius,* dessen Raupe am Erdbeerbaum *(Arbutus)* lebt.

Unter den Vogelarten der westpalaearktischen Sklerea fallen besonders die Grasmücken auf (u. a. *Sylvia melanocephala, S. cantillans, S. conspicillata, S. undata).* In der Herpetofauna überwiegen mediterrane Faunenelemente. Das läßt sich eindeutig durch die Analyse der Amphibien- und Reptilienfauna aus Südwestspanien belegen. Auf den mit *Pinus pinea, Nerium oleander, Tamarix brachystylis, Cistus albidus, Pistacia lentiscus* und der eingeschleppten *Opuntia ficus-indica* bewachsenen Dünen

Tab. 5.48   Herpetofauna der Algaida bei Sanlucar de Barrameda (Südspanien) nach Sammlungen vom April 1964 und Juli 1973

Art	April 1964	Juli 1973
1. *Pleurodeles waltl*	+ (sehr häufig)	+
2. *Triturus marmoratus pygmaeus*	+	−
3. *Pelobates cultripes*	+	−
4. *Bufo bufo spinosus*	+	−
5. *Bufo calamita*	+	−
6. *Hyla meridionalis*	+ (sehr häufig)	+
7. *Rana ridibunda perezi*	+	+
8. *Clemmys caspica leprosa*	+	+
9. *Hemidactylus t. turcicus*	+	+
10. *Tarentola m. mauritanica*	+	+
11. *Chamaeleo chamaeleon*	+	+
12. *Blanus cinereus*	+	−
13. *Acanthodactylus erythrurus*	+	+
14. *Lacerta hispanica vaucheri*	+	+
15. *Lacerta lepida*	+	+
16. *Psammodromus algirus*	+	+
17. *Psammodromus hispanicus*	+	+
18. *Chalcides bedriagai*	+	+
19. *Chalcides striatus*	+	−
20. *Coluber hipporepis*	+	−
21. *Coronella girondica*	+	−
22. *Elaphe scalaris*	+	+
23. *Malpolon monspessulanus*	+	+
24. *Natrix maura*	+	+

Nicht beobachtet wurden *Vipera l. latasti, Natrix natrix astreptophora, Macroprotodon cucullatus, Pelodytes punctatus* und *Discoglossus p. pictus,* die aus chorologischen Gründen erwartet werden konnten.

östlich von Sanlucar de Barrameda (Andalusien/Südspanien) zeigen die meisten Tierarten eine von der sommerlichen Trockenheit und Hitze abhängige jahres- und tageszeitliche Dynamik. Im Frühjahr stehen weite Flächen des *Pistacia lentiscus*-Gürtels
unter Wasser. Im Sommer sind die gleichen Stellen oberflächlich völlig trocken. Amphibien treten in den Sommermonaten deshalb weitgehend zurück. Die Reptilien sind
meistens in den frühen Morgenstunden aktiv (Thermoregulation), während sie im
zeitigen Frühjahr fast zu jeder Tageszeit angetroffen werden können.

Die isoliert in den Sklerea-Biomen gelegenen Gebirge zeigen eine vertikale Gliederung, die eine Trennung von Gebirgen mit humider oder arider Höhenstufenfolge
sinnvoll erscheinen läßt. Im Bereich der Sierra Nevada (Südspanien) wird die unterste
Stufe von *Quercus ilex* gebildet, der sich ein schmaler Gürtel mit *Quercus pyrenaica*
anschließt. Auf der Nordseite wird letzterer durch einen schmalen Streifen mit *Sorbus*
und *Prunus*-Arten (Höhenwald der S. Nevada) von einer Zwergstrauchheide mit *Cy-
tisus, Genista* und *Erica* getrennt. *Festuca*-Rasen, die bergfußwärts (Südseite) von
einer schmalen Dornpolster-Zwergstrauchstufe begleitet werden, leiten in 3000 m
Höhe über in eine hochalpine Gras- und Kräuterflur, die entsprechend ihrer isolierten
Lage durch eine Reihe endemischer Arten ausgezeichnet ist (u. a. *Pseudochazara hip-
polyte, Plebicula golgus*).
    Daneben treten Arten in isolierten Populationen auf, die auch in anderen mitteleu-
ropäischen Gebirgen oder in tieferen Lagen des Nordens vorkommen können. Dazu
gehören unter den Schmetterlingen der Apollo *(Parnassius apollo;* Sierra Nevada
Subspezies *P. a. nevadensis),* der Satyride *Erebia hispania* und die Bläulinge *Jolana
jolas* und *Agriades glandon* (ssp. *züllichi*).
    Für das Südostspanische Trockengebiet (Provinzen Alicante, Murcia, Almeria;
unter 400 mm Niederschläge; Cabo de Gata mit 128 mm = Trockenpol Europas),
das durch geringe und unregelmäßige Niederschläge gekennzeichnet werden kann

Abb. 203. Maritim geprägte Westseite einer mediterranen Insel (Elba, 1969).

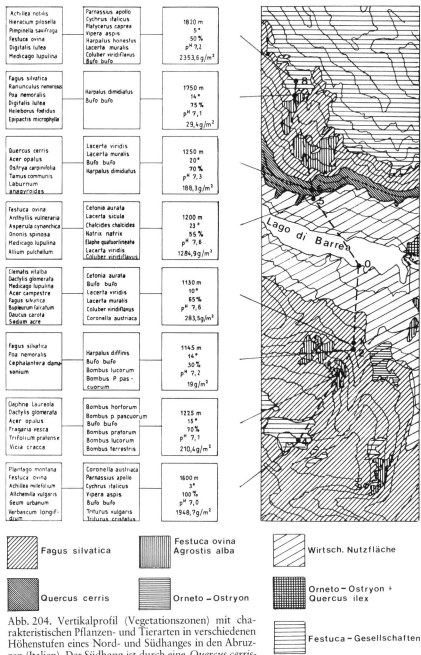

Abb. 204. Vertikalprofil (Vegetationszonen) mit charakteristischen Pflanzen- und Tierarten in verschiedenen Höhenstufen eines Nord- und Südhanges in den Abruzzen (Italien). Der Südhang ist durch eine *Quercus cerris*-Stufe gekennzeichnet, die sich unterhalb des geschlossenen Buchengürtels erstreckt.

und dessen Vegetation seit der Antike stärkster menschlicher Einwirkung ausgesetzt war, wurden von FREITAG (1971) die wichtigsten Klimax-Gesellschaften erarbeitet:

1. Quercetum rotundifoliae = weitgehend geschlossener Hartlaubwald der höheren Lagen (500 m), bei Niederschlägen über 450 mm;
2. Rhamno-Quercetum cocciferae = Hartlaubbusch oberhalb 500 m (großflächig nur im oberen Seguraland verbreitet), bei Niederschlägen unter 450 mm und kühlen Wintern;

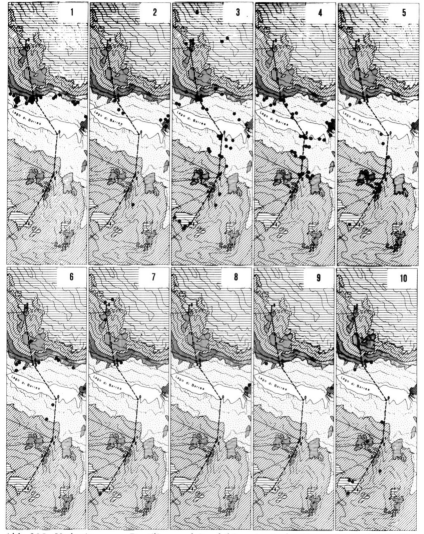

Abb. 205. Verbreitung von Reptilien- und Amphibienarten in den Vegetationsstufen des Vertikalprofils von Abb. 204. Es bedeuten: 1 = Chalcides chalcides, 2 = Lacerta sicula, 3 = Lacerta muralis, 4 = Lacerta viridis, 5 = Natrix natrix, 6 = Coluber viridiflavus, 7 = Coronella austriaca, 8 = Coronella girondica, 9 = Elaphe longissima, 10 = Vipera aspis.

3. Querco-Lentiscetum = vergleichbarer Hartlaubbusch, aber auf die Tieflagen (250 bis 450 mm) des Nordteiles beschränkt; reich an wärmeliebenden Arten (Oleo-Ceratonion);
4. Asparago-Rhamnetum = Hartlaubbusch der Tieflagen des Südteils (250 bis 450 mm); reich an südmediterranen Arten;
5. Gymnosporio-Periplocetum = offener südmediterraner Trockenbusch im frostfreien, trockenen (unter 250 mm) Küstensaum von Murcia bis Almeria.

5.1.6 Das Silvaea-Biom

Dieser Großlebensraum ist bezeichnend für die gemäßigten Gebiete des östlichen Nordamerikas, Ostasiens und Mitteleuropas. Die im Vergleich zur Taiga diversere Phytostruktur schafft Nischen für eine artenreichere Tierwelt, die allerdings durch menschliche Beeinflussung entscheidend verändert wurde. Zentren der Schwerindustrie befinden sich heute in den ehemals ausgedehnten, sommergrünen Laubwaldbiomen. Diese werden durch andere Nutzungsformen und Waldtypen ersetzt (MAYER 1977).

In der Bundesrepublik Deutschland, einem potentiellen Silvaea-Land, sind gegenwärtig noch 30% von Wald bedeckt. Durch anthropogenen Einfluß hat sich der Anteil an sommergrünen Arten extrem verschoben. Fichte und Tanne nehmen annä-

Abb. 206. Die Silvaea des östlichen Nordamerikas (Appalachen; 1972).

hernd 40%, Kiefer und Lärche 25%, die sommergrünen Buchen 24% und Eichen 8% ein (andere Arten 3%). Das Verhältnis von Laub- zu Nadelholz lag 1961 bei 1 zu 2; vor 150 Jahren war es noch umgekehrt. Anthropogener Einfluß gefährdet bestimmte Waldgesellschaften besonders.

Tab. 5.49. Gefährdete Waldgesellschaften in der Bundesrepublik Deutschland (TRAUTMANN 1976)

1. Fast vollständig ausgerottet
   Eichen-Birkenwäler (Querco-Betuletum)
   Flachland-Buchenwälder (Milio-Fagetum, Melico-Fagetum)
2. Gebietsweise selten geworden oder verschwunden
   Flachland-Eichen-Buchenwälder (Fago-Quercetum),
   Hainsimsen-Buchenwälder (Luzulo-Fagetum),
   Buchen-Tannenwäler (Abieti-Fagetum)
   Erlen-Eschen-Wälder (Pruno-Fraxinetum)
   Ulmen-Auenwälder (Querco-Ulmetum)
   Weiden-Pappel-Auenwälder (Salicion albae)
   Erlen- und Birkenbruchwälder (Alnion glutinosae,
   Betulatum pubescentis)
3. Potentiell gefährdet
   Wärmeliebende Eichenmischwälder (Quercion pubescenti-petraeae)

Artenrückgänge und Veränderungen der Artenzusammensetzung sind jedoch nicht nur auf die reinen sommergrünen Laubwälder beschränkt, sondern können auch in den diese inselartig durchsetzenden Ökosystemen nachgewiesen werden.

Das Silvaea-Biom benötigt zum Gedeihen eine warmfeuchte, mindestens 4- bis 6monatige Vegetationszeit und milde Winter (HARTMANN 1974).

Kennzeichnende Bodentypen der Silvaea sind die Braunerdeböden (RAMANN 1905), die besondere Ansprüche an die Wasserversorgung stellen. Sie zeichnen sich durch ausgeglichene Verwitterungstendenz bis in 60 cm Tiefe aus. Tonerde- und Eisenverbindungen zeigen – gemessen an den Werten eines Podsolprofils aus der Taiga – auffallend konstante Werte (GANSSEN 1965, HEMPEL 1974).

Durch angelegte Nadelholzforsten, die zu einer Rohhumusauflage, stärkerem Oberflächenabfluß und Versauerung führen können (u. a. BENECKE und VAN DER

Tab. 5.50   In der Bundesrepublik Deutschland verschollene Farn- und Blütenpflanzen nach Pflanzenformationen (Trautmann 1976)

1. Trocken- und Halbtrockenrasen	9 (16%)
2. Flußufer- und Teichvegetation, Quellfluren	7 (13%)
3. Feuchtes Extensivgrünland	4 (7%)
4. Moore	3 (5%)
5. Unkrautfluren der Äcker, Gärten und Weinberge	9 (16%)
6. Thermophile Säume und Gebüsche	4 (7%)
7. Wälder	3 (5%)
8. Zwergstrauchheiden und Borstgrasrasen	7 (13%)
9. Schlammbodenvegetation	5 (9%)
10. Salzvegetation	2 (4%)
11. Küsten- und Binnendünen	1 (2%)
12. Ruderalfloren und nitrophile Säume	2 (4%)

PLOEG 1977, ULRICH et al. 1977), werden auf Braunerdeböden Podsolierungsprozesse eingeleitet. Dadurch werden auch bestimmte Pflanzenarten in der Krautflora markant beeinflußt. So fördert man auf einem Luzulo-Fagetum Standort durch Bestockung mit Fichtenwald z. B. folgende Arten:

Dryopteris carthusiana	*Rubus idaeus*
Vaccinium myrtillus	*Deschampsia flexuosa*
Carex pilulifera	*Senecio fuchsii*
Galium harcynicum	*Agrostis tenuis*
Epilobium angustifolium	*Digitalis purpurea*
Unium hornum	

Allgemein läßt sich sagen, daß säuretolerante Schlagpflanzen, Farne und bestimmte Moose durch den Nadelholzanbau unterstützt werden. Arten wie *Polygonatum verticillatum*, *Milium effusum*, *Poa chaixii* oder *Festuca altissima* gehen jedoch zurück.

Braunerden weisen eine A_h-B_v-C-Horizontierung auf. Der humose A_h-Horizont ist braungrau gefärbt und selten mächtiger als 20 cm. Er geht allmählich in einen ockerbraunen B_v-Horizont über, dessen Farbe durch die bei der Verwitterung Fe-haltiger Silicate entstandenen Fe-Oxide bedingt ist und im Gegensatz zum A_h-Horizont nicht durch die schwarzgraue Farbe organischer Substanz überdeckt wird. Die Mächtigkeit des B-Horizontes kann zwischen 20 bis 150 cm variieren. Der Übergang zum nicht verbraunten C-Horizont erfolgt oft ohne scharfe Abgrenzung. Zwei Grundformen lassen sich unterscheiden:

a) die eutrophen und basenreichen Braunerden und

b) die oligotrophen und basenarmen (sauren) Braunerden.

Letztere entstehen vorwiegend auf Ca- und Mg-armen Gesteinen. Braunerden gehen im gemäßigt-humiden Klima aus den A-C-Böden hervor.

Tab. 5.51. Typische chemische Zusammensetzung lufttrockener Braunerde-Böden (HEMPEL 1974)

	A 0 – 7 cm	B 1 7 – 13 cm	B 2 20 – 30 cm	C 50 – 60 cm
SiO_2	57,25	66,55	70,70	70,95
Al_2O_3	9,76	10,50	11,82	11,92
Fe_2O_3	3,83	3,91	3,75	4,95
CaO	2,18	1,70	2,10	1,80
MgO	0,86	1,27	1,13	1,08
K_2O	2,68	2,46	2,15	3,02
Na_2O	1,96	2,65	2,80	2,54
P_2O_5	0,37	0,18	0,28	0,22
H_2O	10,35	5,02	2,35	2,75
Humus	10,51	5,49	2,60	0,47

Neben der Vegetationsbedeckung beeinflußt auch die chemische Zusammensetzung der Niederschläge (vgl. u. a. ULRICH et al. 1977, LIKENS et al. 1977) die Bodenchemie.

Von LIKENS et al. (1977) wurden in New Hampshire in einem Waldökosystem mit *Fagus grandifolia*, *Acer saccharum*, *Betula alleghaniensis*, *Tilia americana*, *Acer ru*

Tab. 5.52. Chemische Zusammensetzung in den Niederschlägen eines nordamerikanischen Waldökosystems im Norden von New Hampshire (LIKENS et al. 1977)

Substanz	mg/l Niederschläge (1963–1974)
H^+	0,073
NH_4	0,22
Ca^{2+}	0,16
Na^+	0,12
Mg^{2+}	0,04
K^+	0,07
Al^{3+}	—
SO_4^{2-}	2,9
NO_3^-	1,47
Cl^-	0,47
HCO_3^-	≈ 0,006
pH	4,14

brum, Quercus borealis, Ulmus americana, Tsuga canadensis, Picea rubens und *Pinus strobus* die chemische Zusammensetzung der Niederschläge analysiert.

Die Phytomassen-Produktion wurde bei mitteleuropäischen Buchenwäldern von zahlreichen Autoren untersucht. MÜLLER und NIELSEN (1965) geben als Jahresproduktion (Tonnen Trockensubstanz/ha/Jahr) für einen 40jährigen Buchenwald folgende Werte an:

Gesamtproduktion der assimilierenden Blätter	= 23,5 t/ha/Jahr
Atmungsverluste: Blätter = 4,6 t, Stengel = 4,5 t Wurzeln = 0,9 t	= 10,0 t/ha/Jahr
Jährliche Produktion an Blättern (2,7 t), Stengeln (1,0 t), Streu und Wurzeln (0,2 t)	= 3,9 t/ha/Jahr
Holzproduktion oberirdisch 8,0 t unterirdisch 1,6 t	= 9,6 t/ha/Jahr

WALTER (1971) weist darauf hin, daß die stehende Phytomasse des Waldes bis ins hohe Alter ständig zunimmt und bei 50jährigen Beständen bereits 200 t/ha, bei 200jährigen 400 t/ha überschreiten kann. Für die oberirdische Biomasse eines 120jährigen westeuropäischen Sylvaea-Biomes nennt DUVIGNEAUD (1962) folgende Trockengewichte:

Bäume:	Blätter	4 t/ha		
	Zweige	30 t/ha	Vögel:	1,3 kg/ha
	Stammholz	200 t/ha	Großsäuger:	2,2 kg/ha
Unterwuchs:		1 t/ha	Kleinsäuger:	5,0 kg/ha
		235 t/ha		8,5 kg/ha

Dichte u. Biomasse der Fauna in der Bodenstreu ist wesentlich größer als im Borealen Nadelwald (CORNABY et al. 1975, FUNKE 1977, SCHAUERMANN 1977, WEIDEMANN 1977).

Tab. 5.53. Mittlere Dichte und Biomasse der Bodenstreufauna aus Sommergrünen Waldtypen von Nord Carolina (USA; CORNABY, GIST und CROSSLEY 1975)

Taxa	Sommergrüner Laubwald	Sommergrüner Laubwaldboden bestockt mit Pinus
Dichte/Individuen/m²		
Cryptostigmata	55630	19440
Mesostigmata	1500	2050
Aranea	400	290
Collembola	7520	13220
Andere Micro-Arthropoden	?	830
Diplopoda	5	1
Andere Macro-Invertebraten	2	7
Biomasse in mg/m²		
Cryptostigmata	1660	190
Mesostigmata	90	40
Aranea	220	140
Collembola	280	500
Andere Micro-Arthropoden	?	40
Diplopoden	1290	40
Andere Macro-Arthropoden	270	350

Die Jahresperiodik des Silvaea-Bioms und die damit verflochtenen bodennahen Lichtverhältnisse führen zu jahreszeitlich abhängigen, unterschiedlichen Artenzusammensetzungen.

In der noch laublosen oder frischgrünen mitteleuropäischen Silvaea gehören zu den bekanntesten Frühlingsblühern Scharbockskraut *(Ranunculus ficaria)*, Buschwindröschen *(Anemone nemorosa)*, Schlüsselblume *(Primula elatior)*, Aronstab *(Arum maculatum)* und Maiblume *(Convallaria majalis)*.

Entsprechend der ökologischen Ähnlichkeit der disjungierten Silvaea-Biome finden sich neben zahlreichen Konvergenzen auch auffallend nahe phylogenetische Verwandtschaften. Das gilt sowohl für die Tiere als auch für die Pflanzen. Die Moosflora der nordamerikanischen Appalachen setzt sich aus mehr als 353 Arten zusammen, von denen 196 (= 55,3%) auch in Japan vorkommen (IWATSUKI 1972).

Japan und Westeuropa zeigen Parallelen in ihrer Vegetationsgliederung (MIYAWAKI 1977, MIYAWAKI und TÜXEN 1977, PIGNATTI 1977) und ökologischen Struktur.

Die genetische Struktur auf Artniveau ist jedoch in beiden Ländern grundverschieden. Nur 12% der Pteridophyten-, 1,6% der Gymnospermen- und 9,7% der Angiospermen-Arten Japans kommen auch in Europa vor. Im sommergrünen Laubwald Japans dominiert keine Baumart, während es in West-Europa fast immer zum Vorherrschen einzelner Arten *(Fagus sylvatica, Quercus petraea, Alnus glutinosa)* kommt.

Acer-, Quercus- und *Fagus*-Arten kennzeichnen die Silvaea-Biome der Nearktis *(Acer saccharinum, Quercus rubra, Quercus macrocarpa, Fagus grandiflora u.a.)*

Tab. 5.54. Jahresmittelwerte (Minimal-Maximalwerte) der Populationsdichte und -biomasse großer Tiergruppen eines Altbuchenbestandes im Solling (SCHAUERMANN 1977)

Gruppe	Abundanz (Ind./m^2)	Biomasse (mg TG/m^2)	Bemerkungen
Enchytraeidae	76000 (54000–101000)	1511	174/75
Bodenlebende Araneae	796 (585–1001)	165	1972
Bodenbewohnende Acari	214000 (106000–688000)	922	1974/75; Oktober 75 Einzelwert 3343000 Ind./m^2
Chilopoda	73 (35–164)	151 (76–288)	1972–1975
Collembola	63000 (26000–103000)	243	1974/75
Dermaptera	16	111,5	1973 (beim Schlüpfen am Boden)
Psocoptera	39	5,58	,,
Thysanoptera	34	0,26	,,
Heteroptera	15	6,00	,,
Auchenorrhyncha	4	0,5	(nur Cicadina)
Carabidae	0,7–5,5	30– 160	1969/70 Adulte
Curculionidae	128–463	125– 316	1968–74 (Mittelwert)
Staphylinidae	161–528	66– 138	1972–75 (Mittelwert)
Elateridae	151–478	310–1364	1971
Sonstige Coleoptera	20	15	1973 (beim Schlüpfen am Boden)
Hymenoptera-Apocrita	295	10,2	,,
Lepidoptera	1010	–	1968–70 (Mittelwert/ Altraupen)
Nematocera	352–14360	40–1060	1972/73
Brachycera und Cyclorrhapha	48–378	18– 148	1972/73
Aves	ca. 1,5/ha	ca. 103 g/ha	1973/ Dichte = Brutpaare; Biomasse als Frischgewicht

ebenso wie jene der westlichen Palaearktis (*Quercus petraea, Quercus robur, Fagus sylvatica* u. a.), Chinas (*Fagus longipetiolata, Fagus engleriana*), Formosas (*Fagus hayatae*) und Japans (*Fagus sieboldii, Fagus japonica*).

Während für Kleintierarten auch die Tätigkeit des Menschen in der Silvaea neue Lebensräume geschaffen hat und zahlreiche Arten ihr jetziges Vorkommen in Mittel-

NIEDERSCHLAG   LUFTTEMPERATUR

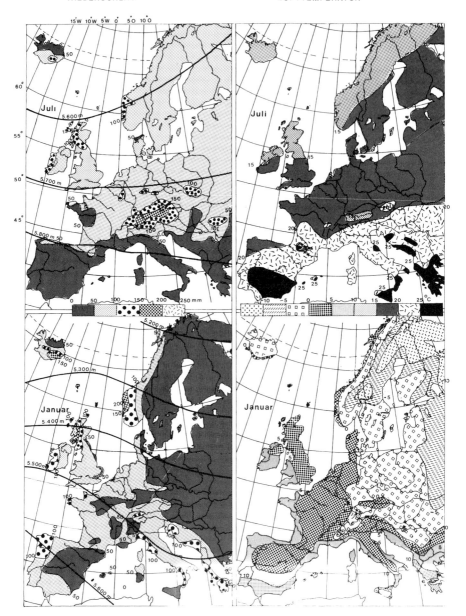

Abb. 207. Januar und Juli Temperatur- und Niederschlagsdaten Europas.

Tab. 5.55. Schlüpfdichte pterygoter Insekten am Boden eines Altbuchenwaldes (SCHAUERMANN 1977)

	% Ind. $\overline{\text{m}^2 \times \text{Jahr}}$	Ind. $\overline{\text{m}^2 \times \text{Jahr}}$
Chironomidae, Ceratopogonidae	0,9	40
Cecidomyiidae	6,2	292
Brachycera und Cyclorrhapha	3,9	187
Curculionidae	1,4	67
Hymenoptera	6,3	295
Lepidoptera, Planipennia, Cicadina, Dermaptera, sonstige Coleoptera	1,7	81
Sciaridae	68,3	3205
Sciophilidae	8,2	387
Staphylinidae	1,4	67
Thysanoptera	1,7	73
	100,0	4694

europa oder Nordamerika ausschließlich dem Menschen verdanken, verschwinden zahlreiche Wirbeltierarten (Luchs, Wildkatze, Wolf, Bär, Fischotter, Biber) immer stärker oder wurden bereits ausgerottet (Auerochse).

Die ökologische Bindung einzelner Silvaea-Tiere ist besonders gut bei Buchenwaldarten untersucht (vgl. u. a. FUNKE 1971, 1972, 1977). ANT (1969) konnte auf-

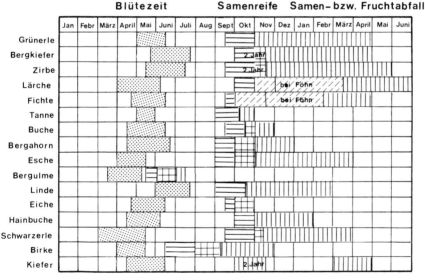

Abb. 208. Blütezeit, Samenreife und Samenabfall der wichtigsten mitteleuropäischen Waldbäume (nach LEIBUNDGUT, ROHMEDER und SCHREIBER, aus MAYER 1977). Jahreszeitlicher Witterungsverlauf und lokaler Standort (Höhenlage, Lokalklima) können vor allem beim Samen- und Fruchtabfall zu deutlichen Verschiebungen führen.

Tab. 5.56   Verschiedene Arten gleicher Gattungen mit vergleichbaren Standortansprüchen in Japan und Westeuropa (Pignatti 1977)

Abies mariesii	*Abies alba*
Picea jezoensis	*Picea excelsa*
Larix leptolepis	*Laris europaea*
Pinus densiflora	*Pinus sylvestris*
– pentaphylla	*– mugo*
– thunbergii	*– nigra*
Betula ermanii	*Betula pendula*
Fagus crenata	*Fagus sylvatica*
Quercus phillyraeoides	*Quercus ilex*

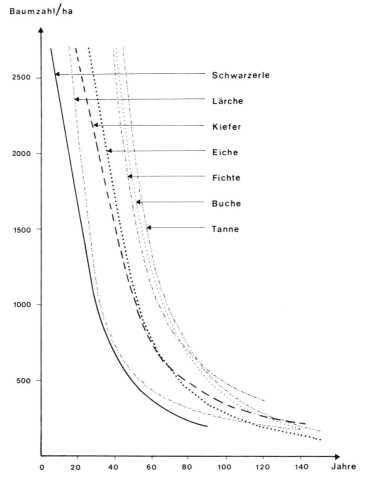

Abb. 209. Altersbedingte Baumzahlenentwicklung von Reinbeständen einiger Lichtbaumarten (Schwarzerle, Lärche, Eiche, Kiefer) und Schattenbaumarten (Buche, Tanne, Fichte) auf besseren Standorten (nach MAYER 1977).

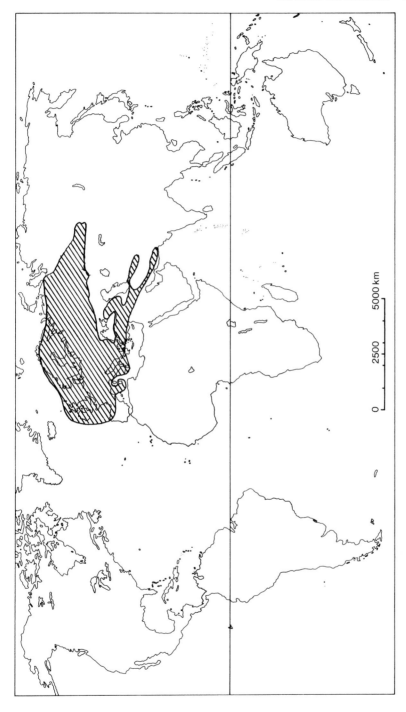

Abb. 210. Verbreitung des Edelmarders *(Martes martes)*.

Tab. 5.57. Verteilung von Carabidenarten auf 13 saarländischen Waldstandorten (Naturwaldzellen) (REIS 1974)

Standorttyp	feucht-kühl				dunkel			trocken-warm			hell		
Untersuchungsflächen	8.2	2.2	8.1	2.1	12.2	9.2	9.1	17.2	17.1	7.1	17.3	12.1	7.2
Stenöke Waldarten													
Patrobus atrorufus	21	5	–	–	–	–	–	–	–	–	–	–	–
Agonum ruficorne	15	6	–	–	–	–	–	–	–	–	–	–	–
Trechus quadristriatus	1	13	–	–	–	–	–	–	–	–	1	–	–
Pterostichus nigrita	6	2	–	–	–	–	–	–	–	–	–	–	–
Bembidion mannerheimi	3	2	–	–	–	–	–	–	–	–	–	–	–
Agonum assimile	5	13	21	1	–	–	–	–	–	–	–	–	–
Pterostichus niger	83	9	1	22	1	–	–	–	–	–	–	–	–
Nebria brevicollis	15	–	12	–	–	–	–	–	–	–	–	–	–
Euryöke Waldarten													
Abax ater	181	55	98	24	228	36	48	27	54	184	123	324	92
Carabus problematicus	82	11	26	25	14	52	6	24	52	–	81	16	3
– *purpurascens*	6	3	1	15	49	–	–	35	6	–	38	29	1
– *nemoralis*	3	3	1	–	2	2	–	–	1	2	9	4	3
Cychrus attenuatus	10	2	4	–	4	9	11	6	18	–	27	3	–
Pterostichus niger	83	9	1	22	1	–	5	5	3	–	14	1	–
– *oblongopunctatus*	6	4	4	–	–	–	–	–	3	–	3	1	–
– *madidus*	1	–	10	–	–	–	–	–	–	23	–	4	4
Differentialarten der Fagetalia (LÖSER 1972)													
Abax ovalis	–	2	1	–	14	–	2	–	18	–	–	171	–
Molops piceus	–	1	2	1	4	–	–	–	–	15	–	13	–
Abax parallelus	8	3	17	–	6	2	8	1	21	29	22	13	26
Pterostichus cristatus	47	126	102	3	1	1	1	1	1	–	1	–	–
(Tr. laevicollis)	2	2	1	1	1	1	1	1	1	–	1	4	–

Lichtungsarten

Carabus coriaceus	–	–	–	–	–	–	1	1	1	–	–	1	–	–	3	21
Harpalus latus	–	–	–	–	–	–	–	–	1	1	–	1	1	–	1	2
Bembidion lampros	–	–	–	–	–	–	–	–	–	–	–	–	1	–	–	6
Carabus arcensis	–	–	–	–	–	–	–	–	–	–	–	–	12	–	–	–
Notiophilus biguttatus	–	–	–	–	–	–	–	–	–	–	–	–	–	–	–	2
Trechus secalis	–	–	–	–	–	–	–	–	–	–	–	–	1	–	–	–
Amara lunicollis	–	–	–	–	–	–	–	–	–	–	–	–	1	–	–	–
Pt. anthracinus	–	–	–	–	–	–	–	–	–	–	–	–	–	–	–	1

grund zahlreicher Schneckenarten einzelne Buchenwälder untergliedern. So ist zum Beispiel das Vorkommen von *Abida secale, Clausilia parvula* und *Cepaea hortensis* an Buchenwaldbedingungen gekoppelt. THIELE (1968, 1977) konnte bei Laufkäfern ähnliche Bindungen aufzeigen. Die Biotope von *Abax ater* und *Abax ovalis* weisen „Waldbedingungen" in Bodennähe auf. In saarländischen „Naturwaldzellen" konnte diese Bindung einzelner Waldarten unter den Carabiden an sommergrüne Wälder ebenfalls bestätigt (MÜLLER et al. 1975) werden. 13 Untersuchungsstandorte lassen sich von feucht-kühl und dunkel nach trocken-warm und hell ordnen. Vergleicht man innerhalb dieser Flächen das Auftreten stenöker und euryöker Waldarten sowie der Differentialarten der Buchenwälder (LÖSER 1972) und Lichtungsarten, so läßt sich zeigen, daß die einzelnen Standorte durch charakteristische Artenkombinationen gekennzeichnet werden können (vgl. Tab. 5.57.).

Von KOLBE (1975) wurde während einer Vegetationsperiode (1. 4. bis 30. 10. 1973) die Coleopterenfauna von Fichten- und Buchenalthölzern verglichen (Barberfallenfänge). Dabei war zwar das Fichtenaltholz individuenreicher, jedoch stellte allein die Art *Barypithes araneiformes* 44% aller Fichtencoleopteren. 35 Arten mit 786 Individuen im Fichtenbestand standen 43 Arten mit 611 Individuen im Buchenaltholz gegenüber.

Tab. 5.58 Dominante und subdominante Coleopteren in Fichten- und Buchenaltholzbeständen bei Elberfeld (KOLBE 1975)

Peritelus hirticornis	*Trechus obtusus*
Hylastes ater	*Nargus wilkini*
Carabus problematicus	*Othius punctulatus*
Pterostichus oblongopunctatus	*Pterostichus oblongopunctatus*
Abax ater	*Abax ater*
Othius myrmecophilus	*Othius myrmecophilus*
Sipalia circellaris	*Sipalia circellaris*
Barypithes araneiformis	*Barypithes araneiformes*
	Acrotrichis fascicularis

Rehe *(Capreolus capreolus)* sind als „Bewohner von Waldrändern bzw. Waldverjüngungsstadien in der mitteleuropäischen Kulturlandschaft von Natur aus wesentlich häufiger, als sie es in den Urwäldern vor Jahrtausenden sein konnten... Rehe sind darauf angewiesen, leichtverdauliche, konzentrierte Nahrung auszuwählen, z. B. Laubbaumknospen, sprießendes Grün, Eicheln, Bucheckern. Nur dann können sie in ihrem Vormagen pro Zeiteinheit genügend Energie umsetzen, daß für Wachstum und Milchproduktion ein genügend großer Überschuß bleibt" (ELLENBERG 1977).

Die Käferfauna zahlreicher Halbtrockenrasen im Moselraum besteht zum überwiegenden Teil aus einer wärmeliebenden Waldfauna (vgl. MÜLLER 1971, BECKER 1972, NAGEL 1975). Daneben treten jedoch besonders unter den Schmetterlingen und bei den Wirbeltieren Arten auf, die nur in offenen Landschaften leben können.

Zahlreiche Fragen, die sich aus der Überlagerung und wechselseitigen Durchdringung rezent-ökologischer und historischer Faktoren in isolierten Rest- und Vorpostenarealen der mitteleuropäischen Biota ableiten, werden seit langem von Biogeographen diskutiert. Die Frage des stärkeren Einflusses ökologischer oder geschichtlicher Faktoren auf die gegenwärtigen Arealsysteme der Taxa wurde allerdings in den meisten Fällen aus der Sicht einer Tier- oder Pflanzengruppe angegangen, worin die z. T. erheblich divergierenden Auffassungen ihre natürliche Erklärung finden.

Von THIELE und BECKER (1975) wurde dagegen versucht, am Beispiel eines isolierten Ökosystems (Bausenberg) die Geschichte isolierter Reliktarten aufzuklären. Auf dem etwa 6 km nordwestlich des Laacher Sees in der Eifel gelegenen 339,8 m hohen Bausenberg, einem der noch gut erhaltenen pleistozänen Vulkane, wurden geologische Struktur, Bodentypen, Vegetation und Fauna gleichzeitig analysiert.

Auf den geringmächtigen Böden, die wegen ihrer guten Drainage zur Austrocknung neigen und durch Sand-, Silikat- und Kalktrockenrasen gekennzeichnet werden können, zeigt sich eine Verbuschungstendenz (in Richtung Fagetalia), wie sie aus anderen Mesobrometen ebenfalls bekannt ist. Der atlantische Klimaeinfluß macht sich deutlich in der Moos- und Flechtenflora bemerkbar. Wo die entkalkten, oberen Bodenhorizonte erodiert sind oder gar eine Kalkanreicherung freigelegt wurde, tritt jedoch eine für die Eifel ungewöhnliche Fauna auf. Ihre Habitatbindung wurde exemplarisch für die Carabiden, Diplopoden und Landgastropoden bearbeitet. Die ökologischen und chorologischen Befunde deuten darauf hin, daß die gegenwärtig die Trockenrasen besiedelnden Carabiden Relikte einer postglazialen, xerothermen Waldfauna sind. Das sehr starke Zurücktreten pontomediterraner, an offene Landschaften adaptierter Arten gibt dieser Deutung eine hohe Wahrscheinlichkeit. Unter den 29 Landgastropoden dominiert auf den Trockenrasen *Zebrina detrita,* und Elemente der südosteuropäischen Steppenrasen fehlen völlig. Ähnliche Verhältnisse liegen auch vor bei den Wanzen (von 122 nachgewiesenen Arten sind nur 0,8% pontomediterran), Thysanopteren (von 67 Arten sind nur 3 pontomediterran), Ameisen und Coleopteren (1127 Arten).

Die coprophagen Scarabaeiden (29 Arten = 30% der bekannten rheinischen Arten) verdanken ihre Existenz, ähnlich wie die Avi- und Mammalia-Fauna, ökologischen Struktureigenschaften des Berges. Unter den 171 nachgewiesenen Spinnenarten und 632 Makro- und Mikrolepidopteren ist der Anteil an pontomediterranen Arten allerdings größer.

Obwohl manche Tiergruppen mangels Bearbeiter noch nicht berücksichtigt werden konnten, erlauben die vorgelegten Untersuchungen klare Aussagen über die Struktur, Habitatbindung und Geschichte der Bausenberg-Biozönosen. Die meisten Arten erreichten erst im Postglazial zum Teil als „Mitglieder" von lichten Waldökosystemen ihre gegenwärtigen Standorte. Postglaziale Klimaveränderungen und nicht zuletzt der Einfluß des Menschen liefern historische Gründe für die Existenz vieler Bausenberg-Elemente. Ihre Analyse zeigt jedoch, daß Ökologie und Geschichte keine Gegensätze sind, sondern nur durch ihre wechselseitige Erhellung für eine Faunenanalyse interpretationsfähig werden.

Die sommergrünen Laubwälder der **Südkontinente** (u. a. *Nothofagus*-Wälder) unterscheiden sich ökologisch und in ihrer Artenzusammensetzung grundlegend von jenen der Nordhalbkugel. Die Nothofagus-Wälder von Chile z. B. besitzen mit ihren monotypischen Amphibiengenera *Telmatobufo, Batrachyla, Hylorina, Calyptocephalella* und *Rhinoderma* sowie ihren endemischen Vogelgattungen *Sylviorthorhynchus, Aphrastura, Pygarrhichas* und *Enicognathus* einen zwar mit der übrigen südamerikanischen Fauna verwandten Grundstock (der z. T. Beziehungen nach Neuseeland besitzt), der jedoch, wie die Fossilgeschichte beweist, seit dem Miozän eine eigene Entwicklung durchlief. *Calyptocephalella* ist bereits aus dem Oligozän des südlichen Südamerika bekannt.

Zwei monotypische Beuteltiergenera der chilenischen Nothofagus-Wälder, *Rhyncholestes* und *Dromiciops*, lassen sich fossil bis ins Eozän *(Rhyncholestes)* bzw. Oligozän und Miozän (*Dromiciops* und Verwandte) Patagoniens zurückverfolgen.

In jüngerer Zeit beschäftigten sich VEBLEN et al. (1977) verstärkt mit der Stockwerkstruktur chilenischer Nothofagus-Wälder. Der Bambus *Chusquea tenuiflora* erwies sich dabei als strenger Begleiter (Unterwuchs) von *Nothofagus betuloides*, während andere Arten *N. pumilio* vorziehen (z.B. *Drimys winteri, Maytenus disticha, Adenocaulon chilense, Valeriana lapathifolia, Viola reichei*).

5.1.7 Das Boreale Nadelwald-Biom

Winterkalte Klimate, mit Temperaturen bis minus 78 °C (Ostsibirien), kurze, aber warme Sommer mit „Dauertag"-Bedingungen und 3- bis 5monatiger Vegetationszeit, ausgedehnte Dauerfrostböden im nördlichen Teil und Podsol-Böden sowie weite Moore und Sümpfe kennzeichnen den Borealen Nadelwaldbiom, der als durchschnittlich 1500 km breiter Gürtel, unterbrochen durch die Ozeane, sich südlich der

Abb. 211. Borealer Nadelwald in Finnland (nördlich Rovaniemi 1977).

arktischen Tundren zirkumpolar hinzieht. Die Dauer der Tage mit Mittelwerten über 10 °C sinkt unter 120. Die thermische Vegetationszeit (= Zahl der Tage mit einer mittleren Temperatur von mindestens 5 °C pro Jahr) ist mit 105 bis 110 Tagen an der alpinen Waldgrenze und an den Waldgrenzen im nördlichen Fennoskandien ungefähr gleich lang (WALTER 1970, HOLTMEIER 1974). Letztere ist als Nordgrenze zum Tundrenbiom (Wärmemangelgrenze) gekennzeichnet durch eine mehr als 8monatige kalte Jahreszeit und nur 30 Tage mit Tagesmitteln über 10 °C. Klimaschwankungen wirken sich markant auf die Häufigkeit der Samenjahre aus und steuern somit die Produktivität und natürliche Verjüngung. Im Gegensatz zu einer weitverbreiteten Auffassung kommt es zu keiner durch die Langtag-Bedingungen der Sommermonate verstärkten Biomassen-Produktion (KALLIO und VALANNE 1975). Unter Dauerlicht-Bedingungen geht die CO_2-Produktion (gegenüber 12-Std.-Rhythmus) im allgemeinen markant zurück. Die Phytomasse (pro ha) nimmt vom Norden nach dem Süden zu, wobei ozeanische oder kontinentale Klimaeinflüsse über eine Modifikation der genetischen Struktur naturgemäß Ausnahmen von dieser Regel ermöglichen.

Tab. 5.59. Phytomasse (lebendes und totes Material; kg/ha) von Kiefern- und Birkenwaldstandorten aus Finnland (Kevo) und Norwegen (Hardangervidda; KJELVIK und KÄRENLAMPI 1975)

	Kevo (69°22' N, 19°03' O) Kiefernwald	Kevo Birkenwald	Hardangervidda (60°37' N, 7°25' O) Birkenwald
Lebende Phytomasse	35 047	11 035	34 310
Lebende + tote Phytomasse	38 650	12 075	35 140
davon Wurzeln	7 324	3 541	11 340

Die Jahresproduktion liegt im Durchschnitt bei 5,5 Tonnen organischer Masse pro Hektar. Davon entfallen etwa 3 Tonnen auf den Holzzuwachs. Die niedrigen Jahrestemperaturen und die davon abhängige geringe Evaporation und Vegetationsstruktur (Pflanzen mit nährstoffarmen Rückständen) begünstigen die Podsolierung. Im Borealen Nadelwaldbiom wechseln oftmals kleinräumig zonale Podsole (Podsol = russischer Name für Asche-Boden), mit Moor- und Gleyböden. Typische Podsole besitzen das Bodenprofil O-(A_h)-A_e-B_h-B_s-C und entstanden durch Verlagerung von Fe und Al mit organischen Stoffen.

Untergliederungen werden nach der Art des B-Horizontes (u. a. Eisenpodsol, Humuspodsol) und Übergangsformen (z. B. Braunerde-Podsol, Gley-Podsol) vorgenommen (vgl. SCHACHTSCHNABEL, BLUME, HARTGE und SCHWERTMANN 1976).

Unter den abiotischen Bedingungen des Borealen Nadelwaldbioms wird durch eingeschränkte Aktivität der Bodenbiota die Streu nur unvollständig zersetzt. Organische Komplexbildner und Reduktoren treten in der Bodenlösung verstärkt auf. Sie setzen Fe und Al frei, wobei gerade das Al bei niedrigen pH-Werten (unter 4) pflanzenverfügbar wird (vgl. Campo Cerrado). Es kommt zur Bildung von Humusortstein an feuchten Standorten. Der Fe_2O_3-Gehalt nimmt von der Oberfläche zur Tiefe kontinuierlich zu. Zwischen Vegetationsbedeckung und Bioelement-Gehalten der Böden bestehen enge Beziehungen (HINNERI, SONESSON und VEUM 1975):

Tab. 5.60. Bioelemente im Boden in g/m² (35 cm − 30 cm Tiefe)

	Total C	P	Ca	Mg	K	Total C
Mineral-Böden 0−35 cm						
Kevo						
Pinus Wald	5682	0,86	9,65	3,47	5,17	−
Betula Wald	9337	1,30	15,73	8,64	12,93	−
'Tundra'	7663	0,94	6,24	1,81	1,99	−
Hardangervidda						
Betula Wald	9764	6,24	13,96	6,18	14,95	1099
Flechten-Heide	6020	4,54	10,55	2,05	4,03	245
Trockenrasen		3,97	420,49	11,14	19,42	1030
Schneetälchen		12,74	21,80	2,52	11,83	384
Organische Böden						
Hardangervidda						
Feuchte Wiesen	32506	0,71	325,32	5,38	15,43	1762
Stordalen						
Oligotrophes Moor	12862	−	49,48	12,48	6,31	342

Über die Niederschläge werden den Böden aber auch Stoffe zugeführt, die z. T. aus Emittenten herrühren, die u. a. außerhalb der Borealen Nadelwälder ihre Rauchgase in die atmosphärische Zirkulation abgeben.

Tab. 5.61. Niederschlagsanalysen in der „Tundrenstation" bei Hardangervidda (KALLIO und VEUM 1975)

Jahr	SO_4-S	Cl	Na	K	Ca	Mg	NO_3-N	NH_3-N	pH
1970	−	−	336	658	176	62			5,5
1971	562	−	616	686	532	140			5,3
1972	700	−	146	420	78	42			4,9
X	630	623	366	588	260	84	70	56	5,2

Die Frosttiefe des Bodens ist abhängig von der Vegetationsbedeckung, einer im Bestandsinnern meist lückenhaften Schneedecke, geringer Insolation und einer je nach Destruenten-Aktivität unterschiedlich starken Streudecke. Auch die Mächtigkeit der Dauerfrostschicht wird davon beeinflußt (z.B. in Jakutien = 9,01 m; Irkutsk = 12,22 m; Transbaikalien = 22,78 m; Amur = 22,8 m; vgl. HEMPEL 1974).

Coniferen (*Picea, Abies, Pinus, Larix*), Birken (*Betula*), Pappeln (*Populus*), Erlen (*Alnus*) und Weiden (*Salix*) sind die bestandsbildenden Baumarten. Ozeanische und kontinentale Klimaeinflüsse führen zu deutlichen biogeographischen Differenzierungen. Im Bereich ozeanischer Klimate grenzen die borealen Nadelwälder meist in einer breiten Übergangszone an die sommergrünen Laubwälder. Mit zunehmender Kontinentalität treten Trockensteppen und Halbwüsten als Grenzbiome auf. In Skandinavien bildet *Betula pubescens* ssp. *tortuosa* (die Diskussion um die „Art"-Berechtigung von *tortuosa* ist noch nicht abgeschlossen) die nördliche Waldgrenze. Das nördlichste Vorkommen von *Pinus silvestris* liegt im Stabbursdal (70° 18′ N), westlich des Porsangerfjordes (HOLTMEIER 1974).

Auffallend sind die Wuchsformen der Nadelwaldwarten, besonders an exponierten Standorten. *Pinus silvestris* nimmt in Fennoskandien auf manchen Standorten fichtenähnliche Wuchsformen an. *Picea excelsa* tritt in schlanken Säulenformen auf. Viele Bäume zeigen Drehwuchs, dem der Flechtenbewuchs oftmals bizarr folgt. *Betula* weist mit Annäherung zur Waldgrenze zunehmende Vielstämmigkeit auf.

In der Krautflora (Höhere Pflanzen) verringert sich mit zunehmender nördlicher Breite und Höhe die Artenzahl. Chamaephyten und Hemikryptophyten dominieren.

Die polare Waldgrenze wird nicht allein von abiotischen, sondern entscheidend auch von biotischen und anthropogenen Faktoren beeinflußt. Pilzkrankheiten durch *Phacidium infestans* beeinträchtigen die Kiefern, was durch auffallend rote Nadeln angezeigt wird. Die Anfälligkeit von *Pinus* ist besonders groß auf naturfernen Standorten (Anpflanzungen). Durch Verbiß wirkt das Rentier *(Rangifer tarandus)* einer

Tab. 5.62. Wichtigste Baumarten der borealen Wälder (HARE und RITCHIE 1972; MÜLLER 1977)

Gattung	Nordamerika 55°W – 160°W	Nordeuropa 5°O – 40°O	Westsibirien 40°O – 120°O	Ostsibirien 120°O – 170°O
Picea	*glauca* *mariana*	*excelsa*	*obovata*	*obovata*
Abies	*balsamea*	–	*sibirica*	*nephrolepis* *sachalinensis*
Pinus	*divaricata*	*silvestris*	*sibirica* *silvestris*	*silvestris* *pumila* *cembra*
Larix	*laricina*	–	*sibirica* *sukachzewskii*	*dahurica*
Populus	*tremuloides* *balsamifera*	*tremula*	*tremula*	*tremula* *suaveolens*
Betula	*papyrifera* *kenaica*	*pubescens* *verrucosa*	*verrucosa* *pubescens*	*ermani*
Alnus	*tenuifolia* *crispa* *rugosa*	*incana*	*fruticosa*	*fruticosa* *Alnaster kamschati*
Salix	*Salix* spp.	*Salix* spp.	*Salix* spp.	*Salix* spp. *Chosenia* *macrolepis*

Tab. 5.63. Höhere Pflanzen in Südnorwegen und ihre höhenabhängigen Lebensformen (DAHL 1975)

Höhen-grenze	Arten-zahl	Lebensform						
		Phanero-phyten	Chamae-phyten	Hemi-krypto-phyten	Geo-phyten	Helo-phyten	Hydro-phyten	Thero-phyten
> 2000 m	29	–	44,8%	55,2	–	–	–	–
1800–1999	39	–	25,6%	66,7	2,6	2,6		2,6
1600–1799	75	8,0	32,0%	48	4,0	5,3	–	2,7
1400–1599	63	4,8	9,5	65,1	11,1	1,6	3,2	4,8
1200–1399	138	6,5	10,1	51,4	10,1	10,1	2,9	8,7
1000–1199	109	2,8	5,5	55	10,1	11,9	5,5	9,2

Ausbreitung von Waldwuchs entgegen. Bei entsprechender Massenhaltung kommt es zu ausgedehnten Zerstörungen von Birken, Weiden und Kiefern-Beständen. Massenvermehrungen von Insekten-Arten können lokal ganze Waldbestände vernichten. Besonders gut untersucht sind die Entwicklungszyklen des holarktisch verbreiteten grünen Spanners *Oporinia autumnata*, der die Birkenwaldgrenze sowohl in Nordnorwegen als auch in Finnland nachhaltig beeinflußt. Auf der atlantisch geprägten Westseite Skandinaviens kommt als weitere Geometridenart *Operophthera brumata* (vgl. TENOW 1972) hinzu. Nach *Oporinia*-Kalamitäten kann es zu Birkenwaldzerstörungen und Waldgrenzdepressionen kommen, die auch nach über 50 Jahren nicht aufgeholt wurden. Wie weit natürliche Regulative (z.B. Ichneumoniden) *Oporinia*-Befall in ungestörten Birkenwald-Systemen verhindern oder einschränken (vgl. NUORTEVA 1963, 1968), ist noch nicht ausreichend erforscht. Vom Menschen wird die Waldgrenze seit dem Mesolithicum (Komsakultur; Petsamo-Lappland), mindestens also seit etwa 8000 Jahren, beeinflußt. Dabei ist nur zu bedenken, daß z.B. der Brennholzbedarf einer Lappenfamilie dem Jahreszuwachs von etwa 600 Hektar Kiefernwald gleichkommt (HOLTMEIER 1974).

Auffallend im Borealen Nadelwaldbiom ist das mosaikartige Wechseln trockener Fichten-Kiefern-Birken-Mischwälder mit weiten Seen und Mooren. Das Verständnis dieses Mosaiks ist von Bedeutung für die richtige Interpretation der Areale „borealer Waldarten“.

Häufige Vogelarten, die im Umkreis von etwa 30 km bei Inari im borealen Nadelwald, auf Seen und mit Tundra bedeckten Bergkuppen vom 14. bis 16. 6. 1977 beobachtet wurden (ohne gezielte Nachsuche):

1. *Gavia arctica*
2. *Anas penelope*
3. *Anas crecca*
4. *Aythya fuligula*
5. *Melanitta fusca*
6. *Bucephala clangula*
7. *Mergus serrator*
8. *Buteo buteo*
9. *Tetrao urogallus*
10. *Grus grus*

11. *Pluvialis apricaria*
12. *Vanellus vanellus*
13. *Phalaropus lobatus*
14. *Tringa nebularia*
15. *Tringa hypoleucos*
16. *Tringa glareola*
17. *Tringa ochropus*
18. *Philomachus pugnax*
19. *Numenius phaeopus*
20. *Gallinago gallinago*

21. *Stercorarius longicaudus*
22. *Larus argentatus*
23. *Larus fuscus*
24. *Larus canus*
25. *Sterna paradisaea*
26. *Cuculus canorus*
27. *Surnia ulula* (mit Jungen)
28. *Apus apus*
29. *Dryocopus martius*
30. *Dendrocopus major*
31. *Picoides tridactylus*
32. *Alauda arvensis*
33. *Hirundo rustica*
34. *Riparia riparia*
35. *Delichon urbica*
36. *Anthus pratensis*
37. *Motacilla alba*
38. *Motacilla flava*
39. *Acrocephalus schoenobaenus*
40. *Sylvia borin*
41. *Phylloscopus trochilus*

42. *Regulus regulus*
43. *Muscicapa striata*
44. *Ficedula hypoleuca*
45. *Oenanthe oenanthe*
46. *Phoenicurus phoenicurus*
47. *Luscinia svecica*
48. *Turdus pilaris*
49. *Turdus iliacus*
50. *Parus major*
51. *Parus cinctus*
52. *Emberiza citrinella*
53. *Calcarius lapponicus*
54. *Fringilla coelebs*
55. *Fringilla montifringilla*
56. *Carduelis spinus*
57. *Acanthis flammea*
58. *Sturnus vulgaris*
59. *Perisoreus infaustus*
60. *Pica pica*
61. *Corvus corax*
62. *Corvus corone cornix.*

Unter diesen gibt es eine Vielzahl von Arten, deren Areal zwar mit dem Nadelwald-biom korreliert werden kann, die aber eine typische Habitatinsel-Verbreitung auf-weisen. Sie sind z. B. an Seeflächen gebunden, wie die holarktisch verbreitete Schell-ente *Bucephala clangula*, die bevorzugt in Spechthöhlen an waldumsäumten Seen nistet. Gleiches gilt für ihre nordamerikanische Verwandte *Bucephala albeola* und die in Island und Nordamerika allerdings gebirgigere Lagen vorziehende Spatelente (*Bucephala islandica*). Auch der Zwergsäger (*Mergus albellus*) brütet in der Nähe bewaldeter Seen der palaearktischen Taiga in Baumhöhlen. Der kleinste Seetaucher, der Sterntaucher (*Gavia stellata*), nistet auf den stillen kleineren Seen des hohen Nor-dens. Gleiches gilt für die Bergente (*Aythya marila*), die Trauerente (*Melanitta nigra*) und die Samtente (*Melanitta fusca*). Auf Mooren und offenen Heideflächen der bo-realen Nadelwälder und im Bereich der alpinen Waldgrenze tritt das Birkhuhn (*Lyru-rus tetrix*) auf, das zwischen 1500 bis 3700 m Höhe im Kaukasus von *Lyrurus mlo-kosiewiczi* vertreten wird. Terek- (*Tringa terek*), Bruch- (*Tringa glareola*) und Waldwasserläufer (*Tringa ochropus*) finden sich am Ufer stiller Gewässer ein. Zahl-reiche in Mitteleuropa auf Feuchtgebietsreste und Heiden beschränkte und im Rück-zug begriffene Arten besitzen im borealen Nadelwaldbiom zusammenhängende Areale. Das gilt z. B. für den Kranich (*Grus grus*) ebenso wie für den Moorgelbling (*Colias palaeno*) oder den holarktischen Elch (*Alces alces*). Über Moore und Seen dringen auch einige Amphibien und Reptilien weit in die borealen Nadelwälder vor. In Skandinavien ist das die ovovivipare Waldeidechse (*Lacerta vivipara*), die aller-dings nur bis etwa 67° nördlicher Breite vorkommende Kreuzotter (*Vipera berus*), der Moorfrosch (*Rana arvalis*; bis etwa 69°) und der Grasfrosch (*Rana temporaria*; bis zum Nordkap), in Nordamerika die „Garter Snake" (*Thamnophis sirtalis*) und der Waldfrosch (*Rana sylvatica*).

Daneben treten die Arten auf, die in ihrem Lebenszyklus an die Baum- und Kraut-arten der ausgedehnten Wälder gebunden sind. Dazu gehören die auch in Nordame-rika vorkommenden Fichtenkreuzschnäbel (*Loxia curvirostra*), die als Invasionsvögel auch weit außerhalb ihres Brutgebietes auftreten können, und ihr strenger an die holarktischen Nadelwälder gebundener Verwandter, der Bindenkreuzschnabel *(L. leucoptera)*. Ebenfalls ist in skandinavischen Wäldern häufig der Unglückshäher *(Perisoreus infaustus)* und sein nearktischer Vertreter, der „Gray Jay" *(P. canadensis* vgl. GODFREY 1967), der starengroße holarktische Hakengimpel *(Pinicola enucleator)*, der Bergfink *(Fringilla montifringilla)*, der Waldammer *(Emberiza rustica)*, die Lapplandmeise *(Parus cinctus)*, die Rotdrossel *(Turdus iliacus)*, der Blauschwanz *(Tarsiger cyanurus)*, der Wanderlaubsänger *(Phylloscopus borealis)*, der Seidenschwanz *(Bombycilla garrulus)*, der im Süden und Osten seines nearktischen Areals durch *B. cedrorum* vertreten wird, der holarktische Dreizehenspecht *(Picoides tridactylus)* und sein auf Nordamerika beschränkter Verwandter *P. arcticus.* Mehrere z. T. tagaktive Eulenarten sind typische Vertreter der Taiga-Tierwelt. Dazu gehört der auch in die Städte vordringende palaearktische Habichtskauz *(Strix uralensis)* sowie die holarktisch verbreiteten Eulen *S. nebulosa* (Bartkauz), die falkenartig wirkende *Surnia ulala* (Sperbereule) und *Aegolius funereus* (Rauhfußkauz), der allerdings am Südrand seines westpalaearktischen Areals auch in den Sommergrünen Laubwäldern vorkommt. Auffallend ist, daß die meisten borealen Nadelwaldarten der Palaearktis in der Nearktis durch gleiche oder vikariierende Arten ersetzt werden. Das gilt auch für die Säugetiere, z. B. den Luchs *(Lynx lynx)*, den Vielfraß *(Gulo gulo)*, den Nerz *(Mustela lutreola)*, das auch in Mitteleuropa weitverbreitete Hermelin *(M. erminea)* und das Feuerwiesel *(M. sibirica)*. Daneben gibt es für die einzelnen Regionen auffallende Endemiten, wie z. B. den nearktischen Baumstachler *(Erethizon dorsatum)*.

Der palaearktische Zobel *(Martes zibellina)* ist ein Waldtier, das allerdings überwiegend am Boden von Fichten und Zirbelkiefernwäldern lebt, dessen Felle schon im 3. Jahrhundert v. Chr. aus dem Skythenreich über das Schwarze Meer ausgeführt wurden und bis zum 17. Jahrhundert die Zarenkrone zierten. In den borealen Nadelwäldern Nordamerikas wird der Zobel durch den Fichtenmarder *(Martes americana)* und den Fischermarder *(Martes pennanti)* vertreten. Auch bei den Insekten und natürlich bei den Pflanzenarten sind diese engen Beziehungen feststellbar und bestätigen damit die allgemeine Regel, daß mit zunehmender nördlicher Breite der Grad der Verwandtschaft zwischen den Kontinenten zunimmt.

Tab. 5.64. Höhere Pflanzen Südnorwegens in Abhängigkeit von Höhe und Verbreitungstyp (DAHL 1975)

Höhen-grenze	Arten-zahl	Verbreitungstyp			
		amphiatlantisch	zirkumpolar	eurasiatisch	endemisch
> 2000 m	29	51,7%	37,9%	10,3%	0
1800–1899	39	35,9%	53,8%	10,3%	0
1600–1799	75	32,0%	58,7%	8,0%	1,3%
1400–1599	63	23,8%	47,6%	27,0%	1,6%
1200–1399	138	14,5%	37,0%	48,6%	0,7%
1000–1199	109	11,0%	36,7%	52,3%	0

Zahlreiche Tierarten sind an die beerenreiche Krautschicht der borealen Nadelwälder gebunden. Dazu gehört das größte Rauhfußhuhn, das Auerhuhn *(Tetrao uro-*

gallus). Das Haselhuhn *(Bonasa bonasia),* dessen Arealnordgrenze in Eurasien häufig mit der Waldgrenze zusammenfällt (in Jakutien bis 67° N, am Jenissey bis 69° N, in Fennoskandien bis 69° N), kommt stellenweise auch im Laubwald vor. In der Schweiz brütet die Art sympatrisch mit *Tetrao urogallus.* Sie ist sehr standortstreu, was auch durch Wiederfunde beringter Tiere bestätigt wurde (GLUTZ VON BLOTZHEIM, BAUER und BEZZEL 1973). Die Bodentierwelt setzt sich aus nur wenigen Artengruppen zusammen (Milben, Insektenlarven, Fadenwürmer, Urinsekten u.a.). Schnecken sind vorhanden, spielen jedoch eine geringe Rolle. Sie fehlen in manchen Nadelwäldern. Dagegen sind Holz-, Blatt-, Gallwespen und Ameisen *(Formica, Camponotus)* bezeichnende Vertreter unter den Insekten. Zahlreiche Forstschädlinge (vgl. u.a. KLOFT, KUNKEL und EHRHARDT 1964) sind an den Nadelwaldgürtel gebunden (u.a. Fichtenborkenkäfer *Ips typographicus,* Kiefernspanner *Bupalus piniarius,* Kieferneule *Panolis piniperda).*

Innerhalb der Insektenfauna treten, ähnlich wie in den Tundren- und Orealen Biomen, auch flugunfähige Formen auf.

„Wing reduction, which may have a variety of causes, is common in insects living in low-temperature environments. In insects generally and crane flies in particular living in cold latitudes or at high elevations or occuring as adults in winter in temperate regions, reduction or loss of wings has probably resulted from the insect's inability to use them in flight, so that natural selection would not act unfavourably on mutant forms in which reduction occurred." (BYERS 1969; weitere Beispiele bei UDVARDY 1968).

Der jahreszeitliche Wechsel der Lebensbedingungen ist Ursache für eine große Zahl verschiedener Anpassungstypen. Bei Invertebraten sind lange Winterruhen (Diapausen), bei insektenfressenden Vögeln und Säugetieren (u.a. Ren) Wanderungen bekannt; Vögel und Säuger, die sich direkt von der Primärproduktion (u.a. Samen) ernähren, überdauern den Taigawinter auch am Standort (u.a. Rauhfußhühner). Die Populationsdichten der Tiere unterliegen jahresperiodischen Schwankungen, die u.a. beim Seidenschwanz und den Kreuzschnabelarten in Abhängigkeit von der Nahrungsproduktion der Wälder stehen.

Arten der nordischen, borealen Nadelwälder besitzen oftmals verwandte, isolierte Populationen in der entsprechenden Nadelwaldstufe der Alpen, des Kaukasus oder des Himalaya. Hinter diesem boreoalpinen Verbreitungstyp verbergen sich jedoch z.T. grundverschiedene ökologische Anpassungsstrategen. Die Ringdrossel *Turdus torquatus* zeigt eine entsprechende Arealdisjunktion. Untersucht man jedoch ihr Areal genauer, wird man unschwer erkennen, daß die Art in Skandinavien den geschlossenen Nadelwald meidet, dagegen viel stärker in Mischwaldungen in den atlantisch geprägten Fjorden auftritt. In den Alpen kommt sie an der Waldgrenze vor. Der Tannenhäher *(Nucifraga caryocatactes)* lebt in den Alpen in der Nadelwaldstufe (ähnlich wie sein nordamerikanischer Vertreter *N. columbiana*) und ist ein wichtiger Verbreitungsfaktor für *Pinus cembra.* Im Nordteil seines Areals kommt er jedoch auch in den sommergrünen Wäldern vor und wird im eigentlichen Nadelwald durch den Unglückshäher *(Perisoreus infaustus)* vertreten. Der Birkenzeisig *(Acanthis flammea)* lebt in seinem Nordareal in Birken- und Erlenwäldern, besiedelt in Island und Grönland auch die Tundra und kommt in den Alpen sowohl in Nadel- als auch in sommergrünen Wäldern vor.

Ähnlich problematisch hinsichtlich einer einfachen ökologischen Zuordnung sind auch die „boreoalpin" verbreiteten Insekten und Pflanzen.

5.1.8 Das Tundren-Biom

Der Name der Tundra leitet sich vom finnischen „tunturi" ab und bedeutet „unbewaldeter Hügel". Sieht man sich diese „tunturi" in Finnland (z.B. in Kevo nördlich des Inari-Sees) an, dann wird man unschwer erkennen, daß z.T. erhebliche Unterschiede zur arktischen Tundra vorhanden sind. In Fennoskandien bleibt die Waldgrenze auch im Bereich des Nordkaps, von kleinen Bereichen abgesehen, eine Höhengrenze. Erst auf der Kola-Halbinsel wird sie auf Meeresniveau zu einer echten Nordgrenze.

Neben abiotischen Faktoren (u. a. Frosttrocknis, Eiswinde, Dauertag- bzw. Dauernacht-Bedingungen, kurze Vegetationsphase, Dauerfrostboden) bestimmt eine Vielzahl biotischer Faktoren (u. a. Konkurrenz zwischen Flechten, Moosen und Höheren Pflanzen; Mensch; Rentiere; Baumparasiten) die arktische Waldgrenze und damit den Übergang der Tundra zum borealen Nadelwald. Der Übergang ist deshalb auch im allgemeinen nicht abrupt, sondern vollzieht sich in einem unterschiedlich breiten Waldtundrengürtel, in dem Birken (ozeanischer Einfluß) oder Lärchen und Fichten (kontinentaler Einfluß) dominieren. Ausgedehnte Palsenmoore treten häufig in dieser Zone auf. Es handelt sich dabei um unterschiedlich mächtige Frostkerne, die wegen einer dichten Humus- und Moosschicht auch während des Sommers nicht auftauen und von Moorflächen umgeben sind, die ihrerseits auf Nanopodsolen aufliegen. Häufig treten in diesen Gebieten auch Thufure auf, kegelähnliche Strukturen, die durch Frostwirkung bei reichlich vorhandener organischer Substanz entstehen (SEMMEL 1977, WASBURN 1973).

Große und schnelle Temperatursprünge, wie sie im Hochgebirge auftreten, sind in den Sommermonaten für das Tundrenbiom nicht kennzeichnend. Deshalb ertragen, im Gegensatz zur Tierwelt der Hochgebirge, viele tundrale Insekten keine großen Temperaturgegensätze. In der nordsibirischen Tundra schwankt die Zahl der Tage mit Temperaturmitteln über 0 °C zwischen 188 und 55. Da durch die niedrigen Tem-

Abb. 212. Atlantische Tundra am europäischen Nordkap (Juli 1977) in Norwegen.

Tab. 5.65. Tagessummen der Einstrahlung im solaren Klima für bestimmte Tage im Jahr (WEISCHET 1977; in cal $\cdot$ cm^{-2} $\cdot$ d^{-1})

	21.3.	6.5.	22.6.	8.8.	23.9.	8.11.	22.12.	4.2.
N 90°	–	796	1110	789	–	–	–	–
70°	316	772	1043	765	312	25	–	25
50°	593	894	1020	886	586	295	181	298
30°	799	958	1005	949	789	581	480	586
10°	909	921	900	913	898	813	756	820
0°	923	863	814	856	912	897	869	905
10°	909	783	708	776	898	956	962	965
30°	799	560	450	555	789	994	1073	1003
50°	593	285	170	282	586	929	1089	937
70°	316	24	–	24	312	802	1114	809
S 90°	–	–	–	–	–	826	1185	831

peraturen die Evaporation verringert wird, herrschen in der Tundra, trotz Niederschlägen um 200 mm, humide Verhältnisse (KELLEY und WEAWER 1969, BROWN und WEST 1970). Die Sommer sind kurz und kühl (0 °C Jahresisotherme), und der Boden bleibt in der Tiefe ständig gefroren. Die Gefrornistiefe ist dabei nicht nur von abiotischen, sondern auch von biotischen Faktoren abhängig.

Die Tagessummen der Einstrahlung sind nur vom Mai bis August für die Vegetation von Bedeutung.

Trotz Niederschlagsarmut der Tundra (Nordwest-Spitzbergen etwa 400 mm; Nordwest-Kanada etwa 200 mm pro Jahr) bilden sich, vor allem zur Zeit der Schneeschmelze, offene Wasserflächen und stark vernäßte Flachmoore. Ihre Existenz wird bestimmt von der geringen Evaporation und dem vom Dauerfrostboden bedingten Abflußstau. Häufig erst gegen Ende der Vegetationsperiode trocknen sie aus. An diese Periodizität sind Tier- und Pflanzengesellschaften gebunden. Mit zunehmender Breitenlage dominieren arktische Gesellschaften mit meist zircumpolar verbreiteten Artengruppen (vgl. HULTEN 1970, THANNHEISER 1976). Beispiele sind *Ranunculus hyperboreus, R. gmelini, Arctophila fulva, Pleuropogon sabinei, Dupontia fisheri, Eriophorum angustifolium* ssp. *triste, Caltha palustris* var. *arctica, Hierochloe pauciflora* und *Carex stans*. Weiter südlich noch artenreiche Pflanzengesellschaften werden artenarm bis „einartig". Auf extremen Standorten wird eine geringe Artenzahl durch eine ungeheure Individuenzahl ersetzt. „Diese ausdauernden (perennierenden) Bestände einer oder mehrerer Arten (oft Polykormone) treten zu Gesellschaften zusammen, die sich kaum weiterentwickeln und dank der (exogenen) klimabedingten Faktoren eine Schlußgesellschaft bilden" (THANNHEISER 1976).

Zur Flachmoorvegetation der Tundra gehören *Arctophila fulva, Hippuris vulgaris, Caltha palustris* var. *arctica, Scorpidium scorpioides, Bryum cyopilum* und *Di-*

Abb. 213. „Alpine" Tundra in Finnland (Kevo, 1977).

stichium inclinatum (*Arctophiletum fulvae*-Assoziation). Für eine *Carex atrofusca-Eriophorum angustifolium*-Gesellschaft gibt THANNHEISER 1976 folgende pflanzensoziologische Daten:

Laufende Nr.:	1	2	3
Original-Nr.:	67	36	86
Datum	21.7.71	19.7.71	26.7.71
Fläche (m²):	4	4	4
Artenzahl:	7	10	8
Carex atrofusca	3	3	5
Eriophorum angustifolium ssp. *triste*	4	4	5
Drepanocladus intermedicus	4	3	3
Bryum cryophilum	1	·	2
Saxifraga hirculus	·	+	2
Pedicularis sudetica	·	1	·
Carex misandra	4	·	·
Ochrolechia frigida	r	·	·
Melandrium apetalum	·	+	·
Camylium stellatum	·	2	·
Calliergon turgescens	·	1	·
Calliergon trifarium	·	1	·
Dupontia fisheri	·	·	1
Salix arctica	·	·	2
Anoectangium compactum	·	·	+

Nachweis der Vegetationsaufnahmen: Nr. 1–3: nördl. Spence Bay, Boothia Isthmus.

Das holarktische Tundrenbiom ist durch das Vorherrschen von Moosen, Flechten und zwergstrauchreichen Heiden gekennzeichnet. Er erstreckt sich im subpolaren Bereich des nördlichen Eurasiens, an den grönländischen Küsten, über weite Teile von Island und entlang des Randes der nordamerikanischen Arktis (WIELGOLASKI und ROSSWALL 1972) und nimmt allein in Nordsibirien eine Fläche von 3 Mio. km² ein.

Auf der Südhalbkugel fehlen Tundren-Biome, obwohl die südlichsten Tussock-grasländer manche Verwandtschaftsbeziehungen aufweisen. Das gilt offensichtlich auch für mehrere Pflanzengesellschaften der südhemisphärischen Moore. Von SCHWAAR (1976) wurden einige Hochmoore in Feuerland (Nähe Ushuaia, Argentinien) untersucht, wobei er zwei Hochmoorpflanzengesellschaften beschrieb (Carici magellanici-Sphagnetum fimbriati, Pernettyo-Sphagnetum).

„Das Carici magellanici-Sphagnetum fimbriati entspricht dem europäischen Caricetum limosae." Dominierende Arten in den Hochmooren bei Ushuaia sind *Sphagnum magellanicum, Tetronicum magellanicum, Juncus scheuchzerioides* und *Nanodea muscosa*. Auf den Hochmooren erscheint *Nothofagus antarctica* immer als Zwergstrauch (vgl. auch ALBOFF 1902, DUSEN 1905, HOOKER 1847, MOORE 1968, ROIVAINEN 1954, SKOTTSBERG 1909, 1916).

Auf den Südkontinenten verläuft die Baumgrenze an der Südspitze Südamerikas (56°) nördlich von den Falklandinseln und geht im südatlantischen Ozean auf 40°, im Indischen – zwischen St. Paul und Neu-Amsterdam – sogar auf 38,5° zurück. Tristan da Cunha in 37° S besitzt eine Baumart.

Frostmusterböden mit niedrigen pH-Werten treten auf. Kryptogamen übernehmen häufig die Speicherung wichtiger Elemente. Flechten sind dabei bedeutende „Stickstoffspeicher" in den trockenen Tundrenregionen (KALLIO und KALLIO 1975, ALEXANDER und SCHELL 1973). Die N-Bindung wird von der Temperatur, der Feuchte und dem Licht entscheidend gesteuert. Eine Flechtenart *Solorina crocea* bindet Stickstoff sogar unter 0 °C.

Hoch ist der Anteil an Pilzen und Bakterien im Boden. In der Streu einzelner Pflanzenarten, z.B. von *Rubus chamaemorus, Empetrum hermaphroditum, Eriophorum vaginatum* oder *Dryas octopetala,* findet sich eine Vielzahl verschiedener *Penicillium*-Arten, deren Artenzusammensetzung von Jahr zu Jahr wechseln kann (HAYES und RHEINBERG 1975).

Bei Massenvermehrungen von Lemmingen kann es durch Wurzelverbiß zur Zerstörung der oberflächlichen Vegetation kommen, was Rückwirkungen auf die Auftautiefe der Böden besitzt. Von besonderer Bedeutung sind die großen Schwankungen der Strahlungsverteilung (Polartag, Polarnacht). Als Folge der gleichmäßig niedrigen Temperaturen ist die Entwicklungsdauer poikilothermer Tiere erheblich verlängert und das Wachstum der Pflanzen entsprechend verlangsamt. Allerdings gibt es auch hier Ausnahmen, die verdeutlichen, daß wir bei jeder biogeographischen Untersuchung die adaptiven Fähigkeiten mancher Arten nicht hoch genug einschätzen können (vgl. hierzu bereits STROHL 1921). So entwickeln sich z.B. die deutschen Populationen des Laufkäfers *Pterostichus nigrita* optimal bei 15 bis 20 °C (FERENZ 1975), Lappländische Tiere jedoch sowohl bei niedrigeren als auch höheren Temperaturen. Bei 10 °C ist die Mortalität um mehr als 50% geringer und die Entwicklungsdauer um 27% kürzer als bei deutschen Vertretern. Bei Temperaturen zwischen 25 °C und 30 °C wird die Wachstumsrate deutlich erhöht. Die Larvalentwicklung der Art kann dadurch bei niedrigen Temperaturen ablaufen, bei hohen können Entwicklungsrückstände aufgeholt werden. Damit gelingt es *Pterostichus nigrita,*

Larval- und Imaginalentwicklung im subarktischen Sommer abzuschließen. Auch bei den Pflanzen sind ähnliche physiologische Mechanismen bekannt. Generell läßt sich bei ihnen jedoch feststellen, daß das Wachstum deutlich reduziert wird. Ein 83 mm dickes Wacholderstämmchen besaß 544 Jahresringe, eine 60 cm dicke Fichte über 400. Die weitverbreitete Rentierflechte *(Cladonia rangiferina)* wächst im Jahr etwa 1 bis 5 mm, und es muß angenommen werden, daß Tundren, die von Rentieren beweidet werden, mindestens 10 Jahre zu ihrer Erneuerung benötigen. Entsprechend der geringen Zuwachsraten ist auch die Primärproduktion im Vergleich zu anderen Biomen gering. Von Bedeutung ist jedoch der Ausnutzungsgrad dieser Produktion durch Konsumenten. Für warmblütige Pflanzenfresser liegen Vergleichszahlen von REMMERT (1973) vor.

Tab. 5.66. Ausnutzungsgrad der Primärproduktion durch warmblütige Pflanzenfresser

Typ	erntbare Primär- produktion pro ha/Jahr Trockenmasse	reicht energetisch für Schafe/ ha/Jahr	Tierbestand pro ha	geschätzter Ausnutzungs- grad in %
Tundra von Spitzbergen	(270– 500 kg/ha)	1	Rentier 0,006 Wildgänse (90 Tage) Schneehühner Moschusochse	1 – 2
Serengeti (Ostafrika)	7500 kg/ha (30 Mio. kcal)	20	0,5 Savannentiere (2,5 Mio. kcal/ ha/Jahr)	8
europäisches Bergland	9000 kg/ha	24	Hirsch 0,006 Reh 0,02 Hase	0,02
Kraut- und Strauchschicht in einem europ. Bergland	500 kg/ha	1,4	Hirsch 0,006 Reh 0,02 Hase	1,0
maritime Berg- wiese in Hirta/St. Kilda	2000 kg/ha	5	Soay-Schaf 1,72	31
Bergwiese in den Karpaten	6 Mio. kcal/ ha/Jahr	4	Muriden 15	1

Obwohl die meisten Tier- und Pflanzenarten die kurzen Sommermonate als Fortpflanzungszeit ausnützen müssen, gibt es Arten, deren Entwicklung über mehrere Jahre hin ausgedehnt wird. Hierzu gehört der Kreuzblütler *Braya humilis*, dessen Blütenknospen schon zwei Jahre vor der eigentlichen Blütezeit angelegt sein können. Da die Photosynthese einzelner Kryptogamen noch bei 0 °C abläuft, dominieren sie in diesem Grenzbereich.

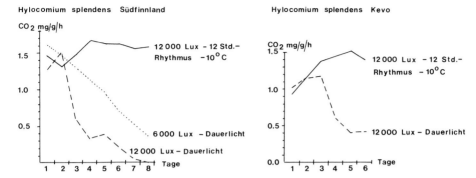

Abb. 214. Vergleich der CO₂-Produktion von *Hylocomium splendens* aus Süd- und Nordfinnland (Kevo) unter Dauerlichtbedingungen und im 12-Stunden-Rhythmus. Die unter Dauerlicht gehaltenen Moose reduzieren nach dem 3. Tag ihre CO₂-Produktion (nach KALLIO und VALANNE 1975).

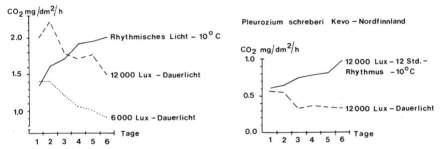

Abb. 215. Vergleich der CO₂-Produktion von *Pleurozium schreberi* aus Süd- und Nordfinnland unter Dauerlichtbedingungen und im 12-Stunden-Rhythmus (nach KALLIO und VALANNE 1975).

Unter den auftretenden Dicotyledonen und Monocotyledonen ist der Anteil polyploider Arten auffallend hoch, ein Phänomen, was für viele jungbesiedelte Räume von genereller Bedeutung ist.

Für die Tundra kennzeichnende Wirbeltierarten sind das Ren *(Rangifer tarandus)*, Schneehase *(Lepus timidus)*, Polarfuchs *(Alopex lagopus)*, der gegenwärtig nur noch auf Grönland, Spitzbergen (eingeführt) und Norwegen (eingeführt) lebende Moschusochse *(Ovibos moschatus)*, Lemminge, von denen das Vorkommen nordischer Greifvögel (u. a. *Buteo lagopus, Nyctea scandiaca*, vgl. WATSON 1956, GESSAMAN 1972, CESKA 1975) abhängt, Schneehühner und Schneeammern.

Während die Schneeule Standvogel der Tundra ist, erscheint das Ren vielerorts nur im Sommer und zieht im Winter in riesigen Herden nach dem Süden. Sein Einfluß auf die Kryptogamen-Vegetation ist nachhaltig, und es wird angenommen, daß das weitgehende Fehlen von Flechten in den Rentierweidegebieten von Zentralspitzbergen auf die hohe Rentierdichte zurückgeführt werden kann (PÖHLMANN 1976). Der zirkumpolar verbreitete Eisfuchs *(Alopex lagopus)* dringt über die Tundra hinaus in

Tab. 5.67. Phytomasse (Kryptogamen) in der Tundra von Kevo (Finnland) und
Hardangervidda (Norwegen; KJELVIK und KÄRENLAMPI 1975; in g/m²)

| | Kevo | | Hardangervidda | |
	Birkenwald	Tundra	Birkenwald	Flechtenheide
Höhe	130	330	780	1220
Arten				
Dicranum	2,3	1,4	–	–
Hylocomium splendens	2,7	–	–	–
Moose (total)	33,2	7,2	61,1	6,7
Cetraria nivalis	–	15,3	–	23,6
Stereocaulon paschale	2,7	32,3	–	–
Cladonia alpestris	–	1,3	–	–
– mitis	3,1	12,8	–	–
– rangiferina	0,9	0,2	–	176,1
– unicialis	0,7	4,6	–	–
Nephroma arctica	5,5	0,5		
Alectoria ochroleuca	–	1,1	–	–
Peltigera aphthosa	4,7	–	–	–
Flechten (total)	19,2	77,2	9,3	382,3
Kryptogamen (total)	97,4	84,5	70,4	389,0

Tab. 5.68   Tundrale Brutvögel Europas

Ort	Palaearktis	Nearktis
Zwergschwan *(Cygnus bewickii)*	+	
Kurzschnabelgans *(Anser brachyrhynchus)*	+	
Zwerggans *(Anser erythropus)*	+	
Bläßgans *(Anser albifrons)*	+	+
Ringelgans *(Branta bernicla)*	+	+
Eisente *(Clangula hyemalis)*	+	+
Rauhfußbussard *(Buteo lagopus)*	+	+
Gerfalke *(Falco rusticolus)*	+	+
Moorschneehuhn *(Lagopus logopus)*	+	+
Alpenschneehuhn *(Lagopus mutus)*	+	+
Kibitzregenpfeifer *(Pluvialis squatarola)*	+	+
Mornelbregenpfeifer *(Eudromias morinellus)*	+	+
Regenbrachvogel *(Numenius phalopus)*	+	+
Pfuhlschnepfe *(Limosa lapponica)*	+	+
Odinshühnchen *(Phalaropus lobatus)*	+	+
Falkenraubmöwe *(Stercorarius longicaudus)*	+	+
Schnee-Eule *(Nyctea scandiaca)*	+	+
Rotkehlpieper *(Anthus cervina)*	+	
Petschorapieper *(Anthus gustavi)*	+	
Schneeammer *(Plectrophenax nivalis)*	+	+
Spornammer *(Calcarius lapponicus)*	+	+
Polarbirkenzeisig *(Acanthis hornemanni)*	+	+

das Eisland der Arktis vor. Nach einer polymorphen Wintertracht werden zwei Farb-schläge als „Blau"- und „Weißfuchs" benannt, von denen der Weißfuchs im arkti-schen Gebiet dominiert. Sein nächster Verwandter ist der Steppenfuchs oder Dorsak *(Alopex corsac)*, der in den Steppen zwischen Wolga und Mongolei und in isolierten Populationen in der Mandschurei lebt.

Ein Vertreter der Waldtundra ist der holarktische Schneehase *(Lepus timidus)*, der jedoch als arctoalpine Art (zum arctoalpinen Verbreitungstyp vgl. Oreale Biome) auch den Krummholzgürtel der Alpen bewohnt und auf Grönland und der Taimyr-Halbinsel in der arktischen Tundra lebt. Das weiße Winterfell hat er mit einer kleine-ren nearktischen Nadelwaldart gemeinsam, die wegen ihrer stark behaarten Hinter-läufe den Namen Schlittschuhhase *(Lepus americanus)* erhielt. Unter den tundralen Vögeln dominieren die Nonpasseriformes.

In den „tunturi-Gebieten" von Finnland und in der norwegischen Tundra lassen sich jedoch, entsprechend den kleinräumig wechselnden Landschaftseinheiten, meist Faunenelemente unterschiedlicher Biomzugehörigkeit nachweisen. Beboachtungen häufiger Vögel am Nordkap (17. bis 18. 6. 1977) bestätigen diese Auffassung (vgl. auch Borealer Nadelwaldbiom):

1. *Phalacrocorax carbo*	20. *Turdus pilaris*
2. *Somateria mollissima*	21. *Passer domesticus*
3. *Clangula hyemalis*	22. *Sturnus vulgaris*
4. *Mergus merganser*	23. *Pica pica*
5. *Haematopus ostralegus*	24. *Corvus corax*
6. *Calidris alpina*	25. *Corvus corone cornix*
7. *Tringa totanus*	26. *Alca torda*
8. *Philomachus pugnax*	27. *Rissa tridactyla*
9. *Larus argentatus*	28. *Stercorarius parasiticus*
10. *Larus fuscus*	29. *Phalaropus lobatus*
11. *Larus marinus*	30. *Phalacrocorax aristotelis*
12. *Larus canus*	31. *Phalaropus lobatus*
13. *Sterna paradisaea*	32. *Numenius phaeopus*
14. *Cepphus grylle*	33. *Uria aalge*
15. *Cuculus canorus*	34. *Fratercula arctica*
16. *Delichon urbica*	35. *Hirundo rustica*
17. *Anthus pratensis*	36. *Oenanthe oenanthe*
18. *Motacilla alba*	37. *Calcarius lapponicus*
19. *Motacilla flava*	38. *Acanthis flavirostris.*

Massenvermehrungen der Lemminge können zu einer Reduktion der Tundra-Pro-duktion von über 20% führen.

Die Lemming-Invasionszyklen besitzen im allgemeinen eine Amplitude von 3 bis 5 Jahren (MACLEAN, FITZGERALD und PITELKA 1974), und THOMPSON (1955) und MAHER (1967) zeigten, daß neben abiotischen Faktoren (Lufttemperatur, Schneebe-deckung) und der Vegetation auch Raubfeinde einen erheblichen Einfluß auf diese Zyklen besitzen. Untersuchungen an Winternestern der nordamerikanischen *Lem-mus trimucronatus* und *Dicrostonyx groenlandicus* bestätigen, daß das auch in Mit-teleuropa vorkommende Mauswiesel *(Mustela nivalis)* steuernd in die Lemmings-zyklen eingreift (MACLEAN, FITZGERALD und PITELKA 1974, PITELKA 1973).

Auch unter den Lepidopteren gibt es meist zirkumpolar verbreitete tundrale Arten:

Colias nastes (zirkumpolar; Futterpflanze *Astragalus alpinus*)
Colias hecla (zirkumpolar; Futterpflanze *Astragalus alpinus*)
Clossiana chariclea (zirkumpolar bis 81° 42′N)
Clossiana freja (zirkumpolar; Raupe an *Rubus chamaemorus* und *Vaccinium uliginosum*)
Clossiana polaris (zirkumpolar; Raupe vermutlich an *Dryas octopetala*)
Clossiana improba (zirkumpolar)
Euphydryas iduna
Oeneis verna (zirkumpolar)
Oeneis bore (zirkumpolar; Raupe an *Festuca ovina*)
Erebia disa (zirkumpolar)
Erebia polaris (palaearktisch)
Agriades aquilo (Raupe an *Astragalus alpinus*).

Bezeichnend für die Sommermonate ist der Stechmückenreichtum der Tundra. Das erklärt sich aus der Vielzahl für die Fortpflanzung geeigneter Schmelzwassertümpel und der Tatsache, daß die Mückenweibchen auch von Pflanzensäften (also ohne Blutsaugen) leben können.

Nach einer Arbeitshypothese von REMMERT (1972) stellen die warmblütigen Wirbeltiere durch Konsumation und Düngung einen wesentlichen Grund für die Erhaltung der Tundra dar.

„Ihre Vernichtung würde einer Vernichtung der Tundra gleichkommen. Damit wird das Geschick der Tundra im Winter auch an den europäischen Küsten entschieden, wohin die Wildgänse der Arktis ihre Wanderungen unternehmen."

5.1.9 Die Orealen Biome

Oberhalb der geschlossenen Waldgrenze erstrecken sich die Orealen Biome, der jeweiligen geographischen Lage, dem vertikalen Wandel der atmosphärischen Elemente und der davon beeinflußten Höhengliederung der Vegetation folgend. Auf sie trifft das zu, was TROLL (1955) mit dem Begriff „Hochgebirgsnatur" umschrieb, deren Wirkungsbeziehungen er im Sinne einer „vergleichenden Geographie der Hochgebirge der Erde" zu entschlüsseln suchte (TROLL 1941). „Erst die Einsicht, daß die natürlichen Erscheinungen im Hochgebirge einem Formenwandel nicht nur in den Höhenstufen, nicht nur von außen nach innen zur größeren Massenerhebung hin, also in zentral peripherer Hinsicht, sondern auch nach der Breitenlage, also bei weltweiter planetarischer Betrachtung unterliegen, ermöglicht es, den Landschaftstyp Hochgebirge mit größtmöglichem Nutzen vergleichend zu analysieren." (JENTSCH 1977.)

Mit zunehmender Höhe wird die Luft im allgemeinen kälter, reiner, dünner und, absolut gesehen, trockener, während Insolation und Windgeschwindigkeit zunehmen. Niveau (= Höhenlage) und Reliefeffekte (= Sonn- und Schattseite, Luv und Lee) führen jedoch dazu, daß im Oreal keineswegs einheitliche klimatische Bedingungen herrschen. Ihre wechselseitige Durchdringung führt häufig zu mosaikartigen Verbreitungsbildern der hier vorkommenden Taxa. Aus dem Nebeneinandervorkommen ganz verschiedener Vegetationstypen lassen sich oberhalb der Waldgrenze große, eng nebeneinander auftretende klimatische Gegensätze ableiten, die oft auf Reliefunterschiede zurückgeführt werden können.

Die Globalstrahlung ist bei Sonnenaufgang im Oreal meist doppelt so intensiv wie in der Niederung. Die Globalstrahlungsmaxima im Juni, Juli und August werden meist um die Mittagszeit überschritten (über $2,2\,\text{cal/cm}^2/\text{min}$). Zwischen besonnten

Abb. 216. Der Großglockner, Beispiel für einen orealen Lebensraum (Juli 1974).

und beschatteten Stellen ist deshalb im Oreal immer ein viel größerer Strahlungsunterschied vorhanden als im Flachland. Bei aufgelockerter, heller Bewölkung kann es durch Sonnenstrahlung über eine hohe „Wolkenstrahlung" oft zu Strahlungsintensitäten kommen, welche selbst extraterrestrische Intensitäten übertreffen. Im Gebirge ist die Intensität der senkrecht auffallenden Sonnenstrahlung wesentlich größer, gleichzeitig aber im Tages- und Jahresgang viel ausgeglichener als im Flachland.

In der schneefreien Vegetationszeit nähern sich die durchschnittlichen Zirkumglobalstrahlungssummen (= auf einen kugelförmigen Empfänger von der Sonne, vom Himmel, vom reflektierenden Untergrund u. a. auftretende Strahlung) der Niederung und des Oreals einander an, in den Gletscherregionen (hohe Zirkumglobalstrahlung) liegt sie jedoch ganzjährig meist wesentlich höher. Gleiches gilt für die Intensität der Ultraviolettstrahlung, die für zahlreiche Lebensprozesse von entscheidender Bedeutung ist. Die mit zunehmender Höhe im Sommer feststellbare Temperaturabnahme wird durch unterschiedliche Relieffeffekte und Wetterunterschiede modifiziert (u. a. Gebirgswände wirken als „Heizflächen").

Im Alpenvorland werden mittlere Jahrestemperaturen von 8 °C bis 10 °C, in 2000 m Höhe der Alpen von 0 °C und in 3000 m Höhe von − 6 °C verzeichnet. Oberhalb von 2000 m treten keine Sommertage mit Tagesmaxima über 25 °C mehr auf. Die Zahl der Frosttage steigt von 100 in der Niederung auf 300 Tage in 3000 m Höhe. Die Bodentemperaturen nehmen jedoch mit zunehmender Höhe langsamer ab, und der Boden ist im Oreal im Jahresmittel wesentlich wärmer als die Luft, oberhalb von 2800 m immer naß oder eis- und schneebedeckt.

Mit der Höhe steigen die Niederschläge an, doch spielen auch hierbei die Orogra-

phie, topographische und geographische Lage eine entscheidende Rolle. Das alpine
Ötztal und das Tessin besitzen, obwohl auf annähernd gleicher Höhe (≈ 700 m) gelegen, mit 700 bzw. 1800 mm extrem unterschiedliche Niederschlagsbedingungen.

Greifen wir tropische Hochgebirge heraus, so lassen sich davon abweichende hö-
henabhängige, hygrische Gliederungen aufzeigen. Häufig liegt zwischen 1500 und
1800 m die Wolkenuntergrenze (1. Kondensationsniveau), der meist in 2700 bis

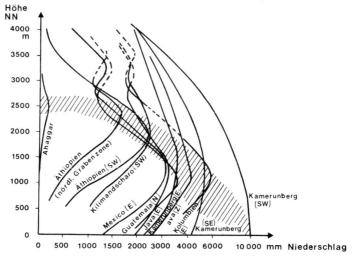

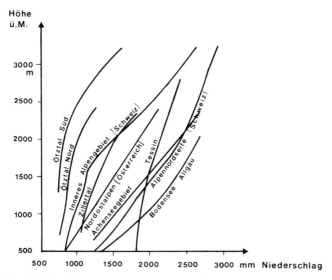

Abb. 217. Jährliche Niederschlagssummen verschiedener tropischer Gebirgsabdachungen
(oben) in Abhängigkeit von der Meereshöhe (schraffierte Fläche = Höhenlage der Maxmal-
stufe des jährlichen Niederschlags) und Zunahme der Niederschläge mit der Seehöhe in verschiedenen Alpengebieten (nach LAUER 1976).

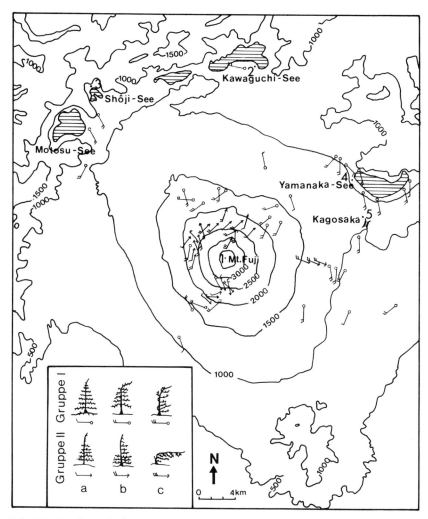

Abb. 218. Durch windgeformte Lärchen werden die Windrichtungen am Mt. Fuji angezeigt (nach Yoshimura 1971).

3500 m ein zweites Kondensationsniveau folgt. Dieses „versorgt mit seiner Nebel-feuchtigkeit, aus der auch Niederschläge fallen, die Nebelwälder an der oberen Waldgrenze, deren Lebensformen Troll vielfach beschrieb" (Lauer 1976).

Die maximale Niederschlagsstufe kann in tropischen Gebirgen in unterschiedli-chen Höhenlagen vorkommen. Je trockener dabei die tropische Bergfußstufe ist, um so höher liegt die Stufe der maximalen Jahresniederschlagsmengen. Bei jahreszeitlich wechselnden Niederschlagsmengen kommt es zu einer vertikalen Wanderung der Stufe höchster Niederschläge. Im Bereich monsunaler Zirkulation innerhalb der in-nertropischen Westwindströmung (Beispiel: Kamerunberg) kann die Stufe maximaler Niederschläge im Bergfußbereich liegen. Im randtropischen Wüstenbereich kommt es dagegen erst in Höhen von 2500 m zum Niederschlagsmaximum.

In den Zentralalpen wird bei 3200 Metern die klimatische Schneegrenze erreicht, jene Zone, in der die Winterschneedecke auf ebener Fläche nicht mehr geschmolzen wird. Am Alpennordrand liegt diese Grenze bei 2400 bis 2700 m.

Von besonderer Bedeutung sind Lokalwinde (Tal-, Hang- und Bergwinde), die in den Alpen horizontale Reichweiten von über 200 Kilometern und vertikale Mächtigkeiten bis zu 2 Kilometern erreichen können. Windempfindliche Pflanzenarten, z. B. die zu den Ericaceen gehörenden Alpenrosen *Rhododendron hirsutum* (kalkliebend) und *R. ferrugineum* (kalkmeidend), besiedeln die am stärksten vom Wind betroffenen Flächen nicht. Im Windschatten von Geländerippen, in Kaltluftlöchern und in Tallagen halten sich Schneeansammlungen (Schneetälchen) oft über die Vegetationsperiode hinweg und zeichnen sich durch eine charakteristische Tier- und Pflanzenwelt aus.

Die Hochgebirgsböden der gemäßigten Breiten besitzen einige hervorstechende Eigenschaften (vgl. u. a. FRANZ 1976). Die Bodenbildung ist entsprechend der niedrigen Temperaturen und langandauernden Vegetationsruhe insgesamt verlangsamt. Die Mächtigkeit der Bodenbildung nimmt mit der Seehöhe im allgemeinen ab, während zunehmende Erosionserscheinungen der Bildung reifer Bodenprofile entgegenwirken. Die physikalischen Prozesse (u. a. Frostverwitterung, Solifluktion, Verwehung von Flugstaub, Hangabspülung) dominieren gegenüber chemisch-biologischen bei der Bodenentwicklung. Die Folge davon sind oft Schuttanhäufungen mit wenig verwitterten Primärmineralien und grobskeletreiche Böden. Oberflächennahe Auftauvorgänge bewirken über einem gefrorenen Untergrund einen zeitweiligen Wasserstau, der zu einem pseudogleyähnlichen Bodentyp führt. Besonders hoch ist der Humusreichtum (bis über 80% organische Substanz) in Hochgebirgsböden. Der Humus des Pechmoders, der überwiegend aus Bodentierexkrementen besteht, ist sehr quellfähig, was beim Gefrieren über eine Volumenvermehrung des Hydratwassers zum Auspressen der Steine aus dem Feinboden und damit zur Bildung von Frostmusterböden führen kann. Flugstaubakkumulation ist in allen Hochgebirgen festzustellen. Podsole treten unter alpinen Grasheiden in geringer Mächtigkeit als Nanopodsole (vgl. Tundren-Biome) auf. Die Individuendichte der Bodentiere scheint stärker von der Bodenfeuchtigkeit als von der Bodenwärme abzuhängen. Das Zusammenspiel zwischen Sonnenstrahlung, Wind und Gebirgsrelief steuert im Oreal den Wärme- und Wasserhaushalt des Bodens und bestimmt damit die Vegetation und die Fauna. Deshalb ist es nicht verwunderlich, daß gerade das Oreal bereits frühzeitig zahlreiche Wissenschaftler begeisterte, die sich die auf kurzem Raum vollziehende rasche vertikale Wandlung zum Untersuchungsgegenstand wählten.

Multifaktorielle ökologische Bedingungen kennzeichnen das Oreal und damit auch eine für die Abgrenzung dieses Bioms wichtige Zone, die Waldgrenze. Entsprechend der Tatsache, daß in fast allen Hochgebirgen der Erde die Waldgrenze vielfältigen anthropogenen und lokalen Einflüssen unterworfen ist, müssen aktuelle und potentielle Waldgrenzen nicht übereinstimmen (vgl. u. a. HAFFNER 1971, HOLTMEIER 1971, 1973, 1974, TROLL 1962, MEYER 1974). Die potentielle Waldgrenze markiert den Übergang von der subalpinen zur niederalpinen Stufe (innerhalb der alpinen Stufe), in der vereinzelt noch Baumkrüppel auftreten können, die jedoch durch Zwergsträucher gekennzeichnet werden kann und zu den geschlossenen alpinen Rasen überleitet.

In den zentralalpinen und relativ kontinentalen Tälern des östlichen Graubündens wird die obere Waldgrenze in 2100 bis 2300 m Höhe von *Pinus cembra* und *Larix decidua* gebildet. Mit zunehmendem ozeanischem Klimaeinfluß werden sie im Westen von *Picea abies* abgelöst. Neben Mensch und abiotischen Standortfaktoren beeinflussen vor allem Tiere die alpine Waldgrenze. Tannenhäher *(Nucifraga caryocatactes)* verschleppen die Samen von *Pinus cembra*, Rot-, Reh- und Gamswild *(Cervus elaphus, Capreolus capreolus, Rupicapra rupicapra)* drängen sie durch Verbiß- und Fegeschäden zurück, Insekten wie die Lärchenwickler *(Zeiraphera griseana)* tragen durch Extinktion ihrer Futterpflanzen *(Larix decidua)* in den zentralalpinen Tälern zur Vernichtung der Wälder bei.

Starker Viehverbiß führt im Oreal zu einer Veränderung der Phytozönosen. Das läßt sich z. B. in der nachfolgenden pflanzensoziologischen Aufnahme, die am Hochobir in Kärnten bei einer Biogeographischen Exkursion in 2100 m Höhe erstellt wurde (14. 8. 74), belegen:

Fläche: SO Exposition, 15° Hangneigung, 90 % Gesamtdeckung, 5 % Steinanteil, starke Beweidung

Pinus mugo	(1)	*Soldanella alpina*	1
Juniperus communis	1	*Polygonum vivipara*	+
Rhododendron hirsutum	1	*Leontodon helveticus*	+
Helianthemum grandiflorum	1	*Lotus corniculatus*	+
Campanula scheuchzeri	+	*Potentilla auria*	r
Minuartia verna	+	*Gentiana clusii*	r
Heliosperma alpestris	+	*Dryas octopetala*	1.2
Scabiosa fucida	+	*Scabiosa lucida*	+
Anthyllis vulneraria	1	*Silene longiscapa*	+
Trifolium pratense	+	*Helianthemum alpestris*	+
Homogyne discolor	3	*Arabis wochenensis*	+
Pulsatilla alpina	r	*Pedicularis rostratocapitata*	+
Meum atamanticum	1	*Bartsia alpina*	r
Thymus spec.	+	*Carex firma*	+ .2
Calaminta alpestris	+	*Carex sempervirens*	3.2
Galium c. f. *anisophylla*	+	*Campanula pusilla*	(+)
Nigritella rubra	r	*Carex feruginea*	1.2
Euphrasia minima	+	*Sessleria varia*	+
Primula wulfenii	+	*Poa alpina*	1
Ranunculus montanus	+	*Saxifraga aizoides*	1.2
Phyteuma orbiculare	(+)	*Saxifraga crustata*	(+)

Die Produktivität der Vegetation ist auf eine kurze Vegetationszeit beschränkt. Larcher und seine Mitarbeiter untersuchten die Produktionsökologie alpiner Zwergstrauchbestände auf dem Patscherkofel bei Innsbruck (Larcher 1976), insbesondere Vaccinien- und *Loiseleuria*-„Heiden“. Dabei zeigten sie, daß das auf die Pflanzen einwirkende Klima durch unterschiedliche orographische und edaphische Bedingungen sowie durch die Bestandesstruktur beeinflußt wird. Letztere steuert ein bestandeseigenes Mikroklima (= Bioklima), das sich vom reliefabhängigen Kleinklima (Geländeklima) beträchtlich unterscheiden kann. So weisen z. B. an windgefegten Kanten wachsende Loiseleuriaspaliere ein wesentlich wärmeres, feuchteres und windstilleres Bioklima auf als in windgeschützten Mulden vorkommende Rhododendrongebüsche. Der Wärmehaushalt der Zwergstrauchbestände hängt von den

Tab. 5.69. Vergleich der aktuellen und potentiellen Waldgrenze in den Alpen
(BOESCH 1969)

Station	Höhe	Aktuelle Waldgrenze	Potentielle Waldgrenze
Arosa	1865	1980	2250
Schatzalp	1872	2000	2287
Julier-Hospiz	2237	2050	2237
St. Moritz	1853	2120	2299
Bernina-Hospiz	2258	2180	2381
La Rosa	1873	2070	2243

Austauschwiderständen für fühlbare und latente Wärme, außerdem vom Wasserhaushalt der Pflanzen (Diffusionswiderstände der Spaltöffnungen) ab. *Calluna*-Bestände verdunsten relativ viel Wasser und verhalten sich hinsichtlich des Wärmehaushaltes wie eine gut mit Wasser versorgte Wiese, die spärlicher transpirierenden *Loiseleuria*-Bestände dagegen wie Wälder. „In ihrem Stoffhaushalt sind die untersuchten Zwergstrauchbestände stationäre Systeme, deren Nettoprimärproduktion die jährlichen Verluste zwar ausgleicht, aber auf längere Sicht keinen Biomassezuwachs erbringt. Absolut betrachtet ist die Produktivität alpiner Zwergstrauchbestände etwas größer als jene der arktischen Tundra. Das Photosynthesevermögen alpiner Zwergsträucher ist gut an die in der Vegetationszeit vorherrschenden Temperaturen angepaßt; Arten, die wie *Loiseleuria procumbens* und *Arctostaphylos uva-ursi* thermisch besonders belastete Standorte (große Tagesamplitude der Bestandestemperatur, bei starker Einstrahlung Erhitzung bis über 40 °C) besiedeln, weisen über einen breiten Temperaturbereich hohe Photosyntheseraten auf. Der respiratorische Betriebsaufwand der alpinen Zwergstrauchheide ist wegen des dominierenden Massenanteils nicht assimilierender unterirdischer Organe erheblich und beträgt etwa 73 bis 76% der berechneten Bruttoproduktion.

Infolge des großen Anteils immergrüner Ericaceen ist die Biomasse besonders reich an Rohfasern und Fett. Letzteres bedingt auch den auffallend hohen Kaloriengehalt dieser Bestände. Mineralstoffgehalt und Mineralstoffzusammensetzung der alpinen Zwergstrauchheide weisen große Ähnlichkeit mit der arktischen Zwergstrauchtundra auf. Zwergsträucher oberhalb der Waldgrenze sind in erster Linie durch Austrocknung bei gefrorenem Boden und Schneemangel, in zweiter Linie durch vorzeitige Herbstfröste gefährdet. Überhitzung auf südwestgeneigten Hängen dürfte keine unmittelbare Gefahr für die Zwergsträucher darstellen, wohl aber ist, besonders im Spätsommer, eine hitzebedingte Leistungseinschränkung der Photosynthese zu erwarten. Im Sommer ist stets ausreichend Wasser im Boden verfügbar. Jedoch verursachen Wind und niedrige Luftfeuchtigkeit häufig Spaltenschluß, so daß dadurch mit bedeutenden Einbußen des CO_2-Erwerbs zu rechnen ist" (LARCHER 1976; vgl. auch CERNUSCA 1976).

Der Übergang vom Wald zum offenen Gelände der Matten und Dikotylen-Polster stellt zoogeographisch einen entscheidenden Übergang dar. Zwar gibt es zahlreiche Flachland-Arten, die aufgrund einer großen ökologischen Valenz weit ins Oreal vorstoßen können, doch erfordert das Überleben zahlreiche physiologische Anpassungen. In den Alpen kommen noch oberhalb der Waldgrenze die Ringelwürmer *Den-*

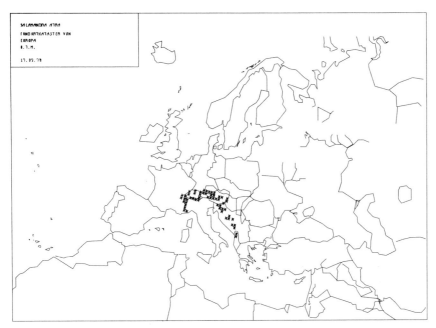

Abb. 219. Verbreitung des orealen Alpensalamanders *(Salamandra atra;* UTM-Computer-karte).

drobaena octaedra (bis 3500 m), *Lumbricus rubellus* (bis 3000 m) und *Octolasium lacteum* (bis 3000 m) und die Schnecken *Ariantha arbustorum* (bis 3000 m) und *Pyramidula rupestris* (auf Kalkfelsen bis 3000 m) vor. Wolfsspinnen (Lycosidae) werden noch in 4300 m nachgewiesen. Der Afterskorpion *Obisium jugorum* (bis 3000 m), die Hundertfüßler *Lithobius forficatus* und *L. lucifugus* (über 2500 m), der Felsenspringer *Machilis tirolensis* (bis 3800 m), die Heuschrecken *Gomphocerus sibiricus* und *Decticus verrucivorus* (bis 2600 m), der Sandlaufkäfer *Cicindela gallica* (bis 2700 m), die Carabiden *Nebria gyllenhali* und *Trechus glacialis* (bis 3500 m), und der Eis-Kolbenwasserkäfer *Helophorus glacialis* (in Schneetümpeln bis 3200 m) erreichen im alpinen Oreal Höhen von über 2500 m. Gleiches gilt für den Blattkäfer *Chrysochloa gloriosa,* die Hummeln *Bombus alpinus* und *Bombus lapponicus,* den Schneefloh *Boreus hiemalis* (bis 3800 m), die Florfliege *Chrysopa vulgaris,* den Spanner *Psodos alticolaria,* das Taubenschwänzchen *Macroglossum stellatarum,* den Alpensalamander *Salamandra atra,* den Alpenmolch *Triturus alpestris,* den Grasfrosch *Rana temporaria,* die Bergeidechse *Lacerta vivipara* (bis 3000 m), die Kreuzotter *Vipera berus* (auf Südhängen bis 3000 m), die Fledermaus *Pipistrellus savii* und die Wasserspitzmaus *Neomys fodiens.* Allen diesen Arten ist gemeinsam, daß sie auch wesentlich tiefer vorkommen, teilweise bis zum Meeresniveau.

Daneben treten im alpinen Oreal die streng an diese Zone gebundenen Arten auf. Die Schnee-Glasschnecke *Vitrina nivalis,* die Gletscher-Krabbenspinne *Xysticus glacialis,* der Tausendfüßler der nördlichen Kalkalpen *Leptoiulus saltuvagus,* der Hochgebirgsschnurfüßler *Hypsoiulus alpivagus* und die Alpenschnake *Oreomyza glacialis*

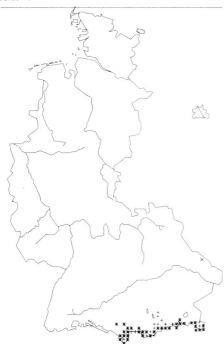

SALAMANDRA ATRA
FUNDORTKATASTER DER
BUNDESREPUBLIK DEUTSCHLAND
U.T.M.

21.12.76

Abb. 220. Verbreitung des Alpensalamanders *(Salamandra atra)* in der
Bundesrepublik Deutschland.

gehören ebenso zu dieser Faunengesellschaft wie der Spanner *Dasydia tenebraria*, die
Eulen *Anarta nigrita* und *Agrotis fatidica*, der Alpenapollo *Parnassius phoebus*, der
Ringelspinner *Malacosoma alpicola*, der Scheckenfalter *Melitaea asteria*, der Bläu-
ling *Albulina orbitulus*, der Mohrenfalter *Erebia gorge* und der auch am Großglockner bis in 3000 Meter Höhe fliegende Eis-Mohrenfalter *Erebia pluto*. Unter den Wirbeltieren sind besonders auffallend das Alpenschneehuhn *Lagopus mutus*, der auf
kurzrasigen Matten besonders in den Ost-Alpen vorkommende Mornellregenpfeifer
Eudromias morinellus, der Schneefink *Montifringilla nivalis*, der Alpenschneehase
Lepus timidus, die Schneemaus *Microtus nivalis*, das Murmeltier *Marmota marmota*
und die allerdings an die Felsregion angepaßten Gemsen *(Rupicapra rupicapra)* und
Alpensteinböcke *(Capra ibex)*. Entsprechend ihrer inselhaften Verbreitung und isolierten Lage sind die orealen Biome im Gegensatz zum Tundren-Biom keine geschlossene genetische Einheit. Mannigfaltige ökologische Unterschiede und eine keineswegs
für das gesamte Oreal einheitliche Geschichte schufen mosaikartig verbreitete Differenzierungszentren. Es verwundert deshalb nicht, daß selbst das alpine Oreal keineswegs als geschlossene Einheit angesehen werden kann. Das wird u. a. verdeutlicht
durch die allopatrischen Verbreitungsbilder der Laufkäfer *Nebria bremii*, *N. atrata*
und *N. fasciatopunctata*. *N. bremii* ist eine hochalpine, meist in der Nähe sommerli-

cher Schneeflecken lebende Art, die in den Alpen westlich von Innsbruck angetroffen werden kann. Die ökologisch verwandte N. *atrata* fehlt hier vollkommen. Sie tritt in den Hohen Tauern nach Osten bis zu den Rottenmanner Tauern auf und bleibt südlich der Salzach und der Enns. Die auch in tieferen Lagen vorkommende N. *fasciatopunctata* lebt in den Ausläufern der Südöstlichen Alpen zwischen Friesach im Nordwesten und Cilli (Jugoslawien) im Südosten. Ein Endemit der Zentralalpen ist der Schmetterling *Arctia cervini*, während die Käfer *Amara spectabilis* und *A. alpestris* Endemiten der südlichen Kalkalpen sind und die turmförmige Schnecke *Cylindrus obtusus* in den Kalkbergen der Ostalpen ihr Verbreitungszentrum besitzt (lokal auch auf kalkreichen Gesteinen der Zentralalpen). Auch die Verbreitungsgebiete der Rüsselkäfer *Otiorhynchus foraminosus* (westlicher Teil der Ostalpen) und *O. auricapillus* (östlicher Teil der Ostalpen), die fast allopatrisch vorkommen, verdeutlichen die starke Differenzierung des alpinen Oreals.

Mehrere Käferarten sind endemisch für isolierte Gebirgsblöcke. Im äußersten Osten der Zentralalpen kommen die Laufkäfer *Nebria schusteri, Trechus grandis* und *T. regularis* nur auf der Koralpe vor. Auch bei Pflanzen finden sich zahlreiche Parallelbeispiele (KÜHNELT 1960). Bemerkenswert ist die Tatsache, daß der Endemitenreichtum besonders der flügellosen Gebirgsendemiten, der Höhlenbewohner und der terricolen Blindkäfer zunimmt, je stärker wir uns den unvergletscherten Grenzräumen der Süd- und Ostalpen nähern. Die zahlreichen heute in den Höhlen des Dobratsch (südwestlich von Villach) vorkommenden echten Höhlentiere haben vermutlich am Standort das Würmglazial überlebt. Die eigentlichen Höhlenkäfer erreichen ihre größte Speziesdiversität in Österreich in den Karawanken. Nur einige Höhlencarabiden wurden bisher nördlich von Drau und Gail angetroffen. Das gilt auch für die terricolen Blindkäfer.

Stenöke Gebirgsendemiten (incl. Höhlenbewohner) und subterrane Blindkäfer spiegeln infolge ihrer Flügellosigkeit und ihrer Empfindlichkeit gegen Trockenheit und hohe Temperaturen in ihren Verbreitungsgebieten meist plesiochore Strukturen zu ihren würmglazialen Arealen wider.

Die verwandtschaftlichen Beziehungen des Oreals zur Tundra sind keineswegs überall gegeben, so daß eine Zusammenfassung der Fauna des Oreals und Tundrals zum Oreotundral dem gegenwärtigen Bearbeitungsstand nicht mehr entspricht. Das gilt vor allem für die mediterranen Hochgebirge (vgl. VARGA 1974), die Anden (vgl. VUILLEUMIER 1970, MÜLLER 1973, 1976), die Hochgebirge Afrikas (vgl. MOREAU 1966, EISENTRAUT 1973), den Himalaya (vgl. DIERL 1970, SWAN 1970) und das Oreal von Neuguinea (MAYR und DIAMOND 1976). Klimatisch unterscheidet sich das Oreal tropischer und gemäßigter Breiten ebenfalls erheblich.

Auch ökologische Unterschiede lassen eine Zusammenfassung von Tundra und Oreal zum Oreotundral nur aus historisch-biogeographischen Gründen berechtigt erscheinen. Zwar verringert sich auch im Oreal mit zunehmender Höhe der Artenreichtum – analog den Verhältnissen mit zunehmender geographischer Breite (vgl. u. a. MACARTHUR 1963) –, doch liegt er immer über jenem des Tundrals. Auch spezifische Fortpflanzungsmodi (u. a. Viviparie) lassen Analogien zwischen Tundral und Oreal zu. Für die Sackträgermotte *Solenobia triquetrella* ist Parthenogenese im Zusammenhang mit Polyploidie in den Schweizer Alpen nachgewiesen. Ähnliche Verhältnisse treten auch in der Rüsselkäfergattung *Otiorhynchus* auf. Der Grad polyploider Pflanzenarten ist im alpinen Oreal ebenso hoch wie im Tundral.

REMMERT (1972), der die Tundra von Spitzbergen untersuchte, konnte zeigen, daß

Arten, die zu den wichtigsten Primärzersetzern in den gemäßigten und tropischen Breiten gehören (u. a. Diplopoden, Asseln, Schnecken), im Gegensatz zu den Alpen, wo sie über 40% der Zoomasse repräsentieren, nur etwa 1% der gesamten Zoomasse des Tundrals darstellen (vgl. auch KAISILA 1967).

Die genetischen Beziehungen zwischen eurasiatischen Tundren und den Orealen Biomen besitzen in vielen Fällen historische Ursachen. Gegenwärtig gibt es zahlreiche

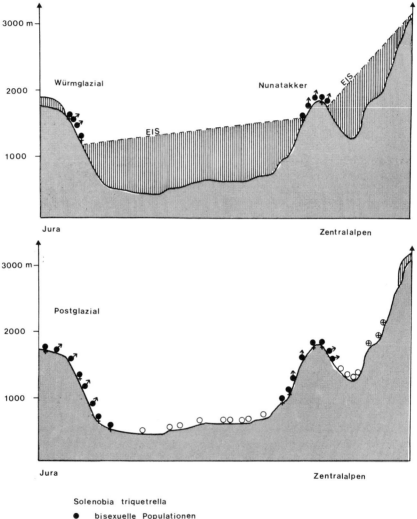

Abb. 221. Verbreitung bisexueller, diploid parthenogenetischer Populationen von *Solenobia triquetrella* während des Würmglazials und in der Gegenwart.

Arten, die ein disjunktes Areal besitzen, wobei eine Populationsgruppe zum Tundral, die andere zum Oreal gehört. In einigen Fällen läßt sich zeigen, daß Arten des europäischen Oreals und Tundrals während des Würmglazials in Mitteleuropa lebten, wo es zur Ausbildung einer eiszeitlichen Mischfauna (THIENEMANN 1914) kommen konnte. Reste dieser „Glazialen Mischfauna" erhielten sich in seltenen Fällen an kühlen Stellen der Mittelgebirge oder verschwanden nach Wiedererwärmung völlig. Gleiches gilt naturgemäß auch für die Vegetation. Die rezent in Skandinavien und dem Oreal der Alpen und Abruzzen besonders auf Kalk weitverbreitete Silberwurz *Dryas octopetala* kommt im Würm im Flachland Mitteleuropas vor (*Dryas*-Zeit). Die im Postglazial entstandenen Arealzersplitterungen oreotundraler Taxa werden als arktoalpine Arealdisjunktionen bezeichnet. Ein schönes Beispiel für diesen Disjunktionstyp stellt die Schneehühner-Verwandtschaftsgruppe *(Lagopus mutus)* dar (vgl. Tundren-Biome).

Besonders die Invertebraten liefern eine Fülle von Beispielen (HOLDHAUS 1954). Selbst von Spinnen sind arktoalpine Areale bekannt.

Tab. 5.70. Arktoalpine Spinnen der Ostalpen (Arachnida: Araneae; THALER 1976). (Durch + gekennzeichnete Arten werden im Nordareal durch nahestehende Vikarianten ersetzt.)

	Hochalpin/nivale Arten	Subalpine Arten
Theridiidae		*Robertus lyrifer* Holm 1939
Erigonidae	*Caledonia evansi* O.P.-Cambridge 1894	*Scotinotylus alpigenus* (L. Koch 1869)
	+ *Cochlembolus clavatus* (Schenkel 1927)	*Sisicus apertus* (Holm 1939)
	Cornicularia clavicornis Emerton 1882	
	+ *Diplocephalus rostratus* Schenkel 1934	
	Entelecara media Kulczynski 1887	
	Erigone remota L. Koch 1869	
	E. tirolensis L. Koch 1872	
	Microcentria rectangulata (Emerton 1915)	
	Rhaebothorax paetulus (O. P.-Cambridge 1875)	
	+ *Sciastes carli* (Lessert 1907)	
	Tiso aestivus (L. Koch 1872)	
	Typhochrestus tenuis Holm 1943	
Linyphiidae	*Hilaira herniosa* (Thorell 1875)	*Bolyphantes index* (Thorell 1856)
	Leptyphantes complicatus (Emerton 1882)	*Hilaira tatrica* Kulczynski 1915
	Meioneta nigripes (Simon 1884)	*Leptyphantes antroniensis* Schenkel 1933
	Oreonetides vaginatus (Thorell 1872)	*L. cornutus* Schenkel 1927
		Stemonyphantes conspersus (L. Koch 1879)
Lycosidae	*Acantholycosa norvegica* (Thorell 1872)	
	+ *Pardosa cincta* (Kulczynski 1887)	
	+ *P. giebeli* (Pavesi 1873)	
	Tricca alpigena (Doleschall 1852)	
Gnaphosidae	*Gnaphosa leporina* (L. Koch 1866)	*Micaria aenea* Thorell 1871
	Micaria alpina L. Koch 1872	
Salticidae	*Pellenes laponicus* (Sundevall 1833)	

Ein Überleben der Eiszeiten in den Alpen war nur im Bereich von randalpinen „Massifs de refuge", auf inneralpinen Nunatakkern und in subterranen Lebensräumen möglich, deren Bedeutung jedoch nur an Taxa mit eingeschränkter und bekannter Ausbreitungsfähigkeit dargestellt werden kann (JANETSCHEK 1956, MANI 1968).

Typen glazialer Refugien in den Ostalpen und taxonomische Stellung ihrer Spinnen-Endemiten (Arachnida: Araneae; THALER 1976).

	Nunatakker	Höhlen	Massifs de refuge
Dysderidae	–	+	*Harpactea* Bristowe 1939
Erigonidae	?	–	–
Linyphiidae	*Leptyphantes*	+	*Leptyphantes* Menge 1866
			Troglohyphantes (s. l.) Joseph 1881
Nesticidae	–	+	*Nesticus* Thorell 1869
Agelenidae	–	–	*Coelotes* Blackwall 1841
Amaurobiidae	–	–	*Amaurobius* C. L. Koch 1837

Tab. 5.71   Verbreitung endemischer Spinnen aus montanen/subalpinen Stufen der Südalpen (Arachnida: Araneae; THALER 1976)

Harpactea grisea (Canestrini 1868):	Brescianer Alpen, Dolomiten, Venetianer und Karnische Alpen, in Nordtirol und Slowenien fehlend. Rückwanderer,
H. thaleri Alicata 1966:	Bergamasker und Brescianer Alpen
Troglohyphantes (s. l.)-spp.:	vikariierende, noch unzureichend bekannte Arten (Brignoli 1971, Miller & Polenec 1975a, Thaler 1967, Thaler & Polenec 1974).
Coelotes microlepidus Blauwe 1973:	Brescianer und Lessinische Alpen
Amaurobius n. sp. aff. *obustus:*	Brescianer, Lessinische und Venetianer Alpen
A. crassipalpis Canestrini & Pavesi 1868:	Bergamasker und Brescianer Alpen

---

Auch unter den Pflanzenwespen treten arktoalpine Arten auf (u. a. SCHEDL 1976), die bezeichnenderweise als Larvalstadien an *Vaccinium,* Cyperaceae oder *Salix* fressen. Dazu gehören hochalpine Arten, mit

a) verwandten Populationen in den palaearktischen Tundren: u. a. *Empria alpina, Pristiphora breadalbanensis, P. puncticeps* und

b) verwandten circumpolar-verbreiteten Populationen in den Tundren Eurasiens und Nordamerikas: u. a. *Pristiphora lativentris, P. borea, P. staudingeri, Amauronematus abnormis, A. arcticola, Nematus reticulatus, Pontania crassipes, P. arctica, Pachynematus kirbyi.*

Bereits DARWIN vermutete, daß der arktoalpine Verbreitungstyp durch Arealverschiebungen während des Würmglazials zustande gekommen sein mußte. Dort, wo die disjungierten Populationen sub- oder semispezifisch differenziert sind, dürfte dieser Entstehungsmodus im allgemeinen auch zutreffen.

Bis in die jüngste Zeit wurde der arktoalpine Verbreitungstyp mit dem boreoalpinen, der bei mitteleuropäischen Waldarten auftritt, verwechselt. Boreoalpine Arten (vgl. HOLDHAUS 1954, HOLDHAUS und LINDROTH 1939) unterscheiden sich von den arktoalpinen durch ihr Nord- und Alpines Areal, das nicht den Tundren-, sondern den borealen Nadelwaldgürtel umfaßt (vgl. Borealer Nadelwaldbiom).

Aus der zeitlichen Abfolge der würm- und postglazialen Biomverschiebungen kann geschlossen werden, daß die boreoalpine Disjunktion jünger ist als die arktoalpine. Eine basimontane Verschiebung der Oreal-Biome läßt sich im Würmglazial weltweit nachweisen. Zahlreiche pollenanalytische und geomorphologische Befunde belegen diesen Vorgang ebenso wie die Nachweise pleistozäner Schneegrenz-Depressionen (u. a. HEINE 1976). Im Kilimandscharo wird mit einer Depression der Schneegrenze um 1300 m, in den Anden um 1400 m, in der Bismarck-Kette von Neu-Guinea um 1000 m und auf dem Mt. Kenia um 1100 m gerechnet. Während sie in den Transsylvanischen Alpen noch 1900 m, in der Hohen Tatra um 1600 m und im Riesengebirge etwa 1200 m betrug, liegen die Werte im Schwarzwald bei 900 m und auf den Britischen Inseln bei 600 m.

Daß diese vertikalen Verschiebungen erhebliche phylogenetische Konsequenzen hatten, wurde u. a. von MAYR und DIAMOND (1976) für die Hochgebirgsavifaunen von Neuguinea und den Solomonen nachgewiesen.

Die ökologischen Bedingungen im Oreal tropischer Hochgebirge unterscheiden sich grundlegend von jenen des außertropischen Oreals. Entscheidend ist die Tatsache, daß wir in den tropischen Hochgebirgen ein Tageszeitenklima besitzen und die Modifikation der Niederschläge zu einem Mosaik grundverschiedener Hochgebirgsbiome führen kann. An die Häufigkeit kurzzeitigen Frostwechsels müssen die hier vorkommenden Taxa angepaßt sein.

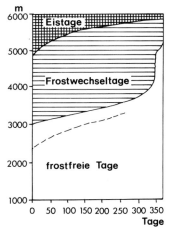

Abb. 222. Vertikale Verteilung von frostfreien, Frost-
wechsel- und Eistagen in den südperuanischen Anden
(nach TROLL 1943).

Die neotropischen **Paramos** wurden in den letzten 100 Jahren besonders intensiv von Botanikern aber auch von Geographen, Zoologen und Meteorologen bearbeitet (vgl. u. a. BAKER und LITTLE 1976, CUATRECASAS 1958, 1968, CLEEF 1977, DIELS 1934, ESPINOZA 1932, VAN DER HAMMEN 1974, HEILBORN 1925, HUMBOLDT 1817, TROLL 1959, 1960, 1968, VARESCHI 1953, WALTER und MEDINA 1969, WEBER 1958, WEBERBAUER 1911). CLEEF (1977) beschränkt die Paramoformation auf die Neotropis und schließt das „afroalpine" Oreal (vgl. HEDBERG 1964, 1965, 1969, 1973) trotz ähnlicher Wuchsformen aus: „Paramos are open vegetations, generally occuring above the upper forest-line in the mountains of the humid Tropics of Latin America."

Paramo-Formationen gedeihen bei Niederschlägen zwischen 750 bis 2500 mm (ausnahmsweise 3000 mm) auf den Hochgebirgen von Costa Rica und Panama, den Ostanden von Peru und Bolivien und den Hochanden von Venezuela, Kolumbien, Ecuador und Nordperu. Die Hochlandflora der isolierten Gebirge zwischen Orinoco und Amazonas sowie der Guayana Tepuis besitzen Verwandtschaftsbeziehungen zu der andinen Paramoflora.

Von CUATRECASAS (1958, 1968) wurden drei Paramo-Typen unterschieden:

1. Subparamo, zwischen 3000 bis 3500 m, definiert als Übergangsformation zwischen den andinen Bergwäldern und den offenen Paramos, gekennzeichnet im unteren Bereich durch Compositen- und Ericaceen-Büsche, in der oberen Zone durch *Arcythophyllum nitidum* (Rubiaceae) und *Gaylussacia buxifolia* (Ericaceae).

2. Grasparamo (= „paramo propiamente dicho"), zwischen 3500 und 4100 m (lokal bis 4300 m), gekennzeichnet durch Tussockgräser *(Calamagrostis)*, zwischen denen die Stammrosetten der Composite *Espeletia* markant hervorragen. Isolierte *Polylepis*-Wälder treten in dieser Stufe auf.

3. Superparamo, zwischen 4100 bis 4750 m (bis zur Schneegrenze), gekennzeichnet durch Strukturböden und Pflanzenarten der Gattungen *Draba, Lycopodium* (u. a. *I.. saururus, L. erythraeum, L. brevifolium, L. rufescens, L. cruentum, L. attenuatum), Alchemilla, Poa* und *Agrostis*.

Sowohl die endemische Flora als auch Pollenprofile in Paramo und Superparamo zeigen, daß das andine Oreal im Pleistozän nicht von Wald bedeckt gewesen sein kann. Die Zahl endemischer Arten ist je nach Isolationsgrad und Geschichte unterschiedlich.

Die Superparamos von Cocuy und Sumapaz (persönl. Mitt. von CLEEF) zeigen das deutlich.

	Cocuy	Sumapaz
Gefäßpflanzen	90	80
Gattungen	56	55
Endemische Arten	18	2
Verbreitungstyp		
Neotropisch-andin	42	38
Holarktisch	28	27
Subantarktisch	17	16

In den Nordanden und in den afrikanischen Hochgebirgen haben unterschiedliche Pflanzenfamilien, die aus dem Tiefland meist durch kleine, krautige Vertreter bekannt sind, stammbildende Wuchsformen entwickelt, die das Landschaftsbild prägen.

In den Paramos von Südamerika sind es mannshohe, zu den Körbchenblütlern (Compositae) gehörende Espeletien *(Espeletia)* oder Bromeliaceen der Art *Puya raimondii.*

Im ostafrikanischen Oreal treten Baum-*Senecio* (Compositae-) und Baum-*Lobelia* (Lobeliaceae-)Arten, im Himalaya die sukkulente, wollkerzentragende Staude *Saussurea* auf.

Trotz der isolierten Lage der neotropischen Paramos setzt sich ihre Fauna im allgemeinen aus zwei großen Verwandtschaftsgruppen zusammen. Zur ersten gehören Arten, die entweder auch auf der Nordhalbkugel oder im Süden der Südkontinente

Höhe (km)

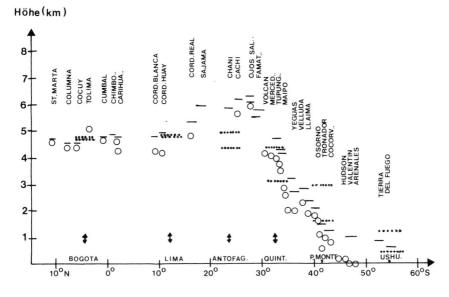

— = Schneelinie

O = Gletscherzungen

∷∷∷ = O°- Temperaturlinie

Abb. 223. Vertikale Verbreitung der Schneegrenze, Gletscherzungen und 0°C-Isotherme in
den südamerikanischen Anden.

offene Lebensräume auf Meeresniveau besiedeln und in den Paramos die für sie ungünstigen tropischen Tieflandsbedingungen „überwandern". Sowohl bei den Vertebraten als auch bei den Invertebraten treten eine Fülle von Gattungen und Arten auf,
die diesem Verwandtschaftskreis angehören. Hierzu gehören Schmetterlinge der
Gattung *Colias* ebenso wie die Entengattung *Anas*. Die zweite Gruppe wird von einer
individuen- und artenarmen endemischen Paramofauna gestellt. Von den 758 in Costa Rica vorkommenden Vogelarten haben z. B. nur 21 in besonders differenzierten
Rassen die isolierten Paramos der Hochgebirge von Talamanca besiedelt. Dazu gehören endemische Rassen der in Nordamerika weitverbreiteten Taube *Zenaida macroura* ebenso wie jene des von Kanada bis zu den Falklandinseln lebenden Zaunkö-
nigs *Cistothorus platensis* oder der auf die Paramos von Kolumbien und Costa Rica
beschränkten Eule *Glaucidium jardini*. Nur drei Vogelarten kommen ausschließlich
in den Paramos von Talamanca vor (*Acanthidops bairdi, Selasphorus simoni, Chlorospingus zeledoni*).
    In den ausgedehnten Paramos der nördlichen Anden steigt der Endemitenreichtum
merklich an. Hirschartige (*Pudu mephistophiles*), Tapire (*Tapirus pinchaque*), Nager
(*Thomasomys paramorum*), Beuteltiere (*Marmosa dryas*), Raubtiere (*Tremarctos
ornatus, Nasuella*) und zahlreiche Vögel (u. a. *Hemispingus verticalis, Cisthothorus
meridae, Schizoeaca fuliginosa, S. griseomurina, Asthenes virgata, Cinclodes excel-
sior, Chalcostigma olivaceum, Nothoprocta curvirostris*) besiedeln den an atlantische Heiden erinnernden Lebensraum, den der kleine Kolibri *Oxypogon guerinii*
ganzjährig nicht verläßt. Der Anteil tropischer Verwandtschaftsgruppen steigt

sprunghaft an. Die Leguangattung *Phenacosaurus*, deren nächste Verwandte im tropischen Tiefland vorkommen, bewohnt in zwei Arten *(heterodermus, nicefori)* die kolumbianischen Paramos. *Phenacosaurus heterodermus*, die häufigste Art in den Paramos von Bogota, besitzt wie die anderen Arten einen Greifschwanz, mit dem sie sich in den *Espeletia*- oder *Rubus*-Büschen verankert. Auch die Echsengattung *Anadia*, die in drei Arten in den nordandinen Paramos vorkommt, besitzt ihre nächsten Verwandten im tropischen Tiefland, ähnlich wie die schlangenförmige Leistenechse *Bachia bicolor* oder der Leguan *Ophryoessoides trachycephalus*. Die Zwergleistenechsen der Gattung *Euspondylus* bilden in den isolierten Paramos der nordandinen Gebirgsstöcke enge Verwandtschaftskreise. Der kleine *Euspondylus brevifrontalis* ist trotz der Höhenlage, in der er vorkommt (über 3500 m), eierlegend.

Wegen der hohen Luftfeuchtigkeit konnten auch eine große Zahl von Amphibien die Paramos erobern. Unter ihnen ist der endemische Paramofrosch *Niceforonia nana*, der erst 1963 beschrieben wurde und dessen Ökologie noch weitgehend unbekannt ist, besonders erwähnenswert.

Die floristische und faunistische Verwandtschaft der andinen Paramos mit Patagonien und den Subantarktischen Inseln ist außerordentlich eng (vgl. u. a. CLEEF 1977, MÜLLER 1976, 1977), ganz im Gegensatz etwa zu dcn tropischen afrikanischen und malaiischen Hochgebirgen. Die Gründe hierfür liegen in der Tatsache begründet, daß sowohl das äthiopische als auch das orientalische Oreal wesentlich stärker isoliert sind und die Anden seit Beginn des Pleistozäns als Einwanderungsweg subantarktischer Taxa funktionieren konnten.

Pflanzentaxa mit Paramo-Subantarktischem Verbreitungstyp (nach CLEEF 1977):

Gefäßpflanzen

Acaena (Rosac.)
Azorella (Umbellif.)
Baccharis tricuneata (Compos.)
Blechnum sect. *Lomaria* (Polypod.)
Celceolaria (Scrophul.)
Caltha sagittata (Ranuncul.)
Colobanthus quitensis (Caryoph.)
Cortaderia (Gramin.)
Cotula (Compos.)
Desfontainia spinosa (Logan.)
[*Distichia* (Juncac.)]
Escallonia (Escall.)
Gaiadendron (Loranthac.)
Gaultheria p. p. (Ericac.)
Geranium sect. *Andina* (Geran.)
Gunnera (Halorag.)
Hypsela (Campanulac.)
Lagenophora (Compos.)
Lilaeopsis (Umbellif.)
Luzula gigantea (Juncac.)
– *racemosa*
Lycopodium saururus (Lycopod.)
Muehlenbeckia (Polygon.)
Myriophyllum elatinoides (Halorag.)
Myrteola (Myrtac.)

Mertera (Rubiac.)
[*Noticastrum marginatum* (Compos.)]
Orebolus (Cyperac.)
Oreomyrrhis (Umbellif.)
Ophioglossum crotalophoroides (Ophiogloss.)
[*Oritrophium* (Compos.)]
Orthrosanthus (Iridac.)
Ourisia (Scrophul.)
Pernettya (Ericac.)
Plantago sect. Oliganthos (Plantaginac.)
Ugni (Myrtac.)
Uncinia (Cyperac.)

Moose

Andreaea nitida
– *subulata*
Blindia magellanica var. *inundata*
Breutelia integrifolia
Campylopus clavatus
Cheilothela chilensis
Chorisondontium
Conostomum pentastichum
Ditrichum strictum
Leptodontium longicaule var. *microcuncinatum*
Lepyrodon
Philonotis scabrifolia

Racocarpus humboldtii

Lebermoose
Adelanthus lindenbergianus
Andrewsianthus
Clasmatocolea
Colura patagonica
Cryptochila grandiflora
Hymenophytum flabellatum
Isotachis sect. Subaequifolia
Jamesoniella sect. Coloratae
Lepicolea
Marchantia berteroana

Pseudocephalozia quadriloba
Triandrophyllum subtrifidum
Tylimanthus

Flechten
Neuropogon
Siphula

Pilze (DENNIS 1970)
Arthrinium ushuaiense
Crepidotus brunswickianus
Dasyscyphus lachnodermis

Auch außerhalb des andinen Systems treten in Südamerika biogeographisch hochinteressante, im allgemeinen stark isolierte oreale Lebensräume auf. Neben den Guayanas mit ihren zahlreichen Tepuis gehören hierzu auch die Höhencampos in der Serra do Mar und in Minas Gerais (Brasilien; vgl. u. a. MAGALHAES 1956).

Im Gegensatz zu den Paramos gibt es in der südamerikanischen **Puna** der innerandinen Hochländer (3300 bis 4700 m) starke Tagestemperaturschwankungen. Nächtliche Fröste nach Tagestemperaturen von über 30 °C sind keine Besonderheiten (CABRERA 1968, WERNER 1976). Der jahreszeitliche Entwicklungsgang der Puna richtet sich jedoch nach der Verteilung der Niederschläge, die vom Norden nach dem Süden deutlich abnehmen. Frostharte Ichu-Gräser der Gattungen Calamagrostis, Festuca und Stipa dominieren auf weiten Flächen, unterbrochen von Hartpolster- und Rosettenpflanzen oder Zwergsträuchern mit harzreichem Laub. Auf kleinstem Raum kann sich durch abweichende Wasserführung im Boden diese Einförmigkeit grundlegend ändern. Feuchtere Puna-Typen werden von trockeneren abgelöst. Hochebenen und flache Hänge tragen zwischen 3300 und 4300 m in der argentinischen Puna meist Zwergstrauchgesellschaften, wobei in der feuchteren Puna Psila boliviensis, in der trockeneren Puna Fabiana densa dominieren. Oberhalb von 4300 m werden sie von horstbildenden Gräsern (Festuca und Deyenxia) abgelöst. In steinig-felsigen Berglagen treten verschiedene Dornsträucher auf (Tetraglochin, Junellia, Mulinum). Trockentalsohlen, Fluß- und Salarränder werden bei oberflächennahem Grundwasser von Parastrephia-Halbsträuchern besiedelt, Flugsandgebiete und salzfreie Sandflächen von einer Fabiana-Pennisetum-Gesellschaft, die bei zunehmender Salzkonzentration je nach Untergrund von Sporobulus- oder Distichlis-Arten abgelöst wird.

Im Bereich der andinen Puna Nordwest-Argentiniens unterschied RUTHSATZ (1977) vier Höhenstufen:

1. Die Subnival-Stufe (oberhalb 4900 m) mit Jahresmitteln um oder unter 0 °C, häufigen Nachtfrösten und Kryoturbations-Erscheinungen. Die Vegetation ist inselartig auf kleinklimatische Sonderstandorte beschränkt. Polsterpflanzen, immergrüne Zwergsträucher und Hemikryptophyten mit kräftigem Wurzelwerk herrschen vor. Die Zwergstrauch- und Krautfluren dieser „Hochgebirgs-Kältewüste" wurden als Wernerion pseudodigitatae-Gesellschaft beschrieben.

2. Die Hochandine Stufe (zwischen 4100 bis 4900 m) mit Jahresmitteln zwischen 0 bis 6 °C ist in ihrem oberen Teil (oberhalb 4500 m) durch hartblättrige Horstgräser gekennzeichnet, die eine Festucion orthophyllae-Gesellschaft bilden. Im unteren Teil finden sich Reste von Polylepis tomentella-Gehölzen. Hier treten Hartpolster-Hangmoore auf (Wernerion pygmaeae).

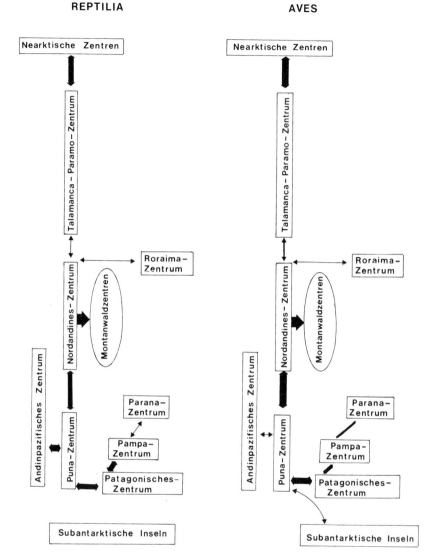

REPTILIA   **AVES**

Abb. 224. Verwandtschaftsbeziehungen hochandiner Reptilien und Vögel mit basimontanen und nearktischen Ausbreitungszentren (nach MÜLLER 1976). Durch die Dicke des Pfeiles wird die Häufigkeit von Verwandtschaftsbeziehungen angedeutet. Während das Nordandine Zentrum (Paramos) enge Verwandtschaft zu tropischen Regenwaldbiomen besitzt, weisen Puna-Elemente auf Verwandtschaftsbeziehungen zu den südlichen Grassteppen Patagoniens hin.

3. Die Puna-Stufe schließt bei Jahresmitteltemperaturen zwischen 7 °C bis 10 °C ausgedehnte Hochebenen, niedrige Hügelketten und die oberen Hänge der innerandinen Täler zwischen 3200 m und 4100 m Meereshöhe ein. Tagesamplituden von 40 °C in 2 m Höhe über dem Boden sind häufig. Vorherrschende Vegetationsformationen sind offene „Strauch-Halbwüsten aus meist laubabwerfenden, seltener immergrünen Straucharten." Sie werden als Fabianion densae zusammengefaßt. Auf salzhaltigen Flugsanden treten Dünengrasfluren *(Sporobolion rigentis)*, im Grundwasser-Einzugsbereich brackiger Seen, Salare und Salzrasen (Salicornio-Distichlidion humilis) auf.

4. Die Präpuna-Stufe ist auf die tiefeingeschnittenen innerandinen Täler bei Jahresmittel-Temperaturen zwischen 12 bis 15 °C beschränkt. Hänge und Talböden sind von offenen, sukkulentenreichen Dornstrauch-Halbwüsten bedeckt, die als Cassio-Trichocereion-Gesellschaft definiert wurden.

Die Pflanzen der Puna mußten sich dem fast während der gesamten Jahreszeit herrschenden Wassermangel, der hohen Strahlung und Verdunstung, den großen täglichen Temperaturschwankungen, den Salzanreicherungen und der Erosionsanfälligkeit der Böden, den in dieser Höhenlage mächtigen Winden und nicht zuletzt dem Auftreten einer pflanzenfressenden Tierwelt anpassen. Letztere hat sich an die unterschiedliche Produktivität der Pflanzendecke (Trockene Puna etwa 2000 kg oberflächliche, pflanzliche Trockensubstanz/Hektar/Jahr; Feuchte Puna etwa 7000 kg oberflächliche, pflanzliche Trockensubstanz/Hektar/Jahr) angepaßt. Große Pflanzenfresser wie der Darwinstrauß *Pterocnemia pennata* oder das Wildkamel *Lama vicugna* führen lokale Wanderungen auf den Hochflächen durch, im Gegensatz zu den Wurzelfressern, zu denen die weitverbreiteten Kammratten der Gattung *Ctenomys* gehören. Felsenbewohnende Großnager beweiden wie *Lagidium* oder *Chinchilla* bevorzugt die in ihrem Lebensraum auftretenden Horstgräser, Kleinnager wie Arten der Gattung *Abrocoma* und *Octodontomys* haben sich wie mehrere Vogelarten auf Körnernahrung eingestellt. Eine strenge Nahrungsspezialisation ist jedoch nicht feststellbar. Vielmehr läßt sich nachweisen, daß viele Arten, die im Flachland Nahrungsspezialisten sind, in der Puna zu Allesfressern wurden.

Von den bisher beschriebenen 153 hochandinen Vogelarten sind 35 Arten auf das Puna-Hochland beschränkt. Auffallend dominieren unter ihnen Arten mit reduzierten oder verkürzten Flügeln, die sich entweder zu raschem Lauf *(Pterocnemia pennata)*, hervorragendem Schwimmen (wie der endemische Titicaceetaucher *Centropelma micropterum*) oder schnellem Flug eignen. Besonders groß ist der Anteil endemischer Töpfervögel (u. a. *Cinclodes atacamensis, Schizoeca helleri, Asthenes wyatti, Asthenes maculicauda*). Daneben treten Finken *(Sicalis lutea, Diuca speculifera, Compsospizar garleppi, Phrygilus atriceps, Spinus crassirostris, S. atratus)*, Pieper *(Anthus furcatus)*, Steißhühner *(Tinamotis pentlandii)*, Regenpfeifer *(Charadrius alticola)* und Tauben *(Metriopelia ayamara)*. Auch die beiden südamerikanischen Flamingos *Phoenicoparrus andinus* und *P. jamesoni* leben an salzhaltigen Seen in diesem Hochgebirgslebensraum. Die Kleinvögel haben zum Teil bemerkenswerte Anpassungen an die Puna entwickelt. Ihre Siedlungsdichte ist, von Ausnahmen abgesehen, niedrig. Die Neigung, kurzfristigen Wetterstürzen durch vertikale Wanderungen auszuweichen, scheint gering zu sein. So sah der verstorbene Ornithologe NIETHAMMER den großen Kolibri *Patagonia gigas* an Blüten, die von Neuschnee bedeckt waren. Ähnliche Beobachtungen wurden auch an nektarsuchenden *Diglossa*-Arten gemacht. Diese Vogelgattung ist andin verbreitet (von der oberen Montan-

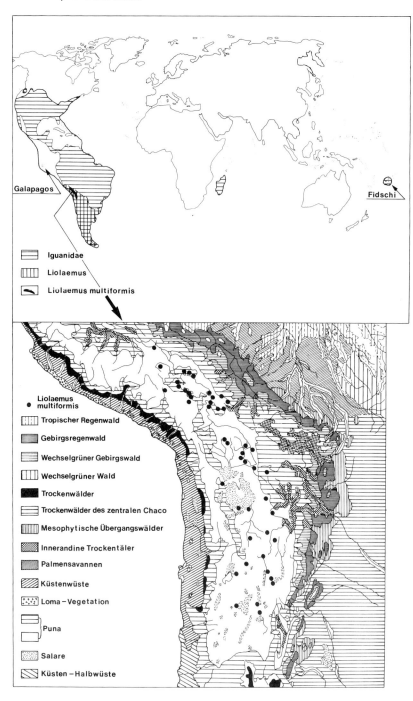

Iguanidae

Liolaemus

Liolaemus multiformis

Galapagos

Fidschi

Liolaemus multiformis

Tropischer Regenwald

Gebirgsregenwald

Wechselgrüner Gebirgswald

Wechselgrüner Wald

Trockenwälder

Trockenwälder des zentralen Chaco

Mesophytische Übergangswälder

Innerandine Trockentäler

Palmensavannen

Küstenwüste

Loma-Vegetation

Puna

Salare

Küsten-Halbwüste

waldstufe bis zur Schneegrenze), fehlt jedoch in den südostbrasilianischen Gebirgen, obwohl auch dort Melastomaceen, Onagraceen, Labiaten und Campanulaceen vorkommen (z. B. auf dem Itatiaia bei Rio de Janeiro), die von den farbenprächtigen Diglossa-Arten zum Nektarsammeln aufgesucht werden. Die Anpassung an den Blütenbesuch führte bei dieser Vogelgruppe zu einer Vielzahl konvergenter Entwicklungen, die wir auch bei afrikanischen Nektarvögeln in den Hochlagen des Kilimandscharo wiederentdecken können.

In abflußlosen Seen der Puna-Plateaus finden wir Amphibien, bei denen die ganzjährig wasserbewohnenden Telmatobius-Arten allein durch 13 Arten (von denen 3 Endemiten des Titicacasees sind) vertreten werden.

Auch die Reptilien haben sich an diesen Lebensraum angepaßt. Allein fünf Arten der im südlichen Südamerika weitverbreiteten Erdleguangattung Liolaemus kommen hier vor. Während jedoch die Arten in Strandnähe, z. B. der brasilianische Liolaemus occipitalis, Eier legen, (vgl. Restinga-Biom), sind die Arten der Puna lebendgebärend. Das gilt ebenso für den im gleichen Lebensraum vorkommenden Ctenoblepharis jamesi und findet eine Parallele bei Hochgebirgsreptilien Ostafrikas und des Himalayas. Die hohe Zahl von Frostwechseltagen in den tropischen Hochgebirgen und die Tatsache, daß sich der Frostwechsel im allgemeinen in einer hauchdünnen oberflächlichen Schicht abspielt, führt dazu, daß die meisten Reptilien tiefer gelegene Erdspalten besitzen oder Höhlen von Nagern benutzen. Weitere Leguanarten der Puna werden von den Gattungen Ctenoblepharis (5 Arten) und Stenocercus (3 Arten) gestellt. Die Eidechsen Phymatura palluma und Proctoporus ventrimaculatus leben ebenfalls hier.

Enge Verwandtschaftsbeziehungen bestehen zwischen den Punatieren und jenen der patagonischen Kaltsteppen. So kommt der Darwinstrauß im Punagebiet in der Rasse garleppi und in Patagonien in der Nominatform vor. Ebenso lebt die nächstverwandte Art des Punasteißhuhns Tinamotis pentlandii im patagonischen Tiefland (T. ingoufi). Bei den Sperlingsvögeln und bei den Säugern (z. B. Lama guanacoe) lassen sich weitere Beispiele für diese Verwandtschaft erbringen.

Paramo und Puna besitzen eine junge Entwicklungsgeschichte, die aufs engste verknüpft ist mit der Genese der Gebirgsstöcke, auf denen sie heute vorkommen, und mit der pleistozänen Klimaentwicklung (HAFFER 1974, MÜLLER 1976, 1977, VAN DER HAMMEN 1974). Im Würmglazial trugen die Anden von Chile bis Costa Rica Eiskalotten, die weite Gebiete der heutigen Paramos und Punas bedeckten. Die Analyse zahlreicher Pollenprofile ergab, daß während der Eiszeiten bereits in 500 m Höhe im östlichen Kolumbien ein subtropisches Klima herrschte. Heute liegt der Übergang vom tropischen zum subtropischen Klima zwischen 1500 bis 1700 m Höhe. Von den anderen tropischen Hochgebirgen gibt es vergleichbare Daten, weshalb wir annehmen dürfen, daß die Hochgebirgslebensräume noch vor 11 000 bis 12 000 Jahren (Ende des Würmglazials) wesentlich tiefer lagen als in der Gegenwart. Erst mit beginnender Erwärmung wanderten die Paramos und Punas auf ihre eisfrei gewordenen gegenwärtigen Standorte ein. Da durch diese Höhenverschiebung eine verstärkte Isolation der Hochgebirgslebensräume erst einsetzte, könnten wir annehmen, daß viele

Abb. 225. Verbreitungsgebiet der Leguane (Iguanidae), einer Leguangattung (Liolaemus) und einer hochandinen Leguanart (Liolaemus multiformis). Familien-, Gattungs- und Artareale besitzen grundverschiedene Informationsgehalte. An ihrem Zustandekommen sind unterschiedliche Zeitebenen beteiligt.

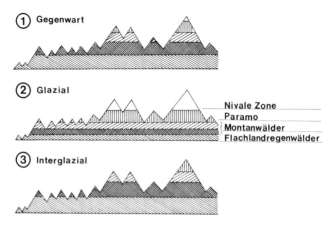

Abb. 226. Vertikale Verschiebungen nordandiner Großlebensräume während Glazialier und Interglazialier (Schema nach HAFFER 1974, aus MÜLLER 1977).

Verbreitungsbilder und Differenzierungsraten der Puna- und Paramo-Tierwelt sehr jung sind. Das gilt auch für die ältere Geschichte. Die Hebung der nördlichen Anden auf ihr heutiges Niveau erfolgte erst an der Wende Plio-/Pleistozän, also vor etwa 2 bis 4 Millionen Jahren, die der zentralen Anden von Peru und Bolivien erst im Miozän. Das bedeutet, daß im frühen Tertiär noch keine Lebensräume für südamerikanische Puna- und Paramo-Organismen vorhanden waren.

5.1.10 Die Restinga-Biome

Restinga (port. = Riff oder Sandbank) bedeutet im brasilianischen Sprachgebrauch „Ufer- oder Küstendickicht". Im Sinne von JAKOBI (1977) kann man darunter „den tropischen, windflüchtigen Strandgehölzgürtel des Supralitorals in hügeliger Landschaft, welcher vom Breitsandstrand mit Dünenwall zum Küstenhochwald überleitet" verstehen. Obwohl er mit dieser Definition das „Restingal" von der Dünenzone trennt, muß er dennoch erkennen, daß man beide „angesichts der charakteristischen Verknüpfung an der paranänser Küste gemeinsam behandeln" muß (JAKOBI 1977, Seite 49).

DANSEREAU (1947, 1957) hatte bereits bei seinen Untersuchungen in der Restinga von Rio de Janeiro nachdrücklich darauf hingewiesen, daß dieser Lebensraum letztlich nur begriffen werden kann, wenn es gelingt, den kleinräumig oftmals rasch wechselnden Einfluß von Salzwasser, Süßwasser, Dünen und anderen terrestrischen Systemen, die in der Restinga aufs engste verzahnt sind, zu erfassen. Ohne Kenntnis der zahlreichen Süßwasser-Seen (Lagoas) und Sümpfe, der z.T. gewaltigen Lagunen (mit schwankendem Salzgehalt), der küstenparallelen Nehrungen und vegetationslosen Wanderdünen kann man den heutigen Strandgehölzgürtel ökologisch nicht verstehen.

Die Nähe des Meeres beeinflußt besonders die Jahrestemperaturamplituden (vgl. hierzu auch DAU 1960, KOHLER 1970, MORENO 1961, RATISBONA 1976). Windrichtung, -häufigkeit und -geschwindigkeit formen und verändern den Lebensraum (PUHL 1961). Sandstürme sind in den südbrasilianischen Restingas keine Seltenheit. Naturgemäß treten z. B. an der 5900 km langen brasilianischen Küste erhebliche klimatische Unterschiede auf. Während im Süden auch in Küstennähe Frosttage vorkommen, was erhebliche Auswirkungen auf die Jahresperiodizität der Pflanzen und Tiere besitzt, sind Kälteeinbrüche mit ökologischen Folgen nördlich von Santos selten (im Durchschnitt alle 10 Jahre). Die mittleren Juli-Temperaturen differieren von Süd nach Nord von 12 °C bis 26 °C.

Abb. 227. Brasilianische Restinga (Insel Florianopolis, Santa Catarina; 1975). Auffallend sind die *Paepalanthus*-Arten.

Abb. 228. Brasilianische Restinga (Tapes, Lagoa dos Patos, Rio Grande do Sul; 1976).

Tab. 5.72. Niederschläge und Evaporation an typischen Restinga-Standorten (RIZINI 1976)

Gebiet	Niederschlag	Evaporation	Niederschlag: Evaporation
Cabo Frio (Rio)	858	805	1,0
Aracaju (SE)	1.117	958	1,1
Maceió (Alagoas)	1.420	952	1,4
Vitória (Espirito Santo)	1.409	977	1,4
Florianopolis (Santa Catarina)	1.383	792	1,7
Niteroi (Rio)	1.204	641	1,8
São Luiz (Maranhão)	2.083	939	2,1
Paranaguá (Parana)	1.938	668	2,9
São Francisco do Sul (Santa Catarina)	1.851	537	3,4
Santos (São Paulo)	2.198	538	4,0

Tab. 5.73. Klimatische Unterschiede zwischen Porto Alegre (ungefähr vergleichbar mit subtropischer Restinga bei Tramandai) und Rio de Janeiro (tropische Restinga)

Monat	Temperatur Min.	Max.	Niederschl (mm) Mittel	Max./Tag	Sonnenschein- dauer/Std.	Haupt- windr.	Mittlere Evaporation
Porto Alegre							
J	39,2	10,4	92,7	145,0	247,5	SO	93,4
F	40,4	11,3	90,4	67,5	223,3	SO	78,6
M	38,9	9,0	91,1	63,8	209,0	SO	71,7
A	35,9	5,8	108,5	115,2	183,9	SO	52,5
M	32,1	0,4	124,6	70,3	172,0	SO	42,8
J	31,4	−2,0	127,8	91,1	149,5	SO	32,2
J	32,9	−1,5	127,4	86,5	160,9	SO	36,5
A	33,3	−0,9	122,7	92,2	165,1	SO	42,3
S	36,0	2,4	133,6	103,6	146,1	SO	49,7
O	35,3	4,7	107,1	100,5	194,8	SO	65,9
N	38,0	6,4	85,4	92,2	234,5	SO	78,1
D	39,6	7,8	86,2	86,4	258,3	SO	89,4
Rio de Janeiro							
J	39,1	15,5	156,6	171,6	221,7	C-SSO	108,1
F	37,8	17,0	124,7	135,8	206,3	C-SSO	96,7
M	36,4	17,6	134,3	143,7	215,2	C-SSO	99,3
A	35,0	15,3	101,5	223,0	207,2	C-SSO	89,1
M	35,2	13,8	63,2	216,6	209,7	C-SSO	92,0
J	32,6	10,9	56,4	205,7	194,4	C-SSO	89,2
J	34,1	11,3	50,8	58,5	209,2	C-SSO	95,1
A	36,4	11,5	39,7	50,9	204,8	SSO	102,5
S	37,6	10,2	63,4	71,6	153,1	C-SSO	89,8
O	39,0	13,4	80,2	51,5	151,4	SSO	91,6
N	37,5	15,0	92,2	98,5	180,9	SSO	98,5
D	39,0	13,4	129,9	151,3	197,4	SSO	106,1

Strandwälle und Dünen begleiten die brasilianische Küste, unterbrochen von den in den Atlantik vorspringenden Granit- und Gneisblöcken der Serra do Mar und den Mündungstrichtern der zum Atlantik entwässernden Flußsysteme. Im Nordosten (Maranhão) und im Südosten (Rio Grande do Sul) erreichen sie gewaltige Ausmaße. Östlich von São Luis (Maranhão) beginnt ein fast 25 km breiter Küstenstreifen, „in dem sich Hunderte von niedrigen, durch die Vegetation befestigten Strandwällen weit landeinwärts ausdehnen, die lediglich mit niedrigem Buschwerk bewachsen sind" (HUECK 1966). Völlig vegetationslose Wanderdünen, die bei ihrem Vordringen die Gehölze verschütten, überragen die flachhügelige Landschaft, werden jedoch weiter östlich (z.B. im Mündungsbereich des Paraiba) durch Flußmündungen und ausgedehnte Mangroven unterbrochen.

Im Bereich von Cabo Frio (Guanabara) unterschied ULE (1901) zwei Restinga-Typen (Heide- und Myrtenrestinga), in denen baumförmige Ericaceen (u.a. *Leucothoe revoluta, Gaylussacia brasiliensis),* Melastomaceen (u.a. *Marcetia glazioviana*), Eriocaulaceen *(Paepalanthus polyanthus)* und an offenen Stellen Kakteen (u.a. *Cereus pitajava, Melocactus violaceus, Opuntia* spec.) dominieren. In der Myrtenrestinga treten baumförmige Myrtaceen (u.a. *Eugenia* spec., *Myrcia* spec., *Byrsonima sericea, Protium brasiliensis, P. icicariba, Tapiria guianensis, Cupania* spec., *Coccoloba populifera, Pera* spec., *Pisonia* spec., *Pouteria* spec.) an ihre Stelle.

Baumfreie Standorte werden von der Zwergpalme *Diplothemium maritimum* und Bodenbromeliaceen, in deren Zisternen u.a. der Keilkopffrosch (*Corythomantis brunoi;* vgl. MERTENS 1957) lebt, eingenommen. Als reiferes Sukzessionsstadium

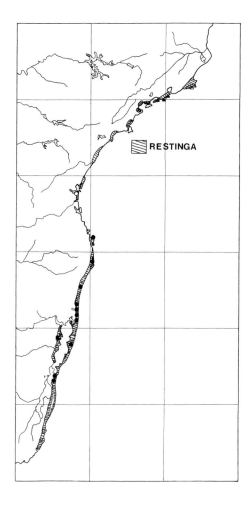

RESTINGA

Abb. 229. Verbreitung der Restinga (Schraffur) an der südostbrailianischen Küste und der allopatrischen Erdleguane der Gattung *Liolaemus* (nach MÜLLER und STEINIGER 1977). Dreiecke = *Liolaemus lutzae,* Punkte = *Liolaemus occipitalis,* Quadrate = *Liolaemus wiegmannii.*

Tab. 5.74. Charakterisierung der Restingas von Rio de Janeiro nach Substrat und Feuchtigkeit (DANSEREAU 1947)

Feuchtigkeit / Substrat	Feuchte Standorte		Trockene Standorte
	Salzwassereinfluß	Süßwassereinfluß	
Sande	Lagune	Seen	Strand
	Ruppia maritima	*Eichhornia crassipes*	*Panicum reptans*
	Strand	Sümpfe	Dünen
	Iresine portulacoides	*Typha domingensis*	*Ipomoea pescaprae*
			Restinga
			Diplothemium maritimum
Tone	Mangrove	Seen	offene Flächen
	Rhizophora mangle	*Eichhornia crassipes*	*Andropogon* sp.
			Vernonia sp.
		Sümpfe	
		Scirpus sp.	
Fels	Felsküste	Felsufer	Felsvorsprünge
	Algen	Algen	*Arecastrum romanzoffianum*
			Aechmea sp.

wurde von ULE (1901) noch eine „*Clusia*-Restinga" beschrieben, in der die mit Stützwurzeln ausgestattete, 3 bis 10 m hohe *Clusia* überwiegt. Die südlich von Cabo Frio gelegenen Restingas von Rio de Janeiro wurden von DANSEREAU (1947) untersucht. Die von ihm entwickelte Grundgliederung finden wir, wenn auch zunehmend artenärmer, ebenso in Santos, Santa Catarina und Rio Grande do Sul (u. a. ANDRADE 1967, LAMEGO 1940, RAWITSCHER 1944, RIZZINI 1976).

Danach folgt vom Meer her zunächst eine Spülzone mit vegetationslosem Sand (Zone 1), die in niedrige, mit Gräsern und *Ipomoea* bewachsene Sandhügel (Zone 2) übergehen, deren Vegetationsdecke landeinwärts dichter wird (Zone 3), um, von kleinen Seen oder Sümpfen (Zone 4) unterbrochen, schließlich in mehrere Meter hohe „Buschdünen" (Zone 5) überzugehen, in deren Windschatten sich Gehölze und Dünenwälder (Zone 6) ansiedeln. Besonders auffallend ist die Vegetation der Senken, in denen sich nach Regengüssen häufig kleinere Seen bilden. Die in Mitteleuropa aus Flach- und Hochmooren bekannten Vertreter der Gattung *Drosera* gedeihen hier ebenso im Sand wie der Wasserschlauch *(Utricularia)*. Die „Sand-Utricularien" erbeuten mit ihren Fang-Blasen kleine Vertreter des Sandlückensystems. *Paepalanthus*-Arten können hier flächendeckend auftreten (z.B. Florianopolis).

Für die subtropische Restinga von Rio Grande do Sul gibt HUECK (1966) folgende Gliederung:

Zone 1: Spülzone mit angeschwemmten Algen.

Zone 2: Zone mit kleinen, wenige Dezimeter hohen und rasch vergänglichen Initialdünen, insbesondere mit *Iresine, Hydrocotyle umbellata, Ipomoea.*

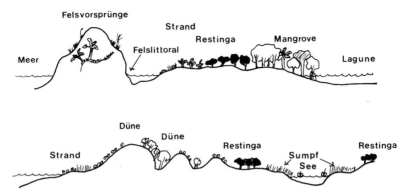

Abb. 230. Schematisiertes Querprofil durch eine Restinga bei Rio (nach DANSEREAU 1947).

Zone 3: Primärdünen mit hohen Dünengräsern.
Zone 4: Gebüschvegetation; ähnlich Cabo Frio, aber stark verarmt.
Zone 5: Dünenwälder mit *Protium, Coccoloba, Pisonia, Schinus, Cupania, Pithecolobium, Tabebina umbellata, Myrica dichrophylla, Acotea pulchella, Ficus organensis, Inga striata, Aspidosperma pyriocollum* und *Roupala.* Diese Gesellschaft wird nach Abholzen lokal durch die Palme *Arecastrum romanzoffianum* ersetzt.
Zone 6: Seen und Sümpfe.

Aber auch in Rio Grande do Sul gilt, was DANSEREAU (1947) für die Restinga von Rio zeigte, daß nämlich der Feuchtigkeits- und Salzgehalt entscheidend die Vegetationsausprägung bestimmen. Im Grenzbereich Lagune/Düne tritt eine Gesellschaft mit *Eriocaulon, Drosera intermedia, Lycopodium alopecuroides, Eleocharis, Cyperus obtusatus* und *Androtrichum trigynum* auf, die auf den windbewegten Dünen von *Panicum racemosum* und *P. sabulorum* abgelöst wird. Nach OLIVEIRA, PFADENHAUER und SERAFINI (1977) und PFADENHAUER und RAMOS (1977) sind für die Primärdünen zwischen Tramandai und Cidreira die Arten *Philocerus portulacoides, Spartina ciliata* und die gelbblühende *Senecio crassiflorus* charakteristisch.

Im südlichsten Rio Grande do Sul (Taim; Lagoa Mirim) wird die Dünenvegetation von *Paspalum vaginatum* bestimmt. Wo der Sand stärker verfestigt ist, tritt *Panicum gouinii*, in Ufernähe *Scirpus olneyi* und in feuchten Niederungen *Juncus bufonius* und *Cyperus obtusatus* auf (PFADENHAUER, OLIVEIRA, PORTO, MIOTTO, RAMOS und MARIATH 1977).

Die aquatische Vegetation setzt sich aus *Salvinia herzogii, S. minor, Eichornia crassipes, E. azurea, Myriophyllum brasiliensis* und *Ceratophyllum demersum* zusammen (PORTO 1977). Orchideenreiche (besonders *Cattleya intermedia*) Wälder mit *Ficus enormis, Rapanea umbellata, Erythroxylum argentinum, E. pelleterianum, Schinus dependens* und *Erythrina crista-galli* treten in den Niederungen auf.

Bereits 1820 sammelte AUGUSTE DE SAINT-HILAIRE bei Torres und Tramandai in den Küstendünen Pflanzen, und F. SELLOW legte 1827 ein Herbar von Küstenpflanzen (Nordküste von Rio Grande do Sul bis Laguna in Santa Catarina) an, während 1892 LINDMAN und 1901 MALME Sammlungen aus der Umgebung von Rio Grande zusammentrugen. Die erste historische Analyse der Küstenvegetation wurde von

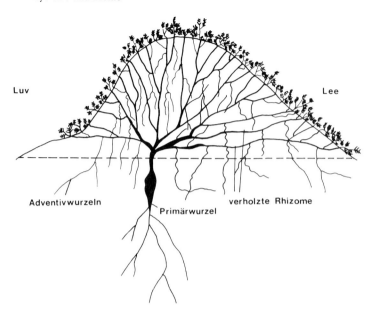

Abb. 231. Durch *Ambrosia chamissonis* befestigte Düne an der chilenischen Küste, als Beispiel für ein „Schlüsselartenökosystem" (nach KOHLER 1970).

RAMBO (1954) veröffentlicht. Er wies nach, daß in „dem 30 000 Quadratkilometer großen, quartären Küstengebiet von Rio Grande do Sul, Südbrasilien, keine ortsentstandenen Endemen leben". Er schloß daraus, „daß die gesamte Phanerogamenflora der riograndenser Küste – das gleiche gilt auch für ihre Verlängerung in den Süden von St. Catarina und in den Nordosten von Uruguay – aus den Nachbargebieten eingewandert ist". Unabhängig von seinen daraus abgeleiteten evolutionsgenetischen Vorstellungen erkannte er, daß nur durch die Annahme quartärer Vegetationsfluktuationen die Flora von Rio Grande do Sul sinnvoll interpretierbar wurde (vgl. auch RAMBO 1954, SMITH 1964). Von GLIESCH (1925) stammt die erste zusammenfassende Darstellung der riograndenser Strandfauna. Er beschrieb auch die Ruheplätze der Ohrenrobben *Otaria byronia* und *Arctocephalus australis* auf der Ilha dos Lobos bei Torres, die heute nur noch sporadisch von Einzelexemplaren aufgesucht wird.

Die Fauna zeigt ebenso wie die Flora ein markantes Nord-Süd-Gefälle. Während Vogelarten wie der Ammerfink *Zonotrichia capensis*, der brutschmarotzende Kuhstärling *Molothrus bonariensis*, der Pieper *Anthus correndera*, die Tyrannen *Pitangus sulphuratus* und *Tyrannus melancholicus*, die Falken *Milvago chimachima* und *Caracara plancus* und die Kanincheneule *Speotyto cunicularia* vom Norden bis zum Süden in der Restinga auftreten können, ist die Spottdrossel *Mimus saturninus* ein Charaktervogel der Restinga von Rio Grande do Sul. Allen diesen Vogelarten ist jedoch gemeinsam, daß sie neben der Restinga auch andere Lebensräume besiedeln. Das gilt auch für den bis nach Florida vorkommenden Schneckenhabicht *Rosthramus sociabilis*, der die in den isolierten Lagoas und Sümpfen lebenden Schnecken (Ampularien), deren leuchtend gelbrote Eipakete über dem Wasserspiegel weithin sichtbar sind, erbeutet. Eine artenreiche Limicolen- und Wasservogelfauna, die im Taim-Schutzgebiet im Süden von Rio Grande do Sul besonders eindrucksvoll vertreten ist, gehört ebenso dazu, wie die Parastaciden (z. B. *Parastacus pilimanus*), die auf der Südhalbkugel die holarktischen Flußkrebse (Astacidae) vertreten. Daneben gibt es unter den Invertebraten und Vertebraten einige Spezialisten, die ökologisch streng an die Restinga gebunden sind, und deren Phylogenie offensichtlich korreliert zur Geschichte dieses Lebensraumes verlief. Das gilt z. B. für brasilianische Sandlaufkäfer der auch in Mitteleuropa vorkommenden Gattung *Cicindela* ebenso wie für die Nachtfaltergattung *Ecpanteria* (Arctiidae), deren Raupen an den *Senecio*-Arten in der Restinga fressen, und die ihr Vorhandensein an einem Standort durch markante Spuren im Sand verraten. Zahlreiche Arthropoden kommen erst, ähnlich wie die wühlenden Sandratten der Gattung *Ctenomys* oder die Kröte *Bufo arenarum,* in der Nacht an die Sandoberfläche. Dazu gehört der fast weiße Forficulide *Labidura batesi* ebenso wie bestimmte Termitenarten. Die drei allopatrisch verbreiteten brasilianischen Erdleguane der Gattung *Liolaemus* (vgl. MÜLLER und STEINIGER 1977) sind ebenfalls typische Restinga- und Küstendünen-Arten. Die endemisch südamerikanischen Erdleguane der Gattung *Liolaemus* kommen mit etwa 50 Arten vom andinen Puna-Hochland über die feuchten Nothofagus-Wälder Chiles und die Kältesteppen Patagoniens bis in die subtropischen und tropischen Restinga- und Küstendünen-Gebiete Ostbrasiliens vor (MÜLLER 1976). Neben euryöken Arten treten stenöke mit oftmals stark disjungierten Arealen auf. Gerade diese Gruppe wurde in letzter Zeit intensiv untersucht, um über die Aufklärung ihrer Phylogenie, ökologischen Habitatbindung und Arealgeschichte einen Beitrag zur Entwicklungsgeschichte südamerikanischer Landschaften zu erhalten (vgl. Ausbreitungszentrenkonzept; MÜLLER 1970, 1973, 1977).

Die brasilianischen *Liolaemus*-Arten bilden einen Superspezies-Complex, dessen Semispezies *(lutzae, occipitalis, wiegmannii)* sowohl morphologisch, karyologisch und elektrophoretisch als auch chorologisch, ökologisch und ethologisch gut charakterisierbar sind (MÜLLER und STEINIGER 1977).

Fundorte, an denen Sympatrie oder gar Hybridisation vorliegt, sind unbekannt. Während die Verbreitung von *occipitalis* und *lutzae* in ihren Grundzügen weitgehend geklärt ist, ergeben sich für *wiegmannii* noch zahlreiche chorologische Fragezeichen. Zweifellos beruht die Vermutung, daß die Art auch in Chile vorkommt (Terra typica), ebenso auf einer Verwechslung, wie der Hinweis auf eine patagonische Verbreitung bei BURT und BURT (1931). „*L. wiegmannii* ist zweifellos eine nördlichere Form, die Mittelargentinien bewohnt und bis nach Uruguay vordringt" (HELLMICH 1950, Seite 352). LEMA und FABIAN-BEURMANN (1977) erwähnen *L. wiegmannii* von Rocha (Uruguay) aus der Uferregion der Laguna Garzón. Ein Exemplar aus der Prov. Buenos Aires (SMF 11 147, leg. C. Berg) ohne nähere Fundortangaben stimmt mit *wiegmannii*-Exemplaren aus Tapes überein. Der mimetisch gefärbte *Liolaemus occipitalis* ist ein Sanddünenspezialist mit ausgeprägter Jahresperiodik (Ablage der beiden Eier im Oktober, November), der bereits bei Außentemperaturen von 16 °C und starker Insolation auf der Sandoberfläche aktiv wird, als ausgezeichneter Sandgräber aber auch die für ein Dünentier verblüffende Fähigkeit besitzt, sich bis zu sechs Stunden über Wasser halten zu können, was bei den periodischen Überflutungen eine vorzügliche Anpassung an seinen Lebensraum darstellt.

Auf dem weißen Wanderdünensand sind die Tiere durch ihre Färbung ausgezeichnet geschützt. Aufgescheucht jagen sie über den Sand, wühlen sich jedoch nach mehreren Metern blitzschnell in ihn ein, wobei eine charakteristische, deutlich sichtbare Schleife, die durch Schwanzbewegungen entsteht, das wenige Zentimeter unter der Oberfläche liegende Tier verrät. Von entscheidender Bedeutung für dieses rasche Eingraben sind sicherlich auch die Korngrößenverhältnisse des Dünensandes.

L. *wiegmannii* meidet dagegen die windbewegten Dünen meist und lebt z. B. bei Tapes (Rio Grande do Sul) auf fossilen Dünensanden, die wesentlich gröbere Körnung besitzen. Flüchtend graben sich die Tiere nicht sofort ein, sondern versuchen vorerst, das nächste Gebüsch oder den Schutz von Säulenkakteen *(Cereus peruvianus)* zu erreichen, von wo aus sie den Verfolger beobachten. Bei weiteren Fangversuchen graben sich die Tiere ebenfalls ein, jedoch keineswegs so vollkommen wie *occipitalis*. Häufig ragt das Schwanzende noch aus dem Sand heraus. In Hangböschungen legen die Tiere ihre Gänge immer im Schutz von Vegetation an. *Wiegmannii* besitzt ebenfalls eine „Winterruhe" (April bis Juni). Die Weibchen legen im Oktober/November zwei Eier ab.

Auch der in Rio de Janeiro vorkommende *L. lutzae* vergräbt sich bei Verfolgung nicht sofort im Sand, sondern versucht das nächstgelegene Kakteengebüsch (vgl. Beschreibung der Vegetation bei DANSEREAU 1947, RIZZINI 1976, ULE 1901 u. a.) oder eine stachelbewehrte Zwergpalme zu erreichen. An seiner Terra typica, dem Recreio dos Bandeirantes (Rio de Janeiro), bauen die Tiere in die Uferböschungen fast 1 m tiefe Gänge, in deren Nähe sie sich fast wie mitteleuropäische Zauneidechsen verhalten. An der Praia da Tijuca (Rio de Janeiro) jagen sie über den offenen Sand, halten sich jedoch immer in der Nähe von Zwergpalmen auf. Unter abgerissenen und vom Wind zusammengetragenen *Ipomoea*-Resten findet man oft mehrere dicht beisammen. Erst bei intensiverer Verfolgung graben sie sich ein.

Von den drei Arten ist *occipitalis* zweifellos die ökologisch am stärksten an die Wanderdünen der Restinga angepaßte Art, während *lutzae* und *wiegmannii* echte Restinga-Arten, also stärker an den Gehölzgürtel in Küstennähe gebunden sind. Die rezente Verbreitung und Phylogenie der drei Semispezies läßt sich nur vor dem Hintergrund der quartären und postglazialen Geschichte der Restinga verstehen, die besonders von eustatischen Meeresspiegelschwankungen und Klimaveränderungen geprägt wurde.

Innerhalb des *wiegmannii*-Complexes steht *wiegmannii* zweifellos der Ausgangsform am nächsten. Sowohl morphologisch (u. a. Zahl der Schuppen um Rumpfmitte, Färbung) als auch ethologisch (Fluchtverhalten), ökologisch (Restinga-Art) und elektrophoretisch (Esterasen-Muster) ähneln sich *wiegmannii* und *lutzae* am stärksten. *Occipitalis* ist als eine Lebensform der Wanderdünen auf die rezenten Dünen beschränkt. Da *wiegmannii* ausschließlich die fossilen (pleistozänen) Dünenzüge bewohnt („The age of the Serra de Tapes laterite and the Itapoa dune fields are probably older Pleistocene or possibly younger Tertiary." DELANEY 1966, Seite 24), haben postglaziale Dünenbildungsphasen sicherlich keine Nordwanderung der Populationen auslösen können. Völlig anders sieht das bei *occipitalis* aus, dessen rezentes Areal nur durch die Annahme postglazialer Dünen-Wanderstraßen erklärt werden kann (u. a. isolierte Florianopolis-Vorkommen). C^{14}-Daten von postglazialen Lagerstätten mit *Anomalocardia brasiliana* in der Küstenebene von Parana (Rio Vermelho) lassen vermuten, daß der Meeresspiegel vor 5700 Jahren in diesem Gebiet um 1,5 m über dem gegenwärtigen lag und das Klima wärmer und feuchter war (BIGARELLA 1971). Die daran anschließende Dünenbildungsphase hatte sicherlich erheblichen Einfluß auf die Nordgrenze des *occipitalis*-Areals. Man darf jedoch die Feststellung von BI-

GARELLA (1971, Seite 12) dabei nicht übersehen: „No pleistoceno Brasileiro ocorreram varias episódias de expansião e retração dos campos de dunas" (vgl. auch AB'SABER 1970). Zweifellos muß man auch die Geschichte der mit den Sanddünen eng verzahnten Lagoas berücksichtigen:

„..., it may be inferred that wind generated currents from the North and longshore drift from the South have played important roles in the formation of the coastal plain. The two coastal lakes, Lagoa Mangeira and Lagoa dos Peixes, were formed when longshore drifted sandy materials gradually locked off parts of the sea by recurved spits. Since longshore drift from the south is stronger, the Lagoa Mangeira was completely locked off from the ocean, whereas the Lagoa dos Peixes intermittantly possesses an outlet. Other smaller lakes in the lower coastal plain were formed by local accumulations of rain and run-off water deprived of effective outlets by large wind-drifted sand dunes" (DELANEY 1966, Seite 23).

Gegenwärtig kann vermutet werden, daß bereits im Würmglazial *wiegmannii*-ähnliche Populationen, von Süden herkommend, in Rio Grande do Sul und Uruguay lebten. Die pleistozänen Bedingungen („In front of the continental glaciers from the Province of Entre Rios, Argentina, throughout Uruguay, and in Southern Rio Grande do Sul loess pampas existed. North of the loess pampas and south of the Serra Geral escarpment a cold steppe was probably present" DELANEY 1963, Seite 52; zum Klima vgl. AB'SABER 1970, ANDRADE et al. 1963, FRÄNZLE 1976, HURT 1964, MERCER 1976, MÜLLER 1973, 1975, STEVENSON und CHENG 1969, VAN DER HAMMEN 1969) und die gegen Ende des Würmglazials noch 50 m niedriger gelegenen Meeresspiegelstände liefern die wesentlichen externen Gründe für eine Nordwärtswanderung von *Liolaemus*-Populationen bis Rio de Janeiro. Durch das postglaziale Ansteigen des Meeresspiegels wird diese Möglichkeit letztlich zerrissen, und Dünenbildungsphasen besitzen nur noch Bedeutung für den ökologischen Dünenspezialisten *L. occipitalis.* Während die phylogenetische Trennung zwischen *lutzae* und *wiegmannii* primär durch Separation ursprünglich einheitlicher Populationen verstanden werden kann, muß für *occipitalis* Einwandern von praeadaptierten Vorfahren in einen durch besondere selektive Bedingungen gekennzeichneten Lebensraum angenommen werden. Das bedeutet jedoch, daß wir den Zeitpunkt dieser Einwanderung und somit auch die Evolutionsgeschwindigkeit dieser Art nur grob bestimmen können. Unabhängig davon zeigen jedoch diese kleinen Erdleguane, daß über die Aufschlüsselung ihres Informationsgehaltes ein Beitrag zur Geschichte des Lebensraumes Restinga geliefert werden kann.

5.1.11 Die Mangrove-Biome

THEOPHRAST (371 bis 287), der die botanische Ausbeute des Alexander-Zuges bearbeitete, berichtete erstmals in seiner „Naturgeschichte der Gewächse" von den „amphibischen Pflanzen", deren Wälder im arabischen Golf im „Meere wachsen", und den ältesten Seefahrern waren die immergrünen Gehölzformationen der tropischen Küsten wohlbekannt.

Im Mangrove-Biom, an der Grenze zwischen marinen und terrestrischen Ökosystemen, lebt eine an die Gezeitenzone tropischer Meere angepaßte artenarme, in vielen Fällen jedoch außerordentlich individuenreiche Tier- und Pflanzenwelt, die zu „amphibischer" Lebensweise befähigt ist, starke Salzgehaltsschwankungen ertragen und den (als typisches Substrat) anfallenden organischen Schlamm in ihren Nahrungskreislauf einbauen kann. In flachen, brandungsgeschützten Buchten mit reichhaltigem marinem und fluviomarinem Aufschüttungsmaterial bildet die Mangrove oft ausgedehnte Wälder. Beispiele von den Malediven und anderen Koralleninseln sowie erfolgreiche Keimungsversuche mit verschiedenen Mangrovepflanzen in reinem Süßwasser zeigen, daß sie zu ihrer Entwicklung nicht unbedingt an Brackwasser gebunden sind. Obwohl sich die einzelnen Pflanzenarten physiognomisch und, soweit sie innerhalb eines Bestandes eine vergleichbare ökologische Stellung einnehmen, auch physiologisch gleichen (CHAPMAN 1976), gehören sie oftmals verschiedenen genetischen Gruppen an. Weit verästelte Stützwurzeln verankern den „Manglebaum" *Rhizophora* im tiefgründigen, sauerstoffarmen, aber H$_2$S-reichen Schlick. Oberirdische Luftwurzeln (Pneumatophoren) der *Sonneratia*-Arten oder die aus dem Schlamm aufragenden „Wurzelknicks" von *Bruguiera* versorgen die Pflanzen mit ausreichendem Sauerstoff. Zahlreiche Arten sind vivipar. Aus der Blüte entwickelt sich sofort die Keimpflanze, die von der Mutterpflanze abfällt, sich durch ihr Fallgewicht in den weichen Schlamm einbohrt oder vom Wasser an einen anderen Standort verdriftet wird und dort rasch Wurzeln schlägt. Alle Arten besitzen eine erstaunlich große Fähigkeit, unter verschiedenen Salzkonzentrationen leben zu können. Das hat zur Folge, daß einzelne Individuen der gleichen Art weit in den Mündungtrichter der Flüsse aufsteigen, andere dagegen im reinen Meerwasser vorkommen.

Unterschiedliche Anforderungen, denen im Mangrovegürtel die Pflanzen an der Land- bzw. Meerseite ausgesetzt sind, führen zu einer spezifischen Verteilung einzelner Pflanzenarten, und damit zu einer charakteristischen Mangrove-Struktur. *Rhizophora*-Arten dringen im Atlantik am weitesten ins Meer, wo sie die anrollenden Bre-

Abb. 232. Mangrove-Biom (nördlich Mallindi 1974, Kenya).

Tab. 5.75 Die wichtigsten Familien, Gattung und Pflanzenarten der Mangrove-Biome (CHAPMAN 1976)

Familie	Gattung	Art
1. Rhizophoraceae	*Rhizophora*	*R. racemosa*
		R. mangle
		R. harrisonii
		R. mucronata
		R. apiculata
		R. stylosa
	Bruguiera	*B. gymnorrhiza*
		B. sexangula
		B. exaristata
		B. parviflora
		B. cylindrica
		B. hainesii
	Ceriops	*C. tagal*
		C. decandra
	Kandelia	*K. candel*
2. Sonneratiaceae	*Sonneratia*	*S. caseolaris*
		S. ovata
		S. alba
		S. apetala
		S. griffithii
3. Avicenniaceae	*Avicennia*	*A. germinans*
		A. lanata
		A. balanophora
	A. tomentosa	*A. alba*
		A. tonduzii
		A. officinalis
	A. intermedia	*A. marina* var. *resinifera*
		A. schaueriana
		A. bicolor
		A. africana
		A. eucalyptifolia
4. Verbenaceae	*Clerodendron*	*C. inerme*
5. Plumbaginaceae	*Aegialites*	*A. rotundifolia*
		A. annulata
6. Combretaceae	*Lumnitzera*	*L. racemosa*
		L. littorea
	Laguncularia	*L. racemosa*
	Conocarpus	*C. erecta*
7. Meliaceae	*Xylocarpus*	*X. mekongensis*
		X. meluccensis
		X. granatum
8. Leguminosae	*Cynometra*	*C. ramiflora* subs. *bijuga*
		C. iripa
	Derris	*D. heptaphylla*
		D. heterophylla
	Intsia	*I. bijuga*
9. Myrsinaceae	*Aegiceras*	*A. corniculatum*
		A. floridum

10. Rubiaceae	Scyphiphora	S. hydrophyllacea
11. Acanthaceae	Acanthus	A. ilicifolius
		A. ebracteatus
		A. speciosum
12. Palmae	Nypa	N. fructicans
	Oncosperma	O. horridum
		O. filamentosa
	Phoenix	P. reclinata
		P. paludosa
13. Polypodiaceae	Acrostichum	A. aureum
		A. speciosum
14. Euphorbiaceae	Exoecaria	E. agallocha
15. Sterculiaceae	Heritiera	H. littoralis
		H. fomes
16. Tiliaceae	Brownlowia	B. Lanceolata
17. Bombacaceae	Camptostemon	C. philippinense
		C. schultzii
18. Myrtaceae	Osbornia	O. octodonta
19. Apocynaceae	Cerbera	C. odollam
		C. manghas
20. Compositae	Pluchea	P. indica
21. Theaceae	Pelliciera	P. rhizophorae
22. Bignoniaceae	Dolichandrone	D. spathacea
23. Loranthaceae	Amyema	A. gravis
	Viscum	V. ovalifolium

cher „abfangen". In Südostasien treten an ihre Stelle Sonneratien, die einen bis 25 m hohen, schützenden Waldgürtel zur Meerseite hin aufbauen. Bei Flut stehen die Bäume zum Teil bis zu den Kronen unter Wasser, während bei Ebbe auch der Stelzwurzelbereich freiliegt.

Ähnlich wie die Verbreitung der Korallenriffe wird auch jene der Mangrove entscheidend durch den Verlauf kalter und warmer Meeresströmungen bestimmt. Kalte südliche Meeresströmungen (Benguela- und Humboldtstrom) verschieben auf den Westseiten von Südamerika und Afrika ihre Südgrenzen äquatorwärts, während der warme ostafrikanische Agulhas-Strom Mangrove auch noch im Süden von Madagaskar gedeihen läßt.

Auf der pazifischen Seite Südamerikas erstreckt sich die Mangrove bis 4° südlicher Breite, unter dem Einfluß des warmen Brasilstromes dehnt sie sich jedoch auf der atlantischen Ostseite des Kontinents bis Santos und inselhaft aufgelöst bis Florianopolis (Staat Santa Catarina) aus. Am weitesten nach Süden dringt die Mangrove auf den Chatham-Inseln (44° s.B.).

Die Verbreitung der auf die Mangrove-beschränkten Pflanzengattungen zeigt, daß man eine artenreiche östliche von einer artenärmeren westlichen Mangrove unterscheiden kann. Ihre Grenze verläuft einerseits durch den afrikanischen Kontinent, andererseits korreliert zur pflanzengeographischen Trennungslinie zwischen Palaeotropis und Neotropis.

Aufgrund des südostasiatischen Artenreichtums nahmen manche Autoren ein Sunda-Archipel-Entstehungszentrum für die Mangrove an. Doch läßt sich durch eine Vielzahl paläontologischer Befunde bei anderen Taxa belegen, daß eine Ableitung des

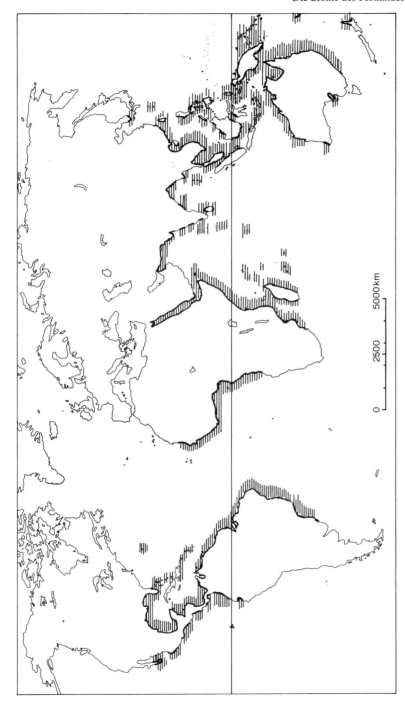

Abb. 233. Verbreitung des Mangrove-Bioms (nach CHAPMAN 1976).

Entstehungszentrums vom rezenten Mannigfaltigkeitszentrum immer fraglich bleibt. Wie weit intraspezifische Konkurrenz für die Verbreitung der Mangrove bedeutsam ist, wurde bisher noch nicht ausreichend untersucht.

Obwohl viele Mangrove-Pflanzen gut verdriftet werden können, überrascht bei einigen Arten die Stetigkeit ihrer Areale. Das gilt besonders für die Mangrove isolierter pazifischer Inselgruppen.

Tab. 5.76. Verbreitung von Mangrovepflanzen (CHAPMAN 1976)

Familien und Gattung	Arten- zahl	Ind.-Ozean u. West Pazifik	Pazifik USA	Atlantik USA	West- Afrika
Rhizophoraceae					
Rhizophora	7	5	2	3	3
Bruguiera	6	6	–	–	–
Ceriops	2	2	–	–	–
Kandelia	1	1	–	–	–
Avicenniaceae					
Avicennia	11	6	3	3	1
Meliaceae					
Xylocarpus	? 10	? 8	?	2	1
Combretaceae					
Laguncularia	1	–	1	1	1
Conocarpus	1	–	1	1	1
Lumnitzera	2	2			
Bombacaceae					
Camptostemon	2	2			
Plumbaginaceae					
Aegialitis	2	2			
Palmae					
Nypa	1	1			
Myrtaceae					
Osbornia	1	1			
Sonneratiaceae					
Sonneratia	5	5			
Rubiaceae					
Scyphiphora	1	1			
Myrsinaceae					
Aegicera	2	2			
Gesamt	? 55	? 44	? 6	10	7
Andere Genera	35	19	9	7	4
Gesamt	? 90	? 63	? 15	17	11

Die Tierwelt der Mangrove setzt sich aus Arten unterschiedlicher Herkunft zusammen. Tropische Regenwaldarten können ebenso angetroffen werden wie marine Tiergruppen. In den Tropen überwinternde nearktische und palaearktische Limicolen suchen zwischen streng an den Mangrove-Biom gebundenen Crustaceen nach Nahrung.

Artenzusammensetzung und tagesperiodische Rhythmik der Mangrove-Fauna wird von der Vegetationsstruktur und der Periodizität von Ebbe und Flut markant geprägt (GERLACH 1958, MACNAE 1966, MÜLLER 1977).

Tab. 5.77. Verbreitung von Pflanzenarten in den Mangrove-Wäldern Mikronesiens (HOSOKAWA 1967)

Art	Saipan	Guam	Yap	Palau	Truk	Ponape	Kusaie	Arno, Marshalls
Acrostichum aureum	+	+						
– speciosum			+	+	+			
Pandanus kanehirae				+				
Nypa fruticans		+	+	+	+	+	+	
Crudia cynometroides				+				
(?) Cynometra bijuga				+				
Dalbergia candenatensis	+	+	+	+	+	+	+	
Derris trifoliata		+	+	+	+	+	+	
Xylocarpus granatum		+	+	+	+	+	+	
– moluccensis								+
Excoecaria gallocha	+	+	+	+	+	+		
Samadera indica				+				
Hippocratea macrantha				+				
Stemonurus ellipticus				+				
Heritiera littoralis	+	+	+	+	+	+	+	
Calophyllum cholobtaches				+				
Sonneratia alba			+	+	+	+	+	+
Bruguiera gymnorrhiza	+	+	+	+	+	+	+	+
Ceriops decandra			+	+				
Rhizophora apiculata		+	+	+	+	+	+	
– mucronata		+	+	+	+	+	+	+
Lumnitzera littorea		+	+	+	+	+	+	+
Barringtonia racemosa		+	+	+	+	+	+	
Finlaysonia maritima				+				
Sarcolobus sulphurcus				+				
Tylophora polyantha		+						
Thespesia populnea				+	+	+	+	
Avicennia marina		+	+	+				
Clerodendron inerme	+	+	+	+	+	+	+	+
Acanthus ebracteatus				+				
Scyphiphora hydrophyllacea			+	+				
Paspalum vaginatum	+	+	+	+	+	+	+	
Pemphis acidula								+
Intsia bijuga								+
Artenzahl	6	15	20	29	16	15	15	8

Zahlreiche Arten, vor allem die sessilen oder hemisessilen Baumaustern (u.a. *Ostrea rhizophorae* und *O. arborea* in Brasilien, *O. mytilioides* in Java, *O. glomerata* in Australien) und die an den *Rhizophora*-Stämmen lebenden Seepocken (u.a. *Chthalmus rhizophorae*) besitzen ihre Hauptaktivitätsphase bei Flut, während die Mangrovekrabben *Uca, Sesarma* und *Cardisoma* bei Ebbe auf Nahrungssuche gehen. Die neotropische Krabbe *Aratus pisoni* lebt an den Mangrove-Stämmen oberhalb der Hochwasserlinie und ernährt sich von Mangrove-Blättern. Die Schlammspringer (z.B. *Boleophthalmus, Scartelaos* und *Periophthalmus*) sind ähnlich wie die Mangrovekrabbe *Goniopsis cruenta* zu amphibischer Lebensweise befähigt.

Tab. 5.78 Mangrove-Tiere der „hohen" Mangrove von Java und der „niedrigen" Mangrove von Inhaca (MACNAE 1966)

	Java	Inhaca
1. Landseite	Sesarma mederi	Sesarma eulimene
	– meinerti	– meinerti
	Coenobita cavipes	– ortmanni
	Clistocoeloma merguiensis	Coenobita cavipes
	(in Brackwasser)	– rugosus
	Littorina scabra	Cardisoma carnifex
	– carinifera	Littorina scabra
	Cerithidia quadrata	Cerithidia decollata
	– obtusata	
	Cassidula auris felis	
	– mustelina	
2. Vegetationslose Flächen	Uca consobrinus	Uca inversa
3. Avicennia-Gebiet	Uca signatus?	Uca annulipes
	Hyoplax delsmani	
4. Schlammbänke	Uca sp.	Uca urvillei
	Metaplax elegans	– gaimardi
	Sesarma bataviana	Sesarma guttata
	– cumolpe	Ilyograpsus paludicola
	Paracleistosoma depressum	Macrophthalmus
	Maracrophthalmus erato	depressus
	Upogebia sp.	(? Paracleistosoma
	Terebralia sulcata, T. palustris	depressum)
	Cassidula alata	– fossula
	Assiminea brevicula	Upogebia africana
	Salinator burmana	Terebralia palustris
	Haminea sp.	Cassidula labrella
		? Assiminea sp.
		Peronia peroni
		Haminea petersi
5. Wasserkanäle	Scylla serrata	Scylla serrata
	Periophthalmodon schlosseri	Periophthalmus sobrinus
	Beleophthalmus boddaerti	Clibanarius longitarsus
	Clibanarius longitarsus	
6. Überall vorkommend	Thalassina anomala	
	Macrophthalmus definitus	
	Tachypeleus gigas (= Limulus)	
7. Offene Sandflächen	Uca vocans	Uca vocans

In den Mangrove-Wäldern im Süden des Senegals besiedelt *Periophthalmus* während der Ebbe zu tausenden die offenen Schlammflächen. Bei Gefahr flüchten sie ins offene Wasser oder in die Wohnröhren der Winkerkrabben, wenn ihre eigenen Schlupflöcher zu weit entfernt sind. Zur Brutzeit bauen sie trichterförmige Löcher in den Schlick, die auch bei Ebbe das Grundwasser erreichen. In ihnen wachsen die Jungen heran. Zahlreiche Winkerkrabben (Genus *Uca*) besiedeln das schlammige Substrat, in das sie ihre Höhlen bauen. Die bekannten 62 Arten dieser Gattung sind überwiegend tropisch verbreitet und fast immer an einen schlickigen Untergrund gebunden. Ausnahme bildet z. B. die in Ostafrika vorkommende *Uca tetragona,* die Korallensande benötigt, oder die von Angola bis nach Südspanien (Guadalquivir) vorkommende *U. tangeri.* Sie lebt im Senegal (u. a. im Sine-Saloum-Gebiet) im Mangrove-Biom, kommt in ihrem südspanischen Lebensraum jedoch in mit *Salicornia* bestandenen Salinen vor.

Ähnlich wie die Mangrove-Pflanzen können auch die mit ihnen vergesellschafteten *Uca*-Arten erstaunlich große Salzkonzentrationsschwankungen ertragen. Der gehäuselose, mit den Einsiedlerkrebsen verwandte Maulwurfskrebs, *Thalassina anomala,* lebt in Röhrensystemen im Schlick der malaiischen Mangrove. An der Oberfläche aufgeworfene Erdbauten verraten seine Anwesenheit. Im Schlick der brasilianischen Mangrove (u. a. bei Santos; südlich von São Sebastião) findet man häufig die verzweigten Wohnbauten des bis 2,5 m langen Rieseneichelwurmes *Balanoglossus gigas* (Enteropneusta). Die Röhren bestehen aus Schlammpartikeln, die durch seinen Hautschleim zusammengeklebt werden.

Aber die Mangrove wird nicht nur von einer amphibischen, häufig euryhalinen, Fauna bewohnt. Sowohl vom Meer als auch aus den Flüssen oder aus den Regenwäldern des Festlandes dringen Arten, zumindest zeitweise, in sie vor. Dem Krokodil *Crocodylus porosus* kann man in den südostasiatischen Mangrove-Sümpfen ebenso begegnen wie dem großen Salvator-Waran *(Varanus salvatori),* der in den flußuferbegleitenden südceylonesischen Mangroven in individuenreichen Populationen lebt. Die endemischen Nasenaffen *(Nasalis larvatus)* von Borneo halten sich bevorzugt in Mangrovewäldern auf, wo sie die Blätter der Mangrovepflanzen fressen.

Im nördlichen Südamerika dringen der grüne Leguan *Iguana iguana* und die schneckenfressende Echse *Dracaena guianensis* in die Mangrove-Region ein, und Crotaliden (u. a. *Bothrops atrox, B. jajaraca*) können ebenso angetroffen werden wie in Südostasien Vertreter der Giftschlangengattung *Trimeresurus* oder die im Atlantik fehlenden Seeschlangen (Hydrophiidae). In der indopazifischen Mangrove lebt der gegen hohen Salzgehalt erstaunlich unempfindliche Philippinen-Frosch *(Rana cancrivora),* dessen Kaulquappen sich noch in 2,6%igem Salzwasser entwickeln können. Der auch im Süßwasser vorkommende handlange Schützenfisch *(Toxotes jaculatrix)* dringt im indoaustralischen Bereich ebenfalls in die Mangrove vor. Zahlreiche Insektenarten, darunter Myriaden von Mücken und blütenbestäubenden Bienen *(Rhizophora* und *Aegiceras)* leben ständig im Mangrovewald. Reiher *(Florida coerulea* in Südamerika, *Ardeola ralloides* und *Herodias gularis* in Afrika, *Butoris*-Arten in Südostasien) jagen ihre Beute bevorzugt in den Mangrove-Sümpfen. Das gilt auch für zahlreiche Eisvogelarten, den südamerikanischen Schneckenhabicht *Rostrhamus sociabilis,* brasilianische Mangrovebussarde der Gattung *Gerronhotus* und den indischen Brahminenweih *(Haliastur indus).* Auch Fledermäuse werden häufig in den Mangroven angetroffen, die sie als sichere Ruheplätze schätzen. Flughunde *(Pteropus giganteus)* suchen im Küstengebiet von Ceylon meist in den Mangrove-Wäldern ihre Schlafbäume auf, und in der südamerikanischen Mangrove fliegen die blütenbestäubenden Kleinfledermäuse *Lonchiglossa caudifer* und *Glossophaga soricina.* Für diese Arten ist die Mangrove jedoch nicht ursprünglicher Wohnraum, sondern viel stärker Nahrungssuch-Raum und Rückzugsgebiet.

Mit der Entfernung von den Tropen verringert sich der Artenreichtum. Das läßt sich sowohl an der südamerikanischen und afrikanischen, als auch an der australischen Küste deutlich zeigen.

Tab. 5.79 Häufige Tierarten der Mangrove von Nord Queensland (MACNAE 1966)

Crustacea	Mollusca
Alpheus	*Cassidula angulifera*
Clistostoma wardi	*– rugata*
Euplay tridentata	*Cerithidea anticipata*
Eurycarcinus integrifrons	*– fluviatilis*
Helice haswellianus	*Ellobium aurisjudae*
– leachi	*– aurismidae*
Heloecius cordiformis	*Oncidium dameli*
Implax dentata	*Ophicardelus sulcatus*
Macrophthalmus depressus	*Pythia scarabaeus*
– pacificus	*Terebralia palustris*
Metapograpsus gracilipes	*– sulcata*
Sesarma cf. *semperi*	*Salinator solida*
– cf. guttata	*Batissa triquetra*
Sesarma sp.	*Geloina coaxans*
– meinerti	
– smithi	
– erythrodactyla	
Thallasina anomala	
Uca bellator	
– dussunieri	
? *– puncens*	
– longidigitum	
Uca spp.	

Die heutige Verbreitung der Mangrove ist nur das Augenblicksbild eines langen historischen Prozesses. Die strenge ökologische Bindung der Mangrove an bestimmte Umweltfaktoren läßt ihre fossil überlieferten Vorkommen zugleich Indikator für Verschiebungen auch anderer Großlebensräume auf der Erde in unserer jüngsten Vergangenheit werden (MÜLLER 1973). So kommen die an den Wurzeln von *Rhizophora mangle* lebenden Baumaustern (u. a. *Ostrea arborea*) im Würmglazial bis zum argentinischen Rio Negro vor (heutige Südgrenze Florianopolis) und lassen wesentlich wärmere Meerestemperaturen in diesem Gebiet vermuten, als sie in der Gegenwart dort herrschen. Südamerika war zum damaligen Zeitpunkt durch Absinken des Meeresspiegels in Form einer weit nach Osten vorspringenden Halbinsel mit den

Tab. 5.80 Häufige Tierarten in der Mangrove von New South Wales (CHAPMAN 1976)

Crustacea	
Heloecius cordiformis	*Macrophthalmus carinimanus*
Sesarma erythrodactyla	*Helice haswellianus*
Macrophthalmus stosus	*Chasmagnathus laevis*
Alpheus edwardsii	
Balanus amphitrite var. *amphitrite*	

Mollusca	
Onchidium dämelii	*Ophicardelus ornatus*
Crassostrea commercialis	*Velacumantus australis*
Melaraphe scabra	*Pyrazus ebeninus*

Falklandinseln verbunden, so daß antarktisches Kaltwasser die südamerikanische Küste weniger stark bestreichen konnte als in der Gegenwart. Ähnliche Beobachtungen wurden auch an der kolumbianischen Küste gemacht (MÜLLER 1973). Pollen der Roten Mangrove *(Rhizophora)* werden bereits seit längerer Zeit zur Rekonstruktion vergangener Meeresspiegelschwankungen herangezogen.

5.2 Marine Biome

Als HARDY (1924) die Nahrungsketten des Herings vor der englischen Ostküste beschrieb, erkannte er, ähnlich wie bereits MÖBIUS (1877) beim Studium der Kieler Austernbänke, daß das Wissen um die Struktur mariner Großlebensräume wesentliche Voraussetzung für eine langfristig gesicherte Fischereiwirtschaft darstellt. Struktur und Funktion mariner Ökosysteme (vgl. STEELE 1974) sind jedoch nicht allein von Bedeutung für marine Organismen. Alle großen Veränderungen im Meer ziehen auch Wandlungen terrestrischer Ökosysteme nach sich. Die Meere sind Wetterregulator, Verkehrsweg, Quelle zahlreicher Nahrungs- und Mineralstoffe und Endglied der ökosystemaren Belastungskette. Allein der Atlantische Ozean enthält etwa das 20 000fache der gesamten Welt-Weizenernte eines Jahres an gelöster organischer Substanz (COKER 1966), deren Verteilung von Meeresströmungen, dem Kreislauf der Nährsalze, Insolation, Temperatur und Salinität beeinflußt wird.

Tab. 5.81. Größte Zuflüsse aus Strömen zum Weltmeer

Strom	Einzugsgebiet 10^6 km^2	Abfluß m^3/sec
Amazonas	7 180	190 000
Kongo	3 822	42 000
Yangtsekiang	1 970	35 000
Orinoco	1 086	29 000
Brahmaputra	589	20 000
La Plata	2 650	19 500
Yenissei	2 599	17 800
Mississippi	3 224	17 700
Lena	2 430	16 300
Mekong	795	15 900
Ganges	1 073	15 500
Irawadi	431	14 000
Ob	2 950	12 500
Sikiang	435	11 500
Amur	1 843	11 000
St. Lorenz	1 030	10 400

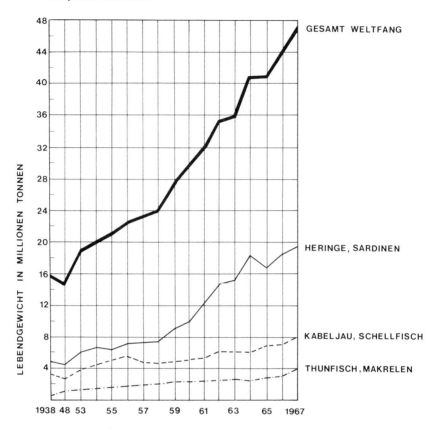

Abb. 234. Weltfischfänge und Hauptfangfische zwischen 1938 und 1967 (aus MÜLLER 1974).

Etwa 3 Milliarden Tonnen terrestrisches Material gelangen jährlich in die Meere. Ohne kompensierende Bewegungen der Erdkruste würde damit in kurzer Zeit das Festland abgetragen werden. Der Großteil des terrestrischen Süßwassers stammt von der Verdunstung an der Meeresoberfläche.

Zum Atlantik strömt fast die Hälfte (19,3 × 10³ km³ = 49%) aller Zuflüsse (BAUMGARTNER und REICHEL 1975). Der Pazifik nimmt 30%, der Indische Ozean 14% und das Nordpolarmeer 7% auf. Dabei entfallen beim Atlantik und Pazifik jeweils wieder 70% auf deren Westküsten und nur 30% auf das Gegengestade. Beim Indischen Ozean ist das Verhältnis Ost:West umgekehrt, nämlich 25:75.

Mehr als 50 Millionen Tonnen Nahrung zieht der Mensch jährlich aus den Meeren an Land.

5.2.1 Chemisch-physikalische Faktoren

Die Meere sind unser größter Wärmespeicher. Das hängt nicht nur mit der Tatsache zusammen, daß 71% der die Erdoberfläche erreichenden Strahlung auf die Weltmeere entfallen, sondern ist dadurch begründet, daß mit Ausnahme von Ammoniak Wasser mit seinem hohen Gehalt an Wasserstoff die höchste spezifische Wärme besitzt, d. h. es hat die größte „Fähigkeit", Wärme mit einem Minimum an Temperaturerhöhung zu absorbieren. Größere Luftmengen können unter nur geringem Temperaturverlust des Wassers erwärmt werden. Weiterhin hat das Meer einen entscheidenden Anteil am Wärmevorrat im Wasserdampf der Atmosphäre, denn Wasser hat die höchste Verdampfungswärme von allen bekannten Stoffen, die bei gewöhnlicher Temperatur flüssig sind. Die Temperaturschwankungen sind wesentlich geringer als auf dem Land. Nirgends im offenen Meer gibt es größere Amplituden als 10 °C im Jahr oder um mehr als 1 °C während des Tages. Unterhalb der licht-

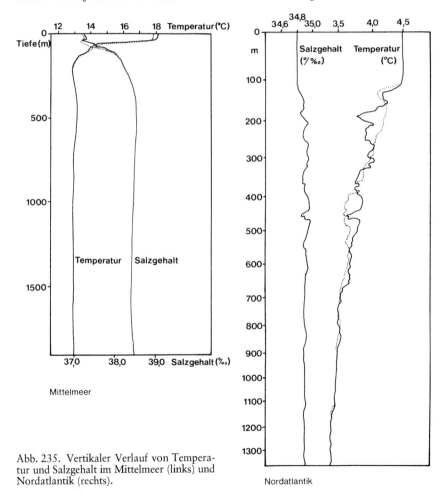

Abb. 235. Vertikaler Verlauf von Temperatur und Salzgehalt im Mittelmeer (links) und Nordatlantik (rechts).

durchfluteten, euphotischen Zone treten keine wesentlichen Jahresschwankungen mehr auf. Der Salzgehalt der Weltmeere liegt im allgemeinen zwischen 34 und $37^0/_{00}$. Der Bottnische und Finnische Meerbusen besitzen jedoch nur $2^0/_{00}$, das Rote Meer dagegen 40 bis 46, $5^0/_{00}$, die zentrale Sargassosee $38^0/_{00}$. In Ästuarien kann der Salzgehalt erheblich schwanken (CRONINI 1975). Im Durchschnitt ist das Oberflächenwasser der südlichen Hemisphäre salziger als jenes der nördlichen. Auffallend sind vertikale Salzkonzentrationsschwankungen. Ihr Motor ist die Verdunstung, die zur Erhöhung der Salzkonzentration an der Meeresoberfläche führt. Damit ergibt sich ein Ansteigen des spezifischen Gewichtes. Oberflächenwasser wird in die Tiefe abgeführt und Tiefenwasser steigt nach oben. Besonders auffallend sind solche Vertikalbewegungen an der Gibraltarschwelle zwischen Mittelmeer und Atlantik. Das $38^0/_{00}$ salzhaltige Mittelmeerwasser fließt untermeerisch in den Atlantik ein, dessen Salzkonzentration in 600 bis 1200 m Tiefe von $36^0/_{00}$ auf $36,5^0/_{00}$ ansteigt. Im Oberflächenbereich dringt Atlantik-Wasser in das Alboran-Meer ein.

Meerwasser ist eine Lösung von schwereren, nicht verdunstbaren Mineralien in leicht verdunstbarem Wasser. Viele physikalische Eigenschaften des Meerwassers lassen sich als eine Funktion von Salzgehalt und Temperatur verstehen. Die ersten Meerwasseranalysen „nichtverflüchtigter Rückstände" (Challenger-Report) zeigten folgende chemische Zusammensetzung:

Natriumchlorid	77,76 %	Kaliumsulfat	2,46 %
Magnesiumchlorid	10,88 %	Calciumcarbonat	0,34 %
Magnesiumsulfat	4,74 %	Magnesiumbromid	0,22 %
Calciumsulfat	3,60 %		

Andere Spurenelemente (insgesamt 49 Elemente) wurden zuerst, z.T. in hohen Konzentrationen, in marinen Organismen entdeckt, bevor sie im Meerwasser selbst

Tab. 5.82 Spurenelemente (mg/m³) im Meerwasser (DIETRICH 1957)

Silicium	1000	Cer	0,4
NO₃/NO₂/NH₃	1000	Thorium	0,4
Rubidium	200	Vanadium	0,3
Aluminium	120	Yttrium	0,3
Lithium	70	Lanthan	0,3
Phosphor	60	Silber	0,3
Barium	50	Wismut	0,2
Eisen	50	Nickel	0,1
Jod	50	Kobalt	0,1
Arsen	15	Cadmium	0,055
Kupfer	5	Scandium	0,04
Mangan	5	Quecksilber	0,03
Zink	5	Gold	0,004
Blei	5	Radium	0,0000001
Selen	4		
Zinn	3		
Uran	2		
Cäsium	2		
Molybdän	0,7		
Gallium	0,5		

Tab. 5.83. Magnesiumgehalt des Meerwassers und des Blutserums von See- und Landtieren, bezogen auf den Calciumgehalt (Calcium = 100)

Meerwasser (Weltmeer)	311			
Meerestiere			Land- bzw. Süßwassertiere	
Crustaceen	130	−196	Mensch	25
Echinodermen	240	−253	Säuger	18−29
Mollusken	214	−275	Huhn	19
			Krokodil	33
Homarus americanus	34,7		Schleie	34
Gadus collarus (Kabeljau)	35,9		Weinbergschnecke	11
Pollachius virens (Pollack)	47,0			
Pottwal	713			

nachgewiesen wurden. Vanadium wurde im Blut von Ascidien und Holothurien, Kobalt in Muscheln und Hummern, Nickel in Schnecken und Blei in der Asche verschiedener mariner Organismen aufgefunden.

Der hohe Magnesium-Anteil an der ionalen Zusammensetzung des Meerwassers schlägt sich im Magnesiumgehalt mariner Tiere nieder.

Der Aufbau der Kalkskelette vieler mariner Organismen und zahlreiche physiologische Anpassungserscheinungen stehen in einem engen Zusammenhang mit den Elementkonzentrationen (vgl. u. a. MALINS und SARGENT 1975).

Kalte und warme Meeresströmungen bewirken über Abkühlung oder Erwärmung Veränderungen physikalischer Zustände. Abkühlung erniedrigt einerseits die Dichte, Oberflächenspannung und Schallgeschwindigkeit (die Schallgeschwindigkeit in 500 m Tiefe der Sargassosee beträgt 1505 m/sec., in 5000 m 1513,7 m/sec.), andererseits erhöht sie die spezifische Wärme, das Lösungsvermögen und die Viskosität. Auch die Gaszusammensetzung der Meere unterscheidet sich von jener der Atmosphäre. Als gelöste Gase kommen im Meerwasser bei $35^0/_{00}$ Salzgehalt und 10 °C Temperatur vor:

Stickstoff	=	64%
Sauerstoff	=	34%
CO_2	=	1,6%.

Bemerkenswert ist dabei der hohe CO_2-Anteil (50mal mehr als in der Atmosphäre).

5.2.2 Marine Biota

Thallophyten (einzellige und Kolonien oder Lager bildende Pflanzen ohne echte Wurzeln, gefäßführende Stämme oder Blätter, mit Gametenbehältern aus einer oder mehreren Zellen, die sämtlich fertil gametentragend sind und nie eine Hülle aus sterilen Zellen besitzen) bilden im wesentlichen die Vegetationsformation der Meere. Spermatophyten sind durch submerse Halophyten vertreten (u. a. die Seegräser *Posidonia oceanica*, *Zostera marina*), die im Litoral dichte Seegraswiesen mit gewaltigen Ausmaßen aufbauen. Mehrere Stämme repräsentieren dagegen die Thallophyten.

Cyanophyceen besiedeln extreme marine Biotope. Sie sind die Hauptnahrung von *Littorina*- und *Patella*-Arten. Manche ihrer endolithisch lebenden Gattungen (u. a. *Hyella, Mastigocoleus*) spielen durch ihre auflösende Tätigkeit eine wichtige Rolle bei der Zerstörung von Kalkküsten und der Gestaltung von Küstenkleinprofilen. Andere können eine der Lichtzusammensetzung komplementäre Farbe annehmen (komplementäre chromatische Adaptation), weshalb manche Tiefenarten rötlich oder violett sind. Die Chrysophyten erzeugen als Assimilationsprodukt Öl (Stärke fehlt). Planktonten und benthale Formen treten auf, die meist autotroph (es gibt auch saprophytische Arten) durch ihre Kalk- und Kieselhüllen einen hohen Anteil an der Sedimentbildung ausmachen und zahlreichen planktonfressenden Fischen als Nahrung dienen.

Unter den Pyrrophyten (Panzeralgen) treten Arten auf, die für das Meeresleuchten verantwortlich sind *(Noctiluca miliaris)*, in tropischen Meeren jedoch auch Giftstoffe produzieren können (Todesfälle beim Menschen). Die Chlorophyta (Grünalgen) sind besonders bedeutsam, da mehrere Arten symbiontisch mit marinen Pilzen und Flechten leben. Zoochlorellen leben symbiontisch mit Infusorien im Gewebe von Schwämmen und Korallen.

Unter den Phaeophyta (Braunalgen) treten „waldbildende" Arten (bis über 50 m lange Thalli) an Felsküsten auf. Einzellige Formen sind die Zooxanthellen, die symbiontisch im Körper von Ciliaten, Foraminiferen, Radiolarien, Hydrozoen und Turbellarien leben und über den CO_2-Haushalt die Kalkskelettbildung der Octo- und Hexakorallen steuern. Manche der größeren Arten bilden ein festes Substrat für eine artenreiche Epiphytenflora. Diese „Tangwälder" bilden das Phytal, den Lebensraum einer mannigfaltigen marinen Tierwelt.

Die rein marinen Rhodophyta (Rotalgen) sind in wärmeren Gewässern und schattigen, ruhigen Standorten zwischen 30 bis 60 m Wassertiefe am häufigsten anzutreffen. Zu dieser Gruppe gehören auch Kalkalgen (u. a. *Lithothamnium, Lithophyllum*), die häufig die der Brandung ausgesetzten felsenharten Korallenriff-Kalkalgensäume aufbauen. Die Pektinstoffe der Rotalgen-Zellwände werden u. a. zur Herstellung von Agar-Agar verwandt.

Auch unter den Phycomyceten (Pilze) treten zahlreiche marine Arten auf. Viele Meerpilze leben auf oder in mehr- und einzelligen Algen (besonders Diatomeen) sowie ein- und vielzelligen Tieren. Auch im Meer kann es zu Pilzepidemien kommen.

Tab. 5.84 Die wichtigsten Algenarten des südwestfinnischen Schärenarchipels (SCHWENKE 1974)

Ulothrix zonata	Eudesme virescens
Percursaria percursa	Stictyosiphon tortilis
Enteromorpha intestinalis	Dictyosiphon foeniculaceus
Pseudendoclonium marinum	– chordaria
Chaetomorpha sp.	Chorda filum
Rhizoclonium riparium	Fucus vesiculosus
Cladophora alomerata	Rhodochorton purpureum
– fracta	Hildenbrandia prototypus
Pilayella litoralis	Furgellaria fastigata
Ectocarpus confervoides	Phyllophora brodigei
Lithoderma subertensum	Polysiphonia violacea
Elachista fucicola	– nigrescens

Die Lichenes (Flechten) haben zumindest das Litoral erobert und leben bevorzugt auf kalkhaltigem Untergrund (u. a. *Verrucaria adriatica, Lichina confinis, Caloplaca aurantica* in der Adria).

Von den terrestrischen Tierklassen fehlen im Meer nur die Diplopoden und die Amphibien (Ausnahme vgl. *Rana cancrivora*). Die Meeresfauna besitzt neben vielfältigen Beziehungen zu limnischen und terrestrischen Verwandtschaftsgruppen zahlreiche rein oder überwiegend marine Ordnungen. Dazu gehören die Radiolaria (Strahlentierchen), die fossil seit dem Präkambrium bekannt sind und überwiegend pelagisch auch in der Tiefsee auftreten; die Foraminiferen (Foraminiferensande); die Ctenophora (Kamm- oder Rippenquallen); die Cephalopoden (730 rezente; 10 500 fossile Arten) mit den Tetra- (z. B. *Nautilus*) und Dibranchiata (darunter die Decabrachia mit *Sepia* und *Loligo;* die Octobrachia mit *Octopus* und dem bis 18 m langen *Architeuthis;* 50% der Deca- und 9% der Octobrachia besitzen Leuchtorgane); die Echiurida (Igelwürmer) mit dem bis 185 cm lang werdenden *Ikeda taenioides;* die Sipunculida (*Siphonomecus multicinctus* mit 51 cm Länge); die Chaetognatha (Pfeilwürmer); die Phoronidea, solitäre schlauchförmige, in einer losen Sekretröhre lebende Tentaculaten; die Enteropneusta (Eichelwürmer) mit dem bis 2,5 m langen *Balanoglossus gigas;* die Brachiopoda; die Pogonophora; die Tunicata; die Acrania. Selbst die Insekten haben mit *Halobates-* (Hemiptera), *Pelagomyia-* und *Clunio-* (Diptera-)Arten pelagiale und litorale Lebensbereiche des Meeres erobert. Ähnlich wie in ungestörten Lebensräumen des Festlandes konnten sich auch im Meer „lebende Fossilien" erhalten. Dazu gehören u. a. die Acrania, die Monoplacophoren (*Neopilina galathea, Vema ewingi*) und Crossopterygier (*Latimeria chalumnae*).

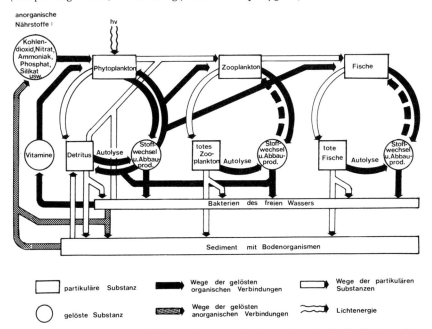

Abb. 236. Transportwege und Abbaustufen anorganischer und organischer Stoffe im marinen Biozyklus.

5.2.3 Ökologische Makrostruktur

Zwei große Lebensbereiche müssen im Meer, ähnlich wie in einem See, unterschieden werden, das Benthal und das Pelagial. Benthale Biota sind an den Meeresboden, wenigstens während bestimmter Phasen ihres Lebenszyklus, gebunden. Diese Bindung kann im allgemeinen durch die Nahrung erfolgen *(Sepia)* oder durch das Fortpflanzungsverhalten (*Labrus, Clupea* u. a.) bestimmt werden. Der höchste Artenreichtum des Benthals lebt in dessen festlandsnahem Bereich, dem Litoral. Seine Biota sind naturgemäß am stärksten sowohl durch terrestrische als auch ozeanische Sperren voneinander isoliert (Ostpazifische Sperre, Transatlantische Sperre, Euroafrikanische Sperre, Amerikanische Sperre). Innerhalb des Litorals (Neritische Provinz) zeigen die Biota der Gezeitenzone eine abweichende Zusammensetzung von jener des Sublitorals, das bis zum Schelfrandabbruch (200 m Isobathe) reicht.

Tab. 5.85. Höhen- bzw. Tiefenstufen der Erdoberfläche (SEIBOLD 1974)

Höhen- bzw. Tiefenstufe (km)	Fläche in Millionen km²	% der Erdoberfläche
+ 5	0,5	0,1
4 − 5	2,2	0,4
3 − 4	5,8	1,1
2 − 3	11,2	2,2
1 − 2	22,6	4,5
0 − 1	105,8	20,7
Land	148,1	29,0
− 0 − 0,2	27,1	5,3
0,2 − 1	16,0	3,1
1 − 2	15,8	3,1
2 − 3	30,8	6,1
3 − 4	75,8	14,8
4 − 5	114,7	22,6
5 − 6	76,8	15,0
6 − 7	4,5	0,9
7 −11	0,5	0,1
Meer	362,0	71,0

Im allgemeinen liegt der Schelfrand zwischen 80 bis 110 m (im Mittel 130 m; in der Arktis, Grönland und Südwestafrika bei 400 m). Für seine Form ist der Tiefstand der pleistozänen Vereisung verantwortlich.

Diese Zone ist durch ausreichende Lichtversorgung (euphotisch) gekennzeichnet. Sie geht bei 200 m Meerestiefe in das Archibenthal über, das als Zone des verlöschenden Lichts sich im allgemeinen bis 1000 m Tiefe erstreckt. Daran schließt sich der eigentliche Tiefseeboden-Lebensraum, das Abyssobenthal, mit tief eingeschnittenen Gräben (Hadal; 10860 m; vgl. WHITAKER, 1976) an (aphotische Zone).

Diese Gliederung gibt jedoch nur die ökologische Makrostruktur wieder. Allein der Litoralbereich läßt sich in eine Fülle lokaler Lebensbereiche gliedern. Die Biota der Flachküsten *(Posidonia, Halophila, Hippocampus, Syngnathus)* verändern sich mit dem jeweiligen Substrat (Schlamm, Sand u. a.). Das gilt auch für die Sandlücken-Arten.

Felsküsten mit ihren Tangwäldern zeigen ein völlig abweichendes physiognomisches Erscheinungsbild.

Seegräser sind im Litoral weit verbreitet. 12 Gattungen und 49 Arten sind bekannt. 7 Arten besitzen ein tropisches Verbreitungsmuster. Bei den Hydrocharitaceae gehören *Enhalus*, *Thalassia* und *Halophila*, bei den Cymodoceoiceae die Genera *Holodule*, *Cymodoceae*, *Syringodium* und *Thalassodendron* zum tropischen Bezirk.

Im ökologischen Grenzraum zwischen Land und Meer (vgl. u. a. HEYDEMANN 1973) leben eine große Zahl von semiterrestrischen Tier- und Pflanzengruppen.

Nach der Verteilung einzelner Organismen und der Habitatbindung läßt sich das

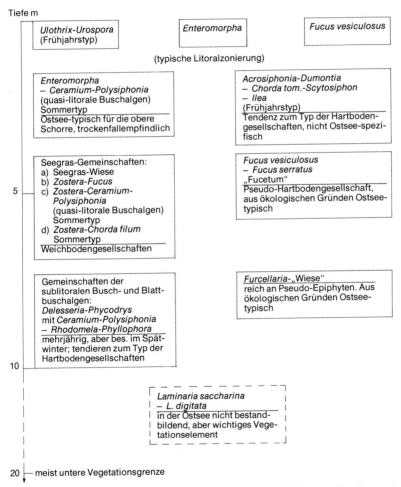

Abb. 237. Typische Litoralzonierung (Vegetation 0–20 m Tiefe) in der Ostsee (nach SCHWENKE 1970).

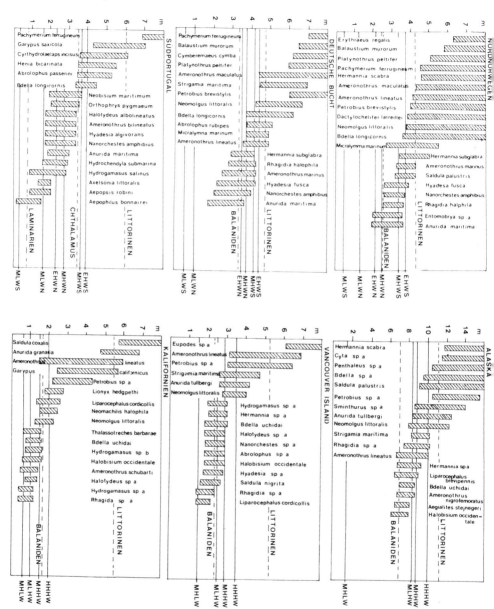

Abb. 238. Vertikale Verbreitung litoraler Arthropoden an verschiedenen Küsten der Nordhalbkugel (nach SCHULTE 1977). Die durch Littorinen gekennzeichnete Spritzwasserzone wurde ebenso eingetragen, wie die während der Flut überfluteten Balaniden.

Tab. 5.86.   Lebenszonen im Bereich des Yucatan Schelfgürtels

Gesellschaft	Tiefe m	Dominante Arten
1. *Acropora palmata*	0 – 10	*Acropora palmata; Millepora* sp.; *Palythoa mamilosa; Porolithon* sp.
2. *Diploria – Montastrea – Porites*	5 – 25	*Diploria* sp.; *Montastrea* sp.; *Porites astroides;*
3. *Agaricia – Montastrea*	25 – 35	*Agaricia agaricites; Montastrea* sp.; *Solemnestrea* sp.;
4. *Gypsine – Lithotamnium*	15 – 60	*Gypsine plana* (Foraminifera); *Lithotamnium* sp.;
5. *Lithophyllum – Lithoporella*	20 – 60	*Lithophyllum* sp.; *Lithoporella* sp.;

Litoral in mehrere Zonen gliedern. Das ist selbst mit überwiegend terrestrischen Gruppen, wie z. B. den Arthropoden, möglich. So wurden von SCHULTE (1977) Litoralbereiche nach 4 Habitatverteilungstypen bei Arthropoden unterschieden:
1. Eulitorale und stenohalin-marine Arten, die tiefzoniert bei Meeressalzgehalten in Felsspalten leben;

Tab. 5.87.   Verbreitung der Ameronothriden-Arten auf die zoogeographischen Regionen des Meeres und des Landes unter Berücksichtigung ihrer Substratpräferenz und der Breite ihrer ökologischen Existenz (SCHULTE 1975)

	Zoogeographische Regionen des Meeres	Zoogeographische Regionen des Landes	Lebensraum an der Küste im Land	Ökologische Valenz
A. lineatus	arktisch-boreal atlantisch-boreal nordpazifisch-boreal	holarktisch	überwiegend Hartböden	holeurytop
A. nigrofemoratus	arktisch-boreal atlantisch-boreal nordpazifisch-boreal	holarktisch	überwiegend Weichböden	holeurytop
A. schubarti	nordpazifisch-boreal	nearktisch	Hartböden	stenotop
A. maculatus	atlantisch-boreal mediterran-atlantisch westatlantisch-tropisch	holarktisch neotropisch	überwiegend Hartböden	holeurytop
A. schneideri	atlantisch-boreal mediterran-atlantisch	palaearktisch	Weichböden	eurytop
A. marinus	atlantisch-boreal mediterran-atlantisch südafrikanisch-antiboreal	palaearktisch afrikanisch	überwiegend Weichböden	eurytop
A. schusteri	mediterran-atlantisch	palaearktisch	Hartböden	stenotop
A. lapponicus		holarktisch	Bäume	stenotop
A. marinus	atlantisch-boreal	holarktisch	Hartböden	eurytop

Tab. 5.88. Küstenbindung der Saldidae an der nordamerikanischen Pazifikküste. Die Verbreitungsschwerpunkte sind unterstrichen (BAHR und SCHULTE 1976)

Art	Substrat	Gewässer	Küstenzone	Areal	Ökotyp
Chiloxanthus stellatus	Süßwiese Schlickufer	limnisch bis oligohalin	Binnenland bis Spritzzone	arktisch	eurytop/terrestrisch (Irrgast)
Salda littoralis	Süßwiese Schlickufer	limnisch	Binnenland bis Spritzzone	arktisch bis warmgemäßigt	eurytop/terrestrisch (Irrgast)
– *provancheri*	Süßwiese Schlickufer	limnisch	Binnenland bis Spritzzone	arktisch bis warmgemäßigt	eurytop/terrestrisch (Irrgast
Saluda palustris	Süß-, Salzwiese Schlick-, Schotterküste	limnisch bis euhalin	Binnenland bis Gezeitenzone	arktisch bis warmgemäßigt	holeurytop thalassophil
– *pallipes*	Süß-, Salzwiese Schlick-, Schotterküste	limnisch bis euhalin	Binnenland Gezeitenzone	arktisch bis subtropisch	holeurytop thalassophil
– *lattini*	Schlickküste	limnisch und mesohalin	Binnenland bis Spritzzone (?)	warmgemäßigt	eurytop, thalassophil (?)
– *nigrita*	Felsküste	limnisch und euhalin	Binnenland und Gezeitenzone	gemäßigt	eurytop, thalasso-bionte Populationen
– *coxalis*	Schotterküste	limnisch und euhalin	Binnenland bis Spritzzone	gemäßigt bis subtropisch	eurytop/terrestrisch (Irrgast)
– *luctuosa*	Salzwiese	euhalin bis mesohalin	Gezeitenzone	warmgemäßigt	eurytop/marin, thalassobiont
– *villosa*	Salzwiese	euhalin bis polyhalin (?)	Gezeitenzone	warmgemäßigt	stenotop/marin, thalassobiont (?)
Pentacora signoreti	Sandstrand	euhalin	Spritzzone und Binnensalzsee	subtropisch	eurytop, halobiont
– *sphacelata*	Schlickküste Sandstrand	euhalin	Gezeitenzone	subtropisch und tropisch	stenotop/marin, thalassobiont
Enalosalda maxicana	Felsküste	euhalin	Gezeitenzone	subtropisch	stenotop/marin, thalassobiont
Paralosalda innova	Felsküste	euhalin	Gezeitenzone	tropisch	stenotop/marin, thalassobiont

2. transilitorale (entspricht der Littorina-Zone; transilitoral nach SCHULTE 1977)
   Arten, die höhere Litoralzonen bevorzugen und die in Felsspalten und auf Fels-
   oberflächen vorkommen;
3. supratidale und euryhalin-marine Arten;
4. indifferente und holeuryhaline Arten, die auf den Felsen der höchsten Litoralzonen vom Meer bis in das Binnenland vorkommen oder vom Binnenland her regional auf Felsen bis an das Meer vordringen.

SCHULTE (1975) untersuchte die Verbreitung der überwiegend holarktischen Küsten-
milben der Familie Ameronothridae, deren neun bisher bekannte Arten (eine Gattung
Ameronothrus) von ihm den vier Gruppen *marinus, maculatus, lineatus* und *lapponicus* zugeordnet wurden. Die meisten dieser Arten besitzen holarktische Küsten-
areale, die offensichtlich von Großklimagürteln in ihren Grenzen bestimmt werden.
Auffallend ist, daß jede Artgruppe der Gattung *Ameronothrus* wenigstens einen holarktischen Vertreter (Nordart) und jede marine Artgruppe wenigstens eine Südart
hat.

Innerhalb einer artenreichen Verwandtschaftsgruppe sind südliche Arten meist
stenotop, nördliche eurytop. BAHR und SCHULTE (1976) wiesen das auch für im Litoral lebende Uferwanzen (Saldidae) nach. Innerhalb der Gattung *Saldula* besiedelt die
im nördlichen Pazifik vorkommende *S. palustris* verschiedene Substrate im Litoral
und Brackwasser. Mehrere südliche Arten der gleichen Gattung sind jedoch auf ein
artspezifisches Substrat beschränkt.

Auch die ozeanische Provinz, das Pelagial, läßt sich durch den vertikal abnehmenden Lichteinfluß gliedern in ein Epipelagial (bis 200 m), Mesopelagial (200 bis
1000 m) und Abyssopelagial (unterhalb 1000 m). Durch zahlreiche Faktoren (Trübe,
Pflanzenbiomasse, Zooplankton u. a.) können sich die einzelnen Grenzen jedoch ver-

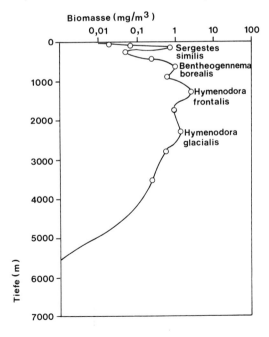

Abb. 239. Vertikale   Verteilung
der Biomasse im Atlantik.

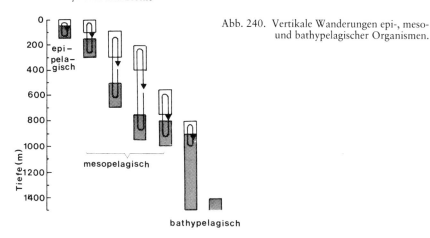

Abb. 240. Vertikale Wanderungen epi-, meso-
und bathypelagischer Organismen.

schieben. An der Grenze zum Litoral treten neritopelagische Arten auf, die häufig durch besondere ökologische Fähigkeiten ausgezeichnet sind. Einige von ihnen können z.B. wesentlich höhere Mengen durch die Flüsse herangeführter Mineralien aufnehmen, als es ihre Verwandten in den freien Ozeanen vermögen.

Tab. 5.89. Kennzeichnende Gattungen pelagischer Crustaceen (Decapoda, Macrura, Natantia; OMORI 1974)

Penaeidae	Oplophoridae
Bentheogennema	*Oplophorus*
Gennadas	*Acanthephyra*
Funchalia	*Meningodora*
Sergestidae	*Notostomus*
Sergestes	*Ephyrina*
Sergia	*Hymenodora*
Petalidium	*Systellaspis*
Acetes	Pandalidae
Peisos	*Parapandalus*
Lucifer	Physetocarididae
Pasiphaeidae	*Physetocaris*
Pasiphaea	Amphionididae
Parapasiphae	*Amphionides*

5.2.4 Produktivität

Die Produktivität einzelner Meereszonen variiert erheblich in Abhängigkeit vom Nährstoffreichtum der Meeresströmungen. RYTHER geht von einer jährlichen Primärproduktion des marinen Phytoplanktons von durchschnittlich $20 \cdot 10^9$ t C aus. Für verschiedene Bereiche des Pazifiks hat NIELSEN (1975) folgende Angaben gemacht:

	Fläche (10³ km²)	Jährliche Produktion [g^C × m^{-2}]
Oligotrophe Gewässer	90,106	28
Mischwasserzonen	33,358	49
Äquatorgewässer und subpolare Zone	31,319	91
Küstenregionen	20,423	105
Neritische Zone	244	237

Solche Gesamt-Produktionsangaben besitzen ihre bekannten Schwächen (vgl. Firth 1969), die besonders auf z. T. unbekannten Populationsschwankungen einzelner Elemente der Nahrungsketten und deren horizontalen und vertikalen Wanderungen beruhen (Boney 1975, Garrod und Clayden 1972, Gulland 1977).

Tab. 5.90. Durchschnittliche Biomasse (Zooplankton; mg/m³) in den Ozeanen der Südhalbkugel (Knox 1970)

	Antarktis	Subantarktis	Tropen	Subtropen
0 – 50	55,2	55,8	33,1	40,5
0 – 1000 m	25,6	20,9	9,8	9,0

Tab. 5.91. Biomasse (Trockengewicht) pelagischer Decapoden in den Ozeanen (Omori 1974)

Gebiet	Tiefe (m)	mg/1000 m³
West-Pazifik		
Sagami Bay	0–1000	619
50° – 40°N	0–1000	85
40° – 30°N	0–1000	283
30° – 20°N	0–1000	96
20° – 10°N	0–1000	37
10°N – 5°S	0–1000	127
Östlicher Pazifik (30°N – 25°S)		
unter 300 Meilen von der Küste	0– 90	180
zwischen 300–600 Meilen	0– 90	78
über 600 Meilen von der Küste	0– 90	15
Östlicher Indischer Ozean		
9° – 20°S	0– 210	164
20° – 32°S	0– 210	67
Westliche Mediterraneis		
Nördlich der Balearen	100– 200	316
	200– 300	209
Südlich der Balearen	100– 200	543
	200– 300	388

Tab. 5.92. Geschätzte Biomasse und Nahrungsketten antarktischer Meere
(HOLDGATE 1970)

Phytoplankton	320,0	mg/m³
Zooplankton		
Euphausia („Krill")	50,0	mg/m³
Andere	55,0	mg/m³
	105,0	mg/m³
Konsumenten des Zooplankton		
Bartenwale	12,8	mg/m³
Lobodon	1,6	mg/m³
Vögel	0,12	mg/m³
Fische	?	
Cephalopoden	?	
ohne Fische und Cephalopoden	14,52	mg/m³
Höhere Trophielevel		
Zahnwale	0,5	mg/m³
Hydrurga	0,026	mg/m³
Andere Seelöwen	0,15	mg/m³
Vögel	0,1	mg/m³
	0,776	mg/m³
Benthos		
Invertebraten	400–500 × 10³ mg/m²	Seeboden
Vertebraten (Grundfische)	?	

Bereits 1929 hatte HENTSCHEL vor der Insel Ascension durch Plankton-Analysen
auf die vertikalen Schwankungen der Biomasse aufmerksam gemacht:

Tiefe in m	Individ./Liter
0	10147
50	9443
100	2749
200	726
400	216
700	114
1000	87
2000	57
3000	18
4000	17
5000	15

Zwischenzeitlich wissen wir über die relative Verteilung der Eiweiß- und Chloro-
phyll-Gehalte der Meere jedoch wesentlich mehr (vgl. u.a. OMORI 1974, SOURNIA
1974).

Solche Populationsschwankungen können besonders deutlich in Schelfmeeren
auftreten. Nord- und Ostsee mit mittleren Tiefen von 94 bzw. 55 m (Atlantik 3300 m)
unterscheiden sich zumindest in ihren Randlagen durch variable abiotische Faktoren.

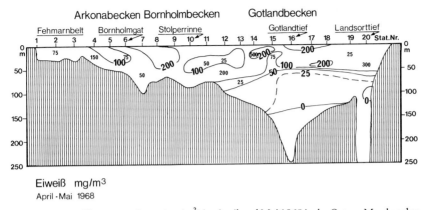

Eiweiß mg/m³
April - Mai 1968

Abb. 241. Eiweißkonzentrationen (mg/m³) im April und Mai 1968 in der Ostsee. Man beachte die vertikale Gliederung (SEIBOLD 1974).

Die Gezeiten sind in der Ostsee, im Gegensatz zur Nordsee, vernachlässigbar klein. Die Nordsee besitzt als altes Senkungsgebiet (im Zechstein bereits als Schelfmeer vorhanden) mit bis zu 6000 m mächtigen Sedimenten von der postglazialen Ostsee (vgl. Ostseestadien) erheblich abweichende Salzkonzentrationen (35⁰/₀₀). Als Folge variierender abiotischer Faktoren erscheinen zu bestimmten Jahreszeiten verschiedene Pflanzen- und Tiergruppen.

Tab. 5.93. Jahreszeitliches Auftreten einiger Hydromedusen im Kattegat (MAGAARD und RHEINHEIMER 1974)

Art	Jan.	2	3	4	5	6	7	8	9	10	11	Dez.
Rathkea octopunctata	+	+	+	○	○	+						
Halitholus cirratus		+	○	○	+							
Cosmetira pilosella									+	+		
Aglantha digitale f. *rosea*	+	+	+	+	+	+	○	○	○	○	○	+

+ = vereinzelt
○ = häufig

Zwischen Salzgehalt und Artenzahl bestehen enge Zusammenhänge (Tab. 5.95.).
Auch zwischen Oberflächentemperatur und dem jahreszeitlichen Auftreten einzelner Arten sind deutliche Korrelationen vorhanden (Tab. 5.96.).

5.2.5 Belastung

Die marinen Biome erleben z. Zt. eine gravierende Veränderung (vgl. auch Fließgewässer-Ökosysteme). Sie werden zum Sammelbecken radioaktiver Substanzen (vgl. u. a. RILEY und SKIRROW 1975), von Pestiziden, Ölabfällen, Schwermetallen und zahlreichen Kummulations- und Summationsgiften (GERLACH 1975, 1976).

Tab. 5.94. Jahreszyklen von Planktonorganismen in der mittleren Ostsee (MAGAARD und RHEINHEIMER 1974)

Phytoplankton	Zeit
Melosira arctica	März bis Anfang Mai
Thalassiosira baltica	Mitte März bis Mitte Mai; Ende Oktober bis Anfang Dezember
Chaetoceros holsaticus	Ende März bis Anfang Juni
Chaetoceros danicus	10. Juli bis 20. Oktober
Peridinium pellucidum	1. Juni bis 30. September
Aphanizomenon flosaquae	5. April bis 20. Januar (mit Maximum zwischen dem 20. Juni und 5. Dezember)

Zooplankton	Zeit
Tintinnopsis tubulosa	15. März bis 20. Mai
Synchaeta baltica	10. Mai bis 10. Juli; 10. September bis 10. November
Acartia bifilosa	ganzjährig
Acartia tonsa	15. Juli bis 10. September
Bosmina coregoni maritima	25. Juni bis 30. September
Sagitta elegans	20. März bis 20. Juni
Pleurobrachia pileus	15. Juli bis 20. Oktober

Hinzu kommt eine in manchen Meeresteilen bedingte Überfischung der Bestände. In der Ostsee gehen als Folge dieses Raubbaus die Durchschnittsalter der Herbstherings- und Dorschfänge seit 1923 zurück (MAGAARD und RHEINHEIMER 1974).

Im Folgenden sollen zwei Extrem-Biome kurz betrachtet werden: die Korallenriff-Biome und die Abyssalen Biome.

Tab. 5.95. Beziehungen zwischen Salzgehalt und Artenzahl der Benthosalgen der Ostsee

	norwegische Westküste S = > 30‰		schwedische Westküste S = 30–20‰		Blekinge S ≈ 7‰		Öregrund S ≈ 5‰		SW-Finnland S ≈ 5‰	
	Ges. zahl	Vorherr- schende Art	Ges. zahl	Vorherr- schende Art	Ges. zahl	Vorherr- schende Art	Ges. zahl	Vorherr- schende Art	Ges. zahl	Vorherr- schende Art
Grünalgen	86	37	79	34	46	16	51	14	19	8
Braunalgen	132	57	119	50	37	15	24	14	18	10
Rotalgen	159	60	136	70	28	12	16	8	16	6
	377	154	334	154	111	43	91	36	53	24

Tab. 5.96. Oberflächentemperatur und Vorkommen von Diatomeen im Golf von Maine
(BONEY 1975)

Monate	Diatomeen	Oberflächentemperatur °C
April	Thalassiosira nordenskioldii Porosira glacialis Chaetoceros diadema	3
Mai	Chaetoceros debilis	6
Juni	Chaetoceros compressus	9
August	Chaetoceros constrictus Skeletonema costatum	12

Tab. 5.97.b. DDT (und Metaboliten) bezogen auf Feuchtgewicht (GERLACH 1975)

Hochsee-Speisefisch	unter 0.1 mg/kg
Küsten-Speisefisch	unter 0.5 mg/kg
Toleranzgrenze (BRD)	
Aal, Lachs, Stör	3.5 mg/kg
sonstige Speisefische	2.0 mg/kg
Dorschleber Nordsee	1 − 3 mg/kg
Ostsee teilweise über	15 mg/kg
Toleranzgrenze (BRD) Fischleber	5 mg/kg

Tab. 5.97.a. Quecksilbergehalt bezogen auf Feuchtgewicht (GERLACH 1975)

Hochsee-Speisefisch	unter 0,05 mg/kg
Küsten-Speisefisch	0,1 − 0.2
Thunfisch	0.1 − 1.0
Hochsee-Robben	3 − 19
Küstenrobben	60 − 700
Seevögel	50 − 500
Toleranzgrenze für den Gehalt in Speisefisch	
Quecksilbergehalt des Meerwassers 0.03 µg/L	
Toxität eventuell nachweisbar bei 0.1−0.2 µg/L	

Tab. 5.98.a. Durchschnittsalter von Herbstheringen in Fängen aus der zentralen Ostsee

Periode	Durchschnittsalter (Jahre)	Region
1923 − 1926	5,5	schwed. Ostküste
1957 − 1961	3,8	Bornholmbecken
1962 − 1966	3,1	Bornholmbecken

Tab. 5.98.b. Durchschnittsalter von Dorschfängen in der Ostsee

Periode	Westl. Ostsee	Bornholm	Danz. Tief	Gotland Tief
1929 – 1938	4,77	4,51	4,74	5,95
1939 – 1944	2,77	4,22	3,48	4,48
1946 – 1957	2,02	3,58	3,71	4,33
1960 – 1967	1,59	3,60	3,68	3,78

5.2.6 Abyssale-Biome

80% der Weltmeere gehören zur Tiefsee, die wesentlich reicher gegliedert ist, als es die meisten schematischen Darstellungen vermuten lassen. Tiefsee-Ebenen werden von Ozeanischen Rücken (¹/₃ der Weltmeerfläche) und Tiefseebergen (mit abgeflachter Spitze und terrestrischen Ablagerungen = Guyots) überragt, die einen schroffen Kontrast zu Tiefseerinnen und -gräben (u.a. 2900 km lange Aleütengraben; Marianensenke 11030 m; Tongasenke 10880 m; Kurilensenke 10050 m) bilden.

Die Tiefsee ist frei von autotrophen Lebewesen.

Die Fauna der Tiefsee (Abyssal) zeigt eine regionale Gliederung, die ähnlich wie jene der Tiefseegrabenfauna (Hadal) korreliert zu den ozeanischen Tiefseebecken und -gräben verläuft (J. WHITAKER 1976). Besondere geographische Verhältnisse bedingen eine Untergliederung in eine Arktische, Atlantische, Indopazifische und Antarktische Region. Obwohl die mittlere Wassertiefe der Weltmeere 3800 m beträgt (mittlere Höhe der Festländer nur 840 m) und damit dem Abyssal volumenmäßig ein großer Anteil am Lebensraum Meer zukommt, bewirkt Lichtmangel und Wasserdruck einen geringen Artenreichtum. Die an das Abyssal gebundenen Arten zeichnen sich allerdings durch eine Anzahl ökologischer und phylogenetischer Besonderheiten aus. Tiefseefische besitzen häufig Leuchtorgane und auffällige Vorrichtungen zum Beutefang. Der Kreuzzahnbarsch (*Chiasmodon niger*) vermag Magen und Haut so weit auszudehnen, daß Fische seiner Körpergröße aufgenommen werden können. Der Pelikanaal (*Eupharynx pelecanoides*) besitzt ein im Vergleich zu seinem aalförmigen Körper riesiges Maul. Tiefseegarnelen (u.a. *Sergestes corniculum*) verfügen über die Körperlänge mehrfach übersteigende Antennen und Tiefseekrebse (u.a. *Cystosoma neptuni*) entwickelten als Anpassung an den weitgehend lichtlosen Lebensraum übergroße Augen. Als Folge des geringen Nahrungsangebotes des Abyssal ist seine Besiedlungsdichte ebenfalls gering. Das hat bei Tiefseeanglerfischen (u.a. *Linophryne algibarbata*) zu einem starken Geschlechtsdimorphismus geführt. Zwergmännchen, deren Gewicht meist unter 0,5% des Weibchens liegt, verwachsen im Verlauf ihrer Entwicklung unter Resorption ihres Kieferapparates fest mit dem Weibchen. Das Männchen wird an den Blutkreislauf des Weibchens angeschlossen und dient ausschließlich der Fortpflanzung. Untersuchungen zur Chromosomenstruktur und -zahl haben gezeigt, daß die zu primitiven Teleostierfamilien gehörenden Tiefseefische unterschiedliche Chromosomenzahlen und DNA-Gehalte haben. Bemerkenswert ist dabei die Tendenz, daß Tiefseearten häufig höhere Chromosomenzahlen und DNA-Gehalte aufweisen als ihre nächsten Verwandten aus der euphotischen Zone. So besitzen die Flachwasserarten *Argentina silus* und *A. sialis* (Salmoniformes) 2 N = 44 Chromosomen, während Vertreter der nahe verwandten

Bathylagidae (u. a. *Leuroglassus stilbius, Bathylagus milleri*) 2 N = 64 bzw. 60 Chromosomen haben (EBELING, ATKIN und SETZER 1971).

5.2.7 Korallenriff-Biome

In tropischen Meeren tritt eine litorale Lebensgemeinschaft auf, die ihren Lebensraum im allgemeinen der kalkabscheidenden Tätigkeit der Riffkorallen (Schlüsselarten) verdankt, deren abgestorbene Stöcke oft in erhebliche Tiefen hinabreichen können.

Die Korallenriffe sind im wesentlichen aus den aus kohlensaurem Kalk bestehenden Skeletten der Madreporaria (Poritidae, Acroporidae, Astralidae), Octocorallia (Tubiporidae) und Milleporidae aufgebaut, doch sind auch Foraminiferen und Kalkalgen (Lithothamnien) daran beteiligt. Voraussetzung für das optimale Gedeihen der Korallenpolypen und den in ihren Zellen lebenden autotrophen Zooxanthellen sind tropische Meere mit einer mittleren Jahrestemperatur von 23,5 °C, hohen Ca-Konzentrationen und einem hohen Sauerstoff- und Salzgehalt (zwischen 30 bis 40 $^0/_{00}$). In Gebieten, in denen diese Bedingungen nicht gleichermaßen vorhanden sind, kann das gesamte Riff z.B. von Kalkalgen aufgebaut (Algenriffe vor der Küste von Fernando Noronha, Brasilien) werden. Auch Wurmschnecken (Vermetiden) können am Riffaufbau beteiligt sein. Sie können „Vermitidenriffe" (brasilianische Küste) gemeinsam mit Borstenwürmern (Serpulidae, Sabellariidae) bilden. Auf der Koralleninsel Funafuti (nördlich der Fidschi-Inseln) wurde durch eine 335 m tiefe Bohrung der Nachweis erbracht, daß an erster Stelle die Foraminiferen und erst an dritter Stelle die Korallen am Riffaufbau beteiligt waren. Nur in Meeren mit einer mittleren Jahrestemperatur von 23,5 °C kommt es zur Riffbildung.

Die Verbreitung der Korallenriffe wird durch die 20 °C-Isochryme, einer Linie, die alle Orte eines winterlichen Temperaturmittelwertes von 20 °C verbindet, begrenzt. Während diese Temperaturbindung die Bildung von rezenten Korallenriffen auf den tropischen Bereich einengt, lassen sich fossile Korallenriffe auch außerhalb der Wendekreise nachweisen. Bekannte Beispiele sind die silurischen Riffe von Gotland und Nordamerika, die devonischen Riffe des Rheinischen Schiefergebirges und der Ardennen und die Trias-Riffe der Südtiroler Dolomiten. Bei den fossilen Riffen sind auch Archaeocyathinen, Stromatoporen, Schwämme, Bryozoen, dickschalige Muscheln und Kalkalgen beteiligt. Ein direkter Rückschluß auf die jeweiligen Paläotemperaturen läßt sich nicht immer absichern. „Die Frage, ob man den Erbauern dieser Riffe dieselben klimatischen Ansprüche wie den heutigen Riffkorallen zuschreiben darf, kann nicht aufgrund ihrer biologisch-systematischen Beziehungen beantwortet

Tab. 5.99. Artenzahl heutiger und fossiler Riffkorallen in Abhängigkeit von der Temperatur (SCHWARZBACH 1974)

	Heutige Riffe		Jura-Riffe in Europa	
Weniger warme Gebiete	Bermudas	10 Arten	54 1/2°N	6 Arten
	Bahamas	35 Arten	50 1/2°N	17 Arten
Sehr warme Gebiete	Molukken	70 Arten	49°N	126 Arten
	Philippinen	180 Arten	47°N	184 Arten

werden, mindestens nicht für die vortertiären Formen. Dagegen ist aus anderen Gründen, nämlich vor allem wegen der bedeutenden Kalkabscheidung, unbedingt anzunehmen, daß auch die großen Riffe der Vorzeit relativ warmes Wasser anzeigen" (SCHWARZBACH 1974).

Manche Steinkorallen gedeihen auch bei niedrigen Temperaturen. An der norwegischen Küste erreichen sie 71°N und Tiefen zwischen 200 und 300 m bei Temperaturen von 6 °C. Dabei bilden sie zwar keine ausgedehnten Riffe, aber größere Bänke. Diese Bänke sind allerdings sehr artenarm und vom Licht weniger abhängig als die eigentlichen Riffkorallen.

Eine Ursache für das stärkere Wachstum der Steinkorallen in wärmeren Gewässern liegt vermutlich darin, daß die Korallen Aragonit (und nicht Calcit) abscheiden.

Das Vorhandensein symbiontischer, intrazellulärer Zooxanthellen im Gewebe (ähnlich u. a. der tropischen Riesenmuschel Tridacna, in Hydrozoen, Radiolarien, Ascididen, Porifera und Plathelminthen) beschränkt die Riffbildung auf 0 bis 50 m Wassertiefe, und die Bindung der Korallen an das Salzwasser führt überall dort zu Lücken im Riff, wo Flüsse ins Meer münden. Die verschiedenartige Ausbildung der Korallenriffe als unmittelbar der Küste angelagerte Saumriffe, von der Küste durch einen Kanal getrennte Barriereriffe (abgewandelte Saumriffe; z. B. das Große Barriereriff vor der Nordküste Australiens) oder ringförmig eine Lagune umgebende Atolle ist, wie bereits DARWIN 1876 ausführte, nur historisch verständlich und hat wesentlich zur Kenntnis der Meeresspiegelschwankungen während der Eiszeiten beigetragen (FAIRBRIDGE 1962).

Zeitliche Zuordnung	Bikini-Tiefe	Eniwetok-Tiefe
Post-Miozän	0— 700	0— 615
Oberes Miozän	700— 980	615— 860
Unteres Miozän	980—1166	860—1080
Oligozän	1166—2556	1080—2780
Oberes Eozän	—	2780—4610

Die Entwicklung der Riffe wird von einer Vielzahl von Organismen bestimmt. Vier Mechanismen müssen zusammenwirken:

Anlage eines Gerüstwerkes, Verkittung einzelner Bauelemente, Sedimentation und Zementation des entstandenen Kalkgerüstes. Vier Hauptrifftypen (Saumriff, Barriereriff, Plattformriff, Atoll) lassen sich unterscheiden.

Saumriffe sind die verbreitetsten Rifftypen. Unmittelbar einer Küste vorgelagert, ist ihre Breite von der Struktur des Meeresbodens abhängig. Riffbreiten von mehreren 1000 m sind nicht selten. Bei fortgeschrittenen Saumriffen bildet sich häufig zum Land hin eine Lagune; das Strandsaumriff hat sich in ein Lagunensaumriff umgewandelt. Barriereriffe ähneln im Grundaufbau Lagunensaumriffen, sind jedoch wesentlich größer. Die Lagune kann viele Kilometer breit und 30 bis 70 m tief sein. Ein wesentliches Unterscheidungsmerkmal zwischen Saum- und Barriereriff liegt in deren Entstehungsgeschichte. Die Riffbarriere des Barriereriffs liegt weit vor der Küste und ist nicht Rest eines langsam vom Ufer seewärts wandernden Saumriffs, sondern hat sich seit jeher an diesem Ort befunden. Eine Senkung des Untergrundes oder eine Hebung des Wasserspiegels begründet seine Standortbindung. Die bekanntesten Barriereriffe liegen im Bereich des Großen Barriereriffs vor der australischen Küste.

Plattformriffe sind an keine Küste gebunden. Sie entstehen dort, wo eine Aufwölbung des Meeresbodens so nahe an die Meeresoberfläche heranragt (etwa 50 m), daß riffbildende Korallen mit ihrem Bau beginnen können. Mit der Zeit wächst ein Plattformriff gleichmäßig nach außen, wobei der zentrale Riffteil durch Erosion eingetieft werden kann und eine Unterscheidung zum Atoll erschwert wird. Es entstehen „Pseudoatolle".

Atolle werden gebildet von einem ringförmig geschlossenen Riff, in dessen Innern sich eine Lagune befindet. Die Tiefe dieser Lagune beträgt in der Regel 30 bis 80 m, wobei eine gewisse Abhängigkeit vom Atolldurchmesser festzustellen ist. Der Riffaußenhang kann weit über 1000 m abfallen. Die Lagune steht, abgesehen von sehr kleinen Atollen, über mindestens eine Passage mit dem offenen Meer in Verbindung. Durch diese läuft das mit der Brandung eingedrungene Wasser ab. Häufig liegen mehrere Kanäle vor, überwiegend an der Leeseite des Atolls. Auf dem Riffkranz können sich durch Ansammlungen von Sanden und Korallenschutt Inseln bilden. Da der Riffkranz auf der dem Wind zugewandten Seite breiter ist, finden sich hier auch die meisten Koralleninseln.

Die Größe der Atolle ist recht unterschiedlich; man findet solche von nur einem Kilometer bis zu mehr als 100 km Durchmesser.

Die Kalksynthese der Steinkorallen wird gesteuert über die CO_2-Aufnahme der Zooxanthellen und CO_2-Abgabe der skelettaufbauenden Zellen der Polypen:

$$CO_2 + H_2O \rightarrow H_2CO_3$$
$$H_2CO_3 \rightarrow H^+ + HCO_3^-$$

Aus zwei HCO_3^--Ionen und den im Meerwasser befindlichen Ca^{++}-Ionen bilden sich $Ca(HCO_3)_2$-Komplexe:

$$2\,HCO_3^- + Ca^{++} \rightarrow Ca(HCO_3)_2$$

Dieser $Ca(HCO_3)_2$-Komplex steht im Gleichgewicht mit dem ausgeschiedenen $CaCO_3$ und der Kohlensäure, die in H_2O und CO_2 zerfällt:

$$Ca(HCO_3)_2 \rightleftarrows CaCO_3 + H_2O + CO_2$$

Nach dem Massenwirkungsgesetz ergibt sich die Gleichgewichtskonstante:

$$K = \frac{(CaCO_3)\,(H_2O)\,(CO_2)}{[Ca(HCO_3)_2]}$$

Wird diesem Reaktionssystem CO_2 entnommen, so muß die Konzentration des Kalziumkarbonats steigen. Da die Zooxanthellen durch ihre Assimilation das CO_2 aufnehmen, wird durch sie die Kalkabscheidung gesteuert.

Die aufgezeigten Reaktionsvorgänge spielen sich bei den Steinkorallen-Polypen am basalen Abschnitt ab. Ektodermzellen scheiden feinste Chitinfäden ab, die den Zwischenraum zwischen Polyp und fertigem Skelett füllen und als Kondensationszentren und Leitstützen die Kalkkristalle, die als Aragonit vorliegen, strukturieren. Die Kalksynthese ist temperaturabhängig (optimal 25 °C bis 27 °C). Unter 20 °C bzw. über 30 °C werden nur noch geringe Kalkmengen synthetisiert. Die Lichtintensität steuert die Photosynthese der Zooxanthellen und damit ebenfalls die Abscheidung von $CaCO_3$ (bis 50 m Tiefe).

Das Korallenwachstum liegt bei den meisten Arten bei jährlichen Zuwachsraten zwischen 1 bis 26 cm *(Acropora cervicornis)*. Jedes Riff besitzt eine spezifische morphologische Struktur. Häufig sind Riffdach, Riffhang, Riffrand, Vorriff und Lagune deutlich ausgebildet, die jedoch vielfach untergliedert sein können. Innerhalb des Riffdaches können Strand- oder Uferkanäle entstehen, welche den Strand als flache wassergefüllte Vertiefungen begleiten. Auf dem Riffdach kann es in seichten Abschnitten zu Riffwattbildungen kommen, wobei der Boden teilweise von Sand, Seegras, toten und lebenden Korallenstöcken bedeckt ist. Der höchste Bereich des Riffdaches wird von der Riffkrone gebildet, deren Untergrund aus harten Kalksteinstrukturen besteht. Längs des Riffrandes erstreckt sich durch massenhaftes Auftreten von kalkabscheidenden Rotalgen ein zementhafter, oft aufgewölbter Algenrücken. Weit und tief in das Riffdach eingeschnitten findet man erosionsbedingte Kanal- und Tunnelsysteme. An Riffrand und Riffhang können ebenfalls spezifische Strukturen wie z.B. Brunnen und weitverzweigte Grottensysteme entstehen. Für das Vorriff ist eine aus Korallenschutt angehäufte Schutthalde bezeichnend.

Die Fauna der Korallenriffe ist entsprechend dem tropischen Lebensraum artenreich. Unter den hier vorkommenden Fischarten sind besonders die Korallenfische (Chaetodontidae, Pomacentridae, Scaridae, Serranidae, Labridae) erwähnenswert. Nach dem Grad ihrer ökologischen Bindung lassen sich unterscheiden:

a) Peribionten, die regelmäßig in enger Nachbarschaft zum Riff leben (u.a. Korallenfische), aber keine morphologischen Spezialanpassungen besitzen;

b) Parabionten, die zumindest zeitweise zwischen den Ästen der Korallenstöcke leben und entsprechende Anpassungen besitzen (u.a. Crustaceen, Preußenfische);

c) Epibionten, die an der Oberfläche toter Korallenzweige oder auf Kalkalgen festgewachsen sind (u.a. Schwämme, Tunicaten);

d) Hypobionten, die in der Tiefe von Spalten und schattigen Riffstellen leben (u.a. Schnecken, Schlangensterne);

e) Cryptobionten, die bohrend im Innern der Riffstöcke vorkommen (u.a. Bohrmuscheln, Bohrwürmer) und

f) Endobionten, die wie die Zooxanthellen in Symbiose mit den Riffkorallen leben.

Zahlreiche Konsumenten ernähren sich von der Produktion der Riffkorallen. Hierzu gehören verschiedene Fischarten (u.a. *Chaetodon, Chaetodontoplus, Oxymonacanthus*), Raubschnecken und Echinodermaten.

Besonders groß ist der Artenreichtum an Korallenfischen, und es hat nicht an Versuchen gefehlt, Parallelen zum Artenreichtum in den tropischen Regenwäldern her-

Tab. 5.100   Zahl von Korallenfischarten in verschiedenen Riffkorallen-Biomen

Korallenriff	Artenzahl Fische
Bahamas	505
Hawaii	448
Marshall und Marianen	669
Seychellen	880
Großes Barriere Riff	1500
New Guinea	1700
Philippinen	2177

zustellen. Zweifellos übertreffen dabei die Korallenriffe des indopazifischen Raumes jene des Atlantiks erheblich.

Die „plakativen" Zeichnungsmuster der Korallenfische erlauben eine Korrelation mit ihrer Angriffslust und Territorialität. Die Zeichnung dient als Warnplakat zur Revierabgrenzung. Müßten zwischen den einzelnen Individuen derselben Art, die ja die gleichen ökologischen Habitate besitzen, immer Revierkämpfe stattfinden, wäre bei dieser großen Individuenzahl ein ungeheurer Energieaufwand notwendig. Durch die artspezifischen Zeichnungsmuster erkennen sich jedoch die Tiere und können sich somit aus „dem Weg gehen".

In den Höhlen des Riffhanges lauern die mit einem sehr guten Geruchsvermögen ausgestatteten Muränen sowie die giftigen Rotfeuerfische, die erst nachts auf Beutefang gehen. Aus kleinen, oft selbst gegrabenen Nischen wedeln die federartigen Arme von Rankenfüßern (Cirripedia), während Nacktschnecken (Nudibranchia) und

---

Tab. 5.101 Korallenriff-Echinodermaten der Indo-West-Pazifischen Region (CLARK 1976)

Echinoidea
Eucidaris metularia	*Prionocidaris verticillata*
Astropyga radiata	*Echinothrix calamaris*
Echinothrix diadema	*Cyrtechinus verryculata*
Pseudoboletia indiana	*Trinncustes gratilla*
Eglobocentrolus atratus	*Echinametra mathaci*
Hoterocentrotus mammillatus	*Echinoncus abnormis*
Echinoncus cyclestomus	*Clypeaster reticulatus*
Echinocyamus crispus	*Brissopsis luzonica*
Brissus latecarinatus	*Metalia sternalis*

Helommoidea
Actionpyga mauritiana	*Holothuria (Halodeima) atra*
H. (Lessonothuria) pardalis	*H. (Lessonothuria) verrucosa*
H. (Mertensiothuria) leucospilota	*H. (Mertensiothuria) pervicax*
H. (Microthele) nobilis	*H. (Platyperona) difficilis*
H. (Semperothuria) cinerascens	*H. (Thymiosycia) arenicola*
H. (Thymiosycia) hilla	*H. (Thymiosycia) impatiens*
Stichopus chloronotus	*Euapta godeffroyi*
Opheodesoma grisea	

Asteroidea
Astropecten polyacanthus	*Archaster typicus*
Dactylosaster cylindricus	*Leiaster glaber*
Leaster leachi	*Linckia guildingi*
Linckia mullifora	*Asteropsis carinifera*
Asterina burtoni	*Acanthaster planci*
Mithrodia fisheri	*Vawaster strialus*

Ophiuroidea
Amphipholis squamata	*Ophiactis savignyi*
Macrophiothrix demessa	*Ophiothrix (Acanthophiothrix) purpurea*
Ophiocoma brevipes	*Ophiocoma dentala*
– erinaceus	*– nica*
– pusilla	*Ophiocomella sexradia*
Ophionereis porrecta	*Ophioplocus imbricatus*

Tab. 5.102   Zahl der Korallenarten zwischen indopazifischen und südkaribischen Korallen-riffen (Jones und Endean 1973)

Indo-Pazifik	Karibik
1. 700 Korallenarten	1. 60 Korallenarten
2. über 300 Atolle und ausgedehnte Barriere-Riffe	2. 10 Atolle und nur 2 Barriere-Riffe
3. Riffsedimente besonders durch Kalkalgen und Foraminiferen gebildet	3. Riffsedimente besonders durch Korallen, Kalkalgen und Halimeda-Fragmente gekennzeichnet.

Plattwürmer (Turbellaria) ebenso wie Seeigel die algenbewachsenen umgebenden Korallenstöcke abweiden. Krebse (viele Arten der Familien Xanthidae, Pinnotheri-idae und Porcellanidae), Vielborster (Polychaeta, z. B. auch der Palolowurm *Eunice viridis*) und Gehäuseschnecken kriechen zwischen Seeanemonen (z. B. *Discosoma, Actinodendron*), Octocoralliern *(Sarcophyten, Lobophytum, Sinularia)* und Kolonien von Schwämmen und Bryozoen (Moostierchen) herum, während große Fisch-schwärme vorbeihuschen. Viele Räuber der Hochsee nutzen die günstige Gelegenheit und jagen sporadisch an der reich belebten Riffkante und dem Riffhang, wie z. B. Bar-rakudas, Stachelmakrelen und Haie.

Auffallend ist der hohe Anteil von Echinodermaten an der Riffbesiedlung. Fast 60 verschiedene Arten kommen regelmäßig auf den Korallenriffen der Indo-West-Pazi-fischen Region vor.

Der Dornenkronen-Seestern *(Acanthaster planci)*, der im Durchmesser 60 Zenti-meter erreichen kann und sich von den Polypen der Korallen ernährt, vermehrt sich seit 1962 im Großen Barriereriff, auf den Marshall-Inseln, in Hawaii und Guam so stark, daß die Riffe ernstlich gefährdet sind. Die Ursachen dieser Massenentwicklung sind noch nicht ausreichend bekannt.

Aber nicht nur *Acanthaster* stellt ein Problem für die Korallenbiome dar. Zuneh-mend macht sich die litorale Meeresverschmutzung bemerkbar und vernichtet ehe-mals „blühende" Korallengärten (vgl. u. a. Johannes 1975).

6 Evolution von Arealsystemen und Landschaftsgeschichte

Landschafts-, Klima- und Organismengeschichte erhellen sich wechselseitig. Biologische, lithogenetische und morphologische Indikatoren lieferten wichtige Beiträge zu unserer gegenwärtigen Kenntnis über die Geschichte von Landschaften und Landschaftsräumen. Die enge phylogenetische Verwandtschaft von Fossilien mit rezenten Formen oder ihre ökophysiologischen Besonderheiten (z. B. Schwimmflossen; Träufelspitze der Blätter als Indikator für Regenwaldbedingungen; Jahresringe; Riffbildungen) wurden zu Indikatoren von Klimaentwicklungen der Räume, in denen sie gefunden wurden. Erst nach Kenntnis der Struktur eines Areals und seiner funktionalen Beziehungen zur ökologischen und genetischen Struktur der Biosphäre, nach Kenntnis der ökologischen Bindung der Arten und Individuen, ihrer Populationsgenetik und ihrer räumlichen und zeitlichen Verteilung, gelingt es uns, die Arealgenese zu erhellen. Dieser Aufgabe kann die Biogeographie nur gerecht werden, wenn sie vorurteilslos die Entwicklungsgeschichte der Areale, der Taxa und der Landschaften, durch die diese begrenzt werden, aufklärt. Sie muß sich dabei primär jedoch der Entwicklungsgeschichte der Arealsysteme zuwenden.

Die Arbeiten von HENNIG (1950, 1966, 1969), ILLIES (1965), BRUNDIN (1962) und SCHMINCKE (1973, 1974) – um nur einige zu nennen – haben wahrscheinlich gemacht, daß die phylogenetische Systematik eine wichtige Methode für die Erhellung der Genese von Arealen sein kann. Für die Biogeographie wäre es in dieser Situation jedoch ein Fehler, würde sie behaupten, daß die „phylogenetische Systematik" die einzige Methode für sie wäre. Sie kann nicht davon ausgehen, daß das rezente Areal eines Taxons (ob das Taxon nun apomorphe oder plesimorphe Merkmale besitzt oder nicht) eine homotope Struktur zu seinem Entstehungszentrum oder einem der vielen im Verlauf seiner Evolution möglichen Ausbreitungszentren darstellt. Die Rekonstruktion der Phylogenese, d.h. der Reihenfolge der Merkmalsentstehung und damit der Taxa-Entstehung, setzt eine Ermittlung der zu jeder Verzweigung gehörenden Gruppen voraus und eine Festlegung des relativen Zeitpunktes der jeweiligen Abzweigungsstellen. Für diese von HENNIG entwickelte Methode, die jederzeit die Grenzen ihrer Aussagemöglichkeit erkennt, sind komplizierte und merkmalsreiche Strukturkomplexe und Tiergruppen von besonderer Wichtigkeit, um Synapomorphien und Konvergenzen zu unterscheiden.

Auch für die Biogeographie gilt diese Aussage im übertragenen Sinne. Die Herkunft eines isolierten Areals, eines monotypischen Genus, kann im allgemeinen, zumindest was die tertiäre Entwicklungsgeschichte des Taxons anbelangt, mit chorologischen Mitteln nicht aufgeklärt werden. Das Alter des Vorkommens einer Art an einer bestimmten Erdstelle ist nur in den seltensten Fällen mit dem geologischen Alter dieser Erdstelle gekoppelt. Neben Arealen, die über längere Zeiträume eine große Raumkonstanz aufweisen, existieren andere, die bis in die jüngste Zeit durch eine erstaunlich große Standortdynamik ausgezeichnet sind. Deshalb ist es auch für die Biogeographie wichtig, ihre chorologische Analyse (vgl. Ausbreitungszentren Seite 589) auf solche Gruppen zunächst zu beschränken, die durch hohe Arealdiversität und großen Strukturreichtum ihrer Arealsysteme gekennzeichnet sind. Für die „phylogenetische Systematik" sind Fossilien entbehrlich, um eine Rekonstruktion der Phylogenese durchzuführen, und datierte Fossilien dienen nur dazu, den an rezenten Formen erarbeiteten Stammbaum (Synapomorphieschema) in seiner relativen Zeitenabfolge abzusichern. „Viele Zoologen und wohl die meisten Paläontologen sind der Ansicht, daß Stammesgeschichte in Wirklichkeit nur mit Hilfe von Fossilien, das hieße dann also auch nur bei den Tiergruppen geschrieben werden könne, aus denen uns eine hinreichende Zahl von Fossilien bekannt sind. Diese Ansicht ist, schlicht gesagt, falsch, selbst wenn wir ihr einen gewissen Wahrheitsgehalt zugestehen müssen" (HENNIG 1969, Seite 13).

Biogeographie muß sich zur Erhellung der Arealgenese sowohl der phylogenetischen Systematik als auch der Paläontologie bedienen. Daneben besitzt sie aber ihre eigenen chorologischen Methoden, die von der Gegenwart ausgehend in die Vergangenheit vordringen. Wie weit wir die Geschichte mit chorologisch-biogeographischen Methoden zu erhellen vermögen, wird weiter unten näher ausgeführt.

6.1 Paläontologie und Klimageschichte

Bereits im 17. Jahrhundert war die Bedeutung von *Fossilien* für die Kenntnis der Klimageschichte bekannt (vgl. KAUFFMAN und HAZEL 1977). 1686 schloß der englische Physiker ROBERT HOOKE aus der Existenz von fossilen Schildkröten und Riesenammoniten in Portland auf ein ehemals wärmeres Klima und LYELL setzte in seinen „Principles of Geology" fossile mesozoische Riffkorallen mit tropischen Verhältnissen nördlicher Meere in Beziehung. Der Indikatorwert der Fossilien ist jedoch eng gekoppelt mit der Annahme der annähernden Konstanz ihrer ökologischen Valenz.

Heute wissen wir, daß es zahlreiche Taxa gibt, bei denen wir diese Voraussetzung nicht machen dürfen (HENNIG 1969, MÜLLER 1974, 1976).

Ähnliche Lebensformen von Organismen wurden und werden darüber hinaus mit herangezogen, wenn es gilt, die ökologische Verwandtschaft von Räumen zu verdeutlichen. Da „Ähnlichkeit" noch keine Verwandtschaft sein muß, ist auch hier bei historischen Rekonstruktionen Vorsicht geboten (HENNIG 1949, 1960, 1969, BRUNDIN 1972, SCHMINCKE 1974, ZWICK 1974).

Pollenanalysen wurden erstmals 1841 von STEENSTRUP vorgenommen. Die quantitative Pollenanalyse geht jedoch auf WEBER (1896) zurück. Er erkannte den Zusammenhang zwischen Pollenabfolge und der Klima- und Vegetationsgeschichte eines Raumes. Pollenspektren und Pollendiagramme werden heute herangezogen zur Erhellung großräumiger Klimaabfolgen (u. a. FRENZEL 1960, 1968). Die relativ leichte Verdriftbarkeit der Pollen (STIX 1975), die unterschiedlich hohe Pollenproduktion verschiedener Pflanzenarten (große Pollenproduktion bei *Pinus, Alnus, Betula;* geringe Pollenproduktion bei *Quercus, Fagus, Castanea*) und die artspezifisch variierende Haltbarkeit verdeutlichen, daß Pollendiagramme in den meisten Fällen nur großräumige Aussagen zulassen und ihre Interpretation zugleich eine erhebliche Erfahrung voraussetzt.

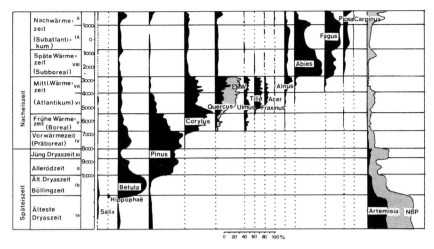

Abb. 242. Postglaziale Vegetationsentwicklung nach Pollenprofilen aus einem süddeutschen Moor (nach LANG, aus MÜLLER 1977).

Ohne die Absicherung durch Pollenprofile wären jedoch viele Vorstellungen, die über die pleistozänen Vegetationsverschiebungen in der Neotropis (vgl. u. a. VAN DER HAMMEN 1974) oder in Neuseeland (vgl. HARRIS und NORRIS 1972) entwickelt wurden, nicht ausreichend abzusichern. Zusammen mit der *Jahresringmethode* sind sie hervorragende Indikatoren für die postglaziale Vegetations- und damit auch Landschaftsgeschichte (u. a. SCHWARZBACH 1974; vgl. auch OLSSON 1971).

Während die Bedeutung der Paläontologie für die Urlandschaftsforschung bereits frühzeitig erkannt wurde (GRADMANN 1898, 1906, 1940, TÜXEN 1931, SCHLÜTER 1953, JÄGER 1963, SCHOTT 1939, JANSSEN 1960, LOHMEYER 1952, MÜLLER-WILLE 1960, NIETSCH 1939, BURRICHTER 1970 u. a.), blieben biogeographische Methoden, die von der Analyse rezenter Arealsysteme ausgehen, meist unbeachtet.

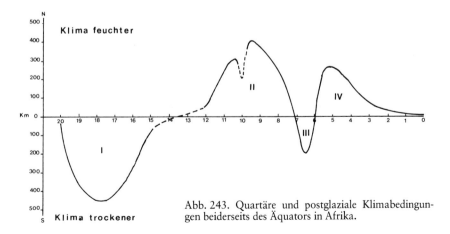

Abb. 243. Quartäre und postglaziale Klimabedingungen beiderseits des Äquators in Afrika.

6.2 Landbrücken und Landverschiebungstheorien

Führt man das Vorkommen nahe verwandter Organismengruppen in verschiedenen Gebieten oder Kontinenten, ohne Berücksichtigung ihrer Entwicklung und gegenwärtigen Verdriftungsmöglichkeiten, einfach auf das Vorhandensein ehemaliger Land- und Wasserbrücken zurück, dann gibt es keine Stelle auf der Erde, die nicht von Brücken überspannt werden kann. Wichtig dabei ist, daß manche dieser Brücken durchaus vorhanden waren, allein mit einem solchen Verfahren nicht bewiesen werden können. Gerade das oftmals leichtfertige „Brückenbauen" hat der Biogeographie geschadet (HESSE 1924). „Die Fakten geographischer Verteilung, ja selbst die Wege der Zugvögel führen zu stets neuen Hypothesen über verschwundene Kontinente, versunkene Inseln oder Brücken über einstige Meere" (THOMSON 1973).

Einige von Biogeographen konstruierte Brücken sollen hier kurz erwähnt werden.

6.2.1 Landbrücken

Das Schuchert-Land stellte nach Auffassung von SCHUCHERT und IHERING (1927) einen nordamerikanisch-pazifischen Gebirgszug dar, der während der Kreide Nord- mit Südamerika zwischen der Pazifikküste im Westen und dem Missouribecken (das vom Tethys-Meer eingenommen wurde) im Osten verband.

Lemuria war eine von SCLATER und IHERING geforderte kreidezeitliche und frühtertiäre Landbrücke zwischen Madagaskar und Indien. Sie wurde „geschaffen", um die heutige getrennte Verbreitung zwischen den madegassischen und indischen Halbaffen (Lemuren) erklären zu können. Neuere biogeographische Untersuchungen haben die Eigenständigkeit der rezenten madegassischen Tierwelt gezeigt (u. a. GÜN-

Tab. 6.1. Warmzeitliche Meeres-Terassen an der Bering-Straße (HOPKINS 1967, 1972)

Transgression	Höhenlage der Terasse	Klima im Vergleich zur Gegenwart	Alter	Stratigraphische Einordnung
Krusenstern	etwa wie heute	wie heute	10 000 – < 5 000	Spät Wisconsin bis Postglazial
Woronzof (mit Bootlegger Cove Clay)	vermutlich einige Meter unter N.N.	kälter	14 000 – 15 000 ?	Spät Wisconsin
Peluk	+ 7 bis 10 m	wärmer	ca. 100 000	Sangamon
Kotzebue	+20 m	wie heute	120 000	Prä-Illinoian
Einahnuhtan	ca. +20 m	wie heute	< 300 000 > 100 000	
Anvilian	< +100 m > + 20 m	wärmer	vermutlich < 1 900 000 > 700 000	
Beringian	?	wesentlich wärmer	letzte Phase vor 2 200 000	Wende Pliozän-Pleistozän

THER 1970) und nachweisen können, daß ein Großteil von ihr über das Meer einwanderte (PEAKE 1971).

Beringia wurde bereits zu Zeiten von BUFFON als Beringiabrücke zwischen Eurasien und Nordamerika vermutet. Nach neueren paläontologischen, geologischen und biogeographischen Befunden war Beringia mehrmals während des Tertiärs und während der Kaltzeiten der Eiszeit vorhanden. Über sie erfolgte ein Tieraustausch, der für die Alte und Neue Welt große Bedeutung besaß. Aufeinanderfolgende Meer- und Landablagerungen auf der Bering-Tschukten-Plattform mit *Sequoia* u. a. zeigen, daß bereits im frühen Tertiär mehrfach Landverbindungen über die Beringstraße bestanden, die jedoch zu Beginn des Quartärs durch eine marine Überflutung, deren Ausdehnung sich u. a. durch ein altes Strandkliff festlegen läßt (von der arktischen Küste Alaskas bis zum Yukon-River), unterbrochen wurden. Die während des Tertiärs noch auf den Pazifik beschränkte Schneckengattung Neptunea tritt nun erstmals in atlantischen Ablagerungen auf. Durch Absinken des Meeresspiegels kommt es jedoch während der Kaltzeiten erneut zur Bildung von Beringia, doch zeigen pollenanalytische Befunde, Bohrkerne und C_{14}-Datierungen, daß die Brücke in den Interglazialen überflutet wird und mit Beginn des postglazialen Klimaoptimums, nachdem der Mensch über sie nach Amerika einwanderte, endgültig verschwindet.

Archiplata ist nach Auffassung von IHERING (1927) eine während der Kreide entstandene Landbrücke zwischen einer Südpazifischen Landbrücke (Archinotis) und dem Schuchert-Land im heutigen andinen Südamerika. Über Archiplata kam es während des Tertiärs zu einem Tieraustausch zwischen Nord- und Südamerika.

Archiguiana stellt eine angenommene kreidezeitliche Insel im Gebiet von Venezuela und den Guayanas dar. Die Verbreitung zahlreicher nur durch eine Art bekannter Gattungen (monotypischer Genera; u. a. der Sittich *Gypopsitta vulturina*, die Cotingiden *Haematoderus militaris* und *Perissocephalus tricolor*, der Tyrann *Microcochlearis josephinae*) ist deckungsgleich mit dieser „Insel". Neuere biogeographische Untersuchungen zeigten jedoch, daß diese Verbreitungsbilder durch jüngste Regenwaldverschiebungen mitgeprägt wurden. -

Die mesozoische Archhelenis soll als Landbrücke das östliche Südamerika über Tristan da Cunha mit dem südwestlichen Afrika verbunden haben. Sie wurde herangezogen, um die Ähnlichkeiten der alten afrikanischen und südamerikanischen Tierwelt erklären zu können. KOSSWIG (1944) konnte zeigen, daß sich auch durch andere Überlegungen die afrikanischen Verwandtschaftsbeziehungen südamerikanischer Tiere befriedigend erklären lassen. Das gilt sowohl für die Spirostreptiden (Tausendfüßler, vgl. KRAUS 1964), die Krallenfrösche, Cichliden, Characiden, zahlreiche Parasiten (Nesoelecithus; vgl. MANTER 1963), Ostracoden, Muteliden und die nur fossil bekannten *Mesosaurus*-Arten (vgl. KURTEN 1967), deren Areale sowohl Südamerika als auch wesentliche Teile von Afrika umfassen.

Archatlantis (IHERING 1927) soll eine kreidezeitliche Landbrücke gewesen sein, die die Antillen und Florida mit Nordafrika und Südspanien (unter Einschluß der Azoren, Kanaren und Kapverden) verband. Zur Erklärung der beiderseits des Atlantiks auftretenden Seekühe, die fossil in vorpleistozänen Schichten allerdings unbekannt sind, ist Archatlantis nicht notwendig.

Eine Kanarenbrücke wurde aufgrund geologischer, paläontologischer (vgl. SAUER und ROTHE 1972) und phylogenetischer Beziehungen zwischen den ostkanarischen Inseln und dem afrikanischen Kontinentalblock in neuerer Zeit gefordert. Ob es sich dabei um eine „Brücke" oder um ein „Auseinanderweichen" handelt, wird gegenwärtig noch diskutiert. „Separation of the eastern Canaries from Africa might have been by rifting, and a land connection might still have existe in the lower Pliocene" (SAUER und ROTHE 1972; vgl. Kanaren).

Die Tyrrhenisbrücke war eine vermutlich rißglaziale Landbrücke zwischen der Toskana (Italien) und Korso-Sardinien, die aufgrund verwandtschaftlich naher Beziehungen der Herpetofauna von Biogeographen des vergangenen Jahrhunderts und der Gegenwart (vgl. SCHNEIDER 1971) gefordert wurde. Weitere Landbrücken unterschiedlichen Alters (u. a. Korso-Sardinien mit Afrika = Galita-Brücke; Korso-Sardinien-Balearen mit Spanien = Balearen-Brücke; Korso-Sardinien mit Provence = Provence-Brücke) wurden in diesem Gebiet angenommen, um die unterschiedlichen Faunenbeziehungen zu interpretieren. Bisher fehlen gezielte Untersuchungen zur passiven Verschleppbarkeit der Taxa dieses Raumes. Pleistozäne Faunen von Nordafrika und Sizilien (u. a. Zwergelefanten, vgl. VAUFREY 1929) sprechen zumindest gegen eine würmglaziale Landbrücke zwischen Sizilien und dem afrikanischen Kontinent. „Au contraire, faune d'Afrique et faune de Sicile sont bien individualisées et bien différentes, et les points de contact entre elles sont trop sporadiques pour être significatifs" (VAUFREY 1929). Abfolge und Alter der pleistozänen Säugerfaunen mediterraner Inseln lassen sich, obwohl wir ungenügend über die ökologische Valenz einzelner Arten (u. a. Elefanten) unterrichtet sind, als Indikator für Festlandverbindungen heranziehen, obwohl im einzelnen über die Art des Transportweges zwischen Festland und Inseln meist nur wenig ausgesagt werden kann.

So lassen sich z. B. die pleistozänen Säugetierfaunen von Kreta deutlich in eine ältere Stufe mit *Kritimys* und eine jüngere Stufe mit *Mus minotaurus* gliedern (KUSS 1970). Die *Kritimys*-Stufe umfaßt einen älteren Abschnitt mit *Elephas antiquus* und dem mittelmäßig verzwergten *Hippopotamus creutzburgi* und einen jüngeren Abschnitt mit einem stark verzwergten Flußpferd. Auch die *Mus minotaurus*-Stufe weist eine Zweigliederung auf in die ältere Kaló-Chorafi- und die jüngere Grida-Avlaki-Fauna.

Beide unterscheiden sich vor allem in der Evolutionshöhe der Hirschgeweihe. Am Beginn dieser Stufe wanderten *Elephas creutzburgi, Mus minotaurus*, ein großer Cervide und vermutlich ein Hominide ein, nachdem zuvor *Kritimys, Hippopotamus* und *Elephas creticus* ausgestorben waren.

Eine bereits von Biogeographen des vergangenen Jahrhunderts geforderte kreidezeitliche und frühtertiäre Landbrücke ist Archinotis. Sie verband das südliche Südamerika über die Antarktis und die südpazifischen Inseln mit Neuseeland und Australien.

HOOKER (1847) forderte bereits im vergangenen Jahrhundert ähnlich wie RUETIMEYER (1867) eine landfeste Verbindung zwischen Australien und Südamerika über die Antarktis hinweg. ORTMANN (1901), MEISENHEIMER (1904), OSBORN (1910) und HOFSTEN (1915) lieferten zu Beginn dieses Jahrhunderts weiteres biogeographisches Material für die Existenz einer südpazifischen Landverbindung. WITTMANN (1934) kam aufgrund seiner Untersuchungen zu folgender Auffassung:

„Die antarktischen Beziehungen werden verständlich, sobald man die Verknüpfung durch eine Inselbrücke oder einen Brückenkontinent herstellt. Die Inselbrücke ist aber aus ökologischen Gründen nicht wahrscheinlich, der Brückenkontinent aus geophysikalischen Gründen unhaltbar. Es sind also die antarktischen Beziehungen nur erklärbar bei Annahme einer Epeirophorese."

Eine Landverbindung wird auch heute noch von Biogeographen gefordert, um die nahe Verwandtschaft der beiderseits des Südpazifiks verbreiteten Tiergruppen sinnvoll erklären zu können (BRUNDIN 1966, ILLIES 1965, MERTENS 1958, MÜLLER und SCHMITHÜSEN 1970, NOODT 1977). Das gilt zum Beispiel für die Südbuchen *(Nothofagus)*, die Süßwasserkrebsfamilien Parastacidae, Steinfliegen der Familie Eustheniidae, Zuckmücken (Chironomidae), Landschnecken (Bulimulidae) und Schlangenhalsschildkröten (Chelidae) (vgl. u. a. MONOD 1972, BRUNDIN 1972, HARIG 1974, HALFFTER 1972, KEAST 1974, LAURENT 1972, GASKIN 1972, NOODT 1977, SCHMINCKE 1972, 1973, 1974, ROMER 1974). Allerdings muß einschränkend darauf hingewiesen werden, daß wir von einigen der in Frage kommenden Tier- und Pflanzengruppen entweder nichts über ihre ökologische Valenz wissen, oder passive Verdriftung nicht völlig ausschließen können.

6.2.2 Kontinentalverschiebung

Geologen haben gegenwärtig entscheidende Tatsachen zusammengetragen, die die Auffassung von WEGENER (1912) über die Verschiebung der Kontinente stützen. Dadurch erhält Gondwana erneute Bedeutung (vgl. u. a. HALLAM 1973, PLUMSTEAD 1973, REYMENT 1972, VANDEL 1972, GOSLINE 1972, CRACRAFT 1972, COLBERT 1972, PATTERSON 1972, PAULIAN 1972, AXELROD 1972, TARLING und RUNCORN 1973).

Als A. WEGENER jedoch im Jahre 1912 seine Vorstellungen über den früheren Zusammenhang von Afrika und Südamerika sowie die Entstehung des Atlantiks vorlegte, waren die Tatsachen-Grundlagen, die auf eine solche Hypothese gegründet werden konnten, recht schmal und die Diskussionen entsprechend lebhaft.

„Entscheidend aber ist – und das ist das bleibende Verdienst von WEGENER – die Erkenntnis, daß jede geotektonische Hypothese, die die weiten ozeanischen Räume nicht in ihr Vorstellungsbild einbezieht, sondern sich auf die Analyse der sialischen Kontinentalblöcke beschränkt und von hier aus extrapoliert, unvollständig und unzulänglich bleiben muß" (BEURLEN 1974).

Der Atlantik, der heute so einheitlich erscheint, ist erst seit der Oberkreide aus vier verschieden alten Teilstücken – Süd-, Mittel-, Nordatlantik, Skandik – zusammengewachsen, deren Geschichte unterschiedlich verlief. Nordatlantik und Skandik haben bereits eine paläozoische Vorgeschichte, doch sind beide eine vom paläozoischen Nordatlantik unabhängige Neubildung. „Auch hier zeigt sich, daß die geotektonische Entwicklung weniger durch gleichsinnige, posthume Weiterbildung alter Strukturelemente als vielmehr dadurch bestimmt wird, daß neue Beanspruchungspläne alte Strukturzusammenhänge zerreißen und zerbrechen und neue Strukturzusammenhänge den früheren aufgeprägt werden" (BEURLEN 1974). Der bereits gegen Ende des Paläozoikums beginnende Zerfall Ost-Gondwanas und die damit eingeleitete West-Bewegung West-Gondwanas hat die Ausgestaltung des Atlantischen Ozeans entscheidend beeinflußt.

Gondwana war ein paläozoischer Kontinent auf der Südhalbkugel, der Südamerika, Afrika, Madagaskar, Indien und Australien umfaßte, und der nach Auffassung von WEGENER durch die Kontinentalverschiebung zerrissen wurde. Seine Lagebeziehungen bieten einen Schlüssel zur Erklärung der Verbreitung zahlreicher mesozoischer Tier- und Pflanzenarten (z. B. für die Gondwanaflora mit *Glossopterys*, für die *Mesosaurus*-Gruppe). Nordwestlich von Gondwana lag der Urkontinent Laurasia (Nordamerika, Grönland, Skandinavien, Teile Sibiriens). Nach WEGENER setzte sich

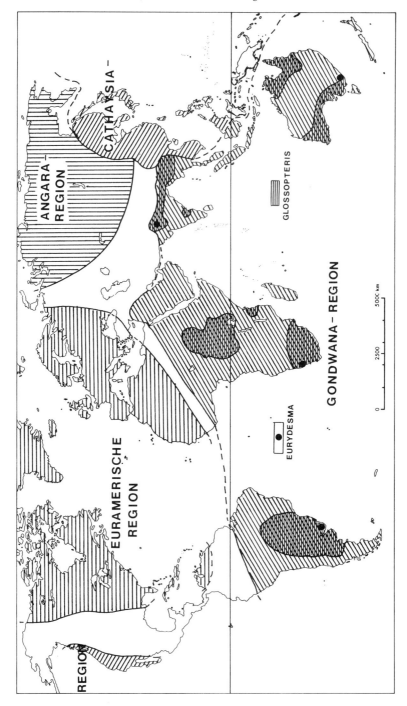

Abb. 244. Verteilung von Land- und Meer zur Zeit der *Glossopteris*-Floren (nach THENIUS 1977).

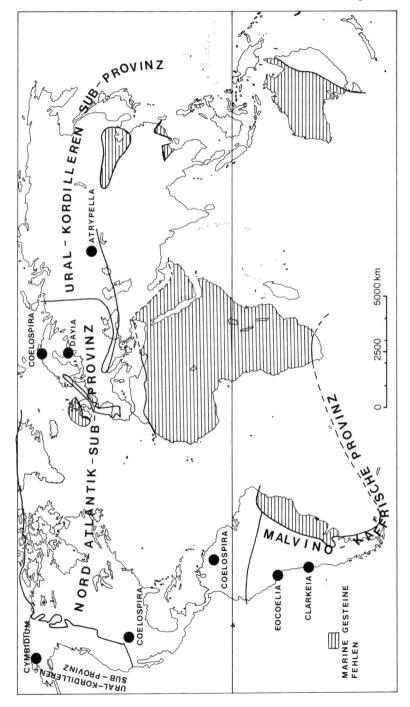

Abb. 245. Marine Reiche im Kambrium (nach THENIUS 1977).

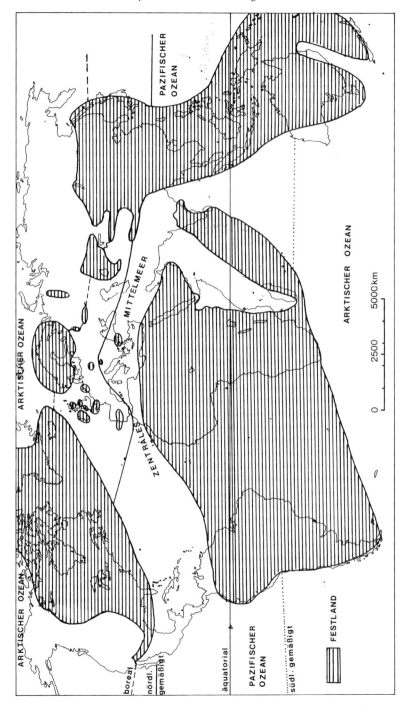

Abb. 246. Festlandsblöcke im Mesozoikum (nach Thenius 1977).

Laurasia bis ins Mesozoikum aus zwei vom Thetysmeer abgeschlossenen Kontinentalblöcken zusammen, von denen der eine die nördlichen Teile Nordamerikas umfaßte (Laurentia), der andere ein Vorläufer Eurasiens (Angaria) war. Die Entwicklungsgeschichte permischer und mesozoischer Reptilien kann korreliert werden mit dem angenommenen Trennungsgrad der Kontinente während dieser Erdzeiten. Während die Schildkrötenartigen (u. a. *Eunotosaurus*), die Mesosauria, Eosuchia, Rhynchocephalia und Ornithischia ihre Entwicklung und Aufspaltung in Gondwana durchliefen, nahmen die Sauropterygia und Therapsida ihren Ursprung in Laurasia.

Die Bedeutung der Laurasia- und Gondwana-Länder für die Interpretation war innerhalb der Biogeographie lange Zeit umstritten.

NELSON (1969) wies darauf hin, daß der Wert der historischen Biogeographie abhängt von der „Nachvollziehbarkeit" ihrer Ergebnisse. Die geophysikalischen Untersuchungsergebnisse der letzten Jahre haben durch die grundsätzlichen Arbeiten von HENNIG (1960), BRUNDIN (1966) und ILLIES (1965) und letztlich auch durch die Biogeographie gewichtige Belege erhalten.

Die Entwicklungsgeschichte der Arten wurde durch HENNIG zum Zeiger für die Entwicklung von Ländern und Landschaften. Nur sie hat eine tiefere Bedeutung für die Biogeographie (BRUNDIN 1972, PETERS 1972), obwohl sie für sich allein genommen chorologische Probleme nicht immer befriedigend zu klären vermag (zur Kritik vgl. DARLINGTON 1970, NELSON 1969).

Tab. 6.2. Eiszeitliche Temperatur-Erniedrigung in mittleren Breiten (meist Würm; SCHWARZBACH 1974)

Klimazeuge	Temperatur-Erniedrigung in °C		Autor
	Jahr	Sommer	
Dryas-Flora in Mitteleuropa	10		GAGEL 1923
Coleoptera (England)	13	7	VOOPE 1971
Senkung der Schneegrenze Alpen	6		A. PENCK 1938
Tundren-Polygone in England	13,5		SHOTTON 1960
Eiskeile in Mitteldeutschland	11		SOERGEL 1936
Pinus koraiensis in Japan	7,5		MIKI 1956
Senkung der japan. Schneegrenze		4,5–6,5	HOSHIAI 1957
Picea glauca + *P. mariana* in Texas		8	POTZGER und THARP 1947
Gletscher-Vorstoß über lebende Wälder in Ohio	15	11	GOLDTHWAIT 1959
Senkung der Schneegrenze in Colorado	5,5		ANTEVS 1954
Frostspalten in Montana	8		SCHÄFER 1949
Marine Küstenfauna in Massachusetts (^{18}O-Temp.)	6		GUSTAVSON 1973
Periglazial-Erscheinungen in Lesotho (Afrika)	5,5–9		HARPER 1969
Senkung der Solifluktionsgrenze in Australien und Tasmanien	9	5	GALLOWAY 1965
Senkung der Schneegrenze in Neuseeland	5–7		WILLETT 1950 GAGE 1966

6.3 Auswirkungen des Würmglazials auf die Arealsysteme

Betrachten wir die im Zusammenhang mit Landbrücken diskutierte zeitliche Entwicklung von Arealsystemen, so wird deutlich, daß unsere Kenntnis vom Holozän über das Pleistozän bis ins Archaikum kontinuierlich abnimmt.

	Quartär	Holozän	0,01
		Pleistozän	2–2,5
Känozoikum	Tertiär	Pliozän	
		Miozän	25
		Oligozän	
		Eozän	
		Paläozän	65
= = = = =	= = = = =	= = = = =	= = = = =
		Senon	
		Turon	
	Kreide	Cenoman	
		Gault	
		Neokom	135
Mesozoikum		Malm	
	Jura	Dogger	
		Lias	180
	Trias	Keuper	
		Muschelkalk	220–225
= = = = =	= = = = =	= = = = =	= = = = =
		Zechstein	
	Perm	Rotliegendes	280
	Karbon	Oberkarbon	
		Unterkarbon	340–355
Paläozoikum	Devon	Oberdevon	
		Mitteldevon	
		Unterdevon	400
	Silur		440
	Ordovizium		500
	Kambrium		570–600
= = = = =	= = = = =	= = = = =	= = = = =
	Algonkium		2000
Präkambrium	Archaikum		> 3000

Während wir die Auswirkungen z. B. tertiärer Klimaschwankungen (vgl. u. a. GLENIE et al. 1968, GOODELL et al. 1968, RUTFORD et al. 1968, TANNER 1968) auf die Arealsysteme nur schwer abschätzen können, hatte die pleistozäne Vergletscherung und Temperatur- und Meeresspiegelabsenkung einen tiefgreifenden Einfluß auf die Arealsysteme (vgl. u. a. DE LATTIN 1967, FRENZEL 1967, MATSCH 1976). Selbst tropische Lebensräume waren davon nicht verschont, obwohl sich dort weniger ein Temperatur- als viel stärker ein Feuchtigkeitswechsel bemerkbar machte.

Die Wiederbewaldung und Wiederbesiedlung vereister Gebiete ging nicht in der Weise vor sich, daß sich die zurückgewichenen Zonen der Vegetation und ihre Gesellschaften als Ganzes wieder nach Norden in die ehemals vereisten Gebirge vorschoben, sondern neue Gesellschaften bauten sich aus den wieder oder erstmalig in

Tab. 6.3. Größe rezenter und pleistozäner Eismassen (FLINT 1971)

Jetzt	Pleistozän	10^6 km^2
Antarktis		12,6
Grönland		1,7
	Antarktis	13,8
	Grönland	2,3
	Laurentisches Eis	13,4
	Cordilleren Eis	1,6
	Skandinavisches Eis (+ England)	6,7
	Alpen	0,04
	Asien	4,0
	Südl. Südamerika	0,7
	Australien + Neuseeland	0,03
Gesamte Erde		15,0
	Gesamte Erde	44,4

das vom Eis verlassene Gebiet einwandernden Arten auf (KNAPP 1974, CHALINE 1973, HOFFMAN und JONES 1970, SCHULTZ 1972, SCHULTZ und MARTIN 1970).

Teilweise korreliert zu den Klimawechseln traten eustatische Meeresspiegelschwankungen auf (MILLIMAN und EMERY 1968, MILLIMAN und SUMMERHAYES 1975). Im Würmglazial lag der Meeresspiegel vor der südamerikanischen Ostküste, ähnlich wie in anderen Ozeanen, mindestens 80 m unter dem gegenwärtigen Niveau (vgl. ALT 1968, u. a. STEVENSON und CHENG 1969, GRIGGS und KULM 1969, AB'SABER und BROWN 1978).

Es kam zu erheblichen Verlagerungen von Flußläufen und enormen Schwankungen der Seespiegel (vgl. Seen, Fließgewässer).

Im mittleren Miozän war das heutige Nildelta noch eine weite Bucht des Mittelmeeres. Das Pleistozän ist durch tektonische Bewegungen im Bereich des Roten Meeres gekennzeichnet. Sein gegenwärtiger hydrologischer Verlauf bildete sich erst vor 12 000 Jahren (RZOSKA 1976).

Der Viktoria-See ist paläolimnologisch sehr gut bekannt. Obwohl manche Autoren ihm miozänes Alter „geben", zeigen C_{14}-Daten, daß er erst im Pleistozän gebildet wurde (KENDALL 1969, BUTZER et al. 1972).

Vor 9500 bis 7500 Jahren lag der Seespiegel des Rudolf-Sees noch um 70 m über

Tab. 6.4. Rezente und tertiäre Vogelfamilien und -arten (nach BROKORB 1979)

	Familien	Vogelarten
Rezent	148 (95 + 53)	8 656
Pleistozän	153 (100 + 53)	10 653
Pliozän	154 (101 + 53)	10 705
Miozän	155 (102 + 53)	10 753
Oligozän	130 (82 + 48)	8 157
Eozän	94 (70 + 24)	5 164

dem heutigen Niveau. Parallel dazu liefen Vegetationsfluktuationen ab (BONNEFILLE 1972).

Während das Pleistozän die Arealsysteme erheblich beeinflußt, spielt sich seine evolutive Bedeutung überwiegend auf intragenerischem Niveau ab. Grundlegende phylogenetische Neuerungen sind im allgemeinen an die Eroberung völlig neuer Lebensräume gebunden. Die heute existierenden Biome bestanden jedoch auch bereits im Pleistozän. BRODKORB (1971) nimmt sogar an, daß die Zahl der Vogelarten (entsprechend der Zahl der Familien) im Pleistozän und mittleren Tertiär größer als in der Gegenwart gewesen sei. Dabei wird jedoch das 2 Millionen Jahre umfassende Quartär als eine Einheit aufgefaßt, was es jedoch in der Realität nicht war.

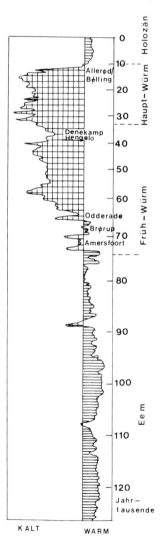

Von den rezenten Vogelgattungen sind einige Nonpasseriformes bereits aus dem Tertiär bekannt (BRODKORB 1971). Aus dem Oligozän und Miozän liegen die Gattungen *Limosa* und *Totanus* vor. Von den 848 rezenten Nonpasseriformes Gattungen kennen wir 10 aus dem Oligozän, 42 aus dem Miozän und 34 aus dem Pliozän. 245 rezente Gattungen sind aus dem Pleistozän nachgewiesen. Die Passeriformes sind fossil schlechter belegt. Von den 1420 noch lebenden Gattungen sind 2 aus dem Miozän, 2 aus dem Pliozän und 144 aus dem Quartär bekannt.

Im Pleistozän Nordamerikas war ebenfalls eine große Zahl der rezenten Säuger bereits vorhanden, daneben existierten naturgemäß auch Gruppen, die zwischenzeitlich wieder ausgestorben sind:

1. Elefanten *(Mammoteus/Mastodon)*
2. Wildrinder *(Bison, Euceratherium)*
3. Rentiere *(Rangifer)*
4. Elche *(Cervalces)*
5. Riesenfaultiere *(Paramylodon)*
6. Riesengürteltiere *(Chlamydotherium)*
7. Wasserschweine *(Neochoerus)*
8. Kurzschwanzbären *(Arctodus)* = wie Eisbär
9. Säbelzahnkatzen *(Smilodon)*
10. Wölfe *(Canis)*
11. Riesenbiber *(Castoroides)*
12. Tapire *(Tapirus)*
13. Einhufer *(Equus)*
14. Kamele *(Camelops)*
15. Gabelböcke *(Breameryx)*
16. Nabelschweine *(Platygonus)*
17. Moschusochsen *(Bootherium)*

Abb. 247. Paläotemperaturkurve nach Befunden aus der Tiefbohrung im Inlandeis von Camp Century (Grönland) und ihre mögliche Parallelisierung mit Eem und Würm (nach THENIUS 1974).

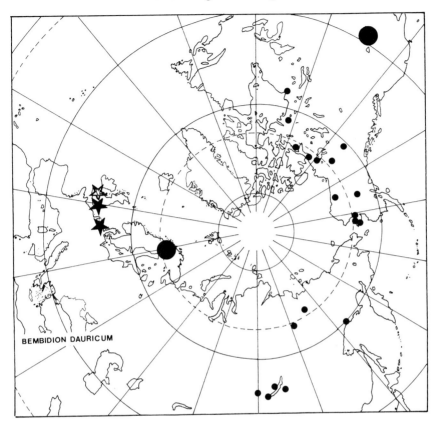

Abb. 248. Circumboreale Verbreitung des Laufkäfers *Bembidion dauricum* (nach LINDROTH 1974). Durch große Punkte wurden brachyptere Populationen dargestellt, durch Sterne Vorkommen im Würmglazial.

In Eurasien lebten zur gleichen Zeit u. a. die Gattungen *Castor*, *Rangifer*, *Ovibos*, *Coelodenta*, *Alces*, *Macaca*, *Hemitragus*, *Cervus*, *Canis*, *Saiga*, *Equus*, *Mammonteus*, *Megaceros*, *Hippotamus*, *Panthera* und *Tapirus*.

Für das Verständnis des Faunenaustausches zwischen Nord- und Südamerika ist die Geschichte der Biome Mittelamerikas von besonderer Bedeutung. Zahlreiche pollenanalytische Untersuchungen haben gezeigt, daß auch das Würm- und Postglazial Mittelamerikas durch Vegetations- und Klimaveränderungen gekennzeichnet wird (u. a. BARTLETT und BARGHOORN 1973, MÜLLER 1973). Um 12 000 v. Chr. lagen in der Kanalzone von Panama die Temperaturen durchschnittlich 2,5 °C tiefer als heute, was aus Baumpollen geschlossen wird, die rezent nur im Gebirge vorkommen. Um 7300 v. Chr. herrschten gegenwärtige Temperaturbedingungen.

„Pollen from the interval from about 7300 B. P. to 4200 B. P. suggests a drier, more seasonal, and perhaps cooler climate during this period" (BARTLETT und BARGHOORN 1973). In diesem Zeitraum treten erste Kulturpflanzen in der Kanalzone auf. Datierte *Zea*-Pollen sind 7300 bis 6200 Jahre alt.

Die Niederschlagsverhältnisse änderten sich im Würm weltweit (LAMB 1971). Wie sich das kleinräumig bemerkbar machte, ist immer noch nicht ausreichend bekannt (vgl. KROLOPP 1969). Falsch ist die Vorstellung, daß während der Eiszeiten die Tropen klimatisch stabil waren. Wir wissen heute, daß sich ausgedehnte Trocken- und Regenzeiten während der letzten 2 Millionen Jahre in Südamerika, Afrika, Neuguinea und Australien abwechselten.

Auch für Madagaskar wurden starke Klima- und Vegetationsverschiebungen nachgewiesen (BATTISTINI 1972), obwohl keineswegs alle damit verbundenen Probleme befriedigend geklärt sind. Während des Quartärs (Aepyornian genannt nach dem Vorkommen von *Aepyornis* und anderen großen Ratiten) traten offensichtlich drei „Pluvialperioden" auf. C_{14}-Daten der letzten „Pluvialzeit" (Lavanonian-Periode), die dem Würm-Glazial entspricht, aus 2,5 m tief gelegenen kontinentalen Molluskenschichten (hauptsächlich *Tropidophora*) besitzen ein Alter von 32 600 Jahren. Die obere Schicht, die reich ist an fossilen *Aepyornis*-Eiern, ist 6760 + 100 Jahre alt. Während des Quartärs kam es in Madagaskar zu gewaltigen Dünenbildungen (BRENON 1972). Subfossile Riesenlemuren, Flußpferde und Riesenvögel (*Aepyornis, Mullerornis*) erlebten noch die erste Kolonisation durch den Menschen, der frühzeitig begann, die Wälder zu zerstören und riesige Erosionsprozesse auszulösen.

Aufgrund von Untersuchungen von Vögel- und Säugerarealen wiesen EISENTRAUT (1968, 1970) und MOREAU (1963, 1966, 1969) weiträumige Vegetationsverschiebungen im tropischen Afrika nach, die für die Artbildung der afrikanischen Tierwelt von ausschlaggebender Bedeutung waren (vgl. auch die Arealtypen bei BERNARDI 1969, 1974). Schon zu Beginn unseres Jahrhunderts wurden Vegetationsfluktuationen für Afrika gefordert (LÖNNBERG 1918, 1926, 1929, MOREAU 1931, CHAPIN 1932, BRAESTRUP 1935), um die Speziation der Savannen- und Regenwaldtaxa befriedigend erklären zu können. Isolierte Regenwaldinseln spielten bei dieser Forderung eine wichtige Rolle.

„The faunas of these isolated patches show very close affinities to that of the great western hylaea, having many forms in common (f.i. *Anomalurus, Perodicticus*) which impossibly could have crossed the vast intervening steppes. From this LÖNNBERG concluded, that the said forest islands must have been once continuous with the main western forest owning to a moister climate" (BRAESTRUP 1935).

GENTILLI (1949) und KEAST (1959, 1961, 1968) vermuteten ebenfalls, daß ein Großteil der Rassen- und Artbildung australischer Taxa auf der Isolation von Populationen während „trockener" Klimabedingungen längs des Randes des Kontinents beruhe (vgl. auch HORTON 1972), und PIANKA (1972) forderte für die Evolution australischer Reptilien „habitats fluctuating in space and time." Die zeitliche Festlegung dieser die Ausbreitungszentren Australiens bestimmenden Trockenzeit ist noch unsicher.

Bereits 1954 erkannte RAMBO die unterschiedlichen räumlichen und historischen Einflüsse, die der Flora von Rio Grande do Sul einen besonderen Reiz verliehen. In seiner „Análise histórica da Flora de Pôrto Alegre" (RAMBO 1954) führt er 1288 Phanerogamen (etwa 28% der Phanerogamenflora von Rio Grande do Sul) auf, die er nach 5 „Ursprungsherden" untergliederte:

1. Flora des Regenwaldes	176 Arten
2. Bergflora	25 Arten
3. Flora des Nordostens (Chaco)	36 Arten

4. Flora des Mittel- und Südbrasilianischen Campos   677 Arten
5. „Inselflora" (zwischen Buenos Aires und Porto Alegre)   234 Arten.

Von besonderem Interesse ist zweifellos die durch einen erheblichen Teil an endemischen Arten gekennzeichnete „Inselflora". Rambo (1954) untergliederte sie in drei Gruppen:

1. Endemische Arten andiner Verwandtschaftsgruppen   74 Arten

2. Andine Arten der Süd- und Mittelanden   23 Arten

3. Arten mit Verwandtschaftsbeziehungen zu den mittel- und südbrasilianischen Campos   90 Arten (unsicher = 47 Arten)

Diese Zusammensetzung der Flora interpretierte er durch die Annahme:
1. der Existenz einer ehemaligen tertiären Insellandschaft zwischen Buenos Aires und Porto Alegre, in der sich die Evolution der endemischen Inselflora abspielte. Ihre Erstbesiedlung erfolgte „von den Anden, von der Nordküste des Chaco-Meeres und vom Südbrasilianischen Hochland her" (vgl. hierzu auch LINDMAN 1900).
2. „Nach der Angliederung der Inseln an das Festland setzte die verstärkte Einwanderung ein, bei der die brasilianischen Campos die große Masse lieferten; als letzte Einheit kam der Regenwald, der heute langsam im Vordringen ist."
Interessant ist bei seiner Analyse der Inselflora die Feststellung, daß unter den Endemiten Regenwaldelemente völlig fehlen (RAMBO 1954, Seite 97). Zu ähnlichen Schlußfolgerungen kommt auch SEHNEM (1977), der die Wanderwege der südbrasilianischen Farne bearbeitete.

6.4 Inselbiogeographie

Inseln sind isolierte Ökosysteme. Ihre Überschaubarkeit erlaubt es, dynamische Vorgänge in Arealsystemen gerade hier zu testen. Grundlegende biogeographische Vorgänge wie Besiedlungsgeschichte, Ausbreitung, Wirkung von Konkurrenzfaktoren, Anpassungsprobleme, Verdrängungs- und Aussterberaten lassen sich auf ihnen genauer verfolgen.

6.4.1 Inseltheorie

Unabhängig von der Frage, ob Inseln ozeanischen oder kontinentalen Ursprungs sind, entwickelten, aufbauend auf PRESTON (1962), MACARTHUR und WILSON (1963, 1967) ihre „Inseltheorie". Sie besagt, daß auf Inseln ein Gleichgewicht besteht zwischen der Zahl der auf eine Insel neu einwandernden und aussterbenden Arten. Auch wenn man voraussetzt, daß ein vollkommenes Gleichgewicht zwischen Einwanderung und Aussterberate nur annähernd erreicht wird, ist diese Vorstellung von großem Nutzen. Sie ermöglicht Voraussagen und experimentelle Überprüfung. Der Erfolg der Erstbesiedlung einer Insel ist abhängig von Größe und Entfernung von der Besiedlungsquelle. Eine Besiedlungskurve kann entsprechend dieser Tatsache sehr unterschiedlich ansteigen. Mit der Zeit erreicht sie jedoch, abhängig von der Inselgröße und ihrer ökologischen Ausstattung, ihren Endzustand. Weitere Arten können

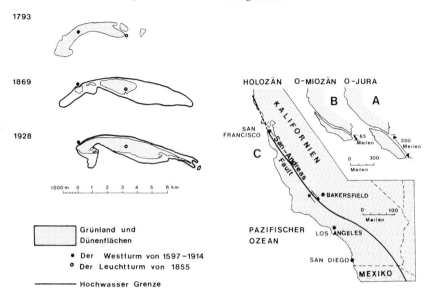

Abb. 249. Entwicklungsgeschichte Amrums und der Bucht von Los Angeles als Beispiele für Entstehung und Vergehen einer Insel (nach THENIUS 1974).

nur hinzukommen, wenn eine Auslöschung bereits vorhandener Arten einsetzt. Von WILSON und SIMBERLOFF (1966) wurde die Equilibrium-Theorie auch experimentell überprüft (vgl. auch SCHOENER 1974, 1976, SIMBERLOFF 1972, 1976).

Fast nicht mehr zu übersehen ist die Zahl wissenschaftlicher Publikationen, die durch die Inseltheorie von MACARTHUR und WILSON angeregt wurden. Einige wesentliche Arbeiten seien hier in alphabetischer Reihenfolge aufgeführt:

ABOTT (1973, 1974), ABOTT und GRANT (1976), BROWN (1971), CAIRNS et al. (1969), CROWELL (1973), DIAMOND (1969, 1971, 1972, 1974, 1975), DIAMOND und MAYR (1976), DISNEY und SMITHERS (1972), DRITSCHILO et al. (1975), GILROY (1975), HEATWOLE und LEVINS (1973), HUNT und HUNT (1974), JOHNSON (1972),

Tab. 6.5. Artenzahl von Arthropoden als Funktion der Inselgröße und Zeit (die Inselfaunen wurden durch Methylbromid am Anfang der Untersuchung vernichtet) auf kleinen Mangroveinseln (Sugarloaf-Islands, Florida). (SIMBERLOFF 1976)

	Artenzahl (in Klammern = Tage nach Begasung)			
Jahr	Insel I	Insel II	Insel III	Insel IV
0	20 (0)	35 (0)	22 (0)	25 (0)
1	13 (360)	32 (371)	28 (379)	28 (322)
2	17 (726)	37 (730)	27 (725)	28 (691)
3	19 (1235)	48 (1256)	33 (1239)	30 (1167)

Johnson und Raven (1973), Lack (1969), Levins et al. (1973), Lynch und Johnson (1974), Macarthur (1972), Macarthur, Diamond und Karr (1972), Mayr und Diamond (1976), Nevo et al. (1972), Patrick (1967), Schoener (1974, 1976), Simberloff (1972, 1974, 1976), Simberloff und Wilson (1969, 1970), Simpson (1974), Strong (1974), Terborgh (1975), Terborgh und Faaborg (1973), Willis (1974), Wilson und Simberloff (1969).

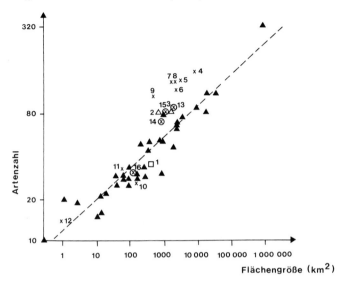

Abb. 250. Zusammenhang zwischen Artenzahl (Vögel) und Flächengröße von Inseln bei Neuguinea (nach Diamond 1970).

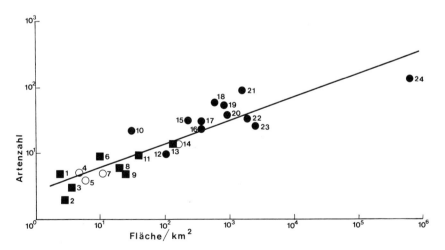

Abb. 251. Zusammenhang zwischen Artenzahl (Arthropoden) und Inselflächengröße zwischen Madagaskar und Indien gelegener Inselfaunen (nach Peake 1971).

Zwischen Inselgröße, Speziesdiversität und Populationsdichte bestehen enge Zusammenhänge (DIAMOND 1970, KREBS, KELLER und TAMARIN 1969, MACARTHUR et al. 1973), ebenso wie zwischen Inselgröße und Artenzahl. Letzteres läßt sich durch die Formel $S = CA^Z$ ausdrücken. (S = Anzahl der Arten, A = Flächeninhalt der Insel, C = populationsabhängiger Faktor, Z = empirisch bestimmter Parameter in der Größenordnung zwischen 0,2 bis 0,35).

Tab. 6.6.　Zusammenhang zwischen Inselgröße und Zahl der Vogelarten

Insel	Margarita	Coche	Cubagua
Größe (km²)	933,83	43,087	22,438
Vogelarten	147	11	9
a) Nichtsperlingsvögel	105	8	5
b) Sperlingsvögel	42	3	4

Tab. 6.7.　Zusammenhang zwischen Inselgröße und Artenzahl des Molluskengenus *Partula* auf den Sozietäts-Inseln (PURCHON 1977)

Insel	Flache in km²	Zahl von *Partula*-Arten
Boraboa	8	1
Huahine	19	5
Tahaa	32	5
Moorea	40	10
Raiatea	60	21
Tahiti	350	8

Tab. 6.8.　Fläche und Blütenpflanzenarten westafrikanischer Inseln (WILLIAMS 1964)

Insel	Fläche/km²	Artenzahl
Fernando Po	2000	826
San Thomé	1000	556
Principe	126	276
Annobon	16	115

Tab. 6.9.　Zahl der ursprünglichen höheren Pflanzen in Großbritannien, Neuseeland, Kalifornien und Japan (GODLEY 1975)

	Ursprüngliche höhere Pflanzen	Fläche km²	Artenzahl auf 1000 km²
Großbritannien	1702	307,702	5,5
Neuseeland	1996	267,800	7,4
Kalifornien	3727	401,408	9,3
Japan	4022	377,152	10,7

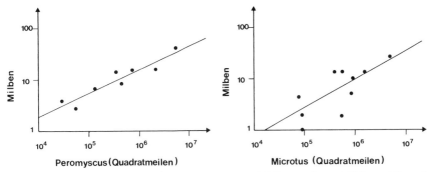

Abb. 252. Zusammenhang zwischen *Peromyscus-* und *Microtus*-Arten, Flächengröße und Zahl der Parasiten (Milben; nach DRITSCHILO, CORNELL, NAFUS und O'CONNOR 1976).

Inselbiota können, nach Kenntnis der grundlegenden ökologischen Beziehungen zwischen Flächengröße und Artenzahl, auch als Indikatoren für die Dynamik der Verbreitung verwandter Populationen auf dem Kontinent eingesetzt werden (MÜLLER 1969, 1972). Allerdings geht das nur via einer Aufklärung der genetischen Strukturen der Insel- und Festlandpopulationen.

6.4.2 Ozeanische Inseln

Ozeanische Inseln besaßen während ihrer Entwicklungsgeschichte keinen landfesten Kontakt zum Festland (WALLACE 1880).

Surtsey

Ein sehr schönes Beispiel hierfür bietet das 2,7 km² große Surtsey (63°18'N, 20°36'30W), eine Insel 30 km südlich von Island, die am 14. November 1963 durch einen untermeerischen Vulkanausbruch entstand. Die natürliche Besiedlung der ursprünglich lebensfreien Insel wurde seit 1964 durch zahlreiche Biologen und seit 1965 durch die Surtsey Research Society untersucht (SCHWABE 1970). Ihre Arbeitsergebnisse werden seit 1964 in den Surtsey Research Progress Reports in Reykjavik veröffentlicht. Die Surtsey nächstgelegene kleinere Insel ist das 5 km entfernte Geirfuglasker. Das erste am 14. Mai 1964 auf der Insel beobachtete Insekt war eine Chironomide, *Diamesa zernyi*. Im Herbst 1964 wurde eine Noctuide, *Agrotis ypsilon*, gefangen. Bis 1968 konnten 70 lebende Arthropoden auf der Insel gesammelt werden, unter denen die Dipteren mit 43 Arten überwogen. Im Gegensatz zu den Gliederfüßlern, die vor allem durch die Luft herangetragen wurden, kamen die bis 1968 festgestellten fünf höheren Pflanzen über das Meer nach Surtsey: *Cakile edentula, Cakile maritima, Elymus arenarius, Honckenya peploides* und *Mertensia maritima*. 1968 hatte noch keine Flechtenart Surtsey erreicht. Dagegen wurden zahlreiche Landalgen auf der kleinen Insel nachgewiesen. Surtsey ist ein sehr schönes Beispiel dafür, wie zufallsbedingt auf einer sterilen Insel ein neues Ökosystem aufgebaut werden kann.

Krakatau

Ein weiteres Beispiel ist (vgl. DAMMERMAN 1922, 1948) die 832 m hohe Vulkaninsel Krakatau, 40 km westlich von Java. Auf ihr wurde am 26./27. August 1883 durch einen Vulkanausbruch das pflanzliche (die Insel war bis zur Spitze mit Wald bedeckt) und tierische Leben vernichtet und das ursprüngliche Inselgebiet von 32,5 auf 10,67 Quadratkilometer verkleinert. 1886 wurden auf der Restinsel 27, 1897 bereits 62 und 1906 insgesamt 114 höhere Pflanzen festgestellt, die zum größten Teil durch die Luft herangetragen worden waren (die Insel Sibesia liegt in 18,5 km Entfernung). 1889 kamen 40 Arthropoden, 2 Reptilien und 16 Vogelarten vor, und im Jahre 1923 stellte man annähernd 500 Arthropoden, 7 Landgastropoden, 3 Reptilien (darunter eine Schlange), 26 Brutvögel und 3 Säugerarten (2 Fledermäuse, eine Ratte) fest. Surtsey, Krakatau und zahlreiche ähnlich gelagerte Fälle (u. a. DIAMOND 1974) verdeutlichen in ihrer Artenzusammensetzung, daß Organismen über sehr unterschiedliche Ausbreitungsfähigkeiten während einzelner Entwicklungsstadien verfügen. Sie zeigen zugleich, daß die „ökologische Valenz" den Ausbreitungsvorgang einer Art entscheidend bestimmt. Obwohl manche Arten es könnten (u. a. Flugfähigkeit), machen sie von ihren Ausbreitungsmöglichkeiten keinen Gebrauch, während andere offensichtlich einen regelmäßig auftretenden Anteil im Luftplankton darstellen. In historischer Zeit entstandene Inseln lassen uns vor allem das Zustandekommen anderer Inselbiota verstehen, deren zeitliche Einordnung häufig Schwierigkeiten bereitet (vgl. GÜNTHER 1969).

Die Solomonen

Die östlich von Neuguinea gelegenen Solomonen sind eine Inselgruppe südlich der pazifischen Andesitlinie*. Für alle diese Inseln wurde – ähnlich wie bei den Kanaren – ozeanische und/oder kontinentale Natur diskutiert. Eine landfeste Verbindung im Pleistozän, bedingt durch eustatische Meeresspiegelschwankungen, war nicht möglich.

Die Meeresströmungen unterscheiden sich im Nordwinter und -sommer. Im Nordwinter spaltet sich vom Äquatorialen Gegenstrom der Südäquatorialstrom ab, der von Neuguinea in Richtung Solomonen streicht. Im Nordsommer findet eine Änderung der Strömungsrichtung vom Süden nach Norden statt. Im Januar treffen sich Nordost- und Südostpassat im Gebiet der Solomonen, im Juli weht der Südostpassat von Südosten in Richtung Neuguinea.

Die Andesit-Linie trennt die pazifische Inselwelt nördlich von Neukaledonien in eine westliche Gruppe mit komplexerem Gesteinsaufbau und eine östlichere, deren Inseln nur aus Eruptiv-Gesteinen und Korallenkalk aufgebaut sind.

Zwar fällt z.B. die Ostgrenze von Landschneckengenera mit der Andesitlinie zusammen, dennoch spricht das markante westöstliche Artengefälle der Landwirbeltiere und Pflanzen für eine passive Verdriftung. Die Frage, „ob dabei, ..., die westlichsten dieser Inseln (bis zur Fidschi- und Tonga-Gruppe) Reste eines versunkenen alten Festlandes darstellen, oder ob sie alle gleichermaßen rein ozeanischen Ur-

---

* Zum Andesit gehören alle Gesteine mit positiven Quarzzahlwerten (Q), die nicht quarzübersättigt sind:

$Q = S - 6A - 4e - f.$

Es bedeuten: S = Kieselsäure eines Gesteins, A = Alkalien des Feldspats, C = Kalk des Anorthits, e = Natron des Aigirins, f = alkalische Erden des Angits nach Abzug des Erzes (Angit = schwere, hochschmelzende Frühausscheidung, die sich durch Absinken von Restschmelze trennen läßt).

sprungs sind" … (DE LATTIN 1967, Seite 288), kann von biogeographischen Argumenten her zugunsten passiver Besiedlung oder zumindest Überwanderung heute entschieden werden.

Die Angiospermen-Flora der Solomonen umfaßt 700 Gattungen, von denen 555 zur proanthropen Flora gerechnet werden (1650 Arten; GOOD 1969). Nach ihren Arealsystemen gehören 235 zu kosmopolitischen, pantropischen oder palaeotropischen Gattungen und 210 zu indomalaiischen. Von 100 kleinarealen Endemiten besitzen nur 10 direkte Beziehungen nach Australien. Endemisch für die Solomonen sind jedoch nur 3 Gattungen. Alle anderen sind auch von Neuguinea nachgewiesen. Dagegen kommen 75 Pflanzenfamilien und 800 Gattungen von Neuguinea nicht auf den Solomonen vor.

Von den 230 bekannten Orchideenarten der Solomonen (HUNT 1969) sind 40% endemisch, 1% palaeotropisch, 12% tropisch-asiatisch, 40% ostmalesisch, 8% pazifisch. Pantropische Arten fehlen. Auch hier muß angenommen werden, daß von Neuguinea aus besiedelt wurde. Die winzigen, oft nur 16zelligen Samen kommen oft zu 4 Mio. in einer Kapsel vor und werden durch den Wind verdriftet.

Vergleicht man die Pflanzen der Solomonen mit denen von Neukaledonien, so stellt man fest, daß auf den Solomonen 555 ursprüngliche Gattungen von Samenpflanzen nachgewiesen sind gegenüber 692 auf Neukaledonien. Nur 32,5% der Gat-

Tab. 6.10. Verbreitung der Pseudococcidae der Solomonen

	Bougainville	Santa Isabel	New Gorgia	Malaita	Guadalcanal	San Cristobal	Andere	
Crititicoccus ficus						X		
Crititicoccus tectus				X				
Crititicoccus theobromae	X	X						Kosmopoliten
Dysmicoccus brevipes					X			
Exilipedronia sutana					X			
Ferrisiana virgata	X							Kosmopoliten
Leingiococcus painli					X	X	X	
Laminicoccus cocois							X	
Maculicoccus malaitensis			X		X	X	X	
Mollicoccus guadalcanalanus					X			
Mutabilicoccus ortocarpi				X				
Mutabilicoccus simmondsi			X	X	X	X	X	New Britain/New Ireland
Neosimmondsia hirsuta					X	X		
Palmiola browni	X				X	X	X	New Britain/Admirality-Is.
Paraputo kukurai					X			
Paraputo leveri				X	X	X	X	Fidschi
Pedrococcus tinahulanus					X			
Planococcus citri	X	X	X	X	X	X	X	Kosmopoliten
Pseudococcus adonidum					X			
Pseudococcus solomonensis		X		X				
Trionymus chalepus					X			

tungen kommen auf beiden Inselgruppen vor. Neukaledonien besitzt eine ältere und reliktärere Flora (THORNE 1969), was u. a. auch durch Koniferen und primitive Angiospermen angezeigt wird. Der viel größere Gattungsendemismus (94 endemische Gattungen oder 13,5%) von Neukaledonien im Vergleich zu den Solomonen (3 Gattungen) wird durch die stärkere Isolierung Neukaledoniens in Zeit und Raum erklärt. Neukaledonien hat seine engsten floristischen Beziehungen zum kontinentalen Queensland (474 gemeinsame Gattungen) und zu Neuguinea (482). Dagegen stellen die Solomonen eine verarmte Neuguinea-Flora dar (THORNE 1969).

Auch die Invertebraten fügen sich in dieses Bild ein. Für die Pseudococcidae wurde das bereits von WILLIAMS (1960) nachgewiesen (Tab. 6.10).

Von den 15 Regenwurmarten der Solomonen gehören 11 zur Megascoleciden-Gattung *Pheretima* und je eine Art zu den Gattungen *Pontodrilus, Dichogaster, Ocnerodrilus* und *Pontoscolex*. Fünf *Pheretima*-Arten sind endemisch; alle anderen sind südostasiatisch bis pantropisch verbreitet und zum Teil vom Menschen eingeschleppt. LEE (1969) wies jedoch darauf hin, daß für die Interpretation der endemischen *Pheretima*-Arten eine landfeste Verbindung der Inseln gefordert werden müßte, doch kann er keine Angaben über die Evolutionsgeschwindigkeit von *Pheretima*-Arten machen. GREENSLADE (1969) kann dagegen zeigen, daß trotz bemerkenswerter Endemiten unter den Insekten Inselfläche und deren Abstand zur nächsten Besiedlungsquelle offensichtlich von entscheidender Bedeutung für die Interpretation des Faunenbildes sein müssen. Gleiches gilt auch für die Avi- (vgl. DIAMOND 1970, DIAMOND und MAYR 1976) und die Herpetofauna (BROWN und MYERS 1949, MYERS 1950, LOVERIDGE 1948, WILLIAMS und PARKER 1964).

Hawaii

Zu den Hawaii-Inseln gehören als größere Inseln neben Hawaii (10438 km²) Mani (1885 km²), Oahu (1564 km²), Kauai (1437 km²), Molokai (673 km²), Lanai (365 km²), Niihau (186 km²) und Kahoolawe (116 km²). 3900 bis 4200 km trennen die Hawaii-Gruppe von Nordamerika, den Aleuten und Japan.

Innerhalb der letzten 100 Mio. Jahre ist über Westnordwest-Ostsüdost sowie über Ostwest verlaufende Störungszonen im zentralen Nordpazifik der 2800 km lange und bis zu 8 km hohe vulkanische Hawaii-Rücken aufgebaut worden, dessen Lage zum Meeresspiegel wiederholte, mehr oder weniger bedeutende Veränderungen erfahren hat. Infolge einer tektonisch bedingten Absenkung von insgesamt 2 bis 3 km ist das Inseldasein zahlreicher Vulkangruppen bereits beendet, von anderen ragen nur noch einige stark erodierte Reste aus dem Wasser, und allein die Vulkane, die sich noch im Quartär in ihrer primären Aufbauphase befanden bzw. sich noch darin befinden, zeigen ein diesem Trend zuwiderlaufendes Verhalten. So ragen Mauna Kea und Mauna Loa heute bis zu 4205 bzw. 4170 m über den Meeresspiegel auf und bilden zusammen mit dem 3056 m hohen Haleakala die Gruppe der hohen Vulkane, die sich durch vielseitigeren Landschaftsaufbau von allen anderen Massiven abheben.

HENNIG (1974) vertritt die Ansicht, daß die kleine Gruppe der endemischen Samen- und Farnpflanzen bereits in *oberkretazischtteriärer* Zeit über eine größere Anzahl von Vulkaninseln, die als Migrationsbrücke funktionierten, einwanderten.

Auf allen Inseln durch gleiche Arten vertreten sind die Legumimose *Erythrina sandwicensis*, die Oleacee *Osmanthus sandwicensis* (zwei charakteristische Bäume der leeseitigen Trockenwälder) und die Pandanaceenliane *Freycinetea arborea* der Feuchtwälder.

Jede der fünf großen Inseln hat eine eigene *Gunnera*-Art, die alle von einer einzigen aus der Neotropis eingewanderten Art abstammen.

Gattungsendemiten:
Schidea (Caryophyllaceae; mit 45 Arten)
Labordia (Loganiaceae; mit 75 Arten)
Brighamia (Lobeliaceae)
Clermontia (Lobeliaceae; mit 42 Arten)
Cyanea (Lobeliaceae; mit 100 Arten)
Delissea (Lobeliaceae)
Rollandia (Lobeliaceae)
Tetramolobelia (Lobeliaceae)

Tab. 6.11. Pflanzenarten der Hawaii (HILLEBRAND 1965)

	mit Ureinwohnern eingeschleppt	in historischer Zeit eingeführt	Endemiten	Proanthrope Arten	Total
Dicotyledonen	13	92	500	584	689
Monocotyledonen	11	23	74	121	155
Phanerogamen	24	115	574	705	844
Cryptogamen (Moose/Farne)	?	?	79	155	155
Phanerogamen und Cryptogamen (Moose/Farne)	24	115	653	860	999

„Die Lobeliaceen entwickeln faserige, schmale, oft farbenprächtige Blüten, an die sich die Schnäbel der Honigvögel aus der Familie der Drepanididae und der Psittacirostrinae bis zur Vollendung angepaßt haben."

Mit etwa 2000 neu eingeführten Pflanzenarten (Sekundärflora) hat sich das ursprüngliche Vegetationsbild insbesondere in den ariden Gebieten völlig verändert.

Tab. 6.12. Vogel-Endemiten der Hawaii

Vogel-Familien		Gattungen		Arten		Subspezies	
Gesamt	% endemisch	Gesamt	% endemisch	Gesamt	% endemisch	Gesamt	% endemisch
12	8	25	60	35	86	68	99

Bemerkenswerte endemische Tierfamilien sind die Schneckenfamilien Achatinellidae und Amastridae und die Vogelfamilie Drepaniidae (11 Gattungen, 21 Arten), deren Evolution von MAYR (1943) und AMADON (1950) diskutiert wurde.

AMERSON (1975) untersuchte die Avifauna von kleinen Sandinseln im Nordwesten der Hawaii-Inselgruppe. In allen Fällen ließ sich zeigen, daß der Artenreichtum entscheidend von der Strukturdiversität der Vegetation abhängt.

Tab. 6.13. Herkunft der einheimischen Flora der Hawaii-Inseln (HENNIG 1974)

Herkunft	Angiospermen	Pteridophyten
indo-pazifisch	40,1	48,1
australisch	16,5	3,7
amerikanisch	18,3	11,9
boreal	2,6	4,4
pantropisch, kosmopolitisch	12,5	20,8
unbekannt	10,3	11,1

Tab. 6.14. Organismenarten und -endemiten der Hawaii-Inseln (CARL QUIST 1970)

	Arten- und Varietätenzahl	davon endemisch %	Anzahl der Genera	davon endemisch %
Insekten	3 750	99	377	53,5
Landmollusken	1 064	99	37	51
Vögel	71	98,6	40	37,5
Samenpflanzen	1 729	94,4	216	13
Farnpflanzen	168	64,9	37	8,1

Eine zusammenfassende Darstellung der hawaiischen Wirbellosen lieferte ZIM-MERMANN (1948). Süßwasserfische, Amphibien und zahlreiche Invertebraten (u.a. auch die Achatschnecke *Achatina fulica*) wurden erst vom Menschen eingeführt.

Galapagos

Ähnliche geologische Voraussetzungen wie Hawaii besitzen auch die Galapagos, deren Fauna eine der am besten untersuchten Inselfaunen ist. Sie gab bereits CHARLES DARWIN (1833) erste Anregungen zu seiner Evolutionstheorie. Hier erkannte er die Bedeutung der räumlichen Trennung für die Artbildung.

Endemische Pflanzenfamilien fehlen. Der Artendemitenreichtum steigt von den Farnen und Monocotyledonen zu den Dicotyledonen an (VAN DER WERF 1978).

Nach WIGGINS und PORTER (1971) kommen zwar allein 10 Farnfamilien in 39 Gattungen und 89 Arten auf den Galapagos vor, unter denen sich allerdings nur 10 Artendemiten befinden.

In der Litoral-Zone dominieren *Atriplex peruviana, Salicornia fruticosa, Cyperus*-Arten, *Ipomoea pes-caprae, Avicennia germinans, Laguncularia racemosa, Rhizophora mangle* und *Sporobolus virginicus*. Charakteristisch für die ariden Bereiche der Inseln sind *Acacia macracantha, Acacia rorudiana, Aristida repens, Chamaesyce viminea, Coldenia darwinii, Erythrina velutina, Opuntia echios, Opuntia galapageia, Opuntia helleri* und *Prosopis juliflora*. Eine daran anschließende Übergangs-Zone kann durch das häufige Auftreten von *Scalesia*-Arten als „*Scalesia*-Zone" bezeichnet werden. In Gebieten mit höherer Boden- und Luftfeuchtigkeit dominieren Farne und Seggen (u.a. *Botrychium, Lycopodium, Ophioglossum reticulatum, Plystichum muricatum, Pteridium aquilinum*).

Tab. 6.15.   Flora der Galapagos (WIGGINS und PORTER 1971)

Taxa	Farne und Verwandte	Apetalae	Gamo-petalae	Poly-petalae	Monocoty-ledonae	Total
Familien	10	15	23	44	15	107
Gattungen	39	32	107	114	56	348
Arten	89	68	186	185	114	642
Endemiten	10	43	88	70	17	228
Rezent einge-führt oder eingeschleppt	0	6	23	39	9	77

Die gut untersuchte Wirbeltierfauna von Galapagos ist durch das Fehlen von Amphibien und primären Süßwasserfischen ausgezeichnet. Der von POLL und LELEUP (1965) beschriebene blinde Brotulide *Caecogilba galapagosensis* lebt in Höhlen mit unterschiedlichem pH (5,8 bis 6,2) und stark schwankendem Salzgehalt (2,97 bis 8,7 $^0/_{00}$; vgl. POLL und VAN MOL 1966, VAN MOL 1967). Die übrigen Arten weisen sehr enge Beziehungen zum andinpazifischen Raum, nach Zentralamerika und in weit geringerem Maß zu den Antillen auf.

Das gilt auch für die in interstitiellen Biotopen lebenden Galapagos-Polycladen, die untereinander nicht näher verwandt sind und keine artliche Aufspaltung zeigen. Mehrfach wurden die Galapagos, unabhängig voneinander, von Polycladen, vermutlich von der kalifornischen und südamerikanischen Pazifikküste her, besiedelt. „All polyclad flatworms found within the archipelago belong to genera, which are known to occur in tropical and subtropical warm waters" (SOPOTT-EHLERS und SCHMIDT 1975). Unter der Herpetofauna kommt der endemische Leguan *Amblyrhynchus cristatus* auf den innerhalb der 200-Meter-Meerestiefenlinie gelegenen Inseln Narborough, Albemarle und Indefatigable in nächstverwandten Rassen vor, während auf James die stärker gekennzeichnete *mertensi*-Rasse lebt.

Die gegenüber der Nominatform am stärksten differenzierten Populationen sind *nanus* (Tower) und *venustissimus* (Hood). Der unterschiedliche Differenzierungsgrad der Populationen außerhalb der 200-Meter-Isobathe und ihre Verbreitung lassen sich durch passive Verdriftung erklären. Es muß allerdings einschränkend darauf hingewiesen werden, daß die Tiere ihre Schwimmfähigkeit nur begrenzt ausnutzen und daß sie, offensichtlich wegen der im Küstengebiet „zahlreichen Haie", „wasserscheu" sind (EIBL-EIBESFELDT 1962).

Neben *Amblyrhynchus* existiert noch eine weitere endemische Leguangattung *(Conolophus)* auf den Galapagos. Die starke Differenzierung von *Conolophus* und *Amblyrhynchus* spricht für eine frühe Einwanderung (Plio-Pleistozän).

Die nächsten Verwandten der beiden Arten sind in Mittel- und Südamerika verbreitet *(Ctenosaurus, Cyclurus, Iguana)*. Die übrigen Galapagos-Reptilien lassen sich nicht als besondere Gattungen von Festlandsgruppen trennen, und ihre nächsten Verwandten sind Andinpazifische Faunenelemente.

Hierzu gehört der Erdleguan *Tropidurus* und die Schlangengattung *Dromicus*, die sich auf drei Formenkreise aufgliedert *(Dromicus biserialis, D. dorsalis* und *D. slevini)* und sich von dem andinpazifisch verbreiteten *Dromicus chamissonis*, der

Tab. 6.16   Verbreitung der *Dromicus*-Arten auf den Galapagos

Dromicus biserialis biserialis	Charles und Gardner bei Charles
Dromicus biserialis hoodensis	Hood und Garner bei Hood
Dromicus biserialis eibli	Chatham
Dromicus dorsalis dorsalis	James, Jervis, Barrington, Indefatigale, South Seymour
Dromicus dorsalis occidentalis	Narborough
Dromicus dorsalis helleri	Brattle und Albemerle
Dromicus slevini sleveni	Duncan, Albemerle, Narborough
Dromicus slevini steindachneri	Jervis, South Seymour, Indefatigable

Schuppengruben besitzt, wie sie für die Galapagosschlangen bezeichnend sind, ableiten läßt.

Die Verbreitung der *Tropidurus*-Arten, der Grad ihrer morphologischen Differenzierung und ihrer Verhaltensmuster (CARPENTER 1964, EIBL-EIBESFELDT 1966) spricht offensichtlich ähnlich wie bei *Amblyrhynchus* für die nahe Verwandtschaft der zentralen Inselgruppe (Narborough, Albemarle, James, Indefatigable; vgl. Verbreitung der Nominatform von *Tropidurus albemarlensis*). Barrington (ebenfalls innerhalb der 200-Meter-Isobathe) zeigt, obwohl weit von Indefatigable abgelegen, noch nächste Beziehungen zur Zentralinselgruppe, kommt doch hier eine nur subspezifisch differenzierte Form von *Tropidurus albemarlensis* vor. Alle Inseln außerhalb der 200-Meter-Isobathe besitzen dagegen morphologisch sehr deutlich differenzierte Populationen, denen trotz ihrer allopatrischen Verbreitung Speziesrang eingeräumt wird. Die Existenz von *Tropidurus* auf den verschiedenen Inseln ist kein Indikator für eine frühere landfeste Verbindung, wie sie DENBURGH und SLEVIN (1913) u.a. annahmen, sondern läßt sich auch mit passiver Verdriftung interpretieren.

Die Verbreitung der Galapagosgeckos schließt sich widerspruchsfrei jener der übrigen Reptilien an, doch ist das Fehlen von Geckoarten auf Narborough auffallend. Die Tatsache, daß ein Artengefälle von Osten (Chatham) nach Westen (Wenman) vorliegt (von Chatham kennen wir die Arten *Phyllodactylus darwini, P. leei* und *Gonatodes collaris*, auf allen übrigen Inseln jeweils nur eine Art der Gattung *Phyllodactylus*), ist als Hinweis auf die Einwanderungsrichtung der Galapagosgeckos zu verstehen (MÜLLER 1973). Auch die Galapagos-Riesenschildkröten *(Geochelone elephantopus)* lassen sich von festländischen südamerikanischen Stammeltern ableiten. In diesem Zusammenhang ist das Vorkommen einer Riesenschildkröte *(Testudo cubensis)* aus dem Pleistozän von Cuba erwähnenswert, die den Galapagosschildkröten stark ähnelt. Aus dem argentinischen Pleistozän ist *Testudo praestans* bekannt, die sowohl die Merkmale von heute lebenden Arten als auch von *T. cubensis* besitzt und als mögliche Ausgangsgruppe in Betracht kommt. Es gibt viele Anzeichen dafür, daß die Riesenschildkröten von Galapagos erst frühestens zu Beginn des Pleistozäns die Inselgruppe schwimmend erreichten. Die „Schwimmunfähigkeit" von *Geochelone elephantopus* veranlaßte jedoch DENBURGH (1914), BEEBE (1924) und VINTON (1951), eine miozäne kontinentale Landbrücke von Mittelamerika über die Cocos-Inseln nach den Galapagos zu „konstruieren", um die Existenz der Galapagos-Riesenschildkröten interpretieren zu können. Bei der offensichtlich schnellen Differenzierungsgeschwindigkeit dieser Schildkröten ist es dann aber verwunderlich, daß sie sich noch nicht weiter von ihrer Stammgruppe entfernt haben. Einleuchtender ist dagegen die Erklärung, daß die Vorfahren von *Geochelone elephantopus,* ähnlich wie z. B. die in den Campos von Südamerika heute lebende *G. carbonaria,* schwimmfähiger waren (*G. elephantopus* kann sich zwar über Wasser halten, verbraucht jedoch bei hohen Wassertemperaturen durch Schwimmbewegungen zuviel Energie). Die 89 Brutvögel der Galapagos sind ebenfalls über See eingewandert. Das gilt sowohl für den flugunfähigen Kormoran *Nannopterum harrisi,* der in etwa 800 Brutpaaren nur auf den westlichsten Inseln vorkommt, und den Pinguin *Spheniscus mendiculus* als auch für die endemischen Möwenarten *Creagrus furcatus* und *Larus fuliginosus,* die Spottdrosseln der Gattung *Nesomimus (N. parvulus, N. trifasciatus, N. macdonaldi, N. melanotis)* und die Darwinfinken, die in 14 Arten die Inseln (incl. Cocos-Inseln) bewohnen (LACK 1947, BOWMAN 1961, HARRIS 1974). Die Galapagosfinken haben wahrscheinlich gemeinsame Vorfahren mit der festländischen Gattung *Tiaris.* Neben diesen Endemiten treten weit verbreitete Arten auf, die wie der Kuhreiher *(Bubulcus ibis)* z. T. erst in historischer Zeit (1964) einwanderten oder wie der Fischadler *(Pandion haliaetus),* der Wanderfalke *(Falco peregrinus),* der Nachtreiher *(Nycticorax nycticorax),* das Grünfüßige Teichhuhn *(Gallinula chloropus),* die Schleiereule *(Tyto alba)* und die Sumpfohreule *(Asio flammeus)* zur ursprünglichen Fauna gehörten. Auffallend ist dagegen das Fehlen von Familien, die auf dem amerikanischen Kontinent weit verbreitet sind. Dazu gehören u. a. die Kolibris (Trochilidae), die Ameisenvögel (Formicariidae), die Kotingas (Cotingidae) und die echten Finken (Fringillidae).

Die Ähnlichkeit der Avifaunen der einzelnen Inseln der Galapagos ist von der Vegetationsstruktur und weniger von ihrer isolierten Lage abhängig (POWER 1975).

Die Säugetiere der Galapagos setzen sich, abgesehen von der Pelzrobbe *Arctocephalus galapagoensis,* nur aus Kleinsäugern zusammen *(Lasiurus brachyotis, L. cinereus, Rattus rattus, Mus musculus, Megalomys curioi, Nesoryzomys indeffessus, N. darwini, N. swarthi, N. narboroughi, Oryzomys galapagoensis, O. bauri).* PATTON (1975) analysierte die Chromosomensätze von *Nesoryzomys narboroughi* und *Oryzomys bauri* und konnte zeigen, daß *Nesoryzomys* karyologisch sehr deutlich von den *Oryzomys*-verwandten Nagern abweicht, während *Oryzomys bauri* einen identischen Chromosomensatz mit der im peruanischen Küstengebiet auftretenden *O. xantheolus* besitzt.

Die eingeschleppte *Rattus rattus* besitzt übrigens den Chromosomentyp europäischer Population ($2n = 38$) und nicht jenen asiatischer ($2n = 42$). Elektrophoretische Untersuchungen von PATTON et al. (1975) belegen, daß die Galapagos-Populationen von mehreren Einschleppungen herrühren.

Interessant ist das erst 1964 von J. NIETHAMMER festgestellte Vorkommen von *Megalomys* auf den Galapagos. Die Art wurde in Gewöllen von *Tyto alba punctatissima* und *Asio flammeus galapagoensis* auf Indefatigable gefunden. Möglicherweise ist die Art bereits ausgestorben. Die Gattung *Megalomys* war bisher nur von den Antilleninseln Martinique, Barbados und Santa Lucia bekannt (wahrscheinlich auch dort heute ausgestorben). Die Areale sind typische Relikareale, die von einer ehemals weiteren Verbreitung der Gattung sprechen.

Zur Interpretation der Fauna der Galapagos muß kein landfester Kontakt mit dem Kontinent angenommen werden. Nach dem Grad ihrer Differenzierung lassen sich zwei altersmäßig offensichtlich verschiedene Gruppen von Immigranten unterscheiden:

1. eine morphologisch stark von rezenten Festlandspopulationen differenzierte

Gruppe *(Amblyrhynchus, Conolophus, Nesoryzomys* u. a.), die wahrscheinlich bereits während des frühen Pleistozäns die Galapagos von Norden her erreicht hat (vorausgesetzt, daß *Cyclura* und *Ctenosaura*, die in Frage kommenden Stammformen, im Pleistozän auf Mittelamerika beschränkt waren, wie es SAVAGE 1966 annimmt). Die marinen Strömungsverhältnisse in dem in Frage kommenden Gebiet müssen dann anders gewesen sein als heute.

2. Eine morphologisch relativ schwach (zu 1) von Festlandpopulationen differenzierte Gruppe *(Tropidurus, Dromicus, Phyllodactylus, Gonatodes, Oryzomys),* die mit hoher Wahrscheinlichkeit erst während des Pleistozäns (evtl. auch erst im Portglazial) die Galapagos von der peruanischen Küste her erreichte.

Kanarische Inseln

Viele Inselgruppen besitzen keine einheitliche geologische Geschichte (vgl. u. a. Celebes, Seite 51). Während manche ihrer Inseln kontinentale Verbindungen aufwiesen, sind ihre anderen ozeanisch. Ein Beispiel dafür liefern die Kanarischen Inseln (Fuerteventura, Lanzarote, Gran Canaria, Teneriffa, Gomera, Hierro, La Palma), deren geologische Genese unter der Problemstellung „Oceanic versus continental nature of the canaries?" lange Zeit ungeklärt war. Während ihr geologisches „Basement" (vgl. HAUSEN 1966) viele Gemeinsamkeiten mit Standorten auf dem afrikanischen Festland besitzt und ein ehemals großes „Kanarenland" eozänen Alters denkbar erscheinen läßt („The broad pre – Canarian headland was after the effusions of these basalts broken by several sets of faults, so that a number of isolated chunks were formed. On every one of these later volcanic accumulations followed and the Canary Islands came into existence as we see them today"; HAUSEN 1966, Seite 94), sprechen andere geologische und paläontologische Befunde (u. a. ZENNER 1966, SAUER und ROTHE 1972) nur für eine mio-pliozäne Verbindung der Ostinseln mit Afrika („Separation of the eastern Canaries from Africa might have been by rifting, and a land connection might still have existed in the lower Pliocene"; SAUER und ROTHE 1972), während für die endemitenreichen Westinseln rein vulkanischer Ursprung vermutet wird. Oberirdische Gesteinsdatierungen (SCHMINCKE 1976) ergaben ein erstaunlich junges Alter.

Insel	Gesteinsalter Mill. Jahre
Fuerteventura	20
Lanzarote	19
Teneriffa	16
Gran Canaria	15
Hierro	6
La Palma	2,7

Ältere Schichten wurden allerdings von jüngeren Lavamassen bedeckt. In historischer Zeit kam es mehrfach zu Vulkanausbrüchen:

Lanzarote: 1730, 1824
Teneriffa: 1704, 1705, 1706, 1798, 1909
La Palma: 1585, 1646, 1677, 1712, 1949, 1971

Miozäne Ablagerungen (ZENNER 1966), pleistozäne Meeresterrassen (ZENNER 1966, LECOINTRE 1966), eine reiche fossile und subfossile Fauna und Flora, viele Inselendemiten, phylogenetisch alte Reliktformen und Taxa mit stark disjungierten Arealen weisen nachdrücklich darauf hin, daß mindestens zwei Besiedlungstypen unterschieden werden müssen: ein plio-pleistozäner und ein glazial-postglazialer. Zu dem plio-pleistozänen gehören sicherlich die fossilen Strauße (SAUER und ROTHE 1972) der Ostinseln, die als „lebendes Fossil" bezeichnete Dermaptere *Anatella canariensis* von Teneriffa, die Mücke *Protoculex arbieeni*, die bis 80 cm langen ausgestorbenen Riesenschildkröten *Testudo burchardii*, möglicherweise auch die verschwundenen 1,5 m langen Rieseneidechsen *Lacerta goliath* und *Lacerta maxima*

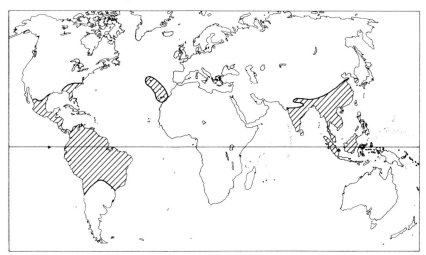

Abb. 253. Disjunkte Verbreitung der Pflanzengattung *Persea* (Lauraceae; nach BRAMWELL 1976).

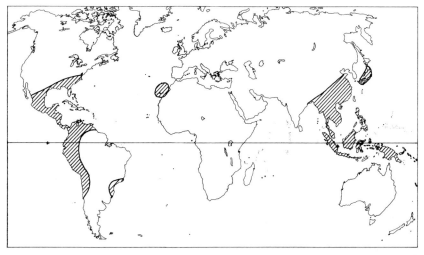

Abb. 254. Reliktareal der Pflanzenfamilie Clethraceae auf den Kanarischen Inseln (nach BRAMWELL 1976).

(vgl. u. a. RRAVO 1966), die vermutlich bis in historische Zeit noch lebende Canaren-Riesenmaus *Canariomys bravoi* und zahlreiche Pflanzenarten der auf den Westinseln isolierten Lorbeerwälder.

Zu den jüngsten Einwanderern gehörte der Mensch. Die Urbevölkerung der Canaren, die Guanchen, die nach der spanischen Eroberung (1402, Juan de Bethencourt) vernichtet wurden, zeigten deutlich Merkmale nordafrikanischer Bevölkerungsgruppen (vgl. u. a. FUSTE 1966, SCHWIDETZKY 1963). Die ältesten Fossilfunde stammen aus dem 2. Jahrtausend v. Chr.

Nicht nur die einzelnen Inseln unterscheiden sich in ihrer makro-ökologischen Struktur und erlauben zumindest die Unterscheidung einer trockenen Ost- (Lanzarote und Fuerteventura) von einer feuchteren Westinselgruppe, sondern auch jede einzelne Insel setzt sich aus markant abweichenden Großlebensräumen zusammen.

Von 1949 bis 1967 wurden auf den einzelnen Inseln folgende Jahresniederschläge gemessen (FERNANDO PULLE 1976):

Lanzarote	135 mm
Fuerteventura	147 mm
Gran Canaria	325 mm
Teneriffa	420 mm
Hierro	426 mm
Gomera	410 mm
La Palma	586 mm

Der Verlauf des kühlen Kanarenstromes, die Reichweite saharischer Winde (Harmatan), die topographische Lage, Orographie und insbesondere die Höhe führen zu Verschiebungen der Vegetationsstrukturen. So unterscheidet sich Teneriffas oder Gomeras regenreicher Norden (die miozäne Sierra de Anaga; nördlich von Santa Cruz de Tenerife) grundlegend vom ganzjährig regenarmen Süden (u. a. El Medano). Auf den Westinseln kommt es auf der Nordseite auch in den Sommermonaten zu persistierenden Wolkendecken, während auf der Südseite strahlender Sonnenschein herrscht. Fuerteventura, Lanzarote und der Süden von Gran Canaria besitzen z. T. Halbwüsten- und Wüstencharakter. Nur die höchsten Erhebungen von Fuerteventura (Jandia im Süden) und Lanzarote (Famara bei Haria) erhalten im Sommer die für eine reichere Vegetation notwendige Feuchtigkeit.

Auf den stärker gegliederten Westinseln lassen sich deutlich vier durch Pflanzenformationen gekennzeichnete Zonen abgrenzen.

Xerophyten- und Sukkulenten-Zone (0 bis 700 m)
Sie bildet die untere Vegetationsstufe auf allen Inseln. Mannshohe, säulenförmige *Euphorbia canariensis* (auf allen Inseln bis etwa 900 m), die Futterpflanze des Tenebrioniden *Pelleas crotchi*, die durch ihre braunroten Kapseln unverwechselbar sind und deren Milchsaft von den Ureinwohnern, den Guanchen, als purgatives Mittel und Fischgift benutzt wurde, buschförmige *Euphorbia bourgaeana* (Teneriffa, 100 bis 600 m), bis 80 cm hohe, an Kakteen erinnernde säulenförmige *Euphorbia handiensis* (sehr selten; Fuerteventura) und blattlose, durch sukkulente, grüne Stämmchen gekennzeichnete *Euphorbia aphylla* treten hier auf. Vergesellschaftet finden sich mit ihnen sukkulente Asclepiadaceae, z. B. *Ceropegia fusca* auf Teneriffa und Gran Canaria, die auch in Marokko vorkommende *Periploca laevigata* (auf allen Inseln bis 700 m) und *Caralluma burchardii* (Fuerteventura, Lanzarote). In dieser Zone

Abb. 255. *Euphorbia canariensis* auf der Insel Teneriffa (Kanarische Inseln 1976).

tritt auch der zu den Liliaceen gehörende Drachenbaum *(Dracaena draco)* auf, der in Gärten und Parkanlagen von Teneriffa bis Australien in „Riesenwuchsexemplaren" angetroffen werden kann, vor dem Einfluß des Menschen jedoch an vielen Standorten nur Teneriffa, Gran Canaria, Gomera, Palma, Madeira und die Capverden und gemeinsam mit *Laurus azorica* und anderen Lorbeerwaldelementen im Mio- und Pliozän Italien und Spanien besiedelte.

Die weite tertiäre Verbreitung kanarischer Taxa deutet darauf hin, daß das rezente Kanarenareal vieler Arten sicherlich als Reliktareal verstanden werden muß.

Über das Alter der Drachenbäume wurde seit Alexander von Humboldts „Reise in die Äquinoktialgegenden des Neuen Kontinents", in deren Verlauf er vom 19. bis 24. Juni 1799 auf Teneriffa weilte und vom Orotava-Tal aus den Pico de Teyde bestieg, viel gerätselt. Der in seinem „Atlas pittoresque du voyage" (Tafel 58) dargestellte Drachenbaum aus dem Garten des Marquez de Sauzal von Orotava, den auch ERNST HAECKEL 1866 noch sah (HAECKEL 1923) und der am 2. Januar 1868 durch einen Sturm zerstört wurde, schätzte er auf ein Alter von 5000 bis 6000 Jahren.

„Parmi les êtres organisés, cet arbre est sans doute, avec l'Adansonia ou Baobab du Sénégal, un des habitans les plus anciens de notre globe. Les Baobabs excèdent cependant encore la grosseur du Dragonnier de la Ville d'Orotava. On en connait qui, près, de racine, ont 34 pieds de diamètre, quoique leur hauteur totale ne soit que de 50 à 60 pieds. Mais il faut observer que les *Adansonia*, comme *Ochroma* et toutes les plantes de la famille de Bombax, croissent beaucoup plus rapidement que le Dragonnier, dont la végétation est très-lente" (HUMBOLDT 1814).

Auch der heute von Touristen meist „angefahrene" etwa 22 m hohe Drachenbaum von Icod de los Vinos wird durch ein ähnlich hohes Alter „interessanter gemacht".

Sowohl PÜTTER (1925) und SIMON (1974), als auch MÄGDEFRAU (1975) konnten einerseits durch Zuwachsmessungen, andererseits durch Bestimmung der Blührhythmen belegen, daß die kultivierten Drachenbäume „Mastformen" darstellen, die wesentlich jünger sind als von HUMBOLDT angenommen. Das Alter des Baumes von Icod de los Vinos wird 1971 auf höchstens 365 Jahre geschätzt. Da der Blütenstand von *Dracaena* terminal steht, stellt der Vegetationspunkt zum Zeitpunkt der Blütenbildung sein Wachstum ein. Unterhalb der Blüte bilden sich neue Vegetationspunkte, die zu Ästen heranwachsen und sich erst bei erneuter Blühperiode (etwa alle 10 Jahre; stark schwankend) verzweigen. Durch Bestimmung des Abstandes der Blühperioden läßt sich damit auch über die Zahl der Verzweigungen das Alter bestimmen.

Zahlreiche Crassulaceen, unter denen besonders die großblättrigen, rosettenbildenden *Aeonium*-Arten dominieren, besiedeln die *Euphorbia canariensis*-Stufe (besonders auf Felsvorsprüngen und in Schluchten) gemeinsam mit den eingeschleppten Feigenkakteen. Tamarisken (*Tamarix africana* auf Gran Canaria, Lanzarote und Fuerteventura; *Tamarix canariensis* auf allen Kanaren), Compositen der endemischen Gattung *Allagopappus*, buschförmige *Artemisia*-Arten, die auf allen Inseln häufige sukkulente *Senecio kleinia*, vereinzelte Kanaren-Palmen (*Phoenix canariensis*) und die weißblühende *Argyranthemum* (*Chrysanthemum*) *frutescens* sind weitere kennzeichnende Arten dieser Stufe.

Nach oben hin wird sie durch strauch- bis baumförmige *Erica arborea*, *Juniperus phoenicea*, *Myrica faya* und den Ampfer *Rumex lunaria* abgelöst.

Tief eingeschnittene Schluchten, Lavafelder unterschiedlichen Alters und angespültes Material (an vielen Stellen der Insel sind Ramblas ausgebildet, auf denen z.T. Straßen angelegt wurden; z.B. Rambla General Franco in der von petrochemischer Industrie stark belasteten Hauptstadt von Teneriffa, Santa Cruz de Tenerife) besitzen in dieser Zone eine abweichende Vegetation. Bemerkenswert hoch ist der Anteil an Kliff-Endemiten, die sicherlich z.T. ihre Evolution am Standort, der von rezenten Lavamassen verschont und stark isoliert wurde, durchliefen (u.a. die endemischen Compositengenera *Vieraea* und *Heywoodiella*, die Korbblütler *Sonchus bornmuelleri* und *Sonchus gummifer*).

Die Tieflandstufe aller Inseln wurde und wird ackerbaulich sehr stark genutzt (u.a. Kartoffeln, Tomaten, Bananen – hinter windbrechenden Mauern – Feigen, Mais, Wein, Erdbeeren), und bis zu einer Höhe von 1000 m kann man die z.T. mehrere hundert Jahre alten, in vielen Gebieten im Zerfall begriffenen Terrassenkulturen und Bewässerungskanäle antreffen. Die Küstenzone ist Touristenzone trotz verschmutzter Meere und Strände (fehlende Kläranlagen, Ölverschmutzung, Kraftwerke z.B. bei Las Caletillas ohne Rauchgasentschwefelung, mit starken Rauchgasschäden an den Feigenbäumen). In die Tieflandstufe wurden gezielt Opuntien eingeführt, auf denen Cochenilleläuse angesiedelt wurden. Diese Parasiten liefern einen leuchtendroten Farbstoff, der u.a. für persische Teppiche und kosmetische Produkte verwendet wurde.

Etwa 700 verschiedene Pflanzenarten (u.a. *Agave americana*, *A. sisalana*, *S. fourcroydes*, *Hibiscus*, *Bougainvillea*, *Ficus carica*, *Pelargonium*, *Philodendron*, *Aloe*, *Acacia*, *Phoenix dactylifera*, *Castanea sativa*, *Mangifera indica*, *Carica papaya*, *Citrus*, *Eucalyptus globulus*, *Pinus radiata*, *P. halepensis*) wurden auf die Kanarischen Inseln vom Menschen gebracht (KUNKEL 1976).

Die Lorbeerwald-Zone
Die Lorbeerwälder unterlagen am stärksten dem menschlichen Einfluß. Auf Gran Canaria sind gegenwärtig 1%, auf Teneriffa höchstens 10% der ursprünglichen *Lau-*

rus-Waldfläche noch vorhanden. Aufgeforstete Kiefernbestände stocken zu einem erheblichen Teil auf altem *Laurus*-Waldboden.

Entsprechend der klimatischen Differenzierung sind die am besten erhaltenen Bestände auf den Nordseiten der Westinseln anzutreffen, doch zeigen isolierte Vorkommen von Lorbeerwaldarten auf den Südseiten (z. B. La Ladera de Guimar auf Teneriffa), daß auch unter den gegenwärtigen klimatischen Bedingungen eine größere Verbreitung dieses Waldtyps möglich wäre. Kennzeichnende Baumarten dieser Westinselwälder sind *Laurus azorica, Persea indica*, der mit dem Ölbaum verwandte *Picconia excelsa, Apollonias barbusana*, der bis 40 m hohe *Ocotea foetens*, der Kanarische Erdbeerbaum *Arbutus canariensis*, die zu den Myrsinaceae gehörenden *Pleiomeris canariensis* und *Heberdenia bahamensis, Prunus lusitanica*, die beiden „Stechpalmen" *Ilex platyphylla* (Teneriffa und Gomera) und *Ilex canariensis*, die zu den Tenstroemiaceae gehörende bis 15 m hohe *Visnea mocanera* und die Kanarische Weide *Salix canariensis*.

Im Unterwuchs, der eine endemitenreiche Käferfauna aufweist (MACHADO 1976), treten strauchige und krautige Begleitarten (z. T. in endemischen Gattungen) auf, die auf die Lorbeerwaldstufe beschränkt sind. Dazu gehören der großblättrige Storchschnabel *Geranium canariense*, die endemische Umbelliferen-Gattung *Drusa* und ihre Verwandte *Cryptotaenia elegans*, die bis 1,5 m hohe Labiate *Cedronella canariensis*, die bereits LINNAEUS bekannte gelbblühende, 3 m Höhe ereichende Glockenblume *Canarinia canariensis*, die endemische Compositengattung *Gonospermum*, das Johanniskraut *Hypericum grandifolium* (auch im Norden von Lanzarote in der Peñas de Chache; 670 m), die Kennart der Lorbeerwälder, der Schneeball *Viburnum rigidum*, der Holunder *Sambucus palmensis*, der gelbblühende *Ranunculus cortusifolius*, die zu den Scrophulariaceen gehörende *Isoplexis canariensis*, die blaublühende Winde *Convolvulus canariensis*, die seltene *Solanum nava* (nur Teneriffa und Gran Canaria), *Rhamnus glandulosa*, die „Brennesseln" *Urtica morifolia* und *Gesnouinia arborea* (monotypisches, endemisches Genus), der Kreuzblütler *Crambe gigantea* (nur auf La Palma), der Kanarenefeu *Hedera canariensis*, die zu den Gentianaceen gehörende endemische Gattung *Ixanthus viscosus*, die Sauergräser *Luzula canariensis* und *Carex canariensis* und die Farne *Woodwardia radicans, Athyrium umbrosum, Asplenium onopteris, Asplenium hemionitis* und *Blechnum spicans*.

An einigen Standorten der Westinseln konnten sich degradierte Stadien der ehemaligen Lorbeerwälder erhalten, in denen zwar *Laurus* meist fehlt, andere Lorbeerwaldzeiger über das Wuchspotential der Standorte meist keinen Zweifel aufkommen lassen. Ein solcher Standort befindet sich in der Ladera de Guimar, nordwestlich von Guimar, einer schroff aufsteigenden Wand, in der Felsentauben und Turmfalken brüten, und in die man von dem kleinen Ort Medida, anfangs über Weinbauterrassen, später entlang von Ziegenpfaden leicht einsteigen kann (bis auf etwa 600 m). Zwei Wasserleitungen, von denen die obere z. T. zerfallen ist (8. 8. 1977), führen kunstvoll angelegt parallel durch die Wand, in der man von weitem bereits die dunkelgrüne Farbe einzelner *Arbutus canariensis* ausmachen kann. In den höheren Lagen blühen noch im August die buschförmige *Isoplexis canariensis* und der mannshohe, verzweigte *Echium virescens*. Zwischen bis zu 8 m hohen *Erica arborea* leuchten die rosablühende *Cistus symphytifolius* und die roten Beeren des fast 1 m hohen Aronstabverwandten *Dracunculus canariensis*. Streift man durch die Felswand über die in etwa 500 m Höhe gelegene, funktionsfähige Wasserleitung weiter in Richtung Küste, wobei man mehrere kleinere Felsdurchlässe und Brücken überqueren muß, trifft man zwischen *Lavandula canariensis*, der kleinen Crassulacea *Greenovia aizoon* und buschförmigen *Euphorbia bourgaeana* und *E. atropurpurea* auf andere Lorbeer-waldarten (u. a. *Drusa glandulosa, Jasminum odoratissimum, Persea indica, Crambe arborea, Chamaecytisus proliferus, Rhamnus glandulosa, Visnea mocanera*) und auf Pflanzen, die von Teneriffa nur aus den Kliffs der Ladera von Guimar bekannt sind (*Monanthes adenoscepes, Sonchus microcarpus, Pterocephalus dumetorum*).

Die Pinus canariensis-Zone

Zwischen 800 bis 1900 m erstreckt sich diese Stufe besonders auf den Südhängen und oberhalb der sommerlichen Wolkenstufe der Westinseln Teneriffa, La Palma, Gran Canaria und Hierro. Der bestandsbildende Baum ist die endemische *Pinus canarien-sis*, die auch auf Gomera, wo sie ursprünglich nicht heimisch war, angepflanzt wurde und deren Areal auf den anderen Westinseln durch ein seit 1950 laufendes Auffor-stungsprogramm z. T. erheblich in ursprüngliche Lorbeerwaldgebiete vorgeschoben wurde. Ihre bis zu 30 cm lang werdenden Nadeln bilden stellenweise die einzige Bo-denstreu, was auf das nicht ausreichende Vorhandensein von Konsumenten hinweist.

Begleiter der im allgemeinen lichten Pinus-Wälder sind die gelbblühenden Legumi-mosen *Adenocarpus foliolosus* (Teneriffa, Gomera, Gran Canaria) und *Adenocarpus ombriosus* (Hierro), die rosablühende buschförmige *Cistus symphytifolius, Daphne gnidium*, die zu den Caryophyllaceen gehörende *Polycarpaea aristata* (Teneriffa, Gran Canaria), *Lotus spartioides* (Gran Canaria), das zu den Liliaceen gehörende Spargelkraut *Asparagus ploamoides* (Teneriffa, Gran Canaria, La Palma), *Asphode-lus microcarpus*, die Scorphulariacee *Scrophularia arguta*, das auch in den Lorbeer-wäldern von Teneriffa und La Palma auftretende Gras *Festuca bornmuelleri*, die zu den Labiaten gehörenden *Micromeria pineolens* und *lanata* (Gran Canaria), die Composite *Lactucosonchus webbii* (La Palma) und der eingeschleppte Adlerfarn *Pteridium aquilinum*. Zum Kanarischen Oreal hin tritt die Crucifere *Descurainia lemsii* (Teneriffa), die Leguminose *Lotus campylocladus* und die buschförmige Composite *Argyranthemum canariense* auf. Aus der Caldera de los Arenas (Gran Canaria) wurde ein postglazialer *Pinus canariensis*-Bestand (3075 + 50 Jahre) be-schrieben (Nogales und Schmincke 1969).

Das Kanarische Oreal

Die rezente obere Waldgrenze wird über der sommerlichen Wolkendecke von *Pinus canariensis* und *Juniperus cedrus* zwischen 1900 und 2250 m gebildet. Die oreale Flora ist am reichhaltigsten im Las Cañadas Nationalpark am Pico de Teide (Tene-riffa). Sie läßt sich durch zahlreiche Endemiten kennzeichnen, zu denen u. a. das be-kannte bis 2800 m vorkommende, gelbblühende Teide-Veilchen *Viola cheiranthifolia* gehört, das zunehmend durch den Massentourismus in seiner Existenz gefährdet wird und dessen nächste Verwandte im Oreal von La Palma auftritt (*Viola palmensis*). Während beide Arten entsprechend ihrer Kleinheit kaum auffallen, prägen andere das Landschaftsbild. Dazu ist der fast 2 m Höhe erreichende, rotblühende *Echium wild-pretii* zu zählen, der zu einer artenreichen Gattung auf den Kanaren gehört, mit Rie-senformen im Tiefland (u. a. dem 2,5 m hohen *Echium giganteum* von der Nordküste Teneriffas) und den Wäldern (dem 2 m hohen *Echium virescens* von Teneriffa. We-sentlich seltener tritt in den Cañadas der blaublühende *Echium auberianum* auf. Die Caryophyllaceen sind durch die Arten *Bufonia teneriffae, Silene nocteolens* und *Po-*

lycarpaea tenuis, die Cruciferen durch *Descurainia gonzolezi* und *Descurainia bour-gaeana*, die Rosaceen durch *Bencomia exstipulata* und die Legumimosen durch *Adenocarpus viscosus* und den flächendeckenden, weißgelbblühenden Ginster *Spartocytisus supranubius* vertreten. Wesentlich seltener ist die Cistrose *Cistus osbeckifolius* zu finden, ganz im Gegensatz zur Pimpinelle *Pimpinella cumbrae* und einer Charakterpflanze des Teide Oreals, der Scrophulariacee *Scrophularia glabrata*. Auch ein Wegerich, *Plantago webbii*, kommt zusammen mit einer Dipsacacee, *Pterocephalus lasiospermus*, der häufigen, weißblühenden Composite *Argyranthemum (Chrysanthemum) teneriffae* und der gelbblühenden Composite *Carlina xeranthemoides* hier vor. Einige Arten sind innerhalb der Las Cañadas nur von wenigen Standorten bekannt. Das gilt für die sehr gefährdete, seltene Composite *Rhaponticum canariensis* vom Llano de Maja und La Fortaleza.

Hervorzuheben ist die Tatsache, daß 6% der kanarischen Flechten einem arctoalpinen Verbreitungstyp zugeordnet werden müssen.

Tab. 6.17 Verbreitungstypen kanarischer Flechten (FOLLMANN 1976)

Mediterrane Arten	49%
Kosmopoliten	15%
Macaronesische Arten	12%
Pantropische Arten	11%
Arctoalpine Arten	6%
Palaeotropische Arten	5%
Neotropische Arten	2%

Die im Bereich des palaeotropisch-holarktischen Übergangsgebietes vor der westafrikanischen Küste gelegenen ozeanischen Inseln kann man in den meisten Fällen eindeutig einem Tier- oder Pfanzenreich zuzählen. Während die Kapverden zur Aethiopis gehören, lassen sich die Kanarischen Inseln trotz bemerkenswerter Lokalendemiten (von den 1700 Pflanzenarten sind 470 endemisch) und gemeinsamen Pflanzen- und Tierarten mit der Aethiopis und den Macaronesischen Inseln (Macaronesische Endemiten = 110 Pflanzenarten der Kanaren) der Palaearktis zuordnen.

Unter den endemischen Pflanzengattungen dominieren die Compositen (*Schizogyne sericea* und *S. glaberrima; Heywooddiella oligocephala; Vieraea laevigata; Sventenia bupleuroides; Allagopappus dichotomus* und *A. viscosissimus; Gonospermum fruticosum, G. gomerae, G. elegans* und *G. canariense*). Untersucht man die Verbreitung der endemischen Gattungen und deren Arten, so läßt sich unschwer feststellen, daß Fuerteventura und Lanzarote nur von den auf den meisten Westinseln ebenfalls vorkommenden *Schizogyne sericea, Drusa glandulosa* und *Plocama pendula* erreicht werden. Die übrigen Gattungsendemiten sind auf die Westinseln beschränkt.

Aus evolutionsgenetischer Sicht ist der geringe Polyploidie-Level kanarischer Pflanzen bemerkenswert (Tab. 6.19). Er spricht dafür, daß die Flora eine Reliktflora ist (BRAMWELL 1976).

Auch innerhalb der Herpetofauna ist der Endemitenreichtum auf den Westinseln größer als auf Lanzarote und Fuerteventura. Gattungsendemiten fehlen. Von den beiden Froscharten ist mit Sicherheit der spanische Seefrosch (*Rana perezi*) eingeschleppt. Auffallend ist das Fehlen von Schlangen und Agamiden.

Tab. 6.18 Verbreitung endemischer Pflanzengattungen und -arten auf den Kanarischen Inseln (BRAMWELL und BRAMWELL 1974, BRAMWELL 1976)

Gattung	Arten	Inseln
Compositae		
Schizogyne	*sericea*	auf allen Inseln
	glaberrima	Gran Canaria
Heywoodiella	*oligocephala*	Teneriffa
Vieraea	*laevigata*	Teneriffa
Sventenia	*bupleuroides*	Gran Canaria
Allagopappus	*dichotomus*	Teneriffa, La Palma, Gomera, Gran Canaria
	viscosissimus	Gran Canaria
Gonospermum	*fruticosum*	Teneriffa
	gomerae	Gomera
	elegans	Hierro
	canariense	La Palma
Umbelliferae		
Tinguarra	*cervariaefolia*	Teneriffa, Gomera, La Palma
	montana	Teneriffa, Gran Canaria, Hierro, La Palma
Drusa	*glandulosa*	Teneriffa, Gran Canaria, La Palma, Gomera, Lanzarote, Fuerteventura
Todaroa	*aurea*	Teneriffa, Gomera, La Palma
Rosaceae		
Dendriopoterium	*mendendezij*	Gran Canaria
Crassulaceae		
Greenovia	*aurea*	Teneriffa, Gran Canaria, Hierro, Gomera, La Palma
	diplocycla	Gomera, Hierro, La Palma
	dodrentalis	Teneriffa
	aizoon	Teneriffa
Caryophyllaceae		
Dicheranthus	*plocamoides*	Teneriffa, Gomera
Cruciferae		
Parolinia	*ornata*	Gran Canaria
	intermedia	Teneriffa
	schizogynoides	Gomera
Gentianaceae		
Ixanthus	*viscosus*	Teneriffa, Gran Canaria, La Palma, Hierro, Gomera
Rubiaceae		
Plocama	*pendula*	Teneriffa, Gran Canaria, Gomera, La Palma, Hierro, Lanzarote, Fuerteventura
Santalaceae		
Kunkeliella	*canariensis*	Gran Canaria
	psilotoclada	Teneriffa
Urticaceae		
Gesnouinia	*arborea*	Teneriffa, La Palma, Gomera, Hierro, Gran Canaria
Neochamaelea		
Leguminosae		
Spartocytisus	*filipes*	Teneriffa, Gomera, La Palma, Hierro
	supranubius	Teneriffa, La Palma

Tab. 6.19   Polyploidie-Grade der Pflanzen in verschiedenen Gebieten (GOTTSCHALK 1976)

	Diploide %	Polyploide %
Kanarische Inseln	76,5	24,5
Algerische Sahara	62,2	37,8
Cycladen	63,0	37,0
Rumänien	53,2	46,8
Ungarn	51,4	48,6
Mitteleuropa	49,1	50,9
England	46,7	53,3
Schweden	43,1	56,9
Faröer	31,7	68,3
Island	34,1	65,9
S. W. Grönland	29,0	71,0
Spitzbergen	23,8	76,2
Peary-Land	23,8	76,2
Peary-Land	14,1	85,9
Falkland-Inseln	34,0	66,0
Macquarie-Inseln	38,0	62,0

Tab. 6.20   Verbreitung der Amphibien und Reptilien auf den Kanaren

Gattung	Arten/Rassen	Inseln
Hylidae		
Hyla	*meridionalis*	Fuerteventura, Lanzarote, Gran Canaria, Teneriffa, Gomera, La Palma und Hierro
Ranidae		
Rana	*(ridibunda) perezi*	Gran Canaria, Teneriffa, Gomera, Hierro und La Palma
Gekkonidae		
Tarentola	*delalandii delalandii*	Teneriffa, Gomera, La Palma, Hierro
	delalandii boettgeri	Gran Canaria
	mauritanica angustimentalis	Lanzarote und Fuerteventura
Lacertidae		
Lacerta	*atlantica*	Lanzarote und Fuerteventura
	galloto galloti	Teneriffa
	galloti gomerae	Gomera
	galloti palmae	La Palma
	galloti caesaris	Hierro
	stehlinii	Gran Canaria
	simonyi	Hierro und Roques del Zalmor
Scincidae		
Chalcides	*ocellatus occidentalis*	Lanzarote und Fuerteventura
	sexlineatus	Gran Canaria
	viridanus	Teneriffa, Gomera, Hierro

Die auf Lanzarote und Fuerteventura lebenden Reptilien *Tarentola mauritanica* und *Chalcides ocellatus* kommen in anderen Subspezies auf dem nordafrikanischen und spanischen Festland vor, während *Lacerta atlantica* ein Endemit ist, dessen nächste Verwandte *Lacerta galloti* auf den Westinseln lebt. Der Gekko *Tarentola delalandii* besitzt einen „macaronesischen Verbreitungstyp" (Kapverden, Salvages, Madeira, Kanaren), während die Skinke *Chalcides sexlineatus* und *viridanus* Kanarenendemiten sind. Die Kanareneidechsen, deren nächste kontinentale Verwandte *Lacerta lepida* repräsentiert, werden von KLEMMER (1976) auf zwei Einwanderungsgruppen *(L. galloti atlantica, L. simonyi stehlinii)* zurückgeführt. Fossile und subfossile Eidechsen und Riesenschildkröten von Teneriffa (BURCHARD und AHL 1927, MERTENS 1942) lassen vermuten, daß die Vorfahren der Kanaren-Lacerten erst im Würmglazial die Inseln erreichten. Über die Evolutionsgeschwindigkeit kanarischer Taxa wissen wir noch wenig, doch kann vermutet werden, daß nicht nur ihre isolierte Lage, sondern insbesondere die markanten ökologischen Unterschiede zwischen und auf den einzelnen Inseln die Differenzierungsprozesse beschleunigten.

Tab. 6.21. Vogelarten, Flächengröße, Höhe und Entfernung von Cabo Juby der Kanarischen Inseln

Insel	Fläche in km²	Höhe	Entfernung nach Cabo Juby	Vogelarten
Fuerteventura	1 731	807	111	35
Lanzarote	875	671	122	36
Gran Canaria	1 532	1 950	245	45
Teneriffa	2 058	3 717	333	53
Gomera	379	1 340	417	39
La Palma	729	2 423	489	39
Hierro	278	1 512	489	31

Die Avifauna der Kanarischen Inseln bestätigt diese Auffassung. Zwar gibt es auch hier bemerkenswerte Artendemiten (*Fringilla teydea polatzeki* von Gran Canaria; *F. teydea* von Teneriffa; ökologisch an *Pinus canariensis* gebunden), doch lassen sich die meisten Verbreitungstypen ökologisch interpretieren. Die Abhängigkeit der Artenzahl von der Flächengröße (vgl. Inseltheorie von MACARTHUR und WILSON 1963) wird durch die jeweilige Vegetationsstruktur entscheidend modifiziert.

Tab. 6.22. Vergleich der Vogel- und Ropaloceren-Arten zwischen den Kanarischen Inseln, Madeira und den Azoren

Inselgruppe	Fläche in km²	Entfernung zum Kontinent	Vogelarten	Ropaloceren-Arten
Kanaren	7 582	111	60	26
Madeira	1 540	600	42	14
Azoren	2 529	1 400	21	8

Die ausschließlich die Ostinseln Fuerteventura und Lanzarote bewohnenden Populationen besitzen nächste Verwandte in der Palaearktis und bevorzugen entweder trockene Halbwüsten- und Strandbiotope oder Kulturland (BANNERMAN 1963, ETCHECOPAR und HUE 1967).

Die folgenden Vogelarten und -rassen kommen nur auf Lanzarote und (oder) Fuerteventura vor, fehlen jedoch den Westinseln (vgl. BANNERMAN 1963):

1. *Acanthis cannabina harterti*
2. *Parus caeruleus degener*
3. *Saxicola dacotiae dacotiae* (Fuerteventura)
4. *Saxicola dacotiae murielae* (Lanzarote)
5. *Phylloscopus collybita exul* (Lanzarote)
6. *Upupua epops fuerteventurae*
7. *Tyto alba gracilirostris*
8. *Burrhinus oedicnemus insularum*
9. *Pterocles orientalis*
10. *Haematopus ostralegus meadewaldoi*
11. *Clamydotis undulata fuerteventurae*
12. *Falco tinnunculus dacotiae*
13. *Falco eleonorae*

Von den Westinseln sind folgende, den Ostinseln fehlende Arten und Rassen beschrieben:

1. *Pyrrhocorax pyrrhocorax barbarus* (La Palma)
2. *Motacilla cinerea canariensis*
3. *Calandrella rufescens rufescens* (Teneriffa)
4. *Petronia petronia madeirensis*
5. *Fringilla teydea* (ssp. *teydea, polatzeki*; Teneriffa, Gran Canaria)
6. *Fringilla coelebs* (ssp. *tintillon, ombriosa, palmae*)
7. *Acanthis cannabina meadewaldoi*
8. *Carduelis chloris chloris* (Teneriffa)
9. *Serinus canaria canaria*
10. *Parus caeruleus* (ssp. *teneriffae, palmensis, ombriosus*)
11. *Turdus merula* (ssp. *cabrerae, agnetae*)
12. *Erithacus rubecula* (ssp. *superbus, microrhynchus*)
13. *Regulus regulus teneriffae*
14. *Sylvia atricapilla atricapilla*
15. *Phylloscopus collybita canariensis*
16. *Dendrocopus major (canariensis, thanneri*))
17. *Upupa epops pulchra*
18. *Asio otus canariensis*
19. *Tyto alba alba*
20. *Columba junoniae* (La Palma, Gomera)
21. *Columba trocaz bollii*
22. *Burrhinus oedicnemus distinctus*
23. *Puffinus puffinus puffinus*
24. *Calonectris diomedea borealis*
25. *Gallinula chloropus chloropus* (Teneriffa)
26. *Coturnix coturnix confisa*
27. *Alectoris rufa intercedens* (Gran Canaria)
28. *Milvus milvus milvus*
29. *Accipiter nisus granti*
30. *Falco tinnunculus canariensis*

Sowohl auf den West- als auch auf den Ostinseln kommen folgende Vogelarten vor:

1. *Corvus corax tingitanus*
2. *Anthus berthelotii berthelotii*
3. *Calandrella rufescens polatzeki*
   (Gran Canaria, Fuerteventura, Lanzarote)
4. *Passer hispaniolensis hispaniolensis*
5. *Carduelis carduelis parva*
6. *Emberiza calandra*
7. *Rodopechys githagincus amantum*
8. *Lanius excubitor koengi*
9. *Sylvia conspicillata orbitalis*
10. *Sylvia melanocephala leucogastra*
11. *Apus pallidus brehmorum*
12. *Apus unicolor unicolor*
13. *Columba livia canarensis*
14. *Streptopelia turtur turtur*
15. *Charadrius dubius curonicus*
16. *Charadrius alexandrinus alexandrinus*
17. *Cursorius cursor bannermani*
18. *Larus argentatus atlantis*
19. *Sterna hirundo hirundo*
20. *Puffinus assimilis baroli*
21. *Bulweria bulwerii bulwerii*
22. *Alectoris barbara koenigi*
23. *Buteo buteo insularum*
24. *Pandion haliaetus*
25. *Neophron percnopterus percnopterus*
26. *Falco peregrinus pelegrinoides*

Bemerkenswert innerhalb der Avifauna sind die Arten, die wie *Columba junonaiae* oder *Columba trocaz bollii* an die Lorbeerwälder gebunden sind und sich offensichtlich auch durch ihre Verbreitungstypen als Relikte eines ehemals wesentlich ausgedehnteren Waldlandes repräsentieren. Daneben treten Arten auf, die ökologisch streng an die offenen Landschaften angepaßt sind *(Alectoris barbara koenigi, Anthus berthelotii, Rodopechys githaginus, Pterocles orientalis, Burrhinus oedicnemus, Cursorius cursor).*

Vergleicht man die Avifauna der Kanaren mit jener von Madeira und den Azoren, so läßt sich unschwer feststellen, daß Madeira und die Azoren nur von solchen Arten erreicht wurden, die entweder auf allen Inseln oder nur auf den Westinseln vorkommen. Eine Ausnahme bildet das Sommergoldhähnchen *Regulus ignicapillus*, das auf den Kanaren und Azoren durch *Regulus regulus* ersetzt wird (BANNERMAN und BANNERMAN 1965).

Die Lepidopteren unterstreichen das bei den Vögeln entwickelte Kanarenbild. 26 Tagfalter kommen auf den Inseln vor (u. a. FERNANDEZ 1970), die überwiegend die Westinseln besiedeln und mit Ausnahme von *Pieris rapae, Colias croceus* und dem Wanderfalter *Vanessa cardui* auf Lanzarote völlig fehlen. Auf Teneriffa leben gegenwärtig die folgenden Arten:

1. *Pieris rapae*
2. *Pieris brassicae cheiranthi*
   (Raupe an *Tropacolum majus* im Gegensatz zu mitteleuropäischen Kohlweißlingen)

   3. *Pontia daplidice*
   4. *Euchloe belemia eversi*
   5. *Colias croceus*
   6. *Gonepteryx cleobule*
   7. *Catopsilia florella*
   8. *Satyrus wysii*
   9. *Pararge aegeria xiphioides*
  10. *Maniola jurtina fortunata*
  11. *Vanessa cardui*
  12. *Vanessa virginiensis*
  13. *Vanessa atalanta*
  14. *Vanessa indica vulcania* (Kanarische Inseln u. Madeira)
  15. *Pandoriana maia chrysoberylla*
  16. *Issoria lathonia*
  17. *Lycaena phlaeas*
  18. *Lampides baeticus*
  19. *Cyclirius webbianus*
  20. *Zizera lysimon*
  21. *Plebejus cramera*
  22. *Thymelicus actaeon*
  23. *Danaus plexippus* (amerikanischer Wanderfalter,
      dessen Raupe auf den Kanarischen Inseln auf *Asclepia curassavica* lebt)
  24. *Danaus chrysippus* (Raupe ebenfalls an *Asclepia curassavica*).

Tab. 6.23 Vergleich der Avifauna von Madeira mit der der Azoren

Madeira	Azoren
1. *Motacilla cinerea schmitzi*	–
2. *Anthus berthelotii madeirensis*	–
3. *Passer hispaniolensis hispaniolensis*	–
4. *Petronia petronia madeirensis*	–
5. *Fringilla coelebs madeirensis*	–
6. *Carduelis carduelis narva*	1. *Carduelis carduelis parva*
7. *Carduelis chloris aurantiiventris*	–
8. *Acanthis cannabina nana*	–
9. *Serinus canaria canaria*	2. *Serinus canaria canaria*
10. *Turdus merula cabrerae*	3. *Turdus merula azorensis*
11. *Erithacus rubecula microrhynchus*	4. *Erithacus rubecula rubecula*
12. *Regulus ignicapillus madeirensis* (fehlt auf Kanaren und Azoren)	–
	5. *Regulus regulus regulus*
13. *Sylvia atricapilla obscura*	6. *Sylvia atricapilla atricapilla*
14. *Sylvia conspicillata*	7. *Sylvia conspicillata orbitalis*
15. *Upupa epops epops*	–
16. *Apus pallidus brehmorum*	–
17. *Apus unicolor unicolor*	
	8. *Asio otus otus*
18. *Tyto alba schmitzi*	–
19. *Columba trocaz trocaz*	–
20. *Columba livia atlantis*	9. *Columba livia livia*
21. *Charadrius dubuis curonicus*	–
22. *Charadrius alexandrinus alexandrinus*	10. *Charadrius alexandrinus alexandrinus*

23. *Larus argentatus atlantis*	–
24. *Sterna hirundo hierundo*	–
25. *Puffinus puffinus puffinus*	–
26. *Puffinus assimilis baroli*	–
27. *Calonectris diomedea borealis*	–
28. *Bulweria bulwerii bulwerii*	–
29. *Hydrobates belagicus*	–
30. *Alectoris rufa hispanica*	–
31. *Coturnix coturnix confisa*	11. *Coturnix coturnix conturbans*
32. *Accipiter nisus granti*	–
33. *Buteo buteo harterti*	12. *Buteo buteo rothschildi*
34. *Falco tinnunculus canariensis*	–
35. *Pandion haliaetus*	–

6.4.3. Kontinentale Inseln

Die Geschichte kontinentaler Inseln ist zumindest seit dem Pleistozän, bedingt durch eustatische Meeresspiegelschwankungen, eng mit jener des Kontinents und seiner Biota verbunden.

Häufig können diese Inseln herangezogen werden, um Probleme der Differenzierungsgeschwindigkeit der Taxa und Veränderungen ihrer kontinentalen Areale zu diskutieren (vgl. u. a. MERTENS 1934, MÜLLER 1970).

Sehr schöne Beispiele für solche Inseltypen finden sich vor allen Küsten. Obwohl ihre Biota im allgemeinen die Verhältnisse auf dem nahegelegenen Kontinent widerspiegeln, zeichnen sie sich je nach Inselgröße, Ökologie, Isolationsalter und der Qualität der Isolationsbarrieren oftmals durch andere Zusammensetzung und Differenzierung aus. Auch endemische Arten, die ihre Speziation jedoch nicht immer den Inselbedingungen verdanken (Relikte), können sich hier erhalten. Beispiele hierfür liefern u. a. die Inseln innerhalb der 60 m Isobathe vor der brasilianischen Küste.

Eine davon, die 350 km² große festlandsnahe Insel von São Sebastião (Staat São Paulo), wird nur durch einen schmalen (3,3 km) Kanal vom Festland isoliert. Aufgrund der Intensität der postglazialen eustatischen Meeresspiegelschwankungen muß angenommen werden, daß ihr Isolationsalter ungefähr 7000 Jahre beträgt (FAIRBRIGDE 1858, 1960, 1961, 1962; FRAY und EWING 1963 u. a.). Zwei Faktoren können jedoch möglicherweise zu zeitlichen Fehldatierungen des Isolationsalters führen. Erstens sind die Meerestiefen im Kanal, bei annähernd gleichem Meeresspiegelstand, innerhalb eines Jahres gewissen Schwankungen unterworfen, die vor allem durch den hier oft große Sandmengen ablagernden Brasilstrom beeinflußt werden, zweitens muß darauf hingewiesen werden, daß parallel zu den eustatischen Meeresspiegelschwankungen des Diluvials eine tektonische Hebung Ostbrasiliens stattfand, was aus unterschiedlich hoch gelegenen Strandlinien geschlossen werden kann (MACHATSCHEK 1955). Die von FRANCA (1954) und FREITAS (1944, 1947 u. a.) als Isolationsgrund angegebene Erosionstätigkeit einiger Flüsse der Serra do Mar hat dagegen mit Sicherheit untergeordnete Bedeutung. Die Morphologie der 1379 Meter hohen Insel (Pico de São Sebastião) zeigt, daß 86,6% des Landes 100 Meter über dem Meeresspiegel liegen (FRANCA 1954), wovon 6,9% auf den Höhenbereich über 900 Meter entfallen. Nur an der Westküste zwischen den Ansiedlungen Ilhabela und Perequê sowie bei Castelhanos ist ein flacher Küstenstreifen diluvialen bzw. alluvialen Alters

Abb. 256. Die Insel von São Sebastião (Staat São Paulo; Oktober 1964). Deutlich ist die anthopogen bedingte untere Waldgrenze zu erkennen.

ausgebildet. Der eigentliche Stock der Insel wird von alkalischem Eruptivgestein gebildet, und die höchsten Erhebungen der Insel – der Pico de São Sebastião, der Pico de Papageio, der Morro da Serraria, der Morro do Eixo und der Morro Ramalho u. a. – bestehen aus dieser Gesteinsformation.

Die Inselrandzone und ihre Hügel (Morro de Cantagalo, Morro das Enxovas u. a.) setzen sich aus Granit und Gneis zusammen, jenen Elementen, die wir in der Küstenzone der Serra do Mar (Costa cristalina) wiederfinden.

Auch die Flora der Insel zeigt diese direkte Beziehung zur Serra do Mar (HOEHNE 1929, EDWALL 1929, LUEDERWALDT 1929); doch weist LUEDERWALDT (1929) darauf hin, daß sie artenärmer sei als jene des Kontinents. Diese Befunde lassen sich jedoch nur deutlich für die Inselwestseite bestätigen, wo der eigentliche Regenwald erst oberhalb von 500 Metern beginnt, während die Zone zwischen ihm und der Küste durch anthropogene Beeinflussung (Brände u. a.) nur von Grasflächen und kümmerlichem Gebüsch bedeckt wird. An einigen Stellen, zum Beispiel entlang der Bachläufe, dringt der Regenwald bis weit in die Graszone vor, zeigt aber hier überall deutlich die Anzeichen jährlicher Grasbrände. Offensichtlich als Folge dieser Brände läßt sich natürlich auf der Westseite nicht jene klassische Florengliederung nachweisen, wie sie PAFFEN (1955) und HUECK (1966) für die Serra do Mar angeben und wie sie auf der Inselostseite, wo das ursprüngliche Florengefälle noch weitgehend unbeeinflußt ist, sich im wesentlichen noch erhalten hat. Im Norden der Insel lassen sich Anzeichen dafür finden, daß im vergangenen Jahrhundert mehrmals der Versuch unternommen wurde, das Gebiet für den Ackerbau nutzbar zu machen, ein Unterfangen, das in der Zwischenzeit, wie der außerordentlich dichte Jungwaldwuchs beweist, aufgegeben

Tab. 6.24 Herpetofauna der Insel von São Sebastião und des gegenüberliegenden Kontinents

Inselfauna	Kontinent
Caeciliidae	
1. *Siphonops insulanus*	—
Leptodactylidae	
2. *Basanitia lactea*	+
3. *Eleutherodactylus binotatus*	+
4. *Eleutherodactylus guentheri*	+
5. *Eleutherodactylus parvus*	+
6. *Elosia aspera*	+
7. *Elosia lateristrigata*	+
8. *Elosia nasus*	+
9. *Eupsophus miliaris*	+
10. *Leptodactylus marmoratus*	+
11. *Leptodactylus ocellatus ocellatus*	+
12. *Leptodactylus pentadactylus flavopictus*	+
13. *Physalaemus biligonigerus*	+
14. *Physalaemus olfersi*	+
15. *Physalaemus signiferus*	+
16. *Cycloramphus asper*	+
Bufonidae	
17. *Bufo crucifer crucifer*	+
Brachycephalidae	
18. *Dendrophryniscus brevipollicatus*	+
Hylidae	
19. *Hyla faber*	+
20. *Hyla albopunctata*	+
21. *Hyla goughi goughi*	+
22. *Hyla kayii*	+
23. *Hyla albomarginata*	+
24. *Hyla microps*	+
Cheloniidae	
1. *Chelonia mydas mydas*	+
2. *Eretmochelys imbricata imbricata*	+
3. *Caretta caretta*	+
4. *Dermochelys coriacea*	+
Chelidae	
5. *Hydromedusa maximiliani*	+
Gekkonidae	
6. *Hemidactylus mabouia*	+ (einge-schleppt)
7. *Gymnodactylus geckoides darwinii*	+
Iguanidae	
8. *Enyaluis iheringi*	+
Teiidae	
9. *Tupinambis teguixin*	+

Inselfauna	Kontinent
10. *Placosoma cordylinum champsonotus* (vgl. UZZELL, Th. M. 1962: Additional notes on teiid Lizards of the genus Placosoma. Copeia 1962 (4): 833–835)	+
Scincidae 12. *Mabuya caicara*	+
Amphisbaenidae 13. *Leposternon microcephalum*	+
Colubridae 14. *Chironius bicarinatus*	+
15. *Chironius pyrrhopogon*	+
16. *Spilotes pullatus anomalepis*	+
17. *Leimadophis melanostigma*	+
18. *Liophis miliaris miliaris*	+
19. *Rhadinaea affinis*	+
20. *Simophis rhinostoma rhinostoma*	+
21. *Clelia clelia clelia*	+
22. *Pseudoboa doliata*	+
23. *Thamnodynastes pallidus*	+
24. *Dipsas albifrons*	+
Elapidae 25. *Micrurus corallinus*	+
Crotalidae 26. *Bothrops jajaraca*	+
27. *Bothrops jararacussu*	+

wurde. Im Süden der Insel, der ähnliche Biotopverhältnisse wie der Norden zeigt, kommt es auf schlickhaltigen Böden in der Küstenzone stellenweise zur Ausbildung von Mangrove, deren Vegetation sich ausschließlich aus *Rhizophora mangle* (L.) und *Languncularia racemosa* (GAERTIN) zusammensetzt. Die *Rhizophora*-Bestände, die am weitesten ins Meer vordringen, erreichen auf der Insel nur eine Höhe von maximal fünf Metern. Zu „Hochwaldbildungen", wie sie GERLACH (1958) beschreibt, kommt es nicht.

Die Herpetofauna ist hinlänglich bekannt (MÜLLER 1968 u. a. Tab. 6.24).

Die meisten Vertreter der Inselfauna von São Sebastião gehören zur Regenwaldfauna der Serra do Mar. Das Fehlen von ursprünglichen Savannenelementen zeigt, daß dieser Bereich auch im Würmglazial vom Wald bedeckt war.

6.4.4 Inselverbreitung der Höhlenbiota

Eine vergleichbare Bedeutung wie sie ozeanische Inselbiota für die Biogeographie besitzen, muß im Grunde genommen allen gut isolierten Populationen beigemessen werden. Die Inseltheorie von MACARTHUR und WILSON (1963) ist selbst auf Kontinente und die sie durchsetzenden Habitatinseln anwendbar. Sehr gut vergleichbar mit den ozeanischen „Inselverbreitungsmustern" sind jedoch die Verbreitungsgebiete von Hochgebirgs- (vgl. Oreale Biome) und Höhlenpopulationen. Die Erforschung der Höhlenbiota hat besonders in den letzten Jahren erstaunliche Fortschritte gemacht (vgl. u. a. FORD und CULLINGFORD 1976). Die Vegetation setzt sich in den lichtlosen Höhlen nur aus Pilzen und Bakterien zusammen (vgl. CUBBON 1976). Dort, wo diffuses Licht eindringt, können sich Lebermoose (u. a. *Conocephalum*) und Moose (*Eucladium verticillatum, Adoxa, Phyllitis* u. a.) halten. Wo Höhlen künstlich erleuchtet werden, kann sich eine regelrechte „Lampenflora" einstellen. Bakterien und Pilze liefern die notwendige Energie für eine höhlenspezifische Invertebratenfauna, die häufig durch eine Fülle „degenerativer" Merkmale (u. a. Pigmentverlust, Augenverlust) gekennzeichnet werden kann (JEFFERSON 1976, WILKINS 1973 u. a.) Nach ihrer „Höhlenpräferenz" lassen sich Höhlentiere in ökologische Gruppen gliedern:

Troglobiten = obligatorisch an lichtlose Höhlen gebunden; in oberirdischen Lebensräumen nicht lebensfähig;

Troglophile = fakultativ cavernicole Arten, die in Höhlen, aber auch außerhalb angetroffen werden können;

Trogloxene = Höhlenbewohner, die nur einen Teil ihres Lebenszyklus in Höhlen vollenden. Diese Gruppe kann in „zufällig" in Höhlen gelangte Arten und in solche gegliedert werden, die Höhlen nur zu bestimmten Zeiten aufsuchen (z. B. Fledermäuse, der Schmetterling *Scoliopteryx libatrix*).

Höhlen besitzen geringere Umweltschwankungen als oberirdische Lebensräume (geringe Temperaturschwankungen, annähernd konstante Luftfeuchtigkeit, fehlende stärkere Luftbewegungen, dauernde Dunkelheit u. a.). Ähnlich wie andere isolierte Populationen haben sie deshalb besonders zu einer historischen Interpretation angeregt (u. a. GUEORGUIEV 1973). Dennoch sollten die rezent-ökologischen Faktoren dabei immer beachtet werden. So verdeutlicht eine Analyse von 48 Tessiner Höhlen, daß eine direkte Korrelation zwischen Raumdiversität und Isolation, deren Qualität und Dauer, sowie der Speziesdiversität und der Endemismenzahlen vorhanden ist. Die Größe des in den Höhlen vorhandenen Wasserkörpers und dessen Nährstoffversorgung (u. a. durch Fledermausguano) regulieren Artenzahl und -dichte der Höhlenpopulationen (VUILLEUMIER 1973).

Zahlreiche oberirdisch lebende Organismen besitzen pigmentlose Höhlenverwandte (u. a. *Proasellus cavaticus, Niphargellus glenniei, Niphargus fontanus,* zahlreiche Fische und Urodelen). Die Verbreitung der Höhlenarten ist im allgemeinen an die während des Würmglazials eisfreien Gebiete gebunden. Die englischen Höhlenkrebse *Niphargus fontanus, N. kochianus* und *Niphargellus glenniei* sind Beispiele dafür. Die Verbreitung von Permafrostböden und der würmglazialen Fossilfunde unter den Coleopteren in England fügt sich in dieses Bild ein (vgl. u. a. WILLIAMS 1969, COOPE 1970, COOPE et al. 1971).

Andere Arten, wie z. B. der Collembole *Onychiurus schoetti*, zeigen jedoch, daß auch eine Überdauerung in Höhlen unter der würmglazialen Eiskalotte möglich gewesen sein kann.

„Auch für die Entstehung der Lebewelt der Höhlen und der unterirdischen Gewässer gelten keine anderen Ursachen als für diejenige oberirdischer Lebensräume. Auch für sie sind also die einzigen Entwicklungsfaktoren Auslese und Isolation, die an einem Material angreifen, das durch die natürliche erbliche Variation der Organismen geliefert wird, die ihrerseits ausschließlich durch richtungsloses Mutieren zustande kommt. Daß diese Variabilität in Höhlen anders zusammengesetzt ist als oberirdisch, darf dabei nicht weiter wundernehmen, da hier bestimmte Degenerationsformen (mit

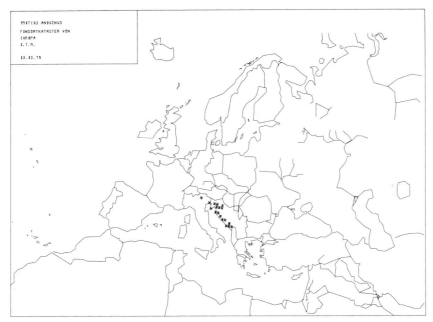

Abb. 257. Verbreitung des europäischen Höhlenolmes *(Proteus anguinus).*

Augen-, Pigment- und Flügelverlust) gleich gut zu existieren vermögen wie normale, während solche oberirdisch durch die Einwirkung der Auslese fast immer ausgemerzt werden, ehe sie zur Fortpflanzung kommen. So ist gerade diese abgelegene Gruppe von Lebewesen infolge ihrer besonderen Eigenart geeignet, einen besonders eindeutigen und eindrucksvollen Beitrag zu unserem Wissen von dem großen Entwicklungsgeschehen, dem alle Lebewesen ohne Ausnahme ihre Entstehung verdanken, zu vermitteln" (DE LATTIN 1941, Seite 297).

6.5 Ausbreitungszentren-Analyse und Landschaftsgeschichte

Zahlreiche Beispiele zeigen, daß grundlegende phylogenetische Neuerungen im allgemeinen mit einem einschneidenden Wechsel der Lebensräume und damit einer Veränderung der ökologischen Valenz von Populationen oder Populationsteilen ablaufen. Bei Vertebraten, insbesondere bei den poikilothermen Reptilien und homoeothermen Vögeln, gehören innerhalb einer Art oder nahe verwandten Artengruppe allopatrisch verbreitete Sub- oder Semispezies in den meisten Fällen gleichen oder ähnlichen Biomen an (KEAST 1961, MOREAU 1966, MÜLLER 1973, 1974), während auf Gattungs- und Familienniveau oftmals ökologische Pluripotenz vorliegt. Da „Ähnlichkeit" noch keine Verwandtschaft sein muß, eignen sich zur Erhellung und phylogenetischen Rekonstruktion von Verwandtschaften höherer Taxa im allgemeinen nur Gruppen mit möglichst komplizierten und merkmalsreichen Strukturkom-

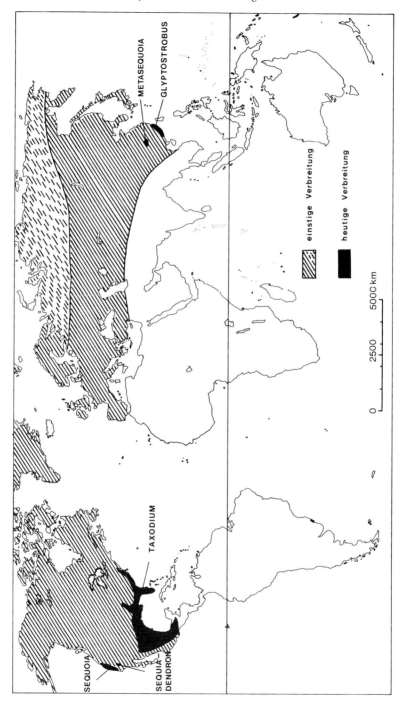

Abb. 258. Heutige und frühere Verbreitung verschiedener Coniferengattungen.

plexen, um Synapomorphien von Konvergenzen zu unterscheiden (HENNIG 1949, 1960, 1969, ILLIES 1965, BRUNDIN 1972, SCHMINCKE 1973, 1974, ZWICK 1974). Analog liegen auch die Verhältnisse bei Arealsystemen. Während jedoch z. B. eine monotypische Gattung für die Rekonstruktion der Phylogenese, d. h. der *Reihenfolge* der Merkmalsentstehung und damit der Taxaentstehung herangezogen werden kann, ist die geographische Herkunft des möglicherweise völlig isolierten Areals dieser Gattung mit chorologischen Mitteln allein ebensowenig zu klären wie mit phylogenetischen. Das Alter des Vorkommens einer Art an einer bestimmten Erdstelle ist nur in den seltensten Fällen mit dem geologischen Alter dieser Erdstelle verknüpft. Die Annahme, daß das rezente Areal eines Taxons – unabhängig vom Vorhandensein apomorpher oder plesiomorpher Merkmale – homotope Strukturen zu seinem Entstehungszentrum oder einem der vielen im Verlauf seiner Evolution möglichen Ausbreitungszentren besitzt, muß durch sorgfältige Strukturanalysen im Einzelfalle erst bestätigt werden. Theoretischer Ansatzpunkt ist damit das rezente Arealsystem eines Taxons mit allen seinen Differenzierungen und die berechtigte Annahme, daß Populationen an spezifische Umwelten adaptiert sind und damit die Aufklärung ihrer Arealgeschichte und Phylogenie Licht auf die Landschaften und deren Genese werfen kann. Eine Methode, die sich besonders bewährt hat, ist die Analyse von *Ausbreitungszentren* (Näheres bei MÜLLER 1973, 1974, 1976).

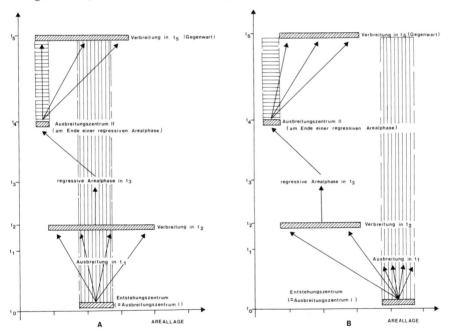

Abb. 259. Räumliche und zeitliche Zusammenhänge zwischen Entstehungszentren und Ausbreitungszentren eines Taxons. Im Fall A wird angenommen, daß das rezente Areal plesiochor zum Entstehungszentrum und den verschiedenen Ausbreitungszentren ist. Im Fall B ist das rezente Areal apochor im Bezug zum letzten Ausbreitungszentrum (t_4) und zum Entstehungszentrum. Apo- bzw. Plesiochorie muß in der Realität durch eine Fülle von Arbeitsschritten bewiesen werden. Meist gelingt die Beweisführung nur bei merkmalsreichen Arealsystemen.

Es scheint mir, zum besseren Verständnis der folgenden Ausführungen, wichtig zu sein, an dieser Stelle näher auf die Problematik der Analyse von Ausbreitungszentren einzugehen, da die Ergebnisse, die durch ihre Untersuchung und Aufklärung erhalten werden, zu einem tieferen Verständnis der jüngeren Entwicklungsgeschichte der Lebewesen und zu einer Klärung erd- und klimageschichtlicher Tatsachen beitragen können. Sie führen damit zu einer besseren Kenntnis der gegenwärtigen landschaftlichen Verhältnisse. Die Bedeutung der Ausbreitungszentren für die Evolutionsforschung ist damit ebenso groß wie ihre Bedeutung für die Geographie.

Ausbreitungszentren sind homotop mit Räumen, in denen Populationen für sie ungünstige Umweltbedingungen überdauerten. Ein Raum kann naturgemäß nur dann als Ausbreitungszentrum fungieren, wenn die Gesamtheit seiner Lebensbedingungen keine Extinktion der in ihm vorhandenen Lebensgemeinschaften bewirkte. In Ausbreitungszentren befinden sich die Populationen während der Dauer der ungünstigen Umweltbedingungen zugleich in einem von anderen Räumen und anderen Populationen abgeschlossenen Gebiet. Damit kann eine für die Art- und Rassenbildung wichtige Kraft, die geographische Isolation (Separation) wirken. Um Mißverständnisse zu vermeiden, muß jedoch darauf hingewiesen werden, daß Ausbreitungszentren keine homotopen Strukturen zu Entstehungszentren sein müssen (vgl. hierzu auch COOK 1969, CROIZAT, NELSON und ROSEN 1974).

Will man entsprechende Aussagen machen, so ist es notwendig, die Verbreitungsgebiete daraufhin zu untersuchen, ob sie in der Nähe des Entstehungsgebietes einer Art liegen (= plesiochor) oder ob sie sich im Verlauf der Entwicklungsgeschichte einer Art sehr weit von dem Entstehungszentrum entfernt haben (= apochor; vgl. MÜLLER 1972, 1974, 1975). Da die Klärung dieser Fragen für höhere systematische Einheiten (Gattungen, Familien) von einer lückenlosen Darstellung ihrer Entwick-

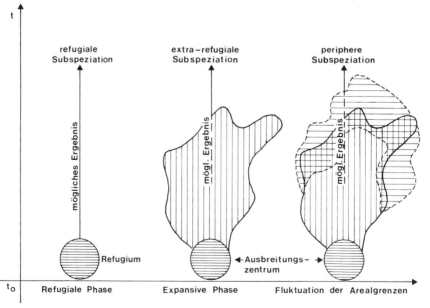

Abb. 260. Zusammenhänge zwischen Isolation und Differenzierung (aus MÜLLER 1974).

lungsgeschichte abhängig ist, die jedoch nur für wenige Tiergruppen bisher befriedigend gelöst wurde, erscheint es vorerst sinnvoll, die Untersuchung von Ausbreitungszentren nur auf Arten, Superspezies und Subspezies zu beschränken. Bei Sub- und
Semispezies ist der Nachweis der Apo- bzw. Plesiochorie ihres Areals zum letzten
funktionsfähigen Ausbreitungszentrum wesentlich leichter zu erbringen (allopatrische Verbreitung u. a.) als bei Arten, doch muß betont werden, daß die Ausbildung
von Rassen nicht ausschließlich an geographische Isolation ursprünglich einheitlicher
Populationen gebunden ist (vgl. u. a. auch ENDLER 1978).

Die Beziehungen zwischen refugialen Arealphasen, Arealdynamik, Wanderungen
und Differenzierung lassen es sinnvoll erscheinen, drei Typen der Subspeziation deutlich zu trennen:
1. die refugiale Subspeziation,
2. die extrafugiale Subspeziation und
3. die periphere Subspeziation.

Die periphere Subspeziation kann durch Schwankungen der Arealgrenzen, aber
auch, worauf REINIG (1970) aufmerksam machte, durch Suppression erfolgen, worunter er die Unterdrückung phylogenetisch älterer Subspezies durch jüngere mit dominanten Allelen ohne Mitwirkung der Selektion versteht. Phylogenetisch ältere periphere Rassen wären danach Restpopulationen ursprünglich weiter verbreiteter
Subspezies, die von jüngeren im Arealzentrum „überwandert" wurden. Diese älteren

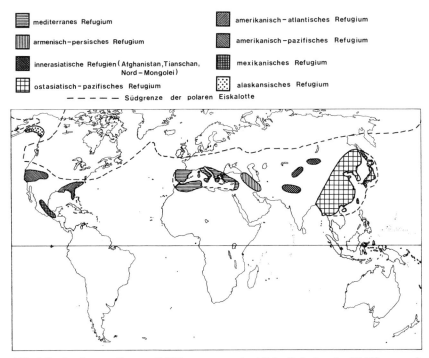

Abb. 261. Bereits von REINIG (1937) vermutete eiszeitliche Refugien der Waldflora- und
-fauna.

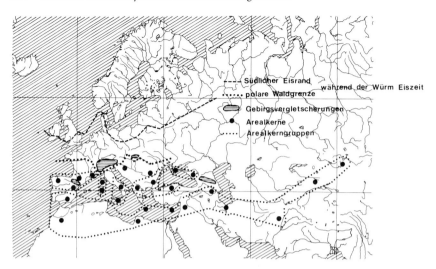

Abb. 262. Lage würmglazialer Arealkerne (Rückzugszentren) im Mittelmeergebiet und in Vorderasien sowie mutmaßliche Gruppierung der Kerne (nach Reinig 1950).

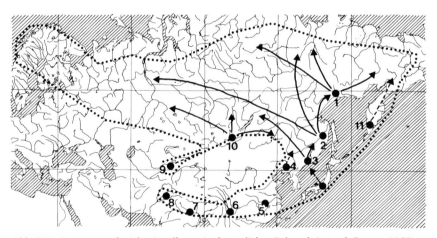

Abb. 263. Lage würmglazialer Arealkerne in der östlichen Palaearktis (nach Reinig 1950).

Typen müssen jedoch nicht ausschließlich am geographischen Rand des Areals gehäuft auftreten, sondern können sich ebenso im Bereich ökologischer Grenzen (z. B. Gebirge) innerhalb des Verbreitungsgebietes erhalten haben.

Diese einschränkenden Hinweise sind notwendige Voraussetzung für die richtige Einschätzung des Wertes von Ausbreitungszentren. Die Analyse von Ausbreitungszentren setzt drei Arbeitsschritte voraus.

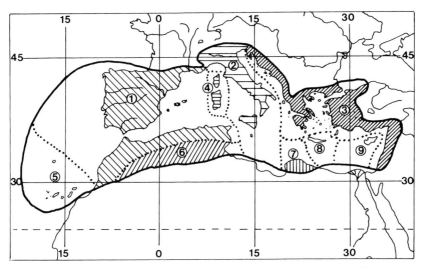

Abb. 264. Die Sekundärgliederung des mediterranen Ausbreitungszentrums (nach DE LATTIN 1967).

Im ersten werden Kleinstareale von Arten, Semispezies und Subspezies auf eine Karte eines Kontinents oder eines Tierreiches projiziert. Gemeinsamkeiten besitzen die einzelnen Areale nur in seltenen Fällen in ihren Arealgrenzen, dagegen immer in ihrem Überschneidungsbereich, dem Arealkern. Daß die auf diese Weise erhaltenen Verbreitungszentren keine Ausbreitungszentren sein müssen, wurde durch zahlreiche Untersuchungen bewiesen. Diese Zentren sind Räume höchster *Arealdiversität.* Auf diesem Analysestadium können sie sowohl ökologische als auch historische bzw. ökologische und historische Ursachen besitzen. Ob sie Ausbreitungszentren sind, also Erhaltungszentren von Faunen und Floren während ungünstiger Umweltbedingungen, kann erst über eine weitere Untersuchung der verwandtschaftlichen Verhältnisse der den Zentren zuzuordnenden Faunen erfolgen. Deshalb müssen im zweiten Arbeitsschritt polyzentrische Areale (Großareale mit mehreren Arealkernen) polytypischer Arten auf die gleiche Region projiziert werden. Als Ergebnis kann häufig, jedoch keineswegs in allen Fällen, eine Koinzidenz kleinarealer Spezies- und Subspeziesverbreitungszentren (bzw. Semispeziesverbreitungszentren) festgestellt werden. In einem dritten, bei tiergeographischen Arbeiten meist vergessenen Arbeitsschritt, muß die Entstehung der subspezifisch bzw. semispezifisch differenzierten Vikarianten geklärt werden. Die Entscheidung über die Zuordnung einer differenzierten Population zu einem bestimmten Differenzierungstyp läßt sich, vorausgesetzt, daß Hybridisierungsbelts im Kontaktbereich der ursprünglich getrennten Populationen ausgebildet werden, im allgemeinen absichern.

Im Freiland ist es jedoch meist schwierig, Hybridbelts anzusprechen, da nicht jede Population mit intermediären Merkmalen eine Hybridpopulation sein muß. Erst wenn gezeigt werden kann, daß einem Ausbreitungszentrum Differenzierungsmuster zugrunde liegen (MONTANUCCI 1974 u. a.), die nur als Ergebnis geographischer Isolation interpretierbar sind, und daß die Populationen als plesiochor angesprochen

AUSBREITUNGSZENTREN - ANALYSE

Abb. 265. Notwendige Arbeitsschritte zur Analyse von Ausbreitungszentren.

Arbeitsschritt 1
Projektion von Kleinarealen von Arten auf eine Karte der Region

Ergebnis =
Feststellung der Verbreitungszentren

Arbeitschritt 2
Projektion von polyzentrischen Arealen auf eine Karte der Region

Ergebnis =
Feststellung der Koinzidenz von Spezies- und Subspezies – Verbreitungszentren (mit event. Übergangsgebieten)

3 A. Allopatrische Differenzierung innerhalb eines kontinuierlichen Areals aufgrund von unterschiedlichem Selektionsdruck

Arbeitsschritt 3
Entstehung der subspezifisch bzw. spezifisch diff. Varianten?

Ergebnis =
Subspeziation in 1 und 2 mit clinalen Übergängen

3B. Differenzierung als ein Ergebnis geographischer Isolation

Differenzierung durch refugiale Isolation

3B."

Differenzierung nach "post-dispersal" (peripherer) Isolation

Trifft für Arbeitsschritt 2 Differenzierungstyp 3B zu, dann liegen den in Arbeitsschritt 1 nachgewiesenen Verbreitungszentren als homologe Strukturen Ausbreitungszentren zugrunde.

werden können, läßt sich wahrscheinlich machen, daß den Verbreitungszentren als homotope Strukturen Ausbreitungszentren zugrunde liegen. Entstehungsmäßig sind Ausbreitungszentren keineswegs, obwohl oft behauptet, nur an das Pleistozän gebunden. Zu allen Zeiten, auch in der Gegenwart, bildeten und bilden sich Refugien, die nach Abschluß der ungünstigen Phase als Ausbreitungszentrum fungieren können.

Jede Art besitzt mindestens ein Ausbreitungszentrum, das mit dem Entstehungszentrum übereinstimmt. Im Verlauf ihrer Entwicklungsgeschichte können sich jedoch beide Gebiete erheblich voneinander entfernen. Die nachgewiesenen Ausbreitungszentren stellen somit lediglich Räume dar, in denen Populationen die zuletzt auf sie einwirkenden ungünstigen Umweltbedingungen überdauerten.

Erstmals wurden für Süd- und Zentralamerika Ausbreitungszentren analysiert (MÜLLER 1973). Danach ist mit mindestens 40 Zentren zu rechnen, deren Lage durch glaziale und postglaziale Klimaschwankungen und Vegetationsfluktuationen beeinflußt wurde.

Die jüngste Differenzierungsrate der den Zentren zuzuordnenden Faunenelemente (u. a. subspezifisches Niveau) läßt sich als temporärer Indikator für die letzte Funktionsfähigkeit der Zentren, im Sinne von Erhaltungszentren von Faunen und Floren während regressiver Arealphasen, verstehen.

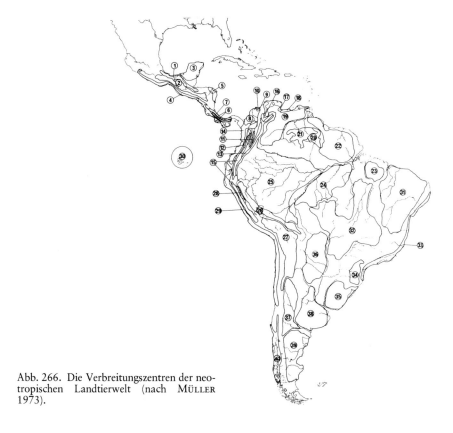

Abb. 266. Die Verbreitungszentren der neotropischen Landtierwelt (nach MÜLLER 1973).

Versucht man, die 40 Zentren zu Verwandtschaftsgruppen zu ordnen, so muß man erkennen, daß die Verwandtschaft zwischen zwei oder mehreren Zentren eine Funktion der Phylogenie der den Zentren zuzuordnenden Faunenelemente ist.

Besondere Berücksichtigung erhalten dabei polytypische und polyzentrische Arten, deren ökologische Valenz bekannt ist. Supraspezifische Einheiten werden dagegen nicht berücksichtigt, da das oftmals hohe phylogenetische Alter solcher Gruppen den einzelnen Taxa genügend Zeit zur Adaptation an sehr unterschiedliche Lebensräume bot. Die ökologische Valenz, die die Amplitude der Lebensbedingungen angibt, innerhalb derer eine Art zu gedeihen vermag, kann sich im Verlauf der Evolution eines Taxons und sogar von Population zu Population oftmals erheblich ändern. Bei Vertebraten ist der Verbreitungstyp von artlich oder subspezifisch differenzierten Po-

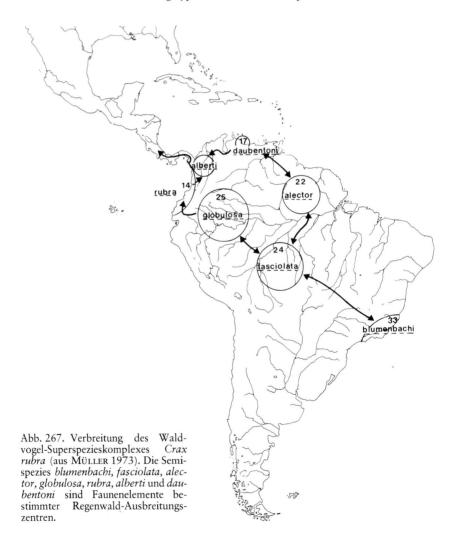

Abb. 267. Verbreitung des Waldvogel-Superspezieskomplexes *Crax rubra* (aus MÜLLER 1973). Die Semispezies *blumenbachi, fasciolata, alector, globulosa, rubra, alberti* und *daubentoni* sind Faunenelemente bestimmter Regenwald-Ausbreitungszentren.

pulationen in den meisten Fällen sehr streng mit Vegetationsformationen oder Klimazonen u. a. korreliert (Problem der Habitatinselgröße).

Die polytypische Crotalide *Lachesis mutus* ist ökologisch streng an die Flachlandregenwälder gebunden. Ihre disjunkt verbreiteten monozentrischen Subspezies sind Faunenelemente des Serra do Mar-Zentrums *(Lachesis mutus noctivagus)*, des Amazonas-Zentrums *(L. m. mutus)* und des Costa Rica-Zentrums *(L. m. stenophrys)*. *Crax rubra* ist eine streng an den Wald adaptierte polyzentrische Vogelgruppe, die einen Superspezieskomplex bildet, dem 7 Spezies angehören, die monozentrisch sind für die Zentren 14, 17, 22, 24, 25 und 33.

Crotalus durissus ist eine polytypische Klapperschlangenart, die im Gegensatz zu *Lachesis mutus* den Regenwald strikt meidet. Betrachtet man die monozentrischen

Abb. 268. Verwandtschaftsbeziehungen subspezifisch differenzierter und isolierter Populationen (amazonische Hylaea) der neotropischen Savannen-Klapperschlange *Crotalus durissus* (aus Müller 1973).

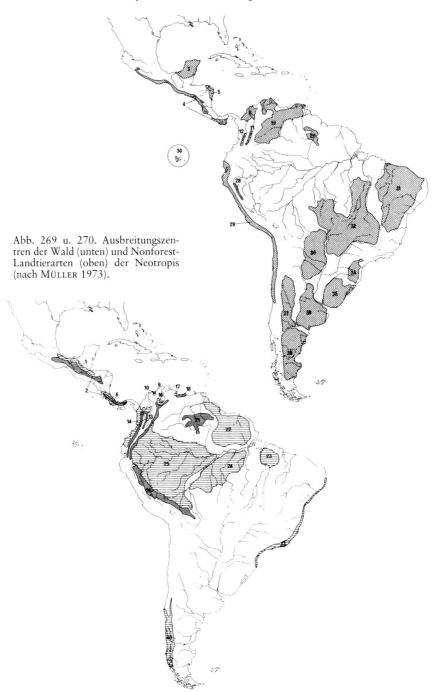

Abb. 269 u. 270. Ausbreitungszentren der Wald (unten) und Nonforest-
Landtierarten (oben) der Neotropis
(nach MÜLLER 1973).

Subspeziesareale dieser Crotalide, so zeigt sich, daß, mit Ausnahmen der beiden Inselrassen auf Marajo *(C. d. marajoensis)* und Aruba *(C. d. unicolor)* sowie der für die Küstensavannen von Guayana endemischen Subspezies *dryinus*, die anderen Subspezies als Faunenelemente den Zentren 3, 4, 8, 19, 20, 31, 32 und 34 zugeordnet werden müssen.

Nach dem Verwandschafts- und Differenzierungsgrad ihrer Faunenelemente lassen sich die 40 Zentren als Ausbreitungszentren definieren und zu drei großen Verwandtschaftsgruppen zusammenfassen.

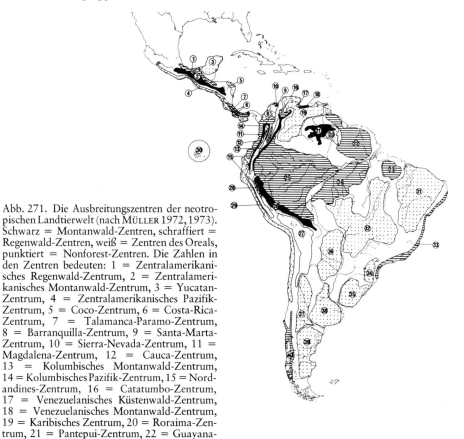

Abb. 271. Die Ausbreitungszentren der neotropischen Landtierwelt (nach MÜLLER 1972, 1973). Schwarz = Montanwald-Zentren, schraffiert = Regenwald-Zentren, weiß = Zentren des Oreals, punktiert = Nonforest-Zentren. Die Zahlen in den Zentren bedeuten: 1 = Zentralamerikanisches Regenwald-Zentrum, 2 = Zentralamerikanisches Montanwald-Zentrum, 3 = Yucatan-Zentrum, 4 = Zentralamerikanisches Pazifik-Zentrum, 5 = Coco-Zentrum, 6 = Costa-Rica-Zentrum, 7 = Talamanca-Paramo-Zentrum, 8 = Barranquilla-Zentrum, 9 = Santa-Marta-Zentrum, 10 = Sierra-Nevada-Zentrum, 11 = Magdalena-Zentrum, 12 = Cauca-Zentrum, 13 = Kolumbisches Montanwald-Zentrum, 14 = Kolumbisches Pazifik-Zentrum, 15 = Nordandines-Zentrum, 16 = Catatumbo-Zentrum, 17 = Venezuelanisches Küstenwald-Zentrum, 18 = Venezuelanisches Montanwald-Zentrum, 19 = Karibisches Zentrum, 20 = Roraima-Zentrum, 21 = Pantepui-Zentrum, 22 = Guayana-Zentrum, 23 = Para-Zentrum, 24 = Madeira-Zentrum, 25 = Amazonas-Zentrum, 26 = Yungas-Zentrum, 27 = Puna-Zentrum, 28 = Maranon-Zentrum, 29 = Andinpazifisches Zentrum, 30 = Galapagos-Zentrum, 31 = Caatinga-Zentrum, 32 = Campo-Cerrado-Zentrum, 33 = Serra-do-Mar-Zentrum, 34 = Parana-Zentrum, 35 = Uruguay-Zentrum, 36 = Chaco-Zentrum, 37 = Monte-Zentrum, 38 = Pampa-Zentrum, 39 = Patagonisches Zentrum, 40 = Nothofagus-Zentrum.

Die Ausbreitungszentren der Gruppe 1 sind an regenwaldfreie Gebiete unterhalb 1500 m gebunden, jene der Gruppe 2 an Regenwälder und jene der 3. Gruppe an die andine Region oberhalb der Waldgrenze.

Gruppe 1 und 2 lassen sich weiter untergliedern:

Gruppe 1:
Untergruppen:
a) 3, 4, 5
b) 8, 11, 12, 19, 20
c) 31, 32, 34, 36
d) 35, 37, 38, 39
e) 28, 29, 30

Gruppe 2:
Untergruppen:
a) 1, 6, 9, 14, 16, 17
b) 2, 10, 13, 18, 21, 26
   (= Montanwaldarten)
c) 22, 23, 24, 25, 33
d) 40

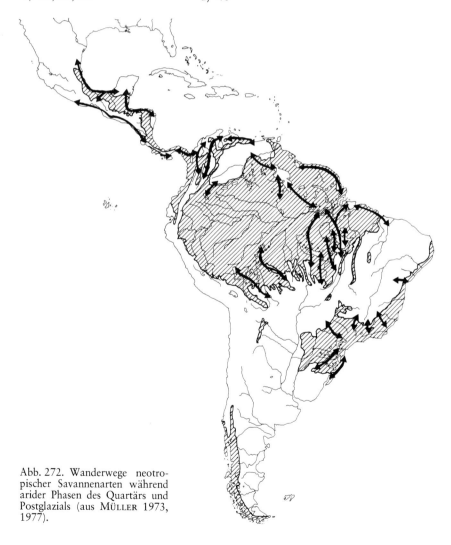

Abb. 272. Wanderwege neotropischer Savannenarten während arider Phasen des Quartärs und Postglazials (aus MÜLLER 1973, 1977).

Der potentielle Aktionsradius der Faunen der drei Gruppen wird durch ihre ökologisch strenge Adaptation relativiert. Offene Landschaften werden aus dem Aktionsbereich von Regenwaldvögeln, niederschlagsreiche Regenwaldgebiete aus dem Aktionsbereich von Campoarten und kühlere Höhenklimate aus dem Aktionsbereich von tropischen Flachlandarten einfach verschwinden.

Diese natürlichen Barrieren, die zu einem wesentlichen Teil für die Diskontinuitäten zwischen geographischen Isolaten verantwortlich sind, bestimmen oder beeinflussen die Dispersionsrate eines Taxons.

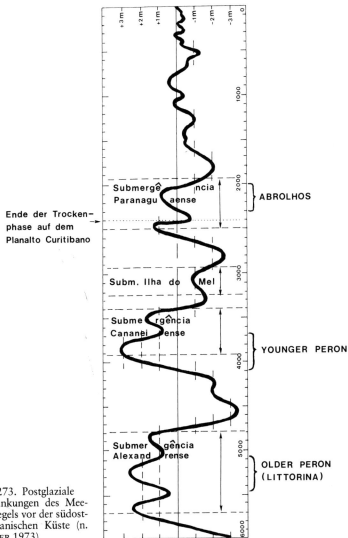

Abb. 273. Postglaziale Schwankungen des Meeresspiegels vor der südostbrasilianischen Küste (n. MÜLLER 1973).

Die letzte Funktionsfähigkeit eines Ausbreitungszentrums kann aus der subspezifischen Differenzierung von Populationen einer Art, die durch Allopatrie an das Zentrum gebunden sind, abgeleitet werden.

In vielen Fällen reichte das Postglazial als Zeitraum für Subspeziation aus (MAYR 1967, 1975, DE LATTIN 1959, MÜLLER 1969, 1970, SELANDER 1976). Deshalb vermuten wir die letzte Funktionsfähigkeit unserer Zentren als Erhaltungszentren von Faunen und Floren während regressiver Phasen im Postglazial. Dabei müssen wir davon ausgehen, daß die Regressionsphasen der Waldfaunen durch Expansionsphasen der Nonforestfaunen und vice versa bedingt wurden und daß die Lage der Ausbreitungszentren im wesentlichen durch glaziale und postglaziale Klimaschwankungen und Vegetationsfluktuationen bestimmt wurde, deren Bedeutung für die Differenzierung der Taxa bereits von CHAPIN (1932), MOREAU (1933, 1963, 1966, 1969) und EISENTRAUT (1968, 1970) für Afrika, GENTILLI (1949) und KEAST (1959, 1961, 1968) für Australien und VANZOLINI (1963, 1970), HAFFER (1967, 1969, 1970),

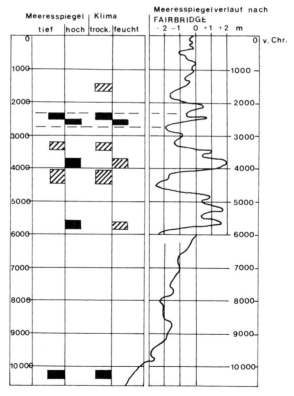

Abb. 274. Postglaziale Klima- und Meeresspiegelschwankungen an der brasilianischen Küste (nach BIGARELLA 1971).

MÜLLER (1968, 1970, 1971) und MÜLLER und SCHMITHÜSEN (1970) für Südamerika aufgezeigt werden konnte.

Während der Submergência Ilha do Mel (Postglaziale Wärmezeit; BIGARELLA 1965) kam es zu Campoexpansionen, in deren Verlauf u. a. Campo-Cerrado-Faunen-elemente nach Amazonien einwanderten (VANZOLINI 1963, HAFFER 1967, MÜLLER 1968, 1970).

Südamerikanische Inselfaunen können als temporäre Indikatoren für diese Bio-chorenverschiebungen im zentralen und östlichen Südamerika benutzt werden (MÜLLER 1970, MÜLLER und SCHMITHÜSEN 1970). Die Campoexpansionsphase läßt sich nachweisen von 6000 bis 2400 v. Chr. (AB'SABER 1962, 1965, BIGARELLA 1965,

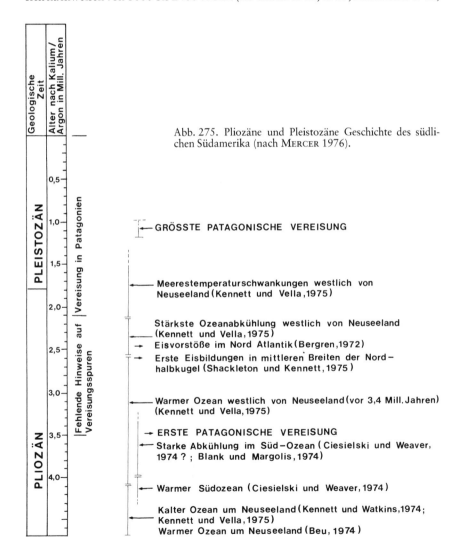

Abb. 275. Pliozäne und Pleistozäne Geschichte des südli-chen Südamerika (nach MERCER 1976).

Fränzle 1976, Goosen 1964, Pimienta 1958, Tricart, Vogt und Gomes 1960)
und führte zu einer Verbreiterung der Restinga von Cabo Frio bis Rio Grande do Sul
(Delaney 1963, 1966, Hurt 1964, Vanzolini und Ab'saber 1968, Vuilleumier
1971, 1975) und zu einer Trockenperiode im Nordosten Brasiliens (Tricart, Santos, Silva und Silva 1958). Die Wanderwege der Nonforestarten werden durch eine
um 2400 v. Chr. einsetzende erneute Waldexpansionsphase, die, von wenigen Ausnahmen abgesehen, bis in die Gegenwart andauert, disjungiert. Die Campoinseln innerhalb der amazonischen Hyläa, die eine spezifische Campofauna- und -flora aufweisen und durch eine AWI-Klimabrücke verbunden sind (Reinke 1962), müssen als
Relikte dieser postglazialen Trockenphasen gewertet werden, die entscheidend die
Lage der Waldzentren und die Differenzierungsrate der Waldfauna beeinflußten. Rezente Durchmischungszonen subspezifisch differenzierter Waldpopulationen (vgl.
Haffer 1969, Vanzolini und Williams 1970, Brown 1979) liegen im Bereich dieser Campowanderstraßen, die in den letzten 4000 Jahren vom Wald zurückerobert
wurden. Anfang und Ende der postglazialen Ariditätsphase werden durch eine Plu-
vialphase mit Regenwaldexpansionen gekennzeichnet. Sie führte zu einer Regression
und Isolation der Nonforestbiome. Der Campo Cerrado, der seit Beginn der postglazialen Ariditätsphase bis zur Gegenwart einen Genaustausch zwischen den Regen-
waldpopulationen der Serra do Mar und Amazoniens erschwerte oder gänzlich ver-
hinderte (was aus der subspezifischen Differenzierung zahlreicher, disjunkt
verbreiteter Waldpopulationen geschlossen werden kann), muß um 7000 v. Chr. an

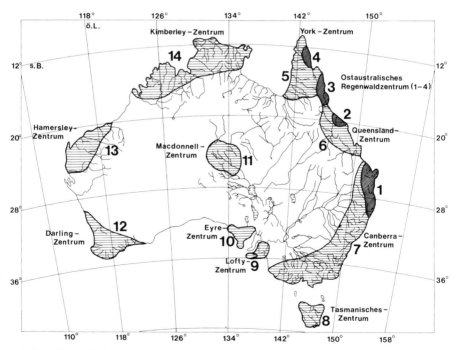

Abb. 276. Ausbreitungszentren der terrestrischen Fauna Australiens (aus Müller 1977).

bestimmten Stellen wesentlich arborealer gewesen sein als gegenwärtig (MÜLLER 1968). Bedauerlicherweise gibt es nur ungenügende pollenanalytische Studien über die Regenwälder Amazoniens (vgl. ABSI 1979). Zum Teil liegt das daran, daß selbst die Pollen der rezenten Arten noch nicht genügend untersucht sind. Solche Arbeiten, wie sie u. a. von BATISTA und ANDRADE (1975) über die Pollen der Amazonaspflanzen vorgelegt wurden, sind deshalb besonders wichtig (vgl. auch CARVALHO 1971).

Tab. 6.25   Reptilien der Campogebiete um Quaren, Santana do Livramento, Bagé und Rosaria do Sul (Brasilien)

Reptilienart	Q	Sl	B	RS
Gekkonidae				
1. *Homonota uruguayensis*	+	+		
Iguanidae				
2. *Proctotretus azureus*	+			
3. *Tropidurus torquatus*	+			
Teiidae				
4. *Pantodactylus sch. schreibersii*	+	+	+	
5. *Teius teyou teyou*	+		+	
6. *Tupinambis teguixin*	+	+	+	+
Anguidae				
7. *Ophiodes striatus*			+	
Amphisbaenidae				
8. *Amphisbaena d. darwinii*	+			
9. *Anops kingii*		+		
Leptotyphlopidae				
10. *Leptotyphlops munoai*		+		
Colubridae				
11. *Dromicus almadensis*			+	
12. *Dromicus poecilogyrus*	+		+	
13. *Elapomorphus bilineatus lemniscatus*	+		+	
14. *Helicops carinicaudus infrataeniatus*	+			
15. *Liophis anomalus*	+	+		
16. *Liophis jaegeri*			+	
17. *Liophis miliaris*	+			
18. *Lygophis flavifrenatus*			+	
19. *Lystrophis dorbignii*	+	+		
20. *Philodryas aestivus subcarinatus*	+		+	
21. *Philodryas p. patagoniensis*	+	+		
22. *Tomodon ocellatus*		+	+	
Elapidae				
23. *Micrurus frontalis altirostris*	+	+	+	
Crotalidae				
24. *Bothrops alternatus*			+	
25. *Bothrops neuwiedi pubescens*		+	+	
26. *Crotalus durissus terrificus*		+		

Mit der stärkeren Erwärmung seit der jüngeren Dryaszeit (GONZALES, VAN DER HAMMEN und FLINT 1965, VAN DER HAMMEN 1974) setzte durch vertikale Verschiebung eine verstärkte Isolation der Montanwald– und der orealen Faunen ein, die noch um 11.000 v.Chr. basimontane Biome bevorzugten (HAFFER 1970, 1974).

Wie sich diese vertikale Verschiebung (vgl. auch HEINE 1974) auf die Flachlandregenwaldfauna (unterhalb 1500 m) auswirkte, ist noch unsicher. Ein Großteil der Subspeziation der Montanwaldfaunen ist auf diese vor etwa 8000 v.Chr. einsetzende Montanwaldisolationsphase zurückführbar.

Die Zahl der neotropischen Ausbreitungszentren läßt sich mit dem Artenreichtum süd- und zentralamerikanischer Biome korrelieren. Da die Ausbreitungszentren auch als Differenzierungszentren angesehen werden müssen, ihre Lage jedoch durch quartäre Biochorenverschiebungen und Klimaschwankungen stark beeinflußt wurde, sehen wir darin auch eine Stütze für die Annahme, daß sich die meisten Arten der neotropischen Waldfauna in Waldrefugien während arider Phasen entwickelten (MÜLLER 1968, 1970, MÜLLER und SCHMITHÜSEN 1970, HAFFER 1967, 1969, 1970, VANZOLINI 1970, VANZOLINI und WILLIAMS 1970, VUILLEUMIER 1975). Bemerkenswert ist hierbei, daß sich die unabhängig von HAFFER (1969) für die amazonischen Waldvögel, von VANZOLINI und WILLIAMS (1970) für die *Anolis chrysolepis*-Gruppe, von BROWN 1976, 1977 und BROWN et al. (1974) und TURNER (1971, 1972) für die Heliconiden, von SPASSKI et al. (1972) und WINGE (1973) für *Drosophila*-Arten und von PRANCE (1973) für Pflanzen analysierten Waldrefugien innerhalb unserer Ausbreitungszentren befinden (MÜLLER 1972, 1973, 1975).

Zweifellos liegen die Kernprobleme auch weiterhin in der „Abgrenzung" der Zentren, was besonders von VUILLEUMIER 1977 (Auk **94**: 178 bis 180) hervorgehoben wurde. Es zeigt sich jedoch bisher deutlich, daß Standorte, die zwischen zwei in unserem Sinne „abgegrenzten" Zentren liegen, im allgemeinen eine Mischfauna aufweisen. Als Beispiel können die stark von Pampa- und Uruguay-Elementen beeinflußten Campogebiete um die südbrasilianischen Städte Quarai, Santana do Livramento, Rosario do Sul und Bagé herangezogen werden. Die bisher von dort nachgewiesenen Reptilien (vgl. LEMA und FABIAN-BEURMANN 1977) lassen sich als Elemente der angrenzenden Zentren verstehen.

Ähnliches konnte auch z. B. für die Herpetofauna des Regenwaldgebietes von San Carlos do Rio Negro belegt werden.

Es läßt sich darüber hinaus sagen, daß die Ausbreitungszentren und ihre Faunenelemente als Indikatoren für die landschaftliche Entwicklung der betreffenden Räume verwandt werden können. Die nachgewiesenen Zentren in der Pampa Argentiniens, im Campo Cerrado und in den Höhencampos der Araucarienwälder von Parana und deren an offene Landschaften adaptierte Faunenelemente sind wesentliche Stützen für die „Natürlichkeit" dieser Landschaften.

Literaturverzeichnis

ABOTT, I.: Birds of Bass Strait: evolution and ecology of the avifaunas of some Bass Strait islands, and comparisons with those of Tasmania and Victoria. Proc. Roy. Soc. Victoria 85, 197–223, 1973.
– A comparison of the colonizing abilities of native and introduced bird species into islands around Australia and New Zealand. Victorian Nature 91, 252–254, 1974.
– The avifauna of Kangaroo Island and causes of its impoverishment. Emu 74, 124–134, 1974.
ABOTT, I., und GRANT, P. R.: Nonequilibriae bird faunas on islands. Amer. Naturalist 110 (974), 507–528, 1976.
ABOTT, M., und VAN NESS, H.: Thermodynamik, Theorie und Anwendung. Mac Graw-Hill, New York, London, Düsseldorf 1976.
AB'SABER, A. N.: Revisão dos conhecimentos sobre o horizonte subsuperficial de cascalhos inhumados do Brasil Oriental. Bol. Univ. Parana 2, 1962.
– A evolução geomorfologica. In: A baixada Santista. São Paulo 1965.
– Uma revisão do Quaternario Paulista: do presente para o passado. Rev. Bras. Geografia 31 (4), 1–51, 1970.
ACKERMAN, B.: Moisture content of city and country air. Conference on Air Pollution Meteorology, American Meteorological Society, 154–158. Raleigh, North Carolina 1971.
ADAMS, J. S.: Urban Policymaking and Metropolitan Dynamics. A Comparative Geographical Analysis. Ballinger, Cambridge 1976.
– Contour Mapping and Differential Systematics of Geographic Variations. Syst. Zool. 24.
AICHELE, D., und SCHWEGLER, H.-W.: Blumen der Alpen und der nordischen Länder. Franckh, Stuttgart 1977.
ALARIE, Y., et al.: Long-Term Continous Exposure of Guinea Pigs to Sulfur Dioxide. Arch. Environm. Health 21, 769–777, 1970.
ALBERS, G.: Stadtgestaltung und Stadtentwicklungsplan. In Mensch und Stadtgestalt. Deutsche Verlags-Anst., Stuttgart 1974.
ALBOFF, N.: Essai de Flore raisonee de la Terre de Feu. Anal. Mus. La Plata, Secc. Bot. 1, 1–85, 1902.
ALDERSON, M.: An Introduction to Epidemiology. MacMillan, London 1976.
ALDERSON, M.: Epidemiological Monitoring of Indices of Chemical Hazards. Paper presented at C.E.C. internat. Coll. „The Evaluation of Toxicological Data for the Protection of public health". Luxemburg 1976.
ALECHIN, V. V.: Die Vegetation der UdSSR in ihren Grundzonen. 2. Aufl. Moskau 1951.
ALEXANDER, T.: What we know – and don't know – about the Ozone Shield. Fortune 184–194, 1975.

ALEXANDER, V., und SCHELL, D. M.: Nitrogen fixation in arctic and alpine tundra. Data Report 73–10. U.S. Tundra Biome 1973.
ALLEN, J. A.: The geographic distribution of mammals. Bull. US Geol. Geogr. Survey 4, 339–343, 1878.
ALLWRIGHT, P. A. et al.: Mortality and Water-Hardness in Three Matched Communities in Los Angeles. Lancet 2, 860–864, 1974.
ALMEIDA, F.: Geologia e petrologia do arquipelago de Fernando de Noronha. Div. Geol. Min. do D.N.P.M., Monografia XIII. Rio de Janeiro 1955.
ALMQUIST, E.: Floristic notes from the railways. Sv. Bot. Tidskr. 51, 223–264, 1967.
ALT, D.: Pattern of Post-Miocene eustatic fluctuations of Sea level. Palaeogeography, Palaeoclimatology, Palaeoecology 5, 87–94, 1968.
ALVIM, P. DE T.: Teoria sobre a formação dos campos cerrados. Rev. Bras. Geogr. 16 (4), 96–98, 1954.
ALVIM, P. DE T., und KOZLOWSKI, T. T.: Ecophysiology of Tropical Crops. Acad. Press, New York 1977.
ALYEA, F. N., CUNNOLD, D. M., und PRINN, R. G.: Stratospheric ozone destruction by aircraft-induced nitrogen oxides. Science 188, 117–121, 1975.
AMADON, D.: Birds of the Congo and Amazon forests: A comparison. In Tropical forest ecosystems in Africa and South America: A comparative review. Smithsonian Institution Press, Washington D.C. 1973.
AMADON, D., STUART, E. B., GAL-OR, B., und BRAINARD, A. J.: The Hawaiian honeycreepers (Aves, Drepaniidae). Bull. Amer. Mus. Nat. Hist. 95, 151–262, 1950.
AMDUR, M. O.: The Respiratory Response of Guinea Pigs to Sulfuric Acid. Mist. Arch. Industrial Health 18, 407–414, 1958.
AMDUR, M. O. und UNDERHILL, D.: The effects of various aerosols on the response of guinea pigs to sulfur dioxide. Arch. Environm. Health 16, 460–468, 1968.
AMERSON, A. B.: Species richness on the nondisturbed northwestern Hawaiian Islands. Ecology 56, 435–444, 1975.
AMES, B. N., McCANN, J., und YAMASAKI, E.: Methods for detecting carcinogens and mutagens with the Salmonella/Mammalian microsome mutagenicity test. Mutation Res. 31, 1975.
AMLACHER, E.: Taschenbuch der Fischkrankheiten. G. Fischer, Stuttgart, New York 1976.
AMORIM, N.: Ilha Maldita-Fernando de Noronha. Rio de Janeiro 1932.
ANDERSON, L. G.: Economic Impacts of extended Fisheries Jurisdiction. An Arbor Science, Ann Arbor 1977.

ANDERSON, S.: Patterns of faunal evolution. Quart. Rev. Biol. 49, 311–322, 1974.
– Patterns of faunal evolution. Quart. Rev. Biol. 49, 311–332, 1974.
ANDRADE, G. O., BIGARELLA, J. J., und LINS, R. C.: Contribuição à Geomorfologia e Paleoclimatologia do Rio Grande do Sul e do Uruguai. Bol. Paranaense de Geografia 8–9, 123–131, 1963.
ANDRADE, M. A. B. DE: Contribuição ao conhecimento da ecologia das plantas das dunas do litoral do Estado de São Paulo. Faculdade de Filosofia, Ciências e Letras, Bot. 22, 3–170, 1967.
ANDRADE, M. A. B. DE, RACHID-EDWARDS, M., und FERRI, M. G.: Informações sobre a transpiração de duas gramineas frequentes no cerrado. Rev. Brasil. Biol. 17 (3), 317–324, 1957.
ANDREWARTHA, H. G.: Introduction to the study of Animal Populations. Univ. Chicago Press, Chicago 1961.
ANDREWS, J. T.: Recent and fossil growth rates of marines Bivalves, Canadian Arctic, and Late-Quaternary arctic marine environments. Palaeogeography, Palaeoclimatology, Palaeoecology 11, 157–176, 1972.
ANDRIASHEV, A. P.: A general review of the antarctic fish fauna. In Biogeography and Ecology in Antarctica 491–550, 1965.
ANT, H.: Die malakologische Gliederung einiger Buchenwaldtypen in Nordwestdeutschland. Vegetatio 18, 374–386, 1969.
ANTWEILER, H.: Tiere als Indikatoren der Luftverschmutzung. Probleme der Umweltforschung. Berlin 1973.
ANTWEILER, H., und POTT, F.: Tierexperimentelle Ergebnisse über die Wirkung partikel- und gasförmiger Luftverunreinigungen. Z. Bakt. Hyg. 155, 263–271, 1971.
APPLE, J. L., und SMITH, R. F.: Integrated Pest Management. Plenum Press, New York, London 1976.
ARAUJO, R. L.: A new species of Nasutitermes from Brazil. Rev. Bras. Biol. 31 (4), 507–511, 1971.
ARCHER, T. E.: Stability of DDT in foods and feeds, transformation in cooking and food processing, removal during food and feed processing. Residue Rev. 61, 29–36, 1976.
ARENS, K.: O cerrado como vegetação oligotrófica. Bol. Fac. Fil. Ciênc. e Letr. USP. 224, Botanica 15, 59–77, 1958.
– Considerações sobre a causa do xeromorfismo foliar. Bol. Fac. Fil. Ciênc. e Letr. USP. 224, Botanica 15, 25–26, 1958.
– As plantas lenhosas dos campos cerrados como vegetação adaptada à deficiências minerais do solo. Simpósio sobre o cerrado, 249–266. Ed. da Univ. São Paulo. São Paulo 1963.
ARLDT, T.: Die Entwicklung der Kontinente und ihrer Lebewelt. Leipzig 1907.
ARNDT, U.: Langfristige Immissionswirkungen an ungeschütztem Nutzholz. Staub-Reinhaltung der Luft 34, 225–227, 1974.
ARNDT, U., und GROSS, U.: Erhebungen über Immissionswirkungen an Nutzholz im Rahmen eines Wirkungskatasters für das Ruhrgebiet. Staub-Reinhaltung der Luft 36, 405–410, 1976.
ASHLEY, H., RUDMAN, R. L., und WHIPPLE, CH.: Energy and the Environment: A Risk Benefit Approach. Pergamon Press, New York 1976.
ASHTON, P. S.: The quaternary geomorphological

history of western Malesia and lowland forest phytogeography. Trans. Aberdeen-Hull Symp. Malesian ecology. Univ. Hull, Dep. Geogr. Misc. Ser. 13, 35–49, 1972.
ASKEW, R. P., COOK, L. M., und BISHOP, J. A.: Atmospheric pollution and melanic moth in Manchester and its environs. J. applied Ecology 8 (1), 247–256, 1971.
ASPÖCK, H.: Studies of Culicidae (Diptera) and consideration of their role as potential vectors of Arboviruses in Austria. XII Int. Cong. Entomol. 767–769. London 1965.
ASSIS RIBEIRO, P. DE: Expedição à ilha da Trindade. Rev. Bras. de Geografia, ano XIII, 2, 293–314, 1951.
AUBERT DE LA RUE, E.: Sur l'origine naturelle probable de quelques savanes de la Guyane Française et de l'Amazonie brésilienne. C. R. Soc. Biogéogr. 305/307, 50–53, 1958.
AUBREVILLE, A.: Savanisation tropical et glaciations quaternaires. Adansonia 2 (1), 16–84, 1962.
AUDLEY-CHARLES, M. G., CARTER, D. J., und MILSOM, J. S.: Tectonic development of Eastern Indonesia in relation to Gondwanaland dispersal. Nature Phys. Sci. 239, 35–39, 1972.
AUER, V.: Verschiebungen der Wald- und Steppengebiete Feuerlands in postglazialer Zeit. Acta Geographica 5, 1933.
The pleistocene of Fuego-Patagonica. Geologica-Geographica 45, 50, 1956/58.
– The pleistocene of Fuego-Patagonica. Part III; Shoreline displacement. Geologica-Geographica 60, 1959.
– The pleistocene of Fuego-Patagonica. Part IV; Bog profiles. Geologica-Geographica 80, 1965.
AURAND, K.: Die natürliche und künstliche Strahlenexposition des Menschen. In Kernenergie und Umwelt. 179–190. E. Schmidt, Berlin 1976.
AVILA-PIRES, F. D. DE: Observações gerais sobre a mastozoologia do cerrado. Anais Acad. Bras. Ciências 38, 331–340, 1966.
AXELROD, D. J.: Evolution of the Madro-Tertiary Geofloras. Bot. Rev. 24, 433–509, 1958.
AYLOR, D.: Noise reduction by vegetation and ground. J. of the Acoustical Society of America 51, 197–205, 1972.
BACASTOW, R. B.: Modulation of atmospheric carbon dioxide by the Southern Oscillation. Nature, 261, 116–118, 1976.
BACH, H., BECK, P., und GOETTLING, D.: Energie und Abwärme. E. Schmidt, Berlin 1973.
BACH, W.: Strahlungshaushalt und lufthygienische Verhältnisse in Groß-Cincinnati, USA. Tag.-ber. u. wiss. Abh., Dt. Geogr. Kiel, 273–282, 1969.
– Atmospheric pollution. Mc Graw-Hill, New York 1972.
– Changes in the composition of the Atmosphere and their impact upon climatic variability – an overview. Bonner Meteorol. Abh. 24, 1–51, 1976.
BAHR, A., und SCHULTE, G.: Die Verbreitung der Uferwanzen (Heteroptera: Saldidae) im brackigen und marinen Litoral der nordamerikanischen Pazifikküste. Marine Biology 36, 37–46, 1976.
BAILEY, C. B., KITTS, W. D., und WOOD, A. J.: Changes in the Gross Chemical Composition of the Mouse during Growth in Relation to the Assessment of Physiological Age. Can J. Anim Sci. 40, 143–155, 1960.
BAILEY, R. H.: Ecological Aspects of Dispersal and

Establishment in Lichens. In Lichenology: Progress and Problems. Acad. Press, London 1976.

BAKER, J. H., und BRADNAM, L. A.: The Role of Bacteria in the Nutrition of Aquatic Detritivores. Oecologia 24, 95–104, 1976.

BAKER, P. T., und LITTLE, M. A.: Man in the Andes. Dowden, Hutchinson & Ross, Stroudsburg, Pennsylvania 1976.

BAKER, R. H.: Mammals of the Guadina Lava Field, Durango, Mexico. Mich. State Univ. Biol. Ser. 1, 305–327, 1960.

BALGOOYEN, TH., und MOE, L. M.: Dispersal of Grass Fruits – An Example of Endornithochory. Americ. Midl. Naturalist 90 (2), 454–455, 1973.

BALL, I. R.: A contribution to the phylogeny and biogeography of the freshwater triclads (Plathelmintes: Turbellaria). Libbie H. Hyman Memorial Volume. Mc Graw-Hill, New York 1974.

BANARESCU, P.: Die zoogeographische Stellung der Fauna der unteren Donau. Hydrobiolog. 8, 151–162, 1967.

– Principusi probleme de Zoogeografie. Acad. Rep. Soc. Rom. Bucuresti 1970.

– Competition and its Bearing on the Fresh-Water Faunas. Rev. Roum. Biol. 16 (3), 153–164, 1971.

BANARESCU, P., und BOSCAIU, N.: Biogeografie. Edit. Stintifica, Bucuresti 1973.

BANNERMAN, D. A., und BANNERMAN, M. N.: Birds of the Atlantic Islands. A History of the Birds of Madeira, the Deserts and the Porto Santa Islands. Oliver & Boyd, Edinburgh, London 1965.

– Birds of the Atlantic Islands. A History of the Birds of the Canary Islands and of the Salvages. Oliver & Boyd, Edinburgh, London 1963.

BARBOUR, C. D., und BROWN, J. H.: Fish species diversity in lakes. Am. Nat. 108, 473–478, 1974.

BARKEMEYER, W., und TAUX, K.: Der Bestand der Elster im Stadtgebiet von Oldenburg während der Brutperiode. Drosera 1 (2), 29–32, 1977.

BARKER, R.: Ecological psychology. Stanford Univ. Press, Stanford 1968.

BARKMANN, J. J.: The influence of air pollution on bryophytes and lichens. In Air Pollution, 197–209. Wageningen 1969.

BARROW, H. H.: Geography as Human Ecology. Ann. Assoc. Amer. Geographers 13, 1923.

BARRY, D. H., und MAWDESKY-THOMAS, L.: Effects of sulphur dioxide the enzyme activity of the alveolar macrophage of rats. Thorax 25, 612–614, 1970.

BARTLETT, A. S., und BARGHOORN, E. S.: Phytogeographic History of the Isthmus of Panama during the Past 12000 Years (A History of Vegetation, Climate and Sealevel-Change). In Vegetation and Vegetational history of Northern Latin-America. Amsterdam, London, New York 1973.

BATESON, P., und KLOPFER, P.: Perspectives in Ethology. Plenum Press, New York, London 1976.

BATTELLE-INSTITUT: Studie über neue Technologien zur schadlosen Abfallbeseitigung. Frankfurt 1973.

BATTIGELLI, M. C., et al.: Long-Term effects of Sulfur-Dioxide and Graphite Dust on rats. Arch. Environm. Health 18, 602–608, 1969.

BATTISTINI, R.: Madagascar relief and main types of Landscape. In Biogeography and Ecology in Madagascar. Den Hague 1972.

BAUER, E., und GILMORE, F. R.: Effect of atmospheric nuclear explosions on total ozone. Rev. Geophys. Space Phys. 13, 451–458, 1975.

BAUER, E., und KREEB, K.: Flechtenkartierung und Enzymaktivität als Indikation der Luftverunreinigung in Esslingen. Verhdl. Ges. Ökologie, Saarbrücken. 273–281. Junk, Den Hague, 1974.

BAUER, K.: Studien über Nebenwirkungen von Pflanzenschutzmitteln auf Fische. Mitt. Biol. Bundesamt. Land u. Forstwirtsch. 105, 1961.

BAUMGARTNER, A.: Wald als Austauschfaktor in der Grenzschicht Erde/Atmosphäre. Forstwiss. Centralbl. 90 (3), 174–182, 1971.

BAUMGARTNER, A., und REICHEL, E.: Die Weltwasserbilanz. Oldenburg, München, Wien 1975.

BAUTISTA, H. P., und ANDRADE, T. A. P. DE: O pólen em plantas da Amazônia. V. Contribuição ao estudo da Familia Icacinaceae. Bol. Mus. Paraense Emilio Goeldi, Botânica 47, 1–41, 1975.

BAZILEVICH, N. I., RODIN, L. Y., ROZOV, N. N.: Geographical aspects of biological productivity. Soviet Geography. (Rev. and Transl.) Amer. Geogr. Soc., New York 1971.

BAZZAR, F. A.: Plant species diversity in Old-Field successional Ecosystems in Southern Illinois. Ecol. 56, 485–488, 1975.

BEADLE, L. C.: The Inland Waters of Tropical Africa. Longman, New York 1974.

BEADLE, N. C. W.: Soil temperatures during forest fires and their effects on the survival of vegetation. J. Ecology 28 (1), 180–192, 1940.

BEARD, J. S.: Climax vegetation in tropical America. Ecology 25 (2), 127–158, 1944.

BEAUDET, G., MAURER, G., und RUELLAN, A.: Le quaternaire Marocain. Rev. de Géogr. phys. et de Géol. dyn. 2ème série, 9, 269–310, 1967.

BEAUFORT, L. F. DE: Zoogeography of the land and inland waters. London 1951.

BEAUJEU-GARNIER, J. et al.: Traité de Géographie urbaine. Lib. Armand Colin, Paris 1963.

BEAVINGTON, F.: Heavy Metal Contamination of Vegetables and Soil in Domestic Gardens Around a Smelting Complex. Environm. Pollut. 9, 211–217, 1975.

BECK, A. M.: The ecology of stray dogs: a study of free-ranging urban animals. York Press, Baltimore 1973.

BECK, G.: Pflanzen als Mittel zur Lärmbekämpfung. Patzer, Hannover, Berlin, Sarstedt 1972.

BECK, L.: Sôbre a Biologia de alguns Aracnideos na floresta tropical da Reserva Ducke (INPA, Manaus/Brasil). Amazoniana 4, 1968.

– Bodenzoologische Gliederung und Charakterisierung des amazonischen Regenwaldes. Amazoniana 3 (1), 69–132, 1971.

BECKENKAMP, H.: Chronische Bronchitis und Lungenemphysem. Thieme, Stuttgart 1970.

– Menschliche Populationen als ökologische Kriterien. Umwelt-Saar 1974, 1975.

BECKER, F.: Die Bedeutung der Orographie in der medizinischen Klimatologie. Geogr. Taschenbuch. 1972.

BECKER, J.: Art und Ursachen der Habitatbindung von Bodenarthropoden (Carabidae, Diplopoda, Coleoptera, Isopoda) xerothermer Standorte in der Eifel. Inaug. Diss. Köln 1972.

– Die Carabiden des Flughafens Köln/Bonn als Bioindikatoren für die Belastung eines anthropogenen Ökosystems. Decheniana 20, 1–9, 1977.

BECKMANN, M., und KÜNZI, H. P.: Lecture Notes in Economics and Mathematical Systems. Springer, Berlin, Heidelberg, New York 1975.

BEIER, M.: Phoresie und Phagophilie bei Pseudo-skorpionen. Österr. Zool. Zeitsch. **1**, 1948.

BELL, F., und CANTERBERY, E.: Aquaculture for the Developing Countries. Ballinge, Cambridge 1976.

BELTRAO, J. D. DE A.: Uma nova teoria que tenta elucidar a origem do cerrado. Anais Soc. Bot. Brasil, 20. Congr. Nac. Bot., Goiânia, 375–393, 1969.

BENARIE, M.: Atmospheric Pollution. Proc. 12th International Colloquium Paris. Elsevier, Amsterdam, Oxford, New York 1976.

BENDER, D.: Makroökonomik des Umweltschutzes. Vandenhoeck und Ruprecht, Göttingen 1976.

BENECKE, P., und VAN DER PLOEG, R. P.: Quantifizierung des zeitlichen Verhaltens der Wasserhaushaltskomponenten eines Buchen- und eines Fichtenaltholzbestandes im Solling mit Hilfe bodenhydrologischer Methoden. Verhdl. Ges. Ökologie **1976**, 3–16. Junk, Den Hague 1977.

BENJAMIN, Y. H. L.: Fine Particles, Aerosol Generation, Measurement, Sampling and Analysis. Acad. Press, New York und London 1976.

BENNET, J. W.: Ecosystem Analogies in Cultural Ecology. In Population, Ecology and Social Evolution. 273–303. Mouton, The Hague, Paris 1975.

BENSON, S. B.: Concealing coloration among desert rodents of southwestern United States. Univ. Calif. Publ. Zool. **40**, 1–70, 1933.

BERG, L. S.: Die bipolare Verbreitung der Organismen und die Eiszeit. Zoogeographica **1** (4), 449–484, 1933.

BERGER, L.: Is Rana esculenta lessonae Camerano a distinct species? Ann. Zool. Warszawa **22** (13), 245–261, 1964.

– Sex ratio in the F_1 progeny within forms of Rana esculenta complex. Genet. polon. **12** (1/2), 87–101, 1971.

– Systematics and hybridization in European green frogs of Rana esculenta complex. J. Herpetol. **7** (1), 1–10, 1973.

BERGHAUSEN, E.-M.: Humanpathogene Helminthen aus Fäkalien des Haushundes von Kinderspielplätzen im Stadtgebiet von Mainz (Nemathelmintes: Nematoda). Mz. Naturwiss. Arch. **12**, 23–41, 1973.

BERGMANN, C.: Verhältnisse der Wärmeökonomie der Tiere zu ihrer Größe. Göttinger Studien **1**, 594–708, 1847.

BERNARDI, G.: Aretypes et Chorologie de l'Ouest Africain principalement d'après les Pieridae (Insect. Lépid.). J. West African Science Assoc. **11**, 49–67, 1966.

– Polymorphisme et Mimétisme chez les Lépidoptères Rhopalocères. Mém. Société Zool. France **37**, 129–165, 1974.

BERNATZKY, A.: Grünflächen und Stadtklima. Städtehygiene **6**, 131–135, 1970.

– Großstadtklima und Schutzpflanzungen. Nat. u. Mus. **102** (11), 425–431, 1972.

BERNDT, R., und STERNBERG, H.: Über Begriffe, Ursachen und Auswirkungen der Dispersion bei Vögeln. Vogelwelt **90**, 41–53, 1969.

BERRY, B. J. L., und HORTON, F. E.: Geographic perspectives on urban systems. Prentice-Hall Inc., Englewood Cliffs, New Jersy 1970.

BERRY, B. J. L., und KASARDA, J.: Contemporary Urban ecology. Macmillan Publ., New York 1977.

BERTHOLD, P.: Methoden der Bestandserfassung in der Ornithologie: Übersicht und kritische Betrachtung. J. f. Ornithol. **117** (1), 1–69, 1976.

BESCH, W. K., JUNKE, J., und KEMBALL, A.: Zur Standardisierung des Fischwarntestes. Schr. Reihe Ver. Wass.-Boden-Lufthyg. **37**, 31–37, 1972.

BESCHEL, R.: Flechtenvereine der Städte; Stadtflechten und ihr Wachstum. Ber. Naturwiss.-Med. Ver. Innsbruck **52**, 1–158, 1958.

BESUCHET, C.: Répartition des insectes en Suisse influencé des glaciations. Mitt. Schweiz. Entom. Ges. **41**, 337–340, 1968.

BEURLEN, K.: Die geologische Entwicklung des Atlantischen Ozeans. Geotekt. Forsch. **46**, 1–69, 1974.

BEVENUE, A.: The „bioconcentration" aspects of DDT in the environment. Residue Rev. **61**, 37–112, 1976.

BEZZEL, E.: Vogelleben-Spiegel unserer Umwelt. Rentsch, Erlenbach-Zürich, Stuttgart 1975.

– Vogelbestandsaufnahmen in der Landschaftsplanung. Verhdl. Ges. Ökologie, Erlangen, 103–112. Junk, Den Hague 1975.

BEZZEL, E., und RANFT, H.: Vogelwelt und Landschaftsplanung. Tier und Umwelt **11/12**, 1–92. Kurth, Barmstedt 1974.

BHIDE, A. D., et al.: Demonstrationsanlagen zur Müllverwertung in den Vereinigten Staaten von Amerika. E. Schmidt, Bielefeld 1977.

BIANKI, V. V.: Gulls, Shorebirds and Alcids of Kandalaksha Bay. Murmansk 1967.

BICK, H., und KUNZE, S.: Eine Zusammenstellung von autökologischen und saprobiologischen Befunden an Süßwasserciliaten. Int. Revue ges. Hydrobiol. **56** (3), 337–384, 1971.

BIGARELLA, J. J.: Contribuição ao estudo da planicie litorânea do Estado do Parana. Arq. Biol. Tec. **1**, 75–112, 1946.

– Contribuição ao estudo da planicie sedimentar da parte norte da Ilha de Santa Catarina. Arquiv. Biol. e Tecnol. **4**, 107–140, 1949.

– Sand-ridge structures from Parana Coastal Plain. Marine Geology **3**, 269–278, 1965.

– Subsidios para o estudo das variações de nivel oceanico no quaternario brasileiro. Acad. Brasil. Ci. **37**, 263–278, 1965.

– Variações climaticas no quaternario superior do Brasil e sua datação radiométrica pelo método do carbono 14. Paleoclimas **1**, 1–22, 1971.

BIGARELLA, J. J., FREIRE, S. S., SALAMUNI, R., und VIANA, R.: Contribuição ao estudo dos sedimentos praiais recentes, – II Praias de Matinho Caiobá. Universidade Federal do Paraná, Geol. Fisica **6**, 1966.

BIRD, J., und MARAMOROSCH, K.: Tropical Diseases of Legumes. Acad. Press, New York, San Francisco, London 1975.

BISHOP, J. A.: An experimental study of the cline of industrial melanism in Biston betularia (L.) (Lepidoptera) between urban Liverpool and rural North Wales. Animal écology **41**, 209–243, 1972.

BLAIR, W. F.: Ecological distribution of mammals in the Tularosa Basin, New Mexico. Contrib. Lab. Vert. Biol. Univ. Mich. **20**, 1–24, 1943.

BLANCHARD, R.: Sur quelques variétés françaises du Lézard des murailles. – Mém. Soc. zool. France, **4**, 502–508, 1891.

BLANFORD, W. T.: Anniversary address to the Geological Society. Proc. Geol. Soc. London 1890.

BLAU, G. E., und NEELY, W. B.: Mathematical Model Building with an Application to Determine the Distribution of Dursban Insecticide added to a Simulated Ecosystems. Adv. Ecol. Research 9, 133–163, 1975.

BLUME, H. P., und SUKOPP, H.: Ökologische Bedeutung anthropogener Bodenveränderungen. Schriftenr. Vegetationskd. 10, 75–90. Bonn-Bad Godesberg 1976.

BLÜTHGEN, J.: Zur Dynamik der polaren Waldgrenze in Lappland. Forsch. u. Fortschr. 1943.

BLYDENSTEIN, J.: La sabana de Trachypogon del Alto Llano. Soc. Venez. de Ciencias Naturales 102, 139–206, 1962.

BOBEK, H., und SCHMITHÜSEN, J.: Die Landschaft im logischen System der Geographie. In Zum Gegenstand und zur Methode der Geographie. Wissenschaftliche Buchgesellschaft, Darmstadt 1967.

BÖCHER, T., HOLMEN, K., und JAKOBSEN, K.: The Flora of Greenland. Haase und Son, Copenhagen 1968.

BOESCH, E.: Psychopathologie des Alltags. Zur Ökopsychologie des Handelns und seiner Störungen. Huber, Bern, Stuttgart, Wien 1976.

BOESCH, M.: Girlandenböden zwischen Prättigau und Puschlav. Diss. Zürich 1969.

BOETTGER, C.: Über freilebende Hybriden der Landschnecken Cepaea nemoralis L. und Cepaea hortensis Müll. Zool. Jb. System. 44, 297–336, 1921.

– Analyse einer bemerkenswerten Population der Schnirkelschnecke Cepaea hortensis Müller. Abhdl. Braunschw. Wiss. Ges. 2, 1–12.

– Zur Frage der Verteilung bestimmter Varianten der Landschneckengattung Cepaea Held. Biol. Zentralbl. 73, 318–333, 1956.

BOGENSCHÜTZ, H.: Freilassung von zwei nearktischen Schlupfwespenarten in der Oberrheinebene. Mitt. bad. Landesver. Naturkd. u. Naturschutz 10 (3), 575–576, 1972.

BÖHM, G. et al.: Stadtsanierung. Praxisprobleme der Denkmalpflege und Sozialplanung. Kohlhammer, Köln 1976.

BONEY, A. D.: Phytoplankton. Studies in Biology 52. Arnold Publ., London 1975.

BONNEFILLE, R.: Associations polliniques actuelles et quaternaires en Ethiopie. Thèse, Univ. de Paris VI, CNRS A 07229 T., 1, 513 S. Paris 1972.

BONTE, L.: Beiträge zur Adventivflora des Rheinisch-Westfälischen Industriegebietes 1913 bis 1927. Decheniana 86, 141–255, 1930.

BOOTH, G. M., und FERRELL, D.: Degradation of Dimilin by Aquatic Foodwebs. In Pesticides in Aquatic Environments. Plenum Press, New York, London 1977.

BORNKAMM, R.: Vegetation und Vegetations-Entwicklung auf Kiesdächern. Vegetatio 10, 1–24, 1961.

– Die Unkrautvegetation im Bereich der Stadt Köln. Decheniana 126 (1/2), 267–306, 307–332, 1974.

BORTENSCHLAGER, S.: Flechtenverbreitung und Luftverunreinigung in Wels. Naturkdl. Jb. Stadt Linz 1969, 207–212, 1969.

BORTENSCHLAGER, S., und SCHMIDT, H.: Untersuchung über die epixyle Flechtenvegetation im Großraum Linz. Naturkdl. Jb. Stadt Linz 1963, 19–35, 1963.

BOSS, K.: The Subfamily Tellininae in South African Waters (Bivalvia, Mollusca) Bull. Mus. Comp. Zool. 138 (4), 81–162, 1969.

BOULDING, K. E.: General systems theory – the sceleton of science. Management Science, Vol. 2, 197–208, 1956.

BOULENGER, G. A.: Reptilia. In Notes on the zoology of Fernando Noronha. Jour. Linn. Soc. London 20, 481–482, 1890.

BOURDIEC, P.: Accelerated erosion and soil degradation. In: Biogeography and ecology in Madagascar. Junk, Den Hague 1972.

BOURGAT, R. M.: Cytogénétique des Caméléons de Madagascar. Incidences taxonomiques, biogéographiques et phylogénétiques. Bull. Soc. Zool. France 98 (1), 81–90, 1973.

BOVBJERG, R. V.: Ecological Isolation and competitive exclusion in two crayfishes (Orconectes viridis and Orconectes immunis). Ecology 51 (2), 225–236, 1969.

BOWDEN, J., und JOHNSON, C. G.: Migrating and other terrestrial insects at sea. In Marine insects. North-Holland Publ. Comp., Amsterdam, Oxford, New York 1976.

BOWMAN, R.: Morphological differentiation and adaptation in the Galapagos finches. Univ. California Publ. Zool. 58, 1961.

BOX, H. O.: Organisation in Animal communities. Butterworths, London 1973.

BRAESTRUP, F. W.: Remarks on climatic change and Faunal Evolution in Africa. Zoogeographica 2 (4), 484–494, 1935.

BRAMWELL, D., und BRAMWELL, Z. I.: Wild Flowers of the Canary Islands. Pitman Press, London 1974.

BRANNER, J. C.: Notes on the Fauna of the Islands Fernando Noronha. American Naturalist V. 23, 861–871, Philadelphia 1888.

BRANNER, J. C.: Apontamentos sôbre a fauna de Fernando de Noronha. Rev. Inst. Hist. Arq. Geog. de Pernambuco 56, 1901.

BRAUN-BLANQUET, J.: Pflanzensoziologie. Grundzüge der Vegetationskunde. Springer, Wien, New York 1964.

BRAUNS, A.: Praktische Bodenbiologie. G. Fischer, Stuttgart 1968.

BRAVO, T.: The beds of fossil rats in the Canary Islands. Acta del V Congr. Panafricane de Prehistoria y de estudio del cuaternario, 294–298. Santa Cruz de Tenerife 1966.

BRAY, J. R.: Vegetational Distribution, Tree Growth and Grop Success in Relation to Recent Climatic change. Advances in Ecol. Res. 7, 1971.

BRECHTEL, H. M.: Die Bedeutung der forstlichen Bodennutzung bei der Erwirtschaftung eines optimalen Wasserertrages. Z. Dt. Geol. Ges. 122, 57–70, 1970.

– Einfluß des Waldes auf Hochwasserabflüsse bei Schneeschmelzen. Wasser und Boden 23 (3), 60–63, 1971.

BRESINSKY, A., und SCHÖNFELDER, P.: Bericht zum Fortschritt der Kartierung der Flora Bayerns in der Vegetationsperiode 1973. Mitt. Arbeitsgem. flor. Kart. Bayerns 4, 3–18, 1974.

BRIDGES, É. M.: World Soils. Cambridge Univ. Press, Cambridge 1970.

BRIESE, L. A.: Variation in Elemental Composition and Cycling in the Cotton Rat, Sigmodon hispidus. M. S. Thesis. University of Georgia, Athens 1973.

BRIGGS, J.: Operation of zoogeographic Barriers. Syst. Zool. 23, 248–256, 1973.

BRIGGS, J. C.: Marine Zoogeography. McGraw-Hill, New York 1974.

BRISBIN, I. L., und SMITH, M. H.: Radiocesium concentrations in Whole-Body Homogenates and several Body Compartments of naturally contaminated White-Tailed Deer. Mineral Cycling in Southeastern Ecosystems. Springfield, Virginia 1975.

BROCK, T. D.: Life at high temperatures. Science 158, 1012–1019, 1967.

– Microbial growth under extreme environments. Symp. Soc. gen. Microbiol. 19, 15–41, 1969.

BRODKORB, P.: Origin and Evolution of Birds. In Avian Biology. Acad. Press, New York, London 1971.

BRODO, J. M.: Lichen growth on cities: a study on Long Islands, New York. Bryologist 69 (4), 427–469, 1966.

BROOKS, R. R.: Geobotany and Biogeochemistry in Mineral Exploration. Harper u. Row Publ., New York, London 1972.

BROUWER, H. J.: Bildung und Auswirkungen von photochemischen Smog. Appl. Laboratory Philips Environmental Protection, 1976.

BROWN, D. H., HAWKSWORTH, D. L., und BAILEY, R. H.: Lichenology: Progress and Problems. Acad. Press, London, New York 1978.

BROWN, C. E.: A machine method for mapping insect survey records. Contr. 1103, Forest Ent. and Pathol. Branch, Dept. For. Ottawa 1964.

BROWN, J. H.: Mammals on mountaintops: non-equilibrium insular biogeography. Amer. Natur. 105, 467–478, 1971.

– und KODRIC-BROWN, A.: Turnover Rates in insular Biogeography: effect of immigration on extinction. Ecology 58, 445–449, 1977.

BROWN, K.: Centros de evolução, refugios quaternarios e conservação de patrimônios genéticos nas regiás neotropical: padroes de diferenciação em Ithomiinae (Lepidoptera: Nymphalidae). Acta Amazonica 7 (1), 75–137, 1976.

– Geographical patterns of evolution in neotropical forest Lepidoptera (Nymphalidae: Ithomiinae and Nymphalinae-Heliconiini). In Biogéographie et Evolution en Amérique tropicale. Publ. Lab. Zool. de l'Ecole Normale Supérieure 9, 118–160, 1977.

– Geographical patterns of evolution in Neotropical Lepidoptera: differentiation of the species of Melinaea and Mechanitis (Nymphalidae, Ithomiinae). Syst. Entomol. 2, 161–197, 1977.

BROWN, K. S., SHEPPARD, P. M., und TURNER, J. R.: Quaternary refugia in tropical America: Evidence from race formation in Heliconius butterflies. Proc. R. Soc. London 187, 369–378, 1974.

BROWN, W. C.: New Frogs of the Genus Cornufer (Ranidae) from the Solomon Islands. Breviora 218, 1–14, 1965.

BROWN, W. C., und MYERS, G. S.: A new frog of the Genus Cornufer from the Solomon Islands, with notes on the endemic Nature of the Fijian Frog Fauna. Amer. Mus. Novir. 1418, 1–10, 1949.

BRUCKER, G., und KALUSCHE, D.: Bodenbiologisches Praktikum. Quelle & Meyer, Heidelberg 1976.

BRUCKMAYER, F.: Minderung des städtischen Verkehrslärms. In Lärmbekämpfung, humanistisches Anliegen und gesellschaftliche Verpflichtung. VII. Lärmkongreß der AICB in Dresden. 107–117, Leipzig 1973.

BRUCKMAYER, F., und LANG, J.: Störung der Bevölkerung durch Verkehrslärm. Österr. Ingenieur-Z. 8–10, 1967.

BRUES, A. M.: Models of clines and races. Amer. J. Phys. Anthropology 37, 1972.

BRUES, CH. T.: Studies on the fauna of hot springs in the western United States and the biology of thermophilous animals. Proc. Amer. Acad. Arts Sci. 63, 129–228, 1928.

BRÜLL, H.: Das Leben europäischer Greifvögel. Ihre Bedeutung in den Landschaften. 3. Aufl. G. Fischer, Stuttgart 1977.

BRULOTTE, R.: Study of Atmospheric Pollution in the Thetford Mines Area, Cradle of Quebec's Asbestos Industry. In BENARIE: Atmospheric Pollution. 447–469. Elsevier, Amsterdam, Oxford, New York 1976.

BRUNDIN, L.: On the real nature of Transatlantic relationships. Evolution 19, 496–505, 1965.

– Transantarctic relationships and their significance, as evidenced by chironomid midges, with a monograph of the subfamilies Podonominae and Aphroteniinae and the austral Heptagyiae. Kungl. Svenska Vetenskapsakademeins Handlinger. Fj. Ser. 11, 1966.

– Circum-Antarctic distribution patterns and continental drift. XVII Congrès internat. Zool. Biogéographie et liaisons intercontinentales au cours du Mésozoique. Monte Carlo (Manuskript) 1972.

BRÜNIG, E. F.: Stand structure, physiognomy and environmental factors in some lowland forests in Sarawak. Trop. Ecol. 11, 26–43, 1970.

– On the ecological significance of drought in the equatorial wet evergreen (rain) forest of Sarawak (Borneo). In FLENLEY, J. R. (ed.): The water relations of Malesian forests. Trans. Aberdeen-Hull Symp. Mal. Ecol. Hull 1970, 66–88, 1971.

– Ökologische Stabilität von forstlichen Monokulturen als Problem der Bestandesstruktur. Verhdl. Ges. Ökologie 1976, 189–204. Junk, Den Hague 1977.

BRZOSKA, W.: Produktivität und Energiegehalte von Gefäßpflanzen im Adventdalen (Spitzbergen). Oecol. 22, 367–388, 1976.

BÜCHEL, K. H.: Pflanzenschutz und Schädlingsbekämpfung. Thieme, Stuttgart 1977.

BUCHWALD, K.: Der ländliche Raum als ökologischer Ausgleichsraum für die Verdichtungsgebiete. Umwelt und Gesellschaft, 51–61, 1974.

BUCHWALD, K., et al.: Gutachten für einen Landschaftsrahmenplan Bodensee, Baden-Württemberg. Stuttgart 1973.

BUCKUP, L., und ROSSI, A.: O gênero Aegla no Rio Grande do Sul, Brasil (Crustacea, Decapoda, Anomura, Aeglidae). Iheringia 1978.

BUGMANN, E.: Die formale Umweltqualität. Vogt-Schild, Solothurn 1975.

BULL, P. C., und WHITAKER, A. H.: The Amphibians, Reptiles, Birds and Mammals. In Biogeography and Ecology in New Zealand. Junk, Den Hague 1975.

BULLAMORE, H. W.: Three types of poverty in Metropolitan Indianopolis. Geograph. Rev. 64 (4), 536–556, 1974.

BULLOCK, ST. H.: Consequences of Limited Seed Dispersal within Simulated Annual Populations. Oecologia 24, 247–256, 1976.

BULLRICH, K.: Atmosphärische Spurenstoffe. Naturwissenschaften 63, 171–179, 1976.

BUNTING, B. T.: The Geography of Soil. Hutchinson, London 1965.

BURCHARD, O., und AHL, E.: Neue Funde von Riesen-Landschildkröten aus Teneriffa. Z. dt. geol. Ges. 79, 439–447, 1927.

BURKE, K., et al.: A dry phase south of Sahara 20000 years ago. West. Afr. J. Archeol. 1, 1–18, 1970.

BURRAGE, S. W.: Aerial Microclimate around plant surfaces. In DICKINSON und PREECE: Microbiology of Aerial Plant Surfaces, 173–184. Acad. Press, London, New York, San Francisco 1976.

BURRICHTER, E.: Beziehungen zwischen Vegetations- und Siedlungsgeschichte im nordwestlichen Münsterland. Vegetatio 20, 199–209, 1970.

BURT, CH., und BURT, M. D.: South American lizards in the collection of the American Museum of Natural History. Bull. Amer. Mus. Nat. Hist. 61, 227–395, 1931.

BURTON, J. D., und LISS, P. S.: Estuarine Chemistry. Acad. Press, London, New York, San Francisco 1976.

BUSCHINGER, A., und VERBEEK, B.: Freilandstudien an TA-182-markierten Bergeidechsen (Lacerta vivipara). Salamandra 6 (1/2), 26–31, 1970.

BUSVINE, J. R.: Arthropod Vectors of Disease. E. Arnold, London 1975.

BUTLER, G. C.: Metabolic excretion and retention patterns of incorporated radionuclides in Reference Man, In Diagnosis and Treatment of Incorporated Radionuclides. IAEA, Wien 1976.

BUTZ, W.: Odonaten als ökologische Indikatoren für saarländische Landschaften. Abhdl. Arbeitsgemeinschaft tier- und pflanzengeogr. Heimatforschung Saarland 1973.

BUTZER, K. W., ISSAC, G. L., RICHARDSON, J. L., und WASHBOURN-KAMAU, C.: Radiocarbon dating of East African lake levels. Science 175, 1069–1076, 1972.

BYERS, G. W.: Evolution of Wing Reduction in Crane Flies (Diptera: Tipulidae). Evolution 23 (2), 346–354, 1969.

BYKHOVSKII, B. E.: Bird Migrations. Ecological and Physiological Factors. Transl. from Russ. John Wiley & Sons, New York, Toronto 1973.

CABRERA, A. L.: Ecologia vegetal de la puna. Geoecologia de las regiones montanosas de las Americas tropicales. Proc. Unesco Mexico Symposium, 1966, 91–116, 1968.

CADBURY, D. A., et al.: A Computer-Mapped Flora. A Study of the County of Werwickshire. Acad. Press, London, New York 1971.

CAIRNS, J., DAHLBERG, M. L., DICKSON, K. L., SMITH, N., and WALLER, W. T.: The relationships of fresh-water protozoan communities to the MacArthur-Wilson equilibrium model. Amer. Natur 103, 439–454, 1969.

CALOW, P.: Ecology, Evolution and Energetics: A Study in Metabolic Adaptation. In Ecol. Research 10, 1–62, Acad. Press, London 1977.

CANDOLLE, A. P. DE: Géographie botanique. Paris, Geneva 1855.

CANSIER, D.: Ökonomische Grundprobleme der Umweltpolitik. E. Schmidt, Berlin 1975.

CARBINIER, R., OURISSON, N., und BERNARD, A.:Erfahrungen über die Beziehungen zwischen Großpilzen und Pflanzengesellschaften in der Rheinebene und den Vogesen. Beiträge zu naturkundlichen Forsch. Südwest-Deutschl. 34, 37–56, 1975.

CALRQUIST, S.: Hawaii. A natural history. New York 1970.

CAROL, H.: Zur Theorie der Geographie. Mitt. Österr. Geogr. Ges., 1963.

CARPENTER, J. R.: The Biome. Amer. Midl. Natural. 21 (1), 1938.

CARVALHO, M. J. M.: O polen em plantes da Amazônia. Gênero Poraqueiba Aubl. e Emmotum. Bol. Mus. Para. Emilio Goeldi, Botânica 42, 1971.

CASPERS, H.: Biologie der Brackwasser-Zonen im Elbeästuar. Verh. internat. Ver. Limnol. 13, 687–698, 1958.

– Die Hypertrophierung von Stadtgewässern durch Sielausleitungen. Beobachtungen an Hamburger Kanälen. Abhdl. u. Verhdl. Naturw. Ver. Hamburg 6, 251–275, 1961.

– Pollution in coastal waters. DFG Research Report, 1966–1974. Bonn-Bad Godesberg 1975.

CASPERS, H., und MANN, H.: Bodenfauna und Fischbestand in der Hamburger Alster. Abhdl. u. Verhdl. Naturwiss. Ver. Hamburg 5, 89–110, 1961.

CASPERS, H., und SCHULZ, H.: Studien zur Wertung der Saprobiensysteme. Int. Rev. Ges. Hydrobiol. 45 (4), 535–565, 1960.

CASPERS, H., und SCHULZ, H.: Weitere Unterlagen zur Prüfung der Saprobiensysteme. Int. Rev. Ges. Hydrobiol. 47 (1), 100–117, 1962.

CASTRI, F. DI, und MOONEY, H. A.: Mediterranean type ecosystems: Origin and structure. Springer, Heidelberg, New York 1974.

CAUGHLEY, G.: Wildlife Management and the Dynamics of Ungulate Populations. Applied Biology 1, 183–246, 1976.

CERMAK, V.: Underground temperature and inferred climatic Temperature of the Past Millenium. Palaeogeography, Palaeoclimatology, Palaeoecology 10, 1–19, 1971.

CERNUSCA, A.: Ökophysik: Neue Wege zur quantitativen Ökologie, Umschau in Wissenschaft und Technik 18, 663–668, 1971.

– Standörtliche Variabilität in Mikroklima und Energiehaushalt alpiner Zwergstrauchbestände. Verhdl. Ges. Ökologie, Wien, 1975, 9–21, 1976.

CESKA, V.: Experimentelle Untersuchungen über den Nahrungsbedarf und den Jahreszyklus der Schnee-Eule (Nyctea scandiaca). Verhdl. Ges. Ökologie, Erlangen, 199–201. Junk, Den Hague 1975.

CHALINE, J.: Biogéographie et fluctuations climatiques au Quaternaire d'après les faunes de rongeurs. Acta Zoologica Cracoviensia 18 (7), 141–165, 1973.

CHANDLER, T. J.: The climate of London. Hutchinson, London 1965.

– Selected Bibliography on Urban Climate. WMO 276, TP. 155. Genf 1970.

CHANGNON, S. A.: Recent studies of urban effects on precipitation in the United States. World Meteorological Organization 108, 325–341, 1970.

CHAPIN, J. P.: Birds of the Belgian Congo. Amer. Mus. Nat. Hist. 65, 1932.

CHAPMAN, V. J.: Coastal Vegetation. Pergamon Press, Oxford 1964.

– Mangrove Vegetation. Cramer, Vaduz 1976.

CHARIG, A. J.: Kurtén's Theory of Ordinal Variety and the Number of the Continents. 1972.

CHENG, L.: Marine insects. North-Holland Publ., Amsterdam, Oxford, New York 1976.

CHIKISHEV, A. G.: Landscape indicators. New Techniques in Geology and Geography. New York, London 1973.

CHROMETZKA, P.: Die Ursachen und die weiteren Folgen des Bodenabtrags auf landwirtschaftlichen Nutzflächen, insbesondere im Hopfenbau. Wasser und Abwasser 11, 328–331, 1973.

CICERONE, R. J., STOLARSKI, R. S., und WALTERS, S.: Stratospheric ozone destruction by man – made chlorofluoromethanes. Science, 185, 1165–1167, 1974.

CLAIRE, WM. H.: Handbook of Urban Planning. Van Nostrand Reinhold Comp., New York 1973.

CLARK, A. H.: The invasion of New Zealand by people, plants and animals. New Brunswick 1949.

CLAUSSEN, T.: Die Reaktionen der Pflanzen auf Wirkungen des photochemischen Smogs. Acta Phytomedica 3. Parey, Berlin, Hamburg 1975.

CLEEF, A. M.: Characteristics of Neotropical Paramo Vegetation and its Subantarctic Relations. Erdwiss. Forschung. 1977.

CLEMENTS, F. E. und SHELFORD, V. E.: Bio-ecology. New York 1939.

CLEVE, K.: Die Erforschung der Ursachen für das Auftreten melanistischer Schmetterlingsformen im Laufe der letzten hundert Jahre. Z. angew. Ent. 65, 371–387, 1970.

CLOUDSLEY-THOMPSON, J. L.: Man and the Biology of Arid Zones. Arnold, London 1977.

CODY, M. L.: Coexistence, Coevolution and convergent evolution in Seabird communities. Ecol. 54, 31–44, 1973.

– Towards a theory of continental species diversities: Bird distributions over mediterranean habitat gradients. In Ecology and evolution of communities. Harward Univ. Press, Cambridge, Mass. 1975.

CODY, M. L., und WALTER, H.: Habitat selection and interspecific interactions among Mediterranean sylviid warblers. Oikos 27, 1976.

COETZEE, C. G.: The distribution of mammals in the Namib Desert and adjoining Inland Escarpment. Scient. Pap. Namib Desert Res. ST. 40, 23–36, 1969.

COKER, R. E.: Das Meer – der größte Lebensraum. Parey, Hamburg, Berlin 1966.

COLE, M. M.: Cerrado, Caatinga and Pantanal: the distribution and origin of the savanna vegetation of Brazil. The Geographical Journal 126 (2), 168–179, 1960.

– Geobotanical and biogeochemical investigations in the sclerophyllous woodland and shrub associations of the eastern goldfields area of western Australia, with particular reference to the role of Hybanthus floribundus (Lindl.) F. Muell. as a nikkel indicator and accumulator plant. J. appl. Ecol. 10, 269–320, 1973.

– Recent developments in biogeography. In PHILLIPS, A., und TURTON, B.: Environment, Man and Economic Change. Longman, London, New York 1975.

COLINVAUX, P. A.: Introduction to Ecology. John Wiley & Sons Inc., New York, London, Sydney, Toronto 1973.

COLLIER, B. D., COX, G. W., JOHNSON, A. W., und MILLER PH. C.: Dynamic Ecology. Prentice-Hall, Englewood Cliffs, London 1973.

CONRAD, B.: Bestehen Zusammenhänge zwischen dem Bruterfolg der Dorngrasmücke (Sylvia communis) und ihrer gegenwärtigen Bestandsverminderung. Die Vogelwelt 95 (5), 186–198, 1974.

– Die Giftbelastung der Vogelwelt Deutschlands. Kilda, Greven 1977.

COOK, D. J., und HAVERBEKE, D. F. VAN: Trees and Shrubs for noise abatement. U.S. Departm. of Agriculture, Forest Service, Res. Bull. 246, 1971.

COOK, R. E.: Variation in species density of North American birds. Syst. Zoology. 1969.

COOKSON, I. C.: Fossil pollen grains of Nothofagus from Australia. Proc. R. Soc. Vict., n.s., 71, 25–30, 1959.

COOKSON, I. C., und DUIGAN, S. L.: Tertiary Araucariaceae from Southeastern Australia, with notes on living species. Austr. J. Sc. Res., ser. B, 4, 415–449, 1951.

COOKSON, I. C. und PIKE, K. M.: The Tertiary occurrence and distribution of Podocarpus (sect. Dacrycarpus) in Australia and Tasmania. Austr. J. Bot. 1, 71–82, 1953.

– A contribution to the Tertiary occurrence of the genus Dacrydium in the Australian region. Austr. J. Bot. 1, 474–484, 1953.

– The fossil occurrence of Phyllocladus and two other Podocarpacous types in Australia. Austr. J. Bot. 2, 60–68, 1954.

COOPE, G. R.: Interpretations of Quaternary insect fossil. Ann. Rev. Entomol. 15, 97–120, 1970.

COOPE, G. R., MORGAN, A., and OSBORNE, P. J.: Fossil Coleoptera as indicators of climatic fluctuations during the last glaciation in Britain. Palaeogeography, Palaeoclimatology, Palaeoecology 10, 87–101, 1971.

CORBET, G. B.: Origin of the British insular races of small mammals and the „Lusitanian" fauna. Nature 191, 1037–1040, 1961.

CORNABY, B. W., GIST, C. S., und CROSSLEY, D. A.: Resource partitioning in Leaf-Litter faunas from Hardwood and Hardwood-Converted-To-Pine forests. Mineral Cycling in Southeastern Ecosystems. Springfield 1975.

CORNELL, H., HURD, L. E., und LOTRICH, V. A.: A Measure of Response to Perturbation used to Assess Structural Change in some polluted and unpolluted Stream Fish Communities. Oecologia 23, 335–342, 1976.

COUGHTREY, P. J., und MARTIN, M. H.: The distribution of Pb, Zn, Cd and Cu within the Pulmonate Mollusc Helix aspersa Müller. Oecologia 23, 315–322, 1976.

COUR, P., und DUZER, D.: Persistance d'un climat hyperaride en Sahara Centrale méridional au cours de l'holocène. Rev. de Geogr. phys. et de Géol. dyn. 18, 175–198, 1976.

COURTIER, J. C.: Apport de la normalisation aux méthodes de mesure de la pollution atmosphérique. In BENARIE: Atmospheric Pollution, 37–47. Elsevier, Amsterdam, Oxford, New York 1976.

COUTINHO, L. M., und STRUFFALDI, Y.: Teor de proteina, cinzas, N,P,K,Ca e Na em unidades de dispersão de leguminosas dos cerrados. Phyton 29 (1–2), 25–36, 1972.

COX, C., HEALEY, I., und MOORE, P.: Biogeography. An ecological and evolutionary approach. Blackwell, Oxford 1973.

CRACRAFT, J.: Historical Biogeography and Earth History: Perspectives for a future Synthesis. Ann. Miss. Bot. Gard. 62, 227–250, 1975.

CRAWFORD, M. D., GARDNER, M. J., und MORRIS,

J. N.: Changes in warer hardness and local death-rates. Lancet 2, 327–329, 1971.

CROCKER, R. L.: Past climatic fluctuations and their influence upon Australian vegetation. In KEAST, A., et al. (eds): Biogeography and ecology in Australia. Den Hague 1959.

CROIZAT, L., NELSON, G., und ROSEN, D. E.: Centers of origin and related concepts. System. Zool. 23, 265–287, 1974.

CROMBIE, A. C.: Further experiments on Insect Competition. Proc. Roy. Soc. London 133, 76–109, 1946.

CRONIN, L. E.: Estuarine Research. Chemistry, Biology and the Estuarine System. Acad. Press Inc., New York, San Francisco, London 1975.

CRONQUIST, A., et al.: Intermountain Flora. Vascular Plants of the Intermountain West, USA. Columbia Univ. Press, New York 1977.

CROSSKEY, R. W., und WHITE, G. B.: The Afrotropical Region. A recommended term in zoogeography. J. nat. Hist. 11, 541–544,1977.

CROSSLEY, D. A., DUKE, K. M., und WAIDE, J. B.: Fallout Cesium-137 and Mineral-element distribution in Food chains Granitic-Outcrop ecosystems. Mineral Cycling in Southeastern Ecosystems. Springfield, Virginia 1975.

CROWELL, K. L.: Experimental Zoogeography: Introductions of Mice to small islands. Amer. Natural. 107, 535–558, 1973.

CRUMP, M. L.: Quantitative Analysis of the Ecological Distribution of a tropical Herpetofauna. Occ. Pap. Mus. Natural History, 3, 1–62, 1971.

CRUSAFONT-PAIRO, M., und PETTER, F.: Une Murine géant des Iles Canaries Canariomys bravoi gen. nov., spec. nov. Mammalia 28, 607–612, 1964.

CUATRECASAS, J.: Aspectos de la vegetación natural de Colombia. Rev. Acad. Col. Cienc. E.F. Nat. 10 (40), 1958.

– Paramo vegetation and its life forms. Geo-ecology of the mountainous regions of the tropical Americas. Coll. Geogr. 9, 163–186, 1968.

CULLEY, M.: The Pilchard. Biology and Exploitation. Pergamon Press, Oxford, New York 1971.

CULVER, D.: Competition in spatially heterogeneous systems. Ecol. 54, 1973.

CUMBERLAND, K. B.: Primitive Vegetation of N.Z. (1840). Geogr. Rev. 30 (4), 1940.

– A Century's change: Natural to Cultural Vegetation in New Zealand. Geogr. Rev. 31, 525–554, 1956.

– Climatic change or Cultural interference? New Zealand in Moahunter Times. New Zeal. G. Soc. 88–142. Christchurch 1962.

– New Zealand Topical Geographies. Vegetation 3, 1966.

– Neuseeland in den Epochen der Moajäger und Maori. Die Erde 98, 90–114, 1967.

CUMBERLAND, K. B., und WHITELOW, J. S.: The World's Landscapes. New Zealand, London 1970.

CUBRON, B. D.: Cave Flora. In the science of Speleology, Acad. Press, London, New York 1976.

CULLEY, M.: The Pilchard; Biology and Exploitation. Oxford, New York, Toronto, Sydney, Braunschweig 1971.

CYR, A.: Beziehungen zwischen Strukturdiversität und Vogelpopulationen in der Umgebung des Verdichtungsraumes von Saarbrücken. Dissertation, Universität, Saarbrücken 1977.

CYR, A., und OELKE, H.: Vorschläge zur Standardisierung von Biotopbeschreibungen bei Vogelbestandsaufnahmen im Waldland. Vogelwelt, 1976.

DAGANAUD, A., und LOEWENSTEIN, J. C.: Etude de la pollution atmosphérique dans l'agglomeration parisienne entre 1962 et 1972. In BENARIE: Atmospheric Pollution. 623–638. Elsevier, Amsterdam, Oxford, New York 1976.

DAGG, A. I., und FOSTER, J. B.: The Giraffe. Its Biology, Behavior, and Ecology. Van Nostrand Reinhold Comp., New York, Cincinnati, San Francisco 1976.

DAHL, E.: Flora and Plant Sociology in Fennoscandian Tundra Areas. Ecol. Studies 16, 62–67, 1975.

DAHL, F.: Grundlagen einer ökologischen Tiergeographie. Jena 1921.

– Tiergeographie. In Encycl. der Erdkunde. Leipzig, Wien 1925.

DAHLMAN, R. C., FRANCIS, C. W., und TAMURA, T.: Radiocesium Cycling in vegetation and soil. Mineral Cycling in Southeastern Ecosystems. Springfield, Virginia 1975.

DALE, I. R., und GREENWAY, P. J.: Kenya Trees and Shrubs. MacLehose, Glasgow 1961.

DAMMERMANN, K. W.: The fauna of Krakatau. Amsterdam 1948.

DAMUTH, J. E., und FAIRBRIDGE, R. W.: Equatorial Atlantic deep – sea arcosic sands and ice – age aridity in tropical South America. Bull. Geol. Soc. America 81, 189–206, 1970.

DANSERAU, P.: Zonation et succéssion sur la restinga de Rio de Janeiro. Rev. Canad. Biol. 6 (3), 448–477, 1947.

– Biogeography an Ecological Perspective. Ronald Press Comp., New York 1957.

– Les structures de végétation. Finisterra. Rev. Port. Geogr. 3, 147–174, 1968.

– Challenge for Survival. Columbia Univ. Press, New York 1970.

DARLINGTON, PH.: Area, climate and evolution. Evolution 13, 488–510, 1959.

DARLINGTON, P. J.: Zoogeography. New York 1957.

– A practical criticism of Hennig-Brundin „Phylogenetic Systematics" and Antarctic Biogeography Syst. Zool. 19, 1–18, 1970.

DARWIN, CH.: Struktur und Verteilung der Korallenriffe. Stuttgart 1876.

DAU, L.: Microclimas dos restingas do sudeste do Brasil. I. Restinga interna de Cabo Frio. Arq. Museu Nacional 50, 79–134, 1960.

DAVIDS, P., und BROCKE, W.: Stand der Technik der Abgasreinigung bei Müllverbrennungsanlagen. Müll u. Abfall 6, 207–209, 1973.

DAVIES, TH.: The natural history of the island of Fernando de Noronha, based on the collections made by the British Museum Expedition in 1877. Extracted from the Linnean Societies Journal. Botany, V. 16, 86–94, 1890.

DAVIS, D. H.: Distribution patterns of southern Muridae, with notes on some of their fossil antecedents Ann. Cape Prov. Museums 2, 56–84, 1962.

DAWSON, E. W.: Faunal relationships between the New Zealand Plateau and the New Zealand Sector of Antarctica based on Echinoderm distribution. N.Z. Freshwat. Res. 4, 126–140, 1970.

DEBENEDICTIS, P. A.: On the correlations between certain Diversity Indices. Amer. Naturalist 107, 295–302, 1973.

DELANEY, P. J. V.: Quaternary Geology History of the Coastal Plain of Rio Grande do Sul, Brazil. Louisiana State University Press, Baton Rouge 1963.
— Reef rock on the Coastal Platform of Southern Brazil and Uruguay. Symp. on the Oceanography of Western South Atlantic, Sec. III, S.9, 1964.
— Geology and Geomorphology of the Coastal Plain of Rio Grande do Sul, Brazil and Northern Uruguay. Louisiana State University Press, Baton Rouge 1966.
DEMPSTER, J. P.: Animal Population Ecology. Acad. Press, London, New York 1972.
DEN BOER, P. J.: Das Überleben von Populationen und Arten und die Bedeutung von Umweltheterogenität. Verhdl. Dt. Zool. Ges. Mainz 66, 125–136, 1973.
DE PLOEY, J.: Report on the Quaternary of the Western Congo. In Palaeoecology of Africa. Kapstadt 1969.
DETWYLER, T. R., und MARCUS, M. G.: Urbanization and environment: the physical geography of the city. Duxbury Press, Scituate, Mass. 1972.
DEVERALL, B. J.: Defense Mechanisms of plants. Cambridge Univ. Press, Cambridge 1977.
DIAMOND, J. M.: Avifaunal equilibria and species turnover rates on the Channel Islands of California. Proc. Nat. Acad. Sci 64, 57–63, 1969.
— Ecological Consequences of Island Colonization by Southwest Pacific Birds, II. The Effect of Species Diversity on Total Population Density. Proc. Nat. Acad. Sciences 67 (4), 1715–1721, 1970.
— Comparison of faunal equilibrium turnover rates on a tropical and a temperate islands. Proc. Nat. Acad. Sci. 68, 2742–2745, 1971.
— Biogeographic kinetics: estimation of relaxation times for avifaunas of southwest Pacific islands. Proc. Nat. Acad. Sci. 69, 3199–3203, 1972.
— Colonization of exploded volcanic islands by birds: the supertramp strategy. Science 184, 803–806, 1974.
— The island dilemma: Lessons of modern biogeographic studies for the design of natural reserves. Biol. Conserv., 7, 129–146, 1975.
DIAMOND, J. M., und MAYR, E.: Species-area relation for birds of the Solomon Archipelago. Proc. Nat. Acad. Sci. USA 73 (1), 262–266, 1976.
DIAMOND, J. M., GILPIN, M. E., und MAYR, E.: Species-distance relation for birds of the Solomon Archipelago and the paradox of the great speciators. Proc. Nat. Acad. Sci. 73 (6), 2160–2164, 1976.
DICKINSON, C. H., und PREECE, T. F.: Microbiology of Aerial Plant Surfaces. Acad. Press, London, New York, San Francisco 1976.
DIELS, L.: Vegetationsbiologie von Neuseeland. Englers Bot. Jb. 22. Leipzig 1896.
— Die Paramos der äquatorialen Hoch-Anden. Sitzungsber. Preuss. Akad. Wiss., Phys. Math. Kl., 57–68, 1934.
DIERL, W.: Grundzüge einer ökologischen Tiergeographie der Schwärmer Ostnepals (Lepidoptera – Sphingidae). Khumbu Himal 3, 313–360, 1970.
DIETRICH, G.: Erforschung des Meeres. Umschau, Frankfurt 1970.
DIETRICH, G., und KALLE, K.: Allgemeine Meereskunde. Bornträger, Berlin 1957.
DIETZEN, W.: Untersuchungen zur Charakterisierung des Brutbiotops des Habichts – Accipiter gentilis. Diplomarbeit. München 1976.

DILCHER, D. L.: Podocarpus from the Eocene of North America. Science 164, 299–301, 1969.
DISALVO, L. H., GUARD, H. E., und HUNTER, L.: Tissue Hydrocarbon. Burden of Mussels as Potential Monitor of Environmental Hydrocarbon Insult. Environ. Sci. Technol. 9, 247–251, 1975.
DISNEY, H. J. DE S., und SMITHERS, C. N.: The distribution of terrestrial and freshwater birds on Lord Howe Island, in comparison with Norfolk Island. Australian Zool. 17, 1–11, 1972.
DJALALI, B., und KREEB, K.: Flechtenkartierung und Transplantatuntersuchungen im Stadtgebiet von Stuttgart. Verhdl. Ges. Ökol. Saarbrücken, 413–420. Junk, Den Hague 1974.
DOBAT, K.: Die Lampenflora der Bärenhöhle. In Die Bärenhöhle bei Erpfingen. 29–35. Erpfingen 1969.
DOBAT, K., und MÄGDEFRAU, K.: 300 Jahre Botanik in Tübingen. Attempto 55/56, 8–31, 1975.
DOBSHANSKY, T.: Evolution in the Tropics. Scient. Amer. 38, 1959.
DOETSCH, R. N., und COOK, T. H.: Introduction to bacteria and their ecobiology. MTP, Lancaster 1973.
DOMRÖS, M.: Luftverunreinigung und Stadtklima im Rheinisch-Westfälischen Industriegebiet und ihre Auswirkung auf den Flechtenbewuchs der Bäume. Bonn 1966.
— Möglichkeiten einer klimaökologischen Raumgliederung der Insel Ceylon. Geogr. Z. Beiheft 27, 205–232, 1971.
DÖNGES, J.: Ein Beitrag der Parasitologie zur Kontinentaldrift-Theorie. Umschau 17, 564–565, 1967.
DONSELAAR, J. VAN: Phytogeographic notes on the savanna flora of southern Suriname (South America). Acta Bot. Neerl. 17 (5), 393–404, 1968.
— Observations on savanna vegetation types in the Guianas. Vegetatio 17 (1–6), 271–312, 1969.
DÖRRE, A.: Kälteindustrie und Mäuseschäden. Mitt. Ges. Vorratsschutz 2, 23–24, 1926.
DORST, J.: The evolution and affinities of the Birds of Madagascar. Junk, Den Hague 1972.
DOSE, K., und RAUCHFUSS, H.: Chemische Evolution und der Ursprung lebender Systeme. Wissensch. Verlagsgesellsch., Stuttgart 1975.
DOUTCH, H. F.: The palaeogeography of northern Australia and New Guinea and its relevance to the Torres Strait Area. In WALKER, D. (ed.): Bridge and barrier: The natural and cultural history of Torres Strait. Canberra 1974.
DRESCHER, H.-E., HARMS, U., und HUSCHENBETH, E.: Organochlorines and Heavy Metals in the Harbour Seal Phoca vitulina from the German North Sea Coast. Marine Biol. 41, 99–106, 1977.
DREYHAUPT, F. J.: Emissionskataster Köln. TÜV, Köln 1972.
DRITSCHILO, W., CORNELL, H., NAFUS, D., und O'CONNOR, B.: Insular biogeography: of mice and mites. Science 190, 467–469, 1975.
DROZDOWICZ, A.: Equilibrio Microbiologico dos solos de cerrados. 4. Simpos. Cerrado, 233–245. Ed. Univ. São Paulo, São Paulo 1976.
DÜLL, R.: Neuere Untersuchungen über Moose als abgestufte ökologische Indikatoren für die SO_2-Immissionen im Industriegebiet zwischen Rhein und Ruhr bei Duisburg. VDI-Kommission Reinhaltung der Luft, Düsseldorf 1974.

DUNCAN, O. D.: Humanökologie (Human Ecology). In Bernsdorf (Hg.): 1969.

DUSEN, P.: Die Pflanzenvereine der Magellansländer nebst einem Beitrag zur Ökologie der magellanischen Vegetation. Wiss. Erg. schwed. Expedition nach den Magellansländern 1895–1897. Stockholm 1905.

DUVIGNEAUD, P.: L'écosytème „Urbs". Mem. Soc. royale Bot. de Belgique 6, 1974.

DUVIGNEAUD, P., et al.: L'écosystème. L'écologie, science moderne de synthèse. Brüssel 1962.

DUVIGNEAUD, P., und DENAEYER-DE SMET, S.: Phytogéochémie des groupes écosociologiques forestiers de Haute-Belgique. Oecol. Plant. 5, 1–32, 1970.

DUVIGNEAUD, P., LAMAYE, J. C., und DENAEYER-DE SMET, S.: Etudes écologiques de l'écosystème urban bruxellois. Mem. Soc. roy. Bot. Belg. 6, 57–70, 1974.

EBELING, W. A., ATKIN, N. B., und SETZER, P. Y.: Genome sizes of Teleostean Fishes: Increases in some Deep-Sea Species. American Naturalist 105, 549–561, 1971.

ECKENSBERGER, L.: Der Beitrag kulturvergleichender Forschung zur Fragestellung der Umweltpsychologie. In KAMINSKI, G.: Umweltpsychologie. Klett, Stuttgart 1977.

ECKOLDT, M.: Wärmebelastung der Flüsse durch Kernkraftwerke, Kernenergie und Umwelt. 91–101. E. Schmidt, Berlin 1976.

EDNEY, E. B.: Desert Arthropods. In Desert Biology. New York, London 1974.
– Water Balance in Land Arthropods. Springer, Berlin, Heidelberg, New York 1977.

EDWARDS, C. A.: Environmental Pollution by Pesticides. London, New York 1973.

EDWARDS, R. W., und GARROD, D. J.: Conservation and Productivity of Natural Waters. Acad. Press, New York 1972.

EGGERS, J.: Zur Siedlungsdichte der Hamburger Vogelwelt. Hamb. Avifaun. Beitr. 13, 13–72, 1975.
– Zur Vogelwelt einer großstädtischen Brachfläche (City Nord, Hamburg). Hamb. Avifaun. Beitr. 14, 47–53, 1976.

EHLERINGER, J. R., und MILLER, P. C.: Water relations of selected plant species in the alpine Tundra, Colorado. Ecol. 56, 370–380, 1975.

EHRENDORFER, F.: Cytotaxonomische Beiträge zur Genese der mitteleuropäischen Flora und Vegetation. Ber. Dt. Bot. Ges. 75, 137–152, 1962.
– Mediterran-mitteleuropäische Florenbeziehungen im Lichte cytotaxonomischer Befunde. Feddes Repertorium 81 (1–5), 3–32, 1970.

EHRENDORFER, F., MAURER, W., KARL, R., und KARL, L.: Rindenflechten und Luftverunreinigung im Stadtgebiet von Graz. Mitt. Naturwiss. Ver. Steiermark 100, 151–189, 1971.

EHRIG, F. R.: Zum Problem der Macchien am Beispiel Korsikas. Mitt. Geogr. Ges. München 58, 97–108, 1973.

EHRLICH, P. R., EHRLICH, A. H., und HOLDREN, J. P.: Human Ecology. Problems and Solutions. W. Freeman, San Francisco 1973.

EISENTRAUT, M.: Die tiergeographische Bedeutung des Oku-Gebirges im Bamenda-Banso-Hochland (Westkamerun). Bonn. Zool. Beitr. 19, 170–175, 1968.
– Eiszeitklima und heutige Tierverbreitung im tropischen Westafrika. Umschau 3, 70–75, 1970.
– Die Wirbeltierfauna von Fernando Poo und Westkamerun. Bonner Zool. Monogr. 3, 1973.

EITEN, G.: The cerrado vegetation of Brazil. Bot. Review 38 (2), 341 pp., 1972.

EITSCHBERGER, U., und STEININGER, H.: Aufruf zur internationalen Zusammenarbeit an der Erforschung des Wanderphänomens bei den Insekten. Atalanta 4 (3), 133–192, 1973.

EKMAN, S.: Prinzipielles über die Wanderungen und die tiergeographische Stellung des europäischen Aales, Anguilla anguilla (L.). Zoogeographica 1 (2), 85–106, 1932.
– Tiergeographie des Meeres, Leipzig 1935.
– Biologische Geschichte der Nord- und Ostsee. In GRIMPE: Tierwelt der Nord- u. Ostsee, 1. Leipzig 1940.

ELLENBERG, H.: Belastung und Belastbarkeit von Ökosystemen. In Belastung und Belastbarkeit von Ökosystemen. 19–26. Blasaditsch, Augsburg 1973.
– Die Ökosysteme der Erde, Versuch einer Klassifikation der Ökosysteme nach funktionalen Gesichtspunkten. In Ökosystemforschung. Springer, Berlin, Heidelberg, New York 1973.
– Zeigerwerte der Gefäßpflanzen Mitteleuropas. Scripta Geobotanica 9, 1–97, 1974.

ELLENBERG, H. (jun.): Die Körpergröße des Rehes als Bioindikator. Verhdl. Ges. Ökologie 4, 141–153, 1975.
– Das Reh in der Landschaft. Jb. des Vereins zum Schutz der Bergwelt, 42, 225–240, 1977.

ELSTER, H. J.: Was ist „Limnologie"? Gas- und Wasserfach 109, 651–652, 1968.

ELTON, C.: Animal Ecology. Siggwick and Jackson, London 1927.
– The pattern of animal communities. Methuen, London 1966.

EMLEN, J. T.: An urban bird community in Tuscon, Arizona. Condor, Vol. 76, 184–197, 1974.

EMMEL, TH.: Population Biology. Harper and Row, New York 1976.

ENGLER, A.: Die Entwicklung der Pflanzengeographie in den letzten 100 Jahren. Humboldt-Centenarschrift d. Ges. Erdkunde, Berlin 1879.

ENRIGHT, J. T.: Climate and population regulation. The biogeographer's dilemma. Oecologia 24, 295–310, 1976.

ERGENZINGER. P.: Rumpfflächen, Terrassen und Seeablagerungen im Süden des Tibesti-Gebirges. Abhdl. Dt. Geographentag 1967.
– Vorläufiger Bericht über geomorphologische Untersuchungen im Süden des Tibesti-Gebirges. Z. Geomorph. 12 (1), 1968.

ERIKSEN, W.: Die stadtklimatischen Konsequenzen städtebaulicher Entwicklung. Städtehygiene 22 (11), 259–262, 1971.
– Probleme der Stadt- und Geländeklimatologie. Wiss. Buchgesellsch., Darmstadt 1975.

ERNST, W.: Schwermetallvegetation der Erde. G. Fischer, Stuttgart 1974.
– Mechanismen der Schwermetallresistenz. Verhdl. Ges. Ökologie, Erlangen, 189–197. Verl. Junk, Den Hague 1975.

ERZ, W.: Populationsökologische Untersuchungen an der Avifauna zweier norddeutscher Großstädte. Z. Wiss. Zool. 170, 1–111, 1964.
– Quantitativ-ornithologische Untersuchungen im NSG „Wahner Heide" nebst methodischen Erör-

terungen. Beitr. angew. Vogelkde. Recklinghausen 1968.
- Landschaftsplanung, Tierökologie und Biotopgestaltung. Natur und Landschaft 46, 203–208, 1971.
ESPINOZA, D., und FORMAS, J.: Karyological Patterns of two Chilean Lizards Species of the Genus Liolaemus (Sauria; Iguanidae). Experientia 32, 299–301, 1976.
ESPINOZA, R.: Oekologische Studien über Kordillerenpflanzen. Bot. Jahrb. 65, 120–211, 1932.
ETCHECOPAR, R. D., und HUE, F.: The birds of North Africa from the Canary Islands to the Red Sea. Oliver & Boyd, Edinburgh, London 1967.
EWER, R. F.: Ethologie der Säugetiere. Parey, Berlin, Hamburg 1976.
FAIRBRIDGE, R. W.: World Sea-Level and climatic changes. Quaternaria 6, 111–134, 1962.
FAIRHALL, A. W.: Accumulation of Fossil CO_2 in the Atmosphere and the Sea. Nature 245, 20–23, 1973.
FALINSKI, J. B.: Synanthropisation of plant cover. II. Synanthropic flora and vegetation of towns connected with their natural conditions, history and function. Mater. Zakl. Fitosoc. Stos. U.W. Warszawa-Bialowieza 27, 1–317, 1971.
FALK, J. H.: Energetics of a Suburban Lawn Ecosystem. Ecology 57, 141–150, 1976.
FARKASDI, G.: Stand der Erkenntnisse über die polyzyklischen aromatischen Kohlenwasserstoffe unter besonderer Berücksichtigung ihres Vorkommens in Siedlungsabfallkomposten. Wasser und Abwasser 7, 218–220, 1973.
FARNWORTH, E. G., und GOLLEY, F. B.: Fragile Ecosystems. Evaluation of Research and Applications in the Neotropis. Springer, Berlin, Heidelberg, New York 1974.
FASSBENDER, CH. P.: Zur umwelthygienischen Bedeutung des Schwermetalls Cadmium. Umwelthygiene 6, 168–170, 1975.
FAURE, H.: Lacs quaternaires du Sahara. Mitt. Intern. Verein Limnol. 17, 131–146, 1967.
FEDOROV, A. G.: The structure of the tropical rain forest and speciation in the humid tropics. J. Ecol. 54, 1–11, 1966.
FELDHAUS, G., und HANSEL, G.: Bundes-Immissionsschutzgesetz mit Durchführungsverordnung sowie TA Luft und TA Lärm. Dt. Fachschr.-Verl., Mainz, Wiesbaden 1975.
FELDMANN, R.: Methoden faunistischer Kartierung dargestellt am Beispiel der Verbreitung des Feuersalamanders Salamandra salamandra in Westfalen. Salamandra 8 (2), 86–94, 1972.
- Zur Verbreitung der Fledermäuse in Westfalen von 1945–1975. Myotis 12, 3–20, 1974.
FELFÖLDY, L.: Über den Einfluß der Stadtluft auf die Flechtenvegetation der Bäume in Debrecen. Acta Geob. Hungarica 4, 332–349, 1942.
FERGUSON, D. E., und GILBERT, C. C.: Tolerances of three species of anuran amphibians to five chlorinated hydrocarbon insecticides. J. Miss. Acad. Sci. 13, 135–138, 1967.
FERENZ, H.-J.: Anpassungen des Laufkäfers Pterostichus nigrita F. (Coleoptera, Carabidae) an subarktische Bedingungen. Verhdl. Ges. Ökol., Erlangen 1974. Den Hague 1975.
FERNANDEZ, J. M.: Los Lepidopteros diurnos de las Islas Canarias. Enciclop. Canaria, Santa Cruz de Tenerife 1970.

FERNANDOPULLE, D.: Climatic characteristics of the Canary Islands. In Biogeography and Ecology in the Canary Islands. 185–206. Junk, Den Hague 1976.
FERRI, M. G.: Transpiração de plantas permanentes dos cerrados. Bol. Fac. Fil. Ciênc. e Letr. USP 41, Botanica 4, 159–224, 1944.
- Balanço de água de plantas da caatinga. Anais IV Congr. Nac. Soc. Bot. Brasil, Recife, 314–332. 1953.
- Contribuição ao conhecimento da ecologia do Cerrado e da Caatinga. São Paulo 1955.
- Espécies do Cerrado. Ed. Blücher, São Paulo 1969.
- Sobre a origem, a manutenção e a transformação dos cerrados, tipos de savanna do Brasil. Rev. de Biol. 9 (1–4), 1–13, 1973.
- Ecologia dos Cerrados. IV. Simp. sobre o Cerrado, 15–36. São Paulo 1976.
FERRY, D., BADDELEY, M., und HWAKSWORTH, D. L.: Air Pollution and Lichens. London 1973.
FIRNHABER, W.: Epidemiologische Aspekte der multiplen Sklerose. Deutsches Ärzteblatt 38, 2708–2712, 1974.
FIRTH, F. E.: Encyclopedia of marine resources. Van Nostrand Reinhold, New York 1969.
FITTKAU, E. J.: Ökologische Gliederung des Amazonas-Gebietes auf geochemischer Grundlage. Münster. Forsch. Geol. Paläont. 20/21, 35–50, 1971.
- Artenmannigfaltigkeit amazonischer Lebensräume aus ökologischer Sicht. Amazoniana 4 (3), 321–340, 1973.
FITZSIMONS, V.: Snakes of Southern Africa. Purnell, Johannesburg 1962.
FJERDINGSTAD, E.: Pollution of streams estimated by benthal phytomicro-organism. I. A saprobic system based on communities of organisms and ecological factors. Int. Revue ges. Hydrobiol. 49 (1), 63–131, 1964.
- Taxonomy and saprobic valency of benthic phytomicro-organism. Int. Rev. ges. Hydrobiol. 50, 475–604, 1965.
FLEMING, C. A.: The Geological History of New Zealand and its Biota. In Biogeography and Ecology in New Zealand. Junk, Den Hague 1975.
FLEMING, T. H.: Numbers of mammal species in North and Central American forest communities. Ecology 54, 555–563, 1973.
FLENLEY, J. R.: Evidence of Quaternary vegetational change in New Guinea. In The Quaternary era in Malesia. Dept. of Geogr. Misc. Series 13, Univ. of Hull. 1972.
FLICKINGER, H.-G., und SUMMERER, ST.: Voraussetzungen erfolgreicher Umweltplanung in Recht und Verwaltung. Schwartz & Co., Göttingen 1975.
FLINDT, R., und HEMMER, H.: Paarungsrufe und das Verwandtschaftsproblem paläarktischer und nearktischer Anuren. Biol. Zentralbl. 91 (6), 699–706, 1972.
FLINT, P. S., und GERSPER, P. L.: Nitrogen Nutrient Levels in Arctic Tundra Soils. In Soil Organisms and Decomposition in Tundra 375–387. Stockholm 1974.
FOGDEN, M. P. L.: The seasonality and population dynamics of equatorial forest birds in Sarawak. Ibis 114, 307–343, 1972.
FOLLMANN, G.: Lichen flora and Lichen vegetation

of the Canary Islands. In Biogeography and Ecology in the Canary Islands. Junk, Den Hague 1976.

FORD, E. B.: Ecological genetics. Chapman and Hall, London 1975.

FORD, T. D., und CULLINGFORD, C. H. D.: The Science of Speleology. Acad. Press, London, New York 1976.

FOREST, J., SAINTLAURENT, M. DE, und CHACE, F. A.: Neoglyphen inopinata: A Crustacean „Living Fossil" from the Philippines. Science 192, 884, 1976.

FORRESTER, J. W.: Planung unter dem dynamischen Einfluß komplexer sozialer Systeme. In Politische Planung in Theorie und Praxis. Piper, München 1971.

– Grundsätze einer Systemtheorie. Gabler, Wiesbaden 1972.

FÖRSTER, M.: Strukturanalyse eines tropischen Regenwaldes in Kolumbien. Allg. Forst- und Jagdzeitung 144, 1973.

FÖRSTNER, U., und MÜLLER, G.: Schwermetalle in Flüssen und Seen. Springer, Berlin, Heidelberg, New York 1974.

FORSTNER, W., und HÜBL, E.: Ruderal-, Segetal- und Adventivflora in Wien. Wien 1971.

FOURNIER, F.: Utilisation rationelle et conservation du sol. Geoforum 10, 35–47, 1972.

FRAHM, J.-P.: Transplantationsversuche mit epigäischen Moosen zur Eichung von Bioindikatoren für die Luftverschmutzung. Natur u. Landsch. 51, 19–22, 1976.

FRANK, J.: Bürger und Experten. In Mensch und Stadtgestalt. Deutsche Verlags-Anst., Stuttgart 1974.

FRANK, P.: A laboratory study of intraspecies and interspecies competition in Daphnia pulicaria (Forbes) and Simocephalus vetulus (Ó. F. Müller). Physiol. Zool. 25, 173–204, 1952.

– Coactions in laboratory populations of two species of Daphnia. Ecology 38, 510–519, 1957.

FRANK, R.: Der Brutbestand der Tauben und Elstern im Stadtgebiet von Emden 1973. Vogelk. Ber. aus Nieders. 7, 89–91, 1975.

FRANK, W.: Parasitologie. Ulmer, Stuttgart 1976.

FRANKEN, E.: Der Beginn der Forsythienblüte in Hamburg 1955, ein Beitrag zur Phänologie der Großstadt. Meteorol. Rdsch. 8, 113–114, 1955.

FRANZ, H.: Die Bodenbiozönosen und ihre Bedeutung für die Bodengenese. Biosoziologie. Junk, Den Hague 1966.

– Vergleich der Hochgebirgsfaunen in verschiedenen Breiten der Westpaläarktis. Verhdl. Dt. Zool. Ges. Innsbruck 1969.

– Die Bodenfauna der Erde in biozönotischer Betrachtung. 2. Bd. Steiner, Wiesbaden 1975.

– Die Rolle der Böden in den hochalpinen Ökosystemen. Verhdl. Ges. Ökologie, Wien, 1975, 41–48. Junk, Den Hague 1976.

FRÄNZLE, O.: Die Schwankungen des pleistozänen Hygroklimas in Südost-Brasilien und Südost-Afrika. Biogeographica 7, 143–162, 1976.

– Der Wasserhaushalt des amazonischen Regenwaldes und seine Beeinflussung durch den Menschen. Amazoniana 6 (1), 21–46, 1976.

– Biophysical aspects of species diversity in tropical Rain forest ecosystems. Biogeographica 8, 69–83, 1977.

FRANZMEYER, F., SCHULTZ, S., SCHUMACHER, D.,

und SEIDEL, B.: Einflüsse der Europäischen Gemeinschaft auf die Regionalpolitik in der Bundesrepublik Deutschland. Schwartz, Göttingen 1975.

FREITAG, H.: Einführung in die Biogeographie von Mitteleuropa. G. Fischer, Stuttgart 1962.

– Die natürliche Vegetation des südostspanischen Trockengebietes. Bot. Jb. 91 (2/3), 147–308, 1971.

FREITAS, A. S. W. DE, GIDNEY, M. A. J., McKINNON, A. E., und NORSTROM, R. J.: Factors whole body retention of methyl mercury in fish. Proc. 15th Hanford Life Sciences Symposium on the Biological Implications of Metals in the Environment, Richland, Wash., 1, 1975.

FREITAS, F. D. DE, und SILVEIRA, C. O. DE: Principais solos sob vegetação de Cerrado e sua antidão agricola. 4. Simp. Cerrado, 155–194. Ed. Univ. São Paulo, São Paulo 1976.

FRENZEL, B.: Die Vegetations- und Landschaftszonen Nord-Eurasiens während der letzten Eiszeit und während der postglazialen Wärmezeit. Akad. Wiss. Lit. Mainz, Abh. Math.-Nat. Kl. 13, 1960.

– Grundzüge der pleistozänen Vegetationsgeschichte Nord-Eurasiens. Wiesbaden 1968.

– Vegetationsgeschichte der Alpen. Studien zur Entwicklung von Klima und Vegetation im Postglazial. G. Fischer, Stuttgart 1972.

FREY, B. S.: Umweltökonomie. Göttingen 1972.

FRIEDERICHS, K.: Ökologie als Wissenschaft von der Natur. Bios 7, 1937.

FRIEDLANDER, S. K.: Smoke, Dust and Haze. Fundamentals of Aerosol Behavior. John Wiley, New York 1977.

FRIEDRICH, G.: Ökologische Untersuchungen an einem thermisch anomalen Fließgewässer (Erft/Niedrrhein). Schriftenr. Landesanst. Gewässerkd. und Gewässerschutz NW 33, 1–125, 1973.

FRITZSCHE, R., et al.: Tierische Vektoren pflanzenpathogener Viren. G. Fischer, Stuttgart 1972.

FROEBE, H., und OESAU, A.: Zur Soziologie und Propagation von Iva xanthifolia im Stadtgebiet von Mainz. Decheniana 122 (1), 147–157, 1969.

FUENTES, E. R.: Ecological Convergence of Lizard Communities in Chile and California. Ecology 57, 3–17, 1976.

FUNKE, W.: Das zoologische Forschungsprogramm im Sollingprojekt. Verhdl. Ges. Ökologie 1976, 49–58. Junk, Den Hague 1977.

FURCH, K.: Haupt- und Spurenmetallgehalte zentralamazonischer Gewässertypen (erste Ergebnisse). Biogeographica 7, 27–43, 1976.

FUSTE, M.: Aperçu sur l'anthropologie des populations préhistoriques des îles canaries. Acta del V Congr. Panafricana de Prehistoria y de estudio del cuaternario. 69–80. Santa Cruz de Tenerife 1966.

GALLER, S. R., SCHMIDT-KOENIG, K., JACOBS, G. J., und BELLEVILLE, R. E.: Animal Orientation and Navigation. NASA, Washington 1972.

GAMBELL, R.: Population Biology and the Management of Whales. In Applied Biology 1, 247–343. 1976.

GANS, I.: Grenzwerte im Strahlenschutz. In Kernenergie und Umwelt. E. Schmidt, Berlin 1976.

GANSEN, R.: Grundsätze der Bodenbildung. B. I. Hochschultaschenbücher. Bibliogr. Inst., Mannheim, Wien, Zürich 1965.

– Grundsätze der Bodenbildung. Bibliogr. Inst., Mannheim, Wien, Zürich 1965.

– Bodengeographie mit besonderer Berücksichtigung der Böden Mitteleuropas. G. Fischer, Stuttgart 1972.

GARBER, K.: Luftverunreinigung und ihre Wirkung. Berlin 1967.

– Schwermetalle als Luftverunreinigungen. Blei-, Zink-, Cadmium-Beeinflussung der Vegetation. Staub Reinhaltung der Luft 34 (1), 1–7, 1974.

GARDNER, A. L., und PATTON, J. L.: Karyotypic variation in Oryzomyine Rodents (Cricetinae) with comments on chromosomal evolution in the neotropical Cricetine complex. Occasional Pa. of the Mus. of Zool., Louisiana State University, Baton Rouge 1976.

GARDNER, W. S., et al.: Concentrations of total Mercury and Methyl Mercury in fish and other coastal organisms: implications to Mercury Cycling. Mineral Cycling in Southeastern Ecosystems. Springfield, Virginia 1975.

GARROD, D. J., und CLAYDEN, A. D.: Current biological problems in the conservation of Deep-Sea Fishery resources. In Conservation and Productivity of Natural Waters. Acad. Press, New York 1972.

GÄRTNER, E.: Die Nutzung ausgekohlter Braunkohlentagebaue als Wasserspeicher. Münchener Beitr. zur Abwasser-, Fischerei- u. Flußbiologie 26, 223–246, 1975.

GAUCKLER, K.: Der Berliner Prachtkäfer, seine Verwandten in der Frankenalb. Nach. Bayerischen Entomol. 17 (1), 10–13, 1968.

GAUSS, R.: Eingeschleppter Nutzholzborkenkäfer bedroht unser Nadelholz. Allgemeine Forst Z. 26, 469–471, 1971.

– Einiges zur Erfassung der Europäischen Wirbellosen und deren Auswertung sowie Interpretation der Meldekarten und des „Atlas provisoire des Insectes de Belgique". Mitt. Ent. Ver. Stuttgart 7, 3–6, 1972.

GAUZE, G. F.: Experimentelle Untersuchungen über den Kampf ums Dasein zwischen Paramaecium caudatum, Paramaecium aurelia und Stylonichia mytilus. Zool. Z. 13, 1–17, 1934.

– Eine mathematische Theorie des Kampfes ums Dasein und ihre Anwendung auf die Populationen von Hefezellen. Bjull. MOIP biol. 43, 69–87, 1934.

– Über die Prozesse, durch die in den Infusorien Populationen eine Art durch eine andere ausgemerzt wird. Zool. Z. 13, 18–26, 1934.

– Einige Probleme der chemischen Biozönologie. Usp. sovr. Biol. 17, 216–221, 1944.

GEHLEN, A.: Anthropologische Forschung. Rowohlt, Hamburg 1961.

GENTILLI, J.: Foundations of Australian bird geography. Emu 49, 85–129, 1949.

GERASSIMOV, I. P.: Eine neue Bodenkarte der Welt und ihre wissenschaftlichen Probleme. Die Erde, 1963.

GERASSIMOV, I. P. et al.: Mensch, Gesellschaft und Umwelt. Geographische Aspekte der Nutzung der Naturressourcen und des Umweltschutzes. Volk und Wissen, Berlin 1976.

GERASSIMOV, I. P., und GLAZOVSKAJA, M. A.: Grundlagen der Bodenkunde und Bodengeographie. (russ.) Moskau 1960.

GERLACH, S. A.: Die Mangroveregion tropischer Küsten als Lebensform. Z. Morph. Ökol. Tiere 40, 1958.

– On the importance of marine meiofauna for benthos communities. Oecologie 6, 176–190, 1971.

– Über das Ausmaß der Meeresverschmutzung. Verhdl. Ges. Ökologie, Erlangen, 201–208. Junk, Den Hague 1975.

– Meeresverschmutzung. Diagnose und Therapie. Springer, Heidelberg 1976.

GESSAMAN, J. A.: Bioenergetics of the snowy owl (Nyctea scandiaca). Arct. Alp. Res. 4, 223–238, 1972.

GIBBS, R. J.: The geochemistry of the Amazon River system: Part I. The factors that control the salinity and the composition and concentration of the suspended solids. Geol. Soc. America Bull. 78, 1203–1232, 1967.

GIEBEL, J.: Untersuchungen zur Simulation der Immissionsbelastung durch Schwefeldioxid in der Umgebung von Ballungsräumen. Schriftenreihe der Landesa. für Immissions. Nordrhein-Westfalen 42, 17–31, 1977.

GIESEN-HILDEBRAND, D.: Die Planarienfauna der Siebengebirgsbäche. Decheniana 128, 21–29, 1975.

GILBERT, O. L.: The effect of SO_2 on lichens and bryophytes around Newcastle upon Tyne. Air Pollution Wageningen, 223–235, 1969.

– Further studies on the effect of sulphur dioxide on lichens and bryophytes. New Phytol. 69, 605–627, 1970.

– Urban Bryophyte communities in North-East-England. Trans. B.B.S. 6 (2), 306–316, 1971.

GILL, D., und BONNETT, P. A.: Nature in the urban landscape: a study of city ecosystems. York Press, Baltimore 1973.

GILL, E. D.: Fossil Sea Lion as a Palaeoclimatologic Indicator. Palaeogeogr., Palaeocl., Palaeoecol. 5, 235–239, 1968.

GILMORE, R.: Cyclic behaviour and economic importance of the rata muca (Oryzomys) in Peru. J. Mammal. 28, 231–241, 1947.

GILPIN, M. E., und DIAMOND, J. M.: Calculation of immigration and extinction curves from the species-area-distance relation. Proc. Natl. Acad. Sci. USA 73 (11), 4130–4134, 1976.

GILROY, D.: The determination of the constants of Island colonization. Ecology 56, 915–923, 1975.

GIMINGHAM, C. H.: Ecology of Heathlands. Chapman and Hall, London 1976.

GISH, C. D., und CHRISTENSEN, R. E.: Cadmium, Nickel, Lead and Zinc in Earthworms from Roadside Soil. Environ. Sci. Technol. 7, 1060–1062, 1973.

GLEASON, H. A., und CRONQUIST, A.: The natural geography of plants. Columbia Univ. Press, New York 1964.

GLENIE, R. C., SCHOFIELD, J. C., und WARD, W. T.: Tertiary Sea levels in Australia and New Zealand.

GLICK, P. A.: The distribution of insects, spiders and mites in the air. U.S. Dept. Agr. Techn. Bull. 673, 1939.

GLIESCH, R.: A Fauna de Torres. Escola de Engenharia, 5–74. Porto Alegre 1925.

GLUTZ VON BLOTZHEIM, U. N., BAUER, K. M., und BEZZEL, E.: Handbuch der Vögel Mitteleuropas. Frankfurt 1973.

GODFREY, W. E.: Les oiseaux du Canada. Musée nationale du Canada. Bull. 203. 1967.

GODLEY, E. J.: Flora and Vegetation. In Biogeography and Ecology in New Zealand. Junk, Den Hague 1975.

GOEBBELS, R.: Die Ruderalflora der Trümmer Kölns. Zulassungsarbeit. Mskr. Köln 1947.

GOEZE, J. A. E.: Europäische Fauna oder Naturgeschichte der europäischen Tiere in angenehmen Geschichten und Erzählungen für allerley Leser vorzüglich für die Jugend. Leipzig 1795.

GOLANY, G. (1978): Urban Planning for Arid Zones. Wiley, New York.

GOLDBERG, E. D.: Towards a global Monitoring Program for Transuranics and other marine Pollutants. In MILLER und STANNARD: 3–10, Ann Arbor 1976.

– Strategies for Marine Pollution Monitoring. John Wiley, New York, London 1976.

GOLDMAN, CH.: Antarctic Freshwater Ecosystems. In Antarctic Ecology. Acad. Press, London, New York 1970.

GOLDRING, I.: Pulmonary effects of sulfur dioxide exposure in the Syrian Hamster. Arch. Environmental Health 5, 167–176, 21, 32–37, 1967/ 1970.

GOLLEY, F. B.: Ecological Succession. Dowden, Hutchinson und Ross, Stroudsburg, Pennsylvania 1977.

GOLTE, W.: Öko-physiologische und phylogenetische Grundlagen der Verbreitung der Coniferen auf der Erde, dargestellt am Beispiel der Alerce (Fitzroya cupressoides) in den südlichen Anden. Erdkunde 28, 81–101, 1974.

GOLTERMAN, H. L.: Physiological Limnology. An Approach to the Physiology of Lake Ecosystems. Elsevier, Amsterdam 1975.

GOOD, R.: The Geography of the Flowering Plants. Longman, London 1964.

– Some phytogeographical relationships of the angiosperm flora of the British Solomon Islands Protectorate. Phil. Trans. Roy. Soc. Lond. 255, 603–608, 1969.

GOODELL, H. G., WATKINS, N. D., MATHER, T. T., und KOSTER, K.: The Antarctic glacial history recorded in sediments of the southern Ocean. Palaeogeography, Palaeoclimatology, Palaeoecology 5, 41–62, 1968.

GOODLAND, R.: An ecological study of the cerrado vegetation of South Brazil. McGill University, 224, Montreal 1969.

– The Savanna controversy: Background Information on the Brazilian Cerrado Vegetation. Savanna Res. Ser. 15, McGill University. Montreal 1970.

– A physiognomic analysis of the cerrado vegetation of Central Brazil. J. Ecol. 59, 411–419, 1971.

– Oligotrofismo e aluminio no cerrado. 3. Simp. sobre o cerrado, 44–60. Ed. da Univers. São Paulo, São Paulo 1971.

GOODLAND, R., und IRWIN, H. S.: Amazon Jungle: Green hell or red desert? Elsevier, Amsterdam, Oxford, New York 1975.

GOODLAND, R., und POLLARD, R.: The Brazilian cerrado vegetation: a fertility gradient. J. Ecol. 61, 411–419, 1973.

GOOSEN, D.: Geomorfologia de los Llanos orientales. Rev. Acad. Col. Cien. Ex., Fis. y Nat. 12, 129–139, 1964.

GORHAM, J. R.: The Paraguayan chaco and its rainfall. Paraguay: ecological essays. Gainesville, Florida, Acad. Arts Sci. Amer. 4, 39–60, 1973.

GORMAN, G. C., und ATKINS, L.: The Zoogeography of Lesser Antillean Anolis Lizards. Bull. Mus. Comp. Zool. 138 (3), 1969.

GOSLINE, W. A.: A reexamination of the similarities between the freshwater fishes of Africa and South America. XVII. Congrès int. Zool. Biogéographie et liaisons inter-continentales au cours du Mésozoique. Monte Carlo (Manuskript).

GOSSRAU, E., STEPHANY, H., CONRAD, W., und DÜRRE, W.: Handbuch des Lärmschutzes und der Luftreinhaltung. Band 1–3. Schmidt, Berlin 1976.

GÖTTLICH, K.: Moor- und Torfkunde. Schweizerbart Stuttgart 1976.

GOTTSCHALK, W.: Die Bedeutung der Polyploidie für die Evolution der Pflanzen. G. Fischer, Stuttgart 1976.

GRABERT, H.: Die Biologie des Präkambrium. Zbl. Geol. Paläont. 5/6, 196–226, 1973.

GRADMANN, R.: Das Pflanzenleben der Schwäbischen Alb. Tübingen 1898.

– Beziehungen zwischen Pflanzengeographie und Siedlungsgeschichte. G. Z. 12, 305–325, 1906.

– Wald und Siedlung im vorgeschichtlichen Mitteleuropa. P. G. M. 86, 86–90, 1940.

GRAHAM, A.: Floristics and Palaeofloristics of Asie and Eastern North America. Elsevier, London 1972.

GRANDJEAN, E.: Zumutbarkeitsgrenzen beim Fluglärm. Technik und Umweltschutz VEB, Leipzig, 1973.

GRANT, P. R.: Colonisation of islands by ecologically dissimilar species of mammals. Canad. J. Zool. 48, 1970.

GRASSHOFF, K.: Methods of Seawater Analysis. Chemie, Weinheim, New York 1976.

GRAY, B.: Distribution of Araucaria in Papua New Guinea. Dept. of For. Research Bull. 1, 1973.

GRAY, D.: Soil and the city. In Urbanization and Environment. 135–168. Duxbury Press, Belmont 1972.

GRAY, T. R., und WILLIAMS, S. T.: Soil Micro-organisms. Longman, London 1975.

GREEN, M. H. L., MURIEL, W. J., und BRIDGES, B. A.: Use of a simplified fluctuation test to detect low levels of mutagens. Mutation Res. 38, 1976.

GREENBERG, B.: Flies and Disease. Princeton, New Jersey 1971.

GREENSLADE, P.: Insect distribution patterns in the Solomon Islands. Phil. Trans. Roy. Soc. 255, 271–284, 1969.

GREENWALD, I.: Effects of inhalation of low concentrations of sulfur dioxide on man and other mammals. Arch. Industr. Hyg. Occup. Med. 10, 455–475, 1954.

GREENWOOD, P. H.: Morphology, endemism and speciation in African cichlid fishes. Verhdl. Dt. Zool. Ges. 66, 115–124, 1973.

GREENWORD, N. H., und EDWARDS, J. M. B.: Human environments and natural systems: a conflict of dominion. Duxbury Press, North Scituate, Mass. 1973.

GREINER, J., und GELBRICH, H.: Grünflächen der Stadt. VEB, Berlin 1972.

GRESSITT, J. L.: Pacific Basin Biogeography. Bishop Mus. Press, Honolulu, Hawaii 1963.

GRESSITT, J. L., und YOSHIMOTO, C. M.: Dispersal of animals in the Pacific. In Pacific Basin Biogeography. Honolulu, Hawaii 1963.

GRESSITT, J. L., COATSWORTH, J., und YOSHIMOTO, C. M.: Air-Borne Insects trapped on „Monsoon Expedition". Pacif. Insects 4 (2), 319–323, 1962.

GREVE, P. A., und VERSCHUUREN, H. G.: Die Toxi-

zität von Endosulfan für Fische in Oberflächenge-
wässern. Schrift. Ver. Wasser-, Boden-, Lufthygiene **34**, 1971.

GRIGGS, G. B., und KULM, L. D.: Glacial Marine Sediments from the Northeast Pacific. J. Sedimen-
tary Petrology **39** (3), 1142–1148, 1969.

GRIMM, R., FUNKE, W., und SCHAUERMANN, J.: Mi-
nimalprogramm zur Ökosystemanalyse: Untersuchungen an Tierpopulationen in Wald-Ökosystemen. Verhdl. Ges. Ökologie **4**, 77–87, 1975.

GRINDON, L. H.: The Manchester flora. London
1859.

GRISEBACH, A.: Die Vegetationsgebiete der Erde.
P.M. **11**, 1866

GROEN, P.: The Waters of the Sea. Van Nostrand
Comp., London 1967.

GROOT, J. J., und GROOT, C. R.: Pollen spectra from
deep sea sediments as indicators of climatic changes in southern South America. Marine Geol. **4**,
525–537, 1966.

GROSSER, D.: Die Hölzer Mitteleuropas. Ein mikro-
photographischer Lehratlas. Springer, Berlin
1977.

GROVE, A. T., und PULLAN, R. A.: Some aspects of
the Pleistocene Palaeographie of the Chad Bassin.
Viking Fund, Publ. Anthrop. **36**, 230–245, 1963.

GROVES, C. P.: The origin of the mammalian fauna
of Sulawesi (Celebes). Z. Säugetierkunde **41**,
201–216, 1976.

GRUPE, H.: Gefährdeter Lebensraum I. Über die
Wirkung der Abgase auf die Baumflechten Lüne-
burgs und der näheren Umgebung. Jahresk. naturwiss. Verh. Fürstentum Lüneburg **29**, 15–29,
1966.

GUDERIAN, R.: Zur Methodik der Ermittlung von
SO_2-Toleranzgrenzen für land- und forstwirt-
schäftliche Kulturen im Freilandversuch Biersdorf
(Sieg). Staub **20** (9), 334–337, 1960.
– Reaktionen von Pflanzengemeinschaften des
Feldfutterbaues auf Schwefeldioxideinwirkungen.
Schriftenr. LIB, Vol. 4, p. 80–100. Giradet, Essen
1967.
– Untersuchungen über quantitative Beziehungen
zwischen dem Schwefelgehalt von Pflanzen und
dem Schwefeldioxidgehalt der Luft. Z. Pflanzenkrankheiten und Pflanzenschutz **77** (4/5),
200–220 (6), 289–308, (7), 387–399, 1970.
– Schäden an Vegetation und Nahrung durch Immissionen aus konventionellen Kraftwerken. Umweltschutz bei nuklearer und konventioneller
Energiegewinnung. Strahlenschutz in Forschung
und Praxis. Vol. 12, p. 81–97. Thieme, Stuttgart
1971.
– Immissionsschutz-Kriterien für den Maximalum-
fang von Verdichtungsgebieten (einschließlich
Wechselbeziehungen von Verdichtungsgebieten
und Freiräumen). Schriftenr. Landesanstalt Im-
missions- und Bodennutzungsschutz **34**, 20–27,
Girardet, Essen 1975.
– Air Pollution. Ecological Studies **22**. Springer,
Berlin, Heidelberg, New York 1977.

GUDERIAN, R., und STRATMAN, H.: Grenzwerte
schädlicher SO_2-Immissionen für Obst- und
Forstkulturen. Forsch. d. Landes N.-Westfalen
1920, 1962.

GUDERIAN, R., und THIEL, K.: Versuchsanlage zur
Ermittlung immissionsbedingter Kombinations-
wirkungen an Pflanzen. Schriftenr. LIB **29**, 61–64,
1973.

GUDERIAN, R., KRAUSE, H. M., und KAISER, H.: Untersuchungen zur Kombinationswirkung von
Schwefeldioxid und schwermetallhaltigen Stäuben auf Pflanzen. Schriftenr. LIB **37**, Essen 1977.

GULLAND, J. A.: The Fish Resources of the Ocean.
Fishing News, Surrey, England 1971.

GULLAND, J. A.: Fish Population Dynamics. John
Wiley & Sons, London 1977.

GUNTHER, F. A., IWATA, Y., CARMAN, G. E., und
SMITH, C. A.: The citrus reentry problem: Research on its causes and effects, and approaches to
its minimization. In Residue Reviews **67**, Springer,
New York, Heidelberg 1977.

GÜNTHER, K.: Die Tierwelt Madagaskars und die
zoogeographische Frage nach dem Gondwana-
Land. Sitz.-ber. Ges. naturf. Freunde, Berlin (N.F.)
10, 79–92, 1970.

GÜNTHER, R.: Über die verwandtschaftlichen Beziehungen zwischen den europäischen Grünfröschen
und den Bastardcharakter von Rana esculenta L.
(Anura). Zool. Anz. **190** (3/4), 250–285, 1973.

GUSEV, Y. D.: The changes in the ruderal flora of the
Leningrad region during the last 200 years. Bot. Z.
53, 1569–1579, 1968.

HAECKEL, E.: Generelle Morphologie der Organismen. G. Reimer, Berlin 1866.
– Über Entwicklungsgang und Aufgabe der Zoologie. Jenaische Z. Med. Naturw. **5**, 352–370, 1870.
– Von Teneriffa bis zum Sinai. Leipzig 1923.

HAEGER-ARONSON, B.: Studies on the urinary excretion of delta aminolevulinic acid and other haem
precursors in lead workers and in lead intoxicated
rabbits. Scand. J. clin. Lab. Invest. **12**, 1–128,
1960.

HAEUPLER, H.: Die Kartierung der Flora Mitteleuropas. Ein kurzer Überblick über Ziele, Methoden
und Organisation. Decheniana **122**, 323–336,
1970.
– Vorschläge zur Abgrenzung der Höhenstufen der
Vegetation im Rahmen der Mitteleuropakartie-
rung. Göttinger Flor. Rdbr. **4** (1), 1–15, 1970.
– Zwischenbilanz zum Stand der floristischen Kartierung Mitteleuropas in West-Deutschland. Göttinger Flor. Rdbr. **4** (1), 15–19, 1970.
– Statistische Auswertung von Punktrasterkarten
der Gefäßpflanzenflora Süd-Niedersachsens.
Scripta Geobotanica **8**, 1–141, 1974.

HAEUPLER, H., und SCHÖNFELDER, P.: Bericht über
die Arbeiten zur floristischen Kartierung Mitteleuropas in der Bundesrepublik Deutschland. Mitt.
Flor.-soz. Arbeitsgemeinschaft N.F. **15/16**,
14–21, 1973.
– Arealkundliche Gesichtspunkte im Rahmen der
Kartierung der Flora Mitteleuropas in der Bundesrepublik Deutschland. Ber. Dt. Bot. Ges. **88**,
451–468, 1975.

HAFFER, J.: Speciation in Colombian Forest birds
West of the Andes. Amer. Mus. Novitates **2294**,
1–57, 1967.
– Zoogeographical notes on the „Nonforest" Low-
land Bird Faunas of Northwestern South America.
El Hornero **10** (4), 315–333, 1967.
– Speciation in Amazonian Forest Birds. Science
165, 131–137, 1969.
– Entstehung und Ausbreitung nord-andiner Berg-
vögel. Zool. Jb. Syst. **97**, 301–337, 1970.
– Avian speciation in tropical South America. Publ.
Nuttall Ornithol. Club. **14**, 1–390, 1974.

HAHN, J., und AEHNELT, E.: Die Fruchtbarkeit der

Tiere als biologischer Indikator für Umweltbelastungen. Verhdl. Ges. Ökologie 1, 49–54, 1972.
– Nachweis von schädlichen Nahrungsfaktoren im Kaninchenversuch. Dt. Tierärztl. Wochenschr. 79, 155–157, 1972.
HAHN, J., GÜNTHER, D., MAERCKLIN, T., und MESSOW, C.: Befunde an Fortpflanzungsorganen und Nebennieren bei Kaninchen nach Futtergaben unterschiedlicher K-Konzentration. VII. Internat. Kongr. über tier. Fortpflanzung und Haustierbesamung. München 1972.
HAJDUK, J.: Einwirkung von Industrie-Exhalationen auf die Struktur der Phytozönosen. Gesellschaftsmorphologie (Strukturforschung). Junk, The Hague 1970.
HALBACH, U.: Methoden der Populationsökologie. Verhdl. Ges. Ökologie. Erlangen, 1–24. Junk, Den Hague 1975.
HALFMANN, H., und MÜLLER, P.: Populationsuntersuchungen an Grünfröschen im Saar-Mosel-Raum. Salamandra 8 (3/4), 112–116, 1972.
HALL, B. P., und MOREAU, R. E.: An atlas of Speciation in african Passerine Birds. London 1970.
HALL, CH. A. S., und DAY, J. W.: Ecosystem Modelling in Theory and Practice: An Introduction with Case Histories. Wiley & Sons, New York, Toronto 1977.
HALLE, F., R. A. A. OLDEMAN und P. B. TOMLINSON: Tropical Trees and Forests. Springer, Heidelberg 1978.
HAMMEN, T. VAN DER: The Pleistocene changes of vegetation and climate in tropical South America. J. Biogeography 1, 3–26, 1974.
HAMMOND, A. L.: Ozone destruction: Problem's scope grows, its urgency recedes. Sciences, Vol. 187, 1181–1183, 1975.
HAMNER, W. M., und JONES, M. S.: Distribution Burrowing, and Groth Rates of the Clam Tridacna crocea on Interior Reef Flats. Oecologia 24, 207–227, 1976.
HANISCH, H.: Ausbreitung und Vermischung von Warmwasser- und Abwassereinleitungen in freifließenden und gestauten Gewässern. Dt. Gewässerkundl. Mitt. 18, 63–71, 1974.
HANSMEYER, K. H., und RÜRUP, B.: Umweltgefährdung und Gesellschaftssystem. Wirtschaftspolitische Chronik 2, 1973.
HAPKE, H.: Subklinische Bleivergiftung bei Schafen. Proc. Int. Symp. Environm. Health Aspects of Lead. 239–248. Amsterdam 1972.
HAPKE, H.-J.: Wirkungen und Schäden durch Blei, Cadmium und Zink bei Nutztieren. Staub-Reinhaltung der Luft 34 (1), 8–10, 1974.
HAPKE, H.-J., und PRIGGE, E.: Interactions of Lead and Glutathione with Delta-Aminolevulinic Acid Dehydratase. Arch. Toxikol. 31, 153–161, 1973.
– Neue Aspekte der Bleivergiftung bei Wiederkäuern. Berl. Münch. Tierärztl. Wschr. 86, 410–413, 1973.
HARDY, A. C.: The herring in relation to its animate environment. 1. The food and feeding habits of the herring with special reference to the east coast of England. Fish. Invest., London, ser. 2, vol. 7, no. 3. 1924.
HARDY, R. N.: Temperature and Animal Life. Camelot Press Ltd., London, Southhampton 1972.
HARE, F. K., und RITCHIE, J. C.: The Boreal Bioclimates. Geographical Rev. 1972.
HARRINGTON, H. J.: Geology and Morphology of

Antarctica. In Biogeography and Ecology in Antarctica. 1–71. Den Hague 1965.
HARRIS, G. P.: Water content and Productivity of Lichens. In LANGE, KAPPEN und SCHULZE: Water and Plant life. Problems and Modern Approaches. 452–468. Springer, Berlin, Heidelberg, New York 1976.
HARRIS, J. A.: Bat-guano cave environment. Science 169, 1342–1343, 1970.
HARRIS, M.: A Field Guide to the Birds of Galapagos. Collins, London 1974.
HARRIS, W. F., und NORRIS, G.: Ecologic significance of recurrent groups of Pollen and Spores in Quaternary Sequences from New Zealand. Palaeogeography, Palaeoclimatology, Palaeoecology 11, 107–124, 1972.
HART, C. W., und FULLER, S. L. H.: Pollution Ecology of Freshwater Invertebrates. Acad. Press, New York, London 1974.
HARTKAMP, H.: Untersuchungen zur Immissionsstruktur einer Großstadt – Projekt „Großstadtluft". Schriftenreihe der LIB 83, 30–38, 1975.
HARTMANN, F. K.: Mitteleuropäische Wälder. G. Fischer, Stuttgart 1974.
HAUDE, W.: Erfordern die Hochstände des Toten Meeres die Annahme von Pluvial-Zeiten während des Pleistozäns? Meteorol. Rdsch. 22 (2), 29–40, 1969.
HAUGSJA, P. K.: Über den Einfluß der Stadt Oslo auf die Flechtenvegetation der Bäume. Nyt. Mag. Naturw. 68, 1–116, 1930.
HAUSEN, H.: A Pre-canarien basement complex remains of an ancient african borderland. Acta del V Congr. Panafricano de Prehistoria y de estudio del cuaternario. 91–94. Santa Cruz de Tenerife 1966.
HAUSTEIN, K., MARUNA, R., und VOGLER, H.: Blei-Vorsorgeuntersuchungen und daran anschließende Entbleiungskuren bei Sicherheitswachbeamten der Bundespolizeidirektion Wien. Forum Umwelt Hygiene 2, 94–97, 1976.
HAWKSWORTH, D. L., und ROSE, F.: Qualitative Scale for estimating Sulphur Dioxide Air Pollution in England and Wales using Epiphytic Lichens. Nature 227, 145–148, 1970.
– Lichens as Pollution Monitors. Studies in Biology 66, 1–60, 1976.
HAYES, A. J., und RHEINBERG, P.: Microfungal Populations of the Abisko Area, Northern Schweden. In Fennoscandian Tundra Ecosystems. 224–250. Springer, Heidelberg, New York 1975.
HAYS, H. R.: Das Abenteuer Biologie. Diederichs, Düsseldorf 1972.
HEATH, J.: Provisional atlas of the insects of the British Isles. Part 1. Lepidoptera Rhopalocera, butterflies. E. W. Classey, Hampton (Middlesex) 1970.
– The European Invertebrate Survey. Acta Entomol. Fenn. 28, 27–29, 1971.
– Instructions for Recorders. Biological Records Centre, Monks Wood Experimental Station, Abbots Ripton, Huntingdonshire, 1971.
– Geocodes for the Provinces of the Countries of the Western Palaearctic Region. Biological Records Centre, Monks Wood Experimental Station, Abbots Ripton, Huntingdon 1973.
– A Century of change in the Lepidoptera. In The Changing Flora and Fauna of Britain. Acad. Press, London, New York 1974.

HEATH, H. J., und LECLERCQ, J.: Erfassung der europäischen Wirbellosen. Entomol. Z. 80 (19), 195–196, 1970.

HEATH, J., und SKELTON, M. J.: Provisional Atlas of the Insects of the British Isles. Part 2, Lepidoptera. Biological Records Centre, Monks Wood Experimental Station, Huntingdon 1973.

HEATWOLE, H., und LEVINS, R.: Biogeography of the Puerto Rican ban: species turnover on a small cay, Cayo Ahogado. Ecology 54, 1042–1055, 1973.

HEDBERG, O.: Features of afro-alpine plant ecology. Act. phytogeogr. suec. 49, 1964.
– Afroalpine Flora elements. Webbia 19 (2), 519–529, 1965.
– Evolution and speciation in a tropical high mountain flora. Biol. J. Linn. Soc. 1, 135–148, 1969.
– Adaptive evolution in a tropical-alpine environment. Taxonomy and Ecology. 71–92. London, New York 1973.

HEILBORN, O.: Contribution to the ecology of the Ecuadorian paramos with special reference to cushion-plants and osmotic pressure. Svensk. Bot. Tidskr. 19 (2), 157–164, 1925.

HEILPRIN, A.: The geographical and geological distribution of animals. Kegan Paul, London 1887.
– The Geographical and Geological Distribution of Animals. London 1907.

HEIM DE BALSAC, H.: Insectivores. In Biogeography and Ecology in Madagascar. Junk, Den Hague 1972.

HEINE, H.-H.: Beiträge zur Kenntnis der Adventiv- und Ruderalflora von Mannheim, Ludwigshafen und Umgebung. Jahresber. Ver. Naturkunde Mannheim 117/118, 85–132, 1952.

HEINE, K.: Bemerkungen zu neueren chronostratigraphischen Daten zum Verhältnis glazialer und pluvialer Klimabedingungen. Erdkunde 28, 303–312, 1974.
– Schneegrenzdepressionen, Klimaentwicklung, Bodenerosion und Mensch im zentralmexikanischen Hochland im jüngeren Pleistozän und Holozän. Z. Geomorph. N.F. 24, 160–176, 1976.

HEINRICH, M. R.: Extreme Environments. Mechanisms of Microbial Adaptation. Acad. Press, New York, London 1976.

HEINZE, K.: Die Bedeutung der Insekten für die Ausbreitung von Viruskrankheiten im Blumen- und Zierpflanzenbau. Anzeiger für Schädlingskd. 35, 113–119, 1962.

HELLER, R. C., und BEAN, J. L.: Aerial Surveying Methods for Detecting Forest Insect Outbreaks. U.S. Dept. Agr. BEPQ Prog. Rpt. 1951.

HELLER, R. C., COYME, J. F., und BEAN, J. L.: Airplanes Increase Effectiveness of Southern Pine Beetle Surveys. G. Forestry 53, 483–487, 1955.

HELLER, R. C., ALDRICH, R. C., und BAILEY, W. F.: An Evolution of Aerial Photography for Detecting Southern Pine Beetle Damage. Photogr. Engineering. 1959.

HELLMICH, W.: Über die Liolaemus-Arten Patagoniens. Arkiv för Zool. 1 (22), 345–353, 1950.

HELLY, W.: Urban Systems Models. Acad. Press, New York, San Francisco, London 1975.

HEMMER, H.: Parallelaussagen fossiler Pantherkatzen zur Ausbreitungsgeschichte pleistozäner Menschen. Homo 22 (3), 176–179, 1971.

HEMPEL, L.: Humide Höhenstufe in Mediterranländern. Feddes Repert. 81, 337–345, 1970.
– Einführung in die Physiogeographie. Bodengeographie. Steiner, Wiesbaden 1974.

HENNEBO, D.: Geschichte des Stadtgrüns I. Von der Antike bis zur Zeit des Absolutismus. Patzer, Hannover, Berlin, Sarstedt 1970.

HENNIG, I.: Geoökologie der Hawaii-Inseln. Steiner, Wiesbaden 1974.

HENNIG, W.: Grundzüge einer Theorie der phylogenetischen Systematik. Berlin 1950.
– Die Dipteren-Fauna von Neuseeland als systematisches und tiergeographisches Problem. Beitr. Ent. 10, 221–329, 1960.
– Die Stammesgeschichte der Insekten. Kramer, Frankfurt 1969.

HENNINGS, H. G.: Statistische Rundschau für das Land Nordrhein-Westfalen 25 (8), 361–366, (9), 397–408, (10), 475–486, 1973.

HENSELMANN, J.: Ziele der Stadtgestaltung. In Mensch und Stadtgestalt. Deutsche Verlags-Anst., Stuttgart 1974.

HEPTNER, V. G.: Die Säugetierfauna der Sowjetunion. Hamburg 1976.

HERBST, H.: Untersuchungen zur Toxizität von Endosulfan auf Fische und wirbellose Tiere. Schr. Ver. Wasser-, Boden-, Lufthygiene 34, 1971.

HERINGER, E. P., BARROSO, G. M., RIZZO, J. A. und RIZZINI, C. T.: A Flora do Cerrado. IV. Simpósio sobre o Cerrado, 211–232. Ed. Universidade de São Paulo, São Paulo 1976.

HERNBERG, S., NIKKANEN, J., TOLA, S., VALKONEN, S., und NORDMAN, C. H.: Erythrocyte ALA-dehydrase as a test of lead exposure. Int. Conf. on Chem. Poll. and Hum. Ecology, Prague 1970.

HERRE, W., und RÖHRS, M.: Haustiere – zoologisch gesehen. G. Fischer, Stuttgart 1973.

HERRLINGER, E.: Die Wiedereinbürgerung des Uhus Bubo bubo in der Bundesrepublik Deutschland. Bonner Zool. Monogr. 4, 1–151, 1973.

HERRMANN, R.: Ein multivariates Modell der Schwebstoffbelastung eines hessischen Mittelgebirgsflusses. Biogeographica 1, 87–95, 1972.
– Ein Anwendungsversuch der mehrdimensionalen Diskriminanzanalyse auf die Abflußvorhersage. Catena. 1, 367–385, 1974.
– Einführung in die Hydrologie. Teubner, Stuttgart 1977.

HERSHKOVITZ, P.: Evolution of neotropical cricetine rodents (Muridae). Fieldiana: Zoology 46, 1–524, 1962.

HERSHKOVITZ, P. H.: The evolution of mammals on southern Continents VI. The recent mammals of the neotropical region: A Zoogeographic and ecological review. Quart. Rev. Biol. 44, 1–70, 1969.

HESLER, A.: Lufthygienisch-meteorologische Modelluntersuchung in der Region Untermain. 5. Arbeitsber. Regionale Planungsgemeinschaft Untermain. Frankfurt 1974.
– Lufthygienisch-meteorologische Modelluntersuchung. Schr. Reihe Ver. Wasser-, Boden-, Lufthyg. 45, 21–28, 1975.

HESLER, A. VON, et al.: Planungssystem Pro-Regio. Eine Methode zum Einsatz von EDV-Anlagen. Schriftenr. Raumordnung des Bundesministers für Raumordnung, Bauwesen und Städtebau, 1976.

HESSE, P. R.: A chemical and physical study of the soils of termite mounds in East Africa. I. Ecology 43, 1955.

HESSE, R.: Tiergeographie auf ökologischer Grundlage. Fischer, Jena 1924.

HETTCHE, O.: Pflanzenwachse als Sammler für po-

lyzyklische Aromaten in der Luft von Wohngebieten. Staub-Reinhaltung der Luft **31** (2), 72–76, 1971.
– Zum Problem eines Immissionsgrenzwertes für Benzo (A) Pyren. Umwelthygiene **2**, 46–50, 1975.
HEYDEMANN, B.: Die biozönotische Entwicklung vom Vorland zum Koog. Akad. Wiss. u. Lit. **11**, 745–913, 1960.
– Die Biologische Grenze Land-Meer im Bereich der Salzwiesen. Steiner, Wiesbaden 1967.
– Zum Aufbau semiterrestrischer Ökosysteme im Bereich der Salzwiesen der Nordseeküste. Faun.-ökol. Mitt. **4**, 155–168, 1973.
HEYDER, R.: Hundert Jahre Gartenamsel. Beitr. Vogelkde. **4**, 64–81, 1955.
– Ein Fall des Gartenbrütens der Amsel, Turdus merula, im 18. Jahrhundert. Beitr. Vogelkde. **15**, 87, 1969/70.
HEYER, R. W., und BERVEN, K. A.: Species diversities of Herpetofaunal samples from similar microhabitats at two tropical sites. Ecology **54**, 642–645, 1973.
HIGGINS, L. G., und RILEY, N. D.: Die Tagfalter Europas und Nordwestafrikas. Parey, Hamburg, Berlin 1970.
HILDEBRANDT, G.: Biologische Rhythmen und Arbeit. Bausteine zur Chronobiologie und Chronohygiene der Arbeitsgestaltung. Springer, Wien, New York 1976.
HILDENBRAND, G.: Kritische Betrachtungen zur Aussagefähigkeit der chemischen und physikalischen Wasseranalysen eines Fließgewässers. Verhdl. Ges. Ökologie. Junk, Den Hague 1974.
HILITZER, A.: Etude sur la végétation épiphyte de la Bohème. Publ. Fac. Sc. Univ. Charles **41**, Prag 1925.
HILL, D. S.: Agricultural Insect Pests of the Tropics and their Control. Cambridge Univ. Press, London, New York, Melbourne 1975.
HILLEBRAND, W.: Flora of the Hawaiian Islands. Hafner, New York, London 1965.
HINCKLEY, A. D.: Applied Ecology: A Nontechnical Approach. Macmillan, New York 1976.
HINNERI, S., SONESSON, M., und VEUM, A. K.: Soils of Fennoscandian IBP Tundra Ecosystems. Ecol. Studies **16**, 31–40, 1975.
HIRANO, M.: Freshwater algae in the Antarctic Regions. In Biogeography and Ecology in Antarctica. 127–193. Den Hague 1965.
HOFER, R.: Relationships between the Temperature preferenda of Fishes, Amphibiens and Reptiles, and the Subtrate Affinities of their Tripsins. Verhdl. Ges. Ökologie, Wien, 105–106. Junk, Den Hague 1976.
HOFFMEISTER, D. F.: Mammals of the Graham (Pinaleno) Mountains, Arizona. Amer. Midl. Nat. **55**, 257–288, 1956.
HOFMEISTER, B.: Stadtgeographie. Westermann, Braunschweig 1969.
HOFRICHTER, O., und TRÖGER, E. J.: Ceresa bubalus (Homoptera: Membracidae). Beginn der Einwanderung in Deutschland. Mitt. bad. Landesver. Naturkd. u. Naturschutz N.F. **11** (1), 33–43, 1973.
HÖHMANN, H.-H., SEIDENSTECHER, G., und VAJNA, TH.: Umweltschutz und ökonomisches System in Osteuropa. Kohlhammer, Stuttgart 1973.
HÖHNE, H., und NEBE, W.: Der Einfluß des Baumalters auf das Gewicht sowie den Mineral- und

Stickstoffgehalt einjähriger Fichtennadeln. Arch. Forstwes. **13**, 153–160, 1964.
HOLDGATE, M. W.: Antarctic Ecology. Acad. Press, London, New York 1970.
HOLDHAUS, K.: Die Spuren der Eiszeit in der Tierwelt Europas. Abhandl. Zool.-Bot. Ges. Wien 1954.
HOLDRIDGE, L. R.: Classification and characterization of tropical forest vegetation. Proc. Symp. Rec. Adv. Trop. Ecol. (Varanasi/India). 502–507. 1968.
HOLLAND, G. P.: Faunal affinities of the fleas (Siphonaptera) of Alaska. In Pacific Basin Biogeography. Bishop Mus. Press, Honolulu, Hawaii 1963.
HOLLEMAN, D. F., und LUICK, J. R.: Relationships between Potassium intake and Radiocesium rentention in the Reindeer. Mineral Cycling in Southeastern Ecosystems. Springfield Virginia 1975.
HÖLLERMANN, P.: Some aspects of the Geology of the Basin and Range Province (California Section). Arctic and Alpine Research **5** (3), 85–98, 1973.
HOLLING, C. S.: Resilience and Stability of Ecological Systems. Amu. Rev. Ecol. Syst. **4**, 1–24, 1973.
HOLM, E., und EDNEY, E. B.: Daily activity of Namib desert arthropods in relation to climate. Ecol. **54** (1), 45–56, 1973.
HOLST, H. VON: Sozialer Stress bei Tier und Mensch. Verhdl. Ges. Ökologie, Saarbrücken, 97–106. Junk, Den Hague 1974.
HOLTHUIS, L. B.: A General Revision of the Palaemonidae (Crustacea, Decapoda, Natantia) of the Americas. II. The Subfamily Palaemoninae. Allan Hancock Found. Publ. **12**, 1–396. Univ. South. Calif. Press, Los Angeles 1952.
– Two new species of freshwater Shrimp (Crustacea Decapoda) from the West Indies. Koninkl. Nederl. Akademie van Wetenschappen **66**, 61–69, 1972.
– Bithynops luscus. A new Genus and species of cavernicolous Shrimp from Mexico (Crustacea Decapoda, Palaemonidae). Acad. Naz. dei Lincei **171**, 135–142, 1973.
HOLTMEIER, F.-K.: Der Einfluß der orographischen Situation auf die Windverhältnisse im Spiegel der Vegetation. Erdkunde **25**, 178–195, 1971.
– Geoökologische Beobachtungen und Studien an der subarktischen und alpinen Waldgrenze in vergleichender Sicht. Erdwissenschaftliche Forschung **8**, 1974.
HOLTMEIER, H.-J., KUHN, M., und RUMMEL, K.: Zink ein lebenswichtiges Mineral. Wissenschaft. Verlag, Stuttgart 1976.
HOOGMOED, M. S.: Notes on the Herpetofauna of Surinam IV. Biogeographica **4**, 1–419, 1973.
HOOIJER, D. A.: Quaternary mammals west and east of Wallace's Line. Netherlands Journ. of Zool. **25** (1), 46–56, 1975.
HOOKER, J. D.: On the vegetation of the Galapagos Archipelago. Transact. Linn. Soc., 1847.
– Botany of the Antarctic voyage. Flora Antarctica **1** (2), 209–574, 1847.
HOPKINS, D. M.: The Bering Land Bridge. Stanford 1967.
– The paleogeography and climatic history of Beringia during Late Cenozoic time. Inter-Nord **12**, 1972.
HORTON, D. R.: Speciation of Birds in Australia, New Guinea and the Southwestern Pacific Islands. Emu **72**, 91–109, 1972.

– The Concept of zoogeographic Subregions. Syst. Zool. **22**, 191–195, 1973.
– Dominance and Zoogeography of southern Continents. System. Zool. **23**, 440–445, 1974.
HOWARD, R. A.: The vegetation of the Antilles. In Vegetation and Vegetational History of Northern Latin America. Elsevier, Amsterdam 1973.
HOWELL, TH. R.: Avian distribution in Central America. Auk **86**, 293–326, 1969.
HOWER, J., PRINZ, B., und BOHLMANN, H. G.: Die Bedeutung der Blei-Immissionsbelastung für Schwangere und Neugeborene im Ruhrgebiet. Dt. Med. Wschr. **100**, 461–463, 1975.
HOWER, J., PRINZ, B., GONO, E., und REUSMANN, G.: Untersuchungen zum Zusammenhang zwischen dem Blutbleispiegel bei Neugeborenen und der Bleiimmissionsbelastung der Mutter am Wohnort. Int. Symp. Environment and Health. Paris 1974.
HUBBS, C. L. (ed.): Zoogeography. Amer. Ass. Advanc. Sci. Washington Publ. **51**, 1958.
HÜBEL, K., und RUF, M.: Radioökologische Analyse der Donau. Kernenergie und Umwelt. 224–232. E. Schmidt, Berlin 1976.
HUBER, O.: As savanas neotropicais. Instituto Italo-Latino Americano con la colaboracione dell'Instituto Botanico dell'Universitá di Roma. 1–853. Rom 1974.
HÜBNER, P.: Der Rhein. Von den Quellen bis zu den Mündungen. Societäts-Verl., Frankfurt 1974.
HUECK, H. J.: Contamination of the environment by some elements. 1975.
HUECK, K.: Der Araukarien- und Podocarpus-Wald und das Kamp-Problem von Campos do Jordão in der Serra de Mantiqueira. Compt. rendus **18**, Congr. Int. Geogr. Rio de Janeiro 1965.
– Die Wälder Südamerikas. G. Fischer, Stuttgart 1966.
HUFTY, A.: Les conditions du rayonnement en ville. WMO, T.N. **108**, 65–69, 1970.
HUGGETT, R. J., CROSS, F. A., und BENDER, M. E.: Distribution of Copper and Zinc in Oysters and Sediments from three Coastal-Plain Estuaries. In Mineral Cycling in Southeastern Ecosystems. ERDA Distribution Category UC-11, Springfield, Virginia 1975.
HULTEN, E.: Flora of the Aleuten Islands. Cramer, Weinheim 1960.
– The Circumpolar Plants. Almquist & Wiksell, Stockholm 1962.
– The Circumpolar plants II. Kungl. Svensk Vetensk. Handl. **13** (1), 1–463, 1970.
HUMBOLDT, A. VON: Ansichten der Natur. 1. Aufl. Cotta 1808.
– Atlas pittoresque du voyage. Voyage aux régions équinoctiales du Nouveau Continent. Vol. 15/16. Paris 1810.
– Relation historique du voyage aux régions équinoctiales du Nouveau Continent. Vol. 1, Paris (Nachdruck Stuttgart 1970) 1814.
– De distributione geographica plantarum secundum coeli temperiem et altitudinem montium. Prolegonema. Paris 1817.
HUMPHREY, PH., BRIDGE, D., REYNOLDS, P., und PETERSON, R.: Birds of Isla Grande (Tierra del Fuego). Smithsonian Instit., Washington 1970.
HUNT, G. L., Jr., und HUNT, M. W.: Trophic levels and turnover rates: the avifauna of Santa Barbara Island, California. Condor **76**, 363–369, 1974.

HUNT, P. E.: Orchids of the Solomon Islands. Phil. Trans. Roy. Soc. Lon. **255**, 581–587, 1969.
HUPKE, H.: Die Adventiv- und Ruderalflora der Kölner Güterbahnhöfe, Hafenanlagen und Schuttplätze. 2. Ntr. Fedd. Rep. Beih. **101**, 123–138, 1938.
HURKA, H., und WINKLER, S.: Statistische Analyse der rindenbewohnenden Flechtenvegetation einer Allee Tübingens. Flora **162**, 61–80, 1973.
HURT, W. R.: Recent radiocarbon dates for Central and Southern Brazil. American Antiquity **25**, 25–33, 1964.
HUSMANN, S.: Weitere Vorschläge für eine Klassifizierung subterraner Biotope und Biocoenosen der Süßwasserfauna. Int. Rev. Ges. Hydrobiol. **55**, 115–129, 1970.
HUTT, C., und VAIZEY, M. J.: Group density in social behaviour. In Neue Ergebnisse der Primatologie. 225–227. G. Fischer, Stuttgart 1967.
HUXLEY, S.: The New Systematics. Clarendon Press, Oxford 1940.
HUXLEY, T. H.: Zeugnisse für die Stellung des Menschen in der Natur. G. Fischer, Stuttgart 1970.
HYLA, W.: Siedlungsdichte der Elster (Pica pica) im Stadtgebiet von Oberhausen 1972. Charadius **11**, 56–58, 1975.
IGLISCH, I.: Potentielle Brutgewässer für Hausmücken (Arten aus der Culex-pipiens-Gruppe) im städtischen Bereich. Umwelthygiene **6**, 151–156, 1975.
IHERING, H. VON: Die Geschichte des Atlantischen Ozeans. Jena 1927.
ILLIES, J.: Der biologische Aspekt der limnologischen Fließwassertypisierung. Arch. f. Hydrobiol. **22** (3/4), 337–346, 1955.
– Die Barbenregion mitteleuropäischer Fließgewässer. Verh. internat. Ver. Limnol. **13**, 834–844, 1958.
– Verbreitungsgeschichte der Plecopteren auf der Südhemisphäre. XI. Int. Ent. Kongr. Wien **1**, 467–480, 1961.
– Die Wegenersche Kontinentalverschiebungstheorie im Lichte der modernen Biogeographie. Naturwissenschaften **52** (18), 505–511, 1965.
– Limnofauna Europas. Stuttgart 1967.
IMHOFF, K. R.: Wasser für die Erholungslandschaft – Erfahrungen mit der Belüftung von Seen und Fließgewässern. Münchener Beiträge zur Abwasser-, Fischerei- und Flußbiologie **26**, 309–324, 1975.
IMMELMANN, K.: Einführung in die Verhaltensforschung. Parey, Berlin, Hamburg 1976.
INGRAM, D. L., und MOUNT, L. E.: Man and Animals in Hot Environments. Springer, Berlin, Heidelberg, New York 1975.
INNIS, S.: Grasland Simulation Model. Ecol. Stud. **26**. Springer, Heidelberg, New York 1978.
IRION, G.: Quaternary sediments of the upper Amazon lowlands of Brazil. Biogeographica **7**, 163–167, 1976.
– Mineralogisch-geochemische Untersuchungen an der pelitinischen Fraktion amazonischer Oberböden und Sedimente. Biogeographica **7**, 7–25, 1976.
IRMLER, U.: Zusammensetzung, Besiedlungsdichte und Biomasse der Makrofauna des Bodens in der emersen und submersen Phase Zentralamazonischer Überschwemmungswälder. Biogeographica **7**, 79–99, 1976.

– Inundation-Forest types in the Vicinity of Manaus. Biogeographica 8, 17–29, 1977.
IRVING, L.: Arctic Life of Birds and Mammals. Springer Verl., Heidelberg, 1972.
ISING, H.: Lärmwirkung und äquivalenter Dauerschallpegel. Schriftenr. Ver. Wass.-, Boden-, Lufthyg., Berlin-Dahlem 45, 59–62, 1975.
ISING, H., NOACK, W, und LUNKENHEIMER, P.: Histomorphologische Herzschäden nach Lärmeinwirkung. Bundesgesundheitsblatt 16, 1974.
IWATSUKI, Z.: Distribution of Bryophytes common to Japan and the United States. In Floristics and Paleofloristics of Asia und Eastern North America. Elsevier, London 1972.
JAEGER, F.: Zur Gliederung und Bemessung des tropischen Graslandgürtels. Verh. Naturf. Ges. Basel 56 (2), 509–520, 1945.
JÄGELER, F. J.: Die Rohstoffabhängigkeit der Bundesrepublik Deutschland. Weltarchiv, Hamburg 1975.
JÄGER, H.: Zur Geschichte der deutschen Kulturlandschaften. G.Z. 51, 90–142, 1963.
JAIN, S. K.: Patterns of Survival and Microevolution in Plant Population. 1975.
JAKOBI, H.: Ökosysteme Ostparanas. Biogeographica 8, 43–67, 1977.
JALAS, J.: Hemerobe und hemerochore Pflanzenarten. Ein terminologischer Reformversuch. Acta Soc. Fauna Flora Fenn. 72, 1–15, 1955.
– Fälle von Introgression in der Flora Finnlands, hervorgerufen durch die Tätigkeit des Menschen. Fennia 85, 58–81, 1961.
JANETSCHEK, H.: Das Problem der inneralpinen Eiszeitüberdauerung durch Tiere. Österr. Zool. Z. 6 (3/5), 421–506, 1956.
– Arthropod Ecology of South Victoria Land. Antarctic Res. Ser. 10, 205–283, 1967.
JANICKE, W.: Meßverfahren. Schriftenr. Ver. Wasser-, Boden- und Lufthygiene 44, 25–33, Fischer, Stuttgart 1975.
JANSSEN, C. R.: On the lateglacial and post-glacial vegetation of South-Limburg. Amsterdam 1960.
JANZEN, D.: Rate of regeneration after a tropical high elevation fire. Biotropica 5 (2), 117–122, 1973.
JÄTZOLD, R.: Ein Beitrag zur Klassifikation des Agrarklimas der Tropen (mit Beispielen aus Ostafrika). Tübinger Geogr. Studien 34, 57–69, 1970.
JEANNEL, R.: La genèse des Faunes terrestres. Elément de Biogéographie. Paris 1942.
JEFFERIES, D. J., und FRENCH, M. D.: Mercury, Cadmium, Zinc, Copper, and Organochlorine. Insecticide Levels in Small Mammals trapped in a Wheat Field. Environm. Pollut. 10, 175–182, 1976.
JEFFERSON, G. T.: Cave Faunas. In The science of Speleology. Acad. Press, London, New York 1976.
JEFFREYS, H.: The Earth, its origin history and physical constitution. Cambridge University Press, Cambridge 1976.
JENKINS, J.: Increase in averages of sunshine in Central London. WMO, T.N. 108, 292–294, 1969.
JENTSCH, CH.: Für eine vergleichende Kulturgeographie der Hochgebirge. Mannheimer Geogr. Arbeiten 1, 57–71, 1977.
JERMY, A. C., CRABBE, J. A., and THOMAS, B. A.: The phytogeny and classification of the farns.

Supplement No 1 to the Botanical Journal of the Linnean Society. Volume 67. London 1973.
JETTER, U.: Technik im Umweltschutz. Aufgaben-Verfahren-Probleme. Girardet, Essen 1977.
JOHANNES, R. E.: Pollution and Degradation of Coral Reef Communities. Elsevier Oceanogr. 12, 13–51, 1975.
JOHANSEN, H.: Die Jenissei-Faunenscheide. Zool. Jb. 83, 237–247, 1955.
JOHNSEN, R. E.: DDT metabolism in microbial systems. Residue Rev. 61, 1–28. Springer, New York, Heidelberg, Berlin 1976.
JOHNSON, M. P., und RAVEN, P. H.: Species number and endemism: The Galapagos Archipelago revisited. Science 179, 893–895, 1973.
JOHNSON, N. K.: Origin and diferentiation of the avifauna of the Channel Islands, California. Condor 74, 295–315, 1972.
– Controls of number of bird species on montane islands in the Great Basin. Evolution 29, 545–567, 1975.
JOIRIS, C.: La contamination par pesticides organochlores des oiseaux de proie en Belgique. Bull. Recherches Agronom. Gembloux. 479–483. Gembloux 1974.
JOLLY, H., und BROWN, J. M.: New Zealand Lakes. Auckland Univ. Press, Auckland 1975.
JONES, J. S.: Ecological Genetics and Natural Selection in Molluscs. Sciences 182, 546–552, 1973.
JONES, O. A., und ENDEAN, R.: Biology and Geology of Coral Reefs. Vol. 3. Acad. Press, New York, London 1976.
JOOS, H.-P.: Die Zusammensetzung der Bodenarthropodenfauna in der Umgebung einer Bundesautobahn. Staatsexamensarbeit, Biogeographie. Saarbrücken 1975.
JOVET, P.: Paris, sa flore spontanée, sa végétation. Notices et itineraires du VIIIᵉ Congrès International de Botanique 11 (3), 21–60, 1954.
JUNGBLUTH, J. H.: Beiträge zur Erforschung der Fauna des Naturparkes Hoher Vogelsberg. Natur und Landschaft 47 (12), 331–336, 1972.
– Die Verbreitung und Ökologie des Rassenkreises Bythinella dunkeri (Frfld, 1856). Arch-Hydrobiol. 70, 230–273, 1972.
– Über die Verbreitung des Edelkrebses Astacus (Astacus) astacus (L. 1758) im Vogelsberg Oberhessen. (Decapoda: Astacidae). Philippa 2, 39–43, 1973.
– Über die Kartierung der Mollusken von Hessen. Mitteilungen der deutschen malakologischen Gesellschaft 3, 1974.
– Die Molluskenfauna des Vogelsberges unter besonderer Berücksichtigung biogeographischer Aspekte. Biogeographica. Junk, Den Hague 1975.
JUNGBLUTH, J. H., und SCHMIDT, H.-E.: Die Najaden des Vogelsberges. Philippia 1, 149–165, 1972.
JUNGBLUTH, J. H., BAUMANN, E., DRECHSEL, U., PLOCH, P., und RUPP, R.: Faunistik im Naturpark „Hoher Vogelsberg" – ein Beitrag zur Erfassung der europäischen Wirbellosen (E.E.W.). Natur u. Museum 103 (5), 166–168, 1973.
JUNK, H.: Verbreitung und Variabilität von Biston betularia. L. Staatsexamensarbeit. Biogeographie. Saarbrücken 1975.
JÜRGING, P.: Epiphytische Flechten als Bioindikatoren der Luftverunreinigung – dargestellt an Untersuchungen und Beobachtungen in Bayern. Bibliotheca Lichenologica 4, 1975.

JUSATZ, H. J.: Alte Seuchen auf neuen Wegen. Bild der Wissenschaft, 390–398, 1966.
– Die Bedeutung der Geomedizin bei der ökologischen Landschaftsforschung. Dt. Geogr. Kassel 1974.
KADEL, K.: Studien zur gegenseitigen Wachstumsbeeinflussung bei Larven von Bufo calamita, Bufo viridis und Bufo bufo im Hinblick auf ihre ökologische Bedeutung. Dissertation. Mainz 1975.
KADRO, A., und KENNEWEG, H.: Das Baumsterben auf dem Farb-Infrarot-Luftbild. Das Gartenamt 3, 149–157, 1973.
KAISER, H.: Populationsdynamik und Eigenschaften einzelner Individuen. Verhdl. Ges. Ökologie, Erlangen, 25–38, 1975.
– Räumliche und zeitliche Aufteilung des Paarungsplatzes bei Großlibellen (Odonata, Anisoptera). Verhdl. Ges. Ökologie, Wien, 115–120. Junk, Den Hague 1976.
KAISER, K.: Probleme und Ergebnisse der Quartärforschung in den Rocky Mountains und angrenzenden Gebieten. Z. für Geomorphologie N.F. 10, 1966.
KAISILA, J.: Notes on the arthropod fauna of Spitzbergen. I. Ann. Ent. Fenn. 33 (1), 13–64, 1967.
KALELA, O.: Die geographische Verbreitung des Waldlemmings und seine Massenvorkommen in Finnland. Arch. Soc. Vanamo 18, 9–16, 1963.
KALFF, J.: Arctic Lake Ecosystems. In Antarctic Ecology. Acad. Press, London, New York 1970.
KÄLIN, K.: Populationsdichte und soziales Verhalten. Lang, Bern 1972.
KALLIO, P., und VALANNE, N.: On the effect of continous Light on Photosynthesis in Moses. In Fennoscandian Tundra Ecosystems 1. Springer, Berlin, New York 1975.
KALLIO, P., und VEUM, A. K.: Analysis of Precipitation at Fennoscandian Tundra Sites. In Ecol. Studies 16, 333–338, 1975.
KALLIO, S., und KALLIO, P.: Nitrogen Fixation in Lichens at Kevo, North-Finland. Ecol. Studies 16, 292–304, 1975.
KAMINSKI, G. (ed.): Umweltpsychologie. Klett, Stuttgart 1976.
KAMPMANN, H.: Der Waschbär. Parey, Hamburg, Berlin 1975.
KAPS, E.: Zur Frage der Durchlüftung von Tälern im Mittelgebirge. Meteorol. Rdsch. 8 (3/4), 61–65, 1955.
KARGIAN, A. CH.: Zirkulation des Ozons in der Erdatmosphäre. Umschau 71, 751, 1971.
KARLIN, S., und NEVO, E.: Population Genetics and Ecology. Acad. Press, New York, San Francisco, London 1976.
KARR, J. R.: Within- and Between- Habitat Avian diversity in African and Neotropical Lowland Habitats. Ecol. Monogr. 46, 457–481, 1976.
KARR, J. R., und ROTH, R. R.: Vegetation structure and avian diversity in several New Worlds Areas. American Naturalist 105 (945), 423–435, 1971.
KAST, W.: Verfahrenstechnik im Umweltschutz. V.D.I.-Berichte 189, 59–71, 1973.
KAUFFMAN, E. G., und HAZEL, J. E.: Concepts and Methods of Biostratigraphy. Dowden, Hutchinson & Ross, Pennsylvania 1977.
KAUFMAN, D. W., und KAUFMAN, G. A.: Prediction of elemental content in the Old-field Mouse. Mineral Cycling in Southeastern Ecosystems. Springfield, Virginia 1975.

KAUFMAN, G. A., und KAUFMAN, D. W.: Effects of age, sex and pelage phenotype on the elemental composition of the Old-field Mouse. Mineral Cycling in Southeastern Ecosystems. Springfield, Virginia 1975.
KAWAKATSU, M., HAUSER, J., und FRIEDRICH, S.: The Freshwater Planaria from South Brazil. Bull. Nat. Science Museum 2 (4), 205–223, 1976.
KEAST, A.: Vertebrate speciation in Australia: some comparisons between birds, marsupials and reptiles. Symp. Roy. Soc. Victoria. Melbourne Univ. Press, Melbourne 1959.
– Bird speciation on the Australian continent. Bull. Mus. Comp. Zool. Harvard Coll. 123, 305–495, 1961.
– Evolution of mammals on southern continents. IV. Australian mammals: Zoogeography and Evolution. Quaterly Rev. Biol. 43 (4), 373–408, 1968.
– Contempory Biotas and the Separation Sequence of the Southern Continents. 1974.
KEIL, U.: Hartes und weiches Trinkwasser und seine Beziehung zur Mortalität, besonders an kardiovaskulären Krankheiten. Öff. Gesundheits-Wes. 35, 253–263, 1973.
KEIL, U., und BACKSMANN, E.: Soziale Faktoren und Mortalität in einer Großstadt der BRD. Arbeitsm.-Sozialm.-Prävention 1, 4–9, 1975.
KEIL, U., PFLANZ, M., und WOLF, E.: Hartes und weiches Trinkwasser und seine Beziehungen zur Mortalität, besonders an kardiovaskulären Krankheiten in der Stadt Hannover in den Jahren 1968 u. 1969. Umwelthygiene 4, 110–117, 1975.
KEITH, L. H.: Identification & Analysis of organic Pollutants in Water. Ann Arbor Science Publ., Ann Arbor 1976.
KELLER, E.: Müll darf kein Müll mehr bleiben. Der Leitende Angestellte 1, 12–13, 1976.
– Abfallwirtschaft und Recycling. Girardet, Essen 1977.
KELLER, R.: Wasserbilanz der Bundesrepublik Deutschland. Umschau 71, 1971.
KELLER, TH.: Der jetzige Bleigehalt der Vegetation in der Nähe schweizerischer Autostraßen. Z. Präventivmedizin 15, 235–243, 1970.
– Zum Problem der verkehrsbedingten Bleirückstände in der Vegetation. Straße und Verkehr. Solothurn 1970.
– Die Bedeutung des Waldes für den Umweltschutz. Schweiz. Z. Forstwesen 122 (12), 600–613, 1971.
KEMPF, M.: A plataforma continental da costa leste brasileira entre o rio Sao Francisco e a ilha de São Sebastião: notas sobre principais tipos de fundo. Anais 26 Congr., Bras. Geol. Soc. 211–234, 1972.
KENAGY, G. J.: Über die Rolle der Nahrungsspezialisierung und des Wasserhaushaltes in der Ökologie und Evolution von einigen Wüstennagern. Verhdl. Ges. Ökologie, Saarbrücken. 89–95. Den Hague 1974.
KENDALL, R. L.: An ecological history of the Lake Victoria Basin. Ecol. Monogr. 39, 121–176, 1969.
KERKIS, J. J.: Some problems of spontaneous and induced mutagenesis in mammals and man. Mutation Res, 29, 1975.
KESSLER, A., und MONHEIM, F.: Der Wasserhaushalt des Titicaca-Beckens. Erdkd. 22, 275–283, 1968.
KETTLEWELL, H. B. D.: Selection experiments on in-

dustrial melanism in the Lepidoptera. Heredity 9, 323–342, 1955.
– The evolution of melanism. Oxford 1973.
KHAN, M. A. Q.: Pesticides in Aquatic Environments. Plenum Press, New York, London 1977.
– Elimination of Pesticides by Aquatic Animals. In Pesticides in Aquatic Environments. Plenum Press, New York, London 1977.
KHAN, M. A. Q., KORTE, F., und PAYNE, J. F.: Metabolism of Pesticides by Aquatic Animals. In Pesticides in Aquatic Environments. Plenum Press, New York, London 1977.
KIKAWA, J., und PEARSE, K.: Geographical distribution of Land Birds in Australia. Aust. J. Zool. 17, 821–840, 1969.
KIMBERLIN, R. H.: Slow Virus diseases of animals and man. Elsevier, New York 1976.
KING, C. A. M.: Introduction to Physical and Biological Oceanography. Arnold, London 1975.
KINZELBACH, R.: Einschleppung und Einwanderung von Wirbellosen in Ober- und Mittelrhein. Mz. Naturw. Arch. 11, 109–150, 1972.
KIRCHHOFF, K.: Probeflächenuntersuchungen 1970 an der Elster (Pica pica). Hamb. avif. Beitr. 11, 101–114, 1973.
KIRSCHBAUM, U.: Flechtenkartierungen in der Region Untermain zur Erfassung von Immissionsbelastungen. Belastung und Belastbarkeit von Ökosystemen. Gießen 1973.
– Auswirkungen eines industriell-urbanen Ballungsraumes auf die epiphytische Flechtenvegetation in der Region Untermain. Diss. Gießen 1973.
KJELVIK, S., und KÄRENLAMPI, L.: Plant Biomass and Primary Production of Fennoscandian Subarctic and Subalpine Forests and of Alpine Willow and Heath Ecosystems. In Fennoscandian Tundra Ecosystems 1, 1975.
KLEIN, H.: Zur Verwendung von Landkarten in der Biologie. Zool. Jb. Syst. 103, 50–75, 1976.
KLEMENT, O.: Die Flechtenvegetation der Stadt Hannover. Beitr. Naturkd. Niedersachsens 11, 56–60, 1958.
– Vom Flechtensterben im nördlichen Deutschland. Ber. naturhist. Ges. Hannover 110, 55–66, 1966.
KLEMMER, K.: Die westlichen Randformen der Mauereidechse Lacerta muralis (Reptilia, Lacertidae). Senck. biol. 45 (3/5), 491–499, 1964.
– The Amphibia and Reptilia of the Canary Islands. In Biogeography and Ecology in the Canary Islands. 433–456. Junk, Den Hague 1976.
KLEOPOV, J. D.: Florenanalyse der Breitlaubwälder von Osteuropa. Diss. Charkow 1941.
KLINGE, H.: Podzol soils in the Amazon Basin. J. Soil Sci. 16, 95–103, 1965.
– Report on tropical podzols. F.A.O., Rom 1965.
– Verbreitung tropischer Tieflandpodsole. Naturw. 53, 442–443, 1966.
– Struktur und Artenreichtum des zentralamazonischen Regenwaldes. Amazoniana 4 (3), 283–292, 1973.
– Nährstoffe, Wasser und Durchwurzelung von Podsolen und Latosolen unter tropischem Regenwald bei Manaus/Amazonien. Biogeographica 7, 45–58, 1976.
– Bilanzierung von Hauptnährstoffen im Ökosystem tropischer Regenwald (Manaus) – vorläufige Daten. Biogeographica 7, 59–77, 1976.
KLINGE, H., und FITTKAU, E. J.: Filterfunktionen im Ökosystem des zentralamazonischen Regenwaldes. Mitteilungen Dt. Bodenkdl. Ges. 16, 130 bis 135, 1972.
KLINGE, H., und RODRIGUES, W. A.: Litter Production in an Area of Amazonian terra firme Forest. Amazoniana 1 (4), 287–310, 1968.
KLINK, H.-J.: Geoecology and Natural Regionalization – Bases for environmental Research. Applied Sciences 4, 48–74, 1974.
– Geoökologie – Zielsetzung, Methoden und Beispiele. In MÜLLER, P. (ed.): Verhandlungen der Gesellschaft für Ökologie, Erlangen. Junk, Den Hague 1975.
KLOCKENHOFF, H.: Zur Verbreitung der Mallophagen der Gattung Myrsidae Waterston auf der Dschungelkrähe Corvus macrorhynchos Wagler. Z. f. Zool. Syst. Ecol. 7 (1), 53–58, 1969.
KLOEPFER, M.: Deutsches Umweltschutzrecht. Schulz, Percha am Starnberger See 1975.
KLOFT, W.: Radioökologische Untersuchungen an Formiciden des Waldes. Wiss. Z. T.U. Dresden 16, 582–583, 1967.
– Zur Verwendung radioaktiver Isotope und ionisierender Strahlung in der angewandten Entomologie. Z. angew. Entomol. 61, 413–422, 1968.
KLOFT, W., KUNKEL, H., und EHRHARDT, P.: Weitere Beiträge zur Kenntnis der Fichtenröhrenlaus Elatobium abietinum (Walk.) unter besonderer Berücksichtigung ihrer Weltverbreitung. Z. angew. Entomol. 55, 160–185, 1964.
KLOKE, A.: Blei-, Zink-, Cadmium-Anreicherung in Böden und Pflanzen. Staub-Reinhaltung der Luft 34, 18–21, 1974.
KLOKE, A., und RIEBARTSCH, K.: Verunreinigung von Kulturpflanzen aus Kraftfahrzeugabgasen. Naturwissensch. 51, 367–368, 1964.
KLOMANN, U.: Das Computerprogramm zur Erfassung der westpalaearktischen Tierarten in der BRD. Atalanta 6 (4), 232–237, 1975.
KLOMANN, U., und MÜLLER, P.: Ökologischer Informationskataster für das Saarland. Mitt. Biogeogr. Abt. Geogr. Inst. Univ. Saarl. 7, 1–24, 1975.
KLOPFER, P. H.: Ökologie und Verhalten. G. Fischer, Stuttgart 1968.
KLOSTERKÖTTER, W.: Kriterien zur Aufstellung von Immissionsrichtwerten für Geräusche. Kampf dem Lärm 5, 113–119, 1972.
– Medizinisch-physiologische Lärmforschung – einige Ergebnisse und Hypothesen. Technik und Umweltschutz. VEB, Leipzig 1973.
– Neuere Erkenntnisse über Lärmwirkungen. Kampf dem Lärm 21 (4), 1974.
KLÖTZLI, F.: Zur Waldfähigkeit der Gebirgssteppen Hoch-Semiens (Nordäthiopien). Beitr. naturk. Forsch. Südw.-Dtschl. 34, 131–147, 1975.
KNABE, W.: Rauchschadensforschung in Nordamerika. Forstarchiv 37 (5), 109–119, 1966.
– Leitfaden zur Kartierung der Schutz- und Erholungsfunktionen des Waldes (Waldfunktionenkartierung). Sauerländer, Frankfurt 1974.
KNABE, W., und STRAUCH, H.: Richtlinien für die Abgrenzung von Lärmschutzwald. Schriftenreihe der LIB 34, 66–76, 1975.
KNABE, W., BRANDT, C. S., van HAUT, H., und BRANDT, J.: Nachweis photochemischer Luftverunreinigungen durch biologische Indikatoren in der Bundesrepublik Deutschland. Proc. of the Third Int. Clean Air Congr. VDI, Düsseldorf 1973.

KNAPP, R.: Vegetation Dynamics. Junk, Den Hague 1974.

KNAUF, W., und SCHULZE, E.-F.: Langzeiteinfluß subletaler Herbiziddosen auf einige Vertreter der Wasserfauna und -flora am Beispiel von Linuron und Monolinuron. Schr. Reihe Ver. Wass.-Boden-Lufthyg. 37, 231–239, 1972.

KNOX, G. A.: Antarctic Marine Ecosystems. In Antarctic Ecology. Acad. Press, London, New York 1970.

KOBELT, W.: Die Verbreitung der Tierwelt. Jena 1897.

KOCH, M.: Zur Gruppeneinteilung der Wanderfalter. Z. Wien Ent. Ges. 49, 131–134, 1964.

KOCH, K., und SOLLMANN, A.: Durch Umwelteinflüsse bedingte Veränderungen der Käferfauna eines Waldgebietes in Meerbusch bei Düsseldorf. Decheniana 20, 36–74, 1977.

KOEMAN, J. H.: The toxicological importance of chemical pollution for marine birds in the Netherlands. Die Vogelwarte 28, 145–150, 1975.

KOENIG, A.: Die Vögel am Nil. Bd. 2. Raubvögel. Bonn 1936.

KOEPCKE, H.-W.: Die Lebensformen (Grundlagen zu einer universell gültigen biologischen Theorie). Goecke & Evers, Krefeld 1971.

KOEPPEL, H.-W.: Datenverarbeitung mit dem Grid-Programm für die Landespflege in den USA. Natur und Landschaft 48, 31–38, 1973.

– Erfahrungen mit dem Einsatz von Computern. In MÜLLER, P. (ed.): Verhandlungen der Gesellschaft für Ökologie, Erlangen. Junk, Den Hague 1975.

KÖHLE, U.: Möglichkeiten und Grenzen der Verwendung von Flechten als Bioindikatoren für Luftverschmutzung. Diss. Tübingen 1977.

KOHLER, A.: Geobotanische Untersuchungen an Küstendünen Chiles zwischen 27 und 42 Grad südl. Breite. Bot. Jb. 90 (1/2), 55–200, 1970.

– Zur Ökologie submerser Gefäß-Makrophyten in Fließgewässern. Ber. Dt. Bot. Ges. Bd. 84 (11), 713–720, 1971.

– Veränderung natürlicher submerser Fließgewässervegetation durch organische Belastung. Daten und Dokumente zum Umweltschutz 14, 59–66, 1975.

– Makrophytische Wasserpflanzen als Bioindikatoren für Belastungen von Fließwasser-Ökosystemen. Verhdl. Ges. für Ökologie, Wien, 1975, 255–276. Junk, Den Hague 1976.

KOLBE, W.: Vergleichende Untersuchungen über die Zusammensetzung der Coleopterenfauna in der Bodenstreu eines Fichten- und Buchenaltholzes im Betriebsbezirk Burgholz (Meßtischblatt Elberfeld 4708). Jahresber. Naturwiss. Ver. Wuppertal 28, 23–30, 1975.

KOLENBRANDER, G. J.: Evaluation of contribution of agriculture to eutrophication of shallow surface waters. Bull. Rech. Agron. de Gembloux, Semaine d'étude agriculture et environnement, 113–126, 1974.

KOLKWITZ, R., und MARSSON, M.: Ökologie der pflanzlichen Saprobien. Ber. Dt. Bot. Ges. 26 (A), 505–519, 1908.

– Ökologie der tierischen Saprobien. Int. Rev. Hydrobiol. 2, 126–152, 1909.

KÖNIG, R.: Soziologie. G. Fischer, Frankfurt 1967.

KOOPMANS, B. N., und STAUFFER, R. H.: Glacial phenomena on Mount Kinabalu, Sabah. Geol. Surv. Malaysia (Borneo Region) Bull. No. 8, 25–35, 1968.

KORRINGA, P.: Farming marine organisms low in the food chain. A Multidisciplinary Approach to edible Seaweed, Mussel and Clam Production. Elsevier, Amsterdam, Oxford, New York 1976.

KOSSWIG, C.: Zur Evolution der Höhlentiermerkmale. Rev. Fac. Sci. Istanbul (B) 9, 285–287, 1944.

KOVACEVIC, J.: Seed and fruit dissemination by birds (Ornithochory). Larus 1, 123–142, 1947.

KOVALSKIJ, V. V.: Entstehung und Evolution der Biosphäre. Usp. sovr. Biol. 55, 45–67, 1963.

– Geochemische Ökologie. Biogeochemie. VEB Deutscher Landwirtschaftsverlag, Berlin 1977.

KOZHOV, M.: Lake Baikal and its life. Junk, Den Hague 1963.

KOZLOWSKI, T. T., und AHLGREN, C. E.: Fire and Ecosystems. Acad. Press, New York 1974.

KRAAK, W.: Über einige Probleme der Forschung zur Beurteilung der gehörschädigenden Wirkung des Lärms auf den Menschen. In Lärmbekämpfung, humanistisches Anliegen und gesellschaftliche Verpflichtung. VII. Lärmkongreß der AICB in Dresden. 61–65. Leipzig 1973.

KRAUS, O.: Taxonomische und tiergeographische Studien an Myriapoden und Araneen aus Zentralamerika. Diss. Frankfurt 1955.

– Zur Zoogeographie von Zentral-Amerika. Verhdl. XI Intern. Kongr. Entomol. 1, 516–518, 1960.

KRAUSE, G.: Zur Aufnahme von Zink und Cadmium durch oberirdische Pflanzenorgane. Diss. Bonn 1974.

– Phototoxische Wechselwirkung zwischen Schwefeldioxid und den Schwermetallen Zink und Cadmium. Schriftenr. LIB 34, 86–91, 1975.

KRAUSE, W.: Die makrophytische Wasservegetation der südlichen Oberrheinaue. Arch. Hydrobiol. Suppl. 37 (4), 387–465, 1971.

KREBS, C., et al.: Microtus population biology. Ecology 50, 587–607, 1969.

KREBS, CH.: Ecology, the experimental Analysis of distibution and abundance. Harper Int. Edit., New York, Evanston, San Francisco, London 1972.

KREEB, K., BAUER, E., DJALALI, B., EHMKE, W., und SCHMIDT, R.: Biologisch-ökologische Indikationen der Umweltbelastung im Raum Stuttgart-Esslingen. Hohenheimer Arbeiten 74. Ulmer, Stuttgart 1973.

KREH, W.: Verlust und Gewinn der Stuttgarter Flora im letzten Jahrhundert. Jh. Ver. vaterl. Naturkd. Württemberg 106, 69–124, 1951.

– Die Pflanzenwelt des Güterbahnhofs in ihrer Abhängigkeit von Technik und Verkehr. Mitt. florist.-soziol. Arbeitsgemeinschaft 3, 86–109. Stolzenau 1960.

KREMER, J. N., und NIXON, S. W.: A Coastal Marine Ecosystem. Ecol. Stud. 24. Springer, Heidelberg 1978.

KROENER, H. E.: Die Verbreitung der echten Baumfarne (Cyatheaceen) und ihre klimaökologischen Voraussetzungen. Diss. Bonn 1968.

KROLEWSKI, H., BLANCK, D., und HÖFT, K.: Rückkühlung bei konventionellen und nuklearen Kraftwerken. Atomwirtschaft-Atomtechnik 17 (8), 420–428, 1972.

KROLOPP, E.: Faunengeschichtliche Untersuchungen im Karpatenbecken. Malacologia 9 (1), 111–119, 1969.

KRUMBEIN, W. E.: Environmental Biogeochemistry and Geomicrobiology. Ann Arbor Science, Ann Arbor 1978.

KUBAT, L., und ZEMAN, J.: Entropy and Information. Elsevier, Amsterdam, Oxford, New York 1975.

KUBIENA, W.: Entwicklungslehre des Bodens. Wien 1948.

KUBITZKI, K.: Flowering plants. Evolution and classification of Higher Categories. Springer, Wien, New York 1977.

KUHN, O.: Handbuch der Paläoherpetology. Part 7, Testudines. G. Fischer, Stuttgart, New York 1976.

KÜHNELT, W.: Gesichtspunkte zur Beurteilung der Großstadtfauna (mit besonderer Berücksichtigung der Wiener Verhältnisse). Österr. Zool. Z. 6, 30–54, 1955.

– Zur Ökologie der Schneerandfauna. Verhdl. Dt. Zool. Ges. Innsbruck 1969.

– Grundriß der Ökologie. G. Fischer, Stuttgart 1970.

– Beiträge zur Kenntnis der Nahrungsketten in der Namib-Wüste (Südwestafrika). Verhdl. Ges. Ökologie 1975, 197–210. Junk, Den Hague 1976.

KUMM, J.: Wirtschaftswachstum, Umweltschutz, Lebensqualität. Eine systemanalytische Umweltstudie für die Bundesrepublik Deutschland bis zum Jahr 2000. Deutsche Verlags-Anst., Stuttgart 1975.

KUMPF, W., MAAS, K., und STRAUB, H.: Müll- und Abfallbeseitigung. Schmidt, Berlin 1975.

KUNICK, W.: Veränderungen von Flora und Vegetation einer Großstadt dargestellt am Beispiel von Berlin (West). Diss. Berlin 1974.

KUNKEL, G.: Biogeography and Ecology in the Canary Islands. Junk, Den Hague 1976.

KUNZE, M.: Emittentenbezogene Flechtenkartierung auf Grund von Frequenzuntersuchungen. Oecologica 9, 123–133, 1972.

– Die Beeinflussung epiphytischer Flechten durch Luftverunreinigungen. Untersuch. der klimatischen und lufthygienischen Verhältnisse der Stadt Freiburg i. Br. Freiburg 1974.

KURTEN, B.: Transberingian Relationships of Ursus arctos LINNE (Brown and Grizzly Bears). Commentations Biologicae 65, 3–10, 1973.

KUSCHEL, G.: Biogeography and Ecology in New Zealand. W. Junk, Den Hague 1975.

KUSHLAN, J. A.: Environmental Stability and Fish community Diversity. Ecology, Vol. 57, 821–825, 1976.

KUSS, E.: Abfolge und Alter der pleistozänen Säugetierfaunen der Insel Kreta. Ber. Naturfr. Ges. Freiburg 60, 35–83, 1970.

KUYKEN, E.: Landscape ecology and spatial planning in W.-Belgium. In MÜLLER, P. (ed.): Verhandlungen der Gesellschaft für Ökologie, Erlangen. Junk. Den Hague 1975.

LACK, D.: Darwin's Finches. Cambridge Univ. Press, Cambridge 1947.

– Population changes in the land birds of a small island. J. Anim. Ecol. 38, 211–218, 1969.

– Island Biology, illustrated by the land birds of Jamaica. Studies in Ecology, Vol. 3, pp. 445. Blackwell, Oxford, London, Melbourne 1976.

LAGERWERFF, J. V., und SPECHT, A. W.: Contamination of Roodside Soil and Vegetation with Cadmium, Nickel, Lead and Zinc. Environ. Sci. & Techn. 4, 583–586, 1970.

LAMB, H. H.: Climates and circulation regimes developed over the northern hemisphere during and since the last ice age. Palaeogeography, Palaeoclimatology, Palaeoecology 10 (1), 125–162, 1971.

LAMBERT, J. D. H.: The ecology and successional trends of tundra plant communities in the low arctic subalpine zone of the Richardson and British Mountains of the Canadian Western Arctic. Diss. Vancouver 1968.

LAMBERTI, F., TAYLOR, C. E., und SEINHORST, J. W.: Nematode Vectors of Plant Viruses. Plenum Press, London, New York 1974.

LAMEGO, A. R.: Restingas na costa do Brasil. Brasil, Min. Agr., Div. Geol. Min., 96, 1–63, 1940.

– Ciclo evolutivo das lagunas fluminenses. Brasil, Ministerio Agronomico, Div. Geol. Min. 118, 1–48, 1945.

LAMM, S. H., et al.: Turtle associated salmonellosis. 1. An estimation of the magnitude of the problem in the United States 1970–1971. Am. J. Epidemiol. 95, 511–517, 1972.

LAMPRECHT, H.: Der Gebirgs-Nebelwald der venezolanischen Anden. Schweiz. Z. Forstw. 4, 1958.

– Über Strukturanalysen im Tropenwald. Z. Schweiz. Forstver., Beih. 46, 1969.

– Einige Strukturmerkmale natürlicher Tropenwaldtypen und ihre waldbauliche Bedeutung. Forstwissenschaftl. Centralbl. 91, 270–277, 1972.

– Structure and Function of South American Forests. Biogeographica 8, 1–13, 1977.

LANG, G.: Die Ufervegetation des Bodensees im farbigen Luftbild. Landeskdl. Luftbildauswertung im mitteleuropäischen Raum 8. Bonn-Bad Godesberg 1969.

LANGE, O. C., und LANGE, R.: Die Hitzeresistenz einiger mediterraner Pflanzen in Abhängigkeit von der Höhenlage ihrer Standorte. Flora 152, 707–710, 1962.

LANGE, O. L., KAPPEN, L., und SCHULZE, E.-D.: Water and Plant Life. Problems and modern Approaches. Springer, Berlin, Heidelberg, New York 1976.

LANGLEY, D. G.: Mercury methylation in an aquatic environment. J. Water Poll. Control Fed. Vol. 45, 1973.

LANPHEAR, F. O.: Urban vegetation: values and stresses. Hortscience 6, 332–334, 1971.

LARCHER, W.: Produktionsökologie alpiner Zwergstrauchbestände auf dem Patscherkofel bei Innsbruck. Verhdl. Ges. Ökologie, Wien, 1975, 3–7. Junk, Den Hague 1976.

LATTIN, G. DE: Höhlentiere und ihre Entstehung. Umschau 45, 293–297, 1941.

– Die Ausbreitungszentren der holarktischen Landtierwelt. Verhdl. Dt. Zool. Ges. Hamburg 1957.

– Postglaziale Disjunktionen und Rassenbildung bei europäischen Lepidopteren. Verhdl. Dt. Zool. Ges. Frankfurt 1959.

– Grundriß der Zoogeographie. Jena 1967.

LAUER, W.: Humide und aride Jahreszeiten in Afrika und Südamerika und ihre Beziehungen zu den Vegetationsgürteln. Bonner Geogr. Abh. 9, 15–98, 1952.

– Zur hygrischen Höhenstufung tropischer Gebirge. Biogeographica 7, 169–182, 1976.

LAUER, W., und FRANKENBERG, P.: Zum Problem der Tropengrenze in der Sahara. Erdkunde 31, 1–15, 1977.

LAUNDON, J. R.: A study of the lichen flora of London. Lichenologist 3, 277–327, 1967.

LAUTERBORN, R.: Die geographische und biologische Gliederung des Rheinstromes. Heidelberg 1916/18.

LAVEN, H.: Speciation by cytoplasmic isolation in the Culex pipiens complex. Cold Spring Harbor Symp. Quant. Biol. 24, 166–178, 1959.

– Incompatibility Tests in the Culex pipiens Complex. Part I. African Strains. Mosquito News 29 (1), 70–74, 1969.

– Incompatibility Tests in the Culex pipiens Complex. Part II. Egyptian Strains. Mosquito News 29 (1), 74–83, 1969.

– Möglichkeiten genetischer Schädlingsbekämpfung. Naturwiss. Rdsch. 25 (10), 391–395, 1972.

LAVRENKO, E. M.: Die Gliederung des Schwarzmeer-Kasachstanischen Gebiets der Euroasiatischen Steppenzone in Provinzen. Bot. Z. 55, 605–625, 1970.

LAZARUS, R. S.: Psychological stress and the coping process. McGraw Hill, New York 1966.

LECLERCQ, J.: Atlas provisoire des Insectes de Belgique. Cartes 1 à 700. Faculté des Sciences Agronomiques de l'Etat Zool. Gen. et Faun. Gembloux 1970–1972.

– Participation Belge à la Cartographie des Invertébrés Européens. Mitt. Biogeogr. Abtl. Univ. Saarlandes 5, 3–18, 1973.

– La ville refuge d'une flore et d'une faune caractéristique. Bull. Rech. Agron. Gembloux, 569–578. Gembloux 1974.

LECLERCQ, J., und LEBRUN, PH.: Atlas provisoire des Arthropodes Non Insectes de Belgique. Myriapodes, Blaniulidae et Iulidae par J. Biernaux. Faculté des Sciences Agronomiques de l'Etat Zool. gen. et Faun. Gembloux 1971.

LECLERCQ, J., GASPAR, CH., und VERSTRAETEN, CH.: Atlas provisoire des Insectes de Belgique. Faculté des Sciences Agronomiques de l'Etat Zool. Gen. et Faun. Gembloux 1973.

– Contribution Belge à la cartographie des Invertébrés Européens (C.B.C.I.E.). Abbotsripton (Manuskript) 1973.

LECOINTRE, G.: Quelques remarques sur le quaternaire marin de l'île de Gran Canaria. Acta del V Congr. Panafricana de Prehistoria y de estudio del cuaternario. 165–177. Santa Cruz de Tenerife 1966.

LEE, K. E.: Earthworms of the British Solomon Islands Protectorate. Phil. Trans. Roy Soc. 255, 345–354, 1969.

LEE, K. E., und WOOD, T. G.: Termites and Soils. London, New York 1971.

LEES, D. R., CREED, E. R., und DUCKETT, J. G.: Atmospheric pollution and industrial melanism. Heredity 30, 227–232, 1973.

LEHN, H.: Veränderungen im Stoffhaushalt des Bodensees. Verhdl. Ges. Ökologie, Wien. Junk, Den Hague 1976.

– Phytoplanktonveränderungen im Bodensee und einige Folgeprobleme. Verhdl. Ges. Ökol. Saarbrücken. 225–235. Den Hague 1974.

LEIBBRAND, K.: Die Zukunft der Städte. Umschau 71, 407–411, 1971.

LEITHE, W.: Die Analyse der Luft und ihrer Verunreinigungen in der freien Atmosphäre und am Arbeitsplatz. Wiss. Verl., Stuttgart 1974.

LEMA, TH. DE, und FABIAN-BEURMANN, M. E.: Levantamento preliminar dos répteis da regiao da fronteira Brasil-Uruguay. Iheringia, Sér. Zool., 50, 61–92, 1977.

LEMEE, G.: Précis de Biogéographie. Masson & cie., Paris 1967.

LENZ, M.: Zum Problem der Erfasssung von Brutvogelbeständen in Stadtbiotopen. Die Vogelwelt 92 (2), 41–52, 1971.

LEONHARD, R. E.: Effects of trees and forests in noise abatement. Planning and Resource Development. Series Monograph 17, 35–58, 1971.

LESER, H.: Landschaftsökologische Studien im Kalaharirandgebiet um Auob und Nossob. Steiner, Wiesbaden 1971.

– Landschaftsökologie. Ulmer, Stuttgart 1976.

LEVI, L.: Stress and distress in response to psychosocial stimuli. Pergamon Press, Oxford 1972.

LEVINE, N. D.: Human Ecology. Duxbury Press, North Scituate, Mass. 1975.

LEVINS, R.: Evolution in changing environments. Princeton Univ. Press, Princeton 1969.

– Fitness and optimization. In Mathematical Tropics in Population Genetics. 389–400. Springer, Heidelberg 1970.

LEWIS, M. C., und GREENE, S. W.: A Comparison of Plant Growth at an Arctic and Antarctic Station. In Antarctic Ecology. Acad. Press, London, New York 1970.

LEWIS, T. H.: Dark coloration in the reptiles of the Tularose Malpais, New Mexico. Copeia 3, 181–184, 1949.

LEWIS, W. M.: Effects of Forest Fires on atmospheric Loads of Soluble Nutrients. Mineral Cycling in Southeastern Ecosystems. Springfield Virginia 1975.

LEWONTIN, R. C.: The Meaning of Stability. In Diversity and Stability in Ecological Systems. Symposia in Biology, 22, USAEC Report BNL-50175, Brookhaven 1970.

LI, H. L.: Urban botany: need for a new science. Bioscience 19, 882–883, 1969.

LIEBMANN, H.: Handbuch der Frischwasser- und Abwasserbiologie I. 2. Aufl. München 1962.

– Der Wassergüteatlas. Seine Methodik und Anwendung. München 1969.

LIETH, H.: Über die Primärproduktion der Pflanzendecke der Erde. Angew. Botan. 46, 1–37, 1972.

LIETH, H., und WHITTAKER, R. H.: Primary productivity of the biosphere. Springer, Berlin, Heidelberg, New York 1975.

LIKENS, G. E., BORMANN, F., PIERCE, R., EATON, J., und JOHNSON, N.: Biogeochemistry of a Forested Ecosystem. Springer, New York, Heidelberg 1977.

LIMA, D. DE A.: Contribuição ao estudo do paralelismo da flora amazônico-nordestina. Instituto Pesquisas Agronomicas, Bol. Téchnico, 19, 3–30, 1966.

LINCOLN, G. A.: Birds counts either side of Wallace's Line. J. Zool. 177, 349–361, 1975.

LINDEMAN, J. C.: Die Vegetationstypen von Surinam in Zusammenhang mit Boden und Tierwelt. Biosoziologie. Junk, Den Hague 1966.

LINDEMANN, R.: Studien zur Geographie der Waldgrenzen im westlichen Norwegen. Exemplarisch behandelt an der Fosen-Halbinsel in Tröndelag. Diss. Münster 1972.

LINDMAN, C. A. M.: Vegetationen in Rio Grande do Sul. Stockholm 1900.

LINDROTH, C. H.: Die skandinavische Käferfauna als Ergebnis der letzten Vereisung. Verh. XII Int. Kongr. Ent., Berlin 1939.
– Ecological zoogeography. Annals State Res. Council of Nat. Sci. Stockholm 199–203, Stockholm 1956.
– The theory of glacial refugia in Scandinavia. Comments on present opinions. Notulae Entomol. XLIX, 1969.
LITTLE, S. L., und NOYES, J. H.: Trees and forests in an urbanizing environment. Planning and Resource Development Series Publ. 17, 1971.
LIVINGSTONE, D. A.: Late quaternary climatic change in Africa. Ann. Rev. Ecol. Syst. 6, 249 bis 280, 1975.
LOCKETT, M., und MARWOOD, J.: Sound derivation causes hypertension in rats. Federation Proc. 32, 1973.
LOCKWOOD, A. P.: Effects of pollutants on aquatic organisms. Cambridge Univ. Press, Cambridge, London, New York, Melbourne 1976.
LOCKWOOD, J. G.: World Climatology. Arnold, London 1974.
LOEHR, R. C.: Land as a waste Management Alternative. Proceed. of the 1976 Cornell Agricultural Waste Management Conference. Ann Arbor Science Publ., Ann Arbor 1977.
LÖFFLER, E.: Evidence of Pleistocene glaciation in East Papua. Austral Geograph. Stud. 8, 16–26, 1970.
– Pleistocene glaciation in Papua and New Guinea. Z. Geomorph. 13, 32–58, 1972.
LOHMEYER, W.: Naturlandschaftskarte des Gebietes beiderseits der Mittelweser zwischen Dümmer, Steinhuder Meer und Bremen 1 : 300000. Mitt. d. Flor. soz. Arbeitsgem. 3, 1952.
LÖNNBERG, E.: Einige Bemerkungen über den Einfluß der Klimaschwankungen auf die afrikanische Vogelwelt. J. Ornith. 74, 259–273, 1926.
LORENZ, K.: Vom Weltbild des Verhaltensforschers. dtv, München 1968.
LORENZ, K., und LEYHAUSEN, P.: Antriebe tierischen und menschlichen Verhaltens. Piper, München 1968.
LORENZO, J. L.: Minor Periglacial Phenomena among the high Volcanoes of Mexico. In The Periglacial Environment. McGill-Queen's University Press, Montreal 1969.
LORKOVIC, Z.: Die Verteilung der Variabilität von Hipparchia statilinus Hufn. (Lepid., Satyridae) in Beziehung zum Karstboden des ostadriatischen Küstenlandes. Acta entomol. Jugosl. 10 (1–2), 41–53, 1974.
– Karyologische Übereinstimmung sibirischer und nordamerikanischer Erebia callias EDW. Acta entomol. Jugoslavica 11 (1–2), 41–46, 1975.
LÖSER, S.: Art und Ursachen der Verbreitung einiger Carabidenarten (Coleoptera) im Grenzraum Ebene–Mittelgebirge. Zool. Jb. Syst. Ökol. Geogr. 99, 1972.
LÖTSCHERT, W., und KÖHM, H. J.: Baumborke als Anzeiger von Luftverschmutzungen. Umschau 73, 403–404, 1973.
LÖTSCHERT, W., und ULLRICH, C.: Zur Frage jahreszeitlicher pH-Schwankungen an natürlichen Standorten. Flora 150, 657–674, 1960.
LOUB, W.: Umweltverschmutzung und Umweltschutz in naturwissenschaftlicher Sicht. Deuticke, Wien 1975.

LOVEJOY, T. E.: Bird diversity and abundance in Amazon forest communities. Living Bird 13, 127–191, 1975.
LOVERIDGE, A.: New Guinean Reptiles and Amphibians in the Museum of Comparative Zoology and the U.S. Nat. Mus. Bull. Mus. Comp. Zool. 101, 305–430, 1948.
LOVINS, A. B.: World Energy strategies. Ballinger, Cambridge, Mass. 1975.
LOWE-McCONNELL, R. H.: Fish Communities in Tropical Freshwaters. Longman, London, New York 1975.
LOWMAN, F. G., RICE, T. R., und RICHARDS, A. F.: Accumulation and Redistribution of Radionuclides by Marine Organisms. In Radioactivity in the Marine Environment. US. Nat. Acad. of Science, 161–199. Washington D.C. 1971.
LOWRY, W. P.: Atmospheric pollution and global climatic change. Ecology 53 (5), 908–914, 1972.
LÜBCKE, E., und MITTAG, G.: Versuche zur subjektiven Beurteilung von Geräuschen. Acoustica Beih. 15, 1965.
LUCKAT, S.: Eine Verbesserung der Expositionstechnik bei Korrosionsversuchen. Schriftenr. LIB 29, 77–78, Essen, 1973.
LÜDERS, R.: Bodenbildungen im Chaco Boreal von Paraguay als Zeugen des spät- und postglazialen Klimaablaufs. Geologische Jahrb. 78, 603–608, 1961.
LUDWIG, G.: Pobleme im Paläozoikum des Amazonas- und des Maranháo-Beckens in erdölgeologischer Sicht. Erdöl und Kohle, Erdgas, Petrochemie 19, 798–807, 1966.
LUDWIG, G.: Die geologische Entwicklung des Marajó-Beckens in Nordbrasilien. Geol. Jb. 86, 845–878, 1968.
LUNDQUIST, G.: Interglaciale avlagringar i Sverige. Sver. Geol. Unders. 600, 1964.
– Submorainic sediments in the county of Jämtland, Central Sweden. Sver. Geol. Unders. 618, 1967.
LÜSCHER, M.: Phase and Caste determination in insects. Endocrine Aspects. Pergamon Press, Oxford 1976.
LYDEKKER, R.: A Geographical History of mammals. Cambridge 1896.
LYELL, CH.: Principles of Geology. 12. Aufl. London 1875.
LYNCH, J. F., und JOHNSON, N. K.: Turnover and equilibra in insular avifaunas, with special reference to the California Channel Islands. Condor 76, 370–384, 1974.
LYON, G. L., et al.: Some trace elements in plants from serpentine soils. New Zealand J. Sci. 13, 133–139, 1970.
MABESOONE, J. M.: Origin and age of the sandstone reefs of Pernambuco (Northeastern, Brazil). J. Sed. Pet. 34 (4), 1964.
MACARTHUR, R. H.: Fluctuations of Animal Populations, and a Measure of Community Stability. Ecology 36, 533–536, 1955.
– Patterns of communities in the tropics. Biol. J. Linn. 1, 19–30, 1969.
– Geographical Ecology, Patterns in the Distribution of Species. Harper & Row, New York 1972.
MACARTHUR, R. H., und WILSON, E. O.: An equilibrium theory of insular zoogeography. Evolution 17, 373–387, 1963.
– The theory of island biogeography. Princeton Univ. Press, Princeton N. J. 1967.

– Biogeographie der Inseln. Goldmann, München 1971.

MACARTHUR, R. H., DIAMOND, J. M., und KARR, J. R.: Density compensation in island faunas. Ecology 53, 330–342. 1972.

MACARTHUR, R. H., RECHER, H., und CODY, M.: On the relation between habitat selection and species diversity. Am. Nat. 100, 319–332, 1966.

MACHADO, A.: Introduction to a faunal study of the Canary Islands Laurisilva, with special reference to the Ground-Beetles. In Biogeography and Ecology in the Canary Islands. 347–411. Junk, Den Hague 1976.

MACHADO, F. P.: Contribuição ao estudo do clima do Rio Grande do Sul. Inst. Brasileiro de Geografia e Estatistica. Rio de Janeiro 1950.

MÄCKE, P. A., und HENSEL, H.: Arbeitsmethode der städtischen Verkehrsplanung. Bauverlag, Wiesbaden, Berlin 1975.

MACLEAN, S. F., FITZGERALD, B. M., und PITELKA, F. A.: Population Cycles in arctic Lemmings Winter. Reproduction and Predation by Weasels. Arctic and Alpine Research 6 (1), 1–12, 1974.

MAGAARD, L., und RHEINHEIMER, G.: Meereskunde der Ostsee. Springer, Berlin, Heidelberg, New York 1974.

MAGALHAES, G. M.: Contribuição para o conhecimento da flora dos campos alpinos de Minas Gerais. Anais V Reunião Anual Soc. Bot. Brasil. 227–304. Porto Alegre 1956.

MÄGDEFRAU, K.: Flechtenvegetation und Stadtklima. Naturwissenschaftl. Rdsch. 13, 210–214, 1960.

– Die Geographie der Moose, ihre Begründung und Entwicklung. Acta Hist. Leopoldina 9, 95–110, 1975.

– Die ersten Alpen-Botaniker. Jb. Verein zum Schutze der Alpenpflanzen und -tiere 40, 1–14, 1975.

– Das Älter der Drachenbäume auf Teneriffa. Flora 164, 347–357, 1975.

MAGS: Schallausbreitung in bebauten Gebieten. Düsseldorf 1975.

MAHER, W. J.: Predation by weasels on a winter population of lemmings, Banks Islands, Northwest Territories. Can. Field Nat. 81, 248–250, 1967.

MAHLER, P. J.: Agricultural Development and the Environment, Geoforum 10, 53–69, 1972.

MAIN, A. R., LITTLEJOHN, M. J. und LEE, A. K.: Ecology of Australian Frogs. In Biogeography and Ecology in Australia. Den Hague 1959.

MALAVOLTA, E., SARRUGE, J. R., und BITTENCOURT, V. C.: Toxidez de Aluminio e de Manganês. 4. Simp. Cerrado, 275–301. Ed. Univ. São Paulo, São Paulo 1976.

MALICKY, H.: Gebirgsbach und Gebirgsbachleben. Jb. Verein zum Schutze der Alpenpflanzen und -tiere 38, 1–13, 1973.

MALINS, D. C.: Effects of Petroleum on Arctic and Subarctic Marine Environments and Organisms. Acad. Press, New York, London 1977.

MALINS, D. C., und SARGENT, J. R.: Biochemical and Biophysical Perspectives in Marine Biology 1,2. Acad. Press, London, New York, San Francisco 1975.

MALLING, H. V.: Mutagenesis testing-Mammalian systems, Mutation Res. 41, 1976.

MALMER, N.: Erfahrungen schwedischer Forschung über Methodik bei landschaftsökologischen Bestandsaufnahmen für die Landesplanung. In MÜLLER, P. (ed.): Verhandlungen der Gesellschaft för Ökologie, Erlangen. Junk, Den Hague 1975.

MALOIY, G. M. O.: Comparative Physiology of Desert Animals. Zool. Soc. London, New York, London 1972.

MALONE, C. R.: Regurgitation of food by mallard ducks. Wilson Bull. 78, 227–228, 1966.

MALY, E. J.: Interactions among the Predatory Rotifer Asplanchna and two Preys, Paramecium and Euglena. Ecol. 56, 346–358, 1976.

MANI, M. S.: Ecology and Biogeography of High Altitude Insects. Ser. Entomol. 4 (14), 1–527, 1968.

MANNING, W. J.: The influence of Ozone on plant surface Microfloras. In DICKINSON und PREECE: Microbiology of Aerial Plant Surfaces. 159–172. Acad. Press, London, New York 1976.

MANSHARD, W.: Man and the biosphere. Applied Sciences 1, 60–65, 1973.

MARES, M. A.: South american mammal zoogeography: evidence from convergent evolution in desert rodents. Proc. nat. Acad. Sci. 72, 1975.

MARGALEF, R.: La teoria de la informacion en ecologia. Mem. Real. Acad. Cienc. Artes Barcelona 32 (13), 373–436, 1957.

– Information theory in ecology. Gen. Systems 3, 37–71, 1958.

– On certain unifying principles in ecology. Americ. Naturalist, 97, 357–374, 1963.

– Perspectives in ecological theory. 4. Aufl. Chicago, London 1975.

MARICONI, F. A. M.: As Saúvas Ed. Agronômica „Ceres". São Paulo 1970.

MARKELIN, A.: Mensch und Stadtgestalt. Deutsche Verlags-Anst., Stuttgart 1974.

MARKING, L. L., und DAWSON, V. K.: Investigations in Fish control. 67. Method for Assessment of Toxicity or Efficacy of Mixtures of chemicals. US Dep. Interior, Fish & Wildlife Serv., Report. La Crosse, Wisconsin USA. 1975.

MARTIN, M. H., und COUGHTREY, P. J.: Preliminary Observations of the Levels of Cadmium in a Contaminated Environment. Chemosphere 3, 155–160, 1975.

MASIRONI, R.: Cardiovascular mortality in relation to radioactivity and hardness of local water supplies in the USA. Bull. Wld. Hlth. Org. 43, 687–697, 1970.

MASON, ST.: Geschichte der Naturwissenschaft. Kröner, Stuttgart 1974.

MASSING, H.: Die Pauschaltabelle der Abwasserabgabe. Schriftenr. Ver. Wasser-, Boden- und Lufthygiene 44, 43–53, 1975.

MATHER, K.: Genetical Structure of Populations. Chapman und Hall, London 1973.

MATSCH, CH. L.: North America and the Great Ice Age. McGraw-Hill, New York 1976.

MATSUMURA, F.: Toxicology of Insecticides. Plenum Press, New York, London 1975.

– Absorption, Accumulation and Elimination of Pesticides by Aquatic organisms. In KHAN: Pesticides in Aquatic Environment. Plenum Press, New York, London 1977.

MATSUMURA, Y.: The effects of ozone, nitrogen dioxide and sulfur dioxide on the experimentally induced allergic respiratory disorder in guinea pigs. Amer. Rev. Resp. Dis. 102, 430–447, 1970.

MATTER, L., SCHENKER, D., und SCHNEIDER, W.:

Schwermetallkonzentrationen in partikelförmigen Luftbeimengungen der Atmosphäre von Industrieballungsgebieten. Forum Umwelt-Hygiene **8**, 232–233, 1975.

MAUCH, E.: Untersuchungen über das Benthos der deutschen Mosel unter besonderer Berücksichtigung der Wassergüte. Diss. Frankfurt 1961.

MAURER, R.: Die Vielfalt der Käfer- und Spinnenfauna des Wiesenbodens im Einflußbereich von Verkehrsimmissionen. Oecologia **14**, 327–351, 1974.

MAURER, W.: Rindenflechten und Luftverunreinigung im Stadtgebiet von Graz. Reinhaltung der Luft. Beiträge über Graz **1**, 23–40, 1969.

MAXIMOW, A. A., und NECKIJ, G. J.: Die Bisamratte in Westsibirien. Nauka, Nowosibirsk 1966.

MAY, R.: Will a large complex System be stable? Nature **238**, 413–414, 1972.
- Stability and Complexity in Model Ecosystems. Princeton University Press, Princeton N.J. 1973.
- Thresholds and breakpoints in ecosystems with a multiplicity of stable states. Nature **269**, 471–477, 1977.

MAYER, H.: Waldbau auf soziologisch-ökologischer Grundlage. G. Fischer, Stuttgart, New York 1977.

MAYER, H. M., und KOHN, C. F.: Readings in urban Geography. Univ. Chicago Press, Chicago 1959.

MAYER, R.: Bioelementflüsse im Wurzelraum saurer Waldböden. Mitt. Dt. Bodenk. Ges. **16**, 136–145, 1972.

MAYER, R., ULRICH, B., und KHANNA, P. K.: Die Ausfilterung von Luftverunreinigungen durch Wälder-Einflüsse auf die Azidität der Niederschläge und deren Auswirkungen auf den Boden. Mitt. Dt. Bodenk. Ges. **22**, 339–348, 1975.

MAYFIELD, H. F.: Third Decennial census of Kirtland's Warbler. The Auk **89** (2), 263–268, 1972.
- Census of Kirtland's Warbler in 1972. The Auk **90** (3), 684–685, 1973.

MAYR, E.: The zoogeographic position of the Hawaiian Islands. Condor **45**, 45–48, 1943.
- Interferences concerning the Tertiary American Bird Faunas. Proc. Nat. Acad. Sci. **51**, 1964.
- What is a Fauna? Zool. Jb. Syst. **92** (2/3), 473–486, 1965.
- Artbegriff und Evolution. Parey, Hamburg, Berlin 1967.
- Grundlagen der Zoologischen Systematik. Parey, Hamburg, Berlin 1975.

MAYR, E., und DIAMOND, J. M.: Birds on islands in the sky: Origin of the montane avifauna of Northern Melanesia. Proc. Natl. Acad. Sci. USA **73** (5), 1765–1769, 1976.

MAYR, E., LINSLEY, E. G., und USINGER, R. L.: Methods and principles of systematic Zoology. New York, Toronto, London 1953.

McDOWALL, R. M., HOPKINS, C. L., und FLAIN, M.: Fishes. In New Zealand Lakes. 292–307. Auckland Univ. Press, Auckland 1975.

McLUSKY, D. S.: Ecology of estuaries. Heinemann, London 1971.

MECHLER, B.: Les Geckonides de la Colombie. Rev. Suisse de Zool. **75** (2), 305–371, 1971.

MEGGERS, B. J., AYENSU, E. S., und DUCKWORTH, W. D.: Tropical forest ecosystems in Africa and South America: A comparative review. Smithsonian Institution Press, Washington, D.C. 1973.

MEIER, H.-P., und MÜLLER, R.: Die Beeinträchtigung der Wohnhygiene durch Lärm. Umwelthygiene **2**, 54–60, 1975.

MEIJERING, M. P. D.: Quantitative Untersuchungen zur Drift und Aufwanderung von Gammarus fossarum in einem Mittelgebirsbach. Verhdl. Ges. Ökologie, Saarbrücken, 143–147. Junk, Den Hague 1974.

MEISENHEIMER, J.: Die bisherigen Forschungen über die Beziehungen der drei Südkontinente zu einem antarktischen Schöpfungszentrum. Naturwsch. Z. **3**, 1904.

MEISTER, F. J.: Die schall- und lufthygienische Bedeutung der Grünanlagen im Verkehrs- und Siedlungsraum der Landschaft. Kurz und Gut **2**, 1970.

MENDL, H.: Limoniinen am Schaufenster. Naturwiss.-Mitt. Kempten **16** (2), 23–27, 1972.

MERCER, J. H.: Glacial History of Southernmost South America. Quaternary Research **6**, 125–166, 1976.

MERCER, J. M.: The discontinous glacio-eustatic fall in tertiary Sea Level. Palaeogeography, Palaeoclimat., Palaeoecology **5**, 77–85, 1968.

MERTENS, R.: Über den Rassen- und Artenwandel auf Grund des Migrationsprinzips, dargestellt an einigen Amphibien und Reptilien. Senckenbergiana **10**, 81–91, 1928.
- Die Insel-Reptilien, ihre Ausbreitung, Variation und Artbildung. Zoologica **84**, 1–209, 1934.
- Bemerkungen über die brasilianischen Arten der Gattung Liolaemus. Zool. Anz. **123** (7/9), 220–222, 1938.
- Lacterta goliath n.sp., eine ausgestorbene Rieseneidechse von den Kanaren. Senckenbergiana **25**, 330–339, 1942.
- Die Amphibien und Reptilien von El Salvador. Abhdl. Senck. Nat. Ges. **487**, 1952.
- Froschfang-Exkursionen in Brasilien. Die Aquarien- und Terrarienzeitschrift (DATZ) **10** (1), 22–25, 1957.

MERTENS, R., und WERMUTH, H.: Die Amphibien und Reptilien Europas. Kramer, Frankfurt 1960.

MESSERLI, B.: Formen und Formungsprozesse in der Hochgebirgsregion des Tibesti. Hochgebirgsforschung **2**, 23–86, 1972.

METCALF, R. L.: Model Ecosystem Studies of Bioconcentration and Biodegradation of Pesticides. In Pesticides in Aquatic Environments. Plenum Press, New York, London 1977.

MEUSEL, H.: Wuchsformenreihen mediterran-mitteleuropäischer Angiospermen-Taxa. Feddes Repertorium **81** (1–5), 41–59, 1970.

MEYER, H.: Wälder des Ostalpenraumes. G. Fischer, Stuttgart 1974.

MEYER, P.: Zur Biologie und Ökologie des Atlashirsches Cervus elaphus barbarus, 1833. Z. Säugetierkd. **37**, 101–116, 1972.

MEYLAN, A., und HAUSSER, J.: Les chromosomes des Sorex du groupe araneus-arcticus (Mammalia, Insectivora). Z. Säugetierkunde **38**, 143–158, 1973.

MIETTINEN, J. K.: Plutonium Foodchains. In Environmental Toxicity of Aquatic Radionuclides. Models and Mechanisms. Ann Arbor Sciences, Ann Arbor 1971.

MIETTINEN, J. K., RAHOLA, T., HATTULA, T., RISSANEN, K., und TILLANDER, M.: Elimination of ^{203}Hg-methylmercury in man. Ann. Clin. Res. **3**, 1971.

MILLER, M. W., und STANNARD, J. N.: Environmental Toxicity of Aquatic Radionuclides. Models and Mechanisms. Ann Arbor Sciences, Ann Arbor 1976.

MILLER, ST. L., und ORGEL, L. E.: The Origins of Life on the Earth. Prentice-Hall Inc., Englewood Cliffs, New Jersey 1974.

MILLIMAN, J. D., und EMERY, K. O.: Sea levels during the past 35 000 years. Science 162, 1121 bis 1123, 1968.

MILLIMAN, J. D., und SUMMERHAYES, C. P.: Upper continental margin sedimentation of Brazil. In Contribution to Sedimentology 4. Schweizerbart Stuttgart 1975.

MINISTER FÜR ARBEIT, GESUNDHEIT UND SOZIALES NRW: Luftreinhalteplan Rheinschiene Süd (Köln) 1977–1981. Luftreinhalteplan gemäß § 47 des Bundes-Immissionsschutzgesetzes.   Düsseldorf 1976.

MITCHELL, A.: Die Wald- und Parkbäume Europas. Verl. Parey, Hamburg und Berlin 1974.

MITSCHERLICH, G.: Wald, Wachstum und Umwelt 3. Sauerländer, Frankfurt 1975.

MIYAWAKI, A.: Vegetation of Japan compared with other regions of world. Tokyo 1977.

MIYAWAKI, A., und TÜXEN, R.: Vegetation Science and Environmental Protection. Maruzen Ltd., Tokyo 1977.

MÖBIUS, K.: Die Auster und die Austernwirtschaft. Berlin 1877.

MOESTA, H.: Possibilities and Restraints in the Use of Solar Energie. Naturwiss. 63, 491–498, 1976.

MOHN, G., ELLENBERGER, J., und Mc GREGOR, D.: Development of mutagenicity tests using a multipurpose strain of Escherichia coli K 12 as indicator organism. Mutation Res. 25, 1974.

MOHR, E., und DUNKER, G.: Vom „Formenkreis" Mus musculus. Zool. Jb. Syst. 56, 65–72, 1930.

MOLINA, M. J., und ROWLAND, F. S.: Stratospheric sink for chlorofluoromethanes: Chlorine atom-catalysed destruction of ozone. Nature 249, 810–812, 1974.

MOLL, W.: Zur „Vinylchlorid-Krankheit". Umwelthygiene 8, 235–236, 1975.

MONHEIM, F.: Bericht über Forschungen in den Zentralen Anden, besonders im Titicaca-Becken. Erdkd. 9, 204–216, 1955.

– Beiträge zur Klimatologie und Hydrologie des Titicaca-Beckens. Heidelberger Geogr. Schr. Heidelberg 1956.

MONIN, A., KAMENKOVICH, V., und KORT, V.: Variability of the oceans. Wiley, New York, London 1977.

MONOD, T.: The late Tertiary and Pleistocene in the sahara and adjacent southerly Regions. African Ecology and Human Evolution. Viking Fund Publ. Anthropology 36, 117–230, 1963.

MONTANUCCI, R. R.: Convergence, Polymorphism or Introgressive Hybridization? An Analysis of Interaction between Crotaphytus collaris and C. reticulatus (Sauria: Iguanidae). Copeia 1974 (1), 87–101, 1974.

MONTEIRO, C. A. F.: Comparação da Pluviosidade nos Estados de São Paulo e Rio Grande do Sul nos invernos de 1957 e 1963. Climatologia, 3. Instituto de Geografia, Universidade de São Paulo, 1–8. São Paulo 1971.

MONTEITH, J. L.: Vegetation and the Atmosphere. Acad. Press, London, New York, San Francisco 1976.

MOORE, D. M.: The vascular plants of the Falkland Islands. Brit. Antarctic Survey-Scientific Reports 60, 1968.

MOORE, V.: A pesticide monitoring system with special reference to the selection of indicator species. J. appl. Ecol. 3, 261–269, 1966.

– Pesticide monitoring from the national and international points of view. Bull. Recherches Agronom. Gembloux, Vol. extraord., 464–478. Gembloux 1974.

MORAFKA, D. J.: A Biogeographical Analysis of the Chihuahuan Desert through its Herpetofauna (Amphibia/Reptilia). Biogeographica 9. Junk, Den Hague 1977.

MOREAU, R. E.: Pleistocene climatic changes and the distribution of life in East Africa. J. Ecol. 21, 415–435, 1933.

– Vicissitudes of the African biomes in the Late Pleistocene. Proc. Zool. Soc. London 141, 395–421, 1963.

– The birds Faunas of Africa and its Islands. London, New York, 1966.

– Climatic changes and the distribution of forest vertebrates in West Africa. J. Zool. 158, 39–61, 1969.

MORENO, J. A.: Clima do Rio Grande do Sul. Bol. Geogr. do Est. do R.G.S., Porto Alegre 6 (11), 49–54, 1961.

MORGAN, C. J., und KING, P. E.: British Tardigrades. Synopses of the British Fauna (New Series) 9, 1–133. Acad. Press, London, New York, San Francisco 1976.

MORIARTY, F.: The toxicity and sublethal effects of p,p'-DDT and dieldrin to Aglais urtica (Lepidoptera: Nymphalidae) and Chorthippus brunneus (Thunberg) (Saltatoria: Acrididae). Ann. appl. Biol. 62, 371–393, 1968.

MÖRNER, N. A.: Eustatic and climatic changes during the last 15 000 years. Geol. Mijnb. 48, 389–399, 1969.

MORROW, P. A., BELLAS, T. E., und EISNER, T.: Eucalyptus Oils in the Defensive Oral Discharge of Australian Sawfly Larvae (Hymenoptera: Pergidae). Oecologia 24, 193–206, 1976.

MOURSI, A.: The letal doses of CO_2, N, NH_3 and H_2S for soil arthropods. Pedobiologica 2, 9–14, 1962.

MOUSSET, A.: Atlas provisoire des insectes du Grand-Duché de Luxembourg. Mus. d'Hist. Nat. Luxembourg, Luxembourg 1973.

MÜCKENHAUSEN, E.: Entstehung, Eigenschaften und Systematik der Böden der Bundesrepublik Deutschland. Frankfurt 1962.

MUCKLI, W.: Automatic Networks for Air Control Management in the Federal Republic of Germany. In BENARIE: Atmospheric Pollution. 173–185. Elsevier, Amsterdam, Oxford, New York 1976.

MÜHLENBERG, M., LEIPOLD, D., MADER, H. J., und STEINHAUER, B.: Island Ecology of Arthropods. Eocologia 29, 117–144, 1977.

MÜLLER, D., und NIELSEN, J.: Production brute, pertes par respiration et production nette dans la forêt ombrophile tropicale. Forstl. Forsgsv. in Danmark 29, 69–160, 1965.

MÜLLER, G.: Die Salmonellen im Lebensraum einer Großstadt. Beiträge zur Hygiene und Epidemiologie. Barth, Leipzig 1965.

– Die Sedimentbildung im Bodensee. Naturwissensch. 53, 1966.

– Attersee. Vorläufige Ergebnisse des OECD-Seeeutrophierungs- und des MAB-Programms. Gmunden 1976.

MÜLLER, H.: Zur Morphologie pleistozäner Seebekken im westlichen schleswig-holsteinischen Jungmoränengebiet. Z. Geomorph. N.F. 20 (3), 350–360, 1976.

MULLER, J.: Palynological study of Holocene peat in Sarawak, Symp. Ecol. Res. Hum. Trop. Veg. Kuching 1963. 147–156, Tokio 1965.

– Palynological evidence for change in geomorphology, climate, and vegetation in the Mio-Pliocene of Malesia. Trans. 2nd Aberdeen-Hull Symp. Mal. Ecol. 6–16, 1972.

– Pollen analytical studies of peat and coal from Northwest Borneo. In BARSTRA, H. R. VAN, und CASPARIE, W. A. (eds): Modern Quaternary research in Southeast Asia. Symp. Mod. Quat. Res. Indonesia, Rotterdam, 83–86, 1975.

MÜLLER, P.: Die Herpetofauna der Insel von São Sebastião (Brasilien). Saarbrücken 1968.

– Beitrag zur Herpetofauna der Insel Campeche. Salamandra 4, 47–55, 1968.

– Herpetologische Beobachtungen auf der Insel Marajó. DATZ 22 (4), 117–121, 1969.

– Einige Bemerkungen zur Verbreitung von Vipera aspis (Serpentes, Viperidae) in Spanien. Salamandra 5 (1/2), 57–62, 1969.

– Vertebratenfaunen brasilianischer Inseln als Indikatoren für glaziale und postglaziale Vegetationsfluktuationen. Abhdl. Dt. Zool. Ges. Würzburg 1969, 97–107, 1970.

– Die Ausbreitungszentren und Evolution in der Neotropis. Mitt. Biogeogr. Abt. Univers. Saarl. 1, 1–20, 1971.

– Biogeographische Probleme des Saar-Mosel-Raumes, dargestellt am Hammelsberg bei Perl. Faun.-flor. Not. aus dem Saarl. 4 (1/2), 1–14, 1971.

– Die Bedeutung der Biogeographie für die ökologische Landschaftsforschung. Biogeographica 1, 1972.

– Der neotropische Artenreichtum als biogeographisches Problem. Festb. Brongersma, Zool. Med. 47, 88–110, 1972.

– Biogeographie und die „Erfassung der Europäischen Wirbellosen". Ent. Z. 82 (3), 9–14, 1972.

– Die Bedeutung der Ausbreitungszentren für die Evolution neotropischer Vertebraten. Zool. Anz. 189 (1/2), 1972.

– The Dispersal Centres of Terrestrial Vertebrates in the Neotropical Realm. Biogeographica 2, 1–244, 1973.

– Die Verbreitung der Tiere. Grzimeks-Tierleben 16. Kindler, 1973.

– Historisch-biogeographische Probleme des Artenreichtums der südamerikanischen Regenwälder. Amazoniana, 4 (3), 229–242, 1973.

– Probleme des Ökosystems einer Industriestadt, dargestellt am Beispiel von Saarbrücken. In Belastung und Belastbarkeit von Ökosystemen. Tagungsber. Ges. Ökol. Gießen 1972, 123–132, 1973.

– Die Erfassung der europäischen Fauna als europäische Aufgabe. Mitt. Abt. Biogeogr. Saarbrücken 5, 1–2, 1973.

– Was ist Ökologie? Geoforum 18, 1974.

– Aspects of Zoogeography pp. 208. Junk, Den Hague 1974.

– La structuration de l'environnement naturel dans les regions de concentration urbaine. Bull. des Recherches agronomiques de Gembloux. Vol. extraordinaire édité à l'occasion de la semaine d'étude agriculture et environnement. 742–761. Gembloux 1974.

– Beiträge der Biogeographie zur Geomedizin und Ökologie des Menschen. Fortschritte der Geomedizinischen Forschung. 88–109. Steiner, Wiesbaden 1974.

– Erfassung der westpaläarktischen Invertebraten. Fol. Ent. Hung. 27, 405–430, 1974.

– Biogéographie et évolution en Amérique du Sud. C. R. Soc. Biogéogr., Séance 448, 15–22, 1975.

– Ökologische Kriterien für die Raum- und Stadtplanung, Umwelt-Saar 1974, 6–51, Homburg 1975.

– Zum Vorkommen von Liolaemus occipitalis im Staat von Santa Catarina (Brasilien). Salamandra 11 (1), 57–59, 1975.

– Voraussetzungen für die Integration faunistischer Daten in die Landesplanung der Bundesrepublik Deutschland, Schriftenr. Vegetationskde., Vol. 10, 27–47. Bonn-Bad Godesberg 1976.

– Bioindicateurs et diversité d'espèce, critères de la qualité de l'environnement dans des Zones urbaines, Proc. XXIII. Internat. Geograph. Congress, 4, 27–32. Moskau 1976.

– Biogeography as a means of evaluating living spaces. Animals research and development 3, 86–104. Inst. for Scientific co-operation, Tübingen 1976.

– Fundortkataster der Bundesrepublik Deutschland, Erfassung der westpaläarktischen Tiergruppen, Teil 2: Lepidoptera, Bearb. H. SCHREIBER, Schwerpunkt Biogeographie, Universität des Saarlandes. Saarbrücken 1976.

– Zur Diversität und Biomasse der Reptilienfauna des zentralamazonischen Regenwaldes bei Manaus. Amazoniana 5 (4), 539–543. 1976.

– Biotope des brasilianischen Erdleguans Liolaemus occipitalis. Das Aquarium 84, 268–271, 1976.

– Andean Dispersal Centers and their affinities. In Neotropische Ökosysteme. Biogeographica 7, 183–201, Junk, Den Hague 1976.

– Belastbarkeit von Ökosystemen. Mitt. 8, Schwerp. Biogeogr. Saarbrücken 1977.

– Biogeographie und Raumbewertung. Wiss. Buchgesellschaft, Darmstadt 1977.

– Tiergeographie: Struktur, Funktion, Geschichte und Indikatorbedeutung von Arealen. pp. 268. Teubner, Stuttgart 1977.

– Abfallwirtschaft als ökologisch-ökonomisches System. In Abfallwirtschaft und Recycling. Girardet, Essen 1977.

– Stand und Probleme der Erfassung der westpalaearktischen Tiergruppen im BRD. Int. Entomol. Sympos. Lunz. Junk, Den Hague 1977.

MÜLLER, P., und BLATT, G.: Die Mortalitätsrate von Importschildkröten im Saarland. Salamandra, 1975.

MÜLLER, P., und SCHÄFER, A.: Diversitätsuntersuchungen und Expositionstests in der mittleren Saar, Umwelt-Forum 2, 43–46, 1976.

MÜLLER, P., und SCHMITHÜSEN, J.: Probleme der Genese südamerikanischer Biota. Festschr. Gntz. Hirt, Kiel 1970.

MÜLLER, P., und SCHREIBER, H.: Erfassung der europäischen Wirbellosen. Mitt. Biogeogr. Abt. Univ. Saarlandes 2, 1–12, 1972.

MÜLLER, P., und STEINIGER, H.: Evolutionsge-schwindigkeit, Verbreitung und Verwandtschaft brasilianischer Erdleguane der Gattung Liolaemus (Sauria, Iguanidae). Mitt. 9, Schwerp. Biogeographie. Saarbrücken 1977.

MÜLLER, P., KLOMANN, U., NAGEL, P., REIS, H., und SCHÄFER, A.: Indikatorwert unterschiedlicher biotischer Diversität im Verdichtungsraum von Saarbrücken. Verhdl. Ges. Ökologie, Erlangen. 113–128. 1975.

MÜLLER, W.: Nutzung und Wiederverwendung von Abwässern. E. Schmidt, Bielefeld 1976.

MUELLER-DOMBOIS, D., und ELLENBERG, H.: Aims and Methods of Vegetation Ecology. John Wiley & Sons, New York 1974.

MÜLLER-WILLE, W.: Natur und Kultur in der oberen Emssandebene. Decheniana 113, 1960.

MULSOW, R.: Untersuchungen zur Siedlungsdichte der Hamburger Vogelwelt. Abh. Verh. Naturwiss. Ver. Hamburg N.F. 12, 123–188, 1968.

MURDOCH, W. W., und OATEN, A.: Predation and Population Stability. Adv. Ecol. Research 9, 1–132, 1975.

MURPHY, J. C., und BECKER, V. E.: Nitrogen fixation by lichens of the Northern Piedmont. Mineral Cycling in Southeastern Ecosystems. Springfield, Virginia 1975.

MURRAY, M. D.: Insect parasites of marine birds and mammals. In Marine insects. North-Holland Publ. Comp., Amsterdam, Oxford, New York 1976.

MURTON, R., und WESTWOOD, N.: Birds as Pests. In Applied Biology 1, 89–181. Acad. Press, London, New York 1976.

MYERS, G. S.: Ability of Amphibians to Cross Sea Barriers, with especial Reference to Pacific Zoogeography. Proc. 7th Pacific Sci. Congress, New Zealand 1950.

MYERS, J. H.: Distribution and Dispersal in Populations capable of Resource Depletion. A Simulation Model. Oecologia 24, 255–269, 1976.

MYERS, J. H., und CAMPBELL, B. J.: Distribution and Dispersal in Populations capable of Resource Depletion. Oecologia 24, 7–20, 1976.

NADIG, A.: Über die Bedeutung der Massifs de Refuge am südlichen Alpenrand (dargelegt am Beispiel einiger Orthopterenarten). Mitt. Schweiz. Ent. Ges. 41, 341–358, 1968.

NAGEL, P.: Studien zur Ökologie und Chorologie der Coleopteren (Insecta) xerothermer Standorte des Saar-Mosel-Raumes mit besonderer Berücksichtigung der die Bodenoberfläche besiedelnden Arten. Diss., Biogeographie. Saarbrücken 1975.

– Die Darstellung der Diversität von Biozönosen, Schriftenr. Vegetationskde. 10. Bonn-Bad Godesberg 1976.

NAGYLAKI, TH.: The relation between distant individuals in geographically structured populations. Math. Biosci. 28, 73–80, 1976.

NAUDET, R.: The Oklo Nuclear Reactors: 1800 Million years ago. Interdisciplinary Science Reviews 1 (1), 72–84, 1976.

NAUMANN, C.: Untersuchungen zur Systematik und Phylogenese der holarktischen Sesiiden (Insecta, Lepidoptera). Dissertation. Bonn 1969.

NEEF, E.: Entwicklung und Stand der landschafts-ökologischen Forschung in der DDR. Wiss. Abh. Geogr. Ges. DDR 5, 22–34, 1967.

– Der Physiotop als Zentralbegriff der komplexen physischen Geographie. Pet. Geogr. Mitt. 112, 15–23, 1968.

NEEF, E., et al.: Beiträge zur Klärung der Terminologie in der Landschaftsforschung. Mitt. Geogr. Inst. Akad. der Wissensch. DDR. Leipzig 1973.

NEI, M.: Molecular population genetics and evolution. Elsevier Publ., New York 1975.

NEILL, W. T.: The geography of life. New York 1969.

NEL, J. A.: Species density and ecological diversity of South African Mammal Communities. South African Journ. of Science 71, 168–170, 1975.

NELSON, G. J.: The problem of Historical Biogeography. Syst. Zool. 18 (2), 243–246, 1969.

NELSON, J. S.: Fishes of the World. John Wiley, New York, London 1976.

NERI, L. C., HEWITT, D., und SCHREIBER, G. B.: Can Epidemiology elucidate the water story? Am. J. Epidemiol. 99, 75–88, 1974.

NEUMANN, D.: Die intraspezifische Variabilität der lunaren und täglichen Schlüpfzeiten von Clunio marinus (Diptera: Chironomidae). Verhdl. Ges. Zool. 223–233, 1965.

– Zielsetzungen der Physiologischen Ökologie, Verhdl. Ges. Ökologie, Saarbrücken. 1–9. Junk, Den Hague 1974.

NEUMANN, E., et al.: Aspekte des Lebendigen. Herder, Freiburg 1965.

NEVO, E., et al.: Competive exclusion between insular Lacerta species (Sauria, Lacertidae). Notes on experimental introductions. Oecologia 10, 183–190, 1975.

NEWELL, R. C.: Adaptation to environment: essays on the physiology of marine animals. Butterworths, London, Boston 1976.

NICOLAI, J.: Evolutive Neuerungen in der Balz von Haustaubenrassen (Columba livia var. domestica) als Ergebnis menschlicher Zuchtwahl. Z. Tierpsychol. 40, 225–243, 1976.

– Der Rotmaskenastrild (Pytilia hypogrammica) als Wirt der Togo-Paradieswitwe (Steganura togoensis). J. Orn. 118, 175–188, 1977.

NICOLAS, D. J. D., und EGAN, A. R.: Trace elements in Soil-Plant-Animal Systems. Acad. Press, New York, San Francisco, London 1975.

NICOLAS, W. L.: The biology of free-living Nematodes. Oxford 1975.

NIELSEN, E. ST.: Marine Photosynthesis with special emphasis on the ecological aspects. Elsevier, Amsterdam, Oxford, New York 1975.

NIEMITZ, W.: Die Abwasserabgabe aus naturwissenschaftlich-technischer Sicht. Schriftenr. Ver. Wasser-, Boden- und Lufthygiene 44, 11–24, 1975.

NIETHAMMER, G.: Die Rolle der Auslese bei Wüstenvögeln. Bonn. Zool. Beitr. 10, 179–197, 1959.

– Die Einbürgerung von Säugetieren und Vögeln in Europa. Parey, Hamburg, Berlin 1963.

– Die wertvollsten Vögel der Welt. Vogel-Kosmos 9, 304–309, 1969.

NIETHAMMER, G., und SZIJJ, J.: Die Einbürgerung von Säugetieren und Vögeln in Europa. Hamburg, Berlin 1963.

NIETHAMMER, J.: Der Igel von Teneriffa. Zool. Beitr. 18 (2), 307–309, 1972.

– Zur Frage der Introgression bei den Waldmäusen Apodemus sylvaticus und Apodemus flavicollis (Mammalia, Rodentia). Z. Zool. Syst. und Evol. 7 (2), 77–127, 1969.

NIETSCH, H.: Wald und Siedlung im vorgeschichtlichen Mitteleuropa. Leipzig 1938.

NIKLFELD, H.: Bericht über die Kartierung der Flora Mitteleuropas. Taxon 20 (4), 545–571, 1971.

NISHIUCHI, Y., und HASHIMOTO, Y.: Die Toxizität von Schädlingsbekämpfungsmitteln gegenüber einigen Arten von Süßwasser-Organismen. Bôlhû kagaku 32, 5–11, 1967.

NJOGU, A. R., und KINOTI, G. K.: Oberservations on the breeding sites of mosquitoes in Lake Manyara, a saline lake in the East African Rift Valley. Bull. Ent. Ges. 60, 473–479, 1971.

NOGALES, J., und SCHMINCKE, H.-U.: El Pino enterrado de la Canada de las Arenas (Gran Canaria). Cuad. Bot. Canar. 5, 23–25, 1969.

NOODT, W.: Syncarida. Biota Acuatica de Sudamerica Austral. San Diego State University, San Diego 1977.

NORD, D.: Arzneimittelkonsum in der Bundesrepublik Deutschland. Enke, Stuttgart 1976.

NOSHKIN, V. E., BOWEN, V. T., WONG, K. M., und BURKE, J. C.: Plutonium in North Atlantic Ocean Organisms: Ecological Relationships. In Radionuclides in Ecosystems, Proc. Third Nat. Symp. Radio. Ecology, 1971, Oak Ridge, Tenn. 2, 681–688, 1973.

NOWAK, E.: Die Ausbreitung der Tiere. Brehm-Bücherei. Ziemsen, Wittenberg Lutherstadt 1975.

NUORTEVA, P.: The influence of Oporinia autumnata (Bkh.) on the timber-line in subarctic conditions. Ann. Ent. Fenn. 29, 270–277, 1963.

– The ichneumonid fauna in relation to an outbreak of Oporinia autumnata (Bkh.) on subarctic birches. Ann. Zool. Fenn. 5 (3), 273–275, 1968.

– Local distribution of blowflies in relation to human settlement in an area around the town of Forssa in South Finland. Ann. Entom. Fenn. 32, 128–137, 1966.

– The synanthropy of birds as an expression of the ecological cycle disorder caused by urbanization. Ann. Zool. Fennici 8, 547–553, 1971.

NYLANDER, W.: Les lichens du Jardin du Luxembourg. Bull. Soc. bot. Fr. 13, 364–372, 1866.

OCHSNER, F.: Ökologische Untersuchungen an Epiphytenstandorten. Ber. Geobot. Inst. Rübel, 69–80. Zürich 1927.

ODUM, E.: Ecology. Holt, Rinehard & Winston, New York 1963.

– Fundamentals of Ecology. Saunders, Philadelphia 1971.

ODUM, W. E., und HEALD, E. J.: The Detritus-based food web of an Estuarine mangrove community. In Estuarine Research. Acad. Press, New York, San Francisco, London 1975.

ODUM, W. E., und JOHANNES, R. E.: The response of Mangroves to man-induced environmental Stress. In Tropical Marine Pollution. Elsevier, Amsterdam, Oxford, New York 1975.

OECD: Guiding Principles Concerning International Economic Aspects of Environment Policies. Doc. C (72), 122. Paris 1972.

OKLAND, F.: Tiergeographie – Ökologie. Biol. Zentralbl. 75, 83–85, 1956.

OLIVEIRA, P. L. DE, PFADENHAUER, J., und SERAFINI, S. M.: Verificações anatomicas e ecofisiológicas em halófitas do Rio Grande do Sul. In Biologia dos ecossistemas. URGS, Porto Alegre 1977.

OLSSON, I. O.: Radiocarbon Variations and Absolute Chronology. Nobel Symposium 12. Almquist and Wiksell, Stockholm 1971.

OMORI, M.: The Biology of Pelagic Shrimps in the ocean. Adv. mar. Biol. 12, 233–324, 1974.

OPPENEAU, J.-Cl.: Programmes, objectifs et resultats de la recherche française en pollution atmosphérique. In BENARIE: Atmospheric Pollution. 13–28. Elsevier, Amsterdam, Oxford, New York 1976.

ORIANS, G. H.: The number of the bird species in some tropical forests. Ecology 50, 783–801, 1969.

ORTIZ-CRESPO, F. J.: The Giant Hummingbird Patagonia gigas in Ecuador. Ibis 116 (3), 347–359, 1974.

ORTMANN, A. E.: Grundzüge der marinen Tiergeographie. Jena 1896.

– The theories of the origin of the Antarctic faunas and floras. Amer. Nat. 35, 1901.

OSBORN, H. F.: The age of mammals in Europe, Asia and North America. New York 1910.

OVERBECK, J.: Die Stellung der Bakterien in der Nahrungskette eines Sees. Umschau 11, 1972.

– Über die Kompartimentierung der stehenden Gewässer. Ein Beitrag zur Struktur und Funktion des limnischen Ökosystems. Verhandlungen der Gesellschaft für Ökologie Saarbrücken. Junk, Den Hague 1974.

PAIJMANS, K.: New Guinea Vegetation. Elsevier, Amsterdam, Oxford, New York 1976.

PALMEN, E.: Die anemohydrochore Ausbreitung der Insekten als zoogeographischer Faktor. Ann. Zool. Soc. Zool. Bot. Fenn. Vanamo 10 (1), 1–262, 1944.

PARENT, G. H.: Contribution a la connaissance du peuplement herpetologique de la Belgique. Note I: Quelques données sur la repartition et sur l'écologie de la vipère peliade (Vipera berus berus L.) en Belgique et dans le NE de la France. Bull. Inst. r. Sci. nat. Belg. 44 (29), 1–34, 1968.

PATRICK, R.: The effect of invasion rate, species pool, and size of area on the structure of the diatom community. Proc. Nat. Acad. Sci. 58, 1335–1342, 1967.

PATTEN, B. C.: The Zero State and Ecosystem Stability. Proc. First International Congr. of Ecology. Centre for Agricult. Publ. and Documentation, Wageningen 1974.

– Systems Analysis and Simulation in Ecology. Acad. Press, New York, San Francisco, London 1975.

PATTON, A. R.: Solar Energy for Heating and Cooling of Buildings. Noyes Data Corporation, Park Ridge, London 1975.

PATTON, J. L.: Biosystematics of the rodent fauna of the Galapagos Archipelago. American. Philos. Soc. Year Book 1975, 352–353, 1975.

PATTON, J. L., YANG, S. Y., und MYERS, P.: Genetic and Morphologic Divergence among introduced Rat Populations (Rattus rattus) of the Galapagos Archipelago, Ecuador. Syst. Zool. 24, 296–310, 1975.

PAUL, W.: Die Anwendung mathematischer Modelle für Vermehrungsprozesse als Grundlage zur Analyse von Ökosystemen. In Belastung und Belastbarkeit von Ökosystemen. 35–39. Blasaditsch, Augsburg 1973.

PAULIAN, R.: Some ecological and biogeographical problems of the Entomofauna of Madagaskar. In Biogeography and ecology in Madagaskar. Den Hague 1972.

PEAKE, J. F.: The evolution of terrestrial faunas in the

western Indian Ocean. Phil. Trans. Roy. Soc. Lond. B **260**, 581–610, 1971.

PEARSON, D. L.: The relation of foliage complexity to ecological diversity of three Amazonian bird communities. Condor **77**, 453–466, 1975.

PEARSON, O. P.: An outbreak of mice in the coastal desert of Peru. Mammalia **39** (3), 375–386, 1975.

PEARSON, O. P., und PATTON, J. L.: Relationships among South American Phyllotine Rodents based on Chromosome analysis. J. Mammalogy **57** (2), 339–350, 1976.

PEARY, J., und CASTENHOLZ, R. W. Temperature strains of a thermophilic blue-green alga. Nature **202**, 720–721, 1964.

PEINEMANN, K., und SCHLICHTING, E.: The importance of erosion materials for the eurotrophication of waters. Bull. Rech. Agron. de Gembloux, Semaine d'étude agriculture et environment. 127–133. Gembloux 1974.

PENNY, M.: The Birds of Seychelles and the Outlying Islands. Collins, London 1974.

PERRING, F. H.: Data-processing for the Atlas of the British Flora. Taxon **12**, 183–190, 1963.

– The last seventy years. The flora of a changing Britain. Hampton (Middlesex) 1970.

PERRY, R., und YOUNG, R.: Handbook of Air Pollution Analysis. Chapman und Hall, London 1977.

PETERS, G.: Studien zur Taxonomie und Ökologie der Smaragdeidechsen. IV. Zur Ökologie und Geschichte der Populationen von Lacerta v. viridis (Laurenti) im mitteleuropäischen Flachland. Veröff. Bezirksheimatmuseums Potsdam **21**, 49–119, 1970.

PETERS, H.: Fliegen- und Rattenbekämpfung – wichtige Aufgaben der Stadthygiene. G. Ing. **9**/10, 160–169, 1949.

PETERSON, R., MOUNTFORT, G., und HOLLOM, P. A. D.: Die Vögel Europas. Parey, Hamburg, Berlin 1954.

PETROV, M. P.: Deserts of the World. John Wiley & Sons, New York, Toronto 1976.

PFADENHAUER, J.: Beziehungen zwischen Standortseinheiten, Klima, Stickstoffernährung und potentieller Wuchsleistung der Fichte im Bayerischen Flyschgebiet – dargestellt am Beispiel des Teisenbergs. Dissert. Botanicae **30**, 1–239, 1975.

PFADENHAUER, J., und RAMOS, R.: Um complexo de vegetaçao entre Dunas e Pântanos – Tramandai. In Biologia dos ecossistemas. URGS, Porto Alegre 1977.

PFADENHAUER, J., OLIVEIRA, P. L. DE, PORTO, M. L., MIOTTO, S. T. S., RAMOS, R., und MARIATH, J. E. DE: Vegetaçao e ecologia de Dunas da margem da Lagoa Mirim. In Biologia dos ecossistemas. URGS, Porto Alegre 1977.

PFLANZ, M., BASLER, H.-D., COLLATZ, J., und SCHWOON, D.: Einfluß der Härte des Trinkwassers auf den Blutdruck und andere Gesundheitsparameter. Umwelthygiene **2**, 53–55, 1976.

PFLUGFELDER, O.: Wirtstierreaktionen auf Zooparasiten. G. Fischer, Stuttgart, New York 1977.

PHILLIPS, A. D. M., und TURTON, B. J.: Environment, Man and Economic Change. Longman, London, New York 1975.

PHILLIPS, J. G.: Environmental Physiology. Blackwell, Oxford 1975.

PHILLIPSON, E.: Ecologia energética. Estudos de Biologia **1**. Edit. Nacional, Universidade de São Paulo, São Paulo 1969.

PIANKA, E. R.: On r- and K-selection. Amer. Natur **104**, 592–597, 1970.

– Evolutionary Ecology. Harper & Row, New York 1974.

PIELOU, E. C.: An introduction to mathematical ecology. New York, London 1969.

– Ecological Diversity. J. Wiley & Sons, New York 1975.

– Mathematical Ecology. I. Wiley & Sons., New York 1977.

PIELOWSKI, Z.: Studien über Bestandsverhältnisse einer Habichtpopulation in Zentralpolen. Beitr. angew. Vogelkde. **5**, 125–136, 1965.

PIERRE, J.-F.: Aperçus récents sur la recherche Algologique en Lorraine. Bull. l'Acad. et Soc. Lorraine des Sciences **5** (3), 53–88. Nancy 1965.

– Hydrobiologie de la Meurthe. Ann. Hydrobiol. **3** (1), 5–19, 1972.

PIETZSCH, W.: Straßenplanung. Werner, Düsseldorf 1976.

PIGNATTI, S.: Die Waldvegetation Japans und Westeuropas – Ein Vergleich. In Vegetation Science and Environmental Protection. 495–500. Maruzen Ltd., Tokyo 1977.

PIJL, L. VAN DER: The dispersal of plants by bats. Acta Bot. Neerl. **6**, 291–315, 1957.

PIMENTA, J.: A feixa costeira meridional de Santa Catarina, Brasil. Bol. Div. Geol. Mineral Brasil **176**, 1–104, 1958.

PIMENOV, M. G.: The analysis of the distribution of species of Angelica occuring in the Soviet far East. Bot. Z. Moscow, **53**, 932–946, 1968.

PITELKA, F. A.: An Avifaunal review for the Barrow Region and North Slope of Arctic Alaska. Arctic and Alpine Res. **6** (2), 161–184, 1974.

PÖHLMANN, H.: Ökologische Untersuchungen an Rentieren in Spitzbergen. Verhdl. Ges. Ökologie, Wien. 89–92. Junk, Den Hague 1976.

POLGAR, ST.: Population, Ecology, and Social Evolution. Mouton, The Hague, Paris 1975.

POLJAKOFF-MAYBER, A., und GALE, J.: Plants in Saline Environments. Springer Berlin, Heidelberg, New York 1975.

POLTZ, W.: Über den Rückgang des Neuntöters (Lanius collurio). Vogelwelt **96** (1), 1–19, 1975.

PONNAMPERUMA, C.: Chemical Evolution of the Giant Plants. Acad. Press, New York, San Francisco 1976.

POOLE, R. W.: Quantitative Ecology. McGraw Hill, New York 1974.

PORTO, M. L.: A vegetação da estação ecológica do Taim. In Biologia dos ecossistemas. URGS, Porto Alegre 1977.

POTTER, G. L., ELLSAESSER, H. W., MAC CRACKEN, M. C., und LUTHER, F. M.: Possible climatic impact of tropical deforestation. Nature **258**, 697–698, 1975.

POULSON, T. L., und CULVER, D. C.: Diversity in terrestrial cave communities. Ecology **50**, 153–158, 1969.

POVOLNY, D.: Gesichtspunkte der Klassifikation von synanthropen Fliegen. Z. angew. Zool. **46**, 324–328, 1959.

– Synanthropy. Flies and Disease. Princeton Univ. Press, Princeton, New Jersey 1971.

– Einige interessante Tierrelikte in der Fauna Mitteleuropas und ihre Biochore (Insecta). Folio Entomol. Hungarica **25** (20), 327–333, 1972.

POWER, D. M.: Similarity among avifaunas of the

Galapagos Islands. Ecology 56, 616–626, 1975.
PO-YUNG, L., METCALF, R. L., FURMAN, R., VOGEL, R., und HASSET, J.: Model Ecosystem Studies of Lead and Cadmium and of Urban Sewage Sludge Containing this Elements. J. Environ. Qual. 4, 1975.
PRAKASH, J.: The ecology of vertebrates of the Indian Desert. In Ecology and Biogeography in India. Den Hague 1974.
PRAKASH, J., und GOSH, P. K.: Rodents in Desert Environments. Junk, Den Hague 1975.
PRANCE, GH. T.: Phytogeographic support for the theory of Pleistocene forest refuges in the Amazon Basin, based on evidence from distribution patterns in Carycaraceae, Chrysobalanaceae, Dichapetalaceae and Lecythidaceae. Acta Amazonica 3 (3), 5–28, 1973.
PRECHT, H., CHRISTOPHERSEN, J., HENSEL, H., und LARCHER, W.: Temperature and Life. Springer, Berlin, Heidelberg, New York 1973.
PRENANT, M.: Géographie des animaux. Colin, Paris 1933.
PRESTON, F. W.: The canonical distribution of commonness and rarity. Ecology 43, 185–215, 410–432, 1962.
PRESTT, I. und RATCLIFFE, D. A.: Effects of organochlorine insecticides on European birdlife. Proc. Int. orn. Congr. 15th, 486–513, 1972.
PRICE, P. W.: Evolutionary Strategies of Parasitic Insects and Mites. Plenum Press, New York, London 1975.
PRINZ, B.: Approaches and results of an effects-Monitoring programme in the State Northrine-Westphalia. Tecomap-Konferenz der WHO/WMO. Helsinki 1973.
– Immissionswirkungskataster in Nordrhein-Westfalen als Planungskriterium. Umwelt-Saar 1974, 1975.
PRINZ, B., und SCHOLL, G.: Erhebungen über die Aufnahme und Wirkung gas- und partikelförmiger Luftverunreinigungen im Rahmen eines Wirkungskatasters. Schriftenr. LIB 36, 62–86, 1975.
PROCTOR, J., und WOODELL, ST. R. J.: The Ecology of Serpentine Soils. In Advances in Ecological Research 9, 255–366. Acad. Press, London, New York, San Francisco 1975.
PRUKSARAY, D.: Untersuchungen über das Vorkommen von Salmonellen bei Landschildkröten der Arten Testudo graeca und Testudo hermanni. Diss. Hannover 1967.
PUHL, J.: A atuação dos ventos na Formação Dunar e Pedogênica do Litoral Rio grandense. Supl. da Rev. Veritas Pont. Univers. Catálogo 1 do R.G.S. Porto Alegre 1961.
PURCHON, R. D.: The Biology of the Mollusca. Pergamon Press, Oxford, New York 1977.
PÜTTER, A.: Altersbestimmungen an Drachenbäumen von Teneriffa. Sitz. Ber. Heidelb. Akad. Wiss., math.-phys. Kl. 12, 1925.
PYATT, F. B.: Lichens as indicators of air polluation in a steel producing town in South Wales. Environ. Pollution 1, 45–56, 1970.
QURAISHI, M. S.: Biochemical Insects Control. Its impact on Economy, Environment, and Natural Selection. J. Wiley & Sons, New York 1977.
RABELER, W.: Zur Charakterisierung der Fichtenwald-Biozönose im Harz auf Grund der Spinnen- und Käferfauna. Schrift. Vegetationskd. 2, 205–236, 1967.

RACHID, M.: Transpiração e sistemas subterrâneos da vegetáçao de verao dos campos cerrados de Emas. Bol. Fac. Fil. Ciênc. e Letr. USP. 80. Botânica 5, 1–135, 1947.
RAMANATHAN, V.: Greenhouse effect due to chlorofluorocarbons: Climatic implications. Science 190, 50–52, 1975.
RAMBO, B.: Analyse histórica da Flora de Pôrto Alegre. Sellowia 6, 1–112. Itajai 1954.
– História da Flora do Litoral Riograndense. Sellowia 6, 113–172. Itajai 1954.
RAPOPORT, A.: House form and culture. Prentice-Hall, Englewood Cliffs, N.J. 1969.
RAT DER SACHVERSTÄNDIGEN IN UMWELTFRAGEN: Umweltgutachten 1974. Kohlhammer, Stuttgart, Mainz 1974.
RATHJENS, C.: Witterungsbedingte Schwankungen der Ernährungsbasis in Afghanistan. Erdkde. 29 (3), 182–188, 1975.
RATISBONA, L. R.: The Climate of Brazil. São Paulo 1976.
RATTER, J. A., ASKEW, G. P., MONTGOMERY, R. F., und GIFFORD, D. R.: Obsercações adicionais sobre o cerradão de solos mesotróficos no Brasil central. 4. Simpos. Cerrado. 303–316. Ed. Univ. São Paulo, São Paulo 1976.
RAUSER, J.: Biogeographische Landschaftsforschung und ihre Bedeutung für die geographische Praxis. Quaestiones geobiologicae 1970.
RAVEN, P. H.: Evolution of subalpine and alpine plant groups in New Zeeland. New Zeeland J. of Bot. 11 (2), 177–200, 1973.
RAWITSCHER, F.: Algumas noções sôbre a vegetação do Litoral brasileiro. Bol. Assoc. Geogr. Brasil. 5, 13–28, 1944.
RAWITSCHER, F. K., FERRI, M. G., und RACHID, M.: Profundidade dos solos e vegetação em campos cerrados do Brasil meridional. An. Acad. Brasil Ciênc. 15 (4), 267–294, 1943.
RECK, R. A.: Aerosols and polar temperature changes. Science, Vol. 188, 728–730, 1975.
REDDELL, J. R.: A preliminary bibliography of Mexican cave biology with a checklist of published records. Bull. Assoc. Mexican Cave Stud. 3, 1–184, 1971.
REDDELL, J. R., und MITCHELL, R. W.: Sierra de Abra, Tamaulipas and San Luis Potosi. A checklist of the cave fauna of Mexico 1. Bull. Assoc. Mexican Cave Stud. 4, 137–180, 1971.
REED, A. CH.: Extinction of Mammalian Megafauna in the Old World late Quaternary. BioScience 20 (5), 284–288, 1970.
REICHENBACH-KLINKE, H. H.: Der Süßwasserfisch als Nährstoffquelle und Umweltindikator. G. Fischer, Stuttgart 1974.
– Krankheiten der Reptilien. G. Fischer, Stuttgart, New York 1977.
REICHHOLF, J.: Die quantitative Bedeutung der Wasservögel für das Ökosystem eines Innstausees. Verhdl. Ges. Ökologie, 247–254. Junk, Den Hague 1976.
– Ökologische Aspekte der Veränderung von Flora und Fauna in der BRD. Vegetationskd. 10. Bonn-Bad Godesberg 1976.
REINIG, W. F.: Über die Bedeutung der individuellen Variabilität für die Entstehung geographischer Rassen. S. B. Ges. nat. Freunde Berlin, 50–69, 1935.
– Die Holarktis. Jena 1936.

– Real Systematic Units in Zoology and their genetic structure. Research and Progress **5** (5), 20–39, 1939.

– Die genetisch-chorologischen Grundlagen der gerichteten Geographischen Variabilität. Z. indukt. Abstamm. Vererbgsl. **76**, 260–308, 1939.

– Chorologische Voraussetzungen für die Analyse von Formenkreisen. Syllegomena biologica, 346–378, 1950.

– Bastardierungszonen und Mischpopulationen bei Hummeln (Bombus) und Schmarotzerhummeln (Psithyrus). Mitt. Münch. Entomol. Ges. **59**, 1–89, 1970.

REIS, H.: Populationsmessungen an bodennahen Arthropoden in saarländischen Naturwaldzellen unter besonderer Berücksichtigung der Carabidae (Coleoptera). Faun. florist. Notizen Saarland 1975.

REISCH, J.: Waldschutz und Umwelt. Springer, Berlin, Heidelberg, New York 1974.

REMANE, A.: Die Bedeutung der Lebensformtypen für die Ökologie. Biologia Generalis **17**, 164–182, 1943.

REMMERT, H.: Über den Tagesrhythmus arktischer Tiere. Z. Morph.-Ökol. Tiere **55**, 142–160, 1965.

– Die Tundra Spitzbergens als terrestrisches Ökosystem. Umschau **72** (2), 41–44, 1972.

– Über die Bedeutung warmblütiger Pflanzenfresser für den Energiefluß in terrestrischen Ökosystemen. J. Orn. **114**, 227–249, 1973.

RENSCH, B.: Verteilung der Tierwelt im Raum. In BERTALANFFY: Hdb. Biol. **5**. Potsdam 1950.

REYMENT, R. A.: Quantitative palaeoecology of some Ordovician orthoconic nautiloids. Palaeogeography, Palaeoclimatology, Palaeoecology **7** (1), 41–49, 1970.

– Vertically inbedded cephalopod shells. Some factors in the distribution of fossil cephalopods, 2. Palaeogeography, Palaeoclimatology, Palaeoecology **7** (2), 103–111, 1970.

– Spectral breakdown of morphometric chronoclines. J. Math. Geol., **2** (4), 365–376, 1970.

– Minor ebb structures and shell orientations on a tidal beach (Bay of Arcachon, France). Palaeogeography, Palaeoclimatology, Palaeoecology **10**, 1971.

REYMENT, R. A., und BRANNSTRÖM, B.: Certain aspects of the physiology of Cypridopsis (Ostracoda, Crustacea). Stockholm Contrib. Geol., **2** (5), 207–242, 1962.

REYMENT, R. A., und NAIDIN, D. P.: Biometric study of Actinocamax verus s.l. from the Upper Cretaceous of the Russian platform. Stockholm Contrib. Geol. **2**, 147–206, 1962.

RHODE, G.: Sind bedenkliche Anreicherungen von Schwermetallen in Böden und Pflanzen nach fortgesetztem Einsatz von Müll- und Müllklärschlammkomposten möglich? Wasser u. Abwasser **11**, 295–300, 1972.

– Bedenkliche Anreicherung von Schwermetallen nach Anwendung von Müll- oder Müllklärschlammkomposten. Theorie und Praxis. Wasser und Abwasser **1**, 28–30, 1974.

RICH, S.: Effects of trees and forests in reducing air pollution. In Trees and forests in an urbanizing environment. Planning and Resource Development Monogr. **17**, 29–33. Amherst University of Massachusetts, 1971.

RICHARDS, P. W.: Speciation in the tropical rain forest and the concept of the niche. Biol. J. Linn. Soc. **1**, 149–153, 1969.

RICHARDSON, R. H.: Models and Analyses of Dispersal patterns. In Mathematical Topis in Population Genetics. 79–103. Springer, Heidelberg, New York 1970.

RICHTER, E.: Vorkommen und toxikologische Bedeutung polychlorierter Biphenyle bei Mensch, Tier und tierischen Produkten. Umwelt und Veterinärmedizin. Tierärztliche Fakultät der Universität München, München 1973.

– Untersuchungen über die Ausscheidung polychlorierter Biphenyle in das Hühnerei und ihre Verteilung zwischen Weißei und Dotter. Inaugural-Diss. München 1974.

RICHTER, H. R.: Schlafstörungen durch Verkehrslärm. Elektroencephalographische (EEG) Dokumentation zum Thema Nachtlärm. Tagungsband „Fortschritte der Lärmbekämpfung", Österr. Arbeitsreing. für Lärmbekämpfung (ÖAL), Wien 1970.

RICKER, W. E.: An ecological classification of certain Ontario streams. Univ. of Toronto Studies Biol. Ser. **37**, 1–114, 1934.

RIDLEY, H. N.: The Dispersal of Plants troughout the World. Ashford, Kent 1930.

RIESE, K.: Bestandsaufnahme 1964 bei Ringeltaube, Türkentaube und Elster in der Stadt Wilhelmshaven. Oldenb. Jahrb. **66**, 151–160, 1967.

RIESS, W.: Umweltfaktor feuergelenkter Einsatz in der Landschaftspflege. Verhdl. Ges. Ökologie **1976**, 267–273. Junk, Den Hague 1977.

– Monokultur und Feuervernichtung und Erhaltung. Verhdl. Ges. Ökologie **1976**, 219–233. Junk, Den Hague 1977.

RIGGS, D. S.: Quantitative aspects of iodine metabolism in man. Pharmacol. Rev. **4**, 1953.

RILEY, J. P., und SKIRROW, G.: Chemical Oceanography. Acad. Press, London, New York, San Francisco 1975.

RITTER, C.: Die Erdkunde im Verhältnis zur Natur und zur Geschichte des Menschen oder allgemeine vergleichende Geographie. 2. Aufl. Berlin 1822.

RIZZINI, C. T.: Arvores e madeiras úteis do Brasil. Manual de Dendrologia Brasileira. Ed. Universidade de São Paulo, São Paulo 1971.

– Fitogeografia do Brasil. Ed. Univ. São Paulo, São Paulo 1976.

– Tratado de Fitogeografia do Brasil. Aspectos ecológicos. Ed. Univ. São Paulo, São Paulo 1976.

ROBBINS, R.: On the biogeography of New Guinea. Austra. Ext. Territ. **11**, 31–37, 1971.

ROBERTSON, J. S.: Mortality and hardness of water. Lancet **2**, 348–349, 1968.

ROBINSON, H.: Biogeography. MacDonald & Evans, London 1972.

ROBINSON, W. S.: Ecological correlations and the behavior of individuals. American Sociological Rev. **15**, 351–357, 1950.

ROCKENBAUCH, D.: Zwölfjährige Untersuchungen zur Ökologie des Mäusebussards (Buteo buteo) auf der Schwäbischen Alb. J. Orn. **116**, 39–54, 1975.

RODE, W. W.: Schutzeinrichtungen von Früchten und Samen gegen die Einwirkung fließenden Meerwassers. Diss. Gleiwitz 1956.

RODENWALDT, E.: Malaria und Küstenform. Arch. Schiffs- und Tropenhyg. **29**, 292–304, 1925.

ROER, H.: Zur Bestandsentwicklung der Kleinen

Hufeisennase (Chiroptera, Mam.) im westlichen Mitteleuropa. Bonner zool. Beitr. 23, 325–337, 1972.

– Zur Verbreitung der Fledermäuse im Rheinland von 1945–1974. Myotis 12, 21–43, 1974.

ROEWER, H.: Schutz vor Fluglärm durch Neuordnung der Flugplatzbereiche. Kampf dem Lärm 5, 137–138, 1969.

ROGNON, P.: Climatic influences on the African Hoggar During the Quaternary, based on Geomorphic Observations. Ann. Ass. Am. Geogr. 57, 115–127, 1967.

ROHDENBURG, H.: Hangpedimentation und Klimawechsel als wichtigste Faktoren der Flächen- und Stufenbildung in den wechselfeuchten Tropen. Z. Geomorphol. N.F. 14, 1970.

ROHMEDER, E., und SCHÖNBORN, A. VON: Die Züchtung der Fichte auf erhöhte Abgasresistenz. 14. IUFRO-Kongr. München 5, 556–566, 1967.

ROIVAINEN, H.: Studien über die Moore Feuerlands. Ann. Bot. Soc. 28. Helsinki 1954.

ROLL, R.: Pflanzenschutzmittel. Pestizid-Rückstände und ihre gesundheitliche Beurteilung zum Schutz des Konsumenten. Verbraucher Rdsch. 11, 1–8, 1970.

ROMER, A. S.: Vertebrates and Continental Connections: An Introduction. Oxford 1974.

ROSE, F.: Lichenology Indicators of Age and Environmental Continuity in Woodlands. In Lichenology: Progress and Problems. Acad. Press, London, New York 1976.

ROSENAU, H.: The ideal City in its architectural Evolution. Routledge und Kegal Paul, London 1959.

ROSENBERGER, G.: Immissionswirkungen auf Tiere. Staub 23 (3), 151–155, 1963.

ROSENKRANZ, H. S., GUTTER, B., und SPECK, W. T.: Mutagenicity and DNA-modifying activity: a comparison of two microbial essays. Mutation Res., 41, 1976.

ROSENKRANZ, K.: System der Wissenschaft. Ein philosophisches Encheiridion. Königsberg 1850.

ROSMANITH, J., SCHRÖDER, A., EINBRODT, H. J., und EHM, W.: Untersuchungen an Kindern aus einem mit Blei und Zink belasteten Industriegebiet. Umwelthygiene 9, 266–271, 1975.

ROSS, CH. A.: Paleobiogeography. Dowden, Hutchinson und Ross, Stroudsburg, Pennsylvania 1976.

ROSSMÄSSLER, E. A.: Über eine Fauna molluscorum extramarinorum Europae und einem Prodomus für eine solche. Z. Malakozool. 10, 33–39, 1853.

ROTH, H.: Die Abwasserabgabe aus rechtlicher Sicht. In Zur Diskussion über das Abwasserabgabengesetz. Schriftenr. Ver. Wasser-, Boden- und Lufthygiene 44, 5–9, 1975.

ROWLAND, F. S., und MOLINA, M. J.: Chlorofluoromethanes in the environment. Rev. Geophys. Space Phys. 13, 1–35, 1975.

RUBERTI, A., und MOHLER, R. R.: Variable Structure Systems with Applications to Economics and Biology. Springer, Berlin, Heidelberg, New York 1975.

RUBIN, M. J.: Antarctic climatology. In Biogeography and Ecology in Antarctica. 72–96. Den Hague 1965.

RUETIMEYER, L.: Über die Herkunft unserer Tierwelt. Eine zoogeographische Skizze. Von Georg, Basel 1867.

RUMP, H.-H., SYMADER, W., und HERRMANN, R.: Mathematical modeling of Water Quality in small rivers (Nutrients, Pesticides and other Chemical properities). Catena 3, 1–16, 1976.

RUNGE, F.: Windgeformte Bäume und Sträucher und die von ihnen angezeigte Windrichtung auf Terschelling. Meteorol. Rdsch. 8 (11/12), 177–179, 1955.

RUNGE, M.: Böden im Bereich der Bebauung. Umweltschutzforum 8, Berlin 1973.

RUTFORD, R. H., CRADDOCK, C., und BASTIEN, TH. W.: Late Tertiary glaciation and Sea-Level changes in Antarctica. Palaeogeography, Palaeoclimatology, Palaeoecology 5, 15–39, 1968.

RUTHNER, O.: Stand des industriellen Pflanzenbaues. In Industrieller Pflanzenbau. Druckerei Pillwein, Wien 1971.

RUTHSATZ, B.: Pflanzengesellschaften und ihre Lebensbedingungen in den Andinen Halbwüsten Nordwest-Argentiniens. Habil.-Arbeit, Cramer, Vaduz 1977.

RYDBERG, P. A.: Flora of the Prairies and Plains of Central North America. Hafner, New York, London 1965.

RYDZAK, J.: Dislokation und Ökologie von Flechten der Stadt Lublin. Ann. Univ. M. Curie. Skl. Sect. 8, 233–257, 1953.

RZEDOWSKI, J.: Geographical Relationships of the Flora of Mexican Dry Regions. In Vegetation and Vegetational History of Northern Latin America. Amsterdam, London, New York 1973.

RZOSKA, J.: The Nile, Biology of an ancient river. Monographiae Biologicae, Vol. 29, 1–417. Junk, Den Hague 1976.

SAARISALO-TAUBERT, A.: Die Flora in ihrer Beziehung zur Siedlung und Siedlungsgeschichte in den südfinnischen Städten Porvoo, Loviisa und Hamina. Ann. Bot. Soc. Vanamo 35 (1), 1–190, 1963.

SAEMANN, D.: Zur Typisierung städtischer Lebensräume im Hinblick auf avifaunistische Untersuchungen. Mitt. IG Avifauna DDR 1, 81–88, 1968.

SAEMANN, D.: Der gegenwärtige Stand der Urbanisierung der Wacholderdrossel. Turdus pilaris L., in einer sächsischen Großstadt. Beitr. Vogelkd. 20, 12–41, 1974.

SAGAR, G. R., und MORTIMER, A. M.: An Approach to the Study of the Population Dynamics of Plants with Special Reference to Weeds. In Applied Biology 1, 1–47. Acad. Press, London, New York 1976.

SALOMONSEN, F.: Fuglene pa Grønland. Rhodos, Kopenhagen 1967.

– Zoogeographical and ecological problems in arctic birds. Proc. XVth Internat. Ornith. Congress. Leiden 1972.

SALTZMANN, B.: A solution for the Northern Hemisphere climatic zonation during a glacial maximum. Quaternary Research 5, 307–320, 1975.

SANDERS, H. L.: Marine benthic diversity: a comparative study. Amer. Nat. 102, 243–282, 1968.

SANDERS, H. O., und CHANDLER, J. H.: Biological Magnification of a Polychlorinated Biphenyl (Aroclor 1254) from water by Aquatic Invertebrates. Bull. of Environmental Contamination and Toxicology 7 (5), 257–263, 1972.

SANDIFER, P. A., ZIELINSKI, P. B., und CASTRO, W. E.: A simple airlift-operated tank for closed-system culture of decapod crustacean larvae and other small aquatic animals. Helgoländer wiss. Meeresunters. **26**, 82–87, 1974.

SAUBERER, A.: Die Verteilung rindenbewohnender Flechten in Wien, ein bioklimatisches Großstadtproblem. Wetter und Leben **3**, 116–121, 1951.

SAUER, E. G., und ROTHE, P.: Ratite Eggshells from Lanzarote Canary Islands. Science **176**, 43–45, 1972.

SAUER, K. P.: Untersuchungen zur klinalen Variation des Diapauseverhaltens von Panorpa vulgaris unter besonderer Berücksichtigung der Unterschiede zwischen Berg- und Flachlandpopulationen. Verhdl. Ges. Ökologie, Wien. 77–88. Junk, Den Hague 1976.

SAUNDERS, W.: Insect Clocks. Pergamon Press, Oxford, New York 1976.

SAVAGE, J. M.: The origins and history of the Central American Herpetofauna. Copeia **1966** (4), 719–766, 1966.

SBORDONI, V., ARGANO, R., und ZULLINI, A.: Biological investigations on the caves of Chiapas (Mexico) and adjacent countries: Introduction. In Subterranean Fauna of Mexico, Part II. Quad. Accad. Naz. Lincei **171**, 5–45, 1973.

SCALES, J. W.: Air Quality Instrumentation. Selected Papers from international Symposia presented by the Instrument Society of America. Instrum. Soc. Amer., Pittsburgh 1974.

SCHACHTSCHABEL, P., BLUME, H.-P., HARTGE, K., und SCHWERTMANN, U.: Lehrbuch der Bodenkunde. Enke, Stuttgart 1976.

SCHÄFER, A.: Die Bedeutung der Saarbelastung für die Arealdynamik und Struktur von Molluskenpopulationen. Diss. Saarbrücken 1975.

SCHÄFER, A., und MÜLLER, P.: Auswirkungen der Saarbelastung auf die Speziesdiversität von Benthosbiozönosen und die Verweildauer exponierter Organismen. Verhdl. Ges. Ökol. **1975**, 277–290. Junk, Den Hague 1976.

SCHÄFER, E.: Ornithologische Ergebnisse zweier Forschungsreisen nach Tibet. J. f. Ornith. **86**, 1938.

SCHAUERMANN, J.: Zur Abundanz und Biomassendynamik der Tiere in Buchenwäldern des Solling. Verhdl. Ges. Ökologie **1976**, 113–124. Junk, Den Hague 1977.

SCHEDL, W.: Untersuchungen an Pflanzenwespen (Hymenoptera: Symphyta) in der subalpinen bis alpinen Stufe der zentralen Ötztaler Alpen (Tirol, Österr.). Veröff. Univ. Innsbruck **103**, 7–85, 1976.

SCHENKEL, W.: Abfallwirtschaft – Umwelt und Ressourcen. In Abfallwirtschaft und Recycling. Girardet, Essen 1977.

SCHERNER, E. R.: Möglichkeiten und Grenzen ornithologischer Beiträge zu Landeskunde und Umweltforschung am Beispiel der Avifauna des Solling. Diss. Göttingen 1977.

SCHEUERMANN, R.: Mittelmeerpflanzen der Güterbahnhöfe des rheinisch-westfälischen Industriegebietes. Fedd. Rep. Beih. **76**, 65–99, 1934.

– Die Pflanzen des Vogelfutters. Natur am Niederrhein **17** (1), 1–13, 1941.

SCHIEMENZ, H.: Die Zikadenfauna mitteleuropäischer Trockenrasen (Homoptera, Auckenorrhyncha). Entomol. Abhdl. **36** (6), 201–280, 1969.

– Die Heuschreckenfauna mitteleuropäischer Trockenrasen (Saltatoria). Faun. Abh. **2** (25), 241–258, Dresden 1969.

– Die Zikadenfauna der Hochmoore im Thüringer Wald und im Harz (Homoptera, Auckenorrhyncha). Faun. Abhd. **5** (7), 215–233, 1975.

SCHILDER, F. A.: Die Ursachen der Variabilität bei Cepaea. Biol. Zentralbl. **69**, 79–103, 1950.

– Lehrbuch der allgemeinen Zoogeographie. Jena 1956.

SCHILDER, F. A., und SCHILDER, M.: Die Bänderschnecken. Jena 1953, 1957.

SCHIMPER, A. F.: Die indomalayische Strandflora. Bot. Mitt. Tropen **3**, 1891.

SCHINDLER, O.: Limnologische Studien am Titicacasee. Archiv für Hydrobiologie **51**, 118–124, 1955.

SCHINZEL, A.: Flechten und Moose als biologische Indikatoren der Luftverunreinigung. Städtehygiene **11**, 64–66, 1960.

SCHIØTZ, A.: The treefrogs (Rhacophoridae) of West Africa. Spolia Zoologica Musli hauniensis **25**, 1–320, 1967.

SCHIPULL, K.: Geomorphologische Studien im zentralen Südnorwegen mit Beiträgen über Regelungs- und Steuerungssysteme in der Geomorphologie. Hamburger Geogr. Studien **31**, 1974.

SCHLIPKÖTER, H.-W., und ANTWEILER, H.: Pathogenität von Luftverunreinigungen. Internist. **15**, 405–411, 1974.

SCHLÜTER, O.: Die Siedlungsräume Mitteleuropas in frühgeschichtlicher Zeit. Forsch. dt. Landeskd. **74**, 1–240, 1953.

SCHMID, J. A.: Urban vegetation. A review and Chicago case study. Univ. Chicago 161. Chicago 1975.

SCHMIDLY, D. J.: Geographic variation and taxonomy of Peromyscus boylii from Mexico and the Southern United States. J. Mammalogy **54**, 111–130, 1973.

SCHMIDT, E.: Die Libellenfauna des Lübecker Raumes. Ber. Ver. Nat. H. Nat. Hist. Mus. Lübeck **13/14**, 25–43, 1975.

SCHMIDT, F. H., und VELDS, C. A.: On the relation between changing meteorological circumstances and the decrease of the sulphur dioxide concentration around Rotterdam. Atmospheric Environment **3**, 455–460, 1969.

SCHMIDT, G.: Vegetationsgeographie auf ökologisch-soziologischer Grundlage. Teubner, Leipzig 1969.

SCHMIDT, G. H.: Sozialpolymorphismus bei Insekten. Wissenschaftl. Verlagsgesellsch., Stuttgart 1974.

SCHMIDT, H.: Technische Möglichkeiten zur Verminderung des Kraftfahrzeuglärms. Tagung „Straßenverkehrslärm – Bestandsaufnahme und Prognosen". Bad Godesberg 1971.

SCHMIDT, H. CH.: Über das Vorkommen des menschlichen Typhuserregers Salmonella typhi bei Tieren. Umwelthygiene **10**, 325–333, 1975.

SCHMINCKE, H.-U.: The Geology of the Canary Islands. In Biogeography and Ecology in the Canary Islands. 67–184. Junk, Den Hague 1976.

SCHMINCKE, K. H.: Mesozoic Intercontinental Relationships as evidenced by Bathynellia Crustacea (Syncarida: Malacostraca). Syst. Zool. **23**, 157–164, 1974.

SCHMITHÜSEN, J.: Fliesengefüge der Landschaft und Ökotop. Ber. Z. dt. Landeskd. **5**, 1948.

– Grundsätzliches und Methodisches. Einleitung

zum Handbuch der naturräumlichen Gliederung Deutschlands. Bad Godesberg 1953.
- Was ist eine Landschaft. Erdkdl. Wissen 9, 7–24, 1964.
- Der geistige Gehalt in der Kulturlandschaft. Wissenschaftl. Buchgesellsch., Darmstadt 1967.
- Begriff und Inhaltsbestimmung der Landschaft als Forschungsobjekt vom geographischen und biologischen Standpunkt. Arch. Naturschutz u. Landschaftsforsch. 8 (2), 101–112, 1968.
- Geschichte der Geographischen Wissenschaft. Bibliogr. Inst., Mannheim 1970.
- Die Entwicklung der Landschaftsidee in der europäischen Malerei als Vorgeschichte des wissenschaftlichen Landschaftsbegriffs. G. Z. 33, 70–80, 1973.
- Was verstehen wir unter Landschaftsökologie. 39. Dtsch. Geographentag, Kassel 1974.
- Die Wahrnehmung der Synergose (Grundeinheit der Landschaft). Geogr. Taschenbuch. Steiner, Wiesbaden 1975.
- Allgemeine Geosynergetik. De Gruyter, Berlin, New York 1976.
SCHMITT, W.: The species of Aegla endemic South American Fresh-Water Crustaceans. Proc. US Nat. Mus. 91, 431–519, 1942.
SCHNEIDER, B.: Das Tyrrhenisproblem. Diss. Biogeographie. Saarbrücken 1971.
SCHNEIDER, S.: Umweltforschung an der Saar mit Hilfe von Fernerkundungsverfahren. Saarheimat 3, 55–59, 1972.
- Fernerkundungsverfahren im Dienste der Umweltforschung. Beispiele von der mittleren Saar. Umwelt-Saar 1972, 19–27, 1972.
- Die Anwendung von Fernerkundungsverfahren zur Erfassung der Umweltbelastung. Mit Beispielen von der mittleren Saar. Tagungsber. und wissensch. Abhdl. Dt. Geogr. Kassel 1973. Steiner, Wiesbaden 1974.
SCHNEIDER, S. H.: On the carbon dioxide-climate confusion. J. Atm. Sci. 32, 2060–2066, 1975.
SCHNEIDER, W., MATTER, L., und JERRMANN, E.: Benzpyrengehalte der Luft eines Ballungsgebietes. Umwelthygiene 9, 273–276, 1975.
SCHNELL, R.: Problèmes biogéographiques comparés de l'Hylaea Amazonienne et de la forêt dense tropicale d'Afrique. Publ. Cons. Nac. Pesquisas 4. Rio de Janeiro 1967.
SCHOENER, A.: Experimental zoogeography: colonization of marine mini-islands. Amer. Natur. 108, 715–738, 1974.
- Colonization curves for planar marine islands. Ecology 55, 818–827, 1974.
SCHOLANDER, P. F.: How mangrove desalinate seawater? Physiol. Plant. 21, 251–261, 1968.
SCHOLL, G.: Ein biologisches Verfahren zum Nachweis von Fluorverbindungen in Immissionen. Mitt. Forstl. B.-Vers. Anst. Wien 97, 255–269, 1972.
SCHOLL, G., und SCHÖNBECK, H.: Erhebungen über Immissionsraten und Wirkungen von Luftverunreinigungen im Rahmen eines Wirkungskatasters. Schriftenr. LIB 33, 73–80, 1975.
SCHOLZ, H.: Die Veränderungen in der Ruderalflora Berlins. Ein Beitrag zur jüngsten Florengeschichte. Wildenowia 2 (3), 379–397, 1960.
SCHÖNBECK, H.: Untersuchungen über Vegetationsschäden in der Umgebung einer Stückfärberei. Ber. Landesanstalt für Bodennutzungsschutz 4, 33–78, 1963.
- Einfluß von Luftverunreinigungen (SO_2) auf transplantierte Flechten. Naturwiss. 55, 451–452, 1968.
- Eine Methode zur Erfassung der biologischen Wirkung von Luftverunreinigungen durch transplantierte Flechten. Staub 29, 14–18, 1969.
- Untersuchungen in Nordrhein-Westfalen über Flechten als Indikatoren für Luftverunreinigungen. Schriftenr. Landesanstalt Immissions- und Bodennutzungsschutz des Landes NRW in Essen 26, 99–104, 1972.
SCHÖNBECK, H., und VAN HAUT, H.: Messung von Luftverunreinigungen mit Hilfe pflanzlicher Organismen. In Bioindicators of landscape deterioration. Prag 1971.
— Methoden zur Erstellung eines Wirkungskatasters für Luftverunreinigungen durch pflanzliche Indikatoren. Verhdl. Ges. Ökologie, Saarbrücken. 435–445. Junk, Den Hague 1974.
SCHÖNBECK, H., BUCK, M., VAN HAUT, H., und SCHOLL, G.: Biologische Meßverfahren für Luftverunreinigungen. VDI-Berichte 149, 225–234, 1970.
SCHÖNBECK, C.: Der Beitrag komplexer Stadtsimulationsmodelle (vom Forrester-Typ) zur Analyse und Prognose großstädtischer Systeme. Birkhäuser, Basel, Stuttgart 1975.
SCHÖNFELDER, P.: Die Flora Europaea – Kartierung. Gött. Flor. Rundbr. 7, 20–23, 1973.
- 75 Jahre floristische Kartierung in Bayern. Gött. Flor. Rdbr. 9, 115–120, 1975.
SCHREIBER, H.: Zur Erfassung der europäischen Wirbellosen (EEW) Lepidopterenprogramm. Atalanta 5 (4), 231–235, 1974.
- Dispersal Centres of Sphingidae (Lepidoptera) in the Neotropical Region. Biogeographica 10. Junk, Den Hague 1978.
SCHRETZENMAYR, M.: Die Grenzgürtelmethode als Hilfsmittel zur Ausscheidung von Waldwuchsbereichen. Wiss. Z. Techn. Univ. Dresden 16 (2), 570–571, 1967.
SCHRIEFER, S. H., und REHM, M.: Biochemie der Entstehung des Lebens. Eine Bibliographie. Schattauer, Stuttgart, New York 1976.
SCHRIMPFF, E.: Ein mathematisches Modell zur Vorhersage von Abflußereignissen im Bereich der Anden Kolumbiens/Südamerika. Diss. Köln 1975.
SCHROEDER, D.: Bodenkunde in Stichworten. Hirt, Kiel 1969.
SCHROEDER, F. G.: Zur Klassifizierung der Anthropochoren. Vegetatio 16, 225–238, 1969.
SCHRÖTER, C., und KIRCHNER, O.: Die Vegetation des Bodensees. Lindau 1896–1902.
SCHUBART, H., und BECK, L.: Zur Coleopterenfauna amazonischer Böden. Amazoniana 1 (4), 311–322, 1968.
SCHÜLKE, H.: Morphologische Untersuchungen an bretonischen, vergleichsweise an korsischen Meeresbuchten. Inaugural Diss. Saarbrücken 1968.
SCHULTE, G.: Die Bindung von Landarthropoden an das Felslitoral der Meere und ihre Ursachen. Math.-Nat. Fak. Univ. Kiel, 1977.
SCHULTZE, J. H.: Die Bewertung von Putativ-Räumen. In Festschr. Genz 49–59. Hirt, Kiel 1970.
SCHULZ, E.: Pollenanalytische Untersuchungen quartärer Sedimente des Nordwest-Tibesti. Pressedienst Wissenschaft, FU Berlin 5, 59–69, 1974.
SCHULZE, E.-D., ZIEGLER, H., und STICHLER, W.:

Der Säurestoffwechsel von Welwitschia mirabilis am natürlichen Standort in der Namib Wüste. Verhdl. Ges. Ökologie, Wien. 1975. 211–220. Junk, Den Hague 1976.

SCHULZE, P.: Über die „bipolare" Zecke Ceratixodes uriae (White) = putus (P.-C.). Zool. Anz. 123, 1938.

SCHÜRMANN, H. J.: Ökonomische Ansätze zu einer rationalen Umweltpolitik und wirtschaftspolitische Konsequenzen mit bes. Berücksichtigung der Energiewirtschaft. Diss. Köln 1973.

SCHUSTER, S.: Die monatlichen Wasservogelzählungen am Bodensee 1961/62 bis 1974/75. Ornith. Beob. 72, 145–168, 1975.

SCHÜZ, E.: Grundriß der Vogelzugkunde. Parey, Hamburg, Berlin 1971.

SCHÜZ, E., und SZIJJ, J.: Bestandsveränderungen beim Weißstorch, fünfte Übersicht: 1959–1972. Die Vogelwarte 28, 61–93, 1975.

SCHWAAR, J.: Die Hochmoore Feuerlands und ihre Pflanzengesellschaften. Telma 6, 51–59, 1976.

SCHWABE, G. H.: Umwelt heute. Beiträge zur Diagnose. Rentsch, Erlenbach-Zürich, Stuttgart 1973.

SCHWARZBACH, M.: Das Klima der Vorzeit. Enke, Stuttgart 1974.

SCHWEIGER, H.: Die Insektenfauna des Wiener Stadtgebietes als Beispiel einer kontinentalen Großstadtfauna. XI. Int. Kongr. Entomol. 3, 184–193, 1962.

SCHWEINFURTH, U.: Die horizontale und vertikale Verbreitung der Vegetation im Himalaya. Bonner Geogr. Abhdl. 20. Bonn 1957.

– Neuseeland. Beobachtungen und Studien zur Pflanzengeographie und Ökologie der antipodischen Inselgruppe. Bonner Geogr. Abhdl. Bonn 1966.

SCHWENKE, H.: Untersuchungen zur marinen Vegetationskunde. Kieler Meeresforschungen 22 (2), 163–170, 1966.

– Meeresbotanische Untersuchungen in der westlichen Ostsee als Beitrag zu einer marinen Vegetationskunde. Int. Revue ges. Hydrobiol. 54 (1), 35–94, 1969.

– Die Benthosvegetation. In Meereskd. der Ostsee. Springer, Heidelberg, New York 1974.

SCHWERDTFEGER, F.: Ökologie der Tiere. 3. Demökologie. Parey, Hamburg, Berlin 1968.

SCHWIBACH, J., und GANS, I.: Abgabe radioaktiver Stoffe aus Kernkraftwerken – Abluft –. In Kernenergie und Umwelt. 130–134. E. Schmidt, Berlin 1976.

– Gefährdung durch radioaktive Stoffe in der Umwelt – Radioökologie –. In Kernenergie und Umwelt. 207–215. E. Schmidt, Berlin 1976.

SCHWICKERATH, M.: Das Hohe Venn und seine Randgebiete. Pflanzensoziologie 6, 1944.

– Die Landschaft und ihre Wandlung auf geobotanischer und geographischer Grundlage entwickelt und erläutert im Bereich des Meßtischblattes Stolberg. Aachen 1954.

SCHWIDETZKY, I.: Die vorspanische Bevölkerung der Kanarischen Inseln. Göttingen 1963.

SCHWOERBEL, J.: Methoden der Hydrobiologie. Stuttgart 1966.

– Belastung, Stoff- und Energiefluß in Fließgewässern. Verhdl. Ges. Ökologie, Saarbrücken. 107–115. Junk, Den Hague 1974.

– Einführung in die Limnologie. 3. Aufl. G. Fischer, Stuttgart 1977.

SCLATER, P. L.: On the general geographical distribution of the members of the class Aves. J. Proc. Linn. Soc. London (Zool.) 2, 130–145, 1958.

SCOTT, G. A. M., und STONE, I. G.: The Mosses of Southern Australia. Acad. Press, London, New York 1976.

SEAWARD, M. R.: Lichen Ecology. Acad. Press, London 1977.

SEEKAMP, G., und FASSBENDER, R. H.: Zur Erfassung der Schwermetall-Belastung von industrie- und verkehrsfernen Waldökosystemen durch Niederschlagswasser. Mitt. Dt. Bodenkd. Ges. 20, 493–499, 1974.

SEGERSTRALE, S. G.: The freshwater amphipods Gammarus pulex (L.) and Gammarus lacustris (D. O. Sars) in Danmark and Fennoskandia. A contribution to the late- and postglacial immigration history of the aquatic fauna of Northern Europa. Soc. Sci. Fenn. Comment. Biol. 15, 1954.

– On the immigration of the glacial relicts of Northern Europe, with remarks on their prehistory. Soc. Sci. Fenn. Comment. Biol. 16, 1957.

– Adaptational problems involved in the history of the glacial relicts of Eurasia and North America. Rev. Roum. Biol. 11 (1), 59–67, 1966.

SEHNEM, A.: As Filicineas do Sul do Brasil, sua distribuição geográfica, sua ecologia e suas votas de migração. Pesquisas 31, 1–108. São Leopoldo 1977.

SEIBERT, P.: Übersichtskarte der natürlichen Vegetationsgebiete von Bayern 1 : 500000 mit Erläuterungen. Schriftenr. f. Vegetationskd. 3, 1968.

SEIDEL, K.: Reinigung von Gewässern durch höhere Pflanzen. Naturwissenschaften 12, 289–297, 1966.

– Zur bakteriziden Wirkung höherer Pflanzen. Naturwissenschaften 12, 642–643, 1969.

– Wirkung höherer Pflanzen auf pathogene Keime in Gewässern. Naturwissenschaften 4, 150–151, 1971.

SELANDER, R. K.: Systematics and Speziation in Birds. In Avian Biology. Acad. Press, London, New York 1971.

SELLS, S. B.: On the nature of stress. In Social and phychological factors in stress. 134–139. Holt, Rinehart & Winston, New York 1970.

SEMMEL, A.: Grundzüge der Bodengeographie. Teubner, Stuttgart 1977.

SERNANDER, R.: Stdier öfer lafvarnes biologi. Svensk. Bot. Tidskr. Stockholm 1926.

SERRES, F. J.: Prospects for a revolution in the methods of toxicological evaluation. Mutation Res. 38, 1976.

SERRUYA, C.: Lake Kinneret. Monographiae Biologicae, Junk, The Hague 1978.

SERVANT, M., und SERVANT-VILDARY, S.: Le Plio-Quaternaire du Bassin du Tschad. In Le Quaternaire. Bull. l'Assoc. Franc. pour l'étude du Quaternaire 36, 169–175, 1973.

SERVICE, M. W.: Mosquito Ecology. Field Sampling Methods. Applied Science Publ., London 1976.

SHACHAK, M., CHAPMAN, E. A., und STEINBERGER, Y.: Feeding, Energy Flow and Soil Turnover in the Desert Isopod, Hemilepistus reaumuri. Oecologia 24, 57–69, 1976.

SHANNON, C. E.: A mathematical theory of communication. Bell Syst. Techn. J. 27, 379–423, 623–656, 1948.

SHANNON, C. E., und WEAVER, W.: The mathematical theory of communication. Urbana 1949.

SHAVER, G. R., und BILLINGS, W. D.: Root production and root turnover in a Wet Tundra Ecosystem, Barrow, Alaska. Ecology 56, 401–409, 1975.

SHELFORD, V. E.: Physiological animal geography. J. Morphol. 22, 551–618, 1911.

SHENG, H. G., und HUGGINS, R. A.: Growth of the Beagles changes in chemical Composition. Growth 35, 369–376, 1971.

SHORT, L.: A Zoogeographic Analysis of the South American Chaco Avifauna. Bull. Amer. Mus. Nat. Hist. 154 (3), 165–352, 1975.

SHOTTON, F. W.: The problems and contributions of methods of absolute dating within the Pleistocene period. Quart. J. Geol. Soc. 122, 357–383, 1967.

SHURE, D. J.: Insecticide effects on early succession in an old field ecosystem. Ecology 52, 271–279, 1971.

SIEBECK, O.: Untersuchungen zur Biotopbindung einheimischer Pelagial-Crustaceen. Verhdl. Ges. Ökologie, Saarbrücken. 11–24. Junk, Den Hague 1974.

SIMBERLOFF, D. S.: Experimental zoogeography of islands: A model insular colonization. Ecology 50, 296–314, 1969.

– Models in biogeography. In SCHOPF, T. J. M. (ed.): Models in palaeobiology. Freeman, Cooper & Co., San Francisco 1972.

– Equilibrium theory of island biogeography and ecology. Annu. Rev. Ecol. Syst. 5, 161–182. 1974.

– Trophic structure determination and equilibrium in an arthropod community. Ecology 57, 395–398, 1976.

– Species Turnover and Equilibrium Island Biogeography. Science 194, 572–578, 1976.

– Experimental Zoogeography of islands: effects of islands size. Ecology 57 (4), 629–648, 1976.

SIMBERLOFF, D. S., und WILSON, E. O.: Experimental zoogeography of islands: The colonization of empty islands. Ecology 50, 278–296, 1969.

– Experimental zoogeography of islands: A two-year record of colonization. Ecology 51, 934–937, 1970.

SIMMONS, J. G.: The ecology of natural resources. Arnold, London 1974.

SIMON, D. E.: The growth of Dracaena draco. Journ. of the Arnold Arboretum 55, 51–58, 1974.

SIMOONS, F. J.: Contemporary research themes in the cultural geography of domesticated animals. Geogr. Rev. 64 (4), 557–576, 1974.

SIMPSON, B. P.: Glacial migration of plants: island biogeographical evidence. Science 185, 698–700, 1974.

SIMPSON, G. G.: History of the fauna of Latin America. Amer. Scient. 38, 361–389, 1950.

SIOLI, H.: Zur Ökologie des Amazonas-Gebietes. Biogeography and Ecology in South America 1, 137–170, 1968.

SKERFVING, S.: Mercury in fish-some toxicological considerations. Food Cosmat. Toxicol. 10, 1972.

SKOTTSBERG, C.: Pflanzenphysiognomische Beobachtungen aus dem Feuerlande. Wiss. Erg. schwed. Südpolarexpedition 1901–1903. Stockholm 1909.

– Botanische Ergebnisse der schwedischen Expedition nach Patagonien und dem Feuerlande 1907–1909. V. Kungl. svenska vetenskapsakademiens Handlingar 56 (5), 1–366, 1916.

SLATER, P.: A Field Guide to Australian Birds. Oliver & Boyd, Edinburgh, 1970.

SMALLEY, A. E.: A new cave shrimp from Southeastern United States (Decapoda, Atyidae). Crustaceana 3 (2), 127–130, 1961.

SMITH, F. E.: Spatial Heterogenity, Stability and Diversity in Ecosystems. Trans. Conn. Acad. Arts. Sci. 44, 309–335, 1972.

SMITH, G. N., WATSON, B. S., und FISHER, F. S.: The metabolism of [C^{14}]O, O-diethyl O- (3,4,6-trichloro-2-pyridyl) phosphorthioate (Dursban) in fish. J. econ. Ent. 59, 1464–1475, 1966.

SMITH, H.: The Naturalist's Brazilian expedition. Amer. Naturalist, 17, 351–358, 707–716, 1007–1014, 18, 464–470, 578–586, 1883/84.

SMITH, L. B.: Origins of the flora of southern Brazil. Contrib. US Nat. Herbarium Washington 35, 215–249, 1964.

SMITH, R. L.: The Ecology of Man: An Ecosystem Approach. Harper & Row, New York, London 1976.

– Elements of Ecology and Field Biology. Harper & Row, New York 1977.

SMYTHE, N.: Relationships between fruiting seasons and seed dispersal methods in a neotropical forest. Am. Nat. 104, 25–35, 1970.

SOARES, Z., AGUIAR, L., und AZEVEDO, J. DE: Arvores e arbustos dos Parques Farroupilha e Paulo Gama, Porto Alegre, Rio Grande do Sul, Brasil. Iheringia 22, 85–123, 1977.

SOBELS, F. H.: Some Problems associated with the testing for environmental Mutagens and a Perspective for Studies in „Comparative Mutagenesis". Internat. Coll. The Evaluation of Toxicological Data for the Protection of Public Health. Luxemburg 1976.

SOBELS, F. H., und VOGEL, E.: The capacity of Drosophila for detecting relevant genetic damage, Mutation Res. 41, 1976.

SOBRINHO, J. V., et al.: Os manguezais da ilha de Santa Catarina. Insula 2, 1–21, 1969.

SOCAVA, V. B.: Geographie und Ökologie. P. M. 2, 89–98, 1972.

SÖDERGREN, A.: Transport, Distribution and Degradation of DDT and PCB in a South Swedish Lake Ecosystem. Vatten 2, 90–107, 1973.

SOLBERG, J. J.: Principles of system modelling. Proc. Int. Sympos. Systems Eng. and Analysis. 67–74. 1972.

SOPER, J. H.: Machine-plotting of phytogeographical data. Canad. Geogr. 10, 15–26, 1966.

SOPOTT-EHLERS, B., und SCHMIDT, P.: Interstitielle Fauna von Galapagos. XIV Polycladida (Turbellaria). Akad. Wiss. und Lit., Mikrofauna des Meeresbodens 54, 1–32, 1975.

SORAUER, P.: Die makroskopische Analyse rauchgeschädigter Pflanzen. Samml. Abhdl. Abgase und Rauchschäden 7, 1911.

SORG, W.: Grundlagen einer Klimakunde des Saarlandes nach den Messungen von 1949–1960. Annales Universitatis Saraviensis 4, 7–36. 1965.

SOURNIA, A.: Circadian periodicities in natural populations of marine phytoplankton. Adv. mar. Biol. 12, 325–389, 1974.

SOUTHWICK, CH. H.: Ecology and the Quality of our environment. Van Nostrand Reinhold Comp., New York, Cincinnati, Toronto, London, Melbourne 1972.

SPASSKY, B., et al.: Geography of the Sibling Species relates to Drosophila willistoni, and of the Semi-species of the Drosophila paulistorum complex. Evolution 25 (1), 129–140, 1971.

SPERLICH, D.: Populationsgenetik. G. Fischer, Stuttgart 1973.

SPIEGELMANN, J. R., et al.: Effects of acute sulfur dioxide exposure on Bronchial Clearance in the Donkey. Arch. Environm. Health 17, 321–326, 1968.

STACHOWIAK, H.: Denken und Erkennen im kybernetischen Modell. Springer, Wien, Heidelberg, New York 1975.

STAGE, C. A.: Hybridization and the Flora of the British Isles. Acad. Press, London, New York, San Francisco 1975.

STARK, D.: Die Säugetiere Madagaskars, ihre Lebensräume und ihre Geschichte. Steiner, Wiesbaden 1974.

STARK, N.: The nutrient content of plants and soils from Brazil and Suriname. Biotropica 2 (1), 51–60, 1970.

– Nutrient cycling II: Nutrient distribution in Amazonian vegetation. Trop. Ecol. 12 (2), 177–201, 1971.

STEARNS, F. W.: Wildlife habitat in urban and suburban environments. Conference on North American Wildlife and Natural Resources Transactions 32, 61–69, 1967.

– Urban botany: an essay on survival. University of Wisconsin at Milwaukee, Field Stations Bulletin 4 (1), 1–6, 1971.

STEARNS, F., und MONTAG, T.: The urban Ecosystem: A Holistic Approach. Dowden, Hutchinson & Ross, Stroudsburg, Pennsylvania 1974.

STEELE, J. H.: The structure of marine ecosystems. Harvard University Press, Cambridge 1974.

STEFFAN, A. W.: Zur Produktionsökologie von Gletscherbächen in Alaska und Lappland. Verhdl. Zool. Gesellsch. 65, 73–78, 1972.

– Qualitative Unterschiede in Energiefluß, Nahrungskreislauf und Produktivität von Fließgewässer-Ökosystemen. Verhdl. Ges. Ökologie, Saarbrücken 181–191. Junk, Den Hague 1974.

STEIF, W.: Some problems with the Word Ethic. Race Relations Reporter 3, 8–10, 1972.

STEIN, N.: Geographische Analyse pazifischer Ökosysteme. Erdkunde 30 (2), 152–156, 1976.

STEINER, M., und SCHULZE-HORN, D.: Über die Verbreitung und Expositionsabhängigkeit der Rindenepiphyten im Stadtgebiet von Bonn. Decheniana 108, 1–16, 1955.

STEININGER, H.: Genetische Variabilität bei Carabiden-Populationen inner- und außerstädtischer Standorte (Coleoptera). Diss. Biogeographie. Saarbrücken 1974.

STERN, K., und ROCHE, L.: Genetics of Forest Ecosystems. Springer, Berlin, Heidelberg, New York 1974.

STERN, K., und TIGERSTEDT, P. M. A.: Ökologische Genetik. G. Fischer, Stuttgart 1974.

STEUBING, L.: Untersuchungen zu Immissionskomplexwirkungen im Untermaingebiet im Pflanzentest. Lufthygienisch-meteorolog. Modelluntersuchung in der Region Untermain. Frankfurt 1970.

– Immissionskataster als Bestandteil des Landschaftskatasters. Natur u. Landschaft 48 (2), 39–43, 1973.

– Ökologie als wissenschaftliche Grundlage des Umweltschutzes. Probleme der Umweltforschung. Coll., Berlin 1973.

– Niedere und höhere Pflanzen als Indikatoren für Immissionsbelastungen. Daten u. Dokumente zum Umweltschutz 19, 13–27, 1976.

STEUBING, L., KIRSCHBAUM, U., und GWINNER, M.: Nachweis von Fluorimmissionen durch Bioindikatoren. Angew. Bot. 50, 169–185, 1976.

STEUDEL, A.: Der gefrorene Bodensee des Jahres 1880. Schrft. Verein Gesch. Bodensees und seiner Umgebung 11, 22, 1882.

STEVENS, R. K., und HERGET, W. F.: Analytical Methods applied to air pollution Measurements. Ann Arbor Science Publ., Ann Arbor 1974.

STEVENSON, F. J., und CHENG, C. N.: Amino acid levels in the Argentine Basin sediments: Correlation with Quaternary climatic changes. J. Sed. Petrol 1969, 345–349, 1969.

STICKNEY, R. R., WINDOM, H. L., WHITE, D. B., und TAYLOR, F. E.: Heavy-Metal Concentrations in selected Georgia Estuarine Organisms with comparative food-habit data. Mineral Cycling in Southeastern Ecosystems. ERDA Distribution Category UC-11, Springfield, Virginia 1975.

STIEGLITZ, W.: Bemerkenswerte Adventivarten aus der Umgebung von Mettmann. Göttinger Floristische Rundbriefe 11 (3), 45–49, 1977.

STIEHL, E.: Niederschlagsanalysen im Raum Marburg/Lahn unter besonderer Berücksichtigung der Witterungs- und Reliefeinflüsse. Diss. Marburg 1970.

STILES, F. G.: Ecology, Flowering Phenology, and Hummingbird Pollination of some Costa Rican Heliconia species. Ecology 56, 285–301, 1975.

STIX, E.: Pollen- und Sporengehalt der Luft im Herbst über dem Atlantik. Oecologia 18, 235–242, 1975.

STOCKER, O.: Steppe, Wüste und Savanne. Festschr. Firbas. Veröff. Geobot. Inst. Rübel 37, 1962.

STÖFEN, D.: Bleiprobleme auf dem internationalen Symposium „Umwelt und Gesundheit" Paris 1974. Forum Umwelt Hygiene 8, 233–235, 1975.

STOIBER, R. E., und JEPSEN, A.: Sulfur Dioxide Contributions to the Atmosphere by Volcanoes. Sciences 182, 577–578, 1973.

STOKOLS, D.: Perspectives on environment and behavior. Plenum Press, New York, London 1977.

STONEHOUSE, B.: Tiere der Antarktis. BLV, München, Wien 1972.

STOOB, H.: Forschungen zum Städtewesen in Mitteleuropa. Böhlau, Köln, Wien 1970.

STOP-BOWITZ, C.: Did lumbricids survive the quaternary glaciations in Norway? Pedobiologia 9, 93–98, 1969.

STORCH, G.: Die Ausbreitung der Felsenmaus (Apodemus mystacinus). Zur Problematik der Inselbesiedelung und Tiergeographie in der Ägäis. Nat. u. Mus. 107, 174–182, 1977.

STRAUCH, F.: Determination of Cenozoic Sea-Temperatures using Hiatella arctica (Linné). Palaeogeogr., Palaeoclim., Palaeoecol. 5, 213–233, 1968.

STRANDBERG, C. H.: Water Quality Analysis. Photogr. Engineering, 234–248, 1966.

STROBECK, C.: n-species competition. Ecol. 54 (3), 650–654, 1973.

STRONG, D. R. Jr.: Nonasymptotic species richness models and the insects of British trees. Proc. Nat. Acad. Sci. 71, 2766–2769, 1974.

STUART, E. B., GAL-OR, B., und BRAINARD, A. J.: A critical Review of Thermodynamics. Mono Book Corp., Baltimore 1970.

STUGREN, B.: Grundlagen der allgemeinen Ökologie. 2. Aufl. Fischer, Jena 1974.

SUDIA, TH. W.: Man, nature, city: the urban ecosystem. United States Department of the Interior, National Park Service, Urban Ecology 1, 1972.

SUESS, E.: Das Antlitz der Erde. Wien, Leipzig 1909.

SUKACEV, V. N.: Gegenseitiges Verhältnis der Begriffe Biogeozönose, Ökosystem und Facies. Pocvovedenia 6, 1–10, 1960.

SUKOPP, H.: Wandel von Flora und Vegetation in Mitteleuropa unter dem Einfluß des Menschen. Ber. Ldw. 50, 112–139, 1972.
– Die Großstadt als Gegenstand ökologischer Forschung. Schr. Ver. zur Verbreit. naturwiss. Kenntnisse. Wien 1973.
– Dynamik und Konstanz in der Flora der Bundesrepublik Deutschland. Vegetationskunde 10. Bonn-Bad Godesberg 1976.

SUKOPP, H., und MÜLLER, P.: Symposium über Veränderungen von Flora und Fauna in der Bundesrepublik Deutschland – Ergebnisse und Konsequenzen. Schriftenr. Vegetationskde., 10, 401–409. Bonn-Bad Godesberg 1976.

SUKOPP, H., KUNICK, W., RUNGE, M., und ZACHARIAS, F.: Ökologische Charakteristik von Großstädten, dargestellt am Beispiel Berlins. Verhdl. Ges. Ökologie 2, 383–403. Junk, Den Hague 1974.

SUOMALAINEN, E.: Zur Ausbreitung der Schmetterlinge durch die Eisenbahn. Annal. Entom. Fenn. 13, 1947.

SUTTON, D. B., und HARMON, N. P.: Ecology: Selected Concepts. John Wiley & Sons, New York, London, Sydney, Toronto 1973.

SWINK, F. A.: Plants of the Chicago region. Lisle, Illinois 1974.

SWORZOWA, D. N., et al.: Zur Frage der kombinierten Einwirkungen von Schwefeldioxid und Benzpyren auf den Organismus von Versuchstieren, Wiss. Z. Humb.-Univ., Berlin 14, 457–459, 1970.

TAMAYO, F.: Adaptaciones de la vetetación pirofila. Bol. Soz. Venez. Cienc. Naturales 23 (101), 49–58, 1962.

TAMMS, F., und WORTMANN, W.: Städtebau. Habel, Darmstadt 1973.

TANNER, W. F.: Multiple influences on Sea-level changes in the Tertiary. Palaeogeography, Palaeoclimatology, Palaeoecology 5, 165–171, 1968.

TANSLEY, A. G.: The use and abuse of vegetation concepts and terms. Ecology 16, 1935.

TAYLOR, B. W.: The flora, vegetation and soils of Macquarie Islands. Australian National Antarctic Research Expeditions Repots. Botany 1, 1–92, 1955.

TENOVUO, R.: Zur Urbanisierung der Vögel in Finnland. Acta Zool. Fennici 4, 33–34, 1967.

TENOW, O.: The outbreaks of Oporinia autumnata Bkh. and Operophthera spp. (Lep., Geometridae) in the Scandinavian mountain chain and northern Finland 1862–1968. Zool. Bidr. fran Uppsala, Supp. 2, 1972.

TERBORGH, J.: Faunal equilibria and the design of wildlife preserves. In GOLLEY, F. B., and MEDINA, E. (ed.): Tropical ecological systems. Springer, New York 1975.

TERBORG, J., und FAABORG, J.: Turnover and ecological release in the avifauna of Mona Island, Puerto Rico. Auk 90, 759–779, 1973.

TERBORGH, J., und WESKE, J.: The role of competition in the distribution of Andean birds. Ecology 56, 562–576, 1975.

THALER, K.: Endemiten und Arktoalpine Arten in der Spinnenfauna der Ostalpen (Arachnida: Araneae). Entomol. Germanica 3 (1/2), 135–141, 1976.

THANNHEISER, D.: Ufer- und Sumpfvegetation auf dem westlichen kanadischen Arktis-Archipel und Spitzbergen. Polarforschung 46 (2), 71–82, 1976.
– Subarctic Birch Forests in Norwegian Lapland. Naturaliste can. 104, 151–156, 1977.

THENIUS, E.: Säugetierausbreitung in der Vorzeit. Geophysik ermöglicht neue Einsicht. Umschau 72 (5), 148–153, 1972.
– Meere und Länder im Wechsel der Zeiten. Springer, Heidelberg, New York 1977.

THIELCKE, G.: Gesangsgeographische Variationen des Gartenbaumläufers (Certhia brachydactyla) im Hinblick auf das Artbildungsproblem. Z. Tierpsychologie 22 (5), 542–566, 1965.

THIELE, H. U.: Zuchtversuche an Carabiden, ein Beitrag zu ihrer Ökologie. Zool. Anz. 167, 9–12, 1961.
– Experimentelle Untersuchungen über die Ursachen der Biotopbindung bei Carabiden. Z. Morphol. Ökol. Tiere 53, 387–452, 1964.
– Ökologische Untersuchungen an bodenbewohnenden Coleopteren einer Heckenlandschaft. Z. Morphol. Ökol. Tiere 53, 537–586, 1964.
– Ein Beitrag zur experimentellen Analyse von Euryökie und Stenökie bei Carabiden. Z. Morphol. Ökol. Tiere 58, 355–372, 1967.
– Was bindet Laufkäfer an ihre Lebensräume. Naturwiss. Rundsch. 21 (2), 57–65, 1968.
– Physiologisch-ökologische Studien an Laufkäfern zur Kausalanalyse ihrer Habitatbindung. Verhdl. Ges. für Ökologie 2, 39–54, 1974.
– Carabid Beetles in their Environments. Springer, Heidelberg, New York 1977.

THIELE, H. U., und BECKER, J.: Der Bausenberg. Naturgeschichte eines Eifelvulkans. Beitr. Landespflege Rheinland-Pfalz, Beiheft 4, Oppenheim 1975.

THIELE, H.-U., und KOLB, W.: Beziehungen zwischen bodenbewohnenden Käfern und Pflanzengesellschaften in Wäldern. Pedobiologia 1, 157–173, 1962.

THIENEMANN, A.: Lebensgemeinschaft und Lebensraum. Nat. Wschr. N.F. 17, 281–290, 1918.
– Die Reliktenkrebse Mysis relicta, Pontoporeia affinis, Pallasea quadrispinosa und die von ihnen bewohnten norddeutschen Seen. Arch. f. Hydrobiol. 19, 521–582, 1928.
– Verbreitungsgeschichte der Süßwassertierwelt Europas. Binnengewässer 18. Stuttgart 1950.

THOMAS, E. A., und RAI, H.: Betriebserfahrungen mit Phosphatelimination bei 10 kommunalen Kläranlagen im Kanton Zürich, 1969. Gas–Wasser-Abwasser 50, 179–190, 1970.

THOMAS, W. A.: Indicators of environmental quality. New York, London 1972.

THOMASSEN, H. G.: Ergebnisse von Verkehrslärmuntersuchungen. Kampf dem Lärm 6, 154–159, 1973.

THOME, M.: Ökologische Kriterien zur Abgrenzung

von Schadräumen in einem urbanen System. – Dargestellt am Beispiel der Stadt Saarbrücken. Diss. Sarrbrücken 1976.

THOMPSON, A. W.: Über Wachstum und Form. Basel, Stuttgart 1973.

THOMPSON, D. Q.: The role of food and cover in population fluctuations of the brown lemming at Point Barrow, Alaska. Trans. 20th North Amer. Wildl. Conf., 166–176, 1955.

THORNE, R. F.: Floristic relationships between New Caledonia and the Solomon Islands. Phil. Trans. Roy Soc. Lond. 255, 595–602, 1969.

TISCHLER, W.: Biozönotische Untersuchungen an Ruderalstellen. Zool. Jahr. (Syst.) 81, 122–174, 1952.

– Synökologie der Landtiere. Stuttgart 1955.

– Grundriß der Humanparasitologie. G. Fischer, Stuttgart 1977.

TIVY, J.: Biogeography. A study of plants in the Ecosphere. Oliver & Boyd, Edinburgh 1971.

TJIA, H. D.: Quaternary shorelines of the Sunda lands, Southeast Asia. Geol. Mijnb. 49, 135–144, 1970.

TOBIAS, W.: Ist der Schlammröhrenwurm Branchiura sowerbyi Beddard 1892 (Oligochaeta: Tubificidae) ein tropischer Einwanderer im Untermain? Nat. u. Mus. 102 (3), 93–107, 1972.

TOPP, W.: Zur Ökologie der Müllhalden. Ann. Zool. Fennici 8, 194 222, 1971.

TRAUTMANN, W.: Veränderungen der Gehölzflora und Waldvegetation in jüngerer Zeit. Schriftenr. Vegetationskde. 10. 91–108. Bonn-Bad Godesberg 1976.

TRAUTMANN, W., KRAUSE, A., und WOLFF-STRAUB, R.: Veränderungen der Bodenvegetation in Kiefernforsten als Folge industrieller Luftverunreinigungen im Raum Mannheim-Ludwigshafen. Schr. Reihe Vegetationskde. 5, 193–207, Bonn-Bad Godesberg 1970.

TRICART, J.: Pleistocene snowline and present periglacial processes in the Venezuelan Andes, compared with Papua: a comment to E. Löfflers Paper. Austr. Geogr. Stud. 9, 85–86, 1972.

TRICART, J., VOGT, H., und GOMES, A.: Note préliminaire sur la morphologie du cordon littoral actuel entre Tramandai et Torres, Rio Grande do Sul, Brésil. Cah. océanogr. t. Côtes Paris 12, 453–457, 1960.

TRICART, J., SANTOS, M., CARDOSO DA SILVA, T., und DIAS DA SILVA, A.: Estudos de Geografia da Bahia. Geografia e Planeamento. Publ. Univ. Bahia 4 (3), 1–243, 1958.

TRIBE, M. A., ERAUT, M. R., und SNOOK, R. K.: Ecological Principles. Cambridge Univ. Press, London, New York, Melbourne 1975.

TROLL, C.: Termiten-Savannen. Länderkdl. Forsch. Festschr. N. Krebs. Stuttgart 1936.

– Luftbildplan und ökologische Bodenforschung. Zeitschr. Ges. f. Erd. 1939, 241–298, 1939.

– Studien zur vergleichenden Geographie der Hochgebirge der Erde. Ber. Ges. Freunden und Förd. der Rhein. Friedr. Wilh. Univers. zu Bonn. Bonn 1941.

– Die Frostwechselhäufigkeit in den Luft- und Bodenklimaten der Erde. Nat. Z. 60, 161–171, 1943.

– Über das Wesen der Hochgebirgsnatur. AV-Jahrbuch 80, 1955.

– Die tropischen Gebirge, ihre dreidimensionale klimatische und pflanzengeographische Zonie-

rung. Bonner Geogr. Abhdl. 25, 1–93, 1959.

– The relationships between the climates, ecology and plantgeography of the southern cold temperate zone and the tropical high mountains. Proc. Royal Soc., B. 152, 529–532, 1960.

– Landschaftsökologie. Junk, Den Hague 1968.

– Landschaftsökologie (Geoecology) und Biogeocoenology. Revue Roumaine de Géographie, Bucuresti 1970.

– Die naturräumliche Gliederung Nord-Äthiopiens. Erdkunde 24, 249–268, 1970.

TUNNER, H. G.: Das Albumin und andere Bluteiweiße bei Rana ridibunda Pallas, Rana lessonae Camerano, Rana esculenta Linné und deren Hybriden. Z. Zool. Syst. Evol. forsch. 11 (3), 219–233, 1973.

TÜRK, R., und WIRTH, V.: Über die SO_2-Empfindlichkeit einiger Moose. Bryologist, 78, 187–193, 1975.

– Der Einfluß des Wasserzustandes und des pH-Wertes auf die SO_2-Schädigung von Flechten. Verhdl. Ges. Ökologie, Erlangen 3, 167–172. Junk, Den Hague 1975.

TURNER, J. R. G.: Two thousand generations of hybridisation in a Heliconius butterfly. Evolution 25, 471–482, 1971.

– The genetics of some polymorphic forms of the butterflies Heliconius melpomena (Linnaeus) and H. erato (Linnaeus). II. The hybridization of subspecies of H. melpomene from Surinam and Trinidad. Zoologica, N.Y. 56, 125–157, 1972.

TURNER, R. R., HARRISS, R. C., BURTON, T. M., und LAWS, E. A.: The effect of Urban Land use on nutrient and suspended-solids export from North Florida Watersheds. Mineral Cycling in Southeastern Ecosystems. Springfield Virginia 1975.

TÜXEN, R.: Die Grundlagen der Urlandschaftsforschung. Nachr. Nieders. Urgesch. 5, 1931.

– Grundriß einer Systematik der nitrophilen Unkrautgesellschaften in der Eurosibirischen Region Europas. Mitt. Flor.-soz. Arbeitsg. 2. Stolzenau 1950.

– Pflanzensoziologie als unentbehrliche Grundlage der Landwirtschaft. Studium Generale 3. Berlin 1950.

– Über die räumliche, durch Relief und Gestein bedingte Ordnung der natürlichen Waldgesellschaften am nördlichen Rande des Harzes. Vegetatio 5/6, 454–478, 1954.

– Die heutige potentielle Vegetation als Gegenstand der Vegetationskartierung. Pflanzensoz. 13, 1956.

– Pflanzengesellschaften und Grundwasser-Ganglinien. Angew. Pflanzensoziol. 13, 1956.

– Stufen, Standorte und Entwicklung von Hackfrucht- und Garten-Unkraut-Gesellschaften und deren Bedeutung für Ur- u. Siedlungsgeschichte. Angew. Pflanzensoziol. 16, 1958.

– Wesenszüge der Biozönose. Gesetze für das Zusammenleben von Pflanzen und Tieren. Biosoziologie. Junk, Den Hague 1965.

– Die Lüneburger Heide. Ergebnisse aus der Arbeit der Niedersächsischen Lehrerfortbildung 9. Hannover 1968.

– Réflexions sur l'importance de la Sociologie végétale pour l'Economie de l'Herbage européen. Melhoramento 21, 187–199, 1968/69.

– Wesenszüge der Biozönose. Biosoziologie. Bericht über das 4. Int. Symp. Stolzenau, Weser. Junk, Den Hague 1966.

– Pflanzensoziologie als synthetische Wissenschaft. Misc. Pap. 5, 141–159, 1970.

TUXEN, S. L.: The Hot Springs of Iceland. Munksgaard, Copenhagen 1944.

TWITTY, V., GRANT, D., und ANDERSON, O.: Home Range in relation to Homing in the Newt Taricha rivularis (Amphibia: Caudata). Copeia 3, 649–653, 1967.

UDVARDY, M. D. F.: Bird faunas of North America. Proc. 13th Int. Ornith. Congress, 1147–1167, 1964.

– The concept of faunal dynamism and the analysis of an example. Bonner zool. Beitr. 20, 1–10, 1968.

– Dynamic Zoogeography. Van Nostrand Reinhold Co., New York, Cincinnati 1969.

– A classification of the Biogeographical Provinces of the World. IUCN Oecas. Paper 18. Morges 1975.

UHLMANN, D.: Hydrobiologie. G. Fischer, Stuttgart 1975.

ULE, C. H.: Unbestimmte Begriffe und Ermessen im Umweltschutzrecht. Deutsches Verwaltungsblatt, 1973.

ULE, E.: Die Vegetation von Cabo Frio an der Küste von Brasilien. Engl. Bot. Jahrbuch 28, 511–528, 1901.

ULLRICH, B., et al.: Input, Output und interner Umsatz von chemischen Elementen bei einem Buchen- und einem Fichtenbestand. Verhdl. Ges. Ökologie 1976, 17–28. Junk, Den Hague 1977.

UVAROV, B. P.: A revision of the genus Locusta with a new theory as to the periodicity and migration of locusts. Bull. Ent. Res. 12, 135–163, 1921.

– Locust Research and Control (1929–1950). Colonial Research Publication No 10, London 1951.

VALENTINE, D. H.: Taxonomy, Phytogeography and Evolution. Acad. Press, London, New York 1972.

VAN DER MAAREL, E.: Landschaftsökologische Kartierung und Bewertung in den Niederlanden. In MÜLLER, P. (ed.): Verhandlungen der Gesellschaft für Ökologie. Erlangen. Junk, Den Hague 1975.

VAN HAUT, H.: Kurzzeitversuche zur Ermittlung der relativen Phytotoxizität von Stickstoffdioxid. Staub-Reinhaltung der Luft 35, 187–194, 1975.

VAN HAUT, H., SCHOLL, G.: Ein doppelwandiges Vegetationsgefäß aus Kunststoff mit selbsttätiger Bewässerung. Landwirtschftl. Forschung 25, 1972.

VAN STEENIS, C. G.: Nothofagus, Key Genus to Plant Geography – In: Taxonomy, Phytogeography and Evolution. Acad. Press, London, New York 1972.

VANZOLINI, P. E.: Problemas faunisticos do Cerrado. Simposio sôbre Cerrado. Univ São Paulo, São Paulo 1963.

– Zoologia systematica geografia e a origem das especies. Univ. São Paulo 3, 1–56, 1970.

VANZOLINI, P. E., und AB'SABER, A. N.: Divergence rate in South American Lizards of the Genus Liolaemus (Sauria, Iguanidae). Pap. Avuls. Zool. 21, 205–208, 1968.

VANZOLINI, P. E., und WILLIAMS, E. E.: South American Anoles: The geographic differentiation and evolution of the Anolis chrysolepis species group (Sauria, Iguanidae). Arq. Zool. 19, 1–298, 1970.

VARESCHI, V.: La influencia de los bosques y parques sobre el aire de la ciudad de Carracas. Acta Cientifica Venezolana 4, 89–95, 1953.

– Sobre las superficies de assimilación de sociedades vegetales de Cordilleras tropicales y extratropicales. Bol. Soc. Venez. Cienc. Nat. 14, 121–173, 1953.

– La quema como factor ecologico en los Llanos. Bol. Soc. Venez. Cienc. Naturales 23 (101), 9–26, 1962.

VARGA, L.: Ein interessanter Biotop der Biozönose von Wasserorganismen. Biol. Zentralbl. 28, 143–162, 1928.

VARGA, Z.: Extension, Isolation, Micro-Evolution. Acta Biologica Debrecina 7/8, 193–209, 1970.

– Geographische Isolation und Subspeziation der Lepidopteren in den Hochgebirgen des Balkans. Acta Entomol. Jugoslavica 11 (1–2), 5–39, 1975.

– Das Prinzip der areal-analytischen Methode in der Zoogeographie und die Faunenelement-Einteilung der europäischen Tagschmetterlinge/Lepidoptera: Diurna. Acta Biologica Debrecina 14, 223–285, 1977.

VAUFREY, R.: Les éléphants nains des îles méditerran. et la question des isthmes Pleistocènes. Paris 1929.

VAUK, G.: Die Vögel Helgolands. Hamburg, Berlin 1972.

VAURIE, C.: A study of Asiatic larks. Bull. Amer. Mus. Nat. Hist. 97, 431–526, 1951.

VAYDA, A. P.: War in ecological perspective. Persistence, change, and adaptive processes in three Oceanian Societies. Plenum Press, New York, London 1976.

VEBLEN, T. T., ASHTON, D. H., SCHLEGEL, F. M., und VEBLEN, A. T.: Distribution and Dominance of species in the Understorey of a mixed Evergreen-deciduous Nothofagus Forest in South-Central Chile. J. Ecol. 65, 815–830, 1977.

VERHOEFF, K. W.: Zur Kenntnis der Zoogeographie Deutschlands, zugleich über Diplopoden namentlich Mitteldeutschlands und Beiträge für die biologische Beurteilung der Eiszeiten (85.–88. Diplopoden-Aufsatz). Nova Acta. Abh. Leop.-Carol. Dt. Akad. Naturf. 103 (1), 1–156, Taf. 1–2. Halle 1917.

VERNADSKIJ, V. J.: Die Biosphäre. Moskau 1967.

VERNBERG, W. B., et al.: Effects of sublethal concentrations of cadmium on adult Palaemonetes pugio under static and flow-through conditions. Bull. Envir. Contam. & Toxicology 17 (1), 16–24, 1977.

VETTER, H.: Belastungen und Schäden durch Schwermetalle in der Nähe einer Blei- und Zinkhütte in Niedersachsen. Staub-Reinhaltung der Luft 34 (1), 10–14, 1974.

VIDA, G.: Evolution in Plants. Symposia Biologica Hungarica 12. Budapest 1972.

VIELLIARD, J.: Définition du Bécasseau variable Calidris alpina (L.). Alauda 40 (4), 321–342, 1972.

– Recensement et statut des populations d'Anatidés du Bassin Tchadien. Cah. O.R.S.T. O., 6 (1), 85–100, 1972.

VIERKE, J.: Die Besiedlung Südafrikas durch den Haussperling (Passer domesticus). J. f. Ornithol. 111 (1), 94–103, 1970.

VILLWOCK, J.: Der Stadteinfluß Hamburgs auf die Verbreitung epiphytischer Flechten. Abhdl. u. Verhdl. Naturwiss. Ver. Hamburg 6, 147–166, 1962.

VILLWOCK, W.: Die Gattung Orestias und die Frage der intralakustrischen Speziation im Titicaca-Seengebiet. Zool. Anz. 26, 610–624, 1962.

VILLWOCK, W., und KOSSWIG, C.: Das Problem der

intralakustischen Speziation im Titicaca- und Lanao-See. Zool. Anz. **28**, 95–102, 1964.

VISHER, S. S.: Tropical cyclones and the dispersal of life from island to island in the Pacific. Amer. Natural. **59**, 70–78, 1925.

VOGEL, E.: Some aspects of the detection of potential mutagenic agents in Drosophila. Mutation Res. **29**, 1975.

VOGEL, ST.: Chiropterophilie in der neotropischen Flora. Flora **158**, 289–323, 1969.

VOGL, R. J.: The effects of fire on the vegetational composition of bracken-grasslands. Trans. Wisconsin Acad. **53**, 67–81, 1964.

VOGT, G., und KITTELBERGER, F.: Studie zur Aufnahme und Anreicherung von Schwermetallen in typischen Algenassoziationen des Rheines zwischen Germersheim und Gernsheim. In Fisch und Umwelt **3**, 15–18, 1977.

VOGT, H., GOMES, und TRICARTS, J.: Note preliminaire sur la morphologie du cordon littoral actuel entre Tramandai et Torres, Rio Grande do Sul, Brasil. Cahiers oceanographiques, C.O.E.C. **12** (7), 1960.

VORONKOV, M. G., ZELCHAN, G. J., und LUKEVITZ, E.: Silizium und Leben, Biochemie, Toxikologie und Pharmakologie der Verbindungen des Siliziums. Akademie, Berlin 1975.

VUILLEUMIER, F.: Systematics and Evolution in Diglossa (Aves, Coerebidae). Am. Mus. Novitates **2382**, 1–44, 1969.

– Speciation in South American Birds: 1 Progress report. Act. IV Congr. Latin. Zool. **1**, 239–255, 1970.

– Zoogeography. In Avian biology **5**, 421–496, 1975.

WACE, N. M.: The Botany of the southern oceanic Islands. Proc. Royal Soc. B, **152**, 475–490, 1960.

WADA, O., TOYOKAWA, K., URATA, G., YANO, Y., und NAKAO, K.: A simple method for the quantitative analysis of urinary delta-aminiolevulinic acid to evaluate lead absorption. Brit. J. industr. Med. **26**, 240–243, 1969.

WAGNER, G.: Untersuchungen am zugefrorenen Bodensee. Schweizerische Z. für Hydrologie. **26**, 52–68, 1964.

– Beiträge zum Sauerstoff-, Stickstoff- und Phosphathaushalt des Bodensees. Arch. für Hydrobiol. **63**, 1967.

WAGNER, M.: Die Darwin'sche Theorie und das Migrationsgesetz der Organismen. Dunker und Humb., Leipzig 1868.

WAIBEL, L.: Physiologische Tiergeographie. Hettners Geo. Z. **18**, 1912.

WAKE, D. B.: The abundance and diversity of tropical Salamanders. Amer. Nat. **104** (936), 211–213, 1970.

WALLACE, A. R.: On the zoological geography of the Malay Archipelago. Proc. Linnean Soc. Zool. London **4**, 173–184, 1860.

– Geographical distribution of animals. London 1876.

– Island Life. London 1880.

WALLACE, B.: The biogeography of laboratory islands. Evolution **29**, 622–635, 1975.

WALLACE, J. W., und MANSEL, L.: Biochemical Interaction between plants and insects. Recent Advandes in Phytochemistry. 10. Plenum Press, New York, London 1976.

WALLACE, R. A.: The Ecology and Evolution of Ani-

mal Behavior. Goodyear, Pacific Palisades, California 1973.

WALLNER, E. M.: Soziologie. Quelle & Meyer, Heidelberg 1972.

WALTER, H.: Das Pampaproblem in vergl. ökologischer Betrachtung und seine Lösung. Erdkunde **21**, 181–203, 1967.

– Die Vegetation der Erde in öko-physiologischer Betrachtung. G. Fischer, Stuttgart 1968.

– War die Pampa von Natur aus baumfrei? Umschau **16**, 508–509, 1969.

– Biosphäre, Produktion der Pflanzendecke und Stoffkreislauf in ökologisch-geographischer Sicht. G. Z. **59** (2), 116–130, 1971.

– Der Wasserhaushalt der Pflanzen in kausaler und kybernetischer Betrachtung. 100 Jahre Hochschule für Bodenkultur in Wien 1872–1972, **2**, 316–331, 1972.

– Allgemeine Geobotanik, G. Fischer, Stuttgart 1973.

– Die Vegetation Osteuropas, Nord- und Zentralasiens. G. Fischer, Stuttgart 1974.

WALTER, H., und MEDINA, E.: La temperatura del suelo, como factor determinan para la caracterización de los pisos subalpino y alpino en los Andes de Venezuela. Bol. Soc. Ven. Cienc. Nat. **28**, 115–116, 201–210, 1969.

WANGERIN, W.: Reliktbegriff und Konstanz der Pflanzenstandorte. Festschr. Preuss. Bot. Verein. Berlin 1912.

WARD, P.: Origin of the avifauna of urban and suburban Singapore. Ibis **110**, 239–255, 1968.

WARMING, E.: Lagoa Santa. Et Bidray til den Biologiske Plantegeografi. K. danske videns K. Selsk. Skr. 6, Kopenhagen 1892.

WARMING, G. E., und FERRI, M. G.: Lagoa Santa e a vegetação de Cerrados brasileiros. Ed. Univ. São Paulo e Livr. Itatiaia Ed. Belo Horizonte 1973.

WARNECKE, G.: Gibt es xerothermische Relikte unter den Makrolepidopteren des Oberrheingebietes von Basel bis Mainz? Arch. Insektenkd. Oberrheingeb. u. angrenz. Ld. **2** (3), 81–119, 1927.

– Über die Konstanz der ökologischen Valenz einer Tierart als Voraussetzung für zoogeographische Untersuchungen. Entomol. Rdsch. **53**, 203–206, 217–219, 230–232, 1936.

– Rezente Arealvergrößerung bei Makrolepidopteren in Mittel- und Nordeuropa. Bonn. Zool. Beitr. **12**, 113–141, 1961.

WASHBURN, A. L.: Periglacial Processes and Environments. London 1973.

WASNER, U.: Die Europhilus-Arten (Agonum, Carabidae, Coleoptera) des Federseerieds. Diss. Tübingen 1977.

WATSON, A.: The behaviour, breeding and food ecology of the Snowy owl (Nyctea sandiaca). Ibis **99**, 419–462, 1956.

WEBER, A., und PIETZSCH, O.: Ein Beitrag zum Vorkommen von Salmonellen bei Landschildkröten aus Zoohandlungen und Privathaushalten. Berl. Münch. Tierärztl. Wochenschr. **87**, 257–260, 1974.

WEBER, H.: Die Paramos von Costa Rica und ihre pflanzengeographische Verkettung mit den Hochanden Südamerikas. Abh. Akad. Wiss. Lit. Mainz, Math. naturw. Kl. **3**, 1958.

WEBER, M.: Der Indo-australische Archipel und die Geschichte seiner Tierwelt. Jena 1902.

WEBERBAUER, A.: Die Pflanzenwelt der Peruanischen Anden. Die Vegetation der Erde, 12. Leipzig 1911.

WEBER-OLDECOP, D. W.: Fließgewässertypologie in Niedersachsen auf floristisch-soziologischer Grundlage. Göttinger Flor. Rdbr. 10 (4), 73–79, 1977.

WEBSTER, J. R., WAIDE, J. B., und PATTEN, B. C.: Nutrient recycling and the stability of Ecosystems. Mineral Cycling in Southeastern Ecosystems. ERDA Symp. Series. U.S. Energy Research and Development Administration, Springfield 1975.

WEEDON, F. R., et al.: Effects on animals of prolonged exposure to sulphur dioxide. Contrib. Boyce Thompson Inst. 10, 1938.

WEGENER, A.: Die Entstehung der Kontinente und Ozeane. Sammlung Vieweg, Brunswick 1929.

WEGENER, K.: Die Solarkonstante aus Strahlungsmessungen. Meteorol. Rdsch. 8 (3/4), 65–66, 1955.

WEGLER, R.: Chemie der Pflanzenschutz- und Schädlingsbekämpfungsmittel. 5, Herbizide. Springer, Berlin, Heidelberg, New York 1977.

WEIDEMANN, G.: Struktur der Zoozönose im Buchenwald-Ökosystem des Solling. Verhdl. Ges. Ökologie 1976. 59–74. Junk, Den Hague 1977.

WEIDNER, H.: Die Insekten der Kulturwüste. Mitt. Hamb. Zool. Mus. u. Inst. 51, 90–166, 1952.

– Die Entstehung der Hausinsekten. Z. ang. Entom. 42 (4), 429–447, 1958.

– Schwebfliegen auf hoher See. Entomol. Z. 13, 152–153, 1958.

– Schädlinge an Arzneidrogen und Gewürzen in Hamburg. Beitr. zur Entomologie 13 (3/4), 527–545, 1963.

– Eingeschleppte und eingebürgerte Vorratsschädlinge in Hamburg. Z. ang. Entomol. 54 (1/2), 163–177, 1964.

WEINZIERL, H.: Über Versuche zur Wiedereinbürgerung von Tierarten in Bayern. Schriftenr. f. Landschaftspfl. u. Naturschutz 7, 133–136. Bonn-Bad Godesberg 1972.

WEISCHET, W.: Klimatologische Regeln zur Vertikalverteilung der Niederschläge in Tropengebirgen. Die Erde 100, 287–306, 1969.

– Notwendigkeit und Möglichkeit einer raum- und klimagerechteren Anwendung der „Technischen Anleitung der Luft" (TA-Luft). Verhdl. Ges. Ökologie 2, Saarbrücken. Junk, Den Hague 1974.

– Einführung in die Allgemeine Klimatologie. Teubner, Stuttgart 1977.

– Die ökologische Benachteiligung der Tropen. Teubner, Stuttgart 1977.

WEIZSÄCKER, V. VON: Geist und Psyche. Kindler, Zürich 1964.

WENDLAND, V.: Die Wirbeltiere Westberlins. Berlin 1971.

WENT, F. W., und STARK, N.: The biological and mechanical role of soil fungi. Proc. nat. Acad. Sci. USA 60, 497–504, 1968.

WERKMEISTER, H. F.: Landschaftsplanung im ländlichen Raum. Callwey, München 1977.

WERNER, G., et al.: Umweltbelastungsmodell einer Großstadtregion. E. Schmidt, Berlin 1975.

WESTERMARK, T., ODSJÖ, T., und JOHNELS, A. G.: Mercury content of bird feathers before and after Swedish ban on alkyl mercury in agriculture. Ambio 4, 1975.

WEYL, R.: Die Physica Sacra des J. J. Scheuchzer. Konstanzer Blätter für Hochschulfragen. Univer-

sitätsverlag, Konstanz 1966.

WHITAKER, J. H.: Submarine Canyons and Deep-Sea Fans. Dowden, Hutchinson und Ross, Stroudsburg, Pennsylvania 1976.

WHITMORE, T. C.: Tropical rain forests of the Far East. Clarendon Press, Oxford 1975.

WHITTAKER, R. H.: Communities and Ecosystems. MacMillan, New York 1975.

WHITTEN, R. C., BORUCKI, W. J., und TURCO, R. P.: Possible ozone depletions following nuclear explosions. Nature, 257, 38–39, 1975.

WHITTICK, A.: Encyclopedia of Urban Planning. McGraw-Hill, New York 1974.

WHITTON, B. A.: River Ecology. Blackwell, Oxford, London, Edinburgh, Melbourne 1975.

WHO: Health hazards of the human environment. Genf 1972.

WICHARD, W.: Zum Indikatorwert der Chloridzellen aquatischer Insekten für die Salinität von Binnengewässern. Verhdl. Ges. Ökologie 3, 201–203, 1974.

WICHARD, W., und SCHMITZ, M.: Der histochemische Nachweis von Schwermetallen in den Chloridzellen aquatischer Insekten als Indikator für die Gewässerbelastung. Verhdl. Ges. Ökol. Erlangen 4, 155–159, 1975.

WICKBOLD, R.: Die Analytik der Tenside. Chemische Werke Hüls, Marl 1976.

WIELGOLASKI, F. E.: Fennoscandian Tundra Ecosystems. Ecol. Stud. 16. Springer, Berlin, New York 1975.

WIENER, J. G., BRISBIN, I. L., und SMITH, M. H.: Chemical composition of White-Tailed Deer: Whole-Body Concentrations of Macro- and Micronutrients. Mineral Cycling in Southeastern Ecosystems. Springfield, Virginia 1975.

WIENER, N.: Cybernetics. New York 1948.

– Kybernetik. Regelung und Nachrichtenübertragung in Lebewesen und Maschine. Rowohlt, Reinbeck 1971.

WIENS, H. J.: Atoll Environment and Ecology. Yale Univ. Press, London, New Haven 1962.

WIGGINS, I. L., und PORTER, D. M.: Flora of the Galapagos Islands. Stanford Univ. Press, Stanford 1971.

WILKENS, H.: Über das phylogenetische Alter von Höhlentieren. Z. f. zool. Systematik und Evolutionsforschung 11 (1), 49–60, 1973.

WILLIAMS, C. B.: Patterns in the Balance of Nature. Acad. Press, London, New York 1964.

WILLIAMS, C. H., und DAVID, D. J.: The Accumulation in Soil of Cadmium Residues from Phosphate Fertilizers and their Effect on the Cadmium Content of Plants. Soil Science 121, 86–93, 1976.

WILLIAMS, D. J.: The Pseudococcidae (Coccoidea: Homoptera) of the Solomon Islands. Bull. Brit. Museum (Natural Hist.) Entomology 8 (10), 385–430, 1960.

WILLIAMS, E. E., und PARKER, F.: The snake genus Parapistocalamus on Bougainville, Solomon Islands (Serpentes, Elapidae). Senckenberg Biol. 45, 543–552, 1964.

WILLIAMS, R. B. C.: Permafrost and Temperature conditions in England during the last glacial Period. In The Periglacial Environment. Montreal 1969.

WILLIAMS, S.: An Introduction to Physical oceanography. Addison-Wesley, London 1962.

WILLIAMS, T. R.: Freshwater crabs of the Nile System. In The Nile. 353–356. Junk, Den Hague 1976.

WILLIAMS, W. D.: Biogeography and Ecology in Tasmania. Junk, Den Hague 1974.

WILLIS, E. O.: Population and local extinctions of birds on Barro Colorado Island, Panam. Ecol. Monogr. 44, 153–169, 1974.

WILLIS, J. C.: Age and Area. A study in geographical distribution and origin of species. Cambridge Univ. Press, Cambridge 1922.

WILMANNS, O.: Ökologische Pflanzensoziologie. Quelle & Meyer, Heidelberg 1973.

WILSON, E. O., und BOSSERT, W. H.: Einführung in die Populationsbiologie. Springer, Berlin, Heidelberg, New York 1973.

WINGE, H.: Races of Drosophila willistoni sibling species: Probable origin in quaternary forest refuges of South America. Genetics 74, 297–298, 1973.

WINK, M.: Zur Verbreitung der Elster (Pica pica) in Bonn. Charadrius 3, 192–194, 1967.

WINKLER, H.: Die Pflanzendecke Südost-Borneos. Bot. Jb. 50, 188–208, 1914.

WINKLER, S.: Einführung in die Pflanzenökologie. G. Fischer, Stuttgart 1970.

– Moose als Indikatoren bei SO_2- und Bleibelastung. Daten und Dokumente zum Umweltschutz 19, 43–55, 1976.

WINTERBOURN, M. J., und LEWIS, M. H.: Littoral Fauna. In New Zealand Lakes. Auckland Univ. Press, Auckland 1975.

WIRTH, V., und TÜRK, R.: Über die SO_2-Resistenz von Flechten und die mit ihr interferierenden Faktoren. Verhdl. Ges. Ökologie, Erlangen 173–179. Junk, Den Hague 1975.

WISEMAN, J. D. H.: Evidence for recent climatic changes in cores from the ocean bed. Proc. Intern. Symp. World climate from 8000 to O B.C.-Roy. Meteorol. Soc., London 1966.

WITLEY, G. P.: The Freshwater Fishes of Australia. In Biogeography and Ecology in Australia. Den Hague 1959.

WITTMANN, O.: Die biogeographischen Beziehungen der Südkontinente. Die antarktischen Beziehungen. Zoogeographica 2 (2), 246–304, 1934.

WOLFF, T.: The Natural History of Rennell Island, British Solomon Islands. Danisk Science Press, Kopenhagen 1962.

WOLTER, R.: Abgabe radioaktiver Stoffe aus Kernkraftwerken. Abwasser-, Kernenergie und Umwelt. 135–143. E. Schmidt, Berlin 1976.

WOLTERRECK, R.: Über die Spezifität des Lebensraumes, der Nahrung und der Körperformen bei pelagischen Cladoceren und über „Ökologische Gestalt-Systeme". Biol. Zentralbl. 28, 521–551, 1928.

WOOD, E. J. F., und JOHANNES, R. E.: Tropical Marine Pollution. Elsevier, Amsterdam, Oxford, New York 1975.

WOODS, L. P., und INGER, R. F.: The cave, spring and swamp fishes of the family Amblyopsidae of central and eastern United States. Amer. Midland Natural. 58, 232–256, 1957.

WOOTTON, R. J.: The Biology of the Sticklebacks. Acad. Press, London, New York, San Francisco 1976.

WRIGHT, L.: Some Perspectives in Environmental research for Agricultural Land- use Planning in Developing Countr. Geoforum 10, 15–33, 1972.

WRIGHT, S.: Random Drift and the Shifting Balance Theory of Evolution. In Mathematical Topics in Population Genetics. 1–31. Springer, Heidelberg, New York 1970.

WRIGHT, S.: Evolution and the genetics of populations. 4. Variability within and among natural populations. University Chicago Press, Chicago, 1978.

WÜST, W.: Die Vogelwelt des Nymphenburger Parks München. Tier- und Umwelt 9/10. D. Kurth, Barmstedt 1973.

WITTICH, W.: Die Grundlagen der Stickstoffernährung des Waldes und Möglichkeiten für ihre Verbesserung. Der Stickstoff. 335–369. Stalling, Oldenburg 1961.

YEATON, R. J. und CODY, M. L.: Competitive release in island. Song Sparrow populations. Theor. Popul. Biol. 5, 42–58, 1974.

YORDANOV, D.: A statistical analysis of the Air Pollution data in connection with the meteorological conditions. In BENARIE: Atmospheric Pollution. 61–70. Elsevier Scient. Publ., Amsterdam, Oxford 1976.

YOSHIDA, T., TAKASHIMA, F., und WATANABE, T.: Distribution of (^{14}C) PCB's in Carp. Ambio 2 (4), 111–113, 1973.

YOSHIMURA, M.: Die Windverteilung im Gebiet des Mt. Fuji. Erdkde. 25, 195–198, 1970.

YOUNG, J. O., und YOUNG, B. T.: The distribution of freshwater triclads (Plathelminthes; Turbellaria) in Kenya and Tanzania, with ecological observations on a stream-Dwelling population. Zool. Anz. 193, 350–361, 1974.

ZABELIN, J. M.: Theorie der physischen Geographie. Moskau 1959.

ZAJCIW, D.: Algumas considerações a respeito dos assuntos zoogeograficos no Brasil. Arq. Museo Nacional 54, 243–247, 1971.

ZARET, TH. M., und PAINE, R. T.: Species Introduction in a Tropical Lake. Science 182, 449–455, 1973.

ZEUNER, F. E.: Summary of the cultural problems of the Canary Islands. Acta del V Congr. Panafricana de Prehistoria y de estudio del cuaternaria. 277–288. Santa Cruz de Tenerife 1966.

ZIEGLER, H.: Physiologische Anpassungen der Pflanzen an extreme Umweltbedingungen. Naturwiss. Rdsch. 22 (6), 241–247, 1969.

– Zur Physiologie austrocknungsfähiger Kormophyten. In MÜLLER, P. (ed.): Verhdl. Gesellsch. Ökol. Saarbrücken 1973. 65–73. Junk, Den Hague 1974.

ZIELKE, E.: Beobachtungen zur Phoresie bei Lamprochernes nodosus (Schrank). Entomol. Mitt. Zool. Staatsinst. u. Zool. Mus. 3 (64), 1–3, 1969.

ZIEMANN, J. C.: Tropical Sea grass ecosystems and pollution. In Tropical Marine Pollution. Elsevier, Amsterdam, Oxford, New York 1975.

ZIEMAN, J. C., und FERGUSON WOOD, J. J.: Effects of thermal pollution on tropical-type estuaries, with emphasis on Biscayne Bay, Florida, Tropical Marine Pollution. Elsevier, Amsterdam, Oxford, New York 1975.

ZIMEN, E.: On the Regulation of Pock Size in Wolves. Z. Tierpsychol. 40, 300–341, 1976.

ZIMMERMANN, E. C.: Insects of Hawaii. Univ. Hawaii Press, Honolulu 1948.

ZIMMERMANN, F. K.: Panel discussion on submammalian systems. Mutation Res. 41, 1976.

Zimmermann, K.: Die Randformen der mitteleuropäischen Wühlmäuse. Syllegomena Biologica. 454–471. Ziemsen, Wittenberg 1950.

Zinderen Bakker, E. M. van: Intimations on Quaternary Palaeoecology of Africa. Acta Bot. Neerl. 18, 230–239, 1969.

Zwölfer, H.: Vergleichende Untersuchungen an alpinen und nicht-alpinen Populationen von Larinus sturnus Schall. (Col.: Curculionidae): Diversität und Produktivität im ökologischen Grenzbereich. Verhdl. Ges. Ökologie, Erlangen 47–53. Junk, Den Hague 1975.

Wissenschaftliche Pflanzen- und Tiernamen

Sachregister